Peter Mösle, Michaela Lambertz, Stefan Altenschmidt, Christoph Ingenhoven (Hrsg.)

Praxishandbuch Green Building

De Gruyter Praxishandbuch

Peter Mösle, Michaela Lambertz, Stefan Altenschmidt, Christoph Ingenhoven (Hrsg.)

Praxishandbuch Green Building

Recht, Technik, Architektur

DE GRUYTER

Dr. *Peter Mösle*, Drees & Sommer Advanced Building Techn. GmbH, Stuttgart;
Prof. Dr. *Michaela Lambertz*, Technische Hochschule Köln und „BAUES WUNDER“ Lambertz & Friesdorf Beratende Ingenieure PartGmbB, Bergisch Gladbach;
Dr. *Stefan Altenschmidt*, Luther Rechtsanwaltsgesellschaft mbH, Düsseldorf;
Christoph Ingenhoven, ingenhoven architects, Düsseldorf

Zitiervorschlag: *Mösle/Kobes* in Green Building, Kapitel 2, I, Rdn. 3

ISBN 978-3-11-027517-9
e-ISBN (PDF) 978-3-11-027528-5
e-ISBN (EPUB) 978-3-11-038126-9

Library of Congress Cataloging-in-Publication Data
A CIP catalog record for this book has been applied for at the Library of Congress.

Bibliografische Information der Deutschen Nationalbibliothek
Die Deutsche Nationalbibliothek verzeichnet diese Publikation in der Deutschen Nationalbibliografie; detaillierte bibliografische Daten sind im Internet über http://dnb.dnb.de abrufbar.

Satz: fidus Publikations-Service GmbH, Nördlingen
Druck und Bindung: CPI books GmbH, Leck
Einbandabbildung: Lufthansa Aviation Center, Frankfurt/Main; Architekten: ingenhoven architects; Foto: H.G. Esch
♾ Gedruckt auf säurefreiem Papier
Printed in Germany

www.degruyter.com

Vorwort – Praxishandbuch Green Building

In den vergangenen 20 Jahren hat die Immobilienwirtschaft eine spürbare Veränderung im Hinblick auf energiebewusstes und nachhaltiges Bauen erfahren. In Deutschland und Europa haben sich energieeffizientere Gebäudelösungen ab der Jahrtausendwende mehr und mehr durchgesetzt. Dies wurde im Wesentlichen durch die steigenden Energiepreise und die politisch gewählten Rahmenbedingungen angetrieben. Hierzu waren die EEG-Umlage zum Ausbau der erneuerbaren Energieerzeugung sowie die Einführung einer Energieeinsparverordnung für Neubauten wesentliche Instrumente.

Neben den Gesetzesvorgaben haben sich international in den letzten 10 Jahren freiwillige Bewertungs- und Zertifizierungssysteme am Immobilienmarkt etabliert. Sie liefern eine Aussage zur Nachhaltigkeit von Bauprodukten, Gebäuden und ganzen Stadtquartieren. Die Anforderungen gehen dabei weit über die gesetzlich geforderten Mindestmaßnahmen hinaus. Zertifizierte Produkte und Objekte bieten damit eine höhere Qualität. Der Erfolg der freiwilligen Labels sind zum einen die Marktprinzipien, sich durch bessere Angebote vom Markt abzuheben. Zum anderen sind Immobilien-Assets eine langfristige Geldanlage, die inzwischen auch ein Risikomanagement aufgrund der ausstehenden Veränderungen durch den Klimaschutz, die Digitalisierung und den „War for Talents“ erfordert. Damit müssen sich heute Bauherren und Investoren über den Lebenszyklus Ihrer Assets intensiv Gedanken machen: Wie flexibel reagiert das Objekt auf anstehende Arbeitsveränderungen? Besitzt das Objekt eine substantielle Klimaschutzstrategie, um sich am Markt auch dauerhaft durchzusetzen? Welche gesundheitlich relevanten Schadstoffe sind im Objekt vorhanden, die in der Nutzung und im Umbau problematisch werden können? Ist das Objekt auch vorbereitet, um sich in der Smart City von morgen auch digital integrieren zu können?

Heutige Gebäudeentwicklungen und Bestandssanierungen sind komplexer geworden, da deutlich mehr Fragen zu Projektbeginn gelöst werden müssen – vor allem durch integrale, zusammenhängende Antworten. Während früher Architektur, Technik und Recht getrennt voneinander bearbeitet werden konnten, ist dies heute aufgrund der extrem engen Vernetzung nicht mehr möglich. Die Funktion bestimmt zum großen Teil die gewählte Architektur, die gesetzlichen Anforderungen haben wiederum einen direkten Einfluss auf die technische Lösung, Finanzierungsmodelle müssen vorausschauend auf die Veränderungen am volatilen Energiemarkt aufgesetzt werden, um Erfolg und Rechtssicherheit zu gewährleisten.

Genau aufgrund der oben beschriebenen Herausforderungen haben wir das Praxishandbuch Green Building erstellt. Es werden damit im Wesentlichen drei Ziele verfolgt: Erstens wird die Grundlage geschaffen, um ein gegenseitiges Verständnis zwischen den verschiedenen Disziplinen zu erreichen. Hierbei haben wir uns auf die wesentlichen Fragestellungen konzentriert und durch Praxistipps dem Leser entsprechende Handlungsanweisungen mitgegeben. Zweitens geben wir durch Erfahrungsberichte Einblicke in praktische, integrale Lösungen. Drittens wird ein Ausblick

https://doi.org/10.1515/9783110275285-202

gegeben, wo sich der Markt rund um das Nachhaltige Bauen hinbewegen wird und auf welche zukünftigen Fragestellungen sich die Marktteilnehmer am besten heute schon vorbereiten sollen. Wir wünschen Ihnen viel Spaß beim Lesen und freuen uns, wenn Sie für Ihre täglichen Projekte einige Erkenntnisse daraus generieren können.

Die Herausgeber danken den Autoren für ihr großes Engagement bei der Erstellung dieses Werkes. Für Anregungen und Kritik sind wir stets offen und dankbar.

Peter Mösle
Michaela Lambertz
Stefan Altenschmidt
Christoph Ingenhoven

Inhalt

Bearbeiterverzeichnis

Stefan Altenschmidt, Dr. iur., Jg. 1971; Rechtsanwalt und Partner der Luther Rechtsanwaltsgesellschaft in Düsseldorf, Studium der Rechts- und Sozialwissenschaften in Bochum, Referendarsausbildung u. a. beim schottischen Parlament in Edinburgh, Erwerb des Master of Laws in Environment, Planning and Regulatory Law an der Nottingham Law School. Er ist spezialisiert auf Fragen des Umwelt- und Umweltenergierechts einschließlich des Klimaschutzrechts, des Planungs- und Bauordnungsrechts und der Prozessführung bei den Verwaltungs- und Verfassungsgerichten sowie dem Europäischen Gerichtshof.

Michael Bauer, Prof. Dr.-Ing., seit 1999 bei Drees & Sommer. Geschäftsführer und Partner in der Drees & Sommer-Gruppe. Verantwortlich für den Bereich Engineering und Generalfachplanung. Seine Schwerpunkte sind die gewerkeübergreifende Planung und Optimierung von Gebäudetechnik – Raumklimatechnik – Bauphysik – Fassadentechnik, das Entwickeln innovativer Energiekonzepte und neuer Planungs- und Inbetriebnahmemethoden mit BIM. Honorarprofessor an der Universität Stuttgart am Institut für Gebäudeenergetik. Ehrenamtlich wirkt Prof. Michael Bauer zudem in Richtlinien und Fachausschüssen des VDI und DIN mit. Er ist Autor und Mitautor von mehreren Büchern.

Valentin Brenner, Dipl.-Ing. Architekt, Geschäftsleitung Architekturbüro H. Brenner in Ellwangen sowie Brenner & Ebert GmbH, Ellwangen. Er studierte Architektur und Stadtplanung an der Universität Stuttgart und ETH Zürich. Bis 2017 leitete es das Expertenteam Cradle to Cradle bei Drees & Sommer Advanced Building Technologies in Stuttgart, und zeichnete für den Aufbau und die Entwicklung des neuen Geschäftsbereichs Circular Engineering verantwortlich. Zuvor war er Nachhaltigkeitsberater im Ingenieurbüro Werner Sobek. Er ist Mitglied der Expertengruppe Recycling der Deutschen Gesellschaft für Nachhaltiges Bauen (DGNB) sowie des VDI Gremiums Ressourceneffizienz im Bauwesen. Bereits seit seinem Studium befasst er sich intensiv mit der Entwicklung von recyclingfähigen, flexiblen und gesunden Gebäuden und den damit verbundenen Chancen für die Bau- und Immobilienbranche.

Axel Dreßler, Jg. 1957, Studium der Rechtswissenschaften in Basel, Würzburg und Freiburg, Referendarszeit im Bezirk des Landgerichts Freiburg. Herr Dreßler ist seit 1986 für die Bayerische Landesbank in München tätig. Er verfügt über langjährige Projekterfahrungen beim Betrieb von Gebäuden und Betriebsstätten im In- und Ausland. Er ist Mitbegründer und seit 1998 Koordinator des unternehmensübergreifenden Arbeitskreises „Energie-Einkauf und Energie-Effizienz".

Birger Ehrenberg, Jg. 1962; Betriebswirt und geschäftsführender Gesellschafter der Immobilienbewertungsgesellschaft ENA-Experts GmbH & Co. KG – Real Estate Valuation, mit Sitz in Mainz. Er ist als Bewertungssachverständiger öffentlich bestellt und vereidigt und Fellow der Royal Institution of Chartered Surveyors (FRICS). Nach dem Studium der Betriebswirtschaft folgten verschiedene Stationen in der Immobilienwirtschaft, u. a. als Projektentwickler und Investor. 1995 kam Ehrenberg zur Immobilienbewertung und entwickelte aus einem Ein-Mann-Büro, seit 2005 gemeinsam mit den Partnern Brigitte Adam und Jochen Niemeyer, die weltweit tätige Bewertungsgesellschaft ENA-Experts mit derzeit 30 Köpfen. Neben verschiedenen ehrenamtlichen Tätigkeiten, zum Beispiel als Mitglied beim oberen Gutachterausschuss des Landes Rheinland-Pfalz, tritt er unter anderem als Lehrbeauftragter, Seminardozent, Prüfer bei RICS und Fachbuchautor in Erscheinung. Ehrenberg ist zudem Vorsitzender des Bundesverbandes der Immobilien-Investment-Sachverständigen (BiiS),

https://doi.org/10.1515/9783110275285-203

Frankfurt am Main und Mitglied des Präsidiums des ZIA, Zentraler Immobilien Ausschuss e. V., Berlin.

Jürgen Einck, Jg. 1967, Dipl.-Ing. (FH). Er ist Senior Projektpartner bei Drees & Sommer ABT. Seine berufliche Laufbahn startete er als Bauleiter im konstruktiven Ingenieurbau bevor er sich seit 1993 als Fassadenberater/-planer spezialisierte. Sein besonderer Schwerpunkt liegt dabei in der ganzheitlichen Beratung und Konzeption, der Planung, bis hin zur Qualitätssicherung und Objektüberwachung auf dem Gebiet der Fassadentechnik. Ergänzend zu Neubauprojekten verfügt Jürgen Einck über umfassendes Spezialwissen hinsichtlich Bauen im Bestand mit vielfältigsten projektspezifischen Konzeptionen zugehöriger Fassadensanierungen bis hin zu zugehörigem Wissen im Rahmen der Generalfachplanung.

Thomas Glatte, Dr.-Ing., Jg. 1969; begann seine berufliche Laufbahn als Bauleiter im Hoch- und Industriebau in Thailand und Indien. Im Jahr 1998 begann er bei BASF in der damaligen Liegenschaftsabteilung und war für Standortansiedlung und -entwicklung in Ostasien zuständig. Seit 2005 leitet er das Immobilienmanagement der BASF Gruppe. Zu den Schwerpunkten dieser Tätigkeit gehört die Integration und Neuausrichtung der Facility Managements sowie die Etablierung des Nachhaltigkeitsgedankens im den Immobilienaktivitäten des Konzerns. Dr. Glatte ist zudem Lehrbeauftragter für Corporate Real Estate und Projektentwicklung an der Universität Stuttgart, der TU Dresden und der Hochschule Mainz.

Gregor C. Grassl, M.Eng., Dipl.-Ing.(FH), Stadtplaner & Architekt, Fachplaner Energieeffizienz, DGNB-Seniorauditor und Fachausschussmitglied, Jg. 1977; Leiter Green City Development bei Drees & Sommer. Grassl berät nationale und internationale Kommunen, Investoren und führende Unternehmen zur Entwicklung nachhaltiger Liegenschaften, Stadtquartiere und Städte. Von Quartierszertifikaten über Klimaschutzkonzepte bis hin zur ganzheitlichen Infrastruktursystemplanung entwickelt er mit seinem interdisziplinären Team von einer der ersten CO2-neutralen Fabriken Deutschlands bis hin zur Maidar Eco City+ in der Mongolei nachhaltige und smarte Lösungen. 2015 wurde er als Experte in die Nationale Plattform Zukunftsstadt der Bundesregierung berufen. Sein Wissen gibt er an der HafenCity Universität in Hamburg und als Herausgeber des Standardwerkes „Nachhaltige Stadtplanung“ weiter.

Robert F. Grob, Dr.-Ing., M.Sc. Jg. 1969, Studium (Maschinenbau) an der Universität Stuttgart und der University of Colorado at Boulder (Civil Engineering), Wissenschaftlicher Mitarbeiter und Promotion am Lehrstuhl für Heiz- und Raumlufttechnik (heute IGE), Projektpartner bei Drees & Sommer (DS-Plan) auf den Gebieten Gebäudeautomation, Emulation, Energiemanagement sowie Commissioning/Inbetriebnahme.

Jakob Hahn, M.Eng., Jg. 1987; Studium Energie- und Gebäudetechnik an der Hochschule Esslingen und Tongji Universität Shanghai. Wissenschaftlicher Mitarbeiter und Doktorand am Competence Center Energieeffiziente Gebäude und Quartiere (CENERGIE), Hochschule für angewandte Wissenschaften München,,

Thomas Haun, Dipl. Ing. Architekt, Jg. 1980, absolvierte sein Studium an der Bauhaus-Universität in Weimar. Als strategischer Einkäufer bei der EnBW Energie Baden-Württemberg AG ist er verantwortlich für die Beschaffung von Bau- und Ausführungsleistungen im Bereich Hoch-, Roh- und

Ausbau sowie im Bereich Offshore für die Beschaffung von Fundamenten. Zuvor lag sein beruflicher Schwerpunkt im Bereich des nachhaltigen Bauens. Dabei kann er auf die seit 2008 erworbenen Qualifikationen, unter anderem zum Baubiologen IBN®, DGNB® Auditor, LEED Accredited Professional®, BREEAM Licensed Assessor® und BREEAM In Use Auditor®, zurückgreifen. EnBW Energie Baden-Württemberg AG, Stuttgart,

Thomas Häusser, Dipl. Ing. (FH). Er wechselte im Jahr 2001 von Philipp Holzmann AG zu Drees & Sommer in das Team Facility Management. Im Jahr 2008 wurde er Mitglied der Geschäftsleitung. Heute ist Thomas Häusser Geschäftsführer bei Drees & Sommer sowie Partner des Unternehmens und verantwortet den Leistungsbereich CREM- und Real Estate Consulting für die Unternehmensgruppe national sowie international. Zudem ist er Fachgruppenleiter beim VBI für das Thema Projekt- und Facility Management und Autor zahlreicher Fachartikel und Buchbeiträge. Herr Häusser ist unter anderem Dozent an der Universität Stuttgart im Masterstudiengang Industrial Real Estate Management (IREM).

Rut Herten-Koch, Dr. iur., Jg. 1972; Rechtsanwältin und Fachanwältin für Verwaltungsrecht, Partnerin bei Luther Rechtsanwaltsgesellschaft mbH in Berlin. Dr. Herten-Koch berät sowohl die öffentliche Hand als auch private Unternehmen zu Fragen des Vergaberechts sowie des öffentlichen Rechts, vertritt Mandanten vor den Vergabenachprüfungsinstanzen und der Verwaltungsgerichtsbarkeit und hält regelmäßig Fachvorträge, insbesondere zu aktuellen Themen des Vergaberechts.

Christoph Ingenhoven, Dipl. Ing. Architekt, Jg. 1960, studierte Architektur und Kunstgeschichte an der RWTH Aachen (1978–1984) und an der Kunstakademie Düsseldorf bei Hans Hollein (1980–1983). 1985 gründete er das Architekturbüro ingenhoven architects. Internationale Anerkennung erhielt es 1997 mit dem RWE Turm in Essen, eines der ersten ökologischen Hochhäuser weltweit. ingenhoven architects planen und realisieren den neuen Bahnhof Stuttgart 21. Mehrere ausgezeichnete Hochhausprojekte entstanden außerdem in Singapur, Japan und Australien.
Christoph Ingenhoven zählt zu den international führenden Architekten, die sich für nachhaltige und ökologische Architektur einsetzen. Der Hauptsitz des Büros von ingenhoven architects befindet sich im Düsseldorfer Medienhafen. Darüber hinaus ist es international an den Standorten Zürich, Sydney, Singapur und Santa Clara CA vertreten.

Rolf Kobabe, Dr. iur., Sparkassenkaufmann, Jg. 1964; Rechtsanwalt bei der Luther Rechtsanwaltsgesellschaft mbH in Hamburg. Er ist spezialisiert in den Bereichen Asset Management und Fonds sowie auf das Aufsichtsrecht für den Finanzmarkt. Er berät nationale und internationale Banken, Kapitalverwaltungsgesellschaften, Versicherer, Finanzdienstleister und Investoren.

Stefan Kobes, Dr. jur., Jg. 1960, Rechtsanwalt (seit 1989) und Fachanwalt für Verwaltungsrecht, Leiter der Praxisgruppe Environment Planning Regulatory bei der Luther Rechtsanwaltsgesellschaft mbH in Hamburg. Studium an den Universitäten Kiel, Lausanne, Freiburg und an der Deutschen Universität für Verwaltungswissenschaften Speyer, Mitglied des Umweltausschusses der IHK Berlin, Lehrbeauftragter an der Hochschule für Wirtschaft und Recht Berlin. Der Schwerpunkt seiner Beratung liegt auf dem umweltbezogenen Industrieanlagenrecht (Immissionsschutz, Emissionshandel, Bodenschutz und Altlastensanierung, Bergbau) sowie auf dem öffentlichen Bau- und Planungsrecht.

Michaela Lambertz, Prof. Dr.-Ing. Dipl.-Wirt.-Ing., Jg. 1977; Studium und Promotion an der RWTH Aachen, Professorin an der TH Köln (Lehr- und Forschungsgebiet Green Building Engineering) und Mitinhaberin der Büros BAUES WUNDER Lambertz & Friesdorf Ingenieure, ein Büro für Nachhaltigkeitsberatung, Green Building Zertifizierung und Projektmanagement. Frau Prof. Dr. Lambertz ist ausgezeichnet mit dem RHEVA Young Scientist Award und dem Ehrenring des Vereins Deutscher Ingenieure (VDI). Sie ist u. a. stellvertretende Vorsitzende des Fachbeirats Facility Management des VDI und Mitglied des Fachbeirats der German Green Building Association (GGBA). Sie ist seit zehn Jahren als DGNB-Seniorauditorin, LEED AP und BREEAM Assessorin im Bereich der Nachhaltigkeitsberatung und Green Building Zertifizierung tätig.

Claus Lehner, Dr., Jg 1962; Architekturstudium in Stuttgart, Aufbaustudium Wirtschaftsingenieurwesen in Esslingen und Kontaktstudium Immobilienökonomie; 2005 bis 2010 Dissertation „Erfolgreiches Portfolio- und Asset Management für Immobilienunternehmen – Die 8 Werthebel" an der Universität Freiburg. Er ist seit 2014 Vorsitzender der Geschäftsführung der GBW Real Estate GmbH & Co. KG und für die Bereiche Propertymanagement, Asset Management, Recht, Unternehmenssicherheit/Zentrale Dienste sowie Mieterdialog/PR verantwortlich. Zuvor war er Vorsitzender des Vorstands und Mitglied des Vorstands (verantwortlich für das operative Ressort) der GBW AG. Dr. Claus Lehner ist Mitglied der Royal Institution of Chartered Surveyors, MRICS und beschäftigt sich als Dozent mit Immobilienportfoliomanagement und Asset Management.

Tobias Leidinger, Professor Dr. iur., Jg. 1964, Studium der Rechtswissenschaften in Freiburg, Münster und Speyer, Rechtsanwalt und Fachanwalt für Verwaltungsrecht, Luther Rechtsanwaltsgesellschaft mbH, Düsseldorf; Honorarprofessor an der Ruhr-Universität Bochum, Direktor am Institut für Berg- und Energierecht Ruhr-Universität Bochum; spezialisiert auf Fragen des Energie-, Infrastruktur-, Umwelt- und Planungsrechts; zahlreiche Veröffentlichungen zum Energie-, Planungs- und Umweltrecht; langjährige Praxiserfahrungen in der Energieindustrie bei Planung, Genehmigung, Bau und Betrieb von Energieanlagen und Infrastruktureinrichtungen.

Jan von Mallinckrodt, MBA, Jg. 1976; Studium Internationales Management in Flensburg, Veracruz (Méx.) und Chicago (USA); beruflicher Werdegang u. a. bei der Commerzbank (Frankfurt) in verschiedenen Funktionen in Bereichen wie Investmentgeschäft und zuletzt im Bereich Strategie des Corporate Banking; seit Anfang 2013 Verantwortung der Segmententwicklung Immobilien bei der Union Investment Real Estate GmbH mit den Schwerpunkten Strategie, Business Development, Digitalisierung, Projekte und Prozesse sowie als Head of Sustainability das Thema Nachhaltigkeit.

Andreas Mally, Jg. 1976, ist Rechtsanwalt bei der Luther Rechtsanwaltsgesellschaft mbH in Leipzig. Er ist auf das private Bau-, Architekten-, Ingenieur- und Bauträgerrecht spezialisiert und berät seine Mandanten ganzheitlich, von der Projektstrukturierung und Vertragsgestaltung und -verhandlung, bis zur baubegleitenden Beratung sowie außergerichtlichen und gerichtlichen Durchsetzung und Abwehr von Ansprüchen. Er hält regelmäßig Seminare im Bau-/ Architekten- und Ingenieurrecht.

Ulf Meyer, Dipl.-Ing., Jg. 1970, ist ein Architekturjournalist und -kritiker, Autor und Dozent aus Berlin. Er hat an der TU Berlin und am Illinois Institute of Technology in Chicago Architektur studiert. Ulf war als Arthur-F. Burns-Fellow 2004 in Berkeley und als Stipendiat der Nippon-Carl-Duisberg-Gesellschaft 2001/02 bei Shigeru Ban Architects in Tokyo. Als Professor an der Kansas State University und an der University of Nebraska-Lincoln (als Hyde Chair of Excellence) sowie an der Tamkang

University in Taiwan hat er mit einem Fokus auf Nachhaltiges Bauen und Entwerfen gelehrt und mit dem Schwerpunkt Rating-Systeme und Nachhaltiger Städtebau geforscht. Ulf Meyer hat zwölf Bücher über Architektur und Städtebau geschrieben, darunter „World's Greenest Buildings" mit Jerry Yudelson und ist als Berater von mehreren großen deutschen und internationalen Architekturbüros tätig.

Peter Mösle, Dr.-Ing., Jg. 1969, Partner und Geschäftsführer bei Drees & Sommer. Er studierte Maschinenbau mit der Fachrichtung Energietechnik an der Universität Stuttgart und Tucson/USA. Seit 1996 ist er bei Drees & Sommer Advanced Building Technologies GmbH und verantwortlich für den Bereich Energiedesign/energieeffizientes Bauen und entwickelt gewerkeübergeifend Energie- und Gebäudekonzepte für Green Buildings und nachhaltige Quartiere. Er steht gemeinsam mit EPEA Internationale Umweltforschung in Hamburg für Cradle to Cradle® in der Baubranche. Peter Mösle ist Mitglied des Präsidiums der Deutsche Gesellschaft für nachhaltiges Bauen DGNB e. V. und Mitglied des ZIA-Innovation Think Tanks. Er ist Mitautor des Buchs „Green Building. Konzepte für Nachhaltige Architektur" (2007) und Co-Autor des Buchs „Nachhaltige Stadtplanung" (2013)

Matthias Peine, Dr. iur, Jg. 1982; Studium der Rechtswissenschaften an der Universität Bayreuth und an der Westfälischen Wilhelms-Universität Münster, Referendarsausbildung u. a. beim Umweltbundesamt. Er ist Rechtsanwalt bei Pauly Rechtsanwälte in Köln und spezialisiert auf Beratung und Vertretung von Unternehmen in den Bereichen Vergaberecht, Umwelt- und Planungsrecht, insbesondere im Abfall- und Immissionsschutzrecht.

Philipp Pröbsting, Dr. iur., maître en droit, Jg. 1977; Rechtsanwalt, Fachanwalt für Bau- und Architektenrecht und Partner bei der Luther Rechtsanwaltsgesellschaft mbH in Düsseldorf. Dr. Pröbsting berät zum Bau- und Architektenrecht projektbegleitend und im Rahmen komplexer streitiger Verfahren. Er berät ferner mittelständische und große Unternehmen in allen Fragen des Immobilienwirtschaftsrechts, inkl. Transaktionen und Bewirtschaftung im Bestand.

Michael Reiß, Dipl. Ing. Architekt, Jg. 1961, studierte Architektur an der TU Braunschweig und an der ETH Zürich; vor dem Studium hat er eine Ausbildung zum Bauzeichner abgeschlossen. Er hat einen Lehrauftrag an der TH Köln, Fakultät für Architektur. Michael Reiß ist seit 1991 bei ingenhoven architects als Architekt tätig und verantwortet als Director u.a. die Bearbeitung internationaler Wettbewerbe im europäischen Raum. Die Integration der Nachhaltigkeits-Strategien des Büros bereits in der Entwurfsphase gehört zu einem seiner Schwerpunkte. Er verfügt über umfangreiche Erfahrungen im Bereich der Architektur-Kommunikation und begleitet redaktionell und inhaltlich Publikationen, Vorträge und Ausstellungen des Büros.

Martin Reuter, Dipl. Ing. Architekt, Jg. 1972 studierte Architektur an der RWTH Aachen. Martin Reuter ist seit 1998 bei ingenhoven architects und als Managing Director mitverantwortlich für die Architektursprache des Büros. Er hat weitreichende Erfahrung in allen Phasen des Entwurfsprozesses, von der Planung bis hin zur Projektabwicklung und Verwaltung. Sein Tätigkeitsschwerpunkt umfasst überwiegend internationale Projekte, mit einer Spezialisierung auf Großprojekte im asiatischen und australischen Raum. Bei jedem Projekt spielt der supergreen-Aspekt, für den sich das Büro ingenhoven architects im Besonderen einsetzt, eine zentrale Rolle für das Entwurfskonzept.

Bettina Röder, Jg. 1978, Dipl.-Ing. (FH) Architektur und Dipl.-Wirtsch.-Ing. (BA) Facility Management. Green Building Expertin bei Drees & Sommer Advanced Building Technologies. Bettina Röder's besonderer Schwerpunkt liegt auf der ganzheitlichen Beratung in den deutschen Zertifizierungen DGNB, BNB und NBBW.

Barbara Schmidt, Dr., Jg. 1962; Partnerin und Rechtsanwältin bei der Luther Rechtsanwaltsgesellschaft in Leipzig. Dr. Barbara Schmidt leitet das Büro in Leipzig. Sie berät in immobilienrechtlichen Fragen, insbesondere auch für die öffentliche Hand und von dieser gehaltene Wirtschaftsunternehmen. Dies umfasst die Begleitung von umfassenden Immobilienprojekten, auch bei der Vergabe und in der Reorganisation und Restrukturierung einschließlich haftungs- und ausgleichsrechtlicher sowie versicherungsrechtlicher Fragestellungen. Zudem begleitet sie Transaktionen, insbesondere auch im Immobilienbereich.

Daniela Schneider, Dr.-Ing., Jg. 1984; studierte Bauingenieurwesen an der Universität Karlsruhe. Im Rahmen eines Forschungs- und Entwicklungsvertrags mit der BASF SE promovierte sie im Anschluss am Karlsruher Institut für Technologie (KIT) zum Thema nachhaltiges Immobilien-Portfoliomanagement. Seit 2012 ist sie bei der BASF SE tätig, wo sie sich schwerpunktmäßig mit dem Thema Real Estate Sustainability und Immobilieninstandhaltung befasst.

Se-Han Christoph Kim, LL.M. oec., Jg. 1975; Rechtsanwalt, Masterstudium im Wirtschaftsrecht an der Universität zu Köln. Seit mehr als sieben Jahren betreut er in der zentralen Rechtsabteilung der Deutsche Postbank AG das Privat- und Firmenkundenkreditgeschäft, darunter auch das Förder- und Kommunalkreditgeschäft, sowie gewerbliche Immobilienfinanzierungen. Weitere Schwerpunkte seiner Tätigkeit liegen in der Beratung der Deutsche Postbank AG in Bereichen des Kredit-, Sanierungs- und Insolvenzrechts sowie der Produktinnovation im Kreditgeschäft.

Adina Sitzer, Dr. iur., Jg. 1985, Studium der Rechtswissenschaft an der Justus-Liebig-Universität Gießen; Dissertation zu monetären Leistungsanreizen im öffentlichen Dienst; 2015 bis 2017 Rechtsanwältin bei der Luther Rechtsanwaltsgesellschaft mbH in Düsseldorf, Mitglied der Praxisgruppe Environment, Planning, Regulatory; Tätigkeitsschwerpunkte: Umweltrecht, Emissionshandelsrecht, Planungsrecht.

Holger Stappert, Dr. iur., Jg. 1968; Studium der Rechtswissenschaften an der Rheinischen Friedrich-Wilhelms-Universität zu Bonn und der Universität zu Bielefeld; Dissertation zur Kontrolle von Netznutzungsentgelten; von 2001 bis 2007 Rechtsanwalt bei Freshfields Bruckhaus Deringer in Köln; seit 2007 Rechtsanwalt und Partner der Luther Rechtsanwaltsgesellschaft mbH in Düsseldorf; Leiter der Sektorgruppe Energiewirtschaft der Sozietät auf nationaler und internationaler Ebene; Tätigkeitsschwerpunkte: Energie- und Kartellrecht; diverse Fachveröffentlichungen sowie Fachvorträge zu energie- und kartellrechtlichen Themen.

Martin A. Steger, Dr. jur., Jg. 1982; Studium der Rechtswissenschaften an der WWU Münster; Summer Associate bei einer amerikanischen Wirtschaftskanzlei; regulierungsrechtliche Stationen im Referendariat (Bundesnetzagentur, Generaldirektion Wettbewerb der Europäischen Kommission, Luther Rechtsanwaltsgesellschaft mbH); Dissertation im Europa- und Energierecht zur Verselbstständigung von Unionsagenturen am Beispiel der Agentur für die Zusammenarbeit der nationalen Energieregulierungsbehörden „ACER"; Rechtsanwalt seit 2011, davon 2013 bis 2017 bei der Luther

Rechtsanwaltsgesellschaft mbH in Düsseldorf; seit 2017 Justitiar bei der Statkraft Markets GmbH; Tätigkeitsschwerpunkt im Energierecht.

Markus Tritschler, Prof. Dr.-Ing., Jg. 1961, Studium (Maschinenbau) an der Universität Stuttgart, Wissenschaftlicher Mitarbeiter am Lehrstuhl für Heiz- und Raumlufttechnik (heute IGE), Projektpartner bei Drees&Sommer (DS-Plan) auf dem Gebiet Technische Gebäudeausrüstung und Facility Management. Professor an der Hochschule Esslingen und Gastprofessor an der Tongji Universität Shanghai. Mitglied im Fachausschuss Wärme und Heiztechnik des Vereins Deutscher Ingenieure (VDI) und in den Richtlinienausschüssen VDI 2077, VDI 6041, VDI 6039, VDI 6009. Leiter des Steinbeis Transferzentrums Gebäude – Technik – Management.

Ulrike Wesche, Dr. jur, Jg 1977; Studium der Rechtswissenschaften in Köln, 2004 Zulassung als Rechtsanwältin, 2007 Promotion zum Dr. jur. am Institut für internationales und ausländisches Privatrecht der Universität zu Köln zum Thema „Grenzüberschreitende Grundstücksimmissionen." Sie ist seit 2012 Partnerin der Rechtsanwaltskanzlei Hoffmann Liebs Fritsch & Partner mbB, Düsseldorf. Ein besonderer Schwerpunkt ihrer Tätigkeit liegt im Anlagenbau, der rechtlichen Begleitung von Grundstücks-Transaktionen (Portfolio-Erwerbe oder Veräußerungen) sowie in der außergerichtlichen und gerichtlichen Beratung im privaten Bau-, Miet- und Pachtrecht.

Diana Wilfer, LL.M., Rechtsanwältin, Luther Rechtsanwaltsgesellschaft mbH, Frankfurt a. M.

Walter Wilfer, Jg. 1963, Studium an der FH München, Fachrichtung elektrische Energietechnik. Hr. Wilfer ist seit 2004 als Implementierungsspezialist von neuen Objekten für die Bayern Facility Management GmbH tätig. Als ehemaliger Projektleiter bei der Siemens AG verfügt er über Erfahrung in der Projektierung und Errichtung von haustechnischen Anlagen und Systemen. Er ist Mitbegründer des seit 1998 bestehenden Arbeitskreises „Energie-Einkauf und Energie-Effizienz".

Christopher Züll, Jg. 1985; Ingenieur für Energie- und Gebäudetechnik, staatlich anerkannter Energieberater, Masterabsolvent Green Building Engineering an der TH Köln. Er sammelte praktische Erfahrungen in Unternehmen sowie Nichtregierungsorganisationen in Köln, Pokhara (Nepal) und Seoul (Südkorea). Nach seiner Tätigkeit als wissenschaftlicher Mitarbeiter am Institut für Technische Gebäudeausrüstung an der Technischen Hochschule Köln und einer studienbegleitenden Tätigkeit beim Immobilienprojektentwickler Art-Invest Real Estate Management ist er nun als Projektmanager bei Arcadis in Köln tätig.

Literaturverzeichnis

Alonso, C./McEwan, D./Roderick, Y.Wheatley, C. [A comparative study of building energy performance assessment] Integrated Environmental Solutions Limited, Kelvin Campus, West of Scotland Science Park, A comparative study of building energy performance assessment between LEED, BREEAM and Green Star schemes, Glasgow, 2009, in: http://www.iesve.com/content/downloadasset_1220, Zugriff: 30.10.2016.

Appleby, P. [Integrated Sustainable Design] Integrated Sustainable Design of Building, New York 2011, S. 65.

ASHRAE (Hrsg.) [Standard 90.1] ANSI/ASHRAE/IES Standard 90.1–2010: Energy Standard for Buildings Except Low-Rise Residential Buildings, 2010.

Atmosgrad http://www.atmosgrad.com (Stand April 2013)

Bauer, M./Mösle, P./Schwarz, M. Green Building, resource-efficient and sustainable construction, 2007, S. 58–64

Bauer, M./Mösle, P./Schwarz, M. [Green Building] Green Building – Konzepte für nachhaltige Architektur, Stuttgart 2013, S. 60.

Besecke, A. Die Geschichte des Baurechts, 2012

BetterBuildings Partnership http://www.betterbuildingspartnership.co.uk (Stand April 2013)

BINE Informationsdienst [Tageslichtnutzung] Themeninfo 1/05: Tageslichtnutzung in Gebäuden, Fachinformationszentrum Karlsruhe, Bonn. In: Eichenauer, M.: Energieeffiziente Bürogebäude, Dortmund 2011

BMUB (Hrsg.) [Leitfaden Nachhaltiges Bauen] Leitfaden Nachhaltiges Bauen, 2. Auflage, Bundesministerium für Umwelt, Naturschutz, Bau und Reaktorsicherheit, Berlin 2016, S. 8, 50.

Bott, H./Grassl, G./Anders, S. Nachhaltige Stadtplanung: Konzepte für nachhaltige Quartiere, Regensburg 2013

Braune, A./Kittelberger, S./Kreissig J. Potenziale des Nachhaltigen Bauens in Deutschland: Analyse der internationalen Strukturen, Kurzstudie, Lehrstuhl für Bauphysik, Universität Stuttgart 2007

BRE Environmental Assessment Method (BREEAM) http://www.breeam.org (Stand April 2013).

BRE Global (Hrsg.) BREEAM International New Construction 2016, Technical Manual, SD 233 1.0, 2016

BREEAM (Hrsg.) [Kriterienkatalog]: Interne Unterlagen des DIFNI, Kriterienkatalog BREEAM DE Bestand, S. 35 ff.

BS 8206-2: BSI (Hrsg.): BS 8206-2, Lighting for Buildings. Code of practicefor daylighting, 2008

Bullinger, H.-J./Röthlein, B. Morgenstadt: Wie wir morgen Leben: Lösungen für das urbane Leben der Zukunft, München 2012

CA Immo http://www.caimmo.com/unternehmen/corporate_social_responsibility/nachhaltigkeit/cast_das_ca_immo_tool_zur_bestandsbewertung/#c51 (Stand April 2013)

Caspers-Merk, M. [Vorwort] In: Deutscher Bundestag (Hrsg.), Konzept Nachhaltigkeit – Vom Leitbild zur Umsetzung, Abschlussbericht der Enquete-Kommission „Schutz des Menschen und der Umwelt Ziele und Rahmenbedingungen einer nachhaltig zukunftsverträglichen Entwicklung“, Referat Öffentlichkeitsarbeit, Bonn: Drucksache 13/1533, 1998, S. 1–3

CB RICHARD ELLIS, EMEA Research Who pays for Green? The economics of sustainable buildings. Verfügbar unter: http://portal.cbre.eu/portal/page/portal/public/Public%20PDFs/CBRE_Who_PaysFor_Green_2009.pdf (April 2009)

CIBSE Lighting Guide LG 10/14: CIBSE (Hrsg.): CIBSE Lighting Guide LG 10/14: Daylighting – a guide for designers, 2014

Das Energiekonzept der Bundesregierung, September 2011

David, R./Jensch, W. Abschlussbericht für das EnOB Vorhaben OASE II – Betriebsprognose und Betriebsdiagnose im Praxistest. Ebert-Ingenieure, München 7/2008

https://doi.org/10.1515/9783110275285-204

Deutsche Gesellschaft für nachhaltiges Bauen (DGNB) DGNB Kriterium PRO 2.3 für Neubau Büro- und Verwaltungsgebäude – Geordnete Inbetriebnahme, Stuttgart 2/2015.

Deutscher Bundestag (Hrsg.) [Konzept Nachhaltigkeit – Vom Leitbild zur Umsetzung]: Konzept Nachhaltigkeit – Vom Leitbild zur Umsetzung, Abschlussbericht der Enquete-Kommission „Schutz des Menschen und der Umwelt Ziele und Rahmenbedingungen einer nachhaltig zukunftsverträglichen Entwicklung", Referat Öffentlichkeitsarbeit, Bonn: Drucksache 13/1533, 1998

Deutsches Institut für Normung DIN EN 15804 Nachhaltigkeit von Bauwerken – Umweltdeklarationen für Produkte – Regeln für Produktkategorien; Deutsche Fassung prEN 15804, 2008

Deutsches Institut für Normung DIN EN ISO 14040 – Umweltmanagement – Ökobilanz – Grundsätze und Rahmenbedingungen, Deutsche und Englische Fassung EN ISO 14040, 2006

Deutsches Institut für Wirtschaftsforschung DIW (Hrsg.) Strukturdaten zur Produktion und Beschäftigung im Baugewerbe – Berechnungen für das Jahr 2011, 2012

DGNB http://www.dgnb.de (Stand August 2016).

Dodge Data and Analytics (Hrsg.) [World green building trends in 2016: Business benefits] World green building trends in 2016: Business benefits, http://www.usgbc.org/articles/world-green-building-trends-2016-business-benefits, in: https://www.construction.com/toolkit/ reports/world-green-building, Zugriff: 30.10.2016, S. 5–18.

Donath, C./Fischer, D./Hauke, B. [Nachhaltige Gebäude – Planen, Bauen, Betreiben]:Nachhaltige Gebäude – Planen, Bauen, Betreiben, Düsseldorf, bauforumstahl 2011, S. 47.

Drees & Sommer ABT Viele Gebäude brauchen deutlich mehr Energie als geplant Drees & Sommer entwickelt Energiemanagementsystem mit virtuellem Vergleichsmodell. Presseinformation Okt. 2013

Ebert, T./Eßig, N./Hauser, G. [Zertifizierungssysteme für Gebäude] Zertifizierungssysteme für Gebäude, München 2010

Economic Sustainability Indicator (ESI) http://www.ccrs.uzh.ch/services-1/nachhaltigeimmobilien/forschung/esi.html (Stand April 2013)

Eßig, N./Hauser, G./Lindner, S./Lützkendorf, T./Mittermeier, P./Siegmund, L. [Durchführung einer Pilotphase für die Bewertungsmethode Kleinwohnhausbauten] Durchführung einer Pilotphase für die Bewertungsmethode „Kleinwohnhausbauten (Ein- und Zweifamilienhäuser)", München 2015, S. 21

FINANCE-Research [Green Building – Bewertung, Finanzierung, Ausblick] Green Building – Bewertung, Finanzierung, Ausblick, HypoVereinsbank Corporate Banking (Hrsg.), Frankfurt am Main S. 7

Fraunhofer Institut für Bauphysik IBP [Energieeffizienz und Gesundheit] Towards an identification of European indoor environments' impact on health and performance (White Paper), Stuttgart, 2014. In: Energieeffizienz und Gesundheit – Hand in Hand zum optimalen Raumklima, https://www.ibp.fraunhofer.de/de/Presse_und_Medien/Presseinformationen/pm_10-03-2015-literaturstudie-europaeisches-raumklima.html, Zugriff: 30.10.2016.

Global Real Estate Sustainability Benchmark (GRESB) http://gresb.com (Stand April 2013)

Global Reporting Initiative (GRI) https://www.globalreporting.org (Stand April 2013).

Grassl, G. Nachhaltige Wohnquartiersentwicklung auf Militärbrachen in Bayern. Entwicklungskonzept für die „Marshall Heights" in Kitzingen, Stuttgart 2008

Green Building Magazin LEED v4: Das Zertifizierungssystem entwickelt sich weiter. In: Green Building Magazin 12/2015, S. 18

Green Rating Alliance http://www.green-rating.com (Stand April 2013)

Greenhouse Gas Protocol http://www.ghgprotocol.org (Stand April 2013)

Greenprint Foundation (GPF) http://www.greenprintfoundation.org (Stand April 2013)

Hauff, V. (Hrsg.) [Brundtland-Bericht] Unsere gemeinsame Zukunft – Der Brundtland-Bericht der Weltkommission für Umwelt und Entwicklung, Greven 1987

Heussner, R. et al. [Perspektiven der Nachhaltigkeit] In: Hardtke, A./Prehn, M. (Hrsg.), Perspektiven der Nachhaltigkeit, Vom Leitbild zur Erfolgsstrategie, Wiesbaden 2001

HFK (Hrsg.) [Green Building] Green Building/Nachhaltiges Bauen, Berlin 2009, S. 21.

Hoffmann, M./Rudolphi, A. Nachhaltiges Bauen in der HafenCity, Umweltzeichen HafenCity, Hamburg 2010

http://de.wikipedia.org/wiki/Benchmarking

HypZert e. V. http://www.hypzert.de/nc/service/hypzert-shop (Stand April 2013)

Institut für Arbeitsmarkt- und Berufsforschung (IAB, Hrsg.): Daten zur kurzfristigen Entwicklung von Wirtschaft und Arbeitsmarkt, Oktober 2016

Intergovernmental Panel on Climate Change (IPCC) Fourth Assessment Report,Synthesis Report (2007)

International Sustainable Alliance (ISA) http://www.internationalsustainabilityalliance.org (Stand April 2013)

Investment Property Databank (IPD) http://www.ipd.com (Stand April 2013)

Kats, G./Alevantis, L./Berman, A./Mills, E./Perlman, J. The Costs and Financial Benefits of Green Buildings – A Report to California's Sustainable Building Task Force, Verfügbar unter: www.usgbc.org/Docs/News/News477.pdf. 2003 (Januar 2007).

Klüppel, H.-J. [Nachhaltigkeit und Produktpolitik] Nachhaltigkeit und IPP – Herausforderungen und Widersprüche. In: Verein Deutscher Ingenieure (Hrsg.), VDI Berichte Nr. 1779 – Ökonomischer Erfolg – ökologische Verträglichkeit – soziale Gerechtigkeit: Umsetzung von Nachhaltigkeit und Integrierter Produktpolitik (IPP) in kleinen und mittleren Unternehmen (KMU), Düsseldorf 2003, S. 45–50

Kreditanstalt für Wiederaufbau (KfW) Anlage zum Merkblatt – Energieeffizient Bauen (153), Frankfurt 4/2016

Lambertz, M. Entwicklung eines Verfahrens zur Bewertung der sozialen Nachhaltigkeitsdimension von Bürogebäuden, Düsseldorf 2010

Lambertz, Michaela: Performance Plattform ARC, Ein Tool zur Optimierung des Immobilienbestands, in Facility Management, 01/2017, S. 26 f.

Lambertz, M./Donath, Christian LEED-Zertifizierung – Nachhaltiges Bauen international. In: Green Building, Bauen & Umwelt, Sonderausgabe EPD, Januar 2017, S. 40 f.

Lambertz, M./Hoinka, T./Mösle, P. Lang anhaltend hoch hinaus, Nachhaltigkeitszertifizierung im Bestand, B + B, Bauen im Bestand, 06/2009, S. 18–22

LEED (Hrsg.) [Indoor Environmental Quality] LEED Kriterienkatalog: Building Design + Construction v4 (2016): "Indoor Environmental Quality"

LEED (Leadership in Energy and Environmental Design). http://www.usgbc.org/leed (Stand April 2013)

LEED-NC Green Building Rating System For New Construction & Major Renovations. User Manual Version 2.2. U.S. Green Building Council, Oktober 2005

Lützkendorf, T. Nachhaltiges Planen, Bauen und Bewirtschaften von Bauwerken – Ziele, Grundlagen, Stand und Trends, Bewertungsmethoden und -hilfsmittel, Karlsruhe 2002

Makkie, H. [Green Building] Green Building: Nachhaltigkeitszertifikate im Bausektor – Konsequenzen für die Bau- und Immobilienwirtschaft, Hamburg 2010, S. 116

Mark Otto Systematische Untersuchung des Smart City Konzepts im Hinblick auf die digitale Vernetzung. Anwendungspotenziale für ein neues Stadtquartier und Erarbeitung einer Guideline für smarte Quartiersplanung

McGraw-Hill (Hrsg.) [World Green Building Trends]

McGraw-Hill Construction Research & Analytics/Industry & Alliances, World Green Building Trends – Business Benefits Driving New and Retrofit Market Opportunities in Over 60 Countries, in: http://www.worldgbc.org/files/8613/6295/6420/World_Green_Building_Trends_SmartMarket_Report_2013.pdf, 2013

Meyer, U./Yudelson, J. [The World's Greenest Buildings] The World's Greenest Buildings: Promise Versus Performance in Sustainable Design, New York2013, S. 16

Mitchell, L. [Green Star and NABERS]: Green building rating tools – Cities & Climate Change URS 2009: Green Star and NABERS: Learning from the Australian experience with green building rating tools, Sydney 2009, S. 9, in: http://siteresources.worldbank.org/INTURBANDEVELOPMENT/Resources/336387-1256566800920/6505269-1268260567624/Mitchell.pdf, Zugriff: 30.10.2016.

Mösle, P./Lambertz, M./Bauer, M. Green Building Zertifikate, Die Rolle des Auditors, Facility Manager, 12/2009, S. 16–19

Mösle, P./Lambertz, M./Bauer, M. Green Building Auditoren: Ausbildung, Marktchancen und Qualitätskriterien, Detail Green, 01/2010, S. 78–80

Ndukwe, A. [BREEAM 2008 Update]: BRE Global – Sustainability Group, BREEAM 2008 Update, in: https://www.architecture.com/Files/RIBAHoldings/PolicyAndInternationalRelations/ClientForums/Schools/Resources/BRE%20PPt.pdf, Zugriff: 30.10.2016.

Neumann, C./Jacob, D. Building EQ – Tools and methods for linking EPBD and continuous commissioning. Fraunhofer Institute for Solar Energy Systems Freiburg, 1/2010

Pfahl, S. [Determinanten von Nachhaltigkeit] Effizienz und Suffizienz als Determinanten von Nachhaltigkeit: Eine akteursbezogene Szenarioanalyse der Bedeutung des privaten Konsums für eine nachhaltige Entwicklung des Energieerbrauchs in Deutschland und weltweit, Aachen 2002

Presse- und Informationsamt der Bundesregierung (Hrsg.) [Nationale Nachhaltigkeitsstrategie] Nationale Nachhaltigkeitsstrategie – Forschungsbericht 2012, in: http://www.bundesregierung.de/Content/DE/Publikation/Bestellservice/2012-05-08-fortschrittsbericht-2012.pdf?__blob=publicationFile, Berlin 2011, S. 54

Reinhardt, H.-W. et al. [Sachstandbericht – Nachhaltiges Bauen mit Beton] Sachstandbericht – Nachhaltiges Bauen mit Beton, Deutscher Ausschuss für Stahlbeton (DAfStb) im DIN, Deutsches Institut für Normung e. V. (Hrsg.), Berlin u. a. 2001

RICS [Grün kommt] „Grün kommt!" – Europäische Nachhaltigkeitsstatistik (Sustainable Building Certification Statistics Europe), in: http://www.breeam.com/filelibrary/BREEAM%20and%20Value/Gr-n-kommt--2015.pdf (Zugriff: 30.10.2016), London, 2015, S. 4 ff.

RNE [Zusatzkosten für „grüne" Gebäude] Rat für Nachhaltige Entwicklung RNE, Zusatzkosten für „grüne" Gebäude amortisieren sich in fünf Jahren, http://www.nachhaltigkeitsrat.de/index.php?id=4180, Zugriff: 30.10.2016.

Royal Institution of Chartered Surveyors (RICS) http://www.rics.org (Stand April 2013)

Saunders, T. [Comparing International Environment Assessment Methods for Buildings]: BRE Global: A Discussion Document Comparing International Environment Assessment Methods for Buildings, 2008, in: http://www.breeam.com/filelibrary/International%20Comparison%20Document/Comparsion_of_International_Environmental_Assessment_Methods01.pdf, Zugriff: 30.10.2016, S. 12.

Saunders, T. A Discussion Document Comparing International Environment Assessment Methods for Buildings (März 2008).

Schleifer, S. [Energieeffiziente Häuser] Energieeffiziente Häuser, Barcelona 2011, S. 84

Schröder, W. [Nachhaltigkeit aus ökologischer Sicht] Nachhaltigkeit aus ökologischer Sicht. In: Laer von, H./Scheer, K.-D. (Hrsg.), Nachhaltigkeit – Konzept für die Zukunft? Münster 2002, S. 21–41

Scope http://www.scope-group.com (Stand April 2013)

Statistisches Bundesamt Umweltökonomische Gesamtrechnungen. Nachhaltige Entwicklung in Deutschland. Indikatoren zu Umwelt und Ökonomie, Wiesbaden 2016.

Sustainable Building Alliance (SBA) http://sballiance.org (Stand April 2013)

Töpfer, K. [Vorwort: Nachhaltige Baupolitik] In: Bundesministerium für Raumordnung, Bauwesen und Städtebau (Hrsg.), Nachhaltige Baupolitik zwischen Ökologie und Ökonomie, 1997, S. 11

Tritschler, M. et al. Abschlussbericht des Forschungsvorhabens Energieoptimiertes Bauen: Monitoring und Betriebsoptimierung der Kreissparkasse Göppingen. Hochschule Esslingen, Fakultät Gebäude Energie Umwelt 2015

UN-Department of Economic and Social Affairs (Hrsg.) World Urbanization Prospects: The 2011 Revision, New York 2012

UNEP Sustainable Building and Construction Initiative, Information Note. Verfügbar unter: http://www.unepsbci.org/SBCINews/PressRelease/ (2006)

Union Investment Real Estate http://www.nachhaltige-immobilien-investments.de/de/wissen/aktivitaeten-union-investment-real-estate/sustainable-investment-check/ (Stand April 2013)

United Nations (Hrsg.) [Our Common Future]: Our Common Future – Report of the World Commission on Environment and Development, Oslo 1987

United Nations (Hrsg.) World Urbanization Prospects, The 2014 Revision, Highlights, 2015

United Nations Environment Programme (UNEP). http://www.unep.org (Stand 2016)

USGBC (Hrsg.) Das LEED-Handbuch – Die Grundprinzipien von LEED und nachhaltigen Gebäuden, 3. Auflage, Washington 2016

USGBC (Hrsg.) USGBC+, September/Oktober 2016, S. 4.

Verein Deutscher Ingenieure, Facility-Management VDI 6041: Technisches Monitoring von Gebäuden und gebäudetechnischen Anlagen, Düsseldorf 2017

Waibel, M. [Bewertung von Green Buildings] Bewertung von Green Buildings: Wie Nachhaltigkeitszertifikate die Integration des Green Values in die Immobilienbewertung ermöglichen, Hamburg 2010, S. 35, 46

Weisser, D. Marktstudie zum Thema Green Building für die Drees & Sommer AG: Green Building – ein Zukunftsthema der Immobilienbranche, in: http://www.dreso.com/uploads/tx_templavoila/Marktstudie_Green_Building.pdf, Reutlingen 2009, S. 1

WGBC [The Business Case for Green Buildings] The Business Case for Green Buildings – A Review of the Costs and Benefits for Developers, Investors and Occupants, 2013, in: http://www.worldgbc.org/files/1513/6608/0674/Business_Case_For_Green_Building_Report_WEB_2013-04-11.pdf, Zugriff: 30.10.2016.

Wuppertal Institut für Klima, Umwelt, Energie Fair Future, Begrenzte Ressourcen und globale Gerechtigkeit, München, 3. Auflage 2006

Abkürzungen

A-IRBA	Advanced Internal Ratings-Based Approach
a. A.	andere Ansicht
a. a. O.	am angegebenen Ort
a. F.	alte Fassung
a. M.	andere Meinung
ABl.	Amtsblatt der Europäischen Union
AbLaV	Verordnung über Vereinbarungen zu abschaltbaren Lasten (Verordnung zu abschaltbaren Lasten)
Abs.	Absatz
ACP	Alternative Compliance Paths
AEUV	Vertrag über die Arbeitsweise der Europäischen Union
AG	Aktiengesellschaft
AG EEWärmeG LSA	Ausführungsgesetz des Landes Sachsen-Anhalt zum Erneuerbare-Energien-Wärmegesetz
AGB	Allgemeine Geschäftsbedingungen
AGVO	Allgemeine Gruppenfreistellungsverordnung
AHO	Ausschuss der Verbände und Kammern der Ingenieure und Architekten für die Honorarordnung e. V.
AIF	Alternative Investmentfonds
AIFM	Alternative Investment Fund Manager
AIFM-StAnpG	Gesetz zur Anpassung des Investmentsteuergesetzes und anderer Gesetze an das AIFM-Umsetzungsgesetz (AIFM-Steuer-Anpassungsgesetz)
AIFM-UmsG	Gesetz zur Umsetzung der Richtlinie 2011/61/ EU über die Verwalter alternativer Investmentfonds (AIFM-Umsetzungsgesetz)
Alt.	Alternative
ÄndVO	Änderungsverordnung
AnlRegVO	Anlagenregisterverordnung
AnSVG	Gesetz zur Verbesserung des Anlegerschutzes (Anlegerschutzverbesserungsgesetz)
AP	Accredited Professional
APEE	Anreizprogramm Energieeffizienz
ArbeitsstättenVO	Verordnung über Arbeitsstätten (Arbeitsstättenverordnung)
ARGE	Arbeitsgemeinschaft
ARGEBAU	Arbeitsgemeinschaft Bau
Art.	Artikel
ASHRAE	American Society of Heating, Refrigerating and Air-Conditioning Engineers
Aufl.	Auflage
AVBFernwärmeV	Verordnung über Allgemeine Bedingungen für die Versorgung mit Fernwärme
AVV-EnEff	Allgemeine Verwaltungsvorschrift zur Beschaffung energieeffizienter Produkte und Dienstleistungen

https://doi.org/10.1515/9783110275285-205

BAFA	Bundesamt für Wirtschaft und Ausfuhrkontrolle
BaFin	Bundesanstalt für Finanzdienstleistungsaufsicht
BAnz AT	Amtlicher Teil des Bundesanzeigers
BauGB	Baugesetzbuch
BauNVO	Verordnung über die bauliche Nutzung der Grundstücke (Baunutzungsverordnung)
BauR	baurecht (Zeitschrift)
Bay ZustWiG	Bayerisches Gesetz über die Zuständigkeiten zum Vollzug wirtschaftsrechtlicher Vorschriften
BayVGH	Bayerischer Verwaltungsgerichtshof
BBauG	Bundesbaugesetz
BBSR	Bau-, Stadt- und Raumforschung
BD+C	Building Design and Construction
BDEW	Bundesverband der Energie- und Wasserwirtschaft
BeckOK	Beck'scher Online-Kommentar
BeckRS	Beck online Rechtsprechung
Beil.	Beilage
BelWertV	Verordnung über die Ermittlung der Beleihungswerte von Grundstücken nach § 16 Abs. 1 und 2 des Pfandbriefgesetzes (Beleihungswertermittlungsverordnung)
BerlAVG	Berliner Ausschreibungs- und Vergabegesetz
Beschl.	Beschluss
BetrKV	Verordnung über die Aufstellung von Betriebskosten (Betriebskostenverordnung)
BGB	Bürgerliches Gesetzbuch
BGBl. I	Bundesgesetzblatt Teil I
BGF	Brutto-Grundfläche
BGH	Bundesgerichtshof
BHKW	Blockheizkraftwerk
BImSchV	Bundesimmissionsschutzverordnung
BiomasseV	Verordnung über die Erzeugung von Strom aus Biomasse (Biomasseverordnung)
BMU	Bundesministerium für Umwelt, Naturschutz, Bau und Reaktorsicherheit
BMVBS	Bundesministerium für Verkehr, Bau und Stadtentwicklung
BMWi	Bundesministerium für Wirtschaft und Energie
BNB	Bewertungssystem Nachhaltiges Bauen für Bundesgebäude
BNetzA	Bundesnetzagentur
BPIE	Buildings Performance Institute Europe
BR-Drucks	Drucksache des Bundesrates
BRE	Building Research Establishment
BREEAM	Building Research Establishment Environmental Assessment Method
BSI	Bundesverband Sachwerte und Investmentvermögen
Bsp.	Beispiel
bspw.	beispielsweise
BT-Drucks	Drucksache des Bundestages
BvdFB	Bundesverband deutscher Fördermittel-Berater e. V.
BVI	Bundesverband Investment und Asset Management

BWGZ	Die Gemeinde (Zeitschrift)
bzgl.	bezüglich
bzw.	beziehungsweise
C	Celsius
ca.	circa
CASBEE	Comprehensive Assessment System for Built Enviroment Efficiency
CE	Communautés Européennes
CEN	Comité Européen de Normalisation
CESAR	Certification and Sustainability Radar
CHP	Combined Heat and Power
CIBSE	Chartered Institution of Building Services Engineers
CIR	Credit Interpretation Requests
CO_2	Kohlenstoffdioxid
COP	Conference of the Parties
CRR	Capital Requirements Regulation (Kapitaladäquanzverordnung) Verordnung (EU) Nr. 575/2013
CSR	Corporate Social Responsibilty
ct	EUR-Cent
CuR	Contracting und Recht (Zeitschrift)
d. h.	das heißt
D&O-Versicherung	Directors & Officers-Versicherung
DACH	Deutschland – Österreich – Schweiz
DCF	Discounted Cash Flow
DEHSt	Deutsche Emissionshandelsstelle
dena	Deutsche Energie-Agentur
DGNB	Deutsche Gesellschaft für Nachhaltiges Bauen
DIA	Deutsche Immobilien-Akademie Freiburg GmbH
DIBt	Deutsches Institut für Bautechnik
DIFNI	Deutsche Privates Institut für Nachhaltige Immobilienwirtschaft
DIHK	Deutscher Industrie- und Handelskammertag
DIN	Deutsches Institut für Normung
DSchG HE	Hessisches Denkmalschutzgesetz
DSCR	Debt Service Cover Ratio
DStR	Deutsches Steuerrecht (Zeitschrift)
DTQs	Domestic Tradable Quotas
DVA	Deutscher Vergabe- und Vertragsausschuss
e. V.	eingetragener Verein
EBOM	Existing Building Operation & Maintenance
EDGE	Excellence In Design For Greater Efficiencies
EDL-G	Gesetz über Energiedienstleistungen und andere Energieeffizienzmaßnahmen
EEE	Einheitliche Europäische Eigenerklärung
EEG	Gesetz für den Ausbau erneuerbarer Energien (Erneuerbare-Energien-Gesetz)
EEI	Energieeffizienzindex

EEWärmeG	Gesetz zur Förderung Erneuerbarer Energien im Wärmebereich (Erneuerbare-Energien-Wärmegesetz)
EEWärmeG-DG NRW	Gesetz zur Durchführung des Bundesgesetzes zur Förderung Erneuerbarer Energien im Wärmebereich in Nordrhein-Westfalen
EEX	European Energy Exchange
EG	Europäische Gemeinschaft
EGBGB	Einführungsgesetz zum Bürgerlichen Gesetzbuche
EIB	Europäische Investitionsbank
einschl.	einschließlich
EK	Eigenkapital
EL	Ergänzungslieferung
eLCA	Elektronisches Ökobilanztool
ELR	Entwicklungsprogramm Ländlicher Raum
EMAS	Eco-Management and Audit Scheme
EmSAG	Emissionshandel durch Schornsteinfeger für energetische Verbesserungen in Anlagetechnik und Gebäudehülle
EN	Europäische Norm
endg.	endgültig
EnEG	Gesetz zur Einsparung von Energie in Gebäuden (Energieeinsparungsgesetz)
EnEV	Verordnung über energiesparenden Wärmeschutz und energiesparende Anlagentechnik bei Gebäuden (Energieeinsparverordnung)
EnMS	Energiemanagementsystem
entspr.	entsprechend
ENVKV	Verordnung zur Kennzeichnung von energieverbrauchsrelevanten Produkten mit Angaben über den Verbrauch an Energie und an anderen wichtigen Ressourcen (Energieverbrauchskennzeichnungsverordnung)
EnWG	Gesetz über die Elektrizitäts- und Gasversorgung (Energiewirtschaftsgesetz)
EnWZ	Zeitschrift für das gesamte Recht der Energiewirtschaft (Zeitschrift)
EPD	Environmental Product Declaration
ERP	European Recovery Program
etc.	et cetera
EU	Europäische Union
EuGH	Europäischer Gerichtshof
EUR	Euro
EVU	Energieversorgungsunternehmen
EWärmeG-BW	Gesetz zur Nutzung erneuerbarer Wärmeenergie in Baden-Württemberg (Erneuerbare-Wärme-Gesetz Baden-Württemberg)
EWR	Europäischer Wirtschaftsraum
f.	folgende
ff.	fortfolgende
FFAV	Verordnung zur Ausschreibung der finanziellen Förderung für Freiflächenanlagen (Freiflächenausschreibungsverordnung)

GasGVV	Verordnung über Allgemeine Bedingungen für die Grundversorgung von Haushaltskunden und die Ersatzversorgung mit Gas aus dem Niederdrucknetz (Gasgrundversorgungsverordnung)
GBC	Green Building Council
GBCA	Green Building Council of Australia
GBCI	Green Business Certification Inc
GbR	Gesellschaft bürgerlichen Rechts
GEFMA	German Facility Management Association
gem.	gemäß
GG	Grundgesetz
GGBA	German Green Building Association e. V.
ggf.	gegebenenfalls
GmbH	Gesellschaft mit beschränkter Haftung
GmbHG	Gesetz betreffend die Gesellschaften mit beschränkter Haftung
GPP	Green Public Procurement
grds.	grundsätzlich
Green Star NZ	Green Start New Zealand
GRESB	Global Real Estate Sustainability Benchmark
GRUR-RR	Gewerblicher Rechtsschutz und Urheberrecht Rechtsprechungs-Report (Zeitschrift)
GV.NRW	Gesetz- und Verordnungsblatt für das Land Nordrhein-Westfalen
GWB	Gesetz gegen Wettbewerbsbeschränkungen
HeizkostenV	Verordnung über die verbrauchsabhängige Abrechnung der Heiz- und Warmwasserkosten (Verordnung über Heizkostenabrechnung)
HessVGH	Hessischer Verwaltungsgerichtshof
HGB	Handelsgesetzbuch
HKNV	Verordnung über Herkunftsnachweise für Strom aus erneuerbaren Energien (Herkunftsnachweisverordnung)
HmbGVBl.	Hamburgisches Gesetz- und Verordnungsblatt
HOAI	Verordnung über die Honorare für Architekten- und Ingenieurleistungen (Honorarordnung für Architekten und Ingenieure)
HQE	Haute Qualité Environnementale
Hrsg.	Herausgeber
HTW	Hochschule für Technik und Wirtschaft Berlin
i. d. F.	in der Fassung
i. d. R.	in der Regel
i. d. S.	in diesem Sinne
i. H. v.	in Höhe von
i. S. d.	im Sinne des/der
i. S. v.	im Sinne von
i. V. m.	in Verbindung mit
IBR	Immobilien & Baurecht (Zeitschrift)
IBRRS	Immobilien- und Baurecht, Rechtsprechung (Zeitschrift)
ICR	Interest Cover Ratio

ID+C	Interior Design and Construction
ILO	International Labour Organization
ImmoWertV	Verordnung über die Grundsätze für die Ermittlung der Verkehrswerte von Grundstücken (Immobilienwertermittlungsverordnung)
inkl.	inklusive
insb.	insbesondere
InvG	Investmentgesetz
InvStRefG	Gesetz zur Reform der Investmentbesteuerung (Investmentsteuerreformgesetz)
IRBA	Internal Ratings-Based Approach
ISO	International Organization for Standardization
IT	Informationstechnik
IVD	Immobilienverband Deutschland
JI	Joint Implementation
JLL	Jones Lang LaSalle
K	Kelvin
KAGB	Kapitalanlagegesetzbuch
KAGG	Gesetz über Kapitalanlagegesellschaften (Kapitalanlagegesellschaftengesetz)
Kap.	Kapitel
KfW	Kreditanstalt für Wiederaufbau
KG	Kommanditgesellschaft; Kammergericht
KlimaschutzZuLVO M-V	mecklenburg-vorpommerische Landesverordnung zur Bestimmung der zuständigen Behörden zur Ausführung von Bundesrecht auf dem Gebiet des Klimaschutzes
KMU	kleinere und mittlere Unternehmen
KOM	Kommission
KommJur	Kommunaljurist (Zeitschrift)
KonzVgV	Verordnung über die Vergabe von Konzessionen (Konzessionsvergabeverordnung)
KredAnstWiAG	Gesetz über die Kreditanstalt für Wiederaufbau
KrWG	Gesetz zur Förderung der Kreislaufwirtschaft und Sicherung der umweltverträglichen Bewirtschaftung von Abfällen (Kreislaufwirtschaftsgesetz)
KVG	Kapitalverwaltungsgesellschaft
kW	Kilowatt
kWel	Kilowatt elektrisch
KWG	Kreditwesengesetz
kWh	Kilowattstunde
KWK	Kraft-Wärme-Kopplung
KWKG	Gesetz für die Erhaltung, die Modernisierung und den Ausbau der Kraft- Wärme-Kopplung (Kraft-Wärme-Kopplungsgesetz)
kW_p	Kilowatt peak

LCA	Life Cycle Assessment
LCC	Life Cycle Costs
LED	light-emitting diode
LEED	Leadership in Energy and Environmental Design
LEEN	Lernende Energieeffizienz-Netzwerke
LG	Lighting Guide
LG	Lighting Guide; Landgericht
LIRT	LEED International Roundtable
lit.	Litera
Lph.	Leistungsphase
LtC	Loan to Cost
LtV	Loan to Value
LV	Landesverfassung
m	Meter
m. w. N.	mit weiteren Nachweisen
m. W. z.	mit Wirkung zum
m^2	Quadratmeter
m^3	Kubikmeter
MAH	Münchener Anwaltshandbuch
MAP	Marktanreizprogramm
max.	maximal
MDG	Millenium Development Goals
MDR	Monatsschrift für Deutsches Recht (Zeitschrift)
MietNovG	Gesetz zur Dämpfung des Mietanstiegs auf angespannten Wohnungsmärkten und zur Stärkung des Bestellerprinzips bei der Wohnungsvermittlung (Mietrechtsnovellierungsgesetz)
MietRÄndG	Gesetz über die energetische Modernisierung von vermietetem Wohnraum und über die vereinfachte Durchsetzung von Räumungstiteln (Mietrechtsänderungsgesetz)
mind.	mindestens
Mio.	Million(en)
Mrd.	Milliarde(n)
MSR-Technik	Mess-, Steuerungs- und Regelungstechnik
MünchKom	Münchener Kommentar
MW	Megawatt
MWel	Megawatt elektrisch
NABERS	National Australian Built Environment Rating System
ND	Neighborhood Development
Nds.	Niedersachsen
NJW	Neue Juristische Wochenschrift (Zeitschrift)
NJW-RR	NJW Rechtsprechungs-Report (Zeitschrift)
NordÖR	Zeitschrift für Öffentliches Recht in Norddeutschland (Zeitschrift)
Nr.	Nummer
NRW	Nordrhein-Westfalen
NSO	National Scheme Operator
NVwZ	Neue Zeitschrift für Verwaltungsrecht (Zeitschrift)
NVwZ-RR	NVwZ-Rechtsprechungs-Report

NWG	Nichtwohngebäude
NZBau	Neue Zeitschrift für Baurecht und Vergaberecht (Zeitschrift)
NZM	Neue Zeitschrift für Miet- und Wohnungsrecht (Zeitschrift)
o. ä.	oder ähnliches
O+M	Operations and Maintenance
OECD	Organisation for Economic Co-operation and Development
OGAW	Organismen zur gemeinsamen Anlage in Wertpapierpapieren
OHG	offene Handelsgesellschaft
OLG	Oberlandesgericht
ÖPNV	Öffentlicher Personennahverkehr
OVG	Oberverwaltungsgericht
p. a.	pro anno
PAngV	Preisangabenverordnung
PCAs	Personal Carbon Allowances
PCR	Post Construction Review
PEER	Performance Excellence in Electricity Renewal
PfandBG	Pfandbriefgesetz
PKW	Personenkraftwagen
PrKG	Gesetz über das Verbot der Verwendung von Preisklauseln bei der Bestimmung von Geldschulden (Preisklauselgesetz)
ProMechG	Gesetz über projektbezogene Mechanismen nach dem Protokoll von Kyoto zum Rahmenübereinkommen der Vereinten Nationen über Klimaänderungen vom 11. Dezember 1997 (Projekt-Mechanismen-Gesetz)
PV	Photovoltaik
qm	Quadratmeter
rd.	rund
RdE	Recht der Energiewirtschaft (Zeitschrift)
REE	Recht der Erneuerbaren Energien (Zeitschrift)
RL	Richtlinie
Rn.	Randnummer
ROG	Raumordnungsgesetz
ROI	Return on Investment
Rs.	Rechtssache
Rspr.	Rechtsprechung
RWE	Rheinisch-Westfälisches Elektrizitätswerk AG
Rz.	Randziffer
S.	Seite; Satz; siehe
s. a.	siehe auch
s. o.	siehe oben
SächsVerf	Verfassung des Freistaates Sachsen
SAIDI	System Average Interruption Duration Index
SDG	Sustainable Development Goals

SektVO	Verordnung über die Vergabe von öffentlichen Aufträgen im Bereich des Verkehrs, der Trinkwasserversorgung und der Energieversorgung (Sektorenverordnung)
sog.	sogenannt
SolvV	Verordnung zur angemessenen Eigenmittelausstattung von Instituten, Institutsgruppen, Finanzholding-Gruppen und gemischten Finanzholding- Gruppen (Solvabilitätsverordnung)
SpaEfV	Verordnung über Systeme zur Verbesserung der Energieeffizienz im Zusammenhang mit der Entlastung von der Energie- und der Stromsteuer in Sonderfällen (Spitzenausgleich-Effizienzsystemverordnung)
StGB	Strafgesetzbuch
StromGVV	Verordnung über Allgemeine Bedingungen für die Grundversorgung von Haushaltskunden und die Ersatzversorgung mit Elektrizität aus dem Niederspannungsnetz (Stromgrundversorgungsverordnung)
StromNEV	Verordnung über die Entgelte für den Zugang zu Elektrizitätsversorgungsnetzen (Stromnetzentgeltverordnung)
StromStG	Stromsteuergesetz
TAG	Technical Advisory Groups
TC	Technical Committee
TEHG	Gesetz über den Handel mit Berechtigungen zur Emission von Treibhausgasen (Treibhausgas-Emissionshandelsgesetz)
TEQs	Tradable Energy Quotas
TÜV	Technischer Überwachungsverein
TVgG-NRW	Gesetz über die Sicherung von Tariftreue und Sozialstandards sowie fairen Wettbewerb bei der Vergabe öffentlicher Aufträge (Tariftreue- und Vergabegesetz Nordrhein-Westfalen)
u. ä.	und ähnliches
u. a.	und andere/unter anderem
u. U.	unter Umständen
U.S.	United States
UBA	Umweltbundesamt
UGB	Urban Growth Boundary
UK	United Kingdom
UN	United Nations
ÜNB	Übertragungsnetzbetreiber
UNESCO	United Nations Educational, Scientific and Cultural Organization
UNFCCC	United Nations Framework Convention on Climate Change
UNO	United Nations Organization
Urt.	Urteil
USA	United States of America
USGBC	Unites States Green Building Council
usw.	und so weiter
UWG	Gesetz gegen den unlauteren Wettbewerb

v.	vom
v. a.	vor allem
v. g.	vorher genannt
VergabeR	Vergaberecht (Zeitschrift)
VermAnlG	Gesetz über Vermögensanlagen (Vermögensanlagengesetz)
VermAnlGEG	Gesetz zur Novellierung des Finanzanlagenvermittler- und Vermögensanlagenrechts
VG	Verwaltungsgericht
VGH	Verwaltungsgerichtshof
vgl.	vergleiche
VgV	Verordnung über die Vergabe öffentlicher Aufträge (Vergabeverordnung)
VK	Vergabekammer
VNB	Verteilnetzbetreiber
VO	Verordnung
VÖB	Bundesverband Öffentlicher Banken Deutschlands e. V.
VOB/A	Vergabe- und Vertragsordnung für Bauleistungen Teil A Allgemeine Bestimmungen für die Vergabe von Bauleistungen
VOB/B	Vergabe- und Vertragsordnung für Bauleistungen Teil B Allgemeine Vertragsbedingungen für die Ausführung von Bauleistungen
VOC	Volatile Organic Compounds
VOL/A	Vergabe- und Vertragsordnung für Leistungen Teil A Allgemeine Bestimmungen für die Vergabe von Leistungen
vs.	versus
VSVgV	Vergabeverordnung für die Bereiche Verteidigung und Sicherheit zur Umsetzung der Richtlinie 2009/81/EG des Europäischen Parlaments und des Rates vom 13. Juli 2009 über die Koordinierung der Verfahren zur Vergabe bestimmter Bau-, Liefer- und Dienstleistungsaufträge in den Bereichen Verteidigung und Sicherheit und zur Änderung der Richtlinien 2004/17/EG und 2004/18/EG (Vergabeverordnung Verteidigung und Sicherheit)
VwVBU	Verwaltungsvorschrift Beschaffung und Umwelt
WALE	Weighted Average Lease to Expiry
WALT	Weighted Average Lease Term
WärmeLV	Verordnung über die Umstellung auf gewerbliche Wärmelieferung für Mietwohnraum (Wärmelieferverordnung)
WAULT	Weighted Average Unexpired Lease Term
WBS	Whole Building Simulation
WCED	World Commission on Environment and Development
WCED	World Commission on Environment and Development
WELL	WELL Building Standard (GBCI)
WP	Wärmepumpe
WuM	Wohnungswirtschaft und Mietrecht (Zeitschrift)
z. B.	zum Beispiel
z. T.	zum Teil

ZfBR	Zeitschrift für deutsches und internationales Bau- und Vergaberecht (Zeitschrift)
ZfIR	Zeitschrift für Immobilienrecht (Zeitschrift)
Ziff.	Ziffer
ZMR	Zeitschrift für Miet- und Raumrecht (Zeitschrift)
ZuG-EnEV-EEWärmeG Saarland	saarländisches Gesetz über Zuständigkeiten nach der Energieeinsparverordnung und dem Erneuerbare-Energien-Wärmegesetz
ZustVO-Umwelt-Arbeitsschutz NDS	niedersächsische Verordnung über Zuständigkeiten auf den Gebieten des Arbeitsschutz-, Immissionsschutz-, Sprengstoff-, Gentechnik- und Strahlenschutzrechts sowie in anderen Rechtsgebieten
ZVG	Gesetz über die Zwangsversteigerung und die Zwangsverwaltung

Kapitel 1
Bedeutung

A Nachhaltigkeit

I Einleitung

Das Leitbild der **nachhaltigen Entwicklung** ist seit der Konferenz der Vereinten Nationen für Umwelt und Entwicklung in **Rio de Janeiro** im Jahre 1992 weltweit von großer Bedeutung.[1] Umwelt- und Nachhaltigkeitsstrategien sind inzwischen fester Bestandteil europäischer und deutscher Politik. Kernbestandteil dieses **Leitbildes** ist, dass Umweltgesichtspunkte gleichberechtigt mit wirtschaftlichen und sozialen Aspekten betrachtet werden. Nachhaltige Entwicklung zielt damit darauf ab, die Bedürfnisse der heutigen Generation zu befriedigen und gleichzeitig die Lebensgrundlagen künftiger Generationen zu erhalten. 1

Eine wichtige Herausforderung unserer Gesellschaft ist es, dieses Leitbild wirkungsvoll umzusetzen. Das **Bauwesen** spielt aufgrund seiner wirtschaftlichen Bedeutung, seiner erheblichen Auswirkungen auf die Umwelt, u. a. was den Ressourcen- und Energieverbrauch betrifft, sowie aufgrund seiner enormen sozialen Relevanz eine wesentliche Rolle. Die drei Gebiete **Ökologie**, **Ökonomie** und **Soziales** werden in besonderer Weise durch die Bautätigkeit berührt. 2

Im Bereich des Bauens kann es nur dann effektiv gelingen, der Nachhaltigkeit entsprechend zu agieren, wenn Methoden zur Verfügung stehen, um den Grad der Nachhaltigkeit von Baumaßnahmen bestimmen zu können. Planer und Bauherren, aber auch die Gesetzgeber benötigen **Instrumente**, mit deren Hilfe sich Fragen beantworten lassen, wie zum Beispiel, ob und in welchem Maß eine Immobilie nachhaltig ist oder welcher Gebäudeentwurf die nachhaltigere Alternative darstellt. **Nachhaltigkeitsziele** und vor allem die entsprechenden **Indikatoren** sind dabei abhängig von der jeweiligen Bauaufgabe. Hoch- und Tiefbauten, aber auch die unterschiedlichen Gebäudenutzungen verlangen eine andere Behandlung und bedingen angepasste Anforderungen. So werden für ein Schulgebäude andere Nachhaltigkeitsziele formuliert als für ein Wohngebäude. Das gleiche gilt auch für die unterschiedlichen Phasen, in der sich eine Immobilie befindet. Den jeweiligen **Lebenszyklusphasen** eines Gebäudes wird in dem vorliegenden Buch in den einzelnen Kapiteln Rechnung getragen. 3

---

1 In Rio de Janeiro fand vom 3. bis 14. Juni 1992 mit rund 10.000 Delegierten die größte Gipfelkonferenz des 20. Jahrhunderts statt. Sie war damit die weltweite Umweltkonferenz schlechthin. Dort wurden zwei internationale Abkommen, zwei Grundsatzerklärungen und ein Aktionsprogramm für eine weltweite nachhaltige Entwicklung beschlossen.

https://doi.org/10.1515/9783110275285-001

II Historie und Definition

4 Der Begriff der Nachhaltigkeit stammt ursprünglich aus der Forstwirtschaft. Er wurde erstmals 1713 von Hans Carl **von Carlowitz**[2] formuliert. Damals wurde für den Betrieb der Erzgruben mehr Holz geschlagen, als in den angrenzenden Wäldern nachwachsen konnte. Um den Bedarf zu decken, musste das Holz aus anderen Regionen angeliefert werden. Hans Carl von Carlowitz beschloss damals, die Wälder wieder aufzuforsten und dem Wald nur so viel Holz zu entnehmen, wie in der gleichen Zeit nachwachsen konnte. Schon damals entwickelte er damit einen zentralen **Leitgedanken der Nachhaltigkeit**: „Verbrauche nicht mehr nachwachsende Rohstoffe je Zeiteinheit als in dieser Zeit nachwachsen können!“[3] Doch dieses Prinzip wurde in den darauf folgenden Jahrzehnten und Jahrhunderten weitestgehend missachtet.

5 Erst im 20. Jahrhundert gewann das Thema Nachhaltigkeit an Bedeutung. 1987 wurde der ursprünglich forstwirtschaftliche Hintergrund der Nachhaltigkeit durch den sogenannten **Brundtland-Bericht**[4] der World Commission on Environment and Development (WCED) um die umwelt- und entwicklungspolitischen Komponenten erweitert.[5] Der Nachhaltigkeitsgedanke beinhaltet demnach drei Aspekte bzw. Dimensionen: Ökologie, Ökonomie und Soziales.

6 Unter anderem als Reaktion auf die Arbeit der Brundtlandkommission veranstalteten die Vereinten Nationen 1992 die weltgrößte **Umweltkonferenz** in Rio de Janeiro. Diese Konferenz war ein bedeutender Schritt in Richtung einer weltweiten Nachhaltigkeitsstrategie. Die Mitgliedsstaaten verfassten dort die sogenannte **Agenda 21.** Die in ihr verabschiedeten Ziele sind als weltweiter Rahmen anzusehen, den jede Nation von der Ebene der Regierung bis hinunter zur Kommunalverwaltung mit eigenen Zielen, Plänen, Maßnahmen und Instrumenten ausgestaltet hat.

7 Um in Deutschland umweltpolitische Ziele zu definieren und die ökonomischen und sozialen Rahmenbedingungen zu erarbeiten, wurde die **Enquete-Kommission** „Schutz des Menschen und der Umwelt – Ziele und Rahmenbedingungen einer nachhaltig verträglichen Entwicklung“ 1995 durch den Deutschen Bundestag eingerichtet.[6] Die Enquete-Kommission machte u. a. deutlich, wie zentral und gleichzeitig schwer greifbar der **Nachhaltigkeitsbegriff** ist: „Letztlich muss das Thema Nachhaltigkeit in allen Bereichen von Wirtschaft und Gesellschaft weit oben auf die Agenda gesetzt

---

2 Carl von Carlowitz (1645 – 1714), Oberberghauptmann am kursächsischen Hof in Freiberg (Sachsen).

3 *Klüppel* S. 45.

4 1983 gründeten die Vereinten Nationen die Internationale Kommission für Umwelt und Entwicklung (WCED = World Commission on Environment and Development). Sie veröffentlichte 1987 ihren Zukunftsbericht („Our Common Future“), der als Brundtland-Report (nach ihrer Vorsitzenden benannt) bekannt wurde (siehe www.nachhaltigkeit.info).

5 Vgl. u. a. Laer/Scheer/*Schröder* S. 22 f.; *Reinhardt* S. 9; *Pfahl* S. 1.

6 Vgl. *Deutscher Bundestag* S. 14ff.

werden, damit der Prozess der Globalisierung mehr Chancen als Risiken bietet. Auch wenn wir nur eine ungenaue Vorstellung davon haben, wie das Ziel „**nachhaltige Gesellschaft**" aussieht, können wir doch Schritt für Schritt einen Richtungswechsel vollziehen und die Weichen in Richtung Nachhaltigkeit stellen."[7] So trifft der Nachhaltigkeitsgedanke zwar bis heute auf breite Zustimmung, das Problem besteht allerdings in der Realisierung dieses schwer zu konkretisierenden Leitbildes.

Immer wieder wird deshalb an der Strategie und ihrer Umsetzung gearbeitet. So 8
fand bereits 1998 das Thema „Nachhaltigkeit" Eingang in den Vertrag der **Europäischen Gemeinschaft**. Es wurde dort als grundlegendes Ziel europäischer Politik verankert und drei Jahre später in einer europäischen Strategie für nachhaltige Entwicklung formuliert. Schließlich erneuerte der Brüsseler EU-Ratsgipfel im Juni 2006 nochmals die **Europäische Nachhaltigkeitsstrategie**. Inhaltlich ähnelt sie der deutschen Strategie „**Perspektiven für Deutschland**". Diese war 2002 von der Bundesregierung beschlossen worden und gilt seit nun mehr als fünfzehn Jahren als Maßstab des Regierungshandelns in Deutschland. Ein 2010 beschlossenes Maßnahmenprogramm der Bundesregierung benennt die Maßnahmen, mit deren Hilfe die Nachhaltigkeitsziele in Deutschland erreicht werden sollen. Die Nachhaltigkeitsstrategie und die damit verbundenen Maßnahmen werden fortlaufend weiterentwickelt. Die Bundesregierung veröffentlicht alle vier Jahre **Fortschrittsberichte**. Alle zwei Jahre informieren **Indikatorenberichte** im Einzelnen darüber, wie sich die Kernbereiche nachhaltiger Politik weiterentwickelt haben.[8]

Die grundlegende Definition nachhaltiger Entwicklung lieferte der bereits 9
erwähnte **Brundtland-Bericht**: „Sustainable development is development that meets the needs of the present without compromising the ability of future generations to meet their own needs."[9] Übersetzt wurde diese Definition in der deutschen Fassung des Zukunftsberichtes mit: „Dauerhafte Entwicklung ist Entwicklung, die die Bedürfnisse der Gegenwart befriedigt, ohne zu riskieren, dass künftige Generationen ihre eigenen Bedürfnisse nicht befriedigen können."[10] Anstelle des zunächst verwendeten Ausdrucks der „dauerhaften Entwicklung" trat später der sich durchsetzende Begriff der „**nachhaltigen Entwicklung**". Nachhaltige Entwicklung bedeutet dementsprechend, die Bedürfnisse der gegenwärtigen Generation zu befriedigen und dabei die Lebenschancen künftiger Generationen zu bewahren. Ökologische, ökonomische und gesellschaftliche (soziale) Aspekte werden hierbei gleichzeitig und gleichberechtigt berücksichtigt.

7 Deutscher Bundestag/*Caspers-Merk* S. 7.
8 Siehe http://www.bundesregierung.de.
9 *United Nations* Our Common Future, S. 54.
10 *Hauff* S. 46.

III Dimensionen der Nachhaltigkeit

10 Wie im vorherigen Abschnitt deutlich wurde, ist das **Leitbild der Nachhaltigkeit** vielschichtig. Insgesamt werden drei Dimensionen unterschieden:

- Ökologische Dimension
- Ökonomische Dimension und
- Soziale Dimension

11 Die einzelnen Aspekte[11] werden interdisziplinär vernetzt, da eine nachhaltige Entwicklung unserer Gesellschaft nur durch die erfolgreiche Kombination des **ökologischen**, **ökonomischen** und des **sozialen** Aspektes erreicht werden kann.

12 Bereits die vom Bundestag 1992 eingesetzte Enquete-Kommission „Schutz des Menschen und der Umwelt" hat die von ihr herausgegebenen Schutzziele in diesen drei Dimensionen formuliert (siehe auch Tabelle 1 für den Bereich **„Bauen und Wohnen"**).[12]

13 So formuliert auch der **deutsche Nachhaltigkeitsrat**[13]: „Nachhaltige Entwicklung heißt, Umweltgesichtspunkte gleichberechtigt mit sozialen und wirtschaftlichen Gesichtspunkten zu berücksichtigen. Zukunftsfähig wirtschaften bedeutet also: Wir müssen unseren Kindern und Enkelkindern ein intaktes ökologisches, soziales und ökonomisches Gefüge hinterlassen. Das eine ist ohne das andere nicht zu haben."[14]

14 Speziell für die Nachhaltigkeitsbetrachtung von Gebäuden wurde der internationale Standard **ISO 15392** „Sustainability in building construction – General Principles" 2008 erstellt, der ebenfalls die drei Dimensionen Ökologie, Ökonomie und Soziales aufgreift. Diese drei Dimensionen werden als die primären Aspekte bezeichnet. Nachhaltige Gebäude müssen demnach neben den primären Aspekten gleichzeitig die Anforderungen an technische und funktionale Performance erfüllen.[15]

15 Die **Dimensionen der Nachhaltigkeit** sind untrennbar miteinander verbunden und voneinander abhängig (siehe Abbildung 1). Es gilt als allgemein anerkannt, dass

---

11 Neben der Bezeichnung „Dimensionen" der Nachhaltigkeit ist der Ausdruck „Aspekte" gebräuchlich. „Aspekte" und „Dimensionen" der Nachhaltigkeit werden hier wie in diesem Zusammenhang üblich synonym verwendet.

12 Vgl. *Deutscher Bundestag* S. 19 ff.

13 Der Rat für Nachhaltige Entwicklung (RNE), der sogenannte Nachhaltigkeitsrat, wurde erstmals 2001 von der Bundesregierung berufen. Die Aufgaben des Rates, dem 15 Personen des öffentlichen Lebens angehören, sind die Entwicklung von Beiträgen für die Umsetzung der nationalen Nachhaltigkeitsstrategie, das Aufzeigen konkreter Handlungsfelder/Projekte sowie Nachhaltigkeit in das Bewusstsein der Öffentlichkeit zu bringen. Die Bundeskanzlerin Dr. Angela Merkel hat den RNE zum 1. Juli 2013 für weitere drei Jahre berufen (siehe http://www.nachhaltigkeitsrat.de/der-rat/)

14 Siehe http://www.nachhaltigkeitsrat.de.

15 Vgl. ISO 15392, S. 5.

keine Dimension der Nachhaltigkeit einer anderen zu bevorzugen ist. Die Dimensionen werden als gleichwertig und gleich wichtig betrachtet.[16]

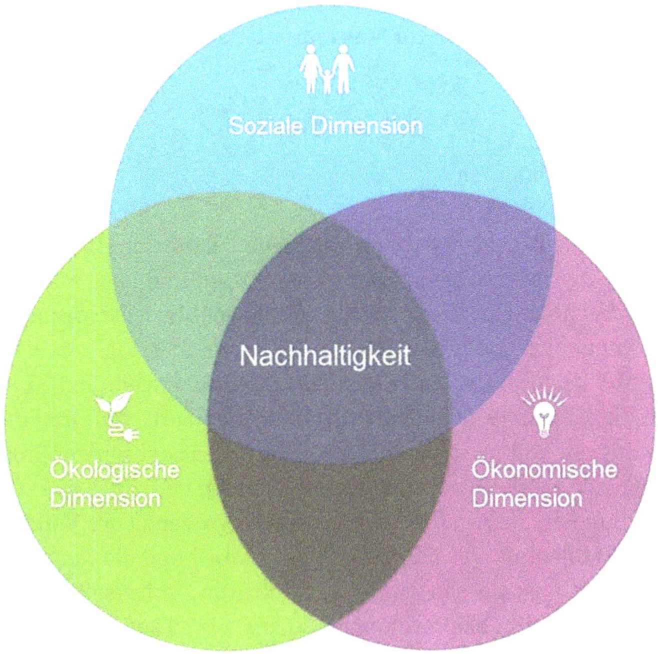

Abbildung 1: Dimensionen der Nachhaltigkeit[17]

Die Berücksichtigung aller Dimensionen ist also Voraussetzung für eine nachhaltige Entwicklung. Die Auswirkung einzelner Maßnahmen auf alle drei Aspekte der Nachhaltigkeit muss betrachtet und bewertet werden. Auf der einen Seite können Maßnahmen, die beispielsweise ökologisch positiv sind, ggf. aus ökonomischer und/oder sozialer Sicht negativ eingestuft werden. Ein konkretes Beispiel hierfür wäre ein sehr komplexes Technikkonzept für ein Gebäude, das zwar energieeffizient sein könnte und erneuerbare Energien einbindet, aber mit hohen Investitions- und Instandhaltungskosten und einer geringen Bedienungsfreundlichkeit verbunden ist. 16

Auf der anderen Seite führen manche Maßnahmen auch zu wünschenswerten Effekten in allen drei Dimensionen. Wird zum Beispiel der Energieverbrauch reduziert, so sinken die Energiekosten (ökonomischer Vorteil) und zeitgleich werden Energieressourcen geschont bzw. Klima schädliche Emissionen gemindert (ökologischer 17

16 Vgl. ISO 15392, S. 6.
17 Vgl. ISO 15392, S. 6.

Vorteil). Klimaschutz und eine Vermeidung der Auswirkungen aus Klimaveränderungen ist dann ggf. auch für die Gesellschaft und somit für die soziale Dimension positiv.

18 Bei der Bewertung der Nachhaltigkeit eines Produktes, Verfahrens oder Gebäudes müssen die einzelnen Aspekte **systematisch** und **transparent** analysiert, Ziele und Unterziele formuliert sowie Indikatoren zur **Messbarkeit** der Zielerreichung definiert werden.

IV Nachhaltigkeitsziele und -indikatoren

19 Die internationale Staatengemeinschaft ist davon überzeugt, dass sich die globalen Herausforderungen der Zukunft nur gemeinsam lösen lassen und dass es dazu gemeinsam anerkannter Nachhaltigkeitsziele bedarf (**Sustainable Development Goals** – SDG). In der sogenannten **Agenda 2030**, die im September 2015 von den Vereinten Nationen verabschiedet wurde, wird diese Überzeugung ausgedrückt. „Die Agenda schafft die Grundlage dafür, weltweiten wirtschaftlichen Fortschritt im Einklang mit sozialer Gerechtigkeit und im Rahmen der ökologischen Grenzen der Erde zu gestalten."[18] Mit der Agenda werden zwei ehemals voneinander getrennte, globale Prozesse ganzheitlich verbunden: die Armuts- und Entwicklungsagenda der **Millenniumsentwicklungsziele** (Millenium Development Goals – MDG) und die Nachhaltigkeitsagenda („Rio-Prozess"). Beschlossen wurde die Erarbeitung universeller Ziele für nachhaltige Entwicklung (Sustainable Development Goals, SDGs) auf der Rio+20-Konferenz im Juni 2012 in Rio de Janeiro. Um möglichst viele Länder und Menschen in die Beratungen über diese neue Agenda einzubeziehen, leiteten die Vereinten Nationen im September 2012 einen breit angelegten Konsultationsprozess ein. Auf diese Weise wurden soziale, wirtschaftliche und ökologische Ziele und ihre Verknüpfungen ausgewogen in der Agenda verankert.[19]

20 Im September 2015 wurden auf dem UN-Nachhaltigkeitsgipfel in New York mit den **Sustainable Development Goals** die **17 Hauptziele nachhaltiger Entwicklung** veröffentlicht (siehe Abbildung 2).[20] Diese Ziele sollen eine gleichmäßige Entwicklung aller drei Dimensionen ermöglichen und sind seit 2016 mit einer Laufzeit von 15 Jahren in Kraft getreten.[21]

18 Siehe http://www.bmz.de/de/ministerium/ziele/2030_agenda/index.html.
19 Siehe https://www.bmz.de/de/ministerium/ziele/2030_agenda/historie/index.html.
20 Siehe http://www.un.org/depts/german/gv-69/band3/ar69315.pdf.
21 Siehe https://sustainabledevelopment.un.org/content/documents/1729tstissuesconceptual2.pdf.

Abbildung 2: Globale Nachhaltigkeitsziele (Sustainable Development Goals)[22]

Die 17 Hauptziele stellen mit **169 Indikatoren** den aktuellen, globalen Rahmen für 21
die Verfolgung einer nachhaltigen Entwicklung dar. Die Bundesregierung setzt auch diese Ziele in der **nationalen Nachhaltigkeitsstrategie** um und berichtet alle zwei Jahre in den dazugehörigen **Indikatorenberichten** über deren Umsetzung.

Die Definition der nachhaltigen Entwicklung drückt unmittelbar ihr primäres Ziel 22
aus: Nachhaltige Entwicklung sichert die **Zukunftsfähigkeit** der Gesellschaft. Wie in den vorangehenden Abschnitten dargestellt, wird eine Entwicklung angestrebt, die den Bedürfnissen der heutigen Generation gerecht wird, ohne die Chancen künftiger Generationen zu gefährden. Es gilt, dass natürliche (ökologische) Lebensgrundlagen gesichert werden müssen, um die ökonomische und die soziale Lebensqualität zu verbessern.[23]

So formuliert die europäische Union das Gesamtziel der Nachhaltigkeitsstrate- 23
gie in der Ermittlung und Gestaltung von Maßnahmen, die eine kontinuierliche Verbesserung dieser **Lebensqualität** sichern. Kernpunkte sind, die Ressourcen effizient zu bewirtschaften und zu nutzen sowie das ökologische und soziale Innovationspotenzial der Wirtschaft zu erschließen, um **Wohlstand**, **Umweltschutz** und **sozialen Zusammenhalt** zu gewährleisten. Um die Leitidee der Nachhaltigkeit zu konkretisieren, werden für die jeweiligen Bereiche Ziele gefasst, deren Struktur den einzelnen Dimensionen entspricht.

---

22 Siehe http://www.un.org/sustainabledevelopment/wp-content/uploads/2015/09/Icons-FINAL.png.

23 Vgl. *Deutscher Bundestag* S. 14; vgl. Bundesministerium für Raumordnung, Bauwesen und Städtebau/*Töpfer* S. 11; siehe http://www.bundesregierung.de.

24 In **Tabelle 1** werden als Beispiel für solch einen Zielkatalog konkrete Ziele für den Bereich Bauen und Wohnen aufgeführt. Die Ziele stellen einen Auszug aus den von der Enquete-Kommission des Deutschen Bundestages formulierten Zielen dar. Wirtschaftliche, soziale und ökologische Ziele können sich auf der einen Seite gegenseitig verstärken. Die gleichzeitige Verfolgung aller Ziele in den einzelnen Dimensionen führt auf der anderen Seite im Einzelfall womöglich zu Diskrepanzen, die es abzuwägen und zu bewerten gilt.[24]

Tabelle 1: Auszug Nachhaltigkeitsziele für den Bereich „Bauen und Wohnen"[25]

Ökologische Dimension	Ökonomische Dimension	Soziale Dimension
– Reduzierung des Flächenverbrauchs – Geringhaltung zusätzlicher Bodenversiegelung – Vermeidung der Verwendung von Schadstoffen in Gebäuden – Verringerung der Kohlendioxid-Emissionen	– Minimierung der Lebenszykluskosten von Gebäuden – Relative Verbilligung von Umbau- und Erhaltungsinvestitionen im Vergleich zum Neubau – Optimierung der Aufwendungen für technische und soziale Infrastruktur	– Sicherung bedarfsgerechten Wohnraums; erträgliche Ausgaben für „Wohnen" – Vernetzung von Arbeiten, Wohnen und Freizeit in der Siedlungsstruktur – „Gesundes Wohnen" – Schaffung von Arbeitsplätzen im Baubereich

25 Um Aufschluss auf das Ausmaß der Zielerreichung in den einzelnen Nachhaltigkeitsdimensionen zu bekommen und damit Nachhaltigkeit bewerten zu können, werden Kennwerte, sogenannte Nachhaltigkeitsindikatoren, eingeführt. Zunächst werden Nachhaltigkeitsziele formuliert, für die die jeweiligen Indikatoren zur Nachhaltigkeitsbewertung abgeleitet werden. Indikatoren sind damit auch **Kontroll- und Steuerungsinstrumente**. Jedem Ziel werden ein oder mehrere Indikatoren zugeordnet. Indikatoren bilden die Basis für die langfristige **Operationalisierung der Nachhaltigkeit** und sind so das Instrument zur Umsetzung der Nachhaltigkeitsstrategie.[26]

26 Im Rahmen des sogenannten Sachstandberichts „Nachhaltig Bauen mit Beton"[27] wurden beispielsweise für den Umweltaspekt der Betonbauweise unter anderem die in **Tabelle 2** dargestellten Ziele und die dazugehörigen Indikatoren festgelegt. Wie das Beispiel zeigt, werden sie auf den jeweiligen Betrachtungsgegenstand angepasst.

24 Maßnahmen zur Erreichung des Ziels „Schaffung von Arbeitsplätzen im Baubereich" können beispielsweise im Widerspruch zur Zielerreichung „Geringhaltung zusätzlicher Bodenversiegelung" stehen.

25 Vgl. *Deutscher Bundestag* S. 234.

26 Vgl. *Heussner* S. 207; vgl. *Lambertz* S. 47 ff.

27 Vgl. *Reinhardt.*

Da, wo es möglich und sinnvoll ist, kommen quantitative Indikatoren zum Einsatz. Ansonsten muss auf qualitative zurückgegriffen werden.

Wie Ziele und Indikatoren für die einzelnen Bereiche des Lebens aussehen, wird 27
in der jeweiligen Fachwelt mehr oder weniger intensiv diskutiert. Im Bausektor ist dieser Prozess im Gange. So wird intensiv unter anderem zum Beispiel am sogenannten **Runden Tisch für Nachhaltigkeit** mit Vertretern aus Politik, Wirtschaft und Wissenschaft bei der Deutschen Gesellschaft für Nachhaltiges Bauen (DGNB) und auch am Deutschen Institut für Normung (DIN) an der Festlegung der Ziele und der dazugehörigen Indikatoren gearbeitet.

Tabelle 2: Ökologische Ziele und Indikatoren des nachhaltigen Bauens[28]

Ökologische Dimension	
Ziele	Indikatoren
Reduzierung des Verbrauchs nicht erneuerbarer Ressourcen	– Verbrauch mineralischer Rohstoffe [kg] – Verbrauch Primärenergie [kWh]
Anthropogene Eingriffe reduzieren bzw. am Reaktionsvermögen der Umwelt ausrichten	– Naturraum- bzw. Flächeninanspruchnahme [m²] – Ökologischer Wert der Flächen [qualitativ] – Deponiefläche oder Deponieraum [m² bzw. m³]

Welche Bedeutung speziell das Bauwesen für eine nachhaltige Entwicklung innehat, 28
wird im nächsten Abschnitt deutlich.

V Bedeutung des Bauwesens für eine nachhaltige Entwicklung

„Das Handlungsfeld Bauen und Wohnen ist gleichermaßen von zentraler wirtschaftlicher und sozialer Bedeutung, und es bietet die größten **Handlungspotentiale** für eine nachhaltige Gestaltung unseres derzeit verschwenderischen Umgangs mit Ressourcen!“[29] So schrieb die Enquete-Kommission des Deutschen Bundestages in ihrem Abschlussbericht und betonte damit, wie wichtig ein verantwortungsvolles Handeln im **Bausektor** im Hinblick auf eine nachhaltige Entwicklung ist.

28 Vgl. *Reinhardt* S. 10.
29 Deutscher Bundestag (Hrsg.): Konzept Nachhaltigkeit – Vom Leitbild zur Umsetzung, 1998, S. 5.

1 Umweltbeeinflussung

30 Bauen beeinflusst und beeinträchtigt die Umwelt in verschiedener Hinsicht: Die Schaffung von Siedlungsfläche führt zu einer Reduzierung der Naturfläche. Mehr als 69 Hektar unbebaute Fläche werden in Deutschland täglich in Siedlungs- und Verkehrsfläche umgewandelt.[30] Dies bedeutet eine jährlich neue **Flächeninanspruchnahme** durch Gebäude und Infrastruktur von beinahe 50 % der Fläche des Bodensees. Die mit der Bautätigkeit verbundene erhöhte Flächenversiegelung beeinträchtigt das ökologische Gleichgewicht. Knapp die Hälfte der Siedlungs- und Verkehrsfläche sind versiegelt. Der Bau von Gebäuden und Ingenieurbauwerken sorgt darüber hinaus für einen enormen Verbrauch an **Ressourcen** zur Baustoff- und Bauteilherstellung (Sand, Kies, Lehm, Holz, Ton, Metalle, etc.). Die zugrundeliegenden Stoffflüsse sind gewaltig. In Deutschland werden pro Jahr und Einwohner im Baubereich elf Tonnen Sand, Kies, Steine und Ton benötigt.[31] Die jährlich in den Bausektor fließenden **Stoffströme** sind zehnmal so hoch wie die aus Bau, Sanierung und Abriss zurückfließenden Reststoffströme. Das **Abfallaufkommen** aus der Bautätigkeit ist vier- bis fünfmal so hoch wie das Hausmüllaufkommen. Mit über 200 Millionen Tonnen Bauabfällen im Jahr 2014 sind das über die Hälfte des gesamten Abfallaufkommens in Deutschland (siehe Abbildung 3).[32]

---

30 69 Hektar pro Tag im Vier-Jahreszeitraum 2011 – 2014, Ziel bis 2020 Reduzierung auf 30 Hektar pro Tag; siehe http://www.umweltbundesamt.de/daten/flaechennutzung; *Statistisches Bundesamt* S. 13.

31 Vgl. *Reinhardt* S. 24.

32 Siehe http://www.umweltbundesamt.de/daten/abfall-kreislaufwirtschaft/abfallaufkommen.

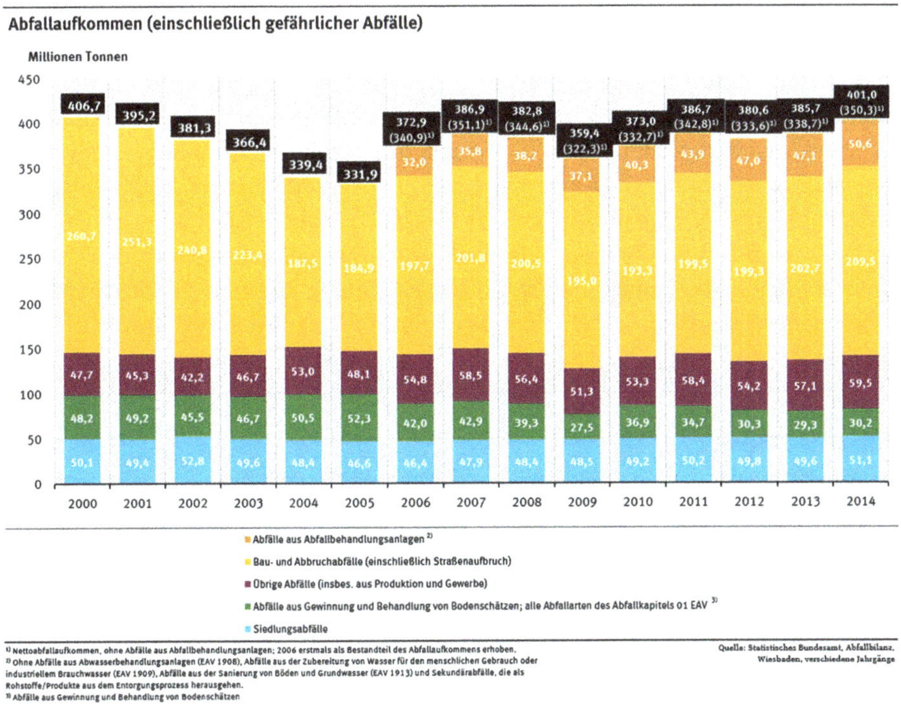

Abbildung 3: Abfallaufkommen in Deutschland 2000 bis 2014[33]

Ein weiterer wichtiger Aspekt ist der immense **Energieeinsatz** im Zusammenhang mit Bauen und Gebäuden. Sowohl die Baustoffherstellung als auch die Baustoffentsorgung und insbesondere der Betrieb von Gebäuden haben einen enormen Anteil am Energieverbrauch in Deutschland. So geht ein Drittel des Gesamtenergieverbrauchs auf diesen Betrieb zurück. Hier dominiert der **Heizenergieverbrauch** mit ca. 69 % gegenüber der in Gebäuden verbrauchten Nutzenergie.[34] Dazu kommt der Energieaufwand für Warmwasserbereitung, Spülen, Kochen, Waschen, Beleuchtung, Kühlung und Klimatisierung. Auch der Transport von Baustoffen, ihr Einbau und schließlich der Abriss von Bauwerken tragen zum Energieverbrauch bei. 31

33 Siehe http://www.umweltbundesamt.de/daten/abfall-kreislaufwirtschaft/abfallaufkommen.
34 Siehe http://www.dena.de/fileadmin/user_upload/Presse/Medienbibliothek/Bilder/Gebaeude/Wer_verbraucht_in_Deutschland_die_meiste_Energie.jpg.

2 Wirtschaftliche Bedeutung

32 Die Bauwirtschaft ist seit Jahren eine Stütze der deutschen Konjunktur. In Deutschland betrug das **Bauvolumen**[35] im Jahre 2012 knapp 310 Milliarden Euro.[36] Der Bauwirtschaft kommt damit eine Schlüsselrolle in der deutschen Gesamtwirtschaft zu. Das Baugewerbe trägt rund zehn Prozent zum **Bruttoinlandsprodukt** bei.[37] Mit etwa 55 % aller Investitionen in Deutschland hat sie einen erheblichen Anteil an seiner Wirtschaftskraft. Neben den Investitionsausgaben ziehen Bauprojekte hohe Folgekosten nach sich. Investitionsentscheidungen, die hier getroffen werden, haben somit bei einer Nutzungsphase von 50 bis 100 Jahren langfristige wirtschaftliche Konsequenzen. In diesen Zahlen wird die wirtschaftliche Bedeutung des Bausektors sichtbar.

3 Soziale Relevanz

33 Gerade Bauobjekte haben große soziale Relevanz. Entscheidungen, die hier getroffen werden, wirken sich aufgrund der **langen Lebensdauer** von Immobilien auf mehrere Generationen von Nutzern aus, die einen großen Teil ihrer Lebenszeit in Gebäuden verbringen. In industrialisierten Ländern wie Deutschland halten sich Menschen über neunzig Prozent ihrer Lebenszeit innerhalb geschlossener Räume auf.[38] Diese Zahl macht deutlich, wie wichtig die bewusste Gestaltung von Gebäuden aus der Sicht der sozialen Nachhaltigkeitsdimension ist.

34 Der Baubereich ist aus zwei weiteren Gründen in Bezug auf den sozialen Aspekt besonders bedeutsam: Zum einen dient der Bausektor als **Arbeitgeber** für eine große Anzahl von Arbeitnehmern und Arbeitnehmerinnen. Rund 6 % der Erwerbstätigen arbeiten allein im Baugewerbe. Das waren im ersten Quartal 2016 knapp 2,5 Millionen Menschen.[39] Zum anderen hat dieser Bereich als Produzent von Bauobjekten, wie Gebäude und Infrastruktur, große Auswirkungen auf die Bevölkerung. Viele **Grundbedürfnisse** von Menschen werden durch Bauten in Form von Straßen, Produktionsstätten, Versorgungssystemen und Wohnraum gedeckt: Lebensqualität, Sicherheit, Schutz, Geborgenheit und Wohlbefinden gehören dazu. Dies wird umso wichtiger, wenn man zeitgleich die weltweite Verstädterung betrachtet. Vor etwa zehn Jahren wurde der sogenannte „Urban Tipping Point“ erreicht. Der Urban Tipping Point

---

35 Das Bauvolumen ist definiert als die Summe aller Leistungen, die auf die Herstellung oder Erhaltung von Gebäuden und Bauwerken gerichtet sind. Definition des DIW Berlin, siehe http://www.diw.de/deutsch/produkte/datensammlungen/bauvolumensrechnung/29822.html.

36 Vgl. *Deutsches Institut für Wirtschaftsforschung* S. 2.

37 Siehe https://www.vdz-online.de/publikationen/zahlen-und-daten/e-bruttoinlandsprodukt-bauwirtschaft/.

38 Siehe http://www.ibp.fraunhofer.de/de/Presse_und_Medien/Presseinformationen/pm_10-03-2015-literaturstudie-europaeisches-raumklima.html.

39 Vgl. *Institut für Arbeitsmarkt- und Berufsforschung* S. 9.

bezeichnet den Zeitpunkt, an dem zum ersten Mal weltweit mehr Menschen in Städten als auf dem Land leben. 2014 lag der Anteil der Stadtbevölkerung weltweit bei 54 % (siehe Abbildung 4). Und es wird erwartet, dass dieser Trend sich fortsetzt. Gerade für Deutschland wird in den nächsten Jahren ein starker Rückgang der Landbevölkerung prognostiziert. Die Vereinten Nationen erwarten bis 2050 einen vierzigprozentigen Rückgang der Landbevölkerung für Deutschland (bezogen auf das Jahr 2014).[40] Der Einfluss der **gebauten Umwelt** und die Verantwortung in diesem Bereich wird durch diesen Trend der **Verstädterung** nochmals gesteigert.

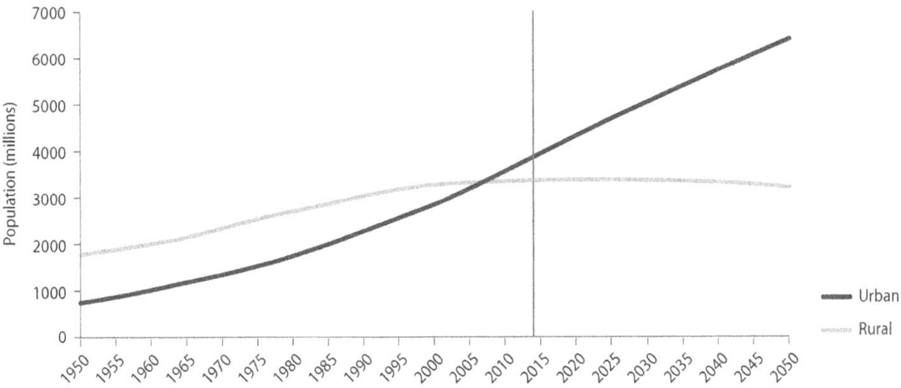

Abbildung 4: Weltweite Stadt- und Landbevölkerung, 1950 bis 2050[41]

Darüber hinaus werden sowohl Landschaft als auch Städtebild durch Bauaktivitä- 35
ten geprägt. Vergleichbar mit den Investitionsentscheidungen mit ihren langfristigen Konsequenzen haben konstruktive und gestalterische Maßnahmen im Baubereich aufgrund der langen Lebensdauer von Bauwerken langfristige Auswirkungen auf die Menschen. Dies macht diese Entscheidungen für eine nachhaltige Entwicklung so bedeutend.

40 Vgl. *United Nations*, World Urbanization Prospects, S. 60.
41 *United Nations*, World Urbanization Prospects, Highlights, S. 7.

B Green Building

I Aus Ingenieurssicht

1 Zu den wesentlichen Herausforderungen der Gegenwart und der Zukunft gehören ein verantwortungsvoller Umgang mit der Natur, eine umweltfreundliche, ressourcen- und klimaschonende Energieversorgung und ein ausreichender Zugang zu sauberem Trinkwasser.[42] Auch in der Immobilienwirtschaft vollzieht sich derzeit ein **Wertewandel**, in dem Nachhaltigkeitskriterien weiter an Bedeutung gewinnen.[43] Sie beeinflussenInvestitionsentscheidungen sehr stark, da Objekteigenschaften aus dem Bereich des nachhaltigen Bauens heute schon den monetären Wert von Gebäuden mitbestimmen.[44] Für den Gebäudesektor werden nicht nur 30 % bis 40 % der weltweiten Energieressourcen aufgewendet,[45] sondern auch 15 % bis 20 % der weltweiten Wasserressourcen und 40 % bis 50 % der auf unserer Erde zur Verfügung stehenden Rohmaterialien.[46] Neue und effizientere Technologien und Materialien werden zukünftig den Immobilienmarkt mitbestimmen, um den Bedarf für Energie, Trinkwasser und Rohmaterialien zu verringern, ohne dabei den Komfort und den Lebensstandard einzuschränken.

2 In den vergangenen Jahren wurden regionale, nationale und internationale Zertifizierungssysteme entwickelt,[47] die Aspekte des nachhaltigen und energiesparenden Bauens berücksichtigen. Sie dienen als Leitfaden für die Planung und Ausführung sowie als Nachweis für die erzielten Objekteigenschaften.

---

42 *Bauer/Mösle,/Schwarz* Green Building, re-source-efficient and sustainable construction; *Topos* 6, S. 58 bis 64 (2007); Intergovernmental Panel on Climate Change, IPCC Fourth Assessment Report,Synthesis Report (2007); Wuppertal Institut für Klima, Umwelt, Energie: Fair Future, Begrenzte Ressourcen und globale Gerechtigkeit, 3. Auflage (2006).

43 *Kats/Alevantis/Berman/Mills/Perlman* The Costs and Financial Benefits of Green Buildings – A Report to California's Sustainable Building Task Force, Verfügbar unter: www.usgbc.org/Docs/News/News477.pdf. 2003 (Januar 2007); LEED-NC: Green Building Rating System For New Construction & Major Renovations. User Manual Version 2.2. U.S. Green Building Council (Oktober 2005).

44 *ELLIS*, EMEA Research (Studie): Who pays for Green? The economics of sustainable buildings. Verfügbar unter: http://portal.cbre.eu/portal/page/portal/public/Public%20PDFs/CBRE_Who_PaysFor_Green_2009.pdf (April 2009); *Lützkendorf* Nachhaltiges Planen, Bauen und Bewirtschaften von Bauwerken – Ziele, Grundlagen, Stand und Trends, Bewertungsmethoden und -hilfsmittel, Universität Karlsruhe (2002).

45 UNEP Sustainable Building and Construction Initiative, Information Note. Verfügbar unter: http://www.unepsbci.org/SBCINews/PressRelease/ (2006).

46 LEED-NC: Green Building Rating System For New Construction & Major Renovations. User Manual Version 2.2. U.S. Green Building Council (Oktober 2005).

47 *Braune/Kittelberger/Kreissig* Potenziale des Nachhaltigen Bauens in Deutschland: Analyse der internationalen Strukturen, Kurzstudie, Lehrstuhl für Bauphysik, Universität Stuttgart (2007); *Saunders* A Discussion Document Com-paring International Environment Assessment Methods for Buildings (März 2008).

Die europäische Normung zum Nachhaltigen Bauen hat erst in den letzten Jahren begonnen. Erst seit 2008 liegen die ersten EN bzw. DIN EN – Normblätter zu diesem Themenbereich vor.[48] Einen Alleingang für die Erarbeitung von nationalen, deutschen Normen gibt es nicht. Die Struktur der Normen ist aufgestellt nach allgemeinen Rahmenbedingungen, Rahmenbedingungen für Indikatoren, Berechnungsmethoden sowie Umweltdeklarationen für Bauprodukte. 3

Ebenso wie die europäische hat die internationale Normarbeit zum Nachhaltigen Bauen erst in den vergangenen Jahren begonnen. Seit 2006 liegen die ersten ISO bzw. ISO/TS – Normblätter vor.[49] Die Struktur der Normen ist, ähnlich wie in der europäischen Normarbeit, aufgestellt nach Allgemeinen Grundsätzen, Rahmenbedingungen für Indikatoren, Berechnungs- und Planungsmethoden sowie Umweltdeklarationen für Bauprodukte. Auch innerhalb der internationalen Normung wird die Bewertung von nachhaltigen Gebäudeeigenschaften auf den drei Säulen Ökologie, Ökonomie und Soziales aufgebaut. 4

Die vergangenen 10 bis 15 Jahre haben gezeigt, dass die Anwendung der Normen zum nachhaltigen Bauen und der Green Building Zertifizierungssysteme eine weitaus höhere **Vernetzung von Architektur, Bau- und Anlagentechnik** bedarf, um die Ziele zu erreichen. Zudem müssen die Planungsteams heute nicht nur den eigentlichen Neubau oder die Sanierung planen, sondern auch die Funktion des Betriebs und den rezyklierbaren Rückbau des Gebäudes. Dies führt unausweichlich zu einem anderen Design und anderen Technologien. Aber dies ist nicht alles – die Planungsteams müssen sich heute auch mit den Veränderungen in den anderen Branchen auseinandersetzen, wie z. B. die Dezentralisierung der erneuerbaren Energieversorgung in der Energiewirtschaft und die Veränderungen der Mobilitätstechnologien im Verkehrssektor. Die niedrigen CO_2-Budgets aufgrund der Limitierung der Klimaerwärmung für die Weltbevölkerung im Jahre 2050 führen dazu, dass sich ebenfalls die **Branchen untereinander vernetzen** müssen, um nachhaltige Gebäude und Städte bei verfügbaren Kosten zu erreichen. 5

48 Deutsches Institut für Normung: DIN EN 15804 Nachhaltigkeit von Bauwerken – Umweltdeklarationen für Produkte – Regeln für Produktkategorien; Deutsche Fassung prEN 15804 (2008).
49 Deutsches Institut für Normung: DIN EN ISO 14040 – Umweltmanagement – Ökobilanz – Grundsätze und Rahmenbedingungen, Deutsche und Englische Fassung EN ISO 14040 (2006).

II „supergreen®“ – Zur Bedeutung von nachhaltigem Entwerfen von Gebäuden

1 Form follows performance – Das Ziel der zeitgenössischen Architektur ist die Nachhaltigkeit

1 Schon seit dem Beginn meiner Tätigkeit als Architekt habe ich das Ziel einer nachhaltigen Architektur vor Augen. Der Begriff, einst Leitidee der „Grünen“-Bewegung in Deutschland, beschreibt den langfristig pfleglichen Umgang mit nachwachsenden Ressourcen. Das Konzept der Nachhaltigkeit gibt es schon viel länger als das Wort. Kurz gesagt soll ein Architekt Gebäude konzipieren, die die Schätze, die diese Welt zu bieten hat, nicht dauerhaft dezimieren. Diese Denkweise ist zum Leitmotiv meiner Arbeit geworden.

2 Nachhaltige Architektur zu schaffen, ist für mich eine Selbstverpflichtung, die ich mir gerne und schon früh auferlegt habe und mit der ich identifiziert und an der ich gemessen werde. Die Nutzung regenerativer Energien und Ressourcen wie Erdwärme und Sonnenlicht, die Nutzung von Regenwasser, Tageslicht und die natürliche Be- und Entlüftung der Gebäude sind wichtige Pfeiler dieses Konzepts. Mit einem minimalen Verbrauch von Energie und Ressourcen streben wir in unseren Entwürfen zugleich ein hohes Maß an Nutzungskomfort an.

3 Heute wird in der Welt der Architektur, aber auch außerhalb von ihr, (zu) vieles als „sustainable“ oder „grün“ bezeichnet. Diese inflationär benutzten Adjektive büßen ihre Bedeutungen deshalb zusehends ein. Trotz der Über-Verwendung bleibt ihre genaue Bedeutung in der fachlichen Diskussion oft bemerkenswert vage. Viele Architekten behaupten einfach, ihre Gebäude seien „grün“. Sind sie es wirklich? Und wenn ja, wie? Diese Fragen werden allzu selten gestellt – geschweige denn fachlich versiert und nachprüfbar beantwortet. Teils liegen Inkompetenz, teils Verheimlichung dem weitverbreiteten „green-washing“ zugrunde. „Grüne“ Architektur kann attraktiv und „sexy“ aussehen und muss nicht „hippie-“ oder „öko-“haft daher kommen, das beweisen unsere Entwürfe und verschaffen grünem Bauen so eine breitere Akzeptanz. Wenn das Wort „nachhaltig“ bald passé sein wird, welche Begriffe können wir dann für eine klügere Architektur und Baukultur verwenden? „Dauerhaft“ oder „solide“ vielleicht, oder „performativ“?

4 Minimalismus als Doktrin oder absolute Abstraktion sind nicht mein Ziel, sondern eine reduzierte und sinnfällige Auswahl an Materialien. Architektur muss heute Antworten auf komplexe und drängende Fragen und Probleme finden. Die globalen Ressourcen sind begrenzt und das Bedürfnis nach angenehmen, kommunikationsfördernden Räumen macht Architektur komplexer, aber zugleich auch reicher. Mit einer minimierten Anzahl an Elementen wünschenswerte, baubare Räume zu schaffen, die klar und konzeptionell sind, ist unser Ziel. Unsere Entwürfe sollen einfach und diszipliniert sein, aber nicht übermäßig simpel. Denn Schönheit und Eleganz entspringen oft der Moderation und Reduktion, in der alles Überflüssige weggelassen wird. Diesen Ansatz von der ersten Skizze bis zum kleinsten realisierten Detail umsetzen, bedarf großer Anstrengungen.

Ein wichtiger Faktor beim Entwurf von nachhaltigen Gebäuden ist die Fassade. 5
Die Außenhaut eines Gebäudes soll einerseits kompakt sein, muss aber andererseits genug Raum im Inneren lassen, damit Menschen sich in dem Gebäude wohlfühlen können. Die Körper großer Tiere wie von Elefanten oder Walen sind evolutionär daraufhin geformt worden, das Verhältnis von Oberfläche zu Volumen und damit den Wärmeverlust möglichst stark zu reduzieren. In der Flora findet man das umgekehrte Phänomen wie in der Fauna: Viele Pflanzen haben eine möglichst große Oberfläche, um den Eintrag von Sonnenenergie, Mineralien und Stickstoff zu erhöhen.

In der Welt der Architektur liegen die Anforderungen an Fassaden genau zwi- 6
schen diesen beiden Faktoren: Einerseits soll der Energieverlust von Gebäuden im Winter minimiert, andererseits und zugleich aber der Frischluft-, Tageslicht- und Wärmeeintrag maximiert werden. Thermische Puffer können eine Umgebung schaffen, die zwischen Innen und Außen, zwischen dem menschengemachten und dem natürlichen Raum vermittelt – und so beim nachhaltigen Bauen zu einem zentralen Motiv wird. Progressive Architektur schließt ihre natürliche Umgebung und deren Atmosphäre nicht völlig aus. Ich entwerfe thermische Puffer aber auch, um für Menschen attraktive Räume zu schaffen. Sie können die Form von großen inneren Gärten annehmen oder schmalen Räumen zwischen zwei Fassaden. Thermische Puffer erlauben es Gebäuden, ihren Energiekonsum und den Bedarf an Klimatisierung zu reduzieren und erhöhen zugleich die Aufenthaltsqualität in Gebäuden.

Dies ist nur ein Aspekt von vielen, die beim nachhaltigen Bauen bedacht werden 7
müssen. Ein einzelner Teilaspekt allein genügt nicht, um aus einem Gebäude einen nachhaltigen und qualitätsvollen Raum für Menschen zu machen. Es bedarf eines ganzen – gut aufeinander abgestimmten – Pakets an Maßnahmen und Ideen für ein nachhaltiges Gebäude. Dies im Einzelnen darzustellen ist an dieser Stelle leider nicht in der gebotenen Tiefe möglich. Wahre Nachhaltigkeit geht jedoch über Erwägungen des Klimas und des Energie- und Ressourcenverbrauchs hinaus. Damit Gebäude lange sinnvoll genutzt und von ihren Nutzern geschätzt werden, bedarf es vieler anderer, „weicher" Faktoren: Räume, die ungeplante Begegnungen provozieren beispielsweise und die Kommunikation befördern, gehören ebenso zu einem nachhaltigen Gebäude wie Photovoltaik- oder Geothermieanlagen, hölzerne Fassaden oder thermische Puffer. Speziell in großen Institutionen ist es wichtig, dass Gebäude ihren Nutzern ein Bild der Einheit erlauben, in dem Ideen und Kreativität gedeihen können. Informelle Begegnungen können durch Architektur unterstützt und befördert werden. Große, offene Büros erlauben nicht nur einen guten Überblick, Kommunikation und Bewegung, sie bieten auch eine hohe räumliche Flexibilität. Flure sollten mehr sein als nur ein schmaler Gang von „A" nach „B" und Tee- oder Pantryküchen mehr als nur eine übriggebliebene, fensterlose Ecke.

Der deutsche Philosoph Walter Benjamin hat eindrücklich das räumliche Erleben 8
des Flaneurs in der Stadt und im Raum beschrieben. Eine Passage wie im Lufthansa-Gebäude in Frankfurt beispielsweise kann zum Rückgrat des Gebäudes und damit

der Organisation werden. Benjamins epochales „Passagen-Werk“[50] entstand in Paris, wo er seit 1933 im Exil lebte. Es machte den Stadtwandler und Großstädter zur zentralen Figur der Kultur. Die überdachten Passagen, die in Paris schon ab 1820 angelegt wurden, stammen aus einer anderen Zeit und Kultur als Gebäude, die wir heutzutage entwerfen, aber die Raum- und Erlebnisqualitäten der „Flanerie“ haben nichts von ihrer Bedeutung und Anziehungskraft verloren.

9 Ein weiterer wichtiger Faktor nachhaltiger Architektur ist die Materialwahl. Für unsere Bauten in aller Welt nutzen wir Baumaterialien abhängig von ihren Charakteristika, Texturen und Farben, aber auch nach ihrer örtlichen Erhältlichkeit und dem Gehalt der „embodied energy“[51], die in ihrer Herstellung, Transport, Montage und Pflege steckt. Stahlbeton-Bauteile werden nur für das Tragwerk eingesetzt und meist unverkleidet, „brut“, belassen, um ihre Materialeigenschaften raumwirksam zu halten. Häufig werden Stahl und Glas für äußere Fassaden und Dächer und Holz für Fußböden und innere Fassaden eingesetzt.

10 Das RWE-Hochhaus in Essen[52], schon 1996 fertiggestellt, zählte zu den ersten ökologischen Hochhäusern der Welt, die über eine zweischalige Fassade natürlich belüftet werden. Seitdem haben wir unsere Konzepte für Projekte in aller Welt für verschiedene Größen, Typologien und Klimazonen angepasst und neu erfunden. Eine einmal gefundene Formel nur zu kopieren, genügt uns und unseren Bauherren nicht.

11 Nachhaltigkeit ist keine Geheimwissenschaft. Gesunder Menschenverstand ist oft ein besserer Ratgeber als die Untiefen der Green-Building Rating-Systeme es nahelegen. In Amerika sagt man „grey is the new green“: Faktoren wie die städtebauliche Dichte oder umweltschonende Verkehrswege stehen dort im Vordergrund der Fachdiskussion, weil sie oft viel entscheidenderen Einfluss auf die Energiebilanz einer Stadt haben als die Summe der Gebäude. Auf beiden Maßstabs-Ebenen entsteht Wandel nicht ohne Nachfrage – unsere Nachfrage. Mit kleinen Einsparungen hier und dort sollten wir uns nicht zufrieden geben, denn unsere Gesellschaften als Ganze sparen keine Energie. Heute nicht und morgen auch nicht. Im Wege steht uns Jevons Paradox.[53] Selbst wenn wir beispielsweise über alle Gebäude einer Stadt den Energie-Konsum um „10 %“ reduzieren würden (ein ambitioniertes Ziel), würden immer noch 90 % bleiben – auf nicht nachhaltigem Niveau. Wir müssen also der Versuchung widerstehen, zu stolz auf kleine Verbesserungen in der Energiebilanz

50 Benjamin, Walter: Das Passagen-Werk in: Gesammelte Schriften. Band V in zwei Teilbänden; herausgegeben von Rolf Tiedemann und Hermann Schweppenhäuser, unter Mitwirkung von Theodor W. Adorno und Gershom Scholem. Suhrkamp-Verlag, Frankfurt am Main 1982

51 siehe: www.designingbuildings.co.uk/wiki/embodied_energy_in_construction

52 siehe: Ingenhoven, Overdiek und Partner: Hochhaus RWE AG Essen, Birkhäuser-Verlag, Basel, 2000

53 Sullivan, Louis H.: The tall office building artistically considered“, Lippincott‘s Magzine, 1896

unserer Gebäude zu sein – und streben deshalb nach einer Baukunst, die das Label „supergreen®"[54] verdient.

2 Performance drives design

In Abwandlung von Louis Sullivans weltbekanntem Mantra „Form Follows Function"[55], der Grundlage der Moderne, glauben wir, dass die Leistungsform sich in der Architektur durchsetzen wird und soll. Form Follows Performance! Der Architekturtheoretiker Jörn Köppler hat es so formuliert: „Die Durchsetzung einer Architektur der Moderne geht einher mit der Formulierung einer Architektur ohne Ornament, ohne Kunstform, welche die reine Leistungsform, Konstruktion also als Symbol eines technisch geprägten Seinsbildes in das gebaute Werk bringt"[56]. In letzter Konsequenz ist Nachhaltigkeit nicht allein eine Frage von hochgezüchteter Technologie oder modernen Gadgets. Ihr Erfolg wird auch vom Städtebau, der Materialwahl und dem Willen, lieber in ein gutes Gebäude als in eine hohe Energierechnung zu investieren, beeinflusst. Diese Faktoren entziehen sich weitgehend der Quantifizierung und dem Vergleich der Rating-Systeme. Aber das Zeitalter der „guten Intentionen" allein ist im Rahmen der Greenbuilding-Bewegung definitiv vorbei. Jetzt geht es um die nachweisbare Performance von Gebäuden – nach dem Motto „Zeig mir die Energierechnung des Gebäudes und ich sage Dir, wie nachhaltig es ist!" 12

Ökologisch und ressourcenschonend zu bauen ist ein wichtiger, selbstverständlicher Teil unserer Unternehmensidentität als ingenhoven architects – progressives „Green Building Design" verstehen wir als Kernkompetenz. Es geht darum, die natürlichen Ressourcen des Ortes sinnvoll zu nutzen und dauerhaft zu Gunsten von Bauherren und Nutzer einzusetzen. Gelingen können solche Gebäude nur durch die fruchtbare Zusammenarbeit von qualifizierten Menschen und Mitarbeitern. Interne und externe Kommunikation ist deshalb ein Schlüssel zum Erfolg. 13

54 supergreen®; international eingetragene Wortmarke

55 Sullivan, Louis H.: The tall office building artistically considered", Lippincott's Magzine, 1896

56 Köppler, Jörn: Sinn und Krise moderner Architektur; Zeitgenössisches Bauen zwischen Schönheitserfahrung und Rationalitätsglauben, transcript Verlag, Bielefeld, 2010

III Aus Rechtsberatungssicht – eine Skizze der Auswirkungen des Green Building-Trends auf die Rechtsberatung

1 Was ist Green Building?

1 Parallel zu einem gewachsenen ökologischen Bewusstsein in Bevölkerung und Politik und einer damit einhergehenden Förderung nachhaltiger Baukonzepte beispielsweise durch Steuervorteile und Bezuschussungen steigt die Zahl der Bauherren und Eigentümer, die sich um die Einhaltung und das Erreichen selbst gestellter oder festgelegter Anforderungen an eine nachhaltige Bauweise ihrer Immobilien bemühen. Daneben ist eine Vielzahl gesetzlich festgelegter Standards zwingend einzuhalten.

2 Bei Bauvorhaben können sich unter Berücksichtigung von Green-Building-Maßstäben rechtliche Fragestellungen ergeben, da gerade hier eine Verzahnung diverser Rechtsgebiete stattfindet und der Leitgedanke der Nachhaltigkeit in allen Bereichen präsent ist.

3 Doch was ist überhaupt unter dem Begriff „Green Building" zu verstehen? Mit der Bezeichnung Green Building kann eine Vielfalt von Komponenten, die ein nachhaltiges Gebäude kennzeichnen, erfasst werden, aber auch einzelne, in nachhaltiger Weise gebaute oder sanierte Gebäude. Dabei wird zumeist auf eine **Lebenszyklus-Betrachtung** abgestellt, dessen Summe eine positive **Nachhaltigkeitsbilanz** ergeben muss. Wichtigster Faktor ist, neben einem nachhaltigen Material- und Wassereinsatz sowie einem positiven Einfluss auf die Gesundheit der Bewohner und die Umwelt, die **effiziente Energienutzung**. Der Gebäude-Lebenszyklus umfasst die Konzeption, Planung, Konstruktion, Nutzung und den Rückbau der Immobilie. „Green Building" ist hingegen kein Rechtsbegriff. Normierte juristische Standards werden mit diesem Schlagwort nicht verbunden.

2 Konzeption und Planung

4 Die juristischen Themen im Zusammenhang mit Green Building beginnen bereits in der Planungs- und Konzeptionsphase. Wird der Neubau oder die Sanierung als Green Building angestrebt, sollte schon in den häufig parallel laufenden Konzeptions- und Planungsprozessen eine **umfassende rechtliche Bewertung** eingeholt werden, um einen möglichst reibungslosen Fertigungsprozess zu gewährleisten.[57] Dies ist vor allem ratsam, sofern eine **Zertifizierung** des Gebäudes angestrebt wird. Durch Einhaltung und Übererfüllung gesetzlicher Standards können verschiedene Zertifizierungen (LEED, BREEAM, DGNB etc.) erlangt werden, die sich positiv auf den Marktwert der Immobilie auswirken können, da hier „grüne Investitionen" anhand festgelegter Kriterien gemessen werden.[58] Die tatsächliche Auswirkung auf den Marktwert der

57 Henckel/Kuczkowski/Lau/Pahl-Weber/Stellmacher/*Schulten* Planen-Bauen-Umwelt, S. 303.
58 *Kühnberger* DStR 2012, 426.

Immobilie ist jedoch heute noch nicht standardisiert zu ermitteln. Ob und inwieweit durch Zertifikate höhere Miet- oder Verkaufspreise erzielt und damit eine für Investoren attraktivere Finanzierung nachhaltiger Gebäude ermöglicht werden kann, ist daher noch nicht generell feststellbar. Wohl aber können die Effekte eines Green Buildings in jedem Einzelfall überprüft werden.

Bedingt durch das hohe Energieeinsparpotenzial im Gebäudebereich wurden 5
gerade auf diesem Sektor in jüngerer Zeit neue Regeln erlassen und bestehende Regelungen novelliert, sodass energetische Anforderungen für Neubauten und bei der Sanierung oder Modernisierung von Bestandsbauten zu beachten sind. Umfassende Regelungen finden sich unter anderem in der Energieeinsparungsverordnung (EnEV) und im Erneuerbare-Energien-Wärmegesetz (EEWärmeG). Hier können Fragen nach der Gewährleistung bei Nichteinhaltung der energetischen Standards beim Verkauf von Bestandsbauten oder der wohl zumeist werkvertraglichen Gewährleistung bei Nichteinhaltung der Vorgaben der EnEV im Rahmen eines Architekten-, Planer- oder Bauvertrages Beachtung finden.[59]

a) Auditorenverträge

Sofern eine Zertifizierung des Gebäudes durch die DGNB-Zertifizierung gewollt 6
ist, muss ein **Auditorenvertrag** geschlossen werden. Vergleichbar muss bei dem BREEAM-Verfahren ein sogenannter BREEAM Licensed Assessor beauftragt werden; dagegen ist die Einschaltung eines LEED Accredited Professional fakultativ. Durch den Einsatz eines Auditors kann möglichen Abweichungen von den vorgegebenen Kriterien umgehend entgegengewirkt werden.

Dabei schuldet der Auditor regelmäßig die Sicherstellung der Einhaltung der für 7
die Zertifizierung unerlässlichen Normen. Vertraglich können aber selbstverständlich noch weitergehende Verpflichtungen festgelegt werden. Insgesamt ist der Auditorenvertrag wohl als **Werkvertrag** einzuordnen, sodass grundsätzlich die **Haftung** über §§ 633 ff. BGB geregelt wird.[60]

Auf den zeitgleichen Einsatz des Auditors als Fachplaner sollte verzichtet werden, 8
um den **Auditor** als eigenständige Kontrollstelle für die Planung und Bauausführung einsetzen zu können.

Zudem können hier haftungsrechtliche Problematiken auftreten. Wird der 9
Auditor zum Beispiel stärker in den Planungsprozess eingebunden, kommt für ihn und die weiteren Planer eine gesamtschuldnerische Haftung in Betracht. Daher sollten die einzelnen Aufgabenbereiche detailliert abgesteckt werden, um etwaige spätere Mängel den Verantwortungsbereichen der Beteiligten zuordnen zu können.

---

59 *Flatow* NJW 2008, 2886.
60 Schlemminger/*Löchner* Green Building, S. 103.

b) Steuerrechtliche Fragestellungen

10 Zur gesicherten Finanzierung des Bau- oder Sanierungsprojekts sind schon in diesem Stadium zwingend steuer- sowie umwelt- und energierechtliche Fragestellungen zu eruieren. Von welchen steuerrechtlichen Vorteilen kann durch das richtige Baukonzept profitiert werden? Welche energetischen Vorgaben müssen eingehalten werden?

11 Gerade um **die Kosten energetischer Modernisierungen** oder eines **grünen Neubaus** einschätzen zu können, ist die **steuerliche Abzugsfähigkeit** dieser Maßnahmen zu ermitteln. Dabei können die Ausgaben für die Modernisierung entweder als Erhaltungsaufwand sofort absetzbar sein, oder sie sind als Herstellungskosten verteilt über einen Zeitraum von 50 Jahren abzuschreiben. Problematisch kann hier die Zuordnung der Kosten zu einer der beiden Gruppen sein.[61] Es muss aber auch auf den Zeitpunkt der Investition geachtet werden. Übersteigen die Investitionen in Sanierungsmaßnahmen innerhalb von 3 Jahren nach einem Immobilienkauf 15 % des Kaufpreises, ist eine sofortige Abschreibung als Erhaltungsaufwand nicht mehr möglich; die Aufwendungen gelten dann als anschaffungsnahe Herstellungskosten. Die Anwendung dieser Regelung ist insbesondere bei dem Kauf eines denkmalgeschützten Gebäudes fraglich.[62]

c) Vergaberecht

12 Auch im Vergaberecht finden sich detaillierte gesetzliche Reglementierungen, die zu einer Veränderung des Beratungsbedarfs der Bauherren führen. Welche Kriterien müssen und welche Kriterien dürfen bei der Auftragsvergabe berücksichtigt werden? Oftmals bestehen Bedenken, dass eine nachhaltige Beschaffung der Baumaterialien oder eine nachhaltige Bauweise mit wirtschaftlichen Nachteilen verbunden ist. Trotzdem müssen Umweltaspekte im **Vergabeverfahren** berücksichtigt werden.[63] Unter anderem sind zwingend der Energieverbrauch der technischen Geräte und der Nachhaltigkeitsfaktor der Wartung und Demontage des Gebäudes zu berücksichtigen.[64]

d) Anpassung der Verwaltungspraxis

13 Die verschiedenen Nachhaltigkeitsbausteine, die unter den Oberbegriff des Green Buildings fallen, haben nicht nur Auswirkungen auf Eigentümerseite. Auch die Anbieter am Markt müssen ihr Angebot nivellieren (Bsp. „Ökostrom“) und die Verwaltung ihr Handeln an die neuen ordnungsrechtlichen Anforderungen anpassen.

14 Dazu bedarf die Verwaltungspraxis einer umfassenden rechtlichen Überprüfung bei der Einbeziehung von Umweltschutzaspekten. Insbesondere besteht durch die

---

61 Schlemminger/*Sauerhering* Green Building, S. 157.
62 *Marx/Noack* DStR 2013, 173.
63 *Mertens/Contag* Euroforum-Newsletter Vergaberecht 2011, Ausgabe 9 (1/2011), S. 3.
64 *Mertens/Contag* Euroforum-Newsletter Vergaberecht 2011, Ausgabe 9 (1/2011), S. 3.

verfassungsrechtliche Verankerung des Klimaschutzes die Gefahr eines **Ermessensfehlgebrauchs** seitens der Verwaltung, wenn sie den Klimaschutz bei der Abwägung ihrer Entscheidungen nicht hinreichend berücksichtigt.[65]

e) Planerverträge

Für Planerverträge gilt, dass beim Green Building nicht mit Standardverträgen gear- 15
beitet werden sollte; vielmehr muss der Vertragsgegenstand um die spezifischen Besonderheiten der „Grünen Gebäude" erweitert werden. Sonst besteht das Risiko, dass eine Haftung bei Nichterreichen der Effizienzziele auf Seiten des Planers ausfällt. So können etwaige wirtschaftliche Nachteile unter Umständen nicht ausgeglichen werden.

Ist die Zertifizierung des Gebäudes mit einem **Gütesiegel** geplant, sollte dies als 16
Zielbestimmung im Planervertrag aufgenommen werden. Die Aufnahme stellt eine **Beschaffenheitsvereinbarung** dar, so dass die Erlangung des Gütesiegels ein Werkerfolg ist und gleichsam eine Haftungsmöglichkeit eröffnet wird.[66]

Weitergehend wird der Planer zusammen mit dem Auditor dafür Sorge tragen, 17
dass die Anforderungen für eine Zertifizierung erreicht werden. Dafür ist im Bauvertrag detailliert zu beschreiben, welche Leistungen wie zu erbringen sind, um dem Bauherrn die Entscheidung zu überlassen, welche Kriterien er erfüllen möchte.[67] Eine globale Leistungsbeschreibung ist in diesen Fällen nicht ratsam.

f) Konfliktfelder im Denkmalschutzrecht

Bei der energetischen Sanierung von Bestandsbauten sind die Vorgaben des Denkmal- 18
schutzrechts zu beachten, da gerade solche Maßnahmen regelmäßig mit Schutzgütern des Denkmalschutzes kollidieren. Insgesamt fordert das Denkmalschutzrecht den Einklang von aktuellen Baumaßnahmen mit dem Bestandsbau u. a. hinsichtlich des „verwendeten Materials, der angewandten Technik und des Erscheinungsbildes"[68]. Diese Kriterien können nur schwierig durch energetische Sanierungsmaßnahmen erfüllt werden.[69] Beispielsweise ist die Installation von Solaranlagen denkmalschutzrechtlich häufig nicht genehmigungsfähig.[70]

65 *Grothmann* ZfBR-Beil. 2012, 100.
66 Kaufmann/Lutz/*Stoll* – Broschüre – 2011/2012, S 27.
67 Schlemminger/*Löchner* Green Building, S. 117.
68 *Grothmann* ZfBR-Beil. 2012, 100.
69 *Grothmann* ZfBR-Beil. 2012, 100.
70 *Behrens* NordÖR 2011, 212.

g) Urheberrecht

19 Auch urheberrechtliche Fragestellungen sind im Vorfeld von Bauarbeiten abzuklären. Die technischen und gestalterischen Anforderungen an Fassaden wachsen. Sie übernehmen nicht mehr nur die herkömmlichen Funktionen wie Dämmung und Witterungsschutz, sondern werden zur Kühlung, Lüftung und Energiegewinnung eingesetzt.[71] Der dafür nötige umfassendere Konzeptions- und Bauaufwand kann dazu führen, dass die Gestaltung einer Fassade Urheberrechtsschutz genießt.[72]

20 Generell wächst der Sektor grüner Bautechnologien mit Beginn des Green Building-Trends und damit auch sein Marktvolumen kontinuierlich; eine Steigerung der Patentanmeldungen ist die logische Konsequenz. Hier ist ebenfalls eine qualifizierte Beratung notwendig. Auch die Zahl der Streitigkeiten um **grüne Patente** wird sich in Zukunft wohl erhöhen.

h) Contracting

21 Um etwaigen höheren Kosten einer Sanierung oder eines Neubaus im Sinne des Green Building zu begegnen, sind die verschiedenen Formen des Contracting das Mittel der Wahl.[73] Contracting ist insbesondere bei der Sanierung einer Mehrzahl von Gebäuden oder bei Neubauten sinnvoll. Auch für Kommunen ist es „ein interessantes Instrument, um die enormen Sanierungs- und Effizienzpotenziale zu erschließen".[74] Beim sogenannten Energieeinspar-Contracting führt der Contractor eine Reihe „von Energiesparmaßnahmen durch und garantiert eine Energieverbrauchs –und Kosteneinsparung."[75] Die Vergütung des Contractors wird dabei aus den Einsparungen finanziert.[76] Häufig wird die Form des **Energieliefer-Contractings** gewählt. Hier übernimmt der Contractor die Versorgung der Liegenschaft mit Energie bzw. Medien auf Zeit und „verkauft die Nutzenergie an den Gebäudeeigentümer".[77] Er ist regelmäßig zuständig für Finanzierung, Planung, Bau sowie für die Wartung der Anlagen.[78]

22 Allerdings können bei dem „Übergang zum Contracting im Zusammenhang mit der Modernisierung einer Heizungsanlage rechtliche Hürden"[79] auftreten. Seit dem 1.7.2013 gilt **§ 556c BGB**, der zumindest grundsätzlich die **Änderung der Versor-**

71 *Michalczyk* Neue und alte Fassaden können urheberrechtlich geschützt sein, abrufbar unter: http://www.greenbuilding-magazin.de/articles/article/neue-und-alte-fassaden-koennen-urheberrechtlich-geschuetzt-sein.html?tx_ttnews%5BpageId%5D=46&cHash=f10b58ce05b3f5f8a1dbaad5310d5fc5.

72 *v. Ungern-Sternberg* GRUR 2010, 273.

73 Danner/Theobald/*Lippert Energierecht,* Band 3, VIIIa B, IV Rn. 44 f.

74 *Lohse* BWGZ 2010, 932.

75 *Lohse* BWGZ 2010, 932.

76 *Lohse* BWGZ 2010, 932.

77 *Lohse* BWGZ 2010, 932.

78 *Lohse* BWGZ 2010, 932 (932).

79 Danner/Theobald/*Lippert* Energierecht, Band 3, VIIIa B, IV Rn. 48.

gungsart bei bestehenden Mietverhältnissen ermöglicht.[80] Unmittelbar anwendbar ist § 556c BGB jedoch nur auf Wohnraummietverhältnisse, so dass sich bei gewerblichen Mietverträgen eine ausdrückliche Vereinbarung empfiehlt.[81] Problematisch kann auch die lange Laufzeit der Contracting-Verträge sein, die aber zur Amortisation der Investitionen notwendig ist.[82] Hier ist auf eine **vertraglich festgelegte Anpassungsmöglichkeit der Vergütung** zu achten, um eine Angleichung an marktübliche Preise zu ermöglichen.[83]

Jedoch sind nicht nur die mietrechtlichen Auswirkungen des Contracting zu beachten. Gerade bei der Ausschreibung von Contracting-Projekten gilt es, Fehler zu vermeiden.[84] Auch hier sollte nicht auf vorformulierte Vertragstexte zurückgegriffen werden. Die Ausschreibung muss intensiv vorbereitet werden und nach Abschluss des Vertrages „sind die Abrechnungen und die Leistungen der Contractoren zu prüfen sowie die Einhaltung der Verträge zu überwachen".[85] 23

i) Veränderungen im BauGB

Weiterhin sind die verschiedenen Neuerungen im BauGB zu beachten. Der Klimaschutz ist mittlerweile als eigenes Ziel der Bauleitplanung kodifiziert worden (§ 1 Abs. 5 Satz 2 und § 1a Abs. 5 BauGB). 24

Ein praxisrelevantes rechtliches Problem stellt beispielsweise die **Wärmedämmung von Bestandsbauten** dar. Oftmals können bei einer neu vorgenommenen Außendämmung die bauordnungsrechtlich normierten Abstandsgebote nicht eingehalten werden, sodass die Frage nach einer Ausnahme oder Befreiung im Sinne des § 31 BauGB aufkommt. 25

3 Konstruktion

a) Bauvertrag

Simultan zum Planervertrag gilt für den Bauvertrag, dass, sobald die **Zertifizierungskriterien** als Zielbestimmung mitgeregelt werden, das Erreichen derselben einerseits einen Teilerfolg darstellt, da in der vertraglichen Regelung eine **Beschaffenheitsvereinbarung** zu sehen ist, andererseits die Möglichkeit einer Haftung des Bauunternehmers bei Nichterreichen der vereinbarten Standards eröffnet wird. 26

Weiter kann sich die Frage nach eventuellen Ansprüchen wegen fehlgeschlagener oder verspäteter Mangelbeseitigung durch den Bauunternehmer stellen. Grund- 27

80 *Niesse/Wiesbrock* NZM 2013, 529.
81 *Niesse/Wiesbrock* NZM 2013, 529.
82 *Niesse/Wiesbrock* NZM 2013, 529.
83 *Niesse/Wiesbrock* NZM 2013, 529.
84 *Lohse* BWGZ 2010, 932.
85 *Lohse* BWGZ 2010, 932.

sätzlich hat der Bauunternehmer die bei Abnahme des Bauwerkes maßgeblichen Anforderungen – eben auch bei zwischenzeitlichen Gesetzesänderungen z. B. in der EnEV – umzusetzen. Wem aber u. a. in Fällen, in denen die Abnahme sich wegen einer Mangelbeseitigung verzögert, letztendlich die **Kostentragungspflicht** zur Erfüllung der neueren energetischen Standards auferlegt wird, ist noch zu entscheiden.

b) Kaufvertrag

28 Green Building stellt Bauherren und Investoren, wie schon durch die oben erläuterten Besonderheiten der Auditoren- und Planerverträge erkennbar, auch bei der Vertragsgestaltung von zum Beispiel Kauf- oder Mietverträgen vor neue Herausforderungen.[86] Im Rahmen eines Kaufvertrages stellen sich sowohl für Alt- als auch für Neubauten Fragen nach der **Haftung des Verkäufers**. Besteht eine Offenbarungspflicht des Verkäufers über bestehende Nachrüstungspflichten? Entspricht die Immobilie den im EWärmeG festgesetzten Standards?[87] Ist dies nicht der Fall, liegt ein Mangel des Gebäudes vor und eine Mängelhaftung greift.

c) Mietrecht

29 Im Mietrecht wurde das Thema des nachhaltigen Bauens durch den Gesetzgeber schon in Form gegossen. An dieser Stelle seien insbesondere die §§ 536 Abs. 1a, 539 BGB erwähnt, die einen **Minderungsausschluss** wegen energetischer Sanierungsmaßnahmen bis zu drei Monaten und die **Modernisierungsmieterhöhung** normieren.

30 Um vor allem privaten Vermietern den Entschluss zu einer Modernisierung zu erleichtern, hat der Gesetzgeber den Minderungsausschluss kodifiziert. Führt eine energetische Modernisierung zu Beeinträchtigungen, ist der Mieter trotzdem nicht mehr zur Mietminderung berechtigt.

31 Hier finden sich Normvoraussetzungen, die **Konkretisierungsbedarf** aufweisen. Ein Beispiel: Für die Voraussetzung einer energetischen Sanierung genügen Primärenergieeinsparungen nicht mehr, „um die betreffende bauliche Maßnahme als energetische Modernisierung zu qualifizieren".[88] Notwendig ist hingegen eine Einsparung im Bereich der Endenergie (bestehend bleibender Teil der Primärenergie nach Umwandlung und Verteilung der Energieträger). Hier ist noch zu prüfen, welche Energieeinsparungen dem Bereich der Endenergie zuzuordnen sind.

32 Auswirkungen hat das Green Building schon bei Abschluss des Mietvertrags. Nachdem der Vermieter mindestens bei Neuvermietungen zur Vorlage des Energieausweises verpflichtet ist, stellt sich die Frage der Haftung bei Unrichtigkeit oder Unvoll-

86 *Schlemminger* Finance, S. 28.
87 Schlemminger/*Krause/Minuth/Reischauer/Trenkel* Green Building, S. 37.
88 *Hinz* NZM 2013, 209.

ständigkeit des Ausweises.[89] Nachdem der Gesetzgeber schon klargestellt hat, „dass der Energieausweis ausschließlich der Information“[90] des Mieters dient, kann eine Haftung selbst bei Dokumentation in den üblichen Mietverträgen nicht angenommen werden. Hier ist die gesonderte Formulierung von Haftungsausschlüssen und -voraussetzungen notwendig, damit überhaupt eine Haftung in Betracht kommen kann.

d) Green Lease

Unter dem Stichwort Green Lease sind solche Mietverträge zu verstehen, in denen 33
sich beide Parteien zu einem nachhaltigen Umgang mit Ressourcen verpflichten. Um dieses gemeinsame Ziel festzuhalten, sind für jede Immobilie maßgeschneiderte Mietverträge aufzusetzen.

Grüne Mietverträge sind insbesondere im Bereich der Gewerbeimmobilien inte- 34
ressant, da Unternehmen so selbst gesetzte Nachhaltigkeitsziele erreichen und sich Werbungsvorteile am Markt sichern können. Allerdings ist die Umlegung der Kosten für eine energetische Modernisierung im Gewerbemietrecht nicht im Sinne der Energiewende geregelt; für den Vermieter einer Gewerbeimmobilie besteht wenig Anreiz für energetische Modernisierungen.[91]

Wird mit einem **Nachhaltigkeitszertifikat** geworben, besteht im Gegensatz zum 35
Energieausweis eher die Möglichkeit einer Haftung des Vermieters bei Verlust des Zertifikats. Hier ergibt sich nicht „schon aus § 5a Satz 3 EnEG, dass er nur der Information dient“.[92] Bei Abschluss eines Mietvertrags ist anzunehmen, dass beide Parteien ein Interesse an dem Erhalt der Zertifikats-Voraussetzungen haben. Dazu sollten Regelungen getroffen werden, die die Pflichten jeder Partei festlegen.[93]

Auch im Bereich der Mängelhaftung wird der Anwalt mit neuen Fragestellungen 36
konfrontiert. Es besteht die Möglichkeit, dass **energetische Zielwerte als Beschaffenheit der Mietsache** gelten. Die „Gefahr“ besteht insbesondere, wenn diese Werte in den Baubeschreibungen bei noch zu errichtenden Neubauten auftauchen.[94]

All diese Aspekte machen deutlich, dass Green Lease vor allem bedeutet, einen 37
detaillierten Mietvertrag abzuschließen. Durch die zusätzlichen Interessen bei und Beteiligten an Green Building-Maßstäben, auch der Mieter durch sein Energie-Nutzverhalten, ist eine umfassende Regelung unerlässlich.

89 *Schlemminger* Finance, S. 28 f.
90 Schlemminger/*Keilich/Böhm* Green Building, S. 61.
91 Schlemminger/*Keilich/Böhm* Green Building, S. 61.
92 Schlemminger/*Keilich/Böhm* Green Building, S. 61.
93 Schlemminger/*Keilich/Böhm* Green Building, S. 61.
94 Schlemminger/*Keilich/Böhm* Green Building, S. 61

4 Wartung/Renovierung

a) Verfassungsrechtliche Hindernisse

38 Im Bereich der Bestandsbauten sind energetische Sanierungsmaßnahmen unerlässlich, um durch Gebäude verursachte Emissionen zu reduzieren und das vom Gesetzgeber forcierte Green Building voranzutreiben.

39 Durch den von Art. 14 Abs. 1 S. 1 GG umfassten baurechtlichen Bestandsschutz kann der Gesetzgeber im Bereich der Bestandsbauten jedoch nicht so umfassend tätig werden wie im Bereich der Neubauten. **Neubauten genießen keinen Bestandsschutz**, so dass hier lediglich die einfachgesetzliche Regelung nicht gegen Verfassungsrecht verstoßen darf. Um hingegen Sanierungsanordnungen für Altbauten zu ermöglichen, ist immer eine **Abwägung des Bestandsschutzes mit anderen Verfassungsgütern** im Wege der praktischen Konkordanz durchzuführen.[95] Als rechtfertigende Rechtsgüter von Verfassungsrang kommen die von Art. 20a GG geschützten natürlichen Lebensgrundlagen in Betracht, die auch den Klimaschutz als Instrument der Sicherung der natürlichen Lebensgrundlagen umfassen.[96]

b) Einbindung in die Due Diligence-Prüfung

40 Wird die bewusste Entscheidung getroffen, ein „Green Building" zu erwerben oder zu mieten, sind auch Green Building Standards, insbesondere die Voraussetzungen für eine Zertifizierung, Steuervorteile oder einfach selbst gesetzte Vorgaben im Rahmen der Due Diligence, zu überprüfen. Liegt noch **kein Zertifikat** vor, müssen alle bis jetzt geschlossenen Verträge dahingehend überprüft werden, ob sie den Zertifizierungs-Voraussetzungen genügen. Liegt ein **Zertifikat** vor, muss unter anderem überprüft werden, ob Tatsachen vorliegen, die den Bestand des Zertifikats gefährden.[97]

c) Privater Emissionshandel

41 Es sei noch kurz auf die Idee des privaten Emissionshandels verwiesen. Die rechtlichen Grundlagen wurden hierfür durch einen Modellversuch zwischen 2008–2010 und die anschließende Genehmigung 2012, angestoßen vom Landesinnungsverband des Schornsteinfegerhandwerks Hessen, geschaffen. Der Abschlussbericht zum Modellversuch verzeichnete, unter Zugrundelegung der 200 untersuchten Objekte, ein jährliches Einsparungspotential von 2.500 Tonnen CO_2.[98] Der tatsächlichen Umsetzung wie auch der Fortführung des Modells standen hingegen die lediglich befristete Genehmigung bis Ende 2012 sowie der stark gesunkene Preis pro Tonne CO_2

95 *Böhm/Schwarz* NVwZ 2012, 129.

96 *Grothmann* ZfBR-Beil. 2012, 100.

97 Schlemminger/*Krause/Minuth/Reischauer/Trenkel* Green Building, S. 37.

98 Abschlussbericht des Landesinnungsverbandes Schornsteinfegerhandwerk Hessen, S. 17, abrufbar unter: https://www.dbu.de/OPAC/ab/DBU-Abschlussbericht-AZ-22207.pdf.

entgegen. Neue Entwicklungen im Hinblick auf die Umsetzung eines privaten Emissionshandels sind aktuell nicht zu verzeichnen.

5 Demontage

Die **Rückbaufreundlichkeit** und **Recyclingfähigkeit der verwendeten Baustoffe** 42
sind ebenfalls Kriterien eines Green Building, die eher bei Neubauten oder umfassenden Sanierungen beachtet werden können. Sie sind aber natürlich schon im Stadium der Planung und des Baus zu berücksichtigen.

6 Fazit/Ausblick

Durch Green Building-Vorhaben werden juristisch häufig mehrere Rechtsbereiche 43
tangiert. Somit ist regelmäßig eine **umfassende rechtliche Prüfung geboten**. Insgesamt erschließt sich durch das Wachstum von Green-Building-Vorhaben ein dynamisches Arbeitsfeld für Juristen. Es muss, vor allem bedingt durch das hohe Energieeinsparpotenzial im Gebäudesektor, mit immer neuen und immer mehr gesetzlichen Regelungen gearbeitet werden, wie nicht zuletzt auf die EnEV 2014, die am 1.5.2015 in Kraft getreten ist, belegt.

Kapitel 2
Anforderungen und Rechtsgrundlagen

A Nationale Gesetzgebung

I Der nationale Klimaschutzplan 2050

Grundlage für den im November 2016 ratifizierten nationalen Klimaschutzplan[1] ist das Weltklimaschutzabkommen von Paris aus dem Jahre 2015[2]. Die Bundesregierung hat sich damit zum Ziel gesetzt, einen Prozess zum Erreichen der nationalen Klimaschutzziele im Einklang mit dem Übereinkommen von Paris für alle Handlungsfelder aufzusetzen: In der Energieversorgung, im Gebäude- und Verkehrsbereich, im Industriesektor sowie in der Land- und Forstwirtschaft. 1

Zentrale Elemente sind: 2
- Langfristziel: Orientierung am Leitbild der weitgehenden Treibhausgasneutralität für Deutschland bis Mitte des Jahrhunderts
- Leitbilder und transformative Pfade als Orientierung für alle Handlungsfelder bis 2050
- Meilensteine und Ziele als Rahmen für alle Sektoren bis 2030
- Strategische Maßnahmen für jedes Handlungsfeld
- Etablierung eines lernenden Prozesses, in dem die in Paris vereinbarte Ambitionssteigerung realisiert wird.

Am Ende des Weges im Jahre 2050 steht eine weitestgehende Treibhausgasneutralität. Für die Bau- und Immobilienwirtschaft sind im Wesentlichen drei Sektoren bzw. Handlungsfelder entscheidend: 3
- Gebäude
- Energieversorgung
- Industrie

Im Sektor „Gebäude" werden ausschließlich die Primärenergieverbräuche und CO_2-Emissionen bilanziert, die sich auf den Verbrauch von Wärme für Heizen, Kühlen und Warmwassererzeugung beschränken. 4

Der Stromverbrauch und die damit verbundenen CO_2-Emissionen von Gebäuden für Lüftung, Kälte, Beleuchtung und Nutzerausstattung wird im Sektor „Energiewirtschaft" bilanziert. Die gesetzlichen Energieverordnungen, allen voraus die EnergieeinsparVO, regulieren hierbei neben dem Primärenergieverbrauch der Wärme auch 5

1 Klimaschutzplan 2050 der Bundesregierung, Stand: 14.11.2016 (www.bmub.bund.de)
2 www.bmub.bund.de/cop21/

https://doi.org/10.1515/9783110275285-002

Teile des Stromverbrauches (Lüftung, Kälte, Beleuchtung). Vor allem für Gewerbebauten ist dies ein hoher Anteil.

6 Einige Green Building-Zertifizierungssysteme bewerten zudem die CO_2-Emissionen, die aus der Herstellung und Verwendung von Materialien entstehen. Im Klimaschutzplan 2050 sind diese Emissionen dem Sektor „Industrie" zugeordnet.

7 Für alle Sektoren werden für das Zwischenziel 2030 klare CO_2-Einsparziele benannt, an denen sich die gesetzlichen Anforderungen in ihrer Weiterentwicklung orientieren müssen. Diese summieren jeweils bestehende und neue Anlagen, Gebäude und Produkte auf.

Emissionen der in die Zieldefinition einbezogenen Handlungsfelder

Handlungsfeld	**1990** *(in Mio. t CO_2-Äq.)*	**2014** *(in Mio. t CO_2-Äq.)*	**2030** *(in Mio. t CO_2-Äq.)*	**2030** *(Minderung in % ggü. 1990)*
Energiewirtschaft	466	358	175 – 183	62 – 61 %
Gebäude	209	119	70 72	67 – 66 %
Verkehr	163	160	95 – 98	42 – 40 %
Industrie	283	181	140 – 143	51 – 49 %
Landwirtschaft	88	72	58 – 61	34 – 31 %
Teilsumme	1209	890	538 – 557	56 – 54 %
Sonstige	39	12	5	87 %
Gesamtsumme	**1248**	**902**	**543 – 562**	**56 – 55 %**

Praxistipp
Für den Wohnungsbau kann die Zielsetzung aus dem Handlungsfeld „Gebäude" verwendet werden, da Wohnen anteilig eher wenig Strom verbraucht. Für alle Nichtwohngebäude empfiehlt der Autor, die Ziele aus den Handlungsfeldern Gebäude und Energiewirtschaft arithmetisch zu mitteln. Dabei wird ersichtlich, dass gerade für die Nichtwohngebäude noch erhebliche Anstrengungen, und damit Veränderungen, zu erwarten sind. Alle Projektentwicklungen sollten aus diesem Grunde vorausschauend, mit höheren energetischen Standards als die aktuellen gesetzlichen Bauanforderungen, angegangen werden.

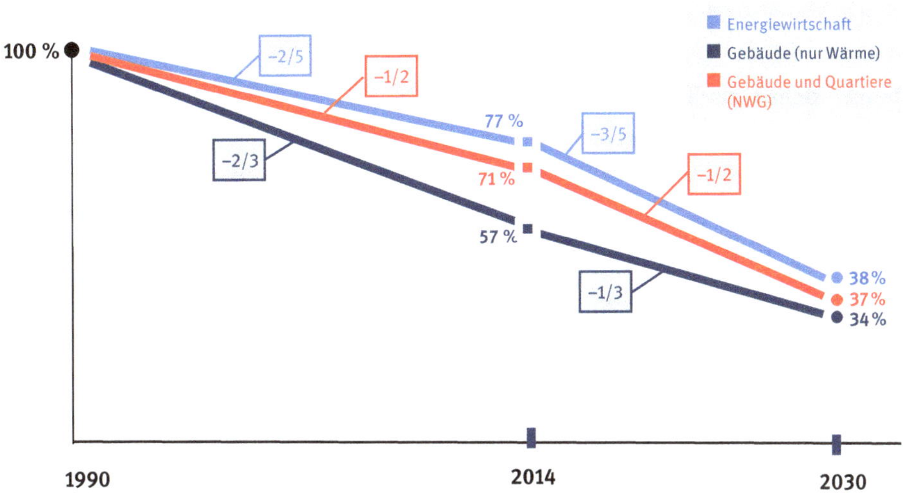

II Verordnung über energiesparenden Wärmeschutz und energiesparende Anlagentechnik bei Gebäuden – Energieeinsparverordnung (EnEV)

1 Einführung

Die Energieeinsparverordnung (EnEV) bildet neben dem Gesetz zur Förderung erneuerbarer Energien im Wärmebereich (EEWärmeG) die zweite Säule zur Umsetzung von Klimaschutz und Nachhaltigkeit im Immobiliensektor.[3] Ihre Regelungen dienen vorrangig der **Einsparung von Energie im Gebäudebereich, der Minderung der Importabhängigkeit und der Stärkung der Versorgungssicherheit**. Damit tragen sie auch zum **Klimaschutz** bei. 1

3 Ein von dem Bundeswirtschafts- und dem Bundesbauministerium gemeinsam erarbeiteter Entwurf zur Überführung der Regelungen der EnEV zusammen mit den Vorgaben des EEWärmeG und des EnEG in ein neues Gesetz zur Einsparung von Energie und zur Nutzung Erneuerbarer Energien zur Wärme- und Kälteerzeugung in Gebäuden (Gebäudeenergiegesetz) ist im Februar 2017 noch vor seiner Verabschiedung im Bundeskabinett vorerst am Widerstand der Unionsparteien gescheitert.

2 Die EnEV enthält Anforderungen an die energetische Qualität von Neubauten, an die Modernisierung von Gebäuden, an die Anlagentechnik und an Energieausweise. Die Verbesserung der energetischen Eigenschaften von Gebäuden ist ein wichtiges energiepolitisches Ziel. Im Gebäudebereich liegen erhebliche Potentiale für die Einsparung von Energie. Auf den Gebäudesektor entfallen sowohl EU-weit als auch in Deutschland rund 40 % des Gesamtenergieverbrauchs. Etwa die Hälfte davon entfällt auf die Gebäudeheizung und die Bereitstellung von warmem Wasser in Wohngebäuden.[4] Hier setzen sowohl die Regelungen der Europäischen Union als auch die der Bundesregierung an.

2 Rechtliche Grundlagen

a) Europäische Ebene

3 Vor diesem Hintergrund verfolgt die Europäische Union mit der Richtlinie 2010/31/EU[5] **„über die Gesamteffizienz von Gebäuden“** das Ziel, die Energieabhängigkeit der Union und die Treibhausgasemissionen durch Senkung des Energieverbrauchs zu vermindern.

4 Zusammen mit der verstärkten Nutzung von erneuerbaren Energien soll auf diese Weise dazu beigetragen werden, dass die Union ihre Verpflichtungen nach dem Kyoto-Protokoll zum Rahmenübereinkommen der Vereinten Nationen über Klimaänderungen (UNFCCC), dem Pariser Klimaschutzübereinkommen vom 12.12.2015 und ihre selbst gesetzten Klimaschutzziele einhalten kann. Dabei geht es vor allem darum, den weltweiten Temperaturanstieg auf deutlich unter 2° C zu begrenzen.

5 Die Richtlinie 2010/31/EU stellt Anforderungen an die Festlegung einer **Methode zur Berechnung der Gesamtenergieeffizienz** von Gebäuden. Die Festlegung dieser Methode selbst wird den Mitgliedsstaaten zugewiesen. Hierbei sollen die Investitionen in Energieeffizienzmaßnahmen im angemessenen Verhältnis zu den über die Lebensdauer des Gebäudes eingesparten Energiekosten stehen (sog. kostenoptimales Energieeffizienzniveau).

6 Die Mitgliedsstaaten werden ferner verpflichtet, nationale Pläne zu erstellen, um die **Zahl der Niedrigstenergiehäuser** zu erhöhen. Es ist zu gewährleisten, dass bis zum 31.12.2020 alle neuen Gebäude Niedrigstenergiehäuser sind. Dabei haben die Behörden Vorbildfunktion. Der Niedrigstenergiehausstandard gilt für neue Gebäude, die von Behörden als Eigentümer genutzt werden, bereits ab dem 31.12.2018. Bis 2050 soll auch der Gebäudebestand dementsprechend saniert sein.

7 Zudem enthält die Richtlinie Anforderungen an die Erstellung von Energieausweisen. Diese sollen potentiellen Käufern und Mietern zutreffende Informationen über die Gesamtenergieeffizienz des Gebäudes, sowie praktische Hinweise zu deren

4 Danner/Theobald/*Stock* Einführung EnEV Rn 1.
5 RL 2010/31/EU v. 19.5.2010, ABl L 153 S. 13, ABl L 155 S. 61.

Verbesserung liefern. Energieausweise sind in Gebäuden, die von Behörden genutzt werden und solchen mit starkem Publikumsverkehr, auszuhängen.

Die Mitgliedsstaaten werden verpflichtet, die notwendigen Maßnahmen zu ergreifen, um eine **regelmäßige Wartung** von Heizungs- und Klimaanlagen in Gebäuden zu gewährleisten. Für die Inspektionsberichte darüber und für Energieausweise ist ein unabhängiges Kontrollsystem zu schaffen. 8

Diese Richtlinie 2010/31/EU ist am 8.7.2010 in Kraft getreten und musste in nationales Recht umgesetzt werden.[6] Die Umsetzungsfrist ist gestaffelt für die verschiedenen Regelungskomplexe. Die früheste Frist endete am 9.7.2012. 9

b) Bundesebene

Seit zwei Jahrzehnten werden die Regelungsgegenstände des deutschen Energieeinsparungsrechts für Gebäude zunehmend von Vorgaben der Europäischen Union beeinflusst. So wurde die Richtlinie 2010/31/EU über die Gesamtenergieeffizienz von Gebäuden und die Richtlinie 2012/27/EU zur Energieeffizienz[7] auf Bundesebene durch das **Energieeinsparungsgesetz (EnEG)** umgesetzt. Die gegenwärtig geltende Fassung der EnEG Neubekanntmachung vom 1.9.2005[8] geht auf die letzte Änderungsverordnung vom 4.7.2013[9] zurück. 10

Die Energieeinsparverordnung als Rechtsverordnung der Bundesregierung beruht auf den gesetzlichen Ermächtigungen des Energieeinspargesetzes (EnEG). Mit Wirkung vom 1.5.2014 wurde die EnEV grundlegend novelliert (EnEV 2014) und zuletzt zur vereinfachten Unterbringung von Flüchtlingen weiter geändert.[10] 11

3 Sachlicher Anwendungsbereich

a) Anwendungsbereich

Nach § 1 Abs. 2 Satz 1 EnEV 2014 gilt diese für Gebäude, soweit sie unter Einsatz von Energie beheizt oder gekühlt werden und für Anlagen und Einrichtungen der Heizungs-, Kühl-, Raumluft- und Beleuchtungstechnik, sowie der Warmwasserversorgung von solchen Gebäuden. Der Energieeinsatz unmittelbar zu Zwecken der Produktion oder zur Erbringung von Dienstleistungen ist nicht von der Verordnung erfasst. 12

Durch die Formulierung „soweit" in § 1 Abs. 2 Satz 1 Nr. 1 EnEV 2014 wird deutlich, dass die EnEV sich **nicht pauschal auf das ganze Gebäude** bezieht. Im Hinblick 13

---

6 Bei den Anforderungen der Richtlinie handelt es sich um Mindestanforderungen, sie hindern die Mitgliedsstaaten nicht daran verstärkte Maßnahmen beizubehalten und zu ergreifen, vgl. Art. 1 Abs. 3 RL 2010/31/EU.

7 RL 2012/27/EU v. 25.10.2012, ABl L 315, S. 1.

8 Gesetz über Einsparung von Energie in Gebäuden v. 1.9.2005 (BGBl I 2005 S. 2684).

9 Viertes Gesetz zur Änderung des Energieeinspargesetzes v. 4.7.2013 (BGBl. I 2013 S. 2197).

10 Energieeinsparverordnung vom 24. Juli 2007 (BGBl. I S. 1519), zuletzt geändert durch Artikel 3 der Verordnung v. 24.10.2015 (BGBl. I S. 1789).

auf ihren Zweck, Energie einzusparen, werden nur solche Teile von Gebäuden in den Anwendungsbereich einbezogen, die beheizt oder gekühlt werden. Der tatsächliche Energiebedarf der Gebäude ist für die Eröffnung des Anwendungsbereichs ebenso wenig relevant wie die Art des Gebäudes und die Gebäudenutzung. Diese Kriterien finden in der Verordnung allerdings auf Ebene der Ausnahmen vom Anwendungsbereich Berücksichtigung.

14 Die EnEV differenziert grundsätzlich zwischen Wohn- und Nichtwohngebäuden, für die unterschiedliche energetische Anforderungen gelten. Für **gemischt genutzte Gebäude**, die sowohl Wohnanteile, als auch Nichtwohnnutzungen aufweisen, wird auf § 22 EnEV verwiesen. Dieser regelt, unter bestimmten Voraussetzungen die unterschiedlich genutzten Teile von Gebäuden wie eigenständige Gebäude zu behandeln. Dies führt zur Anwendung unterschiedlicher energetischer Anforderungen an Gebäudeteile.

15 Im Hinblick auf die **Anlagen der Heizungs-, Kühl-, Raumluft- und Beleuchtungstechnik, sowie der Warmwasserversorgung** ist klarzustellen, dass nur diejenige einem Gebäude dienende Haustechnik gemeint ist, die vom Gebäudeeigentümer beeinflusst werden kann. Nicht beeinflussbar ist zum Beispiel ein Fernwärmeheizwerk, von dem der Eigentümer seine Heizenergie bezieht. Auf dessen energetische Verhältnisse hat der Fernwärmebezieher keinen Einfluss.[11] Für solche Anlagensysteme gilt allein § 13 EnEV. Nicht entscheidend ist allerdings, dass die Haustechnik innerhalb der Gebäudehülle untergebracht ist.

16 Nach § 26 EnEV ist grundsätzlich der **Bauherr** für die Erfüllung der Pflichten nach der EnEV **verantwortlich**, wenn nicht ausdrücklich eine andere Person in der Regelung als Normadressat erwähnt wird. Abweichungen von diesem Grundsatz werden bei den jeweiligen Normen dargestellt.

b) Ausnahmen

17 Ausgenommen vom Anwendungsbereich der EnEV sind die im **Katalog** des § 1 Abs. 3 EnEV aufgeführten Gebäudetypen: Gebäude der gewerblichen Tierzucht und -haltung, Gewächs- und Treibhäuser, unterirdische Bauten, Gebäude, die dem Gottesdienst oder anderen religiösen Zwecken gewidmet sind, wie Kapellen, Kirchen, Synagogen, Betsäle. Ausgenommen sind auch Traglufthallen und Zelte, wie zum Beispiel Tennishallen und Festzelte für Volksfeste. Ausgenommen sind ferner Betriebsgebäude, die nach ihrem Verwendungszweck großflächig und lang anhaltend offen gehalten werden müssen, wie beispielsweise Flugzeughangars und Logistikzentren mit ständiger Verladetätigkeit über offene Tore bei hoher Frequenz, sowie Gebäude, die wiederholt aufgestellt und zerlegt werden können, wie Schulbaracken und provisorische Gebäude mit einer geplanten Nutzungsdauer bis zu zwei Jahren. Für letztere

---

11 BR-Drucks 194/01, S. 45.

gilt bis zum 31.12.2018 die Ausnahme auch für eine geplante Nutzungsdauer von bis zu fünf Jahren, wenn die Gebäude dazu bestimmt sind, als Aufnahmeeinrichtungen oder Gemeinschaftsunterkünfte nach dem Asylgesetz zu dienen.[12] Wohngebäude sind vom Anwendungsbereich der EnEV ausgenommen, wenn für sie eine Nutzungsdauer von weniger als 4 Monaten jährlich bestimmt ist oder wenn für sie eine begrenzte jährliche Nutzungsdauer bestimmt ist und der für sie zu erwartende jährliche Energieverbrauch weniger als 25 Prozent des zu erwartenden Energieverbrauchs bei ganzjähriger Nutzung beträgt. Typische Anwendungsfälle sind hier Ferienwohnungen und Wochenendhäuser. Als Auffangtatbestand nimmt Nummer 9 sonstige handwerkliche, landwirtschaftliche, gewerbliche und industrielle Betriebsgebäude aus, die nach ihrer Zweckbestimmung auf eine Innentemperatur von weniger als 12 Grad Celsius geheizt oder weniger als zwei Monate gekühlt werden.[13]

Die energetische Inspektion von Klimaanlagen nach § 12 EnEV und die Anforde- 18
rungen an die Inbetriebnahme von Heizkesseln nach § 13 EnEV müssen allerdings ausnahmslos erfüllt werden, das heißt, auch von Gebäuden, die ansonsten nicht den Anforderungen der EnEV unterliegen. Unberührt bleiben auch andere öffentlich-rechtliche Vorschriften über den baulichen Wärmeschutz und die haustechnischen Anlagen, insbesondere solche des Bauordnungsrechts.

4 Zeitlicher Anwendungsbereich der EnEV 2014

Bei **Bauvorhaben, die einer Baugenehmigung oder Bauanzeige bedürfen**, ist 19
das Eingangsdatum des Antrags oder der Anzeige maßgeblich für die anwendbare Fassung der EnEV. Auf Verlangen des Bauherrn ist die EnEV 2014 auch dann heranzuziehen, wenn der Antrag bis zum 30.4.2014 gestellt wurde und die Behörde bis zum 1.5.2014 noch keine bestandskräftige Entscheidung über den Bauantrag oder die Bauanzeige getroffen hat (§ 28 Abs. 4 EnEV).

Gem. § 28 Abs. 2 EnEV ist auf **nicht genehmigungsbedürftige Vorhaben, die** 20
nach Maßgabe des Bauordnungsrechts der Gemeinde zur Kenntnis zu geben sind, diejenige Fassung der EnEV anzuwenden, die zum Zeitpunkt der Kenntnisgabe gegenüber der zuständigen Behörde gültig ist. Hier hat das Verlangen des Bauherrn keinen Einfluss auf die anzuwendende Fassung der EnEV (§ 28 Abs. 4 EnEV ist nicht einschlägig).

Bei **genehmigungsfreien, verfahrensfreien und anzeigefreien Bauvorhaben** 21
entscheidet der tatsächliche Beginn der Bauausführung darüber, welche Fassung der EnEV gilt (§ 28 Abs. 3 EnEV).

12 § 25a Abs. 4 EnEV.
13 Vgl. Danner/Theobald/*Stock* § 1 EnEV Rn 28 ff.

III Energetische Anforderungen der EnEV

22 Im Folgenden werden die energetischen Anforderungen der EnEV dargestellt. Soweit erforderlich, wird noch zwischen der EnEV 2009 und 2014 differenziert.

23 Grundsätzlich werden mit jeder Novellierung der EnEV schrittweise die energetischen Anforderungen gesteigert, um das Ziel klimaneutraler Bauten zu erreichen. Zur Umsetzung dieser Ziele enthält die EnEV Vorgaben für das Bauen. Sie differenziert zwischen Neubauten und Bestandsbauten, wobei die energetischen Anforderungen an Bestandsbauten grundsätzlich strenger sind. Daneben setzt die EnEV zur Durchsetzung der energiepolitischen Ziele bei den Energieausweisen und den Anlagen der Heizungs-, Kühl- und Raumlufttechnik sowie der Warmwasserversorgung an. Der Vollzug der EnEV soll durch Stichprobenkontrollen und Ordnungswidrigkeitstatbestände durchgesetzt werden.

1 Anforderungen an Neubauten

a) Jahres-Primärenergiebedarf, §§ 3, 4 EnEV

24 Zu errichtende Wohngebäude sind so auszuführen, dass der Jahres-Primärenergiebedarf für Heizung, Warmwasserbereitung und Lüftung sowie der spezifische, auf die wärmeübertragende Umfassungsfläche bezogene Transmissionswärmeverlust die Höchstwerte in Anlage 1 Tabelle 1 nicht überschreiten (§ 1 Abs. 1 Satz 1 EnEV).

25 Der individuelle **Jahres-Primärenergiebedarf** eines Gebäudes drückt dessen Gesamtenergieeffizienz aus. Es handelt sich um den zentralen Kennwert für die Energieeffizienz eines Gebäudes.

26 Beim Primärenergiebedarf wird der bauliche Wärmeschutz der Gebäudehülle ebenso berücksichtigt wie die Energieeffizienz der eingesetzten Anlagentechnik. Durch einen Multiplikator, den **Primärenergiefaktor**, wird dabei die Herkunft der jeweils eingesetzten Energieträger (außerhalb des Gebäudes bis zur Nutzung im Gebäude) bewertet, so dass der unterschiedliche Ressourcenverbrauch und mittelbar auch die unterschiedlich hohen CO_2-Emissionen Berücksichtigung finden.[14] Damit bezieht die EnEV den außerhalb des Baugrundstücks verursachten Energiebedarf, wie zum Beispiel den für die Stromerzeugung oder den Transport, in die Bewertung des konkreten Gebäudes mit ein, obwohl der Bauherr hierauf keinen unmittelbaren Einfluss nehmen kann.

27 Zur Bestimmung des maximalen Jahres-Primärenergiebedarfs wird bei **Wohngebäuden** der Energiebedarf für Heizung, Warmwasserbereitung, Lüftung und Kühlung betrachtet. Bei **Nichtwohngebäuden** kommt noch der Energiebedarf für eingebaute Beleuchtung hinzu.

---

14 Danner/Theobald/*Müller-Kulmann/Stock* Einführung EnEG Rn 36.

b) Anrechnung von Strom aus erneuerbaren Energien, § 5 EnEV

Bei beiden Gebäudearten ist es möglich, Strom aus erneuerbaren Energien bei der Berechnung des Jahres-Primärenergiebedarfs abzuziehen. Auf diese Weise wird der Strom aus erneuerbaren Energien gegenüber demjenigen aus fossilen Energieträgern begünstigt und damit seine Nutzung gefördert. 28

Voraussetzung dafür ist, dass der Strom im unmittelbaren räumlichen Zusammenhang mit dem Gebäude erzeugt und vorrangig in dem Gebäude selbst genutzt wird und nur die überschüssige Energiemenge in ein öffentliches Netz eingespeist wird. Beschränkt wird die Anrechnung aber insofern, dass höchstens die Strommenge angerechnet werden darf, die dem berechneten Strombedarf der jeweiligen Nutzung entspricht. Von einem **unmittelbaren räumlichen Zusammenhang** zu dem Gebäude ist auszugehen, wenn der Strom nicht über Leitungen des öffentlichen Verkehrsnetzes geführt wird. Es ist dagegen unerheblich, ob die Gebäudeeigentümer selbst Betreiber der Erzeugungsanlage sind oder Dritte. Auch können sogenannte „Quartierslösungen", also für mehrere Gebäude eingerichtete gemeinsame Erzeugungsanlagen, berücksichtigt werden.[15] 29

c) Bauliche Mindestanforderungen

Daneben bestehen bauliche Mindestanforderungen, die die planerische Freiheit des Bauherrn einschränken: 30

aa) Wärmedämmung, §§ 3 Abs. 2, 4 Abs. 2 EnEV

Zu errichtende Wohn- und Nichtwohngebäude sind so auszuführen, dass die Höchstwerte der mittleren Wärmedurchgangskoeffizienten der wärmeübertragenden Umfassungsfläche nicht überschritten werden. Hier schreibt die EnEV ein bau- und anlagentechnisches Mindestniveau fest. In § 3 Abs. 2 i. V. m. Anlage 1 Tabelle 1 EnEV werden Höchstwerte für den Wärmeverlust bei Wohngebäuden und in § 4 Abs. 2 i. V. m. Anlage 2 Tabelle 2 EnEV für Nichtwohngebäude festgelegt. 31

bb) Sommerlicher Wärmeschutz, §§ 3 Abs. 4, 4 Abs. 4 EnEV

Weitere Anforderungen werden an den sommerlichen Wärmeschutz gestellt. Sie können für Wohngebäude Anlage 1 Nr. 3 EnEV und für Nichtwohngebäude Anlage 2 Nr. 4 EnEV entnommen werden. 32

15 DIBt-Mitteilungen v. 17.12.2009, 11. Staffel Auslegungsfragen zur Energieeinsparverordnung, S. 16, Nr. 3.

cc) Luftdichtheit, Mindestluftwechsel, § 6 EnEV

33 Die **wärmeübertragende Umfassungsfläche** des Gebäudes einschließlich der Fugen muss dauerhaft luftundurchlässig entsprechend den anerkannten Regeln der Technik (vgl. § 23 EnEV) sein. Die genauen Anforderungen der Durchlässigkeit von außen liegenden Fenstern, Fenstertüren und Dachflächenfenstern ergeben sich aus Anlage 4. Die **EnEV 2014** ist insofern abweichend, als dass sie an außen liegende Fenster, Fenstertüren und Dachflächenfenster keine gesonderten Anforderungen mehr stellt. Dies liegt daran, dass die bisher gesondert aufgeführten Anforderungen zum allgemeinen Stand der Technik geworden sind.

34 Die EnEV verpflichtet nicht zur Überprüfung der tatsächlich erreichten Dichtheit eines Gebäudes. Für den Fall, dass eine solche freiwillig durchgeführt wird, wird eine rechnerische Vergünstigung gewährt. Wenn die Voraussetzungen der Anlage 4 eingehalten sind, kann der Nachweis der Luftdichtheit bei den Berechnungen des Jahres-Primärenergiebedarfs berücksichtigt werden.

35 Trotz des Zieles einer möglichst hohen Luftundurchlässigkeit sind Gebäude so zu errichten, dass der zum Zwecke der Gesundheit und Beheizung erforderliche **Mindestluftwechsel** sichergestellt ist. Das Ausmaß des notwendigen Mindestluftwechsels ist abhängig von der Nutzung des Gebäudes im Einzelfall.

Praxistipp

Unter www.EnEV-online.biz findet sich eine Auflistung von auf Luftdichtheitsmessungen spezialisierten Firmen.

---

dd) Mindestwärmeschutz und Wärmebrücken, § 7 EnEV

Die Bauteile, die das Gebäude gegen Außenluft, das Erdreich oder Gebäude mit wesentlich geringeren Innentemperaturen abgrenzen, sind so auszuführen, dass sie den Anforderungen des Mindestwärmeschutzes nach den anerkannten Regeln der Technik (vgl. § 23 EnEV) entsprechen. Falls bei aneinandergereihter Bebauung eine zukünftige Nachbarbebauung noch nicht feststeht, müssen auch hier die Gebäudetrennwände den Anforderungen des Mindestwärmeschutzes genügen.

36 Bei der Errichtung der Gebäude ist zu beachten, dass der Einfluss konstruktiver Wärmebrücken auf den Jahres-Heizwärmebedarf nach den anerkannten Regeln der Technik (vgl. § 23 EnEV) und den im jeweiligen Einzelfall wirtschaftlich vertretbaren Maßnahmen so gering wie möglich gehalten wird. Der verbleibende Einfluss der Wärmebrücken ist bei der Ermittlung des Jahres-Primärenergiebedarfs nach Maßgabe des jeweiligen Berechnungsverfahrens zu berücksichtigen.

d) Berechnungsverfahren

aa) Referenzgebäudeverfahren

37 Der zulässige Höchstwert für den Jahres-Primärenergiebedarf eines zu errichtenden Gebäudes wird mithilfe des sogenannten Referenzgebäudeverfahrens ermittelt. Bei

diesem Verfahren wird der Jahres-Primärenergiebedarf nicht an dem zu errichtenden Gebäude selbst berechnet, sondern anhand eines **Referenzgebäudes**. Bei diesem handelt es sich um ein virtuelles Gebäude. Es muss die gleiche Geometrie, Gebäudenutzfläche und Ausrichtung wie das zu errichtende Gebäude haben und darf die angegebene technische Referenzausführung der Tabelle 1 Anlage 1 EnEV (für Wohngebäude) bzw. der Tabelle 1 Anlage 2 EnEV (für Nichtwohngebäude) nicht überschreiten.

Das genaue Berechnungsverfahren ergibt sich für Wohngebäude aus § 3 Abs. 3 EnEV i. V. m. Anlage 1 Nr. 2. Für Nichtwohngebäude ist das Berechnungsverfahren in § 4 Abs. 3 EnEV i. V. m. Anlage 2 Nr. 2 und 3 EnEV geregelt. 38

Die EnEV bietet jeweils ein vereinfachtes und ein ausführliches Berechnungsverfahren an, das auch das Standardverfahren ist. Das vereinfachte Verfahren ist Wohngebäuden mit einem Fensterflächenanteil von maximal 30 % und Nichtwohngebäuden mit bestimmten Nutzungsschwerpunkten vorbehalten. Das zu errichtende Wohngebäude bzw. Nichtwohngebäude und das Referenzgebäude sind mit demselben Verfahren zu berechnen (§§ 3 Abs. 3, 4 Abs. 3 EnEV). 39

Es werden keine bauteilbezogenen Obergrenzen festgelegt. Entscheidend ist lediglich die Einhaltung des errechneten Höchstwertes. 40

bb) Modellgebäudeverfahren

Mit dem neuen Absatz 5 des § 3 EnEV führt die **EnEV 2014** ein für den Bauherrn freiwilliges Modellgebäudeverfahren für neue, nicht gekühlte Wohngebäude ein. Dies dient der Vereinfachung ihrer Planung. Eine solche modellhafte Berechnung ist dadurch möglich, dass sich im Wohnungsbau bestimmte Grundtypen von Gebäuden ermitteln lassen. Ihre energetischen Kennwerte (Primär- und Endenergiebedarf, Transmissionswärmeverlust) unterscheiden sich bei gleicher technischer Ausführung nur noch aufgrund ihres Ausmaßes. Dadurch wird eine modellhafte Berechnung und Tabellierung möglich. Wird ein Neubau in Übereinstimmung mit einem solchen Modellgebäudetyp errichtet und hält er auch die für dieses Modellgebäude festgelegten allgemeinen Anwendungsvoraussetzungen (vgl. § 3 Abs. 5 Satz 2 EnEV) ein, so wird widerleglich vermutet, dass der Neubau die Anforderungen an den Jahres-Primärenergiebedarf für Heizung, Warmwasserbereitung, Lüftung und Kühlung, an den sommerlichen Wärmeschutz und die Höchstwerte für den Transmissionswärmeverlusts einhält, ohne dass es einer individuellen Berechnung derselben bedarf. 41

Voraussetzung ist, dass das Bundesministerium für Verkehr, Bau und Stadtentwicklung im Einvernehmen mit dem Bundesministerium für Wirtschaft und Technologie solche Modellgebäude mit verschiedenen Ausstattungsvarianten und Anwendungsvoraussetzungen ermittelt. Es muss ihre Übereinstimmung mit den Anforderungen an den Jahres-Primärenergiebedarf für Heizung, Warmwasserbereitung, Lüftung und Kühlung, an den sommerlichen Wärmeschutz und mit den Höchstwerten für den Transmissionswärmeverlust, sowie die ihnen zugeordneten energeti- 42 schen Kennwerte für den Energiebedarfsausweis feststellen und diese Informationen im Bundesanzeiger bekannt machen.

e) Ausnahmen, § 8 EnEV

43 Für zu errichtende **kleine Gebäude** (vgl. § 2 Nr. 3 EnEV) und **Neubauten, für die eine Nutzungsdauer von höchstens fünf Jahren bestimmt ist und die aus Raumzellen von jeweils bis zu 50 Quadratmetern Nutzfläche zusammengesetzt sind,** gelten nach § 8 EnEV die übrigen in Abschnitt 2 der EnEV geregelten Anforderungen als erfüllt, wenn die in Anlage 3 EnEV genannten Werte der Wärmedurchgangskoeffizienten der Außenbauteile eingehalten sind.

2 Anforderungen an bestehende Gebäude und Anlagen

44 Die energetischen Anforderungen an Bestandsgebäude und Anlagen sind im Verhältnis zu den Anforderungen an Neubauten geringer, da nachträgliche Maßnahmen zumeist schwieriger umzusetzen und entsprechend teurer sind als eine Neuplanung.

a) Anlassbezogene Pflichten, § 9 EnEV

45 § 9 EnEV stellt energetische Anforderungen an bestehende Gebäude, die sich erst aus Anlass einer Baumaßnahme des Bauherrn zu einer gesetzlichen Handlungspflicht verdichten. Anknüpfungspunkt sind wesentliche bauliche Maßnahmen des Bauherrn in Form der Änderung, Erweiterung oder des Ausbaus eines Gebäudes.

aa) Änderung von Gebäuden

46 Der Bauherr kann seinen Verpflichtungen zur Einhaltung der energetischen Standards der EnEV bei baulichen Änderungen **wahlweise** auf zwei unterschiedlichen Wegen nachkommen:

47 Nach § 9 Abs. 1 Satz 1 EnEV sind Änderungen so auszuführen, dass die in Anlage 3 festgelegten Wärmedurchgangskoeffizienten der **betroffenen Außenbauteile** nicht überschritten werden. Betrachtet wird hier ausschließlich das von der Maßnahme betroffene Bauteil.

48 Alternativ dazu fingiert § 9 Abs. 1 Satz 2 EnEV die Einhaltung der Bauteilanforderungen nach Satz 1, wenn das **gesamte Gebäude** nach durchgeführter baulicher Änderung die für einen Neubau geltende Obergrenze für den Jahres-Primärenergiebedarf und die Qualität der Wärmedämmung um höchstens 40 Prozent überschreitet. Sind diese Voraussetzungen erfüllt, wird unwiderleglich vermutet, dass das Gebäude die Bauteilanforderungen des Satzes 1 einhält. Der Bauherr ist an die einmal gewählte Option des § 9 Abs. 1 Satz 2 EnEV nicht gebunden.

49 Was unter den Begriff der **Änderung** fällt, ist durch den Katalog in Anlage 3 EnEV abschließend geregelt. Erfasst sind der Austausch, der erstmalige Einbau und die Erneuerung von energetisch relevanten Außenbauteilen wie beispielsweise Außen-

wänden, Fenstern und Dächern. Grundsätzlich können auch Reparaturen unter den Begriff der Änderung fallen, wenn sie die Voraussetzungen der Anlage 3 erfüllen. Nicht umfasst ist dagegen eine Nutzungsänderung ohne gleichzeitige bauliche Änderung. Der Formulierung **„bei beheizten oder gekühlten Räumen"** in § 9 Abs. 1 EnEV wird entnommen, dass die Maßnahme die wärmeübertragende Gebäudehülle betreffen muss. Maßnahmen außerhalb dieser Gebäudehülle sind energetisch nicht relevant und damit nicht erfasst.[16]

§ 9 EnEV stellt keine Anforderungen an bauliche Änderungen von Außenbautei- 50
len, wenn die Fläche der geänderten Bauteile **nicht mehr als 10 % der gesamten jeweiligen Bauteilfläche** des Gebäudes betrifft. Der Bauherr kann insofern in den Grenzen des bauordnungsrechtlichen Mindestwärmeschutzes frei agieren. Durch § 9 Abs. 3 EnEV wird die Möglichkeit einer Befreiung nach § 25 Abs. 1 EnEV nicht verhindert (vgl. § 9 Abs. 3 EnEV).

Zu beachten ist hierbei, dass § 9 EnEV keine sog. **Erstreckungspflicht** enthält. 51
Gegenstand der energetischen Anforderungen ist also jeweils nur die vom Bauherrn geänderte, erweiterte oder ausgebaute Bauteilfläche. Die Anforderungen der EnEV richten sich damit allein an die Flächen, welche der Bauherr von sich aus ändern will. Andernfalls würde der Bauherr in unzumutbarer Weise finanziell belastet und im Ergebnis von den geplanten Baumaßnahmen abgehalten werden.

In den Fällen von § 9 Abs. 1 Satz 2 EnEV ist für die Berechnung des Jahres-Primär- 52
energiebedarfs und der Qualität der Wärmedämmung des Bestandsgebäudes nach § 9 Abs. 2 EnEV grundsätzlich die **entsprechende Anwendung der für Neubauten geltenden Berechnungsregeln** vorgeschrieben. Für den Fall, dass Angaben zu den geometrischen Abmessungen von Gebäuden fehlen oder energetische Kennwerte für bestehende Bauteile und Anlagenkomponenten nicht vorliegen, lässt die Verordnung in § 9 Abs. 2 Satz 2 EnEV ein **vereinfachtes Berechnungsverfahren** zu. Dieses ermöglicht die Ermittlung der fehlenden Werte durch ein vereinfachtes Aufmaß oder durch die Verwendung gesicherter Erfahrungswerte für Bauteile und Anlagenkomponenten vergleichbarer Altersklassen. Die Einhaltung der anerkannten Regeln der Technik (vgl. § 23 EnEV) wird vermutet, soweit Werte verwendet werden, die vom Bundesministerium für Verkehr, Bau und Stadtentwicklung im Einvernehmen mit dem Bundesministerium für Wirtschaft und Technologie im Bundesanzeiger bekanntgemacht worden sind.

bb) Bauliche Erweiterung und Ausbau von Gebäuden

Von der Änderung eines Gebäudes zu unterscheiden sind die bauliche Erweiterung 53
und der Ausbau von Gebäuden. Die diesbezüglichen energetischen Anforderungen sind in § 9 Abs. 4 und 5 EnEV geregelt.

---

16 Danner/Theobald/*Stock* § 9 EnEV Rn 42.

54 Unter den Begriff der **Erweiterung** fallen bauliche Maßnahmen, die einen neuen Gebäudeteil schaffen. Hingegen darf durch eine Erweiterung kein selbstständiges neues Gebäude geschaffen werden. Die Identität des vorhandenen Gebäudes muss fortbestehen.

55 Ein **Ausbau** liegt hingegen vor, wenn innerhalb von bestehenden Gebäuden durch bauliche Änderungen neue beheizte oder klimatisierte Räume geschaffen werden, also insbesondere bei Dach- oder Kellerausbauten. Die Kubatur des Gebäudes bleibt beim **Ausbau** unverändert.

56 Bei einer Erweiterung oder dem Ausbau eines Gebäudes um beheizte oder gekühlte Räume mit **bis zu 50 Quadratmetern zusammenhängender Nutzfläche** sind die betroffenen Außenbauteile so auszuführen, dass die in Anlage 3 EnEV festgelegten Wärmedurchgangskoeffizienten nicht überschritten werden. **Zusammenhängend** bedeutet ein räumliches Zusammenliegen der hinzukommenden Nutzfläche.

57 Nach der **EnEV 2009** waren Erweiterungen und Ausbauten **mit weniger als 15 Quadratmeter zusammenhängender Nutzfläche** von den energetischen Anforderungen noch ausgenommen.

58 Schafft die Erweiterung oder der Ausbau eine **zusammenhängende Nutzfläche von mehr als 50 Quadratmetern,** so richteten sich die Anforderungen an die betroffenen Außenbauteile in der **EnEV 2009** nach den Vorschriften für Neubauten gem. §§ 3, 4 EnEV. Damit gelten die Anforderungen des Jahres-Primärenergiebedarf an die Wärmedämmung der Außenbauteile und an den sommerlichen Wärmeschutz.

59 Nach der **EnEV 2014** müssen die Außenbauteile die in Anlage 3 festgelegten Wärmedurchgangskoeffizienten einhalten, wenn für sie **kein Wärmeerzeuger** eingebaut wird. Ist die hinzukommende **Nutzfläche größer als 50 Quadratmeter**, sind außerdem die Anforderungen an den sommerlichen Wärmeschutz nach Anlage 1 Nummer 3 oder Anlage 2 Nummer 4 einzuhalten. Wird bei über 50 Quadratmetern Nutzfläche ein **neuer Wärmeerzeuger** eingebaut, richten sich die Anforderungen nach den Vorschriften für zu errichtende Gebäude nach § 3 oder § 4 EnEV.

b) Nachrüstpflichten, § 10 EnEV

60 Die in § 10 EnEV geregelten Nachrüstpflichten entstehen ohne besonderen Anlass unmittelbar kraft gesetzlicher Anordnung. Abweichend vom Grundsatz des § 26 EnEV ist hier der Eigentümer des Gebäudes für die Erfüllung der Nachrüstpflichten verantwortlich.

aa) Heizungstechnische Anlagen

61 Die EnEV enthält ein Betriebsverbot für sogenannte „Uralt-Heizkessel“. Die **EnEV 2009** regelt, dass Heizkessel, die mit flüssigen oder gasförmigen Brennstoffen beschickt werden und **vor dem 1.10.1978** eingebaut oder aufgestellt worden sind, nicht mehr betrieben werden dürfen.

Diese Regelung wird in der **EnEV 2014** dahingehend verschärft, dass entsprechende Heizkessel, die **vor dem 1.1.1985** ein- oder aufgestellt wurden, ab 2015 nicht mehr betrieben werden dürfen. Zudem dürfen **nach dem 1.1.1985** eingebaute oder aufgestellte Heizkessel nur noch maximal 30 Jahre betrieben werden. 62

Ausgenommen von den Regelungen sind Niedertemperatur-Heizkessel oder Brennwertkessel sowie heizungstechnische Anlagen, deren Nennleistung weniger als 4 Kilowatt oder mehr als 400 Kilowatt beträgt. Heizkessel nach § 13 Abs. 3 Nr. 2 bis 4 EnEV[17] sind ebenfalls ausgenommen. 63

Eigentümer sind bei heizungstechnischen Anlagen auch verpflichtet, bisher **ungedämmte, zugängliche Wärmeverteilungs- und Warmwasserleitungen und Armaturen**, die sich nicht in geheizten Räumen befinden, nach den Vorgaben der Anlage 5 EnEV zur Begrenzung der Wärmeabgabe zu dämmen. Denn gerade in unbeheizten Räumen entstehen durch ungedämmte Rohrleitungen beachtliche Wärmeverluste. 64

bb) Geschossdecken

In Wohn- und Nichtwohngebäuden, die jährlich mindestens vier Monate auf Innentemperaturen von mindestens 19 Grad Celsius beheizt werden, müssen bisher ungedämmte, nicht begehbare, aber zugängliche Geschossdecken beheizter Räume so gedämmt werden, dass der Wärmedurchgangskoeffizient der Geschossdecke 0,24 Watt (m^2 K) nicht überschreitet. **Begehbar** ist eine oberste Geschossdecke, wenn der Dachraum oberhalb einer entsprechend großen tragfähigen Grundfläche eine solche Höhe aufweist, dass sich dort ein durchschnittlich großer Mensch in aufrechter Haltung ohne Mühe bewegen kann. Die bauordnungsrechtlich für Aufenthaltsräume im Dachraum vorgeschriebene Höhe wird nicht verlangt.[18] Diese Pflicht gilt als erfüllt, wenn anstelle der Geschossdecke das darüber liegende Dach entsprechend gedämmt ist oder den Anforderungen an den Mindestwärmeschutz genügt. 65

cc) Grenzen der Nachrüstpflicht

In Wohngebäuden mit nicht mehr als zwei Wohnungen, von denen der Eigentümer eine Wohnung am 1.2.2002 selbst bewohnt hat, sind die soeben aufgeführten Nachrüstungspflichten erst im Falle eines Eigentümerwechsels nach dem 1.2.2002 von dem neuen Eigentümer zu erfüllen. Die Nachrüstung hat innerhalb von 2 Jahren ab dem ersten Eigentumsübergang zu erfolgen (vgl. § 10 Abs. 4 EnEV). Hierdurch soll die Belastung gerade älterer Menschen, die ein Eigenheim älteren Baujahrs bewohnen, mit kostenintensiven Maßnahmen vermieden werden.[19] 66

17 Vgl. Rn 83 ff.

18 DIBt-Mitteilungen v. 17.12.2009, 11. Staffel Auslegungsfragen zur Energieeinsparverordnung, S. 39.

19 *Manger* ZfIR 2008, 642.

67 Unabhängig von der Verpflichtung zur Stilllegung bestimmter heizungstechnischer Anlagen sind die Nachrüstungspflichten nicht anzuwenden, soweit die für die Nachrüstung erforderlichen Aufwendungen durch die eintretenden Einsparungen nicht innerhalb einer angemessenen Frist erwirtschaftet werden können (vgl. § 10 Abs. 5 EnEV).

68 Ebenso sind Gebäude, die als Aufnahmeeinrichtungen oder Gemeinschaftsunterkünfte nach dem Asylgesetz genutzt werden, bis zum 31.12.2018 von den Verpflichtungen des § 10 Abs. 3 EnEV befreit (§ 25a Abs. 3 EnEV).

c) Aufrechterhaltung der energetischen Qualität, § 11 EnEV

69 Damit die mit der EnEV verfolgten Ziele nachhaltig erreicht werden, muss die einmal erreichte energetische Qualität auf Dauer erhalten bleiben. Der Betrieb der haustechnischen Anlagen muss sachgemäß sein, das heißt, dass Bedienung, Instandhaltung und Wartung nicht mehr Energie benötigen als erforderlich.

aa) Verschlechterungsverbot

70 **§ 11 Abs. 1 EnEV** bestimmt daher, dass Außenbauteile nicht in einer Weise verändert werden dürfen, die die energetische Qualität des Gebäudes verschlechtert. Dasselbe gilt für Anlagen der Heizungs-, Kühl- und Raumlufttechnik sowie der Warmwasserversorgung, soweit sie zum Nachweis der Erfüllung der Anforderungen energieeinsparrechtlicher Vorschriften des Bundes berücksichtigt worden sind.

71 Vom Begriff der **Veränderung** nach § 11 Abs. 1 EnEV sind Änderungen im Sinne des § 9 Abs. 1 Satz 1 EnEV erfasst.[20] Darüber hinaus werden Änderungen der oben genannten haustechnischen Anlagen und Einrichtungen erfasst. Keine Veränderung in diesem Sinne sind Änderungen an Bauteilen oder Anlagen und Einrichtungen, die in anderen Regelungsbereichen der EnEV von deren energetischen Anforderungen ausgenommen sind (z. B. §§ 9 Abs. 3, 13 Abs. 3, 15 Abs. 1 EnEV). Eine Veränderung setzt ein aktives Handeln des Bauherrn bzw. eines von ihm beauftragten Dritten voraus. Änderungen, die ihren Grund außerhalb des Einflussbereichs des Bauherrn haben, sind nicht erfasst.

72 Im Rahmen des Verschlechterungsverbots ist, anders als bei § 9 EnEV, nicht nur auf das von der Veränderung betroffene Bauteil, sondern auf die **energetische Qualität des Gebäudes insgesamt** abzustellen. Maßnahmen, die eine energetische Verschlechterung eines Bauteiles bewirken, sind damit keinesfalls verboten, wenn die Verschlechterung an anderer Stelle kompensiert wird.

73 Gegenstand des Verschlechterungsverbots sind Maßnahmen an bestehenden Gebäuden, für die auch die Bestimmungen in **§§ 9, 13–15 EnEV** gelten. Geklärt werden muss damit das **Verhältnis der Vorschriften**.

20 Vgl. Rn 48 ff.

Zum Teil wird vertreten, dass das Verschlechterungsverbot, wenn die energetische Qualität einer Anlage über dem gesetzlich vorgeschriebenen Standard liegt, strengere Anforderungen stellt, da andernfalls die Vorschrift ins Leere liefe.[21] Hiergegen wird eingewendet, dass die Eigentümer an der freiwilligen Übererfüllung der EnEV-Mindeststandards auf Grund des Wirtschaftlichkeitsgrundsatzes nicht festgehalten werden können. Die öffentlich-rechtlichen Pflichten des Eigentümers seien in solchen Fällen im Verfahren nach § 25 EnEV zu klären.[22] 74

bb) Betriebsvorschriften für haustechnische Anlagen

§ 11 Abs. 2 und 3 EnEV normiert Betriebsvorschriften für haustechnische Anlagen. 75
Sie sollen einen energiesparenden Betrieb sicherstellen. Danach ist der Betreiber von Anlagen der Heizungs-, Kühl- und Raumlufttechnik und der Warmwasserversorgung verpflichtet, diese sachgerecht zu bedienen und Komponenten mit wesentlichem Einfluss auf den Wirkungsgrad solcher Anlagen zu warten und instand zu halten.

Praxistipp
Für die energetische Sanierung bestehen Fördermöglichkeiten durch das BAFA und die KfW-Förderbank.

---

d) Energetische Inspektion von Klimaanlagen, § 12 EnEV

§ 12 EnEV schreibt eine regelmäßig wiederkehrende energetische Inspektion von Klimaanlagen vor. Verantwortlicher ist der Betreiber der Anlagen. 76

aa) Inspektion

Die Inspektion umfasst Maßnahmen zur Prüfung der Komponenten, die den Wirkungsgrad der Anlage beeinflussen, und der Anlagendimensionierung im Verhältnis zum Kühlbedarf des Gebäudes (vgl. § 12 Abs. 2 EnEV). Betreiber von in Gebäuden eingebauten Klimaanlagen mit einer Nennleistung für den Kältebedarf von mehr als 12 Kilowatt haben fachkundige Inspektionen dieser Anlagen durchführen zu lassen. Eine nicht abschließende Auflistung von **fachkundigen Personen** findet sich in § 12 Abs. 5 EnEV. Diese Inspektionspflicht gilt auch für Klimaanlagen in solchen Gebäuden, die ansonsten nicht die Anforderungen der EnEV erfüllen müssen (vgl. § 1 Abs. 2 Satz 1 EnEV 2009 bzw. § 1 Abs. 3 Satz 1 EnEV 2014). 77

Die Inspektion ist erstmals im zehnten Jahr nach der Inbetriebnahme oder Erneuerung wesentlicher Bauteile wie Wärmeübertrager, Ventilator oder Kältemaschine durchzuführen. Davon abweichend waren die am 1.10.2007 mehr als vier und bis 78

---

21 Danner/Theobald/*Stock* § 11 EnEV Rn 5.
22 BR-Drucks 113/13, S. 87.

zu zwölf Jahre alten Anlagen innerhalb von sechs Jahren, die über zwölf Jahre alten Anlagen innerhalb von vier Jahren und die über zwanzig Jahre alten Anlagen innerhalb von zwei Jahren nach dem 1.10.2007 erstmals einer Inspektion zu unterziehen. Nach der erstmaligen Inspektion ist wiederkehrend mindestens alle zehn Jahre eine Inspektion durchzuführen.

bb) Inspektionsbericht

79 Über die Inspektion ist ein Inspektionsbericht mit den Ergebnissen der Inspektion und kurz gefassten fachlichen Hinweisen zur kostengünstigen Verbesserung der energetischen Eigenschaften der Anlage, für deren Austausch oder für Alternativlösungen zu erstellen. Die fachkundige Person hat dem Betreiber die Ergebnisse der Inspektion unter Angabe ihres Namens sowie ihrer Anschrift und Berufsbezeichnung zu bescheinigen.

80 Der Betreiber hat die Bescheinigung über die Durchführung der Inspektion der nach Landesrecht zuständigen Behörde auf Verlangen vorzulegen.

cc) Registriernummern

81 Um eine strichprobenartige Kontrolle der Inspektionen nach § 12 EnEV zu ermöglichen, muss jeder Inspektionsbericht nach § 26c EnEV 2014 eine Registriernummer haben. Dazu hat jeder, der einen Inspektionsbericht nach § 12 EnEV ausstellt, bei der zuständigen Behörde (Registrierstelle) eine **Registriernummer** zu beantragen. Der Antrag ist gem. § 26c Abs. 1 Satz 2 EnEV grundsätzlich elektronisch zu stellen. Eine Antragsstellung in Papierform ist nur zulässig, wenn die elektronische Antragsstellung eine unbillige Härte für den Antragssteller darstellt (vgl. § 26c Abs. 1 Satz 3 EnEV). Voraussetzung für die Beantragung einer Registriernummer sind Angaben über die Nennleistung der inspizierten Klimaanlage, Name und Anschrift der antragsstellenden Person, das Bundesland, die Postleitzahl des Gebäudes und das Ausstellungsdatum des Inspektionsberichts. Diese beim Antrag gemachten Pflichtangaben sollen es der Registrierstelle ermöglichen, für den Vollzug des Kontrollsystems Stichproben zu ziehen. Die Registriernummer ist deshalb in dem Inspektionsbericht vor dessen Übergabe einzutragen.

82 Falls trotz Ablaufs eines angemessenen Zeitraums (vgl. § 12 Abs. 6 Satz 3 EnEV) nach Antragsstellung noch keine Registriernummer zugeteilt wurde, wird ein vorläufiger Inspektionsbericht ausgestellt, bei dem anstelle der Registriernummer die Wörter „wurde beantragt am" und das Datum der Antragsstellung einzutragen sind. Unverzüglich nach Erhalt der Registriernummer hat die inspizierende Person dem Betreiber die Ausfertigung des Inspektionsberichts mit der eingetragenen Registriernummer zu übermitteln. Nach Zugang des vervollständigten Inspektionsberichts beim Betreiber verliert der vorläufige Inspektionsbericht seine Gültigkeit.

Praxistipp
Wichtig ist es, digitale Kopien der ausgestellten Ausweise und ihre Unterlagen dazu sorgfältig aufzubewahren, falls man im Rahmen der Stichprobenkontrolle herangezogen wird.

3 Anlagen der Heizungs-, Kühl- und Raumlufttechnik sowie der Warmwasserversorgung

a) Einbau und Aufstellung von Heizkesseln, § 13 EnEV

§ 13 EnEV stellt Anforderungen an den Einbau und die Aufstellung von Heizkesseln 83
in Gebäuden. Diese Anforderungen sind auch gültig für Heizkessel in Gebäuden, die ansonsten nicht der EnEV unterliegen (vgl. § 1 Abs. 2 EnEV 2009 bzw. § 1 Abs. 3 EnEV 2014).

Heizkessel, die mit flüssigen oder gasförmigen Brennstoffen beschickt werden 84
und deren Nennleistung mindestens vier Kilowatt und höchstens vierhundert Kilowatt beträgt, dürfen nur in Betrieb genommen werden, wenn sie mit einer **CE-Kennzeichnung** versehen sind. **Ausnahmen** von dieser Grundpflicht sind in § 13 Abs. 3 EnEV aufgeführt.

Sofern Gebäude, deren Jahres-Primärenergiebedarf nicht nach § 3 Abs. 1 oder § 4 85
Abs. 1 EnEV begrenzt ist, mit Heizkesseln ausgestattet werden, muss es sich um Niedertemperatur-Heizkessel oder Brennwertkessel handeln.

Heizkessel dürfen in Gebäuden nur dann zur Inbetriebnahme eingebaut oder auf- 86
gestellt werden, wenn die Anforderungen nach Anlage 4a EnEV eingehalten werden. Diese schreibt Höchstwerte für das Produkt aus Erzeugeraufwandszahl und Primärenergiefaktor fest. Ausgenommen sind bestehende Gebäude, deren Jahres-Primärenergiebedarf den Jahres-Primärenergiebedarf des Referenzgebäudes um nicht mehr als 40 Prozent überschreitet.

Die **EnEV 2009** verlangte in Absatz 4 für Heizkessel, die nicht in den Anwen- 87
dungsbereich des § 13 Abs. 1 EnEV fallen, zur Begrenzung der Wärmeverluste noch eine Mindestdämmung nach den anerkannten Regeln der Technik (vgl. § 23 EnEV). Diese Vorschrift ist mangels fortdauernden Regelungsbedarfs in der **EnEV 2014** entfallen.

b) Verteilereinrichtungen und Warmwasseranlagen, § 14 EnEV

§ 14 EnEV zielt ab auf die Energieeinsparung bei Verteilereinrichtungen von Heizungs- 88
anlagen und bei Anlagen der Warmwasserbereitung. Ansatzpunkte sind automatische Steuerungseinrichtungen für heizungstechnische Anlagen und Warmwasseranlagen sowie die Wärmedämmung von Wärmeverteilungs- und Warmwasserleitungen, Armaturen und Warmwasserspeichern.

aa) Automatische Steuerungseinrichtungen

(1) Zentralheizungen

89 Nach § 14 Abs. 1 EnEV sind Zentralheizungen beim Einbau in Gebäude mit zentralen, selbsttätig wirkenden Einrichtungen zur Verringerung und Abschaltung der Wärmezufuhr sowie zur Ein- und Ausschaltung elektrischer Antriebe in Abhängigkeit von der Außentemperatur oder einer anderen geeigneten Führungsgröße und der Zeit auszustatten. Damit soll sichergestellt werden, dass im Verteilungsnetz nicht mehr Wärme vorgehalten wird, als zeitnah verbraucht werden kann.

90 Unter **„Einbau“** einer Anlage ist deren erstmaliger Einbau zu verstehen. Der Begriff der **„anderen geeigneten Führungsgröße“** ist in der EnEV nicht definiert. Voraussetzung ist, dass die Größen geeignet sind, die zentrale Steuerung zum Zwecke der Energieeinsparung in vergleichbarer Weise zu beeinflussen wie die Außentemperatur.[23]

91 Gemäß § 14 Abs. 1 Satz 2 EnEV hat der Eigentümer eine **Nachrüstpflicht** für eingebaute Zentralheizungen in bestehenden Gebäuden, wenn die Anforderungen des Satz 1 nicht erfüllt sind.

92 Ausgenommen von diesen Pflichten sind nach § 14 Abs. 1 Satz 3 EnEV Wasserheizungen, die ohne Wärmeübertrager an eine Nah- oder Fernwärmeversorgung angeschlossen sind. Bei ihnen werden die Anforderungen an die Verringerung und Abschaltung der Wärmezufuhr auch ohne automatische Steuerungseinrichtungen in den Haus- und Kundenanlagen eingehalten, wenn die Vorlauftemperatur des Nah- oder Fernwärmenetzes abhängig von der Außentemperatur und der Zeit durch entsprechende Einrichtungen in der zentralen Erzeugungsanlage geregelt wird. Grund für diese Ausnahme ist, dass das angestrebte Energiesparziel bereits außerhalb des angeschlossenen Gebäudes, nämlich in der zentralen Erzeugungsanlage, verwirklicht wird.

(2) Heizungstechnische Anlagen mit Wasser als Wärmeträger

93 Heizungstechnische Anlagen, bei denen Wasser als Wärmeträger dient, müssen beim Einbau in Gebäude mit selbsttätig wirkenden Einrichtungen ausgestattet werden (§ 14 Abs. 2 EnEV), die es erlauben, die Raumtemperatur raumweise zu regeln. Dies gilt nicht für Einzelgeräte, die zum Betrieb mit festen oder flüssigen Brennstoffen eingerichtet sind. Bei Nichtwohngebäuden ist anders als bei Wohngebäuden eine Gruppenregelung für Gruppen von Räumen gleicher Art und Nutzung zulässig. Zusätzlich gilt eine geminderte Nachrüstpflicht für **Fußbodenheizungen, die vor dem 1.2.2002** errichtet worden sind, hinsichtlich derer eine Automatik nicht erforderlich ist.

---

23 Danner/Theobald/*Stock* § 14 EnEV Rn 7.

(3) Anforderungen an Umwälz- und Zirkulationspumpen

Bei **Zentralheizungen mit mehr als 25 Kilowatt Nennleistung** sind die Umwälzpumpen der Heizkreise bei Einbau und Ersetzung so auszustatten, dass die elektrische Leistungsaufnahme dem betriebsbedingten Förderbedarf selbsttätig in mindestens drei Stufen angepasst wird, soweit sicherheitstechnische Belange des Heizkessels dem nicht entgegenstehen (vgl. § 14 Abs. 3 EnEV). Unter **Ersetzung** ist der Ausbau der vorhandenen Komponente und der Einbau einer gleichartigen neuen zu verstehen. Diese Regelung hat ihren Grund darin, dass der für Umwälzpumpen benötigte Strom den Haupt-Stromverbrauch bei Heizungsanlagen ausmacht und sein relativer Anteil mit dem Rückgang des Bedarfs für die eigentliche Wärmeerzeugung wächst. Die Reglung soll eine bedarfsgerechte Umwälzung des erwärmten Wassers im Heizkreis bewirken und damit zur Energieeinsparung beitragen.[24] 94

Ebenso müssen Zirkulationspumpen beim Einbau in Warmwasseranlagen mit selbsttätig wirkenden Einrichtungen zur Ein- und Ausschaltung ausgestattet werden (§ 14 Abs. 4 EnEV). 95

bb) Wärmedämmung

(1) Wärmeverteilungs- und Warmwasserleitungen sowie Armaturen

Beim erstmaligen Einbau und der Ersetzung von Wärmeverteilungs- und Warmwasserleitungen sowie von Armaturen in Gebäuden ist deren Wärmeabgabe nach Anlage 5 durch Dämmung zu begrenzen (vgl. § 14 Abs. 5 EnEV). Die Dämmpflicht bezieht sich auf **beheizte und unbeheizte Räume**. In der Erstreckung der Anforderungen auch auf beheizte Räume unterscheidet sich § 14 Abs. 5 EnEV von § 10 Abs. 2 EnEV, der eine Nachrüstpflicht ausschließlich in unbeheizten Räumen vorschreibt. Werden bei der Ersetzung von Wärmeverteilungs- und Warmwasserleitungen nur Teile bestehender Leitungen ausgetauscht, so erstreckt sich die Dämmpflicht **nur auf die ersetzten Abschnitte**. 96

(2) Speicher für Heiz- oder Warmwasser

Nach § 14 Abs. 6 EnEV 2009 war bei Einbau und Ersetzung von Einrichtungen, in denen Heiz- oder Warmwasser gespeichert wird, deren Wärmeabgabe nach den anerkannten Regeln der Technik zu begrenzen (vgl. § 23 EnEV). Diese Regelung ist in **EnEV 2014** entfallen. Die Begrenzung der Wärmeabgabe von Heiz- und Warmwasserspeichern ist mittlerweile in den europäischen Normen für das jeweilige Bauprodukt selbst vorgesehen. 97

---

24 Danner/Theobald/*Stock* § 14 EnEV Rn 21.

c) Klimaanlagen und sonstige Anlagen der Raumlufttechnik, § 15 EnEV

98 § 15 EnEV stellt Anforderungen an die energetische Qualität von Klimaanlagen und sonstigen Anlagen der Raumlufttechnik.

99 Erfasst ist sowohl der erstmalige Einbau als auch die Erneuerung der Zentralgeräte oder Luftkanalsysteme bei **Klimaanlagen mit einer Nennleistung für den Kältebedarf von mehr als zwölf Kilowatt und raumlufttechnischen Anlagen, die für einen Volumenstrom der Zuluft von wenigstens 4000 Kubikmeter pro Stunde** ausgelegt sind. Diese Anlagen müssen so ausgeführt werden, dass die auf das Fördervolumen bezogene elektrische Leistung der Einzelventilatoren oder der gewichtete Mittelwert der auf das jeweilige Fördervolumen bezogenen elektrischen Leistungen aller Zu- und Abluftventilatoren bei Auslegungsvolumenstrom einen bestimmten Grenzwert einhält, der sich aus verschiedenen DIN-Normen ergibt (vgl. § 15 Abs. 1 Satz 1 und 2 EnEV).

100 Beim Einbau solcher Anlagen in Gebäude und bei der Erneuerung von Zentralgeräten solcher Anlagen sind diese mit **selbstständig wirkenden Regelungseinrichtungen** auszustatten, wenn die Anlagen dazu bestimmt sind, die Feuchte der Luft unmittelbar zu verändern. Bei den Regelungseinrichtungen müssen getrennte Sollwerte für die Be- und Entfeuchtung eingestellt werden können und als Führungsgröße muss mindestens die direkt gemessene Zu- oder Abluftfeuchte dienen. Bei bestehenden Anlagen besteht eine **Nachrüstungspflicht**. Diese hat bei Klimaanlagen innerhalb von 6 Monaten nach Ablauf der jeweiligen Frist zur energetischen Inspektion von Klimaanlagen zu erfolgen.[25] Bei sonstigen raumlufttechnischen Anlagen ist die Fristregelung für die energetische Inspektion von Klimaanlagen entsprechend heranzuziehen.

101 Zusätzlich bedürfen solche Anlagen gegebenenfalls **Einrichtungen zur selbsttätigen Regelung der Volumenströme** in Abhängigkeit von thermischen und stofflichen Lasten oder von der Zeit. Dies gilt für Anlagen, deren Zuluftvolumenstrom pro Quadratmeter versorgter Nettogrundfläche, bei Wohngebäuden je Quadratmeter versorgter Gebäudenutzfläche, neun Kubikmeter pro Stunde überschreitet. **Ausgenommen** hiervon sind Räume, in denen der erhöhte Zuluftvolumenstom aus Arbeits- oder Gesundheitsschutzgründen erforderlich ist oder Laständerungen weder messtechnisch noch hinsichtlich des zeitlichen Verlaufs erfassbar sind.

102 Werden **Kälteverteilungs- und Kaltwasserleitungen und Armaturen**, die zu den Anlagen gehören, erstmalig in Gebäude eingebaut oder ersetzt, ist deren Wärmeaufnahme nach Anlage 5 EnEV zu begrenzen. Diese stellt Anforderungen an die Wärmedämmung von Rohrleitungen und Armaturen. Werden solche Anlagen in Gebäude eingebaut oder ersetzt, so müssen diese mit einer **Einrichtung zur Wärmerückgewinnung** ausgestattet sein. Die genauen Anforderungen an die Einrichtungen zur Wärmerückgewinnung richten sich nach DIN-Normen (vgl. hierzu § 15 Abs. 5 EnEV).

25 Vgl. Rn 79.

4 Energieausweise und Empfehlungen für die Verbesserung der Energieeffizienz (Abschnitt 5)

Energieausweise dienen der **Information** (vgl. § 5a EnEG). Sie sollen den künftigen Nutzern von Gebäuden vor Vertragsschluss aufzeigen, welche **Energiekosten** auf sie zukommen. Ferner soll durch Energieausweise die **energetische Qualität** von Gebäuden bundesweit vergleichbar werden. 103

a) Ausstellung von Energieausweisen, § 16 Abs. 1 EnEV

Wird ein Gebäude errichtet, so hat der Eigentümer sicherzustellen, dass ihm ein Energieausweis unter Zugrundelegung der **energetischen Eigenschaften** des fertig gestellten Gebäudes ausgestellt wird. Der Eigentümer trägt die Kosten der Erstellung des Energieausweises. 104

Diese Pflicht besteht auch, wenn an einem Gebäude **Änderungen** vorgenommen werden (vgl. Anlage 3 Nr. 1 bis 6 EnEV) oder die **Nutzfläche** der beheizten oder gekühlten Räume des Gebäudes um mehr als die Hälfte **erweitert** wird. Gemeinsame weitere Voraussetzung ist, dass für das gesamte Gebäude unter Anwendung des § 9 Abs. 1 Satz 2 EnEV **Berechnungen nach § 9 Abs. 2 EnEV** durchgeführt werden. Zu beachten ist hier, dass § 9 Abs. 1 Satz 2 EnEV eine freiwillige Alternative zur Erfüllung der Bauteilanforderungen darstellt. Der Bauherr kann also entscheiden, sich entweder den Bedingungen der freiwilligen Alternative des § 9 Abs. 1 Satz 2 EnEV zu unterwerfen und damit auch der Ausweispflicht oder aber nach dem Pflichtprogramm des § 9 Abs. 1 Satz 1 EnEV vorzugehen, das keine Ausweispflicht auslöst. 105

Daneben besteht eine Energieausweispflicht für **Gebäude mit starkem Publikumsverkehr** (vgl. § 16 Abs. 3 EnEV 2009 bzw. § 16 Abs. 3 und 4 EnEV 2014), während **kleine Gebäude** (vgl. § 2 Nr. 3 EnEV) von der Ausweispflicht ausgenommen sind. 106

Energieausweise müssen nach **Inhalt und Aufbau** den Mustern der Anlagen 6 bis 9 EnEV entsprechen und mindestens die dort für die jeweilige Ausweisart geforderten, nicht als freiwillig gekennzeichneten Angaben enthalten. Zusätzliche, nicht personenbezogene Angaben können beigefügt werden. Energieausweise sind vom Aussteller unter Angabe seines Namens, seiner Anschrift und Berufsbezeichnung sowie des Ausstellungsdatums eigenhändig oder durch Nachbildung der Unterschrift zu unterschreiben. 107

Die zur **Ausstellung berechtigten Personen** müssen in der Regel eine bestimmte **fachliche Qualifikation** vorweisen, etwa eine baunahe Ausbildung absolviert haben und eine Zusatzqualifikation oder Praxiserfahrung im Bereich effizientes Bauen besitzen. Eine bundesweite Ausstellerdatenbank wird von der Deutschen Energie-Agentur (dena) gepflegt. Ein umfassender Katalog der berechtigten Personen befindet sich in § 21 EnEV. 108

109 Vor Übergabe des neu ausgestellten Energieausweises an den Eigentümer hat der Aussteller die zugeteilte **Registriernummer** einzutragen[26]. Diese ist erforderlich, um die Stichprobenkontrolle von Energieausweisen zu ermöglichen.

b) Grundsätze des Energieausweises, § 17 EnEV

110 Grundsätzlich besteht nach § 17 Abs. 1 EnEV bei der Ausstellung des Energieausweises **Wahlfreiheit** hinsichtlich der Bestimmung der energetischen Eigenschaften eines Gebäudes. Diese können **im Energieausweis** entweder auf der Grundlage des berechneten **Energiebedarfs** (sog. Energieausweis auf Bedarfsbasis) oder des erfassten **Energieverbrauchs** (Energieausweis auf Verbrauchsbasis) dargestellt werden. Es ist auch zulässig, dass Energieausweise beide Angaben, also zum Bedarf und zum Verbrauch enthalten.

111 Diese grundsätzliche Wahlfreiheit wird durch § 17 Abs. 2 EnEV beschränkt. Danach muss der Energieausweis auf Grundlage des Energiebedarfs ausgestellt werden, wenn ein **Gebäude neu errichtet** wird. Der Grund dafür ist, dass für Neubauten keine Verbrauchsdaten der letzten drei Jahre vorliegen, auf deren Grundlage ein Verbrauchsausweis erstellt werden könnte. In den Fällen des **Verkaufs** eines bebauten Grundstücks, eines grundstücksgleichen Rechts an einem solchen oder von Wohnungs- oder Teileigentum sind seit dem 1.10.2008 Energieausweise für Wohngebäude, die weniger als fünf Wohnungen haben und für die der Bauantrag vor dem 1.11.1977 gestellt wurde, auf der Grundlage des Energiebedarfs auszustellen. Dies gilt nicht, wenn das Wohngebäude schon bei Baufertigstellung das Anforderungsniveau der Wärmeschutzverordnung vom 11.8.1977[27] hatte oder durch spätere Änderungen mindestens auf dieses Anforderungsniveau gebracht worden ist. In diesem Fall können zur Ermittlung der energetischen Eigenschaften des Wohngebäudes die Bestimmungen über die vereinfachte Datenerhebung nach § 9 Abs. 2 Satz 2 EnEV[28] und die Datenbereitstellung durch den Eigentümer angewendet werden (vgl. § 17 Abs. 2 EnEV).

112 Nach § 17 Abs. 3 EnEV sind Energieausweise grundsätzlich **für die Gebäude insgesamt** auszustellen. Davon abweichend sind sie für Teile von **Gebäuden auszustellen, wenn diese nach § 22 EnEV getrennt** zu behandeln sind.

113 Die **Gültigkeitsdauer** von Energieausweisen beträgt zehn Jahre. Unabhängig davon verlieren sie jedoch ihre Gültigkeit, wenn nach § 16 Abs. 1 EnEV ein neuer Ausweis erforderlich wird. Zur Berechnung der Frist ist der Tag der Ausstellung maßgeblich.

---

26 Vgl. Rn 81.

27 Verordnung über den energiesparenden Wärmeschutz bei Gebäuden, Wärmeschutzverordnung v. 11.8.1977 (BGBl I, S. 1554).

28 Vgl. Rn 54.

aa) Energieausweis auf Bedarfsbasis, § 18 EnEV

Bei Ausstellung eines Energieausweises für **zu errichtende Gebäude** sind die Ergebnisse der nach §§3 bis 5 EnEV erforderlichen Berechnungen (Berechnungen zum Jahres-Primärenergiebedarf)[29] zugrunde zu legen. Bedarfsausweise müssen alle geometrischen, konstruktiven und energetischen Gebäudedaten erfassen. **Vorteil** dieser Art des Energieausweises ist es, dass er Aufschluss über die bauliche Qualität des Gebäudes gibt. Er ist unabhängig von dem jeweiligen Nutzerverhalten. **Nachteil** des Energieausweises auf Bedarfsbasis sind seine vergleichsweise hohen Kosten. Dies hat seinen Grund in der aufwendigen Feststellung der maßgeblichen Faktoren wie Baumaterial, Dämmung, Heizungsart etc. Unter diesen zahlreichen Faktoren gibt es auch eine Reihe von Variablen, die die Berechnung ihrerseits wieder unsicher machen. 114

Bei der Erstellung eines Energieausweises für **bestehende Gebäude** ist für die erforderlichen Berechnungen § 9 Abs. 2 EnEV entsprechend anzuwenden. 115

bb) Energiebedarf auf Verbrauchsbasis, § 19 EnEV

Bei Ausstellung des Energieausweises für **bestehende Gebäude** auf Grundlage des erfassten Energieverbrauchs ist der **witterungsbedingte Energieverbrauch (Energieverbrauchskennwert)** zu berechnen. Die Bestimmungen des §9 Abs. 2 Satz 2 EnEV über die vereinfachte Datenerhebung sind entsprechend anzuwenden. 116

Bei **Wohngebäuden** ist der Energieverbrauch für Heizung und zentrale Warmwasserbereitung zu ermitteln und in Kilowattstunden pro Jahr und Quadratmeter **Gebäudenutzfläche** anzugeben. Die Gebäudenutzfläche ist in § 2 Nr. 14 EnEV i. V. m. Anlage 1 Nr. 1.3.3. definiert. Sie kann bei Wohngebäuden mit bis zu zwei Wohneinheiten mit beheiztem Keller pauschal mit 1,35-fachem Wert der Wohnfläche, bei sonstigen Wohngebäuden mit 1,2-fachem Wert der Wohnfläche angesetzt werden. Die **EnEV 2014** enthält in § 19 Abs. 2 Satz 2 und 3 Neuerungen für Wohngebäude: Ist in Wohngebäuden mit **dezentraler** Warmwasserbereitung der hierauf entfallende Verbrauch nicht bekannt, ist der Endenergieverbrauch um eine **Pauschale** von 20 Kilowattstunden pro Jahr und Quadratmeter Gebäudenutzfläche zu erhöhen. Entsprechend sieht § 19 Abs. 2 Satz 3 EnEV eine Pauschale für die Kühlung von Raumluft in Wohngebäuden vor. Diese beträgt 6 Kilowattstunden pro Jahr und Quadratmeter gekühlte Gebäudenutzfläche, die auf den für Heizung und Warmwasser ermittelten Endenergieverbrauch aufzuschlagen ist. 117

Bei **Nichtwohngebäuden** ist der Energieverbrauch für Heizung, Warmwasserbereitung, Kühlung, Lüftung und eingebaute Beleuchtung zu ermitteln und in Kilowattstunden pro Jahr und Quadratmeter **Nettogrundfläche** anzugeben. Der Energieverbrauch für Heizung ist einer **Witterungsbereinigung** zu unterziehen. Dies trägt dem 118

29 Vgl. Rn 25 ff.

Umstand Rechnung, dass der Raumwärmeverbrauch stark von den örtlichen Witterungsverhältnissen beeinflusst wird.

119 Zur **Ermittlung des Energieverbrauchs** gibt es verschiedene Methoden. Es können Verbrauchsdaten aus **Abrechnungen von Heizkosten** nach der Heizkostenverordnung für das gesamte Gebäude angesetzt werden. Andere geeignete Verbrauchsdaten wie insbesondere **Abrechnungen von Energielieferanten** oder sachgerecht durchgeführte **Verbrauchsmessungen** oder eine Kombination aus beidem können ebenfalls verwendet werden. Dabei sind mindestens Abrechnungen aus einem zusammenhängenden Zeitraum von 36 Monaten zugrunde zu legen, der die jüngste vorliegende Abrechnungsperiode einschließt. Bei der Ermittlung sind längere **Leerstände** angemessen zu berücksichtigen. Der maßgebliche Energieverbrauch ist der durchschnittliche Verbrauch in dem zugrunde gelegten Zeitraum. Für die **Witterungsbereinigung** des Energieverbrauchs ist ein den anerkannten Regeln der Technik (vgl. § 23 EnEV) entsprechendes Verfahren anzuwenden. Die Einhaltung der anerkannten Regeln der Technik wird vermutet, soweit bei der Ermittlung von Energieverbrauchskennwerten Vereinfachungen verwendet werden, die vom Bundesministerium für Wirtschaft und Technologie im Bundesanzeiger bekannt gemacht worden sind (vgl. § 19 Abs. 3 EnEV).

120 Als **Vergleichswerte** für Energieverbrauchskennwerte eines Nichtwohngebäudes sind in dem Energieausweis die Werte einzutragen, die jeweils vom Bundesministerium für Wirtschaft und Technologie im Bundesanzeiger bekannt gemacht worden sind.

121 **Vorteil** dieser Art des Energieausweises ist es, dass er kostengünstig erstellt werden kann. Ausreichend sind die **letzten drei Heizkostenabrechnungen**. Ein weiterer Vorteil ist es, dass neben dem gesamten Verbrauch auch die Verbräuche der einzelnen Nutzeinheiten zur Plausibilisierung der einzelnen Daten herangezogen werden können. **Nachteil** ist, dass der verbrauchsorientierte Energieausweis letztlich das Nutzerverhalten wiedergibt und wegen dessen großer Bandbreite **wenig Rückschlüsse auf die bauliche Substanz** möglich sind.

cc) Empfehlungen für die Verbesserung der Energieeffizienz, § 20 EnEV

122 Der Aussteller des Energieausweises hat im Energieausweis (auf Bedarfsbasis und auf Verbrauchsbasis) Empfehlungen für Maßnahmen zur kostengünstigen Verbesserung der Energieeffizienz des Gebäudes in Form von kurz gefassten **fachlichen Hinweisen** zu geben (sog. Modernisierungsempfehlungen), es sei denn, solche Maßnahmen sind nicht möglich. Sie dienen lediglich der **Information** (vgl. § 5a Satz 3 EnEG) und verpflichten nicht zur Umsetzung der vorgeschlagenen Maßnahmen. Ein Anspruch des Mieters besteht dementsprechend nicht.

123 Die Modernisierungsempfehlungen beziehen sich auf Maßnahmen am gesamten Gebäude, an einzelnen Außenbauteilen, sowie an Anlagen und Einrichtungen im Sinne dieser Verordnung. In ihnen kann ergänzend auf weiterführende Hinweise in

Veröffentlichungen des Bundesministeriums für Verkehr, Bau und Stadtentwicklung im Einvernehmen mit dem Bundesministerium für Wirtschaft und Technologie oder in Veröffentlichungen von ihnen beauftragter Dritter Bezug genommen werden. Die Bestimmungen des § 9 Abs. 2 Satz 2 EnEV über die vereinfachte Datenerhebung sind entsprechend anzuwenden. Für den Fall, dass Modernisierungsempfehlungen nicht möglich sind, hat der Aussteller dies im Energieausweis zu vermerken.

Die **EnEV 2009** verpflichtet zur Darstellung der Modernisierungsempfehlungen 124
bzw. einer entsprechenden Erklärung, dass solche nicht möglich sind, in Form von Anlage 10 EnEV. Die **EnEV 2014** hingegen integriert die Modernisierungsempfehlungen in den Energieausweis.

c) Verwendung des Energieausweises

aa) Verkauf, Vermietung, Verpachtung, Leasing des Gebäudes

Soll ein mit einem Gebäude bebautes Grundstück, ein grundstücksgleiches Recht oder 125
Wohnungs- oder Teileigentum an einem solchen **verkauft** werden, hat der Verkäufer dem potentiellen Käufer einen gültigen Energieausweis **zugänglich zu machen**. Spätestens auf Verlangen des potentiellen Käufers ist der Energieausweis unverzüglich vorzulegen. Dies gilt nicht bei Veräußerungen oder Eigentumsübergängen auf Grund eines Hoheitsaktes oder kraft Gesetzes. Auch eine Schenkung gem. § 516 BGB wird nicht erfasst. Entsprechend des Zwecks der Ausweispflicht sind solche Gebäude ausgenommen, die im Hinblick auf einen bevorstehenden Abriss veräußert werden und solche Rechtsgeschäfte, bei denen nur formal ein anderer Eigentümer eintritt, bei materieller Betrachtung aber kein Verkehrsgeschäft vorliegt (z. B. Ausgliederung der Liegenschaften eines Unternehmers in eine konzerneigene Liegenschaftsgesellschaft).

Potentieller Käufer ist ein ernsthafter Interessent, mit dem der Verkäufer in 126
verdichteten Vertragsverhandlungen steht, die einen positiven Abschluss anstreben. Allein eine Besichtigung des Objekts genügt dafür nicht, ihr kommt allenfalls Indizwirkung zu. Zu betrachten ist jeweils der konkrete Einzelfall.

Zugänglichmachen bedeutet die Ermöglichung der Einsichtnahme. Um den 127
Regelungszweck zu gewährleisten, muss dies noch während des Vorgangs der Entscheidungsfindung geschehen. Die **EnEV 2014** lässt auch einen deutlich sichtbaren Aushang oder ein deutliches sichtbares Auslegen während der Besichtigung zur Erfüllung der Vorlagepflicht genügen.

Eine Vorlagepflicht besteht auch bei der **Vermietung, der Verpachtung oder** 128
beim Leasing eines Gebäudes, einer Wohnung oder einer sonstigen selbstständigen Nutzungseinheit für den Eigentümer, Vermieter, Verpächter oder Leasinggeber. Das oben zum Begriff des „potentiellen Käufers“ und des „Zugänglichmachens“ gesagte gilt hier entsprechend. Erfasst sind solche Verträge, die nicht nur eine vorübergehende und kurzzeitige Nutzung gewähren.

129 Dem Wortlaut nach („potentieller Mieter“) ist jedoch davon auszugehen, dass eine **Informationspflicht im laufenden Mietverhältnis** nicht besteht. Eine andere Auslegung widerspräche der Zielsetzung der Regelung, die der Information dient. Der potentielle Mieter soll vor Vertragsabschluss Daten erhalten, an denen er seine Entscheidung über den Mietvertragsschluss ausrichten kann. Vor allem aber verpflichtet die EnEV nur zur Ausstellung eines Energieausweises bei Neuerrichtung eines Gebäudes (vgl. § 16 Abs. 1 EnEV). Bestandsimmobilien werden nur bei künftigen Vertragsschlüssen einbezogen. Würde man aber Bestandsmieter unter die Begrifflichkeit „potentielle Mieter“ fallen lassen, so würde dies eine mittelbare Verpflichtung für die Eigentümer vermieteter Objekte zur Folge haben, Energieausweise ausstellen zu lassen.[30]

130 Ein Anspruch des potentiellen Mieters oder Käufers auf Zugänglichmachung besteht nicht und kann daher auch nicht gerichtlich durchgesetzt werden. Eine fehlende oder verweigerte Zugänglichmachung des Energieausweises stellt aber eine Ordnungswidrigkeit dar.[31]

131 Ein Verstoß gegen die Pflichten zur Zugänglichmachung berührt die **Wirksamkeit eines abgeschlossenen Vertrages** nicht.

132 Für **Baudenkmäler** (vgl. § 2 Nr. 3a EnEV) und **kleine Gebäude** (vgl. § 2 Nr. 3 EnEV) besteht keine solche Ausweispflicht.

bb) Aushang des Energieausweises in Gebäuden mit starkem Publikumsverkehr

133 In Gebäuden mit starkem Publikumsverkehr, der auf behördlicher Nutzung beruht, müssen Energieausweise an einer für die Öffentlichkeit gut sichtbaren Stelle ausgehängt werden. Hintergrund dieser Regelung ist, dass öffentliche Gebäude eine Vorbildfunktion erfüllen sollen.

134 Die **EnEV 2009** sah diese Aushangpflicht erst für Gebäude mit mehr als 1000 Quadratmetern Nutzfläche vor, während die **EnEV 2014** bereits Gebäude mit mehr als 500 Quadratmeter Nutzfläche, ab dem 8.7.2015 sogar mit mehr als 250 Quadratmeter entsprechender Nutzfläche erfasst. Als weitere Neuerung verpflichtet die EnEV 2014 auch den jeweiligen Mieter zum Aushang, wenn der Eigentümer das Gebäude nicht selbst nutzt. Der Eigentümer muss ihm einen Energieausweis oder eine Kopie desselben übergeben.

135 Zusätzlich verpflichtet die EnEV 2014 künftig auch bei **privatwirtschaftlichen Bauten,** wie Kinos, Theater oder Kaufhäuser, den Energieausweis auszuhängen, wenn in ihnen auf über 500 Quadratmetern Nutzfläche starker Publikumsverkehr herrscht. Dies gilt allerdings nur, wenn bereits ein Energieausweis vorliegt.

30 *Flatow* NZM 2008, 785.
31 Vgl. Rn 152.

Baudenkmäler (vgl. § 2 Nr. 3a EnEV) und **kleine Gebäude** (vgl. § 2 Nr. 3 EnEV) sind von dieser Verpflichtung ebenfalls ausgenommen. 136

cc) Pflichtangaben in Immobilienanzeigen, § 16a EnEV

Eine wesentliche Neuerung der **EnEV 2014** stellt die Einführung der Pflichtangabe in Immobilienanzeigen dar. Diese schreibt für eine Verkaufsanzeige in kommerziellen Medien bestimmte Pflichtangaben des **Verkäufers** vor, wenn zu diesem Zeitpunkt bereits ein Energieausweis vorliegt. Da spätestens dem potentiellen Käufer auf dessen Verlangen ein Energieausweis vorzulegen ist (§ 16 Abs. 2 Satz 1 EnEV), wird meist schon zum Zeitpunkt der Annoncierung ein Energieausweis vorhanden sein. Anzugeben sind die **Art** des Energieausweises (Nr. 1), der im Energieausweis genannte **Wert** des Endenergiebedarfs oder des Endenergieverbrauchs für Gebäude (Nr. 2), die im Energieausweis genannten wesentlichen **Energieträger** für die Heizung des Gebäudes (Nr. 3), bei Wohngebäuden das im Energieausweis genannte **Baujahr** (Nr. 4) und die genannte **Energieeffizienzklasse** (Nr. 5). Bei Nichtwohngebäuden ist bei Energiebedarfs- und bei Energieverbrauchsausweisen als Pflichtangabe der Endenergiebedarf oder Endenergieverbrauch sowohl für Wärme als auch für Strom jeweils getrennt aufzuführen. 137

Die Pflichtangaben gelten **entsprechend für den Vermieter, Verpächter und Leasinggeber** bei Immobilienanzeigen zur Vermietung, Verpachtung oder zum Leasing eines Gebäudes, einer Wohnung oder einer sonstigen selbstständigen Nutzungseinheit. 138

§ 16 Abs. 2 EnEV enthält Übergangsbestimmungen für **vorhandene, noch gültige Energieausweise**, die auf Grundlage einer **früheren Energieeinsparverordnung** erstellt worden sind. Diese haben die Pflichtangaben in Immobilienanzeigen nur nach Maßgaben des § 29 Abs. 2 und 3 EnEV zu erfüllen. 139

Praxistipp 1

Auch nach älteren EnEV (2002, 2004, 2007, 2009) erstellte Energieausweise können ggf. als Grundlage für die Energieangaben in kommerziellen Immobilien-Anzeigen herangezogen werden. Unter www.EnEV-online.de findet sich dazu eine Übersicht „EnEV 2014: Gültigkeit älterer Energieausweise".

Praxistipp 2

Wenn zum Zeitpunkt der Anzeigenschaltung kein gültiger Energieausweis vorhanden ist, ist zu empfehlen zur Sicherheit Angaben wie „Energieausweis liegt nicht vor" oder „Energieausweis wurde beantragt" in die Anzeige mit aufzunehmen.

---

5 Stichprobenkontrollen von Energieausweisen und Inspektionsberichten über Klimaanlagen, § 26d EnEV

140 Mit der **EnEV 2014** wurde ein unabhängiges Kontrollsystem für Energieausweise und Inspektionsberichte eingeführt. Zu diesem Zwecke sind für neue Inspektionsberichte über Klimaanlagen[32] und Energieausweise Registriernummern auszustellen. Die dadurch ermöglichten Stichprobenkontrollen sollen die Transparenz verbessern, die Eröffnung von Bußgeldverfahren ermöglichen und Erkenntnisse über das Funktionieren der Vorschriften in der Praxis bringen, aus denen Rückschlüsse für die weitere Gesetzgebung gezogen werden können.

a) Gegenstand der Stichprobenkontrolle

141 Die Stichproben müssen jeweils einen signifikanten Prozentanteil aller in einem Kalenderjahr neu ausgestellten Energieausweise und Inspektionsberichte erfassen (§ 26d Abs. 2 EnEV). Was ein **„statistisch signifikanter Prozentanteil"** ist, können die Länder selbst im Vollzug bestimmen. Die unterschiedlichen Kategorien von Energieausweisen (Wohngebäude, Nichtwohngebäude, Energiebedarfsausweis, Energieverbrauchsausweis) sollen in der zu kontrollierenden Stichprobe angemessen berücksichtigt werden.

b) Prüfungsumfang der Stichprobenkontrolle

142 § 26d Abs. 4 EnEV regelt den Prüfungsumfang, dem die gezogene Stichprobe unterzogen wird. Die in den Nummern 1 bis 3 beschriebenen Prüfungsvarianten sind frei bzw. alternativ wählbar. Sie unterscheiden sich durch die Intensität der Überprüfung, die von Nummer 1 bis 3 gesteigert wird. Anstelle der drei genannten Optionen sind auch gleichwertige Maßnahmen zugelassen.

143 Die **Länder** sind ermächtigt, Einzelheiten der jeweiligen Überprüfung auf der Grundlage der bundesrechtlich einheitlichen Vorgaben der EnEV zu konkretisieren (vgl. § 7b Abs. 3 EnEG). Wird im Rahmen der Stichprobe ein Energieausweis gezogen, der bereits auf der Grundlage von Landesrecht einer zumindest gleichwertigen Prüfung unterzogen wurde, findet keine erneute Überprüfung statt. Die auf der Grundlage von Landesrecht bereits durchgeführte Überprüfung gilt als Überprüfung im Sinne derjenigen Prüfungsvariante der EnEV, der sie gleichwertig ist. Bis zum Inkrafttreten der landesrechtlichen Regelungen zur Aufgabenübertragung nimmt das Deutsche Institut für Bautechnik vorläufig die Aufgaben des Landesvollzugs als Kontrollstelle nach § 26d EnEV wahr (vgl. § 30 EnEV).

---

32 Vgl. Rn 77 ff.

c) Aufbewahrungspflicht des Ausstellers, § 26 Abs. 5 EnEV

Die Aussteller von Energieausweisen und Inspektionsberichten sind verpflichtet, eine Kopie der von ihnen ausgestellten Energieausweise und der zu deren Ausstellung verwendeten Daten und Unterlagen **zwei Jahre** ab dem jeweiligen Ausstellungsdatum aufzubewahren. Dies ist wichtig, um die Durchführung einer Kontrolle zu ermöglichen. Welche Daten genau von der Aufbewahrungspflicht erfasst sind, richtet sich nach dem jeweiligen Einzelfall (Wohn- oder Nichtwohngebäude, Verbrauchs- oder Bedarfsausweis). Ausreichend ist die Aufbewahrung in elektronischer Form. Die aufbewahrten Unterlagen müssen dazu geeignet sein, die Kontrolle in ihrer **anspruchsvollsten Option** zu gewährleisten. Welches Überprüfungsprofil zur Anwendung kommt, entscheidet die für den Vollzug zuständige Kontrollstelle. 144

d) Übermittlungspflicht des Ausstellers, § 26 Abs. 6 EnEV

Der Aussteller eines Energieausweises ist zudem verpflichtet, der Kontrollstelle eine **Kopie** des Energieausweises oder des Inspektionsberichts, einschließlich der bei dessen Bestellung verwendeten Datensätze und Unterlagen, **auf deren Verlangen** zu übermitteln. Grundsätzlich hat eine Übermittlung der Daten in **elektronischer Form** zu erfolgen. Der Herausgabeanspruch der Kontrollstelle ist auf diejenigen Daten beschränkt, die zur Durchführung des jeweiligen Prüfungsverfahrens erforderlich sind. Die Kontrollstelle darf Angaben zum Eigentümer und zur Adresse des Gebäudes daher nur verlangen, wenn dies zur Durchführung des Prüfungsverfahrens erforderlich ist. Dies ist im Rahmen des Prüfungsverfahrens nach § 26d Abs. 4 Nr. 3 EnEV der Fall, wenn hier eine Inaugenscheinnahme des Gebäudes mit Einverständnis des Eigentümers durchgeführt werden soll. Liegt kein solcher Fall vor, so hat der Aussteller vor Übermittlung der Unterlagen Angaben zum Eigentümer und zur Adresse des Gebäudes zu **schwärzen**. Für den Fall der Übermittlung dieser Angaben hat der Aussteller den Eigentümer hierüber unverzüglich zu informieren. 145

e) Datenschutzrechtliche Regelungen

aa) Vom Aussteller übermittelte Daten

§ 26d Abs. 7 EnEV trifft datenschutzrechtliche Regelungen hinsichtlich des Umgangs der Kontrollstelle mit den im Rahmen der Stichprobenkontrolle vom Aussteller erlangten Unterlagen, soweit diese **personenbezogene** Daten enthalten. Diese dürfen nur für die Durchführung der Stichprobenkontrolle und gegebenenfalls hieraus entstandener Bußgeldverfahren gegen den Ausweisaussteller genutzt werden, soweit das zur Überprüfung im Einzelfall erforderlich ist. Auch in zeitlicher Hinsicht dürfen solche Daten nur so lange aufbewahrt werden, wie dies zur Durchführung der Stichprobenkontrolle beziehungsweise des darauf beruhenden Bußgeldverfahrens erforderlich ist. Danach sind sie unverzüglich **zu löschen**. Im Übrigen bleiben die Datenschutzgesetze des Bundes und der Länder sowie andere Vorschriften des Bundes zum Schutz personenbezogener Daten unberührt. 146

147 Im Gegensatz dazu kann die Kontrollstelle den **nicht personenbezogenen** Teil der Daten, die sie erhoben und gespeichert hat, unbefristet zur Verbesserung der Erfüllung von Aufgaben der Energieeinsparung auswerten (vgl. § 26e EnEV). Eine detaillierte Auflistung der Merkmale, auf die sich die Auswertung beziehen kann, findet sich in § 26e Abs. 2 und 3 EnEV.

bb) Von der Registrierstelle übermittelte Daten

148 Zudem hat die Kontrollstelle die Möglichkeit, bei der Registrierstelle Registriernummern und dort vorliegende Angaben nach § 26c Abs. 1 EnEV zu neu ausgestellten Energieausweisen und Inspektionsberichten zu erheben, zu speichern und zu nutzen, soweit dies für die **Vorbereitung der Stichprobenkontrollen** erforderlich ist.

149 **Nach Abschluss** der Stichprobenkontrolle hat die Kontrollstelle die Daten nach § 26d Abs. 3 Satz 2 EnEV jeweils im Einzelfall unverzüglich **zu löschen**. Kommt es auf Grund der Stichprobenkontrolle zur Einleitung eines Bußgeldverfahrens, sind die Daten, soweit sie in diesem Rahmen erforderlich sind, erst nach rechtskräftigem Abschluss des Verfahrens unverzüglich zu löschen (vgl. § 26d Abs. 3 Satz 3 EnEV).

f) Erfahrungsberichte der Länder

150 Gem. § 26f EnEV haben die Länder eine Berichtspflicht gegenüber dem Bund über die wesentlichen Erfahrungen mit den Stichprobenkontrollen nach § 26d EnEV. Diese besteht erstmals zum 1.3.2017 und danach alle drei Jahre. Die Berichte dürfen **keine personenbezogenen Daten** enthalten.

151 Die Ergebnisse können bei der Evaluierung und gegebenenfalls bei Verbesserungsmöglichkeiten der entsprechenden Regelungen von Bedeutung sein.

6 Ordnungswidrigkeiten

152 Nach § 27 EnEV handelt ordnungswidrig im Sinne von § 8 EnEG, wer vorsätzlich oder leichtfertig gegen eine der dort genannten Verpflichtungen aus der EnEV verstößt. Die Ordnungswidrigkeiten können mit Bußgeldern von bis zu 50.000 Euro geahndet werden.

7 Gemeinsame Vorschriften

a) Private Nachweise, § 26a EnEV

153 Wer geschäftsmäßig Arbeiten an Außenbauteilen nach § 9 Abs. 1 EnEV, an der Dämmung oberster Geschossdecken oder den erstmaligen Einbau beziehungsweise die Ersetzung von Wärmeerzeugungssystemen durchführt, hat dem Eigentümer unmittelbar nach Abschluss der Arbeiten schriftlich zu bestätigen, dass die von ihm geänderten Bauteile den Anforderungen der EnEV **entsprechen (sog. Unternehmererklärung**). Die Erklärung stellt einen Nachweis über die Einhaltung der Anfor-

derungen der EnEV dar. Sie ist vom Eigentümer mindestens 5 Jahre aufzubewahren und auf Verlangen der zuständigen Behörden diesen vorzulegen.

b) Aufgaben des Bezirksschornsteinfegers, § 26b EnEV

Neu eingebaute heizungstechnische Anlagen prüft der Bezirksschornsteinfeger darauf, ob sie mit selbsttätig wirkenden Einrichtungen nach § 14 Abs. 1 EnEV ausgestattet sind, ob Umwälzpumpen mit Vorrichtungen nach § 14 Abs. 3 EnEV ausgestattet sind und ob die Wärmeabgabe nach § 14 Abs. 5 EnEV begrenzt ist. 154

Andere heizungstechnische Anlagen werden hinsichtlich eines Verstoßes gegen ein Betriebsverbot und Dämmpflichten nach § 10 EnEV überprüft. 155

Die Erfüllung dieser Pflichten kann durch Vorlage einer Unternehmererklärung gegenüber dem Bezirksschornsteinfeger nachgewiesen werden. Es bedarf dann keiner weiteren Prüfung. 156

Die Prüfung kann auch durch eine vergleichbare Prüfung des Bezirksschornsteinfegers auf der Grundlage von Landesrecht für die jeweilige heizungstechnische Anlage vor dem 1.10.2009 erfolgt sein. 157

8 Abweichungen und Befreiungen

a) Ausnahmen, § 24 Abs. 1 EnEV

Bei Baudenkmälern oder sonstiger besonders erhaltenswerter Bausubstanz kann nach § 24 Abs. 1 EnEV von den Anforderungen der EnEV abgewichen werden, soweit die Erfüllung dieser Anforderungen die Substanz oder das Erscheinungsbild beeinträchtigen oder andere Maßnahmen zu einem unverhältnismäßig hohen Aufwand führen. Einer **behördlichen Entscheidung** über die Abweichung bedarf es nicht. Dem Bauherrn oder Eigentümer wird ein Recht zur Abweichung von den Pflichten nach der EnEV eingeräumt. Andere gesetzliche Verfahrenserfordernisse bleiben hiervon unberührt. 158

Baudenkmäler sind nach § 2 Nr. 3a EnEV die nach Landesrecht geschützten Gebäude oder Gebäudemehrheiten. Mit dem Begriff der **sonstigen erhaltenswerten Bausubstanz** sind Gebäude in geschützten Denkmalbereichen und ähnlichen flächenhaften Schutzausweisungen gemeint, wenn sie nicht schon als Baudenkmal gelten. Ferner gehören dazu erhaltenswerte Gebäude im Geltungsbereich gemeindlicher Erhaltungssatzungen, die auf Grundlage des § 172 Abs. 1 Satz 1 Nr. 1 BauGB und bis zu dessen Inkrafttreten auf der Grundlage des § 39h des Bundesbaugesetzes (BBauG 1976) erlassen wurden. 159

Eine **Beeinträchtigung** kann durch bauliche und anlagentechnische Änderungen verursacht werden. Die bloße Änderung einer baulichen Anlage genügt allerdings nicht. Vielmehr muss es sich um eine nachteilige Veränderung des Schutzobjekts handeln. Erfasst werden solche Maßnahmen, die nachteilige Auswirkungen auf die Denkmalqualität haben. Zur Orientierung hierfür können die Versagungsgründe des Denkmalschutzrechts herangezogen werden. 160

161 Ein **unverhältnismäßig hoher Aufwand** i. S. d. § 24 Abs. 1 2. Alt. EnEV liegt regelmäßig bei einer Amortisationszeit vor, die über die noch zu erwartende Restnutzungszeit des Gebäudes hinausgeht.[33]

b) Gleichwertigkeitsklausel, § 24 Abs. 2 EnEV

162 Die nach Landesrecht zuständigen Behörden haben auf Antrag des Bauherrn Ausnahmen zuzulassen, soweit die Ziele dieser Verordnung durch andere als die darin vorgesehenen Maßnahmen im gleichen Umfang erreicht werden.

163 Durch diese Vorschrift bleibt die Verordnung offen für neue innovative Entwicklungen oder besonders ausgefallene Konzepte im Bereich der Energieeinsparung.

164 Es ist keine Voraussetzung für die Erteilung einer Ausnahme, dass die andere Maßnahme gerade zum Zweck der Energieeinsparung durchgeführt wird. Es kommt gerade auf das Ergebnis an, nämlich einen Zustand, der im gleichen Umfang zur Energieeinsparung führt, wie die in der EnEV vorgesehenen Maßnahmen.

c) Befreiungen, § 25, § 25a EnEV

165 Die nach Landesrecht zuständigen Behörden haben auf Antrag von den Anforderungen dieser Verordnung zu befreien, wenn die Anforderungen im Einzelfall wegen besonderer Umstände durch einen unangemessenen Aufwand oder in sonstiger Weise zu einer unbilligen Härte führen (§ 25 EnEV).

166 Eine **unbillige Härte** liegt insbesondere vor, wenn die erforderlichen Aufwendungen innerhalb der üblichen Nutzungsdauer eines Gebäudes oder einer Anlage, bei Anforderungen an bestehende Gebäude innerhalb angemessener Frist durch die eintretenden Einsparungen nicht erwirtschaftet werden können. Damit sind die Gründe, die zu einer unbilligen Härte führen können, nicht abschließend beschrieben. Vielmehr können auch andere Gründe dazu führen. So erkannte die **EnEV 2009** eine unbillige Härte noch in den Fällen an, dass ein Eigentümer zum gleichen Zeitpunkt oder in nahem zeitlichem Zusammenhang mehrere Pflichten nach dieser Verordnung oder zusätzlich nach anderen öffentlich-rechtlichen Vorschriften zu erfüllen hat und ihm dies nicht zuzumuten ist. Eine entsprechende Regelung besteht im Rahmen der **EnEV 2014** nicht mehr. Nach dem Wortlaut von § 25 EnEV ist aber auch nicht ausgeschlossen, dass es aus diesen Gründen weiterhin zu einer unbilligen Härte kommen kann.

167 Bis zum 31.12.2018 kann eine unbillige Härte gemäß § 25a Abs. 2 EnEV auch dann angenommen werden, wenn die Anforderungen der EnEV die Schaffung von Aufnahmeeinrichtungen und Gemeinschaftsunterkünften nach dem Asylgesetz erheblich verzögern würde.

---

33 Danner/Theobald/*Stock* § 24 EnEV Rn 21.

Schließlich sind auch Gebäude, die bis zum 31.12.2018 geändert, erweitert oder ausgebaut werden, um sie als Aufnahmeeinrichtungen oder Gemeinschaftsunterkünfte nach dem Asylgesetz zu nutzen, von den energetischen Anforderungen des § 9 EnEV befreit.[34] 168

Bei Vorliegen dieser Voraussetzungen ist das **Ermessen der Behörde auf Null reduziert**, d. h. sie hat die Befreiung zu erteilen. 169

Ausgeschlossen ist nach § 25 Abs. 3 EnEV 2009 bzw. § 25 Abs. 2 EnEV 2014 die Erteilung einer Befreiung für die Regelungen der EnEV über Energieausweise und die Empfehlungen für die Verbesserung der Energieeffizienz. 170

IV Das *Erneuerbare*-Energien-Wärmegesetz

1 Einführung

Die **Richtlinie 2009/28/EG** verpflichtet die Mitgliedstaaten, den Anteil von Energie aus erneuerbaren Quellen am Bruttoendenergieverbrauch bis zum Jahr 2020 auf **18 %** anzuheben,[35] während die **Energieeffizienzrichtlinie 2012/27/EU**[36] verlangt, sicherzustellen, dass im Zeitraum 2014 bis 2020 jährlich 1,5 % des jährlichen Endenergieabsatzes der Jahre 2010 bis 2012 eingespart werden. In Deutschland entfallen auf den Gebäudesektor rund 40 % des Gesamtenergieverbrauchs, davon etwa 75 % auf Raumwärme und 12 % auf Warmwasser. Dieser Energieverbrauch wird weit überwiegend durch fossile Energieträger gedeckt. Dies muss sich ändern, wenn Deutschland seine Klimaschutzziele erreichen will. Zur Umsetzung dieser Richtlinien in Deutschland hat der deutsche Gesetzgeber im Jahr 2008 das **Erneuerbare-Energien-Wärmegesetz** (EEWärmeG)[37] beschlossen[38], das erstmals direkt zur anteiligen Nutzung Erneuerbarer Energien im Gebäudebereich verpflichtet.[39] § 1 Abs. 2 EEWärmeG formuliert 1

34 § 25 Abs. 1 S. 1 EnEV; die Anforderungen an den Mindestwärmeschutz nach dem Stand der Technik sind dennoch einzuhalten.

35 RL 2009/28/EG v. 23.4.2009, ABl EU Nr. L 140 Anhang I S. 46.

36 RL 2012/27/EU v. 25.10.2012, ABl EU Nr. L 315 S. 1 ff.

37 Erneuerbare-Energien-Wärmegesetz vom 7. August 2008 (BGBl I S. 1658), zuletzt geändert durch Artikel 9 des Gesetzes vom 20.10.2015 (BGBl. I S. 1722) (EEWärmeG).

38 Ein von dem Bundeswirtschafts- und dem Bundesbauministerium gemeinsam erarbeiteter Entwurf zur Überführung der Regelungen des EEWärmeG zusammen mit den Vorgaben des EnEG und der EnEV in ein neues Gesetz zur Einsparung von Energie und zur Nutzung Erneuerbarer Energien zur Wärme- und Kälteerzeugung in Gebäuden (Gebäudeenergiegesetz) ist im Februar 2017 noch vor seiner Verabschiedung im Bundeskabinett vorerst am Widerstand der Unionsparteien gescheitert.

39 Das Gesetz soll dazu beitragen, den Anteil Erneuerbarer Energien am gesamten Primärenergiebedarf bis zum Jahr 2020 auf 20 % zu steigern, vgl. BT-Drucks 16/8149, S. 20; gleichartige Gesetze auf Landesebene, etwa das Hamburgische Gesetz zum Schutz des Klimas durch Energieeinsparung vom 25.6.1997 (HmbGVBl S. 261), zuletzt geändert durch Artikel 32 des Gesetzes vom 17.12.2013 (HmbGVBl.

das Ziel, dass 14 % des Endenergieverbrauchs für Wärme und Kälte bis zum Jahr 2020 mit Erneuerbaren Energien gedeckt werden.[40]

a) Klimaschutzabkommen von Paris

2 Die Energieeinsparbemühungen haben durch das von der internationalen Konferenz „COP21" am 12.12.2015 verabschiedete Klimaschutzübereinkommen von Paris einen starken Impuls bekommen.[41] Die Staatengemeinschaft einigte sich in Form eines völkerrechtlichen Vertrages auf eine Begrenzung der Erderwärmung. Diese soll im Vergleich zum vorindustriellen Niveau auf deutlich unter zwei Grad, idealerweise auf 1,5 Grad Celsius begrenzt werden.[42]

3 Mit dem **Klimaschutzplan 2050** sollen die Grundlinien für die Umsetzung des Abkommens von Paris und der deutschen Klimaschutzstrategie aufgezeigt werden. Er stützt sich im Gebäudebereich auf die Strategie klimafreundliches Bauen und Wohnen, welche unter anderem einen nahezu klimaneutralen Gebäudebestand bis 2050 vorsieht.[43]

b) Inhalt des EEWärmeG

4 Die **Pflicht zur anteiligen Nutzung** Erneuerbarer Energien gilt für alle Neubauten und zusätzlich für Bestandsbauten der öffentlichen Hand. Daneben regelt das Gesetz die **finanzielle Förderung** bestimmter Maßnahmen zur Energieeinsparung im Gebäudebereich.

5 § 1a EEWärmeG weist den **Gebäuden der öffentlichen Hand**,[44] die für Aufgaben der Gesetzgebung, der vollziehenden Gewalt und der Rechtspflege oder als öffentliche Einrichtung genutzt werden, Vorbildfunktion zu. Diese Gebäude sollen – auch im Ausland – in besonderer Weise die Zweckbestimmungen des EEWärmeG erfüllen. Gebäude öffentlicher Unternehmen, die Dienstleistungen im freien Wettbewerb mit privaten Unternehmen erbringen, sind keine öffentlichen Gebäude im Sinne des EEWärmeG. Auch gewisse Gebäude der Bundeswehr sind ausgenommen. Gemischt genutzte Gebäude sind öffentliche Gebäude, wenn sie **überwiegend** für die oben genannten Aufgaben oder Einrichtungen genutzt werden.

S. 531) oder das Klimaschutzgesetz NRW v. 29.1.2013 (GV.NRW S. 33), gelten allerdings nur weiter, soweit das Bundesrecht dies zulässt.

40 Nach einer Prognose des BMWi wird dieses Ziel wahrscheinlich übertroffen und sogar ein Anteil von 16,5 % erreicht, BMWi, Zweiter Erfahrungsbericht zum EEWärmeG, November 2015, S. 5.

41 Deutschland hat die Ratifizierungsurkunde am 5.10.2016 bei der UN hinterlegt.

42 Art. 2 Abs. 1a) des Übereinkommens von Paris (FCCC/CP/2015/L.9/Rev.1).

43 BMU, Klimaschutzplan 2050 – Klimaschutzpolitische Grundsätze und Ziele der Bundesregierung, Hausentwurf v. 6.9.2016 S. 29.

44 § 1a EEWärmeG dient der Umsetzung von Art. 13 Abs. 5 RL 2009/28/EG.

Die öffentliche Hand hat nach § 10a EEWärmeG über die Erfüllung ihrer Vorbildfunktion in geeigneter Weise zu informieren. 6

2 Geltungsbereich der Nutzungspflicht

a) Räumlicher Anwendungsbereich

Die Pflicht zur Nutzung Erneuerbarer Energien gilt grundsätzlich nur für Gebäude, die **innerhalb Deutschlands** neu errichtet und seit dem 1.1.2009 fertiggestellt wurden. Für die öffentliche Hand erstreckt sich die Nutzungspflicht auch auf Gebäude im **Ausland.**[45] 7

b) Sachlicher Anwendungsbereich

aa) Neu errichtete Gebäude

Grundsätzlich gilt die Nutzungspflicht für alle neu errichteten Gebäude mit einer **Nutzfläche** von mehr als **50 m²**. 8

Gebäude sind „selbstständig benutzbare, überdeckte bauliche Anlagen, die von Menschen betreten werden können und geeignet oder bestimmt sind, dem Schutz von Menschen, Tieren oder Sachen zu dienen".[46] 9

Ob **Anbauten** Gebäude in diesem Sinne sind, hängt vom **objektiven Gesamteindruck** im Einzelfall ab. Indizien hierfür sind die eigenständige Nutzbarkeit, ein abtrennbarer räumlicher und funktionaler Zusammenhang, Eigentumsgrenzen oder eine eigenständige Wärmeversorgung.[47] **Um- und Ausbauten** sind dann als „Neubau" zu qualifizieren, wenn hierdurch das Gebäude baulich und anlagentechnisch so weitreichend verändert wird, dass es sich für einen objektiven Dritten nach den Gesamtumständen als neues Gebäude darstellt. Dafür müssen jedenfalls die **für den Wärmebedarf relevanten Bauteile** wie Fundament, Decken und Außenwände des Gebäudes sowie die Bestandteile der wärmebedarfsrelevanten Haustechnik überwiegend ersetzt werden.[48] 10

bb) Bereits errichtete Gebäude im Eigentum der öffentlichen Hand

Auch **Bestandsgebäude** fallen unter die Pflicht zur Nutzung Erneuerbarer Energien, wenn sie im Eigentum der öffentlichen Hand[49] stehen und grundlegend renoviert 11

---

45 Danner/Theobald/*Wustlich* § 3 EEWärmeG Rn. 13; etwa Errichtung eines Botschaftsgebäudes.

46 § 2 Abs. 2 Musterbauordnung der ARGEBAU.

47 BMU, Anwendungshinweise zum Vollzug des Erneuerbare-Energien-Wärmegesetzes – Hinweis Nr. 2/2010 Anwendung auf An- und Umbauten v. 11.5.2010, S. 2.

48 BMU, Anwendungshinweise zum Vollzug des Erneuerbare-Energien-Wärmegesetzes – Hinweis Nr. 2/2010 Anwendung auf An- und Umbauten v. 11.5.2010, S. 3; auch Landesrecht beachten.

49 Ausnahme: Einleitung des bauaufsichtlichen Verfahrens vor dem 1.7.2011 oder bei Genehmigungsfreiheit Beginn der Bauausführung vor dem 1.1.2012, § 19 Abs. 3 S. 1 bis 3 EEWärmeG.

werden. **Grundlegende Renovierungen** sind nach § 2 Abs. 2 Nr. 3 EEWärmeG alle Maßnahmen, mit denen bei einem Gebäude in einem zeitlichen Zusammenhang von nicht mehr als zwei Jahren zum einen ein **Heizkessel ausgetauscht** oder die Heizungsanlage auf einen **anderen fossilen Energieträger** umgestellt wird. Das gleiche gilt für andere Maßnahmen an mehr als 20 % der Oberfläche der Gebäudehülle.[50]

cc) Gebäude im Besitz der öffentlichen Hand

12 Die öffentliche Hand hat die Nutzungspflicht auch bei einer nicht bloß vorübergehenden **Anmietung** von Gebäuden zu beachten. Dies ist gewährleistet, wenn sich der Eigentümer verpflichtet hat, den Anforderungen bei einer grundlegenden Renovierung nachzukommen, § 3 Abs. 3 Satz 2 EEWärmeG.

13 Zeitlich gilt die Verpflichtung für Mietverhältnisse, die **ab dem 1.5.2011 begründet** oder **nach dem 30.4.2011 verlängert** wurden, § 19 Abs. 4 EEWärmeG.

dd) Von der Nutzungspflicht generell ausgenommene Gebäude

14 § 4 Nr. 1 bis 11 EEWärmeG regelt Ausnahmen von der anteiligen Nutzungspflicht Erneuerbarer Energien.[51] Ausgenommen sind zunächst Betriebsgebäude, die überwiegend zur Haltung von Tieren genutzt werden. Dies setzt einen **landwirtschaftlichen** oder **gewerblichen Betrieb** voraus. Reine Hobbytierhaltungen sind nicht ausgenommen.[52].

15 Ausgenommen sind ferner **Betriebsgebäude**, die nach ihrem Verwendungszweck großflächig und lang anhaltend **offen gehalten** werden müssen, d. h. bei denen ein erhebliches Missverhältnis zwischen Wärme- oder Kälteverlust auf Grund der Öffnung des Gebäudes und dem „normalen“ Transmissionswärmeverlust ohne die Öffnung vorliegt.[53]

16 Gleiches gilt für **Unterglasanlagen**, die der Zucht von Pflanzen dienen. Ein flächenmäßig nicht ins Gewicht fallender Verkaufsraum steht dem nicht entgegen.

17 **Traglufthallen** und **Zelte** sind von der Nutzungspflicht ebenso wenig umfasst wie **provisorische Gebäude** mit einer geplanten Nutzungsdauer von **bis zu 2 Jahren, deren** Wiederverwendung geplant ist. Baucontainer sind regelmäßig als ortsveränderliche Gebäude einzustufen.

---

50 BMU, Anwendungshinweis für den Vollzug des Erneuerbare-Energien-Wärmegesetzes – Hinweis Nr. 1/2013 Bauliche Erweiterungen öffentlicher Gebäude als grundlegende Renovierungen v. 15.5.2013; z. B. durch eine neue Dämmung von Gebäudeteilen, BT-Drucks 17/3629, S. 41.

51 Diese Ausnahmen decken sich mit dem Ausnahmenkatalog zum Anwendungsbereich der EnEV, vgl. § 1 Abs. 2 S. 2 EnEV; BT-Drucks 16/8149, S. 22.

52 Danner/Theobald/*Stock* § 1 EnEV Rn. 30.

53 Danner/Theobald/*Wustlich* § 4 EEWärmeG Rn. 13; z. B. Logistikzentren mit ständiger Verladetätigkeit und offenen Betriebstoren, Flugzeughangar; i. d. R. nicht Kaufhäuser oder Kfz-Werkstätten.

Ferner ausgenommen sind dem Gottesdienst und anderen **religiösen Zwecken** 18
gewidmete Gebäude der **Kirchen** und Religionsgesellschaften.[54] Diese Begriffe sind weit zu verstehen und umfassen auch Gebäude der Seelsorge.[55] Ausgenommen sind beispielsweise Kirchen, Synagogen, sonstige Betsäle und Klöster. Davon abzugrenzen sind bloße karitative Einrichtungen, wie etwa Begegnungsstätten, Einrichtungen der Sozialarbeit, kirchliche Kindergärten und Bildungseinrichtungen sowie Pflegeheime. Bei Gemeindehäusern entscheidet der Schwerpunkt der Nutzung.

Ausgenommen sind überdies Wohngebäude, die für eine **Nutzungsdauer** von 19
weniger als vier Monaten jährlich bestimmt sind. Dies sind in erster Linie Ferien- und Wochenendhäuser.

Generell ausgenommen von der Nutzungspflicht sind alle **Betriebsgebäude**, die 20
nach ihrem Zweck dazu bestimmt sind, eine **Innentemperatur von max. 12 Grad Celsius** zu haben oder die weniger als vier Monate jährlich beheizt oder weniger als zwei Monate gekühlt werden.

Zu den ausgenommenen Gebäuden gehören auch solche, die **Teil oder Neben-** 21
einrichtung einer Anlage sind, die vom Anwendungsbereich des Treibhausgas-Emissionshandelsgesetzes[56] erfasst ist.[57]

c) Ausnahmen von der Nutzungspflicht im Einzelfall

Im Einzelfall kann bei neu errichteten Gebäuden von der Nutzungspflicht abgesehen 22
werden, wenn ihre Erfüllung oder die Durchführung von Ersatzmaßnahmen **anderen öffentlich-rechtlichen Pflichten** widerspricht[58] oder **technisch unmöglich** ist. Bei neu errichteten **öffentlichen Gebäuden im Ausland** entfällt die Pflicht auch dann, wenn im Einzelfall überwiegende Gründe am Belegenheitsort entgegenstehen.[59]

Bei bestehenden öffentlichen Gebäuden, die bis zum 31.12.2018 grundlegend 23
renoviert werden, um sie als Aufnahmeeinrichtungen oder Gemeinschaftsunterkünfte nach dem Asylgesetz zu nutzen, entfällt die Nutzungspflicht.[60] Bei grundlegender Renovierung bestehender öffentlicher Gebäude können auch **denkmalschutzrechtliche Vorschriften** einer Nutzungspflicht widersprechen. Ferner entfällt sie für diese Gebäude, soweit sie wegen besonderer Umstände zu einer **unbilligen**

---

54 Unabhängig von der Rechtsform, Danner/Theobald/*Wustlich* § 4 EEWärmeG Rn. 13 f.

55 Maßgeblich: Zweckbestimmung des Bauherrn; kein kirchenrechtlicher Widmungsakt erforderlich.

56 Gesetz über den Handel mit Berechtigungen zur Emission von Treibhausgasen v. 21.7.2011 (BGBl I S. 1475), zuletzt geändert durch Artikel 4 Absatz 27 des Gesetzes vom 18.7.2016 (BGBl. I S. 1666).

57 Den Anlagenbetreibern wird durch die Pflicht zum Erwerb von Emissionsberechtigungen ein eigenes ökonomisches Interesse unterstellt, den fossilen Energiebedarf zu minimieren.

58 Vgl. § 9 Abs. 1 Nr. 1 a) und § 9 Abs. 2 Nr. 1 a) EEWärmeG; etwa baurechtliche Vorschriften.

59 Etwa: sicherheitstechnische Gründe, fehlende Verfügbarkeit von Servicepersonal und besondere klimatische Bedingungen, vgl. BT-Drucks 17/3629, S. 48.

60 § 9a Abs. 1 EEWärmeG.

Härte führen würde, z. B. wegen nicht unerheblicher Mehrkosten. Bei der **Mehrkostenberechnung** sind alle Kosten und Einsparungen zu berücksichtigen, die innerhalb der üblichen Nutzungsdauer der Anlagen oder Gebäudeteile zu erwarten sind, § 9 Abs. 2 Nr. 2 EEWärmeG. Die wirtschaftliche Unvertretbarkeit der Mehrkosten ist in der Regel anhand einer Vollkostenrechnung gegenüber einer konventionellen Anlage bester verfügbarer Technik zu bewerten.[61]

24 Von der Nutzungspflicht ausgenommen sind auch **kommunale Gebietskörperschaften,**[62] die zum Zeitpunkt des Beginns der grundlegenden Renovierung bereits überschuldet[63] sind oder die die Erfüllung der Pflicht oder die Durchführung einer Ersatzmaßnahme **überschulden** würde, § 9 Abs. 2a Nr. 1 EEWärmeG. Dies gilt allerdings nur, wenn jede Maßnahme, mit der die Pflicht erfüllt werden kann, mit **Mehrkosten** verbunden ist – und die Gemeinde dies durch förmlichen Beschluss feststellt, § 9 Abs. 2a Nr. 3 EEWärmeG.

25 Das **Vorliegen einer Ausnahme** von der Nutzungspflicht muss der zuständigen Behörde nach § 10 Abs. 4 EEWärmeG innerhalb von 3 Monaten ab der Inbetriebnahme der Heizungsanlage **angezeigt** werden, wenn die Behörde die Tatsachen nicht bereits kennt. Bei technischer Unmöglichkeit ist mit der Anzeige die **Bescheinigung** eines Sachkundigen vorzulegen.

26 Die Pflicht zur anteiligen Nutzung Erneuerbarer Energien entfällt ferner, wenn die Behörde den Verpflichteten auf dessen **Antrag** hin befreit. Diese Entscheidung steht im Ermessen der Behörde. Eine **Befreiungsverpflichtung** besteht allerdings, soweit die Erfüllung der Pflicht oder die Durchführung von Ersatzmaßnahmen zu einer unbilligen Härte führen würde.[64] Die Bewertung, ob eine unbillige Härte vorliegt, richtet sich bei neu zu errichtenden Gebäuden nach den **individuellen persönlichen und sachlichen Umständen.** Von einer unbilligen Härte ist bei bis zum 31.12.2018 gestellten Anträgen auf Befreiung auszugehen, wenn die Nutzungspflicht die Schaffung von Aufnahmeeinrichtungen und Gemeinschaftsunterkünften nach dem Asylgesetz erheblich verzögern würde.[65] Die Ausnahme von der Nutzungspflicht gilt bis zum 31.12.2018 auch für diesem Zweck dienende provisorische Gebäude nach § 4 Nr. 6 EEWärmeG mit einer geplanten Nutzungsdauer von bis zu 5 Jahren.[66]

---

61 Als Referenz ist eine Sanierungsmaßnahme heranzuziehen, die mindestens den gesetzlichen Mindeststandards der EnEV genügt und die üblicherweise bei vergleichbaren Maßnahmen ohne Vorliegen einer Vorbildfunktion vorgenommen wird, vgl. BT-Drucks 17/3629, S. 48.

62 § 9 Abs. 2a EEWärmeG.

63 Die Überschuldung ist in zahlreichen kommunalrechtlichen Vorschriften näher spezifiziert; in der Regel ist hierunter jede Situation zu verstehen, die die dauerhafte Leistungsfähigkeit der Gemeinde nachhaltig beeinträchtigt, vgl. BT-Drucks 17/4895, S. 28.

64 Damit wird ein Gleichklang zur Härtefallklausel von § 25 Abs. 1 Satz 1 EnEV hergestellt.

65 § 9a Abs. 2 EEWärmeG.

66 § 9a Abs. 3 EEWärmeG.

Keiner gesonderten Behördenentscheidung bedarf es hingegen bei **unbilliger Härte** bei **Bestandsgebäuden,** § 9 Abs. 2 Nr. 2 EEWärmeG. 27

3 Nutzungspflicht

Das EEWärmeG verpflichtet zur anteiligen Nutzung von Erneuerbaren Energien, um den Wärme- und Kälteenergiebedarf von Gebäuden zu decken. 28

Die **Errichtung von neuen Gebäuden** im Inland verpflichtet nach § 3 Abs. 1 Satz 1 EEWärmeG den jeweiligen **Gebäudeeigentümer** zur anteiligen Nutzung Erneuerbarer Energien.[67] Bezogen auf neu errichtete öffentliche Gebäuden im Ausland richtet sich die Pflicht nur an die öffentliche Hand, § 3 Abs. 1 Satz 2 EEWärmeG. Die für bestehende Gebäude durch eine grundlegende Renovierung ausgelöste Nutzungspflicht gilt für Gebäude im **Eigentum** oder **Besitz der öffentlichen Hand,** § 3 Abs. 2 und Abs. 3 EEWärmeG. 29

a) Erneuerbare Energien

Unter Erneuerbaren Energien versteht das EEWärmeG Wärme, die bestimmten Medien (Erdboden – **Geothermie**, Luft und Wasser – **Umweltwärme,** Solarstrahlung – **solare Strahlungsenergie**) entnommen und technisch nutzbar gemacht oder aus bestimmten Formen von **Biomasse** hergestellt wird. Zu den Erneuerbaren Energien gehört **Kälte**, soweit sie dem Erdboden oder dem Wasser entnommen und technisch nutzbar gemacht oder aus Wärme der genannten Medien technisch nutzbar gemacht wurde. Maßgeblich ist, dass die Nutzung Erneuerbarer Energien **ohne** vorherige **Umwandlung** in elektrische Energie erfolgt. 30

b) Wärme- und Kältebedarf

Der Wärme- und Kälteenergiebedarf ist die **Summe aus** der zur Deckung des Wärme-/Kältebedarfs des Gebäudes (Heizung, Warmwasserbereitung, Raumkühlung) jährlich benötigten **Wärme-/Kältemenge**. Die Berechnung des Wärme- und Kältebedarfs richtet sich nach den technischen Regeln der EnEV, ergänzend sind die anerkannten Regeln der Technik anzuwenden. 31

c) Begriff der Nutzung

Erneuerbare Energien werden **genutzt**, wenn die Anlagen in einem Umfang **dauerhaft betrieben** werden, der zur anteiligen Deckung des Wärme- und Kältebedarfs des Gebäudes führt. Eine anderweitige Verwendung der Erneuerbaren Energien stellt keine Nutzung im Sinne des EEWärmeG dar. 32

---

67 Eine bestehende Vermietung oder Verpachtung ist irrelevant, § 7 Abs. 2 EEWärmeG, BT-Drucks 16/8149, S. 22.

33 Erneuerbare Energien müssen zu einem gesetzlich bestimmten **Mindestanteil** den Wärme- und Kälteenergiebedarf eines Gebäudes decken. Der **Umfang** der Nutzungspflicht richtet sich nach der Art der genutzten **Energieform**.

d) Nutzung solarer Strahlungsenergie

aa) Mindestdeckungsanteil

34 Wird solare Strahlungsenergie eingesetzt, ist die Nutzungspflicht nach § 5 Abs. 1 EEWärmeG erfüllt, wenn der Wärme- und Kälteenergiebedarf zu **mindestens 15 %** gedeckt wird. Bei Wohngebäuden hängt die Mindestgröße der Anlagen von der Anzahl der Wohnungen eines Gebäudes ab.[68]

bb) Begriff

35 Unter solarer Strahlungsenergie im Sinne des EEWärmeG versteht man die durch Nutzung der Solarstrahlung **technisch nutzbar** gemachte Wärme. Diese Definition wurde bewusst **technologieoffen** formuliert und bezieht alle aktiven Systeme ein, die durch solare Strahlungsenergie den Wärmeenergiebedarf decken.[69] Strom als Energieträger oder passive Wärmegewinne sind ausgeschlossen.[70]

cc) Besondere Anforderung an solarthermische Anlagen

36 Solarthermische Anlagen, die mit **Flüssigkeiten als Wärmeträger** ausgestattet sind, benötigen zur Erfüllung der Nutzungspflicht das europäische Prüfzeichen **„Solar Keymark"**.[71]

e) Nutzung von Umweltwärme

aa) Mindestnutzungsanteile

37 Im Fall der Wärmegewinnung aus Umweltwärme müssen zur Erfüllung der Nutzungspflicht jedenfalls **50 %** des gesamten Wärme- und Kälteenergiebedarfs eines neu errichteten Hauses gedeckt werden, § 5 Abs. 4 EEWärmeG. Bei **bestehenden öffentlichen Gebäuden** beträgt dieser Anteil **15 %.**

68 Nr. I. 1. a) der Anlage zum EEWärmeG; bei Wohngebäuden mit max. zwei Wohnungen beträgt die Aperturfläche 0,04 m² je m² Nutzfläche, darüber mindestens 0,03 m² je m² Nutzfläche.

69 Beschlussempfehlung des Ausschusses für Umwelt, Naturschutz und Reaktorsicherheit zum Gesetzentwurf der Bundesregierung (BT-Drucks 16/8149, 16/8395), BT-Drucks 16/9476, S. 18.

70 Etwa durch Photovoltaik oder Solarthermik, Müller/Oschmann/Wustlich/*Oschmann* § 2 Rn. 27.

71 § 3 Abs. 1 oder Abs. 2 EEWärmeG; die Zertifizierung erfolgt nach DIN EN 12975-1 (2006–06), 12975-2 (2006–06), 12976-1 (2006–04), 12976-2 (2006–04), Nr. I. 1. c) der Anlage zum EEWärmeG.

bb) Begriff

Umweltwärme ist nach § 2 Abs. 1 Nr. 2 EEWärmeG Wärme oder Kälte, die der **Luft** oder dem **Wasser** entnommen wird. Diese Umweltwärme muss **technisch** nutzbar gemacht, d. h. als Wärme oder Kälte aufgrund eines technischen Prozesses zur Verfügung gestellt werden. Passive Energiesysteme sind ausgeschlossen. 38

39 Mit Luft ist die **Umgebungsluft**, mit Wasser **Oberflächengewässer**[72] gemeint, Art. 2. b) und d) RL 2009/28/EG. Abwärme ist keine Umweltwärme im Sinne des EEWärmeG.[73]

cc) Besondere Anforderungen an elektrisch angetriebene Wärmepumpen

40 Anlagen zur Nutzung von Umweltwärme unterliegen grundsätzlich keinen besonderen Anforderungen. Nur soweit es sich um elektrisch oder fossil angetriebene **Wärmepumpen** handelt, müssen diese bestimmte **Effizienzanforderungen** erfüllen.

(1) Mindestjahresarbeitszahl

41 Die Wärme muss mit einer bestimmten **Mindestjahresarbeitszahl** nutzbar gemacht werden. Diese bestimmt sich nach folgenden Faktoren:

Wärmepumpe (WP)		Jahresarbeitszahl			
		Fossile Warmwasserbereitung		Nicht-fossile Warmwasserbereitung	
		Neubauten	Bestandsbauten	Neubauten	Bestandsbauten
Elektro WP	Luft/Wasser, Luft/Luft	3,5	3,3	3,3	3,1
	Sole/Wasser, Wasser/Wasser	4,0	3,8	3,8	3,6
Fossil angetriebene WP		1,2			

(2) Zähler

42 Für elektrisch angetriebene Wärmepumpen sind Wärmemengen- und Stromzähler, für Wärmepumpen mit fossilen Brennstoffen Wärmemengen- und Brennstoffzähler vorgeschrieben. Werden Sole/Wasser- oder Wasser/Wasser-Wärmepumpen einge-

72 Nicht unterirdische Gewässer, wie das Grundwasser i. S. v. § 3 Nr. 3 WHG.

73 Abwärme ist Wärme, die Abluft- und Abwasserströmen entnommen wird, die aus technischen Prozessen und baulichen Anlagen stammen und die als „Abfallprodukt" ohne weitere Nutzung an die Umwelt abgeführt würde, BMU, Anwendungshinweise zum Vollzug des Erneuerbare-Energie-Wärmegesetzes, Hinweis Nr. 1/2011, S. 5.

setzt, sind Zähler entbehrlich, wenn die Vorlauftemperatur der Heizungsanlage nicht mehr als 35 Grad Celsius beträgt.

43 Die Wärmepumpen müssen mit einem **Umweltzeichen** ausgestattet sein. Als Umweltzeichen anerkannt sind **Euroblume** und **Blauer Engel**. Für Elektrowärmepumpen gelten zusätzlich das Prüfzeichen „European Quality Label for Heat Pumps" der „European Heat Pump Association" (Version 1.3) sowie weitere Prüfzeichen nach den Förderrichtlinien zum Marktanreizprogramm.

f) Biomasse

aa) Mindestnutzungsanteile

44 Die Mindestnutzungsanteile von Biomasse hängen davon ab, ob es sich um gasförmige, flüssige oder feste Biomasse handelt. Bei **gasförmiger Biomasse** wird verlangt, dass der Wärme- und Kältebedarf zu mindestens **30 %** gedeckt wird, § 5 Abs. 2 EEWärmeG, bei **flüssiger** oder **fester Biomasse** zu mindestens **50 %,** § 5 Abs. 3 EEWärmeG. Bei **öffentlichen Bestandsgebäuden** gilt für flüssige und feste Biomasse ein Mindestanteil von **15 %** und bei gasförmigen von **25 %,** § 5a EEWärmeG.

bb) Begriff

45 Zur Biomasse im Sinne des EEWärmeG nach § 2 Abs. 1 Nr. 4. a) zählt Biomasse im Sinne der **Biomasseverordnung**[74] **sowie die des EEWärmeG.**[75]

cc) Besondere Anforderungen an die Anlage

(1) Gasförmige Biomasse

46 Gasförmige Biomasse muss bei neu errichteten Gebäuden in einer **hocheffizienten KWK-Anlage** genutzt werden. Für bereits errichtete öffentliche Gebäude ist alternativ auch ein **Heizkessel** zulässig, der der besten verfügbaren Technik entspricht.[76] Diese Anforderungen gelten nur für die Verbrennungsanlagen, die zur Deckung des Mindestnutzungsanteils **erforderlich** sind. Für den darüber hinausgehenden Wärme- oder Kälteenergiebedarf gelten sie nicht.

47 Im Übrigen muss das in das Erdgasnetz eingespeiste **Biomethan** die Anforderungen des EEG erfüllen. Die Menge des dem Gasnetz entnommenen Biomethans hat dem jährlichen Wärmeäquivalent der an anderer Stelle in das Gasnetz eingespeisten

---

74 § 2 BiomasseV, insbesondere Pflanzen, Abfälle pflanzlicher und tierischer Herkunft, Bioabfälle und aus Biomasse erzeugtes Gas sowie Alkohole und bestimmtes Altholz.

75 Etwa Deponiegas, Klärgas, Klärschlamm im Sinne der Klärschlammverordnung, ferner auch Stoffe, die nach der Biomasseverordnung nicht als Biomasse anerkannt sind, wie Torf, Papier, Pappe und Karton; vgl. Müller/Oschmann/Wustlich/*Oschmann* § 2 Rn. 42.

76 Danner/Theobald/*Wustlich* § 5a EEWärmeG Rn. 25; Stellungnahme des BDEW zum Regierungsentwurf des EEWärmeG v. 5.12.2007, S. 4.

Menge Biomethans zu entsprechen. Zum **Nachweis** müssen für das Gasnetz **Massenbilanzsysteme** verwendet worden sein.[77]

(2) Flüssige Biomasse

Wenn flüssige Biomasse eingesetzt wird, muss der **Heizkessel** der besten verfügbaren Technik entsprechen. Die Biomasse selbst hat Anforderungen an eine nachhaltige Herstellung einzuhalten[78] und in einem bestimmten Umfang Treibhausgase einzusparen. 48

(3) Feste Biomasse

Anlagen, in denen feste Biomasse eingesetzt wird, müssen einen bestimmten **Umwandlungswirkungsgrad**[79] aufweisen. Dieser beträgt bei Anlagen zur Heizung oder Warmwasserbereitung mit einer Leistung bis 50 kW 86 % und über 50 kW 88 %. Bei sonstigen Anlagen reicht ein Wirkungsgrad von 70 %.[80] 49

Die Nutzung fester Biomasse beim Betrieb von Feuerungsanlagen im Sinne der 1. BImSchV[81] erfordert zudem die Nutzung eines **Biomassekessels** oder eines **automatisch beschickten Biomasseofens** mit Wasser als Wärmeträger. Zudem darf ausschließlich Biomasse im Sinne des § 3 Abs. 1 Nr. 4, 5, 5a oder 8 der 1. BImSchV eingesetzt werden. 50

g) Geothermie

aa) Mindestnutzungsanteile

Bei der Nutzung von Geothermie müssen **50 %** des gesamten Wärme- und Kälteenergiebedarfs gedeckt werden. Für bestehende öffentliche Gebäude liegt der Mindestanteil bei **15 %,** § 5 Abs. 4 EEWärmeG, § 5a Abs. 2 EEWärmeG. 51

---

77 Vgl. BMU, Anwendungshinweis zum Vollzug des EEWärmeG – Hinweis Nr. 1/2012 Auslegungshilfe zur Massenbilanzierung nach § 27c Abs. 1 Nr. 2 EEG 2012, Massenbilanzierung von Biomethan v. 29.6.2012.

78 Nr. II. 2. b) aa) der Anlage zum EEWärmeG verweist dazu auf die Biomassestrom-Nachhaltigkeitsverordnung vom 23.7.2009 (BGBl I S. 2174), zuletzt geändert durch Artikel 11 des Gesetzes vom 13.10.2016 (BGBl. I S. 2258).

79 Berechnung nach § 14 Abs. 2 Nr. 2 EEWärmeG.

80 Dies betrifft insbesondere Biomassekraftwerke, die ihre Wärme leitungsgebunden verteilen, z. B. Müllverbrennungsanlagen als Fernwärmelieferanten.

81 Verordnung über kleine und mittlere Feuerungsanlagen v. 26.1.2010 (BGBl I S. 38), zuletzt geändert durch Artikel 77 der Verordnung vom 31.8.2015 (BGBl. I S. 1474).

bb) Begriff

52 Geothermie ist Umweltwärme, die dem **Erdreich** entnommen wird. Umfasst sind sowohl die oberflächennahe Geothermie als auch die Tiefengeothermie.

cc) Besondere Anforderungen an die Anlage

53 Hinsichtlich der technischen und ökologischen Anforderungen an die Anlagen gelten dieselben Anforderungen wie bei sonstiger Umweltwärme.[82]

h) Kälte aus Erneuerbaren Energien

aa) Begriff

54 Unter Kälte aus Erneuerbaren Energien versteht das EEWärmeG zum einen die **dem Erdboden oder Wasser entnommene** und zum anderen **aus Wärme** (Geothermie, Umweltwärme, solare Strahlungsenergie und Biomasse) jeweils technisch nutzbar gemachte Kälte. In Abgrenzung hierzu handelt es sich um Umweltwärme, wenn Kälte direkt durch die Nutzung der kälteren Temperaturen, etwa des Erdreichs, gewonnen wird, ohne dass es einer anderen technischen Einrichtung als zur Wärmeübertragung und zum Transport des Kühlmediums bedarf.

bb) Mindestnutzungsanteile

55 Für die Gewinnung von **Sorptionskälte** gilt derselbe Deckungsanteil wie bei der **Wärmeerzeugung**. Bei thermischen Kälteerzeugungsanlagen, die Kälte durch direkte Zufuhr von Wärme erzeugen, gilt der Anteil, der bei reiner Wärmeerzeugung aus dem Energieträger gelten würde. Berücksichtigung findet nur die von der Kältemaschine technisch nutzbar gemachte Kältemenge.[83]

56 Wird die Kälte unmittelbar durch **Geothermie und Umweltwärme** bereitgestellt, gilt ein Mindestanteil von **50 %**, bei bestehenden öffentlichen Gebäuden dagegen nur ein Mindestanteil von 15 %, § 5a Abs. 2 EEWärmeG.

cc) Besondere Anforderung an die Anlage

57 Die Nutzung von Kälte aus Erneuerbaren Energien wird als Pflichterfüllung anerkannt, wenn die Kälte technisch nutzbar[84] gemacht wurde und zur Deckung des Kältebedarfs genutzt wird. Der **Endenergieverbrauch** für die Erzeugung der Kälte, die

---

82 Vgl. Rn. 40 ff.

83 Nicht z. B. die zum Antrieb der thermischen Kälteerzeugungsanlage genutzte Wärme oder Abwärme, BR-Drucks 647/10, S. 104.

84 Technisch nutzbar gemacht ist die Kälte nur, wenn sie entweder unmittelbar aus dem Erdboden oder aus Grund- oder Oberflächenwasser entnommen wird oder wenn sie thermisch mit Wärme aus Geothermie, Umweltwärme, solarer Strahlungsenergie oder Biomasse erzeugt wurde.

Rückkühlung und die **Verteilung der Kälte** muss nach der jeweils besten verfügbaren Technik **gesenkt** worden sein (z. B. auch den Einsatz von brennstoffbetriebenen Anlagen mit besonders hohen Nutzungsgraden).

i) Gemeinsame Pflichterfüllung

§ 6 Abs. 1 EEWärmeG erlaubt **mehreren Verpflichteten** die **gemeinschaftliche Pflichterfüllung.** Dazu müssen die Verpflichteten zusammen so viel Wärme oder Kälte aus Erneuerbaren Energien oder zugelassenen[85] Ersatzmaßnahmen nutzen, wie es der Summe ihrer einzelnen Verpflichtungen entspricht, unabhängig davon, ob die einbezogenen Gebäude den Mindestanteil jeweils tatsächlich decken. Auf den tatsächlichen Bezug des Einzelnen kommt es bei der gemeinschaftsbezogenen bilanziellen Gesamtzuordnung nicht an. 58

Voraussetzung ist, dass die Gebäude der Verpflichteten in einem **räumlichen Zusammenhang** stehen und das Zusammenwirken **bewusst** und von allen Beteiligten gewollt ist.[86] Ein dazwischen liegendes Grundstück schließt ein Zusammenwirken nicht aus. Die Zusammenwirkenden können von den Nachbarn verlangen, dass diese zum Betrieb der Anlagen die Benutzung ihrer Grundstücke in erforderlichem und zumutbarem Umfang **dulden.**[87] 59

Bei **öffentlichen Gebäuden** kommt daneben eine gemeinschaftliche Pflichterfüllung in Betracht, wenn die Gebäude auf einer **Liegenschaft** stehen.[88] 60

4 Ersatzmaßnahmen

Nicht jeder Gebäudeeigentümer kann Erneuerbare Energien zu wirtschaftlich vertretbaren Kosten nutzen. Deshalb erlaubt das EEWärmeG, die Nutzungspflicht mit bestimmten Ersatzmaßnahmen zu erfüllen. Dazu gehören die Nutzung von **Abwärme** oder von **KWK-Anlagen**, die **überobligatorische Einsparung** von Energie und die Nutzung von **Fernwärme oder Fernkälte**. Bei öffentlichen Bestandsbauten können zudem solarthermische Anlagen auf Dächern installiert werden.[89] 61

a) Einsatz von Abwärme und KWK-Wärme

Anlagen zur Nutzung von Abwärme oder KWK-Anlagen müssen nach § 7 Abs. 1 Nr. 1. a) und b) EEWärmeG mindestens jeweils **50 %** des gesamten Wärme- und Kälteenergiebedarfs decken. 62

85 § 7 Abs. 1 Nr. 1 Hs. 2 EEWärmeG; nicht zugelassen sind Fernwärme und -kälte.
86 Danner/Theobald/*Wustlich* § 6 EEWärmeG Rn. 20; BR-Drucks 9/08, S. 52.
87 § 6 Abs. 1 S. 2 EEWärmeG, etwa zur Verlegung von Leitungen.
88 Liegenschaften sind Grundstücke der öffentlichen Hand, die der Erfüllung öffentlicher Aufgaben dienen, Danner/Theobald/*Wustlich* § 6 EEWärmeG Rn. 2 ff.
89 § 7 i. V. m. der Anlage zum EEWärmeG, andere Ersatzmaßnahmen sind nicht möglich.

aa) Abwärme

63 Soweit Abwärme durch **Wärmepumpen** genutzt wird, gelten die gesetzlichen Anforderungen, die auch an Umweltwärme oder Geothermie nutzende Wärmepumpen gestellt werden.[90] Wird Abwärme durch **raumlufttechnische Anlagen** mit Wärmerückgewinnung genutzt, muss der **Wärmerückgewinnungsgrad** der Anlage **mindestens 70 %** betragen, wobei die Leistungszahl nicht kleiner als 10 sein darf.[91] Für die Nutzung von Kälte, die von Anlagen technisch nutzbar gemacht wird, die durch Abwärme angetrieben werden, gelten im Wesentlichen die für Sorptionskälteanlagen beschriebenen Anforderungen.[92] Wird Abwärme durch sonstige Anlagen genutzt, müssen diese dem Stand der Technik entsprechen.

bb) KWK-Anlagen

64 KWK-Anlagen müssen zur Erfüllung der Nutzungspflicht **hocheffizient** sein.[93] Kälteanlagen, denen unmittelbar Wärme aus hocheffizienten KWK-Anlagen zugeführt wird, müssen die Anforderungen erfüllen, die an Kälte aus Erneuerbaren Energien gestellt werden. In der KWK-Anlage können sowohl fossile, als auch regenerative Energien genutzt werden.

b) Überobligatorische Energieeinsparung

65 Soll ersatzweise Energie eingespart werden, haben die Energieeinsparmaßnahmen über das gesetzlich ohnehin vorgeschriebene Energieeffizienzniveau hinauszugehen. Ausgangspunkt sind die energetischen Vorgaben der **EnEV**.

66 Bei der Errichtung von Gebäuden müssen der jeweilige Höchstwert des **Jahresenergiebedarfs** und die zu erfüllenden Anforderungen an die Wärmedämmung der Gebäudehülle übererfüllt werden. Bei öffentlichen Gebäuden muss der **Transmissionswärmetransferkoeffizient**[94] bei einer Neuerrichtung um **30 %** und bei grundlegender Renovierung um **20 %** unterschritten werden.

---

90 Vgl. Rn. 40 f.; für Abluft-Wärmepumpen gelten die Jahresarbeitszahlen für Luft/Luft- bzw. Luft/Wasser-Wärmepumpen, bei Abwasser-Wärmepumpen die für alle anderen Wärmepumpen.

91 Nr. V. 2. a) und b) der Anlage zum EEWärmeG; die Leistungszahl wird aus dem Verhältnis der aus der Wärmerückgewinnung stammenden und genutzten Wärme zum Stromeinsatz für den Betrieb der raumlufttechnischen Anlage ermittelt. Soweit der Stromverbrauch als Mehrverbrauch für die Wärmerückgewinnung erforderlich ist, ist der Stromeinsatz der Anlage zu berücksichtigen.

92 Vgl. Rn. 57.

93 Maßgeblich ist die Richtlinie 2004/8/EG vom 11.2.2004 (ABl EU Nr. L 52 S. 50); hocheffiziente Anlagen ermöglichen eine Primärenergieeinsparung von mindesten 10 % im Vergleich zur separaten Strom- und Wärmeerzeugung.

94 Der Transmissionswärmetransferkoeffizient ist der spezifische auf die wärmeübertragende Umfassungsfläche bezogene Transmissionswärmetransferkoeffizient des Referenzgebäudes gleicher Geometrie, Nettogrundfläche, Ausrichtung und Nutzung einschl. der Anordnung der Nutzungseinheiten im Sinne der Anlage 2, Tabelle 1 der EnEV in der am 1.5.2011 geltenden Fassung.

c) Nutzung von Fernwärme und Fernkälte

Bei Fernwärme oder Fernkälte handelt es sich um die Wärme oder Kälte, die durch ein 67
Leitungsnetz verteilt wird.

aa) Qualität der Fernwärme/Fernkälte

Die in dem Wärme- oder Kältenetz insgesamt verteilte Wärme oder Kälte muss zu 68
einem **wesentlichen Teil** aus Erneuerbaren Energien oder zu **mehr als 50 %** aus KWK-Anlagen oder Anlagen zur Nutzung von Abwärme stammen. Eine Kombination dieser Wärme- oder Kältegewinnungsformen ist zulässig, soweit sie mindestens 50 % der in dem Wärme- oder Kältenetz insgesamt verteilten Wärme oder Kälte ausmacht. Als **Richtgröße** für den „wesentlichen Anteil" Erneuerbarer Energien können die Mindestnutzungsanteile für **neue Gebäude** herangezogen werden.[95]

Die Nutzungspflicht muss während der **gesamten Nutzungsdauer** des Gebäudes 69
erfüllt werden. Dies bezieht sich auch auf die Qualität der Fernwärme. Der **Wärmenetzbetreiber** hat dies **sicherzustellen.**[96]

bb) Maßgeblicher Nutzungsanteil

Bei Fernwärme/-kälte sind dieselben gebäudebezogenen Wärme- oder Kältemengen 70
als maßgeblicher Nutzungsanteil heranzuziehen wie bei dezentralen Anlagen.[97] Der **Mindestnutzungsanteil** für Gebäude bestimmt sich nach dem **Energieträger**, aus dem die Fernwärme/-kälte stammt.[98]

d) Solarthermische Anlagen auf öffentlichen Gebäuden

Nach § 7 Abs. 2 EEWärmeG können auf Dächern von öffentlichen Gebäuden, die der 71
Nutzungspflicht unterliegen, solarthermische Anlagen installiert und die so erzeugte Wärme **anderen Gebäuden** zur Verfügung gestellt werden. Verlangt wird ein unmittelbarer **baulicher Zusammenhang** mit dem öffentlichen Gebäude. Überträgt die öffentliche Hand den Anlagenbetrieb auf einen Dritten, muss sie sicherstellen, dass dieser die Anlage **tatsächlich und dauerhaft** betreibt.[99] Die Eigentümer der anderen Gebäude können mit dieser gelieferten Wärme jedoch **nicht ihre Nutzungspflicht erfüllen.**

---

95 BR-Drucks 9/08, S. 54; bestätigend Anwendungshinweise des BMU zum Vollzug des Erneuerbare-Energie-Wärmegesetzes, Hinweis Nr. 1/2011, S. 4.

96 Eine gültige Bescheinigung nach § 10 EEWärmeG genügt für den Nachweis.

97 Vgl. Rn. 34, 37, 41, 44, 51.

98 Nur Energieträger des EEWärmeG; z. B. solar unterstützte Fernwärme ist mit einem Mindestdeckungsanteil von 15 % zu nutzen.

99 BT-Drucks 17/3629, S. 47; Insolvenzen oder vorzeitige Betriebsaufgaben sind der öffentlichen Hand zuzurechnen, Danner/Theobald/*Wustlich* § 7 EEWärmeG Rn. 40.

e) Kombinationsmöglichkeiten

72 Erneuerbare Energien und Ersatzmaßnahmen dürfen nach § 8 EEWärmeG kombiniert werden, um **kosteneffiziente Lösungen** zu ermöglichen. Jede der kombinierten Maßnahmen muss im konkreten Einzelfall zulässig sein.[100]

73 Bei solchen Kombinationen muss die **Gesamtbilanz** das Gleiche ergeben, wie die Nutzung einzelner Erneuerbarer Energien oder einzelner Ersatzmaßnahmen, § 8 Abs. 2 EEWärmeG.[101]

5 Vollzug des EEWärmeG

74 Zuständig für den Vollzug des EEWärmeG sind nach § 12 EEWärmeG die **Landesbehörden**, zumeist die unteren Bauaufsichtsbehörden.[102]

75 § 11 Abs. 1 EEWärmeG verpflichtet die zuständigen Behörden, geeignete **Stichprobenverfahren** zur Kontrolle durchzuführen. Dabei sind sowohl die **Anlagen** und **Nachweise** als auch die diesen zugrundeliegenden **Parameter** zu prüfen.[103] Hierzu enthält § 11 Abs. 2 EEWärmeG eine **Eingriffsermächtigung**, wonach beauftragte Personen das Recht haben, Grundstücke und bauliche Anlagen einschließlich der Wohnungen zu betreten.

76 Um einen möglichst einheitlichen Vollzug des EEWärmeG zu gewährleisten, wurde eine **Bund/Länder-Arbeitsgruppe**[104] **eingesetzt, die Empfehlungen** für die mit dem Vollzug betrauten Behörden veröffentlicht.[105]

a) Nachweis der Pflichterfüllung

aa) Grundregeln

77 Verpflichtete privater Gebäude haben nach § 10 EEWärmeG die Erfüllung der Nutzungspflicht nachzuweisen.[106]

78 Bei der Versorgung **mehrerer** Gebäude nach § 6 EEWärmeG genügt es, wenn **ein** Verpflichteter den Nachweis führt. Werden verschiedene Erneuerbare Energien und Ersatzmaßnahmen **kombiniert**, ist für **jede** Energieform und Maßnahme ein **gesonderter Nachweis** zu erbringen.

---

100 Z. B. gilt § 7 Abs. 2 EEWärmeG für Bestandsgebäude, nicht anwendbar für Neubauten.

101 Siehe zu Einzelheiten Müller/Oschmann/Wustlich/*Rostankowski* § 8 Rn. 7 ff.

102 Art. 15 Bay ZustWiG; § 1 Abs. 1 AG EEWärmeG LSA; § 1 KlimaschutzZuLVO M-V; § 5 EEWärmeG-DG NRW; § 1 ZustVO-Umwelt-Arbeitsschutz NDS i. V. m. Nr. 11.6 der Anlage; § 8 EWärmeG-BW; § 1 ZuG-EnEV-EEWärmeG Saarland.

103 Müller/Oschmann/Wustlich/*Müller* § 11 Rn. 13.

104 Bund/Länder-Arbeitsgemeinschaft „Klima, Energie, Mobilität – Nachhaltigkeit" der Umweltministerkonferenz und der Fachkommission „Bautechnik" der Bauministerkonferenz.

105 Empfehlungen des BMU zum EEWärmeG.

106 Eigene Nachweiskonzepte der Länder sind möglich, § 2 EnEV/EEWärmeGV.

Kosten, die für die Erbringung des Nachweises durch einen Sachkundigen entstehen, trägt der jeweilige Eigentümer. 79

Verstöße gegen die Nachweispflicht können eine **Ordnungswidrigkeit** darstellen, § 17 Abs. 1 Nr. 2 EEWärmeG. 80

bb) Besondere Nachweise bei Nutzung von Biomasse

Wird Biomasse genutzt, sind die Mindestdeckungsanteile und die Qualitätsanforderungen der gelieferten Biomasse durch **Abrechnungen** der Brennstofflieferanten nachzuweisen, die Bescheinigungen über die Qualität der gelieferten Biomasse enthalten müssen.[107] Die Anforderungen an die Biomasseanlage sind durch die Bescheinigung eines **Sachkundigen**, des **Anlagenherstellers** oder des **Fachbetriebes**, der die Anlage eingebaut hat, nachzuweisen. 81

Bei der Lieferung **gasförmiger Biomasse** müssen die Abrechnungen, sofern Biomethan genutzt wird, bescheinigen, dass die Anforderungen des EEG[108] an die Aufbereitung und Einspeisung von Biomethan eingehalten wurden. 82

Sofern **flüssige Biomasse** geliefert wird, ist die **Nachhaltigkeit** der Biomasse anhand von § 14 Biomassestrom-Nachhaltigkeitsverordnung nachzuweisen. 83

cc) Technische Nachweise bei der Nutzung anderer Energieformen

Beim Einsatz **anderer Energieformen** und bei Ersatzmaßnahmen sind die in § 10 Abs. 3 Satz 2 EEWärmeG enumerativ aufgeführten Nachweise über die Anforderungen an die jeweiligen Anlagen zu erbringen. Die Erfüllung der Mindestnutzungsanteile ist nicht nachzuweisen. Welche Nachweise hinreichend sind, hängt von der jeweiligen Energieform oder Ersatzmaßnahme ab. 84

Betreibt der Verpflichtete zur Nutzung von **Umweltwärme** und **Geothermie** eine elektrisch oder fossil angetriebene Wärmepumpe, so hat er die Einhaltung der Jahresarbeitszahl und die Vorhaltung der nötigen Zähler durch die Bescheinigung eines **Sachkundigen** nachzuweisen und **Umweltzeichen** vorzulegen.[109] 85

Wird Abwärme durch **raumlufttechnische Anlagen** mit Wärmerückgewinnung genutzt, sind der Wärmerückgewinnungsgrad und die Leistungszahl durch einen **Sachkundigen** oder den **Fachbetrieb** nachzuweisen, der die Anlage eingebaut hat. Alle übrigen Anforderungen sind durch Sachkundige und **Umweltzeichen** zu bescheinigen. 86

KWK-Anlagen müssen hocheffizient sein. Gefordert sind Bescheinigungen eines **Sachkundigen**, des **Anlagenherstellers** oder des **Fachbetriebs**, der die Anlage 87

107 § 10 Abs. 1 Satz 1 Nr. 1, Abs. 2 und II. 5. der Anlage zum EEWärmeG.
108 Nr. 1 a) bis c) der Anlage 1 zum EEG.
109 Die Bescheinigung des Anlagenherstellers genügt hier nicht.

eingebaut hat. Bei von Dritten betriebenen KWK-Anlagen ist eine Bescheinigung des **Anlagenbetreibers** erforderlich.

88 Als Nachweis für überobligatorische Energieeinsparmaßnahmen genügt der **Energieausweis** nach § 18 EnEV.

89 Die Erfüllung der Anforderungen an Fernwärme oder Fernkälte bescheinigen die **Wärme- bzw. Kältenetzbetreiber**.

dd) Nachweis eines Ausnahmetatbestandes

90 Wer eine Ausnahme von der Nutzungspflicht gelten machen will, muss der zuständigen Behörde nach § 10 Abs. 4 EEWärmeG innerhalb von drei Monaten ab der Inbetriebnahme der Heizungsanlage mit Bescheinigung eines Sachkundigen anzeigen, dass die Erfüllung der Pflicht nach § 3 Abs. 1 EEWärmeG oder die Durchführung von Ersatzmaßnahmen **öffentlich-rechtlichen Vorschriften** widerspricht oder technisch unmöglich ist.

b) Förderung

91 Förderfähig im Sinne des § 13 EEWärmeG sind **Investitionen in Anlagen** zur Nutzung von Erneuerbaren Energien, nicht deren tatsächliche Nutzung. Hierfür besteht das **Marktanreizprogramm** (MAP)[110] und das Anreizprogramm Energieeffizienz (APEE)[111].

92 Zum einen vergibt das Bundesamt für Wirtschaft und Ausfuhrkontrolle (BAFA) **Investitionszuschüsse**. Zum anderen fördert die KfW-Bankengruppe Anlagen im Rahmen des Programms Erneuerbare Energien „Premium" durch **Zinsverbilligungen** und **Tilgungszuschüsse**.

93 Ein **Rechtsanspruch** auf die Förderung besteht nicht, vielmehr liegt die Förderung im Ermessen der Behörde, Nr. I. 2 MAP.

aa) Förderfähige Maßnahmen

94 Gefördert werden Anlagen, die der Heizung, Warmwasserbereitung oder Kühlung von Gebäuden oder der Bereitstellung von Prozesswärme dienen[112]

---

110 BMWi, Richtlinien zur Förderung von Maßnahmen zur Nutzung erneuerbarer Energien im Wärmemarkt, v. 11.3.2015 (BAnz AT 25.03.2015 B1).

111 BMWi, Richtlinie zur Förderung der beschleunigten Modernisierung von Heizungsanlagen bei Nutzung erneuerbarer Energien, Anreizprogramm Energieeffizienz (APEE), Heizungspaket, erneuerbare Energien, v. 16.12.2015 (BAnz AT 20.12.2015 B1).

112 Dabei muss es sich um die Errichtung und Erweiterung von solarthermischen Maßnahmen, Anlagen zur Nutzung von Biomasse, Anlagen zur Nutzung von Geothermie und Umweltwärme sowie Wärmenetze, Speicher und Übergabestationen für Wärmenutzer handeln.

Die Förderung gilt vornehmlich dem **Gebäudebestand**, da dieser von der Nutzungspflicht gemäß § 3 EEWärmeG regelmäßig nicht betroffen ist.[113] Die zu fördernden Anlagen sollen in Gebäuden Heizungs- bzw. Kühlsysteme ersetzen oder unterstützen, die seit mehr als 2 Jahren installiert sind. 95

Die geförderte Anlage muss **mindestens 7 Jahre** zweckentsprechend betrieben und darf in diesem Zeitraum nicht stillgelegt werden.[114] 96

(1) Förderung durch das BAFA

Das BAFA fördert **Solarkollektoranlagen**, **kleine Biomasseanlagen**, effiziente **Wärmepumpen** und Maßnahmen zur **Visualisierung** des Ertrages Erneuerbarer Energien. Die Förderung untergliedert in eine Grund- und Innovationsförderung. Die **Grundförderung** betrifft haushaltsübliche Anlagen, die **Innovationsförderung** besonders große und leistungsfähige Anlagen. 97

(2) Förderung durch die KfW

Auch die Förderung der KfW besteht aus einer Basis- und einer Innovationsförderung. Zur **Basisförderung** gehören große Biomasseanlagen, Tiefengeothermieanlagen, effiziente Wärmepumpen und Nahwärmenetze. Im Bereich der **Innovationsförderung** werden große Solarkollektoranlagen, Wärmespeicher und Biogasleitungen für unaufbereitetes Biogas gefördert. 98

bb) Nicht förderfähige Maßnahmen

Nicht gefördert werden **Eigenbauanlagen** und **Prototypen** (weniger als vier Exemplare). Auch zum wesentlichen Teil gebrauchte Anlagen sind nicht förderfähig. Ausgeschlossen sind weiter **Energieerzeugungsanlagen**, die eine Vergütung nach dem EEG oder nach dem KWKG erhalten.[115] Maßnahmen, zu denen der Eigentümer nach EEWärmeG **verpflichtet** ist, werden ebenfalls **nicht** gefördert. 99

cc) Verfahren

Antragsberechtigt sind Eigentümer, Pächter oder Mieter sowie die von diesen beauftragten Energiedienstleistungsunternehmen (Contractoren).[116] 100

Der Antragsteller hat darzulegen, ob er weitere Förderanträge gestellt hat oder andere Förderungen oder Vergütungen, insbesondere nach dem EEG und KWKG, erhält. Ebenso sind die technischen Spezifikationen nachzuweisen, an die die Förde- 101

113 Eine Förderung in Neubauten ist aber nicht grundsätzlich unmöglich, Nr. II. MAP.
114 Hiervon können Ausnahmen gewährt werden, Nr. II. MAP.
115 Für eine Vielzahl von Anlagen werden Rückausnahmen gewährt, Nr. II. MAP.
116 Contractoren, Mieter und Pächter benötigen eine Erlaubnis des Gebäudeeigentümers.

rung anknüpft. Das Vorliegen dieser Voraussetzungen wird **stichprobenartig** überprüft, wobei dies für den Eigentümer **gebührenfrei** ist.

dd) Kombination von Fördermaßnahmen

102 Die Förderungen des Marktanreizprogramms sind grundsätzlich miteinander kombinierbar. Auch eine Kumulierung mit anderen öffentlichen Förderungen ist nicht ausgeschlossen. Für Förderkombinationen mit Investitionszuschüssen der BAFA gilt die Einschränkung, dass sich die aus verschiedenen Förderungen ergebende Gesamtförderung höchstens auf das Doppelte des Förderbetrages belaufen darf, die nach dem Marktanreizprogramm gewährt wird.[117] Schließlich darf die Gesamtförderung die zulässige maximale **Beihilfeintensität** der Europäischen Union nicht überschreiten.

ee) Ergänzende Förderung durch das Anreizprogramm Energieeffizienz

103 Das APEE ergänzt die Förderungen im Gebäudebereich. Es handelt sich um eine Zusatzförderung, die eine Förderung nach dem MAP voraussetzt. Gefördert werden unter anderem der Einbau einer Brennstoffzellenheizung, die Ersetzung ineffizienter Heizungsanlagen bei gleichzeitiger Optimierung des gesamten Heizungssystems und der Einbau von Lüftungsanlagen.

V Mietrechtsreform

1 Am 1.5.2013 trat das Gesetz über die energetische Modernisierung von vermietetem Wohnraum und über die vereinfachte Durchsetzung von Räumungstiteln (kurz: Mietrechtsänderungsgesetz oder MietRÄndG) in Kraft.[118]

2 Hintergrund und Anlass für das Gesetz ist das wirtschaftspolitische Ziel, verstärkt **energieeffizienten Wohnraum** zu schaffen. Es existiert ein Bestand von rund 40 Mio. Wohnungen in Deutschland, von denen ein signifikanter Anteil bislang nicht in einem technischen Zustand ist, der einen energieeffizienten Betrieb dieser Wohnungen erlauben würde.

3 Bereits 2010 hatte die Bundesregierung ein **Energiekonzept** für eine umweltschonende, zuverlässige und bezahlbare Energieversorgung entwickelt.[119] Dieses Konzept erfuhr 2011 eine Ergänzung durch das Eckpunktepapier[120] der Bundesregie-

117 Bei Überschreitung dieser Grenze werden die Fördermittel des Bundes auf diese Förderhöchstgrenze gekürzt, Nr. VII. 3) MAP.

118 BGBl I 2013 S. 434.

119 BT-Drucks 17/3049, S. 2.

120 http://www.bmwi.de/BMWi/Redaktion/PDF/E/energiekonzept-2010-beschluesse-juni-2011, property=pdf,bereich=bmwi2012,sprache=de,rwb=true.pdf

rung vom 6.6.2011, mit dem in Deutschland die Energiewende eingeleitet wurde. Spätestens seit diesem Zeitpunkt ist es *common sense*, dass mit Blick auf knappe Energiereserven und den Klimawandel dem Thema Energieeffizienz eine herausragende Bedeutung zukommt. Aufgrund der schieren Größe des deutschen Wohnungsmarktes muss dies auch für diesen gelten.

1 Zielsetzung

Das MietRÄndG geht auf die Bundesrats-Drucksache 313/12 vom 25.5.2012 bzw. die Bundestags-Drucksache 17/10485 vom 15.8.2012 zurück. In diesen wird konstatiert, dass einerseits ein Anteil von über 50 % der in Deutschland vorhandenen Wohnungen als Mietwohnungen genutzt würden und andererseits bezüglich der vorhandenen Wohnungen großer Bedarf an energetischen Modernisierungen bestehe. In der Begründung wird weiter ausgeführt, dass das gesetzliche Mietrecht (hier insbesondere: §§ 554, 559 bis 559b BGB) nicht mehr den (gestiegenen) Anforderungen in Bezug auf Energieeffizienz und Klimaschutz genüge. Es bedürfe daher einer Anpassung, um **Anreize für Vermieter** zu setzen, an den Wohngebäuden solche baulichen Maßnahmen vorzunehmen, die die Energieeffizienz erhöhten. Auch sollten die **rechtlichen Rahmenbedingungen für das sog. Wärmecontracting** geregelt werden. Insgesamt solle auf diese Weise eine Senkung des Primärenergiebedarfs des Gebäudebestandes um 80 % bis 2050 erreicht werden.[121] 4

Als Lösung sah der Gesetzgeber vor, das Recht der Duldung von Erhaltungs- und Modernisierungsmaßnahmen neu zu regeln und um den Tatbestand der „energetischen Modernisierung" zu ergänzen. Darüber hinaus schränkte er das Recht des Mieters zur Minderung der Miete wegen Beeinträchtigung durch solche Arbeiten ein und senkte zugleich die formalen Anforderungen an die Begründung des Vermieters für die Durchführung solcher Arbeiten. Außerdem kann der Vermieter die Kosten für energetische Modernisierungen nun ebenfalls nach § 559 BGB auf die Miete umlegen. 5

Mit § 556c BGB wurde die Möglichkeit geschaffen, die Kosten des Wärmecontractings auf den Mieter umzulegen. Voraussetzung ist jedoch, dass durch die Umstellung auf Wärmecontracting auf die eine oder andere Weise eine höhere Effizienz der Heizungsanlage erreicht wird und zugleich die Umstellung für den Mieter im Ergebnis kostenneutral bleibt.[122] 6

2 Die Änderungen im Einzelnen

Die durch das MietRÄndG vorgenommenen **Änderungen des Mietrechts** lassen sich – soweit sie das vorliegend interessierende Thema „Energieeffiziente Gebäude" 7

121 BR-Drucks 313/12, S. 13; BT-Drucks 17/10485, S. 13.

122 Das MietRÄndG enthält auch noch weitere Regelungsinhalte, die jedoch keinen Bezug zum Thema „Energieeffiziente Gebäude" haben und deren Darstellung daher hier unterbleibt.

betreffen – in **zwei Komplexe** aufteilen: Die Erleichterung und Förderung energetischer Modernisierungsmaßnahmen (dazu unter **lit. b)**[123]) sowie die Ermöglichung des Wärmecontractings (dazu unter **lit. c)**[124]).

8 Vorab soll jedoch beleuchtet werden, welche Mietverhältnisse durch die Regelungen des MietRÄndG überhaupt betroffen sind (dazu sogleich unter **lit. a)**[125]).

a) Anwendungsbereich der neuen Regelungen

9 Schon der Titel des MietRÄndG deutet darauf hin, dass es (primär) für Mietverhältnisse über **Wohnraum** gelten soll. Entsprechend finden sich die relevanten Änderungen (§§ 555b, 556c, 559 BGB) im Untertitel über Wohnraummietverhältnisse im BGB.

10 § 578 BGB enthält für **andere Mietverhältnisse**, wie z. B. solche über Gewerberäume, hinsichtlich der Regelungen zur energetischen Modernisierung eine teilweise Bezugnahme: Die Duldungspflicht des Mieters bezüglich **Instandhaltungs- und Modernisierungsmaßnahmen** (§ 555a BGB) ist ausdrücklich in § 578 Abs. 2 BGB benannt, so dass diese auch für Gewerberaummietverhältnisse gilt.[126] Ein Verweis auf § 559 BGB fehlt hingegen, so dass die Regelungen zum Mieterhöhungsrecht ausschließlich für Mietverhältnisse über Wohnraum gelten.[127]

11 Die Regelungen über das **Wärmecontracting** gelten hingegen gemäß § 578 Abs. 2 BGB auch für Gewerberaummietverhältnisse.

12 Das MietRÄndG ist am 1.5.2013 in Kraft getreten. Grundsätzlich führt eine Gesetzesänderung bei einem Dauerschuldverhältnis dazu, dass das neue Recht auch auf das bestehende Dauerschuldverhältnis anzuwenden ist,[128] was bedeutet, dass die **Änderungen des MietRÄndG grundsätzlich** sowohl für erst später abgeschlossene (Neu-) Verträge als **auch für schon bestehende (Alt-) Verträge** gelten.

13 Für **Modernisierungsmaßnahmen** gilt jedoch eine **Übergangsregelung**, wonach das Gesetz in seiner alten Fassung (§ 554 BGB a. F.) anzuwenden ist, wenn dem Mieter die Mitteilung über die Modernisierungsmaßnahme bereits vor Inkrafttreten des Gesetzes zugegangen ist, oder der Vermieter mit einer Maßnahme mit nur unerheblicher Auswirkung auf die Mietsache[129] bereits vor Inkrafttreten des Gesetzes begonnen hat.[130]

---

123 Vgl. Rn 9 ff.
124 Vgl. Rn 34 ff.
125 Vgl. Rn 6 ff.
126 Schmidt-Futterer/*Blank* BGB § 578 Rn 14.
127 Blank/*Börstinghaus* BGB § 559 Rn 4.
128 Schmidt-Futterer/*Eisenschmid* vor §§ 555a-555f BGB Rn 15.
129 Im Sinne des § 543 Abs. 3 Satz 3 BGB a. F.
130 Art. 229 § 29 Abs. 1 EGBGB.

b) Energetische Modernisierung

Durch das MietRÄndG wurde ein neues Kapitel 1a mit den §§ 555a bis 555f BGB (Erhaltungs- und Modernisierungsmaßnahmen) in das Gesetz eingefügt. Der bisherige § 554 BGB a. F. wurde aufgehoben. Zugleich wurden entsprechende Bezugnahmen in die §§ 559 bis 559b BGB (Mieterhöhungen) aufgenommen und das Minderungsrecht nach § 536 BGB beschränkt. 14

aa) Modernisierungsmaßnahmen

Die §§ 555a bis 555f BGB regeln nunmehr abschließend die verschiedenen Erhaltungs- und Modernisierungsmaßnahmen. Große Bedeutung kommt dabei der Regelung in § 555b BGB zu. Diese Regelung enthält in der Form eines Katalogs sieben Legaldefinitionen zulässiger Modernisierungsmaßnahmen. 15

Neu ist die **energetische Modernisierung** im Sinne des **§ 555b Nr. 1 BGB.** Sie setzt eine bauliche Veränderung voraus, die in einem Eingriff in die bauliche Substanz, aber auch z. B. in einer Änderung der Anlagentechnik des Gebäudes bestehen kann.[131] Die Maßnahme muss ferner zu einer **nachhaltigen Einsparung von Endenergie** führen. 16

Der Begriff **Endenergie** ist aus sich heraus nicht ohne Weiteres verständlich. Er entstammt der Terminologie des Energierechts, hier insbesondere der EnEV 2007.[132] Die Endenergie beinhaltet den **Energiebedarf zum Betrieb des Gebäudes** und zwar **an der Übergabestelle Gebäudehülle.** Vom Begriff der Endenergie sind demnach umfasst: Die Nutzenergie (sprich: die Energie, die für eine konkrete Energiedienstleistung aufgewandt werden muss), die Umwandlungsverluste der Anlagentechnik und des Verteilungssystems (z. B. ineffizienter Heizkessel, nicht isolierte Leitungen usw.) sowie die für den Betrieb der Anlagentechnik benötigte Hilfsenergie (z. B. Strom für den Betrieb einer Pumpe o. ä.).[133] 17

Nachhaltig Endenergie sparen demnach Maßnahmen, die entweder den Bedarf an Nutzenergie reduzieren (z. B. geringerer Heizaufwand für ein besser gedämmtes Gebäude), oder wenn die Umwandlungsverluste der Anlagentechnik bzw. des Verteilungssystems reduziert werden (z. B. durch Einbau einer effizienteren und besser isolierten Heizungsanlage) und zudem messbar und dauerhaft sind.[134] 18

Daneben enthält **§ 555b Nr. 2 BGB** noch den Tatbestand von Modernisierungsmaßnahmen, die zu einer nachhaltigen Einsparung nicht erneuerbarer Primärenergie führen oder durch die das Klima nachhaltig geschützt wird. Es handelt sich um einen **Auffangtatbestand** für alle solche Maßnahmen, die nicht unter § 555b Nr. 1 BGB fallen, aber zugleich dennoch die in § 555b Nr. 2 beschriebenen Wirkungen haben. 19

131 BT-Drucks 17/10485, S. 18 f.

132 Staudinger/*Emmerich* § 555b Rn 10.

133 *Horst* MDR 2013, 188; Bub/Treier/*Schultz* Rn 1542.

134 *Hinz* NZM 2013, 210.

Solche Maßnahmen muss der Mieter zwar ebenfalls dulden, die **Kosten** können jedoch **nicht auf ihn umgelegt** werden, auch ist sein **Minderungsrecht** wegen der Baumaßnahmen **nicht eingeschränkt.**[135]

bb) Ankündigung der Modernisierung und Darlegung der Energieeinsparung

20 Gemäß § 555c BGB muss der Vermieter dem Mieter die Durchführung der Modernisierungsmaßnahmen fristgerecht zuvor ankündigen, die konkret beabsichtigten Maßnahmen und insbesondere deren Auswirkungen in wesentlichen Zügen erläutern und etwaige Mieterhöhungen darstellen. Das MietRÄndG hat die **Begründungslast** für den Vermieter insoweit (etwas) **abgesenkt**, als er gemäß § 555c Abs. 3 BGB bei der Darstellung der beabsichtigten energetischen Modernisierungsmaßnahmen (§ 555b Nr. 1, 2 BGB) hinsichtlich der energetischen Qualität von Bauteilen auf **anerkannte Pauschalwerte** zurückgreifen darf und die Maßnahmen im Übrigen hinsichtlich Art und Umfang nur in wesentlichen Zügen zu beschreiben hat.

21 **Kritisch** beurteilt wird, ob diese Vereinfachung der inhaltlichen Anforderungen tatsächlich für den Vermieter einen Vorteil bedeutet: Dagegen könnte sprechen, dass die sich aus dem Gesetzeswortlaut ergebenden Vorgaben Spielraum für gerichtliche Interpretation lassen, was für den Vermieter wiederum das Restrisiko bestehen lässt, dass ein Gericht im Einzelfall andere und höhere Anforderungen an den Inhalt der Modernisierungsankündigung stellt.[136]

22 Demgegenüber ist jedoch ungeachtet dieser Gesetzesänderung in der **Rechtsprechung** eine **korrigierende Tendenz** dahingehend zu beobachten, die Anforderungen an die Begründung des Vermieters nicht zu hoch anzusetzen.[137]

Praxistipp

Der Vermieter sollte in der Modernisierungsankündigung im Einzelnen beschreiben, welche Baumaßnahmen er zu ergreifen gedenkt und inwiefern hierdurch eine Veränderung im Vergleich zum Status quo eintritt: So kann er beispielsweise ankündigen, statt der bisherigen Einfachverglasung in Holzrahmen werde nunmehr eine Dreifachverglasung in Kunststoffrahmen installiert. Er ist sodann nicht verpflichtet, Angaben zur energetischen Qualität des von ihm konkret ausgewählten Fensterfabrikats zu machen, sondern kann auf entsprechende Pauschalwerte für Dreifachverglasungen in Kunststoffrahmen zurückgreifen.

---

23 Die Modernisierungsankündigung muss ferner Angaben über den voraussichtlichen **Zeitraum der Durchführung der Arbeiten** enthalten.

135 *Horst* MDR 2013, 188.

136 *Horst* MDR 2013, 188.

137 BGH, Urt. v. 28.9.2011 – VIII ZR 242/10 – (damals zu § 554 BGB a. F.); zu § 555c BGB: LG Berlin, Urt. v. 14.1.2015 - 65 S 267/14 – (BeckRS 2015, 10569).

Sie muss mindestens **drei Monate vor Beginn** der Arbeiten beim Mieter **zugehen.**[138] 24

cc) Duldungspflicht

Grundsätzlich muss der Mieter eine Modernisierungsmaßnahme im Sinne des § 555b BGB dulden, § 555d Abs. 1 BGB, auch wenn ihn diese im vertraglich vereinbarten Gebrauch der Mietsache beeinträchtigt. 25

Eine wichtige **Ausnahme** von diesem Grundsatz sieht § 555d Abs. 2 BGB (Härtefallregelung) vor. Danach kann die Duldungspflicht des Mieters dann entfallen, wenn sich im Rahmen einer umfassenden **Interessenabwägung** ergibt, dass die Modernisierungsmaßnahme nicht zu rechtfertigen ist. 26

In diese Interessenabwägung einzubeziehen sind: 27

- Das **Interesse des Mieters** (bzw. seiner Familie oder eines Angehörigen seines Haushalts). Dies beinhaltet die persönliche, gesundheitliche und berufliche Situation der betroffenen Personen, Art und Umfang der beabsichtigten Arbeiten und die hieraus resultierenden baulichen Folgen, ggf. vom Mieter bereits getätigte Aufwendungen, auf die sich die beabsichtigten Maßnahmen auswirken könnten.
- Das **Interesse des Vermieters** an einer Werterhaltung bzw. -steigerung seiner Immobilien und das Interesse anderer Mieter an einer Steigerung der Energieeffizienz und des Wohnkomforts der Immobilie.
- Die **Belange des Klimaschutzes und der Energieeinsparung**.

Auf Mieterseite sind **wirtschaftliche Härtegründe ausdrücklich nicht** in die Abwägung einzubeziehen, da diese allein der Frage nach einer etwaigen Mieterhöhung vorbehalten sind. 28

Der Mieter muss einen etwaigen Härtefall bis zum Ablauf des Folgemonats nach Modernisierungsankündigung dem Vermieter mitteilen. Jedoch existiert mit § 555d Abs. 4 BGB eine Regelung, wonach der Mieter bei **Versäumnis der Frist** so etwas wie die Wiedereinsetzung in den vorigen Stand erlangen kann, indem er die Mitteilung des Härtefalls nachholt und zugleich erläutert, warum ihn am Versäumnis der Frist kein Verschulden trifft. 29

dd) Modernisierungsvereinbarungen

§ 555f BGB wirft den Aspekt auf, dass die Parteien (eigentlich selbstverständlich) zur Vermeidung aller Unwägbarkeiten bei der Anwendung der gesetzlichen Regelungen im Zusammenhang mit einer beabsichtigten Modernisierung einfach eine Modernisierungsvereinbarung schließen können. 30

---

138 Schmidt-Futterer/*Eisenschmid* § 555c Rn 14.

31 Für **Wohnraummietverträge** enthalten die §§ 555a ff. und 559 ff. BGB Regelungen, wonach vom Gesetzeswortlaut zu Lasten des Mieters abweichende Vereinbarungen unzulässig sind. Durch § 555f BGB wird klargestellt, dass dies zwar uneingeschränkt für Regelungen im Mietvertrag der Fall ist, nicht aber für Vereinbarungen, die die Parteien des Mietvertrages später **anlässlich einer konkret beabsichtigten Modernisierungsmaßnahme** treffen. Für solche Vereinbarungen sollen die zwingenden gesetzlichen Regelungen zu diesem Bereich **in großem Umfang disponibel** sein.[139]

32 **Kritisch** zu bewerten ist der **pauschale Verweis in § 555f Nr. 2 BGB** auf die Gewährleistungsrechte und Aufwendungsersatzansprüche des Mieters. Durch diese Regelung kann nicht verbindlich angeordnet werden, dass alle Mietminderungs- und Schadensersatzansprüche sowie Kündigungsrechte des Mieters für disponibel im Rahmen einer Modernisierungsvereinbarung erklärt werden, da sie nach den gesetzlichen Regelungsregimen zum Mietrecht und auch zum Recht der Allgemeinen Geschäftsbedingungen in jeglicher Form vertraglicher Vereinbarung **gerade nicht vollständig abbedungen** werden können.

33 Dieser Normenkonflikt wird durch eine **einschränkende Auslegung** des § 555f Nr. 2 BGB zu lösen sein, wonach über die Gewährleistungsansprüche und Aufwendungsersatzansprüche des Mieters nur insoweit im Rahmen einer Modernisierungsvereinbarung verfügt werden kann, als dies nach den zwingenden Regelungen des Mietrechts und ggf. im Rahmen einer AGB-Kontrolle grundsätzlich in einer vertraglichen Vereinbarung möglich wäre.

34 Für **Gewerberaummietverträge** bleibt es hingegen bei dem rein deklaratorischen Charakter des § 555f BGB. Der Verweis in § 578 Abs. 2 BGB klammert in den §§ 555a ff. und 559 ff. BGB ohnehin jene Regelungen aus, die den Gesetzeswortlaut für Wohnraummietverträge für obligatorisch erklären.

ee) Mieterhöhung

35 Unverändert soll gemäß § 559 Abs. 1 BGB anlässlich einer durchgeführten Modernisierungsmaßnahme die Miete dergestalt erhöht werden können, dass die Jahresmiete um **11 % der** im Rahmen der Maßnahme **für die Wohnung aufgewendeten Bau- und Baunebenkosten** angehoben wird.

Praxistipp

Das gilt auch nach Einführung der sog. „Mietpreisbremse" in § 556d Abs. 1 BGB durch das Mietrechtsnovellierungsgesetz (MietNovG).[140] Nach Maßgabe von § 556e Abs. 2 BGB dürfen Modernisierungsmaßnahmen im Sinne von § 555b BGB auch im Falle einer Neuvermietung von Wohnraum bei der Mie-

---

139 Vgl. Gesetzesbegründung in: BT-Drucks 17/10485, S. 33.

140 Gesetz zur Dämpfung des Mietanstiegs auf angespannten Wohnungsmärkten und zur Stärkung des Bestellerprinzips bei der Wohnungsvermittlung v. 21.4.2015 (BGBl I S. 610).

te berücksichtigt und im Vergleich zur ortsüblichen Miete ein entsprechend höherer Betrag verlangt werden. Der Vermieter soll geschützt werden für den Fall, dass er vor Vertragsschluss Modernisierungen vorgenommen hat, die sich nicht oder nicht in vollem Umfang durch bereits durchgeführte Modernisierungserhöhungen in der Vormiete niedergeschlagen haben.[141]

Hatte die Modernisierungsmaßnahme zugleich Komponenten, die dem **reinen Erhalt** 36
der Mietsache dienten, sind diese Kostenanteile – ggf. im Wege der Schätzung – aus den anrechnungsfähigen Bau- und Baunebenkosten **herauszurechnen**, weil diese gemäß § 559 Abs. 2 BGB nicht zur Grundlage für eine Mieterhöhung gemacht werden dürfen.

Gegen eine Mieterhöhung kann der Mieter nunmehr gemäß § 559 Abs. 4 BGB 37
solche **Härtegründe** geltend machen, die im Rahmen einer Interessenabwägung zwischen den Mieter- und den Vermieterinteressen zu Tage treten. Das Recht, Härtegründe einzuwenden, ist wiederum nach Satz 2 begrenzt.

Die **Interessenabwägung** nach § 559 BGB **folgt damit anderen Parametern** als 38
jene nach § 555d BGB, was zur Folge hat, dass der Mieter zwar durchaus verpflichtet sein kann, die Durchführung einer Modernisierungsmaßnahme zu dulden, dann jedoch einer Mieterhöhung berechtigterweise einen Härtegrund entgegenhalten kann.

Hierin ist wohl die Intention des Gesetzgebers zu erblicken, mit Blick auf das Ziel, 39
den bundesdeutschen Gebäudebestand möglichst umfassend einer energetischen Aufwertung zu unterziehen, Modernisierungsmaßnahmen nach Möglichkeit nicht an fehlenden Duldungspflichten des Mieters scheitern sollten. Andererseits sollten Härtefalleinwände des Mieters spätestens bei Fragen nach der Mieterhöhung aber auch nicht völlig abgeschnitten werden.[142]

Praxistipp

Die Konsequenz ist für den Vermieter indes riskant: Ihm ist **dringend anzuraten**, schon bei der Ankündigung der Modernisierungsmaßnahme **zu eruieren, ob sich der Mieter wohl hinsichtlich der Miethöhe auf einen Härtefall wird berufen können**. Anderenfalls wird nämlich möglicherweise die Maßnahme selbst vom Mieter zwar geduldet, die Umlage der Investitionskosten bleibt dem Vermieter aber wegen eines Härtefalls verwehrt.

Die Regelung gilt für Wohnraummietverhältnisse. Mangels Bezugnahme in § 578 40
Abs. 2 BGB gilt sie **für Gewerberaummietverhältnisse nicht**.[143] Der Vermieter von Gewerberaum kann sich demnach nicht auf eine gesetzliche Grundlage verlassen, wenn er die Kosten einer Modernisierungsmaßnahme wenigstens teilweise auf den Mieter umlegen will.

---

141 BeckOK BGB/*Schüller* § 556e Rn 7.
142 So auch *Horst* MDR 2013, 188.
143 BeckOK BGB/*Schüller* § 559 Rn 7.

Praxistipp
Der Vermieter einer Gewerbeimmobilie muss entweder schon **im Rahmen des Mietvertrages Vorkehrungen treffen** (was ausdrücklich zu empfehlen ist), oder aber mit dem Mieter eine **Modernisierungsvereinbarung** im Sinne des § 555f BGB schließen.

ff) Ausschluss der Minderung für die Dauer von drei Monaten

41 Ebenfalls im Zuge der Mietrechtsreform neu eingefügt wurde § 536 Abs. 1a BGB, wonach sich der Mieter für eine Dauer von drei Monaten nicht auf die eingeschränkte Tauglichkeit der Mietsache berufen und einen Minderungsanspruch geltend machen kann, wenn die Beeinträchtigungen auf eine Maßnahme im Sinne des § 555b Nr. 1 BGB zurückgehen.

(1) Abgrenzung der betroffenen Fälle

42 Zu beachten ist, dass sich § 536 Abs. 1a BGB nur auf die Fälle des § 536 Abs. 1 Satz 2 BGB beziehen kann, **nicht** jedoch auf **Fälle** im Sinne des § 536 Abs. 1 Satz 1 BGB, **in denen die Gebrauchstauglichkeit der Mietsache vollständig aufgehoben wird**. Aus § 536 Abs. 1a BGB ergibt sich dies nicht eindeutig, eine **teleologische Auslegung der Norm** gebietet aber eine solche Lesart.[144] Anderenfalls könnte der Vermieter vom Mieter sogar im Zuge solcher Arbeiten, bei denen die gesamte Wohnung unbewohnbar wird, unter Verweis auf § 536 Abs. 1a BGB die volle Miete weiterhin verlangen. Für den Mieter, der sich auch noch eine neue Bleibe suchen muss, eine nicht hinnehmbare Folge.

43 Die Regelung ist dennoch im Ergebnis **nicht frei von möglicherweise unangemessenen Ergebnissen**. Sie bedeutet nämlich, dass der Mieter für den Fall, dass ihm auch nur der geringste Rest an Gebrauchstauglichkeit an der Mietsache verbleibt, wegen § 536 Abs. 1a BGB für die Dauer von drei Monaten während der Modernisierungsmaßnahme zur Bezahlung der vollen Miete verpflichtet bleibt, während er bei vollständig ausfallender Gebrauchstauglichkeit schlagartig von seiner gesamten Mietzahlungsverpflichtung frei wird. Es liegt auf der Hand, dass aufgrund dieser Ausgangslage Modernisierungsmaßnahmen, die dem Mieter viel zumuten, außerordentlich streitträchtig sein werden. Der Mieter wird stets versucht sein, die vollständige Untauglichkeit der Mietsache geltend zu machen, während der Vermieter stets eine verbleibende Resttauglichkeit behaupten wird.

(2) Lauf der dreimonatigen Frist

44 Die Frist von drei Monaten **beginnt** mit der tatsächlichen Aufnahme der Arbeiten.

144 Vgl. auch *Hinz* NZM 2013, 209.

Die Frist läuft sodann unbeeinflussbar durch. Für den Mieter störungsfreie Zwi- 45
schenphasen verändern den Lauf dieser Frist nicht. Dies wird aus der Gesetzesbegründung hergeleitet, in der von einer *„zusammenhängenden Dauer von drei Monaten"* die Rede war.[145]

Dies bedeutet auch, dass sich die Frist für den Vermieter **nicht verlängert**, wenn 46
die Arbeiten einen längeren Zeitraum als drei Monate in Anspruch nehmen sollten. Nach Ablauf der Frist flammt das Minderungsrecht des Mieters wieder auf.

Die Frist **verkürzt sich** aber **auch nicht**, wenn die Arbeiten schneller hätten 47
durchgeführt werden können. Denkbar in einem solchen Fall sind aber **Schadensersatzansprüche** (§ 241 Abs. 2 i. V. m. § 280 Abs. 1 BGB[146]) des Mieters gegen den Vermieter, wenn die Arbeiten unnötigerweise über einen Zeitraum von drei Monaten hingezogen wurden und der Vermieter dies zu vertreten hat oder ihm gar ein diesbezüglich absichtliches Verhalten vorzuwerfen ist.

(3) Fristausdehnung durch Aufsplittung der Maßnahme?

Ebenfalls diskutiert wird die Frage, ob die Regelung nicht **Missbrauchspotential** 48
für den Vermieter enthalte, weil dieser versucht sein könne, eine Modernisierungsmaßnahme in lauter Einzelgewerke zu splitten und diese nacheinander abarbeiten zu lassen, um auf diese Weise immer wieder erneut in den Genuss des Minderungsausschlusses zu gelangen. *Hinz*[147] hat hierzu angeführt, dass die Drei-Monats-Frist für den Mieter tatsächlich jedes Mal neu zu laufen beginne, der Mieter aber die wirtschaftlichen Folgen kompensieren könne, indem ihm ein **Schadensersatzanspruch** aus § 241 Abs. 2 i. V. m. § 280 Abs. 1 BGB auf Freistellung von den Folgen der Minderungssperre zustehe.

Nach diesseitiger Auffassung liegt die Lösung des Dilemmas in dem richtigen 49
Verständnis des Begriffs „Maßnahme".[148] Maßnahme im Sinne des § 536 Abs. 1a BGB (übrigens auch im Sinne des § 555b Nr. 1 BGB) bedeutet nicht Einzelgewerk, sondern **Erreichen des mit der Maßnahme insgesamt beabsichtigten Bauerfolgs**. Dies wiederum bedeutet, dass eine in Einzelgewerke zeitlich aufgesplittete Maßnahme die Drei-Monats-Frist nur einmal in Gang setzt. Ist sie abgelaufen, ohne dass alle Einzelgewerke vollendet sind, lebt das Minderungsrecht des Mieters wieder auf. Auf diese Weise wird Missbrauch auf Seiten des Vermieters wirksam vorgebeugt, ohne dass es hierzu von Seiten des Mieters der Geltendmachung von Schadensersatzansprüchen bedürfte.

---

145 BT-Drucks 17/10485, S. 17.

146 Nach Auffassung von *Hinz* NZM 2011, 209, gerichtet auf Freistellung von den Wirkungen des Minderungsausschlusses.

147 *Hinz* NZM 2011, 209.

148 So auch Schmidt-Futterer/*Eisenschmid* § 536 Rn 69 ff.

(4) Betroffene Mietverhältnisse

50 Aufgrund seiner systematischen Stellung gilt § 536 Abs. 1a BGB sowohl für Wohnraum- als auch Gewerberaummietverhältnisse.

c) Wärmecontracting

51 § 556c BGB in Verbindung mit der WärmeLV[149] ermöglicht es dem Vermieter, aus einem bestehenden Mietvertrag heraus die eigentlich ihm obliegende Versorgung der Mietsache mit Wärme und Warmwasser einem eigenständigen gewerblichen Lieferanten zu übertragen, woraufhin der Mieter die diesbezüglichen Kosten als Betriebskosten zu tragen hat.

aa) Geltungsbereich

52 Die Regelungen gelten für **Wohnraummietverträge** und gemäß § 578 Abs. 2 BGB auch für **Gewerberaummietverträge** – in deren Rahmen von ihnen aber abgewichen werden kann.

53 Zu Recht ist darauf hingewiesen worden, dass in Mietverträgen, in denen bislang die BetrKV für anwendbar erklärt war, gemäß § 2 Nr. 4 c) BetrKV ohnehin schon die Umlage von Wärmecontracting-Kosten als Betriebskosten möglich war.[150]

54 Zu beachten ist aber, dass § 556c BGB und die WärmeLV eine Reihe zusätzlicher Regelungen zu diesem Thema enthalten, die der pauschalen Regelung des § 2 Nr. 4 c) BetrKV **auch bei Altverträgen** vorgehen, weil § 556c Abs. 4 BGB abweichende Regelungen zu Lasten des Mieters nicht zulässt.

bb) Umlegbare Betriebskosten

55 Aufgrund dieses Geltungsvorranges ist auch davon auszugehen, dass **alle Preisbestandteile** des (zulässigen) Wärmecontractings als Betriebskosten auf den Mieter umgelegt werden können.

56 Für Instandhaltung, Instandsetzung der Heizungsanlage, Verwaltungskosten des Contractors u. ä., die Bestandteile der *Contractor Fee* sind, war dies in der Vergangenheit kritisch beurteilt worden, weil solche Kostenbestandteile über die BetrKV gerade nicht umlegbare Betriebskosten waren.[151]

---

149 Verordnung über die Umstellung auf gewerbliche Wärmelieferung für Mietwohnraum v. 7.6.2013 (BGBl I S. 1509).

150 *Horst* MDR 2013, 188.

151 Vgl. *Milger* NZM 2008, 1; Lindner-Figura/Oprée/Stellmann/*Beyerle* Kap. 11 Rn 104.

cc) Umfasste Formen des Wärmecontractings

Von der Regelung des § 556c BGB umfasst sind die Formen des sog. **Energie-Contracting**[152], bei dem Errichtung und Betrieb der Heizung dem Contractor übertragen werden[153], der Vermieter sich des Contractors im Verhältnis zum Mieter also nur als Erfüllungsgehilfe bedient. Ebenfalls erfasst ist das sog. **Betriebsführungs-Contracting**, in dessen Rahmen dem Contractor die energetische und technische Optimierung der Heizungsanlage des Vermieters übertragen wird, er aber ebenfalls im Verhältnis zum Mieter die Stellung eines Erfüllungsgehilfen des Vermieters hat.[154] Schließlich ist auch das Modell erfasst, in dem der Contractor als Erfüllungsgehilfe des Vermieters die **Einbindung in ein Wärmenetz** (Fernwärme) vornimmt und die Wärmelieferung auf dieser Basis betreibt. 57

Allgemein kritisch und auch als **nicht von § 556c BGB umfasst** angesehen wird das sog. **Full-Contracting**[155], bei dem der Vermieter mit dem Contractor hinsichtlich der Errichtung und des Betriebs der Heizungsanlage sowie hinsichtlich der Wärmelieferung lediglich einen Rahmenvertrag abschließt und der Mieter sodann für den Abruf von Leistungen eigene Verträge mit dem Contractor schließen muss, während der Vermieter zugleich von seiner (mietvertraglichen) Pflicht zur Versorgung der Mietsache freigestellt wird. 58

Das Full-Contracting stellt den Fall einer für den Mieter nachteiligen Vereinbarung im Sinne des § 556c Abs. 4 BGB dar und kann daher zumindest **für Wohnraummietverhältnisse nicht wirksam vereinbart** werden. 59

Im Rahmen von **Gewerberaummietverhältnissen** ergäbe sich zwar grundsätzlich ein weiterer Spielraum für die Vereinbarung eines Full-Contractings. Im Rahmen einer AGB-Prüfung wäre aber eine so weitgehende Suspendierung von originären Vermieterpflichten ebenfalls **sehr kritisch** zu hinterfragen. 60

dd) Voraussetzungen für Umlage

Die Kosten des Contractings kann der Vermieter nur auf den Mieter umlegen, wenn damit eine **Effizienzsteigerung** bei der Wärmelieferung einhergeht und die Contracting-Kosten die **Kosten für die bisherige Wärmelieferung nicht übersteigen**, § 556c Abs. 1 BGB. 61

---

152 Die Terminologie für diese Contracting Form ist in der Kommentarliteratur uneinheitlich: *Börstinghaus* (Blank/*Börstinghaus*, BGB § 556c Rn 12) bezieht sich neben dem Betriebsführungscontracting nur noch auf ein „Anlagencontracting"; *Emmerich* (Staudinger/*Emmerich*, § 556c Rn 20) nennt daneben zwei Fallgruppen, nämlich Fernwärme/Quartierswärme, und Nahwärme/Quartierswärme; *Niesse/Wiesbrock* (NZM 2013, 529, 531) unterscheiden zwischen Betreibermodell und Fullcontracting; *Eisenschmid* schließlich nennt diese Form „Vertragsmodell" (Schmidt-Futterer/*Eisenschmid*, § 535 Rn 119).

153 Grooterhorst/Becker/Dreyer/Törnig/*Hahn* Kap. 6 D Rn 127.

154 *Horst* MDR 2013, 188.

155 Schmidt-Futterer/*Eisenschmid* § 535 Rn 119.

62 Wie genau der Kostenvergleich zur Feststellung der erforderlichen Kostenneutralität zu erfolgen hat, regelt im Detail die WärmeLV in § 8 ff.

VI EEG und KWKG

1 Einleitung

1 Green Building ist nicht nur eine Frage der Energieeinsparung. Mindestens genauso bedeutsam ist die umwelt- und klimaverträgliche Erzeugung der von dem Gebäude und seinen Nutzern benötigten Energien. Dementsprechend fördert der Gesetzgeber **klimafreundliche Formen der Stromerzeugung**. Hierzu gehört die Stromerzeugung aus sog. **erneuerbaren Energien** und aus **Kraft-Wärme-Kopplung**. Im letzteren Fall wird die Stromerzeugung noch durch die zeitgleich erfolgende Wärmeproduktion ergänzt, die beispielsweise zu Heizzwecken genutzt werden kann.

2 In beiden technischen Bereichen bestehen gesetzliche Fördermechanismen. Diese ermöglichen es dem Betreiber einer Erzeugungsanlage unter bestimmten Voraussetzungen, mit **Vergütungen** zu planen, die über längere Zeiträume hinweg **gesetzlich garantiert** sind. Neben der Einspeisung des erzeugten Stroms in ein Netz der allgemeinen Versorgung gegen Vergütung kann eine wirtschaftlich lohnende Alternative insbesondere der Weg der **Direktversorgung eines Areals oder Gebäudekomplexes** sein. In diesem Fall speist der Anlagenbetreiber nur überschüssigen Strom ein und nimmt hierfür gegebenenfalls eine Förderung in Anspruch. Im Übrigen verbraucht er den eigenerzeugten Strom selbst bzw. liefert ihn als Elektrizitätsversorgungsunternehmen an bestimmte Letztverbraucher, z. B. innerhalb einer Kundenanlage.[156] Auf diese Weise kann ein **„energieautarker Gebäudekomplex"** geschaffen werden. Dieser Einsatz klimafreundlicher Energieerzeugung ist **energieeffizient** und **ökologisch**. Die Kombination von gesetzlich garantierter Einspeisevergütung und Eigenversorgung bzw. gebäudeinterner Belieferung kann dabei eine besonders **ökonomische Form des „Green Building"** darstellen. Zugleich wird Potenzial zur Wertsteigerung der betreffenden Immobilie geboten.

2 Förderung der Stromerzeugung mit erneuerbaren Energien durch das EEG, insbesondere mittels Photovoltaik-Anlagen

3 Die sog. **erneuerbaren Energiequellen**, insbesondere Wasser- und Windkraft, Geothermie, Biomasse, Grubengas und **solare Strahlungsenergie**, sollen im Interesse des Klima- und Umweltschutzes zur nachhaltigen Entwicklung der Energieversorgung in Deutschland herangezogen werden. Dies soll volkswirtschaftliche Kosten

156 Weiterführend zur Kundenanlage *Stappert/Steger* in: Stuhlmacher/Stappert/Schoon/Jansen, Grundriss Energierecht, Teil 2, Kap. 3 Rn. 324 ff.

verringern und fossile Ressourcen schonen.[157] Vor allen Dingen die Stromerzeugung durch solare Strahlungsenergie, d.h. **Photovoltaik-Anlagen (PV-Anlagen)**, hat erhebliche Bedeutung für den Immobilienbereich. PV-Anlagen werden insoweit insbesondere in, an oder auf einem Gebäude installiert. Die Stromerzeugung mit diesen Anlagen dient der Einspeisung in ein Netz, dem Selbstverbrauch oder der direkten Belieferung Dritter im Wege der Direktvermarktung.

Die Inanspruchnahme der **gesetzlichen Förderung** für die Einspeisung von EEG- 4
Strom wurde durch das im Jahr 2000 geschaffene und seitdem mehrfach modifizierte Erneuerbare-Energien-Gesetz eingeführt.[158] Bereits das am 1. August 2014 in Kraft getretene EEG (EEG 2014)[159] sah allerdings engere Voraussetzungen für die Förderung im Wege der gesetzlichen Einspeisevergütung sowie eine laufende Absenkung der Fördersätze in Abhängigkeit von der Einhaltung bestimmter Ausbaupfade vor. Dieses System führt das derzeit geltende am 1. Januar 2017 in Kraft getretene EEG fort,[160] das zuletzt durch das Gesetz zur Änderung der Bestimmungen zur Stromerzeugung aus Kraft-Wärme-Kopplung und zur Eigenversorgung geändert wurde (im Folgenden: **EEG 2017**).[161] **Frühere Gesetzesfassungen** können bei **Bestandsanlagen** weiterhin von Bedeutung sein, da sich aus Bestandsschutzgründen die Fördersätze während der Förderungsdauer danach richten, wann die Erzeugungsanlage erstmalig in Betrieb genommen worden ist.[162]

Praxistipp

Soweit unter dem EEG 2009 bis zur ersten EEG-Novelle 2012 eine Eigenverbrauchsvergütung in Anspruch genommen werden konnte, gilt diese grundsätzlich weiter. Nach den Übergangsvorschriften des EEG 2014 und EEG 2017 bleibt es für bestimmte Bestandsanlagen ferner bei der lediglich optionalen Direktvermarktung, so dass wahlweise auch die gesetzliche Einspeisevergütung weiterhin gewählt werden kann. Anhand dieser Beispiele zeigt sich, dass Bestandsanlagen in jedem Einzelfalle einer eingehenden Betrachtung bedürfen.

---

a) Entwicklung des Fördermechanismus'

Bereits nach dem ursprünglichen EEG 2000 waren Betreiber von Anlagen zur Erzeu- 5
gung von **Strom aus erneuerbaren Energiequellen** vorrangig berechtigt, ihre Anlagen an das Netz der allgemeinen Versorgung anzuschließen und die in den betreffenden Anlagen erzeugte Elektrizität (EEG-Strom) in dieses Netz einzuspeisen

---

157 Vgl. nur die Kodifizierung politischer Zielvorgaben in § 1 Abs. 1 EEG 2017.

158 Zur Historie der gesetzlichen Regelungen zur Förderung Erneuerbarer Energien *Rößler/Weißenborn* in: Stuhlmacher/Stappert/Schoon/Jansen, Grundriss Energierecht, Teil 7, Kap. 32 Rn. 1 ff.

159 BGBl. I 2014, S. 1066.

160 BGBl. I 2016, S. 2258.

161 BGBl. I 2016, S. 3106.

162 Zu den jüngsten Anpassungen im Gesetz zur Änderung der Bestimmungen zur Stromerzeugung aus Kraft-Wärme-Kopplung und zur Eigenversorgung siehe unten 4.

(heute geregelt in § 8 Abs. 1 EEG). Umgekehrt war der **Netzbetreiber verpflichtet, den produzierten Strom abzunehmen** (unabhängig vom tatsächlichen Bedarf) und über einen Zeitraum von 20 Jahren zuzüglich des Jahres der Inbetriebnahme der Anlage für jede Kilowattstunde (kWh) die im Erneuerbare-Energien-Gesetz gesetzlich festgelegte **Einspeisevergütung** zu bezahlen. Die Höhe der Einspeisevergütung hing unter anderem von der Art der erneuerbaren Energiequelle ab, überstieg den Marktpreis für konventionell erzeugten Strom aber jeweils deutlich. Die **Vermarktung und der Verkauf** von EEG-Strom waren nach diesem System der Einspeisevergütung **unabhängig von Angebot und Nachfrage nach Strom** und unabhängig von den Preisen, die von den Marktteilnehmern für konventionell erzeugten Strom gezahlt wurden (z. B. an der Strombörse EPEX SPOT).

6 Für PV-Anlagen wurde der Förderrahmen mit der sog. **PV-Novelle zum 1. April 2012** flexibilisiert, nachdem ein erheblicher Zubau zu verzeichnen war. Zur Begrenzung des Gesamtfördervolumens wurde der Fördersatz nicht nur abgesenkt, sondern auch degressiv ausgestaltet. Neben einer monatlichen Absenkung der Fördersätze (zeitliche Basis-Degression) wurde erstmals ein Gesamtausbauziel und ein jährlicher Ausbaukorridor für den Zubau von PV-Anlagen festgelegt. Die Überschreitung des vorgesehenen Zubaus führte zu einer zusätzlichen zubauabhängigen Degression („atmender Deckel"). Wichtig für das Verständnis der Degressionsvorschriften in der praktischen Anwendung ist, dass dadurch nicht die Förderung während der Förderungsdauer absinkt, sondern dass die Förderung während der Förderungsdauer dauerhaft davon abhängt, welcher Fördersatz bei Inbetriebnahme gilt.

7 Mit der schon kurz zuvor erfolgten **Novellierung des EEG zum 1. Januar 2012**[163] ergänzte der Gesetzgeber das System der Einspeisevergütung um ein neues Element. Um EEG-Strom in den Markt zu integrieren, wurde eine zusätzliche Option für die Anlagenbetreiber, die sogenannte **Direktvermarktung**, in das Erneuerbare-Energien-Gesetz aufgenommen. Die Anlagenbetreiber waren frei darin, sich für diese Option und damit gegen die herkömmliche Einspeisevergütung zu entscheiden. Die Direktvermarktung führt dazu, dass der Anlagenbetreiber von zwei Schuldnern bezahlt wird: Zum einen verkauft der Anlagenbetreiber den EEG-Strom an einen dritten Abnehmer, i. d. R. ein **Direktvermarktungsunternehmen**, das dem Anlagenbetreiber dafür einen vertraglich vereinbarten Preis schuldet. Zum anderen muss der **Netzbetreiber** – ohne dafür den Strom zu erhalten – die so genannte **Marktprämie** an den Anlagenbetreiber bezahlen. Die auf dem Börsenpreis basierende Marktprämie dient zunächst dazu, die Differenz zwischen dem Marktpreis des produzierten Stroms und der gesetzlichen Einspeisevergütung abzudecken. Der Erzeuger erhält darüber hinaus als Bestandteil der Marktprämie eine weitere Vergütung, die sog. **Managementprämie.** Diese soll die Kosten des Anlagenbetreibers für die Direktvermarktung (wie z. B. Kosten für den Marktzugang oder für Ausgleichsenergie) decken. Zusätz-

163 BGBl. I 2011, S. 1634.

lich soll sie einen Anreiz setzen, sich für die Direktvermarktung zu entscheiden, da sie letztlich einen höheren Ertrag als im System der gesetzlichen Einspeisevergütung ermöglicht.

Zum **1. August 2014** trat die EEG-Novelle 2014 in Kraft. Das EEG 2014 schrieb grundsätzlich – Kleinanlagen blieben ausgenommen – die **Direktvermarktung** für alle nach dem 1. August 2014 erstmals in Betrieb genommenen Anlagen zur Erzeugung von EEG-Strom **zwingend** vor (sog. geförderte Direktvermarktung, § 19 Abs. 1 Nr. 1 i. V. m. § 34 ff. EEG 2014).[164] Weiterhin wurden – ohne substantielle Änderung in der Sache – neue Begriffe eingeführt. Insbesondere wurden die bisherige Einspeisevergütung und die (bislang als Teil der Marktprämie definierte) Managementprämie (die insgesamt abgesenkt worden ist) zum so genannten **„anzulegenden Wert"** zusammengefasst.[165] 8

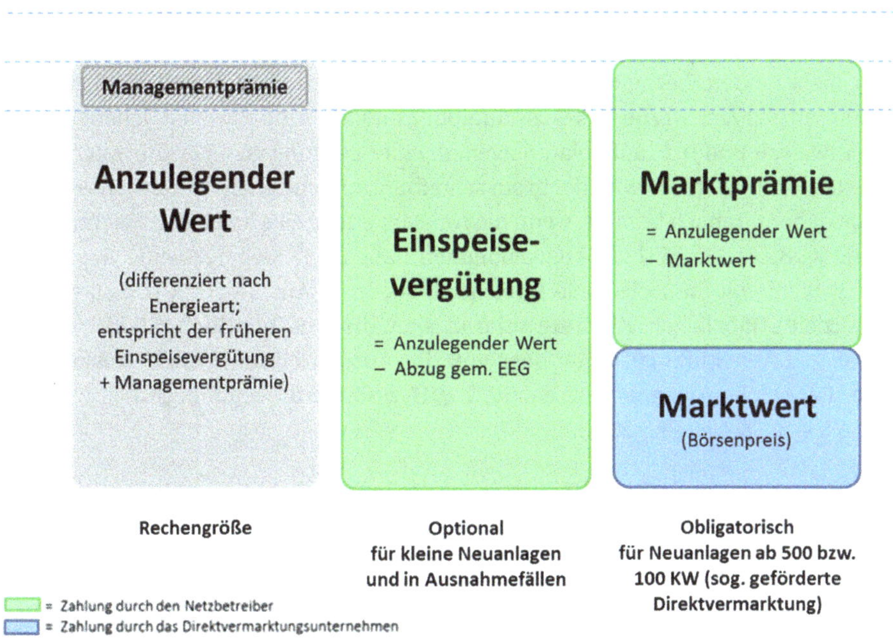

Abbildung 1: Geförderte Direktvermarktung nach dem EEG 2014

164 Zur Direktvermarktung *Lüdemann/Ortmann* EnWZ 2014, 387; *Vollprecht/Altrock* EnWZ 2016, 387, 393.

165 Zu Anschluss-, Abnahme-, Übertragungs- sowie Einspeisevergütungspflicht *Rößler/Weißenborn* in: Stuhlmacher/Stappert/Schoon/Jansen, Grundriss Energierecht, Teil 7, Kap. 32 Rn. 11 ff., 57 ff., und speziell zur Vergütung von Solarstrom a. a. O. Rn. 129 ff.

9 Die an die EEG-Anlagenbetreiber ausgezahlten finanziellen Förderungen werden über eine Umlage refinanziert. Die **EEG-Umlage** haben alle Letztverbraucher-Elektrizitätsversorgungsunternehmen entsprechend der von ihnen gelieferten Strommengen zu tragen. Auch wenn das Gesetz hierzu nicht zwingt, wälzen die Energieversorger regelmäßig ihre Kosten auf vertraglicher Grundlage auf die Letztverbraucher ab, die damit die Umlage als **Bestandteil des Strompreises** tragen.[166]

10 Neben Änderungen in Detailvorschriften (die für einzelne Projekte gleichwohl von erheblicher Bedeutung sein können), ergab sich die wohl wichtigste Veränderung unter dem EEG 2014 daraus, dass die Förderberechtigung für eine Anlage sowie die Höhe der finanziellen Förderung spätestens zum Jahr 2017 durch **Ausschreibungen** ermittelt werden sollte. Nachdem unter dem EEG 2014 und auf der Grundlage der Freiflächenausschreibungsverordnung (FFAV) bereits erste Erfahrungen mit Pilotausschreibungen für Freiflächenanlagen für Photovoltaik gesammelt werden konnten, wurde der politisch avisierte Systemwechsel im Zuge der **EEG-Novelle 2017** mit Wirkung zum **1. Januar 2017** weiter konkretisiert.[167] Die Novelle passte das EEG 2014 insbesondere bezüglich der Förderungsarten Marktprämie und Einspeisevergütung an. Zudem wurde das Ausschreibungsmodell für Solar-Freiflächenanlagen fortentwickelt und u. a. auf Solaranlagen ab einer Leistung von 750 Kilowatt („kW") erweitert. Grundsätzlich wird der in ausschreibungspflichtigen EEG-Anlagen erzeugte Strom daher nur noch bezahlt, wenn die Anlagen erfolgreich an einer Ausschreibung i. S. d. §§ 28 bis 35a EEG 2017 teilgenommen haben. Die weitergehende Ausschreibungspflicht soll die zielgenaue Erreichung der in § 1 Abs. 2 EEG 2017 festgelegten Zubauziele ermöglichen. **Kleinere Solaranlagen bis einschließlich 750 kW** werden gemäß § 22 Abs. 3 EEG 2017 allerdings **von der Ausschreibungspflicht ausgenommen**. Für solche Anlagen sieht das EEG 2017 gesonderte Vergütungssätze vor (§ 22 Abs. 6 i. V. m. §§ 48 f. EEG 2017).

b) Vergütungssätze, insb. für „kleine Anlagen"

11 Im Zusammenhang mit einer möglichen Förderung nach dem EEG 2017 müssen bei der Prüfung der **Wirtschaftlichkeit eines Immobilienprojekts** die mit der grundsätzlichen Pflicht zur geförderten Direktvermarktung verbundenen Kosten berücksichtigt werden. Neben den Errichtungskosten sind v. a. die **Mehraufwendungen für die gesetzlich vorgesehene Direktvermarktung** des Stroms einzuplanen. Dies betrifft insbesondere die Kosten zur Herstellung der „**Fernsteuerbarkeit**" der Anlagen i. S. d. § 20 Abs. 2 EEG 2017 als Voraussetzung für die Geltendmachung der Marktprämie gemäß § 20 Abs. 1 Nr. 3 EEG 2017.

166 Zum EEG-Ausgleichsmechanismus *Rößler/Weißenborn* in: Stuhlmacher/Stappert/Schoon/Jansen, Grundriss Energierecht, Teil 7, Kap. 32 Rn. 144 ff.
167 Die Neuregelungen überblickend etwa *Vollprecht/Altrock* EnWZ 2016, 387.

Eine Abschwächung der gesetzlichen Erfordernisse und damit tendenziell auch die Absenkung der anfallenden Umsetzungskosten für ein entsprechendes Immobilienprojekt gewähren allerdings die Regelungen für „kleine Anlagen".[168] Gemäß § 21 Abs. 1 Nr. 1 EEG 2017[169] haben Anlagen bis **100 kW** installierter Leistung, deren anzulegender Wert gesetzlich bestimmt wird, weiterhin die Option zur Einspeisevergütung in gesetzlich bestimmter Höhe. Danach besteht der Anspruch auf Einspeisevergütung für Kalendermonate, in denen der Anlagenbetreiber den in einer solchen kleinen Anlage produzierten Strom in ein Netz einspeist und dem Netzbetreiber zur Verfügung stellt. Für bestimmte **Bestandsanlagen** gilt dabei die großzügigere Regelung aus § 37 Abs. 2 EEG 2014 i. V. m. § 100 Abs. 1 EEG 2017 fort. Danach sind auch **„kleine Anlagen"** von der Verpflichtung zur Direktvermarktung ausgenommen, die bis zum 31. Dezember 2015 in Betrieb genommen wurden und eine installierte Leistung von maximal **500 kW** aufweisen. Liegen „kleine Anlagen" vor, **bleibt es ausnahmsweise bei dem System der (reinen) Einspeisevergütung**. Die Pflicht zur Direktvermarktung entfällt. 12

Praxistipp

Nach den Erfahrungswerten der Praxis wird im Fall einer **PV-Anlage** für eine **installierte Leistung von 5 kW eine Dachfläche von ca. 30 bis 50m²** benötigt, wobei jeder Einzelfall insbesondere mit Blick auf Anlagenart und Dachform genau zu prüfen ist. In der Regel werden die in § 21 Abs. 1 Nr. 1 EEG 2017 bzw. § 37 Abs. 2 EEG 2014 benannten Leistungswerte von PV-Anlagen auf Ein- und Mehrfamilienhäuser aber deutlich unterschritten.

Die Höhe der **EEG-Vergütungssätze** hängt dabei generell von den im EEG festgelegten „anzulegenden Werten" ab. Der anzulegende (Ausgangs-)Wert für PV-Anlagen, die ausschließlich auf, an oder in einem Gebäude angebracht sind, beträgt gemäß § 48 Abs. 2 EEG 2017 bis einschließlich einer installierten Leistung von 10 kW 12,70 Cent/kWh, bis einschließlich 40 kW 12,36 Cent/kWh und bis einschließlich 750 kW 11,09 Cent/kWh. Er unterliegt der monatlichen Degression. 13

Bei einer Planung mit der EEG-Vergütung ist ferner der gesetzliche Ausbaupfad für Solarenergie zu berücksichtigen. Der mit der sog. PV-Novelle zum EEG 2012 eingeführte **„atmende Deckel"** wurde auch im EEG 2014 und im geltenden EEG 2017 beibehalten. Er sorgt für eine **laufende Degression der vorgenannten EEG-Vergütungssätze** in Abhängigkeit vom Umfang des Zubaus (§ 49 EEG 2017).[170] Die jeweils aktuellen monatlichen Fördersätze, die sich aus dem für Anwender zum Teil komplizierten Zusammenspiel verschiedener Regelungen des EEG ergeben, können informa- 14

---

168 BT-Drs. 18/1304, S. 138; BT-Drs. 18/8860, S. 194 f.

169 § 21 Abs. 1 Nr. 2 EEG 2017 ermöglicht bei Anlagen mit mehr als 100 MW installierter Leistung temporär eine „Ausfallvergütung" bei noch nicht funktionierender Direktvermarktung.

170 Dazu näher *Rößler/Weißenborn* in: Stuhlmacher/Stappert/Schoon/Jansen, Grundriss Energierecht, Teil 7, Kap. 32 Rn. 78 ff.

tionshalber auf der Website der Bundesnetzagentur abgerufen werden.[171] Sie sollten vor einer Investitionsentscheidung im Einzelnen ermittelt werden.

3 Förderung der Stromerzeugung in Kraft-Wärme-Kopplung

15 Das Kraft-Wärme-Kopplungsgesetz sieht die finanzielle Förderung bestimmter **Formen der Stromerzeugung in Kraft-Wärme-Kopplung** (KWK) vor. Durch die gekoppelte Erzeugung von Strom und Wärme wird der eingesetzte Brennstoff besonders effizient genutzt, was eine Verringerung von CO_2-Emmissionen zur Folge hat. Für die Anwendung im Immobilienbereich gibt es bereits eine Vielzahl von Standardlösungen.

16 Das Gesetz zur Förderung der KWK stammt ursprünglich aus dem Jahr 2002 und wurde bereits in den Jahren 2009 und 2012 überarbeitet.[172] Seit dem 1. Januar 2016 ist das KWKG 2016[173] in Kraft, das zuletzt durch das Gesetz zur Änderung der Bestimmungen zur Stromerzeugung aus Kraft-Wärme-Kopplung und zur Eigenversorgung geändert wurde (im Folgenden: **KWKG**).[174]

17 Hintergrund der grundlegenden Novellierung zum Jahr 2016 war u. a. die EU-Energieeffizienzrichtlinie (2012/27/EU). Diese gab den Mitgliedstaaten vor, bis spätestens zum 31. Dezember 2015 eine umfassende Bewertung des Potenzials für den Einsatz der hocheffizienten KWK und der effizienten Fernwärme- und Fernkälteversorgung durchzuführen und diese der Europäischen Kommission mitzuteilen. Die KWK-Technik ist im Übrigen wichtiger Bestandteil der Konzepte dezentraler Energieerzeugung, die für die Maßnahmen zur Erreichung der europäischen Klimaziele und zum Umbau des europäischen Strommarkts entscheidend ist.[175]

18 Ähnlich dem EEG sieht das KWKG in § 3 KWKG eine vorrangige Anschluss- und Abnahmepflicht vor. Zudem fördert das Gesetz die KWK-Stromerzeugung für einen bestimmten Zeitraum durch **finanzielle Zuschläge auf den Marktpreis** bei Modernisierung, Nachrüstung oder Neubau von KWK-Anlagen. Die Zuschläge werden über eine Umlage auf das Netzentgelt gegenfinanziert (**KWK-Umlage**), die somit im Ergebnis – wie die EEG-Umlage – der Letztverbraucher trägt.[176]

---

171 http://www.bundesnetzagentur.de/DE/Sachgebiete/ElektrizitaetundGas/Unternehmen_Institutionen/ErneuerbareEnergien/Photovoltaik/DatenMeldgn_EEG-VergSaetze/DatenMeldgn_EEG-VergSaetze_node.html (letzter Abruf: 11.03.16).

172 BGBl I 2002, S. 1092; zuletzt geändert mit BGBl. I 2014, S. 1066; zur Historie der Förderung von KWK-Strom *Weißenborn* in: Stuhlmacher/Stappert/Schoon/Jansen, Grundriss Energierecht, Teil 7, Kap. 33 Rn. 1 ff.

173 BGBl. I 2015; S. 2498.

174 BGBl. I 2016, S. 3106; auch als „KWKG 2017" bezeichnet.

175 Vgl. Pressemitteilung der Europäischen Kommission vom 15.07.2015, http://europa.eu/rapid/press-release_IP-15-5358_de.pdf (letzter Abruf: 11.03.16).

176 Zum vierstufigen Ausgleichmechanismus und der Erhebung der KWK-Umlage vor dem 1.1.2016 *Weißenborn* in: Stuhlmacher/Stappert/Schoon/Jansen, Grundriss Energierecht, Teil 7, Kap. 33

Mit dem ab 1. Januar 2016 geltenden KWKG werden die bisherigen **Ausbauziele im KWK-Bereich korrigiert**. Für eine „Passfähigkeit" mit der Entwicklung erneuerbarer und konventioneller Erzeugung soll nach § 1 Abs. 1 KWKG die KWK-Nettostromerzeugung auf 110 Terrawattstunden bis zum Jahr 2020 sowie auf 120 Terrawattstunden bis zum Jahr 2025 erhöht werden. Damit wird perspektivisch der weitere Ausbau der KWK-Stromerzeugung im Gesetz verankert. Dies gibt künftigen KWK-Projekten Rechtssicherheit.[177] 19

In § 29 KWKG wird das **Fördervolumen** bei Erreichen einer jährlichen Summe an Zuschlagszahlungen in Höhe von 1,5 Mrd. Euro **gedeckelt**. Ein Erreichen der Schwelle führt zwar zu Kürzungen weiterer KWK-Vergütungen, es ist aber, wie auch bislang, eine Auszahlung in späteren Jahren vorgesehen.[178] 20

a) Anwendungsbereich der Förderung

Nach § 1 Abs. 2 Nrn. 1, 2 KWKG regelt das Gesetz die Abnahme und Zuschlagszahlung bezüglich Kraft-Wärme-Kopplungsstrom (**KWK-Strom**) aus Kraftwerken mit bestimmten KWK-Anlagentypen i. S. d. § 2 Nr. 14 KWKG (**KWK-Anlagen**). Förderfähig sind gemäß § 1 Abs. 2 Nr. 2 KWKG KWK-Anlagen, die auf Basis von Abfall, Abwärme, Biomasse, gasförmigen oder flüssigen Brennstoffen betrieben werden. Nicht förderfähig sind (stärker emittierende) Anlagen, die mit Stein- und Braunkohle befeuert werden.[179] Die in § 3 Abs. 1 KWKG vorgesehene Pflicht des Netzbetreibers zum vorrangigen Anschluss einer KWK-Anlage und zur vorrangigen Abnahme des in der Erzeugungsanlage erzeugten Stroms besteht indes auch für Stein- und Braunkohleanlagen. 21

Der Anspruch auf Zuschlagszahlung besteht nur bei neuen und modernisierten KWK-Anlagen mit einer **Leistung bis einschließlich 1 oder mehr als 50 MW** oder bei nachgerüsteten KWK-Anlagen (§ 5 Abs. 1 Nr. 1 KWKG). Bei **Anlagen mit einer Leistung über 1 bis einschließlich 50 MW** ist Voraussetzung für die Zahlung einer Förderung, dass ein Zuschlag in einer **Ausschreibung** erfolgt ist (§ 5 Abs. 1 Nr. 2 i. V. m. § 8a KWKG). 22

Rn. 96 ff.; einbezogen in den Belastungsausgleich werden gemäß § 28 i. V. m. § 2 Nr. 21 KWKG künftig auch Betreiber geschlossener Verteilernetze i. S. d. § 110 EnWG; zur bisherigen Rechtslage vgl. auch *Stappert/Steger* in: Stuhlmacher/Stappert/Schoon/Jansen, Grundriss Energierecht, Teil 2, Kap. 3 Rn. 319, m. w. N.

177 Zusätzliche Planungssicherheit verschafft das Instrument des Vorbescheids gemäß § 12 KWKG, das unter bestimmten Bedingungen Höhe und Dauer der Förderung für die geplante Anlage festschreibt. Das KWKG findet gem. § 6 Abs. 1 Nr. 1 KWKG Anwendung auf Anlagen, die bis zum 31.12.2022 in Dauerbetrieb genommen wurden.

178 Vgl. zur früheren Rechtslage *Weißenborn* in: Stuhlmacher/Stappert/Schoon/Jansen, Grundriss Energierecht, Teil 7, Kap. 33 Rn. 68 f., 116.

179 Gemäß § 33 Abs. 2 Nr. 3 KWKG kann die Bundesregierung eine Verordnung erlassen, welche Zuschlagszahlungen im Sinne der Wirtschaftlichkeit bestehender KWK-Anlagen, die KWK-Strom auf Basis von Steinkohle erzeugen, einführt.

b) Voraussetzungen der Förderung

23 Einen **Anspruch auf Zuschlagszahlung** besteht gemäß § 5 Abs. 1 Nr. 1 i. V. m. nach den §§ 6 bis 8 KWKG für KWK-Strom aus

- neuen KWK-Anlagen mit einer elektrischen Leistung bis einschließlich 1 oder mehr als 50 Megawatt,
- modernisierten KWK-Anlagen mit einer elektrischen Leistung bis einschließlich 1 oder mehr als 50 Megawatt oder
- nachgerüsteten KWK-Anlagen,

sowie gemäß § 5 Abs. 1 Nr. 2 KWKG i. V. m. § 8a KWKG und einer Rechtsverordnung nach § 33a KWKG für die Ermittlung der Zuschlagshöhe durch Ausschreibungen[180] für KWK-Strom aus

- neuen KWK-Anlagen mit einer elektrischen Leistung von mehr als 1 bis einschließlich 50 Megawatt oder
- modernisierten KWK-Anlagen mit einer elektrischen Leistung von mehr als 1 bis einschließlich 50 Megawatt, wenn die Kosten der Modernisierung mindestens 50 Prozent der Kosten betragen, welche die Neuerrichtung einer KWK-Anlage mit gleicher installierter KWK-Leistung nach aktuellem Stand der Technik gekostet hätte.

24 Gemäß § 2 Nr. 25 KWKG sind **neue KWK-Anlagen** Anlagen mit fabrikneuen Anlagenteilen. **Modernisierte KWK-Anlagen** sind gemäß § 2 Nr. 18 KWKG Anlagen, bei denen wesentliche, die Effizienz bestimmende, Anlagenteile erneuert worden sind, die Modernisierung eine Effizienzsteigerung bewirkt und die Kosten der Modernisierung mindestens 25 Prozent der Kosten betragen, welche die Neuerrichtung einer KWK-Anlage mit gleicher Leistung nach aktuellem Stand der Technik gekostet hätte. **Nachgerüstete KWK-Anlagen** sind schließlich gemäß § 2 Nr. 19 KWKG Anlagen der ungekoppelten Strom- oder Wärmeerzeugung, bei denen sowohl fabrikneue Anlagenteile zur Strom- oder Wärmeauskopplung nachgerüstet worden sind und die Kosten der Nachrüstung mindestens 10 Prozent der Kosten betragen, welche die Neuerrichtung einer KWK-Anlage mit gleicher Leistung nach aktuellem Stand der Technik gekostet hätte.

25 Nach § 6 Abs. 1 Nrn. 1–6 KWKG liegen auf dieser Grundlage die (kumulativ zu erfüllenden) **Voraussetzungen für eine Förderung** vor, wenn die Anlagen

- bis zum 31. Dezember 2022 in Dauerbetrieb genommen wurden,
- Strom auf Basis von Abfall, Abwärme, Biomasse, gasförmigen oder flüssigen Brennstoffen gewinnen (d. h. nicht von Stein- oder Braunkohle),
- hocheffizient sind,

180 Dazu sogleich unten 4.

- keine bestehende Fernwärmeversorgung aus KWK-Anlagen verdrängen (vgl. § 6 Abs. 2 KWKG),
- mit einer elektrischen Leistung von mehr als 100 kW die Anforderungen an die Fernsteuerbarkeit nach § 9 Abs. 1 EEG 2017 erfüllen und
- durch das Bundesamt für Wirtschaft und Ausfuhrkontrolle (**BAFA**) zugelassen wurden (dazu sogleich unten c)).

Besonderheiten ergeben sich für Sachverhalte, bei denen eine **KWK-Stromlieferung ohne Nutzung des Netzes** der allgemeinen Versorgung erfolgt, beispielsweise in Fällen des Eigenverbrauchs oder bei Belieferung Dritter innerhalb einer Kundenanlage.[181] Anders als unter der vorangehenden Rechtslage, wonach auch der nicht in ein Netz der allgemeinen Versorgung eingespeiste Strom von der Förderung umfasst war, müssen bei fehlender Netzeinspeisung gemäß § 6 Abs. 3 KWKG heute für außerhalb der Ausschreibungspflicht liegende Anlagen i. S. d. § 5 Abs. 1 Nr. 1 KWKG **besondere Fördervoraussetzungen** erfüllt sein:[182] 26

- Elektrische Leistung der KWK-Anlage von bis zu 100 kW,
- KWK-Strom wird an Letztverbraucher in einer Kundenanlage oder in einem geschlossenen Verteilernetz geliefert, soweit für diese Strommengen die volle EEG-Umlage entrichtet wird,
- Einsatz in einem stromkostenintensiven Unternehmen, das den KWK-Strom selbst verbraucht (KWK-Anlage muss zu Abnahmestelle gehören, für das eine Begrenzung nach der besonderen Ausgleichsregelung gem. §§ 63 ff. EEG vorliegt) oder
- Betreibendes Unternehmen gehört energie- oder handelsintensiver Branche nach Anlage 4 des EEG 2017 an (erst maßgeblich nach Erlass einer dies anordnenden Verordnung).

Schließlich trifft § 13 KWKG zur **Verhinderung der Stilllegung bestehender KWK-Anlagen** eine **Bestandsschutzregelung**. Vorgesehen ist eine Zuschlagsberechtigung ab Inkrafttreten des novellierten KWKG am 1. Januar 2016 bis zum 31. Dezember 2019 unter folgenden Voraussetzungen: 27

- Elektrische Leistung der KWK-Anlage beträgt mehr als 2 MW,
- KWK-Anlage ist nicht von vornherein auf die Versorgung bestimmter oder bestimmbarer Letztverbraucher ausgelegt, sondern grundsätzlich für die allgemeine Versorgung bestimmt (d. h. Ausschluss reiner Eigenversorgungsanlagen vom Bestandsschutz),

---

181 Zur Rechtslage vor dem 1.1.16 vgl. Danner/Theobald/*Jacobshagen*/*Kachel* Energierecht, Stand: 84. EL 2015, § 4 KWKG Rn. 56; *Weißenborn*, in: Stuhlmacher/Stappert/Schoon/Jansen, Grundriss Energierecht, Teil 7, Kap. 33 Rn. 44, m. w. N.

182 Zu den jüngsten Anpassungen im Gesetz zur Änderung der Bestimmungen zur Stromerzeugung aus Kraft-Wärme-Kopplung und zur Eigenversorgung siehe unten 4.

- KWK-Anlage ist hocheffizient,
- Strom wird mit gasförmigen Brennstoffen erzeugt,
- es erfolgt keine Förderung nach dem EEG 2017 und ansonsten nicht mehr durch das KWKG,
- Zulassung durch das BAFA wurde erteilt.

c) Zulassung der Anlage und Nachweis eingespeisten Stroms

28 Um eine Vergütung in Anspruch nehmen zu können, muss die betreffende Anlage nach Maßgabe der **§§ 10 f. KWKG** zugelassen sein. Hierzu ist ein gemäß § 32 KWKG **gebührenpflichtiger**[183] **Antrag auf Zulassung** beim BAFA zu stellen. Der Antrag muss u. a. **Nachweise** über den Zeitpunkt der Aufnahme des Dauerbetriebs und zur Erfüllung der anlagenspezifischen Voraussetzungen enthalten. Teil des Antrags ist zudem ein nach den anerkannten Regeln der Technik erstelltes Sachverständigengutachten über die für den Vergütungsanspruch entscheidenden Eigenschaften der Anlage. Dieses kann gemäß § 10 Abs. 4 KWKG bei bestimmten serienmäßig hergestellten kleinen KWK-Anlagen durch geeignete Unterlagen des Herstellers zum Nachweis von thermischer und elektrischer Leistung sowie Stromkennzahl ersetzt werden. Die Zulassung wird gemäß § 11 Abs. 3 Satz 1 KWKG rückwirkend zum Zeitpunkt der Aufnahme des Dauerbetriebs der Anlage erteilt, wenn der Antrag in demselben Kalenderjahr gestellt worden ist.[184]

29 Anlagenbetreiber müssen gemäß § 15 KWKG bestimmte Datenmeldungen durchführen. So müssen **monatlich der zuständigen Stelle und dem Netzbetreiber Angaben** zu erzeugter KWK-Strommenge und nicht in das Netz der allgemeinen Versorgung eingespeisten Mengen übermittelt werden. Betreiber von KWK-Anlagen mit einer elektrischen Leistung von bis zu 2 MW, die nicht über Vorrichtungen zur Abwärmeabfuhr verfügen, sind von dieser monatlichen Mitteilungspflicht befreit. Grundsätzlich müssen außerdem für alle Anlagen **bis zum 31. März** eines jeden Jahres zusätzliche Daten in einer **Jahresabrechnung** übermittelt werden (insb. erzeugter/eingespeister KWK-Strom, Mengen KWK-Nettostromerzeugung und -Nutzwärmeerzeugung, Brennstoffart und -einsatz, Anzahl Vollbenutzungsstunden seit Aufnahme Dauerbetrieb, ggf. Nachweis über entrichtete EEG-Umlage). Für kleinere Anlagen sind auch hier Erleichterungen vorgesehen. Anlagen in der Größenordnung bis zu

---

183 Die Kosten variierten bislang zwischen EUR 100,00 (KWK-Anlagen bis 50 kW elektrischer Leistung) und 0,2 % der maßgeblichen KWK-Zuschläge bei einer Deckelung i. H. v. EUR 30.000 (KWK-Anlagen mit mehr als 50 kW elektrischer Leistung), s. Anlage 1 zur – unter dem bis zum 31.12.15 geltenden KWKG ergangenen – Verordnung über Gebühren und Auslagen des Bundesamtes für Wirtschaft und Ausfuhrkontrolle bei der Durchführung des Kraft-Wärme-Kopplungsgesetzes (BGBl. I 2002, S. 1231, zuletzt geändert durch BGBl. I 2013, 3154).

184 Zu Einzelheiten vgl. *Weißenborn* in: Stuhlmacher/Stappert/Schoon/Jansen, Grundriss Energierecht, Teil 7, Kap. 33 Rn. 49 ff.

2 MW (ohne Vorrichtungen zur Abwärmeabfuhr) sind von der Pflicht zur Mitteilung der Menge der KWK-Nutzwärmeerzeugung und Messung der abgegebenen Menge der KWK-Nutzwärme befreit. Betreiber von Anlagen mit einer elektrischen KWK-Leistung von bis zu 50 kW sind generell von den Mitteilungspflichten zur Jahresabrechnung befreit.[185]

d) Gesetzliche Vergütung

Der Netzbetreiber zahlt gemäß § 6 KWKG an den Anlagenbetreiber einen **„Zuschlag“** 30
für KWK-Strom. Das Entgelt für dezentrale Einspeisung nach § 18 Stromnetzentgeltverordnung bezahlt der Netzbetreiber gemäß § 6 Abs. 3 KWKG gemeinsam mit dem Zuschlag.

Dabei ist zu berücksichtigen, dass § 4 Abs. 1 KWKG nunmehr eine Pflicht enthält, 31
nicht eigenverbrauchten KWK-Strom direkt zu vermarkten. Diese Pflicht trifft KWK-Anlagen mit einer elektrischen Leistung von mehr als 100 kW. Eine Direktvermarktung liegt vor, wenn der Strom an einen Dritten, auch einen Letztverbraucher, geliefert wird. Nur für Betreiber von Anlagen von bis zu 100 kW ist nach § 4 Abs. 2 KWKG (in Anlehnung an den bei Einhalten der Bagatellgrenze die reine Einspeisevergütung erlaubenden § 37 Abs. 2 Nr. 2 EEG 2014 bzw. § 21 Abs. 1 Nr. 1 EEG 2017) der zusätzliche Weg eröffnet, anstatt Eigenverbrauch oder Direktvermarktung vom Netzbetreiber die **kaufmännische Abnahme** des KWK-Stroms zu verlangen. Die kaufmännische Abnahme kann auch verlangt werden, wenn die Anlage an eine Kundenanlage angeschlossen ist und der Strom mittels kaufmännisch-bilanzieller Weitergabe in ein Netz angeboten wird. Allerdings entfällt der Anspruch auf kaufmännische Abnahme des KWK-Stroms bei KWK-Strom aus KWK-Anlagen mit einer elektrischen KWK-Leistung größer 50 kW, wenn der Netzbetreiber nicht mehr zur Zuschlagszahlung nach dem KWKG verpflichtet ist.

Allein im Fall des § 4 Abs. 2 KWKG kann gemäß § 4 Abs. 3 KWKG der **mit dem Netz-** 32
betreiber vereinbarte Preis für abgenommenen Strom vom Netzbetreiber verlangt werden. Bei fehlender Vereinbarung eines Strompreises gilt der „übliche Preis“ als vereinbart. Als üblicher Preis gilt (nach dem KWKG für KWK-Anlagen mit einer elektrischen Leistung von bis zu zwei MW) der durchschnittliche Preis für Grundlaststrom an der Strombörse EEX in Leipzig im jeweils vorangegangenen Quartal.[186]

Die **Höhe des jeweils anzuwendenden Zuschlags** und die **Dauer** der Auszah- 33
lung sind im Einzelnen von **Art und Größe der Anlage** sowie der **Art der Einspeisung** abhängig. Das Gesetz differenziert dementsprechend insbesondere zwischen der **Vergütung für in ein Netz eingespeisten und nicht eingespeisten KWK-**

185 Zu den damit verbundenen Fragen von Messung und Messstellenbetrieb *Weißenborn* in: Stuhlmacher/Stappert/Schoon/Jansen, Grundriss Energierecht, Teil 7, Kap. 33 Rn. 64 ff.

186 Die anzuwendenden KWK-Strompreise können auf der Website der EEX abgerufen werden: http://cdn.eex.com/document/52446/Phelix_Quarterly.xls (letzter Abruf: 17.01.17).

Strom, der nach dem KWKG generell nur unter besonderen Voraussetzungen förderfähig ist (§ 6 Abs. 3 KWKG). Einzelheiten zur **Zuschlagshöhe und Dauer der Zahlung regeln §§ 7 ff. KWKG.** Die Vergütungen werden nach betreffendem Leistungsanteil der KWK-Anlage gestaffelt ausgewiesen. Die Dauer der Zuschlagszahlung wird in Vollbenutzungsstunden ab Aufnahme des Dauerbetriebs bemessen.

4 Anpassung von EEG 2017 und KWKG im Lichte des Beihilfenrechts

34 Sowohl für Regelungen des zum 1. Januar 2017 in Kraft getretenen EEG 2017 als auch des zum 1. Januar 2016 in Kraft getretenen KWKG war eine **EU-Beihilfenrechtliche Genehmigung** erforderlich.[187] Der Gesetzgeber hat im Zuge der Verhandlungen mit der EU-Kommission für den Erhalt dieser Genehmigung im Herbst des Jahres 2016 ein Artikelgesetz zur weiteren Anpassung und Harmonisierung u. a. dieser beiden Gesetze vorgelegt („Gesetz zur Änderung der Bestimmungen zur Stromerzeugung aus Kraft-Wärme-Kopplung und zur Eigenversorgung“).[188]

35 Im Bereich des **EEG** ist Kernpunkt der Neuregelungen, die zum 1. Januar 2017 in Kraft traten, insbesondere die **Beschränkung des Bestandsschutzes** bei der Befreiung von der EEG-Umlage durch das Eigenversorgungsprivileg. Das Vorliegen einer Bestandsanlage ist gemäß § 61c Abs. 2 Nr. 2 EEG 2017 davon abhängig, dass die betreffende Stromerzeugungsanlage **nach dem 31. Dezember 2017 nicht mehr erneuert, erweitert oder ersetzt** worden ist. Bei einer Erneuerung oder Ersetzung von Bestandsanlagen **in den vorhandenen Leistungsgrenzen** wird mit Durchführung der Maßnahme eine **EEG-Umlage** in Höhe von **20 %** anfallen (§ 61e Abs. 1 EEG 2017). Eine vollständige Befreiung erhält der Betreiber nur noch in Sonderfällen, insbesondere wenn die erneuerte Anlage noch nicht handelsrechtlich abgeschrieben ist oder noch EEG-Förderung erhält (§ 61e Abs. 3 EEG 2017). Bei neuen EEG- und KWK-Anlagen in der Eigenversorgung muss § 61b EEG 2017 (nach wie vor) eine Umlage in Höhe von 40 % gezahlt werden. Dieser Wert gilt auch für Modernisierungen von Altanlagen, die über die Leistungsgrenzen hinausgehen, da der Bestandsschutz bei solchen Maßnahmen entfällt.

36 Im Rahmen des **KWKG** wird der Anspruch auf Zuschlagszahlung nach dem bisherigen System des KWKG nur noch bei neuen und modernisierten KWK-Anlagen mit einer Leistung bis einschließlich 1 oder mehr als 50 MW oder bei nachgerüsteten KWK-Anlagen gewährt (§ 5 Abs. 1 Nr. 1 KWKG). Bei **Anlagen mit einer Leistung über 1 bis einschließlich 50 MW** ist Voraussetzung für die Zahlung einer Förderung, dass – ähnlich dem EEG 2017 – ein Zuschlag in einer **Ausschreibung** erfolgt ist (§ 5 Abs. 1 Nr. 2 i. V. m. § 8a KWKG und einer zu erlassenden Ausschreibungsverordnung gemäß

187 Siehe EU-Kommission, Beschluss vom 24.10.2016, abrufbar unter http://ec.europa.eu/competition/state_aid/cases/266576/266576_1836906_1_2.pdf (letzter Abruf: 17.01.17).
188 BGBl. I 2016, 3106; Ausschuss für Wirtschaft und Energie, BT Drs. 18/10668 vom 14.12.2016.

§ 33 KWKG). Die Förderungshöhe wird für die betreffenden Neuanlagen also wettbewerblich ermittelt. Mit Blick auf die Eigenversorgung ist nach dem KWKG bedeutend, dass der Anspruch auf Zuschlagszahlung bei Anlagen, die der Ausschreibungspflicht unterfallen, gemäß § 8a Abs. 2 Nr. 2 KWKG grundsätzlich davon abhängig ist, dass der KWK-Strom in das öffentliche Netz eingespeist und nicht selbst verbraucht wird. Die **Zuschlagzahlungen nach KWKG und eine Eigenversorgung** können also **während der Förderdauer nicht miteinander kombiniert** werden. Der KWK-Strom kann erst nach Ende des Förderanspruchs eigenverbraucht werden. Für solche eigenverbrauchten Strommengen ist grundsätzlich die volle EEG-Umlage zu entrichten (§ 8d Abs. 1 KWKG).

Die Ausschreibungen unter KWKG werden im Winter 2017/18 beginnen. Eine 37
das Verfahren konkretisierende Verordnung soll rechtzeitig bis Mitte 2017 erlassen werden.

5 Direktversorgung eines Gebäudes anstelle der Netzeinspeisung

a) EEG

Ermöglicht ein Immobilienprojekt nicht die Einbindung von **EEG-Anlagen**, insbeson- 38
dere PV-Anlagen, unter Inanspruchnahme der **Sonderregelung des § 21 Abs. 1 Nr. 1 EEG 2017 für „kleine Anlagen"** (Bagatellgrenze 100 kW) und damit die Nutzung der gesetzlichen Einspeisevergütung, kann dies der wirtschaftlichen Nutzung der Anlage bei Einspeisung in ein Netz der allgemeinen Versorgung entgegenstehen. Die **zwingende Direktvermarktung kann im gegebenen Marktumfeld das Erwirtschaften kostendeckender Erlöse verhindern.**[189]

Eine wirtschaftliche **Alternative** kann die **(Eigen-) Versorgung eines Areals** 39
oder Gebäudekomplexes mit dort angesiedelten Betrieben oder Mietern darstellen.[190] Hierdurch können beispielsweise Netzentgelte und daran anknüpfende Umlagen sowie die Stromsteuer entfallen. Sobald in einem solchen Modell der erzeugte Strom nicht vollständig gebäudeintern verbraucht werden kann und eine **Einspeisung der überschüssigen Strommengen in das Netz der allgemeinen Versorgung** erfolgen soll, sind indes wiederum die Vergütungsregelungen des EEG maßgeblich. Unter den benannten Einschränkungen kann dann mit der gesetzlichen **Einspeisevergütung** geplant werden. Zwar führt § 21 Abs. 2 EEG 2017 die mit dem EEG 2014 eingeführte Regelung fort, dass für die Einspeisevergütung der gesamte in der Anlage erzeugte Strom dem Netzbetreiber zur Verfügung gestellt werden muss, doch kann (je nach Einzelfall) für ein solches Immobilienprojekt die Ausnahme für den Verbrauch in unmittelbarer räumlicher Nähe zur Anlage ohne Nutzung eines

189 Kritisch auch *Hack* Energie-Contracting, Rn. 374 f.

190 Zu den energierechtlichen Anforderungen an ein „Energieversorgungsunternehmen" und Mitteilungspflichten s. Kapitel 7, C. Contracting, Rn. 30 ff.; s. a. *Hack* Energie-Contracting, Rn. 410 ff.

Netzes eingreifen (§ 21b Abs. 4 Nr. 2 EEG 2017). Dann kann auch für Teilmengen die Einspeisevergütung geltend gemacht werden.

40 Zu berücksichtigen bleibt, dass der **Anspruch auf die Marktprämie oder die Einspeisevergütung** (§ 19 Abs. 1 EEG 2017) seit Inkrafttreten des Strommarktgesetzes[191] davon abhängig ist, dass der Anlagenbetreiber für den Strom nicht gleichzeitig ein **vermiedenes Netzentgelt** nach § 18 Abs. 1 Satz 1 der Stromnetzentgeltverordnung oder eine **Steuerbegünstigung** nach § 9 Abs. 1 Nr. 1 oder Nr. 3 des Stromsteuergesetzes für den Strom, der durch ein Netz durchgeleitet wird, in Anspruch nimmt (§ 19 Abs. 2 EEG 2017). Schädlich ist also das Ausnutzen einer Stromsteuerbefreiung bei Strommengen aus erneuerbaren Energieträgern, wenn diese aus einem ausschließlich mit EEG-Strom gespeisten Netz oder einer entsprechenden Leitung entnommen werden („grünes Netz") oder in Anlagen mit einer elektrischen Nennleistung von bis zu 2 MW erzeugt werden, wobei sie vom Betreiber der Anlage als Eigenerzeuger im räumlichen Zusammenhang zu der Anlage zum Selbstverbrauch entnommen oder von demjenigen, der die Anlage betreibt oder betreiben lässt, an Letztverbraucher geleistet werden, die wiederum den Strom im räumlichen Zusammenhang zu der Anlage entnehmen. Dabei entfällt der Anspruch auf Einspeisevergütung auch bei bloß **kaufmännisch-bilanzieller Weitergabe von Strommengen**, soweit für die entsprechende in einem **Arealnetz** verbrauchte physikalische Strommenge eine Stromsteuerbegünstigung beansprucht wird.[192]

b) KWKG

41 Soll eine **KWK-Anlage** in ein Modell zur Direktversorgung eines Gebäudekomplexes eingebunden werden, ist zu beachten, dass nach dem seit dem 1. Januar 2016 geltenden KWKG zur Verbesserung der Systemstabilität vor allen Dingen **die Einspeisung in ein Netz der allgemeinen Versorgung gefördert** werden soll. Der eigene Verbrauch oder etwa die Fortleitung von KWK-Strommengen zum Verbrauch von Letztverbrauchern, die an eine **Kundenanlage** angeschlossen sind, werden nur noch unter den **engen Voraussetzungen** des § 6 Abs. 3 KWKG gefördert. Die Betreiber von KWK-Anlagen in der Immobilienwirtschaft werden regelmäßig keine stromkostenintensiven Unternehmen oder der Anlage 4 des EEG 2017 zuzuordnende Unternehmen sein. Daher sind für eine Zuschlagsberechtigung bei fehlender Netzeinspeisung die im KWKG vorgesehenen Sachverhaltsvarianten maßgeblich, wonach die Anlage höchstens eine elektrische Leistung von 100 kW aufweisen darf oder die Lieferung des Stroms an Letztverbraucher in einer Kundenanlage oder einem geschlossenen Verteilernetz erfolgt, soweit für den KWK-Strom die volle EEG-Umlage entrichtet wird. Der Zuschlag beträgt in der ersten Variante für den Leistungsanteil bis 50 kW 4,00

191 BGBl. I 2016, S. 1786.
192 Siehe Begründung in BT-Drs. 18/7317, S. 147.

Cent pro kWh und von 50 kW an bis 100 kW 3,00 Cent pro kWh (§ 7 Abs. 3 Nr. 1 KWKG). In der zweiten Variante sinkt der Zuschlag mit steigendem Leistungsanteil. Bei einem Leistungsanteil bis 50 kW und 50 kW bis 100 kW entspricht er der erstgenannten Variante. Bei größeren Anlagentypen sinkt er schließlich in drei weiteren Stufen ab auf bis zu 1,00 Cent pro kWh für den Leistungsanteil größer 2 MW (§ 7 Abs. 3 Nr. 2 KWKG). Über § 6 Abs. 3 Nr. 2 KWKG i. V. m. § 7 Abs. 3 Nr. 2 KWKG fördert der Gesetzgeber **Industrie- und Chemieparks** sowie **Contracting- oder Mieterstrommodelle**. Er bezieht dabei grundsätzlich auch **größere Anlagen** in die Förderung mit ein.

Im Übrigen ist, wie unter dem EEG, auch bei der Einbindung einer KWK-Anlage 42 die Kombination aus Direktversorgung und Einspeisung von Überschussmengen grundsätzlich denkbar. Für größere Anlagen mit mehr als 100 kW ist die Pflicht zur Direktvermarktung i. S. d. § 4 KWKG und der hierdurch ausgelöste Aufwand allerdings mit zu bewerten. Wegen § 5 Abs. 1 Nr. 2 KWKG i. V. m. § 8a KWKG ist außerdem bei Anlagen mit einer elektrischen Leistung von mehr als 1 bis einschließlich 50 Megawatt die **Ausschreibungspflicht** zu beachten.

c) Einsparpotenziale bei der Direktversorgung von Gebäudekomplexen

Vorteilhaft kann im Rahmen der Direktversorgung eines Gebäudekomplexes schließ- 43 lich sein, dass eigenerzeugte und nicht über ein Stromversorgungsnetz (z. B. ausschließlich über eine Kundenanlage) im Gebäude fortgeleitete Strommengen **weder mit Netzentgelten noch mit den auf einer Nutzung öffentlicher Netze basierenden Umlagen** (z. B. KWK-, Offshore-Haftungs-, § 19 StromNEV- und § 18 AbLaV-Umlage) **oder Konzessionsabgaben belastet** sind.

Praxistipp
In einer solchen Liefersituation kommt auch ein **Entfallen der Stromsteuer** in Betracht, insbesondere wenn Strom in Anlagen mit elektrischer Nennleistung von bis zu zwei MW erzeugt wird und von demjenigen, der die Anlage betreibt oder betreiben lässt, an Letztverbraucher (z. B. Mieter im Gebäude) geleistet wird, die den Strom im räumlichen Zusammenhang zu der Anlage entnehmen (§ 9 Abs. 1 Nr. 3 lit. b StromStG).

Allerdings bleibt es auch bei einer „internen“ Belieferung grundsätzlich bei der 44 Pflicht, die **EEG-Umlage** zu entrichten. Denn der Anlagenbetreiber „liefert“ im Sinne von § 60 Abs. 1 Satz 1 bzw. § 60a Satz 1 EEG 2017 Strom als „Elektrizitätsversorgungsunternehmen“ i. S. d. § 3 Nr. 20 EEG 2017 an einen Letztverbraucher, z. B. einen Mieter. Auch dies ist bei der Wirtschaftlichkeitsbewertung eines Modells zur Direktversorgung eines Gebäudekomplexes zu berücksichtigen. Regelmäßig wird der Anlagenbetreiber die Umlagekosten auf die belieferten Letztverbraucher weiterwälzen wollen.

45 Nur soweit Eigenversorgungssachverhalte bei Betrieb einer EEG- oder hocheffizienten[193] KWK-Anlage die Inanspruchnahme des **Eigenstromprivilegs** gemäß § 61 i. V. m. § 3 Nr. 19 EEG 2017 ermöglichen, kann die Pflicht zur Zahlung der EEG-Umlage teilweise oder (ausnahmsweise) gänzlich ausgeschlossen werden.[194] Sobald allerdings eine Belieferung Dritter erfolgt und dadurch Betreiberstellung und Letztverbrauch nicht mehr in einer Person vereint sind, scheidet die Geltendmachung des Eigenstromprivilegs aus. Wird in der Praxis also ein sog. Contracting durchgeführt, bei welchem ein Energiedienstleister den Letztverbraucher z. B. bei Planung, Errichtung und Betrieb einer EEG- oder KWKG-Stromerzeugungsanlage unterstützt, ist die Erfüllung dieser rechtlichen Grundvoraussetzung besonders kritisch zu prüfen.[195] Schließlich bleibt zu berücksichtigen, dass bei fehlender Netzeinspeisung mit § 6 Abs. 3 Nr. 2 KWKG das Anfallen der vollen EEG-Umlage zur Voraussetzung einer KWK-Förderung gemacht wurde.

46 Die für die Immobilienbranche oft attraktiven **Contracting-Modelle** werden unter besonderer Berücksichtigung des Eigenstromprivilegs und der erzielbaren Kostenvorteile in Kapitel 7, C. Contracting, näher dargestellt.

47 Das EEG 2017 stellt allerdings für Mieterstrommodelle eine Erleichterung bei der Belastung mit der EEG-Umlage in Aussicht. So wird die Bundesregierung durch § 95 Nr. 2 EEG 2017 ermächtigt, zur Förderung von **Mieterstrommodellen** in einer **Verordnung** zu regeln, dass Betreiber von Solaranlagen nur eine **verringerte EEG-Umlage** für Strom aus ihrer Solaranlage zahlen müssen, wenn a) die Solaranlage auf, an oder in einem Wohngebäude installiert ist und b) der Strom zur Nutzung innerhalb des Gebäudes, auf, an oder in dem die Anlage installiert ist, an einen Dritten geliefert wird. Dabei kann für die Regelungen in der Verordnung zwischen verschiedenen Anlagengrößen oder Nutzergruppen unterschieden werden. Der Gesetzgeber will damit Mieterstrommodelle den Eigenversorgungsmodellen weitgehend gleichstellen. Sinn und Zweck ist es, zu gewährleisten, dass vermietete Gebäude ebenso wie selbst genutzte Gebäude zur Energiewende beitragen und Mieter in vergleichbarer Weise umweltfreundlichen Strom vom eigenen Dach nutzen können. Die Bundesregierung

---

193 Zu dieser Anforderung *Salje* EEG 2014, § 61 Rn. 30 ff.

194 Näher hierzu etwa *Säcker* EnWZ 2015, 260, 261 ff.; *Moench/Lippert* EnWZ 2014, 392; zum Vollprivileg des sog. Kraftwerkseigenverbrauchs *Salje* EEG 2014, § 61 Rn. 42.

195 Die verschiedenen Umsetzungsmodelle zum Eigenstromprivileg sind teilweise risikobehaftet, vgl. *Salje* EEG 2014, § 60 Rn. 21 f. und § 5 Rn. 53 f.; speziell zur „Nutzenergielieferung" etwa OLG Hamburg, Urt. v. 12.8.2014, Az. 9 U 197/13, Rn. 50 ff.; zum sog. Pacht- und Betriebsführungsmodell, in welchem der Letztverbraucher/Contractingnehmer die Erzeugungsanlage vom Eigentümer/Contractor pachtet, die tatsächliche Sachherrschaft ausübt und die wirtschaftlichen Risiken und Chancen des Anlagenbetriebs trägt, wobei der Contractor nur als weisungsabhängiger Betriebsführer tätig wird, *Klemm* REE 2013, 1; zur Gefahr der Bewertung als erlaubnispflichtiges Finanzierungsleasing gemäß dem Kreditwesengesetz *Klemm* REE 2015, 73.

möchte die Verordnung zu Mieterstrommodellen zeitnah im Jahr 2017 vorlegen.[196] Eine vergleichbare Regelung für in Mieterstrommodellen genutzte **KWK-Anlagen** (z. B. bei Nutzung von Biomethan) oder eine gebäudeübergreifende Versorgung bei größeren Liegenschaften ist allerdings nicht vorgesehen.

VII Bauplanungsrechtliche Vorgaben zur klimagerechten Entwicklung in den Städten und Gemeinden

1 Einleitung

Durch die Reformen des Baugesetzbuches (BauGB) in den letzten Jahren hat das 1
Thema Green Building Einzug in das deutsche Bauplanungsrecht erhalten. Im Zusammenhang mit dem Bauplanungsrecht sind dabei unter Green Building zuvörderst die Vorgaben des deutschen Gesetzgebers zum Klimaschutz zu verstehen. Das Bauplanungsrecht kann hierzu einen nicht zu unterschätzenden Beitrag leisten, der durch die entsprechenden Vorgaben des Raumordnungsrechts unterstützt wird. Einerseits bieten die Raumplanung und die Bauleitplanung die Möglichkeit, auf den Klimawandel einzuwirken bzw. diesem entgegenzuwirken. Dies kann etwa durch die planungsrechtliche Absicherung von Standorten erneuerbarer Energien geschehen. Andererseits wird in der Sanierung des bestehenden Gebäudebestandes eine große Chance zur CO_2-Einsparung gesehen. Das Energiefachrecht enthält spezielle Vorgaben zur Energieeffizienz von Gebäuden. Aber auch das Bauplanungsrecht trifft hierzu Regelungen im Zusammenhang mit städtebaulichen Sanierungsmaßnahmen oder dem Stadtumbau.

Ziel dieses Kapitels ist es, einen Überblick über die wichtigsten bauplanungs- 2
rechtlichen Vorschriften zum Klimaschutz zu geben und diese kurz darzustellen.

2 Raumordnungsrecht

In verschiedenen Bundesländern wird der Klimaschutz bereits auf der Ebene der über- 3
örtlichen Raumordnung berücksichtigt. In Nordrhein-Westfalen etwa wurde im Jahr 2013 durch den Landtag das Gesetz zur Förderung des Klimaschutzes in Nordrhein-Westfalen beschlossen. Auf Grundlage dieses Gesetzes wird in Nordrhein-Westfalen ein **Klimaschutzplan** aufgestellt. Dieser Klimaschutzplan ist im Raumordnungsplan für Nordrhein-Westfalen umzusetzen, soweit er verbindliche Festlegungen enthält und diese durch Ziele oder Grundsätze der Raumordnung gesichert werden können. Dieses Beispiel aus der Landesgesetzgebung wurde aufgezeigt, um zu verdeutlichen, dass der Klimaschutz und somit das Green Building bereits auf der Ebene der Raumordnung bzw. schon früher beginnt.

---

196 BT-Drs. 18/9096, S. 367.

4 Das Raumordnungsgesetz (ROG) des Bundes enthält ebenfalls eigene Bestimmungen zum Klimaschutz. In § 2 Abs. 2 Nr. 6 Satz 7 ROG werden die räumlichen Bedürfnisse des Klimaschutzes als Grundsatz der Raumordnung festgelegt, welche durch Festlegungen in den Raumordnungsplänen konkretisiert werden. Die Grundsätze der Raumordnung sind unter anderem bei raumbedeutsamen Planungen gem. § 4 Abs. 1 Nr. 1 ROG zu berücksichtigen. Die räumlichen Bedürfnisse des Klimaschutzes sind sowohl durch Maßnahmen, die dem Klimawandel entgegenwirken, als auch durch solche, die der Anpassung an den Klimawandel dienen, zu berücksichtigen. Dabei sind die räumlichen Voraussetzungen für den Ausbau der erneuerbaren Energien, für eine sparsame Energienutzung sowie für den Erhalt und die Entwicklung natürlicher Senken für klimaschädliche Stoffe und für die Einlagerung dieser Stoffe gem. § 2 Abs. 2 Nr. 6 Satz 8 ROG zu schaffen.

5 Es kann somit bereits auf der Raumordnung die Grundlage für klimaschützende Maßnahmen bei Bauvorhaben geschaffen werden.

3 Allgemeines Städtebaurecht

a) Grundsätze der Bauleitplanung

6 Ausgangspunkt für die klimaschützenden Vorgaben des Bauplanungsrechts ist § 1 Abs. 5 Satz 2 BauGB. Nach diesem **Planungsleitsatz** soll die Bauleitplanung dazu beitragen, den Klimaschutz und die Klimaanpassung insbesondere auch in der Stadtentwicklung zu fördern. Die Bauleitplanung hat daher die Belange des Klimas, der Einsparung von Emissionen und der Nutzung erneuerbarer Energien zu berücksichtigen (§ 1 Abs. 6 Nr. 7a, e und f BauGB).

7 Ergänzt wird dies durch die **Klimaschutzklausel** des § 1a Abs. 5 BauGB. Sie bestimmt, dass den Erfordernissen des Klimaschutzes durch Maßnahmen Rechnung zu tragen ist, die dem Klimawandel entgegenwirken. Dieser ist bei der Aufstellung von Bauleitplänen verstärkt zu berücksichtigen und kann eigene Darstellungen und Festsetzungen begründen. Auch Maßnahmen, die der Anpassung an den Klimawandel dienen, wie die planungsrechtliche Absicherung und die Unterstützung des Einsatzes erneuerbarer Energien, sind danach zu ergreifen.[197] Letztere fallen unter das Stichwort „klimagerechte Stadtentwicklung".

8 Im Rahmen der Bauleitplanung sind diese Belange des Klimaschutzes bei der Abwägung der öffentlichen und privaten Belange gem. § 1 Abs. 7 BauGB zu berücksichtigen. Hierbei können sie aber durch andere (überwiegende) Belange verdrängt werden. Dem Klimaschutz kommt damit eine hervorragende Bedeutung in der Planung zu; er ist allerdings nicht schlechthin der wichtigste Belang.

197 Vgl. BT-Drucks. 17/6076, S. 8.

aa) Flächennutzungspläne

Ein wichtiges Instrumentarium des Klimaschutzes im Bereich der Bauleitplanung ist der **Flächennutzungsplan.** In Flächennutzungsplänen können Anlagen zur dezentralen und zentralen Erzeugung, Verteilung, Nutzung oder Speicherung von Strom, Wärme oder Kälte aus erneuerbaren Energien oder Kraft-Wärme-Kopplung und Anlagen, Einrichtungen und sonstigen Maßnahmen, die der Anpassung an den Klimawandel dienen, gem. § 5 Abs. 2 Nr. 2b, c BauGB dargestellt werden. Ziel der Regelung ist es unter anderem, Klimaschutz- und Energiekonzepte der Gemeinden zu stärken, indem diese die **Koordinierungs- und Steuerungsfunktion** des Flächennutzungsplans nutzen.[198] 9

§ 5 Abs. 2b BauGB ermöglicht die Aufstellung von sachlichen Teilflächennutzungsplänen für die Zwecke der Außenbereichsnutzung (§ 35 Abs. 3 Satz 3 BauGB). Diese können auch für Teile des Gemeindegebiets aufgestellt werden. Nach § 35 Abs. 3 Satz 3 BauGB können Flächennutzungspläne für die privilegierten Vorhaben des § 35 Abs. 1 Nr. 2 bis 6 BauGB aufgestellt werden. Zu diesen Vorhaben zählen unter anderem die Erforschung, Entwicklung oder Nutzung der Wind- oder Wasserenergie und die energetische Nutzung von Biomasse. 10

Eine Sonderregelung unter anderem für das **Repowering von Windenergieanlagen** enthält dabei § 249 BauGB. Unter Repowering von Windenergieanlagen ist das Ersetzen von älteren Windenergieanlagen durch neue leistungsfähigere Windenergieanlagen, unter Neuordnung der Standorte vorzugsweise in Windparks, zu verstehen.[199] § 249 Abs. 1 Satz 1 BauGB bestimmt für den Fall, dass in einem Flächennutzungsplan zusätzliche Flächen für die Nutzung von Windenergie dargestellt werden, dass daraus nicht folgt, dass die vorhandenen Darstellungen des Flächennutzungsplans zur Erzielung der Rechtswirkungen des § 35 Abs. 3 Satz 3 BauGB nicht ausreichend sind. Die Vorschrift dient unter anderem der Absicherung der Anwendung bedingter Festsetzungen im Bebauungs- und im Flächennutzungsplan und der Beseitigung von Rechtsunsicherheiten im Hinblick auf die Neuausweisung von Gebieten für das Repowering.[200] § 249 Abs. 2 Satz 1 BauGB regelt, dass bei der Anwendung der Bedingungsregelung des § 9 Abs. 2 Satz 1 Nr. 2 BauGB auch festgesetzt werden kann, dass die im Bebauungsplan festgesetzten Windenergieanlagen nur zulässig sind, wenn sichergestellt ist, dass nach der Errichtung der im Bebauungsplan festgesetzten Windenergieanlagen andere im Bebauungsplan bezeichnete Windenergieanlagen innerhalb einer im Bebauungsplan zu bestimmenden angemessenen Frist zurückgebaut werden. Dies bedeutet, dass in Bebauungsplänen auch der Rückbau von Altanlagen im Zusammenhang mit der Neuerrichtung von Windenergieanlagen gesichert werden kann. 11

198 Vgl. BT-Drucks. 17/6076, S. 9.
199 Vgl. BT-Drucks. 17/6076, S. 12.
200 Vgl. BT-Drucks. 17/6076, S. 12 f.

bb) Bebauungspläne

12 In **Bebauungsplänen** können gem. § 9 Abs. 1 Nr. 12 BauGB Flächen für Anlagen und Einrichtungen zur dezentralen und zentralen Erzeugung, Verteilung, Nutzung oder Speicherung von Strom, Wärme oder Kälte aus erneuerbaren Energien oder Kraft-Wärme-Kopplung festgesetzt werden. Weiterhin können gem. § 9 Abs. 1 Nr. 23b BauGB Gebiete festgesetzt werden, in denen bei der Errichtung von Gebäuden oder bestimmten sonstigen baulichen Anlagen bestimmte bauliche und sonstige technische Maßnahmen für die Erzeugung, Nutzung oder Speicherung von Strom, Wärme oder Kälte aus erneuerbaren Energien oder Kraft-Wärme-Kopplung getroffen werden müssen. Hierdurch wird die Schaffung verbindlicher planerischer Vorgaben für das Green Building ermöglicht.

13 Ergänzend bestimmt § 9 Abs. 6 BauGB, dass gemeindliche Regelungen zum Anschluss- und Benutzungszwang nachrichtlich in den Bebauungsplan übernommen werden. Diese Ergänzung zielt insbesondere auf § 16 EEWärmeG ab. Nach dieser Vorschrift sind die Gemeinden und Gemeindeverbände befugt, von einer Bestimmung nach Landesrecht, die sie zur Begründung eines Anschluss- und Benutzungszwangs an ein Netz der öffentlichen Fernwärme- oder Fernkälteversorgung ermächtigt, auch zum Zwecke des Klima- und Ressourcenschutzes Gebrauch zu machen. Dahinter steht der Gedanke, dass Fernwärmenetze häufig von KWK-Anlagen gespeist werden, welche im Vergleich zu herkömmlichen Kraftwerken deutlich effektiver sind und weniger CO_2 ausstoßen.

cc) Städtebauliche Verträge

14 Regelungen zum Klimaschutz können daneben auch einverständlich in städtebaulichen Verträgen vereinbart werden. Diese können gem. § 11 Abs. 1 Satz 2 Nr. 4 BauGB die Errichtung und Nutzung von Anlagen und Einrichtungen zur dezentralen und zentralen Erzeugung, Verteilung, Nutzung oder Speicherung von Strom, Wärme oder Kälte aus erneuerbaren Energien oder Kraft-Wärme-Kopplung zum Gegenstand haben. Gem. § 11 Abs. 1 Satz 2 Nr. 5 BauGB kann die Gemeinde auch über Anforderungen an die energetische Qualität von Gebäuden einen städtebaulichen Vertrag schließen.

b) Zulässigkeit von Vorhaben

15 Bei der bauplanungsrechtlichen Zulässigkeit von Vorhaben ist grundsätzlich zwischen **beplanten und unbeplanten Bereichen** zu unterscheiden. Im unbeplanten Bereich ist zwischen **Innen- und Außenbereich** zu unterscheiden. Im Außenbereich gibt es unterschiedliche Privilegierungen für Vorhaben, die auch dem Klimaschutz dienen. Im unbeplanten Innenbereich hängt die Zulässigkeit eines Vorhabens grundsätzlich davon ab, ob es sich in die nähere Umgebung einfügt. Im beplanten Bereich muss das Vorhaben den Bestimmungen des Bebauungsplans entsprechen.

Praxistipp
In der Praxis kann es bei **Maßnahmen zur nachträglichen Wärmedämmung** zu **Überschreitungen der Festsetzungen des Bebauungsplans** kommen, etwa wenn durch nachträgliche Fassadendämmungen Mindestabstände zum Nachbargrundstück verletzt werden. In diesem Zusammenhang ist § 248 BauGB zu beachten. Diese Norm erleichtert die Zulässigkeit von bestimmten Maßnahmen an bestehenden Gebäuden zum Zwecke der Energieeinsparung (zum Beispiel der nachträglichen Wärmedämmung) und von Anlagen zur Nutzung solarer Strahlungsenergie, wenn diese von dem festgesetzten Maß der baulichen Nutzung, der Bauweise und der überbaubaren Grundstücksfläche geringfügig abweichen und dies mit nachbarlichen Interessen und baukulturellen Belangen vereinbar ist. Gemeint sind mit den Maßnahmen der Energieeinsparung solche, die zur Erfüllung einer Pflicht nach § 9 Abs. 1 Satz 1 der Energieeinsparverordnung (EneV) oder einer Pflicht im Sinne des § 3 Abs. 2 bis 4 des Erneuerbare Energien-Wärmegesetzes (EEWärmeG) vorgenommen werden.[201]

Zu den privilegierten Vorhaben im **Außenbereich** zählen Vorhaben, die der Erfor- 16
schung, Entwicklung oder Nutzung der Wind- oder Wasserenergie (§ 35 Abs. 1 Nr. 5 BauGB) und der energetischen Nutzung von Biomasse (§ 35 Abs. 1 Nr. 6 BauGB) dienen. Die energetische Nutzung von Biomasse ist nur im Rahmen eines land- oder forstwirtschaftlichen Betriebes, eines Betriebes der gartenbaulichen Erzeugung oder der Tierhaltung sowie wenn sie dem Anschluss an das öffentliche Versorgungsnetz dient, im Außenbereich bauplanungsrechtlich privilegiert. Darüber hinaus muss das Vorhaben in einem räumlich-funktionalen Zusammenhang mit dem Betrieb stehen, aus dem die Biomasse überwiegend stammen muss. Je Hofstelle oder Betriebsstandort darf nur eine Anlage betrieben werden. Die Kapazität einer Anlage zur Erzeugung von Biogas darf 2,3 Millionen Normkubikmeter Biogas pro Jahr und die Feuerungswärmeleistung anderer Anlagen darf 2,0 Megawatt nicht überschreiten. Zudem befinden sich in dem Katalog der privilegierten Vorhaben solche Anlagen, welche der Nutzung solarer Strahlungsenergie in, an und auf Dach- und Außenwandflächen von zulässigerweise genutzten Gebäuden dienen, wenn die Anlage dem Gebäude baulich untergeordnet ist, § 35 Abs. 1 Nr. 8 BauGB.

4 Besonderes Städtebaurecht

Auch die Sanierung bereits bebauter Gebiete unter Berücksichtigung klimaschützen- 17
der Maßnahmen oder Konzepte bietet ein erhebliches Potential für die Reduzierung von Treibhausgasemissionen und ist ein weiterer Betätigungsbereich für das Green Building.

a) Städtebauliche Sanierungsmaßnahmen

Bauplanungsrechtlich stehen hierfür zum einen städtebauliche Sanierungsmaßnah- 18
men zur Verfügung. Hierbei handelt es sich um Maßnahmen, durch die ein **Gebiet**

201 Vgl. BT-Drucks. 17/6076, S. 12.

zur Behebung städtebaulicher Missstände **wesentlich verbessert oder umgestaltet** wird, § 136 Abs. 2 Satz 1 BauGB. **Städtebauliche Missstände** liegen insbesondere dann vor, wenn ein Gebiet nach seiner vorhandenen Bebauung oder nach seiner sonstigen Beschaffenheit den allgemeinen Anforderungen an gesunde Wohn- und Arbeitsverhältnisse oder an die Sicherheit der in ihm wohnenden oder arbeitenden Menschen auch unter Berücksichtigung der Belange des Klimaschutzes und der Klimaanpassung nicht entspricht. Zur Beurteilung, ob städtebauliche Missstände vorliegen, sind im Hinblick auf den Klimaschutz unter anderem die energetische Beschaffenheit, die Gesamtenergieeffizienz der vorhandenen Bebauung und der Versorgungseinrichtungen des Gebiets unter Berücksichtigung der allgemeinen Anforderungen an den Klimaschutz und die Klimaanpassung gem. § 136 Abs. 3 Nr. 1h BauGB zu berücksichtigen.

19 Städtebauliche Sanierungsmaßnahmen dienen dem **Wohl der Allgemeinheit** und sollen in klimaschützender Hinsicht dazu beitragen, dass die bauliche Struktur in allen Teilen des Bundesgebiets nach den allgemeinen Anforderungen an den Klimaschutz und die Klimaanpassung entwickelt wird, § 136 Abs. 4 Satz 2 Nr. 1 BauGB. Sie sollen einen Beitrag dazu leisten, dem Klimawandel entgegenzuwirken und außerdem der Klimaanpassung dienen.[202] Konkrete Maßnahmen hierfür können die Errichtung oder Erweiterung von Anlagen und Einrichtungen zur dezentralen und zentralen Erzeugung, Verteilung, Nutzung oder Speicherung von Strom, Wärme oder Kälte aus erneuerbaren Energien oder Kraft-Wärme-Kopplung sein. Als weitere Maßnahme kommt etwa eine bessere energetische Ausstattung mit nachhaltigeren Versorgungseinrichtungen der baulichen Anlagen in Betracht, wie zum Beispiel Erneuerbare-Energien-Anlagen und Kraft-Wärme-Kopplungsanlagen und eine verbesserte Wärmedämmung.[203]

b) Stadtumbau

20 Neben städtebaulichen Sanierungsmaßnahmen kann auch mit Stadtumbaumaßnahmen ein Beitrag zum Klimaschutz bewirkt werden. Stadtumbaumaßnahmen sind solche, durch die in von erheblichen städtebaulichen Funktionsverlusten betroffenen Gebieten **Anpassungen zur Herstellung nachhaltiger städtebaulicher Strukturen** vorgenommen werden, § 171a Abs. 2 Satz 1 BauGB. **Städtebauliche Funktionsverluste** liegen unter anderem dann vor, wenn die allgemeinen Anforderungen an den Klimaschutz und die Klimaanpassung nicht erfüllt werden. Gem. § 171a Abs. 3 Satz 2 Nr. 1 BauGB sollen Stadtumbaumaßnahmen dazu beitragen, dass die Siedlungsstruktur den allgemeinen Anforderungen an den Klimaschutz und an die Klimaanpassung dient, brachliegende oder freigelegte Flächen einer nachhaltigen, insbesondere dem

202 Vgl. BT-Drucks 17/11468, S. 16.
203 Vgl. BT-Drucks 17/11468, S. 16.

Klimaschutz und der Klimaanpassung dienenden städtebaulichen Entwicklung oder einer mit dieser verträglichen Zwischennutzung zugeführt werden (§ 171a Abs. 3 Satz 2 Nr. 6 BauGB) und innerstädtische Altbaubestände nachhaltig erhalten werden, § 171a Abs. 3 Satz 2 Nr. 7 BauGB. Gegenstand eines Stadtumbauvertrages gem. § 171c BauGB kann auch die Anpassung baulicher Anlagen sein. Hiermit sollen die Regeln zum Stadtumbau unterstützt werden, indem neben dem Rückbau auch die Anpassung baulicher Anlagen als ressourcenschonendes Mittel zur Verfügung steht.[204]

c) Erhaltungssatzungen und städtebauliche Gebote

Regelungen zum Klimaschutz können auch in Erhaltungssatzungen und städtebaulichen Geboten zur Erhaltung baulicher Anlagen und der Eigenart von Gebieten enthalten sein (§ 172 BauGB). Die jeweilige Gemeinde kann insoweit in einem Bebauungsplan oder durch eine sonstige Satzung Gebiete bezeichnen, in denen zur Erhaltung der Zusammensetzung der Wohnbevölkerung der Rückbau, die Änderung oder die Nutzungsänderung baulicher Anlagen der Genehmigung bedürfen. Ferner sind die Landesregierungen ermächtigt, für Grundstücke in solchen Gebieten zu bestimmen, dass die Begründung von Wohnungseigentum oder Teileigentum an Gebäuden, die ganz oder teilweise Wohnzwecken zu dienen bestimmt sind, nicht ohne Genehmigung erfolgen darf. Die Genehmigung ist in diesen Fällen gem. § 172 Abs. 4 Satz 3 Nr. 1a BauGB zu erteilen, wenn die Änderung einer baulichen Anlage der Anpassung an die baulichen oder anlagentechnischen Mindestanforderungen der Energieeinsparverordnung dient. Diese Regelung bezweckt, dass Hindernisse im Zusammenhang mit der energetischen Sanierung des Gebäudebestandes abgebaut werden. 21

5 Art der baulichen Nutzung

Schließlich kann auch die Art der baulichen Nutzung für den Klimaschutz von Bedeutung sein. In diesem Zusammenhang ist § 14 Abs. 3 BauGB zu beachten. Diese Regelung bestimmt, dass baulich untergeordnete Anlagen zur Nutzung solarer Strahlungsenergie in, an oder auf Dach- und Außenwandflächen oder Kraft-Wärme-Kopplungsanlagen innerhalb von Gebäuden zulässig sind, wenn die erzeugte Energie vollständig oder überwiegend in das öffentliche Netz eingespeist wird und sie nicht bereits nach den §§ 2 bis 13 BauNVO zulässig sind. Die Vorschrift dient der Schaffung von Rechtssicherheit, nachdem zuvor ein Beschluss des Oberverwaltungsgerichts NRW[205] zahlreiche Fragen zur Zulässigkeit entsprechender Nutzungen aufgeworfen hatte. 22

Bei anderen Anlagen zur Nutzung erneuerbarer Energien richtet sich deren Zulässigkeit nach § 14 Abs. 1 und 2 BauNVO. 23

204 Vgl. BT-Drucks 17/6067, S. 12.
205 OVG NRW, Beschl. v. 20.9.2010 – 7 B 985/10 –.

Praxistipp
Für KWK-Anlagen ist § 14 BauNVO in der Regel nicht relevant. Sie gelten weiterhin als bloßer Bestandteil eines Gebäudes, wenn die erzeugte Wärme und der erzeugte Strom größtenteils im Gebäude genutzt werden. Sie sind dann vergleichbar mit einer einfachen Heizung.

6 Fazit

24 Es ist davon auszugehen, dass das Green Building auch im Bereich des Bauplanungsrechts in den nächsten Jahren weiter voranschreiten wird. Der dafür gesetzlich vorgesehene Rahmen bietet entsprechende Möglichkeiten der Gestaltung für den Städteplaner sowie einen ersten Orientierungsrahmen für Bauherren, Architekten und Investoren.

VIII Vergaberecht und „grüne Beschaffung“

1 Während lange Zeit die Verwendung von Umweltvorgaben in der öffentlichen Beschaffung unter der Überschrift „vergabefremde Kriterien“ diskutiert wurde,[206] ist seit den Entscheidungen des EuGH in der Sache Concordia Bus Finland[207] und der Sache Wienstrom[208] klargestellt, dass die Berücksichtigung von Umweltkriterien bei Ausschreibungen nicht generell vergaberechtlich unzulässig oder gar vergabefremd ist.

2 Auf bundesrechtlicher Ebene finden sich inzwischen Regelungen zur Berücksichtigung umweltbezogener Aspekte sowohl im Gesetz gegen Wettbewerbsbeschränkungen – GWB als auch in der Vergabeverordnung – VgV, der Vergabe- und Vertragsordnungen für Bauleistungen – VOB/A, der Vergabe- und Vertragsordnung für Leistungen – VOL/A 1. Abschnitt sowie der Sektorenverordnung – SektVO, der Konzessionsvergabeverordnung – KonzVgV und der Verordnung für Vergaben in den Bereichen Verteidigung und Sicherheit – VSVgV.[209] Daneben enthalten manche Landesvergabegesetze Vorgaben zur grünen Beschaffung. Außerhalb der eigentlich vergaberechtlichen Normen regeln § 45 KrWG sowie vergleichbare Vorgaben in den Landesabfallgesetzen die Pflicht der öffentlichen Hand, bei der Beschaffung von Material sowie bei Bauvorhaben und sonstigen Aufträgen zu prüfen, ob und in welchem Umfang langlebige, reparaturfreundliche und wiederverwertbare Erzeugnisse eingesetzt werden können. Bevor die vergaberechtlichen Normen zur grünen Beschaffung dargestellt werden, lohnt sich ein kurzer Blick auf die vergaberechtliche Systematik:

---

206 Vgl. hierzu: Dreher/Motzke/*Opitz* Beck´scher Vergaberechtskommentar, 2. Aufl. 2013, § 97 GWB Abs. 5, Rn 38 ff.
207 EuGH, Urt. v. 17.9.2002 – Rs. C-513/99, ZfBR 2002, 812 ff.
208 EuGH, Urt. v. 4.12.2003 – Rs. C-448/01, NZBau 2004, 105 ff.
209 Die besonderen Regelungen für den Sicherheits- und Verteidigungsbereich bleiben im vorliegenden Beitrag aus Vereinfachungsgründen überwiegend unberücksichtigt.

1 Vergaberechtliche Systematik

a) Vergaberecht oberhalb und unterhalb der Schwellenwerte

Das Vergaberecht in seiner jetzigen Form ist gekennzeichnet durch seine Zweiteilung in ein überwiegend haushaltsrechtlich ausgerichtetes Vergaberecht unterhalb der sogenannten Schwellenwerte und ein wettbewerbsrechtlich und europarechtlich fundiertes Vergaberecht oberhalb der sogenannten Schwellenwerte. Seit dem 1.1. bzw. 18.4.2016 gelten nach den europäischen Verordnungen 2015/2170, 2015/2171 und 2015/2172 im Wesentlichen folgende **Schwellenwerte**, ab denen Aufträge europaweit auszuschreiben sind: 3

- 5,225 Millionen € bei Bauaufträgen,
- 209.000 € bei Liefer- und Dienstleistungsaufträgen,
- 418.000 € bei Liefer- und Dienstleistungsaufträgen von Sektoren-auftraggebern,
- 135.000 € bei Liefer- und Dienstleistungsaufträgen von obersten oder oberen Bundesbehörden sowie vergleichbaren Bundeseinrichtungen und
- 5,225 Millionen € bei Konzessionsvergaben.

Die Schwellenwerte werden von der europäischen Kommission alle zwei Jahre neu festgelegt. Für Liefer- und Dienstleistungen im Unterschwellenbereich gilt die VOL/A. Die VOB/A umfasst beide Bereiche. Hier sind die Regelungen für europaweite Vergaben im 2. Teil enthalten und mit dem Zusatz „EU“ gekennzeichnet. 4

Die Regelungen in §§ 97 ff. GWB, in der VgV, der SektVO, der KonzVgV und der VSVgV gelten jeweils nur für Oberschwellenvergaben. 5

Ein ganz maßgeblicher Unterschied zwischen Vergaben im Ober- und Unterschwellenbereich liegt bislang noch darin, dass der Bieterrechtsschutz im Unterschwellenbereich eher gering ausgeprägt ist.[210] 6

b) Differenzierung nach Auftragsart

Im klassisch-vergaberechtlichen Bereich – d. h. außerhalb der Sektorenverordnung und der VSVgV – sind für die unterschiedlichen Leistungsarten jeweils unterschiedliche Vergabe(ver)ordnungen einschlägig: für Bauleistungen die VOB/A, für Liefer- und Dienstleistungen die VOL/A im Unter- und die VgV im Oberschwellenbereich sowie für Konzessionsvergaben die KonzVgV. 7

2 Überblick über aktuelle Vergabenormen mit Umweltbezug

a) Umweltbezogene Regelungen im GWB

Das GWB verweist im Zusammenhang mit den **allgemeinen vergaberechtlichen Grundsätzen** in dem – zum 18.4.2016 neugefassten – § 97 Abs. 3 GWB darauf, dass 8

---

210 Dreher/Motzke/*Horn/Hofmann* Beck´scher Vergaberechtskommentar, 2. Aufl. 2013, vor § 102 GWB, Rn 30 ff.

bei der Vergabe auch umweltbezogene Aspekte mit berücksichtigt werden. Hintergrund ist das Ziel der Vergabenovelle, die sog. „strategische Beschaffung", in der sozialen, umweltbezogenen und innovativen Aspekten eine größere Rolle zukommt, zu stärken. Seine Ausgestaltung erfährt der neue Grundsatz des § 97 Abs. 3 GWB in den verschiedenen Einzelregelungen des GWB und der Vergabeverordnungen zur Einbeziehung von Umweltkriterien in allen Phasen des Vergabeverfahrens, d. h. bei der Eignungsprüfung, der Leistungsbeschreibung, der Ausgestaltung der Vertragsbedingungen sowie der Festlegung der Zuschlagskriterien.

9 So kann seit der Novelle 2016 gemäß § 124 Abs. 1 Nr. 1 GWB – unter Berücksichtigung des Grundsatzes der Verhältnismäßigkeit – ein Unternehmen zu jedem Zeitpunkt des Vergabeverfahrens **ausgeschlossen** werden, wenn das Unternehmen bei der Ausführung öffentlicher Aufträge nachweislich gegen geltende Umweltverpflichtungen, wie etwa Abfallentsorgungsvorschriften, verstoßen hat (siehe hierzu im Einzelnen Kap. 3 Rn 15 ff.). Da es an dieser Stelle nur um nachweisliche, sprich dem Auftraggeber auch bekannte Verstöße geht, es sich um Verstöße bei der Ausführung öffentlicher Aufträge handeln und der Ausschluss verhältnismäßig sein muss, ist allerdings anzunehmen, dass der neue Ausschlussgrund von eher geringer praktischer Relevanz sein wird.

10 Von deutlich größerer Bedeutung für die Praxis ist die nunmehr auch auf Ebene des GWB erfolgte Klarstellung, dass beim **Zuschlag** zur Ermittlung des wirtschaftlichsten Angebots u. a. auch – auftragsbezogene – umweltbezogene Kriterien herangezogen werden können (§ 127 Abs. 1 S. 3 GWB). Insbesondere kann im Rahmen der Angebotswertung auch auf Lebenszykluskosten eines Produkts oder einer Leistung, d. h. auch eines Bauwerks, abgestellt werden (§ 127 Abs. 3 GWB). Eine der wesentlichen Neuerungen der Novelle 2016 besteht darin, dass die Regelung, wann ein Auftragsbezug anzunehmen ist, deutlich ausgeweitet wurde (§ 127 Abs. 3 GWB), so dass auf diese Weise künftig in erweitertem Umfang auch auf Herstellungs- oder Entsorgungsaspekte oder den fairen Handel mit Bauprodukten abgestellt werden kann (siehe unten Kap. 3 Rn 43 ff.).

11 Schließlich können die zur Ausführung des öffentlichen Auftrages festgelegten **besonderen Ausführungsbedingungen** umweltbezogene Belange, wie etwa Festlegungen zu bestimmten Transport-oder Entsorgungsbedingen, umfassen, § 128 Abs. 2 S. 3 GWB (siehe hierzu im Einzelnen Kap. 3 Rn 40 ff.).

b) Umweltbezogene Regelungen in Vergabeordnungen

12 Zunächst ist vorgesehen, dass die in der **Leistungsbeschreibung** aufzuführenden Merkmale des Auftragsgegenstandes auch umweltbezogene Aspekte betreffen können (§ 31 Abs. 3 VgV, siehe hierzu im Einzelnen auch Kap. 3 Rn 19 ff.). Auch der Verweis auf Umwelt- und Gütezeichen zur technischen Beschreibung der Leistungsanforderungen (z. B. blauer Engel) ist in den Vergabeordnungen detailliert geregelt (siehe hierzu im Einzelnen auch Kap. 3 Rn 24 ff.)

Weiter enthalten die genannten Vergabeordnungen Regelungen zu **Energieeffizienzanforderungen** in der Leistungsbeschreibung, zur Möglichkeit, von den Bietern Informationen zum Energieverbrauch sowie zu minimierten **Lebenszykluskosten** zu verlangen und zur Berücksichtigung von Energieeffizienz und Lebenszykluskosten im Rahmen der Zuschlagskriterien (siehe hierzu im Einzelnen auch Kap. 3 Rn 28 ff.). 13

Weiter regeln VgV, VOB/A und SektVO für Oberschwellenvergaben, dass Auftrag- 14
geber im Rahmen der **Eignungsprüfung** zusätzliche Angaben über **Umweltmanage-** 15
mentverfahren (z. B. EMAS) verlangen dürfen und welche Nachweise sie hierfür fordern können (siehe hierzu im Einzelnen auch Kap. 3 Rn 11 f.).

Schließlich verweisen die Vergabeverordnungen und die VOB/A – ebenso wie bereits das GWB – bei der Benennung möglicher **Wertungskriterien** jeweils auf die Berücksichtigung von Umwelteigenschaften sowie auf die Heranziehung von Lebenszykluskostenbetrachtungen (siehe hierzu im Einzelnen Kap. 3 Rn 43 ff.). 16

c) Landesrechtliche Regelungen

In den meisten Bundesländern findet sich im Landesabfallgesetz eine Soll-Vorschrift zur umweltfreundlichen Beschaffung. Darüber hinaus haben einige Bundesländer Regelungen zur Berücksichtigung von Umweltbelangen bei der öffentlichen Auftragsvergabe in ihre Landesvergabegesetze aufgenommen. Eine genaue Übersicht der aktuell auf Landesebene geltenden Regelungen findet sich in einer Zusammenstellung des Umweltbundesamtes (UBA) aus dem Jahr 2014.[211] 17

d) Verwaltungsvorschriften

Sowohl auf Bundes- als auch auf Landesebene werden schließlich einzelne Umweltanforderungen durch Verwaltungsrichtlinien konkretisiert. Zu nennen sind hier insbesondere die Allgemeine Verwaltungsvorschrift des Bundes zur Beschaffung energieeffizienter Produkte und Dienstleistungen vom 18.01.2017[212] und der auf Bundesebene geltende Erlass zur Beschaffung von Holzprodukten vom 22.12.2010.[213] Ein Überblick über landesrechtliche Verwaltungsvorschriften findet sich in der zuvor bereits genannten, vom UBA herausgegebenen, Übersicht. 18

211 UBA (Hrsg.), Texte 44/2014, *Schmidt/Dubbers* Regelungen der Bundesländer auf dem Gebiet der umweltfreundlichen Beschaffung, ausschließlich als Download verfügbar unter www.umweltbundesamt.de.

212 Allgemeine Verwaltungsvorschrift zur Beschaffung energieeffizienter Produkte und Dienstleistungen (AVV-EnEff) vom 18.01.2017 (BAnz AT 24.01.2017, B1).

213 Gemeinsamer Erlass zur Beschaffung von Holzprodukten vom 22.12.2010, verfügbar unter www.bmel.de.

B Zukunftsperspektive – Emissionshandel für Gebäude

I Einleitung

1 Rund 40 % des deutschen Energieverbrauchs fallen auf den Gebäudesektor. Hierdurch werden etwa ein Drittel der gesamten CO_2-Emissionen Deutschlands verursacht.[214] Dies lässt gelegentlich den Gedanken aufkommen, einen Emissionshandel für Gebäude einzuführen, um finanzielle Anreize zur Emissionsminderung zu schaffen. Dessen Grundidee besteht darin, dass an Privathaushalte Freibeträge zur Emission von CO_2 verteilt werden. Verbrauchen diese mehr CO_2 als die ihnen zugeteilten Freibeträge, müssen sie Emissionsberechtigungen erwerben. Für den Fall, dass sie weniger verbrauchen als ihnen an Emissionsberechtigungen zugeteilt wurden, könnten sie diese verkaufen. Dieser Mechanismus soll einen Anreiz für das Einsparen von CO_2 bieten und eine Gesamtreduktion des CO_2-Ausstoßes bewirken. Für den Bereich der emissionsintensiven Industrie und Energiewirtschaft ist der Emissionshandel dabei bereits seit 2005 auf der Grundlage der Richtlinie 2003/87/EG Realität.

2 Das Prinzip des Emissionshandels für Gebäude und private Haushalte entstammt mehreren Konzepten, die unter dem **Sammelbegriff Personal Carbon Trading** zusammengefasst werden und sich teilweise grundlegend unterscheiden. Zu den wichtigsten dieser Konzepte[215] zählen:

- **Cap and Share**: Dieses Konzept basiert darauf, dass eine jährliche CO_2-Obergrenze festgelegt wird, welche von Jahr zu Jahr sinkt. Die zur Verfügung stehenden Emissionen werden in Form von Berechtigungen nur an die Bevölkerung verteilt. Die Bevölkerung kann diese dann wie eine Währung verkaufen.
- **Tradable Energy Quotas (TEQs)**[216]: Dieses Konzept erfasst alle Emissionen. Es wird ein Emissionsbudget für die ersten fünf Jahre festgelegt. 40 % der zu verteilenden Berechtigungen werden an Individuen kostenlos und die restlichen 60 % durch wöchentlich stattfindende Auktionen an Großhändler verteilt, welche diese dann an die Wirtschaftsteilnehmer weiter veräußern.
- **Personal Carbon Allowances (PCAs)**: Erfasst werden alle individuell verursachten Emissionen. Gewerbliche Emissionen werden durch ein Parallelsystem abgedeckt.
- **Carbon Credit Card/CO_2-Card**: Die CO_2-Card basiert auf dem Gedanken, dass auf Grundlage eines festgelegten CO_2-Reduktionsplans den Individuen kostenlose

---

214 Energiekonzept für eine umweltschonende, zuverlässige und bezahlbare Energieversorgung, BT-Drucks 17/3049, S. 12.

215 Vgl. zu den einzelnen Konzepten Lexikon der Nachhaltigkeit, Stichwort Emissionshandel für Privathaushalte, abrufbar unter: www.nachhalitkeit.info.

216 Weiterhin auch teilweise als Domestic Tradable Quotas (DTQ) bezeichnet.

CO_2-Berechtigungen zugeteilt werden. Über diese CO_2-Berechtigungen können diese dann über die CO_2-Card verfügen.

Bereits der deutsche im europäischen **Emissionshandelssystem** nach der Richtlinie 2003/87/EG aufzustellende nationale Allokationsplan von 2008 – 2012 sah Emissionsziele entsprechend dem Kyoto-Protokoll für Privathaushalte vor, jedoch nehmen die Privathaushalte gemäß dem Treibhausgasemissionshandelsgesetz (TEHG) nicht am Emissionshandel teil. Die im nationalen Allokationsplan festgelegte Gesamtmenge an ausgestoßenem CO_2 musste im Einklang stehen mit den Minderungszielen, die die EU-Staaten in der Burden-Sharing-Vereinbarung beschlossen haben. Diese Emissionsobergrenze bezieht sich nicht nur auf den Emissionshandelssektor (Energie und Industrie), sondern auch auf die Sektoren Verkehr sowie private Haushalte. Seit 1990 bis 2004 konnte im Bereich der privaten Haushalte eine Reduzierung der CO_2-Emissionen um 13 Mio. Tonnen auf 116 Mio. Tonnen CO_2 pro Jahr erzielt werden, wobei diese Reduzierung nicht temperaturbedingt war.[217] 3

II Erste praktische Ansätze

Es gibt bislang nur wenige Ansätze, für den Bereich der Gebäudenutzung einen Emissionshandel einzuführen. Größere praktische Bedeutung kommt ihnen nicht zu. 4

1 Personal Carbon Trading (Großbritannien)

In Großbritannien gibt es bereits konkrete Vorschläge zur Einführung eines Personal Carbon Trading, das auch Emissionen im Zusammenhang mit der Nutzung von Gebäuden erfassen soll. 2006 schlug der damalige britische Umweltminister David Miliband die Einführung des privaten Emissionshandels vor.[218] Im Jahr 2011 hat die All Party Parliamentary Group on Peak Oil & The Lean Economy Connection einen politischen Rahmen für die Einführung eines Personal Carbon Trading, basierend auf dem TEQs Konzept, erarbeitet.[219] Bereits 2008 hatte die britische Regierung eine Vorstudie zu dem TEQs Konzept anfertigen lassen. Diese Studie kam zu dem Ergebnis, dass die Kosten für die Einführung zu hoch seien.[220] Praktisch umgesetzt wurden diese Konzepte bislang indes nicht. 5

217 Nationaler Allokationsplan 2008 – 2012 für die Bundesrepublik Deutschland, S. 20.

218 Vgl. zu den einzelnen Konzepten Lexikon der Nachhaltigkeit, Stichwort Emissionshandel für Privathaushalte, abrufbar unter: www.nachhalitkeit.info.

219 Download des Konzepts unter: www.teqs.net.

220 Vgl. Synthesis report on the findings from Defra's pre-feasibility study into personal carbon trading, April 2008, S. 2, abrufbar unter: www.teqs.net/links/.

2 Einführung einer Carbon Credit Card (Deutschland)

6 Auch in Deutschland gibt es erste Ansätze zum Personal Carbon Trading. Ein umfassendes Konzept hierzu wurde von der Aachener Stiftung Kathy Beys entwickelt.[221]

3 Emissionshandel für Gebäude als Joint Implementation (JI)

7 Ebenfalls in Deutschland gab es das Projekt „Emissionshandel auf der Basis energetischer Gebäudemodernisierung" (EmSAG und EmSAG 2.0) vom Landesinnungsverband Schornsteinfegerhandwerk Hessen.[222] Das Modellprojekt EmSAG fand im Zeitraum 2006 bis 2008 statt. In diesem wurde das Potential eines Emissionshandels durch energetische Gebäudesanierungsmaßnahmen untersucht. Das Anschlussprojekt EmSAG 2.0 ging mit dem Genehmigungsverfahren den nötigen Schritt für eine Praxisumsetzung unter dem Projekt-Mechanismen-Gesetz (ProMechG) als Joint-Implementation-Project; die Genehmigung wurde im Jahr 2012 von der Deutschen Emissionshandelsstelle (DEHSt) erteilt. Hintergrund dieses Projektes ist, dass der Hauseigentümer in den Emissionshandel einbezogen wird, indem zunächst die Gebäude auf ihren energetischen Verbrauch durch die Schornsteinfeger untersucht werden, dann energetisch umgerüstet werden und für die CO_2-Einsparung dem Hauseigentümer ein Minderungszertifikat ausgehändigt wird. Die Zertifikate werden anschließend gesammelt (sog. Pooling) und können im Rahmen des Emissionshandels nach der Richtlinie 2003/87/EG verkauft werden. Die Erlöse werden dann wieder an die Hauseigentümer zurückgeführt. Dieses Projekt nutzt somit den vorhandenen gesetzlichen Rahmen für Emissionen aus dem Bereich von Industrie und Energiewirtschaft und unterscheidet sich somit von einer allgemeinen Emissionshandelspflicht für Gebäude. Nach dem ProMechG können Emissionsreduktionseinheiten und zertifizierte Emissionsreduktionen aus der Durchführung von Projekttätigkeiten erzeugt werden. Diese können dann wiederum gehandelt werden. Jedoch war der Zeitraum für diese Projekte gem. § 5 Abs. 3 ProMechG auf den 31. Dezember 2012 begrenzt.

III Ausblick

8 Aus heutiger Sicht erscheint es eher unwahrscheinlich, dass ein verpflichtender Emissionshandel für Gebäude in Zukunft Wirklichkeit wird. Zu groß sind die praktischen Hindernisse und der mit seiner Einführung verbundene Aufwand. Die Transaktionskosten dürften daher in einem nicht angemessenen Verhältnis zum Nutzen stehen. Klimaschützende Maßnahmen im Gebäudebereich werden daher auch zukünftig eher durch andere Instrumente verwirklicht werden.

---

221 Vgl. www.co2card.de.
222 Vgl. www.emsag.org.

Der nationale Allokationsplan von 2008 – 2012 sah insofern bereits weitreichende Maßnahmen zur Reduzierung der CO_2-Emissionen im Gebäudesektor vor. Dazu gehörten etwa der Ausbau der deutschen Energieagentur als Kompetenzzentrum für Energieeffizienz sowie KfW-Programme im Gebäudebereich. 9

Aktuell verfolgen die Europäische Union und der deutsche Gesetzgeber den Ansatz, CO_2 im Gebäudesektor durch eine Steigerung der Energieeffizienz einzusparen. Dieses Ziel soll durch ordnungspolitische Instrumente, Finanzierungsinstrumente und Aufklärung der Bürger erreicht werden. Die energetische Sanierung des Gebäudebestandes wird dabei als Schlüssel zur Erreichung der Klimaschutzziele betrachtet.[223] Es sollen hierdurch ökonomische Anreize geschaffen werden, die dazu beitragen, dass private Haushalte ungenutzte Sanierungspotentiale nutzen und somit die Umwelt entlasten. Auf europäischer Ebene regelt die Richtlinie 2010/31/EU über die Gesamteffizienz von Gebäuden (GebäudeRL) die energetischen Vorgaben für Gebäude. Auf nationaler Ebene übernimmt diese Aufgabe im Wesentlichen das Energieeinsparungsgesetz (EnEG) und die auf seiner Grundlage erlassenen Verordnungen, nämlich die Energieeinsparungsverordnung (EnEV) und die Heizkostenverordnung (HeizkostenV). Aus dem Erneuerbare-Energien-Wärme-Gesetz (EEWärmeG) ergeben sich weitere Anforderungen.[224] 10

223 Energiekonzept für eine umweltschonende, zuverlässige und bezahlbare Energieversorgung, BT-Drucks 17/3049, S. 13.

224 Ein von dem Bundeswirtschafts- und dem Bundesbauministerium gemeinsam erarbeiteter Entwurf zur Überführung der Regelungen des EEWärmeG zusammen mit den Vorgaben des EnEG und der EnEV in ein neues Gesetz zur Einsparung von Energie und zur Nutzung Erneuerbarer Energien zur Wärme- und Kälteerzeugung in Gebäuden (Gebäudeenergiegesetz) ist im Februar 2017 noch vor seiner Verabschiedung im Bundeskabinett vorerst am Widerstand der Unionsparteien gescheitert.

C Zertifizierung von Bauprodukten

1 Das Errichten von Gebäuden sowie Infrastrukturbauten und der damit verbundene Einsatz von Baumaterialien ist mit enormen **Stoffströmen** verbunden. Gemäß Angaben des Umweltprogramms der Vereinten Nationen (UNEP)[225] werden nahezu 50 % des globalen **Rohstoffverbrauchs** durch Bauprodukte verursacht. Gleichzeitig entstammen ca. 60 % des **Abfallaufkommens** dem Immobiliensektor[226]. Bereits diese beiden Zahlen verdeutlichen, welchen Einfluss Baustoffe auf den weltweiten Ressourcenhaushalt haben. Darüber hinaus ist auch im Bereich der Energieeffizienz, die traditionell stark von Anlagentechnik beeinflusst wird, inzwischen ein Status quo erreicht, welcher weitere Optimierungen nur unter Einbeziehung des ökologischen Rucksacks (**Graue Energie**, Graue Emissionen) der verbauten Materialien erlaubt. So entfallen bei modernen, energieeffizienten Bürogebäuden ca. 40–50 % der Umweltwirkungen in einem Betrachtungszeitraum von 50 Jahren auf die verbauten Materialien[227]. Diese Situation hat sich erst in den vergangenen Jahren durch die großen Fortschritte im Bereich der Energieeffizienz von Gebäuden ergeben. Für weitere Verbesserungen der **Ökobilanz** im Lebenszyklus stellen die sogenannten **„Grauen Emissionen“** der eingesetzten Materialien eine entscheidende Stellschraube dar. Dort stehen die Innovationen, anders als bei der Anlagentechnik, noch ganz am Anfang und bieten enormes Potential, beispielsweise durch **Recycling** oder den Einsatz nachwachsender Rohstoffe.[228]

2 Die zunehmende Bedeutung von Baustoffen für nachhaltige Gebäude greift auch die neue EU Bauprodukte-Verordnung auf (Nr. 305/2011 (BauPVO) vom 9. März 2011), welche Mitte 2013 in Kraft getreten ist und die alte **Bauprodukte-Richtlinie** vollständig ersetzt. Die EU-Verordnung fordert Hersteller von Baustoffen erstmals dazu auf, den gesamten Lebenszyklus der in Verkehr gebrachten Produkte zu berücksichtigen und zielt dabei neben Aspekten wie Hygiene, Gesundheit und Umweltschutz (Anforderung Nr. 3) explizit auf das Recycling und die Wiederverwendung von Ressourcen ab (Anforderung Nr. 7). Derzeit enthält das Regelwerk noch keine verbindlichen Benchmarks wie beispielsweise Recyclingquoten. Dennoch nehmen viele Hersteller die **BauPVO** zum Anlass, um ihre Erzeugnisse nachhaltig auszurichten und weisen diese besondere Qualität durch freiwillige Umweltzeichen nach.

3 Um Planern und Bauherren in einem zunehmend unübersichtlichen Markt die Auswahl ökologischer Baustoffe zu vereinfachen, haben sich in den vergangenen

---

225 UNEP Sustainable Building and Construction Initiative, Information Note. Verfügbar unter: http://www.unepsbci.org/SBCINews/PressRelease/ (2006).

226 Statistisches Bundesamt 2016, Datenerhebung für 2014.

227 Statistisches Bundesamt 2016, Datenerhebung für 2014.

228 *Brenner* Recyclinggerechtes Konstruieren, Universität Stuttgart, 2010.

Jahren diverse Umweltzeichen etabliert. Dabei können drei Typen von Umweltzeichen unterschieden werden.

I Einordnung verschiedener Typen von Umweltzeichen

1 Umweltzeichen Typ I (nach ISO 14024)

4 Umweltzeichen des Typ I sind freiwillige **Ökolabels**, welche ein Produkt hinsichtlich festgelegter Kriterien bewerten. Die Definition der Kriterien und die Bewertung bzw. Zertifizierung des Produkts muss durch eine **unabhängige Dritte Seite** erfolgen. Bekannte Typ I Umweltzeichen sind der Blaue Engel, natureplus oder Cradle to Cradle.

5 Typ I Ökolabels bieten Planern, Bauherren und Nutzern eine unabhängige und qualitative Bewertung eines Produkts und erlauben neben dem Vergleich verschiedener Anbieter insbesondere eine Qualitätssicherung hinsichtlich bestimmter Nachhaltigkeitskriterien wie beispielsweise des Schadstoffgehalts.

2 Umweltzeichen Typ II (nach ISO 14021)

6 Umweltkennzeichen nach Typ II sind durch die ISO 14021 – Umweltbezogene Anbietererklärungen – geregelt. Da diese Umweltzeichen in der Regel von Herstellern oder einem Handelsvertreter selbst entwickelt und verbreitet werden, spricht man auch von **Selbstdeklarationen**. Eine unabhängige Prüfung durch Dritte ist nicht erforderlich. Hintergrund der Erstellung sind in der Regel Marketingmaßnahmen zur Kundenansprache. Professionelle Selbstdeklarationen sind so transparent aufgebaut, dass der Nutzer die Korrektheit der Angaben sinngemäß nachvollziehen kann. Der Hersteller des Produkts ist für die Richtigkeit der Angaben selbst verantwortlich, kann diese jedoch zur Verbesserung der Glaubwürdigkeit von unabhängiger Stelle überprüfen lassen. Bekannte Beispiele sind die Nachhaltigkeitsdatenblätter oder Leitfäden großer Hersteller wie Schüco, Caparol oder Brillux.

3 Umweltzeichen Typ III (nach ISO 14025)

7 Umweltzeichen des dritten Typs sind **Umwelt-Produktdeklarationen** (EPD, engl. Environmental Product Declaration). Sie stellen eine Beschreibung der Umweltwirkungen des Produkts **ohne Wertung** dar und basieren auf einer Ökobilanz nach ISO 14040. Dabei werden alle mit dem Produkt verbundenen Material- und Energieströme von der Rohstoffgewinnung über die Herstellung bis zur Entsorgung erfasst und die daraus resultierenden Umweltwirkungen in verschiedenen Wirkkategorien dargestellt (z. B. Primärenergiebedarf, CO_2-Emissionen, Versauerungspotential, usw.). Die bereitgestellten Kennzahlen erlauben einen Vergleich der Umweltwirkung verschiedener Produkte pro Maßeinheit, üblicherweise 1 kg des jeweiligen Materials. Für die deutsche Umwelt-Produktdeklaration nach ISO 14025 ist das Institut Bauen und Umwelt

in Berlin Programmhalter[229]. Derzeit werden Typ III Umweltzeichen hauptsächlich im Rahmen von Green Building Zertifizierungen, beispielsweise nach DGNB[230], LEED[231] oder BREEAM[232], nachgefragt und zum Erstellen von gebäudebezogener Ökobilanzen eingesetzt.

II Öko-Labels (Typ 1) als Hilfsmittel zur Produktauswahl, Qualitätssicherung und Risikovorsorge

8 Besonders hilfreich bei der Produktauswahl sind **Ökolabels** des ersten Typs, aufgrund der definierten **Qualitätsaussage** und der Prüfung durch unabhängige Dritte. Innerhalb der Typ I Ökolabels nach ISO 14024 existiert ein großes Spektrum an Umweltzeichen, die allesamt im Bauwesen Anwendung finden. Diese sehr begrüßenswerte große Vielfalt an Labels führt jedoch zu einer verwirrenden und unübersichtlichen Marktsituation, die selbst von Fachleuten nur schwer überblickt werden kann. Für die meisten Bauherren und auch Planer ist es zu aufwändig sich mit der großen Bandbreite verschiedener Labels zu befassen – dadurch wird deren Potential als Hilfestellung bei der Produktauswahl nur eingeschränkt genutzt. Um einen Überblick der existierenden Labels zu erhalten lassen sich diese zunächst in drei Gruppen gliedern:
- Staatlich kontrollierte Labels (z. B. Blauer Engel, Nordic Swan) mit vollem Produktspektrum
- Private oder durch gemeinnützige Organisationen kontrollierte Labels (z. B. Cradle to Cradle, Natureplus) mit vollem Produktspektrum
- Produkt- oder themenspezifische Zeichen (z. B. emicode, gut-siegel)

Tabelle 1 zeigt einen Vergleich der gängigsten Labels mit dem jeweiligen An-wendungsspektrum. Sie basiert auf einer umfangreichen Vergleichsstudie zu Ökolabels, die in einem BBSR geforderten Forschungsprojekt erstellt wurde [233].

9 Ein aussagekräftiges Umweltzeichen sollte dabei nicht nur einzelne Teilaspekte isoliert bewerten, sondern eine holistische Betrachtung vornehmen. Dabei soll-ten in der Bewertung mindestens folgende Bereiche abgedeckt sein:
- Gesundheit und Schadstoffe
- Rezyklierbarkeit, Entsorgung, Rücknahme

---

229 www.ibu-epd.com.
230 http://www.dgnb-system.de.
231 http://www.usgbc.org.
232 http://www.breeam.com/.
233 Studie „Vergleich von Prüfzeichen für Baumaterialien mit Nachhaltigkeitsmerkmalen in Europa", gefördert mit Mitteln der Forschungsinitiative Zukunft Bau des Bundesinstituts für Bau-, Stadt- und Raumforschung (BBSR), F 2977, 2015.

- Graue Energie, Ökobilanz, Ressourcenverbrauch
- Sozialstandard, Produktionsbedingungen

Um die Ökolabels für Anwender nachvollziehbar zu gestalten, ist es entscheidend, dass 10
alle Bewertungskriterien durch die Zertifizierungsstelle **transparent** und **öffentlich zugänglich** dargestellt sind. Im besten Fall wird das Abschneiden der ausgewiesenen Produkte kriterienspezifisch dargestellt. So kann der Planer Produkte auch nach individuellen Schwerpunkten (z. B. Gesundheit) auswählen und selbst entscheiden, ob der Bewertungsmaßstab dem jeweiligen Anforderungsniveau entspricht. Um die weitere Verbreitung sowie die praktische Anwendbarkeit von Ökolabels als **Hilfsmittel zur Produktwahl** zu fördern, wäre es hilfreich, die Übersichtlichkeit zu verbessern. Daher wird häufig die Frage gestellt, welche Labels am weitesten verbreitet, am glaubwürdigsten, am transparentesten oder am strengsten sind. Die Beantwortung dieser Frage bleibt jedem Anwender selbst überlassen. Stellt man jedoch die Kriterien
- Anwendbarkeit auf viele/alle Bauprodukte
- europaweite oder internationale Verbreitung
- transparente Kriteriendarstellung
- ganzheitlicher Bewertungsansatz

der Auswahl voran, dann stechen zwei Labels besonders hervor, die an dieser Stelle genauer beschrieben werden sollen:

1 Cradle to Cradle Certified

Das C2C-Zertifikat wird vom Cradle to Cradle Product Innovation Institut[234] in San 11
Francisco vergeben (C2CPII; europäische Niederlassung in Venlo, NL). Das Zertifizierungssystem ist weltweit und branchenübergreifend anwendbar. Zertifiziert werden sämtliche Arten von Bauprodukten aber auch Kleidung, Konsumgüter, usw. Ausgeschlossen von einer Zertifizierung sind Nahrungsmittel.

Der aktuelle Zertifizierungsstandard (Version 3.1)[235] bewertet die fünf Haupt- 12
kategorien **Material Health** (Schadstoffe, Gesundheitsrelevanz der Inhaltsstoffe), **Material Reutilization** (Rezyklierbarkeit und Anteil Rezyklat), Erneuerbare Energien und CO_2-Management bei der Produktion, Umgang mit Wasser und Abwasser, soziales Engagement und Fairness. Besonders anspruchsvoll sind die ersten beiden Bewertungskategorien (Material Health & Reutilization), da die enthaltenen Inhaltsstoffe hier bis auf **100ppm** (0,01 Massen %) deklariert werden müssen und hohe Anforderung an die Rezyklierbarkeit bestehen. Die Hersteller und deren Lieferanten müssen dabei die stoffliche Zusammensetzung des Produkts bis auf die Ebene der

234 Cradle to Cradle Product Innovation Institute, www.c2ccertified.org.
235 C2C Certified Product Standard Version 3.1, C2CPII 2016, Download: http://goo.gl/af8FnH.

chemischen Substanzen darlegen und durch CAS-Nummern transparent beschreiben (CAS = Chemical Abstracts Service). Stoffe, die gesundheitsgefährdend sind, führen je nach Konzentration und Exposition zum Ausschluss der Zertifizierung.

13 Die Beurteilung erfolgt anhand der fünf Bewertungslevels Basic, Bronze, Silber, Gold und Platinum. Bei der Zertifizierung wird dabei jede Kategorie separat bewertet. Für das Gesamt-Level des Zertifikats ist jedoch das Ergebnis der schlechtesten Kategorie maßgebend.

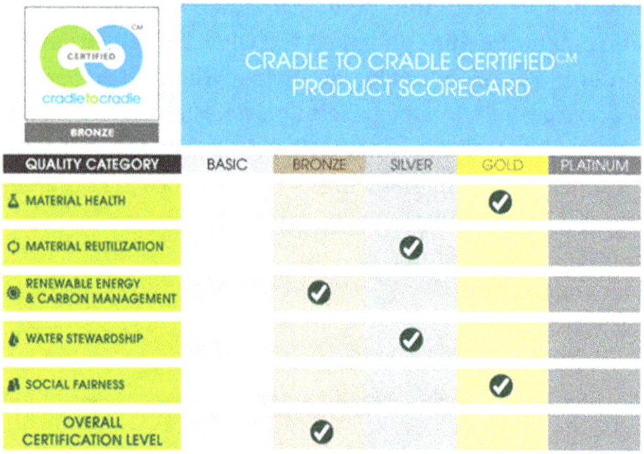

Abbildung 1: Cradle to Cradle Scorecard

2 Natureplus

14 Das natureplus-Zertifikat wird von der International Association for Sustainable Building and Living – natureplus e. V. mit Hauptsitz in Neckargmünd (D) vergeben[236]. Das System findet in ganz Europa Anwendung. Zertifiziert werden können Bauprodukte folgender Kategorien: Ausbauplatten, Bodenbeläge, Dachdeckung, Dämmstoffe, Fenster, Fliesen, Holzwerkstoffe, Lache und Lasuren, Mauersteine, Öle und Wachse, Putze, Mörtel, Mineralkleber, Tapeten, Türen, Dämmsysteme, Wand- und Deckenelemente, Wandfarben. Die Anforderungen an die Zertifizierung sind in einer Vergaberichtlinie transparent beschrieben. Dabei gibt es neben den Basisanforderungen, die für alle Materialien gelten, spezifische Anforderungen für jede einzelne Produktkategorie. Wesentliche allgemeine Anforderungen sind:

- umweltverträgliche Rohstoffgewinnung,
- mindestens 85 % nachwachsende oder mineralische Rohstoffe
- Petrochemie nur wo technisch nicht vermeidbar

236 www.natureplus.org; Zertifizierungskriterien Stand 2011, Download: https://goo.gl/abjfbW.

- Ausschluss öko- und humantoxischer Inhaltsstoffe und Emissionen
- Deklaration der Substanzen bis 1000 ppm (0,1 Massen %)
- Nachweis Sozialstandards und Arbeitsschutz
- Rezyklierbar oder umweltverträglich zu Entsorgen

Derzeit sind in Europa über 600 Produkte zertifiziert die gemäß Angaben von natureplus etwa 5 % des Baustoffmarktes repräsentieren. 15

III Anwendung von Umweltzeichen bei öffentlichen Projekten und in der Green Building-Zertifizierung

Mit der **EU-Vergaberichtlinie** (2014/24/EU), die im April 2016 in deutsches Recht 16
übernommen wurde, gibt es nun auch bei öffentlichen Ausschreibungen die Möglichkeit produktbezogene Nachhaltigkeitskriterien in Form von Umweltzeichen juristisch zulässig einzubinden. Dies war bisher quasi nicht möglich. So lässt sich durch den Verweis auf entsprechende Labels eine ökologische Qualitätssicherung (z. B. in Bezug auf gesundheitsrelevante Materialbestandteile) mit überschaubarem Aufwand gestalten. Anbietern ohne Label wird dabei eingeräumt, die Gleichwertigkeit eines nicht zertifizierten Produkts mit entsprechenden Nachweisen belegen zu können.

Auch die gängigen **Gebäudezertifizierungssysteme** (DGNB, LEED, BREEAM) 17
erkennen Umweltzeichen als Qualitätsnachweis an oder berufen sich direkt auf diese. Viele materialspezifische Informationen, die für den Zertifizierungsprozess relevant sind, lassen sich zudem über Dokumentationsblätter der Umweltzeichen beantworten und nachweisen. Darüber hinaus wird die weitere Verbreitung von Umweltzeichen unterstützt, indem der Einsatz von Bauprodukten mir entsprechenden Nachweisen mit Extrapunkten bewertet wird (z. B. bei LEED: C2C, EPD, u. a.).

Praxistipp
Ökolabels (Typ 1) sind eine **wertvolle Hilfe für Planer** und Bauherren bei der Auswahl von gesunden und nachhaltigen Bauprodukten. Sie bieten eine ver-lässliche und durch unabhängige Dritte geprüfte Quelle für materialbezogene Informationen zur **Qualitätssicherung und Risikovorsorge**. Die neue EU-Vergaberichtlinie erlaubt nun auch den Verweis auf Öko-Labels bei öffentlichen Ausschreibungen. Gleichermaßen bewerten Green Building Zertifizierungen den Einsatz von zertifizierten Bauprodukten positiv. Besonders breit anwendbar sind die Labels Cradle to Cradle und natureplus.

Bezeichnung Öko-Label (Typ 1)	Logo	Verbreitungs-gebiet (Land)	Produktumfang						Anerkennung bei Green Building Zertifizierung (LEED, DGNB, BREEAM)	Link
			Beschichtungen und Farben	Dämmstoffe	Holzwerkstoffe	mineral. Baustoffe (Putze, Mörtel, ...)	Bodenbeläge	Systemprodukte (z.B. Trennwandsystem, ...)		
Produktübergreifend, staatlich										
EU-ecolabel		Europa	x				x		nein	www.eu-ecolabel.de
Blauer Engel		Deutschland	x	x	x	x	x	x	DGNB; LEED	www.blauer-engel.de
Nordic Swan		Skandinavien	x		x		x	x	nein	www.nordic-ecolabel.org
Österreichisches Umweltzeichen		Österreich	x	x	x		x		nein	www.umweltzeichen.at
Produktübergreifend, privat										
Cradle to Cradle		International	x	x	x	x	x	x	LEED; BREEAM NL; (Indirekt DGNB)	www.epea.com www.c2ccertified.org
eco-Institut		Deutschland	x		x	x	x		DGNB; LEED; BREEAM	www.eco-institut.de
ANAB-ICEA-Label		Italien	x	x	x	x	x		nein	www.anab.it
natureplus		International (Fokus Europa)	x	x	x	x	x	x	indirekt	www.natureplus.org
IBR Rosenheim		Deutschland	x	x	x	x	x		nein	www.baubiologie-ibr.de
Produktspezifisch										
FSC		International			x		x		DGNB; LEED; BREEAM	www.fsc-deutschland.de
GoodWeave		International					x		nein	www.goodweave.de
PEFC		International			x		x		DGNB; LEED; BREEAM	www.pefc.de
EMICODE EC1/EC1+		Deutschland	x	x		x			DGNB; LEED indirekt	www.emicode.com
GUT-Signet		Deutschland					x		LEED; DGNB	www.gut-ev.de
Holz von Hier		Deutschland			x		x		nein	www.holz-von-hier.de

Abbildung 2: Vergleich gängiger Öko-Labels (Daten basierend auf Studie „Vergleich von Prüfzeichen für Baumaterialien mit Nachhaltigkeitsmerkmalen in Europa", F 2977, 2015)

Kork-Logo		Deutschland					x		nein	www.kork.de
Lignum		Schweiz			x		x		nein	www.lignum.ch
Stiftung Farbe Umwelt-Etikette		Schweiz	x						nein	www.stiftungfarbe.org
NF Environnement		Frankreich	x						nein	www.marque-nf.com
PURE		Frankreich	x			x			nein	www.association-pure.org
M1 Emission Classification		Finnland	x	x	x	x	x	x	nein	www.rakennustieto.fi

Abbildung 2: (fortgesetzt)

D Zertifizierungssysteme für Gebäude

I Überblick Zertifizierungssysteme

1 Eine nachhaltige Entwicklung setzt einen nachhaltigen Gebäudebestand voraus (siehe Einleitung). Die **Bau- und Immobilienwirtschaft** hat hier eine besondere Verantwortung. Nur wenn der Grad der Nachhaltigkeit von Gebäuden messbar gemacht werden kann, gelingt es, Immobilien bewusst nachhaltiger zu planen, zu bauen und zu betreiben. Zertifizierungssysteme sind ein Instrument die Nachhaltigkeit von Gebäuden **sichtbar** und **messbar** machen. Ein Nachhaltigkeitsmanagement ist damit möglich.

2 **Green Building Zertifikate** zeichnen besonders nachhaltige Gebäude aus. Green Building ist dabei ein Synonym für nachhaltige Gebäude.[237] Weltweit gibt es eine Vielzahl sogenannter Green Building Zertifizierungssysteme[238], die mit unterschiedlichen Schwerpunkten, Anforderungen und Auszeichnungsstufen die Nachhaltigkeit von Immobilien bewerten und auszeichnen.

3 Die unterschiedlichen Nachhaltigkeitszertifizierungssysteme werden üblicherweise von sogenannten nationalen **Green Building Councils** entwickelt. Sie organisieren unter anderem die Weiterentwicklung der Systeme und den Zertifizierungsprozess mit seinen Prüfungsverfahren. Sie bilden Auditoren[239] aus und weiter. Die Auditoren führen die Zertifizierung durch bzw. begleiten sie und beraten in den meisten Fällen den Bauherren und das Projektteam bezüglich Zertifizierung und Nachhaltigkeit.

1 Historie

1 Nachhaltigkeitszertifizierungen von Gebäuden werden seit nun über 25 Jahren angewandt. Das britische Green Building Label **BREEAM**[240] war 1990 das erste. Es gilt als Vorreiter und galt beispielsweise dem US-amerikanischen System **LEED** und auch dem australischen System Green Star als Vorlage. Das US-amerikanische LEED wie-

---

237 Weltweit hat sich der Begriff Green Building eingebürgert. Um besonders die Nachhaltigkeit von Gebäuden in den Vordergrund zu stellen, spricht man auch von Blue Building. Dabei ist blau die Farbe, die weltweit für Nachhaltigkeit steht. Somit wäre die Bezeichnung Blue Building die passendere. Da sich die Bezeichnung Green Building bereits durchgesetzt hat, wird in diesem Buch im Allgemeinen ebenfalls von Green Building gesprochen. Das Verständnis in diesem Buch ist das Green Building für ein nachhaltiges Gebäude steht und nicht nur ein Gebäude, das besonders ökologisch ist, wie es der Begriff „green“ nahelegen könnte.

238 Alternativ: Green Building Label, Green Building Systeme.

239 Je nach Label ist die Bezeichnung für die Auditoren ggf. unterschiedlich (bspw. Assessor).

240 BREEAM: Building Research Establishment Environmental Assessment Method.

derum, wurde in verschiedenen anderen Ländern übernommen.[241] Das US-Label ist die außerhalb des Ursprungslandes am weitesten verbreitete Bewertungsmethode.[242] Zählt man die Verbreitung im Ursprungsland hinzu, ist BREEAM das System mit den meisten ausgezeichneten Objekten.

Die weltweiten Aktivitäten in Bezug auf nachhaltiges Bauen und seine Vermark- 2
tung werden seit 2002 unter dem Dachverband des World Green Building Councils (World-GBC) koordiniert. Das **World Green Building Council** ist ein Netzwerk der nationalen Green Building Councils aus mehr als 100 Ländern. Das World Green Building Council bildet die Dachorganisation. Es ist in die fünf Regionen Afrika, Mittlerer Osten & Nordafrika, Amerika, Europa und Asien / Pazifik strukturiert.[243] Deutschland wird durch die **Deutsche Gesellschaft für Nachhaltiges Bauen (DGNB)** im World GBC offiziell vertreten.[244]

In Deutschland werden Gebäude seit ungefähr 10 Jahren zertifiziert. Enorm ver- 3
stärkt wurde der Trend in Deutschland mit Einführung der **DGNB-Auszeichnung**[245] Anfang 2009. Auch das deutsche Verfahren ist Lizenzgeber und damit Vorbild für Länder außerhalb von Deutschland wie Dänemark und Österreich. Die DGNB hat das Zertifizierungssystem gemeinsam mit dem Runden Tisch Nachhaltiges Bauen entwickelt. Der Runde Tisch ist ein Gremium, das vom Bundesministerium für Verkehr, Bau und Stadtentwicklung (BMVBS) 2001 zur Beratung des Bundes bei der Entwicklung von Regelungen zum Nachhaltigen Bauen gegründet wurde.[246] Seit 2010 gibt das Bundesbauministerium ein eigenes Bewertungs- und Zertifizierungssystem heraus. Das sogenannte **Bewertungssystem Nachhaltiges Bauen für Bundesgebäude (BNB)**. Es beruht auf dem in zweijähriger Zusammenarbeit mit der DGNB gemeinsam entwickelten Bewertungsverfahren.[247]

Nachhaltigkeitszertifizierungen sind eine dementsprechend junge Entwicklung. 4
Trotzdem sind sie in vielen Bereichen bereits zum Standard in der Bau- und Immobilienwirtschaft geworden. Dies gilt insbesondere für Gewerbeimmobilien mit Büro-, Handels- oder Hotelnutzung. Aber auch Bildungsbauten und Industriegebäude werden zunehmend ausgezeichnet. Üblich ist eine Auszeichnung eher in Ballungsgebieten und Großstädten und weniger auf dem Land. Bauherren, die sich für eine

241 LEED: Leadership in Energy and Environmental Design. Auch z. B. in Kanada und Dubai heißen die nationalen Bewertungsmethoden LEED.

242 Vgl. *Lambertz*, S. 18

243 Siehe http://www.worldgbc.org/index.php?cID=220

244 Siehe http://www.worldgbc.org/index.php?cID=1#

245 DGNB stand ursprünglich auch für Deutsches Gütesiegel für Nachhaltiges Bauen, eine Bezeichnung, die die DGNB selbst nicht mehr verwendet. DGNB steht nun ausschließlich für die Deutsche Gesellschaft für Nachhaltiges Bauen.

246 Siehe http://www.nachhaltigesbauen.de/nachhaltiges-bauen/runder-tisch-nachhaltiges-bauen.html

247 Siehe http://www.bnb-nachhaltiges.de

Zertifizierung entscheiden, sind häufig **Projektentwickler** oder **Eigennutzer**. Die Motive für ein Nachhaltigkeitslabel können dabei ganz unterschiedlich sein. Die Baubranche ist damit die erste Branche, der es gelungen ist, für ihr heterogenes Produkt „Gebäude“ ein Nachhaltigkeitslabel zu etablieren.

5 Wie dynamisch und vergleichsweise neu die **Entwicklungen** in Deutschland (und darüber hinaus) im Bereich Nachhaltigkeitszertifizierung von Gebäuden sind, verdeutlicht die zeitliche Übersicht in Abbildung 1.

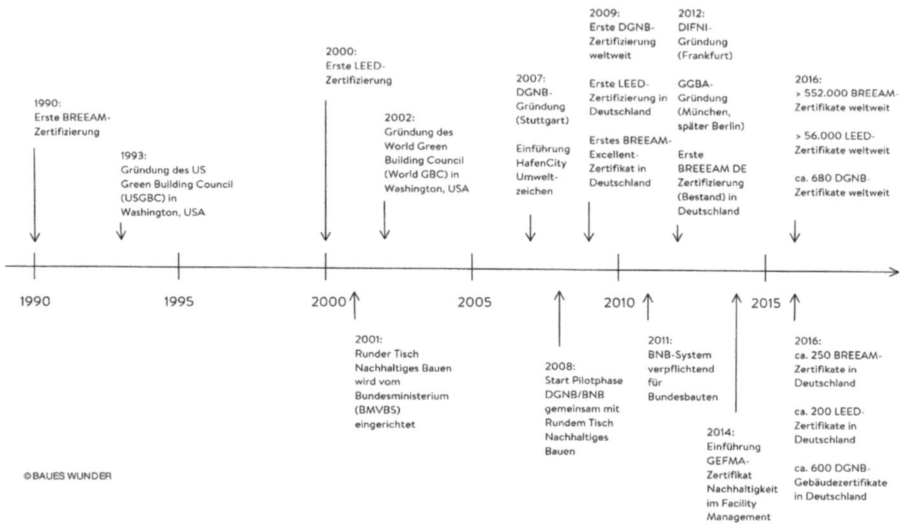

Abbildung 1: Entwicklung Green Building Zertifizierungen (Schwerpunkt Deutschland)

2 Zielsetzung

1 Die bereits in der Einleitung dargestellte Relevanz der nachhaltigen Entwicklung sowie die in diesem Zusammenhang **hohe Verantwortung** der Baubranche macht das Nachhaltige Bauen so bedeutend. Um die nachhaltige Qualität der Gebäude transparent darzustellen sowie Anreize zum Nachhaltigen Bauen zu schaffen, sind Green Building Label entwickelt worden. Sie dienen als Instrument zur Bewertung eben dieser **nachhaltigen Qualität** im Gebäudebereich. Einen ganzheitlichen, lebenszyklusorientierten Ansatz des Planens, Bauens und Betreibens von Gebäuden sowie eine transparente und bewertbare Objektdokumentation würdigt eine Auszeichnung mit solch einem Label.[248]

2 Auf dem Markt stehen weltweit unterschiedliche Systeme zur Verfügung, die mehr oder weniger vertieft, den Anspruch verfolgen, besonders nachhaltige Bau-

248 Vgl. *Saunders*, S. 12

werke auszuzeichnen und damit ihre Qualität und nachhaltigen Eigenschaften nach außen darstellbar zu machen.

Die Zertifizierungssysteme formulieren **Nachhaltigkeitsanforderungen** an die 3
Gebäude. Die dort definierten Anforderungen gehen gewöhnlich über die gesetzlichen und normativen Anforderungen des jeweiligen Landes hinaus. Sie liegen über dem Standard in Bezug auf Technik, Baukonstruktion und in Bezug auf Prozesse in Planung, Bau und Betrieb von Gebäuden.

Ein grundlegendes Ziel der **Green Building Bewertung** ist es, über festgelegte 4
Kriterien Auswirkungen einer Immobilie auf die lokale und / oder globale Umwelt, auf den Menschen und auf die sozialen und ökonomischen Werte sichtbar und nachvollziehbar zu machen. Ziel ist es, über geeignete Indikatoren für das **mehrdimensionale Ziel** „Nachhaltiges Gebäude" die Auswirkungen zu beschreiben und zu quantifizieren. Eine Green Building Auszeichnung sorgt für eine Vergleichbarkeit von Konzepten und Gebäuden. Eine Nachhaltigkeitszertifizierung ist damit nicht nur ein Kommunikations- sondern vor allen Dingen auch ein Steuerungsinstrument.

3 Relevante Green Building Label

Die weltweit existierenden Zertifizierungssysteme finden zum Teil mehr oder weniger 1
ausschließlich im Ursprungsland Anwendung. Dies gilt zum Beispiel für das französische Verfahren **HQE**[249] oder das japanische **CASBEE**[250]. Das **Green Star** System wird in Australien häufig eingesetzt. Darüber hinaus findet Green Star kaum Anwendung (abgesehen von Neuseeland und Südafrika).

International gesehen spielen vor allen Dingen **BREEAM** und noch mehr **LEED** 2
eine besondere Rolle. Das deutsche System **DGNB** strebt ebenfalls eine internationale Verbreitung an und es sind bereits in einer Reihe von Ländern außerhalb Deutschlands Immobilien nach DGNB zertifiziert worden.

In Abbildung 2 ist eine weltweite Auswahl verschiedener Green Building Label 3
(ohne die zahlreichen Lizenznehmer von LEED, BREEAM und DGNB) dargestellt. In fast allen Industrienationen wurde oder wird an einem eigenen Green Building Label gearbeitet. Abgenommen hat die Zahl der vollständigen Neuentwicklungen. Der Trend geht zur Übernahme und Anpassung vorhandener Systeme auf die lokalen Erfordernisse, wie eigene Standards und Baukultur, nationale rechtliche Vorgaben, Richtlinien und Normen. Als **Vorbild-Systeme** und **Lizenzgeber** treten hier vor allem das US-amerikanische und das britische Label und zunehmend auch DGNB auf.[251]

249 HQE: Haute Qualité Environnementale.
250 CASBEE: Comprehensive Assessment System for Built Enviroment Efficiency.
251 Siehe https://www.thenbs.com/knowledge/building-role-models-for-a-sustainable-future

Abbildung 2: Auswahl internationaler Green Building Label

4 Die verschiedenen nationalen Systeme berücksichtigen die jeweiligen klimatischen Bedingungen vor Ort, die lokale Verfügbarkeit von Ressourcen und die von Land zu Land unterschiedliche **Baukultur**. Diese Gründe sprechen für die Entwicklung und Anwendung nationaler Bewertungsverfahren. Nachteil der verschiedenen Systeme ist die relativ schlechte **Vergleichbarkeit**. Die Systeme unterscheiden sich unter anderem in ihrer Anwendbarkeit, den Kriterien, der Gewichtung, dem Anforderungsniveau und den Auszeichnungsstufen. Speziell für Neubauten (Wohn- und Nichtwohngebäude) in Entwicklungs- und Schwellenländern wird vom GBCI[252] ein Green Building Zertifizierungssystem Namens **EDGE**[253] angeboten. Es ist in fast 120 Ländern anwendbar und adressiert in erster Linie kosteneffiziente Strategien, um Wasser- und Energiebedarf in Gebäuden zu reduzieren.[254]

5 In Deutschland werden vor allen Dingen **BREEAM**, **LEED** und **DGNB** angewandt. Lokal relevant ist das **HafenCity Umweltzeichen**[255] in Hamburg, das 2007 eingeführt wurde und als Vorreiter des DGNB-Systems gilt. Es werden neben Umweltaspekten die ökonomische und soziale Nachhaltigkeit der Neubauten in der Hamburger HafenCity bewertet. Die German Facility Management Association (GEFMA) hat außerdem 2014

252 GBCI: Green Business Certification Inc.

253 EDGE: Excellence In Design For Greater Efficiencies

254 Siehe http://www.gbci.org/certification#edge

255 Zertifizierungssystem „Nachhaltiges Bauen in der HafenCity" wird seit 2007 eingesetzt (vgl. *Hoffmann/Rudolphi*, S. 11)

eine Nachhaltigkeitszertifizierung speziell für den Gebäudebetrieb und die Gebäudebetreiber an den Markt gebracht: die **GEFMA 160 – Nachhaltigkeit im Facility Management**.

Green Building Zertifizierungssysteme bieten jeweils verschiedene Varianten 6
ihrer Kriterienkataloge für verschiedene Gebäudenutzungen an. Die Anzahl variiert von System zu System und wird regelmäßig von den einzelnen Green Building Councils fortgeschrieben und weiterentwickelt. So haben beispielsweise fast alle Label jeweils angepasste Kriterien für **Neu- und Bestandsbauten**. Mehr oder weniger vielfältig ist die Unterteilung der Kriterienkataloge in Nutzungsarten des Gebäudes. Häufig werden Bewertungskataloge für zum Beispiel Bürogebäude, Handelsbauten, Bildungsbauten, Gesundheitsbauten usw. unterschieden.

Die Zertifizierungssysteme nutzen **Indikatoren** zur Prüfung bzw. Bewertung der 7
Qualität in verschiedenen Kriterien. Die einzelnen Kriterien werden in Hauptkategorien sortiert. Die Indikatoren, **Kriterien** und **Hauptkategorien** erhalten eine Gewichtung innerhalb der Gesamtbewertung. Aufgrund der unterschiedlichen Inhalte und der spezifischen **Gewichtung** der jeweiligen Schwerpunkte erhalten die Zertifizierungslabels jeweils eine bestimmte Charakteristik.[256] Welche Hauptkategorien, die Zertifizierungssysteme BREEAM, LEED, DGNB und Green Star im Bereich Neubau Bürogebäude unterscheiden, zeigt die nachfolgende Darstellung (Abbildung 3).

256 Vgl. *Makkie*, S. 116

Abbildung 3: Hauptkategorien der Green Building Label BREEAM, LEED, DGNB und Green Star[257]

4 Der Weg zum Zertifikat

1 Wird eine Green Building Auszeichnung für ein Gebäude angestrebt, wird zunächst geprüft, welches System geeignet und / oder anwendbar ist. **Projektziele**, Gebäudenutzung und -lage, Konstellation der Projektbeteiligten und **Motivation** des Bauherrn, sind wichtige Einflussfaktoren auf die **Wahl des Zertifizierungssystems**. Anwendungsgrenzen und Mindestanforderungen sind abhängig vom Zertifizierungssystem und können auch je nach Version unterschiedlich sein. Die Qualitäten des Gebäudes werden aufgrund unterschiedlicher Bewertungskriterien, unterschiedlicher Gewichtungen und **Anforderungsniveaus** unterschiedlich deutlich.

2 Anders als bei anderen Zertifizierungen findet eine Green Building Zertifizierung üblicherweise nicht zu einem bestimmten Zeitpunkt punktuell als Audit statt. Es handelt sich vielmehr um einen **projektbegleitenden Zertifizierungsprozess**. Für den Erfolg ist ein **früher Projekteinstieg** entscheidend. Die Green Building Anforderungen müssen in die Planung und Ausführung bzw. in den Betrieb des Gebäudes einfließen. Die für eine Zertifizierung erforderliche Dokumentation gelingt nur sinn-

257 Die dargestellten Systeme gelten für Neubau Büro jeweils in der aktuellen Version, Stand Oktober 2016.

voll, wenn insbesondere die **Dokumentationsanforderungen** frühzeitig bekannt sind und berücksichtigt werden. Die mit einer Nachhaltigkeitsauszeichnung verbundenen Berechnungen und Simulationen erzielen ihren Mehrwert nur dann, wenn die Gebäudequalitäten (wirtschaftlich) beeinflussbar sind. Dies bedeutet, dass die erforderlichen Nachweise zum Teil bereits planungsbegleitend erstellt werden.

Der **Zertifizierungsprozess** wird in verschiedenen Zwischenschritten dokumen- 3
tiert. Die Abfolge der Arbeitsschritte bis hin zur angestrebten Label-Vergabe ist in Abbildung 4 beispielhaft für eine Neubauzertifizierung nach DGNB dargestellt.

Zum Einstieg in den Zertifizierungsprozess ist eine Green Building 4
Ersteinschätzung,[258] gegebenenfalls verbunden mit einer Schätzung der **Zertifizierungskosten**, empfehlenswert. In der Ersteinschätzung werden die einzelnen Kriterien auf ihre Erfüllung bzw. Erfüllbarkeit geprüft. Ergebnis ist eine Statusbewertung des Projektes und eine Empfehlung für ein optimiertes, projektspezifisches **Green Building Konzept**.

Bei der **Kostenschätzung** werden unterschieden: 5

- die Zertifizierungsgebühren,
- die Kosten für Green Building Management, Beratung und Audit,
- Kosten für die Nachweisführung (Berechnungen, Simulationen, Messungen, Konzepte, ...)
- zusätzliche Baukosten sowie
- damit verbundene zusätzliche Planungskosten.

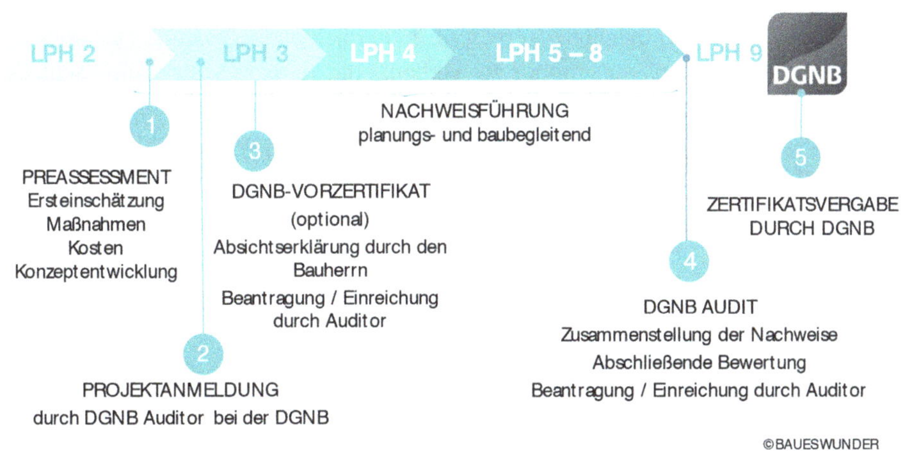

Abbildung 4: Beispielhafter Prozessablauf DGNB-Zertifizierung

258 Die Ersteinschätzung wird auch mit PreAssessment, PreCheck oder Quick-Check bezeichnet.

6 Ist die Entscheidung für eine Zertifizierung und ein Zertifizierungssystem getroffen, meldet der Green Building Berater[259] das Projekt bei der Zertifizierungsstelle (Green Building Council) an. Auf Grundlage des in der Ersteinschätzung erarbeiteten Green Building Konzeptes, das als **Zielvereinbarung** für den weiteren Prozess gelten kann, ist eine Beantragung eines **Vorzertifikats** (je nach Label) möglich. Die Vorzertifizierung ist nicht verpflichtend. Sie empfiehlt sich insbesondere dann, wenn das Projekt während der Planungs- und Bauphase vermarktet wird und man Käufer und / oder Mieter gewinnen möchte. Eine Vorzertifizierung kann zudem zur **Qualitätssicherung** und **Risikominimierung** beitragen. Die für die Zertifizierung notwendigen Nachweise werden planungs- und baubegleitend erstellt. Nach Inbetriebnahme des Gebäudes und Zusammenstellung der Nachweisdokumentation werden die Unterlagen bei der Zertifizierungsstelle eingereicht. Diese prüft in einem zweistufigem Verfahren die vom Auditor eingereichten Unterlagen und verleiht schließlich bei Erfüllung der Anforderungen das Zertifikat.

5 Der Auditor

1 Die Durchführung einer Green Building Zertifizierung wird üblicherweise durch einen Auditor begleitet. Bei einer **BREEAM**- oder einer **DGNB**-Zertifizierung ist die Einschaltung eines Auditors obligatorisch. Bei einer Zertifizierung nach **LEED** könnte theoretisch auf einen Auditor verzichtet werden. Dieses Vorgehen ist jedoch wenig praxistauglich. In Deutschland sind auf der Seite des US Green Building Councils nur zwei Projekte gelistet, bei denen kein Nachweis erbracht wurde, dass ein zugelassener LEED AP im Projekt beteiligt war (von ca. 200 Projekten insgesamt).

2 Die Anforderungen, um Auditor zu werden, sind je nach System unterschiedlich. In jedem Fall ist eine **Prüfung** erforderlich, in der **Grundkenntnisse** über das nachhaltige Bauen sowie Wissen um die Inhalte, Anwendbarkeit und Prozesse der jeweiligen Zertifizierung abgefragt werden. Die folgende Tabelle zeigt die jeweiligen Abschlussvarianten sowie Prüfungsform und -voraussetzungen für die drei Label BREEAM[260], LEED[261] und DGNB[262].

---

259 Die Bezeichnung variiert bei den unterschiedlichen Systemen (z. B. Auditor, Assessor, AP). In diesem Buch wird Auditor als Überbegriff für den ausgebildeten Spezialisten des jeweiligen Systems verwendet.

260 Siehe http://www.bre.co.uk/filelibrary/training/BREEAM_AP/BREEAM_Accredited_Professional_Examination_Information_v0_1.pdf

261 Siehe http://www.usgbc.org/credentials

262 Siehe http://www.dgnb.de/de/akademie/zulassungs-und-pruefungsordnung-dgnb-gmbH.php

Label	*Abschluss*	*Prüfungsform*	*Spezialisierung / Voraussetzungen*
BREEAM	Accredited Professional	Online-Worshop plus 60-minütiger Test	
	In-Use Assessor	2-tägiges Seminar	Bestandsbau / 2 Jahre Berufserfahrung
	New Construction Assessor	2-tägiges Seminar	Neubau / 2 Jahre Berufserfahrung
	Auditor	3-tägiges Seminar plus 90-minütige Prüfung	2 Jahre Berufserfahrung
LEED	Green Associate (GA)	2-stündige Online-Prüfung (Grundlagenwissen)	
	Accredited Professional	2-stündiger Online-Test (Konkrete Anwendungsfragen)	Mit oder ohne Spezialisierung; GA-Status ist Voraussetzung
	Fellow	Ehrenhalbe Ernennung	LEED AP sowie Berufserfahrung
DGNB	Registered Professional	60-minütige Online-Prüfung (Grundlagenwissen)	Technische Berufsausbildung vorausgesetzt
	Consultant	Ausbildungslehrgänge plus 60-minütige Online-Prüfung	Mit Spezialisierung; Technische Berufsausbildung sowie Berufserfahrung sind vorausgesetzt
	Auditor	Hausarbeit, Workshop, Mündliche Prüfung	RP und Consultant sowie Berufserfahrung vorausgesetzt
	Senior Auditor	Ehrenhalbe Ernennung	Min. 5 zertifizierte Projekte betreut sowie Empfehlung des Zertifizierungs-Ausschusses

Tabelle 1: Übersicht Auditorenausbildung nach BREEAM, LEED und DGNB

Theoretisch reichte es, wenn der Auditor das Projekt bei der Zertifizierungsstelle anmeldet und dann mit Fertigstellung des Projektes bzw. zu einem beliebigen Zeitpunkt im Gebäudebetrieb (bei Bestandszertifizierungen) die Unterlagen für das **Audit** zusammenstellt bzw. sammelt und bei der Zertifizierungsstelle einreicht. Es hat sich jedoch bewährt, dass der Green Building Auditor den Planungs- und Bauprozesses bis zur Inbetriebnahme des Gebäudes beratend und steuernd begleitet bis das eigentliche Audit stattfindet. Bei Bestandszertifizierungen begleitet der Auditor den Betrieb des Gebäudes über eine gewisse Zeit bis die Betriebsunterlagen zum Audit eingereicht werden. 3

Der Auditor nimmt häufig in Projekten die Rolle des **Nachhaltigkeitsberaters und -managers** ein. Zu seinen **(Haupt-)Aufgaben** zählen dann: 4

- Green Building Ersteinschätzung auf Basis des Projektstatus

- Entwicklung eines projektspezifischen Green Building Konzeptes (z. B. Entwicklung wirtschaftlicher Maßnahmen zur Erreichung einer Gold-Auszeichnung)
- Green Building Beratung, Management und Audit
  - Vermittlung der projektspezifischen Zertifizierungsanforderungen an das Projektteam
  - Erstellung und Fortschreibung Pflichtenheft und Terminplan
  - Bewertung von Planungs- / Ausführungsalternativen hinsichtlich der Auswirkungen auf das Zertifizierungsergebnis
  - Nachhalten des Bewertungsstatus (Score-Tracking)
  - Ggf. Dokumentation und Nachweisführung
  - Plausibilitätsprüfung und Zusammenstellung der Nachweisunterlagen für das Audit
  - Beantragung des Zertifikates
  - Kommunikation mit der Zertifizierungsstelle

5 In welchem Umfang der Auditor als Nachhaltigkeitsberater und nicht nur als Zertifizierungsberater auftritt und die **Nachweisführung** für die Zertifizierung übernimmt (bspw. Ökobilanzierung, Lebenszykluskostenberechnung, Simulationen, Messungen), hängt von den Kompetenzen des Auditors und der Projektkonstellation ab (u. a. auch Vertragsverhältnisse mit den weiteren Projektbeteiligten). Allein durch die Ausbildung zum Auditor ist die Person nicht unbedingt in der Lage, ganzheitlich zu beraten, wirtschaftliche Lösungen zu entwickeln und sämtliche Green Building Nachweise auf Plausibilität zu prüfen bzw. sogar selbst zu erstellen. Ein erfahrener Auditor kennt hingegen nicht nur das jeweilige Zertifizierungssystem mit seinen Inhalten und formalen Anforderungen, sondern hat idealerweise auch ein Verständnis von der zeitlichen und technischen **Umsetzbarkeit**, der **Praxistauglichkeit** sowie von den entstehenden **Kosten**. Mehrwert wird dann generiert, wenn nicht nur die Erfüllung der formalen Anforderungen im Vordergrund steht, sondern die Erarbeitung und Umsetzung eines optimierten Gesamtkonzeptes. Wenn es gelingt, das gesamte Projektteam für die Green Building Inhalte zu begeistern und deren Kompetenzen zu nutzen, gelingt es ein ganzheitliches, lebenszyklusorientiertes, wirtschaftliches in Summe also **nachhaltiges Konzept** zu entwickeln und umzusetzen. Dementsprechend ist auch die **soziale Kompetenz** des Auditors nicht zu unterschätzen.[263]

---

263 Vgl. *Mösle/Lambertz/Bauer*, Facility Manager 2009, S. 16; *Mösle/Lambertz/Bauer*, Detail Green 2010, S. 78

II Ausgewählte Zertifizierungssysteme

Der nachfolgende Abschnitt stellt eine Auswahl besonders relevanter Green Building Zertifizierungssysteme vor. Der Schwerpunkt liegt dabei zunächst auf der **Neubau-Zertifizierung**, wobei Green Building Label in angepasster Form auch im **Bestand** angestrebt und zunehmend vergeben werden. Die jeweiligen Besonderheiten der Bestandszertifizierung werden deshalb jeweils in einem separaten Abschnitt erläutert. Auch Quartiere und Standorte, wie Industriestandorte, oder ein ganzer Campus können mit einem Green Building Label ausgezeichnet werden. Die nachfolgenden Abschnitte konzentrieren sich auf die **Gebäudeauszeichnung**. Die Aussagen lassen sich auf die anderen Varianten übertragen. Auf Besonderheiten wird hingewiesen. 1

Als (aus deutscher Sicht) besonders **relevant** bzw. **interessant** werden diese fünf Green Building Label angesehen (Reihenfolge nach Entstehung): 2

- Britisches System BREEAM
- US-amerikanisches System LEED
- Australisches System Green Star
- Deutsches System DGNB
- Deutsches System BNB (staatlich)

Der Schwerpunkt der Label-Vorstellung liegt auf diesen Zertifizierungssystemen unter anderem aufgrund der internationalen Marktdurchdringung, wobei die Systeme BREEAM und LEED weltweit am häufigsten angewendet werden, sowie der Relevanz für den deutschen Markt. Hier spielen insbesondere die deutschen Systeme DGNB und BNB eine Rolle. **DGNB ist aktuell Marktführer** und **BNB** kommt für Bundesbauten und teilweise Landesbauten verpflichtend zum Einsatz. **Green Star** ist zwar ein eher lokales System, das in Australien, Neuseeland und Südafrika eingesetzt wird. Es genießt dort allerdings einen hohen Stellenwert. Zudem gehört es zu den weltweit etablierten Systemen und komplettiert damit die Auswahl der vorgestellten Green Building Zertifizierungssysteme. 3

Eine Übersicht über die weltweite **Anzahl** der Zertifizierungen für die fünf Label (BREEAM, LEED, DGNB/BNB, Green Star) ist 4

Tabelle 1 zu entnehmen. BREEAM ist das System, das mit Abstand die meisten Auszeichnungen vorzuweisen hat. Dies wird durch zwei Aspekte begünstigt: Zum einen ist es das älteste System und zum anderen ist es in Großbritannien für gewerbliche Neubauten verpflichtend, sie BREEAM-konform zu erstellen. BREEAM war außerdem das System, das sich als erstes speziell an internationale Projekte und Bauherren außerhalb von UK gewendet hat („BREEAM International"-Standard seit 2008).

Tabelle 1: Anzahl der Gebäudezertifikate weltweit für BREEAM, LEED, DGNB / BNB, Green Star (Stand Oktober 2016)[264]

	Projekte (zertifiziert)	Projekte (registriert)	Länder
BREEAM	552.400	2.253.600	77
LEED	56.400	113.800	162[238]
DGNB und BNB	680[239]	1.250	21
Green Star	1.700	2.100	3

5 Die **größte Anzahl** unterschiedlicher Länder, in denen das Zertifikat bisher verliehen wurde, weist **LEED** auf (162 Länder, siehe Tabelle 1). LEED-Projekte und auch die entsprechenden Auditoren sind weltweit vertreten. Es ist das zweitälteste der dargestellten Systeme.

6 Ca. 25 % der **BREEAM-Zertifikate** werden außerhalb des Vereinigten Königreichs vergeben. Bei LEED-Auszeichnungen liegt der Anteil bei etwa 35 % und bei DGNB bei knapp über 10 %.[267]

7 Green Star ist, wie erwähnt, recht lokal in der Anwendung, was die dargestellten Zahlen belegen. Es gehört mit seinen im Jahr 2003 erstmals verliehenen Zertifikaten ebenfalls zu den weltweit ältesten Labeln.

DGNB/BNB ist das jüngste der fünf dargestellten Verfahren. DGNB hat in der recht kurzen Zeit (seit 2009) in Deutschland, aber auch international, bereits eine recht weite Verbreitung.

264 Siehe http://www.breeam.com/; http://www.breeam.com/projects/explore/buildings.jsp; http://www.difni.de/leistungen/projekte.html; http://www.usgbc.org/projects/list; http://www.usgbc.org/advocacy/country-market-brief; http://www.dgnb-system.de/de/projekte/, http://www.gbca.org.au/project-directory.asp; https://www.nzgbc.org.nz/Category?Action=View&Category_id=31; https://www.gbcsa.org.za/projects/certified-projects/.

265 Siehe http://www.usgbc.org/articles/usgbc-statistics.

266 Die angegebene Anzahl berücksichtigt 25 BNB-Zertifikate.

267 Siehe http://www.usgbc.org/projects/list; http://www.dgnb-system.de/de/projekte/.

Tabelle 2: Anzahl der Green Building Gebäudezertifikate für BREEAM, LEED und DGNB in Deutschland (Stand Oktober 2016)[268]

	Gesamtsumme	Summe seit 2012	Marktanteil Deutschland	Anteil Bestand
BREEAM	250	210	24 %	ca. 90 %
LEED	200	160	19 %	ca. 20 %
DGNB	600	490	57 %	ca. 5 %
Σ	1.050	840		

8 Tabelle 2 zeigt die Anzahl der BREEAM-, LEED-, DGNB-Zertifikate und deren Verteilung in Deutschland. Interessant, da sehr unterschiedlich, ist der **Anteil der Bestandszertifikate je System**. Es wird deutlich, dass BREEAM in Deutschland aktuell vor allen Dingen in der Bestandszertifizierung Bedeutung hat. DGNB konnte sich bisher im Bestand nicht durchsetzen. Die DGNB hat 2016 allerdings ein stark überarbeitetes Bestandssystem (Gebäude im Betrieb) an den Markt gebracht, so dass sich zukünftig die Verteilung anders entwickeln könnte. Bei LEED spiegelt der Anteil der Bestandszertifizierungen den durchschnittlichen Anteil der im Vergleich zum Neubau ausgezeichneten Bestandsgebäude wider.

9 LEED- und DGNB-Bestandszertifikate wurden bisher vor allen Dingen für sogenannte Landmarks beantragt, häufig verbunden mit einem Eigentümer- und/oder Mieterwechsel. Der Aufwand kam dem Aufwand für eine Neubauzertifizierung nahe. Die Vorteile, die mit einer Neubauzertifizierung verbunden sind (z. B. Identifizierung des Optimierungspotenzials), wurden hier selten ausgeschöpft. Für Bestandsgebäude war eine DGNB- oder LEED-Zertifizierung eher ein Vermarktungsthema.[269]

10 Für den breiten Gebäudebestand spielten Green Building Zertifizierungen, wenn man LEED und DGNB-Auszeichnungen in Deutschland betrachtet, bisher eine eher untergeordnete Rolle. Der Anteil der Bestandszertifikate (LEED und DGNB) in Deutschland liegt bei unter 9 %. Betrachtet man ausschließlich DGNB sogar bei nur 5 %, d. h. 95 % der DGNB-ausgezeichneten Gebäude sind Neubauten.[270] Anders sieht es bei BREEAM-Zertifizierungen in Deutschland aus. Hier wird nur eines von zehn BREEAM-Zertifikaten an Neubauten vergeben. Das liegt vor allen Dingen daran, dass

268 Siehe http://www.breeam.com/; http://www.breeam.com/projects/explore/buildings.jsp; http://www.difni.de/leistungen/projekte.html; http://www.usgbc.org/projects/list; http://www.dgnb-system.de/de/projekte/; https://www.bnb-nachhaltigesbauen.de/zertifizierte-gebaeude.html

269 Vgl. *Lambertz* Facility Management 2017, S. 26 f.

270 Siehe http://www.breeam.com/projects/explore/buildings.jsp; http://www.difni.de/leistungen/projekte.html; http://www.usgbc.org/projects/list; http://www.dgnb-system.de/de/projekte/.

der Aufwand für eine BREEAM Bestandsauszeichnung wesentlich geringer ist als für eine LEED- oder DGNB-Auszeichnung. Zumindest war das der Stand bis Mitte 2016.[271]

11 Seit Mitte bzw. Ende 2016 stehen zwei stark überarbeitete Bestandssysteme zur sowohl bei der DGNB als auch für LEED zur Verfügung. Die vereinfachten Systeme lassen erwarten, dass zukünftig der Anteil der Bestands- bzw. Betriebszertifikate ansteigt.

12 Bei der Auszeichnung von **Neubauten** sind DGNB und LEED derzeit in Deutschland führend. Je nach Projekttyp, -konstellation und -ziel wird DGNB oder LEED bevorzugt. Die **Besonderheiten** je System werden in den nächsten Abschnitten deutlich. Dabei werden die drei „großen" Systeme ausführlich aufbauend auf der nachfolgenden Struktur vorgestellt:

- Historie und Zielsetzung
- Organisation
- Nutzungsprofile
- Systemaufbau
- Beispiel „Visueller Komfort"
- Auszeichnungsstufen und Zertifizierungsgebühren
- Bestandszertifizierung
- Bedeutung und Besonderheiten

13 Die beiden Systeme **BNB** und **Green Star** werden weniger detailliert erläutert. Hintergrund ist, dass Green Star ein interessantes Vergleichssystem für eine Gegenüberstellung ist, aber für den deutschen Markt keine Relevanz hat. Das Label Green Star findet überwiegend in Australien, Neuseeland und Südafrika Anwendung. Auch aufgrund der wachsenden Relevanz in diesen Immobilienmärkten,[272] wird auch dieses System in die Analyse eingebunden.

14 BNB wird fast ausschließlich bei **öffentlichen Gebäuden** in Deutschland angewandt. Es wurde von der Bundesregierung als Vorbild-Modell eingeführt und ist für **Bundesbauten** sogar weitestgehend verpflichtend vorgeschrieben, auch in einzelnen Bundesländern auf Landesebene (z. B. in Baden-Württemberg). Somit hat es durchaus eine Relevanz in Deutschland. Inhaltlich gibt es allerdings sehr große Überschneidungen bzw. Übereinstimmungen mit DGNB, so dass hier auf eine ausführliche Darstellung der BNB-Inhalte verzichtet wurde.

271 Vgl. *Lambertz/Donath* Green Building 2017, S. 40.
272 Siehe http://new.gbca.org.au/green-star/.

1 BREEAM

a) Historie und Zielsetzung

Das britische **Building Research Establishment (BRE)** ist eine Forschungs- und Beratungsorganisation, welche sich unter anderem mit Grundlagen der Nachhaltigkeit in der Immobilienwirtschaft beschäftigt. Bereits 1988 begann das BRE mit der Entwicklung eines Zertifizierungssystems für die Bewertung der Nachhaltigkeit von Gebäuden. Dieses mündete schließlich 1990 in die Building Research Establishment Environmental Assessment Method (**BREEAM**) und somit in das weltweit erste Nachhaltigkeitszertifizierungssystem für Gebäude.[273] 1

Zunächst war BREEAM für die Anwendung auf **Büro- und Wohnungsneubauten** in Großbritannien ausgelegt. Darauf aufbauend wurden weitere **Nutzungsprofile** innerhalb dieser Bewertungsmethode für Handelsbauten, Industriebauten sowie Bestands-Bürogebäude eingeführt (sogenannte BREEAM-Standards oder -Schemes). 2

Signifikante Systemneuerungen wurden in den Jahren 1998 (neue Themen, Gewichtungen etc.) und aus internationaler Sicht besonders beachtenswert 2008 durchgeführt. Neben einer Grunderneuerung des Bewertungssystems (u. a. Aufnahme der Kategorie **Innovation**) wurden 2008 die internationalen Standards, wie **BREEAM Europe Commercial**, herausgebracht, die speziell für Gebäudebewertungen außerhalb des Vereinigten Königreichs entwickelt wurden. Darüber hinaus werden die BREEAM-Kriterienkataloge seit 2002 regelmäßig aktualisiert. 3

Der Fokus der Bewertung liegt bei BREEAM auf den **ökologischen Auswirkungen** von Immobilien, jedoch werden im Sinne der Nachhaltigkeit auch zunehmend Aspekte der ökonomischen und sozialen Dimension einbezogen. Die Entwicklung geht von einer **Umweltauszeichnung** in Richtung einer ganzheitlichen **Nachhaltigkeitsbewertung** mit der Abbildung des gesamten Immobilien-Lebenszyklus.[274] 4

Heute ist BREEAM mit seinen vielfältigen Kriterienkatalogen im Vereinigten Königreich und international vielfältig anwendbar.

b) Organisation

Das BREEAM-herausgebende Forschungsinstitut **BRE** sitzt in Watford, in der Nähe von London, und ist eine 100 %-ige Tochter der **BRE-Trust**. BRE-Trust war bei seiner Gründung eine staatliche Einrichtung Großbritanniens und wurde später zu einer gemeinnützigen Stiftung für Forschung und Lehre im Bereich der gebauten Umwelt firmiert.[275] Die Zielsetzung des BRE-Trusts ist es, eine unabhängige, überparteiliche und objektive Unterstützung für die Bauindustrie darzustellen. 5

273 Siehe http://www.breeam.com.
274 Vgl. dazu den Aufsatz von *Ndukwe.*, abrufbar unter https://www.architecture.com/Files/RIBAHoldings/PolicyAndInternationalRelations/ClientForums/Schools/Resources/BRE%20PPt.pdf.
275 Vgl. *RICS* S. 7.

6 Für Projekte außerhalb von Großbritannien besteht heute entweder die Möglichkeit, den Standard BREEAM International anzuwenden, oder dort, wo es einen sogenannten **National Scheme Operator (NSO)** gibt, die länderspezifischen Bewertungskataloge (obligatorisch) einzusetzen. Ein National Scheme Operator (NSO) tritt als **BREEAM-Lizenznehmer** auf. Er entwickelt an die spezifischen Randbedingungen des jeweiligen Landes, in dem der NSO sitzt, angepasste BREEAM-Bewertungssysteme. Diese Anpassung der BREEAM Standards, beispielsweise an nationale Normung, muss mit den BREEAM Core Technical Standards und dem BREEAM Core Process Standard konform sein. Diese sind Teil des Code for Sustainable Built Environment.[276] Dieser Code ist ein strategisches Grundsatzpapier für die Bewertung der Nachhaltigkeit. Es formuliert die Vision einer nachhaltig gebauten Umwelt. Der Code wird interpretiert durch die genannten Codes (Core Technical Standards und Core Process Standard, siehe Abbildung 1).

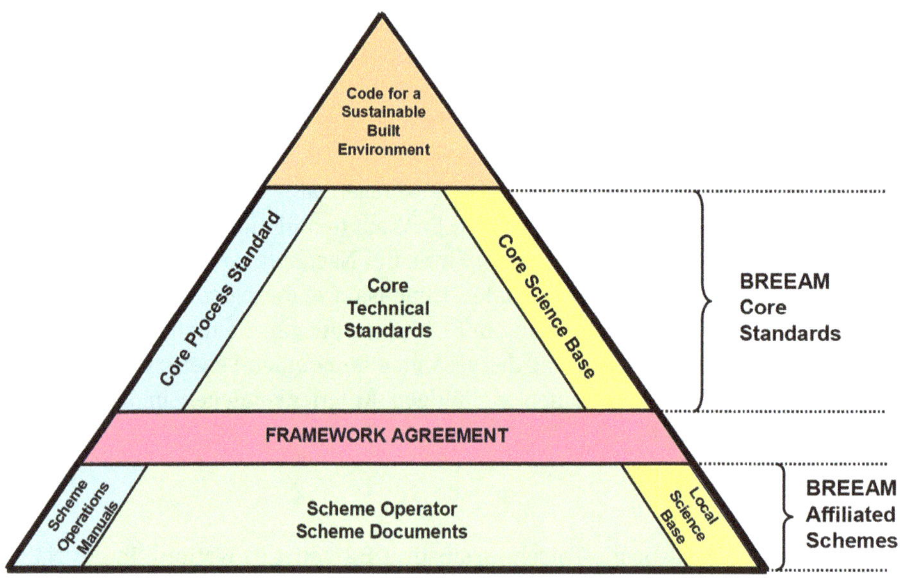

Abbildung 1: Rahmengerüst für einen National Scheme Operator[277]

276 Vgl. *Ebert/Eßig/Hauser* S. 30.
277 Siehe http://www.breeam.com/filelibrary/Technical%20Manuals/Code_for_a_Sustainable_Built_Environment_-_BREEAM_Standards_outside_of_Europe.pdf.

National Scheme Operator sind derzeit in folgenden Ländern vertreten: 7
- Deutschland (für die DACH-Region)
- Niederlande
- Norwegen
- Schweden
- Spanien

Der National Scheme Operator für Deutschland ist das Deutsche Private Institut für 8
Nachhaltige Immobilienwirtschaft (**DIFNI**). Es wurde 2012 gegründet und ist national exklusiver Zertifizierungslizenznehmer für BREEAM.[278] Im Oktober 2016 wurde das DIFNI vom **TÜV SÜD** übernommen, welcher somit neuer Lizenznehmer für den deutschen Markt beziehungsweise die DACH-Region ist.[279] Die Kooperation des DIFNI mit dem BRE wurde 2012 initiiert, um die BREEAM Produkte marktorientiert weiterzuentwickeln. Hieraus entstand dann das Produkt **BREEAM DE**, welches auf deutschen Normen und Standards basiert und die BREEAM-Version für den deutschen Markt darstellt (zunächst nur für den Bestand, ab Oktober 2017 auch für den Neubau).[280]

c) Nutzungsprofile

„**BREEAM Buildings**" ist die Sammelbezeichnung für die 34 BREEAM-Versionen, die 9
derzeit für den Immobilienmarkt in Großbritannien zur Verfügung stehen. Die unterschiedlichen Versionen gelten jeweils für unterschiedliche Gebäudenutzungen. Es werden nutzungsspezifische Kriterien, Indikatoren und/oder Anforderungsniveaus definiert.[281]

Auf internationaler Ebene existieren verschiedene **Kernsystemen**. Tabelle 3 10
stellt diese international anwendbaren Kernsysteme zusammen.[282] Falls ein Gebäude beziehungsweise ein Gebäudestandort sich nicht in die vorhandenen nutzungs- oder länderspezifischen Kriterienkataloge der Kernsysteme zuordnen lässt, kann mit dem BRE eine projekt-, nutzungs- und/oder länderspezifische Anpassung des Kriterienkataloges abgestimmt werden. Dieses Verfahren nennt sich **BREEAM (International) Bespoke** und ermöglicht eine sehr breite Anwendbarkeit des britischen Bewertungssystems.[283]

278 Siehe http://www.difni.de/leistungen/prozess-2-0.html.
279 Siehe http://www.tuev-sued.de/tuev-sued-konzern/presse/pressearchiv/tuv-sud-ubernimmt-difni.
280 Siehe http://www.difni.de/das-institut/organisation.html.
281 Siehe http://www.breeam.com/technical-standards.
282 Siehe http://www.difni.de/leistungen/breeam.html.
283 Siehe http://www.gbspm.com/sustainable-services/breeam-bespoke.

Tabelle 3: BREEAM-Standards – international anwendbare Kernsysteme[284]

Projektart	Bewertungsschema
Neubau	– BREEAM International New Construction
Modernisierung	– BREEAM International Refurbishment and Fit-Out
Bestand	– BREEAM International In-Use
Spezial-Immobilien	– BREEAM International Bespoke
Stadtquartiere	– BREEAM International Communities
Infrastruktur (Pilotphase)	– BREEAM International Infrastructure

11 Die Kernsysteme werden dort eingesetzt, wo es international kein Verfahren gibt, das von einem National Scheme Operator entwickelt wurde. Das DIFNI (NSO Deutschland) hat ein deutsches BREEAM-System für den Bestand entwickelt und mit dem BRE abgestimmt hat (**BREEAM DE**). Für Bestandsgebäude in Deutschland, die eine BREEAM-Zertifizierung anstreben, bedeutet das, dass **BREEAM International In-Use** nicht mehr relevant ist. Da bisher ausschließlich ein Bestandssystem von der DIFNI erarbeitet wurde, gilt für alle Nicht-Bestandszertifizierungen, dass für sie eines der internationalen Kernsysteme (Tabelle 3) anzuwenden ist.

d) Systemaufbau

12 Das BREEAM-System unterscheidet **neun Hauptkategorien** plus eine **Zusatzkategorie** („Innovation"). Die Hauptkategorien sind in Abbildung 2 dargestellt. Sie fließen mit unterschiedlichen Gewichtungen gemäß Tabelle 4 in die Gesamtbewertung der Immobilie ein.

284 Siehe http://www.breeam.com/technical-standards.

Abbildung 2: BREEAM-Hauptkategorien (Übersetzung durch das DIFNI)[285]

In einer Hauptkategorie werden die Bewertungskriterien eines Themenfeldes zusam- 13
mengefasst. Die Kategorien und die dazugehörigen Kriterien sind in Tabelle 4 beispielhaft dargestellt (für das Kernsystem **BREEAM International New Construction 2016**, Nicht-Wohngebäude, voll ausgebaut). Es sind die im Juli 2016 veröffentlichten Kriterien-Gewichtungen dargestellt.[286] Die fett gedruckten Kriterien sind mögliche Mindestanforderungen. BREEAM unterscheidet die **Mindestanforderungen** je nach angestrebter Auszeichnungsstufe. Die Anforderungen sämtlicher in Tabelle 4 fett markierter Kriterien müssen erfüllt werden, wenn beispielsweise die höchste BREEAM-Auszeichnungsstufe („Herausragend") erreicht werden soll.

285 Siehe http://www.difni.de/leistungen/breeam.html.
286 Siehe http://www.breeam.com/filelibrary/Briefing%20Papers/BREEAM-Weightings-Briefing-Paper--116769-July-2016-.pdf.

Hauptkategorien (HK) und Kriterien	Credits	Gewichtung (Kriterium)	Gewichtung (HK)
Management			**12%**
Nachhaltige Beschaffung	**4**	**2,29%**	
Lebenszykluskosten und -service Planung	4	2,29%	
Verantwortungsvolle Baupraxis	**6**	**3,43%**	
Inbetriebnahmemanagement	4	2,29%	
Nutzerbeteiligung	**3**	**1,71%**	
Gesundheit und Behaglichkeit			**15%**
Visueller Komfort	6	4,09%	
Innenraumluftqualität	**5**	**3,41%**	
Thermicher Komfort	3	2,05%	
Akustischer Komfort	**4**	**2,73%**	
Sicherer Zugang	2	1,36%	
Risiken	**1**	**0,68%**	
Wasserqualität	1	0,68%	
Energie			**19%**
Energieeffizienz	**15**	**10,18%**	
Energiemonitoring	2	1,36%	
Außenbeleuchtung	**1**	**0,68%**	
Low and zero carbon Technologien	3	2,04%	
Energieeffiziente Kühllager	**2**	**1,36%**	
Energieeffiziente Transportsysteme	3	2,04%	
Energieeffiziente Gebäudeausrüstung	**2**	**1,36%**	
Transport			**8%**
Zugang zu öffentlichen Verkehrsmitteln	5	3,33%	
Nähe zu Einrichtungen des täglichen Bedarfs	**2**	**1,33%**	
Alternative Verkehrsträger	2	1,33%	
Maximale Autoparkplätze	**2**	**1,33%**	
Verkehrsplan	1	0,67%	
Wasser			**6%**
Wasserverbrauch	**5**	**3,00%**	
Wassermonitoring	1	0,60%	
Wasser-Leckageerkennung und -vermeidung	**3**	**1,80%**	
Wassersparende Armaturen	1	0,60%	
Materialien			**12,50%**
Life cycle impact	**6**	**6,25%**	
Nachhaltige Materialgewinnung	4	4,17%	
Widerstandsfähigkeit	**1**	**1,04%**	
Materialeffektivität	1	1,04%	
Abfall			**7,50%**
Abfallmanagement auf der Baustelle	**4**	**3,33%**	
Recycelte Zuschlagstoffe	1	0,83%	
Betriebsabfälle	**1**	**0,83%**	
Spekulative Boden- und Deckenbekleidungen	1	0,83%	
Klimatische Flexibilität	**1**	**0,83%**	
Umnutzungsfähigkeit	1	0,83%	

Tabelle 4: Übersicht Bewertungskriterien BREEAM International New Construction 2016 (Nichtwohngebäude, ausgebaut)

Flächenverbrauch und Grundstücksökologie			10%
Auswahl des Grundstücks	**3**	**3,00%**	
Ökologischer Wert des Grundstücks und Schutz ökologischer Funktionen	2	2,00%	
Verbesserung der Ökologie auf dem Grundstück	**3**	**3,00%**	
Langfristige Auswirkungen auf die Biodiversität	2	2,00%	
Emissionen			10%
Auswirkungen von Kältemitteln	**4**	**3,08%**	
NOx-Emissionen	2	1,54%	
Oberflächenabfluss	**5**	**3,85%**	
Reduzierung der nächtl. Lichtverschmutzung	1	0,77%	
Reduzierung von Lichtverschmutzung	**1**	**0,77%**	
Innovation		**zusätzlich**	10%
Innovation	10	zusätzlich	

Tabelle 4: (fortgesetzt)

Die einzelnen Bewertungskriterien werden anhand von einem oder mehreren Indikatoren messbar und quantifizierbar gemacht. Im Abschnitt e) Beispiel „Visueller Komfort" werden die entsprechenden Indikatoren für dieses Kriterium beispielhaft vorgestellt. 14

„**Energie**" ist die wichtigste Hauptkategorie bei BREEAM. Dort werden vor allen Dingen der Energiebedarf sowie der Einsatz regenerativer Energien während der Gebäudenutzung bewertet. Das Einzelkriterium „Energieeffizienz" ist dabei das bedeutendste Einzelkriterium.[287] 15

Die zweite Hauptkategorie „**Wasser**" bewertet den Wasserbedarf sowie das dazugehörige Monitoring. Positiv bewertet werden wassersparende Armaturen sowie die Nutzung von Grau- und/oder Regenwasser. 16

Innerhalb der dritten Kategorie „**Material**" werden die Auswirkungen der eingehenden und ausgehenden Umweltwirkungen, sprich Ressourcenverbräuche und Emissionen, der verwendeten Baustoffe über den gesamten Lebenszyklus betrachtet. Life Cycle Impact[288] bezeichnet das wichtigste Einzelkriterium der Kategorie „Material". Bewertet wird es mit dem sogenannten Material-Tool, das vom BRE zur Verfügung gestellt wird. 17

Die Kategorie „**Transport**" bewertet die Standortfaktoren eines Gebäudes unter anderem in Bezug auf die Anbindung an verschiedene Verkehrsträger. 18

Die fünfte Kategorie umfasst Kriterien aus dem Bereich „**Abfall**". BREEAM betrachtet hierbei beispielsweise den Indikator Abfallvolumina und Maßnahmen zur Abfallvermeidung. Bei der Bewertung liegt der Schwerpunkt auf dem Abfallmanagement während der Bauphase. 19

Die Hauptkategorie „**Umwelt**" bewertet die ökologischen Auswirkungen einer Immobilie auf Luft und Wasser. Darüber hinaus werden auch die sogenannte Licht- 20

287 Siehe http://www.building.co.uk/Journals/Graphic/e/g/l/table1.jpg.
288 Life Cycle Impact: Lebenszyklusauswirkungen.

verschmutzung und die Lärmemissionen durch das Gebäude betrachtet. Der Aspekt mit der höchsten Wertung der Kategorie ist die Bewertung des Flächenversiegelungsgrades durch die Baumaßnahme.

21 **„Gesundheit (und Wohlbefinden)"** betrachtet die Behaglichkeit und die Sicherheitsaspekte einer Immobilie. Hierbei werden bei BREEAM sieben Einflussfaktoren untersucht. Die Innenraumluftqualität hat dabei die höchste Relevanz. Weitere Kriterien sind natürliche Belüftung sowie Grenzwerte für VOC (Volatile Organic Compounds[289]) zur Sicherung der Luftqualität.

22 In der Kategorie **„Management"** werden Aspekte wie das Betriebs- und Prozessmanagement während der Planungs- und Bauphase bewertet. Das Management eines Bauvorhabens soll möglichst ganzheitlich sein, um so den Weg zu einer nachhaltigen Immobilie zu ebnen. Das wichtigste Kriterium innerhalb dieser Kategorie ist das Kriterium Nachhaltige Beschaffung.

23 Die Kategorie **„(Boden und) Ökologie"** analysiert unter anderem den ökologischen Werterhalt und eine mögliche Aufwertung des Standortes, den Flächenverbrauch sowie Maßnahmen zum Erhalt der Biodiversität.

24 Die Zusatzkategorie **„Innovation"** ermöglicht eine positive Wertung bei Übererfüllung von bis zu zehn vorgegebenen Kriterien aus den neun vorgestellten Hauptkategorien.

25 Abbildung 3 zeigt, wie sich der Weg von der Bewertung der einzelnen Kriterien über die Bewertung der Hauptkategorien bis hin zur Gesamtbewertung und den verschiedenen Auszeichnungsstufen darstellt.

289 Volatile Organic Compounds: Flüchtige organische Verbindungen; VOC ist auch im deutschsprachigem Raum eine gängige Bezeichnung für die Flüchtigen Organischen Verbindungen.

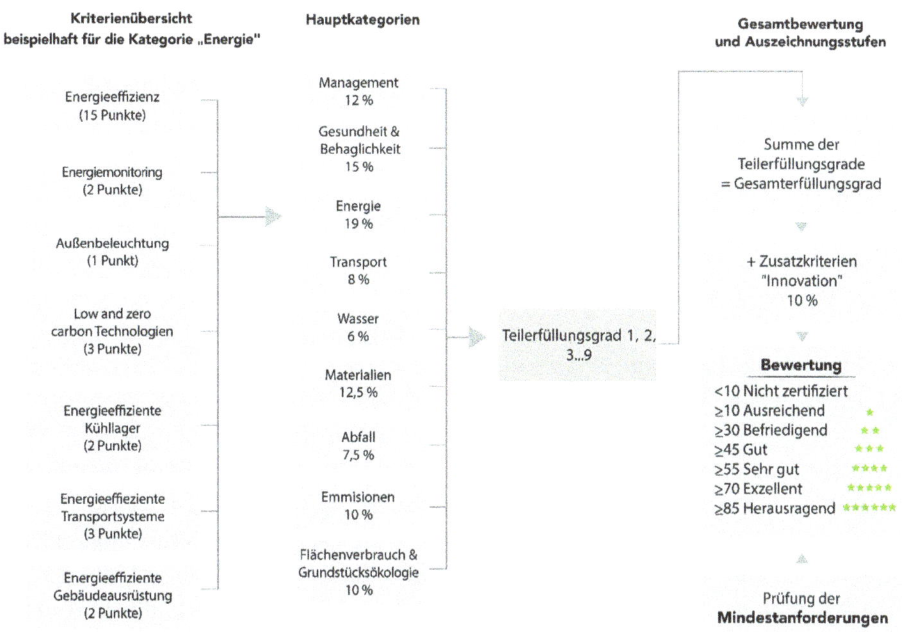

Abbildung 3: BREEAM-Systematik (eigene Darstellung in Anlehnung an Waibel, 2010)

Seit der Systemüberarbeitung von 2008 besteht die Möglichkeit, zusätzlich zu den definierten Kriterien in den unterschiedlichen Hauptkategorien einen Bonus für innovative Nachhaltigkeitsqualitäten des Gebäudes zu erhalten. Verbucht werden diese Zusatzpunkte in der Kategorie „**Innovation**", in der auch die Übererfüllung definierter Kriterien positiv berücksichtigt wird.[290] 26

Der Ablauf der Zertifizierung ist zweiteilig: Nach einem **Pre-Assessment** wird in der Planungsphase ein Vorzertifikat (**Design-Stage-Certificate**) vergeben. Das zweite und finale Zertifikat folgt nach der Fertigstellung (**Post-Construction Stage**). Gibt es nationale Adaptionen des Zertifizierungssystems, so sind diese anzuwenden. 27

e) Beispiel „Visueller Komfort"

Zur Veranschaulichung der Bewertungsmethode wird das Kriterium „**Visueller Komfort**" näher erläutert. Alle fünf näher vorgestellten Bewertungssysteme beinhalten das Kriterium „Visueller Komfort" mehr oder weniger unterschiedlich. Beispielhaft wird ein Überblick über die jeweils eingesetzten **Indikatoren**, die verfolgten Anforderungsniveaus, die Bewertungsmethode, die erforderliche Dokumentation und den Anteil, den das Kriterium in der Gesamtbewertung des Gebäudes einnimmt, 28

290 Siehe http://www.breeam.com/filelibrary/Innovation/BREEAM_Innovation_FAQs_Rev2.pdf.

gegeben. Dies wird beispielhaft für den Gebäudetyp **Neubau Bürogebäude** dargestellt. Der visuelle Komfort hat insbesondere bei Bürobauten eine Bedeutung. Durch einen verbesserten visuellen Komfort steigt die Leistungsfähigkeit. Ein guter visueller Komfort ist außerdem für Gesundheit und das allgemeine **Wohlbefinden** von hohem Stellenwert.

29 Für Bürogebäude werden im Rahmen der BREEAM-Zertifizierung folgende Indikatoren analysiert:
- Tageslichtversorgung
- Sichtverbindung nach außen
- Blendschutz
- Einsatz von Hochfrequenzlampen
- Innere und äußere Beleuchtungsstärke

30 Der visuelle Komfort wird hier als ein Zusammenspiel von **Kunst- und Tageslichtaspekten** analysiert. Visueller Komfort ist gekennzeichnet durch folgende Eigenschaften: In allen relevanten Gebäudeteilen sind **Blendschutzsysteme** vorgesehen. Es wird eine gute Tageslichtversorgung erreicht. Überall, wo es relevant ist, gibt es eine Sichtverbindung nach außen, um eine Entspannung der Augen und eine Verbindung nach außen zu ermöglichen. Innen- und Außenbeleuchtung werden so ausgeführt, dass Flackern vermieden wird und die Beleuchtungsstärke angemessen ist. Die Innenbeleuchtung ist zoniert und erlaubt eine **Einflussnahme** des Nutzers.[291]

31 Die konkreten Anforderungen an den visuellen Komfort, die Bewertungsmethode, die Dokumentationsanforderungen und einiges mehr werden auf etwa 17 Seiten im sogenannten BREEAM Technical Manual beschrieben.[292] Abbildung 4 zeigt die einzelnen Indikatoren des Kriteriums „Visueller Komfort“ und seine Einordnung in die BREEAM-Gesamtbewertung.

291 Vgl. *BRE Global* S. 72.
292 Vgl. *BRE Global* S. 74 ff.

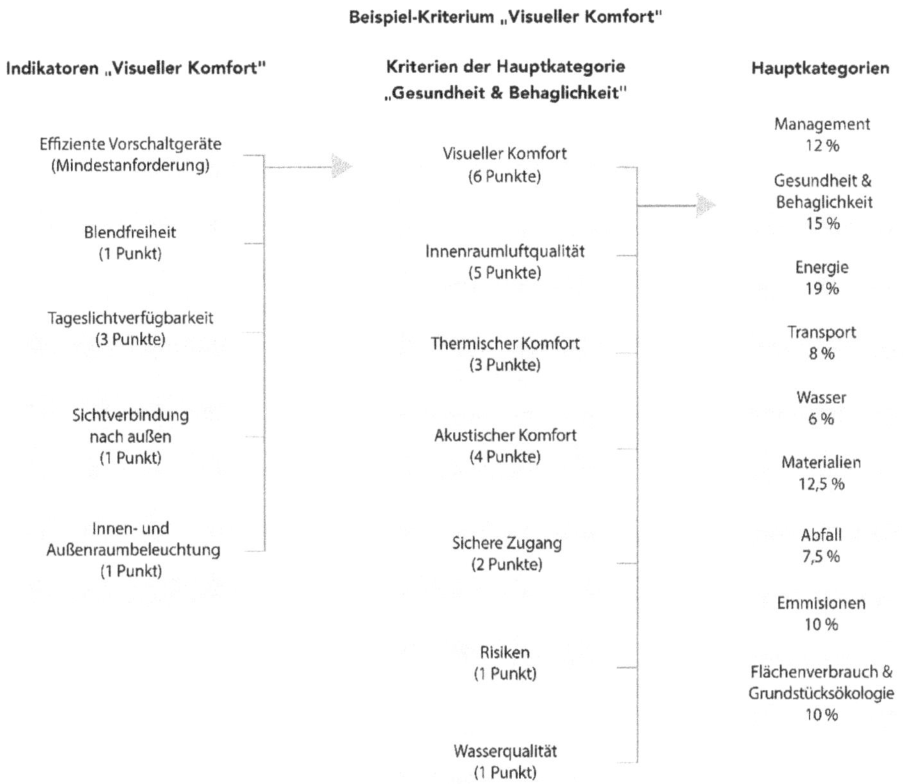

Abbildung 4: Einbetttung des Kriteriums „Visueller Komfort" in die BREEAM-Gesamtbewertung

Die formulierten Anforderungen beziehen sich zum Teil auf europäische Normen (z. B. DIN EN 12464) oder auch andere (wie British Standard BS 8206 Part 2 oder CISBE Lighting Guide LG10).[293] Da wo keine entsprechenden Normen vorhanden sind, werden BREEAM-spezifische Verfahren und Zielgrößen definiert. 32

Die Nachweise werden je nach Audit (in der Planung oder nach Fertigstellung) über **Pläne** und **Fotografien** geführt. Als Bewertungsmethoden und Nachweisdokumente dienen **Kunstlichtberechnungen** und **Tageslichtsimulationen**. Außerdem werden entsprechende Ausschreibungstexte, Bestätigungsschreiben und Produktdatenblätter als Nachweise eingefordert. 33

Das Kriterium Visueller Komfort hat eine **Gewichtung** von 4,1 % bezogen auf die Gesamtbewertung. Der erste Indikator (Effiziente Vorschaltgeräte) stellt eine **Min-** 34

293 DIN EN 12464, Licht und Beleuchtung, Beleuchtung von Arbeitsstätten; BS 8206-2, Lighting for Buildings. Code of practicefor daylighting; CIBSE Lighting Guide LG 10/14: Daylighting – a guide for designers.

destanforderung dar, die unabhängig von der angestrebten Auszeichnungsstufe erfüllt werden muss.[294]

f) Auszeichnungsstufen und Zertifizierungsgebühren

35 BREEAM-Zertifikate werden für Neubauten in **fünf Auszeichnungsstufen** verliehen. Die verschiedenen Stufen und ihre Bezeichnung sind Tabelle 5 zu entnehmen. Die Skala hierfür erstreckt sich von einem „Befriedigend“ (Pass) ab 30 % bis zu einem „Exzellent“ (Excellent) ab 85 % Erfüllungsgrad. Ein Zertifikat einer bestimmten Auszeichnungsstufe erhält ein Projekt, wenn ein gewisser **Mindesterfüllungsgrad** über alle Kriterien erreicht und zusätzlich ein bestimmter Umfang der **Mindestanforderungen** erfüllt wird. Der Umfang ist je nach Auszeichnungsstufe unterschiedlich. Kriterien, die je nach Auszeichnungsstufe Mindestanforderung sein können, sind in Tabelle 4 Fettdruck gekennzeichnet.

Tabelle 5: BREEAM-Auszeichnungsstufen

Punkte	Auszeichnungsstufe	Übersetzung	„Sterne“
< 10 %	Unclassified	Nicht zertifiziert	0
≥ 10 %	Acceptable (nur für Bestand)	Ausreichend	1
≥ 30 %	Pass	Befriedigend	2
≥ 45 %	Good	Gut	3
≥ 55 %	Very Good	Sehr gut	4
≥ 70 %	Excellent	Exzellent	5
≥ 85 %	Outstanding	Herausragend	6

36 Das BRE versteht die Auszeichnungsstufen wie folgt:[295]
- Herausragend: besser/nachhaltiger als 99 % der Gebäude
- Exzellent: besser/nachhaltiger als 90 % der Gebäude
- Sehr gut: besser/nachhaltiger als 75 % der Gebäude
- Gut: besser/nachhaltiger als 50 % der Gebäude
- Befriedigend: besser/nachhaltiger als 25 % der Gebäude

37 Die **Zertifizierungsgebühren** für BREEAM setzen sich aus Kosten für die Registrierung und für die eigentliche Zertifizierung zusammen. Die Registrierungsgebühren

294 Vgl. *BRE Global* S. 21.
295 Vgl. *BRE Global* S. 20.

liegen für einen deutschen Büro-Neubau, in Abhängigkeit von der Gebäudegröße, bei 840 € bis 2.070 €. Die Gebühr für die Zertifizierung selbst liegt zwischen 2.500 € und 5.500 €. Hinzu kommen optionale Übersetzungsgebühren in Höhe von 1.790 €, falls die Unterlagen bei BREEAM nicht in englischer Sprache eingereicht werden sowie Zusatzkosten für eine beschleunigte Bearbeitung oder die Berücksichtigung von Innovationspunkten.

Diese Beträge umfassen die Zertifizierungsgebühren, die an die Zertifizierungs- 38
stelle entrichtet werden. Die Auditorenleistung ist darin nicht enthalten.

g) Bestandszertifizierung

In Deutschland entfallen ca. **90 %** der BREEAM-Zertifizierungen auf Bestandsaus- 39
zeichnungen. BREEAM ist damit auch das Label in Deutschland, das bei Bestandszertifizierungen am häufigsten angewandt wird. Die Unterlagen für die Bestandsauszeichnung nach BREEAM stehen vollständig auf Deutsch zur Verfügung. Das **DIFNI**, als sogenannter National Scheme Operator für die DACH-Region, hat das britische Zertifizierungsverfahren für die Auszeichnung von bestehenden Gebäuden und deren Betrieb auf Deutsche Randbedingungen und die deutsche Sprache angepasst. Das entsprechende System nennt sich **BREEAM DE Bestand.** Aufgrund der derzeit hohen Relevanz des Bestandssystems in Deutschland wird hier nochmals recht ausführlich auf dieses Verfahren eingegangen.

Wenn ein Gebäude in Deutschland nach BREEAM DE Bestand bewertet werden 40
soll, wird das Projekt zunächst beim DIFNI registriert. Dieses weist dem Interessenten einen Online-Zugang zu einem **Self-Assessment** zu. Die Unterstützung durch einen BREEAM Bestand-Auditor (oder BREEAM Bestand-Associate) ist hierzu nicht zwingend, aber sinnvoll. Spätestens nachdem der Eigentümer, Betreiber und/oder Nutzer sich für ein Audit und daraus folgend eine Zertifizierung nach BREEAM DE Bestand entschieden hat, muss er einen qualifizierten und **lizenzierten Auditor** beauftragen. Bereits zur Registrierung des Audits nach BREEAM Bestand muss ein lizenzierter BREEAM Bestand Auditor beauftragt sein. Nur er kann das Gebäude bei der DIFNI zur Zertifizierung (online) anmelden. Das Vertragsverhältnis bei einer Zertifizierung besteht dann zwischen der DIFNI und dem beauftragten Auditor. Nach der Registrierung erhält der Auditor Zugang zur Online-Bewertung. Die Online-Bewertung besteht aus einem Fragen/Antworten System. Das Bewertungsergebnis wird während der Beantwortung durch den Anwender automatisch generiert.

Die Zertifizierung nach BREEAM DE selbst ist **dreiteilig.** Jeder der drei Teile 41
kann unabhängig voneinander zertifiziert werden. Der erste Teil „**Gebäude**" bewertet die bauliche Umsetzung einer Immobilie und seiner technischen Anlagen. Der zweite Teil „**Gebäudebetrieb**" bewertet den Betrieb der Immobilie. Teil 2 betrachtet Management-Grundsätze, Verbräuche wichtiger Ressourcen wie Energie, Wasser und andere Verbrauchsmaterialien sowie die Umweltauswirkungen von CO_2 und Abfall. Die Bewertung nach Teil 2 ist unabhängig von der Qualität des Gebäudes, die in Teil

1 bewertet wird. Der dritte Teil **„Nutzer/Mieter“** schließlich analysiert und bewertet das Nutzerverhalten und die Managementprozesse des Nutzers. Teil 3 bietet damit den Rahmen für die Beurteilung von Management-Richtlinien, Verfahren und Praktiken im Zusammenhang mit den Aktivitäten, die ein mietendes Unternehmen in dem Gebäude durchführt. Teil 3 ist unabhängig von der Bewertung des Gebäudes in Teil 1. Die Bewertung aus Teil 2 dagegen fließt in das gesamte Ergebnis für Teil 3 ein. Dennoch kann Teil 3 auch ohne Teil 2 zertifiziert werden. Ein Audit nur für Teil 3 kann allerdings nicht über eine Bewertung von „Sehr gut“ hinausgehen. Dazu muss auch Teil 2 bewertet werden.

42 Durch die voneinander unabhängige Prüfung der Teile 1 bis 3 werden unterschiedliche **Zielgruppen** angesprochen, die durch ihr Handeln die unterschiedlichen Teile der Bewertung positiv unterstützen können. Analog zu den drei Teilen stellen sich also die Zielgruppen der BREEAM-Bestandszertifizierung dar: **Eigentümer**, **Betreiber** und **Nutzer**. Für Eigentümer kann die Motivation sein, ihr Portfolio zielgerichtet Richtung Nachhaltigkeit zu entwickeln. Die regelmäßigen Prüfungen, die bei einer BREEAM Bestandsbewertung erforderlich werden, unterstützen den Gebäudebetreiber die Gebäudeperformance zu erhöhen. Für die Nutzer kann der Prozess der Bestandszertifizierung zur Identifikation von Verbesserungspotenzialen der Profitabilität des operativen Geschäfts beitragen.[296]

43 „BREEAM DE Bestand wurde entwickelt, um die **Gebäudeperformance** von gewerblich genutzten Bestandsimmobilien zu ermitteln und durch regelmäßige Re-Zertifizierungen Potentiale zu optimieren.“[297] Mit BREEAM DE Bestand können gewerblich genutzte **Nicht-Wohngebäude** bewertet werden. Dies sind Büro-, Einzelhandels-, Industrie-, Logistik- und Hotelimmobilien.

44 Nach BREEAM DE Bestand werden analog zur BREEAM-Neubauzertifizierung in neun Kategorien die Qualitätsmerkmale des Bestandsgebäudes abgefragt:
- Energie: Verbräuche und CO_2-Reduzierung
- Wasser: Verbrauch und Effizienz
- Material: Umweltein- bzw. auswirkungen von verwendeten Baustoffen, einschließlich Life-Cycle-Auswirkungen
- Transport: durch Verkehre ausgelöster CO_2-Ausstoß und standortbezogene Faktoren
- Abfall: Abfallaufkommen und effiziente Vermeidung
- Umwelt: Minimierung der Risiken für Luft und Wasser
- Gesundheit und Behaglichkeit: innen- und außenraumbezogen
- Management: ganzheitliche Management-Strategien, Betriebs- und Prozessmanagement

296 Siehe http://www.difni.de/leistungen/breeam-de.html.
297 Siehe http://www.difni.de/leistungen/breeam-de.html.

- Boden und Ökologie: ökologische Werterhaltung und Aufwertung des Standorts; Faktoren für Sicherheit und Vermeidung von Störfällen

Wird nach allen drei Teilen (Gebäude, Betrieb, Nutzer/Mieter) zertifiziert, werden insgesamt etwa **180 Fragen** bewertet. Je nach zu zertifizierendem Teil werden unterschiedliche Kategorien bewertet. In Teil 3 werden alle neun Kategorien abgefragt. 45

Das BREEAM Bestand Zertifikat verliert nach einem Jahr seine **Gültigkeit.**[298] Um die Zertifizierung nach BREEAM Bestand für Teil 1, Teil 2 und/oder Teil 3 weiterführen zu können, ist eine jährliche Erneuerung des Zertifikats notwendig. Spätestens im 3. Jahr nach einer BREEAM Bestand Zertifizierung wird das Audit im Rahmen der Re-Zertifizierung durch einen lizenzierten Auditor vollständig wiederholt. Auch die Rückmeldung für eine Erneuerung/**Re-Zertifizierung** wird durch den Auditor durchgeführt. Der Auditor übernimmt bei einer BREEAM-Zertifizierung die volle Haftung für die Richtigkeit und Konformität des durchgeführten Audits. 46

h) Bedeutung und Besonderheiten

Mit über 550.000 zertifizierten Gebäuden aus 77 Ländern ist BREEAM weltweit das Label mit der größten Anzahl ausgezeichneter Gebäude. Zudem sind über **zwei Millionen** Gebäude zur Zertifizierung angemeldet.[299] 47

Als BREEAM initiiert wurde, bestand der Fokus ganz deutlich auf der Bewertung der Umweltwirkungen von Gebäuden. Mittlerweile ist eine ganzheitlichere Betrachtung durch **reformierte Kriterienkataloge** gegeben, wobei nach wie vor ökologische Nachhaltigkeitsaspekte eine höhere Gewichtung haben. 48

Bei BREEAM ist die Zertifizierung von Bestandsgebäuden verhältnismäßig unkompliziert und günstig umsetzbar. Dies erklärt, zumindest zum Teil, die Popularität von BREEAM im Bereich von Bestandsimmobilien. Für die Neubauzertifizierung ist die Dokumentation im Vergleich weitaus aufwendiger und vergleichbar mit dem Aufwand für ein LEED- oder DGNB-Neubauzertifikat. 49

Positiv ist bei BREEAM die Möglichkeit einer Bewertung von Projektentwicklungen ohne Berücksichtigung des Mieterausbaus (sogenannte **Core & Shell-Bewertung**), was für die Vermarktbarkeit von Green Buildings vorteilhaft ist. Eine solche Rohbau-Zertifizierung ist zwar auch bei LEED, aber beispielsweise nicht bei DGNB möglich. 50

BREEAM unterstützt die Bewertung mit verschiedenen **Hilfsmitteln** zur Analyse der Lebenszyklusphasen von Gebäuden. Diese Tools sind frei zugänglich[300] und 51

298 Seit September 2017 ist das Zertifikat 3 Jahre gültig.
299 Siehe http://www.breeam.com/.
300 Siehe https://www.bre.co.uk/page.jsp?id=1763.

ermöglichen somit eine komfortable Ersteinschätzung der betreffenden Immobilie.[301] Dies sind zum Beispiel:

- BREEAM LCA (lebenszyklusorientierte Informationen über Umweltwirkungen von Bauteilen)
- BREEAM Envest (Whole Building LCA Software zur Erstellung von Ökobilanzen und Lebenszykluskostenberechnungen)
- BREEAM SmartWaste (Tool zum Abfallmanagement während der Ausführungsphase von Gebäuden)

52 Die Rolle und die **Verantwortung** des für die Zertifizierung notwendigen und beauftragten **Auditor** unterscheidet sich bei BREEAM-Projekten zu anderen Green Building Labeln. Der Auditor darf bei BREEAM im Gegensatz zu den meisten anderen Zertifizierungssystemen nicht Teil des Planungsteams sein, sondern muss unparteilich sein. Der Auditor haftend außerdem für die Richtigkeit des Zertifizierungs-Audits und der Nachweisführung, was weder bei LEED noch bei DGNB der Fall ist.

53 Inhaltlich zeichnet das BREEAM-System eine **große Vielfalt** von betrachteten ökologischen Themen aus. Besonders ist die Vielzahl von Systemversion inkl. BREEAM Bespoke und den **internationalen BREEAM-Systemen**, durch die BREEAM sehr breit anwendbar ist.

54 Das BREEAM-System bzw. -Verfahren ist, ggf. durch die umfangreiche und lange Erfahrung des BRE, oft sehr **pragmatisch** anwendbar und es verfügt über verschiedene, frei zugängliche Tools, die die Bewertung und die Planung von nachhaltigen Gebäuden unterstützen.

55 In Deutschland spielen BREEAM-Auszeichnungen aktuell vor allen Dingen im Neubaubereich bei **Shopping-Centern** und allgemein in der **Bestandszertifizierung** eine Rolle.

56 Ende 2017 wird eine deutsche Version des BREEAM-Neubausystems veröffentlicht. Dies führt ggf. zu einer gesteigerten Nachfrage auch im Bereich des Neubaus.

2 LEED

a) Historie und Zielsetzung:

1 Das US-amerikanische Green Building Zertifizierungssystem **LEED** steht für **Leadership in Energy & Environmental Design**. Es wurde vom USGBC, dem United States Green Building Council, entwickelt. Das **USGBC** ist eine Non-Profit-Organisation. 1993 wurde das erste sogenannte Pilotprojekt nach LEED ausgezeichnet. Im Jahr 2000 wurde dann das LEED Green Building Rating System Version 2.0 für Neubauten eingeführt.[302] Es folgte LEED Version 3 im Jahre 2009. Projekte konnten bis Ende Oktober

301 Siehe http://www.bre.co.uk/greenguide/page.jsp?id=2072.
302 Siehe http://www.usgbc.org/about.

2016 zur Anwendung dieser Version registriert werden und müssen die Zertifizierung bis Ende Juni 2021 abschließen.[303] Bereits im November 2013 wurde die nun aktuelle **LEED Version 4** (LEED v4) auf der GREENBUILD International Expo in Philadelphia vorgestellt. LEED v4 ist seit dem 1.11.2016 verpflichtend anzuwenden.

Abbildung 5: LEED-Leadership in Energy & Environmental Design

Aufgrund der zunehmenden Popularität der LEED-Auszeichnung wurde das Label 2
ausgebaut und im Laufe der Zeit um verschiedene **Systemvarianten** erweitert (für Handel, Quartiere, Wohnen usw.). Seit dem Jahr 2008 teilt sich das USGB die Aufgabenbereiche mit dem damals neu gegründeten, unabhängigen **GBCI**. Die Abkürzung GBCI steht seit April 2016 für **Green Business Certification Inc.** Davor bedeutete es Green Building Certification Institute.[304] Das GBCI ist für den Geschäftsbereich Zertifizierung, sprich für den gesamten Zertifizierungsprozess bis hin zur Ausstellung der Label, zuständig.[305] Zur stetigen Weiterentwicklung des Zertifikates wurden zudem Experten aus der Industrie, sogenannte **Technical Advisory Groups** (TAG), eingesetzt. Die TAGs bearbeiten auf ehrenamtlicher Basis technische Fragen (Credit Interpretation Requests, CIR), die von Projektteams im Verlauf einer Zertifizierung auftreten können.

Das Ziel des USGBCs ist, durch wirtschaftliche und energiesparende, in Summe 3
nachhaltige, Gebäude zu einer prosperierenden und nachhaltigen Zukunft beizutragen.[306] Eine zentrale Anforderung des LEED-Systems ist der Einsatz umweltschonender Materialien und Techniken, wobei die Optimierung der Energieeffizienz von hoher Relevanz ist.

LEED ist umfassend und flexibel. Es kann in jeder Phase des **Gebäudelebenszy-** 4
klus' eingesetzt werden. Die LEED-Zertifizierungssysteme umfassen Neubauten, den Betrieb und die Instandhaltung von Bestandsgebäuden sowie den Mieterausbau von Gewerbeimmobilien.[307]

303 Siehe http://www.usgbc.org/articles/usgbc-announces-extension-leed-2009.
304 Siehe http://www.gbci.org/faq.
305 Siehe http://www.gbci.org/certification.
306 Siehe www.usgbc.org/organizations/us-green-building-council?view=overview.
307 Vgl. *USGBC*, S. 86.

5 Ziel des USGBC ist es, ein **innovatives, technisch strenges** und **praxisrelevantes** System anzubieten. Deshalb wird das Programm regelmäßigen Evaluationen und Verbesserungsmaßnahmen unterzogen. Ergebnis sind zusätzliche Erläuterungen, spezifische Kriterien-Interpretationen, Anpassungen von Systemen oder umfassende Fortschreibungen hin zu einer ganz neuen Folge des Rating-Verfahrens.

6 Deutschland ist der **größte europäische LEED-Markt** und aktuell der siebtgrößte weltweit (siehe Abbildung 6, Stand 12/2016).[308]

Abbildung 6: Top 10 LEED-Länder außerhalb der Vereinigten Staaten.[309]

308 Siehe http://www.usgbc.org/articles/infographic-top-10-countries-leed-2016.
309 http://www.usgbc.org/articles/infographic-top-10-countries-leed-2016.

b) Organisation:

Entwickler und Gründer des LEED-Labels ist das **US Green Building Council**. Seinen 7
Sitz hat die Non-Profit-Organisation in Washington D.C., USA. Seit 2008 wird der Zertifizierungsprozess und die Ausbildung der LEED-Experten über das sogenannte GBCI abgewickelt. Auch das **GBCI** ist eine Non-Profit-Organisation. Ihr Sitz ist in Philadelphia. Gestartet ist das GBCI als Green Building Certification Institute. Aufgrund seiner erweiterten Betätigungsfelder wurde es im April 2016 in Green Business Certification Inc. umbenannt. Das GBCI ist unabhängig und weltweit aktiv. Sein Fokus ist die Honorierung besonderer Leistungen und nachhaltiger Praktiken im Bereich Green Business durch entsprechende unabhängige Zertifizierungen und die Ausbildung der erforderlichen Experten.

Aktuell ist das GBCI exklusiver Partner für die administrativen Aufgaben rund 8
um Zertifizierung und Ausbildung sowohl für das USGBC (LEED) als auch für den **PEER** Standard (für Kraftwerke), den **WELL** Gebäude-Standard, das **EDGE**-Programm (Excellence in Design for Greater Efficiencies), für das **SITE**-Label (Sustainable Sites Initiative), das sogenannte **GRESB**-Benchmarking, das von institutionellen Investoren eingesetzt wird, um die Nachhaltigkeitsperformance ihrer ggf. weltweiten Properties zu verbessern. Außerdem gehören die Systeme **True, Investor Confidence Project, Parksmart** und **Zero Waste** zum Zertifizierungsportfolio des GBCI (siehe Abbildung 7).[310]

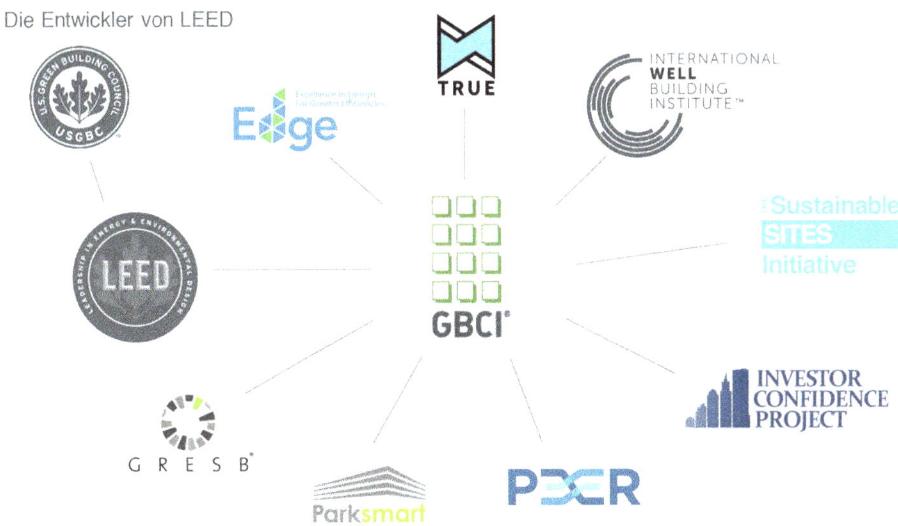

Abbildung 7: Übersicht Zertifizierungssysteme des GBCI

310 Siehe http://www.gbci.org/.

9 Das GBCI beschäftigt mehr als 140 Menschen und über 600 Consultants in drei Teams: Zertifizierung, Aus-/Weiterbildung und Kundenbetreuung. Das GBCI wird neben seinen Sitzen in den USA und in Indien auch einen europäischen Stützpunkt in München und voraussichtlich Amsterdam einrichten.[311] Das GBCI ist in über 160 Ländern mit seinen Leistungen aktiv.[312]

10 Der offizielle Partner des USGBC für Deutschland als größter europäischer Markt für LEED ist die **German Green Building Association e. V. (GGBA)**. Diese wurde im Oktober 2012 in München gegründet und ist seit 2016 in **Berlin** ansässig.[313] GGBA unterstützt den USGBC bei der Weiterentwicklung beispielsweise der regionalen Aspekte und bei der Verbreitung des LEED-Bewertungssystems in Europa. [314] Der Verband ist der **nationale Ansprechpartner** für alle Beteiligten, welche Berührungspunkte mit dem US-amerikanischen Zertifizierungssystem haben und sich mit dessen Anforderungen auseinandersetzen. Im November 2012 unterzeichneten GGBA und das US Green Building Council ein Memorandum of Understanding sowie ein LEED Agreement auf der „Greenbuild“ Konferenz in San Francisco. Damit wurde GGBA offizieller Partner des USGBC in Deutschland und der gesamten **DACH Region**.[315]

11 Der Anspruch der GGBA ist es, LEED sowie die anderen Systeme des GBCI in Europa weiter zu verbreiten. GGBA arbeitet intensiv mit europäischen Partnerorganisationen, um eine erfolgreiche Integration der europäischen Gesetz- und Baupraxis in das LEED-System zu erreichen. Diese Arbeit mündet, wenn möglich, in Strategien zur alternativen Nachweisführung, sogenannte **Alternative Compliance Paths (ACP)**, zum Beispiel für Projekte in Deutschland oder Europa. Gesteuert wird dies durch den **LEED International Roundtable** (LIRT), in welchem sich regionale Green Building Organisationen und Expertengruppen zusammengeschlossen haben. Gemeinsam mit dem USGBC wird somit sichergestellt, dass LEED global einheitlich, regional relevant und lokal anwendbar ist. GGBA ist der offizielle Repräsentant Deutschlands am LIRT.[316]

c) Nutzungsprofile

12 LEED ist ein Zertifizierungsprogramm für Gebäude und Quartiere, das die Planung, die Bauausführung, die Nutzung und die Instandhaltung der gebauten Umwelt Richtung Nachhaltigkeit leitet. Es basiert auf **Mindestanforderungen**, sogenannten Prerequisites, und auf **Credits**. Mindestanforderungen müssen in Gänze erfüllt werden, um eine LEED-Auszeichnung zu erreichen. Je nach Auszeichnungsstufe ist

311 Seit April 2017 hat das GBCI Europe seinen Sitz in München.
312 Siehe http://www.gbci.org/.
313 Siehe http://www.greenimmo.de/grundlagen/geb%C3%A4udezertifikate/ggba/.
314 Siehe http://www.german-gba.org/verein.
315 Siehe http://www.german-gba.org/verein.
316 Siehe http://www.german-gba.org/verein.

eine bestimmte Anzahl Credits erforderlich, deren Anforderungen erfüllt werden müssen.[317]

Die **LEED-Systemvarianten** sind in Neubau und Bestandsbau und darüber hinaus in verschiedene Nutzungsarten unterteilt. Im Kern handelt es sich um folgende Systemvarianten:[318] 13

- Building Design and Construction (BD+C)
- Operations and Maintenance(O+M)
- Interior Design and Construction (ID+C)
- Neighborhood Development (ND)
- Homes (HOMES)

In Deutschland wird die Systemvariante **BD+C (Neubau)** mit Abstand am häufigsten angewandt (etwa 75 %), gefolgt von **O+M (Bestand)** mit etwa 20 %. Die restlichen Projekte in Deutschland wurden bzw. werden nach **ID-C (Innenausbau)** zertifiziert.[319] 14

Eine Übersicht der LEED-Systemvarianten bzw. der Nutzungsprofile ist in Abbildung 8 dargestellt. Die Darstellung zeigt außerdem die Entwicklung der Systemvarianten von **LEED v3** hin zur aktuellen **LEED v4**. Nach LEED v4 können insgesamt 21 verschiedene Gebäude- bzw. Nutzungstypen analysiert und bewertet werden.[320] Mit jedem System liegt ein LEED-Leitfaden vor, in dem die Kriterien und Anforderungen sowie die Vorteile erläutert werden, die mit der Umsetzung des Credits verbunden sind. Darüber hinaus werden Maßnahmen vorgestellt, die zur Einhaltung des Credits beitragen.[321] 15

317 Siehe http://www.usgbc.org/about; vgl. *USGBC*, S. 86.
318 Siehe http://www.usgbc.org/leed#rating.
319 Stand: 10.1.2017, siehe http://www.usgbc.org/advocacy/country-market-brief.
320 Siehe http://www.usgbc.org/articles/rating-system-selection-guidance.
321 *USGBC*, S. 87.

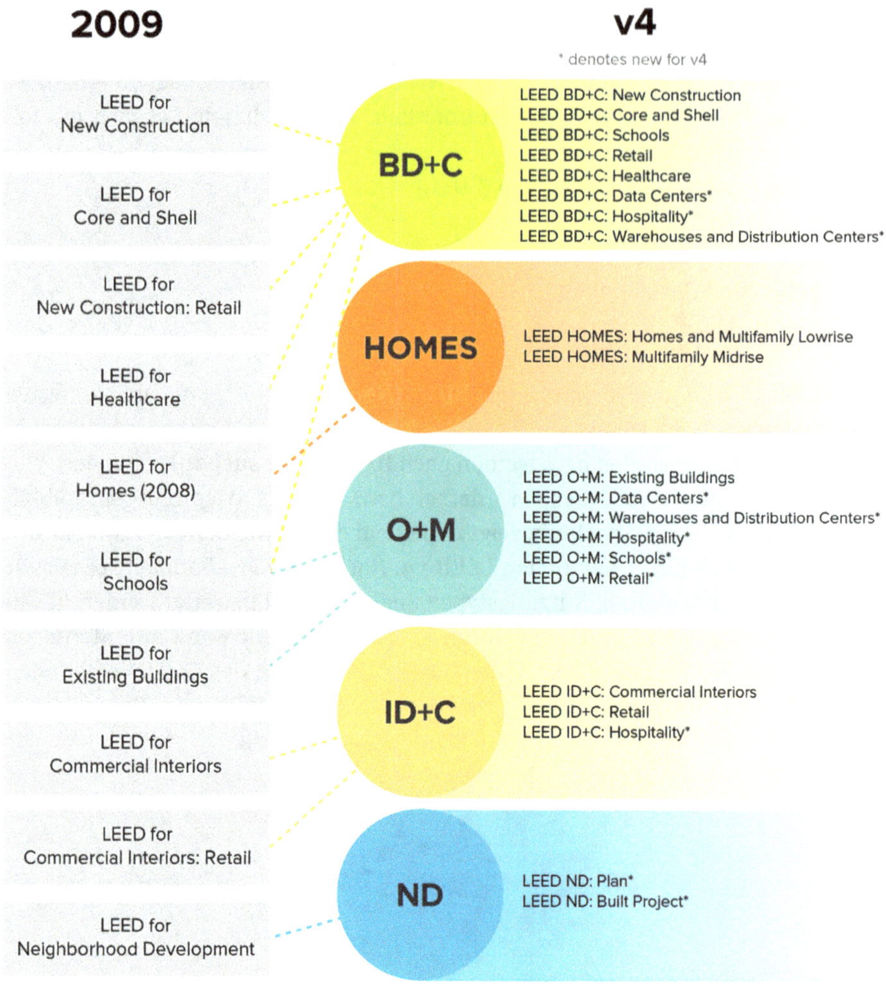

Abbildung 8: LEED-Systemvarianten[322]

16 LEED v4 ist flexibler anwendbar als seine Vorgängerversionen. In den Fokus rückt verstärkt eine ganzheitliche Betrachtung der Nachhaltigkeit der Gebäude. Anforderungen an Energieeffizienz und Materialdokumentation sind gestiegen. Die Anforderungen an die Nachweisdokumentation wurden in Version 4 vereinfacht.

322 Siehe http://www.german-gba.org/leed-v4-chkm.

d) Systemaufbau

Auch wenn die Mindestanforderungen und Credits je nach Nutzungsprofil und Gebäudetyp variieren können, gliedert sich das System grundsätzlich in die nachfolgend dargestellten Kategorien. Das Bewertungssystem unterscheidet insgesamt **acht Hauptkategorien**, denen die Mindestanforderungen (**Prerequisites**) und Bewertungskriterien (**Credits**) zugeordnet sind. 17

Die acht Hauptkategorien der aktuellen LEED-Version für Neubauten (v4 BD+C)[323] sind in Tabelle 6 mit ihrer jeweiligen **Gewichtung** aufgeführt. 18

Tabelle 6: LEED-Hauptkategorien und ihre Gewichtung (LEED v4 BD+C)[324]

Hauptkategorie		Gewichtung
Lage und Verkehr	(Location and Transport)	14,5 %
Nachhaltiger Standort	(Substainable Site)	9,1 %
Wassereffizienz	(Water Efficiency)	10 %
Energie und Atmosphäre	(Energy and Atmosphere)	30 %
Materialien und Rohstoffe	(Material and Resoruces)	11,8 %
Innenraumqualität und Komfort	(Indoor Environmental Quality)	14,5 %
Innovation	(Innovation)	5,5 %
Regionale Prioritäten	(Regional Priority)	3,6 %

Abbildung 9 zeigt sämtliche Kriterien, die nach LEED betrachtet werden, mit ihren jeweiligen Gewichtungen an der Gesamtbewertung. Die einzelnen Bewertungskriterien werden anhand von einem oder mehreren Indikatoren messbar und damit quantifizierbar gemacht. Im Abschnitt e) Beispiel „Visueller Komfort“ werden die entsprechenden **Indikatoren** für die LEED-Kriterien zum Visuellen Komfort beispielhaft vorgestellt. 19

323 Siehe http://www.usgbc.org/sites/default/files/LEED%20v4%20BDC_04.05.16_current.pdf.
324 Siehe http://www.usgbc.org/leed#rating.

Hauptkategorien (HK) und Kriterien	Credits	Gewichtung
Integrale Planung	**1**	**1%**
Lage und Verkehr		16%
Landschaftschutz	**1**	
Standortwahl (Grundstückswahl)	2	
Dichte und Durchmischung des Gebäudeumfeldes	**5**	
Zugang zu öffentlichen Transportmitteln	5	
Fahrradanlagen	**1**	
Reduzierte Parkflächen	1	
Umweltfreundliche Fahrzeuge	**1**	
Nachhaltiger Standort		10%
Vorsorge (maßnahmen) gegen baubedingte Umweltbelastungen	**Mindestanforderung**	
Standortbewertung	1	
Standortentwicklung - Schutz oder Regenerierung von natürlichem Lebensraum	**2**	
Freifläche	1	
Regenwassermanagement	**3**	
Reduzierung des Hitzeinseleffekts	2	
Reduzierung der Lichtverschmutzung	**1**	
Wassereffizienz		11%
Trinkwassereinsparung im Freiraum	**Mindestanforderung**	
Trinkwassereinsparung im Gebäude	Mindestanforderung	
Wasserhauptzähler	**Mindestanforderung**	
Trinkwassereinsparung im Freiraum	2	
Trinkwassereinsparung im Gebäude	**6**	
Wasserverbrauch der freien Kühlung	2	
Wassernebenzähler	**1**	
Energie und Atmosphäre		33%
Grundlegendes Inbetriebnahmemanagement und Verifizierung	**Mindestanforderung**	
Mindestanforderungen an die Energieeffizienz	Mindestanforderung	
Energiehauptzähler	**Mindestanforderung**	
Grundlegendes Kältemittelmanagement	Mindestanforderung	
Erweitertes Inbetriebnahmemanagement	**6**	
Optimierung der Energieeffizienz	18	
Energienebenzähler	**1**	
Nachfragesteuerung	2	
Erzeugung erneuerbarer Energie	**3**	
Erweitertes Kältemittelmanagement	1	
Ökostrom und Klimakompensation	**2**	
Materialien und Rohstoffe		13%
Lagerung und Sammlung von Wertstoffen	**Mindestanforderung**	
Planung Abfallmanagement für Bau- und Rückbau	Mindestanforderung	
Reduzierung der Ökobilanz: Gebäude	**5**	
Transparenz und Optimierung der Bauproduktеigenschaften - Umweltproduktdeklaratio	2	
Transparenz und Optimierung der Bauprodukteigenschaften - Bezug von Rohmaterialie	**2**	
Transparenz und Optimierung der Bauprodukteigenschaften - Inhaltsstoffe	2	
Abfallmanagement für Bau- und Abbruchabfälle	**2**	
Innenraumqualität und Komfort		16%
Mindestanforderungen Innenraumluftqualität	**Mindestanforderung**	
Maßnahmen zum Nichtraucherschutz	Mindestanforderung	
Strategien zur erweiterten Verbesserung der Innenraumluftqualität	**2**	
Emissionsarme Materialien	3	
Managementplanung zur Innenraumluftqualität in der Bauphase	**1**	
Prüfung der Innenraumluftqualität	2	
Thermische Behaglichkeit	**1**	
Innenbeleuchtung	2	
Tageslicht	**3**	
Qualität des Außenraumbezuges	1	
Raumakustik	**1**	
Innovation		6%
Innovation	**5**	
LEED Accredited Professional	1	
Regionale Prioritäten		4%
Regionale Prioritäten: Ausgewählte Credits	**4**	

Abbildung 9: Übersicht Bewertungskriterien LEED v4 Building Design and Construction (BD+C: New Construction)

20 Nachfolgend werden die Kernpunkte je Hauptkategorie kurz erläutert.[325]

21 Die erste Kategorie „**Lage und Verkehr**" legt den Schwerpunkt auf den Gebäudestandort und dessen Anbindung. Es werden beispielsweise die Anzahl der Parkplätze, die Verfügbarkeit gebäudenahen öffentlichen Personennahverkehrs und die Gestaltung offener und fußgängerfreundlicher Flächen honoriert.

22 Die Credits in der Kategorie „**Nachhaltiger Standort**" zielen darauf ab, die Entwicklung unerschlossener Flächen zu vermeiden sowie Schäden von vorhandenen Öko- und Wassersystemen fernzuhalten. Positiv bewertet werden eine an den Ort angepasste Landschaftsgestaltung und ein kontrollierter Abfluss von Regenwasser. Lichtverschmutzung und Wärmeinseleffekte gilt es zu reduzieren.

23 In der Kategorie „**Wassereffizienz**" geht es um die Reduzierung des Wasserbedarfs und des Abwasseraufkommens während der Nutzungsphase (innerhalb des Gebäudes und auf den Außenflächen). Eine Reduktion des Trinkwasserverbrauchs kann beispielsweise durch den Einsatz wassersparender Armaturen oder durch Installation einer Regen- beziehungsweise Grauwasser-Nutzungsanlage erreicht werden.

24 Die Kategorie mit der höchsten Wichtung „**Energie und Atmosphäre**" betrachtet in erster Linie den Energiebedarf eines Gebäudes. Die beiden Hauptanforderungen sind eine Erhöhung der Energieeffizienz sowie der Einsatz von erneuerbaren Energien. Weitere Strategien, die im Rahmen einer LEED-Zertifizierung unter anderem gefördert werden, sind ein Inbetriebnahmemanagement, ein Mess- und Monitoringsystem sowie die Betriebsoptimierung.

25 „**Materialien und Ressourcen**" umfasst im Wesentlichen die Themen „Reduce/Reuse/Recycle" (Reduzieren, Wiederverwenden, Recyclen). Maßnahmen sind hier die Minimierung des (Baustellen-)Abfallaufkommens durch ein geeignetes Abfallmanagement, das Recycling der verbleibenden Abfallmenge und, sofern möglich, die Wiedernutzung. Die Credits dieser Kategorie schaffen Anreize, eine Lebenszyklusanalyse (Ökobilanz) durchzuführen und Baustoffe einzusetzen, deren Inhaltsstoffe deklariert und optimiert sind (u. a. Verwendung von EPDs; EPD = Environmental Product Declaration, Umweltproduktdeklaration).[326]

26 Die Kategorie „**Innenraumqualität und Komfort**" adressiert Komfort- und Behaglichkeitsaspekte wie thermische Behaglichkeit, visueller und akustischer Komfort sowie die Luftqualität.

27 Die Kategorie „**Innovation**" belohnt eine signifikante Übererfüllung bestehender Anforderungen und die Integration von Innovationen, die an anderer Stelle nicht betrachtet wurden. In dieser Kategorie wird auch die Einbeziehung eines LEED Accredited Professional in das Projektteam positiv gewertet.

28 „**Regionale Prioritäten**" sind abhängig vom jeweiligen Staat oder Land, in dem das Projekt steht. Hier sollen regionale Unterschiede beispielsweise in ökologischen

---

325 *USGBC* S. 88.
326 Vgl. *Lambertz/Donath* S. 40.

Gegebenheiten und abgebildet werden. Für die jeweiligen Regionen wurden dementsprechend LEED-Credits ausgewählt, die diese lokalen Prioritäten berücksichtigen. Hier können regionale Bonuspunkte erzielt werden.

29 Abbildung 10 zeigt den Ablauf von der Bewertung der einzelnen Kriterien (Credits) über die Bewertung der Hauptkategorien (8 Hauptkategorien plus den Credit „Integrale Planung“) bis hin zur Gesamtbewertung und der Zuordnung zu den Auszeichnungsstufen.

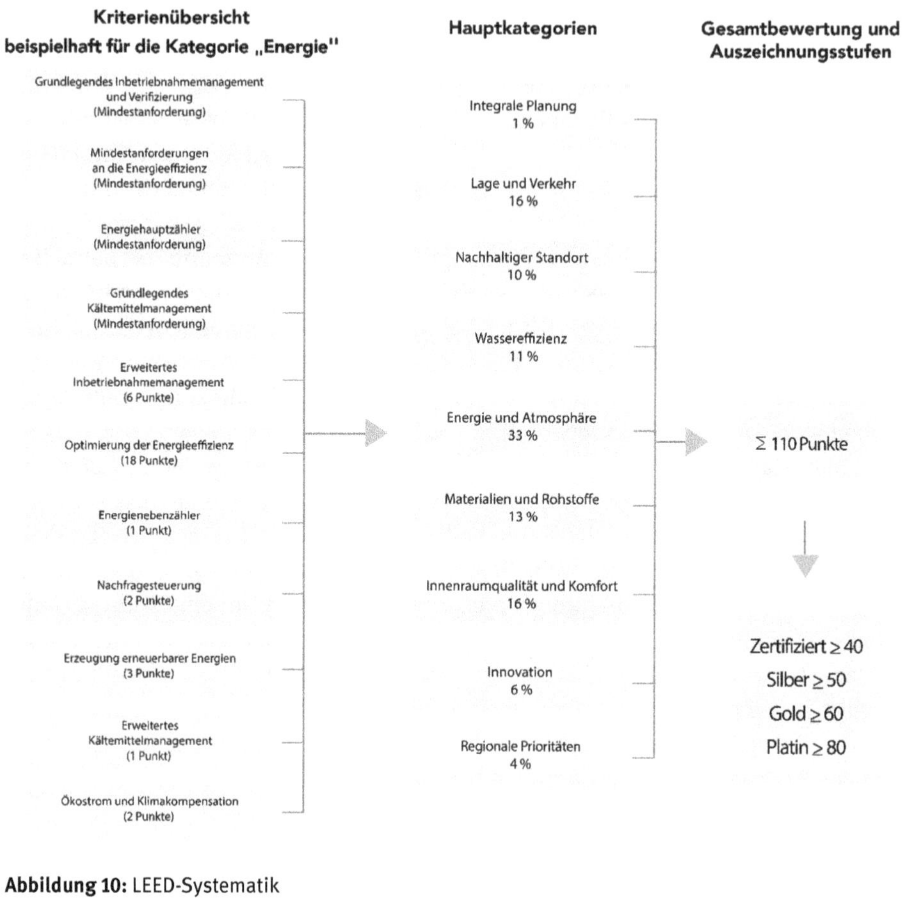

Abbildung 10: LEED-Systematik

30 Der offizielle **LEED-Zertifizierungsprozess** beginnt mit der **Online-Registrierung** des Projektes beim USGBC/GBCI. Mit der Online-Anmeldung erhält man Zugang zur Online-Projektbearbeitungsplattform **LEED-online**. Dort werden die einzelnen Kriterien für das Projekt bearbeitet und die Nachweisdokumente hochgeladen. Das Review durch den USGBC/GBCI beginnt, wenn der Projekt-Administrator (normalerweise der **LEED AP**) das Projekt zur Prüfung für die Reviewer freigibt. Das Review kann ein- oder zweistufig erfolgen. Bei dem geteilten, zweistufigen Review werden das **Design**

Review und das **Construction Review** unterschieden. Alternativ ist ein einstufiges Review möglich (kombiniertes Design and Construction Review nach Inbetriebnahme des Projektes). Die Möglichkeit der Vorzertifizierung (**PreCertification**) gibt es für Projektentwicklungen dann, wenn der Bauherr nicht der Nutzer ist (Systemvariante Core & Shell, siehe Abbildung 8).

e) Beispiel „Visueller Komfort"

Zur Veranschaulichung der LEED-Bewertungsmethode werden die Kriterien zum 31
visuellen Komfort beispielhaft näher erläutert. Grundlage der Darstellung ist die LEED-Systemvariante LEED v4 „Building Design + Construction" für Neubauten.

Der visuelle Komfort ist bei LEED in der Hauptkategorie **„Innenraumqualität** 32
und Komfort" (Indoor Environmental Quality) verankert. Es werden die drei Kriterien (Credits) **„Innenbeleuchtung"** (Interior Lighting), **„Tageslicht"** (Daylight) sowie **„Qualität des Außenraumbezugs"** (Quality Views) bewertet (siehe Abbildung 11).

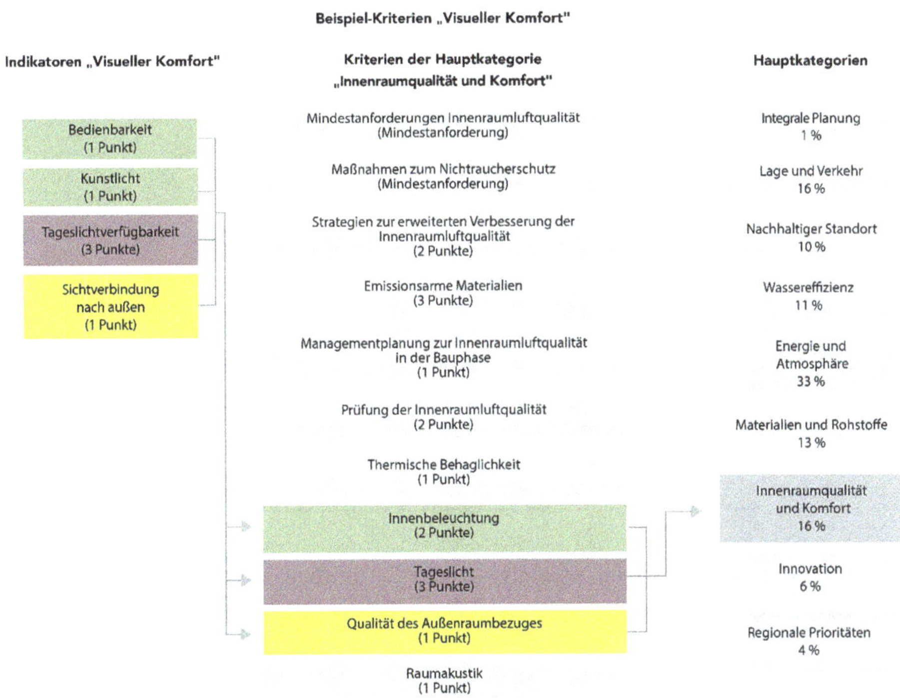

Abbildung 11: Einbettung der Kriterien zum visuellen Komfort in die LEED-Gesamtbewertung

Im Credit Innenraumbeleuchtung können bis zu 2 Punkte erreicht werden. Der Credit 33
Tageslicht fließt mit maximal 3 Punkte in die Bewertung ein. Für die Qualität des

Außenraumbezugs wird maximal 1 Punkt vergeben. Tabelle 7 zeigt eine Übersicht über die Indikatoren in den einzelnen Kriterien sowie die dazugehörige Bepunktung.

Tabelle 7: Überblick LEED-Bewertung des visuellen Komforts

Kriterium	Anforderung / Nachweis	Punkte
Innenbeleuchtung		**∑ 2**
	Option 1: Steuerungsmöglichkeiten der Beleuchtung (an 90 % der Arbeitsplätze und in allen Gruppenräumen)	1
	Option 2: Lichtqualität (Anforderungen u. a. an Leuchtdichte, Farbwiedergabe, Reflexionsgrad, Gleichmäßigkeit)	1
Tageslicht		**∑ 3**
	Option 1: Simulation der Tageslichtautonomie und der jährlichen Sonnenbelichtung; Einhaltung von Grenzwerten	2 – 3
	Option 2: Simulation der Beleuchtungsstärke für bestimmten Testtag; Einhaltung von Grenzwerten	1 – 2
	Option 3: Messungen der Beleuchtungsstärke; Einhaltung von Grenzwerten für einen bestimmten Prozentsatz der belegten Flächen (75 % bzw. 90 %)	2 – 3
Qualität des Außenraumbezuges		**∑ 1**
	Sichtbezug nach außen für 75 % der besetzen Flächen; Einhaltung bestimmter Qualitätsanforderungen an die Sichtverbindung, wie bspw. unverbaute Aussicht	1

34 Die Bedeutung des visuellen Komforts an der Gesamtbewertung liegt bei etwa **5,5 Prozent** an der erreichbaren Gesamtpunktzahl.

f) Auszeichnungsstufen und Zertifizierungsgebühren

35 Der LEED-Zertifizierungsgrad richtet sich nach der erreichten Gesamtpunktzahl, die ein Gebäude erzielt. Wobei zusätzlich sämtliche Mindestanforderungen erfüllt sein müssen. Ab **40 Punkten** wird ein Gebäude mit „**Zertifiziert**" (Certified) ausgezeichnet. Die nächsten Abstufungen erfolgen dann **ab 50**, **60** und **80** Gesamtpunkten und führen zu den Abschlüssen „**Silber**" (Silver), „**Gold**" (Gold) und „**Platin**" (Platinum) (siehe Abbildung 12).

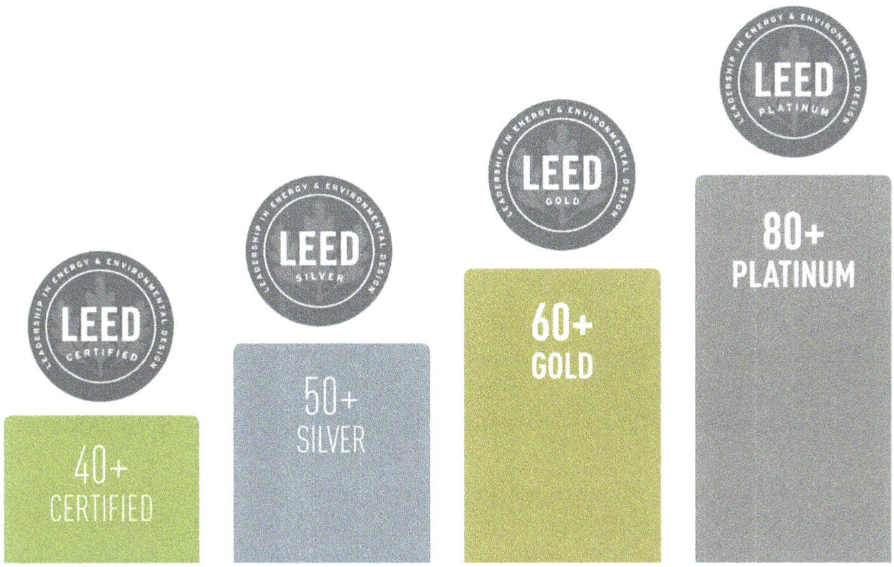

Abbildung 12: LEED-Auszeichnungsstufen[327]

Von den **220 LEED-zertifizierten Projekten** in Deutschland haben 20 % eine Pla- 36
tin-Auszeichnung erreicht. Die große Mehrheit (58 %) erreichten ein Gold-Zertifikat. 13 % der Gebäude wurden mit Silber und 9 % mit Certified ausgezeichnet (Stand 10.01.2017).[328]

Die **Gebühren** für eine LEED-Zertifizierung hängen von der LEED-Systemvari- 37
ante, der Objektgröße, einer etwaigen Mitgliedschaft beim USGBC und der Wahl des Review-Verfahrens (ein- oder zweistufig) ab.

Bei Projekt-Anmeldung wird eine pauschale **Registrierungsgebühr** von 1.200 38
US$ für USGBC-Mitglieder beziehungsweise 1.500 US$ für Nicht-Mitglieder fällig (Erhöhung der Gebühren seit dem 1.12.2016). Die eigentlichen **Zertifizierungsgebühren** liegen je nach Bruttogrundfläche (BGF) des Projektes in einer Bandbreite von etwa 3.500 US$ bis etwa 35.000 US$.[329]

Die Bearbeitungsdauer der einzelnen Reviews kann gegen eine Gebühr von 39
10.000 US$ reduziert werden. Dadurch verkürzt sich die Dauer des Reviews auf zehn bis zwölf Arbeitstage. Ohne diese Beschleunigung dauert ein Review 20 bis 25 Arbeitstage.

327 Siehe https://www.go-gba.org/resources/leed/.

328 Siehe http://www.usgbc.org/advocacy/country-market-brief.

329 Siehe http://www.usgbc.org/cert-guide/fees#bdc.

g) Bestandszertifizierung

40 Der Anteil der Bestandszertifizierungen an den LEED-Zertifikaten in Deutschland liegt aktuell bei etwa **20 Prozent**. Bestandsgebäude wurden bisher mit der Systemvariante LEED Existing Building Operation & Maintenance (**EBOM**) bewertet und ausgezeichnet. Der Schwerpunkt der Bewertung liegt hier auf dem Nutzen und Betreiben der Immobilie sowie auf der Analyse der **Verbrauchswerte** aus den vergangenen zwölf Monaten (Wärme, Strom, Wasser). Der Systemaufbau ist mit dem vorgestellten Neubausystem vergleichbar. Die **acht Hauptkategorien** sind die identisch. Es gibt ebenfalls Mindestvoraussetzungen (Prerequisites), die erfüllt werden müssen, und insgesamt 110 Punkte (Credits), die je nach angestrebter Auszeichnungsstufe zu erreichen sind. Die Auszeichnungsstufen und deren Grenzwerte sind identisch mit denen der Neubauzertifizierung.

41 **Voraussetzungen** für die Anwendung des **LEED-Bestandskriterienkatalogs** sind:

- Fertigstellung und vollständiger Betrieb des Gebäudes seit mindestens einem Jahr
- außer Instandhaltungsmaßnahmen keine wesentlichen Änderungen/baulichen Maßnahmen (Fassade, Technik)

42 Besonders ist bei der EBOM-Zertifizierung eine sogenannte **„Performance Period“** die der sogenannten **„Establishment Period“** vorausgeht. In der Establishment Period werden die Gebäudeinfrastruktur bewertet, die erforderlichen Richtlinien und Strategien entworfen und die Performance Period vorbereitet. In der Performance Period dann werden die Richtlinien und Strategien implementiert und umgesetzt sowie die verschiedenen **Performance-Indikatoren** und **Messgröße** erfasst, dokumentiert und ausgewertet. Umfragen und Audits finden ebenfalls während der Performance Period statt. In dieser Phase wird das nachhaltige Betreiben einer Immobilie messbar gemacht. Die Performance Period dauert mindestens drei. Möglich ist eine Dauer von maximal 24 Monaten. Innerhalb von 60 Tagen nach Beendigung der Performance Period müssen die Zertifizierungsunterlagen zum Review eingereicht werden.

43 Das Bestandszertifikat ist im Vergleich zum Neubau-Zertifikat nicht unbegrenzt gültig. Spätestens nach **fünf Jahren** ist eine Re-Zertifizierung erforderlich, falls die Zertifizierung aufrecht gehalten werden soll.

44 Der Aufwand für eine Bestandszertifizierung war mit dem EBOM-System im Vergleich zum Beispiel zu einer BREEAM-Bestandszertifizierung relativ hoch und lag zum Teil in einer Größenordnung einer Neubau-Zertifizierung. Seit Ende 2016 gibt es eine Alternative für bestehenden Gebäude, Quartiere und Portfolien, die eine LEED-Zertifizierung anstreben.

Abbildung 13: Logo arc-Performance-Plattform

Das US Green Building Council (USGBC) bzw. das Green Business Certification Inc. (GBCI) bietet mit der **online Performance-Plattform arc** ein Tool für die Bewertung, Optimierung und Zertifizierung bestehender Gebäude an. Seit dem 1. Dezember 2016 kann die Plattform für Gebäude mit oder ohne LEED-Zertifizierung, für Quartiere oder ganze Städte genutzt werden. Eigentümern und Betreibern wird ein Online-Instrument an die Hand gegeben, um ihr Gebäude oder ihr **Portfolio** gezielt Richtung Nachhaltigkeit zu entwickeln. Eine **LEED-Auszeichnung** kann, muss aber nicht, das Ergebnis des **Benchmarks** bzw. des **Optimierungsprozesses** sein. 45

Arc komplementiert LEED und die anderen Green Building Zertifizierungssysteme und Standards und schafft eine Verbindung zu Immobilien in der ganzen Welt. Es lassen sich **Performance-Indikatoren** vergleichen und in eine Green Building Strategie implementieren. Arc ist eine Möglichkeit, die Gebäudeperformance gezielt zu steigern, **transparent** zu machen und, falls gewünscht, schließlich eine LEED-Zertifizierung zu erreichen und damit die Performance des Gebäudes zu verifizieren.[330] 46

Eingesetzt werden kann **arc** sowohl bei LEED-zertifizierten als auch bei nicht zertifizierten Gebäuden. LEED-zertifizierte Objekte können die Plattform nutzen, um ihre Performance zu steigern und/oder um sich mit geleichartigen Gebäuden **weltweit** zu vergleichen. Auch eine jährliche Bestätigung der LEED-Performance kann eine Anwendung sein. Mit den aktuellen Daten kann die Zertifizierung aufrecht und aktuell gehalten werden. Für nicht zertifizierte Gebäude bietet sich arc an, um die Nachhaltigkeit der Immobilie schrittweise zu erhöhen und ggf. im Laufe der Zeit eine **LEED-Zertifizierung** zu erreichen. 47

Neben der arc-Plattform ist eine wesentliche Veränderung des überarbeiteten LEED-Bewertungssystems für Bestandsgebäude die stark reduzierte **Kriterien- und Indikatorenanzahl**. Die Anwendbarkeit und Praxistauglichkeit wurde damit deutlich erhöht. 48

Die Bewertung konzentriert sich nun auf Kernthemen. Konkret werden die folgenden **fünf Kriterien** betrachtet (siehe auch Abbildung 14): 49
- Energie („Energy“)
- Wasser („Water“)

330 Siehe http://www.usgbc.org/articles/all-about-arc-performance-platform-no-other.

- Abfall („Waste“)
- Verkehrsmittel („Transportation“)
- Menschliche Erfahrung („Human Experience“)

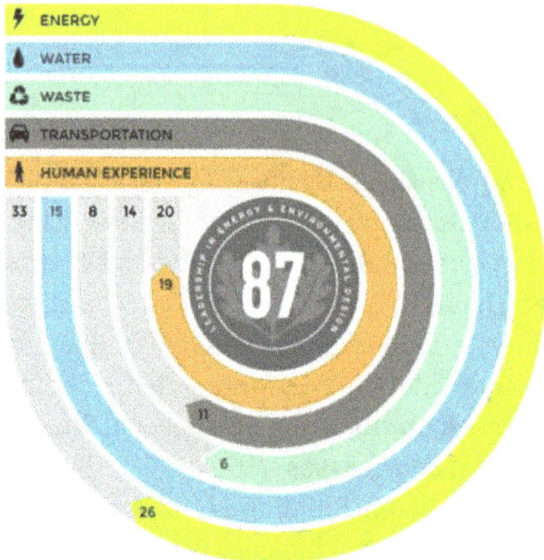

Abbildung 14: LEED ON – arc-Plattform

50 Für eine LEED-Erstzertifizierung werden Daten in den fünf Bereichen aus den jeweils vergangenen **12 Monaten** ausgewertet. Mindestanforderung für eine Zertifizierung mit dem neuen LEED-System für den Gebäudebestand ist die Implementierung von **Leitfäden** zu unterschiedlichen Themen wie Beschaffung, Abfall und Reinigung.

51 Die arc-Plattform stellt eine gute Möglichkeit dar, den Gebäudebestand schrittweise in Richtung Nachhaltigkeit zu optimieren.

h) Besonderheiten und Bewertung:

52 LEED ist das **bekannteste** und weltweit am weitesten verbreitete Green-Building-Programm. Es beeinflusst die Planung, Konstruktion, den Betrieb sowie die Instandhaltung von Immobilien in mehr als **160 Ländern**. LEED-Anforderungen fließen in über 80.000 gewerbliche Projekte ein (Stand 09/2016).[331]

53 Eine LEED-Zertifizierung sichert damit eine **weltweite Vergleichbarkeit** für Investoren und Immobilienhalter und ist für zahlreiche Unternehmen ein Baustein ihrer CSR-Politik (CSR = **Corporate Social Responsibilty**). Die weltweite Anwendbarkeit und Anwendung zeichnet LEED aus. Damit verbunden ist auch ein globales Netzwerk von LEED APs, sodass Experten rund um den Globus zur Verfügung stehen.

---

331 Vgl. *USGBC* USGBC+ 2016, 4.

54 Mit der Einführung der Performance-Plattform arc und der dynamischen LEED-Zertifizierung für Bestandsgebäude verstärkt das LEED-System seine Rolle nicht nur als Kommunikationstool sondern vor allen Dingen auch als Steuerungsinstrument für einen **nachhaltigen Gebäudebestand.**[332]

55 Das LEED-Label entwickelt sich zunehmend zu einem ganzheitlichen Bewertungssystem, wobei derzeit vor allen Dingen Umweltwirkungen aber auch Komfortthemen den Schwerpunkt bilden. Ökonomische Aspekte werden nur am Rande betrachtet. Neben dem Trend zur Ganzheitlichkeit ist eine zweite Entwicklung die breitere Anwendbarkeit, die mit dem LEED-Motto **„global, regional und lokal anwendbar"** verbunden ist. Regionale Gewichtungen (Regional Priority) und je nach Region alternative Nachweisführungsmethode (**ACP** = Alternative Compliance Path) erhöhen die lokale Anwendbarkeit und Sinnhaftigkeit des Systems.

56 Positiv ist bei dem LEED-Verfahren, dass eine Bewertung von Projektentwicklungen ohne den Mieterausbau möglich ist. Das erhöht die **Akzeptanz** und **Praxistauglichkeit** der Anwendung bei Immobilien, bei denen der Bauherr nicht der spätere Nutzer des Gebäudes ist. Die entsprechende Systemvariante nennt sich **„Core & Shell"**. Hier ist auch die sonst bei LEED nicht übliche Vorzertifizierung möglich, um das Projekt frühzeitig entsprechend seiner nachhaltigen Qualität zu vermarkten.

57 Die Online-Plattform **„LEED online"** über die der gesamte Zertifizierungsprozess von der Registrierung bis hin zum Audit abgewickelt wird, ist sehr anwenderfreundlich und transparent. Eine direkte Verlinkung führt zu weiterführenden Erläuterungen und Hilfsmitteln. Das USGBC stellt dem Anwender verschiedene, Nachweis unterstützende Unterlagen zur Verfügung. Aufwendig für Projekte vor allen Dingen außerhalb der USA ist der Nachweis der energetischen Performance über eine sogenannte **Whole Building Simulation** (WBS) nach dem US-amerikanischen Standard ASHRAE 90.1.

58 Für baugleiche Gebäude oder Gebäude auf einer Art **Campus** gibt es mit der LEED-Campus-Zertifizierung eine Vereinfachung im Vergleich zu einer Einzel-Zertifizierung der Gebäude. Hierbei werden nicht alle Kriterien für jedes Gebäude einzeln nachgewiesen, sondern manche Kriterien für alle Gebäude gemeinsam.[333]

59 LEED-Nachweise sind meist weniger kleinteilig zu erbringen, als es beispielsweise bei DGNB der Fall ist. Abstufungen in der Erfüllung einzelner Kriterien sind seltener als bei DGNB. Anforderungen sind häufig entweder „erfüllt" oder „nicht erfüllt" und werden dementsprechend mit einem Punkt beziehungsweise null Punkten bewertet.

60 Die Übersetzung der Kriterienkataloge in andere **Sprachen** wie Spanisch, Chinesisch, Arabisch und Portugiesisch[334] ist ein laufender Prozess. Die LEED Green Associate Prüfung kann seit 2017 beispielsweise auch auf Deutsch absolviert werden. Die Lernunterlagen stehen ebenfalls auf Deutsch zur Verfügung.

332 Siehe https://www.leedon.io/index.html.

333 Siehe http://www.usgbc.org/resources/leed-campus-guidance.

334 Siehe http://www.usgbc.org/articles/now-available-translated-leed-core-concepts-guide.

61 Das LEED-Label ist, wie dargestellt, seit den ersten Zertifizierungen im Jahr 2000 international zunehmend beliebt und bekannt.[335] Das macht seinen Einsatz zur **Vermarktung** einfacher. Der Bekanntheitsgrad ist weltweit hoch. Dies wurde unter anderem im Zeitraum von Sommer 2013 bis Sommer 2016 durch die so genannte LEED Earth Campaign gefördert. Dieses Programm beinhaltete Vergünstigungen für Pilotprojekte in 112 Ländern, in denen bis dahin keine LEED-Zertifizierungen erreicht wurden.[336] Mittlerweile werden mehr als ein Drittel der Zertifikate **außerhalb der USA** vergeben. Auch in Deutschland steigt die Bedeutung. Die zehn Länder mit den meisten Zertifikaten außerhalb der USA sind: China, Kanada, Indien, Brasilien, Südkorea, Taiwan, Deutschland, Türkei, Schweden und die Vereinigten Arabische Emirate. Die Reihenfolge ergibt sich hierbei aus den zertifizierten Gesamtflächen nach LEED (siehe Abbildung 6).[337]

62 Aus deutscher Sicht ist eine Besonderheit, dass mit dem **GGBA** und zukünftig auch mit dem **GBCI Europe** Ansprechpartner in Deutschland ansässig sind, die neben den LEED-Inhalten auch die deutsche und europäische Baukultur und Gesetzgebung kennen. Diese Kenntnisse fließen damit verstärkt in das LEED-System ein und ermöglichen europäische und deutsche Anpassungen. Dies stärkt die Bedeutung von LEED in Deutschland und Europa und führt wahrscheinlich auch zu einer Stärkung der weiteren Zertifizierungssysteme für nachhaltiges Wirtschaften im Bau- und Immobiliensektor, die durch das GBCI angeboten werden (siehe Abbildung 7). Die Vernetzung der verschiedenen Systeme und die gegenseitige Anerkennung von Credits wird sich zukünftig vergrößern.

3 Green Star

1 Das **australische** Zertifizierungslabel „**Green Star**" ist ein verhältnismäßig einfaches System, welches in erster Linie die ökologische Dimension der Nachhaltigkeit betrachtet. Es wurde im Jahre 2003 vom **Green Building Council Australia** (GBCA) auf Grundlage der bestehenden Zertifizierungssysteme BREEAM und LEED erarbeitet und eingeführt.[338] In Anlehnung an Green Star Australia wurde in 2007 der neuseeländische Ableger „**Green Star NZ**" konzipiert, welcher in den Grundlagen dem australischen Pendant gleicht und lediglich im Detail spezifisch auf den Markt in Neuseeland angepasst wurde.[339]

2 Green Star berücksichtigt die klimatischen Verhältnisse und besonderen Randbedingungen in **Australien**. Deshalb ist die Anwendung für abweichende klimatische

335 Siehe https://www.architectsjournal.co.uk/news/leed-outstrips-breeam-across-the-globe-including-europe/8643464.article.
336 Siehe http://go.usgbc.org/leed-earth.
337 Siehe http://www.usgbc.org/articles/infographic-top-10-countries-leed-2016.
338 Vgl. *Meyer/Yudelson* S. 16.
339 Siehe https://www.nzgbc.org.nz/Category?Action=View&Category_id=293.

Bedingungen nur bedingt sinnvoll. Eine Studie, welche unterschiedliche Green Building-Zertifikate gegenüberstellte, hat dies bestätigt.[340]

Das australische Zertifizierungsverfahren wurde ursprünglich für die Bewertung 3
von Nichtwohngebäuden erarbeitet. Mittlerweile ist auch die Auszeichnung von Wohnungsbauten möglich (Version 3 ist die aktuelle Green Star Version). Neben Bürogebäuden können auch Gesundheitseinrichtungen, Ausbildungsstätten und Einkaufszentren Gegenstand der Analyse sein. Weitere **Gebäudetypen** befinden sich in der Vorbereitung. Das Bewertungssystem unterscheidet vier grundsätzliche Systeme:[341]

Tabelle 8: Übersicht der Green Star Rating-Systeme[342]

	Green Star Communities	Zertifizierung von Kommunen	Bewertet werden 33 Credits in fünf Kategorien (Governance, Liveabilty, Economic Prosperity, Environment, Innovation)
	Green Star Design & As Built	Zertifizierung von Neubauten	Bewertet werden 30 Credits in neun Kategorien (Management, Indoor Environment Quality, Energy, Transport, Water, Materials, Land Use and Ecology, Emissions, Innovation)
	Green Star Interiors	Zertifizierung des Innenausbaus	Bewertet werden 27 Credits in neun Kategorien (Management, Indoor Environment Quality, Energy, Transport, Water, Materials, Land Use and Ecology, Emissions, Innovation)
	Green Star Performance	Zertifizierung der Gebäude-Performance im Betrieb	Bewertet werden 30 Credits in neun Kategorien (Management, Indoor Environment Quality, Energy, Transport, Water, Materials, Land Use and Ecology, Emissions, Innovation)

Die Bewertung ist als **2-stufiges Checklistensystem** aufgebaut, welches Maßnah- 4
men zur nachhaltigen Performance eines Gebäudes anhand von bis zu **142 Indikatoren**, betrachtet.[343] Abbildung 15 zeigt beispielhaft die einzelnen Bewertungskriterien

340 „Green Star is designed for a hot climate, and LEED covers all the very diverse US climate zones" (http://www.building.co.uk/breeam-leed-and-green-star-whos-the-fairest?/3146922.article).

341 Siehe http://new.gbca.org.au/green-star/rating-system/.

342 Siehe http://new.gbca.org.au/green-star/rating-system/.

343 Vgl. dazu den Aufsatz von *Alonso/McEwan/Roderick/Wheatley* abrufbar unter http://www.iesve.com/content/downloadasset_1220.

(Credits) für das System Green Star Design & As Built (für Neubauten) inklusive der **Gewichtung** der **neun Hauptkategorien**.

Hauptkategorien (HK) und Kriterien	Credits	Gewichtung
Management		14%
1 Green Star Accredited Professional	**1**	
2 Comissioning & Tuning	4	
3 Adaption and Resilience	**2**	
4 Building Information	2	
5 Commitment to Performance	**2**	
6 Metering Monitoring	1	
7 Construction Environmental Management	**1**	
8 Operational Waste	1	
Indoor Environmental Quality		17%
9 Indoor Air Quality	**4**	
10 Acoustic Comfort	3	
11 Lighting Comfort	**3**	
12 Visual Comfort	3	
13 Indoor Pollutants	**2**	
14 Thermal Control	2	
Energy		20%
15 Greenhouse Gas Emissions	**20**	
16 Peak Electricity Demand Reduction	2	
Transport		10%
17 Sustainable Transport	**10**	
Water		12%
18 Potable Water	12	
Matrials		14%
19 Life Cycle Impacts	**7**	
20 Responsible Building Materials	3	
21 Sustainable Products	**3**	
22 Construction and Demolition Waste	1	
Land Use & Ecology		6%
23 Ecological Value	**3**	
24 Sustainable Sites	2	
25 Heat Island Effect	**1**	
Emissions		5%
26 Stormwater	2	
27 Light Pollution	**1**	
28 Microbial Control	1	
29 Refrigerant Impacts	**1**	
Innovation		10%
30 Innovation	10	

Abbildung 15: Übersicht Bewertungskriterien Green Star Design & As Built (Neubauten)

5 Die erzielte Gesamt-Bewertung lässt sich dann auf einer Punkteskala einordnen. Maximal können **100 Punkte** erreicht werden. Für eine Zertifizierung sind mindestens 45 Punkten notwendig. Dies führt dann zu dem Abschluss „**Best Practice**". Werden zwischen 60 und 74 Punkte erreicht, erhält die Immobilie das Prädikat „**Australian**

Excellence" (beziehungsweise New Zealand Excellence).[344] Darüber entspricht die Zertifizierung einem „**World Leadership**", welches der höchstmögliche Abschluss ist. Diese drei Abschlussvarianten werden oftmals auch mit den Symbolen von vier bis sechs Sternen ergänzt (siehe Tabelle 9).

Tabelle 9: Green Star Auszeichnungsstufen

Green Star „Sterne"	Prädikat	Punkte
1	Minimum Practice	10–19
2	Average Practice	20–29
3	Good Practice	30–44
4	Best Practice	45–59
5	Australian Excellence (New Zealand Excellence)	60–74
6	World Leader	ab 75

Sogenannte **Green Star Rating Tools** sind für alle Eigentümer und Planer frei verfügbar. Insbesondere der „Green Star Energy Calculator" ist hier zu nennen. Für eine Zertifizierung ist die Registrierung des Objektes beim GBCA notwendig.[345] Diese **Registrierung** ist der erste von fünf Schritten zu einer Green Star-Auszeichnung. Es folgen die **Dokumentation**, die Einreichung, das **Assessement** (Prüf- und Bewertungsphase) und abschließend die Zertifikat-Vergabe.[346] 6

Es besteht noch ein Ableger mit landesspezifischen Anpassungen in **Südafrika**, welcher jedoch noch nicht für den gleichen Umfang an Gebäudevarianten anwendbar ist.[347] Außerhalb dieser Regionen spielt das System keine internationale Rolle, ist jedoch auf den regionalen Märkten mit Anteilen von 73 % dominant vertreten.[348] 7

Die **Gebühren** für eine Zertifizierung liegen in Australien zwischen etwa 5.700 € für Gebäude unter 10.000 m² Bruttogrundfläche und 7.000 € ab 30.000 m² BGF.[349] In Neuseeland liegen deutlich darüber. Dort reicht die Spanne von 12.000 € (bis 2.000 m² BGF) und 47.000 € (ab 30.000 m² BGF).[350] Die angegebenen Gebühren sind jeweils 8

344 Siehe https://www.nzgbc.org.nz/Category?Action=View&Category_id=31.
345 Vgl. *Donath/Fischer/Hauke* S. 47.
346 Siehe https://www.gbca.org.au/uploads/212/34772/Introducing_Green_Star.pdf.
347 Vgl. *Appleby* S. 65.
348 Siehe http://malon.uni.lu/greenregio/web/index.php/Case-studies/Brisbane/Green-Star-Rating-Driver-of-Australia-s-green-office-building-market.
349 Siehe https://www.gbca.org.au/green-star/green-star-performance/certification/.
350 Siehe http://www.nzgbc.org.nz/.

als Netto-Beträge ausgewiesen. Die angegebenen Sätze gelten für Nicht-Mitglieder des jeweiligen Green Building Councils.

9 Das Green Star Label ist nur eingeschränkt für die Bewertung der Nachhaltigkeit eines Gebäudes geeignet, da der Fokus hierbei stark auf die **ökologischen Aspekte** gelegt wird. Innerhalb der Ökologie liegt der Hauptaspekt, wie auch bei den Labeln BREEAM und LEED, auf der Energie. Bei allen drei Zertifikaten macht dieser Aspekt ungefähr 15 % der Gesamtbewertung aus. Die Bewertung ist ähnlich zu BREEAM auf den CO_2-Ausstoß und nicht auf die Einsparungen gegenüber einem Referenzgebäude (wie z. B. bei LEED) ausgerichtet.[351] Ein Vergleich zwischen BREEAM und Green Star zeigte hierbei, dass Gebäude, welche in Australien mit der Höchstnote von sechs Sternen prämiert wurden, in Großbritannien unter BREEAM eine Wertung zwischen good oder very good erhalten hätten.[352] Dazu passt der Ausspruch von Daniel Grollo[353]: „If you're not building Green Star, you're building in obsolescence".[354]

4 DGNB

a) Historie und Zielsetzung

1 Im Vergleich zum angloamerikanischen Raum wurde in Deutschland verhältnismäßig spät ein sogenanntes **Green Building Label** auf den Markt gebracht. Erst die Nachfrage **internationaler Investoren** nach BREEAM- und vor allen Dingen LEED-zertifizierten Immobilien motivierte Akteure in der Bau- und Immobilienbranche, ein deutsches Green Building Zertifikat zu entwickeln. In Deutschland war der Druck, Anreizsysteme für die Erstellung nachhaltiger Gebäude zu schaffen, weniger groß als beispielsweise in den Vereinigten Staaten. Die **Bauqualität** in Deutschland war auch ohne Zertifikat vergleichsweise hoch, z. B. in Bezug auf die Energieeffizienz der Gebäude.

2 2007 gründeten sechzehn **Initiatoren** aus unterschiedlichen Fachrichtungen der Bau- und Immobilienwirtschaft den Verein **Deutsche Gesellschaft für Nachhaltiges Bauen** (DGNB e. V.). Ziel war die Förderung des nachhaltigen Bauens verbunden mit der Entwicklung und Etablierung eines entsprechenden Bewertungs- und Zertifizierungssystems. Bereits Anfang 2008 hatten sich 121 Organisationen der DGNB angeschlossen. Heute zählt der Verein über **1.200 Mitglieder** und sieht sich als **internationale Wissensplattform** für nachhaltiges Bauen.[355]

351 Siehe http://www.building.co.uk/Journals/Graphic/y/k/q/table2.jpg.

352 Vgl. dazu den Aufsatz von *Mitchell*, abrufbar unter http://siteresources.worldbank.org/INTURBANDEVELOPMENT/Resources/336387-1256566800920/6505269-1268260567624/Mitchell.pdf.

353 Executive Chairman von Grocon.

354 Siehe http://ecogeneration.com.au/news/challenges_and_opportunities_for_australias_green_building_industry/65433.

355 Siehe http://www.dgnb.de/de/verein/die_dgnb/.

Die DGNB arbeitete seit 2007 zusammen mit dem **„Runden Tisch für Nachhaltiges Bauen“**[356], ein Gremium des Bundesministeriums für Verkehr, Bau und Stadtentwicklung (BMVBS), an einem ganzheitlichen Nachhaltigkeitsbewertungsverfahren für Immobilien. Es sollte dem Anspruch gerecht werden, ein System der **zweiten Generation** zu sein (LEED und BREEAM galten als die Systeme der ersten Generation). Im Vergleich zu den bestehenden Zertifizierungsverfahren sollte das DGNB-System auf **Nachhaltigkeit** statt auf Umwelt fokussieren. Das bedeutet die gleichgewichtete Berücksichtigung ökologischer, ökonomischer und sozialer Aspekte. Außerdem wollten die Akteure ein Kriterienkatalog erstellen, der ziel- und weniger maßnahmenorientiert sein sollte. 3

Im Januar 2009 wurden auf der Baumesse **BAU** in München nach einer viermonatigen Pilotphase die ersten Pilotprojekte von der DGNB mit dem „Deutschen Gütesiegel Nachhaltiges Bauen“[357] ausgezeichnet. Nach der **DGNB-Pilotversion** Version 2008 für Büro- und Verwaltungsneubauten folgte die Marktversion 2009, dann weitere Updates sowie die Ableitung zahlreicher **Nutzungsprofile** für verschiedene Nutzungen und Lebenszyklusphasen einer Immobilie. 4

Abbildung 16: DGNB-Zertifikatslogo
© DGNB

Die Zusammenarbeit zwischen DGNB und BMVBS wurde nach erfolgreicher Einführung des Bewertungsverfahrens im Jahr 2008 zunächst nicht fortgeführt. Der Bund hat die Anwendung des Bewertungsverfahrens für Bundesbauten mit der Bezeichnung **„Bewertungssystem Nachhaltiges Bauen für Bundesbauten – BNB“** verbindlich vorgeschrieben und weitere Systemvarianten unabhängig von der DGNB erarbeitet.[358] Die Systemvariante Laborgebäude wurde allerdings wieder gemeinschaftlich entwickelt. Beide Systeme DGNB und BNB sind nach wie vor relativ deckungsgleich. 5

356 „Mit dem am 12. Dezember 2001 gegründeten Runden Tisch ist ein Gremium zur Unterstützung des Bundesbauministeriums für Regelungen des Nachhaltigen Bauens des Bundes eingerichtet worden.“ (siehe http://www.nachhaltigesbauen.de/nachhaltiges-bauen/runder-tisch-nachhaltiges-bauen.html).

357 Mittlerweile steht die Abkürzung DGNB nur noch für die Gesellschaft. Die Bezeichnung „Deutsches Gütesiegel Nachhaltiges Bauen“ wird von der DGNB nicht mehr verwendet.

358 Siehe https://www.bnb-nachhaltigesbauen.de/bewertungssystem.html.

6 Mehr als **650 Gebäude und Quartiere** wurden inzwischen mit einem DGNB-Zertifikat ausgezeichnet. Das Label genießt in Deutschland eine hohe Anerkennung und ist auch international zunehmend bekannt und anwendbar.

b) Organisation

7 Die DGNB e. V. ist eine **Non-Profit-Nichtregierungsorganisation**. Der Verein hat seinen Sitz mit Geschäftsstelle in Stuttgart.

8 Die DGNB entwickelt und fördert Lösungen für nachhaltiges Bauen und Betreiben von Gebäuden. Ihre zentrale Aufgabe sieht sie im „Auf- und Ausbau eines Zertifizierungssystems für nachhaltige Bauten sowie die Vergabe eines Zertifikats“[359]. Mit Hilfe dieses Zertifizierungssystems soll das „zukunftsfähige Planen, Bauen und Betreiben von Bauwerken im In- und Ausland gefördert werden“[360]

Abbildung 17: Logo der Deutschen Gesellschaft für Nachhaltiges Bauen (DGNB) © DGNB

9 Gegründet wurde die Gesellschaft im Juni 2007.[361] Die Mitgliederanzahl beträgt mehr als 1.200. Die **Mitglieder** sind Expertinnen und Experten aus den verschiedenen am Bau und der Planung beteiligten Bereichen. Die Bandbreite reicht von Planern, Ausführenden, Bauproduktherstellern über Entsorgungsunternehmen bis hin zu Hochschulen und anderen Forschungseinrichtungen.[362] Die Mitglieder repräsentieren die gesamte **Wertschöpfungskette der Bau- und Immobilienwirtschaft**: Architekten, Planer, Bauindustrie, Investoren und Wissenschaftler bringen ihr umfassendes Know-how in die DGNB ein.

10 Die DGNB betreibt **drei Geschäftsbereiche**: Akademie, System und Navigator. Im Geschäftsbereich **DGNB Akademie** werden Schulungen und Prüfungen angeboten. Die Akademie vermittelt Grundlagenwissen und vertieftes Wissen rund um das nachhaltige Bauen. Kernthemen der Arbeit des Geschäftsbereichs **DGNB System** sind die Bewertung und Auszeichnung nachhaltiger Gebäude. Der **DGNB Navigator** ist im Wesentlichen eine Online-Plattform, die relevante Informationen zu Inhaltsstoffen von Baustoffen zur Verfügung stellt.[363]

359 Siehe http://www.dgnb.de/de/verein/dgnb_leitbild/.
360 Siehe http://www.dgnb.de/de/verein/dgnb_leitbild/.
361 Siehe http://www.dgnb.de/dgnb-ev/de/verein/die_dgnb/.
362 Siehe http://www.dgnb.de/de/verein/mitglieder/.
363 Siehe http://www.dgnb.de/dgnb-ev/de/geschaeftsbereiche/.

Die gesamte **Organisationsstruktur** der DGNB mit ihren Organen und Gremien ist in Abbildung 18 dargestellt. 11

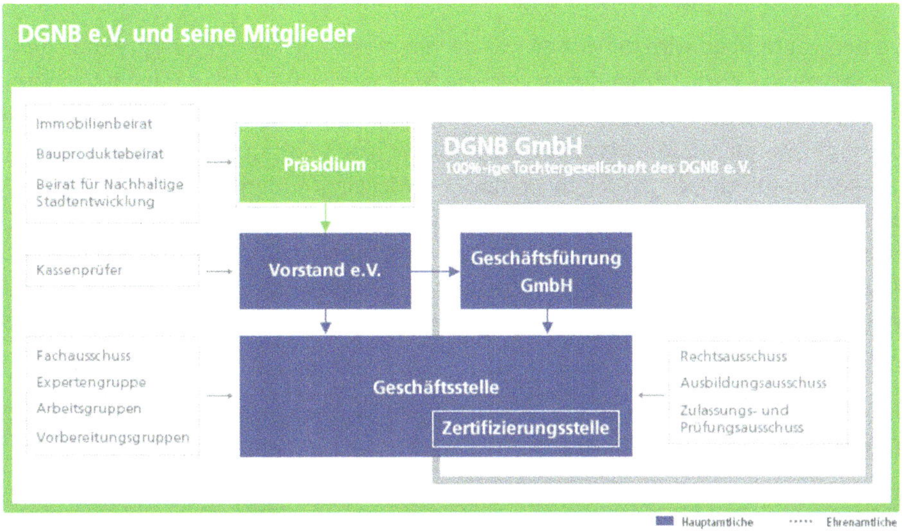

Abbildung 18: Organe und Gremien der DGNB[364] © DGNB

c) Nutzungsprofile

Begonnen hat die DGNB 2007 mit der Entwicklung eines Bewertungsverfahrens für Büro- und Verwaltungsneubauten. Das Nutzungsprofil **Neubau Büro- und Verwaltungsbauten** ist nach wie vor das Ausgangssystem für die Ableitung weiterer Nutzungsprofile. Der Beginn der Erarbeitung eines neuen **Nutzungsprofils** durch eine Arbeitsgruppe der DGNB setzt üblicherweise eine gewisse Marktnachfrage voraus. Das Vorgehen ist, dass die Arbeitsgruppe dann Kriterien und Referenzwerte des Büroneubau-Systems an die entsprechende Nutzung anpasst. Ggf. werden ein oder mehrere Bewertungskriterien ergänzt und andere fallen weg. In dem Kriterienkatalog für Büroneubau ist beispielsweise der Schallschutz ein Kriterium. Bei Handelsneubauten werden keine DGNB-Anforderungen an den Schallschutz gestellt, aber zum Beispiel an den Immissionsschutz. Dieser wiederum spielt bei Büro- und Verwaltungsgebäuden im Rahmen der DGNB-Zertifizierung keine Rolle. Auch durch eine angepasste **Gewichtung** der einzelnen Kriterien kann je nach Nutzungsart der Fokus auf jeweils unterschiedliche Aspekte des Nachhaltigen Bauens gelegt werden. 12

Die aktuell mehr als **20 verschiedenen Nutzungsprofile** der DGNB werden unterteilt in: 13

364 Siehe http://www.dgnb.de/dgnb-ev/de/verein/gremien/.

- Neubau,
- Bestand und
- Quartiere.

14 Im Bereich Neubau wird die größte Anzahl verschiedener Nutzungen unterschieden. Die derzeit am Markt vorhandenen zwanzig Nutzungsprofile sind in Tabelle 10 aufgelistet (zum Teil sind die aufgelisteten Profile noch in der Erstanwendungsphase).[365] Bevor ein System zur **Marktversion** wird, gibt es eine sogenannte **Erstanwendungsphase** (Pilotphase), in der die theoretisch entwickelten Kriterien und Referenzwerte an realen Projekten angewandt und auf Praxistauglichkeit überprüft werden. Am Ende der Erstanwendungsphase findet dann ggf. eine Anpassung zum Beispiel der Referenzwerte statt, bevor das Nutzungsprofil zur Marktversion wird. Auch die Marktversionen können und werden in unregelmäßigen Abständen aktualisiert und/oder weiterentwickelt.

Tabelle 10: Überblick DGNB-Nutzungsprofile[366]

Bestand	Neubau	Quartiere
Bestand	Bildungsbauten	Stadtquartiere
Sanierung	Büro- und Verwaltungsgebäude	Büro- und Gewerbequartiere
Gebäude im Betrieb	Gesundheitsbauten	Event Areale
	Handelsbauten	Industriestandorte
	Hotelgebäude	
	Industriebauten	
	Innenräume	
	Kleine Wohngebäude (bis zu 6 Wohneinheiten)	
	Laborgebäude	
	Mischnutzung	
	Parkhäuser	
	Wohngebäude (mehr als 6 Wohneinheiten)	
	Versammlungsstätten	

365 Siehe http://www.dgnb-system.de/de/nutzungsprofile/alle-nutzungsprofile/.
366 Siehe http://www.dgnb-system.de/de/nutzungsprofile/alle-nutzungsprofile/.

d) Systemaufbau

Das DGNB-System unterscheidet **sechs Hauptkategorien** (Ausnahme sind die Nut- 15
zungsprofile für Quartiere. Hier entfällt die Standortqualität als explizite Kategorie. Sie ist dort in den anderen Kategorien implizit enthalten.). Die Hauptkategorien sind in Abbildung 19 dargestellt. Die sogenannten Qualitäten, beziehungsweise Hauptkriteriengruppen, orientieren sich in erster Linie an den **drei Säulen des klassischen Nachhaltigkeitsmodells**. Erweitert wurden sie um die beiden **Querschnittsqualitäten** Technische Qualität und Prozessqualität. Die Gewichtung der ersten vier Qualitäten entspricht jeweils 22,5 %. Die verbleibenden 10 % entfallen auf die Prozessqualität. Eine gesonderte Rolle stellen die Standortmerkmale dar, weil diese nicht in die Gesamtbewertung mit eingerechnet werden, sondern sowohl separat bewertet als auch ausgewiesen werden. Die **Standortqualität** ist zwar nicht unmittelbarer Teil der Gesamtbewertung. Einzelne Kriterien fließen aber mittelbar über die Ökonomische Qualität (Marktfähigkeit) in die Bewertung ein.

Abbildung 19: DGNB-Hauptkriteriengruppen[367] © DGNB

Den **Hauptkriteriengruppen** sind insgesamt **elf Kriteriengruppen** untergeordnet, 16
welche eine Grobgliederung innerhalb der Qualitäten darstellen und nachfolgend bei der kurzen Erläuterung der Hauptkategorien aufgeführt werden. Eine Übersicht

367 Siehe http://www.dgnb-system.de/de/system/kriterien/.

über die einzelnen Bewertungskriterien (ursprünglich bei der DGNB als Steckbriefe bezeichnet) ist Abbildung 20 zu entnehmen. Dargestellt sind die Kriterien des Kernsystems Neubau Büro- und Verwaltungsbauten Version 2015.2.

17 Die erste Hauptkategorie **Ökologische Qualität** umfasst die beiden Kriteriengruppen **Wirkungen auf globale und lokale Umwelt** und **Ressourceninanspruchnahme und Abfallaufkommen**. Bewertet werden die Umweltwirkungen von Gebäude und seiner Nutzungsphase mit Hilfe einer Ökobilanzierung. Es werden außerdem beispielsweise Anforderungen an die Inhaltsstoffe der eingesetzten Materialien und an den Wasserbedarf formuliert.

18 In der zweiten Kategorie **Ökonomische Qualität** werden die beiden Kriteriengruppen **Lebenszykluskosten** und **Wertentwicklung** betrachtet. Neben der Ökobilanzierung aus der Ökologischen Qualität ist die Berechnung der gebäudebezogenen Lebenszykluskosten der zweite DGNB-spezifische und besonders gewichtige Nachweis für die nachhaltige Qualität eines Gebäudes.

19 Die dritte Kategorie **Soziokulturelle und funktionale Qualität** unterscheidet ebenfalls zwei Kriteriengruppen: **Gesundheit, Behaglichkeit und Nutzerzufriedenheit** und **Funktionalität.** Eine Vielzahl von Behaglichkeitsaspekten werden analysiert und quantifiziert. Gute Möglichkeiten der Einflussnahme des Nutzers auf seine Umgebung (z. B. auf Temperatur und Licht) fließen positiv in die Bewertung ein. Es werden Anforderungen beispielsweise an die Barrierefreiheit und die Qualität des Außenraums sowie an die Nutzungsangebote und an die Öffentlichkeit formuliert.

20 Die **Qualität der technischen Ausführung** und **Mobilität** sind die zwei Kriteriengruppen in der **Technischen Qualität.** Hier spielen Schallschutz und die Qualität genauso eine Rolle wie die Rückbaubarkeit des Baukörpers. Die Lebenszyklusperspektive wird unter anderem in den Bewertungskriterien Reinigungs- und Instandhaltungsfreundlichkeit und Anpassung der technischen Systeme deutlich.

21 Die **Prozessqualität** unterscheidet die Kriteriengruppen **Qualität der Planung** und **Qualität der Bauausführung**. Der gesamte Prozess von der Projektvorbereitung bis hin zur Inbetriebnahme wird hier bewertet. Durch eine entsprechende Prozessgestaltung und Dokumentation soll die nachhaltige Qualität der Immobilie sichergestellt bzw. gefördert werden.

22 Die **Standortqualität** ist nicht in verschiedene Kriteriengruppen eingeteilt. Betrachtet werden Standortfaktoren wie beispielsweise Außenlärmpegel, Erdbebenrisiko, Verkehrsanbindung und die Nähe zu nutzungsrelevanten Einrichtungen, wie Nahversorgung und medizinische Einrichtungen.

Hauptkategorien (HK) und Kriterien	Credits	Gewichtung
Ökologische Qualität		22,5%
Ökobilanz - Emissionsbedingte Umweltwirkungen	**7,9**	
Risiken für die lokale Umwelt	3,4	
Umweltverträgliche Materialgewinnung	**1,1**	
Ökobilanz - Ressourcenverbrauch	5,6	
Trinkwasserbedarf und Abwasseraufkommen	**2,3**	
Flächeninanspruchnahme	2,3	
Ökonomische Qualität		22,5%
Gebäudebezogene Kosten im Lebenszyklus	**9,6**	
Flexibilität und Umnutzungsfähigkeit	9,6	
Marktfähigkeit	**3,2**	
Soziokulturelle & Funktionale Qualität		22,5%
Thermischer Komfort	5,4	
Innenraumluftqualität	**3,2**	
Akustischer Komfort	1,1	
Visueller Komfort	**3,2**	
Einflussnahme des Nutzers	2,1	
Aufenthaltsqualitäten Innen / Aussen	**2,1**	
Sicherheit	1,1	
Barrierefreiheit	**3,2**	
Nutzungsangebote an die Öffentlichkeit	1,1	
Technische Qualität		22,5%
Schallschutz	**4,1**	
Tauwasserschutz der Gebäudehülle	4,1	
Anpassungsfähigkeit der technischen Systeme	**4,1**	
Reinigungs- und Instandhaltungsfähigkeit des Baukörpers	4,1	
Rückbau- und Recyclingfreundlichkeit	**4,1**	
Mobilitätsinfrastruktur	2	
Prozessqualität		10,0%
Projektvorbereitung und Planung	**1,4**	
Konzeptionierung und Optimierung in der Planung	1,4	
Sicherung der Nachhaltigkeitsaspekte in Ausschreibung und Vergabe	**1**	
Voraussetzungen für eine optimale Nutzung und Bewirtschaftung	1	
Verfahren zur städtebaulichen und gestalterischen Konzeption	**1,4**	
Baustelle / Bauprozess	1	
Qualitätssicherung der Bauausführung	**1,4**	
Geordnete Inbetriebnahme	1,4	
Standortmerkmale		0,0%
Mikrostandort	**0**	
Image und Zustand von Standort und Quartier	0	
Verkehrsanbindung	**0**	
Nähe zu nutzungsrelevanten Objekten und Einrichtungen	0	

Abbildung 20: Übersicht Bewertungskriterien Neubau Büro- und Verwaltung 2015.2

Die einzelnen Bewertungskriterien werden anhand von einem oder mehreren Indika- 23
toren messbar und quantifizierbar gemacht. Je nach Nutzungsprofil sind bis zu **160 Nachhaltigkeitsindikatoren** definiert. Im Abschnitt e) Beispiel „Visueller Komfort" werden die entsprechenden Indikatoren für das Kriterium **„Visueller Komfort"** beispielhaft vorgestellt.

24 Innerhalb eines Kriteriums werden bis zu 100 sogenannte **Checklistenpunkte** vergeben. Diese Bewertung mit Checklistenpunkten wird im Anschluss in sogenannte **Bewertungspunkte** umgerechnet. Je Kriterium können maximal zehn Bewertungspunkte erreicht werden. Die Umrechnung von Checklisten- in Bewertungspunkte ist nicht unbedingt linear und ist je Kriterium definiert. Zehn Bedeutungspunkte entsprechen dem so bezeichneten **Zielwert (Z)**. Ein Bedeutungspunkt stellt die Minimalanforderung dar (**Grenzwert G**). 5 Punkte werden als **Referenzwert R** bezeichnet und stellen üblicherweise das Niveau eines guten Standards dar. Die Bewertungspunkte werden mit einem Bedeutungsfaktor versehen, um somit die Relevanz der einzelnen Kriterien innerhalb der Qualität (Hauptkategorie) auszudrücken. So wird ein Erfüllungsgrad je Qualität ermittelt, welcher abschließend durch die erwähnte Gewichtung der Qualitäten zu einem **Gesamterfüllungsgrad** aggregiert wird. Dies führt dann zu den Abschlüssen nach DGNB.

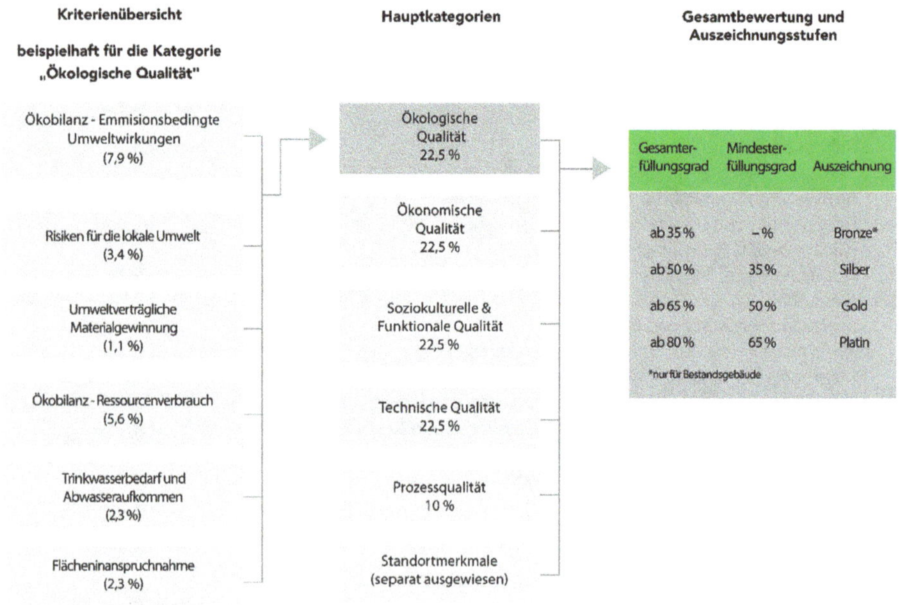

Abbildung 21: DGNB-Systematik

25 Die formale Zertifizierung beginnt mit der **Projektanmeldung** bei der DGNB durch den Auditor. Damit verbunden ist eine Festschreibung der Version, die für das Zertifizierungsobjekt relevant ist. Bereits in der Planungsphase ist es möglich, ein **Vorzertifikat** für das geplante Gebäude zu beantragen und zu erhalten. Die Vorzertifizierung ist je nach Projektfortschritt in erster Linie eine Absichtserklärung des Bauherrn, welche Qualitäten erreicht werden sollen. Mit Fertigstellung und Inbetriebnahme des Gebäudes sind die finalen Nachweisunterlagen durch den Auditor bei der DGNB ein-

zureichen. Nach einer meist zweistufigen Reviewphase (**Konformitätsprüfung**) verleiht die DGNB im Erfolgsfall das DGNB-Zertifikat.

e) Beispiel „Visueller Komfort“

Zur Veranschaulichung der DGNB-Bewertungsmethode wird das Kriterium „Visueller Komfort“ beispielhaft näher erläutert. Grundlage der Darstellung ist das DGNB-Nutzungsprofil Neubau Büro- und Verwaltung Version 2015.2. 26

Das Kriterium Visueller Komfort ist im DGNB-System der **Soziokulturellen und funktionalen Qualität** zugeordnet und innerhalb dieser in der Kriteriengruppe **Gesundheit, Behaglichkeit und Nutzerzufriedenheit**. Es wird mit SOC 1.4 bezeichnet. Bei Büroneubauten fließt der visuelle Komfort mit **3,2 Prozent** in die Gesamtbewertung ein. Sein Bedeutungsfaktor innerhalb der dritten Hauptkategorie liegt bei 3. Das Kriterium visueller Komfort wird anhand von **sechs Indikatoren** beurteilt: 27

- Tageslichtverfügbarkeit Gesamtgebäude
- Tageslichtverfügbarkeit ständige Arbeitsplätze
- Sichtverbindung nach außen
- Blendfreiheit bei Tageslicht
- Kunstlicht
- Farbwiedergabe Tageslicht

Ein siebter grundsätzlich im DGNB-System möglicher Indikator „Besonnung“ entfällt im Nutzungsprofil Büroneubau. 28

Die Zielsetzung, die Bewertungsmethode und die konkreten Anforderungen an den Visuellen Komfort werden im DGNB-Kriterienkatalog auf 18 Seiten beschrieben. 29

Die höchste Wertung in der **Tageslichtverfügbarkeit** erreicht ein Gebäude bei einem Tageslichtquotienten von mindestens 2 % auf 50 % der Nutzfläche. Die jährliche relative Nutzbelichtung der ständigen Arbeitsplätze müsste bei mindestens 75 % liegen. Als Grundlage der Bewertung des Indikators **Sichtkontakt nach außen** dienen die Anforderungen der DIN 5034. Die DIN EN 12464 formuliert die Mindestanforderungen an das **Kunstlicht.** Für die höchste Wertung ist eine Übererfüllung erforderlich. Der **Farbwiedergabeindex** der Kombination aus Verglasung und Sonnen-/Blendschutz müsste für die höchste Einstufung bei mindestens 90 % liegen. 30

Abbildung 22 zeigt die Einbettung des Kriteriums in die Gesamtbewertung.

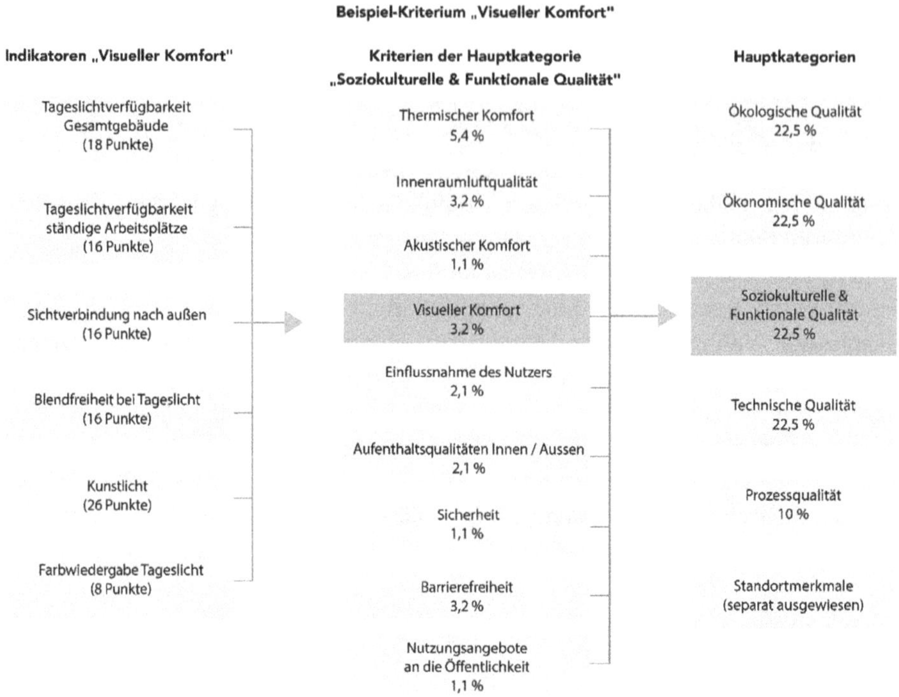

Abbildung 22: Einbettung des Kriteriums „Visueller Komfort" in die DGNB-Gesamtbewertung

f) Auszeichnungsstufen und Zertifizierungsgebühren

31 Das DGNB-Zertifikat wird in drei bzw. für Bestandsgebäude in **vier Auszeichnungsstufen** vergeben (siehe Abbildung 23): **Platin**, **Gold**, **Silber** (und **Bronze** nur für den Bestand). Eine Auszeichnungsstufe wird erreicht, wenn ein entsprechender Mindesterfüllungsgrad verbunden mit der Erfüllung von bestimmten Mindestanforderungen erreicht wird.

32 Bei einer Gesamterfüllung von mindestens **50 %** wird ein Silber-Zertifikat erreicht. Ab **65 %** ist dies eine Gold-, ab **80 %** eine Platin-Auszeichnung. Zusätzlich müssen in den einzelnen Qualitäten **Mindesterfüllungsgrade** in Abhängigkeit von der angestrebten Auszeichnungsstufe erzielt werden. Für ein Silber-Zertifikat müssen die Erfüllungsgrade in den einzelnen Qualitäten bei mindestens 35 % liegen, für Gold bei 50 % und für Platin bei 65 %. So wird eine ausgewogene, nachhaltige Qualität sichergestellt und dem ganzheitlichen Anspruch des Nachhaltigkeitszertifikats Rechnung getragen. Durch diese Einschränkung wird sichergestellt, dass keine Qualitätsgruppe zugunsten einer anderen stark vernachlässigt werden kann.

Zusätzlich gelten unabhängig von der Auszeichnungsstufe folgende **Mindestvo-** 33
raussetzung:
- Erfüllung der baurechtlichen Anforderungen
- Mindestanforderungen an die Luftqualität und Nachweis durch eine Luftqualitätsmessung
- Mindestanforderungen an die Barrierefreiheit

Die Bezeichnung der Auszeichnungsstufen in Silber, Gold, Platin gilt seit dem 1. Juli 34
2015. Die **Auszeichnungslogik** wurde aus Marketinggründen geändert. Bis dahin hießen die Abschlüsse für Neubau: Bronze, Silber, Gold.[368]

Gesamterfüllungsgrad	Mindesterfüllungsgrad	Auszeichnung
ab 35 %	— %	Bronze*
ab 50 %	35 %	Silber
ab 65 %	50 %	Gold
ab 80 %	65 %	Platin

*Diese Auszeichnung gilt nur für Bestandsgebäude

Abbildung 23: DGNB-Auszeichnungsstufen[369] © DGNB

Im Oktober 2016 wurde zudem ein erstes Projekt mit der Auszeichnung **DGNB** 35
Diamant versehen.[370] Die DGNB bietet für Immobilien die Möglichkeit, eine ergänzende Auszeichnung für die gestalterische und baukulturelle Qualität, zu erhalten. Voraussetzung ist eine vorangegangene DGNB-Zertifizierung in Gold oder Platin. Die Beurteilungskriterien für die Diamant-Auszeichnung ist eine herausragende architektonische Leistung im Hinblick auf Gestaltung, Grundrisse, Angemessenheit sowie Kontext des Gebäudes.[371]

368 Siehe http://www.dgnb.de/de/aktuell/pressemitteilungen/detail.php?we_objectID=24749.
369 Siehe http://www.dgnb-system.de/de/system/Bewertung/.
370 Siehe http://www.dgnb.de/dgnb-ev/de/aktuell/pressemitteilungen/?we_objectID=29587&pid=9.
371 Siehe http://www.dgnb-system.de/de/system/gestalterische-qualitaet/.

36 Die **Zertifizierungsgebühren** variieren zunächst je nach Nutzungsprofil der Immobilie und sind bei der DGNB grundsätzlich in die beiden Blöcke **Vorzertifikate**, für Bauobjekte während der Planung oder Ausführung, sowie **Zertifikate**, bei fertiggestellten Gebäuden, unterteilt. Danach folgt eine Differenzierung der Gebühren, je nachdem, ob der Bauherr/Auftraggeber Mitglied bei der DGNB ist. Das führt besonders bei kleineren Bauvorhaben zu recht signifikanten Unterschieden.

37 Die Zertifizierungsgebühr richtet sich jedoch in erster Linie nach der Größe des betreffenden Gebäudes. Hierzu wird die **Bruttogrundfläche** betrachtet und in Zwischenschritte, beginnend bei bis zu 5.000 m^2, was zu einer Gebühr von 2.000 € führt, bis zu 130.000 m^2, wodurch die Gebühren auf bis 33.000 € ansteigen, unterteilt. Bei größeren Gebäuden müssen projektspezifische Angebote bei der DGNB angefordert werden.[372]

38 Seit Januar 2017 ist eine DGNB-Zertifizierung nach KfW bei Wohnbauten förderfähig. Für jedes zertifizierte Bauvorhaben können maximal 50 % der förderfähigen Kosten, bzw. 4.000 Euro bezuschusst werden. Hierbei ist der Zuschuss an das KfW-Produkt „Energieeffizient Bauen und Sanieren“ gekoppelt. Die förderfähigen Leistungen sind beispielsweise die Kosten für den Auditor oder Messungen, welche für eine DGNB-Zertifizierung angefertigt werden.[373]

g) Bestandszertifizierung

39 Etwa **5 %** der von der DGNB in Deutschland vergebenen Zertifikate sind Bestandszertifizierungen. Dies soll sich mit Einführung des neuen Zertifikats für den Gebäudebetrieb (**DGNB Gebäude im Betrieb**) ändern. Bisher wurden bestehende Gebäude nach den sogenannten Bestand-Nutzungsprofilen bewertet. Die Anforderungen waren auf Neubauniveau und der Aufwand der Nachweisführung zum Beispiel im Vergleich zu BREEAM In-Use/BREEAM DE relativ hoch.

40 Für bestehende Gebäude sind nun grundsätzlich **drei verschiedene Zertifizierungssysteme** je nach Situation anwendbar. Die DGNB unterscheidet die Systeme in:
- Gebäude im Betrieb,
- Bestand und
- Sanierung.

41 Für die DGNB-Bewertung des **Gebäudebetriebs** ist eine **mindestens einjährige Betriebsphase** erforderlich. Erst dann liegen die erforderlichen Verbrauchsdaten vor.

42 Voraussetzung für die Anwendung des **Bestandskriterienkatalogs** ist, dass das Gebäude mindestens **drei Jahre in Betrieb** ist. Der Kriterienkatalog für den Bestand ist wesentlich umfassender als für den Betrieb.

372 Siehe http://www.dgnb-system.de/de/zertifizierung/zertifizierungskosten/.
373 Siehe http://www.dgnb.de/dgnb-ev/de/?we_objectID=31174&pid=9.

Auch eine umfassende **Sanierungsmaßnahme** muss **mindestens drei bzw. ein Jahr** abgeschlossen sein, bevor eine Bestands- bzw. Betriebszertifizierung möglich ist. Während der Sanierung bzw. kurz davor oder danach ist die Anwendung der Sanierungskriterien möglich (z. B. **DGNB Sanierung Büro- und Verwaltungsgebäude**). Die Anforderungen orientieren sich dann an denen des Neubaus. Die erhaltende Bausubstanz fließt positiv in die Bewertung ein (zum Beispiel in die Ökobilanz und die Lebenszykluskostenberechnung).[374] 43

Bestandszertifizierung

Die Nutzungsprofile für den Bestand sind analog der für die Neubauten aufgeteilt. In 44
die Gesamtbewertung fließen die folgenden **fünf Hauptkategorien** ein:

- Ökologische Qualität
- Ökonomische Qualität
- Soziokulturelle und funktionale Qualität
- Technische Qualität
- Prozessqualität

Statt der Berechnung und/oder Simulation von Bedarfswerten steht die Messung von 45
Verbrauchswerten und anderen Größen (beispielsweise Tageslichtquotienten). Insgesamt werden **22 Kriterien** bewertet (beim Neubau ungefähr 40). Wie beim Neubau sind Kriterien nutzungsspezifisch.

Verbrauchsdaten müssen mindestens von einem Jahr vorliegen. Eine weitere 46
Voraussetzung ist eine Schadstoffbegehung. Modernisierungsmaßnahmen sind in begrenztem Rahmen grundsätzlich zulässig.[375]

Das Bestandszertifikat ist **drei Jahre gültig**. Eine vereinfachte **Rezertifizierung** 47
ist im drei-Jahres-Rhythmus möglich. Wenn am Gebäude keine Veränderungen vorgenommen wurden, müssen lediglich die aktualisierten Verbräuche des Gebäudes nachgewiesen werden.[376]

Gebäude im Betrieb

Das neuste System ist das Zertifikat für „**Gebäude im Betrieb**". Dies hat die DGNB 48
Mitte 2016 entwickelt und veröffentlicht. Erste Bestandsgebäude sind bereits ausgezeichnet. An der Erstanwendungsphase haben 2016 dreizehn Projekte teilgenommen.

374 Siehe http://www.dgnb-system.de/de/nutzungsprofile/alle-nutzungsprofile/bestand.php.
375 Siehe http://www.dgnb-system.de/de/nutzungsprofile/alle-nutzungsprofile/bestand_buero_und_verwaltungsgebaeude.php.
376 Siehe http://www.dgnb-system.de/de/nutzungsprofile/alle-nutzungsprofile/bestand_buero_und_verwaltungsgebaeude.php.

49 Gebäude im Betrieb ist ein stark **vereinfachtes System** im Vergleich z. B. zum DGNB-Nutzungsprofil Bestand Büro- und Verwaltung.

50 Bewertet werden die in Abbildung 24 dargestellten **neun Kriterien**.

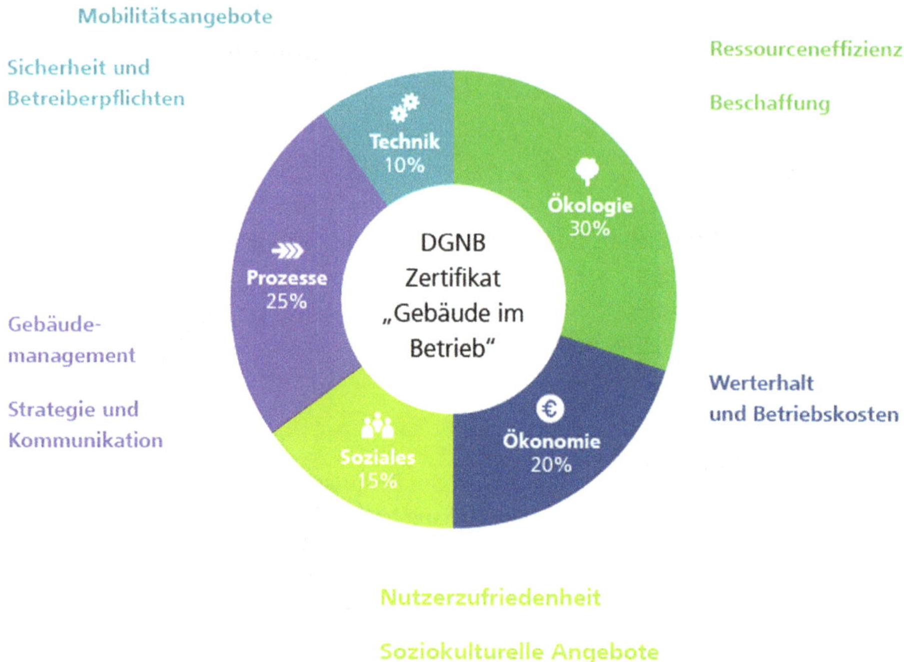

Abbildung 24: Die 9 Kriterien des Nutzungsprofils DGNB Gebäude im Betrieb[377] © DGNB

51 Zum **Zertifizierungsumfang** gehören die **Prozesse** und **Aktivitäten** des **Betreibers**, die Umsetzung von Nachhaltigkeitsaspekten durch die **Nutzer** und **gebäudespezifische Nachhaltigkeitsthemen**.[378] Je nach Projektkonstellation besteht eine Herausforderung darin, die Nutzer für ihre Mitwirkung zu gewinnen und in die Zertifizierungsaktivitäten einzubinden.

52 Das Zertifizierungssystem ist **nutzungsunabhängig** anwendbar.

53 Das Zertifikat ist ebenfalls **drei Jahre gültig**. Eine Rezertifizierung ist mit einer vereinfachten Konformitätsprüfung möglich, bei der die entstandenen Änderungen betrachtet und bewertet werden.

377 http://www.dgnb-system.de/de/nutzungsprofile/alle-nutzungsprofile/gebaeude_im_betrieb.php.

378 Siehe http://www.dgnb-system.de/de/nutzungsprofile/alle-nutzungsprofile/gebaeude_im_betrieb.php.

Sanierung

Das Nutzungsprofil Sanierung schließt die Lücke zwischen den bestehenden Systemen für Neubau- und Bestand. Mit dieser Systemanwendung können Gebäude zertifiziert werden, an denen **umfangreiche Sanierungsmaßnahmen** vorgenommen wurden. Die Anforderungen orientieren sich an denen des **Neubaus**, berücksichtigen jedoch auch die Besonderheiten bei (Kern-)Sanierungsprojekten. Neben ökologischen und wirtschaftlichen Aspekten spielt der Nutzerkomfort, wie etwa akustischer, thermischer und visueller Komfort, eine wichtige Rolle.[379] Die Kriterien für die Sanierung sind wie beim Neubau und beim Bestand **nutzungsabhängig**. Die Kriterien entsprechen im Wesentlichen den Neubaukriterien. 54

Wie beim Neubau sind bei der Zertifizierung von Sanierungsprojekten drei Auszeichnungsstufen vorgesehen: **Silber**, **Gold** und **Platin**. 55

h) Bedeutung und Besonderheiten

Am deutschen Markt besitzt die Zertifizierung nach DGNB aktuell den **höchsten Marktanteil**. Dies liegt zum einen daran, dass die gesamte Betrachtung auf deutschen Normen, Richtlinien und Gesetzen basiert. Dies erhöht die Akzeptanz und die Anerkennung des Systems. Zum anderen existieren **keine Sprachbarrieren**. Dadurch, dass der Sitz der DGNB in Deutschland ist, sind die Kommunikationswege kurz und die Möglichkeit der Mitwirkung auf kurzem Weg gegeben. Die hohe Anzahl an ehrenamtlich bei der DGNB engagierten Personen und die hohe Mitgliederanzahl auch in Form großer deutscher Unternehmen führt zu einer großen Anzahl Beteiligter, die sich mit dem Label identifizieren und verbunden fühlen. 56

Erfolgreich ist auch die **Ausbildung** von Nachhaltigkeits- bzw. **DGNB-Experten** in Form von Registered Professionals, Consultants und Auditoren. Die DGNB kooperiert hierzu mit verschiedenen Einrichtung. Unter anderem wurde mit einer Reihe von Hochschulen und Universitäten eine **Hochschulkooperation** abgeschlossen. Die entsprechenden Hochschulen und Universitäten bilden Studierende verschiedener Studienrichtungen zum „**DGNB Registered Professional**" weiter. Die Inhalte wurden in die Studiengänge implementiert, so dass die Studierenden auf die Prüfung zum Registered Professional vorbereitet werden und mit Sonderkonditionen die Prüfung ablegen können. 57

Weltweit hat das Label hingegen, trotz potenziell internationaler Anwendbarkeit, erst eine geringe Zahl an Zertifikaten vergeben und wird dem Wunsch nach einem international relevanten System damit nicht gerecht. **Kooperationen**, welche beispielsweise die Ausbildung von Fachleuten in der Volksrepublik China beinhalten, sollen dies in Zukunft ändern. Wie BREEAM und LEED tritt auch die DGNB Lizenzgeber mit ihrer Bewertungsmethode auf. **Lizensierte Systeme**, die von sogenannten 58

379 Siehe http://www.dgnb-system.de/de/nutzungsprofile/alle-nutzungsprofile/sanierung.php.

DGNB Systempartnern angeboten werden, werden beispielsweise in Dänemark, Österreich und der Schweiz angewendet. Systempartner sind hier das Green Building Council Denmark, die Österreichische Gesellschaft für nachhaltige Immobilienwirtschaft und die Schweizer Gesellschaft für nachhaltige Immobilienwirtschaft.

59 Auch wenn sich die Systeme BREEAM und LEED ebenfalls in diese Richtung bewegen, ist das DGNB-Label immer noch das Label mit der **ganzheitlichsten Ausrichtung.** Es bildet den Leitgedanken der Nachhaltigkeit mit seiner gleichgewichteten Berücksichtigung von ökologischen, ökonomischen und sozialen Aspekten am nachvollziehbarsten ab.

60 Themenfelder wie beispielsweise die **Ökobilanz** (Ökologische Qualität), die **Lebenszykluskostenberechnung** (Ökonomische Qualität), Sicherheit, Barrierefreiheit und Gestaltung (Soziokulturelle und Funktionale Qualität) sowie Reinigungs- und Instandhaltungsfreundlichkeit (Technische Qualität) sind bei den anderen Green Building Labeln entweder nicht oder nicht in dem Maße vertreten. Allerdings reduziert die **Themenvielfalt** und die hohe Anzahl an Indikatoren die Praxistauglichkeit des Systems.

61 Für Gebäude mit **mehreren Nutzungen** kann die Anwendung der DGNB-Kriterien im Vergleich zu LEED und BREEAM recht aufwendig werden. Für **Projektentwicklungen**, bei denen der Bauherr nicht der Nutzer der Immobilie ist und damit den Mieterausbau nicht verantwortet, kann das DGNB-Zertifizierungsverfahren ebenfalls mühsam sein. Entweder verzichtet er auf verschiedene Punkte, die durch den Mieter beeinflusst werden, oder er muss seine Kunden verpflichten, bestimmte Anforderungen im Mieterausbau umzusetzen.

5 Bewertungssystem Nachhaltiges Bauen (BNB)

a) Historie und Organisation

1 Das Bundesbauministerium hat, wissenschaftlich begleitet durch das Bundesinstitut für Bau-, Stadt- und Raumforschung (**BBSR**), in einer zweijährigen Zusammenarbeit mit der Deutschen Gesellschaft für Nachhaltiges Bauen (**DGNB**) einen Kriterienkatalog zur ganzheitlichen Nachhaltigkeitsbetrachtung und -bewertung von Gebäuden entwickelt. Der Kriterienkatalog mündete in die beiden Bewertungssysteme DGNB und später BNB (**Bewertungssystem Nachhaltiges Bauen für Bundesgebäude**). Damit steht ein zum **Leitfaden Nachhaltiges Bauen**, der bereits 2001 das erste Mal vom Bundesamt für Bauwesen und Raumordnung herausgegeben wurde, ergänzendes Bewertungsverfahren zur Verfügung. Ziel der Bundesregierung war es dabei, mit dem ganzheitlichen Nachhaltigkeitsansatz ein wissenschaftlich fundiertes und planungsbasiertes Bewertungssystem für nachhaltige Gebäude zu schaffen. Es sollte sich durch die umfassende Betrachtung des gesamten Lebenszyklus' von Gebäuden unter Berücksichtigung der ökologischen, ökonomischen, soziokulturellen Qualität sowie den technischen und prozessualen Aspekten auszeichnen. Transparenz, Objektivität und Nachvollziehbarkeit waren weitere Anforderungen an das Verfah-

ren. Wiedergespiegelt sollten auch die internationalen Entwicklungen im Bereich der Normung zum Nachhaltigen Bauen werden.[380]

Nachhaltiges Bauen

Abbildung 25: Logo des Bewertungssystems Nachhaltiges Bauen (BNB)

Die **Unterschiede** zwischen den beiden Bewertungssystemen **DGNB** und **BNB** fallen, 2
wie die Historie der beiden Verfahren nahelegt, sehr gering aus. Aus diesem Grund wird das BNB-System hier nicht im Detail vorgestellt.

Das im Vergleich zum DGNB-System leicht modifizierte Bewertungssystem 3
BNB wurde im Jahr 2010 veröffentlicht.[381] Die Anpassung des Kriterienkatalogs für die Anwendung auf **Bundesbauten** beschränkt sich lediglich auf die Veränderung weniger Punkte. In der **Kriterienübersicht** in Abbildung 27 kann man die wesentlichen Abweichungen im Vergleich zu DGNB erkennen.

b) Nutzungsprofile und Systemaufbau

Auch für das BNB wurden analog zum DGNB verschiedene **Nutzungsprofile** entwi- 4
ckelt, die hier als Systemvarianten bezeichnet werden. Die jeweiligen Kriterienkataloge und deren Anwendungsbedingungen sind auf der Webseite des Bundesministeriums für Umwelt, Naturschutz, Bau und Reaktorsicherheit frei verfügbar. Abbildung 26 gibt einen Überblick über die **BNB-Systemvarianten**, wie er im Leitfaden Nachhaltiges Bauen dargestellt wird. Derzeit stehen sieben verschiedene Systemvarianten zur Auswahl. Die Entwicklung von Systemvarianten richtet sich nach den Bauaufgaben des Bundes.

380 Siehe https://www.bnb-nachhaltigesbauen.de/bewertungssystem.html.
381 Siehe http://www.dgnb.de/de/aktuell/pressemitteilungen/detail.php?we_objectID=4333.

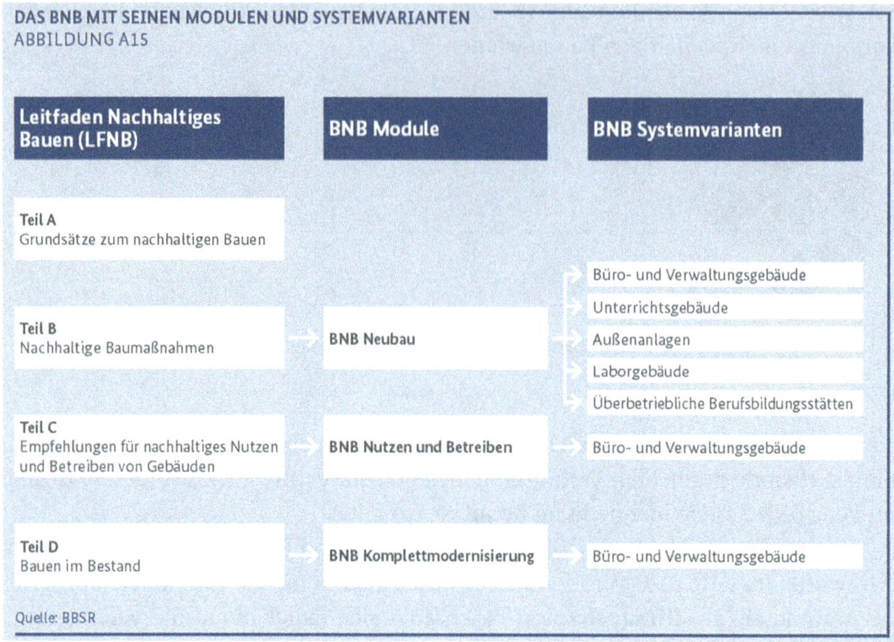

Abbildung 26: BNB-Systemvarianten[382]

5 Die einzelnen **BNB-Bewertungskriterien** sind am Beispiel der Systemvariante für Büro- und Verwaltungsneubauten in Abbildung 27 mit ihren Gewichtungen dargestellt.

Hauptkategorien und Kriterien	Gewichtung	
Ökologische Qualität		22,50%
Wirkungen auf die globale und lokale Umwelt		13,75%
Treibhauspotenzial (GWP)	**3,75**	
Ozonschichtabbaupotenzial (ODP)	**1,25**	
Ozonbildungspotenzial (POCP)	**1,25**	
Versauerungspotenzial (AP)	**1,25**	
Überdüngungspotenzial (EP)	**1,25**	
Risiken für die lokale Umwelt	**3,75**	
Nachhaltige Materialgewinnung / Biodiversität	**1,25**	
Ressourceninanspruchnahme		8,75%
Primärenergiebedarf	**3,75**	
Trinkwasserbedarf und Abwasseraufkommen	**2,50**	
Flächeninanspruchnahme	**2,50**	

Abbildung 27: Übersicht Bewertungskriterien BNB Systemvariante Büro- und Verwaltungsgebäude, Modul Neubau, Version 2015[383]

382 Vgl. *BMUB* S. 50.

383 Siehe https://www.bnb-nachhaltigesbauen.de/fileadmin/pdf/BNB_Steckbriefe_Buero_Neubau/aktuell/BNB_BN_2015_Gewichtungstabelle.pdf.

Ökonomische Qualität		22,50%
Lebenszykluskosten		11,25%
Gebäudebezogene Kosten im Lebenszyklus	**11,25**	
Wirtschaftlichkeit und Wertstabilität		11,25%
Flächeneffizienz	**3,75**	
Anpassungsfähigkeit	**7,50**	
Soziokulturelle und funktionale Qualität		22,50%
Gesundheit, Behaglichkeit und Nutzerzufriedenheit		13,70%
Thermischer Komfort	**2,94**	
Innenraumlufthygiene	**2,94**	
Akustischer Komfort	**0,98**	
Visueller Komfort	**2,94**	
Einflussnahmemöglichkeiten durch Nutzer	**1,96**	
Aufenthaltsqualitäten	**0,98**	
Sicherheit	**0,98**	
Funktionalität		4,89%
Barrierefreiheit	**1,96**	
Zugänglichkeit	**1,96**	
Mobilitätsinfrastruktur	**0,98**	
Sicherung der Gestaltungsqualität		3,91%
Gestalterische und städtebauliche Qualität	**2,94**	
Kunst am Bau	**0,98**	
Technische Qualität		22,50%
technische Ausführung		22,50%
Schallschutz	**4,50**	
Wärme- und Tauwasserschutz	**4,50**	
Reinigungs- und Instandhaltungsfreundlichkeit	**4,50**	
Rückbau, Trennung und Verwertung	**4,50**	
Widerstandsfähigkeit gegen Naturgefahren	**2,25**	
Bediegungs- und Instandhaltungsfreundlichkeit der TGA	**2,25**	
Prozessqualität		10,00%
Planung		6,19%
Projektvorbereitung	**1,43**	
Integrale Planung	**1,43**	
Komplexität und Optimierung der Planung	**1,43**	
Ausschreibung und Vergabe	**0,95**	
Voraussetzungen für eine optimale Bewirtschaftung	**0,95**	
Bauausführung		3,81%
Baustelle / Bauprozess	**0,95**	
Qualitätssicherung der Bauausführung	**1,43**	
Systematische Inbetriebnahme	**1,43**	
Standortmerkmale	*gesonderte Bewertung*	
Risiken am Mikrostandort		
Verhältnisse am Mikrostandort		
Quartiersmerkmale		
Verkehrsanbindung		
Nähe zu nutzungsrelevanten Einrichtungen		
Anliegende Medien / Erschließung		

Abbildung 27: (fortgesetzt)

6 Die Umsetzung von Projekten nach BNB wird von sogenannten „**BNB-Koordinatoren (Bund)**“ begleitet.[384] Sie stellen die Auditors für BNB-Projekte dar.

7 Im Juni 2015 wurde zusätzlich zu den genannten Systemvarianten das **Bewertungssystem Nachhaltiger Kleinwohnhausbau** (BNK) vom BMUB veröffentlicht. Das System wurde speziell für die Bewertung von Ein- bis Fünffamilienhäuser entwickelt. In einer Pilotphase wurde es an 19 Gebäuden angewendet.

c) Auszeichnungsstufen

8 Die Auszeichnungsstufen des Bewertungssystems Nachhaltiges Bauen sind **Bronze**, **Silber** und **Gold**. Die Abbildung 28 zeigt neben den jeweils notwendigen Gesamt-Erfüllungsgraden (50 %, 65 % und 80 %) auch eine Skalierung nach **Schulnoten**, welche ebenfalls Verwendung findet.

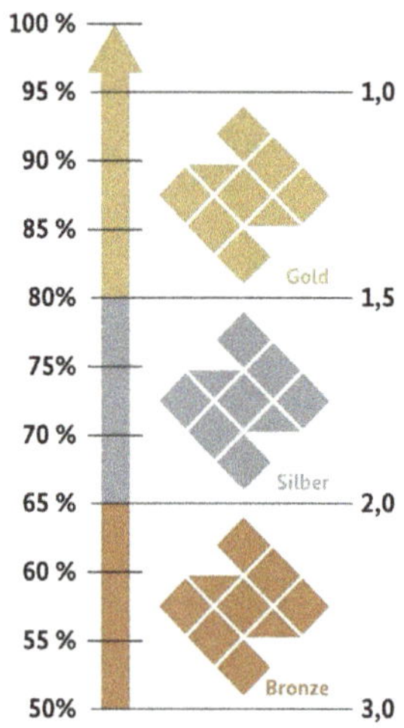

Abbildung 28: BNB-Auszeichnungsstufen[385]

d) Bestandszertifizierung

9 Bestandsgebäude ohne bauliche Maßnahme können anhand des BNB-Modul „Nutzen und Betreiben“ bewertet werden.

10 Auf der BNB-Seite heißt es hierzu: „In Ergänzung zum BNB-Modul Neubau werden mit dem BNB-Modul Nutzen und Betreiben **Nutzungs- und Bewirtschaftungsprozesse** sowie ergänzend ausgewählte Objektqualitäten (**Realqualitäten**)

384 Siehe http://www.ecobauconsulting.de/koordinator-zum-bnb.html.

385 Siehe htpps://www.bnb-nachhaltigesbauen.de/fileadmin/_migrated/pics/bewertungssystem_erfuellungsgrade.jpg.

untersucht, bewertet und dokumentiert, so dass möglichst nachhaltiges Nutzen und Betreiben erreicht werden kann. Das Modul **Nutzen und Betreiben** stellt im Sinne der Lebenszyklusbetrachtung das Bindeglied zwischen den Modulen Neubau und Komplettmodernisierung dar."[386]

Das Modul Komplettsanierung für die Bestandsbewertung ist seit 2016 auch in 11
dem BNBBewertungssystem implementiert. Die Inhalte wurden angepasst beziehungsweise um die Kriterien Bestandsanalyse sowie Rückbaumaßnahmen ergänzt (siehe Abbildung 29).

BNB-Modul Nutzen und Betreiben				
Nachhaltigkeitskriterien		Bedeutungsfaktor	Gewichtung Einzelkriterien Gesamtbewertung	Gewichtung Hauptkriteriengruppen Gesamtbewertung
Realqualitäten			0,000%	1400
	Wirkungen auf die globale und lokale Umwelt			
BB	1.1.1 THG-Emissionen infolge Heiz-/ Elektroenergieverbrauch	2	0,000%	200
	Ressourceninanspruchnahme			
BB	1.2.1 Heizenergie- und Elektroenergieverbrauch	2	0,000%	200
BB	1.2.3 Trinkwasserverbrauch	2	0,000%	200
	Gesundheit, Behaglichkeit und Nutzerzufriedenheit			
BB	3.1.1 Tatsächlicher thermischer Komfort im Winter	2	0,000%	200
BB	3.1.2 Tatsächlicher thermischer Komfort im Sommer	2	0,000%	200
BB	3.1.3 Tatsächliche Innenraumlufthygiene	2	0,000%	200
BB	3.1.9 Tatsächliche Nutzerzufriedenheit	2	0,000%	200
Prozessqualität des Nutzen und Betreibens			100,0%	1900
BB	5.3.1 Nutzerzufriedenheitsmanagement	3	15,789%	300
BB	5.3.2 Management der Energie- und Wasserverbräuche	3	15,789%	300
BB	5.3.3 Nutzungskostencontrolling	3	15,789%	300
BB	5.3.4 Inspektion, Wartung und Verkehrssicherung	2	10,526%	200
BB	5.3.5 Umwelt- und gesundheitsverträgliche Reinigung	2	10,526%	200
BB	5.3.6 Technische Betriebsführung und Qualifikation des Betriebspersonals	2	10,526%	200
BB	5.3.7 Lebenszyklusbegleitende Objektdokumentation	2	10,526%	200
BB	5.3.8 Information und Motivation der Nutzer	2	10,526%	200

Abbildung 29: BNB-Modul „Nutzen und Betreiben", Version 2016[387]

Im Modul „Nutzen und Betreiben" werden Realqualitäten und Prozessqualität unterschieden. Die Kriterien zur Bewertung der Realqualitäten bewerten den tatsächlichen Zustand des Gebäudes. Mit der Kriteriengruppe Prozessqualität werden die Nutzungs- und Bewirtschaftungsprozesse analysiert. Diese Kriteriengruppe ist unabhängig von der Nutzung geeignet, die Prozesse in der Nutzungsphase eines Gebäudes zu bewerten und zu optimieren.

Eine ausführliche Beschreibung des Systems und seiner Anwendung liefert der **Leitfaden Nachhaltiges Bauen**, der vom Bundesministerium für Umwelt, Naturschutz, Bau und Reaktorsicherheit herausgegeben wird.

386 Siehe https://www.bnb-nachhaltigesbauen.de/bewertungssystem/bnb-buerogebaeude/bnb-bb-2013-3/kriterien-bnb-nutzen-und-betreiben-bnb-bb.html

387 Siehe https://www.bnb-nachhaltigesbauen.de/fileadmin/pdf/BNB_Steckbriefe_ZM-NuB/Bewertungstabelle_BB_2013-3.pdf

e) Bedeutung und Besonderheiten

12 Im Sinne der **Vorbildfunktion des Bundes** ist für Bundesbauten eine Silber-Auszeichnung nach BNB verbindlich für Projekte ab einem Investitionsvolumen von 2 Millionen € vorgeschrieben. Durch diese in 2011 eingeführte Regelung gelten die **BNB-Anforderungen** für die meisten Verwaltungsneubauten des Bundes. Diese Vorgabe wurde im Zuge der nationalen Nachhaltigkeitsstrategie der Bundesregierung im Jahre 2012 festgelegt.[388] Dadurch hat das BNB-Zertifizierungsverfahren eine **besondere Bedeutung** in Deutschland erhalten.

13 Im Zuge dieser verpflichtenden Maßnahme wurden sogenannte **Leitfäden** erstellt und kontinuierlich aktualisiert, welche die Anforderungen des Zertifikats erläutern und zur freien Verfügung stehen.[389] Für öffentliche Hochbaumaßnahmen der **Länder** und **Kommunen** hat der Leitfaden einen empfehlenden Charakter, Baumaßnahmen der Privatwirtschaft können sich freiwillig am BNB-System und dem Leitfaden Nachhaltiges Bauen des Bundes orientieren. Der Leitfaden beschreibt Verfahren sowohl zur Planung und Realisierung von Bauvorhaben, Neubauten beziehungsweise Bestandsbauten, als auch zur Nutzung und dem Betrieb und bildet die Grundlage für die Bewertung nach BNB.

14 Die Anforderung des BNB-Zertifizierung für Bundesbauten gilt nicht grundsätzlich auch für **Landesbauten**. Einige Bundesländer und auch Kommunen haben die Anwendung des BNB jedoch auf freiwilliger Basis eingeführt (beispielsweise **Hessen** und **Sachsen**).[390]

15 Eine Besonderheit beim Bewertungssystem Nachhaltiges Bauen ist die umfangreiche Literatur (**Leitfäden** und **Arbeitshilfen** sowie Kriterienkataloge), die durch den Bund frei zugänglich im Internet zur Verfügung gestellt wird. Zur Unterstützung der Ökobilanz einer Immobilie steht beispielsweise seit 2015 mit **eLCA** ein Werkzeug zur freien Verfügung, das vom BBSR auf Grundlage der Datensätze der **ÖKOBAUDAT** und konform zu BNB entwickelt wurde.[391]

III Status, Entwicklungen und Prognosen

1 Als Benchmarks für die Bewertung von Nachhaltigkeit haben sich Zertifizierungssysteme etabliert. Sie ermöglichen unter anderem eine **ganzheitliche Bewertung** von

---

388 Vgl. *BMUB* S. 8.

389 Siehe http://www.oekozentrum-nrw.de/infothek/klartext/klartext-uebersicht/klartext-nachhbauen.html.

390 Siehe http://www.oekozentrum-nrw.de/infothek/klartext/klartext-uebersicht/klartext-nachhbauen.html.

391 Siehe http://www.nachhaltigesbauen.de/aktuelles/aktuelle-informationen/aktuelle-informationen-detail/article/2015/02/24/elca-das-neue-online-oekobilanzierungswerkzeug-fuer-gebaeude-kopie-1.html.

Gebäuden und das bereits mit Beginn der Planungsphase. Nur wenn der Grad der Nachhaltigkeit von Gebäuden messbar gemacht wird, gelingt es, Immobilien bewusst nachhaltiger zu planen, zu bauen und zu betreiben. Zertifizierungssysteme sind ein Instrument, die Nachhaltigkeit von Gebäuden **sichtbar** und **messbar** zu machen. Sie dienen als Steuerungs- und Kommunikationsinstrument.

1 Zahlen aus der Immobilienwirtschaft

In den letzten Jahren haben Green Building Zertifikate bei der Vermarktung von 2
Immobilien zunehmend an Bedeutung gewonnen. Seit 2008 hat sich das Investment in zertifizierte Gebäude in Deutschland laut einer Studie von BNP Paribas Real Estate aus 2017 verdreifacht. So fließt mittlerweile ein Fünftel des **Büroimmobilien-Investitionsvolumens** in zertifizierte Projekte (siehe Abbildung 30).[392] Und Statista prognostiziert eine weitere Verdopplung zwischen 2013 bis 2025.[393] Eine Untersuchung der DGNB von Februar 2016 ergab, dass 37 % der über 1.000 Befragten Bauexperten angaben, bis 2018 mindestens 60 % ihrer Gebäude nach nachhaltigen Standards bauen zu lassen.[394]

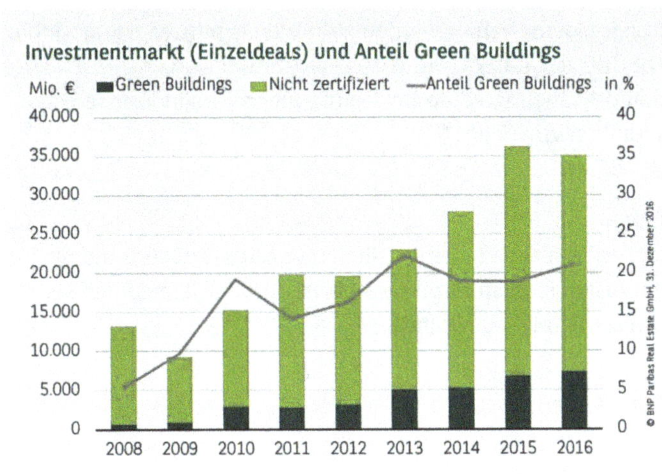

Abbildung 30: Marktanteil Green Buildings am Büroneubau-Investitionsvolumen in Deutschland (2008 bis 2016)[395]

392 Siehe https://www.realestate.bnpparibas.de/upload/docs/application/pdf/2017-02/2016-q4_green_building_investment_de_final.pdf?id=p_1681422&hreflang=de

393 Siehe https://de.statista.com/themen/2774/green-building/.

394 Siehe http://blog.dgnb.de/world-green-building-trends-2016/.

395 Siehe https://www.realestate.bnpparibas.de/upload/docs/application/pdf/2016-05/2014-q4_green_building_investment_de_final.pdf?id=p_1626804&hreflang=de.

3 **Weltweit** haben sich die Investitionen in Green Buildings zwischen 2012 bis 2015 mehr als verdoppelt. Von 2015 bis 2018 wird noch einmal ein gleichbeliebender Anstieg erwartet.[396] In den **USA** gaben 63 % der Bauherren an, zwischen 2013 und 2015 in nachhaltige Gebäude zu investieren.[397]

4 In der **europäischen Studie** „Offices 2020" von Jones Lang LaSalle (JLL) räumten 83 % der befragten Fachleute dem Thema Green Building höchste strategische Priorität in den nächsten 10 Jahren ein.[398] Dies bestätigt für Deutschland auch eine Umfrage von Drees und Sommer, bei der 71 % der Befragten aussagten, dass Gebäude ohne Nachhaltigkeit nicht mehr gewinnbringend vermarktet werden können.[399] Seit 2014 hat der Certification and Sustainability Radar (CESAR) von JLL in allen analysierten deutschen Städten nochmals **deutliche Wachstumsraten** für Green Buildings beobachtet.[400] Zudem hat JLL Anfang 2017 die wichtigsten Trends im Immobilienmanagement untersucht. Hierbei haben weltweit 75 % der Geschäftsführer aus der Immobilienbranche die Überzeugung vertreten, dass sich die Berücksichtigung der Nachhaltigkeit sowohl auf Gesamtwahrnehmung, als auch auf den geschäftlichen Erfolg auswirkt.[401]

5 Nachhaltiges Bauen kann weniger als eine Option als vielmehr eine **Grundvoraussetzung** für zukünftiges Handeln angesehen werden. Gebäude ohne Auszeichnung über die nachhaltigen Eigenschaften werden zukünftig erschwert vermarktbar sein.[402] Jim Craig vom USGBC formulierte auf die Frage zur Relevanz des Zertifizierungsmarktes, dass Gebäude-Labeling keine Bewegung mehr sei sondern selbstverständlicher Teil der Immobilienwirtschaft.[403]

2 Motive, Aufwand, Nutzen

6 Mit einer Green Building Zertifizierung ist ein zusätzlicher **Aufwand** verbunden. Die dabei entstehenden Mehrkosten sind stark projektspezifisch. Im Allgemeinen setzen sich **Zertifizierungskosten** wie folgt zusammen:

---

396 Vgl. Artikel von Dodge Data and Analytics, abrufbar unter http://fidic.org/sites/default/files/World%20Green%20Building%20Trends%202016%20SmartMarket%20Report%20FINAL.pdf.

397 Siehe http://www.usgbc.org/articles/business-case-green-building.

398 Siehe http://www.jll.de/germany/de-de/presse/624/research-programm-offices-2020-von-jones-lang-lasalle.

399 Vgl. Aufsatz von *Weisser*, abrufbar unter http://www.dreso.com/uploads/tx_templavoila/Marktstudie_Green_Building.pdf.

400 Siehe http://www.jll.de/germany/de-de/presse/1595/cesar-certification-and-sustainability-radar-von-jll.

401 Siehe: http://www.jll.de/germany/de-de/research/760/global-cre-trends

402 Vgl. *FINANCE-Research* S. 7.

403 Jim Craig ist Senior Vice President, Strategic Financial Planning, von der GBCI, Green Business Certification Inc.

- **Zertifizierungsgebühren** bei der jeweiligen Zertifizierungsstelle (Gebühren für Projektanmeldung und (Vor-)Zertifizierung)
- Green Building **Beratung, Management, Audit** (üblicherweise das Honorar des Auditors)
- Green Building **Nachweisführung** (z. B. zusätzliche Simulationen, Berechnungen, Messungen, Dokumentation)
- **Zusätzliche Baukosten** und damit verbundene **zusätzliche Planungskosten**

Abhängig sind die Kosten vor allen Dingen von: 7
- Projektgröße (beeinflusst Zertifizierungsgebühren)
- Projektlaufzeit (Planungszeit, Ausführungszeit, ...)
- Projektstandard (einfach, hochwertig, ...)
- Gebäudenutzung und Anzahl der Nutzungen
- Label (Neubau, Bestand, DGNB, LEED, ...)
- Auszeichnungsniveau (Silber, Gold, ...)

Zur Einordnung der nachfolgenden Prozentsätze der Zertifizierungskosten an den Baukosten ist zu berücksichtigen, dass die Mehrzahl der Projekte mindestens 10.000 m² Bruttogrundfläche besitzen. Für kleine Projekte sind die prozentualen Kosten ggf. höher. 8

In Summe liegen die Kosten für ein Green Building Zertifikat üblicherweise zwischen 0 % und 2 % der Baukosten eines Gebäudes.[404] Bei **frühzeitiger** Implementierung der Green Building Anforderungen bereits in der Planung, kam eine Studie von Davis Langdon zu dem Schluss, dass „es zu keinen nennenswerten Kostenunterschieden zwischen nicht zertifizierten Gebäuden und Green Buildings kommt".[405] 9

Weitere Studien haben gezeigt, dass zudem die **erwarteten** Mehrkosten in den meisten Fällen die **tatsächlichen** Kosten für ein Green Building übersteigen.[406] Dieser Effekt wird als **„perception gap"** bezeichnet.[407] 10

Die Motivation, warum Entscheider sich trotz der entstehenden Kosten für eine Green Building Auszeichnung entscheiden, hat sich in den letzten zehn Jahren spürbar geändert. Noch vor knapp zehn Jahren war das **Hauptbeweggrund**, etwas 11

404 Siehe http://www.usgbc.org/articles/green-building-costs-and-savings.

405 Vgl. „[...] there is no significant difference in average cost for green buildings as compared to non-green buildings", Davis Langdon: Cost of Green, abrufbar unter http://sustainability.ucr.edu/docs/leed-cost-of-green.pdf, siehe http://www.worldgbc.org/files/1513/6608/0674/Business_Case_For_Green_Building_Report_WEB_2013-04-11.pdf.

406 Siehe http://www.nachhaltigkeitsrat.de/index.php?id=4180.

407 Siehe http://www.usgbc.org/articles/green-building-costs-and-savings.

(ökologisch) Gutes tun zu wollen. Heute steht der wirtschaftliche Nutzen, der mit einer Zertifizierung verbunden wird, im Vordergrund (siehe Abbildung 31).[408]

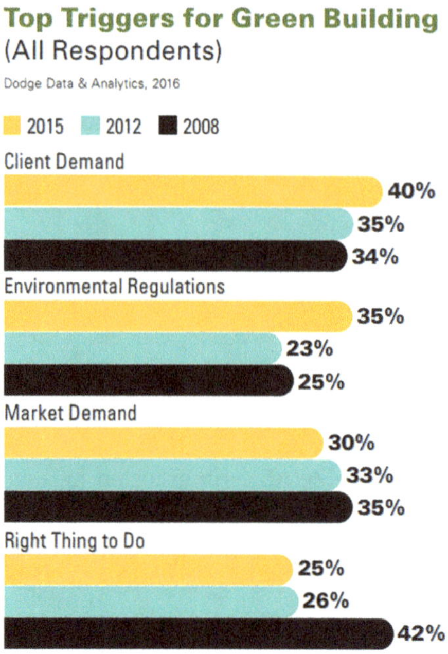

Abbildung 31: Geänderte Beweggründe für ein Green Building[409]

12 Dass diese Erwartung der Bauherren bestätigt wird, zeigen unterschiedliche Untersuchungen bezüglich des Green Building Marktes. Die folgende Abbildung 32 stellt auf der linken Seite die prozentualen **Zusatzkosten** einer Green Building-Zertifizierung dar. Bei den hier betrachteten Gebäuden betrugen sie durchschnittlich bis zu 7 %. Dagegen stand, auf der rechten Seite dargestellt, eine prozentuale Steigerung der **Verkaufserlöse** der betrachteten Immobilien, die mehrheitlich zwischen 7 % und 16 % lag. Für den deutschen Markt sind beide Prozentsätze eher hoch und nur begrenzt übertragbar. Tendenziell treffen sie vermutlich auch hier zu.

408 Vgl. Aufsatz von *McGraw-Hill*,abrufbar unter http://www.worldgbc.org/files/8613/6295/6420/World_Green_Building_Trends_SmartMarket_Report_2013.pdf.

409 Vgl. Aufsatz von *Dodge* Data and Analytics, abrufbar unter http://fidic.org/sites/default/files/World%20Green%20Building%20Trends%202016%20SmartMarket%20Report%20FINAL.pdf.

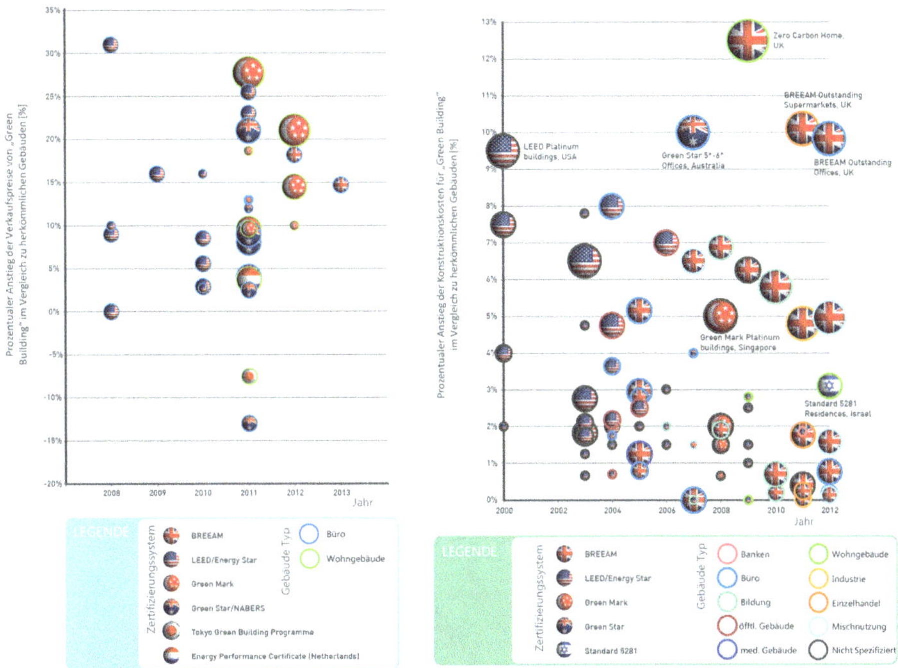

Abbildung 32: Zusatzkosten versus Zusatzerlöse von Green Buildings[410]

13 Unabhängig von den ökologischen und den sozialen Vorzügen eines Green Buildings kann also allein die **Wertsteigerung** der Immobilie für eine Zertifizierung sprechen. Diese Aussage bestätigen Erhebungen des US Green Building Councils im März 2015: Demnach liegen die Mehrkosten unter 2 % im Verhältnis zu 17 % höheren Erlösen. Diese Studie betrachtete weitere Indikatoren und stellte zum Beispiel einen um 6 % höheren **Vermietungsgrad** sowie 2 % höhere **Mietpreise** fest.[411] Diese Zahlen wurden in weiteren Untersuchungen bestätigt (4 % höherer Vermietungsgrad und 3,7 % höhere Mieten).[412]

14 In Deutschland untersuchte der Rat für Nachhaltigkeit im Jahr 2016 „grüne" Gebäude, von denen die Hälfte die Zusatzkosten für eine Zertifizierung durch einen durchschnittlich um ein Drittel gesunkenen **Energieverbrauch** in weniger als fünf Jahren wieder einspielten. Weiter heißt es, dass, wenn der gesteigerte Nutzen für

410 Siehe http://www.worldgbc.org/files/1513/6608/0674/Business_Case_For_Green_Building_Report_WEB_2013-04-11.pdf.

411 Siehe http://www.usgbc.org/articles/green-building-costs-and-savings.

412 Siehe http://www.triplepundit.com/2016/09/data-green-buildings-financially-outperform-rivals/.

Gesundheit und **Produktivität** berücksichtigt würde, diese Quote auf 90 % anstiege.[413]

15 Studien zeigen immer wieder, dass Mitarbeiter in Green Buildings bessere Arbeitsleistungen erzielen.[414] Die Steigerung der **Produktivität** wirkt sich wiederum auf die **Wirtschaftlichkeit** aus.[415] Außerdem zeigen sich bessere Verkaufszahlen bei grünen **Handelsimmobilien.** Abgesehen von diesen ökonomischen Vorzügen ergaben Befragungen, dass Personen in Green Buildings sowohl ein höheres allgemeines Wohlbefinden als auch beispielsweise weniger allergische Reaktionen zeigen.[416]

16 Abbildung 33 zeigt Gründe für eine Gebäudezertifizierung aus Sicht verschiedener Akteure auf (**Entwickler, Eigentümer, Mieter**). Die dargestellten Schnittmengen entstehen dann, wenn die gleichen Argumente für mindestens zwei der drei aufgeführten Gruppen gelten.

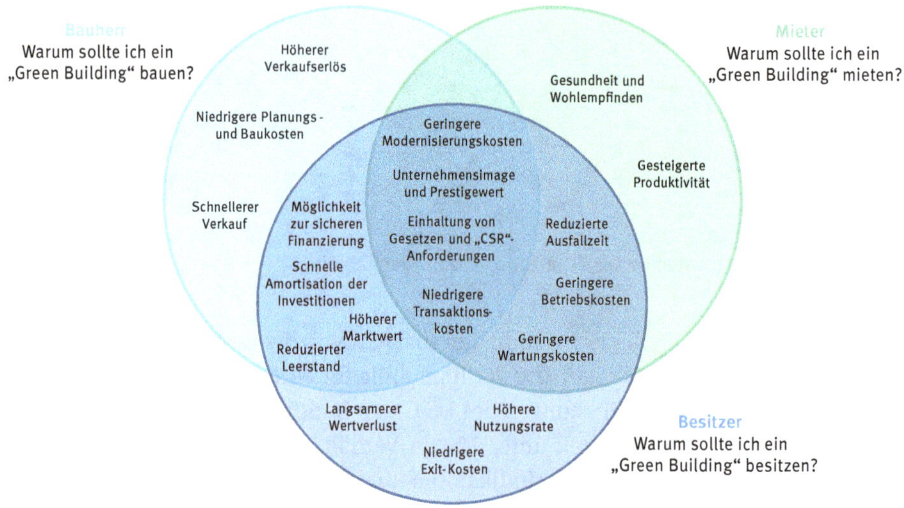

Abbildung 33: (Ökonomische) Gründe für ein Gebäudezertifikat[417]

17 Neben den eher harten Aspekten, wie „**Niedrigere Betriebskosten**“, spielen eine Reihe weicher Faktoren wie **Mitarbeiterkommunikation**, **Zufriedenheit** am

413 Siehe http://www.nachhaltigkeitsrat.de/index.php?id=4180.

414 Siehe http://www.edie.net/news/6/Green-buildings-drive-better-thinking-and-better-health-study-finds/.

415 Siehe http://www.re-cities.org/copy-of-the-edge, http://media.wix.com/ugd/71fc8b_bddc-53c4624f463b9ab228193125eb5b.pdf.

416 Siehe http://www.zukunft-haus.info/fileadmin/media/05_gesetze_verordnungen_studien/01_fachwissen_kompakt/02_studien/Studie_EH/dena-EH-Umfrage_2015_Hintergrundmaterial.pdf.

417 Siehe http://www.worldgbc.org/files/1513/6608/0674/Business_Case_For_Green_Building_Report_WEB_2013-04-11.pdf.

Arbeitsplatz und **Identifikation** mit dem Arbeitgeber eine wichtige Rolle, wenn es um die Entscheidung für ein Label geht.

Bauherren, die in Deutschland ihre Projekte zertifizieren lassen, sind an erster Stelle bezogen auf den Anteil **Projektentwickler** und an zweiter Stelle **Unternehmen**, die Gebäude zur Eigennutzung erstellen. Projektentwickler nutzen die Immobilie nicht selbst. Vorzugsweise verkaufen sie das Objekt mit Fertigstellung (oder schon davor). Tritt ein Unternehmen als Bauherr und Zertifzierungsnachfrager auf, sind seine Anforderung an ein Gebäude und seine Erwartungen an ein Zertifikat häufig andere als bei einem Entwickler. Das Unternehmen ist nicht nur Bauherr sondern auch **Nutzer**, häufig **Betreiber** und es bleibt **Eigentümer** des Objektes. In Tabelle 11 sind für beide Bauherren-Gruppen, neben denen in Abbildung 33, weitere Beweggründe für eine Auszeichnung dargestellt. 18

Tabelle 11: Beweggründe für Projektentwickler und Unternehmen für eine Green Building Zertifizierung

Projektentwickler	Unternehmen
– Steuerungsinstrument zur Qualitätssicherung	– Steuerungsinstrument zur Qualitätssicherung
– Risikominimierung	– Risikominimierung
– Image	– Image
– Vermarktbarkeit, erleichterte Marktkommunikation	– Mitarbeiterproduktivität/-motivation
– Mieter- und Käufernachfrage	– Mitarbeiterbindung
– Höherer Verkaufserlös, höhere Mieterträge	– Kundenbindung/-erwartung
– Geringere Leerstandsraten	– Wettbewerbsvorteil
– Sichtbare und transparente Qualität	– CSR-Politik
– CSR-Politik	– Nachhaltigkeits-Reporting
– Nachhaltigkeits-Reporting	– Niedrigere Lebenszykluskosten
– Green Value	– Hohe Instandhaltungsfreundlichkeit
– Finanzierungsvorteile	– Kommunikationsinstrument gegenüber Mitarbeitern, Kunden, Nachbarschaft, Presse, Öffentlichkeit, Politik/Behörden
	– Finanzierungsvorteile

3 Auswahl der passenden Zertifizierungssystems

Welches System zur Bewertung eines Projektes am besten geeignet ist, lässt sich nicht pauschal beantworten. Die Eignung hängt von einer Vielzahl von **Faktoren** ab. Unter anderem sind folgende Fragen zu beantworten: 19

- Warum strebt der Bauherr eine Zertifizierung an?
- (Image, Qualitätssicherung, Benchmarking, ...)
- Welche Anforderungen hat er an ein System/Zertifikat?

- (Internationalität, lokales Label, Ausgewogenheit, Bekanntheitsgrad, hohes Auszeichnungsniveau, geringe Kosten, ...)
- Welche Gebäudenutzung ist geplant?
- (Büro, Handel, Mischnutzung, ...)
- Wo steht das Projekt?
- (Stadt vs. Land, Lage, Umfeld, ...)
- Welche Bauqualität ist geplant?
- Welche Erfahrung bringen die Projektbeteiligten mit?

20 Die einzelnen Systeme haben ihre **Stärken** und **Besonderheiten** und somit sind nicht alle Verfahren für das konkrete Bauvorhaben gleichermaßen sinnvoll anwendbar und geeignet, die jeweilige **Projektqualität** darzustellen.

21 Für Bauherren, die weltweit Gebäude entwickeln und zertifizieren, gibt es prinzipiell **zwei Strategien**. Eine Strategie wäre, in jedem Land das jeweils **nationale System** anzustreben. Eine andere Strategie wäre, weltweit einheitlich das gleiche Label anzuwenden. Vorteil des nationalen Labels ist, dass es auf die dortigen Randbedingungen (Gesetze, Klima, Baukultur, ...) am besten abgestimmt ist. Für die Verwendung nur eines Zertifizierungssystems weltweit spricht die damit verbundene Vergleichbarkeit und das Setzen von **einheitlichen Standards**. Prozesse können so vereinfacht werden.

22 Eine wichtige Aufgabe des Auditors kann oder sollte es sein, den Bauherren hinsichtlich der **Label-Auswahl** umfassend zu beraten. Eine Green Building Zertifizierung ist, wie jedes **Rating**, eine standardisierte Betrachtung, bei der es Aspekte und Anforderungen geben kann, die für das individuelle Projekt wenig sinnvoll erscheinen. Nur aufgrund einer Zertifizierung Anforderungen umzusetzen, sollte nicht das Vorgehen sein. Ggf. ist ein eher starrer Bewertungskatalog im Einzelfall nicht unbedingt geeignet, um die spezifische Qualität darzustellen. Die Anwendung der Bewertungskriterien muss nicht zwingend zu einer Auszeichnung führen. Es kann auch eine Option sein, ihn zu nutzen, um eine ganzheitliche, objektive Betrachtung auf das Projekt vorzunehmen und ggf. Anstöße für **Optimierungsmaßnahmen** zu erhalten, ohne tatsächlich in den Zertifizierungsprozess einzusteigen.

23 Vor der Implementierung eines Zertifizierungsprozesses sollte eine **Bedarfsanalyse** stehen, in der unter anderem die obenstehenden Fragen beantwortet werden und eine **Potenzialanalyse** durchgeführt wird (auch als Pre-Check, Quickcheck etc. bezeichnet).

4 Vergleichbarkeit der Systeme

24 Die Darstellung der unterschiedlichen Green Building Label hat gezeigt: Die Systeme und deren Zertifikate sind nicht unmittelbar vergleichbar. Sie unterscheiden sich unter anderem in ihrer **Anwendbarkeit**, den **Bewertungskriterien**/-inhalten, der

Gewichtung der einzelnen Aspekte, dem jeweiligen **Anforderungsniveau** und den möglichen **Auszeichnungsstufen**.

Bewertungskriterien sind zum Teil sehr unterschiedlich, so dass manche Themen 25
nur in einzelnen Systemen adressiert werden (wie Barrierefreiheit, Lichtverschmutzung, Wärmeinseleffekt...). Selbst bei anscheinend gleichen Kriterien sind häufig die Indikatoren und/oder das Anforderungsniveau nicht übereinstimmend (siehe Beispiel „Visueller Komfort"). Schließlich variieren Anzahl und Bezeichnung der verschiedenen Auszeichnungsstufen. Zum Beispiel erreicht ein Neubau bei BREEAM die höchste Auszeichnung mit einer Erfüllung von 85 Prozent, bei LEED sind knapp 73 Prozent erforderlich und bei DGNB liegt die Schwelle bei 80 Prozent. Bei BREEAM ist die notwendige Erfüllung für die oberste Auszeichnungsstufe zwar die höchste, für die unterste Stufe ist allerdings der niedrigste Wert angesetzt.

Trotz der Unterschiede wird ein **nachhaltiges Gebäude** in allen betrachteten Sys- 26
temen ein sehr gutes Ergebnis erzielen und umgekehrt ist das Erreichen der höchsten Auszeichnungsstufe immer ein Hinweis auf ein **gelungenes Gebäudekonzept**.

Der Wettbewerb unter den Systemen hat den **Vorteil**, dass der Druck auf die Zer- 27
tifizierungsanbieter steigt, ihr Verfahren zu optimieren und auf Anforderungen des Marktes zu reagieren. Sichtbar wird dies beispielsweise an der stark verbesserten internationalen Anwendbarkeit (z. B. bei LEED) und der Vereinfachung der Bestandszertifizierung bei DGNB und LEED (als Reaktion auf BREEAM DE).

Eine Annäherung der Systeme ist hinsichtlich der **Lebenszyklusorientierung** 28
zu beobachten. DGNB hat von Beginn an die **Ökobilanz** (LCA) und die **Lebenszykluskostenberechnung** (LCC) als wichtige Nachweise integriert. LEED und BREEAM haben diese Themen in ihren neusten Versionen ebenfalls aufgenommen.

Dass Deutschland ein interessanter Green Building Markt ist, zeigt die Ansiedlung 29
des DIFNI bzw. jetzt TÜV Süd, als National Scheme Operator für BREEAM, und der GGBA, als unter anderem Ansprechpartner für LEED in Deutschland und der DACH-Region. Die Arbeiten vom TÜV Süd und von der GGBA führen zu einer Berücksichtigung deutscher bzw. europäischer Standards und Normen in den Systemen BREEAM und LEED und bauen Sprachbarrieren sowie lange Kommunikationswege ab.

5 Exkurs Bestandszertifizierung

Nachhaltige Entwicklung und nachhaltiges Bauen bedeuten vor allen Dingen ein 30
nachhaltiger Gebäudebestand. Nur durch die Betrachtung und Beachtung von Neubauten kann eine Nachhaltige Entwicklung nicht gelingen. Die eigentliche **Stellschraube** ist der Gebäudebestand und noch mehr der Gebäudebetrieb.[418]

Damit eine Nachhaltige Entwicklung gelingen kann, muss der Fokus zukünftig 31
verstärkt auf dem Immobilienbestand liegen. Die Zertifizierung von Bestandsge-

418 *Lambertz/Hoinka/Mösle* B + B, Bauen im Bestand 2009, 18.

bäuden wird dabei voraussichtlich an Bedeutung gewinnen. Green Building Zertifizierungssysteme können ein wichtiger Baustein sein. Sie sind Anreizsystem sowie Kommunikations- und Steuerungsinstrument. Die Entwicklung zu vereinfachten Verfahren, wie durch **arc** (LEED / USGBC) und **Gebäude im Betrieb** (DGNB) ist ein Schritt zu mehr Praxistauglichkeit und Anwendbarkeit. Die Konzentration liegt auf wesentlichen Gebäudeperformance-Indikatoren.

6 Verdienst von Green Building Zertifizierungen

32 Green Building Zertifikate haben den **Anreiz** erhöht, nachhaltig zu bauen. Sie haben mit dazu geführt, dass Nachhaltigkeit einen Wert besitzt und die **Wirtschaftlichkeit** einer Immobilie erhöht. Darüber hinaus haben sie vor allen Dingen Bewegung in die Baustoffindustrie gebracht. Viele Produktrezepturen wurden auf die Anforderungen der verschiedenen Label abgestimmt. Die Inhaltsstoffe sind transparenter und die Informationen, die die **Baustoffindustrie** ihren Kunden zur Verfügung stellt, sind umfangreicher. **Umweltproduktdeklarationen**, sogenannte EPDs[419], von Baustoffen haben, auch beflügelt durch die Green Building Nachfrage, zugenommen und erhöhen damit den **ökologischen Anspruch** an die Baustoffe und indirekt die Luftqualität in Innenräumen. Es sind Datenbanken entstanden, die die Recherche nach den passenden Produkten erleichtert und der Industrie den Anreiz geben, ihre Produkte dementsprechend zu gestalten. Konzepte wie das **Cradle to Cradle** werden durch die Green Building Zertifizierung gefördert. Der Einzug der Ökobilanzierung in die Bauindustrie hat neue Erkenntnisse gebracht und Diskussionen angestoßen, die Bilanzgrenzen zu erweitern und beispielsweise die graue Energie eines Gebäudes mit einzubeziehen.

33 Darüber hinaus haben die Zertifizierungssysteme Einzug in die **Hochschulen** gehalten und dort die Lehrpläne der unterschiedlichen Studienrichtung rund um Bauen und Gebäude beeinflusst. Fragen der Nachhaltigkeit und der Nachhaltigkeitsbewertung sind so in zahlreichen Studiengängen vertieft worden und das nicht nur in der **Lehre.** Die Fülle an wissenschaftlichen Arbeiten zu diesem Thema zeigt die **Forschungsrelevanz** und die Motivation, sich auch wissenschaftlich mit dem Thema auseinanderzusetzen.

7 Ausblick

34 Die wesentlichen **Trends**, die sich bei den Green Building Bewertungsverfahren abzeichnen, sind:

- Erhöhung der Internationalität durch den Abbau von Sprachbarrieren und die Anpassbarkeit an regionale Standards

419 EPD: Environmental Product Declaration.

- Stärkung der Ganzheitlichkeit, unter anderem mit zunehmender Berücksichtigung der Umweltwirkungen der Baustoffe (Ökobilanzierung, Umweltproduktdeklarationen, Cradle to Cradle, Immobilie als Rohstofflager...)
- Stärkere Fokussierung auf den Gebäudebetrieb und –bestand
- Stärkere Bedeutung von Nachhaltigkeitskonzepten und -zertifizierungen für Quartiere und ganze Städte[420]

Die Verbreitung von **BIM** bei der Umsetzung von Bauaufgaben bietet für das nachhaltige Bauen und die Zertifizierungsprozesse große Vorteile. Es verbessert die integrale Planung und erleichtert die Massenermittlung, die Erstellung materialökologischer **Bauteilkataloge**, die Kostentransparenz und damit Nachweise wie die Ökobilanz und die Berechnung der Lebenszykluskosten. 35

Zertifizierungssysteme werden weiterhin **Anreiz-, Steuerungs- und Kommunikationsinstrument** für nachhaltige Immobilien sein. 36

420 Siehe http://www.sustainablecities.eu/sustainable-cities-platform/; http://www.usgbc.org/articles/world-green-building-trends-2016-business-benefits.

E Zertifizierungssysteme für Quartiere

I Relevanz des Quartiers

1 Mit der Stockholmer „Umweltschutzkonferenz 1972“ der UNO begann eine globale politische Bewegung für eine nachhaltige Entwicklung welche mit den zahlreichen Folgekonferenzen bis heute ungebrochen ist (vgl. Kapitel 1). Parallel entwickelten sich NGO-Bewegungen, wie die globale Green Building Initiative. So entstanden im Laufe von Jahrzehnten zahlreiche Leuchtturmprojekte von Nachhaltigen Gebäuden. Diese zeigen anschaulich, dass nachhaltiges Bauen nicht nur in der Theorie möglich ist. Dem eigentlichen politischen Ziel, die Treibhaugas-Emissionen deutlich zu reduzieren und ein Umweltgleichgewicht wieder herzustellen, kam man jedoch kaum näher.

2 Der Megatrend **Urbanisierung** und dessen katastrophale Folgen für die Menschheit wurden weitgehend nicht erkannt. Rund 800 v.Chr. galt die griechische **Polis** als quasi Idealtypische Stadt, dieses Modell funktionierte jedoch nur für die meist weniger als 4.000 Einwohner. 1851 war London mit 2,6 Mio. Einwohnern die größte Stadt der Welt.[421] Diese Fakten und hohe Wachstumsraten der weltweiten Stadtbevölkerung geben eine grobe Vorstellung über die enormen Dimensionen der globalen Herausforderung „Nachhaltigkeit“. 663 mal größere Städte bedeuten eben meist auch 663 mal mehr Umweltschäden. Auch wenn heute die Green Buildings einer Stadt nicht mehr an einer Hand abzählbar sind und sich Green Buildings von der Kür zur Pflicht entwickelt haben, so sind sie für die globalen Ziele doch nur ein Tropfen auf den heißen Stein. Es ist höchste Zeit zu erkennen, dass auch die zahlreichen Gebäude ohne Green Building Qualitäten über intelligente Quartierssysteme mit 100 % Erneuerbarer Energie versorgt werden können. Aktivhäuser können ihren Nachbarn helfen und freiwerdende Ressourcen für weitere Themenfelder nutzen. So wächst Beispielsweise unser Mobilitätsbedarf und gleichzeitig damit die enormen Verkehrsprobleme in unseren Städten. Die Feinstaubproblematik, Heatislaneffekte und das gesamte Stadtklima sind nur einige dieser Themenfelder über das einzelne Gebäude hinaus. Weltweit werden zwar nur 2 % der Erdoberfläche durch Städte belegt, dennoch verbrauchen sie drei Viertel aller Ressourcen, stoßen gigantische Wolken von Treibhausgasen aus und produzieren Milliarden Tonnen Müll. London benötigt beispielsweise laut dem Umweltberater Fred Pearce die 125-fache Fläche des eigenen Stadtgebietes, um die Daseinsfürsorge für ihre Einwohner zu decken. Heute leben noch in etwa gleichviele Menschen in Städten und auf dem Land. Die Weltbevölkerung wächst aber bis 2050 weiter auf über 9 Milliarden Menschen. Bedenkt man dabei, dass die Bevölkerung des ländlichen Raums auf etwa 3 Milliarden sinken wird, kann man erahnen vor welchen enormen Herausforderungen wir stehen.[422]

421 vgl. *Bullinger* Röthlein 2012.
422 vgl. *Bott/Grassl/Anders* 2013.

Deutschland, Europa und auch Amerika befinden sich schon heute mit etwa 70 – 80 % Stadtbewohnern an einem Punkt, den die restliche Welt erst in vielen Jahrzenten erreichen wird.[423] Das macht es aber gerade für uns Europäer so schwer, die weltweit anhaltende Urbanisierung zu verstehen. 2012 existierten etwa 25 **Megacities** mit über 10 Millionen Einwohnern, mehr als die Hälfte davon befinden sich in Asien. 150 Jahre nachdem London die größte Stadt der Welt war, zählt sie heute nicht einmal zu den aktuellen Megacities. Von der antiken Polis bis zur Weltstadt London hat Europa über Jahrtausende die Stadtentwicklung dominiert. Die **Europäische Stadt** ist eine menschengerechte Stadt, sauber und sicher. Neben einer vorbildhaften Gestaltung und Kultur des Städtebaus war es – von der Antike an – die Ingenieurskunst für innovative Infrastrukturen, welche die Europäische Stadt immer wieder lebenswert machte. Seien es die Wasserversorgung über Aquädukte, die Römerstraßen, die Abwasserkanalisation gegen Seuchen, die erste U-Bahn in London oder das Auto und die weltweit erste Ampel 1868 am Potsdamer Platz in Berlin. 3

Bei allem Engagement für einzelne Green Building-Architektur und -Technik darf nicht vergessen werden, dass jedes Gebäude in Wechselwirkung mit seinem städtischen Umfeld steht. Eine hohe Nachbarbebauung oder Baumbestand im Süden können die beste Solararchitektur ad absurdum führen. Ein **Anschlusszwang** an das Gasnetz der lokalen Stadtwerke schränkt die Freiheit des Fachplaners für Gebäudetechnik stark ein. Und selbst die Photovoltaikanlage am Dach des Biobauernhofes im Dorf wäre ohne Netzanschluss nicht möglich gewesen. Das Quartier, in dem ein Green Building steht, beeinflusst die Gebäudequalität und Kosten durchschnittlich mit über 20 %. So kann beispielsweise der vorhandene Fernwärmeanschluss aus regenerativen Energien den teuren Heizkeller überflüssig machen und einen wesentlichen Beitrag zur Erfüllung der eigenen Green Building Ziele beitragen. Und auch das Nichtvorhandensein dieses Umfeldes, das berühmte „Passivhaus auf der Grünen Wiese“, ist ein **Standortfaktor**. So hat das Land Bayern bereits 2008 wissenschaftlich ermittelt, dass ein Haus im Neubaugebiet für dessen Bewohner auf Lebenszeit etwa 700.000 € reine Fahrtkosten und damit auch erhebliche Treibhausgas-Emissionen erzeugt. Im Gegensatz dazu entstehen die geringsten Mobilitätskosten von nur 20.000 € reiner Fahrtkosten für den Stadtzentrumsbewohner einer Kleinstadt.[424] Diese individuellen Faktoren, wie das der Mobilitätsbedingungen und auch weitere Nachhaltigkeitsaspekte werden von den Quartierszertifizierungssystemen berücksichtigt, setzen so das Gebäude in die richtige Relation zur Gesamtentwicklung und zeigen bisher ungenutzte Effizienzpotenziale auf. Während bei unseren Gebäuden zwischenzeitlich deutlich mehr Kosten für Technik und Ausbau verwendet werden als für den Rohbau, wird im Städtebau Technik und Infrastrukturplanung noch weitgehend negiert. Straßen dienen oft nur als gestalterisches Ordnungsinstrument und an die Ver- und Entsor- 4

423 vgl. UN World Urbanization Prospects 2011.
424 vgl. *Grassl* 2008.

gungsinfrastruktur wird meist erst nach Abschluss jeglicher Masterplanungen zu denken begonnen. Synergien, Effizienz sowie Funktionalität und damit auch Lebensqualität sind im besten Fall Schlagworte in der Entwurfserläuterung. Wie schön wäre eine Stadt ohne Verkehrslärm und Feinstaub und mit intelligenten Netzen. Unsere Gebäude könnten jeder Zeit Erneuerbare Energie in einem LowExergienetz beziehen. Die Bewohner bekommen frischen Fisch und Gemüse aus Urban Farming und das alles dank Regenwassermanagement ohne jeglichen Trinkwasserbedarf. Aber aktuell investieren wir nur durchschnittlich 3 % der Gesamtkosten einer Quartiersentwicklung in die Erschließung und davon wiederum den Großteil in den Straßenbau. Es wird höchste Zeit etwas für ein besseres Stadtklima zu unternehmen.

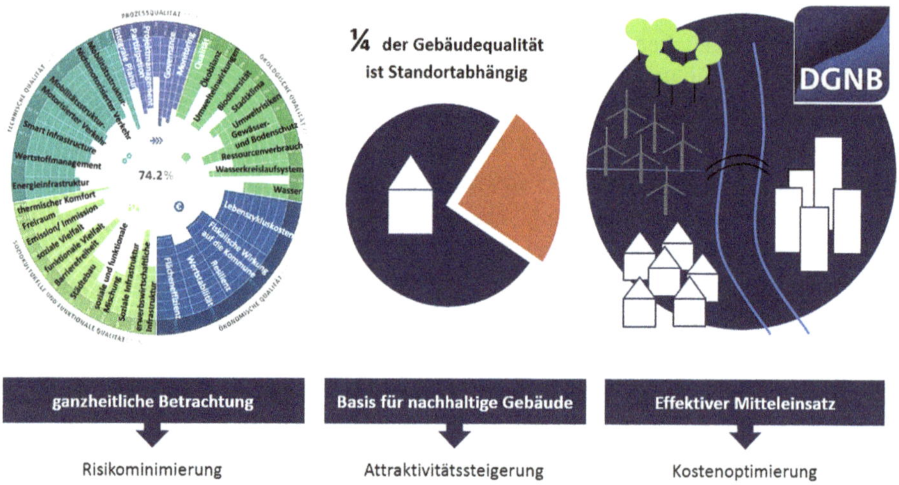

Abbildung 1: Standort Quartierszertifizierung

5 Ausgerechnet die USA, das Mutterland des weltweit berühmtesten Green Building Zertifizierungssystems LEED, hat zusammen mit China, dem Inbegriff für Klimaverschmutzung und Urbanisierung, diese Zusammenhänge erst jetzt begriffen. 2016 ratifizieren die USA und China die globalen Klimaschutzabkommen mit dem Papier von Paris. Der US-amerikanische Präsident Barack Obama bezeichnet das Abkommen als einen entscheidenden Schritt zur **„Rettung unseres Planeten“** und manifestiert damit die Dimension der Urbanisierung und der daher notwendigen **Nachhaltigen Entwicklung**. Deutschland wirkt mit nur vier Millionenstädten im Vergleich zu asiatischen Metropolen wie Tokyo mit ca. 37,5 Millionen Einwohnern wenig urban. Doch am Ende geht es nicht um Masse, sondern um Qualität. Und so könnte gerade die Vorreiterrolle im Bereich des Nachhaltigen Bauens, kombiniert mit dem über Jahrtausende aufgebauten Wissen des europäischen Städtebaus und dem Erfindungsgeist der Ingenieure für innovative Infrastrukturen, zu neuen intelligenten Lösungen führen.

Das gekonnte Zusammenspiel zwischen Gebäuden, Infrastruktur und Stadtentwicklung könnte zu einer wortwörtlichen **Smart City** im besten Sinne führen. Das Quartier ist die ideale Einheit. Gerade noch klein genug, um planbar zu sein und gerade noch groß genug, um einen nachhaltigen Effekt zu erwirken.

II Quartiersbewertungssysteme im Überblick

Die Nachhaltigkeitsanalyse und Bewertung von ganzen Quartieren ist im Gegensatz 6
zur Gebäudezertifizierung eine noch sehr junge Disziplin. Gleichzeitig entwickelt sich die Quartierszertifizierung mit einer deutlich stärkeren Dynamik. Während die Entwicklungen der Gebäudezertifikate mit BREEAM 1990 startete, LEED die globale Verbreitung Ende der 1990er einläutete und es bis hin zum Durchbruch in Deutschland mit der Gründung der DGNB im Jahr 2007 fast 20 Jahre dauerte, verlief die globale Quartierszertifikatsentwicklung innerhalb von 5 Jahren. Das erste Quartierszertifizierungssystem wurde – wenig überraschend – in Asien, dem Kontinent der Urbanisierung, entwickelt (vgl. vorausgehendes Kapitel). CASBEE, wie die meisten anderen Quartierssysteme bereits aus der Gebäudezertifizierung bekannt, hat 2007 in Japan mit dem System **CASBEE Urban Development** das weltweit erste offizielle Quartierszertifizierungssystem veröffentlicht und angewendet. Darauf folgten 2009 die Systeme **BREEAM Communities** in Europa und **LEED Neighborhood Development** aus den USA. 2010 wurde in den Vereinigten Arabischen Emiraten das staatliche System **Estidama Communities** veröffentlicht und in die Umsetzung gebracht.

In Deutschland war die Quartierszertifizierung noch sehr umstritten. Die Flä- 7
chennutzungsplanung ist in Deutschland eine hoheitliche Aufgabe der einzelnen Kommunen. So haben innovative Städte und Gemeinden selbstverständlich bereits Nachhaltigkeitskriterien in ihren Stadtentwicklungsprojekten und städtebaulichen Wettbewerben eingeführt. Auf ein gemeinsames staatliches System wie es in den in den Vereinigten Arabischen Emiraten bereits der Fall ist, konnte man sich hier zu Lande nicht einigen. Während im Gebäudebereich von öffentlicher Seite das BNB-System eingeführt wurde und weitgehend sogar verpflichtend ist, scheint man auf der Quartiersebene die kommunale Planungshoheit über einheitliche Nachhaltigkeitsstandards zu setzen. Als erstes Zertifizierungssystem in Deutschland gilt das 2007 entwickelte und für die THS TreuHandStelle für Bergmannswohnstätten GmbH angewandte Zertifikat **TÜV Lebensqualität in Siedlungen**. Das System konnte sich jedoch nicht durchsetzen und wurde außer für die THS nicht wieder angewandt. Trotz des Vakuums eines heimischen Quartierszertifizierungssystems konnte in Deutschland keines der international bekannten Quartierszertifikatssysteme Fuß fassen. Grund hierfür war unter anderem, dass sich die weit entwickelte Bauleitplanung und Städtebaukultur in Deutschland doch deutlich von den amerikanischen und britischen Grundlagen des Städtebaus unterscheidet. Auch dies unterscheidet die Quartierssysteme von den Green Building Systemen. Während LEED und BREEAM schon

vor Gründung der DGNB in Deutschland angewendet wurden, wird in Deutschland bis Dato ausschließlich das DGNB System angewendet. Trotz der gleichen Systemanbieter besteht hier zwischen Gebäudezertifizierung und Quartierszertifizierung ein deutlicher Unterschied am Internationalen Zertifizierungsmarkt. 2011 hat die DGNB in einer Pilotphase ihr Quartierszertifizierungssystem **DGNB Neubau Stadtquartiere** in die Erstanwendung gebracht und 2012 als Marktversion DGNB NSQ veröffentlicht. Auch wenn es grundsätzlich wie beim Gebäude unterschiedliche Systeme zur Auswahl gibt, ist in Deutschland bis heute nur das DGNB System in der Anwendung.

Praxistipp
Der vor einer Gebäudezertifizierung oft durchgeführte Systemvergleich zwischen z. B. LEED, BREEAM und DGNB ergibt bei Quartieren innerhalb Deutschland bisher wenig Sinn. Sofern Ihr Auftraggeber nicht ein besonders starkes Interesse an einem ausländischen Zertifizierungssystem hat, weisen Sie ihn vor Durchführung eines Systemvergleiches auf die besondere Situation in der Quartierszertifizierung hin und ersparen Sie ihm diese Kosten. Er wird es Ihnen danken. Auch die Kombination mit Green Building Zertifikaten nach LEED und BREEAM innerhalb eines DGNB Stadtquartiers funktioniert gut.

8 Bereits in der Pilotphase wurde das DGNB Quartierszertifizierungssystem auch in Luxemburg und der Schweiz angewendet. Das DGNB Stadtquartierssystem wurde zwischenzeitlich für verschiedene Länder angepasst und wird von den lokalen Green Building Councils in Dänemark und der ÖGNI (Österreichische Gesellschaft für Nachhaltige Immobilienwirtschaft) in Österreich offiziell angewendet. Das DGNB Stadtquartierssystem hat sich so überraschender Weise innerhalb weniger Jahre zum europäischen Marktführer entwickelt und ist mit ersten Projekten in Asien im globalen Vergleich zur Nummer 2 hinter LEED aufgestiegen.

9 Das japanische CASBEE spielt zwar international keine Rolle, hat zwischenzeitlich aber auch ein System für ganze Städte **CASBEE for Cities** entwickelt. Ähnliche Stadtzertifizierungssysteme gibt es auch in Europa. So hat sich in Italien beispielsweise aus der Slow Food Bewegung die Initiative **Cittaslow** entwickelt. Hierbei handelt es sich aber weniger um das Fördern des nachhaltigen Bauens, als vielmehr um das nachhaltige kommunale Gemeinleben. So werden beispielsweise auch die Öffnungszeiten der Verwaltung mitbewertet. Cittaslow ist zwar keine klassische Immobilienzertifizierung, so darf es mit über 15 nach CittaSlow zertifizierten Städten allein in Deutschland hier aber nicht unerwähnt bleiben. Ebenfalls kein Zertifizierungssystem, aber ein spannendes Ranking, stellt der **Siemens Green City Index** dar. 2009 für europäische Städte, später detailliert für einzelne deutsche Städte und weitere Kontinente berechnet, zeigt der Index den Handlungsbedarf der einzelnen Städte gegenüber den Folgen der Urbanisierung auf. Der Index betont die Bedeutung und Relevanz der Investitionen in moderne Infrastruktur. Auch wenn diese Analyse für die Kommunen kostenfrei ist, konnte sich zwischenzeitlich doch die traditionelle Quartierszertifizierung durchsetzen. Zu groß ist die Befürchtung der Kommunen, dass die Systeme einzelner großer Wirtschaftskonzerne am Ende nur Marketingtools

für ihre eigenen technischen Produkte sind und sie als Kommune in eine ungewollte Abhängigkeit geraten. So investieren immer mehr Kommunen Gelder in den Quartierszertifizierungsprozess. Städte wie Heilbronn, Berlin oder Karlsruhe verwenden die Quartierszertifizierung vor allem zur Optimierung ihres Stadtentwicklungsprozesses. Die Kriterien werden bereits in die ersten Entwurfsphasen eingebunden und helfen auch im Partizipationsprozess als transparente und sachliche Argumentation für eine nachhaltige Entwicklung. Weitere Unterschiede der Systeme und eine nähere Erläuterung finden Sie in der Systemvergleichsübersicht (siehe Tabelle 1).

Zertifizierungs-system/ Haupt-sitz/ Homepage/ Green Building Council	**DGNB** **Deutsche Gesellschaft für Nachhaltiges Bauen e. V. Stuttgart, Deutschland www.dgnb.de German Sustainable Building Council**	**BREEAM** **Building Research Establishment Environmental Assessment Method London Watford, Großbritannien www.breeam.org/United Kingdom Green Building Council**	**LEED** **Leadership in Energy and Environmental Design Washington, USA www.usgbc.org/LEED/ U.S. Green Building Council (USGBC)**
Markteinführung/Anwendungsgebiet	2011 Deutschland / (International)	2009 UK 2009 International	2007 USA 2009 International
Status im World Green Building Council	Established	Established	Established
Nutzungsprofile/ Versionen	Stadtquartiere (SQ 16) Gewerbequartiere (GQ 16) Event Areas (EA 16) Industriestandorte 2014 (IS 14 – Erstanwendung) Alle Nutzungsprofile International anwendbar	BREEAM Communities Version 2012, letztes Update 2014 Für außerhalb UK ist ein Bespoke-Prozess (Systemanpassung) erforderlich	LEED Neighborhood Development 1.0 Pilots Only 2007 LEED Neighborhood Development v2009 LEED Neighborhood Development v4 (2014)

Tab. 1 (fortgesetzt)

Zertifizierungs-system/ Haupt-sitz/ Homepage/ Green Building Council	**DGNB Deutsche Gesellschaft für Nachhaltiges Bauen e. V. Stuttgart, Deutschland www.dgnb.de German Sustainable Building Council**	**BREEAM Building Research Establishment Environmental Assessment Method London Watford, Großbritannien www.breeam.org/United Kingdom Green Building Council**	**LEED Leadership in Energy and Environmental Design Washington, USA www.usgbc.org/LEED/ U.S. Green Building Council (USGBC)**
Kategorien Gewichtungen	– Ökologische Qualität: 22,5 % – Ökonomische Qualität: 22,5 % – Soziokulturelle und funktionale Qualität:22,5 % – Technische Qualität: 22,5 % – Prozessqualität: 10 %	– Governance: 9,3 % – Social and economic wellbeing: 42,7 % – Resources and energy: 21,6 % – Land use and ecology: 12,6 % – Transport and movement: 13,8 %	– Smart Location and Linkage: maximal 28 Punkte – Neighborhood Pattern and Design: maximal 41 Punkte – Green Infrastructure and Buildings: maximal 31 Punkte – Innovation and Design Process: maximal 6 Punkte – Regional Priority Credit: maximal 4 Punkte
Zertifizierungs-stufen	>= 80 % = Platin >=65 % = Gold >=50 % = Silber <50 % kein Zertifikat	>=85 % = OUTSTANDING* >=70 % = EXCELLENT >=55 % = VERY GOOD >=45 % = GOOD >=30 % = PASS <30 % = UNCLASSIFIED	80+ Punkte = Platinum 60 – 79 Punkte = Gold 50 – 59 Punkte = Silver 40 – 49 Punkte = Certified
Zertifizierungs-phasen	3 Phasen (Vorzertifikat nach städtebaulichen Entwurf/Planungs- und Erschließungszertifikat nach 25 % Fertigstellung der Erschließung oder Ausführungsverträgen nach DGNB Vorgabe / Quartierszertifikat nach 75 % Fertigstellung Hochbau und Freiflächen)	2 Phasen: Vorprüfung (optional) / Zertifikat (Final)	3 Phasen: Letter of Support (optionale Vorprüfung wenn Baurecht noch nicht vorliegt)/Plan (Zertifikat)/Built Project (Zertifikat)

Tab. 1 (fortgesetzt)

Zertifizierungs-system/ Haupt-sitz/ Homepage/ Green Building Council	**DGNB Deutsche Gesellschaft für Nachhaltiges Bauen e. V. Stuttgart, Deutschland www.dgnb.de German Sustainable Building Council**	**BREEAM Building Research Establishment Environmental Assessment Method London Watford, Großbritannien www.breeam.org/United Kingdom Green Building Council**	**LEED Leadership in Energy and Environmental Design Washington, USA www.usgbc.org/LEED/ U.S. Green Building Council (USGBC)**
Mindestanforderungen	Mischnutzung (10 % – 90 % BGF Wohnen – gilt nicht für die Versionen GQ und IS), 2 Hektar BBL, Gebäudeensemble, öffentliche Freiflächen und Infrastruktur, Mindestanforderung in einzelnen Kriterien durch Grenzwert festgelegt.	27 Mandatory Requirements, die für ein Zertifikat erfüllt sein müssen. Ob ein Projekt alle Anforderungen erfüllt kann über die optionale Vorprüfung sichergestellt werden.	2 Gebäude bis 320 acres (Obergrenze ist Empfehlung, kein Ausschluß) 12 Prerequisites: Kriterien, die vorausgesetzt werden und nicht in die Bewertung einfließen. In Kategorien sortiert, mit jeweils spezifischen Anforderungen.
Gültigkeit	Phase 1 Vorzertifikat 3 Jahre (Urkunde + Website Listung) Phase 2 Zertifikat 5 Jahre (Urkunde + Plakete + Website Listung) Phase 3 Zertifikat unbegrenzt (Urkunde + Plakete + Website Listung) (Hinweis auf Aufstellungsdatum und Version in allen Phasen)	keine Angabe	Letter of Support: erhältlich bis zum Baurecht (Bescheinigung) gültig für 3 Jahre Stage 1 – Plan (Zertifikat): erhältlich wenn für 100 % der Gebäudeflächen im Entwicklungsgebiet eine Baugenehmigung vorliegt, und maximal 75 % der Gebäudeflächen fertiggestellt sind (Urkunde + Website Auflistung). Gültig für 7 Jahre Stage 2 – Built Project (Zertifikat): erhältlich, wenn das Projekt über 75 % gebaut und ein Nachweis über die Belegung und Nutzungen der Gebäude vorliegt. (Urkunde + Plakette+Website Auflistung). Unbegrenzt gültig

Tab. 1 (fortgesetzt)

Zertifizierungs-system/ Haupt-sitz/ Homepage/ Green Building Council	**DGNB Deutsche Gesellschaft für Nachhaltiges Bauen e. V. Stuttgart, Deutschland www.dgnb.de German Sustainable Building Council**	**BREEAM Building Research Establishment Environmental Assessment Method London Watford, Großbritannien www.breeam.org/United Kingdom Green Building Council**	**LEED Leadership in Energy and Environmental Design Washington, USA www.usgbc.org/LEED/ U.S. Green Building Council (USGBC)**
Besonderheiten	Aufbau nach dem Grundsatz des 3-Säulenprinzipes der Nachhaltigkeit; einziges System mit Wirtschaftlichkeitsberechnungen	BREEAM Communities prüft schwerpunktmäßig den Planungsprozess, eine Bewertung der tatsächlich gebauten Qualitäten findet nicht statt.	Schwerpunkt ist die Förderung von kompakter Siedlungsentwicklung vor dem Hintergrund der historischen Problematik der nordamerikanischen Stadtentwicklung (Urban Sprawl). Soziales und Ökologie stehen im Fokus.
Zeitaufwand Zertifizierung	Bearbeitung Vorzertifikat ca. 2 Monate, weitere Phasen sind abhängig von Projektlaufzeit und Größe, zusätzlich je Phase ca. 2 Monate Prüfung durch Zertifizierungsstelle	Bearbeitung projektabhängig, Bespoke-Prozess kann bis zu 6 Monate dauern, Prüfung Audit durch BRE ca. 4–6 Wochen	Bearbeitung projektabhängig, zusätzlich Prüfung 2–8 Wochen

Tab. 1 (fortgesetzt)

Zertifizierungssystem/ Hauptsitz/ Homepage/ Green Building Council	**DGNB Deutsche Gesellschaft für Nachhaltiges Bauen e. V. Stuttgart, Deutschland www.dgnb.de German Sustainable Building Council**	**BREEAM Building Research Establishment Environmental Assessment Method London Watford, Großbritannien www.breeam.org/United Kingdom Green Building Council**	**LEED Leadership in Energy and Environmental Design Washington, USA www.usgbc.org/LEED/ U.S. Green Building Council (USGBC)**
Charakteristika Bauherr / Eigentümer / Auditor	Erfordernisse Bauherr/ Eigentümer: – Bereitstellung aller zur Bewertung und Zertifizierung erforderlicher Unterlagen – Sicherstellung der Zustimmung aller Grundstückseigentümer Erfordernisse Auditor: – Ausbildung zum Quartiersauditor durch die DGNB – Spezialisierung (Upgrade) für Quartiersnutzungsprofile NGQ und International (Hinweis: auch für DGNB Gebäudeauditoren ist die Quartiersauditorenausbildung erforderlich)	Erfordernisse Bauherr/ Eigentümer: – Bereitstellung aller zur Bewertung und Zertifizierung erforderlicher Unterlagen Erfordernisse Auditor: – Qualifikation als BREEAM Communities Licensed Assessor – Unterziehen regelmäßiger Qualitätskontrollen durch BRE Global	Erfordernisse Bauherr/ Eigentümer: – Bereitstellung aller zur Bewertung und Zertifizierung erforderlicher Unterlagen Erfordernisse Auditor: – Eine gesonderte Ausbildung/Qualifikation ist grundsätzlich nicht erforderlich, jedoch gibt es einen Zusatzpunkt für die Qualifikation zum LEED AP Neighborhood Development
Anzahl zertifizierter Quartiere	Abfrage 11/2016: 42 zertifizierte Quartiere (davon 11 International) (31 Stadtquartiere, 5 Gewerbequartiere, 5 Industriestandorte, 1 Event Areal)	Abfrage 03/2014: 6 zertifizierte Quartiere (davon 2 International) (zusätzlich 21 Quartiere mit abgeschlossener Vorprüfung „interim“)	Abfrage 11/2016: LEED ND Plan: 51 zertifizierte Projekte LEED ND Built Project: 110 zertifizierte Projekte

Tab. 1 (fortgesetzt)

Zertifizierungs-system/ Haupt-sitz/ Homepage/ Green Building Council	**DGNB Deutsche Gesellschaft für Nachhaltiges Bauen e. V. Stuttgart, Deutschland www.dgnb.de German Sustainable Building Council**	**BREEAM Building Research Establishment Environmental Assessment Method London Watford, Großbritannien www.breeam.org/United Kingdom Green Building Council**	**LEED Leadership in Energy and Environmental Design Washington, USA www.usgbc.org/LEED/ U.S. Green Building Council (USGBC)**
Wesentliche Projekte	– Potsdamer Platz, Berlin – Europaviertel, Frankfurt – Airport City, Stuttgart – Le Quartier Central, Düsseldorf	– MediaCity/UK – Masthusen (Kv Bilen 7) / Schweden	– The Shipyard/Candlestick Point/San Francisco/USA – Foshan Lignan Tiandi Development/ Foshan/CN – Northwest Gardens/ Fort Lauderdale/USA – Seaport Square/ Boston/USA

III Der Quartierszertifizierungsprozess

10 Der Prozess ist in der Quartierszertifizierung einer der wichtigsten Punkte. Dies liegt einerseits daran, dass Quartiersentwicklungen mit oft mehr als 10 oder 20 Jahren deutlich mehr Zeit in Anspruch nehmen als Gebäudezertifizierungen. Andererseits ist auch der Zertifizierungsprozess selbst entsprechend der Entwicklungsphase umfangreicher und stark systemabhängig (siehe Abb. 3).

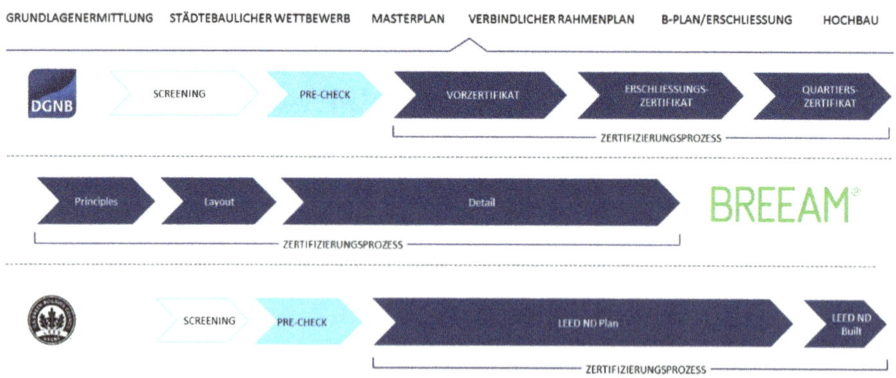

Abbildung 2: Quartierszertifizierungsprozess im Vergleich

Auch wenn die drei wichtigsten Systeme LEED, BREEAM und DGNB auf den ersten Blick denselben dreistufigen Prozess durchlaufen, so ist dies im Detail jedoch keineswegs der Fall. Bei LEED ND v4 ist die erste Phase, das frühere „Vorzertifikat" inzwischen weggefallen. Optional gibt es eine Bestätigung der Projektanmeldung. Der eigentliche Prozess beginnt jedoch mit der Einreichung zum Zertifikat LEED ND „Plan". Hierfür haben ein Rahmenplan und der genehmigte Bebauungsplan vorzuliegen. Die Credits für die Zertifizierungsstufe „Plan" sind im Handbuch ausführlich beschrieben, wobei alle Nachweise entsprechend zu führen und einzureichen sind. Die nächste Stufe namens „Built Project" stellt das abschließende Quartierszertifikat dar und erfordert den ausführlichen Qualitätsnachweis aller Credits der fertiggestellten Gebäude und der Erschließung. Das System DGNB SQ beginnt mit dem „Vorzertifikat". Hierzu hat ein Rahmenplan in der Detailtiefe eines städtebaulichen Entwurfes vorzuliegen. Einzureichen sind Absichtserklärungen zu allen Kriterien. Die Systeme LEED und DGNB besitzen zwar deutliche inhaltliche Unterschiede, sind aber trotzdem in ihren Grundzügen als Label zum Nachweis einer gebauten Quartiersqualität vergleichbar. Ganz anders ist dies beim Quartierszertifikat von BREEAM. In diesem Zertifzierungsprozess wird aktuell sehr tiefgehend der Planungsprozess optimiert, das eigentliche Label als Nachweis einer gebauten Qualität fehlt jedoch. 11

Praxistipp

Im Gegensatz zu den Absichtserklärungen bei der DGNB Gebäudevorzertifizierung werden hier bereits erste Plausibilisierungen gefordert. Beispielsweise sind die Entfernungen zu Infrastruktureinrichtungen bereits im Plan darzustellen und zu berechnen. Das Vorzertifikat besitzt in der Quartierszertifizierung eine hohe Bedeutung und bringt entsprechend auch größeren Aufwand mit sich, den Sie kalkulieren sollten.

IV Wichtige Systeme kurz erläutert

1 DGNB Stadtquartiere

DGNB Stadtquartiere (SQ) ist global anwendbar. Es beruht überwiegend auf europäischen Normen, teilweise auch auf internationalen Normen (ISO), sowie deutschen Stadtplanungsregeln. Das DGNB-Quartierssystem wird auf alle Länder der Welt angepasst und bei entsprechender Nachfrage werden eigene Landessysteme entwickelt und meist von einem örtlichen Green Building Council betreut (dies ist zum Beispiel für das Quartierssystem in Dänemark und Österreich der Fall). Projekte können nur von einem DGNB-Auditor für Stadtquartiere eingereicht und begleitet werden. Eine Prüfung zum DGNB-Gebäudeauditor ist nicht ausreichend. Die Projektgröße und Definition für Stadtquartiere nach DGNB beginnt bei min. 2 Hektar Bauland und kennt nach oben keine Begrenzung. So werden sowohl kleine Projekte mit wenigen Hektar genauso wie Projekte mit mehreren Quadratkilometern, bis hin zu ganzen Städten zertifiziert. 12

13 Der Zertifizierungsprozess erfolgt in 3 Stufen. Zuerst wird in der Masterplanphase das Projekt nach allen Kriterien beurteilt, optimiert und die geplante Zielerreichung festgelegt und mit einem Vorzertifikat verabschiedet. In der 2. Stufe erfolgt das Erschließungszertifikat mit allen Nachweisen zur tatsächlich realisierten oder durch Verträge und Baurecht fixierten Ausführungsqualitäten der Erschließung. Mit Fertigstellung von 90 % des Hochbaus wird das abschließende Zertifikat verliehen. Die vorausgegangenen Stufen haben nur eine begrenzte Gültigkeit von 3–5 Jahren.

14 Das Bewertungssystem gliedert sich in 5 Hauptkriteriengruppen. Diese sind:
- Ökologische Qualität (22,5 %)
- Ökonomische Qualität (22,5 %)
- Soziokulturell und funktionale Qualität (22,5 %)
- Technische Qualität (22,5 %)
- Prozess Qualität (10 %)

15 Die Hauptkriteriengruppen gliedern sich wiederum in 30 Kriterien (siehe Abb. 6), welche alle einzeln mit unterschiedlichen Nachweismethoden berechnet und dokumentiert werden müssen. Das Spektrum der Nachweise beginnt bei einfachen Dokumentationen per Foto oder Protokollen, über grafische Nachweise im Plan (z. B. Markieren aller Infrastruktureinrichtungen in gewissen Radien) bis zu Berechnungen nach ISO-Normen oder entsprechender Simulationen.

16 Je Hauptkriteriengruppe sind innerhalb der Kriterien gewisse Mindestanforderungen vorhanden. Außerdem wird für Stadtquartiere eine Mischnutzung mit einem Mindestwohnanteil von 10 % abgefragt. Werden diese nicht erfüllt, ist eine Zertifizierung nach DGNB SQ nicht möglich.

17 Die Bewertung erfolgt, wie bei der Gebäudezertifizierung nach DGNB, indem die Punkte eines Kriteriums einen Gewichtungsfaktor erhalten und wiederum nach der Gewichtung der Hauptkriteriengruppe dann in den Gesamterfüllungsgrad in Prozent einfließen. Ab 50 % erhält ein Projekt die Auszeichnung „Silber“, ab 65 % erhält man eine Auszeichnung „Gold“, und ab 80 % „Platin“.

Praxistipp

Gerade bei Wohnbauprojekten spielt das Quartier eine herausragende Rolle. Gleichzeitig wird oft von einer Einzelgebäudezertifizierung Abstand genommen, hier kann die Quartierszertifizierung eine effiziente Lösung sein, um Ihr Gesamtprojekt einer Zertifizierung zuzuführen.

---

18 Weitere Infos zu aktuellen Systemversion und Gebührenordnung finden Sie auf der Homepage des Systemanbieters.

Tabelle 2: Kriterienübersicht DGNB Stadtquartiere

Nr.	Kriterium/Indikatoren	Gewichtung	Anteil in %
ENV	Ökologische Qualität		**22,5**
ENV 1.1	Ökobilanz – emissionsbedingte Umweltwirkungen	3	3,4
	Biodiversität		
ENV 1.4	Stadtklima	2	2,3
ENV 1.5	Umweltrisiken	3	3,4
ENV 1.6	Gewässer- und Bodenschutz	1	1,1
ENV 1.7	Ökobilanz – Ressourcenverbrauch	2	2,3
	Wasserkreislaufsysteme		
ENV 2.1	Flächeninanspruchnahme	3	3,4
ENV 2.2		3	3,4
ENV 2.3		3	3,4
ECO	Ökonomische Qualität		**22,5**
ECO 1.1	Lebenszykluskosten	3	6,1
ECO 1.2	Fiskalische Wirkung auf die Kommune	2	4,1
	Resilienz und Wandlungsfähigkeit		
ECO 2.1	Flächeneffizienz	2	4,1
	Wertstabilität		
ECO 2.3		3	6,1
ECO 2.4		1	2,0
SOC	**Soziokulturelle Qualität**		**22,5**
SOC 1.1	Thermischer Komfort im Freiraum	1	1,5
	Freiraum		
SOC 1.6		3	4,5
SOC 1.9	Emissionen/Immissionen	3	4,5
	Barrierefreiheit		
SOC 2.1	Städtebau	2	3,0
SOC 3.1	Soziale und funktionale Mischung	2	3,0
SOC 3.2	Soziale und erwerbswirtschaftliche Infrastruktur	3	4,5
SOC 3.3		2	3,0
TEC	**Technische Qualität**		**22,5**
TEC 2.1	Energieinfrastruktur	2	5,6
TEC 2.2	Wertstoffmanagement	1	2,8
TEC 2.4	Smart Infrastructure	1	2,8
TEC 3.1	Mobilitätsinfrastruktur – Motorisierter Verkehr	2	5,6
	Mobilitätsinfrastruktur – Nichtmotorisierter Verkehr		
TEC 3.2		2	5,6
PRO	**Prozessqualität**		**10**

Tab. 2 (fortgesetzt)

Nr.	Kriterium/Indikatoren	Gewichtung	Anteil in %
PRO 1.2	Integrale Planung	3	2,7
PRO 1.7	Partizipation	2	1,8
PRO 1.8	Projektmanagement	2	1,8
PRO 1.9	Governance	2	1,8
PRO 2.4	Monitoring	2	1,8

2 DGNB Gewerbequartiere und Eventareas

19 DGNB Gewerbequartiere (GQ) und DGNB Eventareas (EA) sind streng genommen zwei eigene Systeme. Sie unterscheiden sich in ihrer Definition und den Zulassungsvoraussetzungen voneinander, sowie auch vom Grundsystem Stadtquartiere (SQ) der DGNB. So ist beispielsweise keine Wohnnutzung für Gewerbequartiere und Eventareas nach DGNB erforderlich. Die Kriterien sind teilweise jedoch 1:1 aus dem Stadtquartierssystem übernommen und werden nur für spezielle Anforderungen an Gewerbe bzw. Eventareas über Beiblätter neu beurteilt. Vor allem das Gewerbequartierssystem ist noch etwas kompakter und bezüglich der Bewertungsbenchmarks tendenziell einfacher zu handhaben als das Stadtquartierssystem. Analog zur Bauordnung sind in diesem System z. B. die Anforderungen an den Lärmschutz und andere Emissionen angepasst. Das Eventsystem geht besonders auf groß dimensionierte Verkehrsflächen für einen reibungslosen Publikumsverkehr ein. Außerdem wird der Komfort der Besucher in den Fokus gestellt, so dass beispielsweise auch die Sitzplätze in einem Fußballstadion beurteilt werden. Durch diese Spezialvarianten des Stadtquartierssystems der DGNB ist es möglich, Quartieren mit besonderer Nutzung in der Nachhaltigkeitsbeurteilung gerecht zu werden. Die Systeme sind ebenso global anwendbar, wie alle DGNB Quartierssysteme. Stadtquartiersauditoren sind auch zum Audit nach den Systemen Gewerbequartiere und Eventareas zugelassen. Alle weiteren Punkte, wie die Hauptkriteriengruppen und Zertifizierungsstufen, sind entsprechend dem DGNB SQ Systems und können im vorausgegangenen Kapitel nachgelesen werden.

Praxistipp
Diese Spezialvarianten ermöglichen eine nutzungsspezifische Beurteilung und bieten große Chancen. Achten Sie aber trotzdem darauf, dass es sich um ein Zertifikat für nachhaltiges Bauen handelt und keine Events selbst zertifiziert werden können.

3 DGNB Industriestandorte

20 DGNB Industriestandorte (IS) ist global anwendbar. Es beruht überwiegend auf europäischen Normen, sowie teilweise auf internationalen Normen (ISO) und deutschen Stadtplanungsregeln. Das Industriestandortsystem ist im Gegensatz zu den System-

varianten Gewerbequartiere und Eventareas eine sehr selbstständige Version zur Nachhaltigkeitszertifizierung. Die Inhalte bauen auf dem Stadtquartierssystem auf, gleichzeitig sind allerdings auch zahlreiche Gebäudebewertungsinhalte vorhanden. Dies ist ein Ausnahmefall in der Quartierszertifizierung, da nur bei Industriestandorten auch wirklich ein einziger verantwortlicher Hochbauentwickler (meist der Werksbetreiber, z. B. ein Automobilkonzern) beteiligt ist. Die Projektgröße und Definition für Industriestandorte nach DGNB beginnt bei 2 Hektar. Jeder Standort ist einzeln zu betrachten, dabei muss jedoch der Werkszaun nicht zwangsläufig die Grenze der Bewertung darstellen. So ist es beispielsweise sogar positiv, wenn Firmennutzungen wie ein Museum außerhalb des Zaunes liegen und mitbewertet werden. Das System ist für alle Branchen der Industrie anwendbar.

Der Zertifizierungsprozess ist an die Gebäudezertifizierung angelehnt und gibt 21
die Möglichkeit eines Vorzertifikates mit vertieften Absichtserklärungen (siehe Kapitel 3: DGNB Stadtquartiere). Darauf folgt das eigentliche Standortzertifikat, welches als Besonderheit zu allen anderen DGNB-Systemen allerdings nicht unbegrenzte Gültigkeit besitzt. Da sich im Industriebereich produktionsbedingt relativ schnell und viel ändert, ist in diesem System eine regelmäßige Re-Zertifizierung des Standortes vorgesehen.

Das Bewertungssystem gliedert sich in 5 Hauptkriteriengruppen. Diese sind: 22

- Ökologische Qualität (22,5 %)
- Ökonomische Qualität (22,5 %)
- Soziokulturell und funktionale Qualität (22,5 %)
- Technische Qualität (22,5 %)
- Prozess Qualität (10 %)

Die Hauptkriteriengruppen gliedern sich wiederum in 36 Kriterien (siehe Abb. 7), 23
welche alle einzeln mit unterschiedlichen Nachweismethoden berechnet und dokumentiert werden müssen. Das Spektrum der Nachweise beginnt bei einfachen Dokumentationen per Foto oder Protokollen, über grafische Nachweise im Plan (z. B. Darstellen aller Pausenflächen im Freien und deren Entfernung zum jeweiligen Ausgang) bis zu Berechnungen nach ISO-Normen, entsprechender Simulationen oder Schadstoffmessungen.

Je Hauptkriteriengruppe sind innerhalb der Kriterien gewisse Mindestanforde- 24
rungen vorhanden. Die Bewertung erfolgt äquivalent zu anderen Bewertungsprozessen bei der DGNB (siehe vorherige DGNB-Kapitel).

Praxistipp
Die Industriestandortzertifizierung ist ein echter Sonderfall innerhalb der zahlreichen DGNB-Varianten. Da sowohl Schwerpunkte im Bereich Landschaftsplanung, Verkehr und Logistik gefragt sind, als auch tiefe Gebäudeexpertise von Facility Management bis hin zu Schadstoffbeurteilungen, ist es dringend empfohlen, ein Auditorenteam bestehend aus einem erfahrenen Quartiersauditor und einem ebenso erfahrenen Gebäudeauditor für diese Projekte zu beauftragen. Ebenso ist für beide Auditoren Erfahrung und ein entsprechendes Grundwissen in der Fabrikplanung dringend empfohlen.

25 Weitere Infos zu aktuellen Systemversion und Gebührenordnung finden Sie auf der Homepage des Systemanbieters

Tabelle 3: Kriterienübersicht DGNB Industriestandorte

Nr.	Kriterium/Indikatoren	Gewichtung	Anteil in %
ENV	Ökologische Qualität		**22,5**
ENV 1.1	Ökobilanz – emissionsbedingte Umweltwirkungen	3	2,7
	Schad- und Risikostoffe		
ENV 1.2	Biodiversität	3	2,7
ENV 1.4	Stadtklimatische Auswirkungen	2	1,8
ENV 1.5	Umweltrisiken	3	2,7
	Gewässer- und Bodenschutz		
ENV 1.6	Ökobilanz – Primärenergie	2	1,8
ENV 1.7	Trinkwasserbedarf und Abwasseraufkommen	2	1,8
	Flächeninanspruchnahme		
ENV 2.1		5	4,5
ENV 2.2		2	1,8
ENV 2.3		3	2,7
ECO	Ökonomische Qualität		**22,5**
ECO 1.1	Lebenszykluskosten	4	9,0
ECO 2.1	Flexibilität und Umnutzungsfähigkeit	3	6,8
	Flächeneffizienz		
ECO 2.3	Wertstabilität	2	4,5
ECO 2.4		1	2,3
SOC	**Soziokulturelle Qualität**		**22,5**
SOC 1.6	Freiraum	3	3,6
SOC 1.7	Sicherheit	2	2,4
SOC 1.8	Arbeitsplatzkomfort	3	3,6
SOC 1.9	Emissionen/Immissionen	2	2,4

Tab. 3 (fortgesetzt)

Nr.	Kriterium/Indikatoren	Gewichtung	Anteil in %
SOC 2.1	Barrierefreiheit	1	1,2
SOC 3.4	Städtebauliche Einbindung Gestalterische Qualität	3	3,6
SOC 3.5	Infrastruktureinrichtung	3	3,6
SOC 4.2		2	2,4
TEC	**Technische Qualität**		**22,5**
TEC 2.1	Energietechnik	5	7,0
TEC 2.2	Kreislauf- und Entsorgungswirtschaft Regenwassermanagement	2	2,8
TEC 2.3	Mobilitätsinfrastruktur Logistik-gesamtkonzept	2	2,8
TEC 3.1		4	5,6
TEC 3.6		3	4,2
PRO	**Prozessqualität**		**10**
PRO 1.2	Integrale Planung (Neubau) Optimierung der Planung (Neubau)	3	1,7
PRO 1.3	Partizipation Planungskonzepte	3	1,7
PRO 1.6	Baustelle, Bauprozess (Neubau)	2	1,1
PRO 1.7	Qualitätssicherung und Monitoring	3	1,7
PRO 2.1	Steuerung (Neubau)	2	1,1
PRO 2.2		3	1,7
PRO 2.4		2	1,1

4 BREEAM Communities

BREEAM Communities ist in Abstimmung mit dem Systemanbieter grundsätzlich 26
global anwendbar, wurde bisher aber nur in Europa verwendet. Es beruht in erster Linie auf britischen Stadtplanungsregeln sowie auf europäischen Normen. Diese werden bei einer Verwendung außerhalb Großbritanniens im Zuge eines sogenannten „bespoke"-Prozesses individuell auf die jeweiligen Projektspezifika angepasst. Die Einreichung sollte in Englisch erfolgen, wahlweise können die Unterlagen auch gegen eine Zusatzgebühr in einer anderen Sprache vorgelegt werden. Die Zertifizierung basiert auf einer Prozessoptimierung in der Planung und erfordert daher zwingend entsprechend geschultes Personal. Die Anmeldung und Begleitung der Zertifizierung kann nur von einem offiziellen ausgebildeten BREEAM Assessor für Communities erfolgen. Die Projektgröße und Definition für Communities nach BREEAM beginnt

bei mehreren Gebäuden und kennt nach oben keine Begrenzung. Die Gebühren von BREEAM sind mit Abstand die günstigsten im Bereich der Quartierszertifizierung.

27 Das Vorgehen bei einer Zertifizierung nach BREEAM wird üblicherweise in drei Stufen durchgeführt, die sich an der prinzipiellen Entwicklung eines Masterplans orientieren. Im ersten Schritt geht es um die Randbedingungen des Projektgebietes in Sachen Nachhaltigkeit und die Frage, wie sich die Entwicklung auf die Umgebung auswirken wird. In Stufe 2 werden dann die standortspezifischen Bedürfnisse und Chancen analysiert. Hierzu gehören beispielsweise auch eine detaillierte Erhebung zu Hochwasserrisiko, Ökologie, Energie, Verkehr, etc. Ziel ist es, die nachhaltigsten Designlösungen für das Quartier zu finden. In der letzten Phase geht es dann um das detaillierte Design der Entwicklung, welches auf den vorausgegangenen Prozessen aufbaut. Der Zertifizierungsprozess wiederum erfolgt nur in 2 Stufen, welche alle innerhalb des Planungsprozesses liegen. Ein „Zwischenzertifikat" ist nach Stufe 1 möglich, wobei hier noch keine Bewertung, sondern lediglich eine Bestätigung der Einhaltung der Mindestanforderungen erfolgt. Das eigentliche Zertifikat mit Rating kann dann in Stufe 2/3 angestrebt werden. Eine Beurteilung der gebauten Qualität mit entsprechenden Nachweisen und Dokumentationen gibt es bei BREEAM nicht. Aktuell wird lediglich der Planungsprozess bewertet.

28 Das Bewertungssystem gliedert sich in 5 bzw. 6 Hauptkriteriengruppen. Diese sind:

- Projektverwaltung/Steuerung (Governance – 4 Kriterien)
- Soziales und wirtschaftliches Wohlbefinden (Social and economic wellbeing – 17 Kriterien)
- Ressourcen und Energie (Resources and energy – 7 Kriterien)
- Landnutzung und Ökologie (Land use and ecology – 6 Kriterien)
- Verkehr und Mobilität (Transport and movement – 6 Kriterien)
- Innovation (Innovation – 1 Kriterium)

29 Die Hauptkriteriengruppen gliedern sich wiederum in 40+1 Kriterien (siehe Abb. 5), welche mit unterschiedlichen Nachweismethoden ermittelt und den unterschiedlichen Zertifizierungsstufen zugeordnet sind.

30 Es gibt insgesamt 27 Mandatory Requirements (Mindestanforderungen) in 12 Kriterien, welche alle erfüllt werden müssen, um für die Zertifizierung zugelassen zu werden.

31 Die Bewertung erfolgt bei BREEAM Communities immer mit Punkten, welche nochmals gewichtet werden und abschließend einen Gesamterfüllungsgrad ergeben. Die Bewertungsstufen sind wie bei der Gebäudezertifizierung nach BREEAM mit bis zu 6 Sternen festgelegt. 6 Sterne oder „Outstanding" erhält man bei 85 %, 5 Sterne ab 70 % und 4 Sterne bzw. „Sehr gut" ab 55 %. Es werden alle Kategorien, auch ein Stern, ab mehr als 30 % vergeben.

Praxistipp
Dieses System ist nicht für den Nachweis eines nachhaltig gebauten Quartiers ausgelegt, sondern zur Prozess-Optimierung. Nutzen Sie das System am besten schon vor Planungsbeginn und holen Sie mit diesem Prozess nach BREEAM alle Stakeholder frühzeitig an Bord Ihres Projektes.

Weitere Infos zu aktuellen Systemversion und Gebührenordnung finden Sie auf der 32
Homepage des Systemanbieters.

Tabelle 4: Kriterienübersicht BREEAM Communities

Nr.	Kriterium/Indikatoren	Punkte	Anteil in %
RE	**Resources and Energy**	**31**	**21,6**
RE 01	Energy strategy	11	4,1
RE 02	Existing buildings and infrastructure	2	2,7
	Water strategy		
RE 03	Sustainable buildings	1	2,7
RE 04	Low impact materials	6	4,1
RE 05	Resource efficiency	6	2,7
RE 06	Transport carbon emissions	4	2,7
RE 07		1	2,7
LE	**Land use and ecology**	**18**	**12,6**
LE 01	Ecology strategy	1	3,1
LE 02	Land use	3	2,1
LE 03	Water pollution	3	1,0
LE 04	Enhancement of ecological value	3	3,1
	Landscape		
LE 05	Rainwater harvesting	5	2,1
LE 06		3	1,0
SE	**Social and economic wellbeing**	**47**	**42,7**
	Local economy	**5**	**14,8**
SE 01	Economic impact	2	8,9
SE 17	Training and skills	3	5,9
	Environmental conditions	**17**	**10,8**
SE 03	Flood risk assessment	2	1,8
SE 04	Noise pollution	3	1,8
SE 08	Microclimate	3	1,8
SE 10	Adapting to climate change	3	2,7
	Flood risk management		
SE 13		3	1,8
SE 16	Light pollution	3	0,9

Tab. 4 (fortgesetzt)

Nr.	Kriterium/Indikatoren	Punkte	Anteil in %
	Social wellbeing	**25**	**17,1**
SE 02	Demographic needs and priorities	1	2,7
	Housing provision		
SE 05	Delivery of services, facilities and amenities	2	2,7
SE 06	Public realm	7	2,7
	Utilities		
SE 07	Green infrastructure	2	2,7
SE 09	Local parking	3	0,9
SE 11	Local vernacular	4	1,8
SE 12	Inclusive design	1	0,9
SE 14		2	0,9
SE 15		3	1,8
TM	**Transport and movement**	**15**	**13,8**
TM 01	Transport assessment	2	3,2
TM 02	Safe and appealing streets	4	3,2
	Cycling network		
TM 03	Access to public transport	1	2,1
TM 04	Cycling facilities	4	2,1
	Public transport facilities		
TM 05		2	1,1
TM 06		2	2,1
GO	**Governance**	**8**	**9,3**
GO 01	Consultation plan	1	2,3
GO 02	Consultation and engagement	2	3,5
	Design review		
GO 03	Community management of facilities	2	2,3
GO 04		3	1,2
Inn	**Innovation**	**7**	**7**

5 LEED Neighborhood Development

33 LEED Neighborhood Development ist global anwendbar, beruht aber auf US-amerikanischen Normen und Stadtplanungsregeln. Die Einreichung hat in Englisch zu erfolgen und die lokalen Normen sind entsprechend auf die geforderten US-Normen (wie z. B. ASHREA) umzurechnen. Jeder kann ein Projekt bei der Zertifizierungsstelle anmelden und auch einreichen. Ein Auditor bzw. LEED AP ist nicht zwingend notwendig. Die Projektgröße und Definition für Neighborhood Development nach LEED beginnt bei mehreren Gebäuden und kennt nach oben keine Begrenzung. So werden sowohl kleine Projekte mit wenigen Hektar genauso wie Projekte mit mehreren Quad-

ratkilometern zertifiziert. Allerdings ist die Aufteilung von Großprojekten in einzelne überschaubare Teilquartiere empfohlen.

Der Zertifizierungsprozess erfolgt in 2 Stufen. Zuerst wird in der Masterplanphase das Projekt nach allen Kriterien beurteilt und ein „Plan"-Zertifikat verliehen. Wenn alle Gebäude fertiggestellt sind, wird das abschließende ND-Zertifikat verliehen. 34

Das Bewertungssystem gliedert sich in 3 bzw. 5 Hauptkriteriengruppen. Diese sind: 35

- Standort (Smart Location & Linkage – 28 Punkte)
- Städtebau (Neighborhood Pattern & Design – 41 Punkte)
- Infrastruktur und Gebäude (Green Infrastructure & Buildings – 31 Punkte)
- Innovation und Gestaltung (Innovation & Design Process – 6 Punkte)
- Regionalpunkte (Regional Priority Credits – 4 Punkte

Die Hauptkriteriengruppen gliedern sich jeweils wiederum in 47 Kriterien (siehe Abb. 4), welche alle einzeln mit unterschiedlichen Nachweismethoden berechnet und dokumentiert werden müssen. Das Spektrum der Nachweise beginnt bei einfachen Dokumentationen per Foto oder Protokollen, über grafische Nachweise im Plan (z. B. Markieren aller Kreuzungen in gewissen Radien) bis zu Berechnungen nach US-Normen oder entsprechender Simulationen. 36

Zusätzlich zu den 47 Bewertungs-Kriterien gibt es 12 verpflichtende Kriterien als Mindestanforderung. Werden diese nicht erfüllt, weil z. B. das Projekt eine Gated Community ist oder in einem Sumpfgebiet liegt bzw. keines der Gebäude innerhalb des Projektes zusätzlich auch eine Gebäudezertifizierung erhält, ist eine Zertifizierung nach LEED ND nicht möglich. 37

Die Bewertung erfolgt entsprechend der Gesamtpunkteanzahl. Ab 40 Punkten erhält ein Projekt die Auszeichnung „Zertifiziert", ab 50 Punkten erhält man eine Auszeichnung „Silber", ab 60 Punkten „Gold" und ab 80 Punkten „Platin". In Summe sind mit den Innovations- und Regionalpunkten 110 Punkte erreichbar. Im Vergleich zu den weiteren Systemen ist bei LEED ND relativ einfach ein ho-hes Auszeichnungsziel, insbesondere das „Gold Label", zu erreichen. 38

Praxistipp
Obwohl ein LEED AP für Neighborhood Development nicht zwingend vorgeschrieben ist, sollten Sie diesen jedoch unbedingt von Beginn an in Ihr Projekt einbinden. Er kann Sie nicht nur hervorragend beraten und Ihr Projekt entsprechend optimieren, sondern Sie erhalten dafür bei der Zertifizierung auch zusätzliche Innovationspunkte!

Weitere Infos zu aktuellen Systemversion und Gebührenordnung finden Sie auf der Homepage des Systemanbieters. 39

Tabelle 5: Kriterienübersicht LEED ND v4

Nr.	Kriterium/Indikatoren	Punkte
SLL	**Smart Location and Linkage**	
	Smart Location	R
	Imperilled Species and Ecological Communities Conservation	R
	Wetland and Water Body Conservation	R
	Agricultural Land Conservation	R
	Floodplain Avoidance	R
	Preferred Locations	R
	Brownfield Remediation	10
	Access to Quality Transit	2
	Bicycle Facilities	7
	Housing and Jobs Proximity	1
	Steep Slope Protection	3
	Site Design for Habitat or Wetland and Water Body Conservation	1
	Restoration of Habitat of Wetlands and Water Bodies	1
	Long-Term Conservation Management of Habitat or Wetlands and	1
	Water Bodies	1
NPD	**Neighborhood Pattern and Design**	
	Walkable Streets	R
	Compact Development	R
	Connected and Open Community	R
	Walkable Streets	12
	Compact Development	6
	Mixed-Use Neighborhoods	4
	Housing Types and Affordability	7
	Reduced Parking Footprint	1
	Connected and Open Community	2
	Transit Facilities	1
	Transportation Demand Management	2
	Access to Civic and Public Space	1
	Access to Recreation Facilities	1
	Visitability and Universal Design	1
	Community Outreach and Involvement	2
	Local Food Production	1
	Tree-Lined and Shaded Streetscapes	2
	Neighborhood Schools	1
GIB	**Green Infrastructure and Buildings**	
	Certified Green Building	R
	Minimum Building Energy Performance	R
	Indoor Water Use Reduction	R
	Construction Activity Pollution Prevention	R
	Certified Green Buildings	5
	Optimize Building Energy Performance	2
	Indoor Water Use Reduction	1

Tab. 5 (fortgesetzt)

Nr.	Kriterium/Indikatoren	Punkte
	Outdoor Water Use Reduction	1
	Building Reuse	1
	Historic Resource Preservation and Adaptive Reuse	1
	Minimized Site Disturbance	1
	Rainwater Management	4
	Heat Island Reduction	1
	Solar Orientation	1
	Renewable Energy Production	3
	District Heating and Cooling	2
	Infrastructure Energy Efficiency	1
	Wastewater Management	2
	Recycled and Reused Infrastructure	1
	Solid Waste Management	1
	Light Pollution Reductio	1
IN	**Innovation**	**1–5**
RP	**Regional Priority**	**1–4**

Kapitel 3
Nachhaltigkeit planen und ausführen

A Green Urban Design – Grüne Städte der Kompakt-Klasse

Nachhaltig möchte heute alles und jeder sein. Strenge, verständliche und universelle Regeln gibt es für Nachhaltigkeit beim Bauen so wenig wie für Dienstleistungen oder Produkte anderer Art. Die Rating-Systeme für nachhaltiges Bauen treten deshalb die Flucht nach vorne an und betrachten immer größere Zusammenhänge und Abläufe. Auf die Welt der Architektur bezogen ist das eine begrüßenswerte Entwicklung: Denn das „richtige" Haus im „falschen" städtebaulichen Kontext bringt die Welt nicht weiter. Wenn ein „ökologisches" Bürohaus, mit allen Tricks und Kniffen des umweltfreundlicheren Bauens ausgestattet, am äußersten Stadtrand gebaut wird und hunderte Nutzer jeden Tag mit ihrem PKW dorthin und zurück fahren müssen, wird durch die Lage des Gebäudes ein größerer Energieverbrauch erzwungen als das Gebäude selbst sparen kann. Die Betrachtung – und das Rating – von größeren Zusammenhängen ist also auch beim Bauen sinnvoll. 1

Allein in den letzten 50 Jahren ist die städtische Bevölkerung weltweit um 50 % gestiegen. Ihre Ressourcennutzung stieg in der gleichen Zeit jedoch um ca. 1000 %. Die UNO-"Habitat"-Organisation erstellt alle zwei Jahre einen Report über „State of World Cities"[1]. Der neueste Report beschreibt, wie die Mega-Städte derzeit zu „Mega-Regionen" heranwachsen, die hunderte von Kilometern lang, sich teils über Landesgrenzen hinweg erstrecken und Heimat von mehr als 100 Millionen Menschen sein können. Diese „endless cities" wurden als wichtigstes Phänomen und Problem der städtisch geprägten menschlichen Zukunft erkannt. Der Hongkong-Shenhzen-Guangzhou-Korridor in China, Heimat von 120 Millionen Menschen, ist Vorreiter von weiteren Mega-Agglomerationen in Japan, Brasilien und Indien. Die Urbanisierung der Welt wird in dem Report als „unaufhaltsam" bezeichnet. Experten gehen davon aus, dass im Jahr 2050 70 % aller Menschen in Städten leben werden. Die physisch und ökonomisch eng verwobenen Megaregionen leisten einerseits ein enormes Wirtschaftswachstum: Die 40 größten Megaregionen schaffen schon heute mit nur 18 % der Weltbevölkerung etwa 66 % der Welt-Wirtschaftsleistung. Der zunehmende „Sprawl" aber gilt auch als Symptom für Ressourcenverschwendung angesichts der langen Wege und dem erhöhten Energie- und Flächenverbrauch. 2

Gefahr ist also im Verzug und der Städtebau der neue Schauplatz nachhaltigen Bauens. Das amerikanische Bewertungs-System für nachhaltiges Bauen, LEED, hat 3

1 siehe: https://unhabitat.org/books/prosperity-of-cities-state-of-the-worlds-cities-20122013
State of the World's Cities 2012-2013: Prosperity of Cities, United Nations Human Settlements Programme (UN-Habitat), 2013

https://doi.org/10.1515/9783110275285-003

den Trend zur Betrachtung großer Zusammenhänge bereits erkannt: Nach LEED für Neubauten folgte LEED für Umbauten und seit 2009 gibt es auch „LEED for Neighborhoods"[2]: Hier wird nicht die Performance einzelner Gebäude betrachtet, sondern die eines ganzen Stadtteils. Der logische nächste Schritt wird die Betrachtung ganzer Städte sein. Eine Schlagzeile wie „Portland schlägt Seattle als „grünste" Stadt der USA – Energieverbrauch pro Kopf sank um 14 %" ist schon in wenigen Jahren denkbar. Welcher Bürgermeister würde sich nicht gerne damit schmücken, dass seine Stadt unter die Top10 der grünsten Städte des Landes aufgestiegen ist? Wie aber lässt sich die Umweltfreundlichkeit von Städten messen? Welche Kriterien sind dafür heranzuziehen? Grundlegende Parameter nachhaltigen Städtebaus sind „hohe Dichte und Mischung/wenig Sprawl" oder ein gut ausgebautes und bezahlbares ÖPNV-Netz. Können sie im Rahmen eines „LEED for Cities"-Systems messbar gemacht werden – in einfachen Maßeinheiten wie Anzahl der Einwohner pro Quadratmeile Stadtfläche oder Anzahl U-Bahnkilometer pro 100.000 Einwohner. Die „Ecological Footprint"[3]-Analyse drückt den Verbrauch an fossilen Brennstoffen (und ihre Rückstände) als Fläche aus, die nötig ist, um die Stadtfunktionen zu gewährleisten. Diese Metapher zeigt sehr schön, dass das Umweltverhalten von Städten weit über ihre Grenzen hinausgeht, sie taugt aber nicht zum Vergleich verschiedener Städte. Kent Portney hingegen hat in „Taking Sustainable Cities Seriously"[4] 24 amerikanische Städte anhand von 34 Kriterien untersucht und das Ergebnis in einer einzigen Kennzahl ausgedrückt, anhand derer sich eine – in Amerika stets beliebte – Hitliste der nachhaltigsten Städte aufstellen ließ. Sie betrachtete speziell „smart growth", den ÖPNV, die Verhinderung und Reduzierung von direkter Umweltverschmutzung und Energiesparmaßnahmen.[5]

4 Auch Herbert Girardets Prinzipien könnten als Grundlage für eine Bewertung nachhaltigen Städtebaus dienen, wie er sie in „Creating Sustainable Cities"[6] definiert hat: Für Girardet ist eine nachhaltige Stadt „so organisiert, dass alle ihre Bürger ihre Bedürfnisse befriedigen können und Wohlfahrt genießen ohne zur Zerstörung der Natur beizutragen oder die Lebensbedingungen anderer Menschen, jetzt oder in der Zukunft, zu gefährden". Faktoren wie Luft- und Wasserqualität, gesunde Ernährung, qualitätsvolles Wohnen und gute Bildung, eine lebhafte Kulturszene, ein gutes Gesundheitssystem und einen florierenden Arbeitsmarkt schließt er ein. Auch öffentliche Sicherheit, Chancengleichheit und Bürgerrechte müssen für Girardets in einer

---

2 siehe: www.usgbc.org

3 siehe: www.wikipedia.org/wiki/oekologischer_fussabdruck

4 Portney, Kent E.: Taking Sustainable Cities Seriously: Economic Development, the Environment, and Quality of Life in American Cities (American and Comparative Environmental Policy), 2003

5 Rees, W.; Wackernagel, M.: Our Ecological Footprint: Reducing Human Impact on the Earth, Gabriola Island, BC: New Society Publishers, 1998

6 Giradet, Herbert: Creating Sustainable Cities, Schumacher Briefings, 1999

nachhaltigen Stadt gewährleistet sein. Diese breite Auffassung von Nachhaltigkeit entzieht sich einer Rating-Matrix.

5 Richard Rogers hat in „Cities for a small Planet“[7] seine Interpretation einer nachhaltigen Stadt sogar noch weiter gefasst und auch Begriffe wie Gerechtigkeit, Schönheit, Kreativität, Kompaktheit und Poly-Zentralität betrachtet. Seine Kriterien zielen auf die Unabhängigkeit von fossilen Energieträgern durch Nutzung von Wind- und Sonnenenergie, Wasser-Recycling, Müllvermeidung, Eindämmung der Umweltverschmutzung durch Emissionen, organische Nahrungsmittelproduktion, dichte U- und S-Bahn-Netze, angenehme Geh- und Radwege, strenge thermische Auflagen für alle Neu- und Umbauten, Einsatz von Recycling-Materialien und die Stärkung der gebauten und naturbelassenen Grünflächen und Ökosysteme. Die Einrichtung einer „Urban Growth Boundary“[8] (UGB) ist ebenfalls ein interessanter Versuch, die Lebensqualität einer Stadt langfristig zu erhalten.

6 Angesichts der Tatsache, dass die Städte der Welt unterschiedliche Topographien, klimatische, kulturelle und wirtschaftliche Bedingungen und Zugang zu Ressourcen haben, ist es schwierig, ein einheitliches Nachhaltigkeits-Rating für alle Städte der Welt zu entwickeln. Schließlich gilt, was Susan Maxman über nachhaltige Architektur gesagt hat, auch für den nachhaltigen Städtebau: „Für Nachhaltigkeit gibt es kein Rezept. Es ist eine Denk- und Herangehensweise – und sollte eigentlich keines Labels bedürfen“[9].

7 In Mitteleuropa ist es weniger augenfällig, aber die Zukunft der Menschheit ist definitiv städtisch und die politische Bedeutung der Stadtentwicklung nimmt entsprechend zu. Städtebau als dreidimensionale Kunstform aufgefasst ist jedoch als Profession in denkbar schlechter Verfassung. Nur Architekten können Stadt räumlich in drei Dimensionen gestalten, sie sind jedoch durch ihre Ausbildung meist ungenügend auf diese Aufgabe vorbereitet. Die mitteleuropäische Tradition des Berufs des Städtebauers ist weitgehend abgerissen. Niemand erhebt heute noch einen Gestaltungsanspruch auf Stadt auf allen Maßstabsebenen. ingenhoven architects haben bei ihren Konzepten für das Neubauviertel Marina Bay in der Innenstadt von Singapur einmal exemplarisch gezeigt, wie dies konkret aussehen kann. Das Projekt „Marina One“[10] in Singapur bringt das Stadt-Motto „City in a Garden“[11] auf ein neues Niveau. Ein einmaliges gärtnerisches Ökosystem soll Marina One zum Landmark im Herzen von Singapurs neuem Geschäftsviertel machen. Vier Türme, die ein „GreenMark Platinum“-Rating verdienen. Die Bauherren, die Khazanah Nasional-Gruppe aus

7 Rogers, Richard; Gumuchdjian, Philip: Citeis for a Small Planet, Faber & Faber, 1997

8 siehe: www.wikipedia.org/wiki/urban_growth_boundary

9 Maxman, Susan in: Guy, Simon / Faermer, Graham: Reinterpreting Sustainable Architecture: The Place of Technology, 2001

10 siehe: Feireiss, Kristin; Commerell, Hans-Jürgen: Green Heart Marina One Singapore – Architecture for Tropical Cities, Aedes, 2017

11 siehe: https://www.ura.gov.sg/uol/media-room/news/2006/mar/pr06-10.aspx

Malaysien und Temasek/M+S Pte Ltd aus Singapur gehören, errichten im Marina Bay district ein gemischt genutzes Büro- und Wohnhaus mit Einzelhandelsflächen – ein grüner Garten im Zentrum wird zum Anziehungspunkt. Das ‚grüne Herz' wird einer der größten öffentlichen Plätze im neuen Stadtteil. Als selbstversorgende Community mit einer starken Identität für Mitarbeiter, Bewohner und Besucher. Die architektonische Inspiration rührt von den Reisanbauterrassen in Ostasien her. Die grünen Kaskaden mit Wasserfällen und Gärten in verschiedenen Höhen und mit ganz verschiedenen Bepflanzungen erstrecken sich über viele Ebenen, verbindet die Plaza auch mit den Fassaden – und schaffen einen spannungsvollen Kontrast zur großstädtischen Straßenfassaden. Die Anlage dient als „grüne Oase" im neuen Geschäfts- und Bankenviertel, das Büro-, Wohn-, Hotel- und Unterhaltungsnutzungen mischt, um zu jeder Stunde jeden Tages voller Leben zu sein. Die beiden benachbarten Grünanlagen, der „Central Linear Park" und der „Marina Station Square", schaffen eine grüne Durchwegung. Die Gebäudevolumen sind auch im Hinblick auf spannungsreiche Blickkorridore hin konzipiert und nach Umweltgesichtspunkten wie Sonnenverlauf und Frischluftschneisen orientiert, um mit passiven Mitteln ein angenehmes Mikroklima zu fördern. Die Fertigstellung 2017 wird Marina One in den beiden Wohntürmen 1.042 luxuriöse Wohnungen und in den Wohntürmen hochwertige Büroflächen über einem Einzelhandelspodium bieten. Der Entwurf wurde bei einem internationalen Wettbewerb 2011 ausgewählt.

8 Robuste städtebauliche Vorgaben sind nötig, denn städtebauliche Pläne überleben einzelne Gebäude. Wenn wir zu dichten, polyzentrischen und gemischt genutzten Städten zurückkehren möchten, müssen wir auf das Automobil für alltägliche Fahrten weitgehend verzichten. Das geht nur mit attraktiven Alternativen. Um eine Renaissance der Innenstädte als Wohnort zu erreichen, wäre ein radikal „grüner", an Nachhaltigkeitskriterien ausgerichteter Städtebau nötig. Beim Umbau der Agglomerationen zu energieeffizienten, revitalisierten Innen- und Vorstädten könnte zugleich der Weg von der Fragmentierung zur „neuen Kompaktheit" führen und der Verbrauch der Städte an Energie, Wasser und Materialien drastisch reduziert werden. Durch die Nutzung von erneuerbaren Energien, „Transit-Oriented Developments"[12], eine ausgeprägtere Sensibilität gegenüber Klima, Orientierung und Lage und die Verwendung von örtlichen Materialien, könnte die energie-autarke Stadt Wirklichkeit werden.

9 Dezentrale Versorgungssysteme wie Photovoltaik (PV), Solarthermie, Windenergie, Biomasse, Geothermie, CHP („Combined Heat and Power") und Solare Kühlung – über „Smart Grids" vernetzt – könnten dazu beitragen, „zero-waste cities" mit geschlossenem Materialfluss-Kreislauf zu bauen. Auf der architektonischen Ebene setzt die „carbon-neutral city" in Europa auf „passive" Bauweisen, funktionsneutrale Gebäude mit kinetischen Fassaden und eine Erhöhung der Dichte der bestehenden Stadt mit gemischt-genutzten Baulückenschließungen.

12 siehe: www.wikipedia.org/wiki/transit-oriented_development

Während derzeit die großen Metropolen der Welt in nie dagewesenem Tempo 10
wachsen, stagnieren oder schrumpfen die europäischen Metropolen zumeist. Dennoch werden auch sie massiv umstrukturiert: Die De-industrialisierung, die Alterung der Gesellschaft, kombiniert mit massiver Immigration und die Energiewende erfordern einen tiefgreifenden Stadt-Umbau:

In den Industrienationen führt der Weg zur „post-fossilen Stadt" oder „Post-Oil- 11
City" ohne Autoverkehr und Klimaanlagen über den Stadt-Umbau. Ein gutes Beispiel dafür ist der „De-Carbonization Plan"[13] für Chicago, den das Architekturbüro Smith+Gill 2010 vorgestellt hat. Er sieht vor, deutlich über den bloßen Ersatz fossiler durch erneuerbare Energieträger hinauszugehen. Sein Ziel ist die CO_2-Neutralität der ganzen Stadt durch die Überwindung des zentral(istisch)en Energienetzes zu Gunsten eines dezentralen, „demokratischeren Smart Grids", das Energie nicht nur in alle Richtungen leiten, sondern auch „als intelligente Batterie" speichern kann. Sollte sich E-Mobilität flächendeckend durchsetzen, könnten Gebäude und Fahrzeuge einander gegenseitig Energie zuführen. In diesem Modell könnte alle „Energie dort erzeugt werden, wo sie verbraucht wird" – in der Stadt selbst.

Das städtische Leben in der „Post-carbon-Ära" mitzugestalten ist eine aufregende
Aufgabe für Architekten. Die städtebaulichen Auswirkungen der Energiewende 12
werden gerade erst spürbar. Städte dahin zu bringen, einen CO_2-freien Energiemix aus Sonne, Wasser und Wind gewonnener Energie beziehen können, ist die Aufgabe mindestens einer ganzen Generation.

---

13 Smith, Adrian; Gill, Gordon: Chicago Central Area DeCarbonization Plan, 2010 siehe: www.smithgill.com/work/chicago_decarb

B Geschichte der Quartiersplanung

1 Aktuell dient die Quartiersplanung in Deutschland in der Regel lediglich als grobe Weichenstellung für die spätere Einzelprojektplanung des Hochbaus. Das kommt aus einer Zeit in der man zu Gunsten der maximalen Selbstbestimmung für das einzelne Gebäude im Quartier nur die notwendigsten Vorgaben zum Schutz der Allgemeinheit formulierte. Man spricht daher auch offiziell von der „**Bauleitplanung**", welche sich rechtlich verbindlich in die **Flächennutzungspläne** (FNP – nur bindend für die Verwaltung) und **Bebauungspläne** (B-Plan – Baurecht) aufteilt. Folglich kann dies in keiner Weise mit der sonst bekannten Planung, von der Grundlagenermittlung über alle 9 Leistungsphasen der HOAI (Honorarordnung für Architekten und Ingenieure) hinweg bis in den Betrieb hinein, wie man es aus dem Hochbau kennt, verglichen werden. Selbst die eigentliche Baugenehmigung ist Teil der Einzelobjektplanung und mit der Quartiersplanung leider noch nicht abgedeckt. Die Ausführungsplanung, Ausschreibung und Bauausführung, sowie der Betrieb sind schließlich den Einzelgebäuden bzw. den Infrastrukturbetreibern, wie Stadtwerken oder Telekommunikationsunternehmen, überlassen. Es fehlt folglich ein klares Leistungsbild „Quartiersplanung". Streng genommen ist es also noch gar keine Planung, sondern eine grafische Darstellung von Spielregeln für die Gebäudeplanung im Quartier.

2 Erschwerend hinzu kommt, dass die einzelnen Leistungsbausteine der Quartiersplanung überwiegend von unterschiedlichsten Beteiligten erbracht werden. So wird die eigentliche Grundlagenermittlung für eine Quartiersplanung in der Raumplanung erbracht. Je nach Bundesland erfolgt dies meist verwaltungsintern in Abstimmung zwischen Kommune, Region und Bundesland und wird beispielsweise in Regionalplänen und Stadtentwicklungskonzepten festgehalten. Die Entwurfsphase erfolgt meist durch Stadtplanungsbüros über **städtebauliche Wettbewerbe** und vertiefte Master- bzw. Rahmenpläne des Siegerentwurfes. Die Umsetzung in einen Baurechtsplan wird anschließend meist wiederum durch einen Dritten, auf Baurecht spezialisierten Stadtplaner oder die Kommune selbst umgesetzt. Durchaus üblich ist zwischenzeitlich auch, das Thema B-Plan über einen **städtebaulichen Vertrag** in die Hände des Investors zu geben. Alle weiteren Leistungsphasen der Quartiersplanung sind noch deutlich komplexer und weniger geregelt. Die Erschließungsplanung erfolgt meist völlig autark über Stadtwerke und weitere Infrastrukturbetreiber oder einen Erschließungsträger. Ein Hochbauprojekt, bei welchem in jeder der ersten drei Leistungsphasen bereits sowohl die Bauherrnkonstellation, als auch die Planer gewechselt werden, würde nicht funktionieren. Und selbstverständlich funktioniert es auch in der Quartiersplanung nicht. Der in Deutschland etablierte Quartiersentwicklungsprozess ist eben nur ein Bauleitplanungsprozess und keine wirkliche „Quartiersplanung". Nachhaltigkeit ist zwischenzeitlich auch in das Bauplanungsrecht aufgenommen worden und ein wichtiger zu berücksichtigender Punkt in der Baulandausweisung. Was diese geforderte Nachhaltigkeit in der Baulandausweisung und Quartiersplanung konkret sein sollte, bleibt jedoch undefiniert.

Bis zum **Fluchtliniengesetz** von 1875 gab es quasi keinen rechtlich geregelten bzw. organisierten Städtebau. Nach dem preußischen Allgemeinen Landrecht (prALR) stand es jedem Grundstückseigentümer weitgehend frei, wie und ob er sein Eigentum bebaut. Eingeschränkt wurde dies nur aus polizeirechtlichen Gründen der Sicherheit, wie dem Brandschutz. Mit dem Fluchtliniengesetz konnten die Gemeinden nun vor allem die mit der Industrialisierung zunehmenden notwendigen Flächen für die Verkehrserschließung sichern, Anliegerbeiträge erheben und selbst Enteignungen vornehmen. So wurde eine zeitgemäße Infrastruktur gesichert und das Wachsen unserer Städte im Rahmen der Industrialisierung ermöglicht. Dies war der erste Schritt zu einer echten Quartiersplanung, wenn auch noch auf einzelne Infrastrukturelemente beschränkt. Erst 1918 wurde mit dem Preußischen Wohnungsbaurecht das rein auf eine funktionale Infrastruktur ausgerichtete Fluchtliniengesetz um städtebauliche und Gestaltungsaspekte ergänzt. In der Weimarer Republik und dem 3. Reich wurde schließlich der Grundstein für das Bauplanungsrecht mit Siedlungstypen und Nutzungstrennung gelegt, wie wir es heute kennen. Kriegsbedingt folgte die Umsetzung jedoch erst 1960 mit dem **Baugesetzbuch** und schließlich 1965 mit dem ersten **Raumordnungsgesetz** (ROG). 3

Diese Planungsgrundsätze der Funktionstrennung sind heute in Fachkreisen sehr umstritten. Es ist fraglich, ob das aktuelle Bauplanungsrecht wirklich förderlich für eine nachhaltige Quartiersentwicklung ist. Auch wenn zwischenzeitlich eine Umweltverträglichkeitsprüfung und Ausgleichflächenregelung ergänzt wurden, basiert das Baurecht im Grundsatz doch auf einem Städtebau, wie man dies hier zu Lande in den aktuellen sozialen Brennpunktquartieren, den Siedlungsbauten der 60er und 70er Jahre, sieht. Dies wurde auch von der Bundesregierung erkannt und entsprechend eine erneute Änderung der Baugesetzgebung angestoßen. Ob der neue Nutzungstyp **urbanes Gebiet** mit einer stärkeren Nutzungsmischung bei gleichzeitig aber weniger strengen Immissionsvorschriften wirklich eine Hilfe bei der nachhaltigen Quartiersplanung wird, bleibt abzuwarten (vgl. ARL 2012). Wir sollten uns ernsthaft die Frage stellen, ob wir die Nutzungstypen aus der Bauleitplanung überhaupt weiterentwickeln müssen. Wäre es in einer globalisierten Welt nicht an der Zeit Quartiere wirklich zu planen? Niemand kann heute mehr sein einzelnes Gebäude selbstbestimmt und so bauen wie er will! Die Bauleitplanung und alle Gesetze darum, wie das Baurecht, haben sich zwischenzeitlich intensiv weiterentwickelt. Die Baurechtsschaffung kann sich heute daher oft über einige Jahre ziehen. Und trotzdem sind die Ergebnisse für die Bürger meist nicht besser. Die eigentliche Verpflichtung der Daseinsvorsorge können viele Kommunen nicht mehr sicherstellen, weil Bäcker, Apotheke und Arzt im Quartier nicht per Festsetzung im B-Plan Realität werden. Hinzu kommen neue Themen wie das diskutierte Recht auf Zugang zum Internet. Jedoch fehlt hier wiederum jegliche Planung hin zur Smart City. Einzelne Förderanreize zum Breitbandausbau werden nicht reichen. Umgekehrt werden die Grundstücksbesitzer über Anschlusszwänge zwischenzeitlich oft an Infrastrukturen gezwungen, obwohl sie evtl. eine bessere dezentrale Lösung hätten. Ohne nun weiter in die Tiefen der Infrastrukturplanung 4 einsteigen zu wollen ist es doch klar erkennbar, dass wir dringend eine echte Quartiersplanung brauchen. Wir brauchen auf unsere Nachhaltigkeitsziele ausgerichtete Quartiersplanungen, die Lösungen – egal ob zentral oder dezentral – aufzeigen und nicht weitere Regeln, welche die Gebäudeplanung weiter verkomplizieren.

5 Positiv hervorzuheben ist, dass es seit dem preußischen Wohnungsbaugesetz 1918 eine stetige Weiterentwicklung der städtebaulichen und gestalterischen Aspekte gab. Städtebauliche Wettbewerbe sind heute in der Quartiersplanung Standard. Es gibt zahlreiche Varianten von Wettbewerben bis hin zu Werkstattprozessen mit einer frühzeitigen Bürgerbeteiligung. In der Infrastrukturplanung hat sich allerdings seit dem Fluchtliniengesetz von 1875 kaum etwas gravierend geändert. Auch wenn es heute schon lange nicht mehr darum geht, die Eisenbahn in unsere Städte zu bringen, sondern Highspeed-Internet und Smart Grids, gibt es darauf weder eine adäquate rechtliche noch planerische Antwort. Jedoch haben auch die gestalterischen Planungsansätze meist keine bindende Wirkung. Folglich gibt es aktuell keine offiziell geregelte Quartiersplanung, sondern nur Leitlinien für eine geregelte Einzelbebauung mit möglichst geringen Konflikten zur Nachbarschaft.

6 Stellt sich die Frage, wieso heute alle über die Zukunft der Stadt sprechen, wir aber eigentlich diese gar nicht planen? Der Grund ist relativ einfach. Niemand will eine ganze Stadt bauen! Vielleicht ein Haus, eine Fabrik oder sogar mehrere Häuser in einer Stadt. Aber eben nicht ein ganzes Quartier oder eine ganze Stadt für sich. Das wäre, wie wenn jemand zum Architekt geht und sagt er will ein Wohnzimmer in einem schönen Haus bauen, aber eben nur das Wohnzimmer! Lassen Sie uns also von der Denkweise wegkommen, wie ich allein mein Haus planen kann ohne meinem Nachbarn mehr als nötig zu stören. Lassen Sie uns intelligente Quartiere bauen, welche mit Win-Win Effekten Mehrwert für uns und unsere Nachbarn als ein Ganzes haben!

Quartiersplanung auf dem Weg zur Smart City

7 Wir leben in einer globalisierten Welt. Weder ein Gebäude noch unsere Städte sind autark. Und so verbrauchen die 2 % Stadt drei Viertel aller Ressourcen unseres Planeten, stoßen gigantische Wolken von Treibhausgasen aus und produzieren Milliarden Tonnen Müll. Seit 2007 leben mehr Menschen in Städten als auf dem Land. Während die Weltbevölkerung bis 2050 auf über 9 Milliarden Menschen steigen soll, wird die Landbevölkerung auf etwas unter 3 Milliarden sinken. Genauer betrachtet befinden sich Deutschland, Europa und auch Amerika schon heute an diesem Punkt, welchen die restliche Welt erst in vielen Jahrzenten erreichen wird.[14] Es wäre aber falsch, nach diesem offensichtlichen Fokus auf die Stadt, das Land in seiner wichtigen Funktion zu vernachlässigen. London etwa benötigt 125-mal die Fläche des Stadtgebietes, um

14 vgl. UN World Urbanization Prospects 2011.

die Daseinsvorsorge für ihre Einwohner zu decken. Daraus lässt sich ableiten, dass die Anforderungen an das Land, die Transportwege und Logistik mit dem Wachstum unserer Städte zunehmen werden. Dass so viele verschiedene Branchen, Produktionsprozesse und Lebensbereiche miteinander in Verbindung stehen und vernetzt sind, ist auch bei der Quartiersplanung zu berücksichtigen. Die Planung von Stadtquartieren und deren Infrastruktur und Versorgung wird daher die Herausforderung des Jahrhunderts sein. Dabei reicht es nicht, auf die Probleme aufmerksam zu machen. Mit einer Nutzungsdauer von oft weit über 100 Jahren werden Quartiersentwicklungen den künftigen Energie- und Wasserbedarf sowie die globale Klimaerwärmung maßgeblich beeinflussen. Neben gesetzlichen Vorgaben sorgen bessere Wirtschaftlichkeit, Vermarktbarkeit und öffentliche Akzeptanz von „grünen“ Immobilien aktuell dafür, dass nachhaltige Entwicklungs- und Gebäudeplanungen sich von der Kür zur Pflicht entwickeln.

Der grüne Trend kann behilflich sein, unsere Städte von Morgen in einer zukunftsweisenden und beständigen Planungskultur weiter zu entwickeln. Als **Green City Development** wird so die gesamtheitliche Betrachtung der städtebaulichen Entwicklung, der Infrastrukturen und öffentlichen Räume sowie der sozialen und nutzungsbezogenen Durchmischung verstanden. Im Ergebnis können die Eigenschaften des Quartiers die Qualität der Hochbauten um bis zu 20 % erhöhen und bis zu 15 % Kosten einsparen. So können beispielsweise Nahwärmenetze den teuren Heizraum eines Gebäudes überflüssig machen. Die Frage bleibt, was alles noch ist wirklich notwendig um Nachhaltig zu Planen – was ist das Ganze? 8

Ausreichend beantwortet wird diese Frage weder durch die allgemeinen wissenschaftlichen Definitionen von Nachhaltigkeit, wie das Gibbsche Dreieck aus Ökologie, Ökonomie und Sozialem, noch durch die entwickelten Nachhaltigkeitszertifikate für Quartiere von CASBEE, LEED, BREEAM oder DGNB. Die Zertifizierungssysteme sollten für eine nachhaltige Quartiersplanung grundlegender Standard sein, sie ersetzen jedoch nicht fehlende Leistungsdefinitionen in der HOAI oder Planer Disziplinen für eine **Smart City**. Auch bewährte Methoden eines vorbildlichen Planers oder einer Kommune sind nicht zeitlos gültig. Wie die Studie der UN zur Bevölkerungsentwicklung zeigt, ändert sich unsere Welt stetig und teilweise drastisch. Die Verstädterung ist in Deutschland weitgehend abgeschlossen, andere Herausforderungen, wie die alternde Gesellschaft oder der Wandel zum Einwanderungsland, fordern aber auch hierzulande noch Lösungen. Ein weiteres großes Thema ist selbstverständlich der Klimawandel. Laut einer Studie der Münchner Rück Versicherung aus dem Jahr 2011 haben sich die wetterbedingten Naturkatastrophen in den letzten 30 Jahren verdoppelt. Energie- und CO_2-Sparen wird folglich nicht mehr ausreichen. Der Planer von heute muss sich zunehmend mit Maßnahmen zur Klimaanpassung auseinandersetzen. 9

Den Megatrend Smart City wird auf Ebene der Stadtplanung bisher nicht aufgenommen. Es fehlen unabhängige Fachplaner für Smart Grids und neue **Integrated Urban Solutions**. Infrastruktur kann weder rein der Industrie, noch alleine lokalen 10

Stadtwerken überlassen werden. Große Quartiersentwicklungen aus einer einzigen Entwicklerhand zeigen, dass ganzheitliche Lösungen möglich sind. Dabei ist die Gebäudeplanung vom Städtebau und der Infrastruktur nicht mehr trennbar. Es wird die beste Lösung gesucht und gefunden, egal ob zentral oder dezentral. Dazu ist jedoch ein unabhängiger Planer notwendig, welcher sowohl Kompetenz im Stadtplanungs- und Infrastrukturbereich besitzt, als auch auf Ebene des Einzelgebäudes. Überlassen sie die Infrastrukturplanung den Stadtwerken, so wird mit großer Wahrscheinlichkeit eine zentrale Versorgungsinfrastruktur das Ergebnis sein. Beauftragt man einen reinen Gebäudetechniker, wird er für jedes Einzelobjekt im Quartier eine technische Gebäudelösung finden. Ob das Ergebnis auch die wirtschaftlichste Lösung ist, bleibt offen. Ebenso werden auf diese Weise keine Synergien auf Quartiersebene gehoben.

Praxistipp
Bei jeder Quartiersentwicklung sollte durch ein unabhängiges Planungsteam frühzeitig ein Systemplanungskonzept für die Infrastruktur erstellt werden. Diese Investition in eine fundierte Planung stellt die Weichen für Ihr Projekt und erspart Ihnen später enorme Investition und Folgekosten. Nutzen Sie dabei zum Datenmanagement und zur besseren Visualisierung zeitgemäße Tools wie City-BIM und Virtual Reality.

---

11 Der Stadtplaner bzw. das Architektenteam sollte sich bei einer erfolgreichen Quartiersplanung nicht nur auf die bekannten Leistungen nach HOAI berufen, sondern die Gesamtkoordination der Quartiersplanung übernehmen. Zu einer ganzheitlichen Quartiersplanung zählt auch die Planung der Infrastruktur, bis hin zum Smart Grid für das Smart Home als integraler Bestandteil der Quartiersplanung. Dabei ist im Sinne einer nachhaltigen Quartiersplanung eine Smart City der moderne Weg, über die Möglichkeiten der Digitalisierung die Herausforderungen der nachhaltigen Stadtplanung über Synergieeffekte effizienter zu meistern. Es geht nicht um die Digitalisierung um der Technik Willen, sondern um die Planung eines wirklich smarten Quartiers mit einem hohen Level of Smartness (siehe Abb. 1).

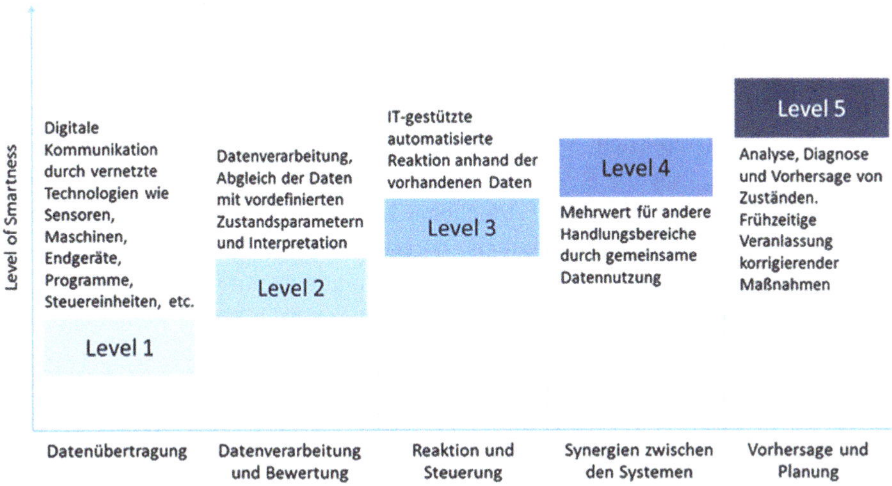

Abbildung 1: Level of Smartness (Mark Otto)

Abschreckend für die Auftraggeber sind meist auch die Komplexität und der enorme Umfang von Quartiersplanungen. Diese Komplexität kann man leider nicht leugnen und darf man entsprechend in der Planung auch nicht weiter ignorieren. Es gibt jedoch zahlreiche neue Planungsinstrumente, welche auf dem Weg zur Smart City hilfreich sein können. 12

Geoinformationssysteme (GIS) sind heute in den meisten Kommunen zur Erfassung von Grundstücken und Infrastrukturen vorhanden. Ebenso ist heute bereits die komplette Bundesrepublik als 3D-Modell in GIS-Datenbanken der Landesvermessungsämter vorhanden. Außerdem gibt es zahlreiche weitere georeferenzierte Daten aus der freien Wirtschaft. So werden Fußgängerströme und Autofahrten per GPS erfasst, um nur ein Beispiel zu nennen. Diese moderne Datenbank kann auch zur einfachen Grundlagenermittlung in der Quartiersplanung nützlich sein. Klimaschutzkonzepte für Kommunen werden beispielsweise meist über komplizierte Excel Tabellen kombiniert mit aufwändigen vor Ort Begehungen mit trotzdem nur sehr groben Ergebnissen erstellt. Der Landkreis Ludwigsburg hat gezeigt, dass dies jedoch auch einfach mit 3D-GIS Daten möglich ist. So wurde das erste Klimaschutzkonzept für einen Landkreis in Deutschland per 3D-GIS erstellt. Nur mit dieser Methode konnte die Massendatenverarbeitung für einen Landkreis mit 39 Kommunen und über 500.000 Einwohnern zu einem überschaubaren Budget erstellt werden. Gleichzeitig sind die gebäudescharfen Ergebnisse und die plakative 3D-Darstellung ein echter Mehrwert für solche Projekte. Für die Quartiersplanung werden GIS-Datenbanken vor allem in der Grundlagenermittlung und Potenzialerhebung das effektive Werkzeug sein. 13

GIS ist somit quasi das, was **Building Information Modelling (BIM)** für die Gebäudeplanung ist. Hier werden Daten mit Geometrien verschmolzen. Dabei hat GIS den großen Vorteil, dass man quasi beliebige Auswertungen erstellen kann und 14 immer einen genauen Ortsbezug hat. Leider gibt es aber auch einen großen Nachteil. GIS ist eigentlich kein Konstruktionswerkzeug und daher für die Planung kaum geeignet. Das CAD-System des Stadtplaners wird es vermutlich nicht ersetzen. Die Systeme ergänzen sich jedoch gut, sofern die Schnittstellen frühzeitig abgestimmt werden. Das Problem besteht somit weniger im Städtebau, als vielmehr in der Infrastrukturplanung. Auch hier gibt es zwischenzeitliche BIM-fähige 3D-Software, welche Kollisionsprüfungen unterschiedlicher Medien auf Knopfdruck ermöglicht. Die Planungsrealität sind hier aber meist noch 2D-Pläne auf Basis von pauschalen Anschlusskennwerten. Selbst eine Leitungskoordination ist nur bei größeren Projekten ausreichend vorhanden, was man leider auch sieht, wenn irgendwo in der Stadt die Straße aufgerissen wird.

15 Das dritte Tool im **Smart-City** Planungsbaukasten sind moderne Simulationen. Die einfachen Verschattungsstudien, welche inzwischen fast jedes CAD-Programm kann, sind nichtmehr ausreichend. Um Aufenthaltsqualität im Stadtquartier planbar zu machen, sind komplexe Freiraumsimulationen nötig, welche die gefühlte Temperatur abbilden. Hier werden über die Verschattung hinaus die Windgeschwindigkeit und Luftfeuchtigkeit abgebildet. Ebenso gibt es moderne Tools zur Ermittlung des Stadtklimaindex oder zur Simulation von Starkregenereignissen. Wenn man das Thema Nachhaltigkeit ernst nimmt, muss man hier wie bei der Gebäudeplanung eben auch entsprechende Simulationen fahren, um zielgerichtete Antworten für die Planung zu bekommen.

16 Zusammenfassend gibt es zahlreiche Möglichkeiten Ergebnisse für alle Planungsbeteiligten darzustellen. Wie das Beispiel Ludwigsburg zeigt, kann hier ein digitales Instrument auch erfolgreich zur Partizipation genutzt werden. Im Projekt Maidar EcoCity+, der neu geplanten Hauptstadt der Mongolei, haben die deutschen Nachhaltigkeitsberater ein **CityBIM** Modell entwickelt. Es vereint die moderne Welt von **Virtuell Reality (VR)** mit den zahlreichen Daten und Informationen aus CAD und GIS Systemen. Auf diese Weise wird ein Stadtquartier der Zukunft bereits virtuell begreifbar und Emotionen für ein Nachhaltiges Projekt werden mit Zahlen und Fakten verbunden. Am Ende werden diese neuen Instrumente, vor welchen wir meist aus Unwissenheit noch großen Respekt besitzen, so selbstverständlich wie ein Taschenrechner sein und uns spielerisch Möglichkeiten für eine nächste Generation von smart geplanten nachhaltigen Quartieren geben.

C Design und Ausführung – nachhaltige Gebäudelösungen

I Von der integralen zur lebenszyklusbasierten Planung

Der Markt ist reif für nachhaltige Gebäude! Bauherren, Investoren und Nutzer fördern und fordern aus unterschiedlichsten Motiven nachhaltige Immobilien. Bauherren, um langfristig qualitativ hochwertige aber trotzdem wirtschaftliche Gebäude zu haben. Investoren, da nachhaltige Gebäude gesichertere Transaktionen bieten. Nutzer, da sie mit nachhaltigen Gebäuden weniger Energie- und Betriebskosten zahlen und einen höheren und gesünderen Innraumkomfort erwarten können. 1

Um nachhaltige Gebäude jedoch überhaupt wirtschaftlich planen und bauen zu können, sind auch heute noch über das übliche Maß hinausgehende Anstrengungen erforderlich. Für die Meisten ist klar, dass mit der klassischen sequentiellen Planung, bei der sämtliche Planungsbeteiligte in ihren festen Aufgabenbereichen verharren, keine Synergien und keine innovativen, gewerkeübergreifenden Lösungen für wirtschaftliche, nachhaltige Gebäude entwickelt werden können. Die Wenigsten wissen jedoch, dass auch mit der seit Jahren gepredigten und trotzdem noch nicht überall umgesetzten **integralen Planung** ebenfalls noch nicht alle Möglichkeiten für die Entwicklung von nachhaltigen Immobilien ausgeschöpft werden. Sowohl die sequentielle als auch die integrale Planung beziehen den gesamten **Lebenszyklus** nicht in ausreichendem Maße mit ein. Zu selten sind Planer in der Vergangenheit mit dem Betriebsführungs- und Facility Management-Know-how von Gebäuden und Anlagen konfrontiert gewesen. Üblicherweise haben sich Architekt und Fachplaner nach der erfolgreichen Abnahme eines Gebäudes verabschiedet und sind höchstens noch bei eventuell später aufgedeckten Baumängeln zum Projekt hinzugekommen. Somit ist auch relativ wenig Betriebswissen in die Planung von Gebäuden und im Umkehrschluss auch relativ wenig Konzeptwissen von der Planung in den Betrieb von Gebäuden geflossen. Noch viel weniger ist ein Wissen vorhanden, das eine umweltverträgliche Rückbaubarkeit und **Kreislauffähigkeit** von Materialien gewährleistet. 2

Mit einer Nutzungsdauer von 40 bis 80 Jahren für Neubauten und Sanierungen ist der Lebenszyklus eines Gebäudes eine der maßgeblichen Einflussgrößen. Daher ist nach der integralen Planung als weiterer Evolutionsschritt eine auf den Lebenszyklus ausgerichtete Planung anzuwenden, siehe Abbildung 1. 3

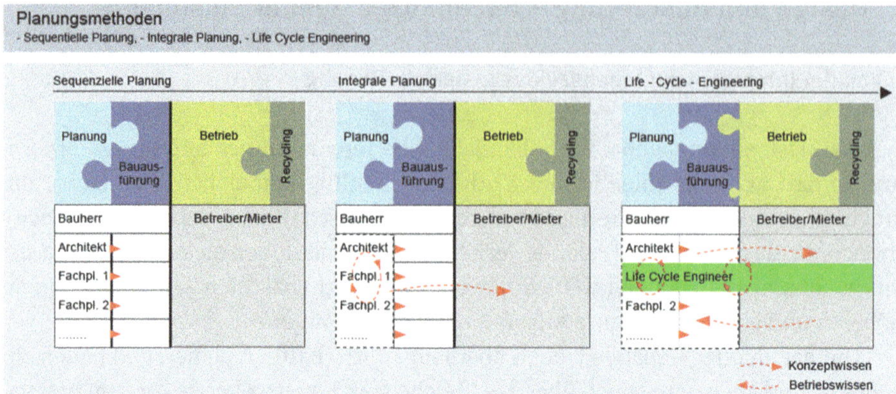

Abbildung 1: Von der sequentiellen Planung über die integrale Planung zur lebenszyklusorientierten Betrachtung

II Mehrwerte durch die Planung

4 Die **Mehrwerte** für das Objekt und seinen **Marktwert** durch Planung lassen sich grundsätzlich in zwei Bereiche einteilen: **Erstens** durch ein auf die Aufgabenstellung passendes gestalterisches Design. Die dadurch geschaffene baukulturelle Qualität lässt sich zwar immer noch schwer mit den klassischen Wertermittlungsverfahren bewerten, es gibt jedoch genügend Beispiele, dass durch die Gestaltqualität nachhaltige Immobilienwerte geschaffen werden.

Praxistipp

Die Deutsche Gesellschaft für Nachhaltiges Bauen[15] hat gemeinsam mit der Bundesarchitektenkammer ein Bewertungsverfahren mit Auszeichnung ein-geführt, das die gestalterische und baukulturelle Qualität auszeichnet. Inhaltlich basiert die Bewertung auf fünf wesentlichen Kriterien. Hier zählen die „Angemessenheit", bei der die Zeitlosigkeit der Architektur im Vordergrund steht, sowie der „Kontext", mit dem unter anderem die städtebauliche Einbindung in die Nachbarschaft und der Umgang mit Freiflächen betrachtet werden. Aspekte wie Proportion, Komposition und die Gesamtanmutung fallen in den Bereich „Gestalt". Beim Kriterium „Konstruktion" werden das Tragwerk, die Umsetzung von Details, die Materialität wie auch die Farbgebung betrachtet. Beim „Grundriss" fließen sowohl Form und Flexibilität, als auch funktionale Aspekte in die Bewertung mit ein.
www.dgnb.de

---

5 Der **zweite Bereich** umfasst die technischen, funktionalen und wirtschaftlichen Eigenschaften des Gebäudes. Hierbei erfordert das Planen, Beraten und Bauen von

15 Deutsche Gesellschaft für Nachhaltiges Bauen – DGNB e. V., www.dgnb.de.

nachhaltigen Gebäuden zuerst einmal einen Mehraufwand gegenüber dem Standardprozess, der sich durch folgende Leistungen begründet:

- Die **Energieeffizienz** muss gegenüber dem üblichen Standard gesteigert werden, der Einsatz von erneuerbaren Energien muss erhöht werden.
- Der **Komfort** muss verbessert werden, obwohl der Energieaufwand und die CO_2-Emissionen im Betrieb verringert werden müssen.
- Baumaterialien mit geringem **Primärenergieaufwand** und aus nachhaltiger Herstellung sollen eingesetzt werden.
- **Gesundheitsverträgliche Materialien** ohne Schadstoffemissionen sind zu verwenden.
- Rezyklierbare und **kreislauffähige Materialien** und Konstruktionen sollen zum Einsatz kommen.
- Vertiefte Untersuchungen müssen erstellt werden, die die Wahl der nachhaltigen Lösungen nachvollziehbar herleiten und dokumentieren, z. B. Energiekonzept, Wasserkonzept, Bewirtschaftungskonzept etc.
- **Simulationsverfahren** sollen eingesetzt werden, um das zu planende Gebäude möglichst früh auf einen virtuellen Prüfstand zu stellen, um die komplexen Zusammenhänge zwischen Außenklima, Nutzung, Gebäude und Anlagentechnik zu erfassen und Erkenntnisse in die Planung zu integrieren.
- Die **Inbetriebnahme**, Abnahme und Übergabe von Gebäuden soll gezielt geplant und strukturiert mit einer greifenden Qualitätssicherung abgearbeitet werden.
- Der **Betrieb des Gebäudes** soll mindestens in den ersten beiden Betriebsjahren gezielt analysiert werden, um die Energie- und Betriebskosten fortlaufend zu optimieren.
- Wenn der Nachweis für nachhaltiges Bauen ebenfalls z. B. in Form eines **Green Building** Labels erbracht werden soll, ist zudem ein Koordinations- und Dokumentationsaufwand zu leisten, um die einzelnen Attribute auch systemkonform zu belegen. Der Prozess hierbei dient gleichzeitig als Qualitätssicherung und Risikovorsorge.

III Grundsätze des technischen Designs

Die technischen und funktionalen Gebäudelösungen sind vielfältig. Häufig werden 6
nachhaltige Gebäude mit hochtechnologisierten Gebäuden gleichgesetzt, dies ist jedoch ein Irrtum. „**High Tech**“, „**Low-Tech**“ oder gar „**No Tech**“ sind alles probate Mittel, um zur richtigen Lösung für die Aufgabenstellung zu kommen. Als Planungsleitfaden können hierbei die folgenden 10 Grundsätze dienen.

Grundsatz 1: Analyse der lokalen Rahmenbedingungen

7 Die einfachste Lösung ist meist die beste – dies gilt sowohl für die Wirtschaftlichkeit als auch die Umweltwirkung. Aus diesem Grunde sollte als erster Grundsatz gelten, die regionalen Gegebenheiten zu analysieren und bewährte Lösungen aus der vor Ort anzutreffenden Baukultur in das Gesamtkonzept zu integrieren.

Grundsatz 2: Solaroptimierte Orientierung und Zonierung

8 Die einfachste Art, den Heizwärmebedarf auf bauliche Weise weiter zu verringern, ist die Nutzung der solaren Wärmegewinne. Dies lässt sich am effektivsten in Wohngebäuden oder ähnlichen Nutzungsformen realisieren, da es in jeder Wohnung warme Bereiche (Wohnzimmer) und kühle Bereiche (Schlafzimmer) gibt. Bei richtiger Zonierung und Ausrichtung des Gebäudes lässt sich über die südlich orientierten Verglasungen sehr viel Sonnenenergie einfangen. Eine massive Bauweise begünstigt die Einspeicherung dieser Wärme, sodass das Gebäude auch bei bewölkten Tagen noch davon zehren kann. Bei anderen Nutzungsarten lässt sich die passive Solarenergienutzung ebenfalls realisieren. So sind Hotel-, Kranken- und Pflegeheime hinsichtlich des Wärmebedarfs den Wohngebäuden sehr ähnlich. In Büro- und Lehrgebäuden verhindert meist die Bildschirmarbeit eine umfangreiche Nutzung der solaren Gewinne, diese Gebäuden werden meist über das Wochenende mit Sonne „betankt“. Häufig wird versucht, die solaren Gewinne nicht in den Aufenthaltsräumen direkt wirksam werden zu lassen, sondern in angrenzenden Pufferräumen, wie Atrien oder verschließbare doppelschalige Fassaden.

Grundsatz 3: Tageslichtoptimierung der Gebäudehülle

9 Die Form und die Orientierung des Gebäudes sowie die Anordnung der verglasten Fensterflächen sind die wesentlichen Einflussfaktoren auf den Tageslichteintrag in das Gebäude[16]. Ausreichend Tageslicht ist wichtig für das Wohlbefinden sowie für die Steigerung der Energieeffizienz des Gebäudes. Durch die Architektur geschaffene ungünstige Tageslichtbedingungen lassen sich nicht mehr durch Gebäudetechnik kompensieren.

Grundsatz 4: Luftqualität und Schadstofffreiheit

10 Für den Menschen ist Luft lebensnotwendig. So bestimmt die Luftqualität nicht nur sein Wohlbefinden sondern auch seine Gesundheit und Produktivität[17]. Die Anforderungen sind im Wesentlichen von der Nutzung und der Aufenthaltsdauer abhängig.

16 DIN 5034, Tageslicht in Innenräumen, www.din.de.

17 DIN EN 15251 Eingangsparameter für das Raumklima zur Auslegung und Bewertung der Energieeffizienz von Gebäuden – Raumluftqualität, Temperatur, Licht und Akustik, www.din.de.

Bei sehr dichten Gebäuden ist die erforderliche Luftwechselrate nicht nur abhängig von der Personendichte, sondern auch von der vorhandenen Außenluftqualität des gewählten Lüftungssystems und der verwendeten Ausbau-materialien im Gebäude. Ein kompletter Verzicht auf Schadstoffe in Gebäuden ist wiederum Voraussetzung dafür, dass die Materialien nach ihrer Nutzungszeit zurück in die Stoffkreisläufe geführt werden können.

Grundsatz 5: Richtiger thermischer Komfort durch sinnvollen Wärmeschutz.
Die Anforderungen an den thermischen Komfort werden in aller Regel als mini-male Raumtemperaturen im Winter und als maximale Raumtemperaturen im Sommer formuliert. So gelten in Aufenthaltsräumen mit längerer Verweildauer 20 bis 22 °C als minimale Raumtemperaturen im Winter und ca. 25 bis 27 °C als maximale Raumtemperaturen im Sommer. Die Raumtemperatur wird hierbei in aller Regel als eine Kombination aus Oberflächentemperaturen der Innenflächen und der Lufttemperatur verstanden. Damit wird im Winter indirekt auch die An-forderung an hohe Oberflächentemperaturen ausgesprochen, die nur mit einem sehr guten Wärmeschutz erreichbar sind. Analog gilt für den Sommer, dass mit der Anforderung an komfortable Raumtemperaturen indirekt die Anforderung an minimale Oberflächentemperaturen gestellt wird. Diese sind nur mit einem effizienten Sonnenschutz zu erreichen. 11

Praxistipp
Der von der EnEV 2014[18] geforderte Wärme- und Sonnenschutz sorgt in den meisten Fällen schon dafür, dass die Randbedingungen durch die Gebäudehülle für einen guten Komfort eingehalten werden.

Grundsatz 6: Nutzung der Gebäudestruktur und seiner Massen als thermischer Speicher
Die thermische Speicherfähigkeit eines Gebäudes bestimmt zu einem beträchtlichen Teil das Raumklima und den erforderlichen Energiebedarf. Extrembei-spiele sind Containerbauten aus leichten Materialien und alte Burgen und Schlösser mit dickem Gemäuer. Während bei leichten Gebäuden die Innenraumtemperaturen nahezu parallel mit dem Außenklima schwingen, sind die thermischen Auswirkungen, hervorgerufen durch das Außenklima, in massiven Gebäuden erst sehr viel später oder gar nicht festzustellen. Massive Gebäude besitzen den Vorteil, die Raumtemperaturen glätten zu können, indem Wärme aus dem Raum nicht nur die Raumluft sondern eben auch die Baumasse erwärmt. Damit steigen die Raumlufttemperaturen weniger schnell an als bei leichten Gebäuden. Derselbe Effekt birgt jedoch auch Nachteile: Wenn z. B. zur Beheizung eines Raums Energie zugeführt werden muss, dauert es 12

18 Energiesparverordnung, EnEV 2014, www.enev-online.com.

bei massiven Gebäuden wesentlich länger, bis die erwünschten Raumtemperaturen erreicht werden, da zuerst auch die Gebäudemasse mit erwärmt werden muss.

Grundsatz 7: Ausnutzung der natürlichen Lüftungspotentiale

13 Die natürlichen Potenziale der Außenluft zum Lüften und Kühlen von Gebäuden sind enorm. Bei richtiger Anwendung kann über 70 % des Jahres in mittleren europäischen Klimazonen auf eine maschinelle Lüftung verzichtet werden, ohne den Komfort einzuschränken. Je nach Konzeption, Nutzerverhalten und Komfortlevel kann sogar über das ganze Jahr natürlich gelüftet werden. Die häufig niedrigen Außentemperaturen während der Nacht im Sommer besitzen ebenfalls ein großes Potenzial, den Kühlenergiebedarf stark zu reduzieren.

14 Um die natürlichen Kräfte nutzbar zu machen, müssen die Konzepte auf die wechselnden Verhältnisse der Außenluft im Hinblick auf Temperatur, Windgeschwindigkeit und Windrichtung adaptierbar sein. In heutigen Gebäuden wird dies entweder durch die motorische Steuerung von Lüftungselementen gelöst, deren Öffnungsweiten sich je nach Außenbedingungen regulieren lassen, oder durch manuelles Bedienen unterschiedlicher, dosierbarer Lüftungsöffnungen in der Fassade.

Grundsatz 8: Integration aktiver erneuerbarer Energiesysteme

15 Eine Integration von erneuerbaren Energiesystemen ist zum einen nur in Verbindung mit entsprechenden geeigneten Raumklimasystemen sowie zum anderen in Abhängigkeit der Gebäudeform möglich. Ziel sind sogenannte „Low-Exergie-Lösungen" mit niedrigen Heiztemperaturen (< 40°C) und hohen Kühltemperaturen (> 16°C), die aufgrund ihres Temperaturniveaus mit Energiequellen wie der Geothermie, Solarthermie und passiven Systemen wie Nachtkühle wirtschaftlich betrieben werden können. Auch Kraft-Wärme-Kälte-Kopplungssysteme sind möglich, da bei vielen Nutzungen häufig der Strombedarf für die Nutzer-Ausstattung und Beleuchtung größtenteils in Kombination mit Wärme- und Kältebedarf für die Raumklimakonditionen bereitgestellt werden muss. Gängige Kraft-Wärme-Kälte-Kopplungssysteme sind BHKW mit Absorptionskältemaschinen. Zukünftig könnten diese Aufgaben auch Brennstoffzellen oder Stirlingmotoren übernehmen.

Grundsatz 9: Elektrischer Speicher

16 In den nächsten Jahren und Jahrzehnten wird es einen Trend zur Elektrifizierung in allen Industriebereichen geben. Hierbei wird der Stromüberschuss aus Eigen- und Fremderzeugung genauso zu beachten sein wie die Unterdeckung durch regenerativ erzeugten Strom. Aus diesem Grunde müssen heutige Gebäude schon mit elektrischen Speichern ausgestattet werden oder zumindest platzseitig vorgehalten werden, um in dem veränderten Strommarktdesign eine wirtschaftliche Betriebsweise zu erzielen.

Grundsatz 10: Rohstoff-Speicher

Die Schließung der Stoffkreisläufe wird aufgrund des wachsenden ökonomischen und ökologischen Druckes in den Märkten verstärkt zu beachten sein[19]. Dies bedeutet auch eine Veränderung bei der Gebäudekonzeption: Alle Konstruktionen und technischen Anlagen müssen so geschaffen werden, dass daraus perspektivisch kein Abfall entsteht – sondern nur Nährstoffe vorhanden sind. Das Gebäude wird somit zum Rohstoffdepot, das seine Rohstoffe je nach Nutzung der Produkte wieder in die Kreisläufe zurückgeben kann. Damit wird die Trennbarkeit und Austauschfähigkeit von allen eingesetzten Systemen und Konstruktionen zur Planungspflicht. 17

IV Planungs- und Beratungswerkzeuge

Ein wesentlicher Optimierungsansatz beim ganzheitlichen Planen, Beraten und Bauen ist der Einsatz von **modernen Planungs- und Simulationswerkzeugen**. Sie ermöglichen es bereits in frühen Planungsphasen verschiedene Lösungsvarianten vergleichend zu bewerten und die **Machbarkeit** bzw. **Funktionstüchtigkeit** von Lösungen zu belegen bevor sie gebaut sind. Dies ist notwendig, da gerade bei nachhaltigen Gebäuden innovative Lösungen angegangen werden, die so in dieser Weise noch nicht realisiert wurden oder zu denen noch keine ausreichende Betriebserfahrung vorliegt. Die gängigsten Simulationswerkezuge ermöglichen es, das energetische, thermische, strömungstechnische und visuelle Verhalten von und in Räumen und Gebäuden zu berechnen. Wichtig ist hierbei, dass bereits von Beginn an auch die geplanten Anlagensysteme mit simuliert werden, um die Energieeffizienz und das Anlagenverhalten richtig abzubilden. Oftmals wird das thermische Verhalten der Raumklimasysteme und Anlagen idealisiert angenommen und nicht mit simuliert. Später im Betrieb wundert man sich dann, wieso die Anlagen eher ein reales statt ein ideales Verhalten haben und dadurch die geplante Energieeffizienz und der Komfort nicht erreicht werden. In Abbildung 2 sind Simulationsergebnisse von verschiedenen Planungs- und Simulationswerkzeugen dargestellt. 18

19 EPEA Internationale Umweltforschung GmbH, www.epea.com.

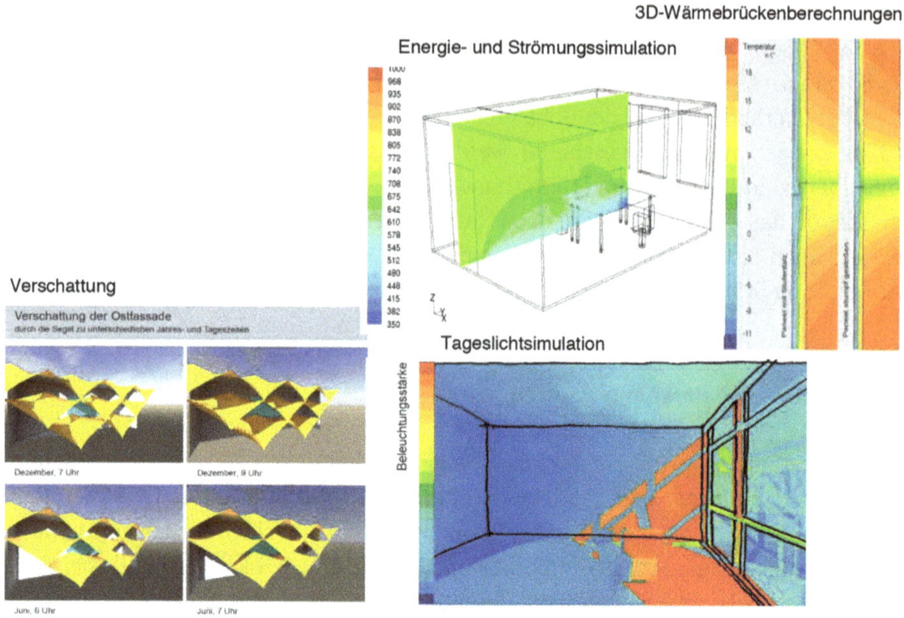

Abbildung 2: Moderne Simulationswerkzeuge zur Berechnung des thermischen, strömungstechnischen und visuellen Verhaltens von Gebäuden ermöglichen bereits in frühen Planungsphasen eine fundierte Bewertung von Planungsvarianten im Hinblick auf Qualität, Energieeffizienz und Nachhaltigkeit

---

Praxistipp

Das Berechnungsverfahren der EnEV, die DIN V 18599, ist nicht in der Lage, das thermisch energetische Verhalten von verschiedenen Gebäude-, Anla-gen- und Nutzungsvarianten richtig oder gar neue innovative Lösungen ab-zubilden. Von einem Einsatz der EnEV bzw. der DIN V 18599 als Planungswerkzeug muss daher dringend abgeraten werden. Die EnEV sollte nur zu ih-rem Bestimmungszweck, zum rechtlichen Nachweis in der Genehmigungs-phase, eingesetzt werden.

---

19 Da mit den Simulationsberechnungen bereits in frühen Planungsphasen das thermische und energetische Verhalten der Gebäude mit Vorschau auf den Betrieb berechnet wird, sind die Aussagen zum Energieaufwand und damit zu den Energie- und Betriebskosten sehr fundiert. Sie können daher ideal als verlässliche Basis für Wirtschaftlichkeitsberechnungen und -vergleiche herangezogen werden und eignen sich zudem für eine belastbare Lebenszykluskostenberechnung. In Abbildung 3 ist das Prinzip einer Lebenszykluskostenberechnung bei-spielhaft dargestellt. Bei der **Lebenszykluskostenberechnung** handelt es sich in der Regel um die sogenannte Barwert-Methode, bei der berechnet wird, welchen Wert zukünftige Zahlungen in der Gegenwart besitzen. Zukünftige Zahlungen sind z. B. die Ersatzbeschaffung von Komponenten, wenn diese ihre rechnerische Nutzungsdauer, auch Lebensdauer genannt,

erreicht haben. Aber auch die Energiekosten und die Rückbau- und Recyclingkosten sind als zukünftige Zahlungen zu berücksichtigen. Einen wesentlichen Block bei den Lebenszykluskosten bilden die betriebsgebundenen Zahlungen für Wartung, Inspektion, Instandsetzung und Bedienen.

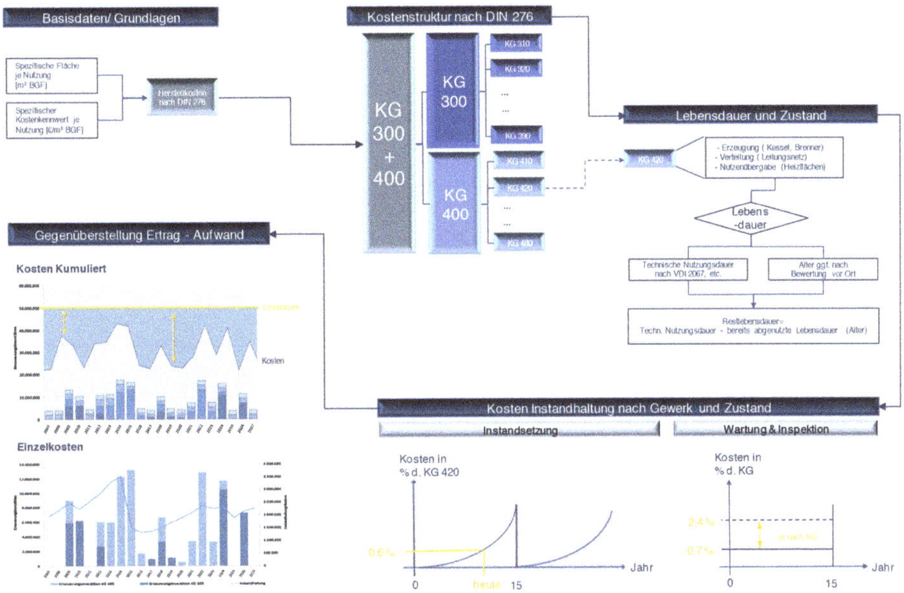

Abbildung 3: Das Lebenskostenberechnungs-Werkzeug von Drees & Sommer

Neben den Energie- und Lebenszykluskosten wird bei nachhaltigen Gebäuden sehr 20
viel Wert auf die **Schonung von Ressourcen** gelegt. Hierzu wird nicht nur der Energieaufwand beim Betreiben des Gebäudes sondern auch der Primär-energieaufwand für die Herstellung, den Rückbau und das Recycling der Bau-materialien berücksichtigt. Ähnlich den Instandhaltungskosten sind Informationen über den Primärenergiebedarf von Materialien noch sehr rar, sie werden je-doch mehr und mehr ermittelt und in Datenbanken gesammelt und veröffentlicht. Das Wissen, welcher Primärenergieaufwand durch welches Material verursacht wird, ist jedoch noch nicht so richtig in der Planungs- und Baubranche angekommen. Hierzu müssen die üblichen Planungsmethoden angepasst werden. Erster Schritt ist das Transparentmachen der Primärenergiebedarfswerte in Abhängigkeit der verschiedenen Konstruktionsideen. Abbildung 4 zeigt den Anteil der verschiedenen Bereiche am Primärenergieaufwand für ein typisches Bürogebäude.

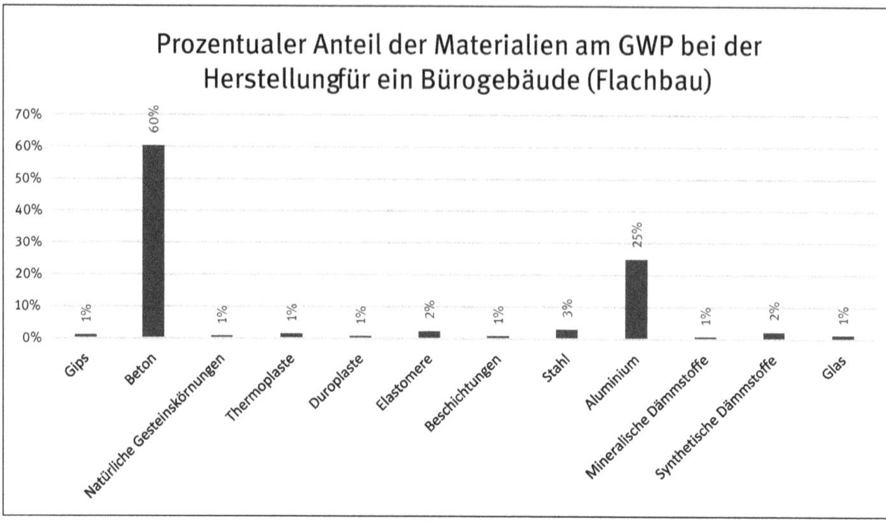

Abbildung 4: Ergänzend zum Energieaufwand für Heizen, Kühlen, Lüften und Beleuchten wird bei nachhaltigen Gebäuden auch die Ökobilanz der Baumaterialien betrachtet.

21 **Building Information Modeling (BIM)** ist die neue, digitale Art zu planen. Neben der dreidimensionalen Modellerstellung, idealerweise derselbe Modellraum für alle Planungsbeteiligten, werden an die einzelnen Gebäudeelemente noch verschiedene Informationen verknüpft[20]. Diese können Aussagen zur Beschaffenheit des Materials, zur Nutzung in der Betriebsphase und zu ökologischen Eigenschaften enthalten. Planen mit BIM wird zum einen den Prozess verändern und bietet zum anderen die große Chance, mit der höheren Datenmenge für nachhaltige Gebäude effektiv umzugehen.

V Qualitätssicherung durch systematische Inbetriebnahme

22 Einen mängelfreien **Inbetriebnahme-, Abnahme- und Übergabeprozess** gibt es nur sehr selten oder fast nie. Trotzdem drängt sich der Eindruck auf, dass die Qualitätsmängel, obwohl sie alle Beteiligten viel Geld und Zeit kosten, fast schon fatalistisch in Kauf genommen werden, immer mit dem optimistischen Ansatz, beim nächsten Mal wird es schon besser gehen. Dieser Optimismus ist zwar lobenswert, aber nicht zweckmäßig. Verglichen mit anderen Industriezweigen gibt es bei den Fertigungsprozessen am Bau durchaus noch Optimierungspotenziale. Sicherlich ist die Koordination und Qualitätssicherung hier schwieriger als bei Serienprodukten, die in

20 www.bim-blog.de.

der Regel eine längere Prototypenentwicklung hinter sich haben. Zudem sind beim Bau viele Beteiligte zu koordinieren, die nicht ständig miteinander arbeiten. Gebäude sind eigentlich Prototypen, sollen aber sofort richtig funktionieren.

Mit einem neuen Verfahren gibt es nun gezielte Ansatzpunkte, die Qualitätssicherung bei Gebäuden maßgeblich zu verbessern. Das Verfahren heißt systematische Inbetriebnahme[21] oder international bekannt als **Commissioning**. Anders als im herkömmlichen Planungs- und Bauprozess wird die systematische Inbetriebnahme eines Gebäudes gezielt bereits ab der Entwurfsplanung vorausschauend geplant. 23

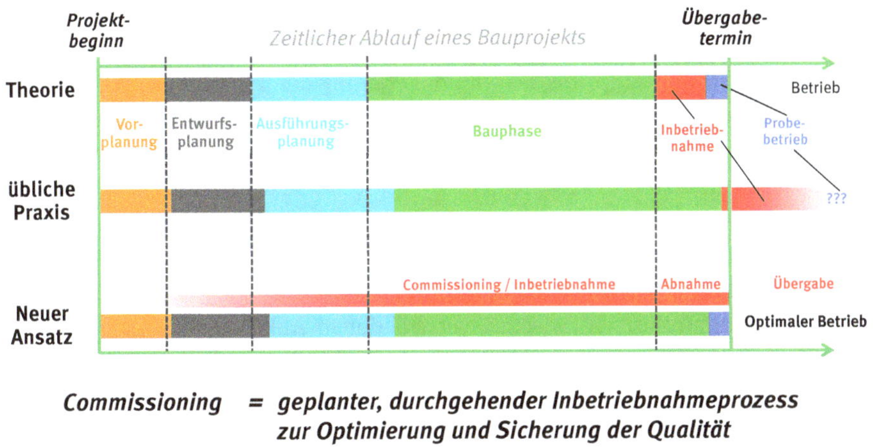

Abbildung 5: Zeitrahmen klassische Inbetriebnahme und des Commissionings.

Hierzu wird ein separates Team eingesetzt, das alle am Inbetriebnahmeprozess beteiligten Planer und späteren Baufirmen interdisziplinär koordiniert. Das Team muss idealerweise unabhängig von den übrigen Projektbeteiligten sein, um die Prozesse bei der Inbetriebnahme quasi ohne eigenes Firmeninteresse voran-treiben zu können. Nur so können unnötige Verzögerungen, taktische Unzulänglichkeiten und Kompromisse von vornherein vermieden werden. Die Anforderungen an das zu erbringende Werk und an den Inbetriebnahmeprozess werden hierzu in den Leistungsverzeichnissen als **Lasten- und Pflichtenheft** beschrieben, die folgende Bausteine enthalten: 24

- Einen energetischen Ziel- und Kennwertekatalog mit Vorgaben für einzelne Anlagenkomponenten, für komplette Anlagen sowie für das gesamte geschuldete Werk.
- Detaillierte Anforderungen an Anlagen und Systeme, die bereits in der Planung zu berücksichtigen sind, so z. B. Anforderungen an Fühler und Messstellen für

21 VDI 6039, Inbetriebnahmemanagement für Gebäude – Methoden und Verfahrensweisen für gebäudetechnische Anlagen, www.vdi.de.

Leistungsnachweise oder Anforderungen an die exakte Nachprüffähigkeit von Gebäudeautomation-Funktionen.
- Messwert- und Erfassungskonzept, mit dem in der Inbetriebnahme- und in der Betriebsphase ein Nachweis der Energieeffizienz durch vorgegebene Messstellen und Fühler geliefert werden kann.
- Beschreibung der Prozess- und Terminketten pro technische Anlage, um die Abhängigkeiten der erfolgreichen Installation und Inbetriebnahme sichtbar zu machen
- Beschreibung der Prüfarten der jeweiligen technischen Anlagen, als Einzelprüfung und als systemintegrierte Gesamtprüfung

25 Im Verlauf des weiteren Bauprozesses wird die Planung der Inbetriebnahme intensiv mit den ausführenden Firmen abgestimmt. Dem Inbetriebnahmeteam kommt zudem die Aufgabe zu, die gewerkeübergreifenden Zusammenhänge für sensible und wichtige Anlagen zu erfassen und aufzuzeigen. Auf diese Weise wird vermieden, dass bei der Ausführung jedes Gewerk quasi für sich baut und am Ende feststellt, dass für die eigene Inbetriebnahme notwendige Voraussetzungen aus anderen Gewerken fehlen. Diese Verknüpfungen lassen sich in Form von Prozessketten darstellen. In Abbildung 6 sind solche Verknüpfungen zwischen verschiedenen Anlagen und Gewerken für eine Kältemaschine dargestellt. So kann beispielsweise der Testbetrieb einer Kältemaschine nicht erfolgen, wenn nicht sichergestellt ist, dass die Inbetriebnahmen von Rückkühlwerken, Spannungsversorgung und den erforderlichen Teilen der Gebäudeautomation abgeschlossen sind. Damit sind zu Beginn der eigentlichen Inbetriebnahmephase auf der Baustelle die erforderlichen Prüfprozesse bekannt, die in Betrieb zu nehmenden Anlagen an der **Mess-, Steuer-/Regelungstechnik** angeschlossen und das Betreiberpersonal vorbereitet. Die Erfahrung zeigt, dass ohne eine systematische Inbetriebnahme nachhaltige Gebäude ihre technische und wirtschaftliche Performance nicht im Betrieb zeigen können.

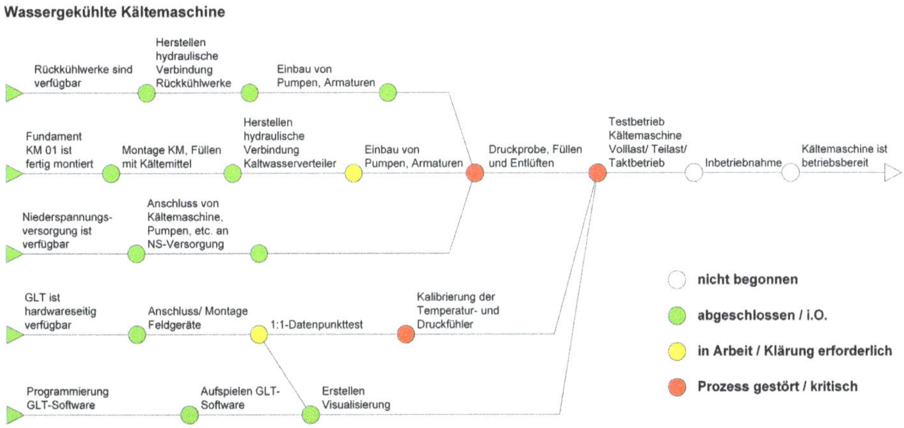

Abbildung 6: Beispiel für eine Prozesskette Kältemaschine

VI Qualitätssicherung vor Abnahme

Neben der systematischen Inbetriebnahme ist es gerade für nachhaltige Gebäude 26
wichtig, die erzielten Gebäudeeigenschaften **vor der Abnahme** messtechnisch oder dokumentarisch zu überprüfen. Die erhöhten Aufwendungen in der Planung sollten sich mit einer besseren Bauqualität entsprechend bezahlbar machen. Folgende Qualitätssicherungsmaßnahmen sind hierbei zu empfehlen:

1. Blower Door Test – Nachweis der Luftdichtigkeit
2. Thermografie – Nachweis des baulichen Wärmeschutzes und der aktiven Systeme
3. Messungen der Raumtemperatur und Raumluftgeschwindigkeit – Nachweis des Raumkomforts
4. Messungen der Luftqualität – Nachweis der Gebäudegesundheit
5. Schallmessungen – Nachweis des Schallschutzes gegen Außenlärm und zum Nachbarn
6. Messungen zur Tageslichtqualität und Blendfreiheit
7. Messungen und Einregulierung zum hydraulischen Abgleich aller Luft-, Wärme- und Wasserverteilsysteme
8. Messungen zur Energieeffizienz von einzelnen Anlagenkomponenten
9. Messungen zur Energieeffizienz von Anlagensystemen unter definierten Lastfällen
10. **Emulation** – Überprüfung der richtigen Programmierung von Regel- und Steuerungsfunktionen
11. **Nutzerhandbuch** mit Empfehlungen, wie das Gebäude und die Anlagen am sinnvollsten genutzt werden

12. **Material Passport** – Information über die eingesetzten Produkte (Materialdeklaration) und ihren Trennbarkeiten bzw. Rücknahmevereinbarungen

27 Die ersten sechs Maßnahmen beinhalten schwerpunktmäßig die bautechnische Qualität des Gebäudes. Die Maßnahmen 7 bis 10 zielen hauptsächlich auf die anlagentechnischen Bereiche ab. Die Maßnahmen 11 und 12 dienen als Grundlage für einen **erfolgreichen Betrieb.**

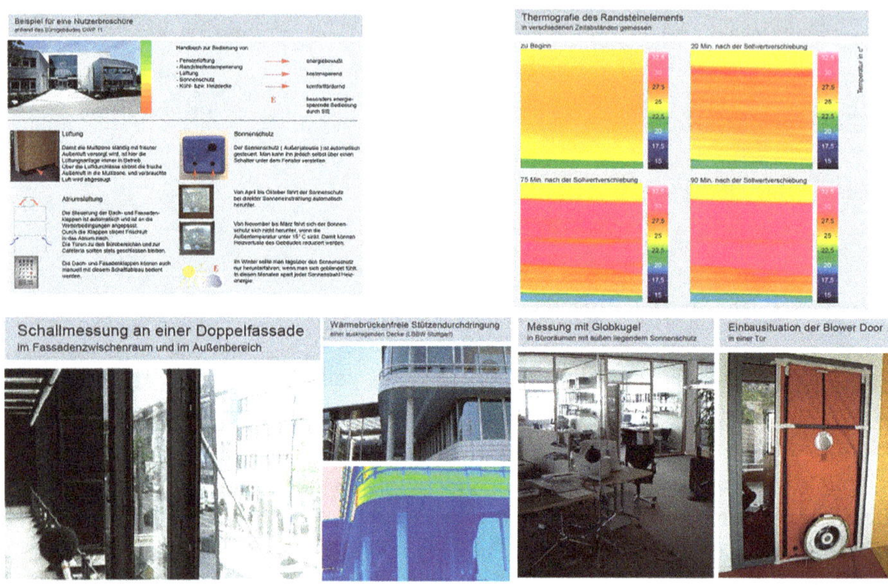

Abbildung 7: Qualitätssicherung beim Bauen, Blower Door Test (1), Aufnahmen mit der Wärmebildkamera (2), Schallschutzmessungen (3) und Nutzerhandbuch (4) gehören zum Pflichtprogramm von nachhaltigen Gebäuden

D Bestandsgebäude nachhaltig sanieren

I Revitalisierung schafft Zukunft

1 Ausgangslage

Revitalisierung von Bestandsgebäuden schafft Zukunft, denn sie hilft urbane Lebens- 1
räume sowie die bauliche Vielfalt unserer Städte zu bewahren und **Immobilienwerte** dauerhaft zu erhalten bzw. zu steigern.

Viele Immobilienbesitzer/Bestandshalter unsanierter, 40 bis 60 Jahre alter 2
Gebäude stehen vor denselben Herausforderungen und Problemen. Die Gebäude sind altersbedingt häufig nicht mehr zeitgemäß und der unzureichende Zustand führt zu massiven **Nutzungseinschränkungen**. Gebäude dieser Altersklasse haben infolge der bautechnischen und bauphysikalischen Eigenschaften außerdem immense energetische Probleme mit der logischen Folge extrem hoher Nebenkosten. Nutzer/Mieter zeigen diese Schwächen und Mängel rigoros auf, kürzen nicht selten die Miete und sehen sich häufig veranlasst, am Immobilienmarkt nach attraktiveren und günstigeren Alternativen zu suchen. An in vielerlei Hinsicht besseren Alternativen mangelt es nicht, denn in jeder größeren deutschen Stadt stehen meistens viele tausende funktions- und nutzungstechnisch erheblich bessere Neubauflächen mit deutlich niedrigeren Nebenkosten leer.

Nur teilweise vermietete Gebäude bedeuten indes für die Besitzer meist gravie- 3
rende „Wertverluste", was zwangsläufig in eine „Abwärtsspirale" führt. Weitere Mieter folgen dem Umzugsbeispiel und Nachfolgemieter können nur noch über extreme Dumping-Mieten gefunden werden. Von Immobilienmaklern wird umzugswilligen Mietern häufig der rote Teppich ausgerollt, dies in Form von attraktiven Mietangeboten und zusätzlichen Incentives für am Markt verfügbare Neubauten.

2 Großes Potential von Bestandsgebäuden

Viele alte Gebäude verfügen indes über großes „Potential". So ist z. B. speziell in 4
den Innenstädten das **Baurecht** in der vorhandenen Gebäudegröße/-höhe für einen Neubau heute oftmals gar nicht mehr zu bekommen. Der Abriss eines alten Gebäudes, um dann an gleicher Stelle einen zeitgemäßen Neubau zu errichten, ist daher meist nicht die bestmögliche Lösung.

Ein Abriss ist häufig auch deshalb nicht ratsam, weil der vorhandene Rohbau mit 5
einem durchschnittlichen Anteil von ca. 20 bis 25 % vom gesamten Gebäudewert für Bauherrn eine wirtschaftlich beachtliche Größe darstellt.

Ein großes Plus ist vielfach auch, dass Nutzer von dringend sanierungsbedürf- 6
tigen Gebäuden in guten bis sehr guten Innenstadtlagen „eigentlich" auch gar nicht ausziehen wollen, weil viele Neubaugebiete über keine vergleichbare Infrastruktur verfügen.

7 Die Lösung, eine in die Jahre gekommene Immobilie durch eine „maßgeschneiderte" Revitalisierung wieder richtig „fit" und „marktfähig" zu machen, eröffnet Eigentümern beste Chancen zum **Werterhalt** bzw. zur **Wertsteigerung** eines Gebäudes und ist daher in vielen Fällen die beste Entscheidung.

II Analyse Sanierungsgründe – Sanierungsgrade

1 Vielfältige Sanierungsgründe

8 Die Gründe für eine Gebäudesanierung sind meist vielfältig. Eine Schlüsselrolle hat dabei häufig die nicht mehr intakte und energetisch völlig überholte **Fassade**. Weitere Ursachen, warum ein älteres Gebäude deutlich an Komfort und damit an Attraktivität verliert, liegen in nicht mehr zeitgemäßer **Gebäudetechnik**. Dies reicht von den Heizsystemen bis hin zu den Lüftungsanlagen, welche in ihren Wechselwirkungen mit der Fassade häufig die Ursache für ein inakzeptables Raumklima sind. Mangelnde Möglichkeiten der Nachrüstbarkeit der heute für viele Unternehmen wichtigen Elektro- und IT-Verkabelung sind ein weiterer Sanierungsgrund, da viele 40 bis 60 Jahre alte Gebäude meist nicht über entsprechende Installationsebenen wie Hohlraum- oder Doppelböden verfügen. Auch das Thema **Brandschutz** infolge nicht mehr vertretbarer und genehmigungsfähiger Entfluchtungslösungen, vor allem bei Hochhäusern, führt oft zur Sanierungsentscheidung.

2 Häufige energetische, konstruktive und funktionale Schwachstellen

9 Die nachfolgend nur beispielhaft aufgeführten energetischen, konstruktiven und funktionalen Merkmale sind häufig ursächliche Schwachstellen von Fassadenkonstruktionen sowie von technischer Gebäudeausrüstung. Diese treffen mit wenigen Ausnahmen nahezu auf alle in den ersten beiden Nachkriegsjahrzehnten errichteten und noch nicht sanierten Gebäude gleichermaßen zu.

10 **Verglasungen** sind oft nur mit Einfachglas oder bestenfalls mit aus heutiger Sicht schlecht wärmedämmenden Isolierverglasungen mit U_g = > 3,0 – 5,0 W/m²K ausgeführt. Dies führt zu enormen Wärmeverlusten und extrem hohen Heizkosten und Unbehaglichkeiten im Bereich der Fassade.

11 Die bei kühler Witterung deutliche Strahlungsasymmetrie zwischen der raumseitigen Oberflächentemperatur der Verglasung und der Raumlufttemperatur führt zu starkem Kaltluftabfall an der Fassade und zwangsläufig zu Zugerscheinungen.

12 Alte **Fenster- und Fassadenprofile** sind häufig nicht oder nur geringfügig thermisch getrennt und wirken daher bei niedrigen Außentemperaturen wie „Kühlrippen". Daraus folgen ebenfalls erhebliche Wärmeverluste inkl. Kaltluftabfall an den Profilen, was auch sehr oft erhöhten Tauwasserausfall verursacht.

13 Geschlossene, nicht transparente Fassadenbereiche haben häufig keine **Wärmedämmung** oder nur sehr schlechte – lediglich ca. 30 bis 50 mm starke – Dämmung,

welche sich bei hinterlüfteten Bekleidungen oftmals abgelöst hat und/oder in sich eingefallen ist. Die negativen Folgen sind zum Teil ähnlich wie bereits vorstehend bei den Verglasungen und Fenster-/Fassadenprofilen beschrieben.

Dichtfolien, Dichtprofile und spritzbare **Dichtungen** (Nassversiegelungen) 14
sind fast immer versprödet, gerissen oder sogar mehr oder weniger in sich aufgelöst. Dies führt zu erheblichen Undichtigkeiten und zusätzlichen Wärmeverlusten. Außerdem kommt es dadurch sehr oft zu eindringendem Niederschlagswasser und problematischer Kondensatbildung. Vielfach führt dies zu schleichend fortschreitenden und nicht immer gleich auf den ersten Blick zu entdeckenden Schäden am Baukörper sowie an bzw. innerhalb der Fenster-/Fassadenkonstruktion.

Außen liegende **Sonnenschutzanlagen,** welche in Abhängigkeit zum Sonnen- 15
stand bzw. zur Sonnenintensität den Energieeintrag maßgeblich und gezielt reduzieren könnten, sind meistens nicht vorhanden oder aber altersbedingt nicht mehr funktionsfähig. Eine übergeordnete und damit energetisch sinnvolle Steuerung von Sonnenschutzanlagen gibt es indes quasi nie. Vielmehr muss der extrem hohe sommerliche Energieeintrag in das Gebäude durch die Nutzer „schwitzend“ ertragen oder – falls entsprechende technische Einrichtungen vorhanden sind – unter hohem Energieaufwand „weggekühlt“ werden.

Bei älteren Gebäuden wurden auch häufig spiegelnde und relativ „dunkle“ **Son-** 16
nenschutzverglasungen mit niedrigem g-Wert (Gesamtenergiedurchlassgrad), oft von unter 30 %, eingebaut. Diese unabhängig von der Sonnenintensität permanent vorhandene „Sonnenbrille“ hat in den meisten Fällen eine nur sehr geringe Lichttransmission; sogenannte hochselektive Sonnenschutzgläser mit optimierten Lichttransmissionswerten wurden erst ab den 90er Jahren entwickelt. Natürliches, „kostenloses“ Tageslicht wird somit auch an trüben, sonnenenergetisch unkritischen Tagen ausgeblendet. Dies erfordert ein frühzeitiges Einschalten der elektrischen Beleuchtung, was nicht nur über Jahre die Stromkosten, sondern auch die Folgekosten – erhöhte Betriebsstunden während der gewöhnlichen Nutzungszeiten eines Gebäudes führen gleichzeitig zu kürzeren Wechselintervallen bei den Leuchtmitteln – maßgeblich in die Höhe treibt.

Der **Schallschutz** alter Fenster-/Fassadenkonstruktionen erweist sich aus heuti- 17
ger Sicht als zumeist unzureichend, insbesondere weil sich vielerorts das Verkehrsaufkommen und die Lärmbelastungen über Jahrzehnte deutlich erhöht haben. Ältere Fassaden verfügen oftmals nur über sehr dünne, schalltechnisch wenig wirksame Glasstärken. Ein weiterer Grund für den schlechten Schallschutz gegen Außenlärm sind oftmals auch die gebrauchs- und altersbedingt verschlissenen Beschläge und Dichtungen.

Die bauzeitbedingt nur geringen wärmeschutztechnischen Qualitäten sowie die 18
konstruktionsbedingt erhöhte Infiltration von Außenluft über die Fassade wurde und wird oftmals nur durch stark dimensionierte **Lüftungs- und/oder Heiz-/Kühlsysteme** mehr oder weniger gut kompensiert. Ganz abgesehen von den exorbitanten

Energiekosten können solche „Energiefresser“ heutzutage die gesteigerten Komforterwartungen vieler Nutzer nicht mehr erfüllen.

19 Neben den infolge veralteter Lüftungsanlagen zusätzlich auftretenden Zugerscheinungen, werden auch die von diesen Systemen oftmals ausgehenden Betriebs- und Strömungsgeräusche vielfach von Nutzern beklagt und bemängelt.

20 Auch hapert es vielfach an der Handhabung, insbesondere an der mangelnden individuellen und damit nicht bedarfsgerechten Regulierbarkeit. So gibt es häufig nur sehr grobe Stufenregelungen, welche – insbesondere bei Heizkörpersystemen mit veralteten Thermostatventilen – nicht selten zu reinen „An“- oder „Aus“-Bedienelementen verschlissen sind.

3 Nicht nur Gutes beabsichtigen, sondern das Richtige tun

21 Würde man in guter Absicht erwägen, im Zuge der Revitalisierung eines Gebäudes lediglich eine moderne Gebäudetechnik zu installieren, ohne aber gleichzeitig die Fassade zu sanieren, so wäre dies in den meisten Fällen sogar „kontraproduktiv“. Insbesondere deshalb, weil zuvor die alte Heizungs- und Lüftungstechnik den in der kalten Jahreszeit auftretenden Tauwasserausfall einfach „weggeblasen“ oder im Falle von statischen Heizkörpern schlicht „weggeheizt“ hat.

22 Energieeffiziente und für einen guten Raumkomfort notwendige Heiz- und Kühlsysteme, wie z. B. Flächenheizungen mit geringeren Systemtemperaturen oder mechanische Lüftungssysteme mit niedrigen Luftwechselraten, würden sogar die Kondensat-Probleme einer alten Fassade unweigerlich erhöhen. Daher ist eine ausschließliche Erneuerung der Gebäudetechnik ohne eine Erneuerung der Fassade in den meisten Fällen keine zukunftsfähige Variante.

III Entscheidungsfindung „Pinselsanierung“, Teilsanierung oder Komplettsanierung

1 Bestandsanalyse und Machbarkeitsstudie

23 Unabhängig davon, ob es sich um ein eigengenutztes oder vermietetes Objekt handelt, sollte für ein in die Jahre gekommenes Gebäude im Vorfeld einer Sanierung zunächst eine fundierte **Bestandsanalyse** – Fassade und Haustechnik – zur Feststellung und Verifizierung der Schwachstellen gemacht werden.

24 Diesbezüglich hat sich die Herangehensweise vieler Bauherren und Immobilienbesitzer an Sanierungsaufgaben bereits vor vielen Jahren verändert. Um den grundlegenden **Sanierungsbedarf** und den **Sanierungsgrad** gesichert bestimmen zu können, wird daher immer häufiger im Rahmen der Bestandsanalyse – noch vor dem üblichen Planungsstart gemäß HOAI Phase 1 und 2 – eine gewerkeübergreifende Gesamtbetrachtung im Sinne einer vorgeschalteten **Machbarkeitsstudie** erstellt.

Im Zuge der ganzheitlichen Machbarkeitsstudie werden die mit dem Eigentümer abgestimmten möglichen Sanierungsgrade von der „Pinsel-" über eine Teil- bis hin zur Komplettsanierung auf Basis der ingenieurtechnischen Gewerke der „Fassadentechnik" sowie der „Technischen Gebäudeausrüstung" unter Berücksichtigung der bauphysikalischen Kriterien detailliert analysiert und wirtschaftlich bewertet. 25

Nur so können die tatsächlichen Probleme und Sanierungsgründe systematisch identifiziert, ein sinnvoller Sanierungsgrad ermittelt und das Ganze dem Immobilienbesitzer und/oder einem Investor im Sinne einer Entscheidungshilfe dargelegt werden. 26

Praxistipp
Bei Sanierungsprojekten ist eine vorgezogene ingenieurtechnische **Machbarkeitsstudie** in vielen Fällen ratsam, weil sich bereits in dieser Phase Varianten für unterschiedlich aufwändige Sanierungsgrade aufstellen und für **Investitionsentscheider** konzeptionell und ökonomisch bewerten lassen. Die Machbarkeitsstudie sollte gewerkeübergreifend erfolgen und von der Fassadentechnik, über die Bauphysik, dem energieeffizienten und nachhaltigen Energiedesign bis zur Gebäudetechnik ganzheitliche Lösungsansätze umfassen.

---

2 Dauerhafter Werterhalt

Unzählige, allein im letzten Jahrzehnt auf dem deutschen Immobilienmarkt umgesetzte Revitalisierungen zeigen deutlich, dass Eigentümer bzw. Bauherren nach gemeinsamer Festlegung der Entscheidungskriterien mit den Planungsbeteiligten und auf Basis einer wirtschaftlichen Analyse, die Entscheidung für eine Komplettsanierung treffen. Im Wesentlichen deshalb, weil mit diesem Sanierungsgrad nachweislich ein dauerhafter Werterhalt für die nächsten 30 bis 50 Jahre und damit eine optimale zukunftsfähige Nutzung des Gebäudes „garantiert" wird. 27

Eine vollständige Trennung oder auch eine zeitlich aufeinander folgende Fassaden- und TGA-Sanierung vergibt in der Regel große Chancen und erzeugt in jedem Fall Mehrkosten. Sofern im laufenden Betrieb saniert wird, führt eine Trennung bzw. stückweise Sanierung zwangsläufig dazu, dass Vermieter und Nutzer die empfundene „Sanierungszeit" zwei- oder dreimal über sich ergehen lassen und praktisch auch „aushalten" müssen. Hierbei sind unzufriedene Nutzer/Mieter sowie für den Eigentümer phasenweise Mindereinahmen bei der Miete vorprogrammiert. 28

IV Praxisbeispiele – nachhaltig sanierte Gebäude

Die im Weiteren beschriebenen Gebäudebeispiele zeigen ganz unterschiedliche Auseinandersetzungen und Konzeptionen sowie einen Auszug an exemplarischen Besonderheiten und individuellen Lösungen im Rahmen einer nachhaltigen Gebäudesanierung. 29

1 Dreischeibenhaus in Düsseldorf, Sanierung und Denkmalschutz

30 „Dreischeibenhaus in Düsseldorf, Sanierung einer denkmalgeschützten Ikone"

Beteiligte:

- Investor, Projektentwicklung: MOMENI Gruppe/Black Horse Investments, Hamburg/Düsseldorf
- Projektsteuerung: Witte Projektmanagement, Düsseldorf
- Architekten: HPP Hentrich-Petschnigg & Partner, Düsseldorf
- Fassadentechnik, Bauphysik, Strömungssimulationen: DS-Plan, Köln
- Technische Gebäudeausrüstung: Ingenieurbüro Nordhorn, Münster

a) Historie – Ausgangslage

31 Das Dreischeibenhaus in Düsseldorf (Abbildung 1.a) gehört zu den bekanntesten Hochhäusern Deutschlands und wurde seinerzeit nach Plänen der Architekten HPP im Jahre 1960 als Firmensitz der damaligen Phoenix-Rheinrohr AG Vereinigte Hütten- und Röhrenwerke fertiggestellt und später durch die Thyssen AG übernommen. Es verdankt seine Bezeichnung seinen drei parallel zueinander stehenden Scheiben (Abbildung 2.a).

Abbildung 1.a): Dreischeibenhaus Düsseldorf, Übereckansicht der Fassade vor der Sanierung

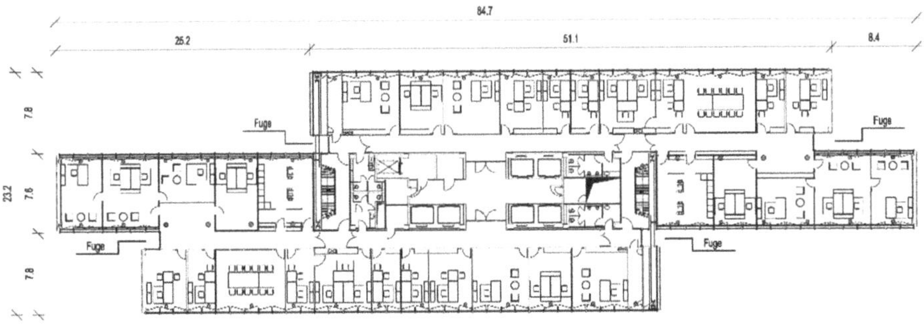

Abbildung 2.a): Dreischeibenhaus Düsseldorf, Grundriss Regelgeschoss

Im Zuge einer erstmaligen Sanierung in den Jahren 1992 bis 1995 wurden die Fassade 32
und die Lüftungs- und Klimaanlage vollständig erneuert.

Nach dem Auszug von ThyssenKrupp im Juni 2010 stand das Dreischeibenhaus 33
lange Zeit leer. Erste Überlegungen, dem Gebäude mittels „Pinselsanierung" oder „Facelifting" neues Leben einzuhauchen, erwiesen sich als nicht marktfähig, so dass das architektonische Wahrzeichen in einen vorübergehenden „Dornröschenschlaf" fiel. Erst durch den Kauf des Gebäudes durch die Hamburger MOMENI Gruppe und Black Horse Investments und deren Vision wurde das architektonische Wahrzeichen wiederbelebt.

Die Zielvorgabe des neuen Eigentümers lautete: „Errichtung zukunftsfähi- 34
ger Büros mit maximaler Nutzerflexibilität und höchstem Büroraumkomfort unter Berücksichtigung der Wirtschaftlichkeit." Zudem sollte das Projekt nach „LEED Gold" zertifiziert werden. Hierzu wurde das Gebäude unter Berücksichtigung des Denkmalschutzes vollumfänglich energetisch, technisch und funktional revitalisiert.

b) Besonderheit Denkmalschutz

aa) Amt für Denkmalschutz kein Gegenspieler, sondern Partner

Die Faktoren **Denkmalschutz** und **Sanierung** werden häufig direkt mit extrem 35
hohen Kosten und negativen Eigenschaften, wie konstruktiv und energetisch nicht zukunftsfähig, in Verbindung gebracht. Das ist definitiv falsch! Neben vielen anderen sanierten denkmalgeschützten Gebäuden ist das Dreischeibenhaus in Düsseldorf ein sehr gutes Beispiel dafür, wie eine Revitalisierung bestmöglich gelingt.

Hinsichtlich der Überlegungen zum Fassadenkonzept wurden hierzu vom Bau- 36
herrn, Architekten und Fassadenplaner frühzeitig intensive Gespräche mit dem Amt für Denkmalschutz geführt. Das Ziel des Denkmalschutzes war der weitestgehende Erhalt der vormals einschaligen und gestalterisch prägenden Fassade. Dabei sollte sich die zukünftig doppelschalige Fassadenkonstruktion – trotz eines energetisch unabdingbaren außen liegenden Sonnenschutzes und der Integration von Fensterflügeln – optisch möglichst kaum vom Original unterscheiden. Als wichtige Abstim-

mungs- und Entscheidungshilfe erwies sich dabei die vom Fassadenplaner im Planungsprozess zeitlich vorgezogene, im Maßstab 1:1 erstellte Fassadendetailplanung sowie die vom Bauherrn auf dieser Grundlage erstellte Gestaltungsmusterfassade, das „Visual-Mock-Up".

Praxistipp
Es zeigt sich immer wieder, dass sich durch eine frühzeitige Einbindung der zuständigen Ämter für Denkmalschutz bezüglich derer berechtigten denkmalpflegerischen Interessen in jeder Hinsicht angemessene Lösungen als Grundlage für zukunftsfähige Sanierung finden lassen. Projektbeispiele von bereits gut umgesetzten denkmalgeschützten Revitalisierungen schaffen Verständnis und großes Vertrauen.

---

c) Entwicklung und Umsetzung einer „Vision"

aa) Status Haustechnik und Fassadenkonstruktion vor der Sanierung

37 Die funktionalen Merkmale und die energetischen Eigenschaften der erstmals zwischen 1992 und 1995 erneuerten Haustechnik und Fassadenkonstruktion entsprachen nicht mehr den heutigen Anforderungen an ein Büro- und Verwaltungsgebäude:

- Keine zu öffnenden Fensterflügel zur natürlichen Be- und Entlüftung der Büroräume.
- Kein außen liegender Sonnenschutz zur wirksamen Reduzierung des sommerlichen Energieeintrags; stattdessen Sonnenschutzglas mit geringer Lichttransmission, welches das Tageslicht in Teilen ausblendet und an trüben Tagen ein frühzeitiges Einschalten der elektrischen Beleuchtung notwendig macht.
- Die vor der Fassade im Brüstungsbereich eingebauten Einzellüftungsgeräte sind energetisch ineffizient und gewährleisten keinen akzeptablen Büroraumkomfort.

38 Die an der Fassade installierten, energetisch völlig überholten Klimageräte der Haustechnik genügten in keinster Weise heutigen Komfortanforderungen. Außerdem beanspruchten die Umluft-Kühlgeräte mit einer Bautiefe von ca. 350 mm wertvolle, bis dahin nicht aktivierbare Mietfläche.

39 Die denkmalgeschützte Fassadenkonstruktion war indes substanziell intakt. Der Erhalt des bestehenden geschossübergreifenden Brandschutzes über die im Brüstungsbereich integrierten Brandschutzpaneele war dabei ein sehr wichtiger Aspekt bei der neu zu entwickelnden Fassadenkonzeption.

bb) Ein zukunftsfähiges Fassadenkonzept, „die Lösung"

40 Zur Lösung vorstehender Aspekte und Probleme hatten die Architekten eine ebenso einfache wie geniale Grundidee. Die erst gerade einmal 20 Jahre alte Vorhangfassade wird im Bestand belassen. Direkt dahinter – also auf der Raumseite – wird eine hochwärmegedämmte Einfachfassade montiert. Die Bestandsfassade als „Sekundärfassadenebene" und die unmittelbar dahinter angeordnete „neue" Fassade als „Primär-

fassadenebene“ fügen sich dabei zu einer energetisch und funktional optimierten **„Kompakt-Doppelschaligen-Fassade“** zusammen.

Die Weiterentwicklung dieser Fassadenkonzeption mit einem schmalen Fassadenzwischenraum und nur geringer Gesamtkonstruktionstiefe basierte auf einer ersten ingenieurtechnischen Prinzipskizze des Fassadenplaners (Abbildung 1.cb). Die in der Skizze bereits dargestellten wesentlichen konstruktionstechnischen Herausforderungen wurde im Rahmen der darauf aufbauenden im Maßstab 1:1 erstellten Fassadendetailplanung perfekt gelöst. (Abbildung 2.cb, 3.cb, 4.cb). 41

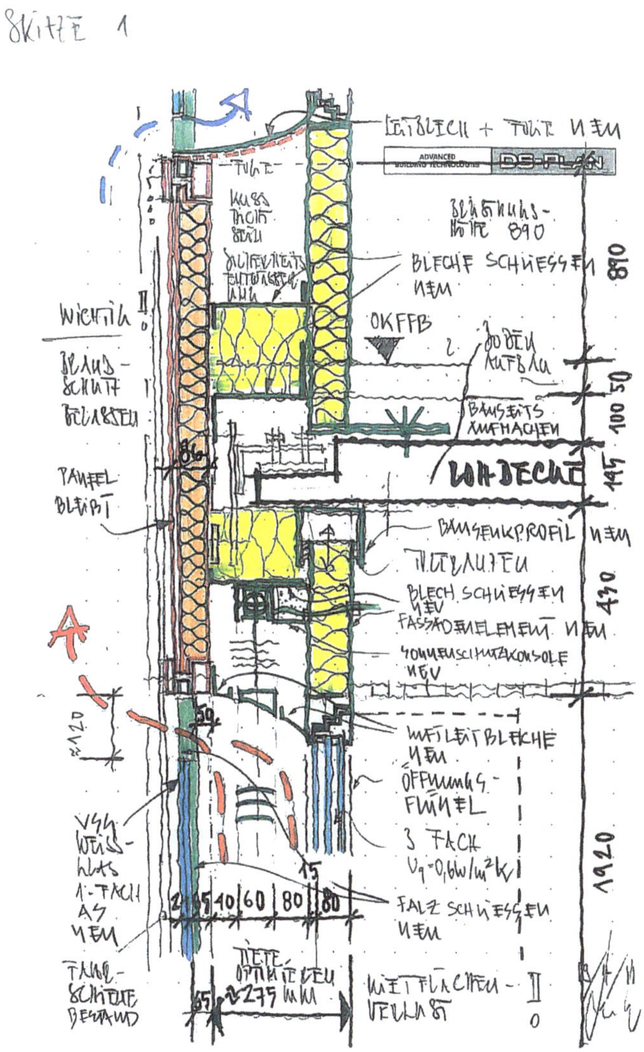

Abbildung 1.cb): Dreischeibenhaus Düsseldorf, Vertikalschnitt „ingenieurtechnische“ Prinzipskizze für die Regelfassade (M. Lutz)

42 Zur Verwirklichung einer zukünftig **freien Lüftung** über die Fensterflügel der Primärfassadenebene wurde die in der Bestandsfassade vorhandene Sonnenschutz-Isolierverglasung gegen eine oben und unten eingekürzte Einfachverglasung im Sinne einer „Prallscheibe“ getauscht. Auf eine tageslichttechnisch nachteilige Sonnenschutzbeschichtung wurde bei den Prallscheiben bewusst verzichtet. Die Luftzirkulation im Fassadenzwischenraum erfolgt somit über die für viele Doppelfassaden typischen horizontalen Öffnungsschlitze in der Sekundärfassadenebene.

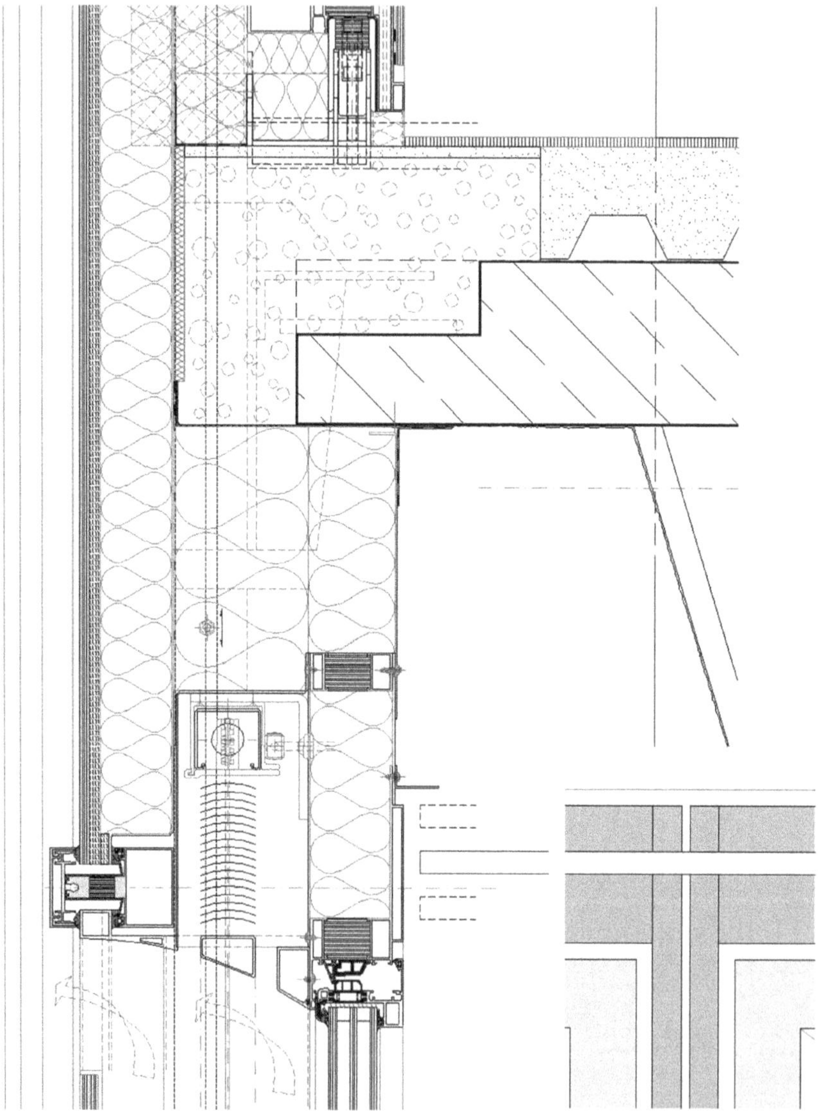

Abbildung 2.cb: Dreischeibenhaus Düsseldorf, Vertikalschnitt oberer Geschossdeckenanschluss

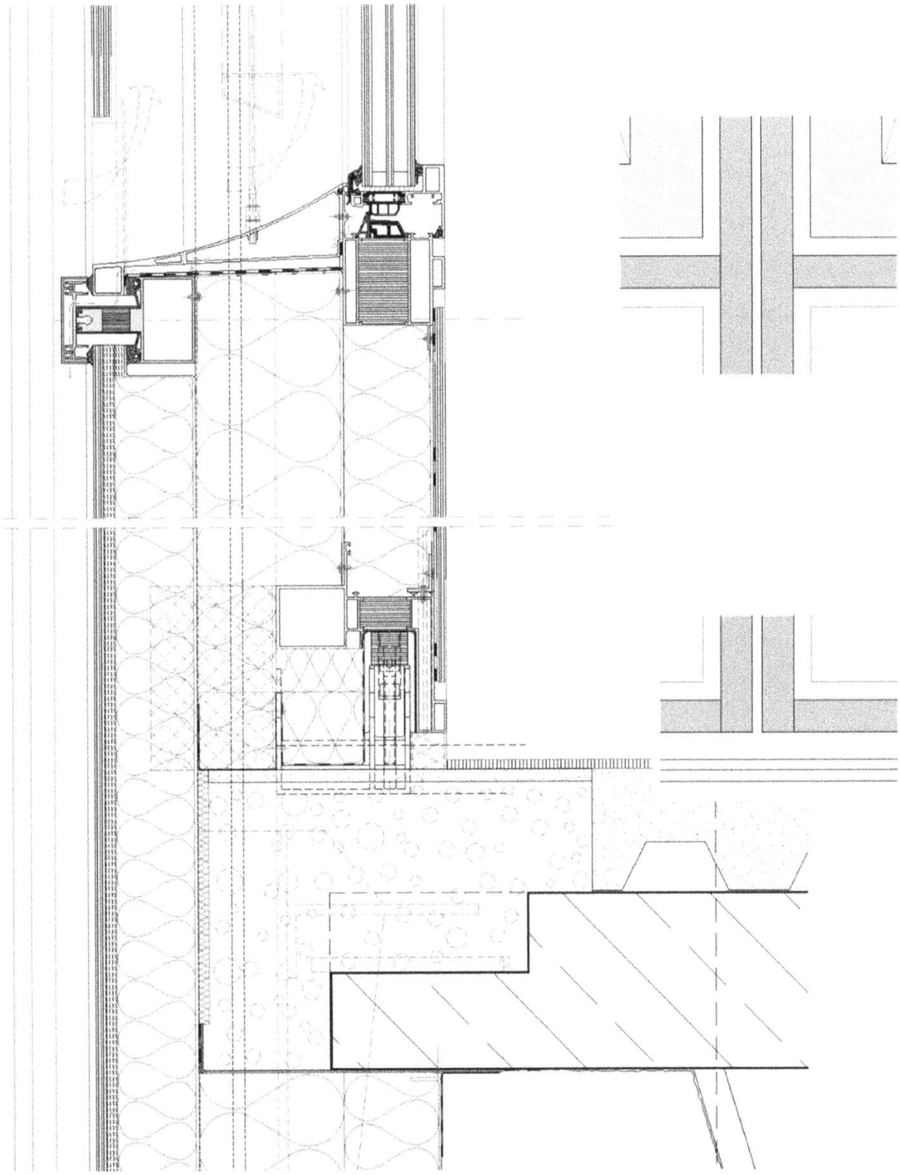

Abbildung 3.cb: Dreischeibenhaus Düsseldorf, Vertikalschnitt unterer Geschossdeckenanschluss

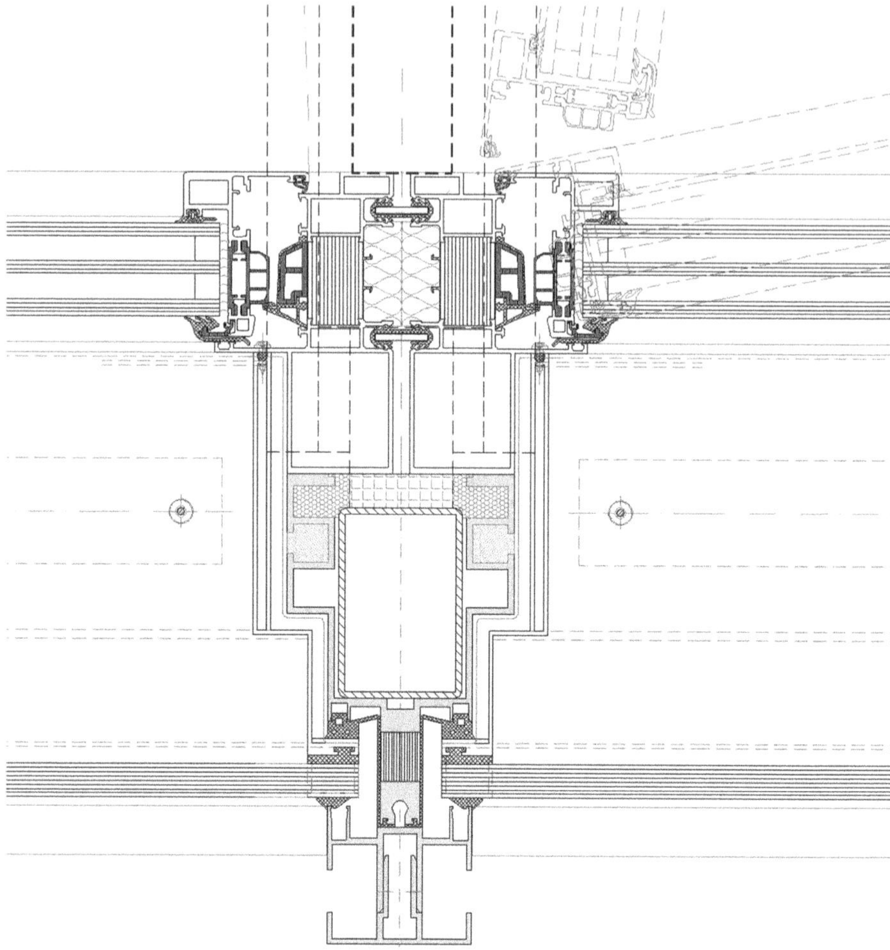

Abbildung 4.cb: Dreischeibenhaus Düsseldorf, Horizontalschnitt Elementstoß verglaster Regelbereich

43 Mittels Strömungssimulation wurden die aerophysikalischen Eigenschaften der zukünftigen Doppelfassade untersucht und im Zuge der Fassadendetailplanung zum Teil nur kleine aber sehr wirkungsvolle konstruktionstechnische Optimierungen vorgenommen.

Praxistipp
Um bei der Planung einer doppelschaligen Fassade bezüglich der energetischen und strömungstechnischen Eigenschaften frühzeitig die notwendige Planungssicherheit zu erlangen, ist es in der Regel unabdingbar, bereits in der frühen Planungsphase eine **Strömungssimulation** für die Fassade durchführen zu lassen. Häufig lassen sich nur auf Basis der Simulationsergebnisse aerophysikalisch und somit energetisch sinnvolle und/oder notwendige konstruktionstechnische Optimierungen an der Fassadenkonstruktion erkennen und vornehmen.

Die wind- und witterungsgeschützt im durchlüfteten Fassadenzwischenraum angeordneten Aluminium-Raffstore-Anlagen tragen ganz wesentlich zum sehr guten sommerlichen Wärmeschutz bei. Der Gesamtenergiedurchlassgrad aus der äußeren Prallscheibe, dem Lamellen-Raffstore und der Dreifach-Isolierverglasung liegt bei $g_{total} \leq 0{,}07$. Zur Freude des Denkmalschutzes liegt der Sonnenschutz wieder in der gleichen Ebene wie vormals in der Bestandsfassade. 44

Hinsichtlich des winterlichen Wärmeschutzes setzt die Doppelfassade ebenfalls Maßstäbe. Die Anforderungen der seinerzeit gültigen EnEV 2009 werden um mehr als 30 % unterschritten. In der Primärfassadenebene wurden Aluminium-Rahmenkonstruktion mit U_f-Werten von ≤ 1,5 W/m²K und eine Dreifach-Wärmeschutz-Isolierverglasung mit U_g-Werten von ≤ 0,7 W/m²K ausgeführt. Die vollflächig mit Mineralfaser ausgedämmten und hinsichtlich des Flächenanteils relativ großen Brüstungs- und Sturzbereiche der Primärfassade ergeben zusammen mit den vorhandenen Brüstungspaneelen der Bestandsfassade einen U-Wert von ≤ 0,16 W/m²K. 45

cc) Smarte energieeffiziente Haustechnik

Die ursprünglich zentral organisierte und aus heutiger Sicht völlig überholte Haustechnik wurde hinsichtlich der zukünftigen Anforderungen sowie im Sinne einer maximalen Flexibilität auf eine geschossweise dezentrale Lösung verändert und vollständig erneuert. Selbstverständlich für die Nutzer mit individueller Bedienbarkeit von Kühlung, Heizung und Licht. 46

Aufgrund der hochwärmedämmenden Fassade konnte auf herkömmliche Heizkörper an der Fassade verzichtet werden. 47

Durch den gänzlichen Entfall der vormals an der Fassadenbrüstung installierten Umluft-Kühlgeräte und durch die Verlegung der Haustechnikkomponenten in bzw. hinter die abgehängte Decke, konnten außerdem – und dies obwohl auf der Raumseite die neue Primärfassadenebene hinzugefügt wurde – zur großen Freude des Bauherrn über 500 m² Mietfläche gewonnen werden. 48

d) Fazit

Durch die Revitalisierungsmaßnahmen am Dreischeibenhaus in Düsseldorf wurde das architektonische Denkmal wieder vollständig zum Leben erweckt (Abbildung 1.d). Bereits zum Abschluss der Komplettsanierung im Jahre 2015 war das nach LEED Gold 49 zertifiziert Gebäude beinahe vollvermietet. Es erfüllt jetzt sämtliche Anforderungen im Hinblick auf höchsten Büroraumkomfort bei größtmöglicher Flexibilität. Das Beispiel zeigt eindrucksvoll, wie ein sinnvoller Sanierungsgrad – in diesem Fall eine Komplettsanierung – ein Bestandsgebäude nicht nur wieder marktfähig, sondern vielmehr zu einem zukunftsweisenden Büro- und Verwaltungsgebäude werden lässt. Eine Ikone setzt ca. 55 Jahre nach dem ursprünglichen Baubeginn nochmals Maßstäbe.

Abbildung 1.d): Dreischeibenhaus Düsseldorf, Foto nach Abschluss der Revitalisierung. © MOMENI

Einck

2 Nordzucker in Braunschweig, Sanierung im laufenden Betrieb

„Fassadensanierung im laufenden Betrieb, ...die Königsdisziplin“ 50

Beteiligte:
Bauherr: Nordzucker AG, Braunschweig
Architekten: Hirsch Architekten, Hildesheim
Fassadentechnik, Bauphysik, Energiedesign, Strömungssimulationen: DS-Plan, Köln

a) Ausgangslage und Anforderungen des Nutzers

Es ist nicht immer möglich, dass bei einer anstehenden Sanierung die in einem 51
Gebäude arbeitenden Nutzer zwischenzeitlich schnell und umstandslos auf alternative Standorte ausweichen können. In solchen Fällen bleibt nur eine Revitalisierungsvariante übrig, während der die Nutzer vor Ort weiterarbeiten. Eine derartige „Operation am offenen Herzen“ verlangt von Architekten, Planern und ausführenden Firmen viel Einsatz und Erfahrung sowie ausgesprochenes Fingerspitzengefühl. Der Bauherr und die Nutzer müssen ebenfalls frühzeitig und umfassend über die Besonderheiten sowie mögliche Einschränkungen im Zuge einer derartigen Maßnahme beraten und aufgeklärt werden.

Bei der Fassadensanierung der in den 1960er-Jahren in zentraler Lage von Braun- 52
schweig errichteten Hauptverwaltung der Nordzucker AG (Abbildung 1.a) war die Ausgangslage so. Für die rund 250 Mitarbeiter in dem Gebäude gab es keine Ausweichmöglichkeiten. Die Vorgabe des Bauherrn war daher: „Die notwendige Fassadensanierung muss im laufendem Betrieb passieren“.

Abbildung 1.a): Nordzucker Braunschweig, Bild Straßenecke vor der Fassadensanierung

53 Eine projektspezifische Besonderheit bestand außerdem darin, dass der Bauherr erst wenige Jahre zuvor eine Runderneuerung der raumlufttechnischen Anlagen und eine Erneuerung des Ausbaus realisiert hatte. Bei der jetzt, nur wenige Jahre später, als notwendig analysierten „nachträglichen" Fassadensanierung musste das Sanierungskonzept nach den Vorstellungen des Bauherrn so entwickelt werden, dass ein vollständiger Erhalt des neuwertigen Ausbaus bis hin zum Teppichboden – sozusagen bis wenige Millimeter vor die Fassade – sichergestellt ist.

54 Im Zuge der Entwicklung der neuen Fassade war für den Nutzer von elementarer Bedeutung, nach der Sanierung einen optimal wirksamen Sonnenschutz mit einem guten Energie-Abminderungsfaktor (f_c-Wert ≤ 0,2) zu haben. In der Vergangenheit mussten insbesondere in den Sommermonaten die hohen solaren Lasten energieaufwändig weggekühlt werden.

55 Ungeachtet der bereits vorhandenen raumlufttechnischen Anlage bestand eine weitere Zielsetzung des Bauherrn darin, dass zur deutlichen Verbesserung des individuellen Nutzerkomforts die neue Fassade zukünftig über einfach bedienbare Öffnungsflügel verfügen soll, und zwar auch an den zum Teil mit erheblichem Verkehrslärm belasteten Straßenseiten.

56 Aufgrund der vielfältigen, zum Teil äußerst anspruchsvollen Anforderungen galt es daher von Anfang an, im Rahmen der Entwicklung der Sanierungslösung für die Fassade sowohl die besonderen planerischen als auch die logistischen Herausforderungen entsprechend mit einzubeziehen.

b) Maßgeschneidertes Konzept zur Fassadensanierung

aa) Fassadenkonzeption für eine schnelle „Baubarkeit"

57 Gemeinsam mit den Architekten und dem Fassadenplaner wurden verschiedene Fassadenkonzepte als Entscheidungsgrundlage für den Bauherrn entwickelt. Bei allen Lösungsvorschlägen mussten architektonische, energetische, funktionale und wirtschaftliche Aspekte gleichermaßen berücksichtigt und dargestellt werden, immer unter der Prämisse, die Sanierung im laufenden Betrieb durchführen zu müssen. So galt es, unter Berücksichtigung der notwendigen temporären raumseitigen Schutzmaßnahmen (z. B. mobile Staubschutzvorhänge usw.), den behutsamen Rückbau – kein Abriss – der Bestandsfassade und das neue Fassadenkonzept exakt so aufeinander abzustimmen, dass die alten Fassadenelemente Stück für Stück demontiert und die neuen Elemente im direkten Nachlauf montiert werden können.

58 Entscheidend für einen zügigen, möglichst reibungslosen Fassadenaustausch aber war, eine **vollelementierte Fassadenkonstruktion** zu entwickeln, bei der die neuen Fassadenelemente jeweils inklusive aller Bestandteile (Rahmen, Glas, Paneele, Sonnenschutz, usw.) vom Fassadenbauer „fix und fertig" angeliefert und nur noch mittels spezieller Befestigungskonsolen an das Gebäude angehängt werden konnten (Abbildung 1.ba und 2.ba).

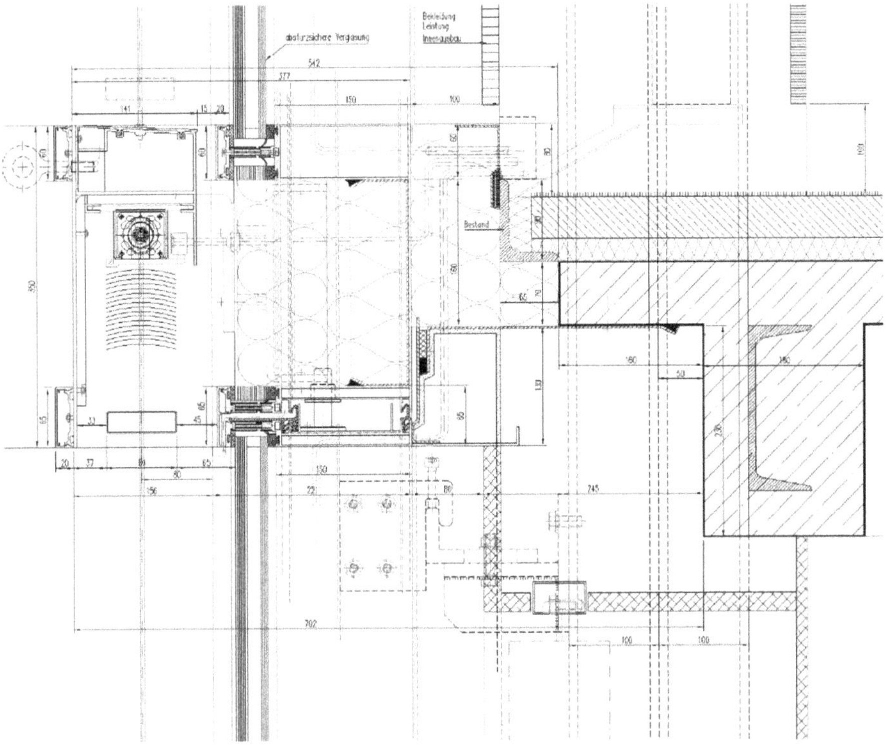

Abbildung 1.ba: Nordzucker Braunschweig, Vertikalschnitt Deckenanschluss neu Fassade

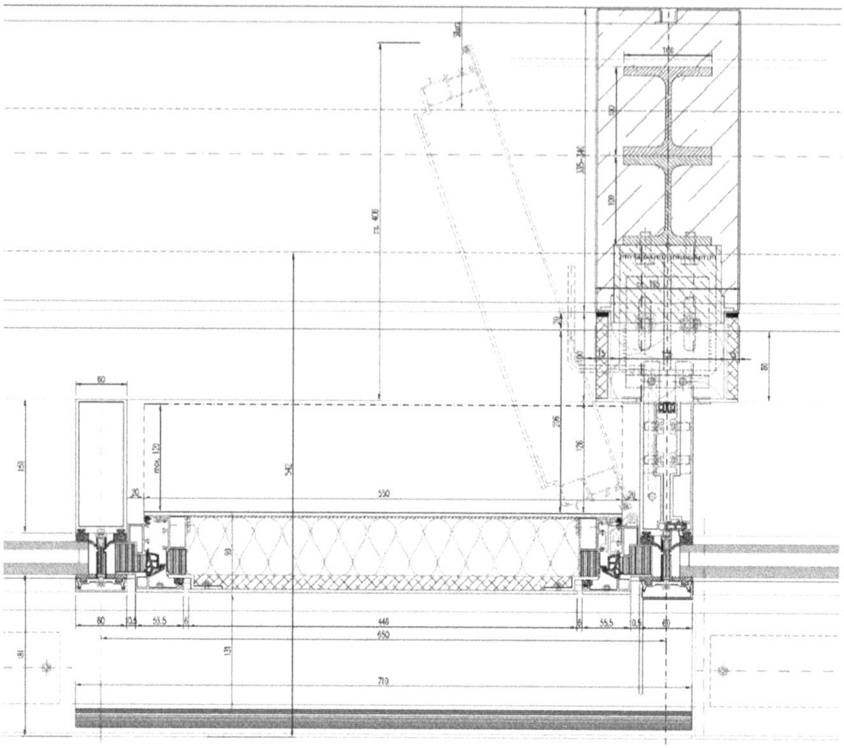

Abbildung 2.ba: Nordzucker Braunschweig, Horizontalschnitt Elementstoß

bb) Wechselwirkungen Haustechnik und Fassade

59 Durch die Anordnung vertikaler Paneel-Einsatzelemente mit integrierten Paneel-Öffnungsflügeln wurde bezüglich des winterlichen und sommerlichen Wärmeschutzes ein ausgewogener Fensterflächenanteil erzielt. Der außen liegende, übergeordnet und auch individuell steuerbare Sonnenschutz als Aluminium-Raffstore mit einer erhöhten Windstabilität von ≥ 14 m/s schützt den Nutzer im Sommer wirkungsvoll vor übermäßigem Energieeintrag und reduziert gleichzeitig den Bedarf an Kühlenergie.

60 Mit Hilfe von thermischen **Simulationen** wurden die energetischen Eigenschaften der neuen Fassade bereits in der frühen Planungsphase auf das Zusammenwirken mit der vorhandenen Haustechnik untersucht. Durch die Fassadensanierung reduzierte sich der Transmissionswärmeverlust über die Fassade um ca. 43 %.

cc) Ermittlung der schalltechnischen Anforderungen der Fassade

61 Die Anforderungen an den Schallschutz gegen Außenlärm wurden dezidiert mittels spezieller Simulationsberechnung untersucht und visualisiert (Abbildung 1.bc). Nur so konnte unter wirtschaftlichen Aspekten eine gezielte Differenzierung schall-

technisch erforderlicher Ertüchtigungen der Fassadenkonstruktion und über eine bereichsweise Ausführungen von Schallschutzgläsern entschieden werden.

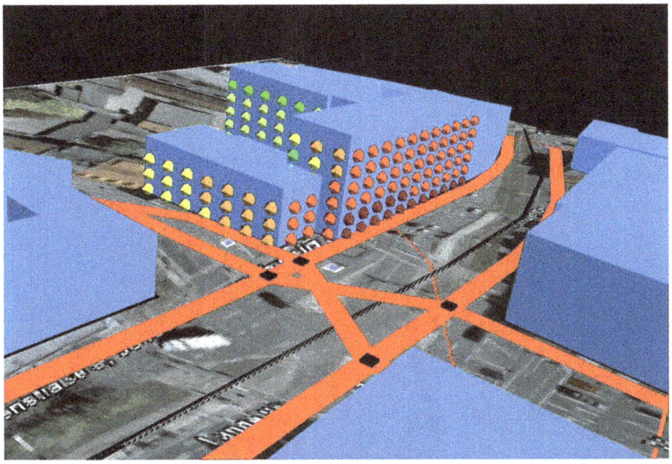

Abbildung 1.bc: Nordzucker Braunschweig, Visualisierung aus Simulationsberechnung zur schalltechnischen Lärmpegelausbreitung

Eine entlang der Straßenseiten im Sinne eines **Teilkastenfensterprinzips** jeweils nur vor den Öffnungsflügeln vorgelagerte einfache Prallscheibe (Abbildung 2.ba), gewährleistet bei freier Fensterlüftung auch hier einen optimalen Schallschutz gegen den starken Verkehrslärm und damit ein Höchstmaß an Komfort. Eine nicht nur wirkungsvolle, sondern gleichermaßen sehr günstige Schallschutzlösung. An den schallabgewandten Fassadenseiten war die Prallscheibe nicht erforderlich, so dass der Bauherr im Einvernehmen mit den gestalterischen Vorstellungen des Architekten auch unter wirtschaftlichen Gesichtspunkten darauf verzichtete. 62

Praxistipp

Bei erhöhtem Außenlärmpegel lassen sich mittels einer Simulationsberechnung die tatsächlichen **Schallschutz**-Anforderungen an eine Fassade sehr viel genauer und differenzierter abbilden. Gemessen an den relativ geringen Kosten für eine derartige **Simulation** ist der **Mehrwert** für den Bauherrn meist signifikant. Schalltechnische Überdimensionierungen der Fassadenkonstruktion werden vermieden. Hierdurch können die Fassadenherstellungskosten oftmals spürbar reduziert werden.

---

c) Fazit

Fassadensanierung im laufenden Bürobetrieb, ganz sicher die „Königsdisziplin“ der Fassadensanierung! 63

Aufgrund des nahezu 100 %igen Vorfertigungsgrades und des bereits im Zuge der Planung akribisch ausgeklügelten Montagekonzeptes konnten die Fassadenelemente beim Projekt Nordzucker in Braunschweig sozusagen im „Stundentakt“ ausgetauscht 64 werden. Eine gelungene „Operation am offenen Herzen" (Abbildung 1.c), auch weil sie für die Nutzer während des laufenden Bürobetriebs nahezu störungsfrei verlief.

Abbildung 1.c: Nordzucker Braunschweig, Straßenansicht nach der Sanierung

3 „The Seven" in München, vollständiger Nutzungswandel

65 „Revitalisierung verwandelt ehemaliges Heizkraftwerk in eine exklusive Residenz"
Beteiligte:
Bauherr/Projektentwicklung: alpha invest Projekt GmbH, LBBW Immobilien GmbH, München
Architekten: Léon Wohlhage Wernik Architekten, Berlin
Fassadentechnik, EnEV-Nachweise: DS-Plan, Stuttgart
Bauphysik: Möhler + Partner Ingenieure AG, München
Technische Gebäudeausrüstung: T.P.I. Trippe und Partner Ingenieurgesellschaft mbH, Leinfelden-Echterdingen

a) Wandel schafft Zukunft, ... einem „Trend" voraus

66 Die Idee der Projektentwicklung war, auf dem inmitten von München an der Müllerstraße gelegenen Gelände eines stillgelegten Heizkraftwerkes eine Wohn- und Büroanlage mit insgesamt über 100 Wohnungen entstehen zu lassen. „The Seven", benannt nach der Hausnummer des Gebäudes.

Ein Abriss des unter Bestandsschutz stehenden, ca. 56 m hohen Maschinenturmes schloss sich von Beginn an aus. Entsprechendes **Baurecht** für eine vergleichbare Kubatur hätte es in dieser exponierten innerstädtischen Lage wohl ohnehin niemals mehr gegeben. 67

Auf Grundlage der Vision und Maßgabe des Bauherrn galt es nach dem Entwurf der Architekten gemeinsam im Planungsteam „exklusive" Wohnungen mit herausragenden energetischen Eigenschaften und einem Höchstmaß an **Behaglichkeit** und **Nutzerkomfort** zu schaffen. 68

Abbildung 1.a: „The Seven" München, Visualisierung mit Blick auf das zukünftige Wohnhochhaus und Teile der Randbebauung

b) Komfortmerkmale bei Wohnhochhäusern

aa) Erfolgsfaktoren einer „Wohnfassade"

Wesentlicher **Erfolgsfaktor** für eine Wohnimmobilie ist neben dem Zuschnitt der Wohnung und deren Ausstattung eine auf Wohnansprüche zugeschnittene **Fassadenkonzeption**. Dabei unterscheidet sich eine „Wohnfassade" hinsichtlich der Komfort- und Nutzungsanforderungen sehr deutlich von denen einer „Bürofassade". 69

Beim „The Seven" galt die Vorgabe des Bauherrn, die vom Boden bis zur Decke verglasten Bereiche **höchstmöglich transparent** auszuführen. Dies sollte auch der Fall sein, wenn der außen liegende Sonnenschutz heruntergefahren ist. Zur indivi- 70 duellen Wahrung der Privatsphäre wurde, wie beim Wohnen häufig realisiert, die Ausbildung von raumseitigen verschiebbaren Flächenvorhängen vorgesehen. Eine weitere fassadentechnische Entwicklungsaufgabe lag darin, dass die Fassade über einfach bedienbare und dabei großzügige Fensterflügel verfügen sollte, welche geöffnet nur möglichst geringfügig in den Raum hineinragen.

71 Die von den Architekten konzipierte, sich an der Lage des Gebäudetragwerks orientierende, opake Grid-Struktur wurde gemeinsam mit dem Fassadenplaner zum integrierten Bestandteil einer vollelementierten Fassade entwickelt. Innerhalb dieser Struktur wurden die Fensterflächen raumhoch transparent ausgeführt. In enger Abstimmung zwischen dem Fassadenplaner und dem Bauphysiker wurde die Elementfassade im Zuge der konstruktionstechnischen Ausarbeitung schrittweise auf ein **wärmeschutztechnisches Topniveau** (U_{cw} nur 0,77 W/m²K) optimiert.

72 Als **Sonnenschutz** wurde in das Fassaden-Grid ein energetisch hochwirksamer Edelstahl-Metallrollladen integriert. Ein System mit ausgezeichneten Sonnenschutzeigenschaften und hochhaustauglicher Windstabilität von ≥ 25 m/s (entspricht 10 Bft.). Für den Nutzer dabei von besonderem **Mehrwert** ist der hervorragende **visuelle Komfort** aufgrund der auch bei heruntergefahrenen Sonnenschutz optimalen Durchsicht (Abbildung 1.ba).

Abbildung 1.ba: „The Seven" München, „Ganz-Glasaussicht" und damit hoher visueller Komfort bei heruntergelassenem Sonnenschutz

Praxistipp
Die Erwartungen der Nutzer an den „visuellen Komfort" von Sonnenschutzsystemen sind erfahrungsgemäß beim Wohnen nochmals deutlich höher als bei einer Büronutzung. Daher ist es ratsam, sich bereits in der frühen Projektphase mit möglichen systemischen Sonnenschutzlösungen zu befassen und diese dem Bauherrn aufzuzeigen. Auf eine ausreichende Windstabilität ist dabei im Hinblick auf eine möglichst hohe Verfügbarkeit des Sonnenschutzes – auch bei hohen Windgeschwindigkeiten – unbedingt zu achten. Vielfach sind projektbezogene Windstudien/-gutachten als Planungsgrundlage sehr sinnvoll.

Um die **Ganzglas-Aussicht** beim „The Seven" möglichst wenig zu beinträchtigen, wurde vom Fassadenplaner gemeinsam mit der später auch beauftragten Fassadenbaufirma ein maximal filigraner **Parallel-Abstell-Schiebeflügel** als Sonderlösung entwickelt. Das Ganze auf Basis eines herkömmlichen Blockflügelsystems als im geschlossenen Zustand flächenbündige Lösung zur seitlich angrenzenden Festverglasung. Die leichtgängige Glas-Schiebetüre mit umlaufender Mitteldichtung erfüllt dabei die Dichtigkeitsklasse 4. Die Absturzsicherung bei geöffneter Schiebetüre wird durch eine äußere Ganzglasbrüstung gewährleistet (Abbildung 2.ba). 73

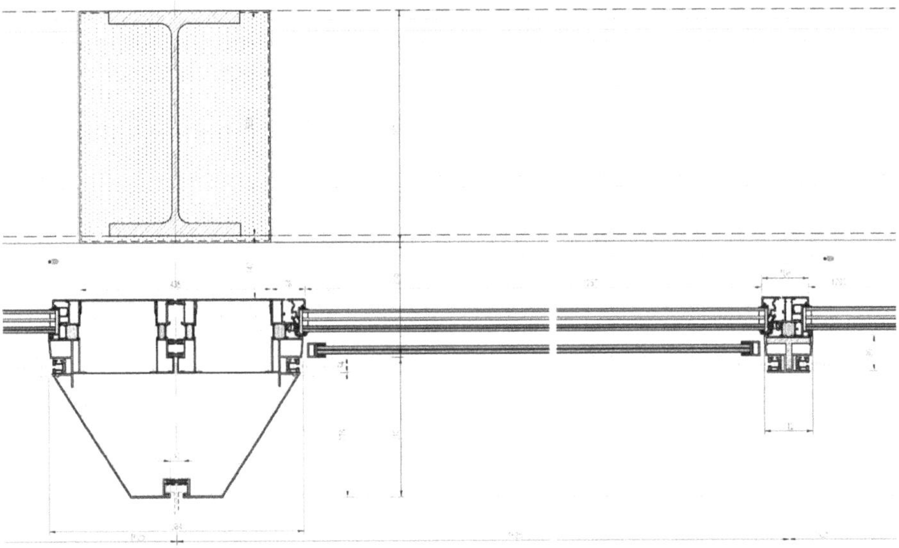

Abbildung 2.ba: „The Seven" München, Horizontalschnitt Regelfassade mit Grid, Schiebetüre und Ganzglasbrüstung

bb) Maßvolle energieeffiziente Haustechnik

Die Anforderungen an das Haustechnikkonzept sind auf die energetisch und funktional hochwertige Fassade genauestens abgestimmt. So werden die Wohnungen mittels energieeffizienter kontrollierter Wohnraumlüftung und kleinen, entlang der Fassade 74 bodenbündig integrierten Heizkonvektoren konditioniert. Eine integrale und äußerst „schlanke“ Lösung.

c) Fazit

75 Mit dem gewählten Umnutzungskonzept des ehemaligen Heizkraftwerks hatte der Bauherr bereits frühzeitig den zunehmenden **Trend** vom **„Wohnen im Hochhaus“** erkannt. Hierbei wurden energetisch und funktional höchste Maßstäbe gesetzt (Abbildung 1.c). Die besondere Qualität und die bestmögliche innerstädtische Lage für die im Jahre 2014 fertiggestellte Wohnnutzung stellen dabei ein ultimatives „Alleinstellungsmerkmal“ dar.

76 An dem Standort dürfen nach derzeitiger Kenntnis keine weiteren Hochhäuser gebaut werden, so dass die oberen Etagen auch dauerhaft einen alleinigen und unverbaubaren 360° Panorama-Blick genießen können. Sicherlich viele gute Gründe dafür, warum im Zuge der Vermarktung für die Wohnungen „astronomische“ Höchstpreise erzielt wurden.[22] [23]

---

22 Lutz/Einck, DETAIL Green 2013, 54–61 Institut für internationale Architektur-Dokumentation/Lutz/Einck, Edition DETAIL 2015, 46–53.
23 Weller/Tasche/Lutz/Einck, Glasbau 2013, 265–279.

Abbildung 1.c: „The Seven" München, Bild des fertiggestellten Gebäudes in einer nach oben gerichteten Eckperspektive

E Mehrkosten infolge erhöhter energetischer Anforderungen nach verschleppter Mangelbeseitigung durch Bauunternehmer

I Bedeutung für die Praxis

Die **energetischen Anforderungen** an Bauvorhaben werden insbesondere in der Energieeinsparverordnung (EnEV) geregelt.[24]

2 Am 1.5.2014 ist die aktuell geltende Fassung der Energieeinsparverordnung, **EnEV 2014**, in Kraft getreten. Diese sieht gegenüber der vorherigen Fassung, **EnEV 2009**, weiter erhöhte Anforderungen an den **Primärenergiebedarf** und die **Wärmedämmung** von **Neubauten** vor. Ab dem 1.1.2016 wurden diese Anforderungen sowohl für Wohn- als auch für Nichtwohngebäude nochmals erhöht.[25] In diesem Zusammenhang wird daher auch von der „**EnEV 2016**“ gesprochen, in der Sache handelt es sich aber um Vorgaben, die in der EnEV 2014 verankert sind.

3 Auch auf **Bestandsgebäude** können die erhöhten Anforderungen der EnEV in gewissem Umfang zur Anwendung gelangen, und zwar dann, wenn im Rahmen der **Modernisierung/Sanierung** insbesondere von Außenbauteilen umfangreiche Eingriffe in die Gebäudesubstanz erfolgen.[26] Nach den Vorgaben des Energieeinsparungsgesetzes, **EnEG**, wird 2017 eine weitere Novelle der Energieeinsparverordnung, **EnEV 2017**, in Kraft treten. Diese wird den **Niedrigstenergiegebäudestandard** bei **Neubauten** vorsehen, und zwar bei **Behördengebäuden** bereits ab 2019 und bei **privatwirtschaftlich genutzten Gebäuden** ab 2021.[27]

4 Bei **Baumängeln** kann die laufende **Erhöhung** der **energetischen Anforderungen** an Gebäude zu folgendem Problem führen: Erfordert die Mangelbeseitigung einen umfangreichen Eingriff in die vorhandene Gebäudesubstanz, kann dies dazu führen, dass das den Mangel zu verantwortende Bauunternehmen bei der Mangelbeseitigung inzwischen eingetretene strengere energetische Anforderungen beachten muss, auch wenn diese bei der ursprünglichen Errichtung des Gebäudes bzw. von dem betreffenden Bauunternehmenherzustellenden Gewerk noch gar nicht einschlägig waren. Es stellt sich dann die Frage, wer für die dadurch bedingten **Mehrkosten** der **Mangelbeseitigung** einzustehen hat: Der Bauherr oder der zur Mangelbeseitigung verpflichtete Bauunternehmer?

---

24 Detaillierter zur EnEV siehe Kapitel 2 A I Rn 22 ff.

25 Erlaubter Jahres-Primärenergiebedarf sank um 25 Prozent, Wärmeschutz der Gebäudehülle wurde um ca. 20 Prozent verbessert, Primärenergiefaktor für Strom minderte sich.

26 Vgl. Anlage 3 zu §§ 8 und 9 EnEV 2014.

27 Vgl. § 2a Abs. 1 Energieeinsparungsgesetz, EnEG.

Beispiel
In den Jahren 2002 bis 2004 ließ der Eigentümer einer Gewerbeimmobilie das Gebäude umfassend um- und ausbauen. Unter anderem wurde das Flachdach komplett erneuert und mit vielen Glasbauelementen versehen. Die Bauleistungen wurden im Jahr 2004 fertiggestellt und abgenommen. Nach Ingebrauchnahme und Wiedereröffnung des Betriebs traten erhebliche Wasserschäden an diversen Stellen im Inneren des Gebäudes auf. Nach Einholung von Expertenmeinungen ging der Eigentümer davon aus, dass erhebliche Baumängel in der Dachkonstruktion des Gebäudes die Ursache waren. Er forderte das verantwortliche Dachdeckerunternehmen unter angemessener Fristsetzung zur Mangelbeseitigung auf. Das Dachdeckerunternehmen verweigerte jedoch die Mangelbeseitigung und wies jegliche Verantwortung von sich. Der Eigentümer leitete daraufhin mit verjährungshemmender Wirkung ein selbständiges Beweisverfahren ein, das wegen der Komplexität des Mangelsachverhalts erst im Jahr 2012 zu einem Abschluss kam. Der gerichtliche Sachverständige bestätigte, dass erhebliche Baumängel in der Dachkonstruktion die Ursache für die Wasserschäden waren. Die Mangelbeseitigung erforderte eine Kompletterneuerung des Daches, einschließlich der Unterkonstruktion, der Glasflächen, der Dämmschichten etc. Infolge dieses umfangreichen Eingriffs in die vorhandene Gebäudesubstanz fanden auf die Erneuerung des Daches die in der Zwischenzeit erhöhten energetischen Anforderungen der seinerzeitigen EnEV 2009 Anwendung. Zwischen den Parteien entfachte ein Streit darüber, wer die durch die erhöhten energetischen Anforderungen bedingten Mehrkosten zu tragen hat.

II Rechtslage

Der Bauunternehmer ist grundsätzlich verpflichtet, das Bauwerk so herzustellen, 5
dass es die **vertraglich zugesicherten Eigenschaften** hat und nicht mit **Fehlern** behaftet ist, die den Wert oder die Tauglichkeit zu dem gewöhnlichen oder nach dem Vertrag vorausgesetzten Gebrauch aufheben oder mindern.

1 Erhöhung der energetischen Anforderungen zwischen Vertragsschluss und Abnahme

Für die Frage, ob das Bauwerk ordnungs- und vertragsgemäß hergestellt wurde, ist 6
nach der Rechtsprechung des BGH[28] – sofern nicht abweichend vertraglich vereinbart – auf den Zeitpunkt der **Abnahme** abzustellen.[29] Das Bauwerk muss nicht nur den vertraglich vereinbarten Eigenschaften, sondern (mindestens, aber auch nur maximal) den zur Zeit der Abnahme geltenden **gesetzlichen Bestimmungen** und **allgemein anerkannten Regeln der Technik** entsprechen. Dies gilt unabhängig davon, ob sich die Anforderungen gemäß den gesetzlichen Bestimmungen oder nach den allgemein anerkannten Regeln der Technik gegenüber dem Zeitpunkt des Abschlusses des Werkvertrags erhöht oder verringert haben.

28 BGH, Urt. v. 14.5.1998 – VII ZR 184/97 –.
29 Sofern eine Abnahme noch nicht erfolgt ist, ist im Falle einer gerichtlichen Auseinandersetzung der Zeitpunkt des Schlusses der letzten mündlichen Verhandlung in der Tatsacheninstanz maßgeblich.

7 Hiervon zu trennen ist die Frage, wer das diesbezügliche **Kostenrisiko** trägt. Muss der Bauunternehmer, der zur Erfüllung der zwischen **Vertragsschluss** und **Abnahme** gestiegenen **energetischen Anforderungen** verpflichtet ist, auch die damit verbundenen Mehrkosten der Bauleistungen tragen? Durch die Rechtsprechung wurde diese Frage noch nicht entschieden. In der Literatur wird zwar nach Lösungswegen gesucht, das Kostenrisiko „gerecht" zwischen Bauherr und Bauunternehmer zu verteilen, indem etwa auf die **Vorhersehbarkeit** der Änderungen für den Bauunternehmer abgestellt wird.[30] Bejaht man jedoch die Verpflichtung des Bauunternehmers, dass er nur dann vertragsgemäß und mangelfrei erfüllt, wenn er die zum Zeitpunkt der Abnahme geltenden Vorschriften einhält, so hat er – bei konsequenter Anwendung der gesetzlichen Bestimmungen zum Werkvertragsrecht – auch die Zusatzkosten zu tragen, die mit einer Änderung dieser Vorschriften zwischen Vertragsschluss und Abnahme verbunden sind. Denn durch den Werkvertrag wird der Bauunternehmer zur Herstellung des **versprochenen Werkes frei von Mängeln** (§§ 631 Abs. 1, 633 BGB), der Bauherr als Besteller zur Entrichtung der **vereinbarten Vergütung** (§§ 631 Abs. 1, 632 BGB) verpflichtet. Das Bauwerk ist – wie soeben dargestellt – aber nur **mangelfrei** hergestellt, wenn es den zum Zeitpunkt der Abnahme geltenden gesetzlichen Bestimmungen und allgemein anerkannten Regeln der Technik entspricht. Eine etwaige Änderung der gesetzlichen und/oder technischen Anforderungen an die Bauleistung zwischen Vertragsschluss und Abnahme lässt die vereinbarte Vergütung grundsätzlich unberührt.

Praxistipp

Insbesondere bei einem Pauschalfestpreisvertrag ergibt es aus Sicht des Bauunternehmers Sinn, wenn er ausdrücklich im Vertrag regelt, dass er nur diejenigen energetischen Anforderungen zu erfüllen hat, die zum Zeitpunkt des Abschlusses des Vertrages oder jedenfalls zum Zeitpunkt der Erteilung der Baugenehmigung gelten (nachfolgend „Ausschlussklausel"). Ohne eine solche Ausschlussklausel geht er das ernsthafte Risiko ein, dass er auf seine Kosten die ggf. – gegenüber dem zum Zeitpunkt des Vertragsschlusses geltenden – zum Zeitpunkt der Abnahme der Bauleistungen erhöhten energetischen Anforderungen erfüllen muss. Hat er anstehende Änderungen nicht hinreichend in seiner Preiskalkulation bei Vertragsschluss berücksichtigt, kann dies erheblich nachteilige wirtschaftliche Auswirkungen für ihn, jedenfalls für die Rentabilität des betreffenden Bauprojekts haben.

Der Bauherr sollte hingegen darauf achten, dass eine Ausschlussklausel der vorgenannten Art nicht in den Bauvertrag aufgenommen wird. Denn ohne anderslautende ausdrückliche Regelung muss der Bauunternehmer die zum Zeitpunkt der Abnahme geltenden (ggf. erhöhten) energetischen Anforderungen erfüllen. Wurde jedoch eine Ausschlussklausel vereinbart, muss er nur die zu dem festgelegten Zeitpunkt (also z. B. Vertragsschluss oder Erteilung der Baugenehmigung) geltenden energetischen Anforderungen einhalten. Für die Durchführung der zum Zeitpunkt der Abnahme geltenden erhöhten energetischen Anforderungen bedarf es dann eines Nachtrags zum Werkvertrag, dessen Annahme der Bauunternehmer von einer entsprechenden Mehrvergütung abhängig machen wird.

---

30 So insbesondere *Herchen* NZBau 2007, 139 ff.; *Weyer* in: Kapellmann/Messerschmidt/*Weyer* VOB Teile A und B, VOB/B § 13 Mängelansprüche, Rn 51.

2 Erhöhung der energetischen Anforderungen zwischen Abnahme und Mangelbeseitigung

Ändern sich die gesetzlichen Bestimmungen oder die anerkannten Regeln der Technik – wie im Falle des eingangs geschilderten Praxisbeispiels – erst **nach Abnahme**, hat dies für den Bauunternehmer grundsätzlich keine nachteiligen Folgen; seine zum Zeitpunkt der Abnahme mangelfreie Bauleistung bleibt mangelfrei. 8

Etwas anderes gilt dann, wenn seine Bauleistung bei Abnahme mangelhaft war und er nach Abnahme zur **Mangelbeseitigung** verpflichtet ist. In diesem Fall hat er alle Leistungen vorzunehmen, die notwendig sind, um den von ihm zu vertretenen Mangel ordnungsgemäß zu beseitigen und das Bauwerk vertragsgemäß herzustellen; und zwar auch solche Leistungen, die vertraglich nicht vorgesehen waren, aber nun infolge des von ihm zu vertretenden Mangels zur Herstellung des **vertragsgemäßen Zustands** notwendig sind.[31] Dabei hat der Bauunternehmer nicht nur die zum Zeitpunkt der Abnahme geltenden gesetzlichen Bestimmungen und anerkannten Regeln der Technik einzuhalten. Vielmehr müssen die **Mangelbeseitigungsmaßnahmen** ihrerseits mangelfrei sein und dementsprechend den jeweils aktuellen gesetzlichen Bestimmungen und anerkannten Regeln der Technik entsprechen. Beim VOB/B-Vertrag ist dabei der Zeitpunkt der Abnahme der Mangelbeseitigungsmaßnahmen maßgeblich (§ 13 Abs. 5 Nr. 1 Satz 3 VOB/B). Beim BGB-Werkvertrag sehen die gesetzlichen Bestimmungen keine ausdrückliche Regelung zur Abnahme der Mängelbeseitigungsmaßnahmen vor. In analoger Anwendung des § 640 Abs. 1 BGB könnte auch hier eine Pflicht zur Abnahme der Mangelbeseitigungsleistungen angenommen werden.[32] Jedenfalls aber haben die Mangelbeseitigungsmaßnahmen den gesetzlichen Bestimmungen und anerkannten Regeln der Technik zum Zeitpunkt ihrer Fertigstellung zu entsprechen, da sie andernfalls gegen geltendes Recht verstoßen würden. 9

Hiervon zu trennen ist wiederum die Frage, wer das diesbezügliche **Kostenrisiko** trägt. Muss der Bauunternehmer, der im Rahmen der Mangelbeseitigung zur Erfüllung der zwischen **Abnahme** und **Fertigstellung** der **Mangelbeseitigung** gestiegenen **energetischen Anforderungen** verpflichtet ist, auch die damit verbundenen Mehrkosten der Mangelbeseitigung tragen? Hierfür spricht, dass der Bauunternehmer grundsätzlich alle innerhalb der Verjährungsfrist aufgetretenen **Mängel**, die auf seine vertragswidrige Leistung zurückzuführen sind, auf **seine Kosten** zu beseitigen hat. Dabei hat er nicht nur die reinen Mangelbeseitigungskosten, sondern auch die dem Auftraggeber im Rahmen der Mangelbeseitigung entstehenden **Nebenkosten** – wie etwa die Kosten der Koordination mit anderen Gewerken, eines Architekten, dessen Hinzuziehung erforderlich wurde, etc. –[33] zu erstatten, soweit diese zur Vorbereitung und Durchführung der Mangelbeseitigung erforderlich sind. Auch **Schäden** an **sons-** 10

31 BGH, Urt. v. 10.10.1985 – VII ZR 303/84 –; BGH, Urt. v. 24.4.1997 – VII ZR 110/96 –.
32 So das OLG Stuttgart, Beschl. v. 14.9.2011 – 10 W 9/11 –.
33 BGH, Urt. v. 22.3.1979 – VII ZR 142/78 –.

tigem Eigentum des Bauherrn, die zwangsläufig im Zuge der Nachbesserung entstehen, etwa wenn zur Instandsetzung einer Leitung Anlagen beseitigt oder Wände geöffnet werden müssen, sind vom Bauunternehmen im Wege der Mangelbeseitigung auf seine Kosten zu beheben.[34]

11 Der Bauunternehmer kann auch nicht ohne weiteres die Mangelbeseitigung verweigern, weil ihm die damit verbundenen Mehrkosten wegen **Unverhältnismäßigkeit** nicht zumutbar seien (vgl. § 633 Absatz 2 Satz 3 BGB). Die Rechtsprechung des BGH[35] stellt hohe Anforderungen an ein entsprechendes Verweigerungsrecht des Bauunternehmers. Eine **Unzumutbarkeit** liegt nur dann vor, wenn der mit der Mangelbeseitigung erzielbare Erfolg bei Abwägung aller Umstände des Einzelfalles in keinem vernünftigen Verhältnis zur Höhe des dafür erforderlichen Aufwandes steht. Unverhältnismäßigkeit ist danach in aller Regel nur anzunehmen, wenn einem objektiv geringen Interesse des Bauherrn an einer ordnungsgemäßen vertraglichen Leistung ein ganz erheblicher und deshalb vergleichsweise **unangemessener Mangelbeseitigungsaufwand** gegenübersteht. Hat der Bauherr hingegen objektiv ein **berechtigtes Interesse** an einer ordnungsgemäßen Erfüllung, kann ihm regelmäßig nicht wegen hoher Kosten die Mangelbeseitigung verweigert werden. Dabei kommt es auch nicht auf das **Preis/Leistungsverhältnis** des Vertrages an. Ohne Bedeutung ist auch das **Verhältnis** von **Mangelbeseitigungsaufwand** zum **Vertragspreis.**[36]

12 Grundsätzlich hat der Bauunternehmer daher auch die aufgrund inzwischen erhöhter energetischer Anforderung entstehenden Mehrkosten seiner Mangelbeseitigungsmaßnahmen zu tragen (§ 635 Abs. 2 BGB). Dies lässt sich damit rechtfertigen, dass diese Mehrkosten auf seiner **Vertragsverletzung** beruhen, da er zum Zeitpunkt der Abnahme kein mangelfreies Bauwerk hergestellt hat.[37]

Praxistipp

Der Bauunternehmer hat sämtliche mit den notwendigen Mangelbeseitigungsmaßnahmen verbundenen Kosten zu tragen; auch solche, die infolge inzwischen eingetretener erhöhter energetischer Anforderungen entstanden sind. Wenn er dieses Risiko eingrenzen möchte, sollte er seine Mängelhaftung durch eine individuell ausgehandelte Haftungsbeschränkungsklausel im Werkvertrag begrenzen.

---

3 Erstattung von Mehrkosten der Mangelbeseitigung im Rahmen des Vorteilsausgleichs

13 Hat die Weiterentwicklung der gesetzlichen Bestimmungen und/oder der anerkannten Regeln der Technik zur Folge, dass dem Bauherrn infolge der Mangelbeseitigung

34 BGH, Urt. v. 13.12.1962 – II ZR 196/60 –; BGH, Urt. v. 8.6.1978 – VII ZR 161/77 –.
35 BGH, Urt. v. 4.7.1996 – VII ZR 24/95 –.
36 BGH, Urt. v. 23.2.1995 – VII ZR 235/93 –.
37 So auch das OLG Stuttgart, Beschl. v. 14.9.2011 – 10 W 9/11.

ein Vorteil entsteht, der vertraglich seitens des Bauunternehmens nicht geschuldet war, ist dieser Vorteil grundsätzlich auszugleichen. Hierzu hat die Rechtsprechung die sogenannten Grundsätze zum **Vorteilsausgleich** entwickelt. Das Prinzip des Vorteilsausgleichs besagt, dass ein **Geschädigter** nicht besser gestellt werden soll, als er ohne das **schädigende Ereignis** – also vorliegend die mangelhafte Bauleistung – stünde.[38] Es stellt sich daher die Frage, ob der Bauunternehmer über die Grundsätze des Vorteilsausgleichs einen Teil der ihm im Rahmen der Mangelbeseitigung wegen erhöhter energetischer Anforderungen entstehenden Mehrkosten vom Bauherrn erstattet verlangen kann.

a) Vorteilsausgleich „Sowieso-Kosten"

So kann der Bauunternehmer grundsätzlich einen Anspruch auf Erstattung (eines Teils) der ihm im Rahmen der Mängelbeseitigung entstehenden Mehrkosten geltend machen, wenn im Zuge der Mangelbeseitigung Leistungen erforderlich wurden, die von Anbeginn zur ordnungsgemäßen Bauausführung erforderlich gewesen wären. Unter dem Gesichtspunkt der sogenannten **„Sowieso-Kosten"** muss sich der Bauherr solche Kosten anrechnen lassen, um die das Bauwerk bei **ordnungsgemäßer Ausführung** von vornherein teurer gewesen wäre.[39] 14

Bei der **Bezifferung** der Sowieso-Kosten sind diejenigen Mehrkosten zu ermitteln, um die auch die anfänglichen Baukosten höher gewesen wären, wenn von Anfang an das jetzt vorgesehenen Konzept zur Mangelbeseitigung bereits bei der Bauausführung berücksichtigt und verfolgt worden wäre. Dabei ist auf den Preisstand einer seinerzeit ordnungsgemäßen Errichtung abzustellen. Mehrkosten aus späteren **Preiserhöhungen** sind hingegen grundsätzlich vom Bauunternehmer zu ersetzender **Schaden.**[40] 15

Fraglich ist, ob die Mehrkosten der Mangelbeseitigung wegen nach Abnahme eingetretener Erhöhungen der energetischen Anforderungen an das Bauwerk als Sowieso-Kosten im vorgenannten Sinne zu qualifizieren sind. Hierzu fehlt es an einem entscheidenden Tatbestandsmerkmal. Denn wäre das Bauwerk von Anfang an ordnungsgemäß ausgeführt worden, hätten die **verschärften energetischen Anforderungen** nach den damaligen, zum Zeitpunkt der Abnahme geltenden Bestimmungen ja noch keine Anwendung gefunden. Das Bauwerk wäre also bei ordnungsgemäßer Ausführung nicht von vornherein teurer gewesen. Über den Vorteilsausgleich der Sowieso-Kosten kann der Bauunternehmer daher keinen Erstattungsanspruch gegen den Bauherrn geltend machen. 16

38 BGH, Urt. v. 28.6.2007 – VII ZR 81/06 –.

39 BGH, Urt. v.17.05.1984 – VII ZR 169/82 –.

40 BGH, Urt. v. 23.2.1995 – VII ZR 235/93 –; BGH, Urt. v. 8.7.1993 – VII ZR 176/91 –; vgl. zum Mitverschulden des Bauherrn nachfolgend unter Rn 22 ff.

Praxisbeispiel
Bezogen auf das eingangs geschilderte Praxisbeispiel heißt dies folgendes:
Bei den Mehrkosten auf Grund der erhöhten energetischen Anforderungen, die infolge der verzögerten Mangelbeseitigung durch das Dachdeckerunternehmen entstanden sind, handelt es sich nicht um Sowieso-Kosten. Denn diese Mehrkosten wären bei ursprünglicher ordnungsgemäßer Bauausführung gemäß den damaligen, zum Zeitpunkt der Abnahme im Jahr 2004 geltenden Vorschriften nicht angefallen. Die Bauleistungen wären bei ordnungsgemäßer Ausführung nicht von vorneherein teurer gewesen.

b) Vorteilsausgleich „neu für alt"

17 Neben den vorgenannten Sowieso-Kosten muss sich der Bauherr ferner den „**Abzug neu für alt**" als Vorteil anrechnen lassen.[41] Das Prinzip des Abzugs neu für alt besagt, dass sich der Bauherr den Vorteil entgegenhalten lassen muss, der ihm dadurch entsteht, dass das Bauwerk infolge der Mangelbeseitigungsmaßnahmen zum Beispiel eine deutlich **verlängerte Nutzungsdauer** erhält.[42] Eine solche ist nach der Rechtsprechung des BGH[43] anzunehmen, wenn der Mangel sich verhältnismäßig spät auswirkt und der Bauherr jedenfalls bis zu diesem Zeitpunkt **keine Gebrauchsnachteile** hinnehmen musste.

18 Erfährt das Gebäude durch die Umsetzung der erhöhten energetischen Anforderungen einen **Wertzuwachs**, so dürfte auch dieser wirtschaftliche Vorteil nach den Grundsätzen „Abzug neu für alt" auszugleichen sein. Entsprechendes gilt für die auf den **Lebenszyklus** des Gebäudes bezogenen **reduzierten Energiekosten**, da diese dem Bauherrn ebenfalls einen wirtschaftlichen Vorteil verschaffen.

19 Der Bauunternehmer darf jedoch dadurch, dass das vertraglich geschuldete Bauwerk nicht sogleich, sondern erst später im Rahmen der Gewährleistung erreicht wird, keine Besserstellung erfahren.[44] Eine **Anrechnung** kommt daher nicht in Betracht, wenn der Vorteil auf einer Verzögerung der Mangelbeseitigung durch den Bauunternehmer beruht und sich der Bauherr jahrelang mit einem mangelhaften Werk begnügen musste. Insbesondere aber ist der Bauherr in diesem Fall zu keinem Zeitpunkt in den **Genuss einer mangelfreien Leistung** gelangt, den er sich anrechnen lassen müsste.

20 Dementsprechend kann der Bauunternehmer über das Prinzip des **Abzugs neu für alt** nur dann eine **(Teil-) Erstattung** der mit den inzwischen gestiegenen energetischen Anforderungen verbundenen Mehrkosten der Mangelbeseitigung verlangen, wenn:

41 BGH, Urt. v. 30.6.1997 – II ZR 186/96 –.
42 BGH, Urt. v. 13.9.2001 – VII ZR 392/00 –.
43 BGH, Urt. v. 17.5.1984 – VII ZR 169/82 –.
44 BGH, Urt. v. 17.5.1984 – VII ZR 169/82 –; OLG Karlsruhe, Urt. v. 9.12.1999 – 9 U 185/98 –.

- der Bauherr durch die Umsetzung der erhöhten energetischen Anforderungen einen **wirtschaftlichen Vorteil** erhält (z. B. Verlängerung der Nutzungsdauer des Gebäudes, Wertzuwachs, reduzierte Energiekosten) und
- der Bauherr durch den zu beseitigenden Mangel **bislang keine (wesentlichen) Gebrauchsnachteile** hinnehmen musste.

Praxisbeispiel

Bezogen auf das eingangs geschilderte Praxisbeispiel heißt dies folgendes:
Es verschaffte dem Eigentümer unter dem Gesichtspunkt „neu für alt" keinen Vorteil, dass infolge der verzögerten Mangelbeseitigung im Rahmen der Dacherneuerung erhöhte energetische Anforderungen gegenüber dem ursprünglichen Bauausführungszeitpunkt eingehalten werden mussten. Der Eigentümer kam bis zum Zeitpunkt der Mangelbeseitigung zu keinem Zeitpunkt in den Genuss eines mangelfreien Daches. Dementsprechend war schlicht noch keine anrechenbare Lebensdauer des Daches verstrichen, die sich der Eigentümer hätte anrechnen lassen müssen. Durch die erheblichen Wasserschäden im Inneren des Gebäudes unmittelbar nach Ingebrauchnahme und Wiedereröffnung des Betriebs war der Eigentümer erheblich in der Nutzung des Gebäudes beeinträchtigt. Zudem waren zwar die künftig zu erwartenden Energiekosten durch die Umsetzung der energetischen Anforderungen reduziert. Dem standen jedoch die von Anbeginn infolge der Dachmängel erheblich erhöhten Energiekosten gegenüber. Denn die Durchfeuchtung des Daches, insbesondere auch der Dämmschicht, führte dazu, dass die Dämmwirkung nahezu aufgehoben war; dies wiederum führte zu erheblichen Energiemehrkosten. Die von der Rechtsprechung zum Vorteilsausgleich „Abzug neu für alt" aufgestellten Grundsätze lagen daher nicht vor.

---

4 Mitverschulden des Bauherrn

Eine Beteiligung des Bauherrn an den infolge nach Abnahme eingetretener erhöhter 21
energetischer Anforderung entstandenen Mehrkosten der Mangelbeseitigung kommt ferner grundsätzlich unter dem Gesichtspunkt des **Mitverschuldens** in Betracht, wenn der Bauherr seinerseits zu der Verschleppung der Mangelbeseitigung beiträgt. Nach der Rechtsprechung des BGH[45] kann der Geschädigte den Zeitpunkt der Beseitigung eines Mangels an seinem Bauwerk zwar grundsätzlich selbst bestimmen, muss dabei aber das Interesse des für den Mangel verantwortlichen Bauunternehmers an einer **möglichst kostengünstigen Mangelbeseitigung** berücksichtigen (§ 254 Abs. 2 BGB).

Allein die Feststellung, dass der Bauherr zur Verzögerung der Mangelbeseitigung 22
beigetragen hat und die energetischen Anforderungen inzwischen gestiegen sind, rechtfertigt jedoch noch nicht die Annahme, dass der Bauherr gegen seine **Schadensminderungspflicht** verstoßen hat. Die Frage, ob der Bauherr gegen seine Schadensminderungspflicht verstößt, lässt sich vielmehr nach der vorgenannten Recht-

45 BGH, Urt. v. 22.1.2004 – VII ZR 426/02 –, zur Beteiligung des Bauherrn an den Mehrkosten der Mangelbeseitigung infolge inzwischen gestiegener Baukosten wegen Verletzung seiner Schadensminderungspflicht.

sprechung des BGH nur unter Berücksichtigung aller maßgebenden Umstände des Einzelfalls beantworten:[46]

- an, die ab dem **Zeitpunkt** eingetreten sind, ab welchem dem Bauherrn die **Mangelbeseitigung möglich** und **zumutbar** war.
- Des Weiteren ist die auf den Bauherrn tatsächlich zurückzuführende **Schadenserhöhung** zu **beziffern**. So kann ihm etwa die Steigerung der allgemeinen Lebenshaltungskosten nicht angelastet werden. Ferner sind ihm die von ihm erzielten Vorteile anzurechnen. So sind ihm z. B. **Kreditzinsen**, die bei Aufnahme eines Kredits angefallen wären, gutzuschreiben. Auch sonstige Vorteile könnten zu seinen Gunsten zu berücksichtigen sein, etwa im Bereich der **steuerlichen Gestaltung** der Mangelbeseitigung.
- Steht auf Grund einer solchen **Gesamtbetrachtung** eine durch den Bauherrn wegen verzögerter Mangelbeseitigung eingetretene Schadenserhöhung fest, so setzt ein Verstoß gegen die Schadensminderungspflicht zusätzlich noch voraus, dass es dem Bauherrn vorwerfbar ist, vorausschauend eine solche Schadensentwicklung nicht erkannt zu haben. Die **Schadenserhöhung** muss für den Bauherrn also **vorhersehbar** gewesen sein.

Praxisbeispiel
Bezogen auf das eingangs geschilderte Praxisbeispiel heißt dies folgendes:
Dem Eigentümer war die Mangelbeseitigung erst nach Beendigung des selbstständigen Beweisverfahrens im Jahre 2012 möglich und zumutbar, da vor diesem Zeitpunkt die Schadensursachen und die notwendigen Mangelbeseitigungsmaßnahmen nicht für beide Parteien verbindlich feststanden. Bei Beendigung des selbstständigen Beweisverfahrens waren die erhöhten energetischen Anforderungen der EnEV 2009 aber bereits eingetreten, sodass dem Bauherrn die damit verbundenen Mehrkosten der Mangelbeseitigung nicht angelastet werden konnten.
Unter dem Gesichtspunkt der Schadensminderungspflicht war hingegen im konkreten Fall darüber hinaus zu überlegen, inwieweit sich das Schadensbild (insbesondere Durchfeuchtung der Dachschichten) dadurch verschärft hatte, dass der Eigentümer keine Interimsmaßnahmen zum Schutz gegen Witterungseinflüsse ergriffen hatte. Wäre infolge dieses Unterlassens die Kompletterneuerung des Daches und damit ein umfassender Eingriff in die vorhandene Gebäudesubtanz im Sinne der EnEV 2009 überhaupt erst erforderlich geworden, so hätte sich der Eigentümer diesen Umstand wegen Verletzung seiner Schadensminderungspflicht anrechnen lassen und die dadurch bedingten Mehrkosten für die Umsetzung der erhöhten energetischen Anforderungen selbst tragen müssen.
Wäre jedoch die Kompletterneuerung des Daches ohnehin bereits wegen des vom Bauunternehmer zu vertretenen Mangels erforderlich gewesen, so hätten die vom Eigentümer unterlassenen Interimsmaßnahmen das Schadensbild nicht verschärft, sodass das Bauunternehmen insofern von ihm auch keine Erstattung (eines Teils) der durch die erhöhten energetischen Anforderung der EnEV 2009 bedingten Mehrkosten hätte verlangen können.

---

46 BGH, Urt. v. 22.1.2004 – VII ZR 426/02 –.

III Fazit

Liegen die Ursachen für eine inzwischen eingetretene **Verschärfung** der einschlägigen **energierechtlichen Anforderungen** und der damit verbundenen Mehrkosten der Beseitigung eines Mangels an einem Bauwerk allein darin, dass der Bauunternehmer die Mangelbeseitigung (zu Unrecht) verweigert und dadurch massiv verzögert hat, fällt dies in seinen **Risikobereich**; er muss die erforderlichen Maßnahmen auf seine Kosten durchführen. 23

Ein **Erstattungsanspruch** gegen den Bauherrn kommt nur nach den Grundsätzen des Vorteilsausgleichs „**Abzug neu für alt**" sowie ggf. wegen Verstoßes des Bauherrn gegen seine **Schadensminderungspflicht** in Betracht. Sowohl die Annahme des Vorteilsausgleichs als auch des Verstoßes gegen die Schadensminderungspflicht bedürfen jedoch einer sorgfältigen Analyse aller maßgebenden Umstände des Einzelfalls und lassen sich nicht ohne weiteres bejahen. 24

Praxistipp

Die Kosten für Mangelbeseitigungsmaßnahmen können sich durch inzwischen eingetretene Verschärfungen der energetischen Anforderungen massiv erhöhen. Es kann aus Sicht des Bauunternehmens daher durchaus Sinn ergeben, (zunächst) die zur nachhaltigen Beseitigung des in Erscheinung getretenen Schadens notwendigen Maßnahmen umgehend durchzuführen und sich erst im Anschluss über die Kostentragung auseinanderzusetzen. Andernfalls läuft er Gefahr, auch für die Mehrkosten vollumfänglich zu haften, die dadurch entstehen, dass infolge seiner Verzögerung inzwischen erhöhte energetische Anforderungen auf das Bauwerk Anwendung finden.

Umgekehrt kann der Bauherr nicht beliebig die Mangelbeseitigung – etwa durch ein Ersatzunternehmen – „schleifen lassen." Vielmehr muss er die Mangelbeseitigung veranlassen, sobald ihm dies möglich und zumutbar ist. Andernfalls läuft er Gefahr, wegen Verletzung seiner Schadensminderungspflicht für die Mehrkosten der Mangelbeseitigung haftbar gemacht zu werden, die dadurch entstehend, dass infolge seiner Verzögerung inzwischen erhöhte energetische Anforderungen auf das Bauwerk Anwendung finden.

F Grünes Bauen rechtssicher umsetzen Rechtliche Umsetzung

I Vorüberlegungen

1 Jedes Bauprojekt beginnt mit einer **Projektvorbereitungs-/Projektentwicklungsphase.** Fehler und Unzulänglichkeiten in dieser Phase haben oft große Auswirkungen bzw. sind spätere Probleme im Projekt oftmals auf Fehler in der Projektvorbereitungsphase zurückzuführen. Viele spätere Streitigkeiten und Mehrkosten können vermieden werden, wenn die Projektvorbereitungsphase in technischer, wirtschaftlicher und rechtlicher Hinsicht mit der notwendigen Intensität und Gründlichkeit durchgeführt wird, unabhängig davon, ob es sich um einen Neubau oder eine Sanierung bzw. Modernisierung handelt. Im Hinblick auf ein Green Building Projekt kommen nur noch weitere notwendige Vorüberlegungen hinzu.

2 An erster Stelle der Projektvorbereitung steht eine **möglichst konkrete und vollständige Ermittlung des eigenen Bedarfs** (z. B. Anzahl von Räumen, Nutzungszweck, Flächengrößen) **und der bestehenden Randbedingungen** (z. B. öffentlichrechtliche Vorgaben, Projektbudget). Erst auf dieser Grundlage können die wesentlichen Projektziele festgelegt werden.

Praxistipp
Hinsichtlich der Projektziele sollte man bereits festlegen, welche unter allen Umständen erreicht werden sollen (A-Ziele) und welche erforderlichenfalls aufgegeben oder noch anpasst werden können (B-Ziele).

---

3 Ist beabsichtigt, das Projekt als Green Building Projekt zu realisieren bzw. nachhaltig zu bauen, sollten möglichst bereits in der Projektvorbereitungsphase konkrete Ziele definiert werden. Da keine einheitliche Definition von Green Building existiert, reicht es nicht aus, festzulegen, dass nachhaltig gebaut werden soll. Jeder Vertragspartner bzw. Projektbeteiligte wird hierunter etwas anderes verstehen. Bei den ersten Vorüberlegungen wird man sich zunächst darüber klar werden müssen, ob lediglich **ausgewählte Einzelziele** (z. B. Einsatz bestimmter nachhaltiger Baumaterialien oder Erreichung bestimmter Energieeffizienzwerte) **oder eine Zertifizierung** des Bauwerks nach DGNB, LEED, BREEAM oder einem anderen System angestrebt werden soll[47]. Im Gegensatz zu selbst gewählten Einzelzielen, stellt die Zertifizierung eine dokumentierte und für die Außenwelt transparente Messbarkeit der Nachhaltigkeit eines Gebäudes dar. Hierbei erfolgt, je nach System, eine mehr oder weniger ganzheitliche Betrachtung und nicht nur eine Fokussierung auf Einzelaspekte, wie Baumaterialen und/oder Energieeffizienzwerte. Eine Zertifizierung kann für den Eigentümer

47 Zu den Unterschieden siehe Kap. 2 C, D.

bzw. Investor insbesondere Vermarktungsvorteile bringen. Für die Erlangung eines Gütesiegels nach einem Zertifizierungssystem muss das Projekt bei den system- und nutzungsabhängig definierten Bewertungsmerkmalen eine bestimmte Punktzahl erreichen. Eine niedrige Punktzahl bei einzelnen Bewertungskriterien kann hierbei regelmäßig durch höhere Punktzahlen bei anderen Bewertungsgesichtspunkten kompensiert werden. Der Bauherr kann daher bei einer Zertifizierung des Gebäudes in gewissem Umfang entscheiden, welche Einzelaspekte und Bewertungskriterien ihm besonders wichtig sind und diese besonders betonen. Diesen Spielraum gilt es optimal auszunutzen, um für das konkrete Projekt eine adäquates Kosten-Nutzen-Verhältnis zu erreichen.

Praxistipp
Wegen der Komplexität von Bauprojekten, welche durch die angestrebte Zertifizierung noch gesteigert wird, empfiehlt es sich, bereits in der Projektvorbereitungsphase qualifizierte Berater hinzuzuziehen. Die Erfahrung zeigt, dass vermeintliche Einsparungen an Beratungskosten letztendlich zu Mehrkosten für das Projekt führen.

An die Projektvorbereitungsphase schließt sich die eigentliche **Planungsphase** an, in der die Vorüberlegungen erstmals in **zeichnerische Planungskonzepte umgesetzt** werden **und** die **Rahmenbedingungen** weiter **konkretisiert werden**. Der Übergang von Projektvorbereitung zur Vorplanung ist oft fließend. In dieser Phase besteht noch eine hohe Einflussnahmemöglichkeit auf das Projekt. Je weiter die Planung voran schreitet, desto geringer wird die Möglichkeit Anpassungen vorzunehmen und desto höher wird der finanzielle Aufwand hierfür. 4

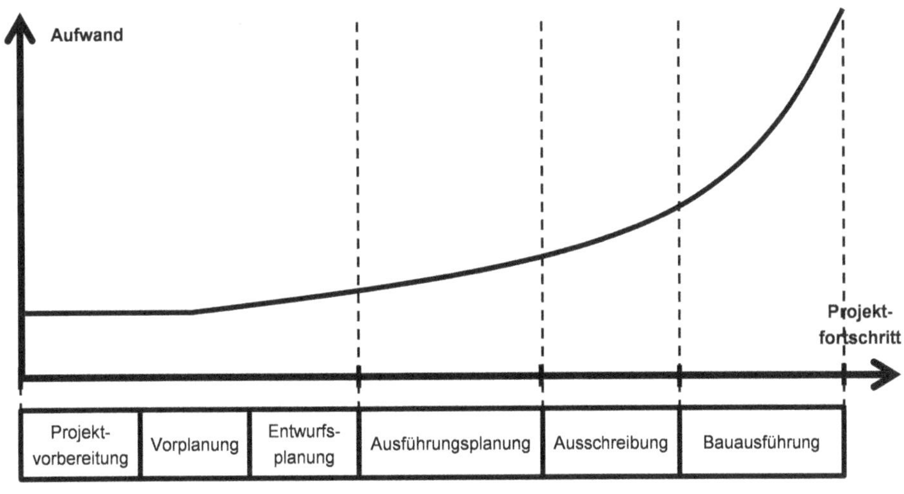

Abbildung 1: Schematische Darstellung zur Erhöhung des Aufwands für Änderungen mit Fortschreiten des Projekts

5 Sowohl bei der Festlegung eigener Projekt- und Nachhaltigkeitsziele als auch bei dem Streben nach einer bestimmten Zertifizierung, sollten die entsprechenden Vorstellungen und **Ziele schon innerhalb der Projektvorbereitung bzw. spätestens bei der Vorplanung definiert** werden. Denn: Je weiter das Projekt voranschreitet, desto höher ist üblicherweise der Aufwand für Anpassungen. Sofern der Bauherr dies bei Projektbeginn versäumt, besteht u. a. die Gefahr, dass er, bei Festhalten an seinen („nachhaltigen") Zielen, mit erheblichen Mehrkostenforderungen der Projektbeteiligten konfrontiert wird bzw. das angestrebte Zertifikat im schlimmsten Fall nicht mehr erlangt werden kann.

6 Es sollte deshalb u. a. frühzeitig entscheiden werden, nach welchem System (DGNB, LEED, BREEAM etc.) das Gebäude zertifiziert, welche Gütesiegel angestrebt werden und welche Einzelkriterien mehr und welche weniger Beachtung finden sollen. Es ist hierbei von Vorteil sich schon in der frühen Planungsphase im Detail mit den verschiedenen Anforderung der Zertifizierungssysteme auseinanderzusetzen, da diese teilweise signifikante Unterschiede aufweisen[48]. Grundsätzlich umfasst Green Building nicht nur die Planung und Errichtung des Gebäudes, sondern darüber hinaus auch dessen Betrieb, Wartung und Demontage. Die für das Zertifizierungsprädikat zu erbringenden Nachweise korrespondieren insofern oftmals mit dem jeweiligen Lebenszyklus des Bauwerks. Dies ist entsprechend zu berücksichtigen.

II Überblick über die Projektbeteiligten

7 Bei jedem Bauvorhaben – ausgenommen kleinere Arbeiten – wird zunächst eine **Planung** erstellt. Diese erfolgt üblicherweise **durch** mehrere **Architekten und Ingenieure**. Diese werden oftmals auch mit der **Überwachung der Bauausführung**[49] (in der Praxis als „Bauüberwachung" bezeichnet) beauftragt. Teilweise werden hiermit aber auch spezialisierte Architekten und Ingenieure beauftragt, die umgangssprachlich auch als „Bauleiter" bezeichnet werden. Die Planungs- und/oder Überwachungsleistungen können auch einem einzigen Auftragnehmer (sog. Generalplaner) übertragen werden. Dies vereinfacht das Projekthandling für den Bauherrn und vermeidet Schnittstellenprobleme sowie etwaige Abgrenzungsschwierigkeiten bei der Haftung. Der Generalplaner beauftragt üblicherweise – soweit es sich nicht um ein größeres Planungsbüro mit Fachleuten aus allen Bereichen handelt – seinerseits Architekten und Ingenieure mit Teilbereichen der Planung und Überwachung.

8 Auf Grundlage der Planung, insbesondere der von den Planern erstellten Leistungsbeschreibungen/Leitungsverzeichnissen, werden Angebote für die **Bauausfüh-**

48 Zu den Unterschieden siehe Kap. 2 D I Rn 1 ff.

49 Die Überwachung der Bauausführung ist Teil der Leistungsphase 8 gemäß HOAI (Verordnung über die Honorare für Architekten- und Ingenieurleistungen).

rung eingeholt und **Bauunternehmer und Handwerker** beauftragt. In vielen Fällen werden die Bauleistungen aus denselben Gründen, die für einen Generalplaner sprechen, auch einem einzigen Unternehmen (sog. Generalunternehmer) übertragen. Teilweise wird dieser auch mit Teilen der Ausführungsplanung (Lph. 5 nach HOAI) beauftragt. Hierdurch soll vor allem das Nachtragspotential niedrig gehalten werden, was aber oft nur eingeschränkt funktioniert. Neben dem Generalunternehmer gibt es auch noch den sog. Generalübernehmer. Während ein Generalunternehmer im Rahmen der Bauausführung zumindest einen Teil der Bauleistungen mit dem eigenen Betrieb erbringt, führt der Generalübernehmer, außer Koordinierungs- und Managementaufgaben, keinerlei Leistungen selbst aus, sondern überträgt diese auf einen oder mehrere Nachunternehmer (Generalunternehmer, Bauunternehmen, Handwerker, Architekten und Ingenieure). Überlässt der Bauherr dem Generalunternehmer bzw. Generalübernehmer neben der Bauausführung auch die gesamte Planung, werden diese teilweise auch als Totalunternehmer bzw. Totalübernehmer bezeichnet[50].

Schließen sich mehrere Architekten und Ingenieure und/oder Bauunternehmen 9
zusammen, um die Planungs- und/oder Bauleistungen gemeinsam zu erbringen, spricht man von einer Arbeitsgemeinschaft (ARGE). Meist handelt es sich um eine Gesellschaft bürgerlichen Rechts (GbR)[51], teilweise auch um eine offene Handelsgesellschaft (OHG)[52]. Die ARGE tritt im Außenverhältnis wie ein Unternehmer auf und wird rechtlich auch so behandelt.

Bei größeren und/oder komplexen Bauvorhaben beauftragt der Bauherr in der 10
Praxis oftmals zusätzlich einen **Projektsteuerer**, dem **Koordinierungs- und Kontrollaufgaben** für die Bereiche **Termine, Kosten und Qualität** übertragen werden. Der konkrete Leistungsinhalt und Leistungsumfang ist nicht standardisiert, sondern unterscheidet sich von Projekt zu Projekt.

Bei einem Green Building Projekt treten ggf. weitere Beteiligte hinzu. Möchte 11
der Bauherr kein Zertifikat, sondern lediglich ausgewählte Nachhaltigkeitsziele verwirklichen, bleibt es bei den vorstehend genannten Beteiligten. Wird ein Zertifikat angestrebt – sei es DGNB, BREEAM oder LEED – ist zunächst der Abschluss eines **Zertifizierungsvertrags mit** der **Zertifizierungsstelle** erforderlich, welche das Zertifikat erteilen soll. Der Bauherr muss hierbei allerdings nicht selbst Vertragspartner sein[53]. Daneben erfolgt regelmäßig die Beauftragung eines **Beraters im Hinblick auf die Zertifizierung**. Für die Erlangung eines DGNB-Zertifikats ist die Einschaltung

50 Diese Begrifflichkeiten sind allerdings nicht feststehend. Von vielen Autoren und Praktikern werden diese ebenfalls als Generalunternehmer bzw. Generalübernehmer bezeichnet.

51 Vgl. KG, Beschluss vom 8.6.2010, 1 W 250/10; BGH, Beschluss vom 21.1.2009, Xa ARZ 273/08.

52 Vgl. OLG Dresden, Urteil vom 20.11.2001, 2 U 1928/01; OLG Frankfurt, Urteil vom 10.12.2004, 21 AR 138/04 – jeweils für eine Bau-ARGE bei Großbauvorhaben.

53 Vgl. Ziffer 1 der Präambel des Muster-Zertifizierungsvertrags des DGNB für Neubau Büro- und Verwaltungsgebäude, Version 2015, auf http://www.dgnb-system.de.

eines solchen Beraters, der dort Auditor genannt wird, zwingend erforderlich[54]. Bei LEED (dort „Accredited Professional“) und BREEAM (dort „Licensed Auditor“) ist die Beauftragung grundsätzlich nicht zwingend, aber allemal zu empfehlen, um die umfangreichen Anforderungen an die Dokumentation zu erfüllen[55]. Der Auditor berät den Bauherrn im Wesentlichen im Hinblick auf die Erreichung des angestrebten Zertifikats, stellt die notwendigen Unterlagen zusammen und führt die erforderlichen Abstimmungen mit der Zertifizierungsstelle durch. Mittlerweile haben sich einige Architekturbüros, Projektsteuerer und sogar Bauunternehmen auf die besonderen Anforderungen des Green Buildings eingestellt und verfügen über eigene Mitarbeiter mit einer Zusatzqualifikation als Auditor. In der Praxis wird die Aufgabe des Auditors daher oft nicht isoliert, sondern zusammen mit den Planungs- und/oder Bauüberwachungsleistungen beauftragt.

III Der Weg zum Zertifikat (am Beispiel DGNB)

12 Strebt der Bauherr ein Zertifikat der DGNB an, ist der Ablauf grundsätzlich wie folgt[56]: Zunächst ist das **Vorhaben** bei der Zertifizierungsstelle der DGNB **verbindlich anzumelden**. Spätestens jetzt muss der Bauherr einen zugelassenen Auditor beauftragen, der ein **Projekt-Audit** durchführt und die erforderlichen Informationen und Unterlagen für eine Prüfung durch den DGNB zusammenstellt.

13 Nach Erreichen und Nachweis des erforderlichen Projektfortschritts[57] und Einreichung der vollständigen Unterlagen führt die DGNB eine **erste** inhaltliche **Prüfung** des Projekts durch und erstellt einen vorläufigen Prüfbericht. Dieser wird – ggf. mit Rückfragen und Anmerkungen – an den Auditor übersandt. Der Auditor erhält Gelegenheit zur **Stellungnahme und Nachreichung** etwaiger unvollständiger bzw. nachgebesserter **Unterlagen**.

14 Daran schließt sich eine **zweite** inhaltliche **Prüfung** und die Erstellung eines abschließenden Prüfberichts durch die Zertifizierungsstelle an. Der entsprechende

54 Vgl. Ziffer 3 der Präambel des Muster-Zertifizierungsvertrags des DGNB für Neubau Büro- und Verwaltungsgebäude, Version 2015, auf http://www.dgnb-system.de.

55 Zur Vereinfachung wird nachfolgend für alle Zertifizierungsberater der Begriff „Auditor“ verwendet.

56 Der Weg zur DGNB Zertifizierung kann im Einzelnen unter http://www.dgnb-system.de/de/zertifizierung/weg-zum-zertifikat/ und anhand des Musters des DGNB Zertifizierungsvertrags für Neubau Büro- und Verwaltungsgebäude, Version 2015, nachvollzogen werden.

57 Derzeit sind dies gemäß Ziffer 4.1.4 des Musters des Zertifizierungsvertrags für Neubau Büro- und Verwaltungsgebäude, Version 2015: (1) Ausbaustand des Innenausbaus für die Hauptnutzung von mindestens 80 % oder (2) Ausbaustand der Hauptnutzung von mindestens 25 % und Vorlage von schriftlichen Mieterausbauverpflichtungen, die sicherstellen, dass der Innenausbau qualitativ entsprechend der einzelnen Kriterien erfolgt.

Prüfbericht wird wiederum dem Auditor zugleitet, der den Bericht seinerseits prüft und mit dem Bauherren bespricht. Ist der Bauherr mit dem Prüfungsergebnis einverstanden, wird das Projekt dem **Zertifizierungsausschuss** des DGNB zur Bestätigung vorgelegt. Sodann verschickt die DGNB eine **abschließende Ergebnismitteilung** an den Bauherren sowie den Auditor und verleiht, bei positivem Prüfungsergebnis, das entsprechende Zertifikat.

Praxistipp
Der Bauherr kann sich bereits nach Vorliegen der ersten Planungen, vor Baubeginn, ein Vorzertifikat erteilen lassen, das er bei der Vermarktung nutzen kann.

IV Verträge

15 Zur Umsetzung des Vorhabens schließt der Bauherr mit den Projektbeteiligten entsprechende Verträge ab. Wie bei allen Verträgen, ist für einen wirksamen Vertragsschluss grundsätzlich eine Einigung der Vertragsparteien zu allen wechselseitig vorhandenen Regelungswünschen, insbesondere den unverzichtbaren Vertragsinhalten (z. B. welche Leistungen erbracht werden sollen), erforderlich. Alle Verträge sollten zu Beweiszwecken schriftlich abgeschlossen werden. Der beste und sicherste Weg hierfür ist eine Vertragsurkunde zu erstellen, die von allen Vertragsparteien unterzeichnet wird. Die nachfolgende Abbildung 2 gibt einen schematischen **Überblick über die Projektbeteiligten** und deren vertragliche Beziehungen zum Bauherrn bei einem Green Building Projekt mit Zertifizierung. Die hier dargestellten Personenkonstellationen gelten unabhängig davon, ob es sich um einen Neubau oder die Sanierung eines bereits errichteten Gebäudes handelt.

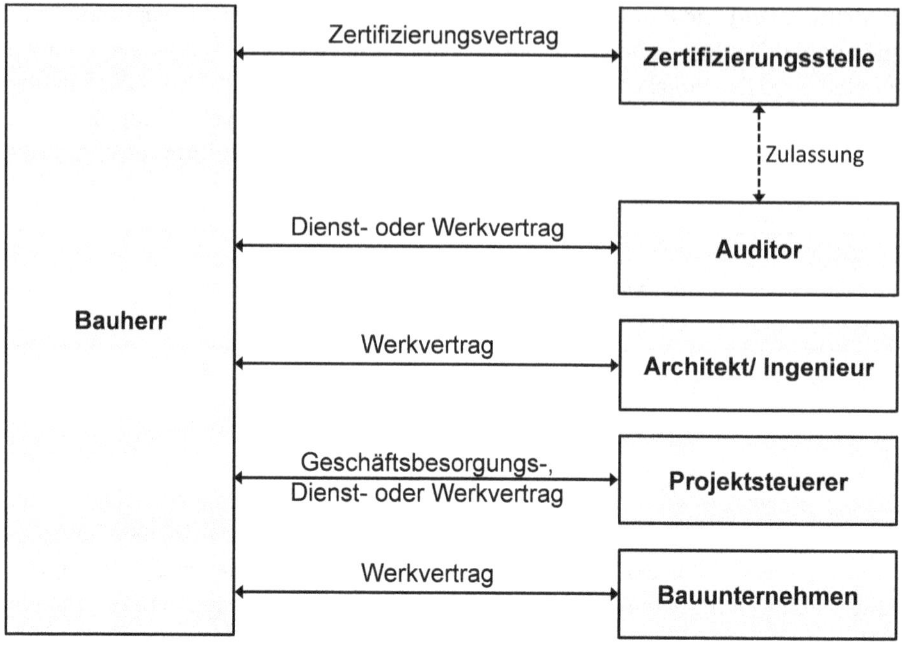

Abbildung 2: Projektbeteiligte und ihre Vertragsverhältnisse

16 Die **häufigste Vertragsform** zur Projektrealisierung ist dabei der **Werkvertrag** (§§ 631 ff. BGB). Der Vertrag mit dem Auditor kann – abhängig von Regelungen zu den Pflichten des Auftragnehmers – **auch** als **Dienstleistungsvertrag** (§§ 611 ff. BGB) ausgestaltet sein. Ein wesentlicher Unterschied zwischen beiden Vertragstypen besteht darin, dass beim Dienstvertrag vereinbart wird, welche Arbeiten in welcher Weise zu erbringen sind. Beim Werkvertrag wird hingegen ein bestimmter Erfolg (z. B. funktionstaugliches Hotel mit 10 Etagen, je 50 Zimmern etc.) geschuldet. Der Weg zur Erreichung dieses Ziels steht dem Auftragnehmer – soweit keine Festlegungen getroffen wurden – beim Werkvertrag grundsätzlich frei. Auf den Projektsteuerungsvertrag kann entweder Dienstvertragsrecht oder Werkvertragsrecht anwendbar sein. Dies gilt auch wenn er als Geschäftsbesorgungsvertrag eingeordnet wird.

17 Da der Bauherr üblicherweise an einem bestimmten Erfolg interessiert ist, wird er regelmäßig auf eine Ausgestaltung als Werkvertrag dringen. In den entsprechenden Werkverträgen sollten mindestens **Regelungen zum Leistungssoll** (Art und Eigenschaften des Werks, Fertigstellungszeitpunkt etc.), **Vergütung**, **Sicherheiten**, **Abnahme, Haftung** und **Versicherung** getroffen werden. Im Hinblick auf die angestrebte Zertifizierung oder Verfolgung nachhaltiger Einzelkriterien sind die Verträge mit den Architekten/Ingenieuren und ausführenden Unternehmen wie nachfolgend dargestellt entsprechend zu ergänzen.

1 Zertifizierungsstelle

Damit ein Zertifikat erteilt werden kann, sind die Registrierung des Projekts und der **Abschluss eines** privatrechtlichen **Zertifizierungsvertrags** mit der Zertifizierungsstelle (z. B. DGNB GmbH) erforderlich. Nachfolgend wird das Vertragsmuster der DGNB GmbH erläutert. 18

Der Vertrag mit der DGNB GmbH kann entweder vom Bauherrn selbst oder – soweit einen Zustimmung des Bauherrn vorliegt – von einem Dritten, z. B. dem planenden Architekten, abgeschlossen werden. In dem Zertifizierungsvertrag werden u. a. 19

- Projektangaben (z. B. voraussichtlicher Fertigstellungstermin, Brutto-Geschossfläche)
- das geplante Nutzungsprofil (z. B. Bestand Büro- und Verwaltungsgebäude, Neubau Hotelgebäude, Neubau Mischnutzung),
- die angestrebte Auszeichnungsstufe (Platin, Gold, Silber),
- die Vergütung/Gebühren,
- Abläufe und Mitwirkungsverpflichtungen,
- das Widerrufsrecht des Zertifikats durch die Zertifizierungsstelle,
- die Vertraulichkeit sowie
- die Haftung der Zertifizierungsstelle

geregelt. Beratungsleistungen der Zertifizierungsstelle sind üblicherweise nicht Vertragsinhalt und erforderlichenfalls zusätzlich zu beauftragen und zu vergüten.

Anhand der Angaben und Unterlagen wird von der Zertifizierungsstelle **geprüft, ob** die erforderliche **Punktzahl zur Erteilung des Zertifikats erreicht** wird (DGNB Konformitätsprüfung). Bestehen bei der Bewertung Beurteilungs- und Ermessensspielräume, hat der Bauherr/Antragsteller keinen Anspruch darauf, dass diese zu seinen Gunsten ausgeübt werden[58]. 20

Die Zertifizierungsstelle führt **in der Regel keine eigene Prüfung der Bauleistungen** vor Ort durch, sondern beschränkt sich darauf, die vom Antragsteller bzw. Auditor übermittelten Angaben und eingereichten Unterlagen zu prüfen. Der **Antragsteller garantiert die Richtigkeit und Vollständigkeit** aller relevanten, gegenüber der Zertifizierungsstelle erfolgten **Angaben und** übersandten **Unterlagen** im Zertifizierungsvertrag[59] und trägt – im Verhältnis zur Zertifizierungsstelle – die Verantwortung, dass eine vollständige bauliche Umsetzung erfolgt. Dementsprechend ist nicht ausgeschlossen, dass das Zertifikat erteilt wird, obwohl die Leistung abweichend von den Angaben bzw. Unterlagen ausgeführt wurde. Falls dies der Zertifizierungsstelle 21

58 Vgl. § 3.1 des Muster-Zertifizierungsvertrags des DGNB für Neubau Büro- und Verwaltungsgebäude, Version 2015, auf http://www.dgnb-system.de.

59 Siehe § 7.4 des Muster-Zertifizierungsvertrags des DGNB für Neubau Büro- und Verwaltungsgebäude, Version 2015, auf http://www.dgnb-system.de.

nachträglich bekannt wird und das Zertifikat bei Kenntnis dieser Umstände nicht oder nicht in der konkreten Weise erteilt worden wäre, kann das Zertifikat widerrufen werden[60].

2 Auditor

22 Bereits bevor das Projekt bei der jeweiligen Zertifizierungsstelle registriert wird, sollte ein Auditor mit einer **Vorabprüfung** im Hinblick **auf die Erteilbarkeit eines Zertifikats** beauftragt werden. Hierfür wird er das geplante Projekt zunächst analysieren und ermitteln, welches Zertifizierungsystem (soweit hierzu noch keine Festlegung vom Bauherrn getroffen wurde) und welche Auszeichnungsstufen grundsätzlich in Betracht kommen sowie welche Maßnahmen und Kosten hierfür voraussichtlich erforderlich sein werden. Bei komplexeren Bauprojekten wird er letzteres regelmäßig nur in Zusammenarbeit mit den Planern leisten können. Für die Erlangung eines Zertifikats muss das Projekt je nach System, Nutzungsprofil und angestrebter Auszeichnungsstufe eine bestimmte Punktzahl bei definierten Bewertungskriterien erreichen. Es besteht ein gewisser Entscheidungsspielraum des Bauherrn, welche Bewertungskriterien mehr oder weniger betont werden sollen. Daneben gibt es meistens projektabhängige Rahmenbedingungen, welche diesen Entscheidungsspielraum maßgeblich beeinflussen bzw. einschränken. Die Beratung des Bauherrn, auf welche Art und Weise die Zertifizierung zu erlangen und was hierbei zu beachten ist, um den **bestehenden Entscheidungsspielraum optimal auszunutzen**, gehört zum Kerninhalt der Leistungen, die dem Auditor übertragen werden sollten.

23 Der Auditor soll den Bauherrn in allen Belangen auf dem Weg zum Zertifikat beraten. Die konkreten Inhalte des Vertrags zwischen Bauherr und Auditor sind grundsätzlich frei vereinbar. Allerdings ergibt sich aus dem **Ablauf des Zertifizierungsverfahrens und** den **Regelungen des Zertifizierungsvertrags** unmittelbar ein **Mindestmaß an Leistungen**, die dem Auditor übertragen werden sollten. Der Zertifizierungsvertrag gilt nur zwischen Bauherr/Antragsteller und der Zertifizierungsstelle. Der Auditor ist nicht Vertragspartei. Die entsprechenden Leistungen sind daher zwischen Bauherr und Auditor im Einzelnen vertraglich zu vereinbaren. Beim DGNB-System sind dies im Wesentlichen:

- Vorabprüfung der Erteilbarkeit des angestrebten Zertifikats
- Anfertigung eines Projekt-Audits
- Einreichen der erforderlichen Unterlagen/Informationen für die Konformitätsprüfung einschließlich Dokumentationsblätter, insbesondere Stellungnahme zum vorläufigen Prüfbericht und Nachreichung von (weiteren bzw. nachgebesserten) Unterlagen.

60 Siehe § 3.1 des Muster-Zertifizierungsvertrags des DGNB für Neubau Büro- und Verwaltungsgebäude, Version 2015 auf http://www.dgnb-system.de.

Daneben können weitergehende Leistungen mit dem Auditor vereinbart werden. 24
Der Bauherr wird häufig eine weitgehend funktionale Beschreibung der Leistungen bevorzugen (analog einer bauvertraglichen Komplettheitsklausel) und den Auditor – möglichst gegen eine Vergütungspauschale – mit einer umfassenden Beratung und Unterstützung auf dem Weg zum Zertifikat zu beauftragen. In der Praxis hat sich bewährt, eine solche **funktionale Beschreibung mit einer Aufzählung der Einzelleistungen zu kombinieren**, die in jedem Fall erbracht werden sollen. Die Aufzählung der Einzelleistungen sollte mit dem Wort „insbesondere" eingeleitet werden. Damit wird klar, dass es sich nicht um eine abschließende Aufzählung handelt.

Klauselmuster

... im erforderlichen Umfang zu beraten und zu unterstützen, insbesondere

- Zusammenstellen der Anforderungen aus Zertifizierungssystemen, Beratung des Auftraggebers bei der Entscheidung für ein Zertifizierungssystem und eine Auszeichnungsstufe
- Durchführung einer Vorabprüfung der Erteilbarkeit des angestrebten Zertifikats
- ...

Der Auditor sollte in solchen Fällen auf eine klare Abgrenzung zu den Leistungen der Architekten und Fachplaner achten, soweit er diese nicht erbringen möchte. 25

Praxistipp

Der Bauherr sollte mit dem Auditor nicht nur Leistungen, sondern auch einen konkreten Erfolg, z. B. Herbeiführung eines bestimmten Zertifikats, vereinbaren.

Soweit dies beide Parteien wollen, kann auch die Ausführung von einzelnen Pla- 26
nungs- und/oder Bauüberwachungsleistungen dem Auditor übertragen werden (z. B. die Erstellung einer Lebenszykluskostenberechnung oder die Kontrolle der Bauüberwachung im Hinblick auf die Ausführung der Bauleistungen anhand der Zertifizierungskriterien). Bei der DGNB ist dies ausdrücklich zugelassen[61]. Bei BREEAM soll der Auditor dagegen keine von ihm erstellten Unterlagen auditieren; so dass der planende Architekt danach als Auditor ausscheidet.

Aus praktischer Sicht ist es sinnvoll im Vertrag zu vereinbaren, dass der **Auditor** 27
sich unmittelbar mit den Planungsbeteiligten abstimmt und insbesondere an den entsprechenden Planungsbesprechungen teilnimmt. Aus Bauherrensicht sollte in den Verträgen allerdings ausdrücklich geregelt werden, dass der Auditor nicht dazu berechtigt ist, ihn rechtsgeschäftlich zu vertreten, insbesondere keine Änderungen oder Zusatzleistungen hinsichtlich der Planung und Bauausführung anordnen darf.

---

61 Siehe Ziffer 3 der Präambel des Muster-Zertifizierungsvertrags des DGNB für Neubau Büro- und Verwaltungsgebäude, Version 2015, auf http://www.dgnb-system.de.

Der Auditor sollte solche Erklärungen/Handlungen seinerseits, insbesondere aus haftungsrechtlicher Sicht, vermeiden.

28 Will der Bauherr zunächst nur prüfen lassen, ob das Projekt für eine Zertifizierung in Betracht kommt, sollte eine stufenweise Beauftragung des Auditors erfolgen:

- Stufe 1: Vorabprüfung der Erteilbarkeit des angestrebten Zertifikats
- Stufe 2: Beratung des Bauherrn bei der Projektdurchführung und Herbeiführung des angestrebten Zertifikats (ggf. inklusive Vorzertifikat) und Durchführung aller weiteren beauftragten Leistungen.

29 Eine solche **stufenweise Beauftragung** hat den Vorteil, dass der Bauherr den Vertrag nicht frei kündigen muss, falls er sich nach dem Ergebnis der Vorprüfung gegen eine Zertifizierung entscheidet. Andernfalls hat der Bauherr – sofern ein Werkvertrag vorliegt – gemäß § 649 BGB auch für die nicht ausgeführten (gekündigten) Leistungen einen Teil der vereinbarten Vergütung zu zahlen. Für die sprachliche Ausgestaltung der Stufenvereinbarung kann man sich an den üblichen Formulierungen in Planerverträgen orientieren (Angebot über alle Leistungen und Stufen; zunächst wird nur Stufe 1 beauftragt; Stufe 2 steht unter der aufschiebenden Bedingung des Abrufs durch den Auftraggeber u.s.w.).

30 Der Bauherr wird regelmäßig daran interessiert sein, dass die Kosten der Bauausführung, welche erforderlich sind, um die Zertifizierung zu erlangen, frühzeitig feststehen bzw. wenn nur ein begrenztes Budget zur Verfügung steht, dieses auch im Hinblick auf die Erreichung des Zertifikats nicht überschritten wird. Dies stellt sich regelmäßig als eine der größten Herausforderungen bei Bauprojekten dar. Solange noch keine Entwurfsplanung oder zumindest Vorplanung vorliegt, lassen sich die voraussichtlichen Kosten nur annähernd ermitteln. Die Erstellung der **Kostenermittlungen gehört zu den klassischen Aufgaben der Architekten und Ingenieure**. Nach Abschluss der Vorplanung wird von diesen eine Kostenschätzung und nach Abschluss der Entwurfsplanung eine Kostenberechnung erstellt. In beiden Fällen handelt es sich jedoch nur um vorläufige Prognosen, die – wie die Praxis zeigt – selbst bei fehlerfreier Ermittlung erheblich über oder unter den tatsächlichen Kosten liegen können. **Im Rahmen** einer frühen **Vorabprüfung** auf Erteilbarkeit eines Zertifikats **wird der Auditor daher kaum verlässliche Angaben machen können**, zumal die planerische Umsetzung nicht zu seinen eigentlichen Aufgaben gehört. Es dürfte aber grundsätzlich auch möglich sein, den Auditor zur Einhaltung von Baukostenobergrenzen (Budgets) zu verpflichten. Die **Einflussnahmemöglichkeiten des Auditors sind** – soweit ihm nicht die Planungsleistungen ganz oder zumindest teilweise übertragen sind – aber sehr **eingeschränkt** und ergeben sich nur aus der Auswahl der „richtigen" Bewertungskriterien für die Zertifizierung. Um sich dagegen abzusichern, dass der Auditor im Hinblick auf eine sichere Erreichung des Zertifikats unnötig hohe Vorgaben macht, sollte im Vertrag ausdrücklich vereinbart werden, dass der Auditor auch die Wirtschaftlichkeit beachten muss.

Klauselmuster
Bei der Erbringung seiner Leistungen hat der Auftragnehmer auf eine hohe Funktionalität und Wirtschaftlichkeit – auch im Hinblick der Lebenszykluskosten – zu achten.

Als Vergütung für die Leistungen des Auditor wird üblicherweise eine Pauschale (z. B. für Stufe 1) und/oder ein aufwandsbezogenes Entgelt (Tages- oder Stundensatz) vereinbart. **Übernimmt der Auditor** Leistungen, welche zu den **Grundleistungen der HOAI** gehören (z. B. die Erstellung einer Vorplanung, einer Entwurfsplanung oder die Bauüberwachung) ist für die vereinbarte Vergütung im Regelfall das **Preisrecht der HOAI maßgeblich**. Aus der HOAI ergibt sich eine Mindest- und eine Höchstvergütung, die für die betreffenden Leistungen nicht unter- bzw. überschritten werden dürfen. 31

Hinsichtlich weiterer vertraglichen Regelungen (Abnahme, Haftung etc.) kann weitgehend auf die üblichen Formulierungen aus Planerverträgen zurückgegriffen werden. 32

3 Architekt und Ingenieure

Zur Verwirklichung eines Bauprojekts benötigt der Bauherr Architekten und Ingenieure. Für den Neubau eines Gebäudes werden im Regelfall die Fachbereiche Gebäudeplanung und Innenräume, Tragwerk und verschiedene Leistungen der Technischen Ausrüstung, insbesondere Abwasser- und Wasseranlagen (Sanitär), Wärmeversorgungsanlagen (Heizung), Lufttechnische Anlagen (Lüftung), Starkstromanlagen (Elektro), beauftragt. Daneben sind ggf. weitere Sonderfachleute (z. B. für Brandschutz, Bauphysik, Geotechnik etc.) erforderlich. Die Verträge mit den Architekten und Ingenieuren sind üblicherweise Werkverträge. 33

Für einen großen Teil der Leistungen der vorgenannten Fachbereiche der Architekten und Ingenieure ist in Deutschland die HOAI bei der Vereinbarung der Vergütung zu beachten[62]. Die **HOAI** ist öffentliches Preisrecht und gibt den Vertragsparteien **hinsichtlich der** in der HOAI definierten **Grundleistungen[63] einen verbindlichen Vergütungsrahmen (Mindest- und Höchstsätze)** vor, der nur in Ausnahmefällen unter- bzw. überschritten werden darf. Verstöße führen zur Unwirksamkeit der Honorarvereinbarung. An die Stelle einer unwirksamen Honorarvereinbarung tritt dann 34

62 Die betreffenden Fachbereiche werden in der Praxis auch als (HOAI-)Leistungsbilder bezeichnet. Die HOAI ist für die Bereiche Flächenplanung, Objektplanung (Leistungsbilder Gebäude und Innenräume, Verkehrsanlagen, Ingenieurbauwerke) und Fachplanung (Leistungsbilder Tragwerk und Technische Ausrüstung) verbindlich. Für die anderen Leistungsbilder ist das Honorar frei vereinbar.

63 Das sind diejenigen Architekten- und Ingenieurleistungen, die aus Sicht des HOAI-Gesetzgebers in den verschiedenen Leistungsbildern zur Ausführung eines Auftrags (z. B. Errichtung eines Bauwerks) im Allgemeinen erforderlich sind. Nach der Systematik der HAOI gibt es daneben noch Besondere Leistungen und Beratungsleistungen abzugrenzen, deren Vergütung frei vereinbart werden kann.

die Mindestsatzvergütung nach HOAI. Die HOAI ist ein sehr komplexes Regelwerk, die in der Praxis häufig falsch angewandt wird.

Fettnapf
In den Anlagen der HOAI sind einzelne Arbeitsschritte (Grundleistungen und Besondere Leistungen) für die vorgenannten Fachbereiche verteilt auf jeweils 9 Leistungsphasen aufgeführt. Diese sind jedoch nicht automatisch Inhalt des Planervertrags. Die Leistungsinhalte und sonstigen Regelungen können und müssen die Vertragsparteien für das jeweilige Projekt einvernehmlich vereinbaren. Die HOAI ist nur Preisrecht! D. h. es wird nur geregelt wie die dort aufgeführten Leistungen zu vergüten sind.

---

35 **Oftmals** wird in der Praxis **keine eigene Leistungsbeschreibung** für den Planer erstellt, **sondern auf** die entsprechenden **Anlagen der HOAI verwiesen**, z. B. Erbringung der Gebäudeplanung gemäß Anlage 10, Leistungsphasen 1 bis 8. Durch die ausdrückliche Bezugnahme auf die Anlagen zur HOAI werden die entsprechenden Leistungen Vertragsinhalt.

36 Für die Besonderen Leistungen sieht die HOAI kein verbindliches Preisrecht vor; ebenso wenig für die in Anlage 1 zur HAOI erfassten Beratungsleistungen (z. B. Bauphysik). Die Aufzählung der Besonderen Leistungen und Beratungsleistungen in der HOAI ist nicht abschließend. Der Planer kann auch mit anderen Leistungen beauftragt werden. Diese unterliegen ebenfalls nicht dem zwingenden Preisrecht der HOAI. Das Preisrecht gilt nur für die Grundleistungen der in der HOAI benannten Leistungsbilder (Gebäude, Tragwerk, Technische Ausrüstung etc.). Um die Erbringung Besonderer Leistungen und Beratungsleistungen im Vertrag zu vereinbaren, wird in der Praxis auch hier oft auf die Anlagen zur HOAI verwiesen. Wegen der oftmals nur rudimentären Bezeichnung der Leistungen in der HOAI sollten im Vertrag Konkretisierungen bzw. sprachliche Ergänzungen erfolgen. Daneben gibt es Veröffentlichungen der AHO[64], in denen Formulierungen für die Vereinbarung von Besonderen Leistungen, Beratungsleistungen und sonstige Leistungen (z. B. für den Brandschutz oder Wärmeschutz und Energiebilanzierung) und deren Vergütung vorgeschlagen werden.

37 Die **Hauptaufgabe** der beauftragten Architekten und Ingenieure besteht darin, ein **mangelfreies und funktionstaugliches Bauwerk entstehen zu lassen**, welches die vereinbarten Beschaffenheitsmerkmale aufweist (werkvertraglicher Haupterfolg). Daneben sind, abhängig von den beauftragten Leistungen, verschiedene Einzel-/Teilerfolge (z. B. Erstellung einer genehmigungsfähigen Planung) geschuldet. Im Falle einer Beauftragung aller Leistungsphasen (1–9) ermitteln und bestimmen der Architekt und die Fachplaner zusammen mit dem Bauherrn die Grundlagen, Vorgaben und Ziele, erstellen auf dieser Basis die Planungsunterlagen, Terminpläne und Kostener-

64 Ausschuss der Verbände und Kammern der Ingenieure und Architekten für die Honorarordnung e. V.

mittlungen, wirken bei der Beschaffung der Baugenehmigungen bzw. Zustimmungen mit, erstellen die Leistungsbeschreibungen, wirken bei der Einholung der Angebote mit, überwachen die Ausführungsleistungen und prüfen, ob sich vor Ablauf der Gewährleistungsfristen Mängel an den Bauleistungen zeigen, deren Beseitigung noch eingefordert werden kann[65].

Praxistipp
Wenn der Bauherr möchte, dass der jeweilige Planer alle Arbeitsschritte einer Leistungsphase ausführt, sollte dies ausdrücklich vereinbart werden. Andernfalls ist der Planer – abhängig von den konkreten Formulierungen – ggf. nur dazu verpflichtet alle erforderlichen Leistungen auszuführen und den Haupt- und die Teilerfolge herbeizuführen.

Will der Bauherr **nachhaltige Einzelziele** (z. B. Verwendung nachwachsender Baumaterialien oder Einhaltung bestimmter Energieeffizienzwerte) erreichen, sollte er diese in den Architekten- und Ingenieurverträgen ausdrücklich **als Planungsziele vereinbaren**. Strebt der Bauherr eine Zertifizierung seines Projekts an, sollte die **Erreichung des jeweiligen Zertifikats** (z. B. DGNB Silber) ebenfalls **ausdrücklich in den Verträgen** mit den Architekten und Ingenieuren **vereinbart** werden. Die Erstellung einer Planung und Leistungsbeschreibung, deren Umsetzung die Anforderungen für die Erteilung des Zertifikats erfüllt, stellt dann einen geschuldeten Erfolg dar. 38

Praxistipp
Sollen die Bauunternehmen und Handwerker auf Grundlage einer funktionalen Leistungsbeschreibung beauftragt werden, sollten die Architekten und Ingenieure – unter Mitwirkung des Auditors und des Bauherrn – zumindest Projektparameter bzw. Eckpunkte für die spätere Bauausführung festlegen.

Sofern eine Zertifizierung erfolgen soll und keine Personenidentität mit dem Auditor besteht, sollte ebenfalls geregelt werden, dass die Architekten und Ingenieure die Hinweise des Auditors bei der Planung zu berücksichtigen haben. Wird im Vertrag hinsichtlich der zu erbringenden Leistungen auf die Anlagen der HOAI verwiesen, gehört zu den Leistungen des Architekten der Gebäudeplanung auch die Koordinierung und Integration der an der Planung fachlich Beteiligten. Der Auditor ist ein solcher „fachlich Beteiligter“. Der **Architekt hat** deshalb die **Zertifizierungsvorgaben des Auditors** einerseits **in seiner Gebäudeplanung zu berücksichtigen und** anderseits auch die **erforderlichen Abstimmungen mit den anderen Fachplanern zu koordinieren.** Der Architekt ist als Gebäudeplaner insoweit die „Schaltzentrale“ bei der alles zusammenläuft. 39

---

65 Dies ist nur eine überschlägige Zusammenfassung der einzelnen Arbeitsschritte der Architekten und Fachplaner aus den Grundleistungen der Leistungsphasen 1 bis 9.

40 Die HOAI sieht in der Fassung 2013 ausdrücklich auch die Tätigkeit des Architekten im Rahmen einer Zertifizierung vor. In Anlage 10 zur HOAI sind in den Leistungsphasen 1 und 2 folgende Besondere Leistungen aufgeführt:

Leistungsphase 1 (Grundlagenermittlung)	Zusammenstellen der Anforderungen aus Zertifizierungssystemen
Leistungsphase 2 (Vorplanung)	Beachten der Anforderungen des vereinbarten Zertifizierungssystems Durchführen des Zertifizierungssystems

41 Damit der Architekt diese ausführt, ist eine Beauftragung dieser Leistungen erforderlich.

42 Das „Zusammenstellen der Anforderungen" und das „Durchführen des Zertifizierungssystems" sind Aufgaben, die üblicherweise der Auditor übernimmt. Der HOAI-Gesetzgeber wollte daher vermutlich[66] den Fall regeln, dass der Architekt gleichzeitig als Auditor beauftragt wird. In den nachfolgenden Leistungsphasen finden sich keine weiteren Hinweise auf die Zertifizierung. Der Gesetzgeber geht wohl davon aus, dass die einmal in die Planung übernommenen Anforderungen automatisch in den späteren Planungsphasen weiter berücksichtigt werden. Die „Durchführung der Zertifizierung" erfolgt allerdings tatsächlich nicht parallel zur Leistungsphase 2, sondern deutlich später[67]. Im Zeitpunkt der Ausführung der Leistungsphase 2 (Vorplanung) ist allenfalls eine Vorzertifizierung denkbar. **Bei** einem **entsprechenden Verweis im Architektenvertrag auf Anlage 10 zur HOAI ist** ausdrücklich **klarzustellen**, dass die **Leistungen auch** außerhalb der Leistungsphasen 1 und 2, **in späteren Leistungsphasen zu erbringen sind**. Die Formulierungen in der HOAI lassen einen erheblichen Interpretationsspielraum, welche Leistungen im Einzelnen hierunter fallen. Um etwaige Streitigkeiten zu vermeiden, wird empfohlen, auf eine **Kombination aus funktionaler Beschreibung der zu erbringenden Leistungen und Benennung von Einzelleistungen** zurückzugreifen[68].

43 Auch in den Verträgen mit den Architekten und Ingenieuren sollte – um Überraschungen zu vermeiden – geregelt werden, dass der Auditor nicht dazu berechtigt ist, den Bauherrn rechtsgeschäftlich zu vertreten und insbesondere keine Planungsänderungen oder Zusatzleistungen anordnen darf, welche eine Mehrvergütung der Architekten und Ingenieure auslösen oder die Baukosten verteuern. Damit der Aufwand für den Bauherrn überschaubar bleibt und nicht alle Planungsdetails mit ihm diskutiert werden, kann und sollte **im Hinblick auf die Baukosten eine verbindliche**

66 Auch im Referentenentwurf aus dem Gesetzgebungsverfahren werden diese Besonderen Leistungen nicht erläutert.

67 Bei einer DGNB-Zertifizierung siehe Ziffer 4.1.4 des Muster-Zertifizierungsvertrags des DGNB für Neubau Büro- und Verwaltungsgebäude, Version 2015, auf http://www.dgnb-system.de.

68 Siehe hierzu Rn. 24.

Kostenobergrenze (Budget) vereinbart werden, die nicht überschritten werden darf. Sollte sich im Laufe des Planungsprozesses dennoch herausstellen, dass die Planungsziele (insbesondere das angestrebte Zertifikat) bei Einhaltung des Budgets nicht erreicht werden können, haben die beauftragen Architekten und Ingenieure den Bauherrn hierauf hinzuweisen, Entscheidungsalternativen vorzuschlagen und bei der Entscheidungsfindung zu beraten. Wenn gar nicht anders möglich, kann die Kostenobergrenze dann auch angepasst werden.

Sofern die Architekten und Ingenieure mit den Grundleistungen nach HOAI 44 beauftragt werden und die Vorgaben des Auditors in ihrer Planung lediglich berücksichtigen und umsetzen sollen, löst dies zunächst keinen zusätzlichen Vergütungsanspruch aus. Soll das **Honorar** grundsätzlich, wie in der HOAI vorgesehen, **nach der Kostenberechnungsmethode** ermittelt werden, bestimmt sich die Höhe des Honorars nach den anrechenbaren Kosten. Je höher diese sind, desto höher ist auch das Honorar. Sind für die angestrebte Zertifizierung zusätzliche Maßnahmen erforderlich und erhöhen diese die Baukosten (z. B. durch Einbau höherwertigeren, teureren Materials) oder die Planungsschwierigkeit (und damit die sog. Honorarzone), erhöht sich damit auch das Honorar für den Architekten/Ingenieur. Werden mit dem Architekten/Ingenieur Leistungen vereinbart, die nicht den Grundleistungen in den Teilen 2 bis 4 der HOAI unterfallen, sind die Parteien hinsichtlich der Vergütungsvereinbarung frei. Für diese Leistungen kann unproblematisch eine Honorarpauschale oder auch eine zeitaufwandsbezogene Vergütung vereinbart werden.

Wird grundsätzlich eine Honorarpauschale vereinbart, ist es Verhandlungssache 45 der Parteien, ob wegen der erforderlichen Berücksichtigung der Zertifizierungsvorgaben ein höheres Honorar gezahlt werden soll. **Bei** einer **Pauschalierung** ist aber **immer Vorsicht geboten**, da die Honorarvereinbarung unwirksam ist, wenn das Gesamthonorar die Mindestsätze nach HOAI unterschreitet. Ein zulässiger Ausnahmefall liegt selten vor. Oft tritt die Unwirksamkeit der Honorarpauschale auch erst im Laufe eines Projekts ein, z. B. weil sich die planerische Schwierigkeit oder die Projektkosten aufgrund Wünschen des Bauherrn erhöhen, die Pauschale sich aber nach den vertraglichen Vereinbarungen nicht erhöht.

Entscheidet sich der Bauherr **erst im Laufe des Planungsprozesses oder** sogar 46 noch **später** für eine **Zertifizierung des Projekts**, wird die Planung in den meisten Fällen nochmals überarbeitet werden müssen. Haben die Vertragsparteien ein Honorar nach der Kostenberechnungsmethode gemäß HOAI vereinbart, steht dem Planer in diesem Fall ein **zusätzlicher Honoraranspruch** zu (§ 10 HOAI). Im Falle eines Pauschalhonorars kommt es auf die konkreten vertraglichen Vereinbarungen an, ob der Architekt und die Ingenieure eine Honorarerhöhung verlangen können. Bei umfangreichen Überarbeitungen kann sich ein solcher Anspruch auch ohne vertragliche Regelung, aus § 313 BGB (Wegfall der Geschäftsgrundlage), ergeben.

Wird ein Architekt oder Ingenieur ganz oder teilweise mit den Tätigkeiten als 47 Auditor beauftragt, handelt es sich um eine Besondere Leistung. Die Vergütung hierfür kann frei vereinbart werden (z. B. Pauschale oder Vergütung nach Zeitaufwand).

4 Projektsteuerung

48 Der **Projektsteuerer** nimmt für den Bauherrn Steuerungs- und Kontrollaufgaben, üblicherweise insbesondere im Hinblick auf Informationen, Termine, Kosten und Qualitäten, wahr und **verringert** damit den **eigenen Aufwand des Bauherrn**. Der Projektsteuerungsvertrag kann dabei als Dienstvertrag, Werkvertrag oder Geschäftsbesorgungsvertrag mit dienst- oder werkvertraglichen Pflichten ausgestaltet sein[69]. Auch bei einer Ausgestaltung als Geschäftsbesorgung ist – abhängig von den vereinbarten Pflichten – Dienst- oder Werkvertragsrecht anwendbar.

Praxistipp
Als Bauherr sollte versucht werden, den Vertrag so auszugestalten, dass der Projektsteuerer konkrete Leistungserfolge schuldet, so dass das Werkvertragsrecht anwendbar ist.

---

49 Bis zum Inkrafttreten der HOAI 2009 war die Tätigkeit als Projektsteuerer zumindest in der HOAI erwähnt, aber inhaltlich nicht wirklich geregelt. Die **AHO** hat 1996 ein **Leistungsbild und ein dazugehöriges Vergütungsmodell entwickelt**. Die aktuelle Fassung ist in AHO Heft 9 (Stand Mai 2014) abgedruckt und kann als Hilfestellung für die vertragliche Gestaltung herangezogen werden. Das Leistungsbild nach AHO ist in mehrere Leistungsabschnitte, ähnlich den Leistungsphasen nach HOAI, aufgeteilt. Es gibt fünf Projektphasen – Projektvorbereitung, Planung, Ausführungsvorbereitung, Ausführung und Projektabschluss. Innerhalb dieser Projektphasen werden jeweils Leistungen für folgende Handlungsbereiche aufgeführt:
- Organisation, Information, Koordination und Dokumentation
- Qualitäten und Quantitäten
- Kosten und Finanzierung
- Termine, Kapazitäten und Logistik
- Verträge und Versicherungen

Innerhalb der Handlungsbereiche werden einzelne Leistungen (Grundleistungen und Besondere Leistungen) aufgeführt. Im AHO Heft wird kurz erläutert, welche Tätigkeiten hiervon erfasst sein sollen.

50 Die **AHO Hefte sind nicht verbindlich** und stellen **nur** eine **Empfehlung** dar. Die Vertragsparteien können daher frei entscheiden, welche Leistungen dem Projektsteuerer übertragen werden sollen, ob auf die Beschreibung in AHO Heft 9 zurückgegriffen wird und wie die Leistungen vergütet werden. In der Praxis wird oftmals eine eigene Leistungsbeschreibung erstellt, bei der man sich am AHO-Leistungsbild orientiert. Als Vergütung wird meist eine Pauschale oder ein Tages- bzw. Stundensatz vereinbart.

---

69 BGH, Urt. v. 10. 6. 1999 – VII ZR 215/98, NJW 1999, 3118.

Im Hinblick auf eine angestrebte Zertifizierung des Projekts sollte **im Vertrag festgehalten werden, welches Zertifikat und welche Auszeichnungsstufe** erreicht werden soll (z. B. DGNB Silber). Darüber hinaus ist zu vereinbaren, dass der Projektsteuerer sämtliche vereinbarten Leistungen so zu erbringen hat, dass die angestrebte Zertifizierung erreicht wird. 51

Wird der Projektsteuerer auch mit der Tätigkeit als Auditor beauftragt, sind im Vertrag auch die oben genannten Vereinbarungen (Rn 23 bis 32) zu treffen. 52

5 Bauunternehmen/Handwerker

Für die eigentliche Bauausführung werden Verträge mit Bauunternehmen und Handwerkern, ggf. auch als Generalunternehmer/Generalübernehmer, geschlossen. Die übertragenen Leistungen werden funktional oder detailliert (auch Mischformen kommen vor) in einer Leistungsbeschreibung vereinbart. Die Ausführung erfolgt dann gemäß dieser Leistungsbeschreibung und anhand der Planung des Architekten und der Ingenieure. 53

Der Bauvertrag ist ein Werkvertrag für den die §§ 631 ff. BGB gelten. Der **Auftragnehmer schuldet** daher grundsätzlich die **erfolgreiche (mangelfreie und funktionstaugliche) Errichtung des vereinbarten Bauwerks.** Im Bauvertrag wird häufig vereinbart, dass die VOB/B gelten soll. Man spricht dann auch von einem VOB-Bauvertrag. Die VOB/B ist ein vom DVA[70] geschaffenes Regelwerk, welches, bei Einbeziehung in den Vertrag, die Regelungen des Werkvertragsrechts ergänzt und modifiziert. Die VOB/B ist jedoch kein Gesetz. Die VOB/B-Regelungen unterliegen daher regelmäßig – wenn es sich, wie häufig der Fall, um Allgemeine Geschäftsbedingungen einer der Vertragsparteien handelt und die VOB/B nicht als Ganzes, sondern mit Abweichungen vereinbart wurde – einer AGB-rechtlichen Inhaltskontrolle. Durch die Rechtsprechung wurden zahlreiche Klauseln der VOB/B als unwirksam angesehen. Der Verwender kann sich daher nicht darauf verlassen, dass alle Regelungen der VOB/B wirksam sind. 54

Sollen lediglich **nachhaltige Einzelziele** (z. B. Verwendung bestimmter Baumaterialien) erreicht werden, sind diese **konkret in der Leistungsbeschreibung zu vereinbaren.** Soll das Projekt zertifiziert werden, wird die Leistungsbeschreibung – wenn die Architekten und Ingenieure diese richtig erstellt haben – die entsprechenden bauseitigen Anforderungen bereits berücksichtigen. Handelt es sich um eine funktionale Leistungsbeschreibung ohne detaillierte Vorgaben, genügt im Regelfall die **Vereinbarung, welches Zertifikat erreicht werden soll** (z. B. DGNB Silber). Wie bereits erläutert, ist für Erteilung des gewünschten Zertifikats kein starrer Anforde- 55

70 Der DVA (Deutscher Vergabe- und Vertragsausschuss) ist ein Verein, dem Vertreter aller wichtigen öffentlichen Auftraggeber, Ressorts des Bundes und der Länder, sonstige öffentliche Auftraggeber, kommunale Spitzenverbände und Spitzenorganisationen der Wirtschaft und der Technik, in paritätischer Zusammensetzung angehören.

rungskatalog abzuarbeiten. Vielmehr muss system- und nutzungsabhängig bei den definierten Bewertungsmerkmalen eine bestimmte Punktzahl erreicht werden, wobei in bestimmtem Umfang eine niedrige Punktzahl bei einzelnen Bewertungskriterien durch höhere Punktzahlen bei anderen Bewertungsgesichtspunkten ausgeglichen werden kann. Es gibt daher immer mehrere Möglichkeiten ein Zertifikat zu erlangen. Bei einer rein funktionalen Leistungsbeschreibung, in der dem Auftragnehmer lediglich vorgegeben wird, dass ein bestimmtes Zertifikat erreicht werden soll, kann der Auftragnehmer grundsätzlich allein entscheiden, wie er dieses erreicht und welche Bewertungskriterien er betont. Dies kann für den Bauherrn erheblich nachteilhaft sein. Der Auftragnehmer wird, da die **funktionale Leistungsbeschreibung** auf der Vergütungsseite meist mit einer Pauschalvergütung verknüpft ist, bestrebt sein, das vereinbarte Ziel mit einem möglichst geringen wirtschaftlichen Aufwand – oft zu Lasten der späteren Betriebskosten – zu erreichen. Um diese nachteiligen Folgen zu vermeiden, sollte seitens des Bauherrn versucht werden **zumindest bestimmte Projektparameter bzw. Eckpunkte festzuschreiben**, die der Auftragnehmer einzuhalten hat. Diese Projektparameter/Eckpunkte können unter Mitwirkung des Auditors und der Architekten und Ingenieure in der Planungsphase erarbeitet und den bauausführenden Unternehmen und Handwerkern später mitgegeben werden.

Praxistipp

Der Bauherr sollte – unabhängig von der Detaillierung der Leistungsbeschreibung – in allen Bauverträgen als werkvertraglichen Erfolg vereinbaren, dass das zu errichtende Bauwerk im Zeitpunkt der Abnahme die Anforderungen an die angestrebte Zertifizierung erfüllen muss.

---

56 Der Bauvertrag sollte auch **Regelungen für den Fall** enthalten, **dass sich die Zertifizierungsvorgaben** während der Bau- und Planungsprozesses **ändern.** Wird vereinbart, dass das Bauwerk im Zeitpunkt der Abnahme die Zertifizierungsanforderungen erfüllen muss, hat der Auftragnehmer bei etwaigen Änderungen der Anforderungen seine Bauleistungen entsprechend anzupassen. Ob ihm dafür eine zusätzliche Vergütung zusteht, hängt von den vertraglichen Regelungen ab. Wurde nichts vereinbart, soll der Auftragnehmer nach einer in der Baurechtsliteratur vertretenen Auffassung eine Mehrvergütung geltend machen können, wenn die Änderung unvorhersehbar war[71].

6 Kaufvertrag mit Bauverpflichtung (Bauträger)

57 Beim Kaufvertrag mit Bauverpflichtung (auch Bauträgervertrag genannt) handelt es sich um eine **Kombination** aus **Kauf-** und **Werkvertragselementen**. Durch den

---

71 Kapellmann/Messerschmidt/*Weyer* VOB/B, § 13 Rn 51; Gsell/Krüger/Lorenz/Mayer/*Schmidt* BGB, § 633 Rn 11.

(Grundstücks-) Kaufvertrag verpflichtet sich der Bauträger, dem Käufer das Eigentum an dem zu bebauenden Grundstück zu übertragen (=Übereignung). Darüber hinaus schuldet der Bauträger die Bebauung des zu erwerbenden Grundstücks und erbringt diesbezüglich Werkleistungen in Form von Planungs- und Bauleistungen. Für Letztgenannte gelten insofern die zum Architekten/Planer (Rn 37 bis 41) bzw. Bauunternehmer (Rn 54 bis 56) gemachten Ausführungen entsprechend.

Fettnapf
Ein Grundstückskaufvertrag bedarf zu seiner zivilrechtlichen Wirksamkeit der notariellen Beurkundung, § 311b Abs. 1 Satz 1 BGB. Da diese Formvorschrift – aufgrund der kaufvertraglichen Elemente – auch für den Bauträgervertrag gilt, sollte in der Praxis zwingend darauf geachtet werde, dass alle zwischen dem Bauträger und dem Bauherrn ausgehandelten Vereinbarungen und Verpflichtungen (insbesondere die Leistungsbeschreibung) vollständig beurkundet werden. Ansonsten kann der gesamte Vertrag nichtig sein, u. a. mit der Folge, dass der Bauherr nach Errichtung des Bauwerks keine Mängelrechte geltend machen kann.

V Haftung

Die Haftung der Projektbeteiligten hängt vom jeweiligen Vertragstyp und dem verein- 58
barten Leistungssoll ab.

1 Dienstvertragsrecht

Im **Dienstvertragsrecht** gibt es – anders als im Werkvertragsrecht – **keine Rege-** 59
lungen zu Mängelrechten. Für eine fehlerhafte Tätigkeit haftet der Auftragnehmer daher grundsätzlich nur nach dem allgemeinen Schadensersatzrecht gegenüber dem Auftraggeber, insbesondere gemäß § 280 BGB. Ein Schadensersatzanspruch besteht, wenn der Auftragnehmer seine Haupt- und/oder Nebenpflichten verletzt hat, er dies zu vertreten hat und dem Auftraggeber hierdurch ein Schaden entstanden ist.

2 Werkvertragsrecht

Hingegen sieht das **Werkvertragsrecht** ein **eigenständiges Mängelgewährleis-** 60
tungssystem für Sach- und Rechtsmängel vor, die bei oder nach Abnahme festgestellt werden. Vor der Abnahme kann der Auftraggeber – bis auf wenige Ausnahmefälle, die von der Rechtsprechung entwickelt wurden[72] – Mängelrechte (noch) nicht geltend machen. Bis zur Abnahme kann der Auftraggeber grundsätzlich nur Erfüllung (Fertigstellung des Werks) verlangen. Anders ist dies nur beim VOB-Bauvertrag. Nach

---

72 Siehe hierzu Kniffka/Koeble/*Koeble* Kompendium des Baurechts, 6. Teil Rn 3 f.

§ 4 Abs. 7 VOB/B kann der Auftraggeber bereits vor Abnahme die dort in genannten Rechte geltend machen.

61 Der **Auftragnehmer hat** dem Auftraggeber **das vereinbarte Bauwerk im Zeitpunkt der Abnahme frei von Sachmängeln zu verschaffen.** Das Bauwerk ist frei von Sachmängeln, wenn es die vereinbarte Beschaffenheit aufweist (§ 633 BGB). Soweit keine Beschaffenheit vereinbart wurde, muss das Bauwerk die für die vorausgesetzte Verwendung erforderliche Beschaffenheit aufweisen bzw. sonst sich für die gewöhnliche Verwendung eignen, die bei Bauwerken der gleichen Art üblich ist und die der Auftraggeber deshalb erwarten kann. Ein mangelfreies Wohnhaus muss beispielsweise auch über eine Eingangstür und Fenster verfügen, auch wenn dies nicht ausdrücklich vereinbart sein sollte. Welche Beschaffenheit konkret vereinbart ist, ist durch Auslegung des Vertrags, ggf. auch vorvertraglicher Unterlagen und Zusagen, zu ermitteln. Ohne dass dies im BGB ausdrücklich geregelt ist, hat der Auftragnehmer auch die gesetzlichen und behördlichen Bestimmungen (u. a. die Baugenehmigung inkl. Nachträge) und die anerkannten Regeln der Technik einzuhalten. In der VOB/B ist letzteres ausdrücklich geregelt.

62 Nach der Rechtsprechung des Bundesgerichtshofs werden die konkret vereinbarten Leistungen von der Pflicht überlagert, ein funktionstaugliches (Bau)Werk zu errichten[73], d. h. ein **(Bau)Werk entspricht nicht der vertraglich vereinbarten Beschaffenheit, wenn es nicht die vereinbarte Funktionstauglichkeit aufweist.** Die vereinbarte Funktionstauglichkeit kann sich dabei auch der Natur der Leistung (z. B. muss ein Dach dicht sein, eine Heizungsanlage ausreichend wärmen) und/oder aus den Umständen ergeben. Ist das Bauwerk nicht funktionstauglich, ist eine Haftung des Auftragnehmers grundsätzlich nur dann ausgeschlossen, wenn der Auftraggeber das Risiko der fehlenden Funktionstauglichkeit ausdrücklich oder zumindest konkludent übernommen hat. Eine Risikoübernahme wird in der Rechtsprechung nur dann angenommen, wenn der Auftragnehmer den Auftraggeber über das bestehende Risiko hinreichend aufgeklärt (sog. Prüfungs- und Hinweispflicht) und dieser sich mit der Risikoübernahme (ausdrücklich oder zumindest konkludent) einverstanden erklärt hat[74]. Die Beweislast hierfür liegt beim Auftragnehmer.

63 Wurde das Erreichen eines bestimmten **Zertifikats im Vertrag vereinbart**, dieses dann **aber tatsächlich nicht erreicht**, liegt eine Abweichung von der vertraglich vereinbarten Beschaffenheit und damit ein **Sachmangel** vor, für den der Auftragnehmer gegenüber dem Auftraggeber haftet. Dies wäre auch so, wenn der Vertrag im Übrigen als Dienstvertrag oder Geschäftsbesorgungsvertrag mit dienstvertraglichen Pflichten eingeordnet wird. Die Erreichung des Zertifikats stellt einen vereinbarten Erfolg dar, so dass zumindest diese Pflicht dem werkvertraglichen Mängelgewährleistungsrecht unterliegen dürfte.

---

73 Siehe u. a. BGH, Urt. v. 8. 11. 2007 – VII ZR 183/05, BauR 2008, 344.
74 BGH, Urt. v. 29. 9. 2011 – VII ZR 87/11, BauR 2012, 115.

Nach dem Werkvertragsrecht des BGB stehen dem Auftraggeber bei Vorliegen eines Sachmangels verschiedene Rechte zu. Dies sind im Einzelnen: 64

- Anspruch auf Nacherfüllung
- Anspruch auf Selbstvornahme (Kostenerstattung und Vorschuss)
- Anspruch auf Minderung
- Anspruch auf Schadensersatz (statt der Leistung)
- Recht zum Rücktritt.

In der VOB/B sind diese Rechte etwas modifiziert.

Zunächst hat der Auftraggeber grundsätzlich **nur** den **Anspruch auf Nacherfüllung**. Hierfür muss der Auftragnehmer auffordert werden, den Mangel (die Beschreibung der Symptome reicht hierfür aus) innerhalb einer gesetzten (angemessenen) Frist zu beseitigen. Etwas anderes gilt nur in den gesetzlich geregelten und von der Rechtsprechung näher ausgestalteten Ausnahmefällen. **Daneben** kann der Auftraggeber **Schadensersatz für die bereits eingetretenen Schäden** verlangen (z. B. Mietausfall wegen Mietminderungen). Bei Vereinbarung der VOB/B ist der Schadensersatzanspruch inhaltlich beschränkt und von weiteren Voraussetzungen abhängig. 65

Praxistipp

Da man sich selten sicher sein kann, dass die Voraussetzungen für einen Ausnahmefall vorliegen, sollte vorsorglich immer eine Mängelrüge mit Fristsetzung erfolgen. Sollte sich nämlich nachträglich herausstellen, dass der Ausnahmefall nicht bestand, kann der Auftraggeber keine Mängelrechte geltend machen. Etwaige Selbstvornahmekosten sind in diesem Fall vom Auftragnehmer nicht zu erstatten. Auch Minderung, Rücktritt und Schadensersatz (bis auf den Ersatz der bereits eingetretenen Mangelfolgeschäden) sind ausgeschlossen.

Erst wenn keine Mangelbeseitigung innerhalb der gesetzten (angemessenen) Frist erfolgt, kann der Auftraggeber die **anderen Mängelrechte** geltend machen. Für Rücktritt und Schadensersatz (statt der Leistung) müssen die weiteren im BGB genannten Anforderungen erfüllt sein. Die VOB/B enthält weitere Voraussetzungen für den Schadensersatzanspruch. Ob der Auftraggeber wegen Mängel von einen VOB/B-Bauvertrag zurücktreten kann oder dies durch die VOB/B ausgeschlossen wird, ist umstritten und höchstrichterlich noch nicht geklärt. 66

Ein **Schadensersatzanspruch neben der Leistung** kann **stets neben** allen **Mängelrechten** unter den Voraussetzungen von § 280 BGB geltend gemacht werden. Hierunter fallen üblicherweise die Mangelfolgeschäden, ein merkantiler und technischer Minderwert und – gegebenenfalls – Nutzungsausfall sowie Privatgutachterkosten. Bei VOB/B-Bauverträgen ist die Geltendmachung solcher Schäden nur eingeschränkt möglich. 67

3 Einzelfälle

a) Mangelhafte Leistung des Auditors

68 Eine Haftung des Auditors kommt unter mehreren Gesichtspunkten in Betracht. Beispielsweise können

- die Vorabprüfung oder das spätere Projektaudit fehlerhaft ausgeführt werden
- die Vorgaben an die Planer mit den Zertifizierungsanforderungen falsch oder unvollständig sein oder
- unnötig hohe Vorgaben erfolgt sein, die das Bauvorhaben teurer als notwendig machen.

69 Solange die Folgen des Fehlers durch eine Nachbesserung noch geheilt werden können, muss der Auftraggeber den Auditor zunächst auf **Nacherfüllung** in Anspruch nehmen. Ansonsten kann der Auftraggeber gleich Minderung der Vergütung, Schadensersatz etc. geltend machen. Sollten durch die notwendige Umplanung und Umbaumaßnahmen weitere Kosten entstehen, wird der Auditor – unter Abzug etwaiger Sowieso-Kosten – grundsätzlich auch hierfür haften.

70 Haben die Parteien **die Erteilung des Zertifikats als werkvertraglichen Erfolg vereinbart**, wird der Auditor gegenüber dem Auftraggeber auch in sonstigen Fällen bei Nichterteilung des Zertifikats haften. Er wird sich regelmäßig nur dann exkulpieren können, wenn die Planung und/oder die Ausführung des Vorhabens – ohne vorherige Rücksprache bzw. ohne Wissen des Auditors – geändert wurde und er dies im Rahmen seiner übernommenen Leistungen auch nicht erkennen konnte.

71 Wurde mit dem Architekten und den Ingenieuren bzw. den Bauunternehmen und Handwerkern vereinbart, dass diese **so planen bzw. bauen müssen, dass das vereinbarte Zertifikat erlangt werden kann**, haften diese grundsätzlich neben dem Auditor als Gesamtschuldner. Im Verhältnis zu diesen dürfte der Auditor – insbesondere bei falschen oder unvollständigen Vorgaben im Hinblick auf die Anforderungen der Zertifizierung – jedoch Erfüllungsgehilfe des Auftraggebers sein. Die Architekten, Ingenieure, Bauunternehmen und Handwerker könnten insoweit ein Mitverschulden einwenden, so dass sie ggf. nur anteilig haften.

b) Planungsfehler

72 Hat der Architekt/Ingenieur die Planung nur **unvollständig erstellt** oder **Hinweise** des Auditors bzw. Auftraggebers in seiner Planung nicht umgesetzt und weigert **sich die Zertifizierungsstelle deshalb das angestrebte Zertifikat zu erteilen**, ist der Architekt/Ingenieur zunächst unter Fristsetzung aufzufordern, die Planung entsprechend **nachzuarbeiten**, damit das Zertifikat erreicht werden kann. Dies dürfte – anders als sonst – auch dann erforderlich sein, wenn die Planung bereits bauseitig umgesetzt wurde und sich der Planungsfehler im Bauwerk manifestiert hat. Denn die Zertifizierungsstelle prüft im Regelfall nicht die Bauleistung vor Ort, sondern verlässt sich auf die Garantie des Auftraggebers bzw. Auditors, dass die Angaben und über-

reichten Unterlagen vollständig und in der Bauausführung auch so umgesetzt worden sind.

Im Anschluss an die Nachbesserung der Planung müsste der Auftraggeber dafür sorgen, dass die erfolgten Planungsänderungen im Bauwerk umgesetzt werden. Die hierdurch entstehenden Kosten sind – unter Abzug etwaiger Sowieso-Kosten – vom Architekten/Ingenieur zu tragen. 73

War der Planungsfehler für die Bauunternehmen bzw. Handwerker erkennbar, haften diese neben dem Architekten/Ingenieur als Gesamtschuldner. Der Auftraggeber kann daher von den entsprechenden Bauunternehmen/Handwerkern eine Nacherfüllung – ggf. unter Abzug etwaiger Sowieso-Kosten – verlangen. Er muss sich jedoch den **Planungsfehler regelmäßig als Mitverschulden** anrechnen lassen. Die Bauunternehmen/Handwerker können sich einer Haftung nur dadurch entziehen, dass sie ihrer Prüfungs- und Hinweispflicht ordnungsgemäß nachkommen und der Auftraggeber das ihm mitgeteilte Risiko (ausdrücklich oder konkludent) übernommen hat[75]. 74

Auch eine Haftung des Auditors kommt hier in Betracht. Voraussetzung hierfür dürfte sein, dass er nach seinem vertraglichen Leistungssoll verpflichtet war, die Planung zumindest auf Plausibilität zu prüfen und der Planungsfehler für ihn erkennbar war. 75

c) Ausführungsfehler

Wird eine ordnungsgemäße und zertifizierungsfähige Planung nur fehlerhaft umgesetzt, kann die Zertifizierungsstelle die **Erteilung des Zertifikats verweigern** oder **nachträglich auch widerrufen**. In diesen Fällen kann der Auftraggeber zunächst den betreffenden Bauunternehmer/Handwerker auf Nacherfüllung in Anspruch nehmen und nach fruchtlosem Ablauf der zur Mangelbeseitigung gesetzten Frist auch die anderen Mängelrechte geltend machen (Selbstvornahme etc.). Ggf. sind Sowieso-Kosten in Abzug zu bringen. 76

Neben den Bauunternehmern/Handwerkern kommt auch eine Haftung der bauüberwachenden Architekten und Ingenieure in Betracht. Die Bauüberwachung ist jedoch nach der Rechtsprechung – soweit vertraglich nichts Abweichendes vereinbart wurde – nicht verpflichtet, ständig auf der Baustelle zu sein und alle Ausführungsleistungen zu überwachen. Zu Umfang und Intensität der erforderlichen Überwachungstätigkeit gibt es eine umfangreiche Einzelfallrechtsprechung. Nur wenn hiernach eine Überwachungspflicht bestand – beispielsweise für besondere Gefahrenquellen bzw. schwierige Bauleistungen – haftet der Bauüberwacher, sofern er nicht darlegen und beweisen kann, dass er seine Pflichten ordnungsgemäß erfüllt hat und trotz dessen den Ausführungsfehler nicht entdecken konnte. 77

---

75 Siehe Rn 60.

78 Eine **Haftung des Auditors** dürfte nur dann in Betracht kommen, wenn zu seinen vertraglichen vereinbarten Leistungen auch die Kontrolle der Bauausführung gehört. Auch hier wird man den Auditor – analog dem Bauüberwacher – aber nicht bei jedem Ausführungsfehler in Anspruch nehmen können, sondern nur dann, wenn er die vereinbarten Überwachungsleistungen nicht ordnungsgemäß erbracht hat.

d) Haftung der Projektsteuerung

79 Ob der Projektsteuerer in vorstehenden Fallgestaltungen haftet, hängt maßgeblich von der vertraglichen Ausgestaltung des Leistungssolls ab. Wenn er die Planung und Bauausführung kontrollieren sollte, kommt eine Haftung grundsätzlich in Betracht. Aufgrund der großen Bandbreite der Gestaltungsmöglichkeiten des Leistungssolls kann insoweit nur auf die allgemeinen Grundsätze (Rn 48 bis 51) verwiesen werden.

e) Haftung des Bauträgers

80 Hat sich der Bauträger (Verkäufer) im Grundstückskaufvertrag mit Bauverpflichtung dazu verpflichtet, dem Käufer ein Bauwerk mit einer bestimmten Zertifizierung zu verschaffen bzw. auf dem übereigneten Grundstück zu errichten, haftet er hierfür nach den Regelungen des Werkvertragsrechts, wenn das Zertifikat nicht erreicht wurde. Ein Mitverschuldenseinwand kommt grundsätzlich nicht in Betracht, da der Bauträger regelmäßig sämtliche Aufgaben (einschließlich Planung) im Zusammenhang mit der Errichtung des Bauwerks übernommen hat.

G Grüne Beschaffung (vergaberechtliche Aspekte beim nachhaltigen Planen und Bauen)

I Grundzüge des Vergabeverfahrens

Das nachfolgende Kapitel befasst sich mit Aspekten „grüner Beschaffung" beim nachhaltigen Planen und Bauen. Bevor jedoch auf die entsprechende Detailprobleme eingegangen werden kann, ist zunächst ein kurzer Abriss der vergaberechtlichen Prinzipien sowie des Ablaufs eines Vergabeverfahrens erforderlich. 1

1 Vergaberechtliche Grundprinzipien

So unterschiedlich die Detailregelungen in den verschiedenen Vergabe (Ver)ordnungen sowie im Ober- und Unterschwellenbereich sein mögen, so fußen sie im Wesentlichen doch auf folgenden, in § 97 GWB für den Oberschwellen- und in § 2 VOL/A und § 2 VOB/A für den Unterschwellenbereich, geregelten Prinzipien: 2
- Transparenzgrundsatz,
- Diskriminierungsverbot und
- Wettbewerbsgrundsatz.

2 Wesentliche Schritte eines Vergabeverfahrens

a) Bekanntmachung

Grundsätzlich werden Vergabeverfahren in förmlicher Hinsicht durch eine öffentliche Bekanntmachung eingeleitet. Lediglich in besonders normierten Ausnahmefällen kann auf eine derartige vorherige Bekanntmachung, die eine wesentliche Ausprägung des Transparenzgrundsatzes darstellt, verzichtet werden.[76] Da die Bekanntmachung die Funktion hat, potentielle Bieter auf ein Vergabeverfahren aufmerksam zu machen und sie sich auf der Grundlage der Bekanntmachung entscheiden müssen, ob sie sich am Verfahren beteiligen möchten, muss die Bekanntmachung bereits alle maßgeblichen Eckpunkte des zu vergebenen Auftrags enthalten. Zudem sind die wesentlichen Rechtsschutzinformationen zu liefern. 3

b) Eignungskriterien und Eignungsprüfung

Einen weiteren wichtigen Punkt im Rahmen des Vergabeverfahrens stellt die Prüfung der Eignung der Bieter dar. Gem. § 122 GWB werden Aufträge nur an fachkundige, leistungsfähige sowie gesetzestreue und zuverlässige Unternehmen vergeben.[77] Zum 4

76 §§ 17 Abs. 5, 38 Abs. 4 VgV, §§ 3a EU Abs. 3, 3b EU Abs. 3 Nr. 4 VOB/A, § 13 Abs. 2 SektVO.
77 Vgl. auch: § 6 Abs. 3 VOB/A, § 6, 6a bis 6d, 16b EU VOB/A, § 6 Abs. 3 VOL/A, §§ 42, 47 VgV, § 47 SektVO, §§ 25, 26 KonzVgV.

Nachweis ihrer Eignung müssen Bewerber/Bieter regelmäßig Dokumente oder aber Eigenerklärungen (je nach den Anforderungen des ausgeschriebenen Auftrags), vorlegen. Es ist auch möglich, den Eignungsnachweis über eine vom Auftraggeber abrufbare Eintragung in einer der Präqualifizierungsdatenbanken zu führen (§ 122 Abs. 3 GWB).

c) Erstellung der Vergabeunterlagen

5 Weiter muss der Auftraggeber Vergabeunterlagen erstellen und an die Bieter versenden. Die Vergabeunterlagen bestehen mindestens aus dem Anschreiben (der Aufforderung zur Angebotsabgabe), der Leistungsbeschreibung und den Vertragsunterlagen.[78]

d) Wertungskriterien und Angebotswertung

6 Liegen die Angebote vor, sind sie einer formellen Prüfung sowie einer Wertung anhand der zuvor bekanntgemachten Kriterien zu unterziehen.[79]

II „Grüne Beschaffung" oberhalb der Schwellenwerte

7 Der wesentliche Teil dieses Kapitels befasst sich mit der Beschaffung oberhalb der Schwellenwerte, da hier eine höhere Regulierungsdichte vorliegt und alle bisher zum Thema „grüne Beschaffung" ergangene Rechtsprechung sich auf diesen Bereich bezieht. Sowohl wirtschaftlich als auch von der Anzahl der Aufträge her liegt aber weiterhin das weitaus größte Beschaffungsvolumen unterhalb der Schwellenwerte.[80] Diesen Vergaben soll deshalb unter III. ein eigener Abschnitt gewidmet werden, in dem überblicksartig die maßgeblichen Unterschiede zu den Oberschwellenvergaben dargestellt werden.

1 Vor der förmlichen Vergabe: Bedarfsermittlung

8 Auch wenn das Vergabeverfahren im Rechtssinne erst mit der förmlichen Bekanntmachung im Europäischen Amtsblatt beginnt, stellt die Phase der Bedarfsermittlung, in der der öffentliche Auftraggeber bestimmt, was beschafft werden soll, einen **wesent-**

78 § 29 VgV, § 8 EU VOB/A, § 16 KonzVgV.
79 §§ 56, 57, 58 VgV, §§ 16c, 16 d EU VOB/A, §§ 16c, 16d VOB/A, §§ 51 ff. SektVO, § 29 KonzVgV.
80 UBA (Hrsg.), Texte 09/2017, *Hermann*, Rechtsgutachten umweltfreundliche öffentliche Beschaffung, Januar 2017, verfügbar unter www.umweltbundesamt.de, S. 88 (nachfolgend UBA-Rechtsgutachten).

lichen Schritt im Prozess umweltfreundlicher Beschaffung dar.[81] Dementsprechend verlangt etwa Ziff. 5 der Berliner Verwaltungsvorschrift Beschaffung und Umwelt VwVBU vom öffentlichen Auftraggeber, vor der Beschaffung den Bedarf zu ermitteln und sich einen Überblick darüber zu verschaffen, welche Alternativen mit welchen Umweltauswirkungen zur Erfüllung des gewünschten Zwecks zur Verfügung stehen. Die Bedarfsermittlung ist zu dokumentieren.[82] Vor der Beschaffung von Bauleistungen bzw. deren Planung soll dabei u. a. die Angemessenheit des Raum- und Flächenbedarfs sowie die Anmietung von Immobilien oder der Kauf vorhandener baulicher Anlagen anstelle von Neubauten erwogen werden.[83]

In rechtlicher Hinsicht ist der öffentliche Auftraggeber in dieser Phase noch verhältnismäßig frei.[84] An rechtliche Grenzen stößt er erst dann, wenn seine Vorüberlegungen dazu führen, dass durch die Bestimmung des Vertragsgegenstands der **Marktzugang** zu Lasten von Bietern aus anderen Mitgliedstaaten heimischen Bietern vorbehalten bleibt.[85] 9

Grundsätzlich sollte der Wettbewerb um einen Auftrag nicht unverhältnismäßig eingeengt werden. Im Einzelfall können derartige Beschränkungen aber zulässig sein, wenn und soweit sie sachlich gerechtfertigt sind und die entsprechenden Überlegungen dokumentiert werden. Umgekehrt ist die Vergabestelle weder verpflichtet, ihren Bedarf so auszurichten, dass möglichst alle auf dem Markt agierenden Teilnehmer leistungs- und angebotsfähig sind,[86] noch im Vorfeld Markterkundungen anzustellen, um herauszufinden, ob es andere als die zur Beschaffung vorgesehene Lösung gibt[87]. Gerade in jüngster Zeit hat die Rechtsprechung immer wieder den weiten **Beurteilungsspielraum** des Auftraggebers bei der Bestimmung seines Beschaffungsbedarfs betont.[88] 10

81 Europäische Kommission, Umweltorientierte Beschaffung! Ein Handbuch für ein umweltorientiertes Beschaffungswesen, 3. Aufl. Luxemburg 2016, S. 31; UBA-Rechtsgutachten, S. 44 f.

82 Vgl. die Dokumentationsvorschriften in § 20 VOB/A, § 20 EU VOB/A; § 20 VOL/A, § 8 VgV; § 8 SektVO, § 6 KonzVgV.

83 VwVBu vom 23.10.2012, verfügbar unter www.stadtentwicklung.berlin.de.

84 UBA-Rechtsgutachten, S. 45; Europäische Kommission, Interpretierende Mitteilung der Kommission über das auf das Öffentliche Auftragswesen anwendbare Gemeinschaftsrecht und die Möglichkeiten zur Berücksichtigung von Umweltbelangen bei der Vergabe öffentlicher Aufträge KOM(2001) 274 endg. vom 4.7.2011, S. 8.

85 Europäische Kommission, Interpretierende Mitteilung der Kommission über das auf das Öffentliche Auftragswesen anwendbare Gemeinschaftsrecht und die Möglichkeiten zur Berücksichtigung von Umweltbelangen bei der Vergabe öffentlicher Aufträge KOM(2001) 274 endg. vom 4.7.2011, S. 9.

86 OLG Karlsruhe, Beschl. v. 6.11.2011 – 15 Verg 3/11, NZBau 2011, 567; VK Münster, Beschl. v. 20.4.2005 – Az. VK 6/05, IBRRS 51503.

87 OLG Düsseldorf, Beschl. v. 27.7.2012 – Verg 7/12, ZfBR 2012, 723; a. M. zuvor: OLG Jena, Beschl. v. 26.6.2006, 9 Verg 2/06, IBR 2006, S. 517 und OLG Celle, Beschl. v. 22.5.2008 – 13 Verg 1/08, IBRRS 64791).

88 Vgl. Übersicht über die Rspr. bei *Brackmann* VergabeR 2014, 310, 315.

Praxistipp
Für Auftraggeber empfiehlt es sich, die in dieser vorbereitenden Phase bestehenden rechtlichen wie tatsächlichen Spielräume zu nutzen. Ggf. lohnt es sich auch für die Variantenprüfung auf externen Sachverstand zurückzugreifen. Es ist also deutlich mehr Zeit als für die Vorbereitung einer „Standard"-Ausschreibung einzukalkulieren.

---

2 Umweltanforderungen in der Eignungsprüfung

a) Umweltmanagement

11 Auftraggeber können zum Nachweis der technischen Leistungsfähigkeit eines Bewerbers/Bieters verlangen, dass dieser bestimmte **Normen für das Umweltmanagement** erfüllt.[89] In diesem Fall kann der Auftraggeber die Vorlage von Bescheinigungen unabhängiger Stellen verlangen. Dabei hat er Bezug zu nehmen:

- auf das Gemeinschaftssystem für das Umweltmanagement und die Umweltbetriebsprüfung (EMAS) der Europäischen Union oder
- auf andere nach Artikel 45 der Verordnung (EG) Nr. 1221/2009 des Europäischen Parlaments und des Rates vom 25. November 2009 über die freiwillige Teilnahme von Organisationen an einem Gemeinschaftssystem für Umweltmanagement und Umweltbetriebsprüfung anerkannte Umweltmanagementsysteme oder
- auf andere Normen für das Umweltmanagement, die
- auf den einschlägigen europäischen oder internationalen Normen beruhen und
- von entsprechenden Stellen zertifiziert sind, die dem Gemeinschaftsrecht oder einschlägigen europäischen oder internationalen Zertifizierungsnormen entsprechen.

12 **Gleichwertige Bescheinigungen** von Stellen in anderen Mitgliedsstaaten sind anzuerkennen. Darüber hinaus erkennen die Auftraggeber auch andere Nachweise für **gleichwertige Umweltmanagementmaßnahmen** an, die von Bewerbern oder Bietern vorgelegt werden.[90] Die Beweislast für die Gleichwertigkeit der Umweltmaßnahmen liegt hier auf Unternehmensseite. Bisher wurde vertreten, dass dieser Nachweis schon aus Gleichbehandlungsgründen nicht über bloße Eigenerklärungen geführt werden könne.[91] Es müsse zumindest eine Bescheinigung vorgelegt werden, aus der sich ergibt, dass eine neutrale und unabhängige Stelle die Umweltmanagementsysteme geprüft und bescheinigt hat. In Betracht kommen etwa externe Compliance-Bestätigungen oder Behördenbestätigungen.[92] Nach Einführung der Einheitlichen Europäischen Eigenerklärung (EEE), die in Teil IV D vorgefertigte Angaben

---

89 § 6c EU Abs. 2 VOB/A, § 49 Abs. 2 VgV, § 49 Abs. 2 SektVO.
90 Vgl. § 6c EU Abs. 2 VOB/A, § 49 Abs. 2 VgV, § 49 Abs. 2 SektVO.
91 UBA-Rechtsgutachten, S. 70; Pünder/Schellenberg/*Tomerius* Vergaberecht, 1. Aufl. 2011, § 6a VOB/A Rn 34.
92 Müller-Wrede/*Müller-Wrede/Gnittke/Hattig*, VOL/A, 4. Aufl. 2014 Rn 166.

zur Eigenerklärung bzgl. Umweltmanagement enthält und die mit In-Kraft-Treten der Vergabenovelle 2016 vom öffentlichen Auftraggeber im Rahmen der Eignungsprüfung zwingend zu akzeptieren ist,[93] reicht eine solche Erklärung zunächst aus. Spätestens vor der Zuschlagserteilung muss der Bewerber/Bieter, an den der Auftrag vergeben werden soll, dann aber – wie bisher auch – aufgefordert werden, die geforderten Unterlagen beizubringen (§ 50 Abs. 1 VgV, § 6 b EU Abs. 1 VOB/A).

b) Referenzen

Über diesen ausdrücklich in den Vergabeordnungen genannten Fall hinaus können 13
auch **Referenzen** zum Nachweis dafür, dass besondere Erfahrungen im Bereich nachhaltigen Planens oder Bauens vorliegen, verlangt werden.[94] Diese Art der Eignungsnachweise bietet sich v. a. für Planungsleistungen an, da bei Dienstleistungen viele der ansonsten im Rahmen von Ausschreibungen in Betracht kommenden Umweltkriterien (wie z. B. Energieverbrauch oder Wiederverwertbarkeit von Materialien) nicht einschlägig sind.

c) Unzulässige Eignungsanforderungen

Bei Eignungsanforderungen dürfen nur die in der VgV und VOB/A **abschließend** 14
geregelten Eignungsanforderungen aufgestellt werden. Für Umwelt- oder Nachhaltigkeitsanforderungen bleibt hier abgesehen von den unter a) und b) beschriebenen Punkten nur wenig Raum. Insbesondere kann nicht im Rahmen der technischen Leistungsfähigkeit auf die Umweltfreundlichkeit der eingesetzten Maschinen[95] oder die Nachhaltigkeit des Material-Einkaufs abgestellt werden.[96]

d) Ausschluss bei Umweltverstößen

Gem. § 124 Abs. 1 Nr. 1 GWB können öffentliche Auftraggeber – unter Berücksichtigung 15
des Verhältnismäßigkeitsgrundsatzes – ein Unternehmen vom Vergabeverfahren ausschließen, wenn dieses Unternehmen nachweislich bei der Ausführung öffentlicher Aufträge gegen Umweltvorschriften verstoßen hat. Erfasst werden hier Verstöße gegen alle nationalen wie europäischen Umweltnormen. Besonders relevant dürften

93 §§ 48 Abs. 3 VgV, § 6 b EU Abs. 1 S. 2 VOB/A.
94 Amelung, Publicus 2013.3, S. 15 ff, 16; Europäische Kommission, Buying Green! A handbook on green public procurement, 2. Aufl. 2011, S. 49.
95 OLG Düsseldorf, Beschl. v. 7.5.2014 – VII Verg 46/13, BeckRS 2014, 14161 – zur Umweltfreundlichkeit von Abschleppfahrzeugen. In dieselbe Richtung geht auch die Rspr. des OLGs zu ILO-Kernarbeitsnormen (Beschl. v. 29.1.2014 – VII Verg 28/13, NZBau 2014, 314) und Frauenfördererklärungen (Beschl. v. 25.6.2014 VII Verg 39/13, BeckRS 2014, 16549).
96 EuGH, Urt. v. 10.5.2012 – Rs. C-368/10, VergabeR 2012, 569 – zu Fairtrade-Siegeln beim Einkauf von Kaffee.

im Baubereich bauproduktbezogene Regelungen sowie Vorschriften zur Abfallentsorgung sein.

16 §124 Abs. 1 Nr. 1 GWB regelt einen fakultativen Ausschlussgrund, d. h. der Auftraggeber muss eine Ermessensentscheidung treffen, bei der er eine Prognoseentscheidung zur Zuverlässigkeit des Unternehmens zu treffen hat. Insbesondere wird er hierbei auch die Schwere des jeweiligen Verstoßes mit in Rechnung zu stellen haben. Nicht nachvollziehbar und u. U. auch nicht europarechtskonform ist die Beschränkung des Ausschlussgrundes auf Rechtsverstöße, die in Ausführung öffentlicher Aufträge erfolgt sind. Wieso dies schwerer wiegen soll als Rechtsverstöße bei der Ausführung privater Verträge wird auch in der Gesetzesbegründung nicht erläutert.

17 Zu beachten ist schließlich, dass der Ausschluss nur bei nachweislichen Verstößen möglich ist. Diesen Nachweis im Rahmen des Vergabeverfahrens zu führen wird – abgesehen von den Fällen rechtskräftiger Verurteilungen im Umweltstraf- oder Ordnungswidrigkeitenverfahren – vielfach schwierig sein.

3 Umweltkriterien in der Leistungsbeschreibung

18 Die Aufnahme von Umweltkriterien in die Leistungsbeschreibung[97] hat den Vorteil, dass hieran alle Bieter gleichermaßen gebunden sind. Angebote, die die Mindestbedingungen des Leistungsverzeichnisses nicht erfüllen, werden ausgeschlossen. Entsprechende Vorgaben bieten sich immer dann an, wenn der Auftraggeber bereits genaue Vorstellungen von seinem Beschaffungsgegenstand hat. Wenn und soweit er dagegen einen Wettbewerb um die wirtschaftlichste Umweltlösung eröffnen möchte, sollten die Umweltanforderungen zumindest auch in die Wertungsmatrix integriert werden.[98]

a) Fakultative Umweltkriterien in der Leistungsbeschreibung

19 Nach den Vergabe- und Vertragsordnungen hat der Auftraggeber die Möglichkeit, Umwelteigenschaften in Form von Leistungs- oder Funktionsanforderungen in seiner Leistungsbeschreibung aufzunehmen.

Praxistipp

Derartige Kriterien können etwa sein: Energieverbrauchsstandards, der Einsatz erneuerbarer Energien, die Einhaltung der Standards CEN TC 350 und 351, die Beschränkung des Gebrauchs gefährlicher Substanzen, die Verwendung natürlicher, recycelter oder wiederverwertbarer Materialien, Anforderungen an die Raumluft, Wassersparmaßnahmen.

---

97 § 31 Abs. 3 VgV.

98 Vgl. zur Frage der besten Verortung der Umweltkriterien auch: *Amelung* Publicus 2013, 15, 17; *Jasper/Seidel* KommJur 2009, 56 ff.

Alle diese umweltbezogenen Forderungen müssen seitens der Bieter aber erst **bei Beginn der Leistungsausführung** vorliegen. Es ist daher unzulässig, bereits mit Abgabe des Angebots Nachweise etwa über das Vorhandensein einer bestimmten technischen Ausstattung mit besonderen Umweltmerkmalen zu verlangen.[99] 20

Zulässig ist es auch, Anforderungen nicht nur an das Produkt selbst, sondern auch an das **Produktionsverfahren** zu stellen.[100] 21

Je ausdifferenzierter die Anforderungen an die zu beschaffenden Produkte werden, desto eher ist zu prüfen, ob man sich in Konflikte mit dem Grundsatz der **produktneutralen Ausschreibung** und damit dem Wettbewerbsprinzip begibt.[101] 22

Zur Förderung innovativer Lösungen im Umweltbereich kann es sinnvoll und geboten sein, Elemente **funktionaler Leistungsbeschreibung** aufzunehmen, d. h. nur das zu erreichende Ziel, nicht einen festgelegten Weg dorthin, zu beschreiben.[102] 23

b) Verweis auf Spezifikationen aus Umweltzeichen und Gütezeichen

Bei der Vorgabe von Umweltkriterien in der Leistungsbeschreibung konnte der Auftraggeber bereits bisher schon unter Einhaltung bestimmter Anforderungen gem. § 8 EG Abs. 5 VOL/A, § 7 EG Abs. 7 VOB/A **Spezifikationen** verwenden, die in europäischen, multinationalen oder anderen **Umweltzeichen** definiert sind. Nach Änderung des Vergaberechts im April 2016 gehen die Regelungen zu Umweltzeichen in den Vorschriften zur Nachweisführung durch Gütezeichen (§ 34 VgV, § 7a EU Abs. 6 VOB/A, 32 SektVO) auf. Fordert die Leistungsbeschreibung umweltbezogene Merkmale, kann der Auftraggeber als Beleg dafür die Vorlage von Gütezeichen verlangen, wenn dieses allen folgenden Bedingungen genügt: 24

- Alle Anforderungen des Gütezeichens sind für die Bestimmung der Merkmale der Leistung geeignet und stehen mit dem Auftragsgegenstand in Verbindung.
- Die Anforderungen des Gütezeichens beruhen auf objektiv nachprüfbaren und nichtdiskriminierenden Kriterien.
- Das Gütezeichen wurde im Rahmen eines offenen und transparenten Verfahrens entwickelt, an dem alle interessierten Kreise teilnehmen können.
- Alle betroffenen Unternehmen haben Zugang zum Gütezeichen.

99 OLG Düsseldorf, Beschl. v. 7.5.2014 – VII Verg 46/13, BeckRS 2014, 14161.

100 Interpretierende Mitteilung der Kommission über das auf das Öffentliche Auftragswesen anwendbare Gemeinschaftsrecht und die Möglichkeiten zur Berücksichtigung von Umweltbelangen bei der Vergabe öffentlicher Aufträge KOM(2001) 274 endg. vom 4.7.2011, S. 12; UBA-Rechtsgutachten, S. 36.

101 Vgl. hierzu die Regelungen in § 31 Abs. 6 VgV, § 7 EU Abs. 2 VOB/A, § 28 Abs. 6 SektVO, § 15 Abs. 3 KonzVgV.

102 *Gaus* NZBau 2013, 401, 403.

- Die Anforderungen wurden von einem Dritten festgelegt, auf den das Unternehmen, das das Gütezeichen erwirbt, keinen maßgeblichen Einfluss ausüben konnte.[103]

Beispiel
Beispiele für Umweltzeichen sind der blaue Engel und das europäische Ecolabel.

---

25 Für den Fall, dass die Leistung nicht allen Anforderungen des Gütezeichens entsprechen muss, hat der Auftraggeber die jeweils geltenden Anforderungen in der Leistungsbeschreibung anzugeben (vgl. § 34 Abs. 3 VgV).

26 Insgesamt bringt das neue Recht nur marginale Erleichterungen beim Rückgriff auf Gütezeichen. Abgesehen von den strengen Anforderungen an die Gütezeichen selbst (s. o. Rn. 24) muss der Auftraggeber auch andere Gütezeichen akzeptieren, die gleichwertige Anforderungen an die Leistung stellen (§ 34 Abs. 4 VgV). Weiter muss er auch andere geeignete Belege akzeptieren, wenn das angegebene oder ein gleichwertiges Gütezeichen unverschuldet nicht vorgelegt werden konnte (§ 34 Abs. 5 VgV).

27 Hier muss der Auftraggeber daher auch jedes andere geeignete Beweismittel, wie technische Unterlagen des Herstellers oder Prüfberichte anerkannter Stellen, akzeptieren. Anerkannte Stellen sind die Prüf- und Eichlaboratorien sowie die Inspektions- und Zertifizierungsstellen, die mit den anwendbaren europäischen Normen übereinstimmen.

Praxistipp
Erleichterungen bringt der Verweis auf Gütezeichen daher nur in Bereichen, in denen man von einer großen Marktgängigkeit eines bestimmten Zeichens ausgehen kann. Ansonsten empfiehlt sich weiter die Aufnahme der Kriterien in die Leistungsbeschreibung, um aufwendige Gleichwertigkeitsüberlegungen im Vergabeverfahren zu vermeiden.

---

c) Energieeffizienzanforderungen in der Leistungsbeschreibung

28 Darüber hinaus enthalten § 67 VgV, § 8c EU VOB/A und § 58 SektVO für die Vergabe von Bau- bzw. für sonstige Leistungen in der Regel zwingend in die Leistungsbeschreibung aufzunehmende Umweltanforderungen. Der Umstand, dass es sich hierbei um **grundsätzlich zwingende Anforderungen** handelt, bedeutet auch, dass ihr Fehlen von Bietern gerügt werden kann und ggf. zur Aufhebung der Ausschreibung führt.[104] An dieser Stelle ist daher besondere Sorgfalt geboten.

---

103 Europäische Kommission, Interpretierende Mitteilung der Kommission über das auf das Öffentliche Auftragswesen anwendbare Gemeinschaftsrecht und die Möglichkeiten zur Berücksichtigung von Umweltbelangen bei der Vergabe öffentlicher Aufträge KOM(2001) 274 endg. vom 4.7.2011, S. 13 f.
104 *Weyand* Vergaberecht, 14. Aktualisierung 2014, § 4 VgV Rn 99.

Die genannten Regelungen in VgV, VOB/A und SektVO dienen der Umsetzung des Artikel 6 der Richtlinie 2012/27/EU[105]. Bei der Vergabe von Bauleistungen, die hier im Vordergrund der Betrachtung stehen sollen, sind gem. § 8c EU Abs. 1 und 2 VOB/A[106] besondere Anforderungen bei der Erstellung der Leistungsbeschreibung zu beachten, wenn die Lieferung von energieverbrauchsrelevanten Waren, technischen Geräten oder Ausrüstungen wesentlicher Bestandteil einer Bauleistung ist. Die Lieferung der genannten Produkte ist dann **wesentlicher Bestandteil der Bauleistung**, wenn sie dauerhaft mit dem Bauwerk verbunden werden, wie etwa Beleuchtungstechnik, Klimaanlagen und Fahrstühle.[107] Nicht erfasst wird dagegen der Einsatz energieverbrauchsrelevanter Geräte bei der Errichtung oder Sanierung des Bauwerks selbst, da es sich hierbei nicht um eine Lieferung dieser Geräte handelt.[108] 29

Sind energieverbrauchsrelevante Produkte wesentlicher Bestandteil der Bauleistung, sollen gem. § 8c EU Abs. 2 VOB/A in der Leistungsbeschreibung im Hinblick auf die **Energieeffizienz** insbesondere folgende Anforderungen gestellt werden: 30
- Das höchste Leistungsniveau an Energieeffizienz und
- soweit vorhanden, die höchste Energieeffizienzklasse im Sinne der Energieverbrauchskennzeichnungsverordnung (ENVKV).

Da die ENVKV bislang nur einen sehr eingeschränkten Bereich an Produkten erfasst (elektrische Haushaltsgeräte und Leuchten), obliegt dem Auftraggeber in allen sonstigen Fällen die Aufgabe, zu beschreiben, was im ausgeschriebenen Bereich als höchstes Leistungsniveau an Energieeffizienz angesehen wird. Eine gesetzliche Definition des Begriffs „höchstes Leistungsniveau" wird ihm dabei nicht an die Hand gegeben, so dass er selbst – ggf. durch eine **Markterkundung** und eine Sichtung der Produktblätter – ermitteln muss, wie dieses Niveau zu bestimmen ist.[109] Als zulässig wurde in Bezug auf die alten §§ 4, 6 VgV teilweise auch angesehen, das höchste Leistungsniveau im Sinne dieser Vorschriften so zu ermitteln, dass der Energieverbrauch eines bisher eingesetzten Produkts um einen – aus der allgemeinen Senkung der Verbrauchswerte abgeleiteten – Abschlag von dessen Verbrauchswert reduziert wird.[110] 31

Der Verordnungsgeber hat sich hier ganz bewusst für eine **Soll-Vorschrift** entschieden, um dem Auftraggeber Spielraum für die Fälle zu belassen, in denen die 32

---

105 Richtlinie 2012/27/EU des Europäischen Parlaments und des Rates zur Energieeffizienz, zur Änderung der Richtlinie 2009/125/EG und 2010/30/EU und zur Aufhebung der Richtlinien 2004/8/EG und 2006/32/EG.

106 § 67 Abs. 1 und 2 VgV enthalten eine entsprechende Regelung für Dienstleistungen. In § 58 SektVO findet sich diese Anforderung nicht.

107 *Zeiss*, NZBau 2011, 658, 659.

108 Schlemminger/*Amelung* Green Building: Zertifikate, Recht, Steuern, Finanzierung, S. 145 ff, S. 149.

109 *Zeiss* NZBau 2012, 201, 203.

110 *Gaus* NZBau 2013, 401, 404 unter Verweis auf VK Niedersachsen, Beschl. v. 31.8.2010 – VgK-34/2010, BeckRS 2011, 05281.

Umsetzung der Forderung nach einem Höchstmaß an Energieeffizienz ausnahmsweise nicht möglich ist.[111] Auch Art. 9 der Richtlinie 2010/30/EU[112], der durch die alten § 4 Abs. 5 VgV und § 6 Abs. 3 VgV, die sich durch die entsprechende Übernahme nun in § 67 Abs. 2 VgV und § 8c EU Abs. 1 VOB/A wiederfinden, umgesetzt wurde, spricht lediglich davon, dass die Vergabestellen bestrebt sein sollen, nur Produkte mit dem höchsten Leistungsniveau und der höchsten Energieeffizienzklasse zu beschaffen. Es wird den Mitgliedstaaten weiter zugestanden, die Anwendung dieser Kriterien von den Aspekten Kostenwirksamkeit, wirtschaftliche Durchführbarkeit und technische Eignung sowie ausreichender Wettbewerb abhängig zu machen. Insofern stehen dem öffentlichen Auftraggeber im Einzelfall durchaus Argumente zur Verfügung, von den in § 67 VgV, § 8c EU VOB/A enthaltenen Maximalanforderungen abzuweichen. Zur Erfüllung der europarechtlich determinierten Energieeffizienzvorgaben ist er dann jedoch verpflichtet, das im Rahmen der im Einzelfall bestehenden – ggf. auch wirtschaftlich begrenzten – Möglichkeiten höchstmögliche Maß an Energieeffizienz zu verlangen.[113]

d) Informationen zu Energieverbrauch und Lebenszykluskosten

33 Gemäß § 8c EU Abs. 3 VOB/A[114] müssen darüber hinaus in der Leistungsbeschreibung oder an anderer geeigneter Stelle in den Vergabeunterlagen vom Bieter folgende **Informationen** gefordert werden:

- Konkrete Angaben zum Energieverbrauch, es sei denn, die auf dem Markt angebotenen Waren, technischen Geräte oder Ausrüstungen unterscheiden sich im zulässigen Energieverbrauch nur geringfügig und
- in geeigneten Fällen eine Analyse minimierter Lebenszykluskosten oder die Ergebnisse einer vergleichbaren Methode zur Überprüfung der Wirtschaftlichkeit.

34 Die in der VgV und VOB/A – 2. Abschnitt enthaltene Ausnahme, dass Angaben zum **Energieverbrauch** nur dann zu fordern sind, wenn sich die auf dem Markt angebotenen Produkte mehr als nur geringfügig im Energieverbrauch unterscheiden, setzt voraus, dass der Auftraggeber zunächst den Energieverbrauch aller auf dem Markt vorhandenen vergleichbaren Waren ermittelt und sodann festlegt, wo die – gesetzlich nicht geregelte – Geringfügigkeitsgrenze liegt. Aus Gründen der Praktikabilität

111 Begründung zur 4. Verordnung zur Änderung der VgV. BR Drs. 335/11, S. 8.

112 Richtlinie über die Angabe des Verbrauchs an Energie und anderen Ressourcen durch energieverbrauchsrelevante Produkte.

113 Ziekow-Völlink/*Greb* Vergaberecht, § 4 VgV, Rn 25; *Weyand* Vergaberecht, 14. Aktualisierung 16.6.2014, § 4 Rn 93; Kapellmann/Messerschmidt/*Schneider*, VOB, 4. Aufl. 2013, § 6 VgV Rn 6.

114 Entspr. Regelungen finden sich in § 67 Abs. 3 VgV und § 58 Abs. 1 SektVO.

und Rechtssicherheit empfiehlt es sich daher, eher selten von der Energieverbrauchs-Abfrage Abstand zu nehmen.[115]

Der Begriff der **Lebenszykluskosten** ist inzwischen in § 59 Abs. 2 VgV, § 53 SektVO und § 16d EU Abs. 2 Nr- 5 VOB/A gesetzlich definiert. Danach sollen die Lebenszykluskosten sowohl die beim Auftraggeber oder anderen Nutzern des ausgeschriebenen Produkts entstehenden Anschaffungs-, Nutzungs-, Wartungs- und Entsorgungs- bzw. Recyclingkosten als auch die Kosten, die durch externe Effekte der Umweltbelastung entstehen (etwa Kosten des Klimawandels oder durch Schadstoffbelastungen verursachte Kosten), sofern ihr Geldwert bestimmt und geprüft werden kann, umfassen. Dabei geht die Erfassung externer Effekte über die bisher in Deutschland übliche Betrachtung der Lebenszykluskosten[116] hinaus. Auch vor Aufnahme der Begriffsdefinition in die VgV war zwar anerkannt, dass derartige externe Kosten bei der Wertung mit einbezogen werden können (siehe hierzu unten Kap. 3.6). Sie wurden nur nicht unter den Begriff „Lebenszykluskosten“ gefasst. 35

Praxistipp
Inzwischen existieren zur Berechnung der Lebenszykluskosten diverse Tools, die etwa auf den Webseiten des Umweltbundesamtes[117] oder auf dem vom Bundesministerium für Umwelt, Naturschutz, Bau und Reaktorsicherheit betriebenen Informationsportal „Nachhaltiges Bauen“[118] verfügbar sind.

Als Mindestbedingungen im Hinblick auf Lebenszykluskosten können in der Leistungsbeschreibung etwa Mindestlaufzeiten für Geräte oder bestimmte Wärmeschutzanforderungen für Gebäude aufgenommen werden. Werden Informationen zu Energie- und Wasserbedarf abgefragt, sind gleichzeitig die Rahmenbedingungen anzugeben, mit denen zu rechnen ist, um am Ende vergleichbare Angebote zu erhalten. 36

Die nach § 67 Abs. 3 VgV bzw. 8c EU Abs. 3 VOB/A übermittelten Informationen zum Energieverbrauch und zu den Lebenszykluskosten können gem. § 67 Abs. 4 VgV bzw. § 15 EU Abs. 4 VOB/A vom Auftraggeber geprüft und **ergänzende Erläuterungen** von den Bietern gefordert werden. Bei der Vergaben von Bauleistungen geht das Nachforderungsrecht des Auftraggebers bei Energieeffizienzfragen damit über die ohnehin bestehende Pflicht zur Nachforderung einzelner Nachweise gem. § 16a EU Abs. 1 VOB/A hinaus, da sich letztere nur auf fehlende, nicht jedoch auf materiell unzureichende, Nachweise bezieht. In § 56 Abs. 2 VgV ist dagegen inzwischen ausdrücklich geregelt, dass dem Auftraggeber ein Nachforderungsrecht auch bei unvollständigen oder fehlerhaften Unterlagen zusteht. 37

115 *Gaus* NZBau 2013, 401, 404.
116 Ziekow-Völlink/*Greb* Vergaberecht, § 4 VgV Rn 29.
117 www.umweltbundesamt.de.
118 www.nachhaltigesbauen.de.

4 Nebenangebote

38 Wie aus den obigen Ausführungen ersichtlich, stellt die Abfassung einer Leistungsbeschreibung, die sich zum Ziel gesetzt hat, hohe Umweltstandards bei einem Bauprojekt zu realisieren, den öffentlichen Auftraggeber vor die Herausforderung, selbst zu erkunden, welche technischen Lösungen am Markt verfügbar und für das Vorhaben sinnvoll einsetzbar sind. Hierfür wird es ihm aber vielfach an der erforderlichen Zeit und teilweise auch an entsprechendem Know-How fehlen. Es empfiehlt sich daher, auf die am Markt vorhandenen Kenntnisse und Ideen zurückzugreifen, und **Nebenangebote**, die andere als in der Leistungsbeschreibung vorgesehene Lösungen enthalten, zuzulassen.[119]

39 Hierfür müssen die Bieter in der Bekanntmachung oder in den Vergabeunterlagen über die Zulassung der Nebenangebote informiert werden (§ 35 VgV, § 8 EU Abs. 2 Nr. 3 VOB/A). Zudem müssen dort die **Mindestanforderungen**, die auch von den Nebenangeboten erfüllt werden müssen, formuliert werden.

5 Umweltkriterien in den Vertragsbedingungen

40 Gem. § 128 Abs. 2 GWB ist es zulässig, in den Vertragsbedingungen für die Auftragsausführung bestimmte zusätzliche Anforderungen zu stellen, zu denen das Gesetz unter anderem umweltbezogene Aspekte zählt, sofern diese mit dem Auftragsgegenstand in Verbindung stehen, vgl. § 127 Abs. 3 GWB. Auch wenn die Definition des Auftragsbezugs in § 127 Abs. 3 GWB mit der Novelle 2016 erweitert wurde (siehe hierzu Kap. 2), fehlt es an einem derartigen Sachzusammenhang dennoch, wenn sich die Anforderungen lediglich allgemein auf die Geschäftspolitik des potentiellen Auftragsnehmers beziehen und nicht in Verbindung mit dem **Auftrag** selbst stehen.

41 Zusätzliche Ausführungsbedingungen geben dem Auftraggeber die Möglichkeit, auftragsbezogen **allgemeine Umweltziele** zu verfolgen. Derartige Vertragsbestimmungen gehen daher über die Verpflichtung zur Einhaltung der bereits in der Leistungsbeschreibung enthaltenen Umweltvorgaben hinaus. Verlangt werden können etwa: Recycling von Verpackungsmaterial oder sonstigem Abfall oder eine umweltfreundliche Anlieferung der Baumaterialien.[120]

42 Flankiert werden können derartige umweltbezogene Ausführungsbestimmungen durch **Kontroll- und Einsichtsrechte** des Auftraggebers sowie ggf. durch vertragliche **Bonus- und Malussysteme**.[121]

119 UBA-Rechtsgutachten, S. 66.

120 Europäische Kommission, Interpretierende Mitteilung der Kommission über das auf das Öffentliche Auftragswesen anwendbare Gemeinschaftsrecht und die Möglichkeiten zur Berücksichtigung von Umweltbelangen bei der Vergabe öffentlicher Aufträge KOM(2001) 274 endg. vom 4.7.2011, S. 25; weitere Bsp. In: UBA-Rechtsgutachten, S. 83 f.

121 UBA-Rechtsgutachten, S. 84.

6 Umweltkriterien als Zuschlagskriterium

a) Fakultative Kriterien

Der Zuschlag ist auf das wirtschaftlichste Angebot zu erteilen. In den Vergabeverordnungen wird das Wirtschaftlichkeitsgebot teilweise durch eine beispielhafte Erläuterung von Zuschlagskriterien ergänzt. In diesem Zusammenhang wird auch auf Umwelteigenschaften verwiesen,[122] die als **fakultatives** Wertungskriterium herangezogen werden können.[123] 43

Bei der Auswahl von Umweltkriterien als Zuschlagskriterien sind dem öffentlichen Auftraggeber jedoch insofern Grenzen gesetzt als die Kriterien mit dem Auftragsgegenstand zusammenhängen sowie die Grundsätze von Transparenz, Wettbewerb und Gleichbehandlung respektieren müssen.[124] Zudem dürfen nur solche Kriterien verwandt werden, die einschließlich ihrer Gewichtung und etwaiger Unterkriterien zuvor bekannt gemacht wurden.[125] 44

Besonderes Augenmerk ist vorliegend auf den **Zusammenhang zwischen Umweltkriterien und Auftragsgegenstand** zu richten, da bei einer umweltorientierten Beschaffung vielfach Kriterien berücksichtigt werden sollen, die dem Auftragsgegenstand nicht unmittelbar anhaften, wie etwa Produktionsverfahren, Lebenszykluskosten oder externe Kosten. 45

Nach der Rechtsprechung des EuGH ist es zulässig, auch **Produktionsmethoden** als Zuschlagskriterien zu berücksichtigen (vgl. hierzu jetzt auch § 127 Abs. 3 GWB).[126] Gewertet werden darf daher z. B., ob Holz aus nachhaltiger und legaler Waldbewirtschaftung oder ob Strom aus erneuerbaren Energien stammt.[127] 46

Auch die Verwendung von **Lebenszykluskosten** ist als Zuschlagskriterien zulässig[128]. Die Methode zur Berechnung ist jedoch in der Auftragsbekanntmachung und den Vergabeunterlagen anzugeben. 47

Die Methode zur Berechnung von Lebenszykluskosten kann auch externe Kosten einer Umweltbelastung umfassen, wenn sie mit der Leistung während ihres Lebenszyklus' in Verbindung stehen.[129] Die Methode zur Bestimmung des Geldwertes muss jedoch folgende Bedingungen erfüllen: 48

---

122 §§ 127 Abs. 1, 152 Abs. 3 GWB, § 58 Abs. 2 VgV, § 16d EU Abs. 1 Nr. 1 und Abs. 2 Nr. 1 VOB/A, § 52 Abs. 2 SektVO, § 16 Abs. 6 Nr. 3 VOB/A, § 16 Abs. 8 VOL/A.

123 Anders verhält es sich nach einigen Landesvergabegesetzen. So sind etwa gem. § 17 TVgG-NRW und nach § 7 BerlAVG bei der Auftragsvergabe zwingend „Kriterien des Umweltschutzes" oder „ökologische Kriterien" zu berücksichtigen.

124 EuGH, Urt. v. 17.9.2002 – Rs. C 513/99, ZfBR 2002, 812 ff.

125 § 127 Abs. 3 GWB, § 59 VgV, § 16d EU Abs. 2 Nr. 2 VOB/A., § 53 SektVO.

126 EuGH, Urt. v. 10.5.2012 – Rs. C 368/10, VergabeR 2012, 569.

127 UBA-Rechtsgutachten, S. 73.

128 § 59 VgV, § 53 SektVO, § 16d EU Abs. 2 Nr. 5 VOB/A.

129 Art. 68 Abs. 2 RL 2014/24/EU.

- Sie beruht auf objektiv nachprüfbaren und nichtdiskriminierenden Kriterien; ist die Methode nicht für die wiederholte oder dauerhafte Anwendung entwickelt worden, darf sie bestimmte Unternehmen weder bevorzugen noch benachteiligen,
- sie ist für alle interessierten Beteiligten zugänglich, und
- die zur Berechnung erforderlichen Informationen lassen sich von Unternehmen, die ihrer Sorgfaltspflicht im üblichen Maße nachkommen, einschließlich Unternehmen aus Drittstaaten[130], mit angemessenem Aufwand bereitstellen.

49 Da bislang – außerhalb des Bereichs der Straßenfahrzeuge – keine allgemeingültigen Methoden zur Quantifizierung externer Umweltkosten vorliegen, sind die genannten Anforderungen zur Berücksichtigung externer Kosten im Rahmen der Wertung kaum zu erfüllen.[131] Die Aufnahme externer Umweltkosten in die Wertungsmatrix ist daher zwar grundsätzlich rechtlich möglich, faktisch aber nur schwer rechtssicher umsetzbar.

b) Zwingendes Kriterium: Energieeffizienz

50 Darüber hinaus verweisen § 67 VgV, § 8c EU VOB/A und § 58 SektVO darauf, dass im Rahmen der Ermittlung des wirtschaftlichsten Angebots nach § 127 GWB die Energieeffizienz als Zuschlagskriterium angemessen zu berücksichtigen ist. Hierbei handelt es sich nicht um ein fakultatives, sondern um ein **zwingendes** Wertungskriterium. Eine Vergabe allein unter Preisgesichtspunkten ist daher bei Bauleistungen, bei denen die Lieferung von energieverbrauchsrelevanten Waren, technischen Geräten oder Ausrüstungen wesentlicher Bestandteil der Leistung ist, nicht zulässig.

51 Bzgl. der **Gewichtung** der Umweltkriterien im Vergleich zu anderen Kriterien verbleibt dem Auftraggeber jedoch aufgrund der Formulierung „angemessen zu berücksichtigen“ ein Beurteilungsspielraum.[132] Zu beachten ist hierbei allerdings, dass gem. § 67 Abs. 2 VgV, § 8c EU Abs. 2 VOB/A innerhalb der Leistungsbeschreibung bereits das höchste Leistungsniveau an Energieeffizienz vorzugeben ist. Im Rahmen der Wertungskriterien kann der Auftraggeber daher nur noch an die innerhalb einer bestimmten Effizienzklasse bestehenden Unterschiede hinsichtlich des konkreten Energieverbrauchs oder an entsprechende Varianzen innerhalb des vorgegebenen

130 Drittstaaten i.d.S. können nur solche sein, die dem Übereinkommen über das öffentliche Beschaffungswesen von 1994 (ABl. C 256 vom 3.9.1996, S. 1), geändert durch das Protokoll zur Änderung des Übereinkommens über das öffentliche Beschaffungswesen (ABl. L 68 vom 7.3.2014, S. 2) oder anderen, für die Europäische Union bindenden internationalen Übereinkommen beigetreten sind.

131 UBA-Rechtsgutachten, S. 80.

132 *Weyand* Vergaberecht, 14. Aktualisierung 2014, § 6 VgV Rn 7; Ziekow/Völlin/*Greb* Vergaberecht, 2. Aufl. 2013, § 6 VgV Rn 33.

Leistungsniveaus an Energieeffizienz anknüpfen.[133] Sollten in der Leistungsbeschreibung ausnahmsweise – abweichend von den Soll-Vorgaben der VgV bzw. VOB/A – keine Mindestanforderungen an die Energieeffizienz gestellt werden, sollte die Energieeffizienz dann im Rahmen der Wertungskriterien entsprechend höher gewichtet werden.[134]

Die Aufnahme des Faktors „Energieeffizienz" in die Wertungskriterien setzt 42
jedoch zur Wahrung des Transparenzgrundsatzes voraus, dass der Begriff durch **Unterkriterien** genauer beschrieben wird, *die es dem Auftraggeber ermöglichen, das Leistungsniveau jedes einzelnen Angebots im Verhältnis zu dem in den technischen Spezifikationen beschriebenen Auftragsgegenstand zu bewerten. Hierbei müssen die konkret zu bezeichnenden Aspekte objektiv bestimmt werden, um eine Vergleichbarkeit der Angebote und eine objektive Bewertung zu ermöglichen.*[135]

7 Checkliste „Grüne Beschaffung"

Wie gezeigt, lassen sich Umweltkriterien in verschiedenen Stadien der Beschaffung 53
mit ganz unterschiedlichen Schwerpunkten einbeziehen. Zur Prüfung, ob in einer Ausschreibung an alle möglichen und zwingend vorgegebenen rechtlichen „Stellschrauben" gedacht wurde, kann die nachfolgende Check-Liste dienen:

Checkliste
- Umweltorientierte Bestimmung des Beschaffungsbedarfs
- Umweltanforderungen als Eignungskriterien, u. a. Referenzen und Umweltmanagement
- Fakultative Umweltanforderungen in der Leistungsbeschreibung
- Energieeffizienzanforderungen in der Leistungsbeschreibung
- Zulassung von Nebenangeboten, um innovative Umweltlösungen zu ermöglichen
- Umwelt-Ausführungsbedingungen in den Verträgen
- Fakultative auftragsbezogene Umwelt-Wertungskriterien
- Energieeffizienz als Wertungskriterium

III Grüne Beschaffung unterhalb der Schwellenwerte

Der wesentliche Unterschied zwischen der „grünen Beschaffung" unterhalb und 54
oberhalb der Schwellenwerte liegt darin, dass es im Unterschwellenbereich jedenfalls auf bundesrechtlicher Ebene **keine zwingend einzuhaltenden Umweltvorgaben** gibt. Die oberhalb der Schwelle zwingenden Regelungen zur Berücksichtigung von Energieeffizienz und Lebenszykluskosten gelten hier nicht.

133 Schlemminger/*Amelung* Green Building: Zertifikate, Recht, Steuern, Finanzierung, 145, 155; *Weyand* Vergaberecht, 14. Aktualisierung 2014, § 97 Rn 1293.

134 *Weyand* Vergaberecht, 14. Aktualisierung 2014, § 97 Rn 1293.

135 OLG Düsseldorf, Beschl. v. 19.6.2013 – VII Verg 4/13, NZBau 2013, 720, 724.

55 Die freiwillige Berücksichtigung von ökologischen Kriterien bei der Festlegung von Eignungskriterien, in der Leistungsbeschreibung und bei der Wertung ist aber auch unterhalb der Schwelle möglich und sinnvoll. Hier gelten die oben unter II. gemachten Ausführungen entsprechend. Soweit hier Einschränkungen bei Umweltvorgaben anders als im Oberschwellenbereich nicht ausdrücklich geregelt sind, werden sie sich vielfach aus dem in §§ 2 Abs. 1 S. 2 VOL/A – 1. Abschnitt, 2 Abs. 2 VOB/A – 1. Abschnitt ergebenden **Gleichbehandlungsgrundsatz** ergeben.[136]

136 Vgl. hierzu auch: UBA-Rechtsgutachten, S. 88 ff.

H Spannungsfeld Denkmalschutz/Green Building

I Einleitung

Gemäß Art. 14 Abs. 1 Satz 1 GG werden das Eigentum und das Erbrecht des Einzelnen gewährleistet. Der **Schutz des privaten Eigentums** genießt damit Verfassungsrang. Die Privatnützigkeit des Eigentums an einer Sache umfasst grundsätzlich das Recht des Eigentümers, mit der Sache nach Belieben zu verfahren und andere von jeder Einwirkung auszuschließen (§ 903 BGB). Sache in diesem Sinne sind körperliche Gegenstände und damit u. a. Grundstücke und Gebäude. 1

Der verfassungsrechtliche Schutz des Eigentums besteht jedoch nicht uneingeschränkt. Er wird vor allem durch die Gesetze (Art. 14 Abs. 1 Satz 2 GG) beschränkt und inhaltlich bestimmt. Gesetze in diesem Sinne sind z. B. Verfassungsbestimmungen, formelle Gesetze (z. B. EnEG, Landes-Denkmalschutzgesetz) und materielle Gesetze (z. B. EnEV[137]), welche wiederum die vom Verfassungsgeber gesetzten Staatszielbestimmungen beeinflusst werden. 2

Insbesondere unterliegen der **Schutz des Klimas und der natürlichen Energieressourcen** einem grundlegenden Interesse der Allgemeinheit und auch des Einzelnen. Gemäß Art. 20a GG ist als Staatszielbestimmung daher festgelegt: 3

> *„Der Staat schützt auch in Verantwortung für die künftigen Generationen **die natürlichen Lebensgrundlagen** und die Tiere im Rahmen der verfassungsmäßigen Ordnung durch die Gesetzgebung und nach Maßgabe von Gesetz und Recht durch die vollziehende Gewalt und die Rechtsprechung.“*

In dieser Staatszielbestimmung ist nach einhelliger Ansicht auf verfassungsrechtlicher Ebene der **Klimaschutz** verankert. Bei einer **Staatszielbestimmung** handelt es sich zwar nicht wie bei den Grundrechten der Art. 1 bis 19 GG um ein für den Staat verbindlich zu schützendes Rechtsgut. Die Erreichung des Ziels daher ist zwar anzustreben, nicht jedoch ist ein bestimmter Erfolg, wie z. B. beim Schutz des Lebens (Art. 2 Abs. 2 GG), durch den Staat verpflichtend zu erzielen. Dem Klimaschutz kommt neben dem Schutz des privaten Eigentums gemäß Art. 14 Abs. 1 Satz 1 GG trotzdem Verfassungsrang zu. Denn Staatszielbestimmungen wie der Klimaschutz stellen für jedes staatliche Handeln eine unmittelbar geltende Leitlinie dar, die eine Orientierung und einen verfassungsrechtlichen Gestaltungsauftrag insbesondere auch an die Verwaltung und Rechtsprechung vorgibt.[138] Daher können auch Beschränkungen des Eigentumsgrundrechts mit behördlichen und gerichtlichen Entscheidungen, die das Staatsziel des Klimaschutzeses berücksichtigen, einhergehen. 4

137 Energieeinsparverordnung vom 24. Juli 2007 i. d. F. vom 28.10.2015.
138 Maunz/Dürig/*Scholz* GG Art. 20a Rn. 35.

5 Der **Denkmalschutz** dagegen ist gemäß Art. 30 Abs. 1 GG kompetenzrechtlich Aufgabe der Länder. In seinen verschiedenen Erscheinungsformen (z. B. Einzeldenkmal, Bodendenkmal, Ensembleschutz etc.) ist er deswegen auf der Ebene des Landesrechts geregelt, sieht man von einigen wenigen bundesrechtlichen Schutzvorschriften, z. B. § 304 Abs. 1 StGB, ab. Daraus folgt, dass der Klimaschutz als Staatsziel gem. Art. 20 a GG grundsätzlich von seiner Wertung her vorrangig gegenüber dem Denkmalschutz zu berücksichtigen ist.[139] Allenfalls in Bundesländern, in denen die Landesverfassung dem Denkmalschutz den Rang eines Staatsziels einräumt (Art. 3c LV BW, Art. 18 NRW, Art. 11 SächsVerf), stehen Klimaschutz und Denkmalschutz zumindest bei Erlass und Anwendung von landesrechtlichen Vorschriften als gleichrangige Rechtsgüter nebeneinander. Das Grundrecht auf Eigentum kann indes auch durch denkmalschutzrechtliche Gesetze und sonstige materielle Regelungen wie z. B. Verordnungen eingeschränkt werden, wenn die staatliche Maßnahme den Grundsatz der Verhältnismäßigkeit wahrt.

Hinweis
Die formellen Gesetze und sonstigen materiellen Regelungen zum Klimaschutz einerseits und Denkmalschutz andererseits bestimmen inhaltlich den Umfang des verfassungsrechtlichen Schutzes des privaten Eigentums. Es gibt daher von vornherein kein Recht des Einzelnen auf Innehabung einer Immobilie, die mit einer der genannten Regelungsmaterien im Widerspruch steht.

II Klimaschutz versus Denkmalschutz

6 Das besondere Spannungsfeld zwischen Denkmalschutz einerseits und Klimaschutz andererseits soll im Folgenden insbesondere hinsichtlich der begrenzenden Wirkung auf das denkmalgeschützte Eigentum näher untersucht werden. Dabei wird im Ergebnis festzustellen sein, dass der Widerstreit zwischen den Interessen des Denkmalschutzes und des Klimaschutzes nur bei oberflächlicher Betrachtung zu einer Privilegierung von Eigentümern denkmalgeschützter Grundstücke bzw. Gebäude in der Praxis führt. Vielmehr werden deren Entscheidungsspielräume je nach persönlicher Zielstellung stärker begrenzt als bei Eigentümern konventioneller Immobilien. Die Rechtsprechung der letzten Jahre bestätigt diesen Befund.[140]

139 Groß NVwZ 2011, 129, 133.
140 BayVGH, Beschluss v. 13.5.2015 – 1 ZB 13.1334; BayVGH, Urt. v. 19.12.2013 – 1 B 12.2596; VG München, Urt. v. 25.4.2013 – M 11 K 12.1914.

1 Die Regelungskonzeption des Gesetzgebers

Der Gesetzgeber hat das sich zwischen Denkmalschutz (z. B. Bewahrung der äußeren Fassadengestaltung) und Klimaschutz (z. B. Wärmedämmung) ergebende Spannungsfeld erkannt und dem Denkmalschutz einen gewissen Vorrang eingeräumt. 7

§ 24 Abs. 1 EnEV bestimmt daher grundsätzlich eine Erleichterung für Eigentümer denkmalgeschützter Objekte hinsichtlich der energetischen Anforderungen an Gebäude und Anlagen nach der EnEV: 8

„Soweit bei Baudenkmälern oder sonstiger besonders erhaltenswerter Bausubstanz die Erfüllung der Anforderungen dieser Verordnung die Substanz oder das Erscheinungsbild beeinträchtigen oder andere Maßnahmen zu einem unverhältnismäßig hohen Aufwand führen, kann von den Anforderungen dieser Verordnung abgewichen werden."

Hinweis
Mit der Verwendung des Begriffs **„soweit"** hat der Verordnungsgeber in § 24 Abs. 1 EnEV zum Ausdruck gebracht, dass Baudenkmäler nicht generell von den Anforderungen der EnEV befreit sind und es somit keinen ausschließlichen Vorrang des Denkmalschutzes gibt. Vielmehr ist jede Anforderung der EnEV, z. B. Fassadendämmung und Dämmung von Warmwasserleitungen, für sich genommen hinsichtlich der Verträglichkeit gegen die denkmalpflegerischen Interessen abzuwägen.

Bereits die Regierungsbegründung zur EnEV 2007 hat klargestellt, dass aufgrund des klaren Wortlauts der zugrunde liegenden europäischen Richtlinie über die Gesamteffizienz von Gebäuden[141] eine umfassende Freistellung von Denkmälern ausgeschlossen ist. Lediglich oftmals zugleich unter Denkmalschutz stehende Gebäude, die dem Gottesdienst oder anderen religiösen Zwecken gewidmet sind, sind generell gemäß § 1 Abs. 3 S. 1 Nr. 7 EnEV vom Anwendungsbereich der EnEV ausgenommen. 9

Ergänzt wird die Regelung des § 24 Abs. 1 EnEV durch die in § 16 Abs. 5 EnEV geregelte Befreiung für Baudenkmäler von der Pflicht zur Vorlage von Energieausweisen im Falle des Verkaufs, der Vermietung, Verpachtung und des Leasings sowie der Aushangpflicht. Hintergrund dieser von den Bundesländern veranlassten Ausnahme war die Überlegung, dass andernfalls der besondere architektonische oder historische Wert dieser Gebäude gefährdet würde und zudem von dieser Kategorie Gebäude kein klimapolitisch relevantes Einsparpotenzial zu erwarten sei. So wird im betreffenden Beschluss des Bundesrates[142] darauf verwiesen, dass in Bayern und vergleichbar in anderen Bundesländern nur etwa 0,7 % des Wohngebäudebestandes denkmalgeschützt seien. 10

Die EnEV definiert in § 2 Nr. 3a **Baudenkmäler als nach Landesrecht geschützte Gebäude oder Gebäudemehrheiten**. Ob im Einzelfall ein Baudenkmal im Sinne der 11

141 RL 2010/31/EU v. 19.5.2010, ABl. Nr. L 153 S. 13.
142 BR-Drs. 282/07 (Beschluss), S. 3.

EnEV vorliegt, ist somit auf der Grundlage des jeweils einschlägigen Landesrechts zu entscheiden.

2 Der Entscheidungskonflikt des Eigentümers denkmalgeschützter Immobilien

12 § 24 Abs. 1 EnEV, der auf den ersten Blick eine Privilegierung des Eigentümers denkmalgeschützter Gebäude gegenüber Eigentümern konventioneller Immobilien enthält, da er unter bestimmten Voraussetzungen ein Abweichen von den Anforderungen der EnEV ermöglicht, ruft für den Eigentümer denkmalgeschützter Immobilien oftmals einen Zielkonflikt hervor. Zum einen gibt der Verordnungsgeber die Verantwortung für die Rechtmäßigkeit einer Abweichung dem Eigentümer ab, da Denkmäler nicht generell von den Anforderungen der EnEV freigestellt werden, sondern nur **„soweit"** die Substanz oder das Erscheinungsbild beeinträchtigt werden oder die Maßnahmen mit einem unverhältnismäßig hohen Aufwand verbunden wären. Zum anderen dient § 24 Abs. 1 EnEV – wegen des ansonsten uneingeschränkt zur Anwendung kommenden Grundsatzes **„Bundesrecht** (EnEV) **bricht Landesrecht** (Landes-Denkmalschutzgesetz)" gemäß Art. 30 Abs. 1 GG – als Öffnungsklausel zugunsten der Denkmalschutzgesetze.[143]

a) Die Entscheidungsverantwortung des Eigentümers/Bauherren

13 Besteht die Zielstellung des Eigentümers darin, eine Anpassung an den aktuellen energetischen Standard zu vermeiden und deshalb möglichst von den Privilegierungen der EnEV Gebrauch zu machen, steht er vor der Problematik, dass § 24 Abs. 1 EnEV lediglich in materieller Hinsicht befreit. In einem formellen Prüfungsverfahren muss daher eine abschließende behördliche Entscheidung herbeigeführt werden, damit auf deren Bestandskraft rechtssicher die weiteren Dispositionen gestützt werden könnten. Der Bauherr und die vom Bauherr beauftragten Planer (vgl. § 26 Abs. 2 EnEV) tragen somit allein das Risiko einer Fehleinschätzung, welche gemäß § 8 Abs. 1 Nr. 1 des Energieeinspargesetzes mit einer Geldbuße von bis zu 50.000 € bewehrt ist. Aufgrund der Unbestimmtheit der Rechtsbegriffe **„Beeinträchtigung der Substanz oder des Erscheinungsbildes"** sowie **„unverhältnismäßig hoher Aufwand"** ist dieses Risiko als durchaus hoch einzustufen. Deshalb empfehlen manche Kommunen, die in eigener Verantwortung vorzunehmende Einschätzung gegebenenfalls nach Beratung durch das Landesamt für Denkmalpflege zu treffen. Damit ist dem Ratsuchenden im Zweifel jedoch wenig geholfen. Das Landesamt wird keine Gewähr dafür übernehmen, dass seine eigene Auslegung der EnEV korrekt ist, da die nach Landesrecht zuständige Behörde für die Anwendung und Auslegung der EnEV in den meisten Bundesländern zunächst die untere Bauaufsichtsbehörde ist. Für den Eigentümer eines denkmalgeschützten Gebäudes könnte damit das Risiko

143 Siehe Rn 8.

einer Fehleinschätzung und mithin eines Bußgeldes proportional zum Umfang der Genehmigungs- und Anzeigefreistellungen in den Landesbauordnungen steigen, weil es im Falle der Genehmigungs- bzw. Anzeigefreiheit an einer abschließenden behördlichen Entscheidung fehlt.

Dem Eigentümer/Bauherrn ist jedoch in jedem Fall eine fakultative Abstimmung 14 mit den entsprechenden Behörden zu empfehlen, um das Risiko einer Fehleinschätzung soweit wie möglich zu minimieren.

Praxistipp
Keine Abweichung von den Anforderungen der EnEV ohne vorherige enge Abstimmung mit der unteren Bauaufsichtsbehörde **und** dem Landesamt für Denkmalschutz. Eine detaillierte Folgenbetrachtung für Substanz bzw. Erscheinungsbild als Entscheidungsgrundlage sollte als ausdrücklicher Beratungsgegenstand der eingebundenen Planer vertraglich vereinbart werden.

---

b) Die Entscheidungs(un-)freiheit des Eigentümers/Bauherren

Besteht hingegen die Zielstellung des Eigentümers einer denkmalgeschützten Immobilie darin, den Anforderungen der EnEV zu entsprechen, stellt sich die Frage, ob sich 15 der Eigentümer für eine solche Sanierung des denkmalgeschützten Gebäudes entscheiden kann, auch wenn dadurch z. B. das äußere Erscheinungsbild der Immobilie und damit die Belange des Denkmalschutzes beeinträchtigt werden. Die Legitimität einer solchen Überlegung des Eigentümers wird man nur schwer in Frage stellen können, sofern die Beweggründe des Eigentümers darin bestehen, dem Klimaschutz aus persönlicher Überzeugung den Vorrang einzuräumen oder die Betriebskosten signifikant zu senken. Des Weiteren muss dem Eigentümer zugestanden werden, einem sukzessiven Wertverlust der Immobilie für den Verkaufsfall entgegenzutreten und mit einer „Sanierung nach EnEV" werben zu können, nachdem diese von einer stetig steigenden Zahl energetisch sanierter Gebäude umgeben ist.

Der Wortlaut des § 24 Abs. 1 EnEV **„kann ... abgewichen werden"** scheint auch 16 zunächst dem Eigentümer eine entsprechende Entscheidungsfreiheit einzuräumen. „Kann" lässt vom Wortlaut denknotwendig die Möglichkeit zu, davon keinen Gebrauch zu machen und sich den Anforderungen der EnEV zu unterwerfen.

c) Praxis von Verwaltung und Rechtsprechung

Im Gegensatz dazu ist in der Entscheidungspraxis der etwaige Beseitigungsanord- 17 nungen erlassenden Landesämter für Denkmalschutz die Tendenz festzustellen, dass im Falle des Vorliegens der tatbestandlichen Voraussetzungen (z. B. Beeinträchtigung des äußeren Erscheinungsbildes) quasi automatisch ein Vorrang des Denkmalschutzes angenommen wird. Dies hat im Extremfall zur Folge, dass geplante oder bereits getätigte Investitionen am denkmalgeschützten Eigentum trotz Einklangs mit der EnEV behördlich untersagt werden und der Eigentümer in seiner Entscheidungsfreiheit stark eingeschränkt wird.

18 Jedoch hat auch die Verwaltung bei ihren Ermessensentscheidungen und der Auslegung unbestimmter Rechtsbegriffe (z. B. „Beeinträchtigung des Erscheinungsbildes") die Bedeutung des Klimaschutzes einerseits und des Denkmalschutzes andererseits anhand der oben erwähnten Grundsätze zu gewichten.[144]

19 Die Rechtsprechung nimmt hingegen in aller Regel eine Abwägung der verschiedenen betroffenen Belange vor, kommt jedoch nur langsam von einer lediglich formelhaften Berücksichtigung des Staatsziels Klimaschutz weg.[145]

Beispiel 1

Das Verwaltungsgericht Minden[146] hat z. B. ausgeführt: „*Baudenkmäler brauchen nämlich die Wärmeschutzanforderungen nicht zu erfüllen, § 24 Abs. 1 EnEV (2007). Wenn der Gesetzgeber Denkmäler von der Einhaltung der Vorschriften der EnEV schon ausgenommen hat, kann nicht gleichzeitig ein öffentliches Interesse daran bestehen, Denkmäler mit einer Außendämmung zu versehen und so ihrer Identität zu berauben.*"

Die vom Verwaltungsgericht Minden postulierte generelle Befreiung von Denkmälern von den Anforderungen der EnEV gibt es jedoch gerade nicht. Der Klimaschutzbelang wäre deshalb bei der Entscheidung über die denkmalschutzrechtliche Genehmigung als öffentliches Interesse zu berücksichtigen gewesen.

---

20 Die Gerichte beschäftigen, bedingt durch steuerliche Anreize, in den letzten Jahren insbesondere Klagen gegen Beseitigungsanordnungen der Landesämter für Denkmalschutz betreffend Solar- oder Photovoltaikanlagen auf den Dächern denkmalgeschützter Gebäude.

Beispiel 2

Instruktiv für den Vorrang des Denkmalschutzes vor den Privatinteressen des Eigentümers ist dabei die Entscheidung des Oberverwaltungsgerichts Niedersachsen,[147] die die Rechtmäßigkeit einer Anordnung zur Beseitigung einer Photovoltaikanlage auf dem Dach eines Gebäudes innerhalb eines denkmalgeschützten Ensembles zum Gegenstand hatte. Das Oberverwaltungsgericht Niedersachsen hat in seiner Entscheidung u. a. zunächst ausgeführt, dass Art. 14 GG und Art. 20a GG eine Beseitigungsanordnung grundsätzlich nicht hindern. Zumindest wurde dem Klimaschutz aus Art. 20 a GG aber eine „verstärkte Durchsetzungsfähigkeit"[148] bei der Interessenabwägung zugebilligt, die sich darin äußere, dass Beeinträchtigungen des äußeren Erscheinungsbildes dann eher hinzunehmen seien.

---

144 Siehe Rn 2 und 3.
145 *Grothmann* ZfBR-Beil. 2012, 100, 107.
146 VG Minden, Urt. v. 25.8.2009 – 1 K 2312/08.
147 OVG Nds., Urt. v. 3.5.2006 – 1 LB 16/05.
148 OVG Nds., Urt. v. 3.5.2006 – 1 LB 16/05 Rz. 45 – juris.

Im Ergebnis wurde dem Denkmalschutz bei der Prüfung der Verhältnismäßigkeit der Beseitigungsanordnung trotzdem Vorrang vor den Interessen des Eigentümers und dem Klimaschutz eingeräumt. Mit dem Hinweis auf den groben Eingriff in den Altstadtbereich durch die Photovoltaikanlage auf einem Dach überwogen die städtebaulichen Gesichtspunkte mit ganz erheblichem Gewicht dem Klimaschutz.

Beispiel 3
Ein weiteres interessantes Beispiel liefert das Verwaltungsgericht München.[149] Der Kläger begehrte die Erteilung einer denkmalschutzrechtlichen Erlaubnis zur Anbringung von Photovoltaikanlagen auf dem Dach einiger Gebäude, die Teil eines denkmalgeschützten Ensembles sind. Das Landratsamt lehnte diesen Antrag, nach ablehnender Stellungnahme durch den Kreisheimatpfleger und das Landesamt für Denkmalpflege, ab. Das Erscheinungsbild des Ensembles sei gefährdet.

Dagegen richtet sich die Klage. Keines der betroffenen Gebäude sei ein Einzeldenkmal. Zwischen den Häusern bestünden architektonisch starke Unterschiede, was auch auf deren Dachbeschaffenheit zutreffe. Teilweise seien nur die Dächer neuer Anbauten betroffen und die geplante Anlage wäre in aller Regel nicht einsehbar. Auch sei das Ensemble bereits durch angebrachte Satelliten- und Antennenanlagen beeinträchtigt.

Dieser Argumentation folgte das Gericht nicht. Zunächst seien die geplanten Anlagen durchaus einsehbar und beeinträchtigten so auch das Ensemble an sich. Der für die Belange des Denkmalschutzes offene Durchschnittsbetrachter würde die Anlage generell als störend empfinden. Dieser Maßstab sei allerdings nicht statisch und könne sich im Laufe der Jahre wandeln.

Bemerkenswert ist, dass das VG München auf den sich abzeichnenden Wandel in der Anschauung des Durchschnittsbetrachters anspielt und wohl dem Klimaschutz den Vorrang vor dem Denkmalschutz zusprechen würde, sobald derartige Anlagen zum gewohnten Ortsbild gehören.[150]

In der **jüngeren Rechtsprechung** lässt sich – zumindest in den Entscheidungsbe- 21
gründungen – jedoch wohl auch vor dem Hintergrund der in den letzten Jahren verstärkt geführten Diskussionen um einen vom Menschen maßgeblich beeinflussten Klimawandel und der von der Bundesregierung ausgerufenen Energiewende eine **Tendenz** erkennen, dem **Klimaschutz eine gewichtigere Rolle** zuzusprechen.

Beispiel 4
In einem vom Hessischen Verwaltungsgerichtshof[151] entschiedenen Fall erstrebte die Klägerin die Genehmigung einer Photovoltaikanlage auf dem Dach einer Scheune, die Teil einer denkmalgeschützten Klosteranlage ist.

Der HessVGH sah die Belange des Denkmalschutzes als überwiegend an, stellte allerdings klar, dass die Abwägung der Interessen im Einzelfall anhand einzelner Kriterien wie etwa der Leistungsfähigkeit der Anlage, ihrer Bedeutung für den Klima- und Umweltschutz sowie der jeweiligen gesetzgeberischen Bewertung dieser Art der Energiegewinnung zu erfolgen habe. Die im Rahmen des § 16 Abs. 3

149 VG München, Urt. v. 24.4.2012 – M 1 K 12.80.
150 So z. B. VGH Baden-Württemberg, Urt. v. 1.9.2011 – 1 S 1070/11.
151 HessVGH, Urt. v. 7.5.2013 – 4 A 1433/12.Z.

Satz 1 DSchG HE vorzunehmende Bewertung, ob eine Beeinträchtigung (des Kulturdenkmals) vorliegt oder nicht, sei auf der Grundlage des Urteils eines sachverständigen Betrachters festzustellen, dessen Maßstab von einem breiten Kreis von Sachverständigen getragen wird.[152]

---

3 Der Tatbestand des § 24 Abs. 1 EnEV

22 Tatbestandlich setzt § 24 Abs. 1 EnEV voraus, dass die Erfüllung der Anforderungen der EnEV bei

- Baudenkmälern oder
- sonstiger besonders erhaltenswerter Bausubstanz

die **Substanz oder das Erscheinungsbild beeinträchtigen** oder andere Maßnahmen zu einem **unverhältnismäßig hohen Aufwand führen**.

a) Beeinträchtigung

23 Wie bereits eingangs ausgeführt, ist der Begriff des **Baudenkmals** in § 2 Nr. 3a EnEV durch Verweis auf den sachlichen Anwendungsbereich der Landes-Denkmalschutzgesetze legaldefiniert. Dies gilt unabhängig davon, ob der Denkmalschutz im jeweiligen Bundesland konstitutiv durch Eintragung (z. B. in das Denkmalbuch) erst entsteht oder bereits aufgrund der Erfüllung materieller Voraussetzungen zum Tragen kommt.

24 Der Begriff der **sonstigen besonders erhaltenswerten Bausubstanz** ist hingegen als Auffangbegriff zu verstehen. Dieser ist bislang weder gesetzlich noch richterrechtlich festgelegt worden. Mit Rücksicht auf die sachliche Weite des Denkmalbegriffs (Einzeldenkmal, Bodendenkmal, Ensembleschutz etc.) ist der Anwendungsbereich dieser Begrifflichkeit eher gering. Darunter zu fassen sind z. B. besondere Baulichkeiten im Geltungsbereich einer Erhaltungssatzung.

25 Jede nachteilige bauliche Änderung an den vorgenannten geschützten Bauwerken stellt eine Beeinträchtigung dar. Die Voraussetzung einer **Beeinträchtigung der Substanz** umfasst nicht nur die Beseitigung und den Austausch vorhandener Bauteile des Gebäudes oder Eingriffe in den Grund und Boden bei sog. Bodendenkmälern, sondern auch etwaige Folgeschäden im Falle einer EnEV-konformen Sanierung.

Beispiel 5

Es besteht z. B. keine Verpflichtung des Eigentümers, die Anforderungen der EnEV bezüglich des Transmissionswärmeverlustes durch eine Innendämmung zu erfüllen, sofern dies in bauphysikalischer Hinsicht mit erheblichen Risiken verbunden ist. Dies ist insbesondere bei denkmalgeschützten Fachwerkhäusern ein in der Praxis oft anzutreffendes Problem.

---

152 So auch BayVGH, Beschluss v. 13.5.2015 – 1 ZB 13.1334: es kommt auf Wissens- und Erkenntnisstand von sachverständigen Betrachtern an.

Eine **Beeinträchtigung des Erscheinungsbildes** kann auch durch EnEV-konforme bauliche Eingriffe, wie z. B. den Austausch von Fenstern oder eine Dämmung der Fassade hervorgerufen werden. 26

Zu beachten ist jedoch, dass der Begriff der Beeinträchtigung nach Ansicht der Rechtsprechung nicht statisch zu betrachten ist, sondern vielmehr einer dynamischen Entwicklung unterworfen ist. Insbesondere technologische Fortschritte sollen demnach bei der Auslegung des Begriffs zu berücksichtigen sein.[153] 27

Bei der Anwendung von § 24 Abs. 1 EnEV ist zu ebenfalls zu beachten, dass das Bauvorhaben **auch mit den üblichen öffentlich-rechtlichen Vorschriften** im Einklang stehen muss. Ergibt sich z. B. schon nach dem Bauplanungs- oder Bauordnungsrecht die Unzulässigkeit der Maßnahme, kommt es auf den Ausgleich zwischen dem Denkmalschutzrecht und dem Klimaschutz gemäß § 24 Abs. 1 EnEV nicht mehr an. 28

b) Unverhältnismäßig hoher Aufwand

Auch wenn weder die Substanz noch das Erscheinungsbild beeinträchtigt sind, können die Eigenschaft als Baudenkmal oder die sonstige besonders erhaltenswerte Bausubstanz einen **unverhältnismäßig hohen Aufwand** bedingen, um die Anforderungen der EnEV erfüllen zu können. Dies ist u. a. dann der Fall, wenn gemäß § 10 Abs. 5 EnEV die Aufwendungen durch die eintretenden Einsparungen nicht innerhalb angemessener Frist erwirtschaftet werden können. Der hohe Aufwand kann sich jedoch, da § 24 Abs. 1 EnEV anders als § 10 Abs. 5 EnEV nicht allein auf wirtschaftliche Aspekte abstellt, auch aus dem Umfang und der Dauer der erforderlichen baulichen Maßnahmen ergeben (z. B. bei einer notwendigen statischen Ertüchtigung im bewohnten Zustand), selbst wenn die Investitionen in angemessener Frist amortisiert werden könnten. 29

153 Vgl. dazu Beispiel 3.

Kapitel 4
Green Lease

A Einleitung

I Begriffsdefinition

Eine allgemein gültige Definition des Begriffs „Green Lease“ bzw. des „grünen Mietvertrages“ hat sich in Deutschland bis dato nicht etabliert. Zielsetzung eines solchen Vertrages ist der **nachhaltige und energieeffiziente Betrieb einer Immobilie**. 1

Elemente eines „grünen Mietvertrages“ sind regelmäßig ein nachhaltiges oder energieeffizientes – gegebenenfalls entsprechend zertifiziertes – Gebäude als Mietgegenstand und Regelungen im Vertrag, die darauf abzielen, den Mieter zu einer möglichst nachhaltigen Nutzung des Mietgegenstandes und den Vermieter zu einer möglichst nachhaltigen Bewirtschaftung des Mietgegenstandes anzuhalten und beide Parteien ggf. sogar verpflichten, bestimmte verbindliche Nachhaltigkeitsziele zu erreichen. 2

„Green Lease“-Verträge erfreuen sich in anderen EU-Staaten bereits großer Beliebtheit, während sie in Deutschland noch eher ein Novum darstellen. 3

Im Ausland ist der Typus des „grünen Mietvertrages“ bereits seit längerem bekannt und hat dort auch eine **gewisse Standardisierung** erfahren.[1] Für solche ausländischen Verträge existierende Standards sind aber auf das deutsche Mietrecht nicht ohne Weiteres übertragbar bzw. müssen auch gar nicht übertragen werden: Manche Regelung, die in anderen Rechtsordnungen im Gewand einer „Green Lease“ – Regelung daher kommt, ist hierzulande Gegenstand einer verbindlichen Vorgabe des Gesetzgebers. So findet sich in Großbritannien die Forderung nach einer „Green Lease“-Regelung, wonach der Vermieter für die Erfassung des Verbrauchs von Wasser und Energieträgern Einrichtungen zur separaten Erfassung je Mieter vorhalten solle und bei der Abrechnung auch zwischen Mietflächen und Gemeinschaftsflächen differenzieren solle.[2] In Deutschland existiert z. B. für Heizungs- und Warmwasseranlagen mit der Heizkostenverordnung eine entsprechende Regelung. 4

Zusammenfassend ist daher festzuhalten, dass ein Satz an **Standard-Klauseln für „grüne Mietverträge“** nach deutschem Recht **bis dato nicht existiert**. Zur Entwicklung solcher Klauseln kann auf Vertragsregelungen, die auf ausländischen Rechtsordnungen aufsetzen, eher nicht zurückgegriffen werden, weil die Ausgangslage zu unterschiedlich ist. Vielmehr müssen solche „grünen“ Vertragsregelungen für das deutsche Mietrecht – und hier insbesondere unter Beachtung der bestehenden 5

---

1 Vgl. für eine kurze Übersicht: *Schulze-Süchting/Tegtmeyer* ZfIR 2010, 396 ff.
2 Schlemminger/*Keilich/Böhm* Kap. IV. lit. A.

https://doi.org/10.1515/9783110275285-004

gesetzlichen Regelungen und ggf. zusätzlich der durch die §§ 305 ff. BGB für Allgemeine Geschäftsbedingungen gezogenen Beschränkungen – neu entwickelt werden.

II Gestaltungsspielräume im deutschen Mietrecht

6 Was im Sinne von „Green Lease“ in einem Mietvertrag wirksam vereinbart werden kann bzw. sinnvollerweise vereinbart werden sollte, was gegebenenfalls auch ohne Vertrag verbindlich vorgeschrieben ist, hängt von verschiedenen Faktoren ab:

7 Die Möglichkeiten für vertragliche Regelungen sind **im Wohnraummietrecht deutlich eingeschränkt**, während die Spielräume im Gewerberaummietrecht größer sind. Vertragliche Vereinbarungen zur Ausstattung und zum Zustand der Mietsache sind in einem viel weiteren Umfang möglich, wenn die Parteien des späteren „Green Lease“ – Vertrages über eine Immobilie verhandeln, die neu errichtet wird. In welchem Umfang vertragliche Regelungen über eine möglichst nachhaltige Nutzung der Mietsache vereinbart werden, wird oftmals davon abhängen, zu welchem diesbezüglichen Engagement die Parteien bereit sind, beispielsweise, weil ein solches auch imagefördernd in die Öffentlichkeit kommuniziert und vermarktet werden kann.

Im Jahr 2012 hat sich eine Gruppe aus Ökonomen, Ingenieuren und Juristen unter Beteiligung des Zentralen Immobilien Ausschuss e. V. und unter Koordination der Kanzlei Freshfields Bruckhaus Deringer daran gemacht, einen sogenannten Referenzrahmen für „Green Lease“-Verträge im deutschen Rechtsraum zu entwickeln und eine Reihe von Empfehlungen für Regelungen in „Green Lease“-Verträgen zu geben[3]. Diese haben im Markt durchaus Beachtung gefunden, jedoch nicht dazu geführt, dass sich für den deutschen Rechtsraum ein Regelungsstandard entwickelt hätte.

3 *Conradi/Binkowski/Spenke* Der grüne Mietvertrag für Deutschland, abrufbar unter: www.der-gruene-mietvertrag.de.

B Wohnraummiete

Im Bereich der Wohnraummiete hat sich der „grüne Mietvertrag“ als eigene Spielart des Wohnraummietvertrages – etwa mit speziellen, immer wieder anzutreffenden „grünen Klauseln“ – **bislang nicht etabliert.** 8

Zwar haben die Vermieter von Wohnraum (vor allem bei Neubauten und in gehobenen Lagen) die Nachhaltigkeit und Energieeffizienz des zu vermietenden Wohnraums als Verkaufsargument (und oftmals als Rechtfertigung für eine nicht geringe Miete) entdeckt. Jedoch beschränken sich die diesbezüglichen Auswirkungen auf den Mietvertrag sodann auf eine entsprechende Beschreibung des Mietgegenstandes und damit auf die Vereinbarung zwischen den Parteien, dass der Mietgegenstand die angepriesenen Elemente der Nachhaltigkeit und Energieeffizienz aufweisen muss. Weitergehende Regelungen, die etwa Einfluss auf das Vermieter- und Mieterverhalten in Richtung auf eine möglichst nachhaltige und energieeffiziente Nutzung des Wohnraumes nehmen würden, sind in den Verträgen hingegen praktisch nicht anzutreffen. 9

Ein Grund hierfür mag sein, dass das **Wohnraummietrecht gesetzlich äußerst detailliert geregelt ist** und traditionell – neben vom Gesetzgeber natürlich durchaus gewünschten Zielsetzungen in Richtung Nachhaltigkeit – sozialen Belangen verpflichtet ist. Dies lässt nur **sehr wenig Spielraum für abweichende vertragliche Regelungen.** 10

„Grüne Elemente“ in Mietverträgen über Wohnraum finden sich folglich regelmäßig als **Ergebnis gesetzlicher Vorgaben.** Zu nennen sind das Mietrechtsänderungsgesetz, das in Kapitel 2 in diesem Buch ausführlicher dargestellt wird, sowie die Vorschriften zum Energieausweis, die sowohl für Wohnraum als auch Gewerberaum gelten und nachstehend im Detail dargestellt sind. 11

C Gewerberaummietverträge

12 Ein auch in der Öffentlichkeit wahrnehmbar nachhaltiges Handeln, eine möglichst ausgeglichene Ökobilanz sowie Kostensparpotentiale sind Handlungsmotivation für Unternehmen, bei der Anmietung von Flächen auf den Abschluss „grüner Mietverträge" zu dringen. Vor allem große Unternehmen rücken ökologische und gesellschaftliche Verantwortung dabei in ihren (nach außen kommunizierten) Fokus, nicht zuletzt zum Zwecke der Distinktion von den Wettbewerbern.

13 Gewerberaummietverträge weisen heutzutage bereits eine Anzahl an „grünen" Regelungen auf. Diese resultieren einerseits aus verbindlichen gesetzlichen Vorgaben, die auch ohne vertragliche Abrede beachtet werden müssten, im Vertrag aber modifiziert werden. Andererseits ist **seit mehreren Jahren** im Bereich des Gewerberaummietrechts **eine fortschreitende Entwicklung, Diversifizierung und Spezialisierung an „grünen" Klauseln in den Vertragswerken zu beobachten**, wobei sich ein allgemein gültiger Standard bislang nicht herausgebildet hat und das Entstehen eines solchen Standards aufgrund der Vielgestaltigkeit der Ausgangssituationen und spezifischen Interessen der Vertragsparteien wohl auch unwahrscheinlich ist.

I Gesetzliche Vorgaben

14 Im Gewerberaummietrecht sind – ebenso wie im Wohnraummietrecht – bestimmte verbindliche Vorgaben auch ohne vertragliche Abrede zu beachten, die vom Gesetzgeber in seinem Vorhaben, den bundesdeutschen Gebäudebestand energieeffizienter werden zu lassen, erlassen wurden.

15 Zwar finden die Vorschriften des Mietrechtsmodernisierungsgesetzes keine Anwendung auf Gewerbemieträume, wohl aber die **Vorschriften zum Energieausweis**. Bei der Errichtung von gewerblich genutzten Räumen müssen zudem die **Vorgaben der EnEV** in der jeweils aktuell geltenden Fassung eingehalten werden, wobei jedoch die Frage zu stellen ist, ob die Verbindlichkeit dieser baulichen Vorgaben bis in das Mietverhältnis „hineinstrahlt".

1 Energieausweis

16 § 5a EnEG ermächtigt die Bundesregierung, per Verordnung Inhalt und Verwendung von Energieausweisen verbindlich vorzuschreiben.[4] Damit soll für Käufer bzw. Mieter von Immobilien **Transparenz hinsichtlich der Energieeffizienz eines Gebäudes** und zugleich eine Vergleichsmöglichkeit geschaffen werden und damit letztlich die

4 Dies wiederum war Resultat der Umsetzung der Richtlinie 2002/91/EG über die Gesamtenergieeffizienz von Gebäuden v. 16.12.2002, ABl EG Nr. L 1/65.

Energieeffizienz als eigener, wertbeeinflussender und folglich auch **miet- und kaufpreisrelevanter Faktor** in den Fokus gerückt werden. Zugleich sollen Anreize für Vermieter und Mieter gegeben werden, das insbesondere im Immobilienbestand nach wie vor vorhandene Potential, die Energieeffizienz durch Modernisierungsmaßnahmen zu verbessern, zu nutzen.

Von der Ermächtigungsgrundlage hat die Bundesregierung in den §§16 bis 21 EnEV Gebrauch gemacht. Sowohl die Ermächtigungsgrundlage im EnEG als auch die Regelungen in der EnEV unterliegen hierbei noch einer **Entwicklung fortschreitender Verschärfung**. 17

Derzeit in Kraft ist das EnEG in der Fassung des Vierten Änderungsgesetzes (EnEG 2013)[5], das im Verhältnis zur Vorfassung (EnEG 2009) für den Energieausweis noch einmal inhaltlich detailliertere Vorgaben enthält und insbesondere die Handhabung des Energieausweises in der Praxis und dessen inhaltliche Überprüfbarkeit nun strenger regelt. 18

a) Anwendungsbereich

§16 Abs. 2 Satz 4 i. V. m. Satz 1 bis 3 EnEV 2014[6] ordnet an, dass der Vermieter dem potentiellen Mieter spätestens bei der Besichtigung der Mietsache den Energieausweis vorlegen muss. Diese Regelung gilt bei der Vermietung von **Wohn- und Gewerberaum**. Ausgenommen von dieser Pflicht sind gemäß §16 Abs. 5 EnEV 2014 Baudenkmäler sowie kleine Gebäude.[7] Die Vorlagepflicht gilt sowohl für Fälle der Vermietung als auch für die Untervermietung. 19

b) Vorlagepflicht des Vermieters und Vorlageanspruch des Mieters

Gemäß §5a EnEG dienen die Energieausweise der Information des Mieters. Die Regelungen in der EnEV zur Vorlagepflicht des Energieausweises beruhen auf dieser Ermächtigungsgrundlage und können folglich in ihrer Reichweite nicht über diese hinausgehen. 20

Hieraus folgt, dass dem Instrument Energieausweis durch das EnEG (und damit auch durch die EnEV) keine eigenen neuen rechtlichen Wirkungen zugewiesen werden sollen. Außerdem stellt §16 EnEV keine (privatrechtliche) Anspruchsgrundlage dar. Der **Mieter** hat gegenüber dem Vermieter daher **keinen durchsetzbaren Anspruch auf Vorlage des Energieausweises.**[8] 21

---

5 Viertes Gesetz zur Änderung des Energieeinsparungsgesetzes v. 4.7.2013 (BGBl I S. 2197).

6 Verordnung über energiesparenden Wärmeschutz und energiesparende Anlagentechnik bei Gebäuden (Energieeinsparverordnung) v. 24.7.2007 (BGBl I S. 1519), zuletzt geändert durch Art. 1 Zweite ÄndVO v. 18.11.2013 (BGBl I S. 3951) und in dieser Form in Kraft seit 1.5.2014.

7 Das sind gem. §2 Nr. 3 EnEV solche mit einer Nutzfläche von maximal 50 m².

8 So auch: *Friers* WuM 2008, 255; *Flatow* NZM 2008, 785; Lindner-Figura/Oprée/Stellmann/*Hübner/Griesbach/Fuerst* Kap. 14 Rn 211.

22 Dennoch besteht aus § 16 EnEV eine **(öffentlich-rechtliche) Vorlagepflicht des Vermieters**. Gemäß § 27 Abs. 2 Nr. 5 EnEV i. V. m. § 8 Abs. 1 Nr. 2 und Abs. 3 EnEG ist eine Verletzung dieser Vorlagepflicht eine **bußgeldbewehrte Ordnungswidrigkeit** (Bußgeld bis zu 15.000,00 €).

23 Gemäß § 16 Abs. 2 EnEV muss der Vermieter dem (potentiellen) Mieter den Energieausweis **bei der Besichtigung der Mietsache vorlegen**. Findet keine Besichtigung statt, dann hat die Vorlage **unverzüglich nach Aufforderung** durch den Mieter zu erfolgen. Nach Abschluss des Mietvertrages muss der Energieausweis (oder eine Kopie) unverzüglich an den Mieter übergeben werden. Mit Blick auf die Bußgeldbewehrung sind Tatbestandsmerkmale wie das des potentiellen Mieters **eng auszulegen**.[9] Eine Ordnungswidrigkeit ist auch dann zu verneinen, wenn dem Vermieter die Vorlage des Energieausweises aus Gründen, die er selbst nicht zu vertreten hat, nicht möglich ist.

c) Inhalt des Energieausweises = zugesicherte Eigenschaft der Mietsache?

24 Wie oben dargestellt hat der Energieausweis die Funktion eines Informationsinstrumentes. Der (potentielle) Mieter soll sich mit Hilfe des Energieausweises ein Bild über die energetische Ausstattung der Mieträume und damit auch über die zu erwartenden Betriebskosten machen können.

25 Durch wen der Energieausweis in welcher Form zu erstellen ist, wird in der EnEV verbindlich vorgegeben, so dass sich die Frage stellt, ob der Inhalt des Energieausweises im mietrechtlichen Vertragsverhältnis als zugesicherte Eigenschaft der Mietsache verstanden werden kann.

aa) Grundsatz

26 Die Angaben im Energieausweis haben **grundsätzlich nicht die Qualität einer zugesicherten Eigenschaft** (§ 536 Abs. 2 BGB) hinsichtlich der Mietsache im vertraglichen Verhältnis zwischen Mieter und Vermieter[10] – dies aus den folgenden Gründen:

27 Mit der Vorlage des Energieausweises kommt der Vermieter einer öffentlich-rechtlichen Pflicht aus der EnEV nach. Ohne eine ausdrückliche Bezugnahme im Mietvertrag selbst wird der **Energieausweis nicht Teil des Mietvertrages** und kann infolgedessen auch keine zugesicherten Eigenschaften in diesem Vertragsverhältnis beinhalten.

28 Je nach Gebäude, Gebäudealter und Erstellungszeitpunkt muss vom Vermieter ein **Bedarfsausweis** oder ein **Verbrauchsausweis** vorgelegt werden. Beide Ausweistypen sind schon **miteinander nicht vergleichbar**, weil beim Verbrauchsausweis

9 *Flatow* NZM 2008, 785.

10 Vgl. Schmidt-Futterer/*Börstinghaus* § 536 Rn 101 f.; *Sternel* NZM 2006, 495; a. A.: *Schwintowski* WuM 2006, 115.

das individuelle Nutzerverhalten des Mieters in die Bewertung einfließt. Auch sind die für die Berechnung einzusetzende Software und nicht einmal die anzuwendende Berechnungsmethode durch die EnEV verbindlich vorgegeben. Dieser Umstand führt dazu, dass über dasselbe Gebäude erstellte Energieausweise zu **stark unterschiedlichen Ergebnissen** gelangen können.[11] Ungeachtet der Tatsache, dass eine solche Streubreite den Energieausweis als Informationsinstrument entwertet, können die in ihm zu findenden Angaben auch mangels Eindeutigkeit schlechterdings nicht zugesicherte Eigenschaften im Rahmen des Mietverhältnisses sein.

bb) Ausnahmen

Der Vermieter kann sich die Angaben im Energieausweis jedoch in einer Weise zu eigen machen, dass sie als zugesicherte Eigenschaften, § 536 Abs. 2 BGB, im Vertragsverhältnis zum Mieter anzusehen sind. Dies ist unproblematisch dann der Fall, wenn der Mietvertrag eine entsprechende, **ausdrückliche Klausel** aufweist. 29

Daneben wird vertreten, dass der Vermieter sich die Bedarfskennwerte des Energieausweises oder möglicherweise sogar weitere Eigenschaften des Gebäudes als zugesicherte Eigenschaften zu eigen gemacht habe, wenn er den Energieausweis **dem Mietvertrag** (ohne sonstige explizite Erklärungen) **als Anlage beigefügt** habe.[12] Der Vermieter wird aus diesem Grund sogar ausdrücklich davor gewarnt, den Energieausweis als Anlage zum Mietvertrag zu nehmen[13], oder diesen im Mietvertrag auch nur zu erwähnen[14]. 30

d) Kosten des Energieausweises umlagefähig?

Die Kosten für die Erstellung des Energieausweises kann der Vermieter **ohne eine entsprechende** ausdrückliche **vertragliche Abrede nicht** auf den Mieter umlegen. 31

Der regelmäßig in Mietverträgen zu findende **Verweis auf die Geltung der BetrKV genügt nicht** für eine Umlegung dieser Kosten auf den Mieter. Es handelt sich nicht um (sonstige) Betriebskosten im Sinne der §§ 1, 2 BetrKV.[15] 32

Auch der **Mieterhöhungsanspruch nach § 559 BGB in Folge einer Modernisierung** im Sinne des § 555b BGB (und ein anlässlich dieser Maßnahmen erstellter Energieausweis) **führt nicht zu einer Umlegbarkeit** der Kosten auf den Mieter. Die Kosten für die Erstellung des Energieausweises gehören nicht zu jenen Kosten des 33

11 Schmidt-Futterer/*Börstinghaus* § 538 Rn 81b.

12 So etwa *Sternel* NZM 2006, 495; *Horst* NZM 2006, 1; differenzierend, aber im Ergebnis wohl auch: Schmidt-Futterer/*Börstinghaus* § 536 Rn 103.

13 So etwa Schlemminger/*Keilich/Böhm* Kap. IV B. Ziff. 2.

14 Lindner-Figura/Oprée/Stellmann/*Hübner/Griesbach/Fuerst* Kap. 14 Rn 217.

15 Hierauf weist auch *Flatow* NZM 2008, 785, zu Recht hin.

Vermieters, die mit Hilfe der Regelung des § 559 BGB in Form einer Mieterhöhung kompensiert werden sollen.[16]

Praxistipp
Dem Vermieter ist zu empfehlen, in den Mietvertrag eine ausdrückliche Regelung zur Umlagefähigkeit der Kosten des Energieausweises aufzunehmen. Diese Klausel sollte so formuliert sein, dass sie auch für zukünftige Anwendungsfälle gilt.

2 Vorgaben der EnEV

34 Mit Blick auf die stetig strenger werdenden Anforderungen, die die Energieeinsparverordnung (EnEV) an **Neubauten** und **sanierte Bestandsbauten** hinsichtlich der energetischen Effizienz stellt, wird die **Frage diskutiert**, ob nicht ein **Mietgegenstand, der die Vorgaben der EnEV nicht erfüllt**, aus diesem Grund im Rahmen des Mietverhältnisses als **mangelhaft** anzusehen ist.

a) Für eine unmittelbare Ausstrahlungswirkung der Vorgaben der EnEV

35 *Wolf/Eckert/Ball* bejahen dies ohne Weiteres, wenn auch ohne nähere Begründung.[17]

36 Von anderer Seite wird angeführt, die EnEV habe insoweit unmittelbare Auswirkung auf das mietrechtliche Vertragsverhältnis, als dass die Vorgaben der EnEV in technischer Hinsicht die grundsätzliche Pflicht des Vermieters widerspiegelten, eine möglichst optimale Wärmeversorgung für den Mieter sicherzustellen. Über § 556 Abs. 3 BGB (Wirtschaftlichkeitsgebot) sei diese Pflicht unmittelbar im Mietrecht verankert.[18] Die EnEV reflektiere lediglich den **nach der Verkehrsauffassung anerkannten Mindeststandard der energetischen Ausstattung des Mietgegenstandes**, den der Vermieter auch ohne explizite Absprache in jedem Fall schulde.[19]

37 Für eine solche Einschätzung spräche auch, dass dem mietrechtlichen Gewährleistungsrecht ebenfalls nicht fremd ist, von einem **Mangel an der Mietsache** auszugehen, wenn die vertraglich vereinbarte oder vorausgesetzte Art der **Nutzung aufgrund einer öffentlich-rechtlichen Vorschrift nicht möglich** ist.[20] Auch ohne besondere Beschaffenheitsvereinbarung müssen die Mieträume die durch öffentlich-rechtliche Normen vorgegebenen technischen Standards erfüllen. Zudem stellt die

16 A. A.: *Horst*, NZM 2006, 1, der die Kosten für die Erstellung des Energieausweises dann den Baunebenkosten im Sinne des § 559 BGB zuschlagen möchte, wenn der Energieausweis durch einen Architekten, einen Bauingenieur oder eine sonstige bauvorlageberechtigte Person ausgestellt wird.
17 *Wolf/Eckert/Ball* Rn 257.
18 *Schwintowski* WuM 2006, 115.
19 *Artz* WuM 2008, 259.
20 Vgl. BGH, Urt. v. 20.11.2013 – XII ZR 77/12 – (NJW-RR 2014, 264); OLG Hamburg, Urt. v. 27.3.1996 – 4 U 169/95 – für den Fall, dass für die beabsichtigte gewerbliche Nutzung der Mieträume die erforderliche Genehmigung fehlt.

Nichtbeachtung der Vorgaben der EnEV **im Kauf- und Werkvertragsrecht unzweifelhaft einen Mangel** an der Kaufsache bzw. dem Werk dar.

Für den Mieter folgt aus dieser Ansicht, dass er wegen einer nicht den Anforderungen der EnEV genügenden Mietsache den vereinbarten Mietzins mindern könnte und im Übrigen gegenüber dem Vermieter einen Anspruch darauf hätte, dass die nach der EnEV gebotene Maßnahme zur Ertüchtigung des Mietgegenstandes durchgeführt wird.[21] 38

b) Keine unmittelbare Ausstrahlungswirkung der Vorgaben der EnEV

Die wohl **überwiegende Ansicht verneint eine unmittelbare Wirkung** der Vorgaben aus der EnEV auf das Mietgewährleistungsrecht – jedenfalls dann, wenn im Mietvertrag bestimmte energetische oder konstruktive Standards nicht ausdrücklich vereinbart sind. 39

Adressat der EnEV sei gemäß § 26 der Bauherr, der ein Gebäude neu errichte oder ein Bestehendes umbaue (Abs. 1) oder der Dritte, dessen Diensten sich der Bauherr bei der Durchführung der Baumaßnahmen bediene (Abs. 2). Auf das vertragliche **Verhältnis zwischen Mieter und Vermieter** sei die **EnEV nicht zugeschnitten.**[22] 40

§ 536 Abs. 1 BGB verlange für das Vorliegen eines Mietmangels eine Abweichung der Ist-Beschaffenheit von der Soll-Beschaffenheit, die in einer Minderung oder gar Aufhebung der Tauglichkeit der Mietsache zum vertraglichen Gebrauch resultiere. Mit Blick auf diese gesetzliche Tatbestandsvoraussetzung wird argumentiert, dass die **Nichteinhaltung der Vorgaben der EnEV** für sich allein genommen **zu einer solchen Beeinträchtigung der Gebrauchstauglichkeit nicht führen könne.**[23] Die Nichteinhaltung der Vorgaben der EnEV führe in der Regel nur dazu, dass der Mieter höhere Betriebskosten (z. B. höhere Heizkosten wegen fehlender Dämmung oder ineffizienter Heizanlage) habe – mithin die Wirtschaftlichkeit herabgesetzt sei (was den Mieter im Falle einer vereinbarten Pauschalwarmmiete nicht einmal wirtschaftlich treffe[24]). Dies sei jedoch **nicht gleichbedeutend mit einer eingeschränkten Gebrauchstauglichkeit** im Sinne des § 536 Abs. 1 BGB. 41

c) Eigene Bewertung

Der erstgenannten Auffassung ist – insoweit entgegen der derzeit noch herrschenden Lehre – zuzustimmen. 42

---

21 *Artz*, WuM 2008, 259.
22 Staudinger/*Emmerich* § 536 Rn 12a.
23 Vgl. *Flatow* NZM 2008, 785; im Ergebnis auch *Sternel* NZM 2006, 495; *Friers* WuM 2008, 255.
24 *Sternel* NZM 2006, 495.

aa) Ausstrahlungswirkung der Vorgaben der EnEV

43 Zwar dienen die Regelungen in der EnEV zweifellos dem Interesse der Öffentlichkeit an einem möglichst energieeffizienten und damit ressourcenschonenden Gebäudebestand und richten sich damit vorrangig an die Eigentümer dieser Immobilien und solche, die im Auftrag Bauarbeiten und Modernisierungsmaßnahmen an den Gebäuden vornehmen. Zugleich haben die Regelungen der EnEV aber auch **Ausstrahlungswirkung auf das Mietrecht**. Sie spiegeln wider, was der Mieter **in Sachen Energieeffizienz als Mindeststandard** erwarten kann und zwar auch dann, wenn hierüber im Mietvertrag nicht explizit gesprochen wird.

44 Die dogmatischen Argumente der Gegenansicht mit Blick auf die Tatbestandsvoraussetzungen des § 536 BGB überzeugen nicht. Der Mieter muss nämlich – wenn hierzu im Mietvertrag nichts Abweichendes vereinbart ist – nicht davon ausgehen, dass er die Mieträume auf die für den vertragsgemäßen Gebrauch erforderlichen Temperaturen nur mit ungewöhnlich hohem Heizaufwand und dementsprechenden Kosten heizen kann. Betreibt er hingegen in einem solchen Fall nur den durchschnittlich zu erwartenden Heizaufwand, werden die für den vertragsgemäßen Gebrauch benötigten Temperaturen nicht erreicht. Die Mietsache ist mithin mangelhaft.

45 Etwas anderes gilt im Übrigen auch nicht in der Fallkonstellation, in der zwischen den Vertragsparteien eine pauschale Warmmiete vereinbart ist – scheinbar also der Vermieter die Heizkosten übernimmt. Eine pauschale Warmmiete wird üblicherweise nicht mit dem Ziel vereinbart, dass der Vermieter die Heizkosten tragen soll. Stattdessen ersparen sich Vermieter und Mieter durch eine solche Vereinbarung lediglich die möglicherweise aufwändige oder gar unmögliche Abrechnung der tatsächlichen Heizkosten gegenüber dem Mieter. Im Übrigen bleibt es aber auch im Fall einer pauschalen Warmmiete bei dem Grundsatz, dass der Mieter die mit dem Gebrauch des Mietgegenstandes zusammenhängenden Kosten selbst zu tragen hat. Sie sind in die pauschale Warmmiete schlicht eingepreist. Dies wiederum führt zu dem Schluss, dass auch diese Fallkonstellation letztlich nicht für die Gegenansicht spricht. Auch im Fall einer pauschalen Warmmiete trägt der Mieter die Heizkosten. Entspricht der Mietgegenstand nicht den Vorgaben der EnEV, führt dies dazu, dass die Heizkosten, die der Mieter als Anteil an der Miete in pauschalierter Form bezahlt – und die vom Vermieter kraft überlegenen Wissens über den Mietgegenstand im Vorfeld entsprechend kalkuliert worden sind – zu hoch sind.

bb) Folgen für die Praxis

46 Hat dies nun zur Folge, dass sich massenhaft Mieter an ihre Vermieter wenden werden, um die Einhaltung der Vorgaben der EnEV einzufordern? Droht eine Lawine?

47 Aus folgenden Gründen ist dies – wie auch in der Praxis zu beobachten – nicht der Fall:

48 Bei Abschluss des Mietvertrages müssen die Mieträume zwar – je nachdem, ob sie modernisiert oder gänzlich neu errichtet wurden – die Vorgaben der §§ 9 und 11 bzw.

§§ 3 ff. und 13 ff. EnEV in der zum jeweiligen Zeitpunkt gültigen Fassung erfüllen. Ist jedoch keine solche Maßnahme anlässlich der Vermietung erfolgt, findet auch **keine „Aktualisierung" der Vorgaben** aus der EnEV auf den aktuellen Stand zum Zeitpunkt des Abschlusses des Mietvertrages statt.

Während des Mietverhältnisses – bei dem es sich ja um ein Dauerschuldverhält- 49
nis handelt – entsteht gerade nicht ohne Weiteres eine Pflicht für den Vermieter zur Durchführung EnEV-konformer Modernisierungen, von der Ausnahme in § 10 EnEV abgesehen.

Schließlich ist zu beachten, dass die gesetzlichen Regelungen zum Mietrecht und 50
auch der konkrete Vertragsinhalt ebenfalls Geltung haben: So können sich Vermieter und Mieter **vertraglich darüber einigen**, dass der Mietgegenstand die Vorgaben der EnEV nicht zu erfüllen braucht. In einem solchen Fall kommt die Mangelhaftigkeit des Mietgegenstandes wegen etwaigen Verstoßes gegen die Vorgaben der EnEV nicht in Betracht. Auch erhält der Mieter **vor Abschluss des Mietvertrages Einsicht in den Energieausweis**. Fehlende Energieeffizienz des Mietgegenstandes und damit potentielle Probleme mit den Vorgaben der EnEV kann der Mieter aus dem Energieausweis ohne Weiteres erkennen.[25] Gemäß § 536b BGB wird er in diesem Fall so zu behandeln sein, als habe er bei Vertragsschluss von der fehlenden Energieeffizienz des Mietgegenstandes gewusst, mit der Folge, dass er hieraus gegen den Vermieter keine Rechte herleiten kann.

cc) Empfehlung für die Vertragsgestaltung

Aus Vermietersicht ist es ratsam, dass Mieträume, die vor der Vermietung neu 51
errichtet oder modernisiert werden, auch die **Vorgaben der EnEV erfüllen**. Tun sie dies nicht, kann dies zu Problemen im Mietverhältnis führen.

Weiß der Vermieter bereits, dass seine Mieträume den **Erfordernissen der EnEV** 52
nicht genügen (obwohl sie dies müssten), so ist ihm zu empfehlen, diesen Umstand gegenüber dem Mieter transparent zu machen und in den Mietvertrag eine Regelung aufzunehmen, wonach die Vertragsparteien die Mieträume trotz dieses „Mankos" als vertragsgemäß betrachten. Auch kann in diesem Fall die Aufnahme des Energieausweises (vorausgesetzt, die dortigen Angaben treffen tatsächlich zu) als Anlage zum Mietvertrag hilfreich sein, um insoweit dem Mieter später das Argument zu nehmen, das Ausmaß der fehlenden Energieeffizienz sei für ihn nicht erkennbar gewesen.

Dem Mieter wird zu empfehlen sein, dass er sich **vor Abschluss** des Mietver- 53
trages erkundigt, ob an den Mieträumen Arbeiten durchgeführt wurden, die „EnEV-relevant" sind. Stellt er später fest, dass die Mieträume den Vorgaben der EnEV nicht genügen (obwohl sie dies müssten), so hat er aus diesem Umstand **gegenüber dem Vermieter rechtliche Ansprüche**: Wegen des Mehraufwandes für das Betreiben der

25 Vgl. hierzu auch MünchKom BGB/*Häublein* § 536 Rn 8.

Mieträume wird ihm ein entsprechender Minderungsanspruch gegenüber dem Vermieter zustehen. Auch wird er gegenüber dem Vermieter einen Anspruch auf Nachholung der nach EnEV gebotenen Maßnahmen haben. Soweit *Artz* diesen Anspruch auf Modernisierungsgebote nach § 10 EnEV beschränkt[26], ist dem nicht zuzustimmen. Auch die anlässlich der Neuerrichtung oder der Modernisierung der Räume gebotenen Maßnahmen muss der Vermieter ggf. nachholen – dies freilich nur insoweit, wie Neuerrichtung bzw. Modernisierung anlässlich der Vermietung tatsächlich stattgefunden haben und auch nur nach Maßgabe der zu jenem Zeitpunkt gültigen Fassung der EnEV.

3 Sonstige Anforderungen an den Mietgegenstand

54 Auch ohne explizite Regelung im Mietvertrag muss der Mietgegenstand – unabhängig davon, ob es sich um Wohnraum oder ein gewerblich zu nutzendes Objekt handelt – bestimmte, seine energetische Effizienz betreffende Eigenschaften aufweisen, bei deren Fehlen der Mieter anderenfalls dem Vermieter einen Mangel an der Mietsache vorhalten kann.

a) Ausreichende Heiz-/Kühlleistung

55 Strengere Vorgaben hinsichtlich der Energieeffizienz und zugleich Vorlieben hinsichtlich einer architektonischen Gestaltung von Gebäuden, die auch bei gewerblich genutzten Immobilien ein Maximum an Lichteinfall in Form von Tageslicht sicherstellt, haben zu folgender Situation geführt:

56 Neue Gebäude – vor allem Bürogebäude – werden regelmäßig mit maximal großen Fensterflächen gestaltet. Dies hat ästhetische Gründe, weil ein gläsernes, quasi transparentes Gebäude hell, leicht und freundlich, zugleich auch besonders modern wirkt. Große Fensterflächen haben den weiteren gewünschten Vorteil, dass Arbeitsplätze gut mit Tageslicht versorgt werden, was ein helles und freundliches Arbeitsambiente schafft.

57 Bei der Heizungstechnik wird zunehmend auf den Einsatz von Heizkörpern verzichtet und stattdessen entsprechende Leitungen in die Böden (und ggf. auch Decken) eingelassen, was ebenfalls ästhetische Vorteile bietet und eine gleichmäßige Beheizung der Räume ermöglicht. Die modernen Heizungsanlagen arbeiten zudem mit einer geringeren Wasservorlauftemperatur, was den Vorteil eines geringeren Energiebedarfs der Heizung hat, zugleich aber dazu führt, dass diese Heizungssysteme recht träge auf Temperaturänderungen reagieren und Einzelraumsteuerungen entweder gar nicht oder nur in sehr eingeschränktem Umfang sinnvoll möglich sind.

26 *Artz* WuM 2008, 259.

Dasselbe gilt, wenn das Heizsystem im Gebäude zugleich auch für (passive) Kühlung in den Sommermonaten genutzt wird und auf den Einbau einer aktiven Klimaanlage gar verzichtet wurde. 58

Aus dieser Ausgangslage heraus häufen sich Fälle, in denen von Mieterseite moniert wird, die Mieträume ließen sich in den Wintermonaten nicht ausreichend beheizen, es gebe je nach Ausrichtung des Gebäudes in den Räumen starke Temperaturunterschiede oder die Mieträume heizten sich in den Sommermonaten durch die großen Glasflächen zu stark auf. 59

aa) 20° Celsius Mindesttemperatur in Büroräumen

Das OLG München hat in einem instruktiven Urteil vom 21.11.2000 festgestellt, dass in Mieträumlichkeiten, die als Büro genutzt werden, eine Raumtemperatur von 20° C erreicht werden muss.[27] 60

Interessanter und auch aussagekräftiger als der markante Temperaturgrenzwert ist die Begründung des OLG. Das OLG führt als Ausgangsüberlegung an, dass *„sich seit den 60er und 70er Jahren das Bewusstsein über den Umgang mit Energie geändert und zunehmend die Erkenntnis durchgesetzt hat, dass mit Energie nicht verschwenderisch umgegangen werden sollte.*“.[28] Hieraus leitet das Gericht her, dass im Rahmen einer Interessenabwägung **dem energieeffizienten Betrieb des Gebäudes vor etwaigen Komfortwünschen des Mieters der Vorrang einzuräumen sei**, mithin auch der Mieter einen Anteil für einen verantwortungsbewussten Umgang mit Energie zu leisten habe, indem er nämlich gewisse Komforteinbußen in den Mieträumen hinzunehmen habe, ohne sich deswegen gegenüber dem Vermieter auf einen Mietmangel berufen zu können. 61

Bei der Suche nach einem objektivierbaren Maßstab für eine für den Mieter in jedem Fall zumutbare Temperatur kann auch **nicht ohne Weiteres auf technische Richtlinien** (DIN 4701 – Regeln für die Berechnung des Wärmebedarfs von Gebäuden) oder **Vorschriften aus dem Arbeitsrecht** (ArbeitsstättenVO a. F.) **zurückgegriffen werden**. Die in diesen Regelwerken angegebenen Richt- bzw. Grenzwerte sind nicht für die Frage nach dem Vorliegen eines Mietmangels zugrunde zu legen, weil es sich gerade nicht um für das Mietrecht verbindliche Vorschriften handelt. Ihnen kommt allenfalls die **Funktion einer Orientierungshilfe** zu. 62

Für die Frage, ob ein Mietmangel in der Form einer unzureichend arbeitenden Heizung vorliegt, ist primär auf das **im Mietvertrag Vereinbarte** abzustellen.[29] Bestimmte geschuldete Raumtemperaturen werden hier in den seltensten Fällen zu 63

---

27 OLG München, Urt. v. 21.11.2000 – 5 U 2889/00 –; ebenso: KG, Urt. v. 28.4.2008 - 8 U 209/07 – (BeckRS 2008, 12458).

28 OLG München, Urt. v. 21.11.2000 – 5 U 2889/00 –.

29 Für eine Mindesttemperatur von 20° C auch bei als Kaffee- und Bierbar genutzten Gewerberäumen mit offenstehenden Ladentüren: KG, Urt. v. 11. 3. 2002 - 8 U 9211/00 - (NZM 2002, 917).

finden sein, wohl aber Angaben zum Mietzweck (mithin zu den in den Räumen ausgeübten Tätigkeiten und den Arbeitszeiten) sowie Hinweise darauf, welche Qualität der Mieter hinsichtlich des Mietobjektes erwarten durfte (Lage, Ausstattung usw.).

64 Das OLG München hat in einem überwiegend für sitzende Bürotätigkeit genutzten Mietobjekt, das hinsichtlich Lage und Ausstattung als „gehoben" zu bezeichnen war, eine durch die Heizanlage erreichte Raumtemperatur von 20° C als ausreichend und damit als mietrechtlich mangelfrei erachtet. Es hat in diesem Zusammenhang – zu Recht – darauf hingewiesen, dass dem sog. **„thermischen Behaglichkeitsbereich"** bei der Beurteilung dieser Frage überhaupt **nur untergeordnete Bedeutung** zukomme.[30]

65 Der „thermische Behaglichkeitsbereich" findet sich – zumeist als Angabe eines Temperaturdeltas von behaglichen Mindest- und Höchsttemperaturen – immer wieder in der Diskussion über ausreichend beheizte Mieträume. Bezug genommen wird in diesem Zusammenhang regelmäßig auf die **DIN EN 15251.**[31]

66 Im Rahmen der thermischen Behaglichkeit ist die **Lufttemperatur** jedoch **nur einer von zahlreichen einander beeinflussenden Faktoren** (Luftfeuchtigkeit, Luftgeschwindigkeit, Kleidung der Nutzer usw.). Angaben aus der DIN EN 15251 (oder gar noch aus der DIN 1946) sind daher nicht geeignet, einen quasi starren Rahmen dafür vorzugeben, wann eine ausreichende Heizleistung nicht erreicht wird und daher ein Mangel an der Mietsache vorliegt.

bb) Zu starkes Aufheizen der Mieträume im Sommer

67 Mit ähnlichen Argumenten wird auch die Diskussion geführt, ob Mieträume einen Mangel aufweisen, die sich im Sommer über ein bestimmtes Maß hinaus aufheizen.[32]

68 Zwar weisen gerade neue Gebäude häufig technische Vorrichtungen zur Kühlung (Klimatisierung) der Räumlichkeiten auf. Speziell moderne Bürogebäude verfügen jedoch zugleich über entsprechend große Fensterflächen und so über einen großen Einwirkbereich für Sonneneinstrahlung. Auf Energieeffizienz ausgelegte Gebäude verfügen nicht über eine (aktive) Klimaanlage, sondern vielfach über passive Raumkühlsysteme wie eine bivalent mit Erdwasser zum Kühlen genutzte Heizung in Kombination mit Verschattungsanlagen vor den Fenstern.

69 In solchen Gebäuden können bei entsprechender Sonneneinstrahlung die Innenraumtemperaturen erheblich ansteigen, weshalb sich die Fälle häufen, in denen die Gerichte mit der Klärung, ob denn hierin ein Mietmangel liege, befasst werden.

70 So hat das OLG Naumburg eine Erwärmung der Mieträume über einen langandauernden Zeitraum auf mehr als 26 °C während eines „normalen" Sommers als Miet-

---

30 OLG München, Urt. v. 21.11.2000 – 5 U 2889/00 –.

31 Bis 2005 galt die DIN 1946 (Raumlufttechnik), auf die auch heute noch vereinzelt Bezug genommen wird.

32 Vgl. *Elshorst* NZM 2002, 902.

mangel eingestuft.[33] Eine Reihe von Gerichten positionierte sich unter Verweis auf die Vorgaben aus der Arbeitsstättenverordnung ähnlich (sog. **„26-Grad-Rechtsprechung"**).[34]

Dem ist aus Literatur und Rechtsprechung entgegengehalten worden, dass die Arbeitsstättenverordnung nicht das Rechtsverhältnis zwischen Vermieter und Mieter betreffe, sondern vielmehr Pflichten des Arbeitgebers gegenüber seinen Arbeitnehmern vorsehe. Mit Blick auf die Vorgaben aus der EnEV könne nicht eine umfassende Nachrüstung des Gebäudebestandes mit Klimaanlagen verlangt werden, stattdessen müsse ggf. bei langandauernden und besonders heißen Außentemperaturen auch **eine entsprechende Aufheizung der Innenräume hingenommen werden**, ohne dass dies einen Mietmangel darstelle.[35] 71

Diese Ansicht verdient Zustimmung. Es ist zuvorderst auf den Inhalt des Mietvertrages abzustellen. Übernimmt der Mieter wissentlich Mieträume ohne (aktive) Klimaanlage, zumal noch mit großen Fensterflächen, so stellt ein Aufheizen dieser Räume im Sommer für ihn ein **allgemeines Lebensrisiko** dar, das er nicht durch die Geltendmachung eines vermeintlichen Mangels an den Mieträumen auf den Vermieter abwälzen kann. 72

b) Veraltete oder ineffiziente Gebäudetechnik als Mietmangel

Wie oben dargestellt, sind die Vorgaben aus der EnEV nicht unmittelbar zur Beurteilung der Frage, ob Mieträumlichkeiten möglicherweise einen Mangel aufweisen, heranzuziehen. Es gibt jedoch Fälle, in denen die zu den Mieträumen gehörende Gebäudetechnik – namentlich die Heizung oder auch die Lüftungsanlage – ohne direkt defekt zu sein, so ineffizient arbeiten, dass sich hieraus für den Mieter **nicht hinnehmbare Betriebsbedingungen und Betriebskosten** ergeben. 73

Mietverträge sehen für diese Fälle üblicherweise keine Regelungen vor. Im Gegenteil: Wird im Mietvertrag ausdrücklich auf ein veraltetes – möglicherweise sogar vom Mieter zu modernisierendes oder aufzurüstendes – Heizungssystem hingewiesen, so wird ein Mietmangel wegen der ineffizient arbeitenden – weil veralteten – Heizung wohl ausscheiden, § 536b BGB. 74

Im Übrigen gilt aber: Arbeitet eine veraltete Heizungs- oder Belüftungsanlage in erheblichem Maße ineffizient, stellt dies – **ganz unabhängig von den Vorgaben der EnEV** – einen **Mietmangel** dar. Dasselbe gilt, wenn die Heizungs- oder Belüftungsan- 75

33 OLG Naumburg, Urt. v. 17.6.2003 – 9 U 82/01 –.

34 Zuletzt: OLG Hamm, Urt. v. 28.2.2007 – 30 U 131/06 –.

35 Vgl. KG, Urt. v. 5.3.2012 - 8 U 48/11 – (BeckRS 2012, 15204); OLG Karlsruhe, Urt. v. 17.12.2009 - 9 U 42/09 – (BeckRS 2010, 02131); OLG Frankfurt, Urt. v. 19.01.2007 – 2 U 106/06 –; *Harms* NZM 2005, 441; *Busse* NJW 2004, 1982; hierzu kritisch: *Wellensiek* IBR 2006, 1046.

lage für die Mieträume falsch dimensioniert ist und sich die Ineffizienz des Betriebes aus diesem Umstand ergibt.[36]

II Vertragliche Vereinbarungen

76 „Green Lease" – Regelungen sind in Gewerberaummietverträgen bis zum heutigen Tage – trotz der wachsenden Relevanz des Themas und auch eines wachsenden Marktinteresses – verhältnismäßig selten anzutreffen. Insbesondere Regelungsstandards oder gar eine Art grüner Mustervertrag haben sich bis zum heutigen Tage nicht etablieren können.

77 In der Literatur und verschiedentlich auch von Beraterseite aus hat es Vorstöße und Überlegungen gegeben, wie ein Vertragsverhältnis ausgestaltet sein muss, das einerseits verbindliche Vorgaben und Regelungen zu einem möglichst **energieeffizienten Mietgegenstand** enthält, aber darüber hinausgehend auch **Verhaltensmaßgaben für die Vertragsparteien** enthält, die auch einen möglichst energieeffizienten Betrieb der Mietsache sicherstellen sollen.

78 Diese Regelungsvorschläge lassen sich in zwei Gruppen unterteilen – solche Regelungen, die den **Zustand und die Eigenschaften der Mietsache** betreffen und solche, die auf den **Betrieb der Mietsache und das Verhalten der Mietparteien** abzielen.

79 Die hierzu bislang angestellten Überlegungen werden nachstehend dargestellt und um eine wertende Einordnung hinsichtlich ihrer Praktikabilität ergänzt.

1 Vereinbarungen betreffend Ausstattung und Zustand der Mietsache

80 Stehen zwei Parteien in Verhandlung über den Abschluss eines Mietvertrages und spielt im Rahmen dieser Verhandlung die Energieeffizienz der Mietsache eine Rolle, liegt es nahe, in den Mietvertrag entsprechende Regelungen hinsichtlich solcher besonderer Eigenschaften der Mietsache aufzunehmen.

a) Zertifikate

81 Im Gewerberaummietrecht ist auf Mieterseite eine zunehmende Nachfrage nach sog. Nachhaltigkeitszertifikaten zu beobachten, die der Vermieter für seine Immobilie nur dann vorweisen kann, wenn diese bestimmte **Standards an Nachhaltigkeit und Energieeffizienz** aufweisen.

36 OLG Düsseldorf, Urt. v. 4.11.1982 – 10 U 109/82 –; OLG Hamm, Urt. v. 27.1.1987 – 7 U 167/85 –.

Bekannte und am Markt nachgefragte Zertifikate sind der deutsche **DGNB-Standard**[37], international der US-amerikanische **LEED-Standard**[38] sowie der britische **BREEAM-Standard**[39]. Es existieren eine Reihe weiterer nationaler Standards. Die drei genannten sind jedoch im deutschen Immobilienmarkt die renommiertesten und gefragtesten. 82

Neben einer nachhaltigen und energieeffizienten Mietsache haben die Zertifikate für den Mieter den weiteren positiven Nebenaspekt, dass sich mit diesen Zertifikaten sehr gut werben lässt. Der Hinweis auf Unternehmensräumlichkeiten, die nach einem solchen Standard zertifiziert sind, fügt sich hervorragend in eine grüne Unternehmensphilosophie und das entsprechende Marketing ein. Aus diesem Grund werden auch am deutschen Markt und für deutsche Immobilien durchaus Zertifikate nach LEED- oder BREEAM-Standard angefragt. 83

Dieses Interesse und der mietpreiserhöhende Effekt, der hieraus resultiert, ist von Vermieterseite wahrgenommen worden. Gewerbeimmobilien werden häufig vom Vermieter mit dem Hinweis vermarktet, dass ein entsprechendes Zertifikat bereits erteilt sei, oder aber unproblematisch und kurzfristig beschafft werden könne. 84

Eine **gesetzliche Verpflichtung zur Vorlage irgendeines Zertifikates besteht für den Vermieter nicht**. Finden sich keine Regelungen hierzu im Mietvertrag, ist im Zweifel auch kein Zertifikat (und die Einhaltung der Zertifikatsbedingungen durch die Mietsache) geschuldet. 85

Ist aber eine Vermarktung der Mieträume unter **Verweis auf ein solches Zertifikat** erfolgt **oder hierüber** zwischen den Parteien im Zuge der Vertragsverhandlungen **gesprochen worden**, müssen sich nach hiesiger Auffassung **zwingend Regelungen zum Thema Zertifikat zu folgenden Aspekten im Mietvertrag** wiederfinden: 86

aa) Vertragliche Regelungen zum Zertifikat

Will der Vermieter jegliche Verantwortung und Haftung im Zusammenhang mit Zertifikaten **ausschließen**, sollte der Mietvertrag eine Regelung enthalten, in der klargestellt wird, dass ein solches Zertifikat zwar vor Vertragsschluss Thema zwischen den Parteien ist, ein solches aber ausdrücklich vom Vermieter nicht geschuldet ist. Es sollte ergänzt werden, dass der Vermieter auch keine Mietsache schuldet, die bei Vertragsschluss oder zu einem späteren Zeitpunkt die Bedingungen zur Erteilung eines solchen Zertifikates erfüllen muss. 87

Soll nach dem Willen der Vertragsparteien **vereinbart werden**, dass die **Mietsache das besagte Zertifikat aufweist**, muss dies ebenso **explizit in den Vertrag auf-** 88

37 Deutsches Gütesiegel Nachhaltiges Bauen des Bundesministeriums für Verkehr, Bau und Stadtentwicklung und der Deutschen Gesellschaft für Nachhaltiges Bauen e. V.

38 Leadership in Energy and Environmental Design des U.S. Green Building Council.

39 Building Research Establishment Environmental Assessment Methodology des Building Research Establishment.

genommen werden. Liegt das Zertifikat bei Vertragsschluss noch nicht vor – z. B., weil die Mietsache gerade neu errichtet wird – sollte eine Regelung aufgenommen werden, bis wann das Zertifikat vom Vermieter vorzulegen ist.

89 Für den Vermieter bedeutet eine solche Regelung, dass er nicht nur das Zertifikat selbst beschaffen muss. Die Mietsache muss als **zugesicherte Eigenschaft** (§ 536 Abs. 2 BGB) die Bedingungen für die Erteilung des Zertifikates erfüllen. Kommt es in diesem Zusammenhang zu Problemen, stehen dem Mieter die **gewährleistungsrechtlichen Ansprüche** auf Minderung und ggf. Schadensersatz zu, ferner ein **Anspruch gegen den Vermieter auf Ertüchtigung der Mietsache** (um die Voraussetzungen für die Erteilung des Zertifikates zu schaffen) und Beschaffung des Zertifikates.

90 Die Vornahme der erforderlichen Ertüchtigungsmaßnahmen kann den Vermieter vor **Folgeprobleme** stellen:

91 Die Arbeiten werden den Mieter mit großer Wahrscheinlichkeit im vertraglich vereinbarten Gebrauch der Mietsache beeinträchtigen. Der Vermieter wird aus diesem Grund **Mietminderungsansprüche** (§ 536 Abs. 1 BGB) und/oder **Schadensersatzansprüche** (§ 536a Abs. 1 BGB) oder **Kostenerstattungsansprüche** (§§ 578 Abs. 2 i. V. m. 555d Abs. 6, 555a Abs. 3 BGB) des Mieters für diesen Zeitraum hinnehmen müssen.

92 Die Ertüchtigungsarbeiten selbst muss der Mieter aber gemäß §§ 578 Abs. 2 i. V. m. 555d Abs. 1 BGB dulden. Diese **Duldungspflicht** hat jedoch ihre Grenzen bei **Vorliegen eines Härtefalles** im Sinne des § 555d Abs. 2 BGB. Die Pflicht des Vermieters, Ertüchtigungsmaßnahmen durchzuführen, kann daher äußerstenfalls sogar zu einem außerordentlichen Kündigungsrecht des Mieters führen.

93 Grundsätzlich sind die Regelungen in § 555d gemäß Abs. 7 vertraglich nicht zu Lasten des Mieters abdingbar. Dies gilt aber nur für Wohnraummietverhältnisse. § 578 Abs. 2 BGB nimmt in der Verweisung für Gewerbemietraum § 555d Abs. 7 BGB ausdrücklich aus. Die Regelungen in § 555d BGB sind **im Rahmen eines Gewerberaummietvertrages disponibel.**[40]

94 Der Mietvertrag sollte daher entsprechende **Modifikationen des § 555d BGB** beinhalten, durch die sichergestellt wird, dass beispielsweise eine (entschädigungslose) **Duldung von Ertüchtigungsmaßnahmen durch den Mieter** für einen bestimmten Zeitraum zu erfolgen hat und dass das Recht, einen Härtefall geltend zu machen, möglicherweise ganz ausgeschlossen wird.

bb) Erhaltung des Zertifikates

95 Ist eine Mietsache mit Zertifikat Vertragsgegenstand, muss im Vertrag auch die Frage nach bestimmten Verhaltensmaßregeln für die Parteien geklärt werden, damit sichergestellt ist, dass die Mietsache dauerhaft jene Eigenschaften behält, die die Erteilung

40 Schmidt-Futterer/*Eisenschmid* § 555d Rn 80.

des Zertifikates ermöglichten. Dieser Aspekt betrifft in erster Linie den Mieter und dessen **Recht, an der Mietsache Ein- und Umbauten vorzunehmen.**

In „konventionellen" Mietverträgen über Gewerberaum wird diese Befugnis für den Mieter häufig äußerst liberal gehandhabt. Der Mieter darf beinahe nach Belieben Einbauten und Umbauten vornehmen. Dies ist oftmals auch zwingend erforderlich, weil der Mieter für den Mietzweck entsprechende Geräte, Infrastruktur und Ähnliches selbst in die Mietsache einbringen muss. Eine Grenze für solche Modifikationen seitens des Mieters wird in „konventionellen" Mietverträgen zumeist insoweit gezogen, dass die Gebäudestatik nicht beeinträchtigt werden darf und es natürlich nicht zu Beeinträchtigungen anderer Mieteinheiten kommen darf. Auch muss zumeist der Mieter eventuell erforderliche behördliche Genehmigungen für die beabsichtigten Modifikationen eigenverantwortlich beschaffen. 96

Diese **Gestaltungsspielräume des Mieters müssen** im Falle einer mit Zertifikat versehenen Mietsache **deutlich enger gefasst werden.** Im Mietvertrag muss klargestellt werden, dass der Mieter alles unterlassen muss, was in irgendeiner Form die Mietsache dahingehend beeinträchtigen könnte, dass die Voraussetzungen für die Erteilung des Zertifikates im Nachhinein nicht mehr gegeben wären, dies gilt vor allem für mieterseitige Ein- und Umbauten. 97

Praxistipp

Es können auch alle nachträglichen Ein- und Umbauten unter einen **Genehmigungsvorbehalt des Vermieters** gestellt werden. Zu bedenken ist jedoch, dass hierdurch für den Vermieter möglicherweise eine Mithaftung begründet würde, wenn er einen vom Mieter angefragten Umbau freigibt und sich später herausstellt, dass sich dieser auf die Nachhaltigkeit oder Energieeffizienz der Mietsache in einer solchen Weise auswirkt, dass die Voraussetzungen für die Erteilung des Zertifikates nicht mehr gegeben wären.

Der Genehmigungsvorbehalt muss in einem solchen Fall daher **mit einer umfassenden Haftungsfreistellung für den Vermieter** dergestalt **gekoppelt werden,** dass der Mieter seinen Antrag auf Umbau der Mietsache mit einer eigenen Prüfung hinsichtlich der Auswirkungen auf die Mietsache zu versehen hat und für die Richtigkeit dieser Prüfung auch allein verantwortlich bleibt. Daneben kann klargestellt werden, dass der Mieter im Zusammenhang mit dem von ihm beantragten Umbau und dessen Auswirkungen auf die Mietsache **keinesfalls berechtigt ist,** gegenüber dem Vermieter **mietrechtliche Gewährleistungsansprüche geltend zu machen,** sodass auch ein späterer Wegfall der Voraussetzungen für die Erteilung des Zertifikates in Folge eines mieterseitigen Umbaus rechtlich vollständig in der Mietersphäre verbliebe.

Da ein solcher Umbau seitens des Mieters aber weitreichende Auswirkungen auch auf andere Mieteinheiten haben könnte, ist die Klausel um eine **Rückbauverpflichtung** des Mieters für den Fall solcher negativen Auswirkungen zu ergänzen.

Schließlich muss bedacht werden, dass zwischen vorgenommenen Umbaumaßnahmen und energetisch nachteilhaften Auswirkungen auf andere Bauteile der Mietsache äußerst komplexe und schwer feststellbare Wechselwirkungen bestehen können. Um dem Vermieter bei etwaigen Streitfällen eine vorteilhafte Ausgangslage zu verschaffen, sollte daher eine Regelung aufgenommen werden, wonach der **Mieter bei festgestellten negativen Auswirkungen** auf die Mietsache dafür **darlegungs- und beweispflichtig** ist, dass diese nicht auf den von ihm vorgenommenen oder veranlassten Umbau zurückzuführen sind.

98 All diese vorstehenden Regelungen könnten auch hinsichtlich solcher Ein- und Umbauten des Mieters, die schon bei Vertragsschluss feststehen, in den Mietvertrag aufgenommen werden. Bei einer neu zu errichtenden Mietsache bietet es sich natürlich an, dass von Beginn an die konstruktiven Merkmale des Gebäudes mit den Erfordernissen der Mietereinbauten koordiniert werden. Dennoch sollte das diesbezügliche **Schnittstellenrisiko** im Mietvertrag auf die Mieterseite verlagert werden.

cc) Rezertifizierung

99 Ebenfalls regelungsbedürftig ist die Frage, ob die Mietsache nur bei Vertragsschluss mit einem Zertifikat versehen gewesen sein soll (und die entsprechenden baulichen Voraussetzungen erfüllt haben soll), oder aber auch Rezertifizierungen oder gar die die Ertüchtigung der Mietsache im Falle strenger werdender Zertifikatsanforderungen gewünscht sind.

100 Übernimmt der Vermieter die vertragliche Verpflichtung, dass die Mietsache auch Rezertifizierungen erfolgreich bestehen muss und sogar gegebenenfalls durch Ertüchtigungsmaßnahmen auf einen strengeren Zertifikatsstandard gebracht wird, bedeutet dies für ihn ein **nicht unerhebliches Kostenrisiko**. Eine Ertüchtigung, um strengere Anforderungen zu erfüllen, kann im Einzelfall sogar technisch unmöglich oder mit einem außer Verhältnis stehenden Aufwand verbunden sein.

101 Hinzu kommt, dass in Gewerberaummietverträgen die Verpflichtung zur Instandhaltung und Instandsetzung üblicherweise **weitestgehend auf den Mieter verlagert** wird.

102 Eine denkbare Regelung könnte darin bestehen, dass der Vermieter die Verpflichtung übernimmt, die **außerhalb der eigentlichen Mietfläche liegenden Bauteile und Anlagen** des Gebäudes in jenem energetischen Standard zu erhalten, wie er bei Vertragsschluss Gegenstand der Vereinbarung und Grundlage der Zertifizierung war. Im Gegenzug ist es am Mieter, die Mietflächen selbst in nämlichem Zustand zu erhalten und Rezertifizierungen in eigener Verantwortung und auf eigene Kosten durchzuführen.

103 Eine weitere Ertüchtigung hin zu einem **strengeren Standard** sollte **separaten Vereinbarungen der Parteien** vorbehalten bleiben, wobei klargestellt werden sollte, dass der Mieter gegenüber dem Vermieter auf eine solche keinen Rechtsanspruch hat. Eine solche Ertüchtigung wird nämlich oftmals über die Mietfläche hinausgehend Maßnahmen am Gesamtgebäude erforderlich machen und auch andere Mieteinheiten beeinträchtigen, sodass die rechtliche und wirtschaftliche Abwägung über die Sinnhaftigkeit einer solchen Maßnahme dem Vermieter vorbehalten bleiben muss.

b) Energiestandards

104 Auch ohne ein imageträchtiges Zertifikat können die Parteien des Mietvertrages für die Mietsache bestimmte Energiestandards oder andere Aspekte hinsichtlich der nachhaltigen Errichtung oder des nachhaltigen Betriebs der Mietsache vereinbaren.

aa) Vertragliche Regelung

Eindeutig liegt der Fall, wenn sich im Mietvertrag hinsichtlich bestimmter Eigenschaften (z. B. bauliche oder technische Ausstattung der Mietsache) eine ausdrückliche (und möglichst eindeutige) Regelung findet. Dass die Mietsache diese beschriebene Eigenschaft aufweisen muss, ist dann zugesichert im Sinne des § 536 Abs. 2 BGB. Fehlt es an dieser **zugesicherten Eigenschaft**, stehen dem Mieter die gesetzlichen Gewährleistungsrechte zu. Er kann nach § 536 Abs. 1 BGB die Miete mindern und ggf. gemäß § 536a Abs. 1 BGB Schadensersatz verlangen. Auch ist der Vermieter ggf. zur Nachrüstung der Mietsache verpflichtet. Kommt er dieser Pflicht nicht nach, kann der Mieter zur Selbstvornahme schreiten und vom Vermieter Kostenersatz verlangen, § 536a Abs. 2 BGB. 105

Praxistipp

Der Vermieter sollte besonderes Augenmerk auf den Umstand legen, dass sich solche zugesicherten Eigenschaften **mitnichten nur im Vertragstext selbst** wiederfinden könnten. Aufteilung und Ausstattung der Mietflächen sind **häufig in der Form einer Baubeschreibung dem Mietvertrag als Anlage beigefügt**. Auch die hier zu findenden Angaben sind im Zweifel als zugesicherte Eigenschaften hinsichtlich der Mietsache zu werten.

Umgekehrt gilt jedoch: Was sich im Mietvertrag und seinen Anlagen nicht ausdrücklich erwähnt wiederfindet, gilt im Zweifel nicht als zugesicherte Eigenschaft.

---

bb) Vertragliche Zusicherung eines bestimmten Energieverbrauchs?

Eher fernliegend scheint die – wenn auch durchaus in der Literatur thematisierte[41] – Konstellation zu sein, dass der Vermieter dem Mieter im Vertrag ausdrücklich einen bestimmten Energieverbrauch der Mietsache zusichert. Diesseits ist kein einziger solcher Fall bekannt. 106

Es liegt auf der Hand, dass der konkrete Energieverbrauch von Mieträumlichkeiten nicht nur von deren energetischer Ausstattung, sondern maßgeblich auch vom Nutzerverhalten des Mieters abhängt. Eine einseitige Zusage des Vermieters hinsichtlich eines bestimmten Energieverbrauchs wäre demnach zwar im Mietvertrag in der Form eines **unselbstständigen Garantieversprechens**[42] durchaus regelbar, dem Vermieter aber **keinesfalls zu empfehlen**, weil wichtige Elemente für die Einhaltung einer solchen Zusage nicht in seinem Einflussbereich lägen. 107

Im Gegenteil kann und sollte in den Mietvertrag die deklaratorische Feststellung aufgenommen werden, dass der tatsächliche Energieverbrauch der Mietsache auch vom Nutzverhalten abhängt, bestimmte Verbrauchswerte von Vermieterseite gerade nicht zugesichert werden und der Mieter bei – im Übrigen mangelfreier Mietsache – 108

---

41 Schlemminger/*Keilich/Böhm* Kap. IV lit. D Ziff. 1.

42 Wenn schon nicht als zugesicherte Eigenschaft, wie in Schlemminger/*Keilich/Böhm* Kap. IV lit. D Ziff. 1, problematisiert.

aus ihm zu hoch erscheinenden Verbrauchswerten keine mietrechtlichen Gewährleistungsansprüche gegen den Vermieter geltend machen kann.

cc) Implizite Zusicherung eines Energiestandards

109 Bereits vorstehend[43] wurde dargestellt, dass eine vertragliche **Vereinbarung über eine bestimmte Zertifizierung** der Mietsache zugleich bedeutet, dass die Mietsache auch eine Beschaffenheit aufweisen muss, die die Voraussetzungen für die Erteilung eines solchen Zertifikates erfüllt.

110 Die Zusicherung eines bestimmten Energiestandards der Mietsache kann demnach auch implizit erfolgen.

111 Die Situation einer solchen **impliziten Zusicherung** sollten die Vertragsparteien durch Aufnahme entsprechender ausdrücklicher Regelungen in den Mietvertrag **nach Kräften vermeiden.**

c) Energetische Modernisierungsmaßnahmen

112 Ob der Vermieter im Verlaufe des Mietverhältnisses (immer wieder) dafür sorgen muss, dass die Mietsache in einen an neue energetische Anforderungen angepassten Zustand versetzt wird, kann – wie oben gezeigt[44] – bei fehlenden vertraglichen Regelungen auch **Ergebnis gesetzlicher Vorgaben** sein.

113 Andererseits kann die Durchführung solcher energetischer Modernisierungsmaßnahmen auch der **Wunsch einer der Vertragsparteien** sein: Sei es, dass der Mieter eine energetische Aufrüstung der Mietsache wünscht, um seine Betriebskostenlast zu reduzieren, sei es, dass der Vermieter solche Maßnahmen als Investition in den Werterhalt seiner Immobilie verwirklichen möchte.

114 Schweigt der Mietvertrag zu diesem Thema, sind die Parteien auf die gesetzlichen Reglungsregime zurückgeworfen. Für die Frage, wann der **Vermieter zur energetischen Modernisierung schreiten muss**, weil der Mieter dies berechtigterweise verlangen kann, oder gesetzlich verbindliche Vorgaben zu beachten sind, kann auf die oben stehenden Ausführungen verwiesen werden. Für den Fall, dass der **Vermieter** (auch gegen den Willen des Mieters) **Modernisierungsmaßnahmen durchführen will**, stellt sich die Frage nach entsprechenden **Duldungspflichten und** später auch nach einer **Kostenbeteiligung des Mieters.**

115 Wie oben in Kapitel 2[45] dargestellt, sind im Zuge der Mietrechtsreform mit den §§ 555b ff., 559 BGB **neue gesetzliche Regelungen** zu diesem Thema erlassen worden. Die Regelungen sind auf Wohnraummietverhältnisse zugeschnitten, gelten

---

43 Vgl. Rn 90 ff.
44 Vgl. Rn 14 ff.
45 Vgl. Kap. 2 A. III. Rn 1 ff.

über den Verweis in § 578 Abs. 2 BGB aber grundsätzlich auch für Gewerberaummietverhältnisse.

Gemäß § 555d Abs. 1 BGB hat der Mieter demnach zwar die Durchführung der in § 555b BGB definierten Modernisierungsmaßnahmen zu dulden, hierzu existieren in § 555d Abs. 2 BGB aber auch Ausnahmetatbestände (Härtefallregelung). Zudem hat der Mieter gemäß §§ 555d Abs. 6 i. V. m. 555a Abs. 3 BGB auch einen Anspruch auf Aufwendungsersatz im Zusammenhang mit den Modernisierungsmaßnahmen. 116

§ 559 BGB sähe für Wohnraummietverträge zwar eine Möglichkeit der Umlage der Kosten der Modernisierungsmaßnahme in Form einer Mieterhöhung auf den Mieter vor, dies aber unter engen und komplizierten Voraussetzungen. Gemäß § 578 Abs. 2 BGB gilt § 559 BGB für Gewerberaummietverhältnisse nicht.[46] 117

Dies hat zur Folge, dass in Ermangelung einer gesetzlichen Grundlage und bei Fehlen einer vertraglichen Abrede der Vermieter einer Gewerbeimmobilie zwar Modernisierungsmaßnahmen durchführen könnte, die hierfür entstehenden Kosten aber nicht auf den Mieter abwälzen könnte. Der **Aspekt der Kostenbeteiligung des Mieters ist** demnach im Vertrag **dringend regelungsbedürftig**, weil anderenfalls die Motivation des Vermieters, in die energetische Modernisierung der Mietsache zu investieren, gegen Null tendieren dürfte. 118

Im Bereich des Gewerberaummietrechts ergeben sich für vertragliche Regelungen sogar noch **weitere Gestaltungsspielräume**, weil § 578 Abs. 2 BGB für Gewerberaummietverhältnisse nicht auf jene Regelungen verweist, die das gesetzliche Regelungsregime der §§ 555a ff. BGB für Wohnraummietverträge im Falle einer zu Lasten des Mieters abweichenden Regelung für unabdingbar erklären. 119

Praxistipp

Es ist aus diesem Grund zu empfehlen, in den Mietvertrag Regelungen aufzunehmen, die einerseits solche gesetzlichen Modernisierungserfordernisse aufgreifen, darüber hinaus aber auch ggf. **regeln durch wen, in welchem Rahmen und auf wessen Kosten „freiwillige" Modernisierungsmaßnahmen erfolgen sollen**.

Mit Blick auf eine angemessene Interessengewichtung wird jedoch auch in vertraglichen Ausgestaltungen zumeist davon auszugehen sein, dass **vorrangig der Vermieter** für die Durchführung solcher Modernisierungsmaßnahmen zuständig ist – durch die Modernisierung erfährt die Mietsache, die in seinem Eigentum steht, immerhin eine Aufwertung. 120

Anders kann der Fall jedoch liegen, wenn die beabsichtigte Modernisierung voraussichtlich den **Betrieb des Mieters beeinträchtigen** wird. In einem solchen Fall 121

---

46 Vgl. BeckOK BGB/*Schüller* § 559 Rn 7; dieser Umstand wurde schon vor der Mietrechtsreform kritisiert (Schlemminger/*Keilich/Böhm* Kap. IV lit. G Nr. 1), jedoch im Zuge der Mietrechtsreform auch nicht geändert.

kann es sachgerechter sein, wenn der Mieter – in entsprechender Abstimmung mit dem Vermieter, oder nach dessen schriftlicher Zustimmung – die Modernisierungsmaßnahmen **in Eigenregie** durchführt.

122 Unabhängig davon, wer letztlich die Modernisierungsmaßnahmen durchzuführen hat, sollte der Mietvertrag **klare Vorgaben dazu enthalten, welche Maßnahmen** konkret durchgeführt werden sollen und inwieweit und auf welche Weise (z. B. durch eine Mieterhöhung oder aber einen Baukostenzuschuss o. ä.) sich der **Mieter an den Kosten zu beteiligen** hat. Auch eine Kostenobergrenze für die Maßnahmen kann ratsam sein.

123 Dem Vermieter **nicht zu empfehlen** ist hingegen die **Vereinbarung einer konkreten Effizienzverbesserung** der Mietsache. Zum einen spielt als „unwägbare Komponente" das Mieterverhalten bei der Nutzung eine Rolle für die Frage, ob Effizienzvorgaben erreicht werden können, zum anderen wären die Folgen für den Vermieter, wenn die versprochene Effizienzverbesserung nicht erreicht wird, unübersichtlich und nachteilhaft: Ggf. hätte der Mieter Anspruch auf die Durchführung weiterer Ertüchtigungsmaßnahmen bis das Effizienzziel erreicht wäre. Denkbar wären auch Mietminderungs- und Schadensersatzansprüche des Mieters wegen der (länger dauernden) Beeinträchtigung der Nutzung für den „2. Versuch". Alles in allem kämen wohl **erhebliche Kosten** auf den Vermieter zu.

124 Die **Rechte und Pflichten der Parteien während der Durchführung der Modernisierungsmaßnahmen** sollten in Abweichung von den gesetzlichen Vorschriften ebenfalls im Mietvertrag geregelt sein: So sollte im Vertrag herausgestellt werden, dass es sich bei der energetischen Modernisierung um ein gemeinsames Projekt der Vertragsparteien handelt, da die Modernisierung beiden zugutekommt. Hieraus sollte für die Durchführung der Maßnahme – ähnlich wie im Baurecht zwischen Auftraggeber und Auftragnehmer – eine **umfassende Kooperations- und Informationspflicht** hergeleitet werden, damit Probleme und Fehlentwicklungen frühzeitig erkannt und zwischen den Parteien kommuniziert und bestenfalls gelöst werden können.

125 Das Recht des Mieters, sich wegen der Modernisierungsmaßnahme auf einen **Härtefall** zu berufen und aus diesem Grund ein Unterlassen der Maßnahme zu verlangen oder gar den Vertrag außerordentlich zu kündigen, sollte weitestgehend **abbedungen werden**. Gleiches gilt für Mietminderungs- und Schadensersatzansprüche aus Anlass der (planmäßigen) Modernisierungsmaßnahme.

126 Kommt es zu **außerplanmäßigen Mehrbelastungen des Mieters**, weil es bei der Modernisierungsmaßnahme Probleme gibt (Bauzeitenverzug, Schadensfälle), werden für diesen Fall Ansprüche des Mieters nicht restlos ausgeschlossen werden können. Denkbar wäre aber eine ersatzweise Abtretung jener Ersatzansprüche, die der Vermieter in seiner Eigenschaft als Auftraggeber gegenüber den ausführenden Unternehmen wegen des Verzuges oder der eingetretenen Schäden hätte.

2 Vereinbarungen betreffend die Nutzung der Mietsache

„Grüne" Regelungen in Mietverträgen, die konkret das Verhalten der Vertragsparteien 127
betreffen, sind in der Praxis bislang selten anzutreffen. Dabei findet sich auch hier durchaus Regelungspotential, wenn es beiden Parteien mit der dauerhaft energieeffizienten und nachhaltigen Nutzung der Mietsache ernst ist.

„Konventionelle" Mietverträge sind zumeist durch ein Regime geprägt, in dem 128
die Einzelregelungen Abweichungen von oder Modifikationen zu gesetzlichen Regelungen darstellen und sich die Vertragsparteien infolgedessen als statische Antipoden gegenüber stehen. Die **Umsetzung grüner Konzepte** im Zusammenhang mit der Nutzung der Mietsache bedarf nach diesseitiger Auffassung eines **höheren Grades an Kooperation zwischen den Parteien.**[47] Diese sollte – auch wenn sich aus einem entsprechend allgemein gehaltenen Kooperationsgebot im Vertrag wohl schwerlich „harte" Rechtsansprüche herleiten lassen – aus deklaratorischen Gründen ausdrücklich in einem grünen Mietvertrag Erwähnung finden.

a) Nebenkosten

In Gewerberaummietverträgen ist es üblich, dass der Vermieter weitestgehend sämt- 129
liche Kosten, die ihm selbst **im Zusammenhang mit der Mietsache** entstehen (und anteilig solche, die ihm im Zusammenhang mit der Immobilie an sich entstehen, wenn in dieser mehrere Mieteinheiten vorhanden sind), **auf den Mieter abwälzt.** Durch die Rechtsprechung werden diesbezüglich nur wenige Grenzen gesetzt – und dies auch nur, wenn die Regelungen im Vertrag als Allgemeine Geschäftsbedingungen anzusehen sind.[48]

Ebenfalls heutzutage Standard ist, dass der Mieter bezüglich der Verbrauchs- 130
medien für die Mietsache (Gas, Elektrizität) unmittelbar mit dem Versorger Verträge schließt, diese folglich im Verhältnis zum Vermieter als Nebenkosten keine Rolle mehr spielen.

Bei solchen Nebenkosten, die zwangsläufig zunächst beim Vermieter auflau- 131
fen und sodann auf den Mieter umgelegt werden müssen, **hat der Vermieter den Grundsatz der Wirtschaftlichkeit zu beachten.** Für Wohnraummietverhältnisse wird dieser Grundsatz in den §§ 556 Abs. 3, 560 Abs. 5 BGB ausdrücklich normiert. Er besagt, dass nur solche Bewirtschaftungskosten auf den Mieter umgelegt werden

---

47 So auch: *Schultz-Süchting/Tegtmeyer* ZfIR 2010, 396.

48 Vgl. exemplarisch: BGH, Urt. v. 3.8.2011 – XII ZR 205/09 –: Der BGH hat in diesem Urteil einerseits festgestellt, dass bestimmte Kosten des Centermanagements (eines Einkaufszentrums) in einem Mietvertrag in der Form einer AGB nicht als Verwaltungskosten auf den Mieter umgelegt werden können. Er hat darüber hinaus klargestellt, dass in Ermangelung präziser anderer Regelungen im Vertrag der Begriff „Verwaltungskosten" im Sinne der Definition in der BetrKV zu verstehen ist, mit der Folge, dass von diesem Begriff nicht umfasste Verwaltungskosten auf diese Weise ebenfalls nicht auf den Mieter umlegbar sind.

dürfen, die bei gewissenhafter Abwägung aller Umstände und bei ordentlicher Geschäftsführung gerechtfertigt sind.[49] Nach ständiger Rechtsprechung des BGH gilt dieser Grundsatz auch für die Gewerberaummiete.[50]

132 Bei der der Frage, welche Lösungen im Sinne der Wirtschaftlichkeit er auszuwählen hat, steht dem Vermieter ein gewisser **Beurteilungsspielraum** zu, der nach der herrschenden Ansicht als billiges Ermessen im Sinne des § 315 BGB einzuordnen ist.[51] Entscheidender Parameter bei dieser Ermessensentscheidung ist ein angemessenes Kosten-Nutzen-Verhältnis[52] – mithin eine **ausschließlich wirtschaftliche Erwägung**.

133 In Ermangelung einer entsprechenden Regelung im Mietvertrag **hätte diese Ausgangslage zur Folge**, dass ein Vermieter, der von sich aus im Bereich der Betriebskosten Beschaffung besonders ökologischer oder nachhaltiger Stoffe oder Medien betreibt (z. B. „grünen" Strom, biologisch abbaubare Reinigungsmittel o. ä.) die **hierdurch entstehenden Kosten dann nicht in voller Höhe auf den Mieter abwälzen könnte**, wenn diese ökologischen oder nachhaltigen Stoffe oder Medien teurer in der Beschaffung wären als ihre konventionellen Pendants.

134 **In der Literatur** wird unter Bezugnahme auf ein Urteil des BGH vom 3.3.2004[53] vertreten, dass der **Grundsatz der Wirtschaftlichkeit mittlerweile um eine Komponente der Nachhaltigkeit erweitert** sei, was zur Folge habe, dass nicht allein eine Betrachtung des Kosten-Nutzen-Verhältnisses erfolge, sondern der Mieter auch solche Betriebskosten hinzunehmen habe, die für die Beschaffung nachhaltiger Stoffe, Medien oder Dienstleistungen erhöht seien.[54]

135 Das Urteil des BGH, das als Ausgangspunkt für derlei Überlegungen herangezogen wird, beschäftigte sich indes mit Modernisierungsmaßnahmen an preisgebundenem Wohnraum und der Frage, ob für diese selbst dann eine Mieterhöhung verlangt werden kann, wenn die Heizkostenersparnis in keinem vernünftigen Verhältnis zur begehrten Mieterhöhung steht. Der BGH hatte in seiner Entscheidung klargestellt, dass mit Blick auf einen grundsätzlich vom Gesetzgeber erkannten Modernisierungsbedarf des deutschen Immobilienbestandes der Grundsatz der Wirtschaftlichkeit

---

49 Lindner-Figura/Oprée/Stellmann/*Beyerle* Kap. 11 Rn 9.

50 Vgl. zuletzt: BGH, Urt. v. 17.12.2014 - XII ZR 170/13 - (NJW 2015, 855) und BGH, Urt. v. 13.10.2010 – XII ZR 129/09 –.

51 Lindner-Figura/Oprée/Stellmann/*Beyerle* Kap. 11 Rn 9; OLG Düsseldorf, Beschl. v. 19.10.2009 – I-24 U 129/08 –.

52 BGH, Urt. v. 28.11.2007 – VIII ZR 243/06 –.

53 BGH, Urt. v. 3.3.2004 – VIII ZR 149/03 –.

54 So etwa Schmidt-Futterer/*Eisenschmid* § 535 Rn 127 ff., der in diesem Zusammenhang sogar schlussfolgert, dass hieraus weitergehende Bewirtschaftungspflichten des Vermieters resultierten, die z. B. sicherstellten, dass eine vorhandene Heizungsanlage nicht nur regelmäßig gewartet werde, sondern im Rahmen der Wartung auch sichergestellt werde, dass die Anlage keinem Effizienzverlust unterworfen sei.

jedenfalls **nicht so verstanden werden** dürfe, dass die zu erwartende Heizkostenersparnis für die zu verlangende Mietpreiserhöhung **eine Art Kappungsgrenze** darstelle.[55]

Nach diesseitiger Auffassung **kann aus diesem Urteil des BGH nicht herausgelesen werden**, dass der Grundsatz der Wirtschaftlichkeit im Zusammenhang mit der Umlegbarkeit von Betriebskosten von nun an um eine ökologische Komponente ergänzt ist, die bei der erforderlichen Abwägung stets zu berücksichtigen wäre. Für den Bereich der Betriebskosten steht nach diesseitiger Kenntnis eine entsprechende Entscheidung des BGH bislang aus. 136

Praxistipp

Aus diesem Grund ist **zu empfehlen**, dass die Parteien eines „grünen" Mietvertrages den Grundsatz der Wirtschaftlichkeit hinsichtlich der Betriebskosten durch eine **ausdrückliche Regelung im Vertrag** modifizieren: Danach darf der Vermieter auch solche (erhöhten) Betriebskosten auf den Mieter umlegen, die durch die Beschaffung von besonders nachhaltigen und ökologischen Stoffen, Medien oder Dienstleistungen angefallen sind.

Ergänzend kann – um Streitfälle noch weiter auszuschließen – im Vertrag definiert werden, wie weit die **Entscheidungsbefugnisse des Vermieters** diesbezüglich reichen sollen (Vorgabe von Fabrikaten o. ä.). Es kann auch ein entsprechender Vorbehalt aufgenommen werden, dass der Mieter den Entscheidungen des Vermieters vorab zustimmen muss, mithin beide Parteien das Auswahlermessen gemeinsamen ausüben, wobei im Rahmen einer solchen Regelung auch Fragen der Praktikabilität zu berücksichtigen wären.

b) Wärmecontracting

Seit dem Mietrechtsänderungsgesetz ist die Frage nach der Zulässigkeit von Wärmecontracting bei Wohnraummietverhältnissen Gegenstand einer gesetzlichen Regelung, § 556c BGB, sowie einer Wärmelieferverordnung[56]. § 556c Abs. 1 und 2 BGB und die Wärmelieferverordnung gelten gemäß § 578 Abs. 2 BGB für Gewerberaummietverhältnisse mit der Einschränkung, dass die Regelungen ausdrücklich vertraglich abdingbar sind. 137

Im Rahmen des Wärmecontracting stellt der Vermieter die **Versorgung der Mieträumlichkeiten mit Wärme nicht mehr selbst** sicher, sondern er beauftragt hiermit einen spezialisierten Dienstleister, den sogenannten **Contractor**. Dieser übernimmt, je nach Ausgestaltung des Contracting-Vertrages nicht nur die eigentliche Wärmeversorgung, sondern auch die Ausstattung der Mieträume mit einer effizienten Heizungsanlage sowie deren Wartung, Instandhaltung und Instandsetzung.[57] 138

55 BGH, Urt. v. 3.3.2004 – VIII ZR 149/03 –.

56 Verordnung über die Umstellung auf gewerbliche Wärmelieferung für Wohnraum vom 7.6.2013, BGBl. I, 1509.

57 Vgl. hierzu auch Kapitel 2 A. III. Rn 53 ff.

139 In der verbreiteten und auch anerkannten vertraglichen Konstellation schließt der Vermieter den **Contracting-Vertrag** mit dem Contractor ab und die entstehenden Kosten werden sodann **auf den Mieter als Betriebskosten umlegt**. Der Contractor ist in diesem Fall Erfüllungsgehilfe des Vermieters gegenüber dem Mieter.[58]

140 Als – zu Recht – **kritisch**[59] betrachtet wird die vertragliche Konstellation, in der der Vermieter **mit dem Contractor lediglich einen Rahmenvertrag** abschließt, aber im Gegenzug von seiner Verpflichtung zur Wärmelieferung gegenüber dem Mieter freigestellt wird. Der **Mieter** hat sodann im Rahmen des bestehenden Rahmenvertrages **die Leistungen des Contractors in der Form von Einzelverträgen abzurufen**. Dennoch wäre auch ein solches Modell im Rahmen eines Gewerberaummietvertrages individualvertraglich ohne Weiteres vereinbar.

141 Die BetrKV regelt in §2 Nr. 4 c), dass das **Entgelt für die Wärmelieferung** bei eigenständiger, gewerblicher Lieferung von Wärme (= Wärmecontracting) als Betriebskosten **auf den Mieter umgelegt** werden können. Je nach Ausgestaltung des Wärmecontracting-Vertrages beinhaltet das Entgelt für den Contractor aber nicht nur die Bezahlung für die Wärmelieferung an sich, sondern u. U. Preisbestandteile für den Einbau einer energieeffizienten Heizungsanlage sowie für deren Wartung, Instandhaltung und Instandsetzung. Die etwas **ungenaue Formulierung in § 2 Nr. 4 c) BetrkV** erklärt **all diese Preisbestandteile zu umlegbaren Betriebskosten**, obwohl der Vermieter die Kosten für die Anschaffung der Heizungsanlage oder für deren Instandsetzung ohne Contracting-Vertrag beispielsweise nicht ohne Weiteres auf den Mieter umlegen könnte.[60] Jedenfalls insoweit als §556c BGB i. V. m. der Wärmelieferverordnung einschlägig sind, ist dieses Problem nach diesseitiger Auffassung gelöst: §556c BGB klammert die im Zusammenhang mit §2 Nr. 4 c) BetrKV problematisierten Kostenpositionen explizit nicht aus, sondern erklärt die *Contractor Fee* insgesamt zu auf den Mieter umlegbaren Betriebskosten.

142 Zu empfehlen ist, dass die Parteien eines „grünen" Mietvertrages eine **umfassende Regelung zum Thema Wärmecontracting** in den Mietvertrag aufnehmen – dies nicht nur, um dem starren Regelungsregime des §556c BGB i. V. m. der Wärmelieferverordnung zu entgehen, sondern auch, um das Maß an Energieeffizienz und hierfür aufzuwendender (Mehr-) Kosten genau miteinander abzustimmen und auf diese Weise zukünftige Streitfälle zu vermeiden. Auch sollte eine solche Regelung im Mietvertrag selbst dann schon vorsorglich Erwähnung finden, wenn zu Beginn des Mietverhältnisses noch kein Contractor eingesetzt wird. Die Parteien halten sich den späteren Einsatz eines Wärme-Contractors auf diese Weise offen.

---

58 Schmidt-Futterer/*Eisenschmid* § 535 Rn 121.
59 Schmidt-Futterer/*Eisenschmid* § 535 Rn 119.
60 Von *Milger* NZM 2008, 1, wurde diese Regelung deshalb als „Systembruch" kritisiert.

c) Sonstige „grüne" vertragliche Vorgaben

Über die vorstehend dargestellten Regelungen hinaus ist es den Parteien eines „grünen" Mietvertrages selbstverständlich unbenommen, weitere punktuelle Regelungen zu treffen, durch die die Nachhaltigkeit und Energieeffizienz der Mietsache selbst und ihrer Nutzung gesichert oder sogar weiter gesteigert werden soll. In der Praxis wurden demgemäß bereits beobachtet: 143

- Vorgaben, wonach bei der **Reinigung der Mietsache nur umweltschonende Mittel eingesetzt** werden dürfen und der **Wassereinsatz zu minimieren** ist, bzw. eingesetzte Dienstleister ebenfalls entsprechend zu instruieren sind;
- Vorgaben an den Vermieter, bei **baulichen Maßnahmen** an der Mietsache nur biologisch unbedenkliche Materialien zu verwenden;
- Vorgaben an den Vermieter oder aber auch den Mieter, den **Außenbereich der Mietsache naturnah/umweltschonend zu gestalten**, sowie Bewässerung der Außenanlagen nur mit Regenwasser;
- Vorgaben, wonach nur **bestimmte Leuchtmittel** (LED-Technik) in der Mietsache eingesetzt werden dürfen;
- Vorgaben, den Bezug der Medien für die Mietsache ausschließlich aus **regenerativen oder „grünen" Quellen** sicherzustellen;
- Vorgaben an den Mieter, **im Betrieb und bei der Nutzung** der technischen Anlagen der Mietsache einen **möglichst geringen Verbrauch von Wasser und Energie** anzustreben, **Müll zu trennen bzw. zu vermeiden**;
- Einsatz eines **Property Managers**, der eine nachhaltige und energieeffiziente Verwaltung der Mietsache sicherstellt und ggf. auch entsprechend spezialisiert bzw. geschult ist;
- Durchführung von **Nachhaltigkeits-Audits** bzw. turnusmäßige Erstellung von Nachhaltigkeits-Reports.

In dieser Gesamtheit werden sich diese Regelungen wohl in keinem Mietvertrag wiederfinden. Allen Regelungen gemeinsam ist, dass sie einer **ausdrücklichen Normierung im Mietvertrag bedürfen**. Im Übrigen sind der diesbezüglichen Kreativität der Parteien, für punktuelle Einzelfälle passende „grüne" Regelungen zu finden und in den Mietvertrag aufzunehmen, **praktisch keine Grenzen** gesetzt. 144

Es ist jedoch zu bedenken, dass die schlichte Aufnahme einer solchen Verhaltensmaßregel oder Vorgabe in den Vertrag **ohne weitergehende Regelungen zu Sanktion und Abhilfe im Falle eines Verstoßes** zu **unerwünschten Ergebnissen** führen kann: So sind solche „grünen" Regelungen, die sich unmittelbar auf die Ausstattung der Mietsache beziehen, als Konkretisierung der Mietsache zu werten. Die Einhaltung dieser Vorgaben wird daher Teil der Hauptleistungspflicht des Mietvertrages mit allen gesetzlichen (und ggf. vertraglichen) Folgen bei Nichtbeachtung: Dem Mieter kann in diesem Fall ein Anspruch auf Ertüchtigung/Nachrüstung zustehen, ferner Ansprüche auf Mietminderung, Schadensersatz oder Kostenersatz. 145

146 Regelungen, die bestimmte Verhaltensweisen der Vertragsparteien einfordern, sind u. U. ebenfalls nicht frei von Risiko: Neben Schadensersatzansprüchen wegen schuldhafter Pflichtverletzung (§ 280 Abs. 1 BGB) wären auch Unterlassungsansprüche denkbar, die äußerstenfalls sogar im Wege einer einstweiligen Verfügung durchsetzbar wären.

147 Derart weitreichende Möglichkeiten werden von den Parteien nicht für jede „grüne" Regelung gewünscht sein. Es bietet sich daher an, dass „grüne" Regelungen insgesamt im Mietvertrag in einem **eigenen Themenkomplex zusammengefasst** werden und für diese **abschließend geregelt wird, welche Sanktionen im Falle eines Verstoßes** vorgesehen sind.

d) „Grüner" Code of Conduct; „Nachhaltigkeitsrat" o. ä.

148 In der Praxis ebenfalls hin und wieder anzutreffen ist ein sogenannter „grüner" Code of Conduct, der üblicherweise als **Anlage zum Mietvertrag** genommen wird. Aus ihm ergeben sich regelmäßig **weitere und konkretisierende Vorgaben für die Vertragsparteien** (Handeln und Unterlassen) mit dem Ziel, eine möglichst energieeffiziente und nachhaltige Nutzung der Mietsache sicherzustellen.

149 Da die Verhaltensmaßregeln aus einem solchen Code of Conduct normalerweise nicht an ein Sanktionsregime (z. B. Vertragsstrafe) geknüpft sind, wird sich eine Missachtung dieser Vorschriften regelmäßig als **Verletzung einer vertraglichen Nebenpflicht** im Sinne des § 241 Abs. 2 BGB darstellen[61] mit der Folge, dass eine schuldhafte Verletzung aus § 280 Abs. 1 BGB zu **Schadensersatzansprüchen** führen kann. Es wird sich in diesen Fällen aber wohl häufig die Frage stellen, worin der von der anderen Vertragspartei erlittene Schaden bei einer Missachtung des Code of Conduct liegen könnte.

150 Im deutschen Mietrecht noch relativ neu und eindeutig durch internationale Regelungssysteme inspiriert ist die Installation eines sog. **Nachhaltigkeitsrates**. Hierbei handelt es sich um ein Gremium, das von Vermieter- und Mieterseite mit Vertretern beschickt wird und das die energieeffiziente und nachhaltige Nutzung der Mietsache sowie die Beachtung der hierzu einschlägigen Regelungen aus dem Mietvertrag und seinen Anlagen (z. B. dem „grünen" Code of Conduct) überwachen soll.

151 Gesetzliche Vorgaben für ein solches Organ existierten im deutschen Recht nicht. Wenn es sich bei einem solchen Nachhaltigkeitsrat nicht um einen zahnlosen Papiertiger bzw. ein grünes Feigenblatt handeln soll, sind demnach **umfassende Regelungen im Mietvertrag erforderlich**:
- Wie setzt sich der Rat zusammen, wie trifft er seine Entscheidungen, wie ist seine innere Organisation beschaffen?
- Welche Befugnisse hat der Rat gegenüber den Parteien des Mietvertrages?

61 Vgl. hier: BeckOK BGB/*Sutschet* § 241 Rn 15.

- Welche Möglichkeiten stehen dem Rat zu, wenn er ein sanktionsfähiges Verhalten einer der Vertragsparteien feststellt?
- Wer trägt die Kosten für einen solchen Nachhaltigkeitsrat?

D Mieterausbau und Zertifizierung

I Motivation für Mieterausbau-Zertifikate

1 Eine Studie des Fraunhofer Instituts zum Thema Green Office ergab, dass die Wichtigkeit einer **nachhaltigen Bürogestaltung** in der nahen Zukunft stark zunehmen wird. Über 40 % der Befragten gaben an, „dass ihrem Unternehmen eine ökologisch nachhaltige Gestaltung von Büroarbeit, -arbeitsplätzen und -infrastruktur im Zeitraum von 3 Jahren sehr wichtig sein wird. Als Hauptmotiv für die Einführung von Maßnahmen zur Steigerung der Nachhaltigkeit gaben die Befragten erwartete Imagesteigerungen und Kosteneinsparungen sowie den tatsächlichen Beitrag zur Schonung der Umwelt leisten zu können an [62]."

2 Die Studie zeigt, dass **Arbeitsplatzgestaltung** eine immer wichtigere Rolle einnimmt. Die hohe Bedeutung wird auch noch einmal deutlich, wenn man sich die stetig steigenden Anforderungen an sich verändernde Arbeitsbedingungen, Flexibilität und auch Alterung der Gesellschaft vor Augen führt. Projektteams müssen in unterschiedlichen Zusammensetzungen, Größen und mit unterschiedlichster Ausstattung zusammenarbeiten, Umstrukturierungen von Abteilungen und Standorten durchgeführt und gesundheitsbedingte Bedürfnisse von Mitarbeitern umgesetzt werden.

3 Zudem sind für viele Unternehmen die **Büronutzungskosten** nach den Personalkosten der zweitgrößte Posten. Eine effiziente Nutzung der Büroflächen ist daher immens wichtig für die Wettbewerbsfähigkeit der Firma.[63]

Abbildung 1: Nutzung von Teilflächen in Gebäuden

4 Diese Anforderungen gelten natürlich nicht nur für Bürogebäude, sondern auch für andere Nutzungen. Gerade auch im Handelsbereich werden die Erwartungen an die Flächen immer größer. Das **Wohlbefinden und der Komfort** der Mitarbeiter stehen hier in den letzten Jahren immer mehr im Fokus: schadstofffreie Materialauswahl,

62 Fraunhofer IAO, Spath/*Bauer/Rief/Juracic* Studie „Green Office" 2010, Seite 5.

63 Vgl. EC Harris Research, John Atkins, Frühjahr 2011, Seite 2, „Büroinnenausbaukosten können die Rentabilität beeinflussen".

thermischer und akustischer Komfort, aber auch Grundrissqualitäten nehmen an Bedeutung immer mehr zu.

Der überwiegende Anteil der Marktteilnehmer und Unternehmen baut dabei 5 jedoch keine Gesamtgebäude und mietet diese auch nicht an, sondern nutzt Teilflächen in bestehenden oder neuen Gebäuden. Für diese Teilflächen werden nun ebenfalls Anforderungen und Qualitäten definiert. Die Umsetzung erfolgt dabei entweder über den nachhaltigen Ausbau des Vermieters oder über den Mieterausbau. Als Alternative oder Add-On zur Anmietung in bereits zertifizierten Objekten bieten sich Mieterausbauzertifikate an. Dabei liegt der Vorteil von Unternehmen mit vielen Häusern und Filialen darin, dass dadurch der Baustandard, meist in Form einer CI-Dokumentation, auf nachhaltige Anforderungen erweitert werden kann.

II Definitionen

Für die Zertifizierung des Mieterausbaus muss die Abgrenzung zur Vermieterleistung 6 eindeutig definiert sein. Für den deutschen Rechtsraum müssen hierbei zuerst einige Begriffe geklärt werden, um die Schnittstelle eindeutig beschreiben zu können.

1 Rohbau

Als Rohbau bezeichnet man ein Bauwerk, dessen **tragende Teile**, die äußere 7 Umschließung, Schornsteine, Brandwände sowie die Dachkonstruktion fertiggestellt, bei dem jedoch der Einbau der Fenster, Fassadenverkleidung und Innenausbau noch nicht ausgeführt worden sind. Eine zweckbestimmte Nutzung des Rohbaus als funktionstüchtiges Bauwerk ist damit nicht bzw. nur in einigen Fällen (eingeschränkt) möglich. Der abgeschlossene Rohbau wird gesondert durch einen Prüfstatiker abgenommen. Zur Besichtigung des Rohbaus sind die Bauteile, die für die Standsicherheit und, soweit möglich, die Bauteile, die für den Brand- und Schallschutz wesentlich sind, derart offen zu halten, dass Maße und Ausführungsart geprüft werden können.[64]

2 Veredelter Rohbau

Unter einem veredelten Rohbau versteht man die Errichtung eines Gebäudes ein- 8 schließlich Dach, Fenster und Fassade, jedoch **ohne Innenausbau**. Der Ausbaustandard „veredelter Rohbau" stellt eine Grundausstattung der Flächen dar, die dem Mieter erlaubt, seine spezifischen technischen und ausstattungsseitigen Anforderungen umzusetzen.[65]

---

64 vgl. Bauordnung für das Land Nordrhein-Westfalen – Landesbauordnung (BauO NRW), Bekanntmachung der Neufassung, S. 450, § 82, Absatz 3.
65 vgl. http://www.architekten24.de/projekt/falkenried-hamburg/uebersicht/1584/, 6.6.2013.

3 Innenausbau

9 Als Innenausbau bezeichnet man alle Baumaßnahmen der Gewerke, die nicht zum Rohbau gehören. Innenausbau ist auch die Sammelbezeichnung für Gewerke des Tischlers, Zimmermanns oder Trockenbauers, die im Innern eines Gebäudes vorgenommen werden. Dies sind **Ausbauarbeiten** in den Innenräumen, wie die Herstellung von Fußboden-, Wand-, und Deckenbekleidungen, Heizung-, Sanitär-, Elektro-, Putz-, Estrich-, Trockenausbau-, Bodenbelags- und Anstreicherarbeiten.[66]

4 Mieterausbau

10 „In Deutschland gibt es keine gängige Abgrenzung der Demarkationslinie zwischen Vermieter- und Mieterausbau."[67] Als Mieterausbau werden (mieterspezifische) Aus-, Um- oder Einbauten bezeichnet, welche bauliche Maßnahmen umfassen, die aufgrund von spezifischen **Mietbedürfnissen** realisiert werden und mit der Mietsache fest verbundene Gebäudeteile, technische Einrichtungen, etc. darstellen. Weiterhin können dies für bzw. von Mietern vorgenommene (feste) Ausstattungen sein.

III Definition Mieterausbau in der Zertifizierung

11 Aus der Definition des Mieterausbaus wird ersichtlich, dass jeder Mieter seinen Ausbau in großen Teilen selbst bestimmt, was bei großen Gebäuden u. a. dazu führen kann, dass eine **Vielzahl von Ausbaustandards** entstehen. Demnach wird eine Trennung von Gebäudeerrichtung und Mieterausbau notwendig. Dieser Situation haben sich die gängigen Zertifizierungssysteme gestellt und ein separates Zertifizierungssystem für den Mieterausbau entwickelt.

1 Unterscheidung Mieterausbauzertifikat – Gebäudezertifikat

12 Das Gebäudezertifikat bewertet immer das Gesamtgebäude in seinen Qualitäten und in der Performance, z. B. die Qualität der Gebäudehülle oder die Energieperformance des Gebäudes. Das Mieterausbauzertifikat betrachtet eine **Teilfläche im Gebäude**, die von einem Zweiten, also nicht Gebäudeeigentümer, ausgebaut wird. Die Zertifizierung bietet die Möglichkeit in gegebenen baulichen Rahmenbedingungen eines Bestands- oder Neubaus einen **nachhaltigen Ausbau** zu realisieren und auf vorhandene Gegebenheiten zu reagieren.

66 vgl. http://www.das-baulexikon.de/lexikon/Innenausbau.htm, 10.06.2013.

67 vgl. EC Harris Research, Frühjahr 2011, Seite 1, Büroinnenausbaukosten können die Rentabilität beeinflussen.

2 Systemgrenze

Die Systemgrenze ist in allen Zertifizierungssystemen nicht klar definiert. Die Besonderheit des Mieterausbaus besteht darin, dass immer auch **Gebäudequalitäten** mit bewertet werden – entweder in direkter Abfrage oder aber indirekt indem auf bauliche Gegebenheiten, wie z. B. die Qualität der Gebäudehülle, reagiert werden muss. Auch die Mietentscheidung, also die Standortwahl, wird z. B. im LEED System mit betrachtet. 13

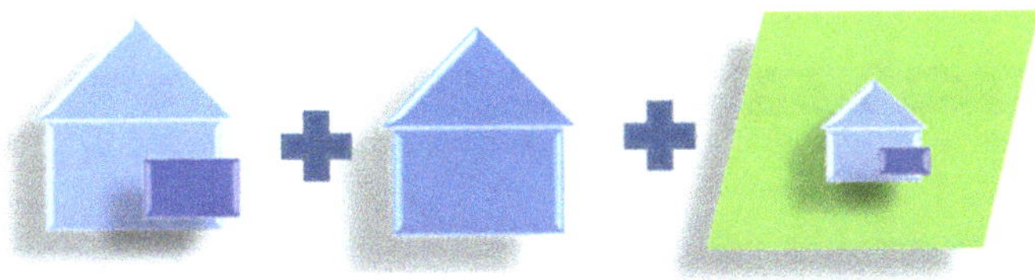

Abbildung 2: Abgrenzung Mieterausbauzertifikat

3 Zeitpunkt der Zertifizierungsentscheidung

Analog zum Gebäudezertifikat ist die Möglichkeit der Einflussnahme in einem **frühen Projektzeitpunkt** am größten. Mit zunehmendem Zeitverlauf der Planungs- und Bauphase im Mieterausbau schwindet die Chance, kostenoptimiert die Anforderungen zu erfüllen. 14

IV Mieterausbau in den gängigen Zertifizierungssystemen

1 DGNB Innenraum Version 2017

Als Mieterausbau wird der Innenausbau eines Gebäudes mit seinen raumumschließenden Oberflächen im Zuständigkeitsbereich des Mieters betrachtet. Neben den neu eingebrachten Baustoffen und Baumaterialien wird auch die Möblierung und Inneneinrichtung in die Betrachtung mit einbezogen. Das System „Innenraum“ bewertet insbesondere die **vom Mieter/Nutzer beeinflussbaren** Ausbauqualitäten. 15

Im Rahmen der Ausbauarbeiten nicht beeinflussbare Indikatoren werden nicht betrachtet. Das heißt, dass z. B. die Bewertung der Kriterien des Standortes, der Marktfähigkeit, der Flächeninanspruchnahme oder auch der Gebäudehülle entfällt. Diese gebäuderelevanten Nachhaltigkeitsthemen können nur über die **Wahl der Mietfläche** beeinflusst werden. Hierfür wird anhand einer Checkliste die Immobilie hinsichtlich der Nachhaltigkeit bewertet. Befindet sich der zu zertifizierende Innenraum in einem DGNB zertifizierten Gebäude, können Bonuspunkte erzielt werden. 16

Derzeit ist eine Zertifizierung für Büro- und Handelsflächen möglich. Büro- und Verwaltungsbereiche sind dabei alle Bereiche, die überwiegend für Büro- und Ver- 17 waltungstätigkeiten genutzt werden. Mit dem Mieterausbau Handel werden Supermärkte, Discounter und Fachmärkte und Mietflächen/Shops in Shopping Centern betrachtet. Betrachtet wird jeweils die **einzelne Mieteinheit**.

18 Die Gewichtung erfolgt in den Kriteriengruppen Ökologische, Ökonomische, Soziokulturelle und Technische Qualität sowie in der Prozessqualität.

19 Der Gewichtungsanteil der **ausbaubezogenen Kriterien** an der Gesamtbewertung erhöht sich aber in diesem System, da verschiedene gebäudebezogene Kriterien im Mieterausbau nicht aktiv sind.

	DGNB NEUBAU INNENRÄUME VERSION 2017 - BÜRO				
Themenfeld	Kriteriengruppe	Kriterien-nummer	Kriterienbezeichnung	Anteil an Gesamt-bewertung Innenraum	Anteil an Gesamtbewertung Gesamtgebäude Version 2015
Ökologische Qualität (ENV)	Wirkungen auf globale und lokale Umwelt (ENV10)	ENV1.1	Ökobilanz - emissionsbedingte Umweltwirkungen	10,0%	7,9%
		ENV8.1	Energieeffizienz und Klimaschutz	10,0%	nicht aktiv
		ENV1.2	Risiken für die lokale Umwelt	6,0%	3,4%
		ENV1.3	Umweltverträgliche Materialgewinnung	3,0%	1,1%
	Ressourceninan-spruchnahme und Abfallaufkommen (ENV20)	ENV2.1	Ökobilanz - Ressourcenverbrauch	nicht aktiv	5,6%
		ENV2.2	Trinkwasserbedarf und Abwasseraufkommen	nicht aktiv	2,3%
		ENV2.3	Flächeninanspruchnahme	nicht aktiv	2,3%
Ökonomische Qualität (ECO)	Lebenszykluskosten (ECO10)	ECO1.1	Kosten im Lebenszyklus	10,0%	9,6%
	Wertentwicklung (ECO20)	ECO2.1	Flexibilität und Umnutzungsfähigkeit	6,0%	9,6%
		ECO2.2	Marktfähigkeit	nicht aktiv	3,2%
Soziokulturelle und funktionale Qualität (SOC)	Gesundheit, Behaglichkeit und Nutzerzufriedenheit (SOC10)	SOC1.1	Thermischer Komfort	nicht aktiv	5,4%
		SOC1.2	Innenraumluftqualität	10,0%	3,2%
		SOC1.3	Akustischer Komfort	6,0%	1,1%
		SOC1.4	Visueller Komfort	6,0%	3,2%
		SOC1.5	Einflussnahme des Nutzers	nicht aktiv	2,1%
		SOC1.6	Aufenthaltsqualität	6,0%	2,1%
		SOC1.7	Sicherheit	nicht aktiv	1,1%
		SOC1.8	Gesundheitsfördernde Angebote	3,0%	nicht aktiv
	Funktionalität (SOC20)	SOC2.1	Barrierefreiheit	6,0%	3,2%
		SOC2.2	Nutzungsangebote an die Öffentlichkeit	nicht aktiv	1,1%
Technische Qualität (TEC)	Qualität der technischen Ausführung (TEC10)	TEC1.2	Schallschutz	nicht aktiv	4,1%
		TEC1.3	Tauwasserschutz der Gebäudehülle	nicht aktiv	4,1%
		TEC1.4	Anpassungsfähigkeit der technischen Systeme	nicht aktiv	4,1%
		TEC1.5	Reinigungs- und Instandhaltungs-freundlichkeit des Baukörpers	nicht aktiv	4,1%
		TEC1.6	Rückbau- und Recyclingfreundlichkeit	6,0%	4,1%
	Mobilität (TEC30)	TEC3.1	Mobilitätsinfrastruktur	nicht aktiv	2,0%

Abbildung 3: Vergleich Gewichtung der Kriterien Gebäude- und Mieterausbauzertifikat im DGNB System in der Anwendung Büro (Eigene Darstellung, in Anlehnung an DGNB Matrix)

Prozessqualität (PRO)	Qualität der Planung (PRO10)	PRO1.1	Projektvorbereitung und Planung	3,0%	1,4%
		PRO1.3	Konzeptionierung und Optimierung in der Planung	nicht aktiv	1,4%
		PRO1.4	Sicherung der Nachhaltigkeitsaspekte in Ausschreibung und Vergabe	nicht aktiv	1,0%
		PRO1.5	Voraussetzungen für eine optimale Nutzung und Bewirtschaftung	nicht aktiv	1,0%
		PRO8.1	Konzeptionierung und Voraussetzung für eine optimale Nutzung	6,0%	nicht aktiv
		PRO1.6	Verfahren zur städtebauliche und gestalterischen Konzeption	3,0%	1,4%
	Qualität der Bauausführung (PRO20)	PRO2.1	Baustelle/ Bauprozess	nicht aktiv	1,0%
		PRO2.2	Qualitätssicherung der Bauausführung	nicht aktiv	1,4%
		PRO2.3	Geordnete Inbetriebnahme	nicht aktiv	1,4%

Abbildung 3: (fortgesetzt)

Masterplan-Zertifizierung

Verfolgt ein Unternehmen ein **Corporate Identity Konzept** für seine Standorte und Filialen, welches Nachhaltigkeitsthemen im Ausbau konsequent umsetzt, z. B. über eine Bau- und Ausstattungsbeschreibung, kann dieses Konzept als Masterplan zertifiziert werden. Für einzelne Flächen sind dann lediglich die projektbezogenen Kriterien nachzuweisen. Die Festlegung der Masterplan Kriterien und der Projekt Kriterien werden in Abstimmung mit der DGNB individuell festgelegt. 20

2 Mieterausbau bei LEED

Als Mieterausbau wird der **Innenausbau einer Mietfläche** in einem Gebäude betrachtet. Derzeit ist eine Zertifizierung für Büro- und Handelsflächen, Gesundheitseinrichtungen, Restaurants, Hotels und Bildungseinrichtungen möglich. 21

Die Gewichtung erfolgt in den Basis-Themenfeldern Location and Transport 16 %, Water Efficiency 11 %, Energy and Atmosphere 35 %, Materials and Resources 12 %, Indoor Environmental Quality 15 %. Zusatzpunkte sind in Integrative Process 2 %, Innovation in Design 6 % und Regional Priority 4 % möglich. 22

Der Anteil der ausbaubezogenen Kriterien an der Gesamtbewertung erhöht sich auch in diesem System, da verschiedene gebäudebezogene Kriterien im Mieterausbau nicht aktiv sind. 23

Credit No.	Credit Commercial Interiors 3.0	Anteil an Gesamt-bewertung Commercial Interiors	Anteil an Gesamt-bewertung New Construction
SS	**Sustainable Sites**	**21%**	**26%**
Credit 1	Site Selection	5%	1%
Credit 2	Development Density and Community Connectivity	6%	5%
Credit 3.1	Alternative Transportation: Public Transportation Access	6%	6%
Credit 3.2	Alternative Transportation: Bicycle Storage & Changing Rooms	2%	1%
Credit 3.3	Alternative Transportation: Parking Availability	2%	2%
	Brownfield Redevelopment	nicht aktiv	1%
	Alternative Transportation - Low Emitting and Fuel-Efficient Vehicles	nicht aktiv	3%
	Site Development - Protect or Restore Habitat	nicht aktiv	1%
	Site Development - Maximize Open Space	nicht aktiv	1%
	Stormwater Design - Quantity Control	nicht aktiv	1%
	Stormwater Design - Quality Control	nicht aktiv	1%
	Heat Island Reduction: Non-Roof	nicht aktiv	1%
	Heat-Island Reduction: Roof	nicht aktiv	1%
	Light Pollution Reduction	nicht aktiv	1%
WE	**Water Efficiency**	**11%**	**10%**
Prereq 1	Water Use Reduction	Required	Required
Credit 1	Water Use Reduction	11%	4%
	Water Efficient Landscaping	nicht aktiv	4%
	Innovative Wastewater Technologies	nicht aktiv	2%
EA	**Energy and Atmosphere**	**37%**	**35%**
Prereq 1	Fundamental Commissioning	Required	Required
Prereq 2	Minimum Energy Performance	Required	Required
Prereq 3	Fundamental Refrigerant Management	Required	Required
	Optimize Energy Performance	nicht aktiv	19%
Credit 1.1	Optimize Energy Performance - Lighting Power	5%	nicht aktiv
Credit 1.2	Optimize Energy Performance - Lighting Controls	3%	nicht aktiv
Credit 1.3	Optimize Energy Performance - HVAC	10%	nicht aktiv
Credit 1.4	Optimize Energy Performance - Equipment and Appliances	4%	nicht aktiv
Credit 2	Enhanced Commissioning	5%	2%
Credit 3	Measurement and Verification	5%	3%
Credit 4	Green Power	5%	2%
	On-Site Renewable Energy	nicht aktiv	7%
	Enhanced Refrigerant Management	nicht aktiv	2%
MR	**Materials and Resources**	**14%**	**14%**
Prereq 1	Storage and Collection of Recyclables	Required	Required
Credit 1.1	Tenant Space, Long Term Commitment	1%	nicht aktiv
Credit 1.2	Building Reuse	2%	4%
Credit 2	Construction Waste Management	2%	2%
Credit 3.1	Material Reuse	2%	2%
Credit 3.2	Material Reuse - Furniture and Furnishings	1%	nicht aktiv
Credit 4	Recycled Content	2%	2%
Credit 5	Regional Materials	2%	2%
Credit 6	Rapidly Renewable Materials	1%	1%
Credit 7	Certified Wood	1%	1%
IEQ	**Indoor Environmental Quality**	**17%**	
Prereq 1	Minimum Indoor Air Quality Performance	Required	Required
Prereq 2	Environmental Tobacco Smoke (ETS) Control	Required	Required
Credit 1	Outside Air Delivery Monitoring	1%	1%
Credit 2	Increased Ventilation	1%	1%
Credit 3.1	Construction IAQ Management Plan, During Construction	1%	1%
Credit 3.2	Construction IAQ Management Plan, Before Occupancy	1%	1%
Credit 4.1	Low-Emitting Materials, Adhesives and Sealants	1%	1%
Credit 4.2	Low-Emitting Materials, Paints and Coatings	1%	1%
Credit 4.3	Low-Emitting Materials, Flooring Systems	1%	1%
Credit 4.4	Low-Emitting Materials, Composite Wood and Agrifiber Products	1%	1%
Credit 4.5	Low-Emitting Materials, Systems Furniture and Seating	1%	nicht aktiv
Credit 5	Indoor Chemical and Pollutant Source Control	1%	1%
Credit 6.1	Controllability of Systems - Lighting	1%	1%
Credit 6.2	Controllability of Systems - Thermal Comfort	1%	1%
Credit 7.1	Thermal Comfort - Design	1%	1%
Credit 7.2	Thermal Comfort - Verification	1%	1%
Credit 8.1	Daylight & Views - Daylight	2%	1%
Credit 8.2	Daylight & Views - Views	1%	1%
ID	**Innovation in Design - Bonus**	**6%**	**6%**
Credit 1	Innovation in Design: Provide Specific Title	5%	5%
Credit 2	LEED Accredited Professional	1%	1%
RP	**Regional Priority - Bonus**	**4%**	**4%**
Credit 1	Regional Priority	4%	4%

Abbildung 4: Vergleich Gewichtung der Kriterien Gebäude- und Mieterausbauzertifikat im LEED System

3 Mieterausbau bei BREEAM

Die Mieterausbauzertifizierung nach BREEAM ist Bestandteil des Systems „Non-Domestic Refurbishment 2015“. Eine Mieterausbauzertifizierung nach BREEAM kann für kommerzielle Gebäude wie Einzelhandel und Büro bis hin zu Wohneinrichtungen wie Studentenunterkünfte und Pflegeheime durchgeführt werden. Des Weiteren können auch öffentliche Einrichtungen wie Bildung und Gesundheitswesen betrachtet werden. Wie bei den Neubauzertifizierungen nach BREEAM können Mieterausbauzertifizierung in der „Design Stage“ und in der „Post Construction Stage“ zertifiziert werden, was jeweils zu einem „interim Certificate“ bzw. „final certificate“ führt. 24

Die Methodik einer **fit-out Zertifizierung** nach BREEAM umfasst sowohl Fragen zum eigentlichen Mieterausbau, als auch zum Gesamtgebäude. Dieser Ansatz dient dazu, die Umweltleistung des bestehenden Gebäudes im Bezug zu einer einzelnen Gebäudeeinheit hervorzuheben. Die mieterbezogenen Anforderungen sollen die gesamte **Umweltleistungsfähigkeit** des Gebäudes anheben. 25

Green Building Pre-Design Goal
BREEAM Tenant Related Issues
BREEAM International Europe Commercial 2009

Anforderungen wie bei Neubau/Bestand
Spezielle "Fit-Out" Anforderungen

Category		Neubau/Bestand		Mieterausbau	
		Maximal erreichbare Punkte	Kriterien-Gewichtung	Maximal erreichbare Punkte	Kriterien-Gewichtung
Management		11		9	
Man 1	Commissioning	1	1,09%	1	1,33%
	Seasonal Commissioning	2	2,18%	2	2,67%
Man 2	Considerate Constructor	1	1,09%	1	1,33%
		2	2,18%	2	2,67%
Man 3	Construction Site Impacts	1	1,09%	1	1,33%
		2	2,18%	2	2,67%
		3	3,27%	3	4,00%
		1	1,09%	1	1,33%
Man 4	Building User Guide	1	1,09%	1	1,33%
Man 12	Whole Life Costing / Life Cycle Costing	1	1,09%	nicht aktiv	
		2	2,18%	nicht aktiv	
Health and Wellbeing		14		14	
Hea 1 (Hea 14)	Day Lighting	1	1,07%	1	1,07%
Hea 2 (Hea 14)	View Out	1	1,07%	1	1,07%
Hea 3 (Hea 14)	Glare Control	1	1,07%	1	1,07%
Hea 4	High Freqency Lighting	1	1,07%	1	1,07%
Hea 5	Internal and External Lighting Levels	1	1,07%	1	1,07%
Hea 6 (Hea 14)	Lighting Zones & Controls	1	1,07%	1	1,07%
Hea 7 (Hea 14)	Potential for natural ventilation	1	1,07%	1	1,07%
Hea 8	Indoor Air Quality	1	1,07%	1	1,07%
Hea 9	Volatile Organic Compounds Emissions	1	1,07%	1	1,07%
Hea 10	Thermal Comfort	2	2,14%	2	2,14%
Hea 11 (Hea 14)	Thermal zoning	1	1,07%	1	1,07%
Hea 12	Microbial Contamination	1	1,07%	1	1,07%
Hea 13 (Hea 14)	Acoustic Performance	1	1,07%	1	1,07%
Energy		28		28	
Ene 1	Reduction Of CO_2 emissions	15	10,18%	15	10,18%
Ene 2	Sub-Metering Of Substantial Energy Uses	1	0,68%	1	0,68%
Ene 3	Sub-Metering Of High Energy Load / Tenancies Areas	1	0,68%	1	0,68%
Ene 4	External Lighting	1	0,68%	1	0,68%
Ene 5	Low or zero carbon technologies	1	0,68%	1	0,68%
		2	1,36%	2	1,36%
		3	2,04%	3	2,04%
		1	0,68%	1	0,68%
Ene 6	Building Fabric Performance and Control Of Air Infiltration	1	0,68%	1	0,68%
Ene 7	Cold Food Storage	1	0,68%	1	0,68%
		1	0,68%	1	0,68%
		1	0,68%	1	0,68%
Ene 8	Lifts	1	0,68%	1	0,68%
		2	1,36%	2	1,36%
Ene 9	Escalators and Travelling Walkways	1	0,68%	1	0,68%

Abbildung 5: Vergleich Gewichtung der Kriterien Gebäude- und Mieterausbauzertifikat im BREEAM System

Transport		12		12	
Tra 1	Provision Of Public Transport	4	2,67%	4	2,67%
Tra 2	Proximity to Amenities	1	0,67%	1	0,67%
Tra 3	Cyclist Facilities	1	0,67%	1	0,67%
		2	1,33%	2	1,33%
Tra 4	Pedestrian and Cycle Safety	1	0,67%	1	0,67%
		1	0,67%	1	0,67%
Tra 5	Travel Plan	1	0,67%	1	0,67%
Tra 7	Travel Information Space	1	0,67%	1	0,67%
Tra 8	Deliveries an manoeuvering	1	0,67%	1	0,67%
Water		9		9	
Wat 1	Water Consumption	3	2,00%	3	2,00%
Wat 2	Water Meter	1	0,67%	1	0,67%
Wat 3	Major Leak Detection	1	0,67%	1	0,67%
Wat 4	Sanitary Supply Shut-Off	1	0,67%	1	0,67%
Wat 6	Irrigation System	1	0,67%	1	0,67%
Wat 8	Sustainable on-site water treatment	2	1,33%	2	1,33%
Materials and waste		21		16	
Mat 1	Material Specification - Major Building Elements	4	3,81%	4	5,00%
Mat 2	Hard Landscaping and Boundary Protection	1	0,95%	nicht aktiv	
Mat 3	Reuse Of Building Facade	1	0,95%	nicht aktiv	
Mat 4	Reuse Of Building Structure	1	0,95%	nicht aktiv	
Mat 5	Responsible Sourcing Of Materials	3	2,86%	3	3,75%
Mat 6	Insulation	1	0,95%	1	1,25%
		1	0,95%	1	1,25%
Mat 7	Designing for Robustness	1	0,95%	1	1,25%
Wst 1	Construction Site Waste Management	1	0,95%	1	1,25%
		2	1,90%	2	2,50%
		3	2,86%	3	3,75%
Wst 2	Recycled aggregates	1	0,95%	nicht aktiv	
Wst 3	Recyclable Waste Storage	1	0,95%	1	1,25%
Wst 4	Compacter/Baler	1	0,95%	1	1,25%
Wst 5	Composting	1	0,95%	1	1,25%
Wst 6	Floor Finishes	1	0,95%	nicht aktiv	
Land Use and Ecology		10		0	
LE01	Reuse Of Land	1	1,00%	nicht aktiv	
LE02	Contaminated Land	1	1,00%	nicht aktiv	
LE03	Ecological Value Of Land And Protection Of Ecological Features	1	1,00%	nicht aktiv	
LE04	Impact on site ecology	1	1,00%	nicht aktiv	
		2	2,00%	nicht aktiv	
		3	3,00%	nicht aktiv	
		4	4,00%	nicht aktiv	
		5	5,00%	nicht aktiv	
LE06	Long Term Impact On Biodiversity	1	1,00%	nicht aktiv	
		2	2,00%	nicht aktiv	
Pollution		13		10	
Pol 1	Refrigerant GWP - Building Services	1	0,77%	1	1,00%
Pol 2	Preventing Refrigerant Leaks	1	0,77%	1	1,00%
		2	1,54%	2	2,00%
Pol 3	Refrigerant GWP - Cold Storage	1	0,77%	1	1,00%
Pol 4	NOx Emissions Of Heating Source	1	0,77%	1	1,00%
		2	1,54%	2	2,00%
		3	2,31%	3	3,00%
Pol 5	Minimising Flood Risk	2	1,54%	nicht aktiv	
		1	0,77%	nicht aktiv	
		1	0,77%	nicht aktiv	
Pol 6	Minimising Watercourse Pollution	1	0,77%	1	1,00%
Pol 7	Reduction Of Night Time Light Pollution	1	0,77%	1	1,00%
Pol 8	Noise Attenuation	1	0,77%	1	1,00%
		118	100%	98	100%

Abbildung 5: (fortgesetzt)

V Zusammenfassung

26 Allen Systemen ist gemein, dass sich eine Zertifizierung erst mit **umfangreichen Ausbaumaßnahmen** lohnt. Sofern im Mieterausbau ausschließlich die Auswahl der Materialität, wie Bodenbelag und Leichtbauwände, beeinflusst werden kann, wird eine Zertifizierung kein zufriedenstellendes Ergebnis liefern. Erst mit Maßnahmen im **technischen und baulichen Ausbau** in Verbindung mit einem entsprechenden **Prozessmanagement**, werden alle Kriterien der Zertifizierung angesprochen. Auch der Mieterausbau lässt sich also nur durch ein **ganzheitliches Nachhaltigkeitskonzept** mit Einfluss auf das Gesamtgebäude und den Standort lösen.

Zertifizierungssystem	DGNB	LEED	BREEAM
Markteinführung / Anwendungsgebiet	- Markteinführung 2013 - Neubau Innenraum Büro - Neubau Innenraum Shopping - 13 (Shopping) bzw. 16 (Büro) Innenraumkriterien aktiv	- Markteinführung 2006 - Neubau Mieterausbau Büro, Handel, Restaurant, Gesundheit, Hotel und Bildung - 47 Mieterausbaukriterien aktiv	- Markteinführung 2009 - BREEAM Europe Commercial 2009 - Einzelhandel, Bürogebäude und Industriebauten - 54 Mieterausbaukriterien aktiv
Gebäudekategorien: Neubau/ Bestand	- Neubauten - Bestandsbauten	- Neubauten - Bestandsbauten	- Neubauten - Bestandsbauten - Komplettsanierungen von bestehenden Gebäuden - Anbauten an bestehende Gebäude
Kategoriengewichtung	- Ökologische Qualität 29% - Ökonomische Qualität 16% - Soziokulturelle Qualität 37% - Technische Qualität 6% - Prozessqualität 12%.	Basis -Themenfelder: - Sustainable Sites 21% - Water Efficiency 11% - Energy and Atmosphere 37% - Materials ans Resources 14% - Indoor Environmental Quality 17%, - Zusatzpunkte möglich in: - Innovation in Design 6% - Regional Priority 4%	Standortabhängig, z.B. in Europa folgende Gewichtung: - Management 12% - Health & Wellbeing 15% - Energy 19% - Transport 8% - Water 6% - Materials 12% - Waste 8% - Land Use 10% - Pollution 10%
Zertifizierungsstufen	- Silber ≥ 50% - Gold ≥ 65% - Platin ≥ 80 %	- Certified 40-49% - Silver 50-59% - Gold 60-79% - Platinum ab 80%	- < 30%(Unclassified) - ≥ 30% Pass - ≥ 45%Good - ≥ 55%Very Good - ≥ 70%Excellent - ≥ 85%Outstanding
Zertifizierungsphasen	- Zertifikat	- Design Review - Construction Review	- Design Stage („interim certificate") - Post Construction Stage („final certificate")
Mindestanforderungen	- Gesetzliche Anforderungen bei der zu zertifizierenden Ausbaufläche sind erfüllt, zum Beispiel Brandschutz	In folgenden Kriterien: - Prereq 1 Water Use Reduction - Prereq 1 Fundamental Commissioning - Prereq 2 Minimum Energy Performance - Prereq 3 Fundamental Refrigerant Management - Prereq 1 Storage and Collection of Recyclables - Prereq 1 Minimum Indoor Air Quality Performance - Prereq 2 Environmental Tobacco Smoke (ETS) Control	In folgenden Kriterien: - Man1 Commissioning - Man3 Construction Site Impacts - Man4 Building User Guide - Hea4 High Frequency Lighting - Ene1 Energy Efficiency - Ene2 Sub-metering of Substantial Energy Uses - Ene5 Low or Zero Carbon Technologies - Wat1 Water Consumption - Wat2 Water Meter - Wst3 Storage of Recyclable Waste
Gültigkeit	- 5 Jahre Shopping - 10 Jahre Büro	- unbegrenzt/ keine Beschränkung	- unbegrenzt / keine Beschränkung (gegenwärtig) - Ausnahme ist der höchste Zertifizierungsstatus „Outstanding", hier wird eine „Statusbestätigung" nach 3 Jahren erforderlich
Besonderheiten/ Systemgrenze	- Als Innenraum wird der Innenausbau eines Gebäudes mit seinen raumumschließenden Oberflächen im Zuständigkeitsbereich des Mieters/ Nutzers definiert. - Betrachtung des losen Mobiliars - Das System Innenraum bewertet insbesondere die vom Mieter beeinflussbaren Ausbauqualitäten. Im Rahmen der Ausbauarbeiten nicht beeinflussbare Indikatoren werden nicht betrachtet - Das Zertifikat Innenraum nimmt bei der DGNB eine Sonderstellung ein. Es kann sowohl ohne, als auch als Ergänzung zum Gebäudezertifikat vergeben werden. Das Zertifikat wird nach Fertigstellung des Mietbereichs ausgestellt. - Mehrfachzertifizierung und damit Filialisierung möglich. Zertifizierung der zugrundeliegenden Baubeschreibung (Bau- und Ausstattungsstandard), für Ausbauten, die baugleich an verschiedenen Standorten realisiert werden, als Basiszertifikat.	- Relevanter Unterschied zu New Construction: Es wird keine Gesamtgebäudesimulation verlangt, sondern einzelne Bereiche wie Beleuchtung, Beleuchtungssteuerung, Heizung, Lüftung, Klimatisierung und technische Ausstattung werden getrennt bewertet. - Auch der Standort als Mietentscheidung wird mitbewertet	- Wie bei den Neubauzertifizierungen nach BREEAM können Mieterausbauzertifizierung in der „Design Stage" und in der „Post Construction Stage" zertifiziert werden, was jeweils zu einem „interim Certificate" bzw. „final certificate" führt - Die Methodik einer fit-out Zertifizierung nach BREEAM umfasst sowohl Fragen zum eigentlichen Mieterausbau, als auch zum Gesamtgebäude - Dieser Ansatz dient dazu, die eigentliche Umweltleistung des bestehenden Gebäudes im Bezug zu einer einzelnen Gebäudeeinheit hervorzuheben - Die mieterbezogenen Anforderungen sollen die gesamte Umweltleistungsfähigkeit des Gebäudes anheben - Darüber hinausgehend kann eine bestehende Neubau-Zertifizierung der „Gebäudehülle" mit einer Mieterausbauzertifizierung kombiniert werden, man kann die erreichten Punkte in der Mieterausbauzertifizierung berücksichtigen
Ausblick	Das System Neubau Innenraum befindet sich derzeit in der Erstanwendungsphase.	- Aktuelle Version LEED ID+C v4.0	- Für eine Mieterausbauzertifizierung International ist gegenwärtig das Manual BREEAM Europe Commercial 2009 oder BREEAM Bespoke 2010 anzuwenden - Ein separates Zertifizierungssystem für „Major Renovation" und „Building Fit Out" wird zukünftig, parallel zur Systemüberarbeitung 2013 bzw. 2014 entwickelt - Bis zur Markteinführung ist das bestehende, o.a. System anzuwenden.

Abbildung 6: Vergleich Zertifizierungssysteme Mieterausbau DGNB, LEED, BREEAM

Praxistipp

Vorteile der Mieterausbauzertifizierung sind:
- Verbesserung der Innen- und Außendarstellung eines Unternehmens, also als Mieter nachhaltig zu handeln und dieses auch darstellen zu können
- Sichern eines nachhaltigen Ausbaustandards und damit Wahrnehmung der gesellschaftlichen Verantwortung
- Corporate Social Responsibility wahrnehmen, der Verantwortung für das Wohlbefinden und die Gesundheit der Mitarbeiter gerecht werden
- Verankern eines Baustandards additiv zur Corporate Identity (CI)
- Einsparungen von Betriebskosten ermöglicht durch lebenszyklusorientierte Betrachtung

Nachteile:
- eventuell zusätzliche Ausbaukosten durch höhere Qualität
- zusätzlicher Aufwand während des Mieterausbaus durch Nachhaltigkeitsbetrachtung

---

E Green Lease als Baustein der Zertifizierung

I Übersicht zum „grünen Mietvertrag"

1 „Nachhaltigkeit wird zum neuen Standard: Zeitgemäß handelnde Unternehmen wollen ihre Ökobilanz verbessern und ihre **Nachhaltigkeitsziele** erreichen.[68] Viele Unternehmen entscheiden sich zum Vorteil ihrer Nutzer und Betreiber bereits zu einem frühen Zeitpunkt, ihre Gebäude nach aktuellen Umweltstandards und Nachhaltigkeitskriterien zu planen, bauen und zu betreiben. Hierfür wählten Unternehmen bisher in vielen Fällen die weltweit anerkannten Nachhaltigkeits-Systeme LEED, DGNB und BREEAM, um nur einige zu nennen. Deren Kriterien wurden zusammen mit Vertretern aus Wirtschaft und Bau erarbeitet. Die Erfüllung der Vorgaben dieser **Umweltstandards** führt dann in vielen Fällen bei den Betreibern und Mietern einer Liegenschaft zum Umdenken bzw. gibt zumindest erste Denkanstöße, um vor allem im Gebäudebetrieb an diese Vorreiterrolle anzuknüpfen. „Die Gründe hierfür sind vielfältig. So rückt für immer mehr Unternehmen die Wahrnehmung gesellschaftlicher Verantwortung in den Fokus („Corporate Social Responsibility"). Außerdem besteht der Wunsch, sich durch besonderes Engagement im Bereich der Nachhaltigkeit von Mitbewerbern zu unterscheiden. Diese Entwicklung hat längst auch die Immobilienwirtschaft erfasst. Dabei geht es neben der „grünen" Zertifizierung eines Gebäudes vor allem um seine **nachhaltige Nutzung und Bewirtschaftung.**"[69] Um dies verbindlich festzulegen, bedarf es eines auf Nachhaltigkeit ausgerichteten Mietvertrages, ein sogenanntes „Green Lease Agreement" oder auch „Grüner Mietvertrag". Diese können dazu beitragen, den Nachhaltigkeitsbestrebungen und damit verbundenen Prozessen mehr Verbindlichkeit beizubringen, als vielleicht bisher darin gesehen wurde.

II Anforderungen bei der Gebäude-Zertifizierung

2 Wie auch aktuell anerkannte Nachhaltigkeitsstandards (Zertifizierungslabels wie DGNB, LEED und BREEAM, usw.), vertreten auch die Bau- und Immobilienwirtschaft die Auffassung, dass die gebaute Umwelt nur dann nachhaltig und auf Dauer wirtschaftlich umsetzbar ist, wenn nicht nur das Gebäude an sich sondern in direktem **Zusammenspiel von Vermieter und Mieter**, von Gebäudehülle und Gebäudeausbau, die notwendigen Klimaschutzziele erreicht werden können.

68 *Conradi/ Bińkowski/Spenke* Green Lease Der grüne Mietvertrag für Deutschland, Regelungsempfehlungen zur nachhaltigen Nutzung und Bewirtschaftung von Immobilien, S. 5.
69 *Conradi/Bińkowski/Spenke* Green Lease Der grüne Mietvertrag für Deutschland, Regelungsempfehlungen zur nachhaltigen Nutzung und Bewirtschaftung von Immobilien, S. 5.

Bisher konnten Gebäude ohne die Betrachtung des Innenausbaus, also auch ohne die Betrachtung des Mieterausbaus, als sogenannte Core & Shell-Investorenprojekte, Zertifizierungen nach den einschlägigen Nachhaltigkeitsstandards erreichen. Dies ist seit einigen Jahren bei den meisten Labels nicht oder eben nur noch eingeschränkt möglich. Eine richtungsweisende Entscheidung hinsichtlich mehr Nachweisaufwand im Zertifizierungsprozess – jedoch auch hinsichtlich der Wertschätzung und Wertigkeit für ein Zertifikat. 3

1 Green Lease im BREEAM-System

Das BREEAM-System – hierzu auch die nachfolgenden Ausführungen – beschreitet 4
hier bereits seit der Version 2009 eine Vorreiterrolle. 30 von im Schnitt 65 Kriterienanforderungen beziehen sich direkt oder indirekt auf den zukünftigen Mieter. BREEAM bietet z. B. bis zu fünf Optionen, um den zukünftigen Mieter mit einzubeziehen bzw. auch außen vor zu lassen. Jede Option bestimmt dabei über den Grad der Kriterienanerkennung (z. B. volle Punktzahl, halbe Punktzahl, flächengewichtete Punktzahl) und damit automatisch über den möglichen Zertifizierungsgrad im System. Die Option 1 nach BREEAM, Vorhalten eines rechtsverbindlichen „Green Lease Agreements“ oder **„Grüner Mietvertrag“**, ist dabei die in der Praxis und bei Gebäuden mit vielen verschiedenen Mieteinheiten die praktikabelste Variante der Umsetzung. Der Grund hierfür ist vor allem darin zu sehen, dass vorab oftmals viele Mieter noch nicht feststehen und damit die Einhaltung bestimmter innenausbauspezifischer Aspekte nicht beurteilt werden können. Ein Teil der Ausbauentscheidungen in Bezug auf das Gebäude kann in vielen Fällen jedoch erst durch den künftigen Mieter/Betreiber vorgenommen werden. Mit den gegebenen fünf Optionen trägt das Zertifizierungssystem BREEAM einer vom Markt geforderten und bis zu einem gewissen Maße erforderlichen Flexibilität aller Beteiligten Rechnung.

Mit dem bestehenden BREEAM-System kann darüber hinaus der zu modernisierende („Major Renovation“) Gebäudebestand bewertet werden. Reine Bestandszertifizierungen verlangen dann jedoch nach einem rein auf den Bestand fokussiertem Ableger des BREEAM-Systems (BREEAM In Use). Beide Systeme harmonieren mit der Berücksichtigung von Mietern z. B. über die Option 1 „Green Lease Agreement“, ein Aspekt, der auf den wachsenden Bedarf beim Bauen im Bestand reagiert. In der technischen Umsetzung gleichen die spezifischen Bewertungskriterien für den Gebäudeinnenausbau bzw. Mieterausbau weitestgehend den Kriterien für die Bewertung der Gebäudehülle- und Allgemeinbereiche. Dies gilt sowohl für den Neubau, einer Modernisierung, als auch für das Bauen im Bestand. Zumeist zielen Einzelaspekte ganz gezielt auf den Innenausbau ab, wie z. B. Oberflächenmaterialien oder separate Messeinrichtungen für die Mietbereiche. Andere BREEAM-Aspekte wiederum sind nicht für den Innenausbau anwendbar, wie z. B. Flächennutzung und Ökologie auf dem Areal sowie die Bewertung des Hochwasserrisikos. Eine Besonderheit ist, dass ein bestehendes Zertifikat für die „Gebäudehülle" für eine Zertifizierung des Innenausbaus angerechnet werden kann.

2 Green Lease im DGNB-System

5 Das DGNB Neubau-System bietet für den Erhalt der Zertifizierung die Möglichkeit einen Teil der Flächen über **Mieterverpflichtungen** nachzuweisen. Dafür muss der Innenausbau auf mindestens 25 % der Bemessungsfläche fertiggestellt sein. Für die restlichen Flächen müssen Mieterverpflichtungen vorliegen, die Themen wie Materialien, Barrierefreiheit, Schallschutz oder auch Reinigungsfreundlichkeit im Mietbereich regeln. Die fertiggestellten und über die Mieterverpflichtungen nachgewiesenen Flächen müssen mindestens 80 % der Bemessungsfläche betragen. So kann ein Gebäude, das noch nicht voll vermietet und ausgebaut ist, trotzdem schon das Zertifikat erlangen.

3 Green Lease im LEED-System

6 Im LEED System können in der Variante Core & Shell Zusatzpunkte mit Green Lease Vereinbarungen erreicht werden. Grundsätzlich sind Green Leases für eine Zertifizierung nach Core & Shell nicht notwendig. Das System ist auf die Bewertung der Punkte ausgerichtet, die der Eigentümer bzw. Projektentwickler kontrollieren und beeinflussen kann.

7 Über die **Mietervereinbarungen** können dann zusätzliche Punkte erzielt werden. Diese Vereinbarungen müssen bereits vom zukünftigen Mieter unterschrieben sein, die Einreichung eines Beispielvertrages ist nicht ausreichend. Hier müssen z. B. Punkte wie Sanitärarmaturen, Beleuchtung, Rauchverbot, Material oder Reinigung fixiert sein.

III Zusammenfassung

8 Green Lease Agreements oder „Grüne Mietverträge" werden sich auch im deutschen Markt zunehmend durchsetzen. Denn es wird bei Gebäuden unter Nachhaltigkeitsgesichtspunkten nicht mehr nur um die Zertifizierung der Gebäudesubstanz und ggf. deren Ausstattung gehen, sondern in immer stärkerem Maße auch um deren **nachhaltige Nutzung und Bewirtschaftung**. Noch sind entsprechende Mietvertragsklauseln rechtliches Neuland – und daher eine Herausforderung: Es sind der Nachhaltigkeit dienliche Vereinbarungen zu treffen, die wiederum die ökonomischen Interessen der Mietvertragsparteien nicht außer Acht lassen. Hierbei kommt noch einmal das eingehend erläuterte Motto zum Tragen: „Die Betonung liegt auf – gemeinsam –, unsere Umwelt ist unser gemeinsamer Erfolg." Es muss zukünftig weitaus mehr **Verantwortung aller Akteure am Markt** gegenüber der Umwelt übernommen werden. Weder dem Mieter sollen unzumutbare Einschränkungen in der Nutzung, noch dem Vermie-

ter unangemessene Verpflichtungen bei der Bewirtschaftung auferlegt werden. Die Angemessenheit der Regelung spielt dabei nicht nur aus Gründen eines ausgewogenen Interessenausgleichs, sondern auch aus rechtlichen Erwägungen eine nicht unerhebliche Rolle. Auch Regelungen eines „Grünen Mietvertrages" werden sich – soweit es sich um Allgemeine Geschäftsbedingungen handelt – an den strikten Vorgaben des AGB-Rechts messen lassen müssen, dürfen also insbesondere keine unangemessene Benachteiligung der anderen Vertragspartei darstellen.

Diejenigen Marktteilnehmer, die als **Pioniere** „grüner" Mietvertragsgestaltung 9
im deutschen Markt auftreten und ihr verantwortungsvolles Engagement auch nach außen wahrnehmbar zeigen, werden einen großen Beitrag zum Erreichen nationaler und europäischer Nachhaltigkeits- und Klimaschutzziele leisten können.[70]

70 vgl. *Conradi/Bińkowski/Spenke* Green Lease Der grüne Mietvertrag für Deutschland, Regelungsempfehlungen zur nachhaltigen Nutzung und Bewirtschaftung von Immobilien, S. 8.

Kapitel 5
Nachhaltiger Betrieb

A Nachhaltiges Immobilienmanagement

I Gebäudemanagement betrieblicher Immobilien

1 Einführung

Das betriebliche Immobilienmanagement – auch als **Corporate Real Estate Management** (**CREM**) bekannt – konzentriert sich auf alle immobilienbezogenen Aktivitäten eines Unternehmens, dessen Kerngeschäft nicht in der Immobilie liegt[1]. Diese Unternehmen nennt man ***Non-Property-Companies***. 1

Dabei umfasst CREM den kompletten **Lebenszyklus** einer Immobilie vom **Beschaffen** (d. h. Planen, Bauen bzw. Mieten/Kaufen) über das **Betreuen** (d. h. Bewirtschaften, Erhalten, Erneuern) bis hin zum **Verwerten** (d. h. Abreißen, Umgestalten, Aufwerten bzw. Abmieten/Verkaufen). Zudem deckt CREM gemäß Abbildung 1 die **komplette Wertschöpfungstiefe** immobilienwirtschaftlicher Leistungen ab: das Investment- & Portfolio Management, das Asset Management, das Property Management und das Gebäudemanagement[2]. 2

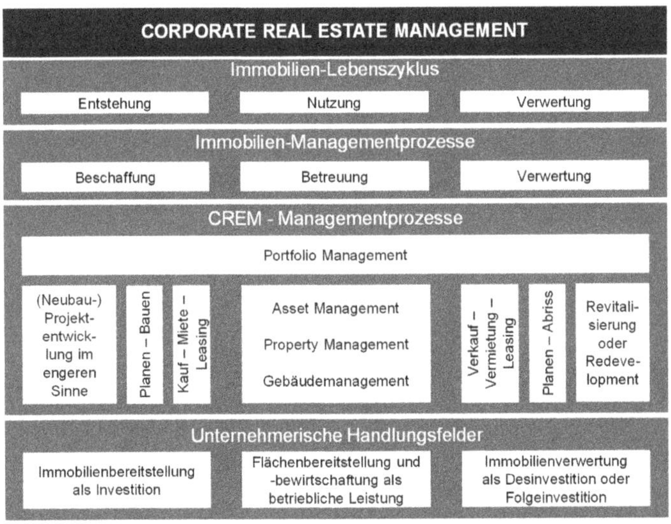

Abbildung 1: Übersicht Corporate Real Estate Management

1 *Pfnür* 2014, S. 14.
2 *Glatte* 2014, S. 27.

https://doi.org/10.1515/9783110275285-005

3 Dies allein ist wenig überraschend – deckt es sich doch mit der allgemein bekannten Welt des Immobilienmanagements. Was also macht CREM so anders?

4 Das sogenannte institutionelle Immobilienmanagement konzentriert sich auf die Beschaffung, die Bewirtschaftung und den Verkauf von Immobilien zum Zwecke der Investition. In diesem Fall spricht man von **Anlageimmobilien**. Der primäre Fokus, also das Kerngeschäft, des institutionellen Immobilienmanagements liegt somit im Erwirtschaften einer Rendite aus der Immobilie. Derartige Unternehmen werden auch ***Property Companies*** genannt. Das übergeordnete Ziel des (institutionellen) Immobilienmanagements ist es somit, die Rendite und die aus den Immobilien erwachsenden Risiken miteinander in Einklang zu halten.

5 Das betriebliche Immobilienmanagement hat dagegen eine komplett andere Perspektive und somit andere Werthebel. Immobilien sind in Non-Property-Companies aus rein betriebswirtschaftlicher Sicht lediglich **Betriebsmittel.** CREM als Supportfunktion für das Kerngeschäft hat demzufolge das originäre Ziel, das Betriebsmittel „Immobilie" möglichst effizient verfügbar zu machen und dessen Vermögenswert in Anlehnung an die strategische Ausrichtung des Kerngeschäfts zu steuern – also zu halten oder aber gezielt zu steigern oder zu verbrauchen.

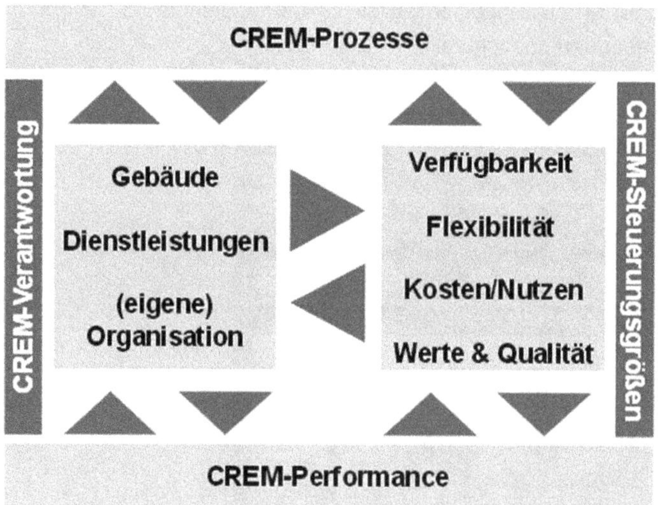

Abbildung 2: CREM-Leistungsmodell

6 Für das CREM sind also nicht die durch Errichtung, Vermietung oder Verkauf erzielbaren Immobilienrenditen, sondern die **(Eigen-)Nutzerbedürfnisse** primäre Treiber für die Errichtung, Ausgestaltung, Bewirtschaftung und Verwertung der Immobilien. Es geht vielmehr darum, die Gebäude, Dienstleistungen und die eigene (CREM-) Organisation hinsichtlich ihrer Verfügbarkeit, Flexibilität, deren Kosten-Nutzen-Verhältnis und ihrer immobilien- oder finanzwirtschaftlichen Werte der Gebäude bzw. der

Qualität der erbrachten Services an den Zielen des Kerngeschäfts auszurichten und zielgerichtet zu optimieren (siehe Abbildung 2).

Die daraus abzuleitenden Erfordernisse können je nach Art des Kerngeschäfts und nach Immobilienart recht einfach, durchschnittlich oder von sehr hoher Komplexität sein. Die Erfordernisse hinsichtlich der Nutzung werden im betrieblichen Immobilienmanagement traditionell vom Nutzer selbst vorgegeben. Als Nutzer sind dabei die Mitarbeiter und Vertreter des „Kerngeschäftes" der *Non-Property-Companies* gemeint. Dies sind letztendlich auch jene Bereiche, die das eigentliche Geld im Unternehmen verdienen. Aus deren strategischen Vorgaben, der **Unternehmensstrategie**, leiten sich auch die **spezifischen Fachstrategien** aller das Kerngeschäft unterstützenden Funktionen – dazu gehört neben Personal, IT, usw. auch das Corporate Real Estate Management – ab[3]. 7

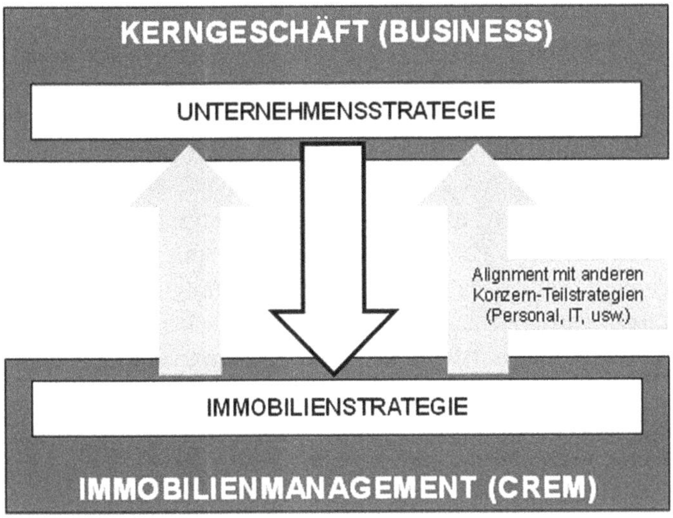

Abbildung 3: Wechselwirkung von Kerngeschäft und CREM

Daher ist deren Rolle gegenüber dem Vertreter der Immobiliensicht – dem Corporate Real Estate Manager – vergleichsweise stark. In *Non-Property-Companies* herrscht also gemäß Immobilienfachjargon in der Innensicht ein naturgesetzter „Mietermarkt". Trotz dieses Rollenverständnisses ist es wichtig, dass die immobilienwirtschaftliche Sicht den Kerngeschäftsbedürfnissen **auf Augenhöhe** begegnet, um aus einer ganzheitlichen Perspektive heraus ein **Optimum für das Unternehmen** zu erreichen. Diese Sicht wird in Abbildung 3 veranschaulicht[4]. 8

3 *Haynes & Nunnington* 2010, S. 38.
4 *Glatte* 2013, S. 44.

2 Nachhaltigkeit im Corporate Real Estate

9 Nachhaltigkeitsaspekte haben in den vergangenen Jahren auch zunehmend im betrieblichen Immobilienmanagement Einzug gehalten. Auch hier gilt wiederum, dass die Sicht des Kerngeschäftes die Ausrichtung des Immobilienmanagements beeinflusst. Dessen Sichtweise wird insbesondere von Aspekten der sogenannten *Corporate Social Responsibility*, unter dessen Dach ganz allgemein die Themenfelder *Corporate Governance* (gute Unternehmensführung), *Corporate Citizenship* (gesellschaftliche Unternehmensverantwortung) und eben *Sustainability* (Nachhaltigkeit) vereint sind[5].

10 Dabei geht es nicht nur darum, die „richtigen Dinge" zu tun, z. B. umweltfreundliche Produkte zu produzieren. Es geht vielmehr darum, **den eigenen Anspruch auch am eigenen Handeln zu messen**. Gerade dadurch kann auch ein signifikanter Mehrwert für das Kerngeschäft des Unternehmens erzeugt werden. Kunden bevorzugen nicht nur verantwortlich handelnde Unternehmen, sondern bestehen zunehmend darauf. Dies ändert auch das gesamtunternehmerische Handeln in Non-Property-Companies[6].

11 Immobilien und immobilienwirtschaftliche Dienstleistungen stellen je nach Unternehmen und Geschäftsmodell 10 bis 20 % der Gesamtkosten eines Unternehmens dar[7]. Daher ist es nur logisch, dass CREM sich dem Thema Nachhaltigkeit widmen muss, um einen „nachhaltigen" Wertbeitrag für das Kerngeschäft zu leisten. Wesentlich ist hierbei, dass sich das „richtige Tun" messen und somit auch nachweisen lässt. Die Grundlage hierfür lässt sich idealerweise in einer unternehmensinternen Policy zusammenfassen. Folgende Sachverhalte werden üblicherweise in einer **Nachhaltigkeitsrichtlinie für das betriebliche Immobilienmanagement** geregelt[8]:

- Nachhaltiges Planen und Bauen
- Umgang mit natürlichen Ressourcen wie Wasser und Energien
- Lebenszykluskostenanalysen
- Nachhaltigkeitszertifizierung

Praxistipp

Die Zertifizierung nachhaltigen Planens und Bauens durch sogenannte Green Building Labels stellt insbesondere international agierende Unternehmen vor eine große Herausforderung, da die Fragmentierung des Zertifikate-Marktes dem Standardisierungswillen der Unternehmen zuwiderläuft. Um einen Mehrwert für das Kerngeschäft zu generieren, ist somit bei der Wahl des „richtigen" Zertifikates ein Abgleich der immobilienwirtschaftlichen Präferenzen mit den Bedürfnissen des Kerngeschäftes (d. h. insbesondere der Wahrnehmung der Kunden und des gesellschaftlichen Umfeldes des Unter-

---

5 *Glatte* 2014, S. 38.
6 *Haynes & Nunnington* 2010, S. 203.
7 *Pfnür* 2014, S. 6.
8 *Erneker* 2012.

nehmens) herzustellen. BASF als eines der führenden Chemieunternehmen hat sich beispielsweise auf Grund der hohen lokalen Relevanz seines Bauchemiegeschäftes entschieden, Neubauten nach dem im jeweiligen Land vorherrschenden Green Building Standard zu errichten und nur im Falle des Fehlens von entsprechenden Regelwerken auf bekannte Standards wie LEED oder DGNB zurückzugreifen. Andere Unternehmen mit einer weniger lokalen sondern vorrangig globalen Geschäftsperspektive greifen wiederum bevorzugt auf Labels wie LEED oder BREEAM zurück.

3 Nachhaltiges Portfoliomanagement im Corporate Real Estate

In der Vergangenheit wurden **Portfoliomanagement-Theorien** sowie Werkzeuge zur 12
Portfolioanalyse – sofern überhaupt für Gebäude gedacht – primär zu Zwecken der Anlageentscheidung von Investoren eingesetzt. Hierbei spielten Detailinformationen zum Gebäudezustand, Nachhaltigkeitsfaktoren und nicht-monetäre Einflussgrößen auf die Gebäudequalität, wenn überhaupt, nur eine extrem geringe Rolle. Vielmehr ging es hierbei um Anlagestreuung, Risikominimierung und Gewinnmaximierung, wobei das einzelne Gebäude mit seinen jeweiligen Eigenheiten nur von untergeordneter Bedeutung war.

Mit dem steigenden Bewusstsein für die Kosteneinspar-, aber auch sonstigen 13
Potenzialen von Gebäuden geht eine zunehmende Professionalisierung des Objektmanagements einher. Der Umgang mit Immobilien wird mehr und mehr optimiert. Nachdem sich das Thema Nachhaltigkeit im Neubausektor bereits etabliert hat, nimmt es auch im Gebäudebestand und -betrieb eine immer größere Rolle ein. Um die Nachhaltigkeit jedoch zum integralen Bestandteil des Objektmanagements machen zu können, bedarf es einem **Mindestmaß an Transparenz**. Hierbei ist es entscheidend, dass Informationen nicht nur einmalig erhoben, sondern kontinuierlich auf Stand gehalten und Entwicklungen nachverfolgt werden. Erst wenn die gewonnene Transparenz auch zu Steuerungszwecken genutzt wird, besteht die Möglichkeit, bewusst mit den vorhandenen Ressourcen umzugehen; und dies nicht nur einmalig, sondern dauerhaft.

Dem betrieblichen Immobilienmanagement kommt hierbei eine besondere Rolle 14
zu, ist es doch **Anforderer und Nachfrager von Flächen – unabhängig davon, ob diese gemietet oder im Eigentum gehalten werden**. Zudem ist CREM im Fall von Eigentumsobjekten auch noch in der Rolle eines **Bestandshalters**. Die Tatsache, dass in Deutschland ein Immobilienvermögen von ca. 3 Billionen Euro dem Corporate Real Estate zugerechnet werden kann, zeigt die Wichtigkeit dieser Betrachtung[9].

Aus Unternehmenssicht ist es selbstverständlich wichtig, eine **möglichst aggre-** 15
gierte und ganzheitliche Sicht auf den Immobilienbestand zu bekommen. Gerade bei einem heterogenen Immobilienportfolio, welches den meisten international agierenden Unternehmen entspricht, ist ein einfacher Top-Down-Ansatz durch ein Hochrechnen von Untersuchungen an repräsentativen Objekten auf das Gesamtportfolio

9 *Pfnür* 2014, S. 6.

nicht darstellbar. Daher kann nur der **Bottom-Up-Ansatz** verfolgt werden, der zwar mühselig, aber letztlich konsequent und allein erfolgversprechend ist. Dies bedeutet, dass Objekt für Objekt und Standort für Standort detailliert die Gebäude untersucht werden. Dabei sind zwei wesentliche Faktoren zu betrachten:

a) der technische Zustand der Immobilie (Gebäudezustand) und
b) die strategische Relevanz des Gebäudes für das Unternehmen (Gebäudepriorität)

16 Erst die Zusammenführung beider Faktoren ermöglicht eine rationale Beurteilung der Gebäudenachhaltigkeit auch aus einer ökonomisch sinnhaften Perspektive. Dieses ermöglicht dem CRE Manager zudem auch den gezielten Einsatz seiner verfügbaren Investitionsmittel in Objekten mit einem hohen Investitionsbedarf – sei es auf Grund technischer Notwendigkeiten oder aber aus strategisch begründeten Aspekten des Kerngeschäfts. Die Vorgehensweise – am Beispiel des Chemieunternehmens BASF – wird nachfolgend aufgezeigt.

4 Zustandsanalyse von Gebäuden und deren Priorisierung

17 In einem ersten Schritt jedoch müssen zunächst die Weichen für den benötigten Transparenzgewinn gestellt werden. Um beispielweise Investitionsentscheidungen zum Substanzerhalt oder gar für wertsteigernde Maßnahmen an Immobilien-Portfolios treffen zu können, müssen der **Zustand und die Relevanz der betrachteten Gebäude eingeschätzt** werden.

a) Gebäudezustand

18 In der Vergangenheit hat sich gezeigt, dass sich zur Zustandsanalyse Checklisten eignen, welche neben den rein baulichen Kriterien auch Nachhaltigkeitsaspekte abdecken. So ergibt es durchaus Sinn, die Zustandsbewertung aus einer sogenannten **Technischen Due Diligence** (TDD) und einer **Nachhaltigkeits-Due Diligence** (SDD) aufzubauen und die Ergebnisse in einem Punktwert, im Folgenden **Real Estate Sustainability Index** (RSI) genannt, auszudrücken.

19 Der Aufbau der TDD, und damit verbunden die hinsichtlich ihres Zustands zu beurteilenden Bauteile, lassen sich beispielsweise an die Kostengruppen der DIN 276 anlehnen. Je nach gewünschtem Detaillierungsgrad kann hier auf die verschiedenen Ebenen der jeweiligen Kostengruppen zurückgegriffen werden. So kann die Zustandsbewertung z. B. auf der zweiten Ebene (z. B. Kostengruppe 330 Außenwände, 340 Innenwände) oder alternativ auf der dritten Ebene der DIN-Kostengruppen (z. B. Kostengruppe 331 Tragende Außenwände, 332 Nichttragende Außenwände, etc.) und damit in einer größeren Detailtiefe durchgeführt werden.

20 Auch im Falle der SDD bedarf es keiner Neuerfindung. Es kann an bestehende Analysemethoden angeknüpft werden. So lassen sich Kriterien und ihre Bewertung an Zertifizierungssysteme für Nachhaltigkeit anlehnen. Die für die SDD verwendeten Kriterien können dabei je nach Bedarf aus dem Blumenstrauß an bestehenden Sys-

temkriterien ausgewählt, ergänzt und adaptiert werden. Als mögliche Quellen bieten sich z. B. das deutsche DGNB-System und in Teilen auch die Systeme von LEED und BREEAM an.

Praxistipp
Geeignete Systeme und Systemvarianten als Grundlage für die Entwicklung einer SDD könnten beispielsweise die folgenden sein:

- BREEAM In Use
- DGNB
  - Neubau Büro- und Verwaltungsgebäude (NBV)
  - Gebäude im Betrieb (GIB)
  - Neubau Industriebauten (NIB)
  - Neubau Laborgebäude (NLG)
  - Industriestandorte (IS)
- LEED Building Operations and Maintenance (O+M)

Um die Bauteile und Kriterien der TDD und SDD möglichst objektiv beurteilen zu 21 können, sind die **Checklisten mit einer vordefinierten Kriteriengewichtung** und einer einheitlichen Logik der Punktevergabe zu versehen. In Abhängigkeit der vorliegenden Datenbasis muss eine qualitative und/oder quantitative Bewertung möglich sein. Liegen z. B. Energieverbrauchswerte sowie eine Benchmarking-Grundlage vor, ist es stets wünschenswert, die Gebäude- und Betriebsqualität über harte Daten und Fakten abzubilden und mit entsprechenden Referenzwerten zu vergleichen. Können Verbrauchswerte oder andere qualitätsbestimmende Merkmale des Gebäudes nicht geliefert werden oder existiert keine Vergleichsgrundlage, sollte zumindest die Möglichkeit zur qualitativen Beurteilung bestehen. So lässt sich die energetische Gebäudequalität beispielsweise indirekt über die Qualität der Fassade, des Dachs und der Fenster sowie über die Effizienz der technischen Anlagen und Beleuchtung u. ä. abschätzen.

Unabhängig davon, ob qualitative oder quantitative Beurteilung, sind alle Krite- 22 rien und Indikatoren mithilfe einer Punkteskala zwischen 0 und 5 Punkten zu bewerten. Wird ein Gebäude mit nur 0 Punkten beurteilt, bedeutet dies, dass ein sogenanntes KO-Kriterium nicht erfüllt wird. Das Gebäude muss im Zweifelsfall stillgelegt/abgerissen/veräußert und aus der weiteren Betrachtung herausgenommen werden. Ursache hierfür können bestehende Gefahren für die Gebäudenutzer und die Umwelt sein. Des Weiteren könnten z. B. identifizierte Brandschutzmängel und damit verbundene gesetzliche Anforderungen zur Erfordernis unverhältnismäßig hoher Investitionen in ein Gebäude führen, sodass der Weiterbetrieb zu wirtschaftlich vertretbaren Konditionen nicht mehr möglich ist. Je höher die Bewertung ausfällt, desto höher ist auch die Gebäudequalität im Hinblick auf das jeweilige Kriterium einzustufen. Wird 1 Punkt vergeben, so drückt dies im Falle der TDD einen schlechten baulichen Zustand mit zahlreichen Mängel bzw. im Falle der SDD die Einhaltung des Minimalstandards aus. 2 Punkte bilden TDD-seitig Bauteile mit kleineren Mängeln ohne bzw. mit begrenztem Einfluss auf die Funktionalität, SDD-seitig eine leicht unterdurchschnittliche Qualität ab. Für ein Bauteil mit kleineren optischen Mängeln ohne Einfluss auf die Funktionalität bzw. für den regional üblichen Standard wiederum stehen 3 Punkte. 4 Punkte drücken einen guten Zustand aus (TDD) bzw. deuten auf eine leicht überdurchschnittliche Qualität/Innovativität (SDD) hin. Die maximal zu vergebenden 5 Punkte sprechen für ein neuwertiges Bauteil bzw. ein im Hinblick auf das jeweilige SDD-Kriterium nachhaltiges Gebäude.

23 Als Erkenntnis der Zustandsbewertung können **kurz- bis langfristig erforderliche Instandhaltungs- und Optimierungsmaßnahmen** abgeleitet werden (z. B. für kommende 0 bis 15 Jahre). Werden diese Maßnahmen um die Information zu ihrem jeweiligen Optimierungspotenzial ergänzt, ermöglicht dies die Entwicklung des Gebäudes im Falle der Maßnahmenimplementierung nachzuverfolgen. Als Indikator hierfür kann die infolge der Maßnahmenumsetzung mögliche Steigerung des RSI-Werts – und somit des Gebäudezustands – herangezogen werden. Wird der initial ermittelte RSI-Wert um das infolge der Maßnahmenumsetzung realisierte Delta erhöht, so aktualisiert sich der jeweilige Gebäudezustand und ein „Datenfriedhof" mit veralteten Informationen kann vermieden werden.

24 Werden darüber hinaus Aussagen zur Dringlichkeit und zum Risiko bei Nicht-Umsetzung der einzelnen Maßnahmen getroffen, bilden die Informationen **eine ideale Grundlage zur Budgetierung sowie zum Risikomanagement**. Außerdem können die gewonnenen Erkenntnisse zum Gebäudezustand und den in den kommenden Jahren zu erwartenden baulichen Maßnahmen dabei behilflich sein, über Abriss und Instandhaltung von Gebäuden zu entscheiden. Fällt der Instandsetzungsbedarf gegenüber dem Neubauwert unverhältnismäßig groß aus, so sollten möglicherweise der Abriss und bei Bedarf der Ersatzneubau bzw. die Anmietung eines Alternativobjekts in Erwägung gezogen werden.

b) Gebäudepriorität

25 Neben dem Zustand spielt im Objektmanagement bei Investitionsentscheidungen die **(strategische) Bedeutung eines Gebäudes** eine wesentliche Rolle. Investitionen sind nur dann nachhaltig, wenn sie auch in Immobilien mit einer mittel- bis langfristigen Perspektive fließen. Um hierüber eine Aussage treffen zu können, müssen sowohl immobilienspezifische als auch strategische Faktoren berücksichtigt werden. Zu den strategischen Faktoren zählen Aspekte wie das **mittel- bis langfristige Bekenntnis zu einem Standort bzw. einem Gebäude** oder auch Stakeholder-Einflüsse, die eine etwaige Gebäudeaufgabe erschweren (z. B. Managementvorgaben, langfristige [Miet-] Verträge mit Dritten). Des Weiteren können bestehende und benötigte Partnernetzwerke die etwaige Devestition eines Gebäudes beeinflussen. Verlangt beispielsweise die Nähe zum Kunden, Lieferanten oder zu Experten nach dem Behalt einer Immobilie, so lässt sich diese Anforderung – auch wenn die Aufgabe aus Immobilienperspektive ratsam wäre – nur schwer aushebeln.

Auch unter den immobilienspezifischen Einflussfaktoren finden sich einige Kriterien, die sich erheblich auf die Wichtigkeit und damit auf die Perspektive eines Gebäudes auswirken können. Ist die **Restnutzungsdauer** eines Objekts aus bestimmten Gründen wie Schadstoffbelastungen, Brandschutzproblemen, einem immensen Instandhaltungsrückstau, etc. nur begrenzt, so werden auch die Investitionen in das betreffende Objekt nur noch begrenzt ausfallen. Ebenso kann die **Kapazitätenauslastung** Auswirkungen auf die Zukunft eines Gebäudes haben. Sind Kapazitäten, wie die Anzahl der Arbeitsplätze bzw. die Belegungsdichte, voll ausgeschöpft oder ist ein unangemessen hoher Leerstand vorhanden, bleibt im Einzelfall die Gebäudeaufgabe die einzig sinnvolle Option. Umgekehrt kann sich der Fall bei bestimmten Gebäudenutzungen sowie bei bestimmten, mit einem Gebäude verbundenen **Nutzungsrechten und -pflichten** verhalten. Verfügt ein Gebäude z. B. über eine besonders kostenintensive Labor-/Produktionsausstattung oder über mit dem spezifischen Gebäude verbundene Rechte zur Produktion von Waren, lässt sich die Gebäudeaufgabe in einigen Fällen nicht realisieren, auch wenn dies aus Immobiliensicht noch so unwirtschaftlich sein mag. Die mit einem Umzug verbundenen Kosten würden schlichtweg zu groß ausfallen. Auch für Gebäude unter **Denkmalschutz** kann die Gebäudeaufgabe ggf. auszuschließen sein. Hier ist im Zweifelsfall ein Mindestmaß an Investition unumgänglich. 26

In Ergänzung zu Faktoren, welche klar für oder wider den Behalt einer Immobilie sprechen, gibt es Kriterien, die eine **Vermarktung** erleichtern oder erschweren. Handelt es sich nicht um ein einzelnes, freistehendes Gebäude, sondern um ein Gebäude im Standortkontext, so kann es sich durchaus als schwierig herausstellen, dieses (ohne finanzielle Einbußen) an Externe zu veräußern. Sicherheitsanforderungen u. ä. können ein solches Gebäude für mögliche Investoren unattraktiv machen, sodass die Veräußerung nicht mehr empfehlenswert ist. Auch die **aktuelle und zu erwartende Marktsituation**, sei es infolge des Standortes oder aufgrund des Gebäudetyps, kann den Gebäudewert maßgeblich positiv oder negativ beeinflussen. Befindet sich ein nachgefragtes Objekt in einer 1A-Lage, lassen sich hier höhere Verkaufspreise erzielen als in einer weniger attraktiven Lage. In diesem Falle bleibt zu überdenken, ob das Gebäude gewinnbringend verkauft und gegen ein (möglicherweise sogar höherwertiges) Objekt in einer vermeintlich schlechteren Lage ausgetauscht werden könnte oder gar sollte. Eng verknüpft mit der Lage aus Marktperspektive ist die **Infrastrukturanbindung**. Die Infrastruktur eines Gebäudes sollte stets an den Bedarf angepasst sein. Zwar hat die Anbindung an Autobahnen oder Binnenschifffahrt im Falle einer Logistikimmobilie höheres Gewicht als bei einem Bürogebäude; dafür spielt bei einer Büroimmobilie möglicherweise die Anbindung an den ÖPNV und an Flughafen eine wesentliche Rolle. Je mehr ein Gebäude die an es gestellten Anforderungen im Hinblick auf Verkehrsanbindung oder Dienstleistungsangebote im Umfeld erfüllt, umso eher ist dieses Gebäude im Bestand zu halten und desto eher wird man in dieses Gebäude investieren. Ebenso spielt die Funktion eines Gebäudes hinsichtlich seiner strategischen Relevanz und der Bereitschaft zur 27

Investition eine große Rolle. So werden repräsentative Gebäude oftmals aufwendiger gestaltet und eher mit finanziellen Mitteln bedacht als Backoffice-Immobilien. Auch befinden sie sich in der Regel in einer repräsentativeren Lage. Bei der Beurteilung der Wichtigkeit einer Immobilie sollte stets untersucht werden, ob die entsprechende Anforderung an Repräsentativität gegeben und auch notwendig ist und ob der Standort des Gebäudes zweckmäßig ist oder nicht. Ist dies nämlich nicht der Fall, so sollten Alternativlösungen in Erwägung gezogen werden. Die strategische Bedeutung des Gebäudes ist folglich herabzustufen.

28 Wie auch schon im Falle der Zustandsbewertung lassen sich die Kriterien zur Beurteilung der Gebäudepriorität von 0 bis 5 Punkten bewerten. Erneut stehen 0 Punkte für ein KO des Gebäudes. Es bedeutet, dass die Priorität des Gebäudes mit 0 Punkten einzustufen ist und das Gebäude kurzfristig devestiert werden wird. Im Falle der Vergabe von 1 Punkt ist das Gebäude vergleichsweise fungibel und dementsprechend leicht ersetzbar. Je höher die Punktzahl, umso wichtiger das Gebäude und umso schwerer lässt es sich gegen ein Alternativobjekt austauschen. Werden 5 Punkte vergeben, so spricht dies im Falle des jeweiligen Kriteriums für ein Gebäude von besonders hoher Relevanz. Sein Austausch wäre mit großen Nachteilen verbunden oder in einigen Fällen gar nicht möglich.

Praxistipp

Mögliche Auswahl an Kriterien für TDD, SDD und Gebäudepriorisierung

TECHNISCHER GEBÄUDEZUSTAND (TDD)
T300: Übergeordnete Baukonstruktion:
T320: Untergeschosse: Konstruktion
T330: Außenwände: Konstruktion
T330: Außenwände: Fassade
T330: Außenwände: Fenster
T330: Außenwände: Sonnenschutz
T340: Innenwände: Konstruktion (tragend)
T350: Böden: Konstruktion
T360: Dächer: Konstruktion
T360: Dächer: Belag
T500: Außenanlagen
T300: Innenausbau:
T340: Innenwände: Konstruktion (nicht tragend)
T340: Innenwände: Oberfläche
T340: Innentüren
T350: Decken: Konstruktion
T350: Decken: Bekleidung
T350: Bodencharakteristiken
T350: Böden: Beschichtung
T370: Aus- und Einbauten
TDD-Bewertung T300 (Baukonstruktion)
T400: Zentrale technische Anlagen:
T410: Sanitär zentral
T420: Heizung zentral
T430: Raumlufttechnik zentral
T430: Kälte zentral
T440: Elektro zentral
T450: Fernmelde- und Informationstechnik
T460: Förderanlagen
T470: Nutzerspezifische Anlagen (Küche/Kantine)
T470: Nutzerspezifische Anlagen (Feuerlöschtechnik)
T480: Gebäudeautomation
T400: Dezentrale technische Anlagen:
T410: Trinkwasserverteilung und -übergabe
T420: Heizwärmeverteilung und -übergabe
T430: Lüftungsnetz und -übergabe
T440: Elektroverteilung
T440: Beleuchtung
TDD-Bewertung T400 (technische Gebäudeausrüstung)
T500: Außenanlagen:
T500: Außenanlagen (Beleuchtung)

NACHHALTIGKEIT (SDD)
Ökologie:
S001: Schadstoffemissionen
S002: Energieverbrauch
S003: Trinkwasserverbrauch
S004: Flächenversiegelung
Ökonomie:
S005: Betriebskosten (LCC)
S006: Wertstabilität
Soziale und funktionale Qualität:
S007: Thermischer Komfort
S008: Innenraumlufthygiene
S009: Akustischer Komfort
S010: Visueller Komfort
S011: Sicherheit
Technische Qualität:
S012: Qualität der Außenanlagen
S013: Brandschutz
S014: Schallschutz
S015: Qualität der Gebäudehülle
S016: Gebäudeautomation
S017: Reinigung und Instandhaltung
S018: Rückbaubarkeit, Demontage und Recycling

GEBÄUDEPRIORITÄT (BP)
CREM-spezifische Perspektive:
B001: Mittel- bis langfristige Perspektive des Gebäudes
B002: Standortkontext
B003: Sondernutzungen, -rechte und -pflichten
B004: Marktsituation
B005: Funktion des Gebäudes
B006: Verkehrliche Anbindung und Umfeld des Gebäudes
B007: Kapazitätenauslastung
Kerngeschäftsspezifische Perspektive:
B008: Stakeholder-Einfluss auf Gebäudeaufgabe
B009: Partnernetzwerke

5 Nachhaltige Gebäudeinstandhaltung

29 Da die Gelder im Objektmanagement stets knapp bemessen sind, ist es erforderlich, die vorhandenen finanziellen Ressourcen möglichst gezielt einzusetzen und Verschwendung so weit wie möglich zu vermeiden. Das Wissen um den Zustand und die Wichtigkeit von Gebäuden kann hierbei von entscheidender Bedeutung sein.

30 Bei der Zuteilung von Geldern sind stets diejenigen Gebäude vorrangig zu behandeln, die sich in schlechtem Zustand befinden, aber von hoher Priorität sind. Je größer die **Diskrepanz zwischen Soll und Ist** ausfällt, umso größer der **Handlungsbedarf**. Wird dieser nach einem einheitlichen Schema ermittelt und in Investitionsanträgen kenntlich gemacht, kann dies in einer gerechteren und transparenteren Budgetvergabe resultieren.

a) Gebäudezustand & -priorität als Basis der Investitionsentscheidung

31 Um die Dringlichkeit für die Investition in ein Gebäude bei Investitionsanträgen kenntlich zu machen, bieten sich die eben dargestellten Informationen zum technischen Zustand (TDD) und der Nachhaltigkeit (SDD) sowie zur Gebäudepriorität (BP) an. Da diese Informationen stets auf gleiche Art und Weise ermittelt und im sogenannten RSI (= TDD- + SDD-Punkte) sowie der Gebäudepriorität (BP) jeweils als Punktzahl zwischen 0 und 1.000[10] zusammengeführt werden, wird eine gewisse Vergleichbarkeit zwischen Gebäuden hergestellt. Und nicht nur das; darüber hinaus lassen sich für die in der eigenen Verantwortung befindlichen Objekte Ziele definieren. So kann definiert werden, wohin Gebäude in Abhängigkeit ihrer Priorität (BP) und somit Bedeutung entwickelt werden sollen.

32 Liegt ein Gebäude unterhalb des **intern definierten Mindeststandards**, sind entsprechende Maßnahmen zur Heranführung an diesen Standard zu implementieren. Bei den Optimierungsmaßnahmen bedient man sich der im Rahmen der TDD und SDD identifizierten Instandhaltungs- und Verbesserungsmaßnahmen. Werden für diese Maßnahmen Investitionsanträge gestellt, sind sie gegenüber Investitionen in bereits vergleichsweise gute Gebäude oder in weniger relevante Gebäude zu bevorzugen. Durch die Nachverfolgung der bereits umgesetzten und noch nicht umgesetzten Maßnahmen können der Zustand und die Entwicklung des Gebäudeportfolios über die Zeit nachverfolgt und gezielt gesteuert werden.

b) Portfolio-Matrix

33 Um einen Überblick über das Portfolio zu erhalten und strategische Entscheidungen zu erleichtern, ist es hilfreich, die gewonnenen Erkenntnisse zum Gebäudezustand und zur Gebäudepriorität zu visualisieren. Hierfür bietet sich eine **Portfoliomatrix**

---

10 Die Punktzahl zwischen 0 und 1.000 ergibt sich infolge der Gewichtung und weiteren Umrechnungen aller zwischen 0 und 5 Punkten beurteilten TDD-/SDD- und BP-Kriterien.

in Anlehnung an die sog. BCG-Matrix an (siehe Abbildung). BASF teilt ihre Gebäude im Hinblick auf den baulichen Zustand (RSI) von „Insufficient“ (Unzureichend) bis „Sustainable“ (Nachhaltig) und im Hinblick auf die Gebäudepriorität (BP) von „Divest“ (Devestition) bis „Develop“ (Entwickeln) ein. Den aus RSI und BP entstehenden Matrixfeldern sind dabei vordefinierte Handlungsanweisungen für die jeweiligen Gebäude hinterlegt. Deren nähere Erläuterung würde an dieser Stelle zu weit führen. Allgemein lässt sich jedoch sagen: Trägt man auf der X-Achse den baulichen Zustand (RSI) und auf der Y-Achse die Gebäudepriorität (BP) jeweils von 0 bis 1.000 Punkten ab, so weist ein Gebäude einen immer besseren Zustand auf, je weiter es sich rechts innerhalb der Matrix befindet. Je höher darüber hinaus Objekte innerhalb der Matrix liegen, umso größer fällt ihre Wichtigkeit aus. Den meisten Handlungsbedarf weisen folglich Immobilien auf, die sich im linken oberen Sektor der Portfolio-Matrix befinden. Gebäude im rechten unteren Quadranten, also gute Gebäude von geringer Bedeutung, sind im Gegensatz dazu am unwichtigsten.

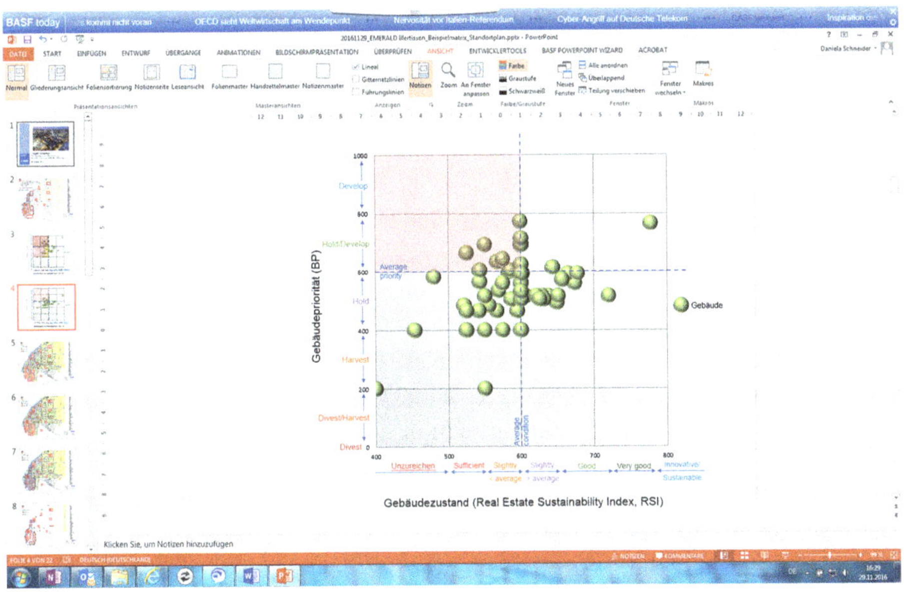

Abbildung 5: Strategic Real Estate Portfolio Matrix

6 Fallbeispiel: Analyse eines Pilot-Standortes

Am Beispiel eines deutschen Industrie-Standortes soll im Folgenden gezeigt werden, 34
ob und wie die zuvor beschriebenen Erkenntnisse der Portfolioanalyse zu Zwecken des Portfoliomanagements genutzt werden können. Der Pilot-Standort verfügt über eine Gesamtfläche von 16 ha und besteht aus mehr als 60 Gebäuden mit einer Brutto-Grundfläche von 50.000 m². Die Gebäude weisen große Unterschiede im Hin-

blick auf ihre Nutzung (Büro, Produktion, Labor, Lager, etc.), ihr Baujahr, ihre Größe, ihren Zustand und ihre Wichtigkeit auf.

35 Da es ansonsten den Rahmen sprengen würde, muss im Folgenden auf eine sehr detaillierte Beschreibung der Herangehensweise verzichtet werden. Stattdessen erfolgt eine Zusammenfassung der wesentlichen Erkenntnisse und Resultate.

36 Die strukturierte Beurteilung des baulichen Zustands und die Priorität der Pilot-Gebäude bestätigen die anfängliche Annahme einer großen Diversität im Hinblick auf den Gebäudebestand. Abbildung verschafft einen ersten Eindruck davon, wie sich die Gebäude über die verschiedenen Felder der Portfoliomatrix verteilen. Wie in Abschnitt 0 beschrieben, sind auch hier alle Gebäude auf der X-Achse gemäß ihrem Zustand und auf der Y-Achse gemäß ihrer Priorität abgetragen. Im linken oberen Bereich der Matrix finden sich alle Objekte, die in vergleichsweise schlechtem Zustand, aber von hoher Bedeutung sind. In der Konsequenz weisen alle Immobilien im Sektor 1 die höchste Bedeutung im Hinblick auf eine erforderliche Instandsetzung und Optimierung auf. Sofern die Notwendigkeit besteht, mögliche Investitionen zu priorisieren, sind die in diesem Sektor befindlichen Gebäude bevorzugt zu behandeln bzw. Handlungsoptionen aufzuzeigen (z. B. Abriss und Ersatzneubau). Die Investitionen in Gebäude aus dem Sektor 2 und 3 sind von zweiter und dritter Priorität, wenngleich auch sie von vergleichsweise höherer Relevanz sind. Alle anderen Gebäude (Sektor 4) sind für Investitionen in Optimierungsmaßnahmen irrelevant oder sollten zumindest nachrangig betrachtet werden, da sich die entsprechenden Gebäude bereits in einem vergleichsweise guten Zustand befinden oder von geringerer Bedeutung sind.

37 Über die reine Investitionsentscheidung hinaus liefert der vorgestellte Portfoliomanagement-Ansatz eine geeignete Grundlage für die Entwicklung ganzheitlicher Standort-Masterpläne. Werden die Erkenntnisse der Zustandsanalyse und Priorisierung in einen Standortplan übertragen, können Standort-Entwicklungspotenziale abgeleitet werden. So legt der Standortplan in Abbildung beispielsweise offen, für welche Gebäude am Pilot-Standort der Abriss erwägenswert ist, sei es aus immobilienspezifischen Motiven und/oder aufgrund einer geringen Relevanz für seine Nutzer (siehe gestrichelt umrandeter Bereich).

38 Zudem zeigt Abbildung auf, im Falle welcher Gebäude eine große Diskrepanz zwischen ihrem aktuellen Zustand und einer daraus resultierenden Abrissempfehlung sowie ihrer Priorität (BP) besteht. Einige Gebäude wären aus rein immobilienwirtschaftlicher Sicht in Anbetracht ihres Zustands abzureißen. Allerdings erfordert ihre Priorität (BP), die durch das Immobilienmanagement in Zusammenarbeit mit Vertretern aus dem Kerngeschäft erarbeitet wird, diese Gebäude instandzuhalten (schattierte Gebäude).

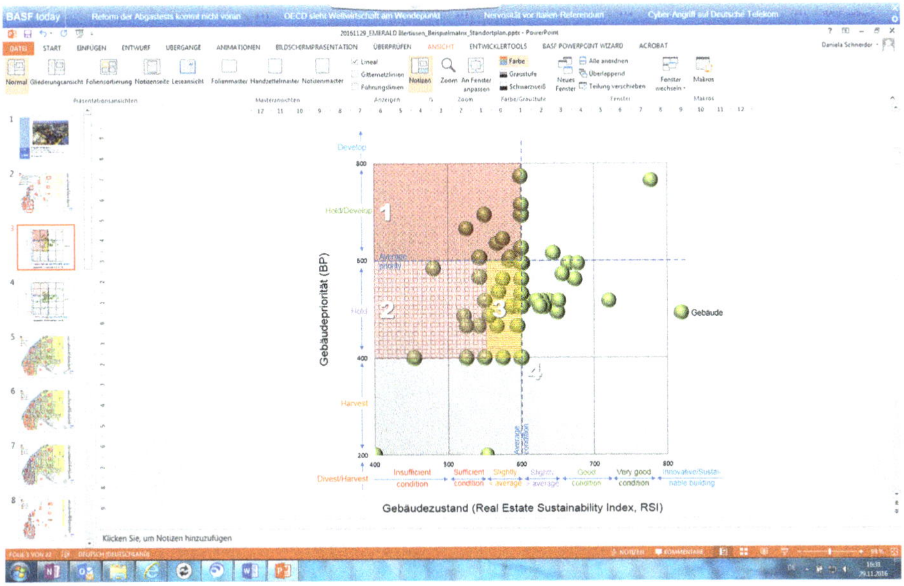

Abbildung 6: Immobilien-Portfoliomatrix

Auch wird im Standortplan hervorgehoben, für welche Gebäude eine Abweichung zwischen ihrem aktuellen Zustand (RSI) und dem aufgrund ihrer Priorität (BP) benötigten Zustand vorliegt. Wird ein Gebäude mit einem schattierten Dreieck, einem gepunktet umrandeten Dreieck oder einem voll ausgefüllten Dreieck gekennzeichnet, deutet dies auf eine kleine/mittlere/große Abweichung zwischen dem gegenwärtigen (schlechten) baulichen Zustand und der aus der Gebäudepriorität (BP) resultierenden hohen Wichtigkeit hin. Ein als „wichtig" klassifiziertes Gebäude sollte sich beispielsweise nicht in einem lediglich „ausreichenden Zustand" befinden. Im Gegenteil, es sollte mindestens den regional durchschnittlichen Standard aufweisen. Diese Information, ebenso wie zuvor die Portfoliomatrix, erlaubt es den Verantwortlichen, angeforderte Budgets zu priorisieren und Investitionen zuzuteilen. 39

Die Darstellung im Standortplan macht es des Weiteren möglich, das zukünftige Standortentwicklungspotenzial aufzuzeigen. Am Pilotstandort stünde beispielsweise im linken unteren Bereich eine große Fläche für mögliche (Ersatz-) Neubauten, etc. zur Verfügung (gestrichelt umrandeter Bereich). In diesem Bereich befinden sich ausschließlich Gebäude, welche zum Abriss empfohlen sind. Würde man dieser Empfehlung folgen, könnte man Freiflächen für Objekte schaffen, die den an sie gestellten Anforderungen entsprechen. 40

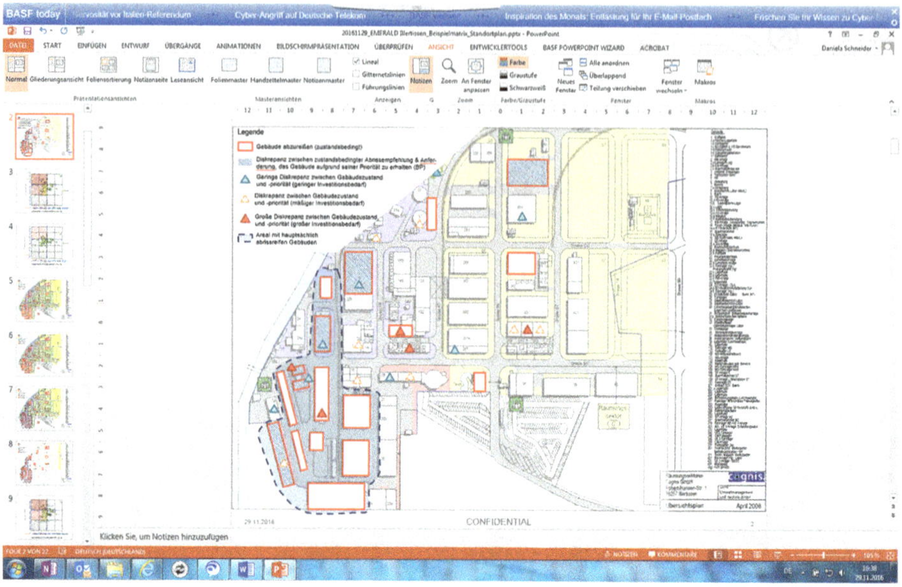

Abbildung 7: Standortplan unter Angabe der Haupterkenntnisse der Gebäudezustandsbewertung und -priorisierung

41 Abbildung erlaubt die Schlussfolgerung, dass am Pilotstandort insbesondere im linken Bereich Handlungsbedarf besteht. In anderen Bereichen des Standortes fällt der dringende Instandhaltungs- und Verbesserungsbedarf deutlich geringer aus. Auch Abrissempfehlungen werden hier nur für wenige Gebäude ausgesprochen.

7 Zusammenfassung & Fazit

42 Die Anwendung des zuvor beschriebenen Portfoliomanagement-Ansatzes hat gezeigt, dass es sich um eine ganzheitliche Herangehensweise handelt, bei der die verschiedensten Blickwinkel des Objektmanagements in Betracht gezogen werden. Wenngleich dieser strukturierte Ansatz eine große Detailtiefe aufweist, so liefert er wichtige Erkenntnisse im Hinblick auf die Investitionsplanung und Standortentwicklung. Die Informationen können darüber hinaus zu zahlreichen weiteren Zwecken genutzt werden.

43 Obwohl der Ansatz mit einem gewissen finanziellen und personellen Aufwand verbunden ist, ließen sich die Analysen im Arbeitsalltag ohne Widerstände oder sonstige Hürden im Hinblick auf die Machbarkeit/Wirtschaftlichkeit umsetzen. Die Vor-Ort-Untersuchungen, die Lieferung der benötigten Hintergrundinformationen, die Analysen (z. B. Ermittlung von RSI, BP und Optimierungsmaßnahmen) sowie die Zusammenstellung der Ergebnisse und Erkenntnisse gingen reibungslos vonstatten. Auch im Nachgang begrüßen alle aus dem Immobilienbereich Beteiligten das gewonnene (Mehr-) Wissen zu ihrem Gebäudebestand.

Grundsätzlich ist zusammenzufassen, dass lediglich eine grundsätzliche Bestandsaufnahme auf der Objektebene zu einem klaren Bild des Zustandes über die Immobilien in einem heterogenen Portfolio führt. Dieser sogenannte „Bottom-Up-Ansatz" ist mühselig sowie zeit- und ressourcenaufwendig. Allerdings erlaubt nur diese Vorgehensweise letztlich **fundierte und somit auch (technisch, ökologisch und wirtschaftlich) nachhaltige Entscheidungen** über den Umgang mit dem vorhandenen Immobilienportfolio – sei es Investition, Betrieb oder auch Devestition bzw. gezielter Abriss. 44

II Nachhaltigkeitsmanagement im Immobilienportfolio

1 Einführung

a) Nachhaltigkeitsmessung

Die vergangene Dekade kann man als Findungsjahre zur Neu-Definition und Anwen- 1
dung des Begriffs „Nachhaltigkeit" in unserer Gesellschaft und Industrie bezeichnen. In der aktuellen Dekade finden die geschaffenen Grundlagen ihre Anwendung. Damit wird die Bedeutung vom nachhaltigen Wirtschaften stark anwachsen, so dass sich im Umkehrschluss daraus für Unternehmen eine Verpflichtung hieraus ableiten lässt, wenn man auch zukünftig am Markt bestehen möchte.

Der deutsche Immobilienverband ZIA[11] hat im Jahr 2011 mit ihrem Nachhaltig- 2
keitskodex die Grundlagen für nachhaltiges Wirtschaften in der Immobilienwirtschaft gelegt.

b) Unterschied zwischen Neubau und Bestand

Bei der Einführung von Nachhaltigkeitsanforderungen und -bewertungen von Immo- 3
bilien sind Neubauten von Bestandsbauten zu differenzieren. Speziell für das Nachhaltigkeitsmanagement liegen grundsätzliche Unterschiede in der Herangehensweise vor (siehe Abbildung 1). Während Neubauten mit Hilfe von Planwerten entwickelt werden, nutzt man bei Bestandsbauten die vorhandenen Messwerte aus dem Betrieb.

11 ZIA ist der Zentrale Immobilienausschuss in Deutschland, www.zia-deutschland.de.

THEMENFELD	NEUBAU	BESTAND
Prozesse	Projektentwicklung, Planung und Bau	Vermietung, Nutzung und Bewirtschaftung
Bewertung	Planung und Abnahme	Nutzerkommunikation und Messwerte aus Betrieb
Anforderung	gesetzlicher Standard oder Überfüllung	marktüblicher Benchmark oder Überfüllung; Werterhalt und -steigerung

Abbildung 1: Unterschiedliche Ansätze für Neubau und Bestand

c) Ebenen des Nachhaltigkeitsmanagements für Bestandsimmobilien

4 Es gibt drei Ebenen des Nachhaltigkeitsmanagements von Bestandsimmobilien: Portfolio-, Gebäude- sowie Element- und Anlagenebene. Jede Ebene besitzt hierbei eigene Zielsetzungen und Anforderungen an zu integrierende Prozesse, Werkzeuge und Benchmarks (Abbildung 2).

	EBENEN DES NACHHALTIGKEITSMANAGEMENTS		
ASPEKT	PORTFOLIO	GEBÄUDE	ELEMENT-/ANLAGE
Nachhaltigkeits-kriterien	▪ Key Performance Indicators (KPI's) ▪ Unternehmens-Reporting (GRI, ...)	▪ Green Building Zertifizierungs-systeme (DGNB, BREEAM, LEED) ▪ Unternehmenseigene Bewertungssysteme/-kataloge	individuelle technische Qualität
Zielsetzung	Identifikation guter/schlechter Performer	Ganzheitliche Objektbewertung	Analyse und Verbesserungsmaßnahmen
Strategie	übergeordnet (Portfolio, Fonds)	objektbezogen	
Benchmarking	International und/oder marktbezogen	marktbezogen und/oder objektbezogen	objektbezogen
	Steigerung von Transparenz und Wissen Verbesserung der Gebäudestrategie		

Abbildung 2: Die 3 Ebenen des Nachhaltigkeitsmanagements

5 In der Regel erfolgt die Messung der Nachhaltigkeit über die Portfolioebene. Dabei ist zu beachten, dass die eingeführten Prozesse so flexibel gestaltet sind, dass ein Informationsaustausch zwischen den Ebenen jederzeit erweiterbar ist.

d) Ziele und Aufgaben des Nachhaltigkeitsmanagements

6 Das Nachhaltigkeitsmanagement hat zum Ziel, die Bestandsimmobilien unter Einbeziehung von ökologischen, ökonomischen und sozialen Kriterien werthaltiger

weiter zu entwickeln. Aus diesem Grund müssen neue Aufgaben in allen Ebenen der Portfolio- und Objektbetreuung eingeführt werden (Abbildung 3). Aufgrund der strategischen Bedeutung der Nachhaltigkeitsperformance ergibt sich dabei die Notwendigkeit, dass mehr technische Informationen, wie z. B. Energieverbrauch, aus der Gebäudeebene in die Portfolioebene überführt werden. Das Fonds- und Assetmanagement kann zukünftig nur dann seiner Verantwortung gerecht werden, wenn dort mehr Nachhaltigkeitsindikatoren als bisher über das Immobilienportfolio vorliegen. Zudem liegt die Verantwortung der Datenpflege und erfolgreichen Instandhaltungsstrategie der Objekte im Sinne einer nachhaltigen Werterhaltung ebenfalls beim Fonds- und Assetmanagement. Ziel ist es, durch die erhöhte Transparenz mögliche Wertoptimierungspotentiale aufzuzeigen und somit ökologische Zielsetzungen mit ökonomischen Maßnahmen umzusetzen.

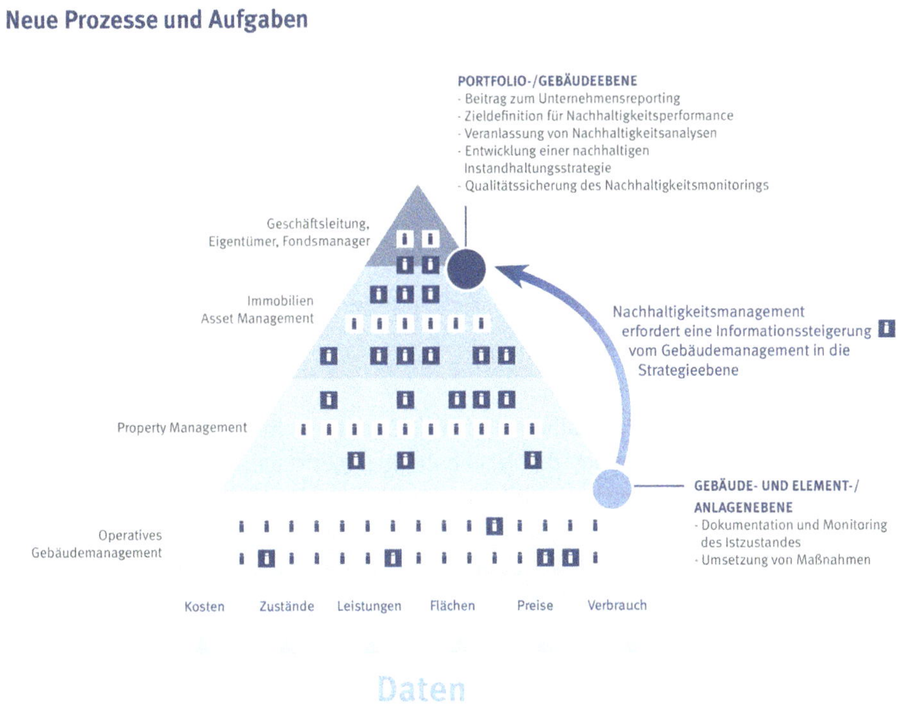

Abbildung 3: Neue Prozesse und Aufgaben für die Nachhaltigkeitsmessung

2 Nachhaltigkeitsindikatoren für Immobilienportfolios

a) Einführung

Für die Immobilienwirtschaft wurden in den vergangenen 10 Jahren Nachhaltigkeitsindikatoren durch verschiedene Aktivitäten entwickelt (Abbildung 4). Dabei liegt je nach Ersteller und Wissensträger eine entsprechende Zielrichtung zugrunde. Im 7

Berichtswesen und in der Immobilienwertermittlung stehen verfahrenstypisch die augenscheinlichen und aktuellen, messbaren Leistungsdaten der Immobilien im Vordergrund. Die Zertifizierungssysteme und Normungsblätter versuchen mit sehr viel mehr Indikatoren die Nachhaltigkeitsperformance zu beschreiben. Dabei sollen auch zukünftige, potentielle Wirkungen mit einbezogen werden.

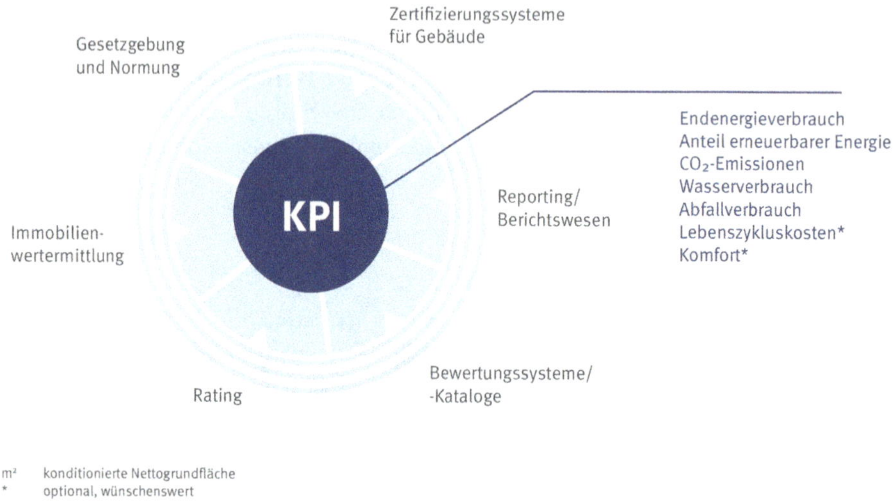

Abbildung 4: Nachhaltigkeitsindikatoren aus unterschiedlichen Quellen

aa) Berichtswesen von Unternehmen

8 Unternehmen aus der Immobilienwirtschaft berichten immer häufiger in ihren Geschäftsberichten auch über die Nachhaltigkeitsperformance ihrer Immobilien. Als Grundlage hierzu hat sich der GRI-Standard[12] zu großen Teilen etabliert. Für den Immobiliensektor stehen dabei zudem spezielle Indikatoren im Bereich Ökologie zur Verfügung. Darin sind z. B. Verbrauchswerte von Ressourcen (Energie, Wasser, Abfall) aus dem Gebäudebetrieb aufgeführt.

bb) Zertifizierungssysteme für Gebäude

9 Innerhalb des Dachverbandes des World Green Building Councils (WGBC) haben sich weltweit nationale Organisationen etabliert, die das nachhaltige Bauen voran bringen wollen. Als Instrument dienen hierbei Zertifizierungssysteme, die jeweils national und zum Teil auch international anwendbar sind. Die ersten Systemvarianten bezogen sich ausschließlich auf Neubauten, seit wenigen Jahren erst stehen auch

12 Global Reporting Initiative (GRI). https://www.globalreporting.org (Stand April 2013).

Systemvarianten für Bestandsbauten zur Verfügung. Als ge-eignet für die Anwendung in Portfolios werden aufgrund ihrer internationalen Einsetzbarkeit hierbei angesehen:

- DGNB Gebäude im Betrieb[13]
- BREEAM In Use[14]
- LEED Existing Building – Operations & Maintenance[15]

Alle drei Systeme besitzen einen ausführlichen Kriterienkatalog zur Bewertung und Zertifizierung von Bestandsbauten. Neben der Gebäudeperformance wer-den bei allen Systemen auch die Bewirtschaftungsprozesse bewertet. 10

cc) Bewertungssysteme/-kataloge

Im Unterschied zu den Zertifizierungssystemen verfügen die Bewertungssysteme/-kataloge nicht über ein offizielles, von einer akkreditierten Zertifizierungsstelle ausgestelltes Zertifikat. Gemein haben sie jedoch, dass sie auch umfassende Kriterien mit Indikatoren zur Bewertung der Nachhaltigkeit von Gebäuden enthalten. Folgende Bewertungssysteme/-kataloge haben sich am Markt etabliert: 11

- Green Rating Alliance: Die Green Rating Vereinigung verwendet sechs Indikatoren zur Bewertung von Nachhaltigkeit von Bestandsgebäuden. Der Fokus der Anwendung liegt auf dem Einsatz für europäische Immobilienportfolien.[16]
- Sustainable Building Alliance (SBA): Die SB Alliance ist eine internationale Non-Profit-Organisation (NGO), die sich zum Ziel gesetzt hat, eine Vereinheitlichung von Kernindikatoren und ihre Bewertung für nachhaltige Gebäude zu erreichen.[17]
- United Nations Environment Programme (UNEP) Sustainable Buildings & Construction Initiative/Finance Initiative: UNEP hat in ihrem Reviewreport 2016 die bis dato am Markt verwendeten Indikatoren für die Bewertung von nachhaltigen Gebäuden zusammengeführt und daraus einen Satz an Kernin-dikatoren abgeleitet.[18]
- Better Buildings Partnership: Diese Initiative zielt auf die Steigerung der Nachhaltigkeit der Stadt London und hat ein Konzept zum Nachhaltigkeitsbenchmarking für Gewerbebauten entwickelt.[19]

13 DGNB. http://www.dgnb.de (Stand August 2016).
14 BRE Environmental Assessment Method (BREEAM) http://www.breeam.org (Stand April 2013).
15 LEED (Leadership in Energy and Environmental Design) http://www.usgbc.org/leed (Stand April 2013).
16 Green Rating Alliance http://www.green-rating.com (Stand April 2013).
17 Sustainable Building Alliance (SBA) http://sballiance.org (Stand April 2013).
18 United Nations Environment Programme (UNEP) http://www.unep.org (Stand 2016).
19 BetterBuildings Partnership http://www.betterbuildingspartnership.co.uk (Stand April 2013).

– Firmeneigene Bewertungssysteme: Auf Basis von vorliegenden Zertifizierungssystemen für Neubauten haben verschiedene Firmen ihren eigenen Kriterienkatalog für die Bewertung des Gebäudebestandes erstellt. Die Kriterienkataloge werden für die Bewertung und Ausrichtung des Portfolios als auch häufig für die Ankaufsprüfung eingesetzt.[20]

dd) Verfahren zur Immobilienwertermittlung

12 Für die Wertermittlung von Immobilien liegen am Markt verschiedene Ermittlungsverfahren und Verordnungen vor. An einigen Stellen werden hierbei schon Nachhaltigkeitsindikatoren verwendet (z. B. Bewirtschaftungskosten oder Anteil erneuerbarer Energie), um den aktuellen Wert der Immobilie sowie eine potentielle Wertentwicklung zu berechnen. Dies ist jedoch eher die Ausnahme, da alle Verfahren auf gegenwartsbezogenen Daten basieren.

13 Aus diesem Grunde liegen verschiedene Vorschläge von Organisationen vor, wie Nachhaltigkeitsindikatoren in die Wertermittlung integriert werden können. Folgende Beispiele (Auswahl) können hierzu benannt werden:

– Economic Sustainability Indicator (ESI): Das Center für Corporate Responsibility and Sustainability (CCRS) an der Universität Zürich hat den ESI-Indikator entwickelt, der im Wesentlichen das Risiko einer Immobilie bewerten soll, inwieweit sich ihr Wert unter den zukünftigen Entwicklungen verändert. Er ist eingebettet in ein komplexes Verfahren zur Immobilienbewertung.[21]
– Royal Institution of Chartered Surveyors (RICS): RICS hat mit dem Valuation Information Paper Nr. 13 einen Kriterienkatalog zur Bewertung von Gewerbeimmobilien unter Berücksichtigung der Nachhaltigkeit veröffentlicht.[22]
– Untersuchung der HypZert e. V.: Studie über die „Nachhaltigkeit von Immobilien und die Berücksichtigung in der Wertermittlung“.[23]

ee) Rating-Verfahren

14 Die International Organization of Securities Commissions (IOSCO) hat in ihrem „Statement of Principles Regarding the Activities of Credit Rating Agencies“ Vorgaben für unabhängige Rating-Agenturen formuliert. Neben der Analyse der Kreditwürdigkeit von Unternehmen und der Ausfallwahrscheinlichkeit von Anleihen erfolgen solche

20 Union Investment Real Estate http://www.nachhaltige-immobilien-investments.de/de/wissen/aktivitaeten-union-investment-real-estate/sustainable-investment-check/ (Stand April 2013); CA Immo http://www.caimmo.com/unternehmen/corporate_social_responsibility/nachhaltigkeit/cast_das_ca_immo_tool_zur_bestandsbewertung/#c51 (Stand April 2013).

21 Economic Sustainability Indicator (ESI) http://www.ccrs.uzh.ch/services-1/nachhaltigeimmobilien/forschung/esi.html (Stand April 2013).

22 Royal Institution of Chartered Surveyors (RICS) http://www.rics.org (Stand April 2013).

23 HypZert e. V. http://www.hypzert.de/nc/service/hypzert-shop (Stand April 2013).

Ratings ebenfalls für die Immobilienportfolios und deren Vermögenswerte. Die Kriterien heutiger Rating-Agenturen umfassen zunehmend auch Indikatoren, die eine nachhaltige Entwicklung des Portfoliovermögens berücksichtigen.[24]

ff) Gesetzgebung und Normung zum Nachhaltigen Bauen

Die Gesetzgebung in Deutschland führt mit der Umsetzung der EU-Richtlinie 2002/91/ EG das Energieausweisverfahren für Neubauten und Sanierungen ein. Für öffentliche Bestandsbauten (> 1.000 m² und regelmäßigem Pubilkumsverkehr) muss ebenfalls ein Ausweis erstellt werden. Zudem besitzt der Mieter oder Käufer einer Immobilie das Recht, einen Energieausweis beim Vermieter oder Verkäufer einzufordern. 15

Die europäische und internationale Normung zum Nachhaltigen Bauen hat sich erst seit ca. 10 Jahren etabliert. Als wesentliche Normwerke dienen für die Nachhaltigkeitsbewertung von Gebäuden EN 15643 und ISO 15392. In diesen Werken sind Kriterien und Indikatoren benannt, ohne jedoch Benchmarks für die Anwendung vorzugeben. 16

b) Anwendung für Immobilienportfolios

Für die Anwendung von Immobilienportfolios empfiehlt es sich, die aus den verschiedenen Aktivitäten entstehende Schnittmenge an Indikatoren als grundlegende Key Performance Indicators (KPIs) anzuwenden (Abbildung 5). Damit ist sichergestellt, dass diese Indikatoren vom Markt akzeptiert sind und auch langfristig verwendet werden können. Des Weiteren ist bei der Einführung von Indikatoren auf der Portfolioebene zu beachten, dass die Datenerhebung und -bereitstellung hierfür auch im Rahmen von mehreren Hunderten von Gebäuden wirtschaftlich durchführbar und praktisch umsetzbar ist. 17

24 Scope http://www.scope-group.com (Stand April 2013); Atmosgrad. http://www.atmosgrad.com (Stand April 2013).

INDIKATOR	EINHEIT	BEMERKUNG
Endenergieverbrauch	kWh/m² pro Jahr	getrennt nach Wärme und Strom sowie den Primärenergieträgern
Anteil erneuerbarer Energie	% pro kWh	getrennt nach Wärme und Strom, Bezug ist der gesamte Energieverbrauch
CO_2-Emissionen	kg/m² pro Jahr	–
Wasserverbrauch	m³/m² pro Jahr	getrennt nach Trinkwasser, Regenwassernutzung, Grauwassernutzung
Abfallverbrauch	kg/m² pro Jahr	getrennt nach Restmüll, Papier, Biomüll, Recyling/Kunststoffe
Lebenszykluskosten*	Euro/m² pro Jahr	getrennt nach Kostengruppen DIN 18960
Komfort*	Kategorien I-IV nach EN 15251	Messung oder Berechnung

m² konditionierte Nettogrundfläche
* optional, wünschenswert

Abbildung 5: Grundlegende Nachhaltigkeitsindikatoren (KPIs)

18 Alle grundlegenden KPIs lassen sich direkt oder indirekt aus dem Gebäudebetrieb messen und sind auf das Gesamtgebäude inklusive der Mietflächen bezogen. Eine getrennte Bewertung von „Gebäudestrukturperformance“ und „Nutzungsperformance“ ist aufgrund der vielfältigen Überschneidungen von Verträgen (z. B. Nebenkostenabrechnung), Verantwortlichkeiten (z. B. Beleuchtungsart und -steuerung liegt bei der Gebäudeerstellung in der Verpflichtung des Bauherrn, in der Betriebsführung beim Nutzer) sowie physikalischen Effekten (z. B. weniger Stromverbrauch des Mieters führt zu höherem Wärmeverbrauch und geringerem Kühlenergieverbrauch des Gebäudes) auf Basis der Messwerte nicht möglich. Die Nachhaltigkeitsmessung hat demnach zum Ziel, die gesamte Gebäudeperformance zu bewerten und mit entsprechenden Prozessen (z. B. Green Lease, Monitoring) dauerhaft sicherzustellen.

Praxistipp

Nach Einführung und Verwendung der grundlegenden KPIs auf der Portfolioebene wird der Anwender weitere Kriterien und Indikatoren aus der Gebäude- sowie Element-/Anlagenebene nutzen wollen, um seine Strategien zu verfeinern. Für diese erweiterte Bewertung bietet es sich an, dass neben den verwendeten KPIs ein individueller Satz an Kriterien und Indikatoren angewandt wird, der auf das Kerngeschäft des Anwenders angepasst ist. Dies kann demnach ein unternehmensbezogener Firmenstandard sein oder ein Zertifizierungssystem für Gebäude

---

3 Das Benchmarking im Nachhaltigkeitsmanagement

a) Die drei Ebenen des Benchmarkings

Der Begriff Benchmarking bezeichnet die vergleichende Analyse von Ergebnissen 19
oder Prozessen mit einem festgelegten Bezugswert oder Vergleichsprozess.[25] Dabei ist entscheidend, welche Maßstäbe man für den Vergleich verwendet und wie sich dieser Maßstab zusammensetzt.

Das Nachhaltigkeitsbenchmarking besitzt drei Ebenen: Portfolio-, Gebäude 20
sowie Element- und Anlagenebene (Abbildung 6). Die Portfolioebene dient als übergeordnete Ebene zur Identifikation von Objekten mit geringer Nachhaltigkeitsperformance. Auf der Gebäudeebene werden mit Hilfe von objektbezogenen Grobanalysen die Verbesserungspotentiale ermittelt. Hierbei sind die ökologischen Maßnahmen verbunden mit Wirtschaftlichkeitsberechnungen dar-zustellen. Auf der Element- und Anlagenebene finden Feinanalysen von weiteren Optimierungspotentialen sowie ein detailliertes Monitoring von technischen Kennwerten und Nutzungsgraden statt.

EBENEN DES NACHHALTIGKEITSMANAGEMENTS

ASPEKT	PORTFOLIO	GEBÄUDE	ELEMENT-/ANLAGE
Wertetyp	Mittelwerte, Marktwerte	objektbezogene Kennwerte, Teilflächenkennwerte	technische Kennwerte, Nutzungsgrade
Methode des Benchmarkings	Vergleich mit Marktwerten (sofern die erforderlichen Bereinigungsfunktionen berücksichtigt sind)	Grobanalyse individueller Benchmark über Teilflächenkennwerte	Feinanalyse Nutzungsangepasste Simulation
Werkzeuge für Datenerfassung und Benchmarking	Portfolio Management Software		Energiemonitoringsoftware, Gebäudesimulation
Ansatz für Werterhalt und -steigerung	Top-Down-Ansatz zur Identifikation der Potenziale		Bottom-Up-Ansatz zur Erarbeitung von Verbesserungsmaßnahmen

Abbildung 6: Die 3 Ebenen des Nachhaltigkeitsbenchmarkings

Alle drei Ebenen werden für ein erfolgreiches Nachhaltigkeitsmanagement bedient 21
werden müssen. Ihre Ausprägung wird jedoch bedarfsabhängig erfolgen. Der Einstieg erfolgt i. d. R. über die Portfolioebene.

b) Grundlagen des Benchmarkings

Nach EN 15643/1 (Nachhaltigkeit von Bauwerken) ist eine Bewertung zwischen Gebäu- 22
den u. a. nur dann sinnvoll, wenn es sich um denselben Nutzungstyp, dieselben kli-

25 http://de.wikipedia.org/wiki/Benchmarking.

matischen Bedingungen und denselben Markt handelt. Damit wäre ein Vergleich von bestehenden Immobilien streng genommen nicht möglich. Um ein Benchmarking von Gebäuden dennoch einführen zu können, müssen die gemessenen Daten und Randbedingungen auf ein gleiches Maß bereinigt werden. Dabei sind folgende Parameter für die Einteilung in die entsprechende Gebäudekategorie und für die Messwertbereinigung zu beachten:

23 Einteilung der Kategorie:
- Nutzungstyp
- Marktsegment/Standort
- Optional: Gebäudegröße

24 Bereinigung der Messwerte („Normalisierung"):
- Klima
- Leerstandsrate
- Betriebs- und Nutzungszeit
- Personen und Nutzungsausstattung
- Sonderverbraucher

c) Datenerhebung und -qualität

25 Die KPIs für die Portfolioebene enthalten ausschließlich Messdaten, die für die Objekte periodisch erfasst werden können. Heutige Prozesse im Assetmanagement stellen jedoch noch nicht sicher, dass alle hierfür erforderlichen Grundlagen für die Datenerfassung geschaffen sind. Damit ist bei der Einführung einer Nachhaltigkeitsmessung in der Regel klar, dass es zu Beginn keine vollständige Datenerfassung gemäß Abbildung 7) geben kann. Die Vervollständigung der Daten kann beim Einstieg in die Nachhaltigkeitsmessung durchaus mit typischen Teil-Benchmarks erfolgen, sie müssen jedoch transparent ausgewiesen werden.

d) Datenbereinigung

26 Die Datenbereinigung der gemessenen Ist-Verbrauchsdaten ist notwendig, um ein Benchmarking überhaupt durchführen zu können. Die Immobilienwirtschaft verfügt bisher über keine einheitlichen Bereinigungsfunktionen. Es gibt hierfür einige Funktionen am Markt, die in die Green Building Labels entsprechend integriert sind.

DATENERFASSUNG	ANFORDERUNG	EINHEIT
▪ Rahmenparameter		
Erfassungszyklus	Mindestens jährlich, besser monatlich	[a] [Monat]
Erfassungszeitraum	≥ 3 Jahre zur Nutzbarkeit als interner Maßstab	[a]
Datenqualität	Direkte Messdatenerfassung, nur in Ausnahmefällen keine Herleitung aus anderen Quellen (z. B. Energieverbrauchsdaten aus Kostenabrechnung)	–
Leerstandsrate	Monatlich oder im Jahresmittel nach Mietbereich	[%]
Betriebs- und Nutzungszeit	Monatlich oder im Jahresmittel nach Nutzungsbereich	Mittelwert: Uhrzeit pro Tag und Woche
Personendichte und Nutzeraufstellung	Monatlich oder im Jahresmittel nach Nutzungsbereich	Mittelwert: pro Tag und Woche
▪ Indikatoren		
Wärmeenergieverbrauch	▪ aufgeteilt nach Primärenergieträger ▪ separate Erfassung von Abwärmenutzung oder erneuerbare Wärmenutzung (z. B. Solarenergie)	[kWh]
Stromverbrauch	▪ aufgeteilt nach Primärenergieträger ▪ aufgeteilt nach Vermieter-/Mieter-Verantwortung ▪ separate Erfassung von Eigenstromerzeugung oder erneuerbarer Stromerzeugung (z. B. PV) ▪ separate Erfassung von Sonderverbrauch (z. B. Rechenzentrum)	[kWh]
Wasser	▪ aufgeteilt nach Vermieter-/Mieter-Verantwortung ▪ separate Erfassung von Grauwassernutzung	[m³]
Abfall	▪ aufgeteilt nach Vermieter-/Mieter-Verantwortung ▪ eingeteilt nach Sorten	[kg] [%]
Betriebskosten*	▪ mindestens aufgeteilt in folgende Unterteilungen: - Versorgen - Entsorgen - Reinigung und Pflege - Bedienen, Inspektion, Wartung - Instandsetzung ▪ aufgeteilt nach Vermieter-/Mieter-Verantwortung	[Euro]

* optional, wünschenswert

Abbildung 7: Datenerfassung für die Portfolioebene

e) Bezugswerte

Die gemessenen und bereinigten Verbrauchswerte müssen auf einen geeigneten Wert bezogen werden, um sie als Benchmark verwenden zu können. Hierbei stehen typischerweise folgende Bezugsgrößen zur Verfügung: 27

– Grundflächen des Gebäudes
– Anzahl Personen des Gebäudes

28 Da die Personenanzahl für viele Nutzungen zu volatil ist, wird üblicherweise der Flächenbezug gewählt. Hierbei ist es für die Vergleichbarkeit wichtig, dass eine sogenannte Energiebezugsfläche gewählt wird. Die Energiebezugsfläche ist die beheizte/gekühlte Nettogrundfläche (NGF) abzüglich der Flächen ohne Tiefgarage und Flächen mit Sondernutzung.

f) Umrechnungsfaktoren für CO_2-Emissionen

29 Für die Ermittlung der CO_2-Emissionen stehen unterschiedliche Datenbankwerte zur Verfügung. Der Energieverbrauch je Primärenergieträger wird mit einem Umrechnungsfaktor multipliziert, daraus werden die CO_2-Emissionen berechnet. Die CO_2-Emissionen werden somit nicht direkt gemessen.

30 Je nach Primärenergiebezug ergeben sich somit unterschiedliche CO_2-Umrechnungsfaktoren. Diese können somit abhängig sein vom gebäudebezogenen Energiekonzept und von der regionalen oder nationalen Energieversorgung. Zudem ändern sich die Werte mit der Entwicklung der Energieversorgung.

31 Damit die CO_2-Emissionen pro Flächenbezug ebenfalls als Benchmark verwendet werden können, ist für Portfolien über mehrere Länder hinweg ein einheitlicher Datensatz sinnvoll. Internationale Anwendung findet hierfür das Green-house Gas Protocol (GHG).[26]

g) Datenbankquellen

32 Am Markt haben sich diverse Träger von Datenbanken etabliert, die gebäuderelevante Daten für die Nachhaltigkeitsmessungen sammeln und aufbereiten, u. a.:
- Green Rating Alliance[27]
- Investment Property Databank (IPD)[28]
- International Sustainable Alliance (ISA)[29]
- Global Real Estate Sustainability Benchmark (GRESB)[30]
- Greenprint Foundation (GPF)[31]

33 Die Datenbanken sind nicht öffentlich zugänglich. Da zudem die Bereinigungs-funktionen zur Aufbereitung der Ist-Werte nicht vereinheitlicht sind, sind die Datenbankwerte für das Benchmarking im Rahmen der Nachhaltigkeitsmessung in der Regel nicht geeignet.

---

26 Greenhouse Gas Protocol http://www.ghgprotocol.org (Stand April 2013).
27 Green Rating Alliance http://www.green-rating.com (Stand April 2013).
28 Investment Property Databank (IPD) http://www.ipd.com (Stand April 2013).
29 International Sustainable Alliance (ISA) http://www.internationalsustainabilityalliance.org (Stand April 2013).
30 Global Real Estate Sustainability Benchmark (GRESB) http://gresb.com (Stand April 2013).
31 Greenprint Foundation (GPF) http://www.greenprintfoundation.org (Stand April 2013).

4 Neue Prozesse im Nachhaltigkeitsmanagement

a) Portfolioebene

Durch die Einführung eines Nachhaltigkeitsmanagements mit Messungen der KPIs und perspektivisch weiteren Indikatoren führt zu einer höheren Transparenz auf Portfolioebene. Diese zusätzliche Information wird für die strategische Ausrichtung des jeweiligen Portfolios verwendet werden. Die erforderlichen Prozesse sind in Abbildung 8 aufgeführt. 34

Zuständigkeiten und Aufgaben	▪ Federführung durch Vorstand/Geschäftsführung ▪ Branchenreporting
Reporting	▪ Unternehmen berichtet zur Nachhaltigkeitsperformance an seine Stakeholder ▪ Assetmanagement berichtet an Vorstand/Geschäftsführung
Prozesse	▪ Aufsetzen des Nachhaltigkeitsmanagements im Unternehmen durch Vorstand/Geschäftsführung ▪ Analyse der Nachhaltigkeitsperformance auf Portfolioebene durch die GF/das AM ▪ Durchsprache der Nachhaltigkeitsperformance durch das AM im Rahmen der Instandhaltungsplanung ▪ Objektabhängiges Durchführen von Grobanalysen*
Anforderungen an die Dokumentation	▪ Mindestens jährliche Erfassung der KPI's ▪ Information zu den Datenqualitäten ermöglichen ▪ Verfolgung von Maßnahmen und Soll-/Ist-Abgleich* ▪ Bereinigungsfunktionen für die Istwerte* ▪ Eigenes und externes Benchmarking ▪ konform zu ISO 9001, ISO 14001, ISO 50001* ▪ auditsicher zu extern geprüftem Unternehmensreporting (z. B. GRI A+, B+, C+)*

* nach Einstieg in die Nachhaltigkeitsmessung in den Folgejahren

Abbildung 8: Prozesse im Nachhaltigkeitsmanagement – Portfolioebene.

b) Gebäude-, Element- und Anlagenebene

Auf der Ebene des Gebäudes mit seinen Bauelementen und technischen An-lagen erfolgt zum einen die Umsetzung der Maßnahmen und zum anderen das Aufsetzen des Monitorings. In Abbildung 9 sind die wesentlichen Prozesse aufgeführt. 35

Zuständigkeiten	▪ Federführung durch Property Management ▪ Unterstützung durch Facility Management
Reporting	▪ PM/FM berichtet an das Asset Management
Prozesse und Aufgaben	▪ Aufbau und Durchführung von Monitoring (Energieverbräuche, Nutzerzufriedenheit, usw.) ▪ Unterstützung von Green Lease Agreements ▪ Umsetzung der baulichen und prozessualen Verbesserungsmaßnahmen
Anforderungen an die Dokumentation	▪ Siehe Anforderungen aus der Portfolioebene ▪ Einführung eines Energie- und Umweltmanagementsystems ▪ Aufbau eines Monitoringsystems für die Element- und Anlagenebene

Abbildung 9: Prozesse im Nachhaltigkeitsmanagement – Gebäude-, Element- und Anlagenebene.

5 Anleitung zur Einführung des Nachhaltigkeitsmanagements im Immobilienportfolio

36 Um die Einführung eines Nachhaltigkeitsmanagements und ihre Integration in die bestehenden Prozesse zu erleichtern, sind die in den vorangegangenen Kapiteln beschriebenen Themen in der folgenden Abbildung nochmals zusammengefasst dargestellt. Dabei sind sechs Schritte aufgeführt, die analog einem kontinuierlichen Verbesserungsprozess periodisch immer wieder aufs Neue durchlaufen werden sollten. Je nach Ausgangssituation des Unternehmens sollte der Umfang zur Einführung und die damit verbundene Terminschiene für die vollständige Aktivierung eigenverantwortlich gewählt werden. Eine Erweiterung im Sinne von bereits bekannten Themen oder zukünftig zu erwartenden Kriterien ist im vorliegenden Prozessablauf jederzeit möglich.

Abbildung 10: Kontinuierlicher Verbesserungsprozess bei der Nachhaltigkeitsmessung.

Die Aufgaben im Nachhaltigkeitsmanagement sind in Abstimmung mit bestehenden 37
Prozessen wie
- Unternehmensreporting
- Green Lease Vereinbarungen
- Green Building Zertifizierungen
- Instandhaltungsplanungen und -strategieentwicklung
- Ankaufs- und Verkaufsprüfungen
- usw.

zu verstehen.

B Technisches Monitoring und Betriebsoptimierung

I Einführung

1 Die Anforderungen an den Betrieb und die **Energieeffizienz** von Gebäuden steigen stetig. Gründe dafür sind insbesondere die Komplexität der Gebäude und deren technischen Anlagen, höhere Nutzeranforderungen an **Behaglichkeit** und Sicherheit oder gesetzliche Vorgaben bzw. Anforderungen aufgrund von Zertifizierungssystemen[32] oder Förderrichtlinien.[33] Falsche Betriebsparameter führen zu ineffizientem Betrieb, mit der Folge, dass die in der Planung ausgewiesenen **energetischen Ziele** in der Praxis oft nicht erreicht werden. Zudem kennen die Nutzer in vielen Fällen den Energieverbrauch nicht und Betreiber können aufgrund von fehlenden Werkzeugen **Optimierungspotentiale** nicht identifizieren. Durch Technisches Monitoring können diese Defizite beseitigt werden.

Praxistipp
Die neue VDI 6041. Diese Richtlinie beschreibt die Anforderungen zur Durchführung des technischen Monitorings und geht besonders auf die Prozessdarstellung der Lebenszyklusphasen ein. [...] Dem Eigentümer und Projektverantwortlichem werden Ziele und Nutzen des technischen Monitorings aufgezeigt, um die notwendigen Entscheidungen treffen zu können und die Finanzierung zu ermöglichen."[34]

II Technisches Monitoring

2 Das „Technische[s] Monitoring" steht als Oberbegriff für alle Arten der unmittelbaren systematischen Erfassung (Protokollierung), Beobachtung oder Überwachung eines Vorgangs oder Prozesses mittels technischer Hilfsmittel oder anderer Beobachtungssysteme mit wiederholender Durchführung als zentralem Element der jeweiligen Untersuchungsprogramme. Ziel des technischen Monitorings ist es, anhand von Ergebnisvergleichen Schlussfolgerungen ziehen zu können."[35]

---

32 Deutsche Gesellschaft für nachhaltiges Bauen (DGNB): DGNB Kriterium PRO 2.3 für Neubau Büro- und Verwaltungsgebäude – Geordnete Inbetriebnahme. Stuttgart, 2/2015.

33 Kreditanstalt für Wiederaufbau (KfW): Anlage zum Merkblatt – Energieeffizient Bauen (153). Frankfurt, 4/2016.

34 Verein Deutscher Ingenieure, Facility-Management: VDI 6041: Technisches Monitoring von Gebäuden und gebäudetechnischen Anlagen. Düsseldorf 2017.

35 Verein Deutscher Ingenieure, Facility-Management: VDI 6041: Technisches Monitoring von Gebäuden und gebäudetechnischen Anlagen. Düsseldorf 2017.

Es stellt die Basis für die anschließende Betriebsoptimierung (vgl. Abschnitt Betriebsoptimierung) dar und muss als **dauerhafter Managementprozess**[36] des Gebäudes (Green Buildings) integriert werden (z. B. in ein Energiemanagement nach DIN EN ISO 50001 oder vgl. Kap. 3 B), um einen energieeffizienten, wirtschaftlichen, wie auch funktions- und bedarfsgerechten Betrieb zu ermöglichen. Ohne die entsprechenden Erkenntnisse über den realen Betrieb von Gebäuden und gebäudetechnischen Anlagen ist dies nicht möglich. 3

Inhaltlich wird Technisches Monitoring entlang der „**Wertschöpfungskette**" im Gebäude differenziert in: 4

- Energiemonitoring (EMon)
  Im Energiemonitoring werden Energie- und Medienverbräuche, wie zum Beispiel elektrische Energie, Wasser, Gas und andere Brennstoffe, usw. erfasst, ausgewertet und dargestellt. Die Ergebnisse der Analysen sind häufig Referenzgrößen für **Optimierungsmaßnahmen**, da eine Einsparung sich direkt monetär beziffern lässt. Die Kennwerte werden für Managementsysteme (z. B. DIN EN ISO 50001, DIN EN ISO 16001 oder EMAS) und Green-Building-Zertifizierungen (z. B. DGNB oder LEED) benötigt.
- Anlagenmonitoring (AMon)
  Das Anlagenmonitoring ist deutlich detaillierter und befasst sich mit den verschiedenen Betriebszuständen und Parametern in technischen Anlagen. Es ist die Grundlage für eine vollständige **Funktionsprüfung** und Überwachung von Anlagen. Wichtig ist zudem die Erfassung und Speicherung der Eingangsparameter, wie zum Beispiel Sollwerte und Zeitschaltprogramme. Die gewonnenen Erkenntnisse werden unter anderem für die Betriebsoptimierung in Regelungs- und Steuerungsabläufen/-parametern verwendet.
- Gebäude- und Behaglichkeitsmonitoring (GBMon)
  Das Gebäude- und Behaglichkeitsmonitoring erfasst das Resultat der gebäudetechnischen Anlagen: Die Raumkonditionierung bzw. die physikalischen Zustände des Gebäudes, sowie das **Nutzerverhalten.** Erfassungsgrößen sind zum Beispiel die Raumtemperatur und -feuchte, die Kohlenstoffdioxid-Konzentration, die Anwesenheit oder der Öffnungszustand von Fenstern.

In der Nutzungsphase des Gebäudes kann Monitoring in zwei zeitliche Bereiche untergliedert werden: 5

- Einregulierungsmonitoring (ERMon)
  Im Einregulierungsmonitoring werden detaillierte Analysen zum **Energieverbrauch** sowie zur Funktion, zur Leistung und zu Nutzeranforderungen der

36 Hahn Entwicklung und Anwendung von Methoden des Technischen Monitorings. FORTSCHRITT-BERICHT VDI. Reihe 23 Nr. 4. Herausgegeben von der VDI-Gesellschaft Bauen und Gebäudetechnik. Düsseldorf, 2014.

Anlagentechnik mit dem Ziel der Erreichung des Betriebsoptimums erstellt. Es erstreckt sich über den Zeitraum von zwei Jahren und beginnt mit der Nutzung des Gebäudes. Abgegrenzt werden muss es von der Einregulierung der technischen Anlagen in der Bauphase.

– Langzeitmonitoring (LZMon)
  An das Einregulierungsmonitoring schließt das Langzeitmonitoring an. Es erstreckt sich über die **gesamte Nutzungsphase** des Gebäudes, um einen optimalen Betrieb dauerhaft zu erhalten. Häufig geschieht dies auf der Grundlage von Kenn- und Sollwerten aus dem Einregulierungsmonitoring. Werden technische Anlagen erneuert oder umgebaut ist eine erneute intensive Monitoringphase erforderlich.

6 „Monitoringsysteme sind vor Aufnahme des Wirkbetriebs systematisch in Betrieb zu nehmen."[37] Dies muss vor der **strukturierten Inbetriebnahme** der gebäudetechnischen Systeme (Commissioning) vollständig abgeschlossen sein, um den Prozess zuverlässig mit Messdaten und Kennwerten unterstützen zu können. Die dauerhaft zuverlässige und korrekte Funktion des Monitoringsystems muss durch ein „Kalibrier- und Wartungskonzept" sichergestellt sein.

7 Der Umfang des technischen Monitorings geht über die Funktionalitäten der **Gebäudeautomation** (GA) hinaus. Werden die Messdaten jedoch über eine GA erfasst ist eine genaue und eindeutig beschriebene Schnittstelle zum technischen Monitoring festzulegen.

8 Temporäre Messungen mit Hilfe von ortsveränderlichen Geräten (Datenloggern, ohne Gebäudeautomation) können in das technische Monitoring einbezogen werden. Beispielsweise kann auf diese Weise der Ursache von Beschwerden in Bezug auf das Raumklima bzw. die Behaglichkeit nachgegangen werden (GBMon).

9 Die Aufgaben des technischen Monitorings sind zum jetzigen Zeitpunkt **besondere Leistungen**, welche über die klassischen TGA-Planungsleistungen hinausgehen. Sie sind deshalb nicht im Leistungsumfang der HOAI mit inbegriffen, vgl. dazu ausführlich Abschnitt 6.6 VDI 6041.

III Mess- und Zählerkonzept

10 Entscheidend bei der Erstellung des Mess- und Zählerkonzepts ist es, bereits in der Planungsphase des technischen Monitorings die späteren **Energiebilanzen** und Kenngrößen für den Vergleich mit Simulationen oder Referenzwerten zu definieren.

37 Verein Deutscher Ingenieure, Facility-Management: VDI 6041: Technisches Monitoring von Gebäuden und gebäudetechnischen Anlagen. Düsseldorf 2017.

Grundlage des systematischen Monitoring-Prozesses ist die messtechnische Erfassung von physikalischen Größen (z. B. Temperaturen) und daraus abgeleitete Werte (z. B. Wärmezähler) im Gebäude und den gebäudetechnischen Anlagen. Aus diesem Grund müssen, zusätzlich zu den für Abrechnungs- und Regelungszwecke vorhandenen Messinstrumenten, weitere installiert werden. Die Messgenauigkeit der Messgeräte wird insbesondere bestimmt durch: Messunsicherheit der Sensoren, richtige Dimensionierung, Planung und Montage. 11

Die **Erfassungssystematik** wird in einem ganzheitlichen System geplant und in Form eines Mess- und Zählerkonzepts grafisch dargestellt. 12

Im Energiemonitoring liegt es auf der Hand, sich an der Systematik der DIN V 18599 – Energetische Bewertung von Gebäuden – zu orientieren. Diese Systematik hat sich in zahlreichen Forschungsvorhaben in der Energieforschung – z. B. Energieoptimiertes Bauen EnOB etabliert: Von der Endenergie, welche ebenso von den Energieversorgern als abrechnungsrelevante Größe erfasst wird, über die einzelnen Erzeugungsanlagen (Heizkessel, Wärmepumpen, BHKW, Kältemaschinen, etc.) und der Speicherung bis hin zu den einzelnen Verbrauchern. Darüber hinaus sollte der Verbrauch von Hilfsenergie durch Pumpen, Steuerungen und anderen ähnlichen Verbrauchern erfasst werden. 13

Auch die IT-Struktur wird um eine – meist zentrale – Komponente zur dauerhaften Aufzeichnung und Speicherung der Messdaten ergänzt. 14

IV Betriebsoptimierung

Die Betriebsoptimierung schließt den Kreis des **kontinuierlichen Managementprozesses** des technischen Monitorings durch das Umsetzen bzw. Anwenden der Optimierung in der Anlagentechnik oder dem Gebäude. Häufig werden Anpassungen in Form von Sollwerten oder Parametern in der **Gebäudeleittechnik** vorgenommen. Im Bereich der zustandsbasierten Wartung werden zum Beispiel bei Überschreitung eines gewissen Druckverlustes in einer Lüftungsanlage die Filter getauscht. Dadurch sind gerade bei bereits über die Betriebszeiten optimierten Anlagen deutlich größere Wartungsintervalle möglich und bieten ein erhebliches monetäres Einsparpotenzial. Weiterhin werden Betriebsausfälle auf ein Minimum reduziert, da bei auffälligen Abweichungen von Parametern **präventiv** eingegriffen werden kann. 15

Zahlreiche Forschungsprojekte belegen, dass im technischen Monitoring Einsparungen im Bereich zwischen 5 % und 30 % zu erwarten sind.[38] Die in der Phase 16

38 *David/Jensch* Abschlussbericht für das EnOB Vorhaben OASE II – Betriebsprognose und Betriebsdiagnose im Praxistest. Ebert-Ingenieure, München 7/2008; *Neumann/Jacob* Building EQ – Tools and methods for linking EPBD and continuous commissioning. Fraunhofer Institute for Solar Energy Systems Freiburg, 1/2010; *Tritschler/Hahn/Krockenberger/Grob/Luft* Abschlussbericht des Forschungs-

des intensiven Einregulierungsmonitorings vorgenommenen Betriebsoptimierungen können jedoch nur durch die dauerhafte Überwachung im Langzeitmonitoring zuverlässig erhalten bleiben.

V Umsetzung in der Praxis

17 Wie bereits beschrieben ist eine wesentliche Grundvoraussetzung für Technisches Monitoring und die Betriebsoptimierung, dass Kennwerte für die Gebäudeenergetik und **Effizienzwerte** von gebäudetechnischen Anlagen frühzeitig festgelegt und **verbindlich festgeschrieben** werden. In der Praxis bedeutet das aber auch, dass diese Vorgaben und Kennwerte im gesamten Verlauf der Planung und Ausführung nachverfolgt und sichergestellt werden müssen.

18 Hierfür muss in der Praxis der Prozess der Inbetriebnahme um den energetischen Aspekt erweitert werden. Es muss gewissermaßen ein Prozess einer **„Energetischen Inbetriebnahme“**, der bereits in der Planung beginnt, implementiert und verfolgt werden.

19 Diese „Energetische Inbetriebnahme“ unterscheidet sich in einem wesentlichen Punkt von der üblichen und praktizierten Vorgehensweise bei Inbetrieb- und Abnahmen. Bei dieser liegt bisher das Hauptaugenmerk darauf, dass die entsprechenden Anlagen und Systeme die geplanten und ausgeschriebenen Leistungswerte (meist Maximalwerte, z. B. in den Einheiten „kW“ oder „W“) im Auslegungsfall erreichen und so ein sicherer Betrieb auch unter den – üblicherweise eher extremen – **Auslegungsbedingungen** gewährleistet ist. Unberücksichtigt bleiben dabei allerdings das Zusammenspiel der Anlagen und deren Verhalten im **realen Betrieb**, der praktisch immer in **Teillast** verläuft, und aus dem sich dann der tatsächliche Verbrauch ergibt.

20 Bei der „Energetischen Inbetriebnahme“ müssen von Projektbeginn an **Werkzeuge und Prozesse** ein- und umgesetzt werden, mit denen die energetische Qualität möglichst bereits bei der Inbetriebnahme überprüft und nachverfolgt werden kann. Letztlich müssen die vorab **berechneten Bedarfswerte** auch durch die **gemessenen Verbrauchswerte** erreicht werden, die im Gegensatz zu den oben genannten Leistungsmessungen beispielsweise in der Einheit „kWh“ oder auch „kWh/m²“ bereichsweise erfasst werden.

21 Folgende Werkzeuge können sinnvollerweise für ein erfolgreiches Technisches Monitoring und damit letztlich auch für einen energieeffizienten Betrieb eingesetzt werden:

---

vorhabens Energieoptimiertes Bauen: Monitoring und Betriebsoptimierung der Kreissparkasse Göppingen. Hochschule Esslingen, Fakultät Gebäude Energie Umwelt, 2015.

1 Verfolgen von Ziel- und Kennwerten mit Kennwerttabellen

Ziel- und Kennwerte für die Effizienz von Anlagen aber auch bzgl. Energiebedarf 22
müssen von Beginn an durch den Bauherrn im Lastenheft gefordert und in allen **Planungsdokumenten** definiert werden. Bei Änderungen und Umplanungen, die sich auf das energetische Verhalten auswirken, müssen Folgen für die Ziel- und Kennwerte bewertet werden und diese fortgeschrieben werden. Wird in einem Projekt beispielsweise eine Jahresbilanz über Erzeugung und Verbrauch erstellt, kann und sollte die energetische Qualität über einen „**Bilanzstatus**" verfolgt werden. In Abbildung 1 ist das Beispiel eines solchen Bilanzstatus dargestellt. Hierbei werden die **Zielwerte** für die verschiedene Bereiche Erzeugung, Verteilung und Nutzenübergabe **festgelegt** und **verfolgt**. Infolge von geänderten Anforderungen in Teilbereichen, Planungsänderungen, Zwängen auf der Baustelle etc. ergaben sich im Beispiel immer wieder Änderungen. Weicht die Bilanz aufgrund von Änderungen von den zu Projektbeginn festgelegten Zielen ab (siehe Beispiel „erhöhte Druckverluste RLT" in Abbildung 1), müssen entsprechende Gegenmaßnahmen im Beispiel „Einsatz von LED" getroffen werden.

Die Kennwerte aus dieser Bilanz werden dann als Referenz- und Zielwerte in das 23
Technische Monitoring übernommen und dort weiter verfolgt.

Die **Kennwerttabellen** können auch um alle prüfbaren Effizienzkennwerte wie 24
z. B. Arbeitszahlen ergänzt werden.

		Bilanzstatus Energieaufwand						
		1	2	3	4	5	6	7
Gewerk / Bereich	**Einheit**	Anforderungen aus Plichtenheft	Befeuchtung von Teilbereiche	erhöhte Druckverluste RLT	Einsatz LED	Verbesserung PV	Werte bei Inbetriebnahme	Werte aus Tech. Monitoring
Heizung	kWh/m²a	9,6	9,6	9,6	9,6	9,6		
Kühlung	kWh/m²a	1,9	1,9	1,9	1,9	1,9		
Beleuchtung	kWh/m²a	22,5	22,5	22,5	19,3	19,3		
Verteilung	kWh/m²a	3,5	3,5	3,5	3,5	3,5		
MSR	kWh/m²a	0,18	0,18	0,18	0,18	0,18		
RLT	kWh/m²a	17,5	17,5	23,3	23,3	23,3		
Befeuchtung	kWh/m²a	0	0,1	0,1	0,1	0,1		
Summe Aufwand	**kWh/m²a**	**55,2**	**55,3**	**61,1**	**57,8**	**57,8**		
PV-Ertrag Anlage 1	kWh/m²a	44,5	49,2	49,2	49,2	50,6		
PV-Ertrag Anlage 2	kWh/m²a	11,3	8,8	8,8	8,8	10,0		
Summe Erzeugung	**kWh/m²a**	55,8	58,0	58,0	58,0	60,6		
Bilanz	**kWh/m²a**	**0,6**	**2,6**	**-3,1**	**0,1**	**2,8**		

Abbildung 1: Beispiel für Kennwerttabelle „Verfolgen Energiebilanz über Bilanzstatus"

2 Grafische Funktionsbeschreibungen bei Regel- und Steuerfunktionen

Die Erfahrung zeigt, dass beim Einsatz des Technischen Monitorings und der Betriebs- 25
optimierung in den ersten Monaten und Jahren sehr häufig zunächst keine Optimierung erfolgen kann. Vielmehr müssen in dem Zeitraum erst die **Grundfunktionen** der Anlagen und Systeme hergestellt werden, indem unzureichende Anlagenfunktionen und bis dahin unentdeckte Mängel aufgedeckt und beseitigt werden.

26 Eine wesentliche Ursache liegt hierbei in Regel- und Steuerfunktionen, die in der Planung und Ausführung häufig nicht ausreichend genau betrachtet und beschrieben werden. Gerade bei Anlagen und Systemen mit anspruchsvollen Zielen hinsichtlich Energieeffizienz und -verbrauch ist es wichtig, dass sämtliche Betriebs- und Steuerungsszenarien frühzeitig durchdacht und für alle Beteiligten detailliert und eindeutig beschrieben werden. Sinnvollerweise werden solche energierelevanten Funktionen grafisch beschrieben, z. B. in Form von **Steuerungsabläufen**. Dies hat entscheidende Vorteile:

- Graphische Funktionsbeschreibungen sind – im Gegensatz zu textbasierten Beschreibungen – nicht interpretierbar.
- Eventuelle „Funktionslücken" fallen sofort auf und können beseitigt werden.
- Graphische Beschreibungen können – ähnlich wie Pläne oder technische Spezifikationen – systematisch geprüft werden.

3 Qualitätssicherung mit Emulation

27 Bei den energierelevanten Funktionen, aber auch bei allen Funktionen, die sich direkt oder indirekt auf die **Nutzerzufriedenheit** (z. B. Behaglichkeit) auswirken, empfiehlt es sich im Rahmen einer Qualitätssicherung und der „**energetischen Inbetriebnahme**", deren programmiertechnische Umsetzungen auch mit Hilfe von speziellen Werkzeugen, wie der **Emulation**, bereits vor dem Einspielen in die Anlagen auf der Baustelle zu testen. Bei der Emulation werden die programmierten Controller unabhängig vom Stand auf der Baustelle und damit ohne Zeitdruck in einer **virtuellen Testumgebung** dahingehend überprüft, ob die Funktionen aus den grafischen Funktionsbeschreibungen vollständig und korrekt umgesetzt sind (siehe Abbildung 2). Somit werden die geplanten Grundfunktionen der Anlagen und Systeme von Beginn an sichergestellt, was eine wesentliche Voraussetzung für den späteren effizienten Betrieb ist.

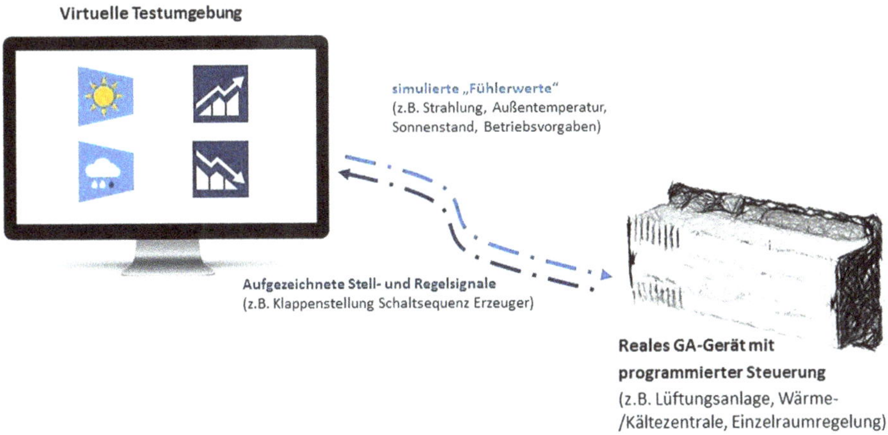

Abbildung 2: Qualitätssicherung von energetischen Funktionen mittels Emulation

4 Einsatz des Monitoringsystems bereits bei Inbetriebnahme

Üblicherweise werden Monitoringsysteme erst genutzt, wenn alle Anlagen in Betrieb genommen sind und laufen. Wenn jedoch die Datenpunkte der Mess- und Zähleinrichtungen dem Monitoringsystem zur Verfügung gestellt werden, sobald sie in der Gebäudeautomation vorliegen, so kann dieses bereits in der energetischen Inbetriebnahme genutzt werden. Unabhängig vom Stand der Visualisierung der Gebäudeleittechnik und unabhängig von der ausführenden Firma der Gebäudeautomation können an den auflaufenden Daten erste **Plausibilitätschecks** durchgeführt werden, wie z. B. mit dem DS-EMS.[39] Des Weiteren können mit solchen Systemen im Rahmen der energetischen Inbetriebnahme erste Überprüfungen hinsichtlich der Kenn- und Zielwerte erfolgen und so eine saubere Basis für – sowie ein fließender Übergang – zum Technischen Monitoring sichergestellt werden. 28

Voraussetzung hierfür ist allerdings, dass Mess- und Zähleinrichtungen und Monitoringsystem entsprechend ausgeschrieben werden. 29

39 Drees & Sommer ABT: Viele Gebäude brauchen deutlich mehr Energie als geplant Drees & Sommer entwickelt Energiemanagementsystem mit virtuellem Vergleichsmodell. Presseinformation, Okt. 2013.

C Vergaberechtskonforme Beschaffung von „Ökostrom"

I „Grüner Strom"

1 Begriffsbestimmung

1 Der Begriff **„grüner Strom"** stellt weder einen gesetzlich definierten Begriff dar noch existiert eine allgemein verbindliche Definition. Synonym werden Begriffe wie Ökostrom oder Naturstrom verwendet. Der Begriff ist weder geschützt noch stellt er einen Qualitätsbegriff im Sinne eines anerkannten Kriterienkataloges dar. Eine verbindliche Begriffsbestimmung existiert demnach nicht.

2 Üblicherweise wird unter „grünem" Strom elektrische Energie verstanden, die aus erneuerbaren Energiequellen hergestellt und damit weder aus der Nutzung von Atomenergie noch mittels Feuerung fossiler Brennträger gewonnen wird.[40] Strom, der aus fossilen oder nuklearen Brennstoffträgern gewonnen wird, wird als **„Graustrom"** bezeichnet.

3 **Grüner Strom** und **Grauer Strom** unterscheiden sich demnach sowohl im Hinblick auf die Erzeugung als auch bezüglich der damit einhergehenden Umwelteinwirkungen. Die Verteilung, der Handel und der Vertrieb funktionieren hingegen für die ganze Branche nach den gleichen Prinzipien, unabhängig davon, ob es sich um „grünen" oder „grauen" Strom handelt.

2 Grünstrom unter dem EEG

4 Das EEG 2012[41] sah bis zu seiner Novelle durch das Inkrafttreten des EEG 2014 am 1. August 2014 das sog. **Grünstromprivileg** vor.[42] Dies ermöglichte den Elektrizitätsversorgungsunternehmen eine Befreiung von der **EEG-Umlage** nach § 39 Abs. 1 Satz 1 EEG 2012. Voraussetzung hierfür war, dass sie, bezogen auf die gesamte von ihnen gelieferte Strommenge, mindestens 50 % aus EEG-fähigen Anlagen und zudem 20 % Strom aus Wind- und Solarenergie direkt an den Endverbraucher liefern. Damit kannte das EEG zwar den Begriff des Grünstroms, definierte diesen hingegen nicht, sondern formulierte lediglich die Voraussetzungen der Gewährung des Grünstromprivilegs.

5 Das EEG fördert die Einspeisung von Strom aus erneuerbaren Energien durch die Zahlung der **EEG Umlage**, indem die Differenz zwischen der Einspeisevergütung und den erzielten geringeren Börsenpreisen durch die EEG-Umlage vom Endabnehmer gezahlt wird. Die Rechtfertigung des Fördermechanismus unter dem EEG folgt aus

---

40 *Deichfuß* jurisPR-WettbR, 4/2009, Anm. 3.
41 In der bis zum 30.07.2014 geltenden Fassung.
42 Vgl. zu den Gründen BT-Drs. 18/1304, S. 91.

dem Umstand, dass Strom aus erneuerbaren Energien weniger wettbewerbsfähig ist als konventionelle Energieträger.[43]

Dagegen gestattet Art. 15 der Erneuerbare-Energie-Richtlinie (Richtlinie 2009/28/ EG v. 23. April 2009, ABl. L 140/16) den Mitgliedsstaaten ausdrücklich **Herkunftsnachweise** für geförderten Grünstrom auszustellen. Der Herkunftsnachweis besagt, dass eine Megawattstunde Strom aus einer Anlage, die erneuerbare Energie erzeugt, ins Stromnetz eingespeist wurde. Die Energieversorger dürfen Strom nur dann als einen solchen aus erneuerbaren Energien auszeichnen, wenn sie für die gelieferte Menge des Grünstroms Herkunftsnachweise im Herkunftsnachweisregister entwertet haben. 6

Seit dem Wegfall des Grünstromprivilegs im EEG mangelt es an einer Möglichkeit, Endkunden direkt mit Strom aus EEG-Anlagen zu beliefern. Ein kostenneutrales Grünstrommodell könnte die Akzeptanz und Entwicklung erneuerbarer Energien fördern. Grundlage hierfür bietet die Verordnungsermächtigung für ein System zur Grünstromvermarktung nach § 95 Nr. 6 EEG. Danach wird die Bundesregierung ermächtigt, ein System zur Direktvermarktung von Strom aus erneuerbaren Energien an Letztverbraucher einzuführen, bei der dieser Strom als „Strom aus erneuerbaren Energien" gekennzeichnet werden kann. Ökostrom-Produkte können bisher nicht durch wettbewerbsfähige Preise gedeckt werden, denn ohne eine Grünstromvermarktungsverordnung kann Strom aus Anlagen, die eine Marktprämie oder eine Einspeisevergütung nach dem EEG erhalten, nicht als Strom aus erneuerbaren Energien vermarktet werden.[44] Dies bedingt, dass die Nachfrage nach in Deutschland als Ökostrom vermarkteten Produkten meist durch den Import ausländischer Herkunftsnachweise gedeckt wird. Der nach dem EEG geförderte Strom wird dagegen an der Börse als Graustrom vermarktet. 7

Die Einführung einer solchen Verordnung würde insbesondere Rechtssicherheit dahingehend verschaffen, welche Anforderungen von den Anlagenbetreibern und den Elektrizitätsversorgungsunternehmen erfüllt werden müssen. Insofern würden für die Kennzeichnung als „Strom aus erneuerbaren Energien" verbindliche Vorgaben festgelegt. Eine entsprechende Verordnung kann jedoch nur erlassen werden, wenn eine solche Verordnung im Einklang mit den europarechtlichen Vorgaben steht, nicht zu einer Erhöhung der EEG-Umlage für alle anderen Stromverbraucher führt und energiewirtschaftlich sinnvoll ist.[45] Das Modell muss einen positiven Beitrag für das Energiesystem liefern und kostenneutral umsetzbar sein.[46] Ein konkretes System zur Grünstrom-Direktvermarktung schreibt die Verordnungsermächtigung dagegen nicht 8

43 Frenz/Müggenborg/*Posser/Altenschmidt* EEG, §§ 63–69 Rn 1.

44 *Maaß* in: Greb/Boewe, Beck'scher Online-Kommentar EEG. 4. Auflage, Stand 1. September 2015, § 95 Nr. 6 Rn. 1.

45 BT-Drs. 18/1891, 208 f. vom 16. Juni 2014.

46 BT-Drs. 18/1891, 208 f. vom 16. Juni 2014.

vor. Die Bundesregierung wurde vom Bundesrat bereits aufgefordert, einen Entwurf einer Grünstromvermarktungsverordnung vorzulegen.[47] Ein Entwurf der Verordnung der Bundesregierung liegt bisher jedoch noch nicht vor.

3 Rechtliche Einordnung

9 Obschon „grüner" Strom keinen Rechtsbegriff darstellt, folgt daraus nicht zugleich, dass der Begriff nicht in einem rechtlichen Zusammenhang steht.

a) Ausgangslage

10 So kann gerade der Mangel fester Vorgaben im Hinblick auf die Begrifflichkeit des grünen Stroms das Wettbewerbsrecht tangieren.

11 Die Verfolgung des grünen Stroms im Stromnetz ist physikalisch schlicht nicht möglich, was für die Umweltfreundlichkeit indes nicht ausschlaggebend ist. Vielmehr entsteht der Beitrag zum Schutze der Umwelt bereits bei der Produktion und der Einspeisung in das Netz und nicht erst bei der Entnahme des Stroms.

12 Dabei ist der **Hauptzweck** und das Ziel der Richtlinie 2009/28/EG eigentlich, die Nutzung von Energie aus erneuerbaren Quellen zu fördern. Jedoch ist es möglich, Graustrom zusammen mit einem erworbenen Herkunftsnachweis als Grünstrom zu vermarkten. Dies führt nicht auch dazu, dass der Erwerber auch tatsächlich Grünstrom bezieht, sondern lediglich als Nachweis dafür, dass eine bestimmte Menge Strom aus einer Anlage, die erneuerbare Energie erzeugt, wieder in das Netz eingespeist wird.

13 Damit bezieht der Abnehmer den Strom unabhängig davon, ob er sich für Ökostrom entscheidet oder nicht, weiterhin wie bisher aus dem Netz, in welches Strom unterschiedlicher Herkunft eingespeist wird. Auch der Bezug von Grünstrom ändert damit nichts an der Tatsache, dass der Abnehmer weiterhin Strom aus einem Energiemix bezieht. Der Bezug von Ökostrom bedingt lediglich, dass der Versorger zur Erfüllung seiner vertraglichen Verpflichtung Strom aus erneuerbaren Energien nachfragt.

14 Der Umwelteffekt soll langfristig dadurch entstehen, dass mehr Strom aus erneuerbaren Energien eingespeist wird und so die konventionellen Quellen verdrängt. Damit hat der Begriff des grünen Stroms nichts mit dem physischen tatsächlichen Stromfluss zu tun, sondern hat allein kaufmännischen Charakter.[48]

Praxistipp

Die Stromanbieter informieren auf ihrer Homepage über die „Herkunft" ihres Ökostroms. Zum Teil wird der Strom als „echter Ökostrom" betitelt. Dies ändert jedoch nichts an dem Umstand, dass dies sich nicht in dem physikalischen Stromfluss widerspiegelt.

---

47 BR-Drs. 408/15 vom 16. Oktober 2015.

48 *Schwintowski* Strategische Allianzen, S. 115.

b) UWG

Vor diesem Hintergrund kann die Bewerbung als „Grünstrom" eine unzulässige **irreführende geschäftliche Handlung** darstellen. Nach § 5 Abs. 1 UWG handelt unlauter, wer eine irreführende geschäftliche Handlung vornimmt, wobei die Wertung als Irreführung insbesondere dann anzunehmen ist, wenn zur Täuschung geeignete Angaben über Umstände enthalten sind. 16

Wettbewerbsrechtlich relevant ist die geweckte Fehlvorstellung nur dann, wenn sie die Eignung aufweist, die Interessen von Mitbewerbern, Verbrauchern oder sonstigen Marktteilnehmern spürbar zu beeinträchtigen.[49] 17

Insbesondere Werbeaussagen von Ökostromanbietern wie „...eine sichere Versorgung mit 100 % Ökostrom" oder „...mit ... Ökostrom zu 100 Prozent umweltfreundlichen Strom beziehen ..." waren deshalb Gegenstand gerichtlicher Entscheidungen.[50] 18

Derartige Aussagen verwirklichen hingegen nicht den Tatbestand der irreführenden geschäftlichen Handlung nach § 5 UWG.[51] Denn zwar wird auch bei Anbietern von Ökostrom Strom unterschiedlicher Herkunft eingespeist, mithin Strom, aus fossilen Energieträgern ebenso wie aus erneuerbaren Energien.[52] Der als **Ökostrom** betitelte Strom wird damit weiterhin aus einem Energiemix gewonnen. Die pauschale Kennzeichnung des Stroms als **„Grünstrom"** suggeriert, man könne durch dessen Erwerb einen Beitrag zum Umwelt- und Klimaschutz leisten.[53] 19

Jedoch verpflichten sich Anbieter von Ökostrom, in dem Umfang, in welchem Strom durch Kunden abgenommen wird, Strom in das Netz einzuspeisen, der aus erneuerbaren Energien gewonnen wird. Selbst im Falle der Annahme, der Durchschnitt des Verkehrskreises verbinde mit der Werbung als Ökostrom die unzutreffende Vorstellung, der jeweils entnommene Strom stamme vollständig aus erneuerbaren Energien, fehlt die **wettbewerbsrechtliche Relevanz** einer solchen Irreführung.[54] 20

II Vergaberechtliche Chancen/Grenzen

1 Rechtliche Einordnung des Stromliefervertrags

Nach der Rechtsprechung des Europäischen Gerichtshofs ist Strom als Ware anzusehen, so dass auf Stromlieferverträge die rechtlichen Vorgaben **für Lieferleistungen**, d. h. in Deutschland (außerhalb von SektVO, und VgVSV) die Regelungen der Verga- 1

49 Hasselblatt/*Ahrens* MAH Gewerblicher Rechtsschutz, § 22 Rn. 84.
50 OLG Karlsruhe, GRUR-RR 2009, 144, 146; OLG Frankfurt, Urt. v. 2.12.2008 – 11 U 45/08; OLG München, Urt. v. 26.7.2001 – 29 U 1534/01; OLG Hamburg, Urt. v. 28.12.2000 – 3 U 53/00.
51 So OLG Karlsruhe, GRUR-RR 2009, 144, 146; OLG Hamburg, Urt. v. 28.12.2000 – 3 U 53/00; a. A. OLG Frankfurt, Urt. v. 2.12.2008 – 11 U 45/08; OLG München, Urt. v. 26.7.2001 – 29 U 1534/01.
52 OLG Karlsruhe, GRUR-RR 2009, 144, 146.
53 *Schlacke/Kröger* NVwZ 2012, 919, 922.
54 OLG Karlsruhe, GRUR-RR 2009, 144, 146.

beverordnung (VgV) im Oberschwellenbereich und die Vergabeordnung für Leistungen (VOL/A) im Unterschwellenbereich Anwendung finden.

2 Da Stromlieferverträge i. d. R. für einen längeren Zeitraum ausgeschrieben werden und gem. § 3 VgV bei der Schätzung des Auftragswerts die geschätzte Gesamtvergütung einschließlich aller Optionen oder etwaigen Vertragsverlängerungen zu berücksichtigen sind, werden Stromlieferungsverträge regelmäßig als **Oberschwellenaufträge** einzustufen sein.[55] Dementsprechend findet auf die Ausschreibung von Stromlieferverträgen in der Regel die VgV Anwendung.[56]

2 Vergaberechtliche Zulässigkeit von Ökostromanforderungen

3 In seiner sogenannten Wienstrom-Entscheidung hat der EuGH festgehalten, dass es dem öffentlichen Auftraggeber grundsätzlich vergaberechtlich nicht verwehrt ist, die Lieferung von Strom aus erneuerbaren Energieträgern zu verlangen.[57]

4 Ebenso wie im Kapitel 3 F. bereits für die vergaberechtlichen Aspekte beim nachhaltigen Planen und Bauen dargestellt, gibt es auch im Rahmen des Vergabeverfahrens für Stromlieferverträge verschiedene Anknüpfungspunkte für die Festlegung von „Ökostrom-Kriterien“:

3 Vergaberechtliche Ansatzpunkte für „Ökostrom-Kriterien“

a) Festlegung des Beschaffungsbedarfs

5 Eine erste Vorfestlegung findet wie immer bei der Bestimmung des Beschaffungsgegenstandes im Vorfeld des förmlichen Vergabeverfahrens statt. Hierbei kommt dem öffentlichen Auftraggeber noch ein relativ weiter **Beurteilungsspielraum** zu.[58] So legt etwa die Berliner Verwaltungsvorschrift Beschaffung und Umwelt (VwVBU) fest, dass die öffentliche Hand in Berlin generell keinen elektrischen Strom, der aus atomarer Erzeugung stammt, beschaffen darf.[59]

---

55 Vgl. hierzu Umweltbundesamt (UBA), Beschaffung von Ökostrom. Arbeitshilfe für eine europaweite Ausschreibung der Lieferung von Ökostrom im offenen Verfahren, März 2017: http://www.umweltbundesamt.de – nachfolgend: UBA, Beschaffung von Ökostrom.

56 Zu den aktuell geltenden Schwellenwerten sowie der Unterscheidung in Unter- und Oberschwellenvergaben siehe oben Kap. 2 Rn 3.

57 EuGH, Urt. v. 4.12.2003 – Rs. C-443/01, NZBau 2004,105, 107. Für die grundsätzliche Zulässigkeit der Beschaffungsvorgabe „grüner“ Strom sprach sich bereits zuvor die Europäische Kommission aus: Interpretierende Mitteilung der Kommission über das auf das öffentliche Auftragswesen anwendbare Gemeinschaftsrecht und die Möglichkeit zur Berücksichtigung von Umweltverlangen bei der Vergabe öffentlicher Aufträge vom 4.7.2001, KOM(2001), 274 endg., S. 12,

58 Siehe oben Kap. 3 Rn 10.

59 Ziff. 4.2 VwVBU, Seite 5.

b) Eignungskriterien und Eignungsprüfung

Bei der Festlegung der Eignungskriterien sowie der im Anschluss durchzuführenden Eignungsprüfung ist – wie sonst auch – sicherzustellen, dass nur solche Stromlieferanten den Zuschlag erhalten, die fachkundig, leistungsfähig und zuverlässig sind. 6

Als Nachweis können hier etwa **Referenzen** über vergleichbare Ökostromlieferverträge aus den vergangenen drei Jahren verlangt werden.[60] 7

Praxistipp

Das Umweltbundesamt stellt auf seiner Website eine Muster-Referenzliste für die Ökostromlieferung als Bestandteil der dort angebotenen Muster-Vergabeunterlagen zur Verfügung.[61]

Abgesehen von derartigen Referenznachweisen sind dem Auftraggeber im Rahmen der Eignungsprüfung enge Grenzen im Hinblick auf die Berücksichtigung spezieller Ökostrom-Anforderungen gesetzt: Vergaberechtlich unzulässig wäre es etwa, generell Energieerzeuger, die auch Atomstrom anbieten, vom Vergabeverfahren auszuschließen,[62] da ein derartiges zusätzliches Angebot die Leistungsfähigkeit und Fachkunde des Anbieters im Hinblick auf Ökostromlieferungen nicht in Frage stellen kann. Die Eignung ist stets auftragsbezogen zu ermitteln (§ 122 Abs. 4 S. 1 GWB). Allgemeine Umweltanforderungen an die Geschäftspolitik eines Anbieters ohne Bezug zum konkreten Auftrag stellen keine zulässigen Eignungskriterien dar.[63] 8

Ebenso wenig kann im Rahmen der Eignungskriterien die Auszeichnung mit einem Ökostrom-Gütesiegel als Nachweis der technischen Eignung verlangt werden, da diese Siegel keine Aussagen zu den abschließend in der VgV geregelten Eignungsfragen[64] treffen. 9

c) Anforderungen an den Auftragsgegenstand „Ökostrom“

Da es keine gesetzliche oder sonstige allgemein verbindliche Definition des Begriffs „Ökostrom“ gibt, hat es der öffentliche Auftraggeber in der Hand, die von ihm gewünschten Spezifikationen des Beschaffungsgegenstands „Ökostrom“ in den Vergabeunterlagen zu formulieren. Hierbei sind das Transparenzge- und das Diskriminierungsverbot zu beachten. 10

---

60 UBA, Beschaffung von Ökostrom, S 36.

61 www.umweltbundesamt.de.

62 Berliner Energieagentur GmbH/*Hübner/Dubbers* Beschaffung und Klimaschutz. Leitfaden zur Beschaffung energieeffizienter Produkte und Dienstleistungen – Ökostrom, Stand November 2012, S. 18, nachfolgend: Berliner Energieagentur, Beschaffung und Klimaschutz.

63 EuGH, Urt. v. 10.5.2012 – Rs. C-368/10, VergabeR 2012, 569 ff.

64 Vgl. zum abschließenden Charakter der Eignungskriterien u. a. OLG Düsseldorf, Beschl. v. 7.5.2014 – VII Verg 46/13, BeckRS 2014, 1461.

Praxistipp
Beispiele für Anforderungen an die Ökostromqualität finden sich etwa in den Arbeitshilfen des Umweltbundesamtes und der Berliner Verwaltungsvorschrift Beschaffung und Umwelt.[65]

d) Verweis auf Ökostrom-Gütesiegel

11 Wie bereits oben in Kapitel 3 allgemein in Bezug auf Umwelt- bzw. Gütezeichen ausgeführt,[66] kann der Auftraggeber seit der zum 18.4.2016 in Kraft getretenen Vergabenovelle als Beleg für umweltbezogene Merkmale, die in der Leistungsbeschreibung gefordert wurden, unter bestimmten Voraussetzungen die Vorlage von Gütezeichen verlangen. Die frühere Rechtsprechung, wonach es nicht zulässig war, im Rahmen der technischen Spezifikation des Auftragsgegenstandes pauschal auf die Anforderungen eines Gütesiegels zu verweisen und nur Angebote derjenigen Bieter zu akzeptieren, die über ein entsprechendes Gütesiegel verfügen, ist damit zwar in Teilen obsolet geworden. [67]

12 Dennoch ist im Bereich Ökostrom bis auf Weiteres davon auszugehen, dass es weiter Aufgabe des öffentlichen Auftraggebers bleibt, die von ihm geforderten Ökostromkriterien im Leistungsverzeichnis selbst vorzugeben. Hierbei kann er die Kriterien der verschiedenen Ökostrom-Gütesiegel als **Orientierung** für verschiedene technische Spezifikationsmöglichkeiten verwenden. Denn weder in Deutschland noch auf europäischer Ebene gibt es bislang Ökostrom-Gütezeichen, die den vergaberechtlichen Voraussetzungen u. a. des § 34 VgV genügen.

13 Denkbar wäre es daher höchstens, dass ein öffentlicher Auftraggeber für seine Ausschreibung explizit die Anforderungen eines Gütezeichens übernimmt und dann den Bietern die Möglichkeit gibt, den Nachweis der Einhaltung dieser Kriterien allein durch Vorlage des Gütezeichens zu führen.[68] Angebote von Bietern, die nicht über das entsprechende Zeichen verfügen, dürfen jedoch nicht vom Verfahren ausgeschlossen werden.[69] Es muss vielmehr ausdrücklich zugelassen werden, dass die Nachweisführung auch durch **gleichwertige Beweismittel** erbracht werden kann (§ 34 Abs. 4, 5 VgV). Die Beweislast liegt hier zwar beim Bieter, dennoch führen derartige Gleichwertigkeitsprüfungen im Rahmen des in aller Regel ohnehin zeitlich straffen Vergabeverfahrens vielfach zu erheblichen praktischen Problemen. Der erhoffte Erleichterungseffekt durch den Verweis auf das Gütezeichen tritt somit vielfach nicht ein.[70]

65 UBA, Beschaffung von Ökostrom, a. a. O., S. 14; VwVBU Anhang 1, Ziff. 3.1 Strom.
66 Kap. 3. Rn 24 ff.
67 EuGH, Urt. v. 10.5.2012 – Rs. 386/10, VergabeR 2012, 569.
68 Berliner Energieagentur, Beschaffung und Klimaschutz, S. 20; UBA, Beschaffung von Ökostrom, S. 15.
69 Berliner Energieagentur, Beschaffung und Klimaschutz, S. 20.
70 I.d.S. auch UBA, Beschaffung von Ökostrom, S. 15.

e) Zuschlagskriterien nach der Wienstrom-Entscheidung des EuGH

Grundsätzlich ist es nach der Rechtsprechung des EuGH in der Sache Wienstrom 14
zulässig, die Lieferung von Ökostrom im Rahmen der Wertung zu berücksichtigen.[71]

Insbesondere bejahte der EuGH die zuvor umstrittene – jetzt aber auch seit der 15
Vergabenovelle 2016 in §127 Abs. 3 GWB ausdrücklich geregelte – Frage[72] des **Auftragsbezugs** bei einem Wertungskriterium, das sich nicht auf physische Produkteigenschaften, sondern auf das Produktionsverfahren bezieht. An einem solchen Zusammenhang mit dem Auftragsgegenstand soll es dagegen fehlen, wenn sich die Forderung nach einer Lieferung von Strom aus erneuerbaren Energiequellen nicht nur auf die vom Auftraggeber abgenommenen Liefermengen, sondern auch auf die Belieferung dritter, vom abzuschließenden Vertrag nicht erfasster, Nutzer bezieht. Die allgemeinen Lieferkapazitäten für „grünen Strom“ dürfen daher – ebenso wie sonst auch Anforderungen an die allgemeine Geschäftspolitik des Auftragnehmers[73] – nicht zum Wertungskriterium gemacht werden.[74]

Der EuGH hielt es weiter für zulässig, das Ökostrom-Kriterium mit 45%, mithin 16
relativ hoch in die **Gewichtung** einzubeziehen. Er betonte, dass das Gemeinschaftsrecht es dem Auftraggeber nicht verwehrt, bei der Ermittlung des wirtschaftlichsten Angebots Umweltziele unabhängig von ihrer exakten finanziellen Bewertbarkeit in relevanter Höhe zu gewichten.[75]

Allerdings scheiterte der öffentliche Auftraggeber im entschiedenen Fall daran, 17
dass er selbst zu erkennen gab, die Ökostrom-Angaben des für den Zuschlag vorgesehenen Bieters nicht effektiv kontrollieren zu können. Die Bewertung eines Kriteriums aber, dessen **Kontrolle** dem Auftraggeber nicht möglich ist, verstößt nach Auffassung des EuGH gegen das Gleichbehandlungs- und Transparenzgebot.[76] Abhilfe hat hier inzwischen die Europäische Richtlinie 2009/28/EG zur Förderung der Nutzung von Energie aus erneuerbaren Quellen und ihre Umsetzung im EEG und der Herkunftsnachweisverordnung (HKNV) vom 28.11.2011 geschaffen.[77] Auf ihrer Grundlage wurde beim Umweltbundesamt ein Herkunftsnachweisregister für Ökostrom eingerichtet. Mit dem Herkunftsnachweis wird in Form eines elektronischen Dokuments bescheinigt, wo und wie Strom aus erneuerbaren Quellen eingespeist wurde. Nach der Lieferung des Stroms aus erneuerbaren Energien an einen Verbraucher wird der Nachweis entwertet, um sicherzustellen, dass die Eigenschaft „Ökostrom“ nicht doppelt vermarktet wird.

71 EuGH, Urt. v. 4.12.2003 – Rs. C-443/01, NZBau 2004, 105, 107.
72 Siehe hierzu Krohn, NZBau 2004, 92, 94.
73 Siehe hierzu oben Kap. 3 Rn 43 ff.
74 EuGH, Urt. v. 4.12.2003 – Rs. C-448/01, NZBau 2004, 105, 109.
75 EuGH, Urt. v. 4.12.2003 – Rs. C-448/01, NZBau 2004, 105, 107.
76 EuGH, Urt. v. 4.12.2003 – Rs. C-448/01, NZBau 2004, 105, 108.
77 Herkunftsnachweisverordnung vom 28.11.2011 (BGBl I S. 2447), zuletzt geändert mit Gesetz vom 21.7.2014 (BGBl. I S. 1066).

f) Mögliche Zuschlagskriterien

18 Vielfach wird bereits die Leistungsbeschreibung umfangreiche technische Spezifikationen des zu liefernden Ökostroms enthalten, da sich auf diese Weise am besten vergleichbare Angebote einholen lassen.[78] Anforderungen, die bereits Mindestbedingungen des Angebots sind, können nicht erneut im Rahmen der Wertung berücksichtigt werden. Wenn und soweit hier neben dem niedrigsten Angebotspreis noch weitere Kriterien in die Wertung einfließen sollen, so sind diese vorab einschließlich ihrer Gewichtung bekannt zu machen. Als weitere Zuschlagskriterien kommen in Betracht:

- Höherer Beitrag zur CO_2-Reduktion im Vergleich zum Strommix oder zu den Anforderungen in der Leistungsbeschreibung
- Der Ausbau von Anlagen zur regenerativen Stromerzeugung über die Wirkung des EEG hinaus.[79]

19 Dabei können entweder qualitative und Preiskriterien durch Punktewertung ins Verhältnis zueinander gesetzt werden, oder aber der Zuschlag auf das Angebot, das unter Berücksichtigung einer fiktiven Preisgutschrift für die Treibhausgas-Minderung den niedrigsten Angebotspreis aufweist, erteilt werden.[80]

g) Bedingungen im Stromliefervertrag

20 Schließlich hat der Auftraggeber die Möglichkeit, im Rahmen des der Ausschreibung zugrundeliegenden Stromliefervertrages weitere Bestimmungen für die Lieferung des Ökostroms festzuhalten. Nimmt man die Rechtsprechung des EuGH in der Sache Wienstrom ernst, so ist er hierzu eigentlich auch verpflichtet, um seinen Kontrollpflichten im Hinblick auf die zuvor aufgestellten Mindestanforderungen und Zuschlagskriterien nachzukommen.

21 In den Stromliefervertrag sollten daher Regelungen aufgenommen werden zu:

- Pflicht des Lieferanten zur Einhaltung der in der Leistungsbeschreibung genannten Ökostromqualität im Lieferzeitraum,
- Nachweispflichten des Lieferanten über die Ökostromqualität,
- Regelung zu Sonderkündigungsrechten, Schadensersatz und gegebenenfalls Vertragsstrafen für den Fall, dass die Lieferanten die Anforderungen an die Ökostromqualität in dem Lieferzeitraum nicht oder nicht vollständig einhalten.[81]

---

78 Siehe zu diesem Aspekt oben Kap. 3 Rn 18 ff.

79 Berliner Energieagentur, Beschaffung und Klimaschutz, S. 18; UBA, Beschaffung von Ökostrom, S. 30 f.

80 Zu den einzelnen Modellen s. UBA, Beschaffung von Ökostrom, S. 30 f; siehe hierzu auch: VwVBU Anhang 1, Ziff. 3.1 Strom.

81 UBA, Beschaffung von Ökostrom, S. 35. Dort findet sich auch ein Verweis auf einen Muster-Vertrag über die Lieferung von Ökostrom.

D Physische Beschaffung von Energie in Kooperationsnetzwerken

I Der Austausch von Wissen

„Der Fortschritt lebt vom Austausch des Wissens". Seit dieser Feststellung von Albert Einstein haben die Industrienationen im letzten Jahrhundert kontinuierliche Entwicklungsphasen erlebt. Die Atomkatastrophe von Fukushima und die Energiewende in Deutschland sind zwei prägende Ereignisse, die aufzeigen, dass sich die **Energieversorgung** in Deutschland, Europa und der Welt seit dem Beginn des 21. Jahrhunderts **in einer Phase rasanter Veränderungen** befindet. In kürzester Zeit hat sich hier eine Dynamik entwickelt, die dafür spricht, dass es auch in der Zukunft zu vielfältigen Umwälzungen und Brüchen kommen wird. Die Veränderung wird damit zur Regel. 1

Eine Vielzahl von Unternehmen und Verbänden beschäftigen sich heute mit Zukunftsstudien. Diese setzen sich auch mit Fragen der Nachhaltigkeit und, hiermit eng verbunden, der Beschaffung von Energie und der Energieeffizienz auseinander.[82] 2

Deutschland ist eine rohstoffarme Industrienation, in der die Versorgungssicherheit weiterhin eine hohe Priorität genießen wird. **Zukunftsfähige und unkonventionelle Modelle für einen effizienten Ressourceneinsatz** sind damit mehr denn je gefordert. 3

In dieser Situation ist es heute erforderlich, dass Unternehmen **neue kooperative Formen des Zusammenwirkens** finden, die sich mit diesen Brennpunkten der Energiepolitik auseinandersetzen. Bereits jetzt sind sich Zukunftsforscher relativ sicher, dass es in den nächsten Jahrzehnten zu radikalen Veränderungen kommen wird, die voraus schauende Planungen nahezu nicht ermöglichen. 4

Die Energiemärkte unterliegen immer wieder einer hohen Volatilität. Damit sind die Rahmenbedingungen weiterhin in höchstem Maße unsicher. Darüber hinaus machen die **Klimaschutzziele von Paris** ein vollständiges Umdenken beim Verbrauch von Energie erforderlich. In den nächsten Jahren muss der Energiebedarf der **Sektoren Wärme und Transport** immer stärker durch elektrische Energie gedeckt werden.[83] 5

Veränderungen haben so immer mehr disruptiven Charakter. Sie sind damit immer weniger prognostizierbar.[84] 6

82 U. a. „Delivering tomorrow – Zukunftstrend nachhaltige Logistik" – eine globale Betrachtung der Deutschen Post AG (1. Aufl. Dezember 2010).

83 Volker Quaschning, Sektorkopplung durch Energiewende, Hochschule für Technik und Wirtschaft, HTW, Berlin, veröffentlicht am 20.6.2016

84 „Deutschland 2030, Zukunftsperspektiven der Wertschöpfung", Veröffentlichungen des Bundesverbandes der Deutschen Industrie e. V. (November 2011).

7 Parallel zu diesen Umbrüchen hat sich in der IT ein erheblicher Wandel vollzogen. Bereits heute haben Kunden-Communities im Internet erheblichen Einfluss auf Unternehmen und ihre Produkte. Die besondere Stärke dieser Communities ist die **Bereitschaft zu einer offenen Kommunikation**. Dieser Faktor treibt auch den Wandel bei der Zusammenarbeit zwischen Unternehmen in unterschiedlichsten Branchen an.

8 Seit dem Beginn der neunziger Jahre des letzten Jahrhunderts beschäftigen sich weltweit Wirtschaftswissenschaftler immer stärker mit **Netzwerkmodellen** aller Art. Zu diesen gehören auch Netzwerke, in denen sich Unternehmen zusammenfinden, um Fragen der Energie-Beschaffung, der Energiepolitik und vor allem der Energieeffizienz miteinander zu diskutieren. Bundesweite oder internationale Unternehmensnetzwerke beschäftigen sich dabei überwiegend mit dem Austausch von Informationen. Der Schwerpunkt der regionalen Unternehmensnetzwerke findet sich im Bereich der Energieeffizienz.

9 **Energiekosten** sind für Unternehmen nicht nur in der Produktion zu einer **entscheidenden betriebswirtschaftlichen Größe** geworden[85]. Über den Lebenszyklus eines Geschäftsgebäudes werden nach allgemeiner Einschätzung lediglich etwa 20 % der Gesamtkosten für Planung und Bau, die verbleibenden 80 % aber für den Gebäudebetrieb aufgewendet. Aufgrund des dominierenden Anteils der Energiekosten rückt das Thema „Energie-Einkauf und Energieeffizienz" damit bei Neubau, vor allem aber bei Sanierung und laufendem Betrieb von Immobilien immer mehr in den Vordergrund. Darüber hinaus ist die CO_2-Neutralität verstärkt im Fokus des Interesses.[86]

Praxistipp

Technische Anlagen und ihre Betriebskosten werden damit immer mehr unternehmensübergreifenden Vergleichen unterworfen. Man wird sich immer mehr bewusst, dass nicht jeder das Rad neu erfinden muss. Eine gute Kopie ist stets besser als eine schlechte eigene Erfahrung.

II Der Blick ins eigene Unternehmen als Basis für eine Zusammenarbeit in Netzwerken

10 Mit der Liberalisierung des Strommarkts in Deutschland im Jahre 1998 entstanden zunächst bundesweit Energie-Einkaufspools, wenige Jahre später folgten die ersten Energieeffizienz-Netzwerke.

---

85 Unternehmensbarometer des DIHK „Energie und Rohstoffe für morgen" vom 18.1.2012.

86 Erkennbar wird dies bei einer Analyse der Nachhaltigkeitsberichte aller größeren Unternehmen. Darüber hinaus entstehen auch hier Kooperationsnetzwerke, die auch von der öffentlichen Hand gefördert werden – zuletzt Klimapakt der Stadt München mit mehreren in München ansässigen Unternehmen, unterzeichnet am 1.7.2016.

Im Zusammenspiel mehrerer Partner gelingt die Umsetzung besser. Heute bündeln Unternehmen deshalb bundesweit ihre Kräfte rund um die vielfältigen Themen der Energieversorgung. 11

Grundvoraussetzung für eine Beteiligung an Energie-Netzwerken ist zunächst der Blick in das eigene Unternehmen. 12

- Sind die technischen und kaufmännischen Verbrauchsdaten mit ausreichender Qualität verfügbar und bewertbar?
- Wie ist der Stellenwert des Gebäudebetriebs im Unternehmen?
- Liegt die Trägerschaft durch die Unternehmensleitung vor, oder wie kann sie gewonnen werden?
- Wie stark ist die interne und externe Netzwerkfähigkeit von den für das Projekt benötigten Mitarbeitern ausgebildet?

Zu Beginn ist stets eine **Analyse der Versorgungssituation** im Unternehmen durchzuführen. Hierzu zählt die Bewertung der bestehenden Verträge hinsichtlich Laufzeiten und Bündelungsfähigkeit nach ähnlich gearteten Verbrauchsprofilen, eine systematische Erfassung der Rechnungsbestände und die Verfügbarkeit aller technischen Verbrauchswerte. Bei der Stromversorgung werden beispielsweise Abnahmestellen mit einem Verbrauch von weniger als 100.000 kWh p. a. von Stromlieferanten anhand von Standardlastprofilen bewertet. Bei größeren leistungsgemessenen Verbrauchsstellen ist eine Angebotseinholung ohne Beifügung der Jahreslastgänge – auch wenn es sich hierbei um historische Daten handelt – nicht zielführend. Während zu Beginn der Liberalisierung des Energiemarkts noch die Bezugsmenge ausschlaggebend für den Preis war, wird heute jedes Objekt nach seinem spezifischen Verbrauchsverhalten bewertet und mit einem dazu ermittelbaren Energiepreis angeboten. Entsprechendes gilt seit der Öffnung des Gasmarktes für die Belieferung größerer Lieferstellen mit Gas. 13

Eine der großen Herausforderungen für die Zukunft ist die Digitalisierung in der Energiewirtschaft. Dies betrifft im ersten Schritt die Beziehungen zum Endkunden, sprich im Mengengeschäft den Privatkunden. **Portallösungen für Geschäftskunden** werden schon seit einigen Jahren von nahezu allen Energieversorgungsunternehmen angeboten. Sie spiegeln allerdings häufig nur die kaufmännischen Daten ausreichend wider. Ausführliche technische Auswertungen unter Nutzung von Geschäftskundenportalen werden somit – trotz der erheblichen Veränderungen in der IT – noch etwas auf sich warten lassen. Insofern empfiehlt es sich, die automatische Bereitstellung von Jahreslastgängen weiterhin in die Versorgungsverträge aufzunehmen. Die Bereitstellung erfolgt in herkömmlichen Formaten. 14

Die nächste große Veränderung ist zu erwarten, wenn **intelligente Zähler** flächendeckend zur Verfügung stehen und so eine bessere Abstimmung von schwankender Erzeugung und Verbrauch ermöglichen. 15

Eindeutig definierte **Ziele zur Effizienzsteigerung** sind ein absolutes Muss für eine Mitwirkung an Energieeffizienz-Netzwerken. Wünschenswert ist hier stets eine 16

„Trägerschaft von oben", sprich eine Verpflichtung aller relevanten Unternehmensteile durch die Geschäftsführung des jeweiligen Unternehmens. Zum einen mindert dies den natürlichen Konflikt zwischen betriebswirtschaftlichen Rentabilitätsvorgaben und häufig abweichenden technischen Bewertungen. Zum anderen wird die innerbetriebliche Priorisierung einer Maßnahme erheblich erleichtert. Im Gegenzug hierzu ist auf ein internes **Monitoring sowie Berichtswesen** zu achten, das sich auf die umgesetzten Maßnahmen einschließlich der dadurch erzielten Energieeinsparungen und hierdurch vermiedenen Treibhausgas-Emissionen erstreckt. Verpflichtend sollte ein jährlicher Energiebericht sein, damit Veränderungen über größere Zeiträume prüffähig bleiben.

17 Die **Netzwerkfähigkeit eines Unternehmens**[87] geht heute weit über die organisatorische Kooperationsfähigkeit hinaus. Im Bereich der „Energie"-Informationsnetzwerke ist **die interne und externe Kooperationsfähigkeit der beteiligten Mitarbeiter** von entscheidender Bedeutung. Bei Energieeffizienz-Netzwerken kommt die Fähigkeit zur schnellen Bildung und Weiterentwicklung von Geschäftsbeziehungen dazu. Entscheidend sind folglich „weiche" und „harte" Faktoren.

18 Das klassische Change Management entscheidet somit über Erfolg und Misserfolg von Informationsnetzwerken. Hier gilt, dass ohne kooperationswillige und kooperationsfähige Mitarbeiter keine Diskussion und kein Informationsaustausch entstehen wird. **An die Stelle hierarchischer Beziehungen zwischen Unternehmen treten in zukunftsfähigen Netzwerken thematisch kompetente Mitarbeiter mit gemeinsamen Zielvorstellungen, die über eine besondere Befähigung zur Kommunikation und Kooperation verfügen und damit zum gegenseitigen Wissensaustausch bereit sind.**

III Netzwerkformen

19 Der Einkauf von Energie und die Umsetzung von Energieeffizienzmaßnahmen bedürfen stets eines engen innerbetrieblichen Zusammenwirkens der für den Einkauf verantwortlichen Organisationseinheit mit den technisch Verantwortlichen im Gebäudebetrieb.[88] Dieses **„Ur-Netzwerk"** ist die Basis für alle Entscheidungen rund um das Thema „Energie". Beide Bereiche können die Maßnahmen nicht ohne die Mitwirkung des jeweils anderen umsetzen.

20 Der Grad der Einbindung des kaufmännischen Bereichs, als drittem Partner des „Ur-Netzwerks" im Betrieb, richtet sich nicht nach dem Beschaffungsvolumen, sondern nach der Zahl der Abnahmestellen. Verfügt das Unternehmen beispielsweise

87 *Alt/Fleisch* Netzwerkfähigkeit von Unternehmen: Beiträge des Business Engineering zum Business Networking.
88 *Fleisch* Das Netzwerkunternehmen, S. 70 ff.

über eine Vielzahl von Abnahmestellen mit geringen Verbräuchen, so wird der Rechnungsprozess und die unternehmensspezifische Aufbereitung der kaufmännischen Daten durch den Lieferanten stark an Bedeutung gewinnen.[89]

Bei Unternehmen mit mehreren Betriebsstätten oder Immobilien im Bundesgebiet können lokale Besonderheiten die Vorteile einer zentralen Beschaffung in einigen Ausnahmefällen überkompensieren. Ein Beispiel hierfür ist die Vernetzung von Netzersatzanlagen mit externen Partnern. Seit der Umsetzung des sogenannten „Unbundling", sprich der gesellschaftlichen Trennung von Netz und Energielieferung, spielen besondere Liefervereinbarungen mit einem lokalen Partner allerdings nur noch eine untergeordnete Rolle. 21

Unternehmensinterne Netzwerke mit einer Vielzahl von beteiligten Gesellschaften sind als interne Netzwerke stets Eigentümer der meisten Ressourcen, die für eine spezifische Leistungserbringung erforderlich sind. Die erste Voraussetzung für Erfolge beim Einkauf von Energie oder der Umsetzung von Energieeffizienzmaßnahmen ist auch hier die Übernahme einer Trägerschaft durch die Konzernleitung. In Zusammenarbeit mit dieser sind die Kernkompetenzen und die Aufgaben der beteiligten Unternehmenseinheiten zu definieren. Nur so können klassische funktionserhaltende Blockaden verhindert werden. 22

Besondere Erfolge können solche unternehmensinterne Netzwerke dann verzeichnen, wenn sie in relativ kleinen und überschaubaren Einheiten arbeiten können, die sich durch **dezentrale Entscheidungskompetenz und Ergebnisverantwortung** auszeichnen. 23

Vergleichbar den fraktalen Unternehmen arbeiten sie als selbständig agierende Geschäftseinheiten, deren Ziele und Leistungen eindeutig beschreibbar sind. Gemeinsam ist diesen Einheiten die Einhaltung übergeordneter Unternehmensziele. Der hohe Grad der Selbstorganisation der Beteiligten fördert eigenständiges Denken und Handeln und eine permanente Anstrengung bei der Suche nach neuen Ideen für Energieeffizienzmaßnahmen. 24

Festzuhalten ist damit: 25

- Ein Energie-Einkauf ist als Konzerneinkauf erfolgreich abbildbar, wenn die Trägerschaft durch die Unternehmensleitung gegeben ist und die nötige Offenheit zwischen den Beteiligten besteht.
- Der Erfolg bei der Umsetzung von Energieeffizienz-Maßnahmen im Konzern hängt hingegen stets von der Innovationsfähigkeit der technischen Einheiten im Gebäudebetrieb und deren Eigenkompetenzen ab.
- Dem Grundsatz „stets Betroffene zu Beteiligten zu machen" kommt in beiden Fällen eine besondere Bedeutung zu. Nur durch eine Integration der Beteiligten kann betriebsinternes Blockadeverhalten abgebaut werden.

89 *Österle* Das Intelligente Unternehmen kooperiert, Value Chain Forum 2005, Kartause Ittingen.

26 Am einfachsten kann dies am üblichen Genehmigungsverfahren für Neuinvestitionen aufgezeigt werden. In der Regel fordern die Genehmigungsebenen – geleitet von der Risikosicht – bei Neuinvestitionen eine Amortisation binnen drei Jahren oder sogar weniger. Betrachtet man eine Investition in energieintensive Anlagen im Bereich Kälte, Wärme oder Druckluft, so haben diese in der Regel eine Einsatzzeit von zehn oder mehr Jahren. Unterstellt man hier eine von den technischen Spezialisten des Gebäudebetriebs ermittelte, gleichbleibende Energieeinsparung für den kalkulierten Lebenszyklus der Anlage, so ergibt sich eine interessante Verzinsung bei Effizienz-Investitionen.[90] Andererseits ergeben sich bei Konzernen mit diversifizierten Produkten schnell unterschiedliche Präferenzen.

27 Bei **stabilen Netzwerken mit Dritten** stellen unterschiedliche Unternehmen die zur Leistungserbringung erforderlichen Ressourcen, wobei ein großes Kernunternehmen eine Leitungsfunktion übernehmen sollte. Durch teilweises Auslagern von Aufgaben oder Prozessen an Netzwerkpartner entsteht eine hohe Flexibilität sowie Qualitätssteigerung bei der jeweiligen Maßnahme.

28 Stabile Netzwerke bieten für kleinere und weniger energieintensive Unternehmen eine gute Möglichkeit die Beschaffung von Energie zu optimieren. Maßnahmen wie „Lieferantenmanagement", „Marktbeobachtung" und „regelmäßige Beobachtung der Preisentwicklung an der Energiebörse EEX" werden von einzelnen Partnern für das Netzwerk übernommen. Vergleichbar mit einem klassischen Einkaufsverbund wird so – ohne Steigerung der internen Personalressourcen – die Qualität der Beschaffung wesentlich erhöht.

29 Bei Energieeffizienz-Maßnahmen bieten stabile, auf Dauer angelegte Netzwerke mit Dritten relativ geringe Vorteile. Soweit keine gleichgearteten Produktionsprozesse oder Anlagen bestehen, reduziert sich der Vorteil auf einen regelmäßigen Informationsaustausch, bei dem – bedingt durch die Kooperation – ein höherer Grad von Offenheit erreicht werden kann.

30 **Dynamische Netzwerke** bedürfen eines Moderators, der über geringe eigene Ressourcen verfügen kann. Er identifiziert und koordiniert Ressourcen und Kompetenzen seiner Netzwerkpartner. Es kommt somit nur zu einer minimalen Zentralisation, die auch temporäre Kooperationen unproblematisch ermöglicht. Aufgrund dieses themenoffenen Vorgehensmodells werden Vorbehalte gegenüber firmenfremden Experten erheblich reduziert.[91]

31 Dynamische Netzwerke bilden somit die ideale Ebene für Unternehmenskooperationen, deren Primärziel ein kontinuierlicher Informationsaustausch über Energie-Themen aller Art ist. Angefangen bei allgemeinen energiepolitischen Fragen, über Themen der Netzstabilität bis hin zur Entwicklung von neuen Energiespeichern. All

90 *Wagner* Energieeffizienz im Netzwerk erreichen, Energy 2.0-Kompendium 2008.
91 *Energie Network Schweiz* abrufbar unter: www.energienetwork.ch.

dies sind Themen, die in solchen Kooperationsnetzwerken mit Spezialisten aus den beteiligten Unternehmen leicht weiterentwickelt werden können.

Das gemeinsame Interesse der Partner in solchen dynamischen Netzwerken ist 32 die Basis für Energieeffizienz-Netzwerke, die vor allem bei mittelständischen Unternehmen in Deutschland immer mehr Akzeptanz finden.[92] In diesen erreichen sie mit einem gemeinsam gesetzten Ziel schnelle Ergebnisse. Jeder steuert eigene Erfahrungen bei und profitiert von den Erfahrungen anderer. Sie nutzen und nützen sich damit gegenseitig. Diese Netzwerke sind in der Regel regional tätig.[93]

Bei der Gründung von Netzwerken ist – soweit keine spezifischen Anforderungen 33 entgegenstehen – branchenübergreifenden Modellen grundsätzlich der Vorzug zu geben. Insbesondere bei Dienstleistungsunternehmen haben die Energiekosten in der Regel einen geringen Anteil am gesamten Sachaufwand. Hierdurch kommt es immer wieder zu einer Unterschätzung des Stellenwerts des Gebäudebetriebs und damit einhergehend zu einer Verzögerung von notwendigen technischen Änderungen.

IV Aktives Netzwerkmanagement

Ein Netzwerkunternehmen geht wie eine „Spinne im Netz" Netzwerkbeziehungen nur 34 dann ein, wenn diese einen kurz-, mittel-, oder langfristigen Nutzen bewirken. Die **Herstellung von Win-Win-Situationen, in denen jedes Netzwerkunternehmen von dem Vernetzungsprojekt profitiert, ist damit die zentrale Herausforderung bei der Koordination eines Unternehmensnetzwerks.**

Die entscheidenden Faktoren sind hier „Offenheit", „gegenseitiges Vertrauen" 35 und „Akzeptanz beidseitiger Erfolge". Jeder Faktor für sich kann erhebliche Störungen im Netzwerk auslösen, oder dessen Bestand sogar als Ganzes gefährden.

Der **kritischste Erfolgsfaktor bei Vernetzungsprojekten** sind die beteilig- 36 ten Menschen. Sie initiieren das Netzwerk. Die Leistungsfähigkeit von Unternehmensnetzwerken hängt damit in einem sehr hohen Maß von der Leistungsfähigkeit (Können) und der Leistungsbereitschaft (Wollen) der Netzwerkangehörigen ab. Basis des Unternehmensnetzwerks sind darüber hinaus persönliche Netzwerke. Brechen diese persönlichen Netzwerke ab, so ist die Wahrscheinlichkeit sehr hoch, dass sich die auf den persönlichen Netzwerken aufbauenden Unternehmensnetzwerke auflösen.[94]

---

92 *Mittelstandsinitiative Energiewende und Klimaschutz* – deren Partner sind der DIHK gemeinsam mit dem Bundeswirtschafts- und Bundesumweltministerium sowie dem Zentralverband des deutschen Handwerks, abrufbar unter: www.mittelstand-energiewende.de/.

93 *Initiative Energieeffizienz* Aktionsplattform getragen von E.ON, EnBW, RWE, Vattenfall Europe und Dena, abrufbar unter: www.industrie-energieeffizienz.de; *Joest/Streibel*, Energieeffizienz-Netzwerke, abrufbar unter: www.energy.20.net.

94 *Fleisch* Das Netzwerkunternehmen, S. 258 ff.

37 Während dieses Risiko bei allen Informationsnetzwerken rund um das Thema Energie in hohem Maße gegeben ist, kommt es bei der Gründung von Energieeffizienz-Netzwerken zur gemeinsamen Verabschiedung von Zielen, Maßnahmen und einem Ablaufplan.[95] Auf diese Weise wird bei ihnen das Abbruchrisiko, das auf persönliche Gründe zurückzuführen ist, erkennbar reduziert.

38 Die Qualität und der Erfolg von Netzwerken werden darüber hinaus von der **Anzahl der vernetzten Partner** geprägt. In der Regel existiert ein Kreis fester Partner („Partnerpool"), von denen sich einige zusammenschließen.[96]

39 Beim Aufbau von Unternehmensnetzwerken erweist sich dabei der **Nukleus-Ansatz** am zweckmäßigsten. Er folgt der Regel **„wachse über funktionierende Einheiten"**. Sobald die nötige Gegenseitigkeit im „Nukleus" des Netzwerks gegeben ist, müssen sich der Netzwerk-Koordinator und die Kernmitglieder des „Nukleus" um ein zügiges Wachstum bemühen.

40 Die Grenze des Wachstums eines Informationsnetzwerkes wird erreicht, wenn die notwendige Kommunikation zwischen den Teilnehmern, sprich das Networking, nicht mehr in ausreichendem Umfang möglich ist. Vergleichbar einer Seminarveranstaltung kommt es hier nur noch zu einer einseitigen Informationsvermittlung.[97]

41 **Energieeffizienz-Netzwerke** sollten in der Regel nicht zu groß werden, um die Erreichbarkeit der Ziele nicht zu gefährden. Energieeffizienz-Netzwerke im Sinne der Vereinbarung zwischen den Bundesministerien für Wirtschaft und Umwelt sowie den Verbänden sollen **in der Regel aus acht bis fünfzehn,** mindestens jedoch aus fünf Unternehmen bestehen.[98] Bei Energieeffizienz-Netzwerken in Form von Unternehmensnetzwerken gilt dies bezogen auf Standorte und Einheiten entsprechend.[99]

42 **Regelmäßige, zumindest jährliche Netzwerktreffen**[100] bilden auch bei Energie-Netzwerken die Grundlage für einen längerfristigen Bestand. Trotz einer von Internet und elektronischen Mails geprägten Welt ist der persönliche Kontakt die entscheidende Voraussetzung für das Erreichen der Netzwerkmerkmale „relative Offenheit" und „Vertrauen".[101]

---

95 So z. B. auch beim Klimapakt der Stadt München im Rahmen eines Workshops mit den Beteiligten Unternehmen im September 2016

96 *Alt/Legner/Österle* Virtuelle Organisation – Konzept, Realität und Umsetzung.

97 Bei Veranstaltungen des unternehmensübergreifenden Arbeitskreises „Energie-Einkauf und Energieeffizienz" werden deshalb aufgrund der hohen Teilnehmerzahlen regelmäßige Networking-Phasen in der Tagesordnung eingeplant. Während der Plenumstermine wird strikt auf die Möglichkeit eines Sichtkontakts zwischen den Beteiligten geachtet.

98 Dem Klimapakt der Münchener Wirtschaft gehören 15 Unternehmen an.

99 *Initiative Energieeffizienz-Netzwerke* Vereinbarung zwischen der Regierung der Bundesrepublik Deutschland und Verbänden und Organisationen der deutschen Wirtschaft über die Einführung von Energieeffizienz-Netzwerken vom 3.12.2014.

100 Der Arbeitskreis „Energie-Einkauf und Energieeffizienz" trifft sich mindestens einmal jährlich. Mehr als die Hälfte der Mitglieder gehört dem Kreis seit über 10 Jahren an.

101 *Joest/Streibel* Energieeffizienz-Netzwerke, abrufbar unter: www.energy.20.net.

An den **zentralen Netzwerkkoordinator** sind besondere Anforderungen zu stellen. Er muss bei der Moderation des Netzwerks in besonderem Maße die unternehmensübergreifende Bedeutung des Netzwerks wahren. Sobald ein Netzwerktreffen in die Richtung einer reinen Kundenveranstaltung für ein Kernunternehmen des Netzwerks abdriftet, entsteht ein Ungleichgewicht im Netz, das die Balance des Miteinanders in erheblichem Umfang stören kann. 43

Bei der **Evaluierung aktueller Themen** ist es die Aufgabe des Netzwerkkoordinators, die Bedürfnisse und Kompetenzen seiner Netzwerkpartner zu identifizieren und letztere entsprechend für Netzwerktreffen zu nutzen. Darüber hinaus ist es seine Aufgabe, den Kontakt zur Energiewirtschaft und zu Interessenvertretungen zu pflegen. 44

Praxistipp
Die kritischste Position in Netzwerken hat der zentrale Netzwerkkoordinator. Scheidet er aus, kann das ganze Netzwerk zusammenbrechen. Er sollte deshalb stets einen Vertreter haben.

V Wertschöpfung im Rahmen von Netzwerken

Der größte Nutzen eines Netzwerkes liegt in der Bündelung von Kompetenzen. Gefördert durch den **gegenseitigen Informationsaustausch** gelingt es so, schnell im eigenen Unternehmen nachhaltige, innovative Lösungen zu erreichen. Nachfolgend werden – ohne Anspruch auf Vollständigkeit – Beispiele für gelebte Wertschöpfung aus Kooperationsnetzwerken dargestellt. 45

1 Einkauf von Energie

Der Energiemarkt erlebte seit der Liberalisierung des Strommarktes im Jahre 1998 erhebliche Veränderungen. Im Rahmen der Umsetzung von Richtlinien der Europäischen Union in nationales Recht wurden die Sparten „Produktion", „Netz" und „Vertrieb" gesellschaftsrechtlich getrennt (sog. „Unbundling"). 46

Hierdurch sind beim Einkauf von Strom seit vielen Jahren bundesweit Angebote einholbar. Bei der Gasversorgung erfolgte diese Liberalisierung zeitversetzt. Nachdem hier auch physisch Gas ins Netz eingespeist wird, ist eine bundesweite Ausschreibung nur bei Abnahmestellen mit einem Verbrauch von mehr als 1 Mio. kWh erfolgversprechend. 47

Als allgemeine Informationsquelle für den Einkauf von Energie ist der Monitoring-Bericht der Bundesnetzagentur und des Bundeskartellamts zu empfehlen, der von beiden Behörden seit dem Berichtsjahr 2012 veröffentlicht wird. Er dokumentiert, analysiert und bewertet die Entwicklungen auf den Märkten der leitungsgebundenen Energieträger Strom und Gas. 48

49 **Der effektive Preis für Strom und Gas richtet sich heute nahezu ausschließlich nach der Europäischen Energiebörse EEX.** Mehr denn je kommt es folglich bei der Beschaffung von Energie nicht auf eine Vielzahl von Angeboten, sondern auf den **richtigen Zeitpunkt** an. Darüber hinaus sollte das **Dienstleistungsspektrum des Energieversorgers** mit in die Beschaffungsentscheidung einfließen.

50 Unter Nachhaltigkeitsgesichtspunkten ist darauf hinzuweisen, dass **zertifizierter Ökostrom** zwischenzeitlich ohne größere Mehraufwendungen beschaffbar ist.[102]

51 Ökostrom wird seit der Marktöffnung im Jahre 1998 angeboten. Der Begriff Ökostrom ist allerdings weder eindeutig definiert noch geschützt. Um eine einheitliche Grundlage für den Begriff „Ökostrom" sicherzustellen, dokumentiert seit 2013 ein neues zentrales Herkunftsnachweisregister beim Umweltbundesamt unter anderem die Produktionsdaten außerhalb des EEG.[103] Nachdem Herkunftsnachweise handelbare Zertifikate sind, ist beim Vertragsschluss auf eine **Kopplung des Herkunftsnachweises mit einer speziellen Produktionsanlage** zu achten. Andernfalls besteht das Risiko, dass Graustrom eingespeist wird.

52 Bei Einkaufsentscheidungen für Strom und Gas bietet sich die Nutzung von Informationsnetzwerken bereits in frühen Phasen an. Der Informationsaustausch beginnt, vergleichbar mit den anfangs gewohnten Einkaufspools, mit Lieferantenanalysen. Es folgen Fragen der Preisentwicklung an der EEX. Darüber hinaus fließen auch Informationen über das Marktverhalten von Mitgliedern des Informationsnetzwerks in die abschließende Einkaufsentscheidung ein.

Praxistipp

Frei verhandelbar sind nur rd. 15 % der Stromkosten (Brutto). Jede Abnahmestelle mit Leistungsmessung wird individuell auf Basis der aktuellen EEX Preise kalkuliert. Heute ergeben sich somit keine Mengenvorteile durch große Pools. Entscheidend ist ausschließlich ein präziser Datenhaushalt. Darüber hinaus erbringen umfangreiche Ausschreibungen gegenüber einfachen Preisabfragen keinerlei Vorteile. Empfehlenswert ist ein konstanter Kontakt mit dem Energieversorgungsunternehmen während des Lieferzeitraums. Auch dieses hat Interesse an einer nachhaltigen und partnerschaftlichen Zusammenarbeit.

2 Versorgungssicherheit

53 Mit der Energiewende einhergehend ist ein starker Zubau von volatilen Erzeugungskapazitäten im Bereich der Erneuerbaren Energien zu verzeichnen, der die herkömmlichen Erzeugungskapazitäten weiterhin stark unter Druck setzt und sie gewissermaßen zurückdrängt. Auf diese Weise entstanden zwei eigenständige Marktbereiche. Der

102 Der Mehraufwand für die Zertifizierung von Ökostrom lag in den vergangenen Jahren zwischen 0,1 und 0,2 ct/kWh.

103 *NaturEnergie AG* Bericht anlässlich der Frühjahrstagung des unternehmensübergreifenden Arbeitskreises „Energie-Einkauf und Energieeffizienz" am 17.5.2013.

Erzeugungsschwerpunkt bei den erneuerbaren Energien liegt heute in Deutschland in Regionen mit einem sehr geringen Verbrauch. Zu erwähnen sind hier insbesondere die Windparks im Norden Deutschlands (offshore und onshore).

Der hier produzierte Strom muss in die verbrauchsstarken Bereiche im Süden 54
und Westen transportiert werden. Nachdem hier die Kernkraftleistung im Rahmen des Ausstiegs aus der Kernenergie abgebaut wird, ist es die Aufgabe der Netzbetreiber, ein **leistungsstarkes Versorgungsnetz von Norden nach Süden** aufzubauen.

Im Dezember 2014 mussten an zwei Tagen neun Reservekraftwerke im Süden 55
eingesetzt werden, um die Versorgungssicherheit zu gewährleisten. An beiden Tagen herrschte die typische netzkritische Situation einer hohen Windenergieeinspeisung im Norden bei gleichzeitigen Leistungsausfällen im Süden. (In den Wintermonaten erfolgte auf Grund der frühen Dunkelheit eine geringere Stromeinspeisung aus den Photovoltaikanlagen).[104]

Während die größte Herausforderung bei der Sicherstellung der Stromversorgung 56
im Transport liegt, sind bei der Gasversorgung effektive Versorgungslücken weiterhin nicht ausschließbar. Einerseits zeigt der von der Bundesnetzagentur seit 2006 ermittelte SAIDI-Wert ein konstant hohes Niveau der Gasversorgung.[105] Ein latentes Risiko ist aber nicht vermeidbar. Anfang Februar 2012 entstand aufgrund sehr niedriger Temperaturen und gleichzeitiger Lieferreduktionen aus dem russischen Markt ein Versorgungsengpass in den deutschen Gasnetzen. Im gleichen Zeitraum war auch der Bedarf an Strom in Europa sehr hoch. Durch die angespannte Situation im Gasnetz konnten gasbefeuerte Kraftwerke zur Spitzendeckung nicht eingesetzt werden. Nur durch ein Hochfahren von Reservekraftwerken konnte ein Versorgungseinbruch verhindert werden.[106]

Bereits jetzt stellen die durch das EEG geförderten **Kleinerzeugungsanlagen** 57
(Photovoltaik-, Wind- und Biogasanlagen) ein hohes Risiko für eine stabile Stromversorgung dar. Sie speisen hauptsächlich im Mittelspannungs- oder Niederspannungsnetz ein und können vom verantwortlichen Netzbetreiber nicht gesteuert werden. Eventuell resultierende Frequenzschwankungen und Leistungsspitzen können nur in den übergeordneten Netzen regeltechnisch ausgeglichen werden. Ein wichtiges Korrektiv ist hier die Weiterentwicklung und Förderung von Batteriespeichern, die einen Eigenverbrauch ermöglichen und darüber hinaus auch in Kleinnetze eingebunden werden können.

Die Versorgungssicherheit von Gebäuden und die dafür eingebaute Anlagentech- 58
nik (Netzersatzanlagen) werden somit immer stärker zu **Kernthemen des Informationsaustausches** bei Kooperationsnetzwerken. Die Erfahrung mit den einzelnen

104 *Bundesnetzagentur* Jahresbericht 2014.
105 2015 lag die durchschnittliche Unterbrechung der Versorgung von Letztverbrauchern bei 1,7 Minuten (BNetzA Newsletter September 2016)
106 *Bundesnetzagentur* Jahresbericht 2012.

Sicherungsmaßnahmen in der Anlagentechnik aber auch mit den im Ernstfall greifenden Notfallszenarien sind wertvolle Informationen, um die Qualität in der eigenen Versorgungssicherheit zu erhöhen.

Praxistipp
Aufgrund der hohen Risikobedeutung empfiehlt es sich, die Prüfung der Versorgungssicherheit in allen Maßnahmen des Gebäudebetriebs fest zu verankern. Sogenannte „Black Building Tests" sollten grundsätzlich einmal jährlich durchgeführt werden. Dies gilt auch für Maßnahmen, die im Rahmen von Energieeffizienz-Netzwerken durchgeführt werden.

---

3 Technische Innovationen

59 Die Frage der Versorgungssicherheit und das Inkrafttreten des EdL-Gesetzes[107] entwickelt sich zu einem besonderen Treiber für technische Innovationen.

60 Gewerbe und Industrie sind auch zukünftig gefordert, eine stabile Notenergieversorgung aufzubauen und laufend zu prüfen. Hierbei sind auch die erwähnten „Black Building"-Tests mit einzubeziehen.

61 Darüber hinaus wird sich die **Tendenz zu individuellen, dezentralen Lösungen** weiter verstärken. Bei Unternehmen wird sich der Anteil von Energieproduktion und anschließendem Eigenverbrauch weiter verstärken und auch in wohnwirtschaftlichen Arealen werden lokale Lösungen für Strom und Wärme mit Kleinnetzen keine Seltenheit sein.

62 In Unternehmensnetzwerken, bei denen Hersteller und Anwender beteiligt sind, lassen sich neue technische Lösungen kundenorientiert erarbeiten und gemeinsam umsetzen.

Als Beispiele für innovative Entwicklungen im Bereich der erneuerbaren Energietechnik seien erwähnt:

- Energiespeicher im Bereich der Batterietechnik, Elektrolyse- und Wasserstofftechnik
- Kompressionskälteanlagen mit Kältespeicher zur Aufrechterhaltung von Kühlsystemen
- Smart Grid (Steuerung von Energieerzeugung und Verbrauch)
- e-Mobility
- organische PV-Anlagen mit höheren Wirkungsgraden
- Einsatz von Biokraftstoffen und Biomasse.

107 Das Gesetz über Energiedienstleistungen und andere Energieeffizienzmaßnahmen (EDL-G) soll für einen geringeren Primärenergieverbrauch sorgen und damit den Klimaschutz unterstützen. Es geht auf eine EU-Richtlinie zurück und richtet sich vor allem an größere Unternehmen, die verpflichtet werden, regelmäßig ihren Energieverbrauch zu prüfen und den Primärenergieverbrauch zu senken.

4 Benchmarking in Branchen

Branchenbezogene, vergleichbare Energieverbräuche sind Entscheidungsgrundlagen für Modernisierungen in der Anlagen- und Prozesstechnik oder für Umstrukturierungen in den Arbeitsabläufen. Ein bestimmtes Verbrauchsverhalten lässt sich ableiten und kann gezielt verbessert werden. Um ein positives Ergebnis zu erreichen, wird ein vertrauensvoller Umgang mit den Daten aller Beteiligten vorausgesetzt. **Je mehr Daten von verschiedenen Gebäuden zur Verfügung stehen, desto transparenter und zielführender sind die Analysen.** Die nötigen Datenmengen entstehen auch hier in Kooperationsnetzwerken. 63

5 Energieeffizienz-Gesichtspunkte in Beschaffungsprozessen

Um Energieverbräuche zu minimieren, ist es wichtig, bereits in der **Projektierung und der Planungsphase den Gesichtspunkt „Energieeffizienz"** stärker zu etablieren. Hier ist zunächst zu empfehlen, in den **Beschaffungsrichtlinien** des Unternehmens die **Anforderungen an die Umweltverträglichkeit, Energieeffizienz und Nachhaltigkeit** zu spezifizieren. In der **Leistungsbeschreibung** muss ein besonderer Schwerpunkt auf Umweltverträglichkeit und ökologische Kriterien gelegt werden. **Nach Bezug und Inbetriebnahme der Produkte und Anlagen ist nachhaltig die tatsächliche Energieersparnis zu prüfen.** Gegebenenfalls sind Rückschlüsse und Verbesserungen für zukünftige Beschaffungsmaßnahmen abzuleiten. 64

Wegweisend im Bereich der öffentlichen Beschaffung ist hier das Projekt „GPP 2020", das sich zum Ziel gesetzt hat, in der gesamten EU den Einkauf energieeffizienter Technik zu fördern. GPP steht dabei für „Green Public Procurement", also „Grüne öffentliche Beschaffung".[108] 65

Informationsnetzwerke als auch Energieeffizienz-Netzwerke bieten vielfältige Ansätze für einen Erfahrungsaustausch über innerbetriebliche Beschaffungsrichtlinien oder Ausschreibungen. In Einzelfällen können hieraus auch gemeinsame Beschaffungsmaßnahmen entstehen. 66

6 Sanierung und Optimierung von Altbauten sowie technischen Anlagen

Die höchsten Energieeinsparpotentiale ergeben sich beim Betrieb von Bestandsgebäuden. Fast 50 % der in Deutschland verbrauchten Energie entfallen immer noch auf das Heizen von Gebäuden, Trinkwassererwärmung und Prozesswärme.[109] In der Gesamtenergiebilanz eines Gebäudes wird die Kombination aus moderner Heizanlagentechnik und baulichem Wärmeschutz betrachtet und aufgerechnet. Bei einem Sanierungsprojekt sollte deshalb stets eine Eigenstromerzeugung mit Speicherbatte- 67

108 *Beschaffungsamt des Bundesministeriums des Inneren.*
109 *Umweltbundesamt* Daten 2012.

rien zur Eigennutzung (PV-Anlagen) und die Kraft-Wärme-Kopplung (Blockheizkraftwerk: Erzeugung von Strom, Warmwasser und Heizenergie) mit einbezogen werden.

68 Auch kleinere Maßnahmen ergeben oft merkliche Einsparpotentiale. Bei Lüftungsanlagen sollte eine Wärmrückgewinnung und bei Klimaanlagen die Möglichkeit einer freien Kühlung genutzt werden. Aufbereitetes Regenwasser lässt sich als Grauwasser (WC- und Urinalspülung) im Gebäude nutzen. In der Beleuchtung kann der Einsatz der LED-Technik erhebliches Einsparpotential bringen (abhängig von Brenndauer, benötigter Lichtstärke und Art des zu ersetzenden Leuchtmittels). Auch eine Modernisierung der Regelungs- und Steuerungskonzepte in der Gebäudetechnik sollte bei einer Sanierung mit betrachtet werden. Ob Einzelraumregelung für Klima und Beleuchtung, frequenzgesteuerte Antriebstechnik, optimierte MSR-Technik bei einzelnen haustechnischen Anlagen, Energiemanagementsysteme in verschiedenen Bereichen zur Spitzenlastsenkung – überall hilft eine übergeordnete, intelligente Gebäudeleittechnik, den Energieverbrauch nicht nur zu steuern, sondern auch zu senken.

69 Eine **Wertschöpfung innerhalb der Kooperationsnetzwerke** wird auch hier über einen **kontinuierlichen Erfahrungsaustauch zu einzelnen Themen** erreicht. In Arbeitskreisen oder Workshops mit Teilnehmern aus verschiedenen Branchen lassen sich Synergien aufzeigen und gemeinsam praktikable Lösungen erarbeiten.

7 Inbetriebnahme von Neubauten

70 Nach Planung und Errichtung von neuen Gebäuden müssen diese noch in einen energetisch sinnvollen Gebäudebetrieb überführt werden. Hier geht es nicht um Abnahmen oder die Inbetriebnahme eines Technikgewerkes nach seiner Errichtung, sondern um die **„Regelung und Optimierung“** der gesamten Gebäudetechnik unter energieeffizienten Gesichtspunkten. Auch bei Wohngebäuden gewinnt das Thema **„smart home“** immer mehr an Bedeutung. Hierunter verbirgt sich eine effiziente Energienutzung auf Basis von vernetzten und fernsteuerbaren Geräten und Abläufen im Wohnumfeld.

71 Voraussetzung ist hier die Kenntnis über das Verhalten der Gebäudenutzer, der damit verbundene Bedarf an Energie im Gebäudebetrieb und die praktische Erfahrung mit der neuen Anlagentechnik. Nach der Auswertung von Anlagendaten sowie einer **Analyse des Nutzerverhaltens** ist es zunächst sinnvoll, Anschlussleistungen bei der Energieeinspeisung oder Sollwerte in der Gebäudeleittechnik zu überprüfen und zu optimieren. Durch diese Vorgehensweise lässt sich auch bei Einsatz einer neuen, energieeffizienten Technik in der Symbiose der einzelnen Anlagenkomponenten eine nennenswerte Energie- und Kosteneinsparung erzielen. Als weiterer Schritt trägt auch ein energiebewusstes Nutzerverhalten zur Verbrauchsminimierung bei. Dies lässt sich nur durch eine **Sensibilisierung der Mitarbeiter** erreichen. Aufklärung, Reflexion und Einsicht der Menschen sind die Strategien, die hier zum Erfolg führen.

Bei der Optimierung von technischen Anlagen in Neubauten liefern **lernende Netzwerke wertvolle Ideen und Anregungen**. Gewonnen werden aber auch Partner für einen bilateralen Informationsaustausch. Fundierte Erfahrungswerte der Kooperationspartner helfen auch hier, die richtigen Entscheidungen im Unternehmen zu treffen. 72

8 Einführung von Energiemanagementsystemen

Das Ziel eines Energiemanagementsystems (EnMS) ist es, Energie effizienter zu nutzen und dementsprechend den Klimaschutz zu unterstützen. Eine Zertifizierung nach der internationalen Norm ISO 50001 unterstützt die Einführung und die kontinuierliche Verbesserung eines EnMS in einer Organisation. 73

Wesentliche Vorteile eines Energiemanagementsystems sind: 74

- Effektivere Nutzung von Energie
- Energiekostenreduzierung
- Optimierung von energieintensiven Prozessen
- Intensiverer Einsatz von dezentralen und erneuerbaren Energiequellen
- Steuervergünstigungen (z.B. Spitzenausgleich im Rahmen der Energie- und Stromsteuer)
- Maximierung des Beitrags zur nachhaltigen Entwicklung, insbesondere der Unterstützung der nationalen Klimaschutzziele
- Steigerung von Wettbewerbsfähigkeit und Reputation sowie gegebenenfalls verbesserte Ratingbewertung des Unternehmens

Ein konsequentes Energiemanagement hilft Unternehmen, vorhandene Energieeinsparpotentiale systematisch zu erschließen und entsprechende Maßnahmen umzusetzen. Führende Unternehmen bestätigen nach Einführung eines EnMS Energie- und Kosteneinsparpotentiale zwischen 20 – 30 %.[110] 75

Wie bei allen Managementsystemen ist allerdings auch bei der Einführung eines Energiemanagementsystems nach ISO 50001 eine Kosten-/Nutzenanalyse zu erstellen, nachdem der Einführungs- und nachfolgende Pflegeaufwand nicht zu unterschätzen ist. 76

Gemäß Energiedienstleistungsgesetz sind Unternehmen, die im Sinne der Empfehlung 2003/361/EG der Kommission v. 6. Mai 2003 keine kleinen oder mittleren Unternehmen sind und kein Energiemanagementsystem nach ISO 50001/EMAS ein- 77

110 *TÜV Süd* diverse Präsentationen anlässlich von Tagungen des unternehmensübergreifenden Arbeitskreises „Energie-Einkauf und Energieeffizienz“.

geführt haben, verpflichtet, ein Energieaudit nach DIN EN 16247-1 durchzuführen. Sinn dieses Gesetzes ist es, eine Reduzierung des CO_2-Ausstoßes zu erreichen.[111]

78 **Folgende Themen sind in diesem Audit abzubilden:**
- Erfassung der gesamten Energieverbräuche und deren Kennzahlen im Unternehmen
- Analyse der Energieverbrauchssituation im Unternehmen
- Aufzeigen von Maßnahmen für mögliche Energieeinsparpotentiale im Unternehmen.

79 Auswertungen ergaben, dass die Unternehmen, die in Netzwerken zusammengeschlossen sind, doppelt so schnell ihre Energieeffizienz steigern, wie der deutsche industrielle Durchschnitt.[112]

80 Dementsprechend streben die Bundesregierung und die Wirtschaftsverbände an, den Netzwerkansatz als dauerhaftes Instrument zur Steigerung der Energieeffizienz zu verankern. Ziel ist die Initiierung von 500 Energieeffizienz-Netzwerken bis Ende 2020. Hierdurch ließen sich erhebliche Synergieeffekte generieren und technische Innovationen in den nächsten Jahren deutlich verstärken. In diesem Umfeld gewinnt die Netzwerkarbeit für die Weiterentwicklung und Verbesserung der Energiemanagementsysteme eine hohe Bedeutung.[113]

81 Besonders erfolgreich agieren hier **„Lernende Energieeffizienz-Netzwerke (LEEN)"**. Mehrere Unternehmen arbeiten mit dem Ziel zusammen, kosteneffektiv Energie zu sparen, indem sie voneinander lernen. Wesentliche Ansatzpunkte der gemeinsamen Arbeit im Netzwerk sind Effizienzverbesserungen in den Querschnittstechnologien (z. B. Druckluft, Kraft-Wärme-Kopplung, elektrische Antriebe).[114]

VI Vernetzt denken und nachhaltig handeln

82 Die Welt der Kooperationsnetzwerke bietet eine exzellente Basis für eine Optimierung des Energie-Einkaufs und eine zielgerichtete Initiierung und Umsetzung von Energieeffizienzmaßnahmen. Der bewusste Umgang mit dem Gut „Energie" ist kein Faktor, der den Wettbewerb beeinflusst. Er ist die Basis für die längerfristige Absicherung des Wirtschaftsstandortes Deutschland. Insofern kann bei allen Themen rund um die

111 *Bundesamt für Wirtschaft und Ausfuhrkontrolle* Merkblatt für Energieaudits (Stand: 8.7.2015).
112 Leen-Netzwerke, abrufbar unter: www.leen.de.
113 *Initiative Energieeffizienz-Netzwerke* Vereinbarung zwischen der Regierung der Bundesrepublik Deutschland und Verbänden und Organisationen der deutschen Wirtschaft über die Einführung von Energieeffizienz-Netzwerken.
114 Leen-Netzwerke abrufbar unter: www.leen.de.

Energie in Netzwerken sehr schnell eine (relative) **Offenheit und vertrauensvolle Zusammenarbeit** erreicht werden.

Der Aufbau eines Netzwerkes ist allerdings keine leichte Übung. Die Mitarbeit ist 83
mit erkennbarem Aufwand für alle Beteiligten verbunden und nicht jedes Netzwerk agiert erfolgreich. Umso entscheidender ist die frühzeitige Einbindung von **Energieversorgern als Experten und Partnern in der konkreten Netzwerkarbeit.**

Unabdingbar für den Erfolg von Kooperationsnetzwerken ist darüber 84
hinaus die Trägerschaft durch die Leitungen der beteiligten Unternehmen. Damit verbunden ist eine innerbetriebliche Kommunikation insbesondere von Win-Win-Effekten, damit die Netzwerkbasis gestärkt wird. Beides gibt den notwendigen Rückenwind bei der Umsetzung des Themas Energieeffizienz und ermöglicht damit individuelle und praxistaugliche Lösungen für das Unternehmen.

Anmerkung: Die BayernLB gründete 1999 gemeinsam mit vier weiteren Partnern einen Energie-Einkaufspool. Aus diesem entstand kurze Zeit später ein Netzwerk „Energie-Einkauf und Energieeffizienz“, dem heute rund 40 Unternehmen aus ganz Deutschland angehören. Die Mitgliedsfirmen entstammen den Branchen „Produktion“, „Handel“ und „Dienstleistung“. Die meisten Unternehmensvertreter verantworten in ihrem Unternehmen den Betrieb größerer Immobilienbestände. Der Bericht greift in wesentlichen Teilen auf den Erfahrungsaustausch in diesem Kreis zurück.

Kapitel 6
Bonität/Marktfähigkeit von nachhaltigen Immobilien

A Ganzheitliche Wirtschaftlichkeitsbewertung

Nachhaltigkeit & Wirtschaftlichkeit im Facility Management messbar machen

Der Begriff der Nachhaltigkeit bestimmt wie kaum ein anderes Thema unsere Zeit und 1 wird auch angesichts der fortschreitenden Energiewende weiter an Bedeutung gewinnen. Insbesondere die Immobilienbranche wird durch das Thema der Nachhaltigkeit getrieben, schließlich verbrauchen Gebäude rund 40 %der Endenergie der Europäischen Union. In diesem Zusammenhang spielt das Facility Management (FM) eine besondere Rolle, da sein Einfluss auf die Nachhaltigkeit der Immobilie enorm ist. Ist ein Gebäude (egal wie energetisch gut oder schlecht) erst einmal gebaut, obliegt es ausschließlich dem Betrieb, das „Maximale" aus der jeweiligen Immobilie herauszuholen – was in diesem Zusammenhang selbstverständlich mit **minimalen Ressourcenaufwendungen** im energetischen, ressourcentechnischen und personellen Bereich zu verstehen ist.

Umso mehr verwundert es, dass es am Markt bislang keine klare Richtung zum 2 Umgang und zur Messbarkeit von Wirtschaftlichkeits- und Nachhaltigkeitsaspekten der doch sehr langen „Nutzungs- und Betreiberphase" im Sinne einer vollumfänglichen **Lebenszykluskostenanalyse** einer Immobilie gibt.

Kurz ein Exkurs zur Begrifflichkeit des Lebenszyklus einer Immobilie: der Lebens- 3 zyklus beschreibt den Zeitraum von der Entstehung bis zum Ende der Existenz einer Sache. Der Lebenszyklus von Immobilien endet regelmäßig mit dem Rückbau derselben – eine sogenannte Modernisierung oder gar Revitalisierung beendet den Lebenszyklus nicht.

Der Lebenszyklus eines Gebäudes lässt sich entsprechend anhand einfacher 4 Modelle beschreiben.[1] Betrachtet man bei den Lebenszykluskosten auch deren Bestandteile, stellt sich das Gesamtsystem deutlich komplexer dar, da jeder verwendete Baustoff nebst entsprechendem Schichtenmodell sowie jede im Gebäude eingebaute Anlage und jede Komponente dieser Anlage einen eigenen Lebenszyklus hat. Die Erfassung und Abbildung der Lebenszyklusaspekte von Gebäude- und Anlagenteilen ist entsprechend nur durch Vereinfachungen möglich.

Die Ermittlung von Immobilien-Lebenszykluskosten zielt darauf ab, die Gesamt- 5 kosten zu ermitteln, welche im Laufe der Zeit im Rahmen der Nutzung der Immobilie

1 Vgl. *Kahlen* Integrales Facility Management, 1999, S. 54–58; GEFMA 100-1 (E), Facility Management – Grundlagen, 2004, S. 5 f.; *Hohmann* Immobiliencontrolling, 1998, S. 33; IFMA (Hrsg.), FM-gerechte Planung und Realisierung, 2005, S. 7.

https://doi.org/10.1515/9783110275285-006

anfallen. Dabei lassen sich neben den unmittelbar zuzuordnenden Kosten, die durch die Realisierung und Nutzung entstehen, auch weitere externe Kosten einbeziehen, zum Beispiel ökologische und volkswirtschaftliche Kostenkonsequenzen sowie die Wirtschaftlichkeit des Immobilienbetriebs und des Facility Managements.

6 Die im Laufe der Nutzung von Immobilien anfallenden Folgekosten strukturiert die DIN 18960 (Nutzungskosten im Hochbau) [2] in Kapital-, Objektmanagement-, Betriebs- und Instandsetzungskosten.

7 Die **Kapitalkosten** für Finanzierung und Abschreibung umfassen alle aus der Inanspruchnahme von Finanzierungsmitteln entstehenden Kosten, d. h. insbesondere die anfallenden Zinsen, aber auch Kosten für Bürgschaften und Leistungen aus Dienstbarkeiten und Baulasten, soweit diese in unmittelbarem Zusammenhang mit dem Gebäude stehen. [3]

8 Die **Objektmanagementkosten** (früher: Verwaltungskosten) umfassen die in Eigen- oder Fremdarbeit erbrachten Leistungen zur Verwaltung der Immobilie und die Kosten der Steuerung.

9 Die **Betriebskosten** stellen die komplexeste und umfangreichste Gruppe der Nutzungskosten dar. Sie umfassen sämtliche Ver- und Entsorgungsleistungen, die Reinigung und Pflege, die Bedienung technischer Anlagen, die Inspektion und Wartung der Baukonstruktion und der technischen Anlagen, Sicherheits- und Überwachungsdienste sowie Abgaben und Beiträge.

10 Als **Instandsetzung** bezeichnet man die Rückführung des betrachteten Objektes in den funktionsfähigen Zustand. [4] Die kostenbezogene Abgrenzung erscheint sinnvoll, da es sich im ersten Fall um regelmäßig anfallende, laufende und im zweiten Fall um unregelmäßig anfallende, außerplanmäßige Leistungen sowie Kosten handelt. In diesem Zusammenhang werden auch kleinere im Rahmen von Wartungsarbeiten durchgeführte Instandsetzungsaktivitäten als Teil der Betriebskosten gewertet. Maßnahmen dieser Art werden auch als „kleine Instandsetzung" bezeichnet. [5]

11 Neben dieser Abgrenzung ist auch eine Unterscheidung zwischen Instandsetzungsleistungen, welche ausschließlich die Wiederherstellung des ursprünglichen Sollzustandes betreffen und solchen Maßnahmen, die darüber hinausgehen, zu treffen. Letztere müssen dem Bereich der Modernisierung zugeordnet werden. [6]

---

2 Vgl. DIN 18960, Nutzungskosten, 2008, S. 3 ff.
3 Vgl. DIN 18960, Nutzungskosten, 1999, S. 3.
4 Vgl. DIN 31051, Grundlagen der Instandhaltung, 2003, S. 2 ff.
5 Vgl. GEFMA 122 (E), Betriebsführung, 1996, S. 2.
6 Vgl. *Hellerforth* Facility Management, 2006, S. 247 f.

1 Ansätze der Kostenberechnung und Budgetplanung

Für die Ermittlung der Lebenszykluskosten existieren unterschiedlichste Verfahren, welche sich seit den 1970er Jahren weiterentwickelt und fokussiert haben.[7] 12

Die Ermittlung erfolgt in vielen Fällen anhand der Lebenszyklusphasen, was grundsätzlich mit der o. g. Betrachtungsweise in Herstellungs- und Folgekosten übereinstimmt. Der Detaillierungsgrad der zur Anwendung kommenden Verfahren und einfließenden Informationen bedingt dabei direkt die Aussagekraft der Ergebnisse. Zum Beispiel lassen sich bereits bei Verwendung statistischer Kennwerte grob die zu erwartenden Gesamtkosten prognostizieren[8]. Durch Nutzung konkreterer Informationen und Nutzung mathematischer wie physikalischer Zusammenhänge ist über solche statistischen Methoden eine Verbesserung der Aussagekraft der Ergebnisse für die einzelnen Kostenbereiche möglich, zum Beispiel durch technisch-statistische und technisch-analytische Methoden.[9] 13

Die oben aufgeführten Kostenpositionen lassen sich für das Ziel der Budgetplanung unterschiedlich betrachten und zum Beispiel in die Bereiche Personal, Energie und Material unterteilen. Dies vereinfacht die Auswertung und Identifikation von Preistreibern und Ursache-Wirkungs-Zusammenhängen. 14

Die Lebenszykluskostenermittlung ist insbesondere im Bereich der Herstellkosten mit einer grundsätzlich guten Genauigkeit möglich, die Folgekosten jedoch hängen von einer Vielzahl von Parametern ab, welche zum Zeitpunkt der Ermittlung noch nicht feststehen können. Beispiele für die so vorliegenden Freiheitsgrade sind: 15

- Preisentwicklung (z. B. von Energie und Personalkosten)
- Nutzungsintensität (z. B. Anzahl Mieterwechsel, Belegungsgrad, Energieverbrauch)
- Instandhaltungs- bzw. Pflegeintensität/-qualität (z. B. Wartungsqualität Reinigungshäufigkeit/-qualität, Instandhaltungsstrategie)
- Umfang an beanspruchten Leistungen (Scope und Level of Service, z. B. für Hausmeisterdienste, sonstige Services)

Darüber hinaus ist die „Haltbarkeit" (**technische Lebensdauer**) von baulichen und technischen Anlagen aktuell noch zu wenig erforscht bzw. aufgrund der Unikatfertigung kaum reproduzierbar herzuleiten. Entsprechend ist der Begriff der „Ermittlung" der Lebenszykluskosten für die Phase der Nutzung irreführend. Hier kann bestenfalls 16

---

7 Vgl. *Hardkop* Lebensdauer, 2010, S. 23 f.

8 Durchführung einer Vergleichsanalyse unter Nutzung von sog. Benchmarks, d. h. Kennzahlen, die als Bezugspunkt dienen. Zum Benchmarking siehe u. a. *Neumann* Benchmarking, 2005, S: 318 f.; *Steinmann/Schreyögg* Management, 2000, S. 188 f.; *Pfnür* Modernes Immobilienmanagement, 2004, S. 119 ff.; *Neumann* Facility Management, 2005, S. 27; *Smit* Anlageninstandhaltung, 1989, S. 10 f.; *Nävy* Facility Management, 2006, 364 ff.; GEFMA 300 (V), Benchmarking im FM, 1996; VDI 2886, Benchmarking in der Instandhaltung, 2003; *Köllgen* Benchmarking, 1998, S. 95 ff.

9 Vgl. *Riegel* Prognose und Beurteilung der Nutzungskosten, 2004, S. 15 f.

von einer „Abschätzung" gesprochen werden. Dies betrifft insbesondere den Bereich der Instandsetzungskosten, welche in hohem Maße von zahlreichen äußeren Rahmenbedingungen, d. h. durch nahezu alle oben genannten Freiheitsgrade beeinflusst werden.

17 Grundsätzlich kann festgehalten werden, dass die Nachhaltigkeit der Bewirtschaftung wesentlich durch die Rahmenbedingungen d. h. die Ausprägung der Freiheitsgrade beeinflusst wird. Eine verbindliche Lebenszykluskostenkalkulation ist entsprechend per definitionem nicht möglich. Vielmehr muss eine kontinuierliche Berücksichtigung von Qualität und Angemessenheit der Leistungen in Bezug auf bauliche und technische Substanz bzw. Rahmenbedingungen Teil der Nachhaltigkeitsstrategie sein.

18 Untersucht man die Aktivitäten der Branche, so zeigt sich schnell, dass sich nahezu alle Marktteilnehmer auf die eine oder andere Weise mit dem Thema Nachhaltigkeit und somit einer ganzheitlichen Wirtschaftlichkeitsbewertung in Form einer Lebenszykluskostenbetrachtung bei Immobilien auseinandersetzen. Beim genaueren Blick wird jedoch deutlich, dass eine klare und vor allem eine einheitliche Richtung für Eigentümer, Nutzer oder auch Betreiber bislang fehlt, was vermutlich auf unterschiedliche Interessenslagen und mangelnde Rahmenvorgaben zurückzuführen ist.

19 Der Erfolgskurs der **Gebäudezertifizierungssysteme**, wie zum Beispiel von LEED, BREEAM oder der DGNB, für Neubaugebäude ist seit Jahren unumstritten. Die steigende Anzahl von Zertifizierungszahlen in der internationalen und nationalen Immobilienwirtschaft zeigt, dass Neubauten ohne ein Zertifikat oder zumindest einer Bestätigung der Zertifizierungsfähigkeit bereits heute nur schwer am Markt platzierbar sind. Betrachtet man die mittlerweile standardisierten Planungs- und Zertifizierungsprozesse für Neubauten, wird schnell deutlich, dass die Planung und der Bau von nachhaltigen Immobilien im Vergleich zu den Herstellkosten von herkömmlichen Immobilien keine großen Mehrkosten mit sich bringen.

20 In den genannten Zertifizierungssystemen werden jeweils neben der „Hardware" – nämlich der eigentlichen Immobilie und der eingesetzten und verbauten Materialien etc. – auch planerische und prozessrelevante Themen mit in das Bewertungsverfahren integriert. Nach dem Erfolg für die Neubauten lag es nahe, die Zertifizierung auch auf Bestandsimmobilien auszuweiten, beziehungsweise hierfür gesonderte Bewertungskriterien abzuleiten. In allen der genannten Zertifizierungssysteme finden sich bei der Bestandsbewertung von Immobilien mehr oder weniger umfangreiche Ansätze, die den eigentlichen Immobilienbetrieb des zu bewertenden Objektes im Fokus haben.

21 Bewertungsthemen sind unter anderem:

- die Ökobilanz für den Betrieb (Energieverbräuche),
- die Betriebskosten/Lebenszykluskosten/Wirtschaftlichkeitsbetrachtungen,
- die Instandhaltungsstrategie für bauliche und technische Bestandteile,
- die Bestandsdokumentation und Betriebsdokumentation,
- der Nachweis von Mess- und Monitoring-Konzepten,

– und diverse Bewertungen von Prozess- und Organisationsthemen rund um den eigentlichen Betrieb und die Wirtschaftlichkeit des Betreibens etc.

Unabhängig von den konzeptionellen Unterschieden der Systeme wird jedoch eines klar: Ihre Bewertung fokussiert mehrheitlich das jeweilige Gebäude und weniger die Nutzung beziehungsweise das Facility Management und dessen Themen. 22

Aktuell scheint es lediglich zwei Denkansätze bzw. Systeme am Markt zu geben, welche mit den Schwerpunkten „Betriebsprozesse, ganzheitliche Wirtschaftlichkeitsbewertung und nachhaltiger Immobilienbetrieb" an sich bewerten, und das sind die GEFMA Richtlinie 160 „Nachhaltigkeit im Facility Management" sowie die neue DGNB Zertifizierung „Gebäude im Bestand (GiB)". 23

Immobilien sind in dieser Hinsicht mit dem 3-Liter-Auto vergleichbar: Die gute Grundlage in Planung und Bau des PKW garantiert noch lange keinen optimiert niedrigen Benzinverbrauch, sondern neben Reifenwahl etc. ist das Fahrverhalten des Nutzers der Hauptstellhebel für ein ressourcenschonendes Fahren. Auf die Immobilie übertragen bedeutet dies, der Facility Manager – ganz gleich, ob ein interner oder ein externer Betreiber – hat die Aufgabe, ein bestehendes Gebäude optimal zu betreiben und somit das Maximum aus der Immobilie herauszuholen. In diesem Fall bedeutet dies minimierten Ressourceneinsatz, maximale Energieeffizienz und minimierte Lebenszykluskosten über einen sehr langen Zeitraum. 24

Bei dem Schlagwort „Lebenszykluskosten" denkt man oft an komplexe Formeln in der Mathematik in Kombination mit Wahrscheinlichkeitsrechnung bzw. Eintrittswahrscheinlichkeiten verschiedener Situationen in Abhängigkeiten von Nutzungsdauern unterschiedlicher Anlagen und Bauteile einer Immobilie. Die Planung und Steuerung dieser vielen Wirtschaftlichkeitskomponenten in einem dynamischen Bewirtschaftungsprozess bei Immobilien messbar bzw. planbar zu machen (**plan, do, check & act**) – genau das ist der Ansatz der GEFMA mit ihrer GEFMA 160 sowie der neuen DGNB Bestands-Zertifizierung. 25

Selbstverständlich geht es bei beiden Ansätzen um Immobilien und deren Bewirtschaftung – der Fokus soll jedoch nicht auf dem Gebäude an sich liegen, sondern an den messbaren Ergebnissen. Wichtig ist, was der jeweilige Betreiber/Nutzer aus der Immobilie macht. Denn im Vergleich zum zitierten 3-Liter-Auto soll hier nicht ein vergleichbarer Normwert, sondern möglichst ein Minimum an Ressourcen eingesetzt beziehungsweise verbraucht werden, was neben den verbrauchsgebundenen Ressourcen wie Wärme, Strom und Wasser auch personelle, materielle und wirtschaftliche Ressourcen beinhaltet (Lebenszykluskosten, Instandhaltungskosten, Energiekosten etc.). 26

2 Ohne nachhaltiges Facility Management keine nachhaltige Immobilie

Das Beispiel des 3-Liter-Autos macht deutlich: Ein vermeintlich umweltfreundliches Fahrzeug wird seinen Soll-Verbrauch bei entsprechender Fahrweise und Nutzung 27 nicht halten können. Insbesondere der erhöhte Technisierungsgrad von energieeffizienten Gebäuden macht das Betreiben zu einer wesentlichen Stellschraube.

28 Darüber hinaus beeinflusst beziehungsweise steuert das Facility Management alle drei Säulen der Nachhaltigkeit (Ökologie, Ökonomie und Sozio-Kultur) maßgeblich. Denn die Einflussgrößen einer bestehenden Immobilie liegen in der Nutzung beziehungsweise im Betrieb.

29 Die in bestehenden Zertifikaten behandelten Kriterien werden in der Folge maßgeblich durch das Facility Management über die komplette Betriebsphase/Nutzungsphase im Lebenszyklus beeinflusst. Dies sind zum Beispiel die Ökobilanz, der Energie- und Wasserverbrauch, das Abfallaufkommen, die Betriebskosten, der thermische Komfort und die Sicherheit. Die Kriterien sind also darüber hinaus zu ergänzen, um dem Einfluss des Facility Managements auf die Nachhaltigkeit gerecht zu werden. Beispielsweise müssen die Bereiche Strategie, Controlling, Bewirtschaftungsqualität, Instandhaltungsmanagement und Ressourcenmanagement integriert werden.

	NR.	KRITERIUM
ÖKOLOGIE	1.1	Energiemanagement
	1.2	Wassermanagement
	1.3	Entsorgungsmanagement
	1.4	Havariemanagement
ÖKONOMIE	2.1	Nutzungskostenmanagement
SOZIO-KULTURELLES	3.1	Nutzerzufriedenheits-management
	3.2	Stör- und Beschwerde-management
	3.3	Rechtskonformität
	3.4	Raumluft- und Trinkwasser-qualität
	3.5	Gebäudesicherheits-management
	3.6	Arbeitssicherheitsmanagement
FM-ORGANISATION	4.1	Betriebsstrategie
	4.2	Personal-Konzept, -Einsatz, u.a.
	4.3	Ablauforganisation / Prozesse
	4.4	Dokumentation und Berichts-wesen
	4.5	Beschaffung
DETAILS DER SERVICES	5.1	Flächenmanagement
	5.2	Betreiben nach DIN 32736
	5.3	Instandhaltung nach DIN 31051
	5.4	TGM Projekte (Umbau, u.a.)
	5.5	Reinigung
	5.6	Außenanlagen inkl. Winter-dienst
	5.7	Catering
	5.8	Security

Abbildung 1: Auszug der Bewertungskriterien der GEFMA 160 (Quelle GEFMA)

Ähnliche Ansätze und Messkriterien zieht auch die DGNB mit dem neuen Label 30
„Gebäude im Bestand“ heran. Neben messbaren Werten und Kennzahlen spielt auch der Umgang sowie die Strategie hinsichtlich Wirtschaftlichkeitsansätzen unterschiedlichster Art eine Rolle:

- **„Strategie und Kommunikation“** adressiert die Themen Nachhaltigkeitsstrategie, Nachhaltigkeitsreporting, Umweltmanagement und Betreiberzertifikate, Nachhaltigkeitsleitfaden, Anreizsystem sowie Green Lease.
- **„Gebäudemanagement“** befasst sich mit der Immobilienstrategie, dem Prozessmanagement, der Dokumentation und den Anforderungen an das im Gebäudemanagement eingesetzte Personal.
- **„Ressourceneffizienz“** bewertet zusammengefasst die Aspekte Energieeffizienz, Treibhausgasemissionen, Wassereffizienz und Abfallaufkommen.

- **„Beschaffung"** beschäftigt sich mit dem Umwelt- und Gesundheitsschutz bei Ausbau und Instandsetzungsmaßnahmen, der Beschaffung von Verbrauchsgütern, der Reinigung sowie der Lieferanten- und Dienstleisterauswahl.
- **„Werterhalt und Betriebskosten"** fragt nach der Marktfähigkeit des Gebäudes, gemessen am Vermietungsgrad, sowie der Wirtschaftlichkeit im Betrieb, näher aufgeschlüsselt über ein Betriebskostenmonitoring und Benchmarking, der Budgetierung von Instandhaltungskosten sowie dem Gewährleistungsmanagement.
- **„Nutzerzufriedenheit"** beleuchtet den Umfang und die Ergebnisse von Nutzerzufriedenheitsanalysen mit dem Fokus auf Komfortanforderungen sowie das Beschwerdemanagement.
- **„Soziokulturelle Angebote"** fasst eine ganze Reihe von Themen zusammen. Hierzu gehören die Familienfreundlichkeit, die Gesundheitsförderung, seniorengerechte Angebote, die Integration von Menschen mit Behinderung sowie eine kommunikationsfördernde Aufenthaltsqualität.
- **„Sicherheit und Betreiberpflichten"** spricht die Themen Not- und Brandfälle, die Verkehrssicherungspflicht und das subjektive Sicherheitsempfinden an.
- **„Mobilitätsangebote"** betrachtet die Infrastruktur für Verkehrsträger, das Thema Elektromobilität sowie den Benutzerkomfort im Gebäude.

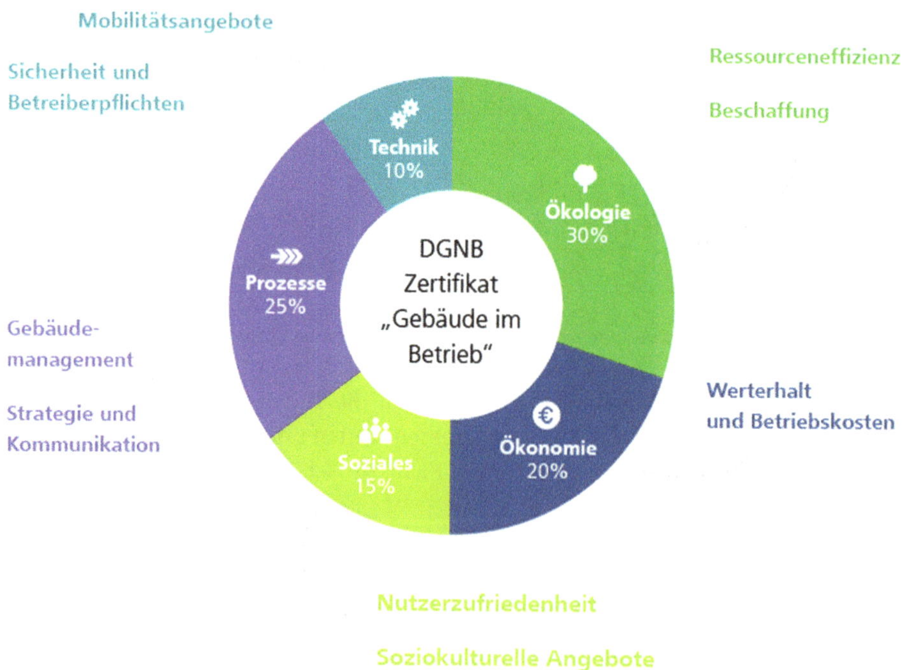

Abbildung 2: Quelle DGNB

Verlassen wir kurz den Markt der etablierten Zertifizierungssysteme und der Richtlinienarbeit und kommen zu national sowie international agierenden Unternehmen innerhalb sowie außerhalb der Immobilienbranche. Der Trend bewegt sich weg von einzelnen Immobilien in Richtung der Unternehmensstrukturen in Gänze. So sind Nachhaltigkeitsberichte oder Social Responsibility Reports heutzutage ein Muss. Diese Entwicklung bringt einen starken Impuls, der auch eine Verbindung zur Wirtschaftlichkeit von Immobilien und somit zum Immobilienbetrieb hat: 31

- Die Erwartungen der Mieter, Investoren, Aktionäre, Dienstleister, der Geschäftspartner sowie der Öffentlichkeit haben sich im Zuge der Globalisierung, des Klimawandels und der Wirtschaftskrise gewandelt – insbesondere bezüglich der Erfüllung gesellschaftlicher Ansprüche steigen die Anforderungen.
- Investitionsentscheidungen werden immer mehr von Nachhaltigkeitskriterien beeinflusst – die reine monetäre Rendite/Wirtschaftlichkeit ist nicht mehr alleiniges Entscheidungskriterium.

Die Schnittstelle zum nachhaltigen Immobilienbetrieb beziehungsweise zum Green Facility Management wird deutlich, wenn man sich die inhaltlichen Schnittstellen der Konzernreports im Detail ansieht. Unter dem Oberbegriff **Corporate Responsibility** findet man je nach Unternehmen Unterthemen wie zum Beispiel: 32

- **Corporate Governance** (compliance-relevante Punkte)
- und Corporate Sustainability mit unterschiedlichsten Bewertungskriterien, die mittelbar oder unmittelbar mit der Immobilie zu tun haben – wie zum Beispiel:
  - Energie- und Ressourcenverbrauch
  - CO_2-Emissionen,
  - Health & Safety,
  - Environmental impact,
  - Sustainable products,
  - Wasserverbrauch,
  - Abfallaufkommen,
  - Mitarbeiterzufriedenheit und Mitarbeiterfluktuation,
  - ...

Betrachtet man die inhaltlichen Hintergründe der genannten Aspekte, wird schnell deutlich, dass die Datenlieferung aus dem Real Estate bzw. dem Facility Management kommen muss. 33

Aus diesen Zusammenhängen und aus vielen Jahren Projekterfahrung lassen sich folgende Thesen ableiten: 34

- Ohne nachhaltiges FM keine nachhaltige Immobilie.
- Green Building – Green Product – Green FM.

3 Fazit

35 Um in den Medien, aber auch im Konkurrenzkampf um Kunden und Märkte, als ein nachhaltiges und verantwortungsbewusst agierendes Unternehmen wahrgenommen zu werden, gilt es alle Unternehmensprozesse in eine Gesamtsystematik als ganzheitliches Thema der Nachhaltigkeit zu fassen. In anderen Worten: alle Facetten der Corporate Responsibility (Corporate Governance, Economic Responsibility, Environmental Responsibility und Social Responsibility) sind in einer einheitlichen Systematik abzubilden, transparent zu machen und zu bewerten.

4 Carbon Footprint – die Einheit der Zukunft?

36 Diskussionen zu einer weiteren globalen Vereinheitlichung und Messbarkeit von Nachhaltigkeit und Wirtschaftlichkeit/Ressourceneffizienz im Sinne des Lebenszyklus' innerhalb und außerhalb der Immobilienbranche werden lauter. Als ein möglicher Ansatz steht als Einheit derzeit der Carbon Footprint (CF) zur Diskussion.

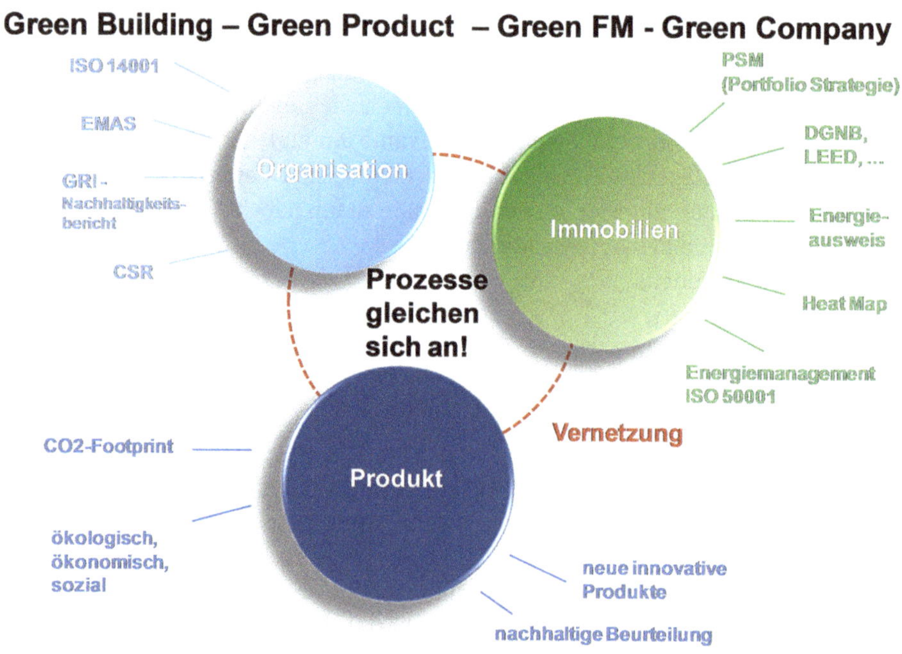

Abbildung 3: Vom Green Building zur kompletten Nachhaltigkeitsstrategie, Quelle Drees & Sommer

37 Ein **Carbon Footprint** kann vereinfacht definiert werden als die Summe aller Kohlenstoffdioxid- (CO_2) und anderen Treibhausgasemissionen, die mit einer Immobilie während ihres gesamten Lebenszyklus' in Verbindung gebracht werden können (verbaute Materialien, Energieverbräuche, Dienstleistungen in und um das Gebäude etc.). Der Vorteil ist, dass sowohl Lebenszyklusaspekte in der Betrachtung abgebildet

werden, aber auch ein jährlicher Vergleich der Nutzung und des FM-Betriebs über den Zeitverlauf gemessen und gebenchmarkt werden können. Allerdings gibt es auch hier aktuell noch keine einheitlichen Standards, sondern bestenfalls einheitliche Grundlagen. Um hier Standards zu etablieren gilt es weiterhin, durch international agierende Unternehmen und Verbände eine gemeinsame Basis der Bewertung zu finden.

B Auswirkungen von Energieeinsparmaßnahmen auf den Grundstückswert

1 Einleitung

1 Vor etwa zehn Jahren, also noch unbelastet von der Immobilien- und Finanzmarktkrise, wurde bereits über die Auswirkungen von Energieeinsparmaßnahmen auf Immobilienwerte spekuliert.

2 Damals wurde insbesondere erwartet, dass sich der Fokus vom **Reinertrag** (basierend auf der marktüblichen Netto-Kaltmiete) hin zu einer Analyse und Auswertung der Zusammensetzung der **Bruttomiete** und der Möglichkeit von Nettomietsteigerungen im Rahmen der gleichen Bruttomiete entwickeln wird. Viele Marktteilnehmer erwarteten damals ein deutliches Durchschlagen energetischer Maßnahmen auf den Verkehrswert. Dies ist so jedoch nicht eingetroffen. Zwar investieren institutionelle Anleger bei langfristig vermieteten Gewerbeobjekten in A-Lagen fast nur noch in Gebäude mit entsprechenden **energetischen Zertifikaten**. Dies ist allerdings mehr die Folge der veränderten Nutzungs- und Gebäudeanforderungen seitens der meist internationalen Mieterklientel (Stichwort: Green Leases). Und auch in B-Lagen hat der vertraglich gesicherte Miet-Cashflow nach wie vor einen ungleich höheren Stellenwert, als die bauliche Substanz und deren energetische Eigenschaften. Bestenfalls führen mangelnde energetische Ertüchtigungen zu einem Wertabschlag; ein signifikanter Wertzuschlag konnte in Deutschland trotz diverser Studien jedenfalls nicht festgestellt werden.

3 Dennoch ist das Thema für Immobilienbewerter hochaktuell. Der Gesetzgeber schraubt auf nationaler wie auch auf EU-Ebene die energetischen Anforderungen an Gebäude im Rahmen der eingegangenen Klimaschutzziele immer höher und spätestens seit dem Inkrafttreten der **ImmoWertV**[10] sind Gutachter verpflichtet, energetische Objektmerkmale zu erfassen und einen Werteinfluss zu prüfen. Außerdem sind überhitzte Marktphasen bekanntermaßen endlich und wer weiß, vielleicht schlagen energetische Eigenschaften und deren Einsparpotentiale doch irgendwann stärker auf die Preisbildung durch. Lösungsansätze zur Berücksichtigung energetischer Eigenschaften bei der Immobilienbewertung werden im Folgenden beschrieben.

2 Pflichten für Sachverständige

4 In § 6 ImmoWertV „Weitere Grundstücksmerkmale" findet sich die explizite Verpflichtung des/der Sachverständigen zur Berücksichtigung energetischer Eigenschaften:

> *„(5) Weitere Merkmale sind insbesondere die tatsächliche Nutzung, die Erträge, die Grundstücksgröße, der Grundstückszuschnitt und die Bodenbeschaffenheit wie beispielsweise Bodengüte,*

10 Verordnung über die Grundsätze für die Ermittlung der Verkehrswerte von Grundstücken (Immobilienwertermittlungsverordnung – ImmoWertV).

Eignung als Baugrund oder schädliche Bodenveränderungen. Bei bebauten Grundstücken sind dies zusätzlich insbesondere die Gebäudeart, die Bauweise und Baugestaltung, die Größe, Ausstattung und Qualität, der bauliche Zustand, die ***energetischen Eigenschaften****, das Baujahr und die Restnutzungsdauer.“*

Im Folgenden wird dargestellt, wie diese Verpflichtung in die vorherrschenden Bewertungsverfahren für bebaute Grundstücke (Sach- und Ertragswertverfahren) umgesetzt werden kann. 5

3 Berücksichtigung der energetischen Modernisierung beim Ertragswertverfahren

a) Bei Neuvermietungen höhere Mietforderung

Es wird angenommen, dass die Mieter bei unverändertem Mietbudget (Miete + Nebenkosten) aufgrund des geringeren aktuellen Energiebedarfs und durch den Absicherungseffekt vor zukünftigen Energiepreissteigerungen eine höhere Miete akzeptieren werden. Abhängig ist das jedoch von der Preiselastizität, die vom Angebots- bzw. Nachfrageverhältnis am jeweiligen Teilmarkt abhängt. So ergibt sich bei Neuvermietungen ein gespaltenes Bild. In Gebieten mit **hoher Mietnachfrage** wird die Nettomiete eventuell um die Energiekosteneinsparung zu erhöhen sein. Bei **geringer Nachfrage** wird die Mieterhöhung vermutlich nicht oder nicht vollständig durchsetzbar sein. Allerdings verbessert sich die **Vermietbarkeit** deutlich; ggf. werden unsanierte oder nicht sanierungsfähige Objekte hier Vermietungsprobleme bekommen. Diese Annahme betrifft sowohl gewerbliche Mietverhältnisse, bei welchen es keine gesetzlichen Mietobergrenzen gibt, wie üblicherweise auch Wohnungsmietverhältnisse. Bei Neuvermietungen greift die Mietpreisbremse nicht. 6

b) Eingeschränktes Potential bei Wiedervermietungen

Auch hier wird marktabhängig möglicherweise eine Erhöhung der Netto-Kaltmiete in Höhe der Heizkostenersparnis durchsetzbar sein. Bei Wohnraum sind jedoch die gesetzlichen Regeln zur Miethöhe und gegebenenfalls zur Mietpreisbremse zu beachten. 7

c) Mieterhöhung nach § 559 BGB

Die Miete kann im Rahmen der Kappungsgrenzen/Mietpreisbremsen auf die ortsübliche Vergleichsmiete angehoben und es können oft zusätzlich 11 % der Modernisierungskosten auf die Miete umgelegt werden. Bei künftigen Mieterhöhungen ist der **Modernisierungszuschlag** Teil der gesamten Miete und kann nicht mehr getrennt verlangt werden. Im Rahmen der sonstigen Regelungen des § 559 BGB ist im Einzelfall zu prüfen, ob und wie hoch sich Mieterhöhungen durchsetzen lassen. 8

d) Mieterhöhung aufgrund eines Mietspiegels (mit energetischen Merkmalen)

9 Mietspiegel berücksichtigen zunehmend die energetische Qualität einer Wohnung. Ein Vorreiter war z. B. der Mietspiegel der Stadt Darmstadt, der bereits 2003 die „wärme-technische Beschaffenheit" einer Wohnung als Mietpreis bestimmendes Merkmal erfasst hat.

e) Bewirtschaftungskosten

10 Von besonderer Bedeutung bei energetisch modernisierten Gebäuden ist der Ansatz der **Instandhaltungskosten**. Die Modernisierung wirkt wie eine Verjüngung des Gebäudes. Entsprechend geringer könnten die Rücklagen für zukünftig notwendige Instandsetzungsmaßnahmen kalkuliert werden. Dies muss jedoch im Einzelfall untersucht werden. Den Autoren sind Fälle bekannt, in denen sogar ein erhöhter Wartungs- und Instandhaltungsaufwand beispielsweise nach dem Einbau geothermischer Anlagen festgestellt wurde.

11 Insbesondere bei starkem Wettbewerb wird eine Immobilie mit geringer Energieeffizienz eher von Leerstand bedroht sein. Durch das **Mietausfallwagnis** soll das temporäre Leerstandsrisiko abgedeckt werden. Energetisch modernisierte Gebäude sichern den Mieter vor hohen Energiekostensteigerungen ab; bei steigenden Energiepreisen erhöht sich dieser Wettbewerbsvorteil und verringert damit grundsätzlich das Leerstandsrisiko im Vergleich zu nicht modernisierten Gebäuden. Bevor diese Annahmen jedoch nicht empirisch überprüft worden sind, wird von einer willkürlichen Anpassung des Mietausfallwagnisses abgeraten.

f) Wirtschaftliche Restnutzungsdauer

12 § 6 Abs. 6 ImmoWertV weist ausdrücklich darauf hin, dass energetische Modernisierungen die (wirtschaftliche) Restnutzungsdauer verlängern können. Auf Grund des Zinseszinseffektes weisen Ertragswirkungen in weiterer Zukunft einen niedrigeren Barwert auf. Eine Verlängerung der Restnutzungsdauer von 20 auf 30 Jahre erhöht bei einem Liegenschaftszinssatz von 4 % den Vervielfältiger von 13,59 auf 17,29; bei einer Verlängerung von 40 auf 50 Jahre aber nur noch von 19,79 auf 21,48. Dieser Effekt muss beachtet werden.

g) Liegenschaftszinssatz

13 Der Liegenschaftszinssatz spiegelt die immobilienwirtschaftlichen Rahmenbedingungen und **sämtliche Zukunftserwartungen** der Marktteilnehmer wider. Je höher das erwartete Risiko, desto höher ist auch die Renditeforderung des Investors. Umgekehrt reduziert sich mit sinkendem Risiko auch die geforderte Verzinsung des Kapitaleinsatzes. Diese Annahme prägt auch den Kapitalisierungszinssatz bei internationalen Bewertungsverfahren.

Neben seinem Charakter als Risikogröße hat der Liegenschaftszinssatz im Ertragswertverfahren die Funktion eines Korrektur- und Marktanpassungsfaktors, der die Aspekte der Preisbildung berücksichtigt, die nicht unmittelbar in den Eingangsgrößen des Ertragswertverfahrens erfasst werden können. 14

Vorsicht ist jedoch bei der unkritischen Anwendung von Liegenschaftszinssätzen der Gutachterausschüsse geboten. Die überwiegende Anzahl der Bestandsgebäude ist nicht energetisch modernisiert und der aktuell ausgewiesene Liegenschaftszinssatz weist daher nicht die **Zukunftserwartungen für energieeffiziente Gebäude** aus. Ein aus diesen Verkaufsfällen abgeleiteter Liegenschaftszinssatz muss daher kritisch gewürdigt und eventuell angepasst werden. Auch hier muss jedoch vor pauschalen Anpassungen des Liegenschaftszinssatzes gewarnt werden. Wie bereits ausgeführt, liegen noch keine empirischen Erkenntnisse vor, welche die Anpassung rechtfertigen. Vielmehr ist festzustellen, dass in bestimmten Teilmärkten, etwa bei Neubauobjekten im Core-Segment, energetisch optimierte Gebäudekonstruktionen die Regel sind und daher bereits in den Vergleichskaufpreise bzw. Liegenschaftszinssätzen berücksichtigt wurden. 15

4 Berücksichtigung der energetischen Modernisierung beim Sachwertverfahren

Die NHK 2010 unterscheiden bei den einzelnen Gebäudearten zwischen verschiedenen Standardstufen. Das Wertermittlungsobjekt ist dementsprechend auf der Grundlage seiner Standardmerkmale zu qualifizieren. Die Einordnung zu einer Standardstufe ist insbesondere abhängig vom Stand der technischen Entwicklung und den bestehenden rechtlichen Anforderungen am Wertermittlungsstichtag. Sie hat unter Berücksichtigung der für das jeweilige Wertermittlungsobjekt am Wertermittlungsstichtag relevanten Marktverhältnisse zu erfolgen. Explizit werden die **energetischen Eigenschaften als Standardmerkmal** genannt. Über die Einstufung der Gebäudestandards erfolgt eine unmittelbare Einordnung (vgl. Anlage 2 zur SW-RL[11]). 16

Bei durchgreifend modernisierten Gebäuden ist fiktiv eine entsprechend verjüngte Baujahresklasse zugrunde zu legen. 17

Eine **verlängerte Restnutzungsdauer** (gem. § 6 Abs. 6 ImmoWertV) hat erhebliche Auswirkung auf den Sachwert, da die Kosten je m^2/BGF baualtersabhängig sind und die Wertminderung wegen Alters ebenfalls maßgeblich von der Restnutzungsdauer bestimmt wird. 18

a) Besondere objektspezifische Grundstücksmerkmale

Da energetische Modernisierung als überdurchschnittlicher Erhaltungszustand angesehen werden kann, ist ein Ansatz auch im Rahmen der besonderen objektspezifischen Grundstücksmerkmale möglich – allerdings nur, wenn dieser Aspekt nicht 19

11 Richtlinie zur Ermittlung des Sachwerts (Sachwertrichtlinie SW-RL) vom 5. September 2012.

schon an anderer Stelle im Sachwertverfahren berücksichtigt wurde (bei den angesetzten NHK oder der Alterswertminderung auf Grund einer verlängerten Restnutzungsdauer).

20 Dieser Ansatz ist bei Gebäuden mit langer Restnutzungsdauer denkbar (wo die Alterswertminderung nicht so stark greift). So könnten z. B. die normalen Investitionsmehrkosten energetischer Modernisierungsmaßnahmen zugrunde gelegt werden. Der Zuschlag könnte aber auch ausgehend vom Barwert der voraussichtlichen Energiekostenersparnis unter Berücksichtigung zusätzlicher Wartungs- und Instandhaltungskosten ermittelt werden.

b) Sachwertfaktoren/Marktanpassungsfaktoren

21 Da Bestandsgebäude bisher i. d. R. nicht energetisch modernisiert sind, lassen sich keine Sachwertfaktoren ableiten. Eine **subjektive Einschätzung** durch den/die Sachverständige(n) ist bis dato die einzige Lösung. Es wäre zu wünschen, dass die Gutachterausschüsse künftig entsprechende Untersuchungen durchführen und differenzierte Sachwert-Marktanpassungsfaktoren ausweisen würden.

5 Berücksichtigung der Nachrüstpflichten nach EnEV in der Wertermittlung

22 Bei älteren Gebäuden machen Nachrüstverpflichtungen nach EnEV bauliche Maßnahmen erforderlich. Zur Vermeidung von Haftungsproblemen sollte in jedem Fall auf nicht erfüllte Nachrüstpflichten hingewiesen werden. Es ist aber fraglich, ob in jedem Fall entsprechende Wertabschläge, zum Beispiel für den Einbau einer neuen Heizungsanlage, vorzunehmen sind. Einerseits wird der potentielle Käufer die auf ihn zukommenden Kosten in der Kaufpreisverhandlung berücksichtigt wissen wollen. Sollten die angewandten Liegenschaftszinssätze jedoch aus Verkäufen resultieren, welchen ebenfalls unsanierte Objekte zugrunde lagen, wäre dieser Umstand bereits berücksichtigt. Gegen letzteres spricht jedoch die veränderte Rechtslage bezüglich der Nachrüstverpflichtungen, welche in den historischen Verkaufsfällen vermutlich nicht in dieser Form auf die Kaufpreisfindung durchgeschlagen haben. Ob nicht erfüllte Nachrüstpflichten überhaupt, unter den besonderen objektspezifischen Grundstücksmerkmalen oder bei den laufenden Instandhaltungskosten zu berücksichtigen sind, muss daher abgewogen und im Einzelfall begründet werden.

6 Berücksichtigung vorliegender Energieausweise bei der Wertermittlung

23 Ein vorliegender Energieausweis soll in das Wertermittlungsverfahren einbezogen werden. Dies ist jedoch nur unter folgenden Voraussetzungen möglich:

- Die Berechnungsgrundlagen des Energieausweises sind prüfbar. Mit Berücksichtigung der Gebäudetypologie und bauteiltypischer Pauschalwerte für den Wärmedurchgangskoeffizienten ist eine Plausibilisierung möglich.

- Liegt nur ein Energie*verbrauchs*ausweis vor und basiert dieser nicht auf mindestens 10 bis 15 Wohneinheiten im Bewertungsobjekt, sollte nur auf die Ergebnisse hingewiesen und begründet werden, warum sie nicht Eingang in die Bewertung finden. Angegeben wird nämlich eher das bisherige Nutzerverhalten bei Beheizung und Lüftung des Gebäudes als die energetische Qualität der Bausubstanz. Gleiches gilt bei einem Energie*bedarfs*ausweis, der nicht plausibel erscheint.

Wird ein Energieausweis **nicht** oder **unzureichend** in die Wertermittlung einbezogen, 24
handelt es sich nach Auffassung einiger Autoren um ein **mangelhaftes Gutachten.** Im Falle der Verwendung eines **unrichtigen** Energieausweises kann der Gutachter, sofern er kein Sonder- bzw. Fachwissen auf dem Gebiet der Energieausweis-Erstellung hat, wohl nicht belangt werden. Die Verwendung eines offensichtlich unrichtigen Energieausweises könnte als Fahrlässigkeit interpretiert werden. Deshalb sollten die Ergebnisse eines Energieausweises keinesfalls ungeprüft übernommen, sondern stets die Plausibilität geprüft werden.

7 Berufsstandsmodelle und Ratingempfehlungen

a) RICS, Red Book

Berücksichtigung nachhaltiger Gebäudeeigenschaften anhand der Höhe der Netto- 25
miete unter Berücksichtigung von Vergleichsmieten, Mietwachstumspotential, Leerstandszeiten und -kosten sowie anhand der Ermittlung des Kapitalisierungs- und Diskontierungszinses. Voraussetzung ist jedoch ein Markteinfluss auf diese Stellschrauben.

b) Markt- und Objektrating des vdp[12]

Die Eigenschaften der Energieeffizienz und Nachhaltigkeit werden erfasst und in ein 26
gewichtetes Rating zur Gebäudebeurteilung überführt. Das Ergebnis fließt nicht in den Verkehrswert ein, sondern kann vom Gutachter zur Beurteilung der Eigenschaften des Gebäudes genutzt werden.

8 Zusammenfassung

Die Verkehrswertermittlung wird zunehmend mit energetisch aufgerüsteten Gebäu- 27
den konfrontiert, was bisher nicht oder nur rudimentär berücksichtigt wurde. Die Gutachterausschüsse erheben derzeit überwiegend noch keine entsprechenden Daten und in den Kaufpreissammlungen wurde die energetische Qualität einer Immobilie bisher nur in Ausnahmefällen erfasst.

12 Verband deutscher Pfandbriefbanken.

28 Die unzureichende Datenlage ist auch durch bisher fehlende flächendeckende Messung der Energieeffizienz verursacht. Mit Einführung des Energieausweises sind Anfänge gemacht, die energetische Qualität eines Gebäudes zu dokumentieren. Allerdings ist der Ausweis noch zu intransparent und zu pauschalierend, um ungeprüft in der Wertermittlung berücksichtigt zu werden. Verbesserungen sind durch Zertifizierungssysteme und Qualitätssicherungsmaßnahmen zu erwarten.

29 Zur Erfassung des energetischen Standards eines Objektes muss z. B. auf Energiespargutachten oder eine eigene Grobanalyse mit Hilfe von Energie-Checklisten zurückgegriffen bzw. ein Sonderfachmann zu Rate gezogen werden.

30 Methodisch ist über die Parameter der Wertermittlung die energetische Qualität eines Gebäudes grundsätzlich erfassbar – eine gesetzliche Vorgabe gibt es bisher jedoch nicht; daher sind große Ermessensspielräume gegeben.

31 Im **Sachwertverfahren** ist vor allem die **Verlängerung** der **Restnutzungsdauer** eine Wert bestimmende Variable, die unter Anwendung der Sachwertrichtlinie vom Sachverständigen festgelegt werden kann.

32 Entscheidende Parameter im **Ertragswertverfahren** sind **Erträge**, **Bewirtschaftungskosten**, **Restnutzungsdauer** und **Liegenschaftszinssatz**. Mietrechtliche Hemmnisse verhindern im wohnungswirtschaftlichen Bereich eine unmittelbare Partizipation des Investors/Eigentümers an den nachhaltigen Energiekostenersparnissen. Im Bereich gewerblicher Vermietung sieht die Situation bereits jetzt anders aus. Gutachter werden künftig nicht nur marktübliche (Netto)Mieten analysieren, sondern vermehrt Nebenkostenvergleiche durchführen müssen.

33 Nach **energetischer Modernisierung** ist der **Instandhaltungsbedarf** oft gegenüber dem vorherigen Zustand reduziert. Ein geringerer Ansatz der **Bewirtschaftungskosten** erhöht die Reinerträge. Zentrale Bedeutung kommt im Ertragswertverfahren dem **Liegenschaftszinssatz** zu, in dem sich letztlich alle Zukunftserwartungen der Marktteilnehmer widerspiegeln. Tendenziell ist dieser nach unten anzupassen, da durch energetische Modernisierung mit steigendem Ertragswert die auf der Immobilie liegenden Risiken reduziert werden.

C Das Nachhaltigkeitsparadigma und die Auswirkung auf die Bewertung von Immobilien

I Gibt es spezifische Nachhaltigkeitsparameter im Discounted Cash Flow (DCF) Modell?

Unter den **Megatrends der Immobilienwirtschaft** hat die Diskussion über die **Nachhaltigkeit** eine herausragende Position. Mit dem Kyoto Protokoll 1997 wurden erstmals klimapolitische Ziele auf internationaler Ebene vereinbart. Im europäischen Vergleich ist die Bundesregierung mit ihrem Energiekonzept 2010 über die europäischen Ziele hinausgegangen. So sollen die Treibhausgasemissionen bis 2020 zum Vergleichsjahr 1990 um 40 % reduziert werden. Analog zu den Vereinbarungen der Industriestaaten wird bis 2050 sogar eine Reduzierung um 80 % gegenüber 1990 angestrebt.[13] Immobilien bzw. ihre Eigentümer und Nutzer sind von diesen Entwicklungen besonders betroffen. 1

Während mit den **Energieeinsparverordnungen** der Jahre 2002 bis 2007 in aller Regel Kann-Vorschriften bei der Erstellung und Sanierung von Gebäuden ausgesprochen wurden, ist davon auszugehen, dass mittel- bis langfristig erhöhte **energetische Anforderungsniveaus** gesetzlich zwingend gefordert werden. Seit einigen Jahren ist deutlich zu erkennen, dass die Dimensionen der Nachhaltigkeit, wie **Ökologie, Ökonomie** sowie **soziokulturelle Belange**, bei der Planung und Entwicklung neuer Gebäude immer mehr in den Fokus gestellt werden. 2

Man kann davon ausgehen, dass zukünftig vor allem die **Wertstabilität der Immobilien** als wesentliche Ausprägung der **ökonomischen Dimension** der Nachhaltigkeit eine herausragende Rolle spielt. Der Eigentümer einer „nachhaltig erstellten Immobilie“ geht davon aus, dass über die **Minimierung von Leerständen**, über **höhere Mieten** sowie über einen **Imagezuwachs** des Gebäudes seine Risiken während der Haltezeit signifikant reduziert werden (siehe Abbildung 1). 3

13 *Rehkugler/Ebil/Jandl/Rombach* Energetische Sanierung von Wohngebäuden, Wirtschaftlichkeit vs. Klimaschutz, Deutsche Immobilien-Akademie Freiburg GmbH (DIA), 2012, S. 3.

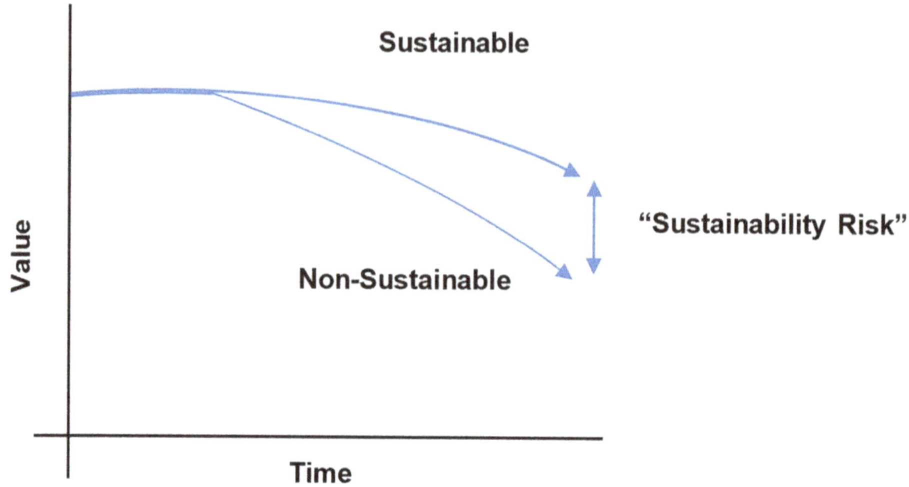

Abbildung 1: Nachhaltigkeit einen Wert geben.[14]

4 Die **ökologische Dimension** der Nachhaltigkeit zielt im Fokus auf **den Einsatz erneuerbarer Energien** sowie die **Minimierung des Verbrauchs nicht erneuerbarer Ressourcen**. Die Immobilie wird nicht nur in einer kurzen Periode betrachtet, sondern während ihres gesamten Lebenszyklusses mit kumulativ anfallenden **Life-Cycle-Kosten**.

5 Die **soziokulturelle Dimension** zielt vor allem auf die **Verbesserung des Arbeits- und Lebensklimas** in den Gebäuden.[15]

6 Die entscheidende Frage, wie sich Nachhaltigkeitsentwicklungen in der künftigen Bewertung von Immobilien abbilden, stellt sich vor allem Eigentümern als auch Grundstücksbewertern. Man kann auch formulieren: Reduziert eine nachhaltige Immobilie Risiken und erhöht sie die Chancen aufgrund zukünftiger Entwicklungen zusätzliche Werte zu generieren?

II Die wirtschaftliche Dimension nachhaltiger Gebäude

7 Grundsätzlich ist davon auszugehen, dass die nachhaltige Erstellung bzw. die Sanierung in einen nachhaltigen Gebäudezustand mit **höheren Planungs-, Bau- und Materialkosten** einhergeht. Das bedeutet, dass Nachhaltigkeit gerade durch die

14 *Jones Lang LaSalle GmbH* Präsentation Nachhaltigkeit & Bewertung, 2011.
15 *DEUTSCHE/HYPO* Unternehmen der Nord/LB, Global Markets Real Estate, Bericht zur Nachhaltigkeit in der Immobilienwirtschaft, 2012.

Auswahl von Baumaterialien und die Betrachtung von **Energieeffizienz**- und **optimierten Lebenszykluskosten** mit **höheren Baukosten** verbunden sein muss.

Wirtschaftliche Vorteile nachhaltiger Gebäude entstehen durch geringe Bewirtschaftungskosten, Marketing- und Imagevorteile und damit stabilere **Cash Flows** durch ein anzunehmendes geringeres Vermietungsrisiko. Sie verfügen in aller Regel über **höhere Mietsteigerungspotenziale** und ein **geringeres technisches Ausfallrisiko**. 8

Darüber hinaus wird den Gebäuden **Energieeffizienz, gesteigerte Funktionalität** sowie eine **höhere Flächeneffizienz** zugeordnet.[16] Es stellt sich die Frage, in welcher Form wirtschaftliche Vorteile bzw. Gebäudeeigenschaften auf die einzelnen Parameter der Bewertung Einfluss nehmen können. Nachfolgend soll versucht werden, den **Effekt der Nachhaltigkeit** auf die einzelnen **Bewertungsparameter** zu analysieren. 9

III Bewertungssystematik

Für die Betrachtung des Einflusses verschiedener Nachhaltigkeitsaspekte auf die Bewertung von Immobilien bietet als Bewertungsmodell die **Discounted Cash Flow (DCF) Methode** an. Beim DCF Modell werden die zukünftigen Cash Flows eines jeden Anlageobjekts aufgrund des Bewertungsstichtages festgelegt und diskontiert. Der so berechnete **Barwert (Gegenstandswert)** oder auch der **Kapitalwert** ist der aktuelle **Marktwert/Fair Value** der Immobilie. Dabei unterscheidet man zwei Phasen. Die **erste Phase** währt in aller Regel **zehn Jahre** und spiegelt den Cash Flow der **Detailprognose** wider. In der **zweiten Phase** wird der **Terminal Value als „ewige Rente“** des Cash Flows am **Ende des Betrachtungszeitraums** im Jahr zehn unterstellt[17]. 10

IV Nachhaltigkeitsparameter in der Discounted Cash Flow Methode

1 Diskontsatz

Der **Diskontsatz** beruht auf dem Prinzip, dass die erwarteten Zahlungen durch einen **risikoadjustierten Zinssatz** diskontiert werden. Er besteht aus einem **risikolosen Zins** sowie einer **Risikoprämie**. Der Nachhaltigkeitsaspekt hat keinen Einfluss auf den risikolosen Zins, der in aller Regel in Anlehnung an eine zehn-Jahres Bundesanleihe fortlaufend neu berechnet wird. Der **Risikoaufschlag** allerdings, der beispielsweise durch **Mietminderungsrisiken**, **marktzyklische Einflüsse** oder der 11

16 *DEUTSCHE/HYPO* Unternehmen der Nord/LB, Global Markets Real Estate, Bericht zur Nachhaltigkeit in der Immobilienwirtschaft, 2012 (in Anlehnung an *Rottke*, Ökonomie vs. Ökologie, 2010).
17 *Jones Lang LaSalle GmbH* Methodik des Bewertungstools der GBW Gruppe, 2013.

Gebäudequalität signifikant beeinflusst wird, ist stark abhängig von Nachhaltigkeitsaspekten. So ist ein gebäudequalitätsabhängiger Diskontierungszuschlag in einer Range von 0,25 bis 0,5 % durchaus üblich. Im Umkehrschluss bedeutet dies, dass bei nachhaltigen Gebäuden der Diskontsatz im Vergleich zu nicht nachhaltigen Immobilien niedriger ist und somit die einzelnen **abgezinsten Zahlungsströme** der jeweiligen Perioden in Summe höher werden.

2 Kapitalisierungszinssatz

12 Der **Kapitalisierungszinssatz** dient dazu, den **stabilisierten Jahresreinertrag** des **zehnten Jahres** als **„ewige Rente"** zu kapitalisieren. Der objektspezifische Kapitalisierungszinssatz basiert auf der jeweiligen **Diskontierungsrate**, welche alle mit dem Investment verbundenen Risiken abbildet.[18] Auch bei der **Kapitalisierungsrate** spielen somit der **Gebäudezustand** wie auch weitere **objektbezogene Risiken** eine wichtige Rolle. Geht man davon aus, dass entsprechend der Diskontierungsrate hier ein geringeres Risk Premium gerechnet wird und beispielsweise sich der gebäuderelevante Zuschlag von 0,5 auf 0,25 % reduziert, hätte das zusammen mit dem gleichen Effekt beim Diskontsatz einen Einfluss auf den Verkehrswert von ca. 5 %. Dies erscheint dahingehend wichtig, dass nachhaltig erstellte Gebäude **erhöhte Erstellungs- bzw. Sanierungskosten** aufweisen. Der **positive Bewertungseffekt aus Kapitalisierungs- und Diskontierungszins** kann diese Mehrkosten, zumindest zum Teil, egalisieren oder im Idealfall übersteigen.

3 Jährliche Nettomiete

13 Die **Nettojahresmiete** wird als **Ist-Miete** oder als **„laufende Erträge"** definiert. Sie beinhaltet nicht die Kosten für beispielsweise Heizung, Warm- und Kaltwasser. Allerdings ist davon auszugehen, dass in der Betrachtung des Nutzers **beide Mietbestandteile (erste und zweite Miete)** relevant sind und ein reduzierter Aufwand an Energiekosten, zumindest teilweise, die Bereitschaft erhöht, eine höhere Kaltmiete zu akzeptieren. Daneben ist davon auszugehen, dass Gebäude, die sich im Wettbewerb befinden und mittelfristig dem Nachhaltigkeitsgedanken nicht mehr entsprechen, einen signifikanten Abschlag auf die tatsächlich bezahlten Mieten hinnehmen müssen. Auch ist absehbar, dass Mietsteigerungen bei nachhaltigen Gebäuden ausgeprägter umgesetzt werden können als bei „alten" Gebäuden.

4 Fluktuationsrate

14 Die **Fluktuation** in Gewerbe- und Wohngebäuden ist mit **erhöhten Instandhaltungsaufwendungen bei Mieterwechsel**, aber auch mit der Möglichkeit von Anpas-

18 *Jones Lang LaSalle GmbH* Methodik des Bewertungstools der GBW Gruppe, 2013.

sung bei **„under-rent“**-Gebäuden verbunden. Davon ausgehend, dass nachhaltige Gebäude einer geringeren Fluktuation unterliegen, ist anzunehmen, dass sich die **revolvierenden Kosten für Neuvermietung** strecken und die **Wiedervermietungsaufwendungen** deutlich kostengünstiger sind als bei nicht nachhaltig erstellten Gebäuden.

5 Leerstandsquote

Bei der Betrachtung der **Leerstandsquote** ist es essentiell, dass sich nachhaltige 15
Gebäude am Markt künftig besser durchsetzen werden. Eine Immobilie mit historisch höheren Leerständen erfährt im DCF Modell eine höhere **strukturelle Leerstandsquote**. Diese wirkt sich direkt auf die jeweiligen zu erwartenden **Zahlungsströme** der Perioden aus. Dasselbe gilt für das **Mietausfallwagnis**, welches bei nachhaltigen Gebäuden in aller Regel geringer sein müsste als bei Altbeständen.

6 Nicht umlegbare Betriebskosten bei Leerstand

Da bestimmte **Kostenarten nicht vom Vermieter auf die Mieter umgelegt werden** 16
können, verursachen Mieteinheiten Kosten, egal ob sie vermietet sind oder leer stehen. Diese Kosten liegen bei Wohnungsunternehmen beispielsweise zwischen 1,00 € und 1,50 €/m². Auch hier ist davon auszugehen, dass durch energieeffizientere Gebäude die **Leerstandskosten** signifikant nach unten gehen werden. Dies hat einen positiven Einfluss auf die Kostenstruktur der einzelnen Perioden.

7 Laufende Instandhaltungskosten

Eine weitere Position im DCF Modell sind die **laufenden Instandhaltungskosten.** 17
Dies sind Aufwendungen, die während der erwarteten Nutzungsdauer für die Erhaltung der angegebenen Nutzung der Gebäude und Bauwerke entstehen, um durch **Abnutzung, Alter, Witterungs- und Umwelteinflüsse** entstandene Schäden zu beheben. Die Kosten liegen in aller Regel zwischen 12,00 € und 16,00 €/m² per anno. Es ist absehbar, dass die laufenden Instandhaltungskosten bzw. die Lebenszykluskosten bei nachhaltig erstellten bzw. sanierten Gebäuden deutlich geringer ausfallen, als bei Altbauten.

8 Parameter mit geringer Nachhaltigkeitskorrelation

Parameter **mit geringer Nachhaltigkeitskorrelation**, wie sonstige, nicht umlegbare 18
Kosten, Verwaltungskosten sowie Kosten für Erbbaurechte und geförderte Objekte, sind für die vorgenommene Betrachtung von untergeordneter Bedeutung.

V Zusammenfassung – Einfluss der Nachhaltigkeitsparameter auf den Fair Value im DCF Modell

19 Bei den nachhaltigen Bewertungsparametern kann unterschieden werden in Parameter, die die jeweiligen **Zahlungsströme in den Perioden direkt beeinflussen** (höhere Miete, niedrigere Instandhaltungskosten etc.), sowie in **Zinsparameter** (Diskont- und Kapitalisierungszins).

20 Nach dieser ersten Untersuchung kann die klare Aussage getroffen werden, dass **Nachhaltigkeitsaspekte** auf die sensiblen Bereiche des DCF-Algorithmus' signifikanten Einfluss haben. Die **cash-orientierten Aspekte**, wie Erhöhung der Sollmiete bzw. Reduzierung von Kosten, beeinflussen die Zahlungsströme der einzelnen Perioden und bilden sich dann im Net-Present-Value in den Barwerten der einzelnen Jahre ab.

21 Der stärkste Hebel ist allerdings die **Veränderung von Diskontierungs- und Kapitalisierungszins durch Nachhaltigkeitsparameter**. Zu- bzw. Abschläge auf den Zins von beispielsweise 50 Basispunkten führen überschlägig zu Abweichungen im **Verkehrswert von ca. 10 %**. Für den Neubau bzw. die Sanierung von Gebäuden muss der Eigentümer künftig versuchen, die günstigen Auswirkungen nachhaltigen Bauens und die damit verbundenen Mehrkosten in seinen **Investitionskostenanalysen** und Bewertungen zu antizipieren und Immobilienentscheidungen im Sinne nachhaltigen Bauens anzustreben.

VI Empfehlungen für Immobilien haltende Gesellschaften

22 Aufgrund der hohen Wertrelevanz des Nachhaltigkeitsparadigmas bei der künftigen Entwicklung Immobilien haltender Gesellschaften muss dieses Thema eine zentrale Bedeutung für das mit dem Management betraute Personal haben. Die Nachhaltigkeit der Immobilien liegt im Verantwortungsbereich des Asset Managements, aber auch des strategischen Gebäudemanagements und der Projektentwicklung.

23 Um ein Abdriften des Bestandes in eine künftig mittlere bis untere „Gebäudekategorie" im Sinne der Nachhaltigkeit zu vermeiden, ist es notwendig, diesen Aspekt frühzeitig in die Mehrjahresplanungen aufzunehmen und einerseits bei der Produkterstellung „Neubau" entsprechend zu planen und andererseits die Altbausubstanz sukzessive anzupassen.

24 Aus Sicht der Inhouse-Bewertung der Unternehmen sollte den operativen Bereichen ein Analysetool zu Verfügung gestellt werden, welches die Allokation von zusätzlichen Mitteln in „nachhaltiges" Bauen analysiert und konventionellen Bauweisen gegenüberstellt.

Kapitel 7
Investieren und Finanzieren

A Fördermittel und Bankfinanzierung

I Vorbemerkung

Die Herstellungskosten einer Immobilie bedingen in der Regel eine langfristige Finanzierung durch einen oder mehrere Fremdkapitalgeber. Diese Kosten können sich bei einer nachhaltigen Bauweise oder der Errichtung einer Immobilie nach den Vorgaben einer anerkannten Green Building Zertifizierung gegenüber einer in konventioneller Bauweise hergestellten Immobilie nochmals nicht unerheblich erhöhen. Vor diesem Hintergrund stellt sich einem Investor die nicht unberechtigte Frage, ob solche Kostensteigerungen zumindest teilweise durch die Inanspruchnahme öffentlicher **Fördermittel**[1] oder durch Konditionenverbesserungen einer bankfinanzierten Fremdkapitalaufnahme kompensiert werden können.[2] 1

Die Suche nach einer optimalen bzw. möglichst umfassenden Ausnutzung von Fördermitteln gestaltet sich wegen der Komplexität der Fördermittellandschaft oftmals als aufwendig und mit gewissen Unsicherheiten behaftet. Sie ist auf Grund der Anzahl der Förderprogramme, etwaigen Beschränkungen bspw. auf die Förderung bestimmter Investitionsmaßnahmen, bestimmter Regionen oder in Bezug auf deren Kombinierbarkeit untereinander und dem Kreis der antragsberechtigten Personen sowie der Verfügbarkeit im Zeitpunkt der Antragstellung (Kontingente, Programmlaufzeiten) ohne Inanspruchnahme einer qualifizierten Fördermittelberatung kaum effektiv möglich. 2

In diesem Zusammenhang möchte dieser Beitrag sowohl eine erste Hilfestellung bei der Orientierung in der Fördermittellandschaft leisten als auch einen kurzen Einblick in die möglichen Strukturen einer Finanzierung gewähren, jeweils unter Berücksichtigung der besonderen Merkmale einer zertifizierten Green Building Immobilie. 3

Die nachfolgenden Ausführungen können nur überblickartig die Möglichkeiten einer Inanspruchnahme von Fördermitteln aufzeigen und beschränken sich beispielhaft auf die Realisierung einer gewerblich zu nutzenden Immobilie im Zeitpunkt März 2016, ohne jedoch die stets notwendige Fördermittelberatung ersetzen zu wollen. Dabei soll die Fördermittellandschaft aus Sicht eines gewerblichen Investors der privaten Wirtschaft untersucht werden, dessen Unternehmung auf die Herstellung oder 4

1 Nachfolgend wird der Begriff **Fördermittel** als Oberbegriff einer Förderung aus staatlichen Mitteln bezeichnet, die Förderkredite, Zuschüsse und/oder Haftungsübernahmen (Bürgschaften/ Garantien/ Risikounterbeteiligungen) umfassen kann.

2 Zu den einzelnen Green Building Zertifizierungen siehe die Ausführungen unter Kapitel 2D.

https://doi.org/10.1515/9783110275285-007

Se-Han Christoph Kim

den Betrieb von im Inland zu realisierenden Projekten bzw. Immobilien ausgerichtet ist.[3]

II Förderprogramme für Nichtwohngebäude

1 Allgemeines

5 Die in Bezug auf eine Finanzierung von nachhaltigen Immobilien relevanten Fördermittel der Europäischen Union werden i. d. R. über Förderprogramme der Europäischen Investitionsbank (**EIB**) und der bundeseigenen Kreditanstalt für Wiederaufbau (**KfW**) zur Verfügung gestellt.[4] Die KfW stellt zusammen mit dem Bundesamt für Wirtschaft und Ausfuhrkontrolle (**BAFA**) entsprechende Fördermittel des Bundes bereit.[5] Darüber hinaus kommt eine Inanspruchnahme von Förderprogrammen der Bundesländer, Kommunen und kommunaler Einrichtungen in Betracht.[6]

6 Bei im Ausland zu realisierenden Projekten ist eine Förderung nur unter bestimmten Förderprogrammen möglich und ist regelmäßig auf grenznahe Regionen im EU-Ausland oder auf eine anteilige Förderung der auf einen deutschen oder EU-Investor entfallenden Kosten beschränkt. Soweit das Förderziel des Förderprogramms nicht auf die Bundesrepublik beschränkt ist, kann ausnahmsweise auch eine Förderung im gesamten Ausland förderfähig sein.[7]

7 Fördermittel unterliegen stets den einschlägigen Förderrichtlinien und Allgemeinen Förderbestimmungen sowie etwaigen ergänzenden Auflagen des zuständigen

3 Von der Darstellung ausgenommen wurden juristische Personen des öffentlichen Rechts, private Unternehmen, die mehrheitlich im Eigentum der öffentlichen Hand stehen, Freiberufler oder Contracting Unternehmen.

4 Soweit die Europäischen Union Fördermittel nicht unmittelbar durch eigene Institutionen (wie etwa der Europäischen Investitionsbank oder dem European Energy Efficiency Fund) ausreicht, werden diese über die nationalen Förderinstitute der Mitgliedsstaaten im Rahmen der dort existierenden Förderprogramme zur Verfügung gestellt.

5 Einzelheiten und Bedingungen der nachfolgend dargestellten Förderprogramme der KfW und des BAFA können auch unter www.kfw.de bzw. www.bafa.de abgerufen werden.

6 Fördermittel gewährende Einrichtungen werden gemeinsam nachfolgend **Förderinstitute** genannt.
Dabei werden Fördermittel der Bundesländer über landeseigene Förderbanken (bspw. im Freistaat Bayern: Landesförderanstalt Bayern; in Niedersachsen: Investitions- und Förderbank des Landes Niedersachsen) oder Bürgschaftsbanken der Bundesländer (bspw. in Nordrhein-Westfalen: Bürgschaftsbank Nordrhein-Westfahlen GmbH; in Baden-Württemberg: Bürgschaftsbank Baden-Württemberg GmbH) bereitgestellt. Die Förderinstitute der Länder sind i. d. R. nur für das jeweilige Bundesland zuständig.

7 Bspw. KfW-Umweltprogramm und KfW-Programm erneuerbare Energien – „Standard"; vgl. Rn 38, 40.

Förderinstitutes im konkreten Einzelfall.[8] Daneben sind ggf. auch weitergehende Bedingungen bspw. der kreditausreichenden Stelle zu erfüllen.[9]

a) Förderkredite

Fördermittel in Form von Förderkrediten werden als Durchleitungskredite (mit oder ohne – anteilige – Haftungsfreistellung), Nachrangdarlehen oder Direktkredite zur Verfügung gestellt.[10] 8

Bei einem **Durchleitungskredit** handelt es sich um eine mittelbare Kreditgewäh- 9
rung des Förderinstitutes in Form einer Kreditvertragskette, bei der das Förderinstitut eine Kreditgewährung der **Hausbank** an den Fördermittelempfänger, der in diesem Rahmen auch Letzt- oder Endkreditnehmer genannt wird, refinanziert und das Risiko der Kreditgewährung i. d. R. die Hausbank trägt.[11] Den seitens des Förderinstitutes zugesagten Förderkredit gewährt die Hausbank als eigenen Kredit an den Fördermittelempfänger, ggf. zusammen mit einem oder mehreren eigenen Kredit(en), dem **Hausbankkredit.** Die Refinanzierung der Förderkreditgewährung durch das Förderinstitut erfolgt auf Grundlage eines vom Förderkredit unabhängigen Vertragsverhältnisses zwischen Hausbank und Förderinstitut. Für die Übernahme des Kreditrisikos und zur Abgeltung des Aufwandes der Hausbank unter dem Förderkredit beinhaltet der Refinanzierungskredit i. d. R. eine Vergütung in Form eines gegenüber dem Förderkredit reduzierten Zinssatzes, dessen Differenz zum Zinssatz des Förderkredits die **Hausbankmarge** ergibt.

Nachrangdarlehen sind Förderkredite, deren Rückzahlung zu den Verbindlich- 10
keiten unter einem Hausbankkredit nachrangig geschuldet und besichert sind, und können durch das Förderinstitut unmittelbar als nachrangiges Darlehen oder mittelbar als (teilweise) Haftungsfreistellung unter einem Durchleitungskredit gewährt werden.[12]

Direktkredite sind unmittelbare Kreditgewährungen der Förderinstitute an 11
Fördermittelempfänger, die auch in Form von Konsortialfinanzierungen erfolgen können.[13]

---

8 Nachfolgend werden diese zusammen und einzeln **Förderbedingungen** genannt.

9 Siehe hierzu auch die Ausführungen unter Rn. 67 ff.

10 Für unmittelbare Kreditgewährung an Kreditnehmer ist bei KfW-Krediten ggf. eine Beschlussfassung des KfW Verwaltungsrates notwendig, vgl. § 3 Abs. 1 S. 1 KredAnstWiAG.

11 Kreditinstitut über das der Investor den Förderkredit beantragt.

12 Bspw. KfW-Unternehmerkredit mit der Möglichkeit einer Haftungsfreistellung von bis zu 50 % und ERP-Innovationsprogramm mit bis zu 60 % Nachrangkapital; vgl. Rn 43.

13 Siehe hierzu auch die Ausführungen zum KfW- Programm Konsortialkredit Energie und Umwelt unter Rn 41 f.

b) Zuschüsse und Haftungsübernahmen

12 Fördermittel werden auch als Zuschüsse oder Haftungsübernahmen gewährt. Soweit eine Kombinierbarkeit der Förderprogramme gegeben ist, bilden diese eine sinnvolle Ergänzung und einen weiteren Baustein der Gesamtfinanzierung. Nebenbei können die geförderten Investitionen auch einen Betrag zur Wirtschaftlichkeit der Immobilie leisten.

Öffentliche Fördermittel in Form von **Zuschüssen** werden als (einmaliger) verlorener Zuschuss oder im Zusammenhang mit einer Förderkreditgewährung laufzeitabhängig als Zins- und/oder Tilgungszuschuss bewilligt. Bei Tilgungszuschüssen ist eine Auszahlung der Fördermittel an den Kreditnehmer üblicherweise nicht möglich. Insbesondere bei verlorenen Zuschüssen kann der Fördermittelempfänger so von der Reduzierung des von ihm zu erbringenden Kapitaldienstes bzw. Eigenkapitaleinsatzes profitieren.[14]

14 **Haftungsübernahmen** reduzieren das Ausfallrisiko der Hausbank und können einen positiven Einfluss auf die Konditionen des besicherten Kredites haben.[15] Bei den hier dargestellten Förderprogrammen erfolgen diese regelmäßig in Form von Bürgschaften der KfW oder der Bürgschaftsbanken der Bundesländer.

Praxishinweis
Bei Fördermitteln in der Form von Haftungsübernahmen sollte geprüft werden, ob sich eine Inanspruchnahme wirtschaftlich rechnet. Beihilfevorschriften der EU setzen einer Reduzierung der Avalprovision gegenüber den am Markt üblichen Konditionen rechtliche Grenzen.[16] Daneben sind bspw. für Bürgschaftsübernahmen der KfW bankübliche Sicherheiten zu stellen.[17]

---

c) Träger des Ausfallrisikos

15 In Bezug auf den Träger des Ausfallrisikos bestehen je nach Förderprogramm unterschiedliche Haftungsmodelle. Im Regelfall stellt das Förderinstitut lediglich das Kapital der Förderkreditgewährung zur Verfügung, ohne jedoch das Ausfallrisiko zu

---

14 Kreditinstitute akzeptieren regelmäßig Fördermittel als Eigenkapital bzw. lassen diese bspw. bei der Berechnung des Verschuldungsgrades u. U. unberücksichtigt.

15 Durch Absenkung des Sollzinssatzes, längere Kreditlaufzeiten, Verbesserung sonstiger Konditionen (wie z. B. Financial Covenants) oder Ausweitung des Kreditengagements; siehe zu Letzterem auch die Ausführungen unter Rn 15 und 85 ff.

16 Die Förderung erfolgt entweder im Rahmen der De-Minimis-Verordnung (Verordnung (EU) 1407/2013 vom 18.12.2013; Abl. EU L 352 vom 24.12.2013; **De-Minimis-VO**) oder der Allgemeinen Gruppenfreistellungsverordnung (Verordnung (EU) 651/2014 vom 17.6.2014; ABl. EU L 187/1 vom 26.06.2014; **AGVO**), soweit das Förderprogramm nicht beihilfefrei ist; vgl. auch die Ausführungen in Rn 23 und 62 ff.

17 Vgl. § 3 Abs. 3 KredAnstWiAG. Bei Durchleitungskrediten werden Form und Umfang der Besicherung von der Hausbank festgelegt. Dies kann auch die persönliche Mithaftung der (geschäftsführenden) Gesellschafter beinhalten. Vgl. auch Rn. 81 f.

tragen. Das Förderinstitut kann die Hausbank aber auch ganz oder teilweise von der Haftung unter einem Förderkredit (mittelbar) freistellen. So ist bei Nachrangdarlehen, Direktkrediten und Haftungsübernahmen das Förderinstitut (anteiliger) Träger des Ausfallrisikos.[18]

Praxistipp
Eine Begrenzung des Ausfallrisikos kann die Bereitschaft eines Kreditinstitutes zur Kreditgewährung positiv beeinflussen. Übernimmt das Förderinstitut (teilweise) das Ausfallrisiko eines Förderkredits, ermöglicht die (anteilige) Übernahme des Kreditrisikos u. U. sogar eine risikoadäquate Ausweitung des Kreditengagements der Hausbank.[19]

---

d) Antragstellung, Bewilligung, Vertragsverhältnis

Die Beantragung von Fördermitteln der KfW oder der Förderinstitute der Bundesländer erfolgt i. d. R. über die Hausbank des Investors (sog. **Hausbankprinzip**).[20] Nach Eingang der Antragsunterlagen prüft die Hausbank die Finanzierbarkeit des Projektes und die Bonität des Kreditnehmers zunächst in eigener Sache ggf. unter Berücksichtigung eines ebenfalls beantragten Hausbankkredits bei der Hausbank. 16

Anträge auf isolierte Zuschussförderung sind unmittelbar bei den zuständigen Förderstellen, bspw. dem BAFA, zu stellen.[21] Soweit neben Zuschüssen auch Förderkredite in Anspruch genommen werden sollen, kann die Einreichung der Antragsunterlagen insgesamt über die Hausbank erfolgen. 17

Die Förderbedingungen eines Förderprogramms können vorsehen, dass Fördermittelanträge vor Beginn der Realisierung oder innerhalb einer bestimmten Frist nach Errichtung/Inbetriebnahme einer Anlage zu stellen sind (wenn der Antrag später gestellt wird, kann die Bewilligung ggf. rückwirkend zum 1.1. des jeweiligen Jahres erteilt werden). Teilweise ist allerdings zwingende Fördervoraussetzung, dass mit der **Realisierung des Vorhabens** im Zeitpunkt der Bewilligung der Fördermittel noch 18

---

18 In Bezug auf die Gesamtfinanzierung teilen sich Hausbank und Förderinstitut im Ergebnis aber weiterhin das Ausfallrisiko, da die Gewährung von Nachrangdarlehen, und Haftungsübernahmen/-freistellungen durch das Förderinstitut von der gemeinsamen Kreditgewährung mit der Hausbank (bzw. mit Drittbanken im Rahmen einer Konsortialfinanzierung) abhängig gemacht wird.

19 Haftungsübernahmen der öffentlichen Hand können bei der Hausbank ggf. eigenkapitalentlastend gemäß den Bestimmungen der **CRR** (Capital Requirements Regulation; Verordnung (EU) Nr. 575/2013 vom 26.7.2013; ABl. EU L 321 vom 30.11.2013) angerechnet werden insbesondere bei Kreditinstituten, die einen risikoadjustierte Ansatz (IRBA oder A-IRBA) anwenden.

20 Auf Grund des Diskriminierungsverbotes sind Förderinstitute verpflichtet, jedes Kreditinstitut zu akzeptieren, welches der Antragsteller als Hausbank wählt, wobei kein Kreditinstitut zur Übernahme der Hausbankfunktion verpflichtet werden kann (Privatautonomie); vgl. auch *Sinowski* in Langenbucher/Bliesener/Spindler, Bankrechtskommentar, 22. Kapitel Rn 50, 56.

21 Ggf. nebst etwaiger Annexanträge, wie etwa einem Antrag auf Zulassung einer KWK-Anlage.

nicht begonnen worden sein darf.[22] Planungsleistungen können aber grundsätzlich erbracht werden.

Praxistipp

Für einen Anspruch auf ungekürzte Förderung sollten die Förderbedingungen hinsichtlich des spätesten Zeitpunkts der Antragstellung überprüft werden. Darf nach den Förderbedingungen der Beginn der Realisierung des Vorhabens bis zum Zeitpunkt der Fördermittelgewährung nicht erfolgt sein, muss mit der Realisierung des Projektes bis zur förmlichen Fördermittelgewährung bzw. Bescheidung durch das zuständige Förderinstitut und nicht lediglich bis zur Antragstellung abgewartet werden. Es handelt sich dann um ein zwingendes Erfordernis, das nicht etwa durch die Erfüllung von Auflagen oder sonstige Zugeständnisse des Antragstellers nachträglich ersetzt werden kann.

---

19 Es sollte berücksichtigt werden, dass zwischen Antragstellung und Bewilligung der Fördermittel bzw. der Fördermittelgewährung ein Zeitraum von mehreren Wochen liegen kann.[23] Bei Beantragung von Fördermitteln aus mehreren Förderprogrammen ist zu beachten, dass die Bewilligung der einzelnen Fördermaßnahmen unabhängig voneinander erfolgt. Im Einzelfall sollte die Realisierung des Vorhabens bis zur Bewilligung sämtlicher beantragter Fördermittel zurückgestellt werden.

Praxistipp

Damit es nicht zu ungeplanten Verzögerungen im Projektfortgang kommt, sollte der Förderantrag mit ausreichend zeitlichem Vorlauf gestellt werden. Auch sollten die Antragsunterlagen bei Einreichung so aufbereitet und vollständig sein, dass deren Prüfung aus sich heraus ohne Weiteres abgeschlossen werden kann.

---

20 Die Bewilligung von Zuschüssen erfolgt regelmäßig öffentlich-rechtlich in Form eines Bewilligungsbescheides. Dagegen werden Förderkredite weitestgehend auf zivilrechtlicher Grundlage gewährt. Dabei werden der Hausbank die Bedingungen eines Förderkredites weitestgehend vorgegeben. Die endgültigen Konditionen des Förderkredites beruhen dabei auf einer Risikobeurteilung der Hausbank, wobei der Hausbank ein Ermessensspielraum verbleibt.[24]

22 Als Realisierung eines Vorhabens gilt nach den Bedingungen der KfW und des BAFA der rechtsgültige Abschluss eines der Ausführung zuzurechnenden Lieferungs- oder Leistungsvertrages.

23 Bei Förderkrediten der KfW ist ab Einführung der technischen Fördermittelplattform Bankdurchleitung Online 2.0 für gewerbliche Förderkredite mit einer deutlichen Beschleunigung der Fördermittelgewährung in Bezug auf gewerbliche KfW-Programme ab Mitte 2016 zu rechnen.

24 Die Förderbedingungen sehen in der Regel einen Zinskorridor vor, innerhalb dessen das Förderinstitut die Konditionen des Förderkredites festlegen kann. Bei Förderkrediten der KfW erfolgt die Konditionierung auf Grundlage von Bonitäts- (Bonität des Kreditnehmers und Ausfallwahrscheinlichkeit der Kreditgewährung) und Sicherheitenklassen (Umfang/Werthaltigkeit der Sicherheiten); sog. **Risikogerechtes Zinssystem**, vgl. KfW Merkblatt Risikogerechtes Zinssystem (600 000 0038; Stand 08/2014).

Sowohl Hausbank als auch Förderinstitut treffen in Bezug auf einen von der Hausbank herausgelegten Durchführungskredit jeweils eine eigene Kreditentscheidung. Unmittelbare Kreditgewährungen und Haftungsübernahmen des Förderinstitutes sowie die Bewilligung von Zuschüssen liegen dagegen allein im Zuständigkeitsbereich des jeweiligen Förderinstitutes. 21

Bei einem Durchleitungskredit kommt ein Kreditvertragsverhältnis unmittelbar zwischen dem Kreditnehmer und der Hausbank zustande. Ein weiteres (ebenfalls zivilrechtliches) Vertragsverhältnis wird zwischen dem Förderinstitut und der Hausbank in Bezug auf die Refinanzierung des gewährten Förderkredites begründet.[25] Daneben besteht zwischen dem Förderinstitut und dem Kreditnehmer je nach Ausgestaltung ein zivilrechtliches oder öffentlich-rechtliches Förderverhältnis. Ein zivilrechtliches Kreditvertragsverhältnis zwischen Förderinstitut und Kreditnehmer entsteht bei allen unmittelbaren Kreditgewährungen des Förderinstitutes. Die Hausbank fungiert in diesen Fällen ggf. als Verwaltungsstelle. 22

Fördermittel stammen zumindest mittelbar aus öffentlichen Mitteln und unterliegen damit den beihilferechtlichen Bestimmungen nach Art. 107, 108 AEUV. Damit nicht jede Fördermittelgewährung einer Notifizierungspflicht unterliegt, erfolgt die Fördermittelgewährung unter den Förderprogrammen im Rahmen der De-Minimis-VO oder der AGVO. 23

Vor diesem Hintergrund sind Unternehmen in bestimmten Branchen, Unternehmen, die einer Rückforderungsanordnung der EU-Kommission wegen rechtswidriger Beihilfe nicht nachgekommen sind, Unternehmen in Schwierigkeiten i. S. d. Art. 2 Abs. 18 AGVO und Unternehmen, deren Förderung den Beihilfehöchstwert der De-Minimis-VO im relevanten Zeitraum überschreiten,[26] von einer Förderung ausgeschlossen. Nicht förderfähig sind zudem Maßnahmen, deren Durchführung auf einer gesetzlichen Verpflichtung oder behördlichen Anordnung beruht, soweit sich aus den jeweiligen Förderbedingungen nicht ausdrücklich etwas anderes ergibt. Sofern die Fördermittelgewährung nach Maßgabe der Förderbedingungen der AGVO unterliegt, muss vor Realisierung des Vorhabens ein schriftlicher Beihilfeantrag gestellt werden. 24

Nicht förderfähig sind im Übrigen Eigenleistungen, Personalkosten und Betriebskosten des Antragstellers, sowie Steuern und öffentliche Abgaben.

25 Die Refinanzierung der Durchleitungskredite erfolgt regelmäßig nicht einzeln, sondern durch sog. **Globaldarlehen** des Förderinstituts, einer großvolumigen Kreditgewährung des Förderinstitutes an die Hausbank, die größere Kontingente an Förderkrediten umfasst.

26 Der Beihilfehöchstwert nach De-Minimis-VO beträgt 200.000 € bezogen auf drei Steuerjahre. Bei Überschreitung dieser Höchstgrenze kann keine – auch keine anteilige – Förderung gewährt werden.

2 Förderkredite für gewerbliche Investoren von Nichtwohngebäuden

25 Förderprogramme, die speziell an eine Green Building Zertifizierung anknüpfen, existieren derzeit nicht.[27] Allerdings bestehen Förderprogramme, deren Förderziel die Einsparung des Primärenergiebedarfes, Steigerung der Energieeffizienz, Nutzung erneuerbarer Energien oder der Einsatz Ressourcen schonender Technologien ist. Da die Herstellung einer Immobilie nach einem Green Building Standard vergleichbare Zielsetzungen verfolgt, sollen nachfolgend Inhalt und Inanspruchnahmevoraussetzungen entsprechender Förderprogramme dargestellt werden.

a) Förderkredite der Europäischen Investitionsbank

26 Die EIB stellt u. a. Darlehen für private Unternehmen zur Verfügung, soweit das durchzuführende Projekt den Förderkriterien der EIB entspricht, sich wirtschaftlich rechnet und solide durchfinanziert ist. Bezogen auf die Finanzierung einer Green Building Immobilie kommen Durchleitungskredite der EIB zur Förderung der Energieeffizienz im Gebäudesektor in der EU in Betracht.[28] In diesem Rahmen finanziert die EIB max. 50 % der eigentlichen Energieeffizienzkomponenten, die bspw. beim Bau neuer Gebäude 10–20 % ausmachen können.

27 Als eines ihrer Schlüsselsektoren unterstützt die EIB in Umsetzung der europäischen Richtlinie über die Gesamtenergieeffizienz[29] und zur Förderung von Investitionen in Niedrigstenergiegebäude während ihrer frühen Einführungsphase Investitionen im Bereich Energieeffizienz bei Gebäuden sowohl im Hinblick auf Bestandsgebäude als auch auf Neubauten, da die EIB die größten Energieeffizienzsteigerungspotentiale innerhalb der EU im Gebäudesektor vermutet.[30]

b) Förderkredite des Bundes

28 Den hier dargestellten Förderkreditprogrammen ist gemein, dass die Förderung nach Maßgabe der Anforderungen der jeweils geltenden EnEV und der von der KfW zum jeweiligen Förderprogramm vorgegebenen „Technischen Mindestanforderungen“

---

27 Non-monetäre Förderprogramme, wie das Green Building-Programm der EU-Kommission aus Januar 2005, die zwar spezifisch Green Building fördern, aber sich Inhaltlich in Marketingmaßnahmen u. ä. erschöpfen, werden auf Grund der abweichenden Förderqualität nicht näher dargestellt.

28 Hierzu hat die EIB ausgewählten Kreditinstituten zweckgebundene Globaldarlehen gewährt. Eine Liste der Kreditinstitute ist unter www.eib.org einsehbar.

29 Richtlinie 2010/31/EU vom 19. Mai 2010 über die Gesamtenergieeffizienz von Gebäuden, ABl. EU L 153 vom 18.6.2010, S. 13–35, in der Fassung nach Änderung durch die Richtlinie 2012/27/EU vom 25. Oktober 2012, ABl. EU L 315 vom 14.11.2012, S. 1 – 56.

30 Vgl. Finanzierungskriterien der EIB für Energieprojekte, Stand 25.7.2013, Ziffern 95 ff. i. V. m. Artikel 309 AEUV. Unter bestimmten Bedingungen lassen sich EIB-Darlehen mit Mitteln der Regional- oder Strukturfonds aus dem Haushalt der Europäischen Union kombinieren.

erfolgen.[31] Die Erfüllung der technischen Mindestanforderungen ist durch einen Sachverständigen zu bestätigen.[32] Die Förderkredite können programmabhängig Laufzeiten von bis zu 20 Jahren mit maximal drei tilgungsfreien Jahren und ergänzend die Gewährung von Tilgungszuschüssen vorsehen.[33] Die Kreditzusage enthält eine förderprogrammabhängige Abruffrist, die auf Antrag in begründeten Fällen verlängert werden kann. Für den noch nicht abgerufenen Kreditbetrag ist nach Ablauf einer bereitstellungsfreien Zeit (programmabhängig) eine Bereitstellungsprovision zu zahlen. Die jeweils abgerufenen Fördermittel sind innerhalb von i. d. R. sechs Monaten dem festgelegten Verwendungszweck zuzuführen. Andernfalls ist ein Zinszuschlag zu zahlen.

Die Förderbedingungen der Förderkreditprogramme schließen regelmäßig 29
die Förderung bestimmter Investitionskosten,[34] oder Investitionsgüter[35] sowie die Umschuldungen oder Nachfinanzierungen bereits begonnener Vorhaben aus.

Bei einer Veräußerung der geförderten Immobilie innerhalb von 10 Jahren ist der 30
Erwerber auf die Förderung und auf die Pflicht zur Aufrechterhaltung der energetischen Qualität des Gebäudes nach § 11 Absatz 2 EnEV hinzuweisen.

---

31 Diese werden in der jeweiligen Anlage „Technische Mindestanforderungen" zum KfW-Merkblatt des entsprechenden Förderprogramms ausgewiesen, soweit vorhanden.

32 Ein Sachverständiger unter den KfW-Programmen ist eine nach § 21 EnEV für die Ausstellung oder Prüfung von Nachweisen gemäß EnEV für Nichtwohngebäude berechtigte Person zu verstehen. Die KfW empfiehlt die Einbindung eines Sachverständigen aus der Expertenliste der KfW unter www.energie-effizienz-experten.de. Einige Förderbedingungen beauflagen die Einschaltung von in der Expertenliste geführten und ggf. für bestimmte Prüfungen zugelassenen Sachverständigen.

33 In der Staffelung 5/1, 10/2, 20/3 (Jahre Laufzeit/tilgungsfreie Jahre), begrenzt jedoch durch die technische und ökonomische Lebensdauer der Investitionsobjekte. Die Verbilligung aus Bundesmitteln erfolgt für maximal 10 Jahre. Bei längeren Laufzeiten erfolgt die Zinsfestschreibung nach Ablauf der ersten 10 Jahre ohne Verbilligung aus Bundesmitteln. Die Tilgung ist nach Ablauf der tilgungsfreien Anlaufjahre i. d. R. in gleich hohen vierteljährlichen Raten zu leisten. Während der Tilgungsfreijahre sind lediglich Zinsen zu zahlen. Sondertilgungen können nur gegen Zahlung einer Vorfälligkeitsentschädigung vorgenommen werden.
Die isolierte Inanspruchnahme von Zuschüssen außerhalb von Förderkreditprogrammen (bspw. des BAFA) wird unter Rn 46 ff. dargestellt.

34 Wie etwa Grunderwerbskosten; der Erwerb von Grundstücken kann ggf. im Rahmen anderer Förderprogramme, bspw. dem KfW-Unternehmerkredit (Programmnummer 037/047), förderfähig sein, vgl. Rn 43.

35 Eigenbauanlagen, Prototypen, gebrauchte Anlagen und Anlagen, bei denen eine Vergütung der erzeugten Energie nach dem EEG oder dem KWKG möglich ist, sind unter diesen Förderprogrammen grds. nicht förderfähig. Als Prototyp gelten Anlagen, die in weniger als vier Exemplaren betrieben werden. Soweit die Förderung einer Investition besonderen Programmen vorbehalten ist, fällt diese Investition regelmäßig allein in den Anwendungsbereich des besonderen Förderprogramms.

aa) KfW-Energieeffizienzprogramm – Energieeffizient bauen und sanieren

31 Das Energieeffizienzprogramm der KfW bezweckt die Steigerung der Energieeffizienz und die Minderung des CO_2-Ausstoßes durch die Errichtung von KfW-Energieeffizienzhäusern mit niedrigen Energiebedarf/CO_2-Ausstoß und die Sanierung bestehender gewerblich genutzter Immobilien einschließlich der Umsetzung von Einzelmaßnahmen zur Verbesserung der Energieeffizienz im Rahmen des „CO_2-Gebäudesanierungsprogramms" des Bundes. Die Förderung erfolgt durch eine zinsgünstige langfristige Finanzierung und die Gewährung von Tilgungszuschüssen für den Ersterwerb, die Errichtung oder die energetische Sanierung von bzw. zu energieeffizienten gewerblich genutzten Immobilien.[36]

(1) Einzelmaßnahmen

32 Gefördert werden von einem Sachverständigen empfohlene Investitionsmaßnahmen an der Gebäudehülle und/oder der technischen Gebäudeausrüstung zur Verbesserung der Energieeffizienz an bestehenden gewerblichen Nichtwohngebäuden in enumerativ aufgezählten Bereichen, die wesentliche Energieeinspareffekte erzielen.[37]

(2) Sanierung und Neubau von Gebäuden

33 Die Sanierung, der Ersterwerb und der Neubau eines Gebäudes werden gefördert, soweit

36 KfW Programmnummern 276 (Sanierung), 277 (Neubau) und 278 (Einzelmaßnahme); vgl. KfW-Merkblatt KfW Energieeffizienzprogramm – Energieeffizient Bauen und Sanieren (600 000 3412; Stand 03/2016). Finanziert werden bis zu 100 % der Investitionskosten, max. 25 Mio. € pro Vorhaben. Diese Kreditobergrenze kann überschritten werden, sofern das Vorhaben eine besondere Förderungswürdigkeit besitzt.
Der Tilgungszuschuss beträgt (i) bei einer Sanierung: KfW-Effizienzhaus 70: 17,5 % des Zusagebetrages, max. 175,– €/m²; KfW-Effizienzhaus 100: 10 % des Zusagebetrages, max. 100,– €/m²; KfW-Effizienzhaus Denkmal: 7,5 % des Zusagebetrages, max. 75,– €/m²; (ii) bei einem Neubau: KfW-Effizienzhaus 55: 5 % des Zusagebetrages, max. 50,– €/m²; KfW-Effizienzhaus 70: kein Tilgungszuschuss; (iii) bei Einzelmaßnahmen: 5 % des Zusagebetrages, max. 50,– €/m².

37 Folgende Einzelmaßnahmen können förderfähig sein: Dämmung von Wänden, Dachflächen, Geschossdecken und Bodenflächen; Erneuerung und Aufbereitung von Fenstern, Vorhangfassaden, Außentüren und Toren; Maßnahmen zur Verbesserung des sommerlichen Wärmeschutzes; Einbau, Austausch oder Optimierung raumluft- und klimatechnischer Anlagen; Erneuerung oder Optimierung der Wärme- und Kälteerzeugung, -verteilung und -speicherung; Austausch und/oder Optimierung der Beleuchtung; Einbau oder Optimierung der Mess-, Steuer-, und Regelungstechnik sowie der Gebäudeautomation.
Daneben sind Aufwendungen für Planungs- und Nebenarbeiten (wie z. B. Ausbau und Entsorgung von Altanlagen), Maßnahmen zur Einregulierung einer geförderten Anlage sowie Aufwendungen für Energiemanagementsysteme förderfähig.

- bei einer Sanierung das energetische Niveau nach der Sanierung den Standards ***KfW-Effizienzhaus 70***, ***KfW-Effizienzhaus 100*** oder ***KfW-Effizienzhaus Denkmal*** für einen Neubau entspricht;[38]
- bei einem Neubau das energetische Niveau eines ***KfW-Effizienzhaus 55*** oder ***KfW-Effizienzhaus 70*** erreicht wird.

bb) KfW-Programme für erneuerbare Energien

Die KfW fördert neben dem Neubau und der Sanierung ganzer Gebäude auch Einzelinvestitionen in Anlagen zur Nutzung erneuerbarer Energien durch die KfW-Programme für erneuerbare Energien. Die Förderung erfolgt durch zinsgünstige Darlehen und Tilgungszuschüsse. 34

(1) KfW-Programm erneuerbare Energien – „Premium"

Unter diesem Förderprogramm wird die Nutzung erneuerbarer Energien im Wärmemarkt durch folgende Maßnahmen gefördert:[39] 35

Die Errichtung und Erweiterung 36

- großer Solarkollektoranlagen mit mehr als 40 m² Bruttokollektorfläche zur Warmwasserbereitung, Raumheizung oder zur kombinierten Warmwasserbereitung und Raumheizung von Nichtwohngebäuden mit mindestens 500 m² Nutzfläche;[40]
- zur Bereitstellung von Prozesswärme und von solarer Kälteerzeugung, sowie bei überwiegender Bereitstellung von Wärme für ein Wärmenetz;[41]

---

38 Einzelheiten zu den Anforderungen der KfW-Effizienzhausstandards sind in der Anlage zu den Merkblättern Energieeffizient Bauen und Sanieren – Nichtwohngebäude – Technische Mindestanforderungen (600 000 3418; Stand 04/2015) festgelegt. Für Baudenkmale bestehen abweichende Ausnahmeregelungen.

39 KfW Programmnummern 271/281 und 272/282 (Tiefengeothermie); vgl. KfW-Merkblatt Erneuerbare Energien „Premium" (600 000 2410; Stand 01/2016). Finanziert werden bis zu 100 % der Nettoinvestitionskosten, max. 10 Mio. €.
Im Rahmen des Anreizprogramms Energieeffizienz (APEE) kann ein um jeweils 20 % erhöhter Tilgungszuschuss gewährt werden, wenn besonders ineffiziente Anlagen nach Maßgabe der Bestimmungen dieses Förderprogramms erneuert werden.
Eine Förderung kann nur für Anlagen zur überwiegend innerhalb Deutschlands dienenden Wärme- oder Kältebereitstellung gewährt werden. Die Anlagen sind (auch im Falle einer Veräußerung) mindestens 7 Jahre zweckentsprechend zu betreiben.

40 Es bestehen Ausnahmeregelungen für Gemeinschaftseinrichtungen zur sanitären Versorgung (z. B. auf Campingplätzen) und Beherbergungsbetriebe mit mind. 6 Zimmern.

41 Der Tilgungszuschuss kann alternativ über eine (i) größenabhängige Förderung i. H. v. bis zu 30 – 50 % der förderfähigen Nettoinvestitionskosten (je nach Nutzungsart der thermischen Energie) oder eine (ii) ertragsabhängige Förderung (Produkt aus jährlichem Kollektorwärmeertrag, Anzahl der installierten Solarthermie Module und 0,45 €) beantragt werden.

- automatisch beschickter Biomasseanlagen zur Verbrennung fester Biomasse für die thermische Nutzung sowie KWK-Biomasseanlagen mit einer installierten Nennwärmeleistung von mehr als 100 kW bis maximal 2 MW;[42]
- eines Wärmenetzes (inklusive der Errichtung von Hausübergabestationen), das zu vorgegebenen Mindestanteilen aus bestimmten erneuerbaren Energien gespeist wird und einen bestimmten Mindestwärmeabsatz erreicht;[43]
- großer Wärmespeicher mit mehr als 10 m³ Speichervolumen, sofern diese überwiegend aus erneuerbaren Energien gespeist werden;[44] und
- von Biogasleitungen für unaufbereitetes Biogas ab 300 m Länge, sofern das darin transportierte Biogas einer Nutzung zur Aufbereitung in Erdgasqualität, einer KWK-Nutzung oder einer Nutzung als Kraftstoff zugeführt wird;[45]

---

42 Dies sind Anlagen zur Verfeuerung fester Biomasse (z. B. Holzpellets, Scheitholz oder Holzhackschnitzel), sofern die von der KfW vorgegebenen Emissionswerte und Wirkungsgrade erreicht werden. Nicht gefördert werden Anlagen, die überwiegend der Verfeuerung oder Beseitigung bestimmter Abfallstoffe dienen, Anlagen zum Einsatz von Biomasse im Anwendungsbereich der Verordnung über die Verbrennung und Mitverbrennung von Abfällen – 17. „Verordnung zur Durchführung des Bundes-Immissionsschutzgesetzes (BImSchV)" und Zentralheizungsanlagen, die unter Naturzugbedingungen arbeiten.

Der Tilgungszuschuss für förderfähige Biomasseanlagen zur thermischen Nutzung beträgt bis zu 20 € je kW installierter Nennwärmeleistung (Grundförderung), max. 50.000 € je Anlage. Zusätzlich werden Boni für (i) niedrige Staubemissionen (bis zu 20 € je kW Nennwärmeleistung) und (ii) die Errichtung eines Pufferspeichers (bis zu 10 € je kW Nennwärmeleistung) gewährt. Bei förderfähigen KWK-Biomasseanlagen beträgt der Tilgungszuschuss 40 € je kW installierter Nennwärmeleistung. Der Tilgungszuschuss beträgt insgesamt max. 100.000 € je Anlage.

43 Mindestwärmeabsatz: 500 kWh pro Jahr und Meter Trasse; obligatorische Wärmequellen: (i) mind. 20 % Solarwärme und im Übrigen aus hocheffizienten KWK-Anlagen, aus Wärmepumpen oder aus industrieller oder gewerblicher Abwärme, (ii) mind. 50 % Wärme aus erneuerbaren Energien, (iii) mind. 50 % Wärme aus Wärmepumpen, (iv) mind. 50 % aus Anlagen zur Nutzung von Abwärme oder (v) mind. 50 % aus einer Kombination der in (i) bis (iv) genannten Wärmequellen und ansonsten fast ausschließlich aus hocheffizienten KWK-Anlagen. Bei Wärmenetzen zur überwiegenden Versorgung von Neubauten hat der Mindestanteil bei (ii) bis (v) mind.60 % zu betragen.

Der Tilgungszuschuss beträgt für förderfähige Wärmenetze 60 € je neu errichtetem Meter Trasse, höchstens jedoch 1 Mio. €. Der maximale Tilgungszuschuss erhöht sich auf 1,5 Mio. €, sofern Wärme aus Tiefengeothermieanlagen in das Wärmenetz eingespeist wird. Hausübergabestationen von Bestandsgebäuden können mit bis zu 1.800 € gefördert werden.

Nicht förderfähig sind Wärmenetze, soweit sie einer Förderung nach dem KWKG unterliegen.

44 Nicht förderfähig sind Wärmespeicher, soweit sie einer Förderung nach dem KWKG unterliegen, sowie Wärmespeicher für Ein- und Zweifamilienhäuser.

Der Tilgungszuschuss für förderfähige Wärmespeicher beträgt 250 € je m³ Speichervolumen beschränkt auf 30 % der Nettoinvestitionskosten je Wärmespeicher, max. 1 Mio. €.

45 Der Tilgungszuschuss für förderfähige Biogasleitungen (unaufbereitetes Biogas) beträgt bis zu 30 % der Investitionskosten.

sowie die Errichtung 37
- großer effizienter Wärmepumpen ab einer installierten Nennwärmeleistung von 100 kW für die kombinierte Warmwasserbereitung und Bereitstellung des Heizwärmebedarfs von Gebäuden, die Bereitstellung des Heizwärmebedarfs von Nichtwohngebäuden, die Bereitstellung von Prozesswärme oder die Bereitstellung von Wärme für Wärmenetze;[46] und
- von Anlagen zur Erschließung und Nutzung der Tiefengeothermie für die ausschließliche Wärmeerzeugung oder eine kombinierte Strom- und Wärmeerzeugung.[47] Erkundungsbohrungen können nicht gefördert werden.

(2) KfW-Programm erneuerbare Energien – „Standard"

Das KfW-Programm erneuerbare Energien – „Standard" fördert (ebenfalls) Maß- 38
nahmen zur Stromerzeugung aus erneuerbarer Energien bzw. Strom- und Wärmeerzeugung in KWK-Anlagen durch langfristige zinsgünstige Darlehen, gewährt jedoch keine Tilgungszuschüsse.[48] Gefördert werden die Errichtung, die Erweiterung und der Erwerb von Anlagen und Netzen, die den Anforderungen des EEG 2014 gerecht werden.[49]

46 Der Tilgungszuschuss für förderfähige Wärmepumpen beträgt 80 € je kW Wärmeleistung im Auslegungspunkt, mind. 10.000 € und max. 50.000 € je Einzelanlage.
Zusätzlich kann die Errichtung und Erweiterung einer im Zusammenhang mit einer förderfähigen Wärmepumpe errichteten Erdsonde gefördert werden (Erdsonde bis 400m: 4 €/m vertikale Tiefe und ab 400m: 6 €/m vertikale Tiefe; max. eine Erdsonde pro Vorhaben förderfähig). Nicht gefördert werden (i) Luft/Wasser- Wärmepumpen und (ii) Luft/Luft-Wärmepumpen sowie (iii) sonstige Wärmepumpen, die die erzeugte Wärme direkt an die Luft übertragen.

47 Abhängig von der Art der Anlagennutzung (ausschließliche Wärmeerzeugung oder kombinierte Strom- und Wärmeerzeugung) können Tilgungszuschüsse (i) je kW errichteter bzw. erweiterter Nennwärmeleistung (Anlagenförderung i. H. v. bis zu 2 Mio. € je Einzelanlage), (ii) je Meter vertikale Tiefe einer Tiefenbohrung (Bohrkostenförderung i. H. v. bis zu 0,975 Mio. € bzw. 1,25 Mio. € je Bohrung, Förderhöchstbetrag 3,9 Mio. € bzw. 10 Mio. €) und (iii) anteilig für Mehraufwendungen (bis zu 50 % der (Netto-)Mehraufwendungen, max. 5 Mio. € je Vorhaben) beantragt werden. Bei Tiefengeothermieanlagen darf der Anteil der öffentlichen Mittel max. 80 % der förderfähigen Nettoinvestitionskosten betragen. Für KMU ist eine Erhöhung um 10 % des gesamten Zuwendungsbetrags möglich.

48 KfW Programmnummern 270 und 274 (Photovoltaik-Anlagen); vgl. KfW-Merkblatt Erneuerbare Energien „Standard" (600 000 0178; Stand 01/2016). Bis zu 100 % der förderfähigen Nettoinvestitionskosten können finanziert werden, max. jedoch 50 Mio. € pro Vorhaben.

49 Photovoltaik-/Hybridanlagen (Stromerzeugung in Kombination mit Energiespeichern und/oder Lastmanagement), Windkraftanlagen an Land, Anlagen zur Erzeugung und Nutzung von Biogas (auch wenn sie nicht der Stromerzeugung dienen), Batteriespeicher für erneuerbare Energien-Anlagen, Investitionen in den Transportnetzen vorgelagerte (objektnahe) Nieder- und Mittelspannungsnetze, Wasserkraft- und Geothermieanlagen, sowie KWK-Anlagen, Anlagen zur Wärmeerzeugung, sowie Wärme-/Kältenetze und Wärme-/ Kältespeicher, die aus erneuerbaren Energien gespeist werden, sofern diese die Anforderungen des KfW-Programms Erneuerbare Energien „Premium" nicht erfüllen.

(3) KfW-Programm erneuerbare Energien – „Speicher"

39 Unter diesem Förderprogramm werden stationäre Batteriespeichersysteme in Verbindung mit einer Photovoltaikanlage, die an das elektrische Netz angeschlossen sind, durch zinsgünstige Darlehen und Tilgungszuschüsse gefördert.[50]

cc) KfW-Umweltprogramm

40 Das KfW-Umweltprogramm fördert Maßnahmen, die in Verbindung mit einer förderungswürdigen betrieblichen Umweltschutzinvestition stehen und geeignet sind, die Umweltsituation wesentlich zu verbessern, insbesondere wenn mit diesen bereits die Entstehung von Umweltbelastungen vermieden oder wesentlich vermindert werden kann.[51]

Unter diesem Programm sind vorgenannte Investitionen auch außerhalb Deutschlands (im grenznahen Bereich, sofern diese Vorhaben zur Verbesserung der Umweltsituation in Deutschland beitragen und im gesamten Ausland, sofern es sich um Investitionen deutscher Unternehmen handelt) förderfähig.

50 KfW Programmnummer 275; vgl. KfW-Merkblatt Erneuerbare Energien „Speicher" (600 000 2700; Stand 03/2016) sowie die Richtlinien zur Förderung von stationären und dezentralen Batteriespeichersystemen zur Nutzung in Verbindung mit Photovoltaikanlagen vom 21.12.2012; BAnz AT 19.4.2013 B1. Finanziert werden bis zu 100 % der Gesamtnettoinvestitionskosten (Photovoltaikanlage und Batteriespeichersystem). Die Höhe des Tilgungszuschusses beträgt 30 % der förderfähigen Kosten gemäß Ziffer 6 der v.g. Richtlinie, max. 660 €/kW_p. Förderfähig sind die Neuerrichtung (i) einer Photovoltaikanlage mit max. 30 kW_p in Verbindung mit einem stationären Batteriespeichersystem und (ii) eines stationären Batteriespeichersystems, das nachträglich (mind. 6 Monate später) zu einer nach dem 31.12.2012 in Betrieb genommenen Photovoltaik-Anlage installiert wird. Pro Photovoltaikanlage wird ein Batteriespeichersystem gefördert.

Die geförderten Batteriespeichersysteme müssen sich auf dem Gebiet der Bundesrepublik Deutschland befinden und sind mindestens 5 Jahre zweckentsprechend zu betreiben. Die Leistungsabgabe der Photovoltaikanlage am Netzanschlusspunkt darf max. 60 % der installierten Leistung der Photovoltaikanlage betragen. Die Verpflichtung zur Leistungsbegrenzung besteht dauerhaft für die gesamte Lebensdauer der Photovoltaikanlage, mind. 20 Jahre.

51 KfW Programmnummern 240 (große und mittlere Unternehmen) und 241 (kleine Unternehmen); vgl. KfW-Merkblatt KfW-Umweltprogramm (600 000 2220; Stand 11/2015). Finanziert werden bis zu 100 % der Nettoinvestitionskosten, max. 10 Mio. € pro Vorhaben. Der Höchstbetrag kann bei besonders umweltpolitisch förderungswürdigen Investitionen mit Zustimmung des Bundesministeriums für Umwelt, Naturschutz, Bau und Reaktorsicherheit überschritten werden. In Verbindung mit einer förderungswürdigen betrieblichen Umweltschutzinvestition können auch Aufwendungen für die Planungs- und Umsetzungsbegleitung gefördert werden.

Förderfähig sind u. a. folgende Maßnahmen: Erhöhung der Ressourceneffizienz; Verminderung oder Vermeidung von Luftemissionen; Abfallvermeidung, -behandlung und -verwertung; Abwasserverminderung und -vermeidung; Boden- und Grundwasserschutz; Altlasten- bzw. Flächensanierung, sofern die Sanierung Voraussetzung für weitere betriebliche Investitionen ist und das Unternehmen für die Beseitigung der Altlasten nicht haftet. Aufwendungen für Planungs- und Umsetzungsbegleitung können förderfähig sein.

dd) KfW-Konsortialkredit Energie und Umwelt

Unter dem Programm KfW-Konsortialkredit Energie und Umwelt beteiligt sich die KfW zu banküblichen Bedingungen an Konsortialfinanzierungen an gewerbliches Großunternehmen für Investitionsmaßnahmen in den Bereichen Energieeffizienz, Innovation, erneuerbare Energien, sowie Umweltschutz.[52] 41

Die Finanzierungen erfolgen als Direktkredite im Rahmen von Bankenkonsortien bei unmittelbarer Übernahme der Kreditrisiken durch die KfW. Die KfW übernimmt ihren Anteil auf Grundlage einer eigenen Bonitäts- und Risikoeinschätzung zu denselben Konditionen, die zwischen den Konsortialpartnern und dem Kreditnehmer vereinbart werden.[53] 42

ee) ERP-Innovationsprogramm und KfW-Unternehmenskredit

Der Vollständigkeit halber sollen das ERP-Innovationsprogramm[54] und der KfW-Unternehmerkredit[55] nicht unerwähnt bleiben, die allerdings eine Förderung unabhängig von der Nachhaltigkeit einer Immobilie gewähren. Ersteres richtet sich an den deutschen Mittelstand und fördert Innovationen im Unternehmen. Letzteres steht im Rahmen der allgemeinen Wirtschaftsförderung zur Verfügung.[56] 43

Unter diesem Programm sind vorgenannte Investitionen auch außerhalb Deutschlands (im grenznahen Bereich, sofern diese Vorhaben zur Verbesserung der Umweltsituation in Deutschland beitragen und im gesamten Ausland, sofern es sich um Investitionen deutscher Unternehmen handelt) förderfähig.

52 KfW Programmnummer 291; vgl. KfW-Merkblatt KfW – Konsortialkredit Energie und Umwelt (600 000 2284; Stand 01/2016). Gefördert werden (i) Maßnahmen zur Steigerung der betrieblichen Energieeffizienz, die eine spezifische Endenergieeinsparung von mind. 10 % erzielen, u. a. bei der Sanierung und dem Neubau von energieeffizienten Nichtwohngebäuden, (ii) Innovative Vorhaben zur Neu- bzw. Weiterentwicklung von Technologien zur Energieeinsparung, zur effizienteren Energieerzeugung, zur Energiespeicherung und zur effizienteren Energieübertragung, (iii) der Ausbau und die Nutzung erneuerbarer Energien und (iv) Vorhaben im Bereich Umwelt-, Klima- und Ressourcenschutz. Das Programm richtet sich an in- und ausländische Unternehmen mit einem Gruppenumsatz zwischen 500 Mio. € und 4 Mrd. €.

53 Der Mindestbetrag für eine direkte Beteiligung der KfW an einer Konsortialfinanzierung liegt zwischen 15,– Mio. € und 100,– Mio. €. Die Risikoübernahme der KfW kann max. 50 % der gesamten Konsortialfinanzierung abdecken. Optional können alle am Konsortium teilnehmenden Banken bilateral von der KfW refinanziert werden.

54 KfW Programmnummer 180/181/184 und 190/191/194; vgl. KfW-Merkblatt ERP-Innovationsprogramm (600 000 1631; Stand 03/2016). Entsprechende Förderkredite können bspw. auch als Nachrangdarlehen (max. 60 % Nachrangkapital) beantragt werden.

55 KfW Programmnummern 037/ 047; vgl. KfW-Merkblatt KfW-Unternehmerkredit (600 000 0188; Stand 03/2016). Bei Investitionsfinanzierungen ist eine Strukturierung mit 50 %iger Haftungsfreistellung durch die KfW möglich.

56 Unter diesem Programm können bspw. auch Grunderwerbskosten finanziert werden, die von einer Förderung durch andere hier dargestellte Programme i. d. R. ausgeschlossen sind.

c) Förderkredite der Bundesländer und Kommunen

44 Die Förderprogramme der Bundesländer setzen meist auf den Förderprogrammen der KfW oder des BAFA auf[57] und ergänzen diese, indem Förderkredite durch einen Zinszuschuss nochmals verbilligt,[58] durch einen weiteren Förderkredit erhöht oder durch die Herauslegung einer Landesbürgschaft abgesichert werden.[59] Daneben bestehen kommunale Förderprogramme, die regional begrenzt je nach Förderziel unterschiedlich ausgestaltet sind.

45 Eine gesonderte Darstellung der Förderprogramme der Länder und Kommunen erfolgt vor diesem Hintergrund nicht.

3 Fördermittel als Zuschüsse

46 Bei der Strukturierung der Gesamtfinanzierung sollte auch die Inanspruchnahme von Fördermitteln in Form von Zuschüssen geprüft werden. Diese werden außerhalb von Förderkreditprogrammen i. d. R. als verlorener Zuschuss gewährt.

47 In Bezug auf eine Green Building Immobilie kann Grundlage einer Zuschussförderung bspw. die energetische Optimierung (Energiesenkungs-, Energieeffizienz- und Umweltschutzmaßnahmen), die Nutzung erneuerbarer Energien oder die Einbindung ressourcenschonender Technologien sein.[60]

48 Für Investoren von Nichtwohngebäuden stellt das BAFA[61] u. a. nachfolgend dargestellt Förderprogramme zur Verfügung. Je nach Ausgestaltung des Förderprogramms erfolgt die Förderung als anteilige Förderung[62] oder als Festbetragsförderung. Die Bewilligung von Zuschüssen aus diesen Programmen ist u. a. abhängig von den verwendeten technischen Anlagen[63] und dem prognostizierten Einsparpotential.

---

57 Die Förderinstitute der Bundesländer stellen keine speziellen Förderprogramme für zertifizierte Green Building Immobilien zur Verfügung, so dass auch hier auf Förderprogramme zur Senkung des Primärenergieverbrauchs, der Steigerung der Energieeffizienz, der Nutzung erneuerbarer Energien oder dem Einsatz ressourcenschonender Technologien zurückgegriffen werden muss.

58 Bspw. durch das Förderprogramm L-Bank – Ressourceneffizienzfinanzierung in Bezug auf das KfW-Energieeffizienzprogramm, siehe Rn 31.

59 Bspw. Förderprogramm L-Bank – Kombi-Bürgschaft 50. Das KfW-Energieeffizienzprogramm wird durch das Förderprogramm L-Bank – Ressourceneffizienzfinanzierung – ELR-Kombi erweitert, sofern das Projekt im „Entwicklungsprogramm Ländlicher Raum" realisiert wird.

60 Analog der Systematik bei den Förderkrediten bestehen im Bereich der Zuschüsse keine Förderprogramme, die allein auf eine Green Building Zertifizierung abstellen.

61 Fördermittel in Form von Zuschüssen werden auch von Förderstellen der Bundesländer und kommunaler Körperschaften und Einrichtungen gewährt, die hier nicht gesondert dargestellt werden sollen.

62 Anteilige Übernahme der förderfähigen Investitionskosten bis zu dem im Förderprogramm jeweils festgelegten Höchstbetrag.

63 Das zu fördernde Investitionsgut muss in der Liste der förderfähigen Anlagen des BAFA enthalten sein. Andernfalls ist im Rahmen der Antragstellung die Zulassung der Anlage durch die BAFA mit zu beantragen.

Die Förderprogramme setzen teilweise voraus, dass es sich bei dem Fördermittelempfänger um ein kleines oder mittelgroßes Unternehmen (**KMU**) handelt.[64]

a) Energieberatung Mittelstand

Um einen Überblick über wirtschaftlich sinnvolle (Investitions-)Maßnahmen im Bereich Energieeffizienz zu erhalten, können alle 24 Monate richtliniengemäße Energieberatungen und entsprechende Umsetzungsbegleitungen gefördert werden, sofern im Rahmen der Umsetzungsbegleitung mind. eine der vorgeschlagenen technischen Maßnahmen umgesetzt wird.[65] Die Umsetzungsbegleitung kann auch die Ausschreibung und die Begleitung der Ausführung sowie die Abnahme der durchgeführten Effizienzmaßnahmen umfassen. 49

b) Mini-KWK-Anlagen

Gefördert wird die Neuerrichtung von kleinen KWK-Anlagen bis 20 kWel in Bestandsbauten.[66] Es wird eine Basisförderung in Abhängigkeit von der Leistung der geförderten Anlage je kWel und eine Bonusförderung für deren Wärme- oder Stromeffizienz gewährt.[67] 50

---

64 KMU-Definition gemäß Empfehlung der Europäischen Kommission vom 6.5.2003 betreffend die Definition der Kleinstunternehmen sowie der kleinen und mittleren Unternehmen, 2003/361/EG, ABl. EU L 124 vom 20.5.2003, S. 36. Die Unternehmen dürfen insb. Höchstwerte in Bezug auf Beschäftigtenzahl (250), Jahresumsatz (50 Mio. €) und Bilanzsumme (43 Mio. €) nicht überschreiten.

65 Vgl. BMWi-Richtlinie über die Förderung von Energieberatungen im Mittelstand vom 1.12.2015; BAnz AT 16.12.2015 B1. Die Energieberatung muss den Anforderungen an ein Energieaudit im Sinne von Art. 2 Nr. 25, Art. 8 Abs. 1 in Verbindung mit Anhang 6 der Richtlinie 2012/27/EU zur Energieeffizienz entsprechen und sich an den Vorgaben der DIN EN 16247-1 ausrichten. Der Zuschuss richtet sich nach der Höhe der jährlichen Energiekosten eines Unternehmens und beträgt 80 % der förderfähigen Netto-Beratungskosten einschließlich einer eventuell in Anspruch genommenen Umsetzungsberatung, bei Energiekosten kleiner 10.000 € begrenzt auf 1.200 €, sonst max. 8.000 €. Gefördert werden nur Beratungen an Betriebsstandorten in Deutschland.
Nicht gefördert werden u. a. Beratungsleistungen, die sich auf Gebäude beziehen, die ursprünglich als Wohngebäude geplant und errichtet wurden oder derzeit zu mehr als 50 % zu Wohnzwecken genutzt werden und sich im Eigentum von Unternehmen befinden, welche der Wohnungswirtschaft zuzurechnen sind. Die Erstellung eines gesetzlich vorgeschriebenen Energieausweises ist als Erfüllung einer gesetzlichen Verpflichtung nicht förderfähig.
Die Energieberatung beziehungsweise die Umsetzungsbegleitung hat durch einen vom BAFA zugelassenen Energieberater zu erfolgen. Anerkannte Energieberater werden u. a. in der Energieeffizienz-Experten-Liste der ***dena*** geführt (www.energie-effizienz-experten.de/).

66 Vgl. BMU-Richtlinie zur Förderung von KWK-Anlagen bis 20 kWel vom 15.12.2014; BAnz AT 29.12.2014 B5. Bestandsbauten sind Gebäuden, für die vor dem 1.1.2009 der Bauantrag gestellt oder eine Bauanzeige erstattet wurde.

67 Die Höhe der Förderung richtet sich nach der elektrischen Leistung der Anlage: (jeweils kumuliert über alle Leistungsstufen) 0 – 1 kWel: 1.900,– €; 2 – 4 kWel: 300,– € je kWel; 5 – 10 kWel: 100,– € je kWel; 11 – 20 kWel: 10,– € je kWel. Daneben kann eine Bonusförderung für (i) besonders wärme-

c) KWK-Anlagen

51 Die Förderung erfolgt in Form von Zuschlägen für selbst genutzten und ins Stromnetz eingespeisten Strom aus förderfähigen hocheffizienten KWK-Anlagen, die zwischen 1.1.2009 und 31.12.2020 in Dauerbetrieb genommen werden, sofern der Strom in KWK-Anlagen mit fabrikneuen Hauptbestandteilen, Brennstoffzellen-Anlagen sowie von ungekoppelten Anlagen zu gekoppelten Strom- oder Wärmeerzeugungs-Anlagen nachgerüsteten Anlagen erzeugt wird.[68]

d) Marktanreizprogramm zur Förderung erneuerbarer Energien

52 Unter diesem Programm fördert das BAFA die Nutzung von erneuerbaren Energien im Wärmemarkt durch Investitionszuschüsse, soweit sie Investitionen in die Technologien Solarthermie, Biomasse (Hackschnitzel-, Pellet- und Scheitholzvergaserheizungen) oder Wärmepumpen betreffen, und Innovationszuschüsse für besonders innovative Anwendungen. Daneben kann eine Zusatzförderung für die Kombination z. B. mit anderen Anlagen zur Nutzung erneuerbarer Energien und für Einzelmaßnahmen zur nachträglichen Optimierung der Heizungsanlage in Anspruch genommen werden.[69]

e) Förderung von hocheffizienten Querschnittstechnologien im Mittelstand

53 Dieses Programm gewährt eine Förderung für Investitionen in die Erhöhung der Energieeffizienz durch den Einsatz hocheffizienter und am Markt verfügbarer Querschnittstechnologien, soweit eine Endenergieeinsparung von mindestens 25 % gegenüber dem „Ist“-Zustand erreicht wird.[70]

(Abgaswärmetauscher zur Brennwertnutzung, hydraulischer Abgleich des Heizungssystems; Bonus 25 % der Basisförderung) und/oder (ii) besonders stromeffiziente Anlagen (erhöhter elektrischer Wirkungsgrad; Bonus 60 % der Basisförderung) in Anspruch genommen werden.

68 Vgl. KWKG (2016). Die Zuschlagssätze sind nach Leistungsanteilen gestaffelt (bis 50 kWel: 8 Cent/kWh; bis 100 kWel 6 Cent/kWh; bis 250 kWel: 5 Cent/kWh; bis 2 MWel: 4,4 Cent/kWh; über 2 MWel: 3,1 Cent/kWh). Der Zuschuss wird zeitlich begrenzt gewährt (die Förderdauer hängt von der Art der geförderten Anlage und dem Investitionsumfang ab). Der Anspruch auf einen KWK-Zuschlag für den selbst genutzten Strom muss, wie auch für den eingespeisten Strom, beim Stromnetzbetreiber geltend gemacht werden und wird von diesem ausgezahlt (nach Zulassung der KWK-Anlage durch das BAFA). KWK-Strom, der nach dem EEG vergütet wird, ist nicht förderfähig. Für bestehende Anlagen gelten Übergangsregelungen nach § 35 Abs. 3 – 6 KWKG (2016).

69 Zu den Einzelheiten vgl. BMWi-Richtlinien zur Förderung von Maßnahmen zur Nutzung erneuerbarer Energien im Wärmemarkt vom 11.3.2015; BAnz AZ 25.3.2015 B1. Unter dieser Richtlinie werden erneuerbare Energien auch über Förderprogramme der KfW gefördert, vgl. KfW-Programme für erneuerbare Energien Rn 34 ff.

70 Vgl. BMWi- Richtlinie für Investitionszuschüsse zum Einsatz hocheffizienter Querschnittstechnologien im Mittelstand vom 17.12.2014; BAnz AT 31.12.2014 B1. Querschnittstechnologien sind Technologien zur Energieanwendung im Endenergiebereich, deren Anlagen, Geräte und Systeme serienmäßig

f) Förderung von Energiemanagementsystemen

Gegenstände dieser Förderungen sind die Erstzertifizierung von Energiemanagementsystemen und Energiecontrollings, der Erwerb von Mess-, Zähler- und Sensoriktechnologie sowie der Erwerb von Software für Energiemanagementsysteme in Form der anteiligen Übernahme von Investitionskosten.[71] 54

g) Förderung von Maßnahmen an Kälte- und Klimaanlagen

Mit diesem Förderprogramm werden Beratungs- und Emissionsminderungsmaßnahmen an Kälte- und Klimaanlagen durch die anteilige Übernahme von Investitionskosten gefördert.[72] 55

---

hergestellt und sektor-/branchenübergreifend eingesetzt werden; zu den förderfähigen Einzelmaßnahmen vgl. Ziffer 3.1.1 und 3.1.2 der Richtlinie.

Der Förderung unterliegen Investitionen mit einem Netto-Investitionsvolumen zwischen 2.000 € und 30.000 € bei Einzelmaßnahmen bzw. 30.000 € und 100.000 € bei systemischen Optimierungen. Die Höhe der Förderung beträgt 10 – 20 % (bei KMU bis zu 30 %) der zuwendungsfähigen Kosten. Nebenkosten für Planung und Installation sind ebenfalls förderfähig.

71 Vgl. BMWi- Richtlinie für die Förderung von Energiemanagementsystemen vom 18.3.2015; BAnz AT 1.4.2015 B1. Bezuschusst werden 80 % der Kosten einer Erstzertifizierung von Energiemanagementsystemen nach DIN EN ISO 50001 (max. 6.000 €) und Energiecontrollings gemäß Anlage 2 SpaEfV (max. 1.500 €, sofern die durchschnittlichen Jahresenergiekosten des Fördermittelempfängers 200.000 € nicht erreichen); 20 % der Erwerbskosten von Messtechnik (max. 8.000 €; bei 3 Jahren Zweckbindung; Installationskosten können pauschal mit 30 % der Nettoinvestitionskosten förderfähig sein) und 20 % der Erwerbskosten von Softwarelizenzen für Energiemanagementsysteme. Die Förderung ist auf 20.000 €/36 Monate begrenzt. Zusätzlich zur Erstzertifizierung können die externe Beratung zur Entwicklung, Umsetzung und Aufrechterhaltung eines Energiemanagementsystems mit 60 % der Beratungskosten, max. 3.000,– € und die Schulung von Mitarbeitern zum Energie- bzw. Managementbeauftragten für ein Energiemanagementsystem mit 30 % der Schulungskosten, max. 1.000,– € gefördert werden.

Seit dem 1.8.2014 ist eine Förderung nach dieser Richtlinie nicht mehr möglich, wenn das Unternehmen eine besondere Ausgleichsregelung gemäß § 63 ff. EEG in Anspruch nimmt.

72 Vgl. BMU-Richtlinie zur Förderung von Maßnahmen an Kälte- und Klimaanlagen im Rahmen der Nationalen Klimaschutzinitiative (Kälte-Richtlinie) vom 23.9.2015; BAnz AT 6.10.2015 B5. Die Erstellung eines IST- und/oder eines PLAN-Gutachtens eines Sachverständigen in Bezug auf eine Kälte- und Klimaanlage werden mit 80 % der in Rechnung gestellten Kosten (max. 1.000 €) gefördert. Auf Grundlage eines PLAN-Gutachtens wird eine Basisförderung für Investitionsmaßnahmen gewährt (Zuschusses i. H. v. 15 – 25 % der Nettoinvestitionskosten, je nach erreichtem Energieeffizienzstatus und Art der Maßnahme (Neuanlage oder Sanierung von Bestandsanlagen)), max. 100.000 € für alle Fördertatbestände. Daneben ist eine Bonusförderung für Maßnahmen zur Nutzung von Abwärme aus Kälte- und Klimaanlagen bei Installation von Wärmeüberträgern (15 %) oder der Verwendung von bestimmten Kältemitteln in Wärmepumpen (bis zu 25 %) möglich. Die Bonusförderung beträgt max. 50.000 €.

4 Inanspruchnahme, zeitlicher Horizont, Kombinierbarkeit

a) Inanspruchnahmevoraussetzungen; Einhaltung von Förderbedingungen

56 Die Bedingungen der Inanspruchnahme der beantragten Fördermittel sind in den jeweiligen Förderbedingungen geregelt. Daneben sind ggf. die allgemeinen Auszahlungsvoraussetzungen der Hausbank und – soweit einschlägig – ergänzende Auflagen im Fördermittelbescheid zu erfüllen. Ein Nachweis der antrags- und programmgemäßen Fördermittelverwendung sowie der Umsetzung der geförderten Maßnahme sind innerhalb einer festgelegten Frist zu erbringen.[73] Bei Fördermittelbescheiden ist zudem auf etwaig enthaltene Auflagen und Befristungen zu achten.[74]

57 Die Förderbedingungen sowie sämtliche Auflagen und Verpflichtungen sind nicht nur bei erster Inanspruchnahme der Fördermittel, sondern während des gesamten Förderzeitraums einzuhalten und sollten bereits bei Antragstellung auf jederzeitige Erfüllbarkeit geprüft werden. Daneben können je nach Förderprogramm laufende Meldepflichten zu erfüllen sein.[75] Auch sind Aufbewahrungsfristen hinsichtlich relevanter Unterlagen zu beachten.[76]

58 Bei Fördermaßnahmen in Bezug auf technische Anlagen sind technische Nachweise in Bezug auf Funktion und Wirksamkeit durch Sachverständige oder technische Gutachten beizubringen.[77]

59 Bei einem Förderkredit kann die Verletzung von Förderbedingungen, von Verpflichtungen des Kreditnehmers oder Auflagen unter dem Förderkreditvertrag ein Recht des Kreditgebers zur Kündigung des Förderkredits aus wichtigem Grund begründen. Eine Kündigung des Förderkredites kann seinerseits die Kündigung weiterer Kredite bei der Hausbank rechtfertigen. Bei Zuschüssen oder Haftungsübernahmen stehen der Widerruf der Bewilligung und damit die Rückforderung der Fördermittel im Raume.

---

73 Bei KfW-Förderprogrammen ist der Nachweis nach Vollendung des Vorhabens gegenüber der Hausbank zu führen. Tilgungszuschüsse unter Förderkreditprogrammen werden erst nach entsprechendem Nachweis bewilligt.

74 Nicht selten wird der Nachschuss von Eigenkapital bis zu einem bestimmten Termin beauflagt.

75 Bspw. im Rahmen des Programms Kraft-Wärme-Kopplungsgesetz – KWK-Anlagen in Bezug auf die verbrauchte Brennstoffmenge, sowie die selbstverbrauchte und die ausgespeiste Strommenge.

76 Auf Verlangen des Förderinstitutes sind innerhalb eines Zeitraums von 10 Jahren bspw. Rechnungen oder sonstige Nachweise über die förderfähigen Investitionskosten, Unterlagen zur Dokumentation der vom Sachverständigen erbrachten Leistungen, zu Genehmigungen oder zur Erfüllung der Vorgaben nach § 4 EnEV oder der Anlage „Technische Mindestanforderungen" beizubringen.

77 Z. B. für den hydraulischen Abgleich der Heizungsanlage; Effizienzklassen oder Energieeffizienzindex EEI gemäß Ökodesignrichtlinie.
Entsprechendes gilt für die Umsetzung etwaiger technischer Vorgaben in der KfW-Anlage „Technische Mindestanforderungen".

b) Vertragsanpassungen bei Förderkrediten

Werden vertraglich vereinbarte oder in den Förderbedingungen/im Bewilligungsbescheid enthaltene Auflagen und Verpflichtungen nicht erfüllt und können diese auch nachträglich nicht zeitnah geheilt werden, kommt zur Vermeidung einer Kündigung ggf. eine einvernehmliche Vertragsanpassung in Betracht.[78] Für eine Fortführung der Finanzierung unter geänderten Bedingungen bedarf es allerdings auch der Zustimmung des zuständigen Förderinstitutes. Ein Anspruch des Fördermittelempfängers auf Vertragsanpassung besteht indes nicht. 60

Praxistipp

Absehbare zukünftige Entwicklungen, wie etwa gesellschaftsrechtliche Veränderungen oder vorübergehende (saisonale) Kapitallücken, sollten bereits bei Beantragung der Fördermittel vorausschauend kommuniziert und verhandelt werden. Eine etwaige Verzögerung bei Beantragung der Fördermittel kann sich im Nachhinein als das kleinere Übel erweisen.[79]

Der Faktor Zeit spielt nicht nur bei der anfänglichen Bewilligung von Fördermitteln, sondern auch bei etwaig nachträglich notwendig werdenden Vertragsanpassungen eine wichtige Rolle. Nicht selten stellt die Abstimmung mit dem Förderinstitut die Geduld des Kreditnehmers auf eine harte Probe.[80] 61

c) Strafrecht und EU-Beihilferecht

Die im Förderantrag gegenüber Förderinstituten gemachten Angaben sind subventionserhebliche Tatsachen i. S. d. § 2 Subventionsgesetz. Daneben dienen die hier dargestellten Förderprogramme teilweise (zumindest auch) der Wirtschaftsförderung. Bei der Inanspruchnahme öffentlicher Fördermittel kann daher der Tatbestand des Subventionsbetruges gemäß § 264 StGB eröffnet sein. 62

Aber auch unterhalb der Schwelle strafrechtlich relevanten Verhaltens können verschwiegene oder unrichtige Angaben nicht unerhebliche Auswirkungen auf die Finanzierung haben. Da Fördermittel aus staatlichen Mitteln gewährt werden, können diese dann rechtswidrige Beihilfen i. S. d. Art. 107 Abs. 1 AEUV darstellen. 63

So sehen die hier dargestellten Förderprogramme die Verpflichtung des Fördermittelempfängers vor, alle in den letzten drei Jahren erhaltenen Beihilfen anzuzeigen, soweit die Förderung auf Grundlage der De-Minimis-VO erfolgt. Eine (unbewusste) Überschreitung der in dieser Verordnung genannten Beihilfehöchstbeträge 64

---

78 Neben der Stellung weiterer Sicherheiten kann die einvernehmliche Margenanpassung eine mögliche Lösung bieten.

79 Verweigert das Förderinstitut seine Zustimmung zu einer notwendigen Vertragsanpassung, wird der Kreditnehmer den Förderkredit ggf. kurzfristig refinanzieren müssen.

80 Auch wenn das Vertragsverhältnis in Bezug auf den Förderkredit zwischen Kreditnehmer und Hausbank besteht, bedürfen Änderungen des Förderkreditvertrages stets der Zustimmung des Förderinstitutes.

kann den Widerruf des Bewilligungsbescheides und die Rückforderung der Fördermittel insgesamt nach sich ziehen.[81] War die Bewilligung der Fördermittel Auszahlungsvoraussetzung unter weiteren Krediten der Hausbank oder führt die Rückzahlung der Fördermittel zu einer wesentlichen Verschlechterung der wirtschaftlichen Verhältnisse des Fördermittelempfängers, ist der Bestand der Finanzierung insgesamt gefährdet.[82]

Praxishinweis
Sämtliche gegenüber einem Förderinstitut zu machenden Angaben und einzureichenden Unterlagen sollten vor Antragstellung sorgfältig auf wahrheitsgemäße und vollständige Darstellung geprüft werden.

---

d) Kombinierbarkeit

65 Ob Fördermittel aus unterschiedlichen Förderprogrammen kumulierbar sind, ergibt sich aus den Förderbedingungen der jeweils zu kombinierenden Förderprogramme. Voraussetzung ist jeweils, dass keines der avisierten Förderprogramme eine weitergehende Förderung ausschließt oder begrenzt.[83] Auch darf grundsätzlich die Summe der Fördermittel (aus Förderkrediten, Zuschüssen und Zulagen) die Summe der Investitionskosten und die jeweils relevanten EU-Beihilfehöchstbeträge nicht übersteigen. Eine Kombination der hier dargestellten Förderprogramme mit einer Förderung nach dem EEG 2014 ist generell nicht möglich.[84]

66 Neben den vorstehenden Einschränkungen erschweren die Anzahl an bestehenden Förderprogrammen und Einschränkungen im Bereich der unter einem Förderprogramm antragsberechtigten Personen zusätzlich die Strukturierung einer optimalen Gesamtförderung.

---

81 Soweit nicht ausnahmsweise eine Notifizierung bei der EU-Kommission erfolgt ist.

82 Nicht selten kann eine Kündigung des Förderkredites auch einen Kündigungsgrund unter weiteren Finanzierungsverträgen auf Grund kreditvertraglicher Vereinbarungen bedingen (sog. Cross Default).

83 So ist bspw. die Kombination einer Förderung aus dem Programm Erneuerbare Energien „Premium" mit einer solchen aus dem Programm Erneuerbare Energien „Standard" für dieselbe Investitionsmaßnahme grundsätzlich ausgeschlossen, mit der Rückausnahme für den Bereich Tiefengeothermie zur kombinierten Wärme- und Stromerzeugung. Beide Förderprogramme sind ihrerseits in unterschiedlichem Maße mit weiteren Förderprogrammen kombinierbar.

84 Vgl. Genehmigungsentscheidung der Europäischen Kommission für das EEG 2014 v. 23.7.2014, Rz. 142, und Mitteilung der Kommission Leitlinien für staatliche Umweltschutz- und Energiebeihilfen 2014–2020 (2014/C 200/01), ABl. EU C 200 v. 28.6.2014, Ziffer 3.3.2.1. Rz. 129.

Praxistipp
Nehmen Sie die Hilfe eines qualifizierten Fördermittelberaters in Anspruch.[85] Üblicherweise stehen Ihnen zertifizierte Fördermittelberater bei Ihrer Hausbank zur Verfügung.
Um alle Möglichkeiten einer Förderung vollständig auszuschöpfen, sollte geprüft werden, ob Fördermittel nicht auch durch mehrere Projektbeteiligte in Anspruch genommen werden können.

III Der Hausbankkredit

Neben der Inanspruchnahme öffentlicher Fördermitteln und dem einzubringen- 67
den Eigenkapital des Investors bilden Fremdkapitalaufnahmen bei Kreditinstituten (**Hausbankkredit**) eine tragende Säule der Gesamtfinanzierung.

Die Bedingungen des Hausbankkredites und dessen inhaltliche Ausgestaltung 68
im konkreten Einzelfall sind der Beschlussfassung des kreditgewährenden Kreditinstitutes vorbehalten. Vor diesem Hintergrund beschränken sich die nachfolgenden Ausführungen auf die Darstellung der üblichen Regelungen in Bezug auf Besicherung und vertragliche Verpflichtungen zur Einhaltung von Finanzkennzahlen, den sog. **Financial Covenants,** einer gewerblichen Immobilien-Finanzierung. Darüber hinaus soll das Verhältnis von Eigenschaften nachhaltiger Immobilien zu den Konditionen einer Kreditgewährung untersucht werden.

1 Financial Covenants und Besicherung

Um einen Rückgriff des finanzierenden Kreditinstituts auf das sonstige Vermögen 69
des Investors zu beschränken, sind Kreditnehmer und Eigentümer der finanzierten Immobilie nicht selten haftungsbeschränkte Zweckgesellschaften.[86] Aus gleichem Grunde wird die Bestellung weiterer dinglicher Sicherheiten durch die Gesellschafter des Kreditnehmers oder die Vereinbarung eines anderweitigen Rückgriffs auf deren sonstiges Vermögen nicht gewünscht. Für die Rückzahlung des Kredits haftet dann allein das Vermögen des (haftungsbeschränkten) Kreditnehmers, das i. d. R. aus der finanzierten Immobilie, den Einlagen der Gesellschafter und den (künftigen) Ansprüche aus der Bewirtschaftung der Immobilie sowie den Ansprüchen aus Versicherungsverträgen besteht.[87].

Diese Gegebenheiten veranlassen des finanzierende Kreditinstituts, den Kapital- 70
dienst und die Rückzahlung des gewährten Kredites durch eine Vielzahl von Auflagen

85 Zertifizierungen für Fördermittelberater gibt es bspw. von dem Bundesverband Öffentlicher Banken Deutschlands e. V. (VÖB) oder dem Bundesverband deutscher Fördermittel-Berater e. V. (BvdFB).
86 In der Regel in der Rechtsform einer GmbH oder KG bzw. GmbH & Co. KG (oder einem entsprechendem Pendant einer ausländischen Rechtsordnung).
87 Sog. **Non Recourse-Finanzierung.**

und Verpflichtungen abzusichern.[88] Dabei kommt der Vereinbarung von Financial Covenants eine besondere Rolle zu.

a) Financial Covenants

71 Anders als Jahresabschlüsse oder ähnliche Testate, welche die wirtschaftlichen Verhältnisse des Kreditnehmers im abgelaufenen Geschäftsjahr und dies auch nur zeitverzögert darstellen, ermöglichen bestimmte Financial Covenants die zeitnahe Beurteilung der aktuellen wirtschaftlichen Verhältnisse des Kreditnehmers und dienen den kreditgewährenden Kreditinstituten insoweit auch als Frühindikatoren. Die Vereinbarung von Financial Covenants kann im Einzelfall aber auch Auflage eines Förderinstitutes oder eines Kreditkonsortiums sein.

72 Im Bereich der gewerblichen Immobilienfinanzierung wird der Kreditnehmer üblicherweise zur Einhaltung einer oder mehrerer der nachfolgenden Finanzkennzahl(en) verpflichtet sein:

- Beleihungsauslauf (sog. **LtV**; Loan to Value),
- Kapitaldienstdeckungsgrad (sog. **DSCR**; Debt Service Cover Ratio),
- durchschnittliche (ggf. gewichtete) Restmietdauer (sog. **WAULT**; Weighted Average Unexpired Lease Term);
- Eigenkapitalquote (sog. **EK-Quote**).

aa) Beleihungsauslauf

73 Der Beleihungsauslauf (Loan to Value) wird aus dem Verhältnis der Verbindlichkeiten unter dem Kredit zum Wert des Finanzierungsobjektes (Verkehrs- oder Beleihungswert) stichtagsbezogen ermittelt.[89] Die Vereinbarung einer Verpflichtung zur Nichtüberschreitung eines LtV-Wertes ist ein effektives Instrument zur Risikosteuerung während der Laufzeit des Kredites.[90] Dabei können Förderkredite bei der Berechnung

---

88 Neben den Financial Covenants sind dies insbesondere (i) das Verbot der Stellung von Sicherheiten an Dritte, ohne dass der finanzierenden Bank gleichwertige Sicherheiten gestellt werden (Negativerklärung, pari passu),(ii) die Vereinbarung eines Kündigungsrechts bei wesentlichen Änderungen im Gesellschafterbestand (change of control) und (iii) Verfügungsbeschränkungen über wesentliche Vermögensteile (negative pledge) sowie (iv) umfangreiche wiederkehrende Mitteilungs- und Berichtsverpflichtungen (insbesondere Jahresabschlüsse und in Bezug auf eintretende Vertragspflichtverletzungen).

89 Alternativ als LtC (Loan to Cost): Verhältnis Gesamtinvestitionskosten zu Kreditvolumen. Der LtC ist ein Hilfsmittel zur Risikoanalyse insbesondere bei der ursprünglichen Kreditentscheidung und in der Herstellungsphase.

90 Dabei ist die Überwachung des Immobilienwertes gesetzliche und bankaufsichtsrechtliche Vorgabe (vgl. Art. 208 Abs. 3 CRR; § 20 a Abs. 6 KWG a. F.; § 16 PfandBG). Dabei kann ein Anstieg des LtV u. a. durch einen Wertverlust der Immobilie und/oder durch eine Ausweitung der Kreditgewährung bedingt sein.

des Beleihungsauslaufes unberücksichtigt bleiben, soweit das Ausfallrisiko durch das Förderinstitut getragen wird.[91]

bb) Kapitaldienstdeckungsgrad

Der sog. Kapitaldienstdeckungsgrad (Debt Service Cover Ratio) ergibt sich aus dem Verhältnis von Netto-Betriebseinnahmen aus der finanzierten Immobilie zu den vertraglich vereinbarten Zins- bzw. Zins- und Tilgungsleistungen (**Kapitaldienst**).[92] 74

Mit Hilfe der Vereinbarung eines Schwellenwertes beim Kapitaldienstdeckungsgrad kann das finanzierende Kreditinstitut die Bedienung der Verbindlichkeiten unter dem Kredit durch die Beschränkung der nach Abzug aller Betriebsausgaben nutzbaren freie Liquidität sicherstellen und für unerwartete künftige Ereignisse einen angemessenen Sicherheitspuffer zwischen den tatsächlich für die Bedienung des Kredits zur Verfügung stehenden Barmitteln und dem zu erbringenden Kapitaldienst schaffen. Daneben ermöglicht diese Finanzkennzahl die Feststellung eines (potentiell) eintretenden Ausfalls bereits in einem frühen Stadium. 75

cc) Durchschnittliche Restmietdauer

Die durchschnittliche Restmietdauer (WAULT)[93] gibt Aufschluss über Struktur und Laufzeit der bestehenden Nutzungsverträge in der finanzierten Immobilie und ermöglicht einen Rückschluss auf zukünftig zu erwartenden Nutzungserträge bzw. Leerstände.[94] Aus Sicht der finanzierenden Bank ist es grundsätzlich ausreichend, wenn die durchschnittliche Restmietzeit aller Nutzungsverträge die Laufzeit des Kredits nicht unterschreitet. 76

dd) Eigenkapitalquote

Die Eigenkapitalquote stellt einen wichtigen Indikator hinsichtlich der wirtschaftlichen Verhältnisse des Kreditnehmers dar. Nicht selten wird daher die Nichtunterschreitung bestimmter Eigenkapitalquoten beauflagt. 77

91 Vgl. Rn. 15.
92 Auch Interest Cover Ratio (ICR) genannt; Alternativ wird zum gleichen Zweck ein sog. Debt Yield (der in % ausgedrückte Anteil der Netto-Betriebseinnahmen am Darlehen) vereinbart.
93 Dieser Financial Covenant wird mit anderweitiger Gewichtung auch als WALT (Weighted Average Lease Term) oder WALE (Weighted Average Lease to Expiry) angewendet.
94 Die Gewichtung erfolgt regelmäßig in Bezug auf Größe der Einheiten und/oder Miethöhe/qm oder vergleichbaren Parametern.

78 Bei der Berechnung des kreditvertraglichen Eigenkapitalquotienten können öffentliche Fördermittel in Form von Zuschüssen als wirtschaftliches Eigenkapital des Kreditnehmers Berücksichtigung finden.[95]

b) Verletzung von Financial Covenants

79 Sollte es zu einer Verletzung von Finanzkennzahlen kommen und auch eine etwaig vereinbarte Heilungsfrist fruchtlos verstreichen, gewähren die kreditvertraglichen Bestimmungen dem Kreditgeber das Recht zur Kündigung des Kredits aus wichtigen Grund und dessen sofortige Fälligstellung.[96]

80 Der Kreditnehmer kann einer Kündigung und den hieraus resultierenden Folgen durch verschiedene Maßnahmen – wie etwa der Einbringung von zusätzlichem Eigenkapital, Stellung weiterer Sicherheiten oder der Vornahme einer ausreichenden Sondertilgung – entgegen treten. Daneben kann etwaig verbleibenden Bedenken des Kreditgebers ggf. durch die Vereinbarung einer Cash Sweep-Verpflichtung Rechnung getragen werden.[97] Letztlich besteht auch die Möglichkeit einer zustimmenden Kenntnisnahme des/der (Förder-)Kreditgeber(s) in Bezug auf konkret eingetretene Vertragsverletzungen und dem singulären Verzicht auf die Ausübung des entsprechenden Kündigungsrechts (sog. **Waiver**) oder einer einvernehmlichen Vertragsanpassung[98], wobei beide Wege eine Anpassung der Kreditkonditionen zu Lasten des Kreditnehmers beinhalten können.

Praxistipp
Die Finanzierungsplanung sollte auch Spielräume für künftige Leerstände und Modernisierungen/Umbaumaßnahmen im Falle einer etwaigen Nach- bzw. Umnutzung der Immobilie berücksichtigen. Etwaige Anzeichen einer Verletzung von Financial Covenants sollten frühzeitig gegenüber den finanzierenden Kreditinstituten kommuniziert und eine einvernehmliche Lösung, sei es in Form eines Waivers oder einer einvernehmlichen Vertragsänderung, eruiert werden.

95 Demgegenüber stellen sowohl Förder- als auch Hausbankkredit aus Sicht der finanzierenden Bank Fremdkapital dar. Auch bei Nachrangdarlehen handelt es sich i. d. R. um – wenn auch nachrangiges – Fremdkapital; vgl. § 266 Abs. 3 HGB.

96 Hieraus kann die Verwertung der gestellten Sicherheiten resultieren, die bei Grundpfandrechten eine Zwangsverwaltung und -vollstreckung der finanzierten Immobilie umfassen kann, §§ 15 ff., §§ 146 ff. ZVG.

97 Bei einer Cash Sweep-Vereinbarung wird freie Liquidität (nach Abzug notwendiger Bewirtschaftungs- und Finanzierungskosten) oberhalb eines vereinbarten Schwellenwertes zunächst auf einem zu Gunsten des finanzierenden Kreditinstituts verpfändeten Konto angesammelt, um im Falle einer künftigen Verletzung von Finanzkennzahlung zur Heilung der Vertragspflichtverletzung oder für (Pflicht-)Sondertilgungen zur Verfügung zu stehen.

98 Bspw. Anpassungen einzelner Financial Covenants für die Zukunft oder Leistung von Sanierungsbeiträgen durch die Kreditgeber (Stundungs- und Verzichtsvereinbarungen, weitergehende Kreditzusagen).

c) Besicherung der Finanzierung

aa) Sicherheiten

Gewerbliche Immobilienfinanzierungen werden durch die Bestellung von Grundpfandrechten auf dem Finanzierungsobjekt in Finanzierungshöhe und die Abtretung oder Verpfändung wesentlicher Ansprüche des Kreditnehmers aus oder im Zusammenhang mit der finanzierten Immobilie besichert.[99] Derart besichert kann dem Wunsch des Kreditnehmers nach günstigen Finanzierungskonditionen dadurch Rechnung getragen werden, dass der zu gewährende Kredit bei entsprechender Realkreditfähigkeit idealerweise zu Konditionen eines **Realkredites** herausgereicht wird.[100] 81

Wird die Immobilie durch einen Förderkredit mitfinanziert, partizipieren Hausbank und Förderinstitut anteilig und gleichrangig an den gestellten Sicherheiten, soweit im Einzelfall nicht Abweichendes vereinbart wird.[101] 82

bb) Limitation Language

Sichern die im Rahmen der Kreditgewährung gestellten Sicherheiten Verbindlichkeiten einer Mutter- oder Schwestergesellschaft des Sicherungsgebers und besteht keine Personenidentität zwischen Kreditnehmer und Sicherungsgeber, wird bei Kreditnehmern in der Rechtsform einer GmbH oder GmbH & Co. KG zum Schutz der Geschäftsführung nicht selten eine Beschränkung der Haftung für die Verbindlichkeiten des Kredites und der Verwertung der gestellten Sicherheiten durch eine sog. **Limitation Language**[102] gewünscht. Der Kreditnehmer sollte sich allerdings bewusst sein, dass die Konditionen eines Kredites maßgeblich von den Refinanzierungsmöglichkeiten des finanzierenden Kreditinstitutes abhängen. Günstige Realkreditkonditionen resultieren aus dem Umstand, dass die gestellten Sicherheiten für eine Refinanzierung durch Pfandbriefe und ähnliche Refinanzierungsvehikel oder zumindest für eine 83

99 I. d. R. werden der finanzierenden Bank neben den Ansprüchen aus den für die finanzierte Immobilie abgeschlossenen Versicherungsverträgen auch sämtliche Zahlungsansprüche aus Nutzungsverträgen abgetreten und entsprechende Guthaben auf Konten verpfändet. Darüber hinaus kann die Abtretung von Ansprüchen aus künftigen Kaufverträgen in Bezug auf das Finanzierungsobjekt oder die Sicherungsübereignung des Inventars Gegenstand einer Besicherung sein.

100 Voraussetzungen einer **Realkreditfähigkeit** sind, dass eine den §§ 14, 15 PfandBG entsprechende Sicherheit gestellt wird (Grundpfandrecht in Finanzierungshöhe; das Kreditvolumen darf 60 % des Beleihungswertes nach § 16 PfandBG nicht überschritten) und eine Drittverwendungsfähigkeit des Finanzierungsobjektes gegeben ist, § 16 Abs. 2 PfandBG. Bei Stellung weiterer (Personal-)Sicherheiten ist ausnahmsweise auch eine Beleihung bis 80 % des Beleihungswertes oder mehr möglich (**Realkreditsplitting**).

101 Gilt bspw. nicht bei Nachrangdarlehen.

102 Eine Limitation Language ist eine Haftungsbeschränkung bei Gesellschaften mit beschränkter Haftungsmasse in Bezug auf Haftungsübernahmen oder die Verwertbarkeit von Sicherheiten für Verbindlichkeiten ihrer direkten oder indirekten Gesellschafter (sog. **Upstream-Besicherung**) oder deren verbundene Unternehmen (sog. **Crossstream-Besicherung**).

eigenkapitalentlastende Anrechnung dem Grunde nach zur Verfügung stehen.[103] Eine Limitation Language kann die hierfür notwendige CRR-Konformität beeinträchtigen und damit die Refinanzierbarkeit im v.g. Sinne ausschließen, so dass es aus Sicht des kreditgewährenden Kreditinstituts dann zu einer nicht unerheblichen Verteuerung der Finanzierung kommt.

Praxistipp

Ist eine Haftungsbeschränkung in Form einer Limitation Langugage gewünscht, sollte im Vorfeld mit den Kreditgebern abgeklärt werden, ob diese die Kreditgewährung verteuert.

---

84 Das Risiko der Geschäftsführung auf Grund einer fahrlässig verursachten Unterbilanz oder Einlagenrückgewähr der persönlichen Haftung ausgesetzt zu sein,[104] kann auch durch den Abschluss einer D&O-Versicherung[105] hinreichend begegnet werden. Soweit die Geschäftsführung ihre Verpflichtung zum Erhalt des Stammkapitals darüber hinaus vorsätzlich oder grob fahrlässig verletzt, ist ein schutzbedürftiges Interesse der Geschäftsführung ohnehin nicht ersichtlich und eine Einschränkung des Sicherungsinteresses des Kreditgebers nicht gerechtfertigt.

2 Verhältnis einer nachhaltigen Bauweise zum Hausbankkredit

a) Kreditentscheidung

85 Das kreditgewährende Kreditinstitut prüft die Finanzierbarkeit sowohl des Hausbank- als auch des Förderkredites nach ihren eigenen internen Standards und Prozessen. Besonderheiten im Rahmen der bankinternen Kredit- und Risikoanalyse bestehen bei der Finanzierung einer Green Building Immobilie gegenüber einer vergleichbaren Immobilienfinanzierung grundsätzlich nicht.

86 Neben dem zukünftigen Wert der Immobilie und den aus dieser zu erwartenden Betriebseinnahmen ist die Drittverwendungsfähigkeit einer Immobilie in beiden Fällen ein wesentliches Bewertungskriterium des Kreditrisikos.

87 Diese kann beeinträchtigt sein wenn bspw. Grundriss, technische Anlagen und Innenausbau entsprechend den besonderen Wünschen des künftigen Nutzers umgesetzt werden, so dass die Immobile im Falle einer Umnutzung oder eines Nutzerwechsels ohne umfangreiche Baumaßnahmen nicht oder nur eingeschränkt weitergenutzt

---

103 Ausnahmsweise unschädlich ist eine Limitation Language bei Bestehen eines Beherrschungs- und Gewinnabführungsvertrages zwischen Kreditnehmer und Sicherungsgeber, § 30 Abs. 1 S. 2 GmbHG.

104 Vgl. § 43 Abs. 3 GmbHG i. V. m. §§ 30, 31 GmbHG.

105 Directors & Officers-Versicherung (Organ- und Managerhaftpflichtversicherung).

werden kann.[106] Vor diesem Hintergrund können die „äußeren" Werte der Immobilie die Drittverwendungsfähigkeit im weiteren Sinne mitbestimmen.

Auf Grund der langen Laufzeiten von Immobilienfinanzierungen bildet auch die künftige Verkehrsfähigkeit der Immobilie und damit die Nachhaltigkeit der Kreditbesicherung ein Entscheidungskriterium. Ausgangspunkt ist die Überlegung, dass das Finanzierungsobjekt ggf. auch noch nach Jahrzenten als Sicherheit dienen und werthaltig sein muss. Zertifizierte Green Building Standards werden gesetzliche Mindestvorgaben in der Regel übererfüllen und künftig eintretende Veränderungen nationaler Mindeststandards vorwegnehmen. Daneben ist angesichts knapper Ressourcen zu erwarten, dass energieeffiziente Immobilien auch in Zukunft am Immobilienmarkt nachgefragt werden. Nachhaltige Immobilien können insoweit den positiven Effekt für sich beanspruchen, dass sich umfangreiche Umbaumaßnahmen auf Grund der dann (noch) gegebenen Attraktivität der Immobilie am Immobilienmarkt rechtfertigen lassen. Dieser Umstand lässt die Prognose zu, dass das Ertragspotential der Immobilie zumindest stabil bleiben wird und Leerstände begrenzt werden können. Hieraus lassen sich wiederum Rückschlüsse auf die künftige Werthaltigkeit der wesentlichen Kreditsicherheit ziehen. 88

b) Kreditkonditionen

Für Immobilien nach einem zertifizierten Green Building Standard bietet die private Kreditwirtschaft ebenfalls keine gesonderten Kreditkonditionen an. Günstige Konditionen können aber aus der Realkreditfähigkeit der Finanzierung und der Berücksichtigung besonderer Merkmale des Finanzierungsobjektes resultieren. 89

Zu beachten ist, dass die Mehrkosten der Herstellung einer Immobilie nur in demjenigen Umfang anteilig durch eine entsprechende Kreditgewährung eines Kreditinstitutes begleitet werden kann, wie die Mehrkosten zu einer Steigerung des Verkehrswertes des Finanzierungsobjektes führen. Ein zwingender kausaler Zusammenhang zwischen Herstellungskosten und dem Wert einer Immobilie besteht nicht grundsätzlich. In der Praxis begrenzt die den Realkrediten immanente Beleihungsgrenze von 60 % des Beleihungswertes die Höhe der Kreditgewährung zu Realkreditkonditionen, so dass Mehrkosten, die nicht in einer Wertsteigerung resultieren, anderweitig oder höher verzinst finanziert werden müssen. Insoweit scheint die Finanzierung einer Immobilie zumindest keine nachhaltigen unmittelbaren Vorteile gegenüber einer in konventioneller Bauweise hergestellten Immobilie zu bieten. Dies kann sich aber im 90

106 In extremen Fällen der eingeschränkten Drittverwendungsfähigkeit kann auch die Verwertung des Finanzierungsobjektes im Sicherungsfall insgesamt eingeschränkt und damit das Sicherungsinteresse der finanzierenden Bank betroffen sein. Bei einer stark eingeschränkten oder fehlenden Drittverwendungsfähigkeit handelt es sich um eine sog. Spezialfinanzierung, vgl. Art. 147 Abs. 8 CRR (ehemals § 81 SolvV); *Kleiber* in: Verkehrswertermittlung von Grundstücken, Köln, 5. Auflage 2007, S. 2436.

Rahmen einer Refinanzierung ein oder zwei Jahrzehnte später dann ändern, wenn die Green Building Immobilie weiterhin marktfähig bleibt.

91 Im Übrigen wird sich die Verringerung des Kreditrisikos bei Haftungsübernahmen der öffentlichen Hand zur Absicherung des Hausbankkredites positiv auf die Konditionen eines Hausbankkredites auswirken.[107] Nachrangdarlehen können darüber hinaus die Konditionen des Hausbankkredites positiv beeinflussen, wenn aus der nachrangigen Besicherung ein niedrigerer Beleihungsauslauf resultiert.

c) Auswirkungen auf Financial Covenants

92 Niedrige Nebenkosten bei gleichzeitig hohen technischen Standards einer Immobilie können die Durchsetzung höherer Raummieten gegenüber den Nutzern der Immobilie ermöglichen. Sollte dies in der Praxis bei der finanzierten Immobilie möglich sein, erhöhen sich die Netto-Liquiditätszuflüsse des Kreditnehmers und eröffnen Spielräume in Bezug auf einen etwaigen DSCR-Covenant. Sind überdurchschnittlich hohe Nutzungserträge und/oder niedrigere Bewirtschaftungskosten zu erwarten, kann dies auch bei der Wertermittlung wertsteigernd zu berücksichtigen sein, das wiederum für einen LtV relevant ist.[108] Daneben können niedrige Bewirtschaftungskosten und die hieraus für einen etwaigen Nutzer der Immobilie resultierenden günstigen Nebenkosten einen Leerstand in der Zukunft vermeiden helfen. Insoweit erscheint es als wahrscheinlich, dass eine etwaig vereinbarte WAULT-Kennzahl im Vergleich zu konventionellen Immobilien zumindest nicht schlechter ausfallen wird.[109]

93 Bei einem anfänglich moderat erhöhten LtV-Wert kann freie Liquidität aus der Bewirtschaftung der Immobilie auch für höhere Tilgungsleistungen oder für eine zusätzliche Besicherung in Form eines Cash Sweep genutzt werden. Aus Sicht der kreditgewährenden Bank würde ein solcher LtV-Wert dann nur ein zeitlich beschränktes und damit hinnehmbares Risiko darstellen.

d) Anschlussfinanzierung

94 Vor dem Hintergrund der regelmäßig langen Laufzeit einer Immobilienfinanzierung stellt sich für einen strategisch handelnden Investor auch die Frage, ob seine Planung künftige Entwicklungen berücksichtigt hat. Hierzu gehört bspw. die Unsicherheit in

107 Siehe hierzu auch die Ausführungen unter Rn 12 f.

108 So sehen sowohl Immobilienwertermittlungsverordnung (ImmoWertV; vgl. Ertragswertverfahren gemäß §§ 15 bis 20 ImmoWertV) als auch die Beleihungswertermittlungsverordnung (BelWertV; vgl. § 8 BelWertV i. V. m. §§ 10, 11 BelWertV) eine Berücksichtigung von Roh- und Reinerträgen sowie Bewirtschaftungskosten bei der Wertermittlung vor.

109 Allerdings kann die Zertifizierung einer Immobilie nach einem Green Building Standard allein anderweitige Beeinträchtigungen bspw. in der Vermarktungsfähigkeit der Immobilie nicht zwangsläufig ausgleichen.

Bezug auf das Zustandekommen und die Konditionen einer Anschlussfinanzierung nach Ablauf der ersten Finanzierungsperiode.

Die aufgezeigten Vorteile einer Green Building Immobilie gegenüber konventionellen Immobilien dürften sich auch im Rahmen einer Anschlussfinanzierung positiv bemerkbar machen, insbesondere wenn nachhaltige Immobilien zum allgemeinen Marktstandard werden bzw. gesetzliche Rahmenbedingungen sich verschärfen und hierdurch Vermarktungsvorteile entstehen. 95

Die Möglichkeit, Fördermittel in Anspruch zu nehmen, sollte allerdings nicht das alleinige Entscheidungskriterium eines Investors zur Realisierung eines Immobilienprojektes sein, da ein Anspruch auf eine Förderung in der Zukunft grundsätzlich nicht besteht. Das Immobilienprojekt muss nach Ablauf der Erstfinanzierungsphase ggf. auch ohne staatliche Förderung solide finanziert und aus sich heraus tragfähig sein, um eine Weiterbegleitung der Finanzierung durch ein Kreditinstitut zu gewährleisten. 96

IV Zusammenfassung und Fazit

Bei der Finanzierung von nachhaltigen, ressourcensparenden Immobilien bestehen die Möglichkeiten der Inanspruchnahme von Fördermitteln, insbesondere aus Förderprogrammen der KfW und des BAFA, sowie der Förderinstitute und Bürgschaftsbanken der Bundesländer. 97

Unter der Vielzahl der Förderprogramme gibt es derzeit keine speziellen Förderprogramme, die unmittelbar auf eine Green Building Zertifizierung aufsetzen. Ein Green Building Investor kann aber auf bestehende Programme in den Bereichen Energieeffizienzsteigerung, Nutzung erneuerbarer Energien und ressourcenschonender Technologien oder der energetischen Sanierung/Herstellung von Nichtwohngebäuden zurückgreifen. Um eine optimale bzw. höchstmögliche Förderung zu erhalten, kann eine Kumulation aus mehreren einschlägigen Förderprogrammen sinnvoll sein. Umfang und Konditionen der Förderung sind eine Frage des konkreten Einzelfalls – nicht zuletzt wegen Einschränkungen bei deren Kombinierbarkeit. 98

Bei der Beantragung von Fördermitteln – idealerweise ausreichend zeitig vor Beginn der Realisierungsphase – sollte das Know-how einer qualifizierten Fördermittelberatung genutzt und wegen der straf- und beihilferechtlichen Relevanz auf eine wahrheitsgemäße und vollständige Darstellung der eingereichten Angaben und Unterlagen geachtet werden. 99

Daneben wurde aufgezeigt, dass die besonderen Eigenschaften einer Green Building Immobilie auch vorteilhafte Auswirkungen auf den Beleihungsauslauf, die Kapitaldienstfähigkeit, das Leerstandrisiko oder die Besicherung der Bank haben können. Dies kann die Kreditentscheidung und die Konditionierung des Kredites positiv beeinflussen. 100

Se-Han Christoph Kim

101 Die Möglichkeit, Fördermittel in Anspruch zu nehmen, sollte nicht das alleinige Entscheidungskriterium eines Investors sein, da ein Anspruch auf eine entsprechende Förderung in der Zukunft nicht besteht.

102 Steigende Energiekosten, eine Verschärfung der gesetzlichen Rahmenbedingungen und/oder eine zunehmende Marktdurchdringung von energieeffizienten und ressourcensparenden Immobilien werden den allgemeinen Trend zur Nachhaltigkeit im Immobiliensektor verstärken.

103 Die Kreditwirtschaft wird sich auf diese Entwicklung einstellen müssen. Die Finanzierung einer Immobilie, die den Vorgaben eines anerkannten Green Building Standards entspricht, bedeutet aus Sicht der finanzierenden Bank nicht nur eine solide gesicherte Finanzierung in die Bücher zu nehmen, sondern auch eine Kreditentscheidung zu treffen, die für eine langfristige Geschäftsbeziehung geeignete ist. Anerkannte Zertifizierungssysteme für nachhaltige Immobilien, wie sie Green Building Zertifikate darstellen, werden vor diesem Hintergrund ein geeignetes Bewertungskriterium für die Risikoprüfung der finanzierenden Banken darstellen können.

104 Im Übrigen kann die Finanzierung einer nachhaltigen Immobilie auch einen Beitrag zur Wahrnehmung der ökologischen und sozialen Verantwortung einer Bank sein.

Se-Han Christoph Kim

B Contracting

Contracting und **Green Building** sind Synonyme für ein Thema mit verschiedenen Facetten: **nachhaltige Gebäudewirtschaft**. Diese setzt voraus, dass das jeweilige Gebäude nicht nur energieeffizient geplant und konstruiert wird, sondern auch seine Bewirtschaftung während des gesamten Lebenszyklus' nachhaltig erfolgt. Dabei können Contracting-Modelle einen wesentlichen Beitrag leisten, um einen ökologisch effizienten und zugleich ökonomisch optimierten Gebäudebetrieb sicherzustellen. 1

Contracting wird als **Oberbegriff** für **technische** und **energiebezogene Dienstleistungen** verwendet. **Einsatzbereiche** für Contracting sind **Wohngebäude** oder **Wohnquartiere**, **kommunale Einrichtungen**, **Industrie** und **Gewerbebetriebe**. Es existieren verschiedene Marktmodelle: Gemeinsam ist ihnen, dass der Nutzer (Contractingnehmer) mit dem Anbieter (Contractor) einen Vertrag über die Erbringung bestimmter Leistungen abschließt, wozu außer der Strom- oder Wärmelieferung auch die Übernahme der Anlageninvestition sowie ihre Finanzierung gehören kann (I.). Die aktuelle Marktentwicklung beim Contracting weist nach wie vor steigende Tendenzen auf. Dabei entfällt die Mehrheit der Verträge auf das Geschäftsfeld der Wohnungswirtschaft (II.). Das rechtfertigt es, den Fokus der Betrachtung auf das hier besonders häufig anzutreffende Contracting-Modell des Energieliefer-Contractings zu richten (III.). 2

I Marktmodelle und Marktentwicklung 3

Im Grundsatz lassen sich beim Contracting nach der **DIN 8930 Teil 5**[110] – ungeachtet der in der Praxis anzutreffenden Vielzahl von Vertragsformen – vier verschiedene Marktmodelle unterscheiden (1.), die eine differenzierte Marktentwicklung aufweisen (2.):

1 Marktmodelle

Die vier Marktmodelle beim Contracting sind dem Inhalt der jeweiligen Dienstleistungspakete entsprechend in 4

- Energieliefer-Contracting,
- Einspar-Contracting,
- Finanzierungs-Contracting und
- Technisches Anlagenmanagement

110 Vgl. DIN 9830-5 Kälteanlagen und Wärmepumpen, November 2003, Normenausschuss Kältetechnik im DIN Deutsches Institut für Normung e. V.

zu untergliedern. In allen Fällen geht es um die Übertragung von Aufgaben des Contractingnehmers als Gebäudeeigentümer auf den Contractor in Bezug auf die Energieversorgung. Der Contractor erbringt diese Leistungen, die durch Bündelungseffekte und Spezialisierung besonders wirtschaftlich angeboten werden können, regelmäßig aus einer Hand.

a) Energieliefer-Contracting

5 Beim Energieliefer-Contracting werden die Finanzierung, Planung und Errichtung der Energieerzeugungsanlage oder deren Übernahme, die Betriebsführung, insbesondere die Instandhaltung und Bedienung bis hin zum Einkauf des Brennstoffs, vom Contractor übernommen. Anwendungsbereich ist insbesondere die Wohnungswirtschaft, hier sowohl die Dienstleistung für neu zu errichtende oder bestehende Gebäude, zunehmend aber auch für ganze Wohnquartiere.

b) Einspar-Contracting

6 Das Einspar-Contracting dient der Ergebnisverbesserung, insbesondere im Hinblick auf Wirtschaftlichkeit, Energieeinsparung und Gebäudekonditionierung. Es bezieht sich ausschließlich auf bestehende Anlagen in Gebäuden mit Rationalisierungspotential. Der Contractor erbringt Leistungen in Form der Identifizierung von Einsparpotentialen und deren Finanzierung, Planung sowie die Errichtung von Anlagen zur Energieerzeugung, Verteilung, Nutzung sowie deren Bedienung und Instandhaltung.

c) Finanzierungs-Contracting

7 Beim Finanzierungs-Contracting werden die Aufgaben der Planung, Finanzierung und Errichtung in Bezug auf die Energieversorgung eines Gebäudes durch den Contractor übernommen. Die eigentliche Betriebs- und Instandhaltungsverantwortung für die Energieanlage liegt – anders als beim Energieliefer- und Einspar-Contracting – beim Nutzer bzw. Objekteigentümer.

d) Technisches Anlagenmanagement

8 Beim technischen Anlagenmanagement geht es um die Optimierung der Betriebskosten von Energieanlagen sowohl in Bezug auf neu zu errichtende als auch im Hinblick auf bestehende Energieanlagen in Gebäuden jeglicher Art. Die Leistungskomponenten des Contractors bestehen im Bedienen und Instandhalten (Inspektionen, Warten, Instandsetzen) der für die Energieversorgung maßgebenden Komponenten oder Anlagen.

9 Besonderheiten im Einzelfall und spezifische Interessen der Beteiligten führen in der Praxis zu Mischformen bei den unterschiedlichen Marktmodellen. Insbesondere die Grenzen zwischen dem Energieliefer- und Einspar-Contracting sind mitunter kaum auszumachen. Die verschiedenen Erscheinungsformen sind letztlich Ausfluss

der positiven Marktentwicklung des Contractings gerade im Bereich der Gebäudewirtschaft.

2 Marktentwicklung

Die Contracting-Branche weist ein kontinuierliches Wachstum auf. Umsätze und abgeschlossene Verträge steigen seit über zehn Jahren stetig an. Der Gesamtjahresumsatz der Branche wird mit 2,45 Mrd. € im Jahr 2014 beziffert. Dies entspricht einem Zuwachs im Verhältnis zum Vorjahr um rund 6 %. 2014 wurden 50.600 abgeschlossene Verträge registriert. Unter Berücksichtigung der Häufigkeit der realisierten Marktmodelle dominiert mit 84 % der Projekte eindeutig das Energieliefer-Contracting. 6 % der Vorhaben entfallen auf das Einspar-Contracting, 3 % auf das technische Anlagenmanagement und weniger als 7 % auf das Finanzierungs-Contracting.[111] 10

Differenziert nach Geschäftsbereichen entfallen 52 % aller Contracting-Projekte auf die Wohnungswirtschaft, gefolgt von 24 % im Bereich Gewerbe und Industrie. Von den öffentlichen Auftraggebern werden 15 % der Vorhaben realisiert, 3 % entfallen auf den Bereich der Gesundheitsimmobilien, 1 % auf kirchliche Einrichtungen.[112] 11

II Energieliefer-Contracting

Energieliefer-Contracting ist in der Gebäudewirtschaft das dominierende Marktmodell. Es kann sowohl in Bezug auf Bestandsbauten als auch bei Neubauten eingesetzt werden. Contracting-Anlagen wie beispielsweise Heizkessel und Blockheizkraftwerke (BHKW) können sowohl durch den Contractor selbst geplant und installiert, als auch aus dem Baubestand übernommen werden. Der Contractor bezieht die eingesetzte Energie und vertreibt die Nutzenergie, wie Wärme, elektrische Energie oder Kälte, an den Contractingnehmer, der sie selbst verwendet oder z. B. seinen Mietern zur Verfügung stellt. 12

Der Erfolg des Energieliefer-Contractings hängt in der Praxis von ökonomischen Faktoren (III.), vor allem aber von den rechtlichen Rahmenbedingungen ab, die sich entscheidend auch auf den wirtschaftlichen Erfolg auswirken (IV.). 13

111 Vgl. Verband für Wärmelieferung e. V., Energiedienstleistung Contracting, Download unter http://www.energiecontracting.de/6-verband/wir-ueber-uns/docs/Zahlen2005-2014.pdf, abgerufen am 10.1.2017.

112 Vgl. Verband für Wärmelieferung e. V., Energiedienstleistung Contracting, Download unter http://www.energiecontracting.de/6-verband/wir-ueber-uns/docs/Zahlen2005-2014.pdf, abgerufen am 10.1.2017.

III Ökonomische Aspekte: Win-Win-Charakter

14 Beim Energieliefer-Contracting wird häufig von einer Win-Win-Situation sowohl für den Contractor als auch für den Contractingnehmer gesprochen. Auf Seiten des Contractingnehmers steht regelmäßig die Entlastung des eigenen Investitionshaushalts im Vordergrund, wenn die eigentliche Anlageninvestition nicht durch den Objektbesitzer, sondern durch den Contractor erfolgt. Auf diese Weise kann das Investitionsrisiko auf Seiten des Contractingnehmers vollständig ausgelagert werden. Durch den Einsatz modernster Technik lässt sich regelmäßig die Energieeffizienz steigern und damit die Betriebs- und Versorgungssicherheit erhöhen, bei gleichzeitiger Absenkung von Energiekosten und CO_2-Belastung. Schließlich profitiert der Contractingnehmer vom technischen Know-how und professionellen Energiemanagement, das der Contractor bieten kann. Im Ergebnis führt dies zu einer Entlastung des Gebäudeeigentümers von wesentlichen Planungs- und Betriebsaufgaben im Bereich der Energieversorgung. Kurz: Er kann sich auf das eigene Kerngeschäft konzentrieren.

15 Auf Seiten des Contractors ergeben sich wirtschaftliche Vorteile durch den regelmäßig langfristig laufenden Vertrag mit dem Contractingnehmer, der die Amortisation der Investition gewährleistet. Gleichzeitig kann der Contractor im Bereich des Brennstoffbezugs oder durch die Bündelung von Dienstleistungen Synergieeffekte mit für ihn positiven wirtschaftlichen Effekten erzielen.

IV Rechtliche Rahmenbedingungen

16 Wesentlich für den wirtschaftlichen Erfolg des Energieliefer-Contractings sind die rechtlichen Rahmenbedingungen, unter denen sich dieses Modell vollzieht. Sie bestimmen entscheidend darüber, mit welchen Kosten die bereitgestellte Energie belastet wird und welcher administrative Aufwand entsteht. Insoweit ist zwischen energierechtlichen und vertragsrechtlichen Regelungen zu unterscheiden. Das Energierecht bestimmt insbesondere, mit welchen Kosten die bereitgestellte Energie belastet ist und welche Pflichten der Contractor als Energiedienstleister gegenüber Dritten zu erfüllen hat (1.). Dagegen sind die vertragsrechtlichen Bestimmungen des Zivilrechts maßgebend für die Ausgestaltung der Lieferbeziehung zwischen Contractor und Kunden (2.). Besondere Regelungen gelten darüber hinaus beim Contracting in der Wohnungswirtschaft (3.).

1 Energierechtlicher Rahmen beim Energieliefer-Contracting

17 Energieliefer-Contracting vollzieht sich innerhalb eines eng regulierten Rechtsrahmens. Die vom Contractor bereitgestellte Energie (Strom, Wärme) wird unter Geltung von spezifischen energierechtlichen Bestimmungen erzeugt und geliefert, mit unmittelbaren Rückwirkungen auf den Preis (a).

Der Contractor hat zugleich öffentlich-rechtliche Pflichten zu erfüllen. Als Energielieferant unterliegt er den Anforderungen insbesondere des Energiewirtschaftsgesetzes (EnWG) und des Erneuerbare Energien Gesetzes (EEG) (b). Darüber hinaus hat er u. U. auch Bestimmungen des Kreditwesengesetzes (KWG) zu beachten (c). 18

a) Direktvermarktung mit Kostenvorteilen

Das Energieliefer-Contracting basiert auf dem Prinzip der Direktvermarktung ohne Netznutzung in räumlicher Nähe zur Erzeugungsanlage. Der Contractor beliefert das Objekt aus der von ihm dezentral betriebenen Anlage dergestalt, dass die Letztverbraucher vollständig versorgt sind. Sie bedürfen mithin keiner Belieferung mehr durch den örtlichen Stromversorger, sondern schließen ihren Stromliefervertrag unmittelbar mit dem Contractor ab. Der dezentral erzeugte Strom wird also – mit Ausnahme von etwaigen Überschussanteilen – nicht in das Netz der allgemeinen Versorgung eingespeist oder über einen Bilanzkreis des Netzbetreibers vermarktet, sondern er wird direkt über eine dezentrale Kundenanlage an die Abnehmer geliefert. Die für den Contractor erzielbaren Erlöse sind so erheblich höher als im Fall der Vermarktung über das Netz oder den Bilanzkreis eines Stromhändlers als Aufkäufer. Für die Preisgestaltung ergeben sich daraus beachtliche Vorteile (aa). In Bezug auf die EEG-Umlage sind die Bestimmungen des EEG zu beachten (bb). 19

aa) Kostenvorteile durch vermiedene Abgaben

Im Fall der Direktvermarktung über eine dezentrale Kundenanlage entfallen Kostenelemente, die dem Strompreis aufgrund gesetzlicher Bestimmungen grundsätzlich anhaften. So lassen sich das Netzentgelt (§ 17 Abs. 1 StromNEV), die KWK-Umlage,[113] die Konzessionsabgabe, die § 19 StromNEV-Umlage, die Offshore-Haftungsumlage, die Umlage für abschaltbare Lasten und u. U. auch die Stromsteuer sparen. Der Contractor kann demzufolge einen Preis anbieten, der sich im Vergleich zum Konkurrenzangebot des örtlichen Grundversorgers günstiger darstellt und gleichwohl die Deckungsbeiträge für den Kapitaldienst und die sonstigen Kosten der Erzeugungsanlage erwirtschaftet. 20

bb) EEG-Umlagepflicht

Besondere Bedeutung kommt in der Praxis der Frage zu, ob für den im Rahmen des Energieliefer-Contractings bereitgestellten Strom **EEG-Umlage** anfällt oder nicht. Sie ist mit aktuell 6,880 ct/kWh (2017) ein wesentlicher **Kostenfaktor**, der über den 21

---

113 Die KWK-Umlage ist als Teil der Netzentgelte zu bewerten, die – ebenso wie das Netzentgelt nach StromNEV selbst – nicht anfällt, wenn der Strom nicht über einen Netzbetreiber an Letztverbraucher geliefert wird, vgl. *Stappert/Vallone/Groß* RdE 2015, 62, 66.

wirtschaftlichen Erfolg eines Contracting-Modells mitentscheidet. Gemäß § 60 Abs. 1 EEG 2017 ist die EEG-Umlage grundsätzlich als Aufschlag auf jede gelieferte Kilowattstunde zu erheben, unabhängig davon, ob dafür das Netz der allgemeinen Versorgung genutzt wird oder ob sie außerhalb eines Netzes erzeugt und geliefert wird.[114]

22 Durch das am 1.1.2017 in Kraft getretene EEG 2017 sind die Rahmenbedingungen für die EEG-Umlage in Bezug auf Contracting-Modelle im Verhältnis zum EEG 2014 nicht grundlegend geändert worden. Während nach dem EEG 2012 noch die Möglichkeit bestand, die EEG-Umlage vollständig zu vermeiden, wenn die Contracting-Anlage im Rahmen eines **Pachtmodells** betrieben wurde,[115] besteht diese Gestaltungsoption bereits seit dem EEG 2014 nur noch mit eingeschränkter Wirkung. Um die „Flucht in die Eigenerzeugung" unattraktiv zu gestalten,[116] fällt die EEG-Umlage auch dann anteilig an, wenn die Erzeugungsanlage im Rahmen eines Contracting-Pachtmodells betrieben wird.[117] Das gilt auch unter dem EEG 2017.

23 Beim **klassischen Energieliefer-Contracting** ist der Contractor zugleich Anlagenerrichter, Betreiber und Stromlieferant. Gemäß § 60 EEG 2017 trifft ihn die Pflicht zur Zahlung der EEG-Umlage im Verhältnis zum Übertragungsnetzbetreiber (ÜNB) in vollem Umfang. Dementsprechend wird der Contractor die EEG-Umlage als Preisbestandteil des von ihm gelieferten Stroms an seine Endkunden weiterwälzen.

24 Beim **Contracting-Pachtmodell** hingegen plant, baut und finanziert der Contractor die Anlage und verpachtet sie dann an den Contractingnehmer. Der Contractor kann auch die technische Wartung und Steuerung der Anlage übernehmen. Im Unterschied zum klassischen Contracting-Modell ist beim Pachtmodell allerdings der Contractingnehmer selbst Betreiber der Anlage und somit Eigenerzeuger im Sinne des EEG 2017.[118]

25 Bei Contracting-Pachtmodellen differenziert das EEG 2017 im Hinblick auf die Höhe der EEG-Umlage zwischen **Neuanlagen**, die ab 1.8.2014 in Betrieb genommen werden, und **Bestandsanlagen**.

---

114 BGH, Urt. v. 9.12.2009 – VIII ZR 35/09, NVwZ-RR 2010, 315.

115 Nach § 37 Abs. 3 EEG 2012 galt der Pächter einer Erzeugungsanlage, der gleichzeitig ihr Betreiber ist, als privilegierter Eigenerzeuger. Voraussetzung war, dass der Strom im räumlichen Zusammenhang zur Erzeugungsanlage verbraucht wird. Da der Pächter zugleich als Erzeuger und Verbraucher galt, lag keine Lieferung im Sinne des EEG 2012 vor, so dass der so verbrauchte Strom nicht in den EEG-Belastungsausgleich einbezogen war und keine EEG-Umlage zu entrichten war.

116 So bereits die Intention des Gesetzgebers beim EEG 2014, vgl. BT-Drs. 18/1304, S. 153.

117 Bei KWK-Anlagen, die neben Strom auch Wärme erzeugen, kann der Betreiber (im Contracting-Pachtmodell also der Pächter) zwar den nach dem KWKG vorgesehenen Zuschlag pro erzeugter KWh erhalten, um die höheren Erzeugungskosten zu kompensieren. Gleichzeitig ist aber die volle EEG-Umlage auf den so erzeugten Strom zu zahlen. Das bedeutet, dass der KWK-Zuschlag durch die EEG-Umlage häufig aufgezehrt wird.

118 Zur Definition der Eigenversorgung i. S. v. § 3 Nr. 19 EEG 2017 (die der vorherigen Bestimmung in § 5 Nr. 12 EEG 2014 entspricht) vgl. *Salje* EEG 2014, Kommentar, § 5 Rn. 49 ff.

Für **Neuanlagen**, die ab dem 1.8.2014 in Betrieb genommen werden, gilt gemäß § 61 Abs. 1 EEG 2017 ein reduzierter EEG-Umlagesatz.[119] Er beträgt in den Jahren 2014 und 2015 30 %, im Jahr 2016 35 % und ab dem Jahr 2017 40 % derjenigen EEG-Umlage, die für jene Jahre festgestellt werden wird. Die weitere Voraussetzung für die Umlageteilbefreiung ist, dass Eigenversorgung im Sinne von § 3 Nr. 19 EEG 2017 vorliegt. Das ist der Fall, wenn der Verbrauch durch eine natürliche oder juristische Person in unmittelbarem räumlichem Zusammenhang mit der Stromerzeugungsanlage erfolgt, dabei keine Nutzung eines Netzes der allgemeinen Versorgung vorliegt und der Betrieb der Anlage durch den Letztverbraucher erfolgt.[120] Bei Contracting-Pachtmodellen sind diese Anforderungen grundsätzlich erfüllbar.[121] 26

Bei **Bestandsanlagen** unterscheidet das EEG 2017 zwischen „neueren" (§ 61 Abs. 3 EEG 2017) und „älteren" Bestandsanlagen (§ 61 Abs. 4 EEG 2017). 27

Um **neuere Bestandsanlagen** handelt es sich, wenn sie bereits vor dem 1.8.2014 als Eigenerzeugungsanlage betrieben worden sind, oder vor dem 23.1.2014 immissionsschutzrechtlich genehmigt waren und nach dem 1.8. 2014 erstmals Strom erzeugt haben. Für diese Anlagen (oder ihre entsprechend genehmigten Erweiterungen), bleibt es auch nach dem EEG 2017 bei der vollständigen EEG-Umlagebefreiung (wie zuvor schon nach Maßgabe des § 61 Abs. 3 EEG 2014 und des § 37 Abs. 3 Satz 2 EEG 2012). In diesen Fällen muss die Stromerzeugungsanlage durch den Letztverbraucher selbst betrieben worden sein, d. h. die Regelung greift auch im Rahmen eines Contracting-Pachtmodells, wenn der Strom im Rahmen des Eigenverbrauchs konsumiert wird und keine Netzdurchleitung erfolgt. 28

Für **„ältere" Bestandsanlagen**, die schon vor dem 1.9.2011 betrieben wurden, gilt nach § 61 Abs. 4 EEG 2017 weiterhin die bisherige Übergangsregelung aus dem EEG 2012 (§ 66 Abs. 15), so dass auch diese älteren Bestandsanlagen nach Maßgabe des EEG 2017 voll von der EEG-Umlage befreit bleiben.[122] 29

---

119 Ausnahmsweise besteht auch bei Contracting-Pachtmodellen, d. h. der Eigenversorgung aus Neuanlagen im Sinne von § 61 Abs. 1 EEG 2017, die Pflicht zur Zahlung der vollen EEG-Umlage, wenn ein Fall des § 61 Abs. 1 Satz 2 EEG 2017 vorliegt, also entweder spezifische Effizienzanforderungen durch die Anlage nicht erfüllt werden oder der Meldepflicht für Eigenerzeugungsmengen nicht oder unvollständig nachgekommen wird (diese Regelungen waren gleichlautend bereits im EEG 2014 enthalten), vgl. dazu *Salje* EEG 2014, Kommentar, § 61 Rn. 28 f.

120 Es muss Personenidentität zwischen Verbraucher und Betreiber bestehen. Bei Contracting-Pachtmodellen wird der Pächter der Anlage als Erzeuger angesehen, und zwar auch dann, wenn ein sachkundiger Betriebsführer (z. B. der Contractor) gegen Entgelt die technische Durchführung des Kraftwerksbetriebs übernommen hat, so lange dieser nicht auch das Unternehmerrisiko trägt. Im Einzelnen kommt es hier auf die konkrete Vertragsgestaltung an.

121 Dabei kommen unterschiedliche Gestaltungsmöglichkeiten in Betracht; außer der Pacht der Anlage vom Contractor durch den Vermieter, der dadurch zum Betreiber wird, können z. B. auch die Mieter einer Wohnanlage Betreiber der Anlage sein, wenn sie sich als BGB-Gesellschaft organisieren.

122 Vgl. *Salje* EEG 2014, Kommentar, § 61 Rn. 54.

b) Pflichten des Contractors als Stromlieferant

30 Den Contractor, der Kunden mit dezentral erzeugter Energie beliefert, trifft eine Reihe von gesetzlichen Pflichten. Soweit der Contractor Energie an Dritte liefert, ist er rechtlich betrachtet ein **Energieversorgungsunternehmen** (EVU) i. S. v. § 3 Nr. 18 EnWG. Soweit es sich dabei um Letztverbraucher handelt, erfüllt er zugleich die Definition des EVU i. S. v. § 3 Nr. 20 EEG 2017.[123] Er hat daher Anzeige- und Mitteilungspflichten gegenüber verschiedenen Dritten nach Maßgabe des EnWG und EEG zu erfüllen. Darüber hinaus treffen ihn Pflichten nach der Anlagenregisterverordnung sowie im Hinblick auf die Stromkennzeichnung.

aa) Anzeigepflicht nach § 5 EnWG

31 Nach § 5 Satz 1 EnWG muss der Contractor als EVU die Aufnahme der Belieferung von Haushaltskunden mit Elektrizität grundsätzlich bei der Bundesnetzagentur anzeigen. Diese **Anzeigepflicht** besteht unabhängig davon, ob es sich um die Lieferung von Strom aus konventionellen Energiequellen oder aus erneuerbaren Energien handelt. Eine Ausnahme von der Anzeigepflicht normiert § 5 Satz 2 EnWG für den Fall, dass die Belieferung von Haushaltskunden innerhalb einer sog. Kundenanlage (§ 3 Nr. 24 a und b EnWG) oder eines geschlossenen Verteilernetzes (§ 110 EnWG) erfolgt.[124] Das soll nach der Intention des Gesetzgebers insbesondere Betreiber von dezentralen Erzeugungsanlagen wie Kleinst-BHKW entlasten. Ob die erforderlichen Voraussetzungen jeweils erfüllt sind, hängt von den Umständen im Einzelfall ab.

bb) Mitteilungspflichten nach §§ 70, 71 Nr. 1 EEG 2017

32 Soweit die vom Contractor eingesetzte Anlage Strom aus erneuerbaren Energien (z. B. Solarenergie oder Biogas) erzeugt, hat er gemäß §§ 70, 71 Nr. 1 EEG 2017 bis zum 28. Februar eines jeden Jahres dem Verteilnetzbetreiber (VNB), an dessen Netz die Energieanlage angeschlossen ist, die für die Endabrechnung des Vorjahres erforderlichen Daten zur Verfügung zu stellen. Diese Daten beziehen sich auf die im vorangegangenen Kalenderjahr erzeugte, eingespeiste, eigenverbrauchte und an Dritte gelieferte Strommenge.

33 Wenn der Netzbetreiber selbst über die erforderlichen Daten verfügt, z. B. weil er zugleich als Messdienstleister (für den Contractor) tätig ist, kann diese Mitteilung durch den Anlagenbetreiber entbehrlich sein. Eine besondere Form für die Übermittlung der Daten verlangt § 71 Nr. 1 EEG 2017 nicht.

---

123 *Salje* EEG 2014, Kommentar, § 5 Rn. 56 in Bezug auf die gleichlautende Regelung in § 5 Nr. 13 EEG 2014.

124 *Britz/Hellermann/Hermes* Energiewirtschaftsgesetz, § 5 Rn. 7a.

cc) Mitteilungspflichten nach § 26 Abs. 2 EEG 2017

Soweit der Contractor als Betreiber einer EEG-Anlage im Fall einer Überschuss-Stromeinspeisung in das Netz des Netzbetreibers eine EEG-Förderung in Anspruch nimmt (Marktprämie oder Einspeisevergütung), hängt die Fälligkeit seines Förderanspruchs und der vom Netzbetreiber (VNB) insoweit an ihn zu leistenden Abschlagszahlungen davon ab, dass die nach § 71 Nr. 1 EEG 2017 erforderlichen Mitteilungen an den VNB schnellstmöglich nach Ablauf des jeweiligen Lieferjahres erfolgen (bis spätestens 28. Februar des Folgejahres). § 26 Abs. 2 EEG 2017 bestimmt, dass der EEG-Förderanspruch nur fällig wird, wenn der **Mitteilungspflicht** nach § 71 EEG 2014 entsprochen ist. Im Zweifelsfall muss also der Anlagenbetreiber das Vorliegen der Voraussetzungen darlegen und beweisen. Den Anspruch auf monatliche Abschläge verliert der Anlagenbetreiber bis zur Erfüllung der Mitteilungspflichten. Erst mit der Mitteilung der erforderlichen Daten muss der Netzbetreiber den bis dahin aufgelaufenen Förderansprüchen nachkommen und Abschlagszahlungen leisten. 34

dd) Mitteilungspflichten gegenüber dem Übertragungsnetzbetreiber

Als EVU i. S. v. § 3 Nr. 20 EEG 2017 beliefert der Contractor Dritte mit Strom. Daraus resultieren **Mitteilungspflichten** gemäß § 74 EEG 2017 gegenüber dem Übertragungsnetzbetreiber (ÜNB). 35

Nach § 74 EEG 2017 ist der Contractor verpflichtet, dem regelverantwortlichen ÜNB die an Letztverbraucher gelieferte Energiemenge unverzüglich elektronisch mitzuteilen und ihm bis zum 31. Mai die Endabrechnung für das Vorjahr vorzulegen. 36

Der ÜNB benötigt diese Daten, um die EEG-Umlagepflicht der Höhe nach im Rahmen des bundesweiten **Belastungsausgleichs** berechnen zu können.[125] Insoweit sind zwei Mitteilungen erforderlich: Zum einen muss der Anlagenbetreiber nach Ablauf des Kalendermonats die im letzten Monat an Letztverbraucher abgegebenen Strommengen mitteilen. Eine genaue Frist ist dafür gesetzlich nicht bestimmt. Unverzüglich bedeutet, dass die Meldung ohne schuldhaftes Zögern erfolgen muss. Die Meldung im Hinblick auf die Endabrechnung der im Vorjahr an Letztverbraucher gelieferten Strommengen hat spätestens bis zum 31. Mai zu erfolgen. 37

Um die nach § 74 Satz 1 EEG 2017 vorgeschriebene Form der elektronischen Mitteilung zu ermöglichen, stellen die ÜNB einheitliche Verfahren für die vollständig automatisierte elektronische Übermittlung der Daten nach § 74 Satz 2 EEG 2017 zur Verfügung. 38

ee) Mitteilungspflichten gegenüber der Bundesnetzagentur

Nach § 76 EEG 2017 ist der Contractor als Anlagenbetreiber verpflichtet, die nach § 74 EEG 2017 erhobenen und an den ÜNB übermittelten Daten über die an Letztverbrau- 39

125 *Salje* EEG 2014, Kommentar, § 74 Rn. 3.

cher gelieferte Strommengen für das Vorjahr zeitgleich auch der Bundesnetzagentur zur Verfügung stellen. Damit wird die Bundesnetzagentur in die Lage versetzt, ihre **Überwachungsaufgaben** zu erfüllen. Die Übermittlung der Daten an die Bundesnetzagentur erfolgt gemäß §76 Abs. 2 EEG 2017 über Formularvorlagen, die sie in ihrem „Energiedatenportal" zur Verfügung stellt.[126]

ff) Mitteilungspflicht gegenüber der Öffentlichkeit

40 Die Mitteilungspflicht gegenüber der Öffentlichkeit, die den Contractor als Anlagenbetreiber nach der Regelung in §77 EEG 2014 traf (Veröffentlichung der an den ÜNB und die Bundesnetzagentur nach §§74, 76 EEG 201 übermittelten Daten) besteht nach §77 Abs. 1 EEG 2017 nicht mehr. Sie wurde aus Gründen der Vereinfachung und zur Reduktion bürokratischen Aufwands auf die ÜNB begrenzt.[127] Das gilt auch für die bislang bestehende Berichtspflicht, die nun ebenfalls allein von den ÜNB zu erfüllen ist (Bericht darüber, wie die zu übermittelnden Daten im Einzelnen erhoben worden sind).

gg) Pflichten nach der Anlagenregisterverordnung

41 EEG-Anlagen, die der Contractor neu in Betrieb nimmt oder erweitert, müssen von ihm nach der **Anlagenregisterverordnung** (AnlRegVO)[128] über das von der Bundesnetzagentur eingerichtete Meldeportal angemeldet werden.[129] Eine Verpflichtung zur Meldung von Anlagen, die mit fossilen Brennstoffen wie Gas, Öl oder Kohle betrieben werden, besteht dagegen nicht. Für EEG-Anlagen besteht die Meldepflicht unabhängig davon, ob eine finanzielle Förderung nach dem EEG in Anspruch genommen werden soll oder nicht.

42 Unterbleibt die Meldung oder erfolgt sie nicht rechtzeitig, ist der Netzbetreiber für den Zeitraum des Versäumnisses gemäß §52 Abs. 1–3 EEG 2017 lediglich zur Entrichtung einer reduzierten Vergütung des eingespeisten Stroms verpflichtet.

---

126 Siehe dazu: www.bundesnetzagentur.de.

127 Vgl. die Gesetzesbegründung zur Neuregelung des §77 EEG 2017 in BT-Drs. 18/8860, S. 242.

128 Anlagenregisterverordnung vom 5.8.2014, BGBl. I S. 1320, zuletzt geändert durch Artikel 3 der Verordnung vom 17.2.2015 (BGBl. I S. 146).

129 Im Rahmen der Meldung sind vom Anlagenbetreiber Daten u. a. zum Standort der Anlage, der installierten Nennleistung und dem Tag der Inbetriebnahme zu übermitteln. Die Meldung soll nicht früher als zwei Wochen vor der Inbetriebnahme, spätestens aber mit der Inbetriebnahme erfolgen. Die von der Bundesnetzagentur anschließend ausgestellte Registrierungsbestätigung kann den Netzbetreibern als Nachweis der Meldung vorgelegt werden.

hh) Strommengen und Stromkennzeichnung

Als Stromlieferant unterliegt der Contractor gegenüber seinen Kunden der Pflicht zur **Stromkennzeichnung** gemäß § 42 Abs. 1 EnWG.[130] Darüber hinaus ist er gegenüber der Bundesnetzagentur nach § 42 Abs. 7 EnWG zu weiteren Angaben verpflichtet: Zum Abgleich der Richtigkeit der Stromkennzeichnung sind der Bundesnetzagentur die gegenüber den belieferten Letztverbrauchern erfolgten Stromkennzeichnungen und die zugrundeliegenden Strommengen einmal jährlich mitzuteilen.[131] 43

c) Erlaubnispflichten nach dem Kreditwesengesetz

Jenseits der energierechtlichen Anforderungen können für **Contracting-Pachtmodelle** zwingende Vorgaben aus dem **Kreditwesengesetz** (KWG) zu beachten sein. Da Pflichtverstöße nach dem KWG als Straftat geahndet werden, handelt es sich um ein sensibles Thema. 44

aa) Relevanz für Contracting-Pachtmodelle

Beim Contracting-Pachtmodell errichtet und finanziert der Contractor die Anlage zunächst im eigenen Namen und auf eigene Rechnung, um sie anschließend an den Contractingnehmer langfristig zu verpachten. Dieser wird dadurch Eigenerzeuger (im Sinne des EEG) und trägt die wirtschaftlichen Chancen und Risiken des Anlagenbetriebs. Der Contractor übernimmt auf Basis eines gesonderten Servicevertrages die technische Wartung und Steuerung der Anlage. 45

bb) Erlaubnispflicht nach § 32 KWG

Ein solches Pacht- und Betriebsführungsmodell kann die Einholung einer Erlaubnis nach § 32 Abs. 1 KWG bei der Bundesanstalt für Finanzdienstleistungsaufsicht (BaFin) erfordern, wenn es als **Finanzierungsleasing** einzustufen ist. Denn das Finanzierungsleasing gehört nach § 1 Abs. 1 lit. a Satz 2 Nr. 10 KWG zu den erlaubnispflichtigen Geschäften. 46

Nach § 32 Abs. 1 KWG bedarf derjenige einer schriftlichen Erlaubnis vonseiten der BaFin, der im Inland gewerbsmäßig[132] oder in einem Umfang, der einen in kaufmännischer Weise eingerichteten Geschäftsbetrieb erfordert,[133] Bankgeschäfte oder 47

---

130 Zu den Einzelheiten *Britz/Hellermann/Hermes* Energiewirtschaftsgesetz, § 42 Rn. 24 ff.

131 Vorgaben zum Zeitpunkt, Format und konkreten Inhalt der Meldung für die Folgejahre hat die Bundesnetzagentur bislang nicht veröffentlicht (vgl. § 42 Abs. 7 Satz 3 EnWG).

132 Die Gewerbsmäßigkeit liegt vor, wenn der Betrieb auf gewisse Dauer angelegt ist und der Betreiber mit Gewinnerzielungsabsicht vorgeht, vgl. BT-Drs. 13/7142 v. 6.3.1997, S. 62.

133 Der in kaufmännischer Weise eingerichtete Geschäftsbetrieb wird in Anlehnung an § 1 Abs. 2 HGB verstanden als eine nach kaufmännischen Grundsätzen eingerichtete Buch- und Kassenfüh-

Finanzdienstleistungen erbringen will. Zu diesen Vorgaben hat die BaFin ein Merkblatt herausgegeben, dem für die Praxis maßgebende Bedeutung zukommt.[134]

48 Erfolgt das Betreiben von Bankgeschäften oder das Anbieten von Finanzdienstleistungen fahrlässig oder vorsätzlich ohne die erforderliche Erlaubnis, kann dies als **Straftat** nach **§ 54 Abs. 1 Nr. 2 KWG** geahndet werden.

cc) Anforderungen nach § 32 Abs. 1 KWG im Einzelnen

49 **Normadressat** von § 32 Abs. 1 EnWG ist „jedermann", d. h. erfasst werden sowohl Unternehmen als auch Einzelpersonen, die als Contractor auftreten.[135]

50 Die **„Erbringung von Finanzdienstleistungen"** im Sinne von § 32 Abs. 1 KWG setzt voraus, dass der Vertrag mit dem Contractor als Finanzierungsleasing zu bewerten ist. Dabei handelt der Contractor als Leasinggeber.[136] Finanzierungsleasing liegt vor, wenn eine Gebrauchsüberlassung und Finanzierungsfunktion zu bejahen ist.[137] Die **Gebrauchsüberlassung** liegt beim Contracting-Pachtmodell vor, denn dem Pächter (Contractingnehmer) wird die tatsächliche Sachherrschaft an der Anlage für die Dauer der Vertragslaufzeit eingeräumt.[138]

51 Die **Finanzierungsfunktion** ist gegeben, wenn der Leasingnehmer (Pächter) das Wirtschaftsgut über die gesamte Vertragslaufzeit hinweg **finanziert und amortisiert** – was beim Contracting-Pachtmodell regelmäßig zu bejahen ist – und er zudem das **Investitionsrisiko** zu tragen hat. Dabei müssen diese Voraussetzungen nach der BaFin-Behördenpraxis kumulativ[139] vorliegen.[140] Anders als beim klassischen Contracting liegt das Investitionsrisiko beim Pachtmodell nicht beim Contractor, sondern die Chancen und Risiken werden zur Abbildung der EEG-Eigenversorgung möglichst vollständig auf den Kunden übertragen. Ist dies der Fall, sind die Voraussetzungen des Finanzierungsleasings erfüllt, d. h. es bedarf einer Erlaubnis nach § 32 Abs. 1 KWG durch die BaFin.

52 Verbleibt das Investitionsrisiko indes zur Vermeidung der Einstufung des Vertrages als Finanzierungsleasing beim Contractor, ist fraglich, ob das Pachtmodell

---

rung, die geordnete Aufbewahrung der geschäftlichen Korrespondenz, die regelmäßige Aufstellung eines Inventars und einer Bilanz sowie die Beschäftigung von Personal.

134 Vgl. BaFin, Merkblatt – Hinweise zum Tatbestand des Finanzierungsleasings vom 19.1.2009, abrufbar unter: www.bafin.de/SharedDocs/Veroeffentlichungen/DE/Merkblatt/mb_090119_tatbestand_finanzierungsleasing.html.

135 *Klemm* REE 2015, 73 (74).

136 Vgl. § 1 Abs. 1 lit. a S. 2 Nr. 10 KWG.

137 BaFin-Merkblatt – Hinweise zum Tatbestand des Finanzierungsleasings (Stand: Januar 2009), Ziffer II.

138 *Klemm* REE 2015, 73 (76).

139 *Klemm* REE 2015, 73 (77).

140 BaFin-Merkblatt – Hinweise zum Tatbestand des Finanzierungsleasings (Stand: Januar 2009), Ziffer II.

noch die Anforderungen für die Eigenversorgung nach Maßgabe des EEG erfüllt.[141] In solchen Fällen bedarf es einer sorgfältigen Vertragsgestaltung, um die Betreiberstellung (und damit das Eigenstromprivileg) des Contractingnehmers gleichwohl rechtfertigen zu können.[142]

Da ein Entfall der Erlaubnispflicht nach § 32 KWG bei Contracting-Pachtmodellen aufgrund von sog. **Bereichsausnahmen gem. § 2 Abs. 6 KWG** nicht möglich ist, weil Energieunternehmen nicht zu den danach befreiungsfähigen Branchen gehören, kommt nur eine sog. **„Einzelfreistellung" gem. § 2 Abs. 4 KWG** in Betracht. Von der Einzelfreistellung wird seitens der BaFin in der Praxis jedoch nur sehr restriktiv Gebrauch gemacht.[143] Das bedeutet, dass im Zweifel eine Erlaubnis nach § 32 Abs. 1 KWG einzuholen ist. 53

Praxistipp

Vor Beantragung einer Erlaubnis gem. § 32 Abs. 1 KWG ist es zweckmäßig, bei der BaFin eine sog. „Negativauskunft" gem. § 4 KWG einzuholen, um frühzeitig Klarheit und Rechtssicherheit über die Erlaubnispflichtigkeit zu erlangen. Grundsätzlich erteilt die BaFin verbindliche Auskünfte im Wege einer einfachen Auskunft, nur auf ausdrücklichen Antrag entscheidet sie in Form eines Verwaltungsaktes, der – im Fall einer Beschwer – vor dem Verwaltungsgericht Frankfurt am Main gerichtlich anfechtbar ist.

2 Vertragsrechtlicher Rahmen beim Energieliefer-Contracting

Beim Energieliefer-Contracting betreibt der Contractor die Anlage zur Versorgung des Contractingnehmers mit Energie auf Basis eines langfristig laufenden Vertrages zu definierten Preiskonditionen. Durch eine möglichst lange Laufzeit erreicht der Contractor die Amortisation der von ihm getätigten Anlageninvestition. Der vereinbarte Preis unterliegt Anpassungsregelungen, soweit sich die Kosten für den Betriebs- und Instandhaltungsaufwand sowie den eingesetzten Brennstoff ändern. 55

Ungeachtet weiterer Regelungen, die in ihrer Ausgestaltung stark von den Umständen des Einzelfalls abhängen, enthält der Vertrag zwischen Contractor und Contractingnehmer im Kern stets Bestimmungen zum **Leistungsgegenstand**, zur **Preisgestaltung**, zur **Laufzeit** und in Bezug auf die **Absicherung der Investition**. 56

Für diese Regelungen findet im Grundsatz allgemeines **Zivilrecht**, mithin das Bürgerliche Gesetzbuch (BGB), Anwendung. Ergänzend zu berücksichtigen sind 57

141 Das Investitionsrisiko wird bei der Bestimmung der Person des Anlagenbetreibers i. S. d. EEG als zentrales Kriterium herangezogen.

142 In Betracht kommt, das Investitionsrisiko beim Contractor zu belassen, dem Contractingnehmer aber neben der Sachherrschaft alle weiteren Chancen und Risiken in Verbindung mit dem Anlagenbetrieb zuzuweisen (z. B. die Bestimmung der Betriebsweise, die Brennstoffbeschaffung, die im eigenen Namen und auf eigenes Risiko des Contractingnehmers erfolgt), vgl. *Klemm* REE 2015, 74 (80).

143 BaFin-Merkblatt – Hinweise zum Tatbestand des Finanzierungsleasings (Stand: Januar 2009), Ziffer VII.

spezielle Regelungen für die Lieferung von Energie. Zu nennen sind hier die **Stromgrundversorgungsverordnung** (StromGVV),[144] die **Verordnung über Allgemeine Bedingungen für die Versorgung mit Fernwärme** (AVBFernwärmeV)[145] und die **Gasgrundversorgungsverordnung** (GasGVV).[146] Diese drei Verordnungen gelten ausweislich ihrer gesetzlich festgelegten Anwendungsbereiche[147] jedoch nur für die Versorgung von Letztverbrauchern, d. h. Haushaltskunden, nicht dagegen für die Belieferung von Industrie- und Gewerbekunden.

58 Das wirkt sich auch auf die **Inhaltskontrolle** Allgemeiner Geschäftsbedingungen aus. Während Geschäftsbedingungen für Gewerbe- und Industriekunden gemäß § 310 Abs. 1 BGB am Maßstab von § 307 BGB zu messen sind, gehen die genannten spezialgesetzlichen Verordnungsregelungen den Allgemeinen Versorgungsbedingungen bei der Strom-, Wärme- und Gasversorgung als lex specialis vor, so dass der Anwendungsbereich für eine Inhaltskontrolle nicht eröffnet ist.[148]

a) Regelungen zur Leistungsbestimmung

59 Regelungen zur genauen **Bestimmung des Leistungsinhalts** stellen regelmäßig einen Schwerpunkt des Vertrages dar.[149] Auf Seiten des Contractors besteht die Hauptpflicht darin, Energie im vereinbarten Umfang, spezifikationsgerecht und innerhalb der vereinbarten Lieferzeiten an den Contractingnehmer zu liefern.

60 Im Überblick lassen sich nachfolgend angeführte Punkte benennen, die Gegenstand der Regelungen zur Leistungsbestimmung sind:[150]

- die **Art** der zu liefernden Energie (Elektrizität, Wärme, Gas usw.)
- **Lieferort** und **Lieferzeitraum** (z. B. saisonal begrenzt)
- zu berücksichtigende weitere **Spezifikationen** betreffend Wärme,[151] Kälte, Dampf (z. B. Temperatur und Druck) sowie Strom (Spannung und Frequenz)
- die **Anschlussleistung** und der auf das gesamte Jahr gerechnete **Arbeitsaufwand**

---

144 Verordnung über Allgemeine Bedingungen für die Grundversorgung von Haushaltskunden und die Ersatzversorgung mit Elektrizität aus dem Niederspannungsnetz, v. 26.10.2006 (BGBl. I S. 2391).

145 Verordnung über Allgemeine Bedingungen für die Versorgung mit Fernwärme, v. 20.6.1980 (BGBl. I S. 742).

146 Verordnung über Allgemeine Bedingungen für die Grundversorgung von Haushaltskunden und die Ersatzversorgung mit Gas aus dem Niederdrucknetz, v. 26.10.2006 (BGBl. I S. 2391, 2396).

147 Jeweils in § 1 StromGVV, § 1 AVBFernwärmeV und § 1 GasGVV geregelt.

148 Stuhlmacher/Stappert/Schoon/Jansen/*Tüngler* Grundriss zum Energierecht, Kapitel 12 Rn. 4.

149 Danner/Theobald/*Hack* Energierecht, 99. Contracting, Rn. 67.

150 Danner/Theobald/*Hack* Energierecht, 99. Contracting, Rn. 71.

151 Für Wärmelieferungen enthält § 5 AVBFernwärmeV ein Muster zur Bestimmung der Lieferpflicht des Contractors.

- **Versorgungsunterbrechungen** (z. B. infolge höherer Gewalt oder durch Dritte verschuldete Störungen, durch Anlagenrevisionen oder anlagenimmanente Risiken bedingte Unterbrechungen)
- Vereinbarung über die **Abgrenzung der Anlage** des Contractors von derjenigen des Contractingnehmers.

In Bezug auf die Gefahrtragung und **Risikoverteilung** gilt der Grundsatz, dass Risiken 61
im Zusammenhang mit der Errichtung und dem Betrieb, der Finanzierung und Reparatur (einschl. Ersatz) der Anlage vom Contractor zu tragen sind. Erfüllt er seine Vertragspflichten schuldhaft nicht oder schlecht, macht er sich schadensersatzpflichtig gem. § 280 Abs. 1 BGB.[152] Dem Contractingnehmer obliegt im Gegenzug das Preisrisiko, d. h. Änderungen der Brennstoffpreise oder Abgaben werden ihm angelastet.[153]

b) Preisgestaltung

Die Preisgestaltung beim Energieliefer-Contracting ist aufgrund der zu berücksichti- 62
genden Kostenfaktoren komplex. Die **Vorhaltung** der jeweiligen Energieerzeugungsanlage und die **verbrauchsunabhängigen Kosten** sind in die Kalkulation einzubeziehen. Auch die Unsicherheiten bei der Preisentwicklung von langfristig laufenden Verträgen sind zu berücksichtigen. Der Preisregelung wird daher regelmäßig eine **Berechnungsformel** zugrunde gelegt, aus der der jeweils aktuelle Preis ermittelt wird.[154]

aa) Allgemeine Grundlagen

Bei der Kostenstruktur des Contractingvertrages ist der **Grund- oder Leistungspreis** 63
für die Vorhaltung der Energieversorgungsanlage vom **Arbeitspreis** für die tatsächlich abgenommene Nutzenergie, z. B. für Strom oder Wärme, zu unterscheiden.[155]

Der **Grundpreis** dient zur finanziellen Kompensation der Anlageninvestitions- 64
kosten sowie der wiederkehrenden Kosten betreffend die Pflege, Wartung und Reparatur der Anlage. Zusätzlich sind die Messkosten, anfallende Versicherungskosten und der Unternehmergewinn einzubeziehen.[156]

Der **Arbeitspreis** umfasst die Kosten der Lieferung von Nutzenergie, also die 65
Beschaffungskosten für den Brennstoff, die Kosten der Betriebsenergie (z. B. Pum-

152 *Hack* Energie-Contracting, Rn. 80.
153 Danner/Theobald/*Hack* Energierecht, 99. Contracting, Rn. 64.
154 *Hack* Energie-Contracting, Rn. 112.
155 Vgl. hierzu auch *Zeggel* Contracting zum Betrieb von Industriekraftwerken, S. 11.
156 Danner/Theobald/*Hack* Energierecht, 99. Contracting, Rn. 80.

penstrom) sowie die Kosten für Verluste, die im Rahmen des Umwandlungsprozesses entstehen (z. B. Abgasabwärme).[157]

66 Die Preise sind im Vertrag so auszugestalten, dass sie als veränderlich den jeweiligen Marktverhältnissen im Energiesektor angepasst werden können.

67 Handelt es sich um Preise, die gegenüber Letztverbrauchern zur Anwendung gelangen, so müssen sie im Vertrag gemäß der **Preisangabenverordnung (PAngV)** umfassend und vollständig ausgewiesen werden.[158] Als Letztverbraucher gelten neben Abnehmern, die die Lieferung für den privaten Ge- und Verbrauch nutzen, auch gewerbliche Verbraucher, die sie für den eigenen Betrieb verwenden.[159] Findet die PAngV Anwendung, so ist gem. § 3 PAngV der verbrauchsabhängige Preis je Mengeneinheit in Kilowattstunden – und nicht in Megawattstunden – anzugeben. Zudem sind nach § 3 PAngV die Umsatzsteuer sowie sämtliche weiteren Steuern wie die Verbrauchssteuern einzubeziehen.

bb) Änderungen der Preise

68 Da die Preisentwicklung für Brennstoffe und Lohnkosten bei langlaufenden Contractingverträgen nicht vorhersehbar ist, werden der Preis und der Vollzug von Preisanpassungen durch Formeln im Vertrag bestimmt. Dabei ist in besonderer Weise auf Vollständigkeit und Klarheit bei der Formulierung zu achten, um eine Unwirksamkeit wegen Verstoßes gegen das Transparenzgebot nach § 307 Abs. 1 Satz 2 BGB zu vermeiden.[160]

69 Regelmäßig erfolgt die Preisbildung anhand einer **Preishauptabrede** und unter Beachtung einer Preisänderungsklausel in Gestalt von **Preisnebenabreden.**

70 Die **Preishauptabrede** bestimmt den Preis für die Gegenleistung der vom Contractor erbrachten Lieferungen und Leistungen. Sie kann so ausgestaltet werden, dass sich der Preis als ein jeweils aktuell zu ermittelnder Preis darstellt, indem z. B. der Arbeitspreis der gelieferten Energie (P_A) aus den Einkaufskosten oder am Maßstab des Preises des örtlichen Grundversorgers (GP) zu ermitteln ist (z. B.: P_A= 1,15 x GP).[161]

71 Der BGH hat jüngst die Rechtsprechung zu Energielieferverträgen bezüglich der Preishauptabrede dahingehend modifiziert, dass bei der Kontrolle einer Preisvereinbarung im Rahmen der Formel P_A = 1,15 x GP zwischen zwei Funktionen zu unterscheiden ist. Zum einen unterfällt die Formel bei Bestimmung des Preises bereits bei Vertragsbeginn nicht der gerichtlichen Kontrolle als Preishauptabrede.[162] Demgegenüber

157 Danner/Theobald/*Hack* Energierecht, 99. Contracting, Rn. 81.
158 Vgl. § 1 Abs. 6 PAngV.
159 *Hack* Energie-Contracting, Rn. 121.
160 BGH, Urt. v. 17.12.2008, NJW 2009, 578 ff.
161 *Hack* Energie-Contracting, Rn. 125.
162 BGH, Urt. v. 14.5.2014 – VIIIZR 114/13, Rn. 17, NJW 2014, 2708 (2710) bzgl. Gaslieferungsvertrag.

unterliegt die Formel aber der Inhaltskontrolle nach den AGB-Regeln des BGB, sobald sie den Preis zu späteren Zeitpunkten als bei Vertragsbeginn bestimmt.[163]

Preisnebenabreden führen indes zu Veränderungen des Preises während der Vertragslaufzeit. Solche **Preisänderungsklauseln** können unterschiedlich ausgestaltet sein. 72

cc) Ausgestaltung von Preisänderungsklauseln

Preisänderungsklauseln können aus einem festen **Leistungsvorbehalt** und/oder Klauseln mit **automatischer Preisanpassung** zusammengesetzt sein.[164] 73

Der Leistungsvorbehalt ist in § 1 Abs. 2 Nr. 1 Preisklauselgesetz (PrKG) gesetzlich geregelt. Darunter fällt eine Regelung, die bezüglich einer etwaigen Änderung des geschuldeten Betrages einen Ermessensspielraum lässt, um die Festlegung der Höhe der Geldschuld nach Billigkeitsgesichtspunkten vornehmen zu können.[165] 74

Vorzugswürdig sind indes Klauseln, die zu einer **automatischen Preisanpassung** führen. Angesichts der fehlenden Vorhersehbarkeit der Marktentwicklung können von vornherein **veränderliche Preise** bestimmt werden.[166] Die automatische Preisanpassung setzt einerseits eine **Formel** voraus und zum anderen bestimmte **Bezugsgrößen**, deren Änderung automatisch zur Preisanpassung führt. Zur Vermeidung einer AGB-Unwirksamkeit müssen beide Faktoren präzise benannt werden.[167] 75

Eine gängige Formel könnte als Bezugsgröße z. B. den jeweils aktuellen Grundversorgertarif (S) bestimmen, nach dessen jeweiliger Höhe sich der Arbeitspreis (P_A) richtet. Es ergibt sich als Klausel dann: $\boldsymbol{P_A = PA_0 \, x \, S/S_0}$.[168] 76

In diesem Fall ist gewährleistet, dass sich der Arbeitspreis automatisch in dem Umfang und in dem Zeitpunkt ändert, in dem sich der Grundversorgungstarif verändert. Preisänderungen bedürfen dann für ihre Wirksamkeit keiner gesonderten Erklärung mehr gegenüber dem Contractingnehmer.[169] 77

Die Gestaltungsfreiheit bei der Vereinbarung von Preisänderungsklauseln ist aber begrenzt. Zu beachten ist stets das Preisklauselgesetz (PrKlG), das auch im Fall 78

---

163 BGH, Urt. v. 14.5.2014 – VIIIZR 114/13, Rn. 22, NJW 2014, 2708 (2710) bzgl. Gaslieferungsvertrag.
164 *Hack* Energie-Contracting, Rn. 127 ff.
165 In der Praxis wird dem Leistungsvorbehalt keine große Bedeutung beigemessen; zuvörderst wird die automatische Preisanpassung mit dem Kosten- und Marktelement angewendet, weil diese ohne großen Aufwand von den jeweiligen Parteien nachzuvollziehen ist. Demgemäß wird auch nur letztere ausführlich behandelt.
166 Danner/Theobald/*Hack* Energierecht, 99. Contracting, Rn. 82.
167 *Hack* Energie-Contracting, Rn. 131.
168 Vgl. Danner/Theobald/*Hack* Energierecht, 99. Contracting, Rn. 84: PA = Arbeitspreis; PA_0 = Basispreis; S = aktueller Grundversorgungstarif des örtlichen Strom-Grundversorgers in Euro/kWh; S_0 = Strom-Grundversorgungstarif bei Vertragsschluss i. H. v. Euro/kWh.
169 Danner/Theobald/*Hack* Energierecht, 99. Contracting, Rn. 85.

von Individualvereinbarungen Geltung beansprucht.[170] Sind die Klauseln Bestandteil Allgemeiner Versorgungsbedingungen, so gelten die Grundsätze der §§ 307 ff. BGB für die Inhaltskontrolle von Allgemeinen Geschäftsbedingungen. Bei Wärmelieferungsverträgen finden die §§ 307 ff. BGB indes keine Anwendung, da hier die speziellere Vorschrift des § 24 Abs. 4 AVBFernwärmeV greift,[171] die überdies dem § 1 Abs. 3 PrKlG als lex specialis vorgeht.[172]

dd) Besonderheiten bei Wärmelieferverträgen

79 Für die Wirksamkeit von Preisänderungsklauseln in Wärmelieferungsverträgen sind die besonderen Vorgaben aus § 24 Abs. 4 AVBFernwärmeV zu beachten, wenn der Vertrag unter Verwendung Allgemeiner Versorgungsbedingungen zustande kommt. Danach sind die Preisklauseln so zu gestalten, dass sie einerseits die Kostenentwicklung für die Erzeugung der Fernwärme (**Kostenelement**) und andererseits die jeweiligen Verhältnisse auf dem Wärmemarkt (**Marktelement**) berücksichtigen.[173]

80 Bezüglich des **Kostenelements** konstatiert der BGH, dass die Erzeugungskosten maßgeblich von den Brennstoffkosten abhängen, während die Kosten der Bereitstellung der Energie überwiegend durch Lohnkosten und in geringem Maße durch die Materialkosten bestimmt werden.[174] Dementsprechend ist eine solche Preisänderungsklausel als unwirksam anzusehen, die 85 % des Arbeitspreises an die Preisentwicklung für schweres Heizöl und 15 % an die Stromkosten knüpft, soweit die gelieferte Fernwärme aus der Abwärme einer Müllverbrennungsanlage herrührt.[175]

81 Indes müssen nicht zwingend die eigenen Brennstoffeinkaufskosten als konkrete Referenzgröße in einer Preisänderungsklausel Berücksichtigung finden. Nach Ansicht des BGH kann die Kostenentwicklung alternativ auch durch einen Brennstoffindex dargestellt werden.[176] Diese **Indexbindung** ist zulässig, wenn die konkreten Energiebezugskosten, d. h. die Kosten der Erzeugung und Bereitstellung der Energie, grundsätzlich die gleiche Entwicklung nehmen wie der Index.[177] Die Verknüpfung mit einem Index ist ein gut handhabbares und bezüglich der Ermittlung der Kostenstruktur praxistaugliches Instrument: Denn die Brennstoffbeschaffung des Wärmelie-

---

170 *Hack* Energie-Contracting, Rn. 133.

171 *Hack* Energie-Contracting, Rn. 133; Danner/Theobald/*Hack* Energierecht, 99. Contracting, Rn. 86.

172 *Hack* Energie-Contracting, Rn. 134.

173 Vgl. hierzu auch Urt. v. 13.7.2011 – VIII ZR 339/10, NJW 2011, 3222 ff.; BGH, Urt. v. 6.4.2011 – VIII ZR 272/09, NJW 2011, 2501 ff.

174 BGH, Urt. v. 13.7.2011, VIII ZR 339/10, Rn. 23, NJW 2011, 3222 (3224); BGH, Urt. v. 6.4.2011 – VIII ZR 273/09, Rn. 39, NJW 2011, 2501 (2505).

175 OLG Hamm, Urt. v. 18.9.1985 – 20 U 164/84, RdE 1986, 6 ff.

176 Danner/Theobald/*Hack* Energierecht, 99. Contracting, Rn. 89; BGH, Urt. v. 6.4.2011 – VIII ZR 37/10, Leitsatz 3, NJW 2011, 2501.

177 BGH, Urt. v. 13.7.2011 – VIII ZR 339/10, Rn. 25, NJW 2011, 3222 (3225).

feranten wird sich grundsätzlich immer im Bereich der von Amts wegen ermittelten Brennstoff-Indexwerte bewegen.[178]

Das **Marktelement** muss dem BGH zufolge nicht sämtliche für die Wärmeerzeugung geeigneten Brennstoffe abbilden. Vielmehr sind unter den „jeweiligen Verhältnissen auf dem Wärmemarkt" solche zu fassen, die für den tatsächlich eingesetzten Brennstoff gelten. Andererseits hat der BGH festgestellt, dass infolge der Bezugnahme auf die „jeweiligen Verhältnisse" auf dem Wärmemarkt hierunter nicht nur die entsprechenden Verhältnisse im Marktsegment der „Fernwärme" und auch nicht die rein lokalen Gegebenheiten zu verstehen sind.[179] Mithin ist darunter der allgemeine, d. h. der sich auch auf andere Energieträger erstreckende, Wärmemarkt zu verstehen, der sich außerhalb der Einflusssphäre des marktbeherrschenden Fernwärmeversorgungsunternehmens entwickelt hat.[180] 82

Nach § 24 Abs. 4 Satz 1 AVBFernwärmeV sind dem **Kosten- und Marktelement gleich große Bedeutung** beizumessen, mithin sind sie im Regelfall mit je 50 % im Rahmen des Arbeitspreises zu veranschlagen.[181] Der Grundpreis hingegen steht nach Ansicht des BGH nicht in einem unmittelbaren Zusammenhang mit dem Wärmemarkt, sodass eine Orientierung am Investitions- und Lohnindex genügt.[182] § 24 Abs. 4 Satz 2 AVBFernwärmeV verlangt darüber hinaus im Rahmen des **Transparenzgebotes** vollständige und in allgemein verständlicher Form ausgewiesene Berechnungsfaktoren im Rahmen von Preisänderungsklauseln.[183] 83

c) Vertragslaufzeit

Der Contractor betreibt die Anlage auf Basis eines langfristig angelegten Vertrages, um dadurch die Amortisation der von ihm eingesetzten Investitionen zu erreichen.[184] Daher hat er ein berechtigtes Interesse an einer langen Vertragslaufzeit. Als Anfangszeitpunkt für die Berechnung der Laufzeit gilt grundsätzlich der Vertragsschluss, nicht hingegen der nach dem Vertrag geschuldete Beginn der Lieferung.[185] Solange die Vertragslaufzeit Gegenstand einer Individualabrede ist, spricht nichts gegen ihre 84

---

178 Danner/Theobald/*Hack* Energierecht, 99. Contracting, Rn. 90; *Thomale* CuR 2011, 64 (69).
179 BGH, Urt. v. 13.7.2011 – VIII ZR 339/10, Rn. 21, NJW 2011, 3222 (3224).
180 BGH, Urt. v. 13.7.2011 – VIII ZR 339/10, Rn. 21, NJW 2011, 3222 (3224); vgl. auch *Thomale* CuR 2011, 64 (65).
181 BGH, Urt. v. 6.4.2011 – VIII ZR 273/09, Leitsatz 2, NJW 2011, 2501; *Thomale* CuR 2011, 64 (70).
182 Danner/Theobald/*Hack* Energierecht, 99. Contracting, Rn. 99; BGH, Urt. v. 13.7.2011 – VIII ZR 339/10, Rn. 32, NJW 2011, 3222 (3226).
183 *Thomale* CuR 2011, 64 (67); gleicher Rang kam beiden Elementen bereits in § 24 III 1 AVBFernwärmeV a. F. zu, vgl. BGH, Urt. v. 13.7.2011 – VIII ZR 339/10, NJW 2011, 3222 (3224).
184 Danner/Theobald/*Hack* Energierecht, 99. Contracting, Rn. 59.
185 BGH, Urt. v. 12.12.2012 – VIII ZR 14/12, NJW 2013, 926.

Wirksamkeit. Bei Wärmelieferungsverträgen sind von der Rechtsprechung individuell vereinbarte Laufzeiten von 15 und 20 Jahren als rechtswirksam erachtet worden.[186]

85 Soweit die Vertragslaufzeit in Allgemeinen Geschäftsbedingungen bestimmt wird, variieren die zulässigen **Obergrenzen der Laufzeiten** in Abhängigkeit von der Eigenschaft des Kunden und der Versorgungsart.[187]

86 Grundsätzlich sieht die Vorschrift des § 309 Nr. 9 a BGB vor, dass die vereinbarte Vertragslaufzeit nicht länger als zwei Jahre betragen darf, wenn an einem als Dauerschuldverhältnis ausgestalteten Vertrag ein Verbraucher beteiligt ist. Da Energie im Sinne der AGB-Bestimmungen als Ware bezeichnet wird, gilt dies im Grundsatz auch für alle Arten von Energielieferungsverträgen.[188]

87 Aufgrund der gegenüber den allgemeinen AGB-Regelungen vorrangig[189] zu berücksichtigenden Vorgaben der StromGVV, AVBFernwärmeV und GasGVV können im Ergebnis aber längere Laufzeiten vereinbart werden.

88 Für **Fernwärmelieferungen** bedingt § 32 Abs. 1 AVBFernwärmeV die Vorschrift des § 309 Nr. 9a BGB dahingehend ab, dass die in Allgemeinen Versorgungsbedingungen festgelegte Laufzeit eine Dauer von zehn Jahren nicht überschreiten darf.[190] Der BGH wendet die AVBFernwärmeV in seiner Rechtsprechung durchgängig auf alle unter Verwendung Allgemeiner Versorgungsbedingungen geschlossenen Wärmelieferverträge an, wenn der Contractor eine die zehnjährige Laufzeit des Vertrages rechtfertigende Investition getätigt hat.[191]

89 Bei der Lieferung von **Elektrizität** sieht § 20 Abs. 1 StromGVV vor, dass das Vertragsverhältnis ununterbrochen weiterläuft, bis dieses von einer Vertragspartei unter Einhaltung der Zwei-Wochen-Frist gekündigt wird. Im Hinblick auf die maximal zulässige Vertragslaufzeit gilt mangels Spezialregelung gemäß § 309 Nr. 9a BGB eine Dauer von zwei Jahren als zulässig. Möglich bleibt aber eine längere Laufzeit aufgrund einer Individualabrede.[192]

90 Für die sonstigen Energieformen wie beispielsweise **Kälte** und **Druckluft** fehlen Spezialregelungen, so dass ebenfalls gem. § 309 Nr. 9a BGB die maximal zulässige Vertragslaufzeit von zwei Jahren gilt.[193]

91 Sofern individualvertraglich Laufzeiten von zehn Jahren und mehr vereinbart werden, fordert der BGH im Rahmen der Angemessenheitskontrolle besondere Umstände, die diese Laufzeit rechtfertigen können. Maßgeblich sind insoweit die

186 LG Berlin, Urt. v. 22.11.2005 – 14 O 114/05, CuR 2006, 24 ff. (15 Jahre) und LG Berlin, Urt. v. 11.5.2004 – 16 O 703/03 Kart, CuR 2004, 96 ff (20 Jahre).

187 Danner/Theobald/*Hack* Energierecht, 99. Contracting, Rn. 72.

188 Danner/Theobald/*Hack* Energierecht, 99. Contracting, Rn. 73.

189 Danner/Theobald/*Hack* Energierecht, 99. Contracting, Rn. 74.

190 Danner/Theobald/*Hack* Energierecht, 99. Contracting, Rn. 74.

191 Vgl. BGH, Urt. v. 21.12.2011 – VIII ZR 262/09, NJW-RR 2012, 249 (250).

192 Vgl. § 305b Abs. 1 BGB.

193 Danner/Theobald/*Hack* Energierecht, 99. Contracting, Rn. 76.

Höhe der vom Contractor getätigten Investitionen sowie der Umfang seiner Leistungen für den Contractingnehmer.[194]

d) Investitionssicherung

Der Contractor, der im Rahmen eines Energieliefer-Contractings die Investition und Finanzierung der Energieanlage übernimmt, hat ein berechtigtes Interesse an ihrer **Absicherung**. In der Praxis dienen dazu vor allem zwei Instrumente: Zum einen wird bestimmt, dass die Anlage nicht in das Eigentum des Contractingnehmers übergeht (aa). Zum anderen kann sich der Contractor durch die Einräumung einer Dienstbarkeit absichern (bb). 92

aa) Sicherung des Eigentums

Zur Sicherung seiner Investition kann sich der Contractingnehmer vertraglich das 93
Eigentum an der Anlage **vorbehalten**. Insoweit bedarf es einer ausdrücklichen Regelung. Denn mit dem Einbau der Anlage auf dem Grund und Boden des Contractingnehmers geht das Eigentum grundsätzlich nach § 946 BGB kraft Gesetzes in dessen Eigentum über.[195] Es bedarf mithin einer Bestimmung, wonach die Anlage als sog. „Scheinbestandteil" gem. § 95 BGB gilt, d. h. nur zu einem vorübergehenden Zweck mit dem Grundstück verbunden wird. Insoweit ist auf eindeutige Formulierungen zu achten,[196] insbesondere wenn geplant ist, dass die Anlage auch nach Ablauf des Vertrages im Gebäude des Contractingnehmers verbleiben soll (unabhängig davon, ob dies gegen Zahlung einer Entschädigung oder kostenfrei für den Contractingnehmer erfolgt).[197] Ein in Bezug auf den Verlust des Eigentums entgegenstehender Wille ist bei Fehlen einer zweifelsfreien ausdrücklichen Bestimmung regelmäßig als unbeachtlich anzusehen.[198]

bb) Einräumung einer Dienstbarkeit

Durch die Einräumung einer **beschränkt persönlichen Dienstbarkeit oder Grund-** 94
dienstbarkeit im Grundbuch im Zusammenhang mit der Errichtung der Energieanlage zugunsten des Contractors kann eine weitere Absicherung seiner Investition

---

194 Vgl. zu den Voraussetzungen an die Angemessenheit auch BGH, Urt. v. 6.12.2002 – V ZR 220/02, NJW 2003, 1313 (1314 f.).

195 *Füller* in: Münchener Kommentar zum BGB, § 946 BGB Rn. 7.

196 Z. B. ist im Wärmelieferungsvertrag ausdrücklich zu bestimmen, dass die Anlage nach Ablauf des Vertrages aus dem Heizraum entfernt wird, vgl. OLG Celle, Urt. v. 25.3.2009 – 4 U 162/08, Rn. 5 bei juris.

197 OLG Düsseldorf, Urt. v. 23.4.2007 – I-9 U 73/06, CuR 2007, 66 (68); OLG Frankfurt/Main, Urt. v. 23.4.2008 – 4 U 150/07, Rn. 30; OLG Rostock, Urt. v. 15.1.2004, CuR 2004, 145 (146).

198 *Füller* in: Münchener Kommentar zum BGB, § 946 BGB Rn. 7.

erfolgen.[199] Durch ein solches grundstücksbezogenes Recht zugunsten des Contractors kann er sich einerseits Grundstücks- und Betretungsrechte einräumen lassen. Zugleich kann dem Eigentümer (Contractingnehmer) die Verpflichtung auferlegt werden, es zu unterlassen, seine Nutzenergie von einem Dritten zu beziehen oder selbst zu erzeugen.[200]

3 Contracting in der Wohnungswirtschaft

95 Dem Themenbereich des Contractings in der Wohnungswirtschaft kommt in der Praxis eine besondere Bedeutung zu. Während der Contracting-Vertrag die Rechtsbeziehungen zwischen Contractor und Contractingnehmer regelt, geht es bei Contracting-Modellen in der Wohnungswirtschaft um die **Versorgung einer Vielzahl Dritter**. So können z. B. die Bewohner von Mehrfamilienhäusern oder ganzer Wohnquartiere mit dezentral erzeugter Energie (Wärme und Strom) kostengünstig versorgt werden. Durch die größere Anzahl von Abnehmern in unmittelbarer Nähe zu einer dezentralen Erzeugungsanlage lassen sich Skaleneffekte erreichen, die den Einsatz von Contracting-Modellen in der Wohnungswirtschaft besonders interessant machen.

96 In diesen Fällen ist neben dem Contractor und Contractingnehmer (Vermieter) auch der Mieter in das Vertragsgefüge einzubeziehen. Für die Versorgung der Mieter mit Wärme (a) und Strom (b) gelten jeweils besondere rechtliche Maßgaben.

a) Wärmelieferung

97 Die Wärmeversorgung eines vermieteten Objektes kann unterschiedlich ausgestaltet sein: Als **Eigenversorgung** durch den Gebäude- und Anlageneigentümer gegenüber den Mietern (Normalfall), oder als **Direktlieferung**, indem der vom Gebäudeeigentümer beauftragte Lieferant die Wärme auf Basis von direkt mit den Nutzern vereinbarten Wärmeversorgungsverträgen bereitstellt (aa). In der dritten Variante bezieht der Eigentümer die Wärme aufgrund eines **Energieliefervertrages mit einem Contractor** und verteilt diese dann auf die Bewohner (bb).

aa) Direktlieferung

98 Bei der **Direktlieferung** schließt der Energiedienstleister mit jedem Mieter unmittelbar einen Vertrag. Die Kostenabwicklung erfolgt allein im Verhältnis der unmittelbar beteiligten Vertragsparteien (Dienstleister – Mieter). Da in diesem Fall die Wärmelieferung nicht mehr Vermieterpflicht ist, kommt auch keine Mietminderung in Betracht, wenn es zu Versorgungsstörungen kommt.

---

199 *Stieper* OLG Brandenburg, Urt. v. 15.1.2009 – 5 U 170/06 –, CuR 59 (64).
200 Danner/Theobald/*Hack* Energierecht, 99. Contracting, Rn. 62.

Für den Fall der Direktlieferung der Mieter bedarf es bei **bestehenden Mietverhältnissen** einer ausdrücklichen **Änderung des Mietvertrages.**[201] Bei neuen Mietverträgen ist der Vermieter indes frei, die Leistungspflichten zu bestimmen und dementsprechend eine Regelung auch dahingehend zu treffen, dass der Mieter verpflichtet ist, die Wärme und das Warmwasser von einem Energiedienstleister zu beziehen. 99

Im Hinblick auf die Kostentragung ist der Fall der Direktbelieferung des Mieters durch den Energiedienstleister unproblematisch, da hier allein im Verhältnis des Energiedienstleisters zum Mieter Abrechnungs- und Zahlungspflichten zu erfüllen sind. 100

bb) Lieferung durch Energiedienstleister

Komplexer stellt sich der Fall dar, wenn die Wärmelieferung – wie in den meisten Fällen – über den Vermieter erfolgt, der sich zur Erfüllung der ihn gegenüber seinen Mietern treffenden Beheizungspflicht eines Contractors bedient. 101

Hier stellt sich die Frage, ob die Wärmelieferungskosten auf den Mieter umgelegt werden können. Das ist zu bejahen: Gemäß **§ 556 Abs. 1 BGB** kann vereinbart werden, dass der Mieter die Betriebskosten trägt, zu denen gemäß § 2 Ziffer 4a Betriebskostenverordnung (BetrKV) die Kosten des Eigenbetriebs einer zentralen Heizungsanlage, aber auch die Kosten der **eigenständig gewerblichen Lieferung von Wärme** gehören. Dem Umfang nach regelt § 2 Ziffer 4c BetrKV, dass das Entgelt für die Wärmelieferung und die Kosten des Betriebs der zugehörigen Hausanlagen **umlagefähig** sind. 102

Anders als beim Eigenbetrieb der Anlage durch den Vermieter kommt es nicht auf einzelne Kostenpositionen (z. B. für Brennstoff, Wartung, Schornsteinfeger) an, sondern das **gesamte Wärmelieferungsentgelt** des Contractors mit den darin enthaltenen Investitions- und Reparaturkosten kann umgelegt werden.[202] 103

§ 556 c BGB ermöglicht auch, in **bestehenden Mietverhältnissen** von der Eigenversorgung durch den Vermieter auf Wärmelieferung umzustellen. Dafür müssen allerdings bestimmte Bedingungen erfüllt sein: Dazu gehört, dass die Wärme durch den Anschluss an ein Wärmenetz zur Verfügung gestellt wird oder sie mit verbesserter Effizienz bzw. verbesserter Betriebsführung erzeugt wird. In beiden Fällen dürfen die Wärmelieferungskosten nicht höher sein als die bisherigen Heizbetriebskosten der Eigenversorgung.[203] 104

Die **Details der Umstellung** auf eine Wärmelieferung im Bestandsmietverhältnis sind in der Verordnung über die Umstellung auf gewerbliche Wärmelieferung für Mietwohnraum (Wärmelieferverordnung – WärmeLV) geregelt.[204] 105

---

201 *Seitz* ZMR 1993, 1 (2); *Wüstefeld* WuM 1996, 736 (737).

202 BGH, Urteil v. 16.7.2003 – VIII ZR 286/02, Rn. 15, NJW 2003, 2900 ff.

203 Vgl. *Hack* Energie-Contracting, Rn. 539.

204 Wärmelieferverordnung vom 14.6.2013, BAnz AT 20.6.2013, B2 Seite 1–8.

b) Versorgung mit Elektrizität

106 Anders als im Fall der Wärmeversorgung wird die Versorgung der Mieter mit Elektrizität grundsätzlich nicht durch den Vermieter, sondern stets durch einen Dritten, d. h. ein Energieversorgungsunternehmen i. S. d. § 3 Nr. 18 EnWG, bewirkt. Dies kann auch ein Contracting-Unternehmen sein.

107 Im Grundsatz steht es dem Mieter frei, den Strom nach Wahl von dem von ihm bestimmten Versorger zu beziehen. Diese **Wahlfreiheit** besteht auch dann, wenn eine Versorgung des Gebäudes mit Strom im Rahmen eines Energieliefer-Contractings möglich wäre. Da Stromlieferverträge nur für eine zweijährige Laufzeit abgeschlossen werden können, die für die Amortisation einer Energieerzeugungsanlage nicht ausreichen, besteht in diesen Fällen aus Sicht des Contractors keine Erlössicherheit.

108 Wirtschaftlich geht ein starker Anreiz für die Einbeziehung und den dauerhaften Bestand von Stromversorgungsverträgen mit den einzelnen Mietern von den Preiskonditionen aus, die durch ein Contracting-Modell ermöglicht werden. Sie fallen regelmäßig günstiger aus als beim Strombezug über einen externen Versorger. Allerdings ist die Variante, langfristig laufende Individualverträge mit allen Mietern abzuschließen, praktisch kaum umsetzbar.[205] Es müssten individuelle Vertragsverhandlungen geführt werden, die nicht dazu führen müssen, dass im Ergebnis sämtliche Bewohner einen Vertrag mit auskömmlicher Laufzeit abschließen.

109 Um gleichwohl die Stromversorgung mit langfristiger Investitionssicherheit für den Contractor zu realisieren, kommt eine Vermietung der Wohnungen von Anfang an unter **Einbeziehung der Stromversorgung** in Betracht. Der Contractor liefert den von ihm erzeugten Strom an den Vermieter, der diesen im Rahmen seiner **Vermieterleistung** für die Mieter bereitstellt.

110 Der Vertrag zwischen Contractor und Vermieter als Contractingnehmer kann als Stromliefervertrag mit individuell ausgehandelter Laufzeit, z. B. von zehn Jahren, abgeschlossen werden. Die Mieter ihrerseits bedürfen keines eigenständigen Vertrages mit einem anderen Stromversorger. Auf diese Weise wird die Stromversorgung **Teil der dem Vermieter obliegenden Leistungspflichten.**

111 Bei Bestandsverträgen setzt die Einführung eines solchen Modells allerdings die Änderung des bestehenden Mietvertrages voraus, wozu die **ausdrückliche Zustimmung** des Mieters erforderlich ist.[206] Denn eine gesetzliche Regelung, die diese Zustimmung entbehrlich macht, existiert nicht.

112 Stellt der Vermieter den Strom zugunsten der Mieter zur Verfügung, ist für die Abrechnung § 1 BetrKV zu berücksichtigen. Der Contractor stellt dem Vermieter als Contractingnehmer den gesamten Stromverbrauch des Hauses in Rechnung. Der Vermieter ermittelt den Stromverbrauch der Mieter auf Basis einzelner Wohnungszähler und berechnet die Kosten für die einzelnen Mietparteien. Auf diese Weise tragen die

---

205 Vgl. § 309 Nr. 9a BGB. Danach ist eine Laufzeit von maximal zwei Jahren zulässig.
206 *Hack* Energie-Contracting, Rn. 585.

Mieter den Anteil der **Gesamtstromkosten des Hauses**, der verbrauchsabhängig auf sie entfällt, d. h. es können sämtliche im Rahmen des Energieliefer-Contractings auf Seiten des Contractingnehmers (Vermieters) anfallenden Kosten für Strom an die Mieter weitergegeben werden.[207]

207 Stromkosten sind Betriebskosten nach § 2 Nr. 17 Betriebskostenverordnung und damit umlagefähig, soweit dazu eine vertragliche Vereinbarung ausdrücklich besteht, vgl. *Hack* Energie-Contracting, Rn. 583.

C Grüne Fonds

1 Immobilienprojekte sind typischerweise durch große Finanzierungsvolumina und eine langfristige Kapitalbindung gekennzeichnet. Green Building stellt hier keine Ausnahme dar. Eine ausschließliche Finanzierung durch verfügbare bzw. liquide Mittel des Initiators bzw. Projektentwicklers ist ab einer gewissen Größenordnung des Projekts nur in den seltensten Fällen möglich. Immobilien sind regelmäßig derart kapitalintensiv, dass Projektentwickler auf externes Kapital angewiesen sind, um sie zu realisieren. In diesem Zusammenhang hat sich der Markt für Immobilienfonds in der Vergangenheit als ein funktionierender und effektiver Markt zur Akquisition von Eigenkapital für die Finanzierung von Immobilienprojekten erwiesen.

2 In dem nachfolgenden Kapitel werden das Marktumfeld dieser Form der kollektiven Finanzierung, ihre wirtschaftlichen und rechtlichen Grundlagen sowie die aufsichtsrechtlichen Rahmenbedingungen dargestellt. Der inhaltliche Schwerpunkt liegt bei geschlossenen Immobilienfonds in der Rechtsform der Kommanditgesellschaft, da sich diese in besonderer Weise für die Entwicklung von Immobilienprojekten eignet und nicht zuletzt deshalb dem Kern des Betätigungsfeldes herkömmlicher geschlossener Fondsstrukturen in Deutschland entspricht. Dabei können in dem hier gesetzten Rahmen naturgemäß nur die wesentlichen Besonderheiten der Fondskonzeption und deren rechtliche Grundlagen aufgezeigt werden.

I Geschlossene Immobilienfonds als Form kollektiver Immobilienfinanzierung

3 Ein Immobilienfonds ist ein Zusammenschluss einer Vielzahl von Kapitalanlegern, der den Erwerb und ggf. auch die Errichtung von Immobilien nebst deren Vermietung oder Verpachtung zum Zwecke der Renditeerzielung zum Ziel hat. Die Grundidee eines Immobilienfonds ist vergleichsweise simpel: eine Fondsgesellschaft bündelt das Kapital von Investoren und investiert es in Immobilien.

1 Immobilien als Asset-Klasse

4 Die Immobilie als klassischer Sachwert ist eine der ältesten Formen der Kapitalanlage und steht seit Generationen für Sicherheit und Rendite. Aus Anlegersicht zeichnen sich Immobilien durch eine langfristig hohe Wertstabilität, eine kontinuierlich positive Wertentwicklung und eine geringe Korrelation zu anderen Asset-Klassen aus. Auch aus steuerlichen Gesichtspunkten sind Immobilieninvestments attraktiv. Verkaufserlöse nach zehn Jahren Haltedauer sind grundsätzlich steuerfrei, Immobilieninvestments unterliegen nicht der Abgeltungssteuer und rein vermögensverwaltende Gesellschaften, die Immobilien halten, unterliegen nicht der Gewerbesteuer.

5 In den vergangenen Jahren hat die Asset-Klasse Immobilie nicht zuletzt auf Grund eines historisch niedrigen Zinsniveaus zusätzlich an Bedeutung gewonnen.

Der Immobilienmarkt ist in Bewegung. Industrieunternehmen, die ihre Bilanzen „entschlacken“, um sich auf ihr Kerngeschäft zu konzentrieren einerseits und eine steigende Nachfrage nach Wohnraum insb. in Ballungsgebieten i. V. m. erheblichen Umstrukturierungsprozessen in der Wohnungswirtschaft andererseits sowie insb. auch der Trend zu „grünen Immobilien“ bieten erhebliche Chancen für die Entwicklung von nachhaltigen Immobilienprojekten. Nach dem Monatsbericht für August 2016 der Deutschen Bundesbank betrug für das Jahr 2015 die Verwendung des Bruttoinlandsproduktes für Bauten 297,6 Mrd. € und lag damit immer noch um 1,9 % höher (nach einer Steigerung um 5,2 % im Vorjahr) als in 2014. Auch für 2016 zeichnet sich ein erneuter Anstieg an[208].

Auf Grund der robusten Fundamentaldaten und der stärkeren Ausrichtung der 6
Immobilie an den Ansprüchen der Kapitalmärkte in Bezug auf die Transparenz bei großen Immobilientransaktionen und die Professionalität des Asset Managements stehen Immobilien verstärkt auch im Fokus von privaten und insb. von institutionellen Investoren aus In- und Ausland, die stabile Erträge generieren und die geringe Korrelation von Asset-Klassen ausnutzen wollen.

2 Formen kollektiver Geldanlage in Immobilien in Deutschland

Aus Sicht der Investoren bietet die Beteiligung an einem Immobilienfonds die Mög- 7
lichkeit, an Mieterlösen und der Wertentwicklung von Immobilien zu partizipieren, ohne direkt in diese zu investieren, sie errichten und bewirtschaften zu müssen. Über Fondsstrukturen können sie an großen Immobilienprojekten mit gemessen am Gesamtvolumen vergleichsweise geringen Investments partizipieren. Als Formen der kollektiven Finanzierung bzw. Anlage im Bereich der Immobilienfonds stehen in Deutschland der offene und der geschlossene Immobilienfonds zur Verfügung.

Offene Immobilienfonds sind dadurch gekennzeichnet, dass sie rechtlich gem. 8
§ 91 Abs. 3 KAGB als sog. Sondervermögen aufgelegt werden müssen und, dass die Rücknahme von Anteilen gem. § 255 Abs. 2 und 4 KAGB nur zu bestimmten Rücknahmeterminen, jedoch mindestens alle zwölf Monate erfolgt. Offene deutsche Immobilienfonds in der Ausgestaltung als Sondervermögen sind ein beliebtes Investitionsvehikel. Nach einer aktuellen Statistik des BVI Bundesverband Investment und Asset Management (BVI) beträgt das Vermögen der deutschen offenen Immobilienfonds rund 145,9 Mrd. €, wovon. rund 58,6 Mrd. € auf offene Immobilien-Spezialfonds und rund 87,3 Mrd. € auf offene Immobilien-Publikumsfonds entfielen (Stand: 30. Juni 2016).[209]

---

208 Deutsche Bundesbank, Monatsbericht August 2016, S. 65.

209 BVI Bundesverband Investment und Asset Management e. V., Status und Fondsvermögen zum Stichtag 30.06.2016, https://www.bvi.de/fileadmin/user_upload/Statistik/2016_06_OIF_Status_und_FV.pdf www.bvi.de/fileadmin/user_upload/Statistik/2015_10_OIF_Status_und_FV.pdf

9 Von den offenen Immobilienfonds unterscheiden sich geschlossene Immobilienfonds strukturell vor allem dadurch, dass die Investition von vornherein auf ein bzw. mehrere von der Fondsgesellschaft zu erwerbende bzw. zu errichtende Immobilienobjekte begrenzt ist und sie somit eine begrenzte Investitionssumme (Gesamtaufwand) aufweisen, die aus den Mitteln der Investoren und ggf. ergänzend aus Fremdmitteln finanziert werden. Da der Finanzierungsbedarf bei einem geschlossenen Fonds im Vorhinein definiert ist, ist auch die Anzahl der Investoren begrenzt. Diese können nur während eines bestimmten Platzierungszeitraums bzw. bis zum Erreichen des angestrebten Fondsvolumens bzw. während der Platzierungsphase investieren, nach deren Ende der Fonds „geschlossen" wird. Eine spätere Erweiterung des Immobilienfondsvermögens (z. B. durch Zukauf, zu finanzieren durch Kapitalerhöhung) kommt in der Praxis praktisch kaum vor.[210] Stattdessen erfolgt regelmäßig die Auflage eines neuen geschlossenen Immobilienfonds zur Investition in eine weitere Immobilie bzw. ein weiteres Immobilienprojekt.

10 Auch ein vorzeitiger Ausstieg der Investoren aus dem Fonds durch Kündigung oder Rückgabe der Anteile ist bei geschlossenen Fonds nicht möglich. Damit weist ein geschlossener Immobilienfonds einige typische Eigenschaften einer Projektfinanzierung auf.

Praxistipp

Geschlossene Immobilienfonds eignen sich zur Finanzierung einzelner Immobilienprojekte und können sowohl privaten, semiprofessionellen und professionellen Anlegern angeboten werden. Offene Immobilienfonds werden als Sondervermögen für große Immobilienportfolios aufgelegt. Institutionelle Investoren strukturieren ihre Immobilieninvestitionen auch regelmäßig über eigens für sie konzipierte Spezial-Immobilienfonds.

---

3 Bedeutung geschlossener Immobilienfonds als Instrument der kollektiven Projektfinanzierung

11 Der Markt für geschlossene Immobilienfonds ist ein funktionierender und effektiver Markt zur kollektiven Finanzierung von Immobilienprojekten. Das in geschlossenen Immobilienfonds verwaltete Vermögen belief sich nach einer Erhebung des Bundesverbands Sachwerte und Investmentvermögen (BSI) im Jahr 2015 auf rund 76 Mrd. €. Damit stellen Immobilien bei den geschlossenen Fonds weiterhin mit deutlichem Abstand die beliebteste Anlageklasse dar. Im Jahr 2015 wurden durch geschlossene Immobilienfonds ungeachtet der im Zusammenhang mit der Umsetzung zahlreicher gesetzlicher Neuerungen bestehenden Unsicherheiten am Markt für geschlossene Fonds insgesamt Sachwertinvestitionen in Höhe von rund 7,4 Mrd. € getätigt. Damit haben Immobilienfonds einen Anteil von rund 83 Prozent an den gesamten durch

210 Erhöhungen des Fondskapitals insbesondere zum Zweck der Sanierung oder auch nur für Erweiterungsinvestitionen zur Erzielung höherer Mieterträge sind dagegen durchaus üblich.

geschlossene Fonds investierten Mittel. Dass dabei nicht nur das Thema Immobilien, sondern auch das Thema Nachhaltigkeit für Anleger von Interesse ist, zeigt sich daran, dass im Jahr 2015 im Bereich erneuerbare Energien 291 Mio. € in Sachwerte investiert wurden.[211]

II Grundkonzeption geschlossener Immobilienfonds

Die Fondsfinanzierung ist eine flexible und äußerst vielseitige Form der Projektfinan- 12
zierung. Das konkrete Fondskonzept wird von dem jeweiligen Projektentwickler bzw. Initiator in Abhängigkeit von den jeweiligen Projekt- und Finanzierungsanforderungen individuell entwickelt. Ein idealtypischer geschlossener Immobilienfonds existiert nicht. Dessen ungeachtet haben sich in der Vergangenheit bestimmte Merkmale herausgebildet, die für die Gestaltung geschlossener Immobilienfonds als charakteristisch angesehen werden können.

Praxistipp
Immobilien sind mit Abstand die beliebteste Asset-Klasse von geschlossenen Fonds.

---

1 Wirtschaftliche Konzeption

Geschlossene Immobilienfonds typischer Prägung sind auf den Erwerb eines bebau- 13
ten oder unbebauten Grundstücks durch die Fondsgesellschaft und die (ggf. nach deren Errichtung) anschließende Vermietung des Investitionsobjekts ausgerichtet. Gegenstand der Investition des Fonds sind entweder einzelne Großobjekte oder verschiedene Vermietungsobjekte (Single- oder Multiproperty-Fonds). Sie sind auf eine langfristige Investition mit einer Kapitalbindung von zehn bis zwanzig Jahren oder länger ausgelegt. Eine Variante hierzu stellen die sog. Modernisierungsfonds dar, die durch umfangreiche Instandsetzungs- und Erhaltungsmaßnahmen Objekte wieder in einen betriebsbereiten Zustand versetzen.

Das Eigenkapital der Fondsgesellschaft stammt maßgeblich aus dem Komman- 14
ditkapital der Investoren. Bei der Finanzierung des Investitionsvorhabens erfolgt zumeist eine ergänzende Fremdkapitalaufnahme durch die jeweilige Fondsgesellschaft. Je höher der Fremdkapitalanteil ist, desto höher sind der Leverage-Effekt und ggf. auch die steuerlichen Vorteile, desto höher ist aber naturgemäß auch das Risiko, wenn bspw. prognostizierte Mieten nicht erzielt werden oder die Betriebskosten höher ausfallen als prognostiziert. Auf Ebene der Fondsgesellschaft können

---

211 BSI Bundesverband Sachwerte und Investmentvermögen e. V., Branchenzahlen 2015, http://www.sachwerteverband.de/fileadmin/downloads/zahlen/branchenzahlen/branchenzahlen_2015/bsi_branchenzahlen_2015.pdf

durch das Eigenkapital, das über den Kapitalmarkt generiert wird, zumeist günstigere Konditionen für eine ergänzende Fremdfinanzierung von Immobilien in Anspruch genommen und damit der Projektgewinn gesteigert werden.

15 Regelmäßig findet der Erwerb der Immobilie bzw. des Grundstücks zeitlich vor dem Beitritt der Gesellschafter statt. Zwingend ist dies jedoch nicht.

16 Die Kapitalbedarfsrechnung ist ein wesentlicher Bestandteil der Konzeption eines jeden geschlossenen Immobilienfonds. Die Zahlungsströme auf der Ebene des Fonds beschränken sich in erster Linie auf Erträge aus Vermietung und Verpachtung sowie ggf. die Veräußerung des Fondsobjekts am Laufzeitende als Einzahlungen und Aufwendungen aus Errichtungs- und Instandsetzungskosten für das Investitionsobjekt, Schuldzinsen aus Verträgen zur Fremdfinanzierung des Kapitalbedarfs, aus Honoraren aus Dienstleistungsverträgen sowie aus Ausschüttungen an die Anteilszeichner. Z. T. entstehen dabei anfänglich Verluste, die den Anlegern zugewiesen und steuerlich angerechnet werden, auf der Ebene der Fondsgesellschaft aus Abschreibungen und den Investitionskosten und Gebühren für Dienstleistungen (z. B. konzeptionsbedingte Nebenaufwendungen), die der Fondgesellschaft von oft mit dem Projektentwickler bzw. Initiator wirtschaftlich verbundenen Dienstleistern in Rechnung gestellt werden.

17 Im Gegensatz hierzu wird bei einem sog. reinen „Projektentwicklungsfonds" das zu entwickelnde Objekt gekauft, das spezifische Recht zu bauen geschaffen, die Vermietung sichergestellt und das Objekt nach einer festgelegten, üblicherweise kurzen Zeit, wieder veräußert. Derartige Projektentwicklungsfonds haben typischerweise eine deutlich kürzere Laufzeit von zwei bis vier Jahren.

Praxistipp
Reine Projektentwicklungsgesellschaften gelten nicht als Investmentvermögen und fallen nicht unter die engen Bestimmungen des KAGB. Dies setzt allerdings voraus, dass die Projektentwicklung durch die Gesellschaft selbst betrieben wird und nicht mittels Dienstleistungsverträgen auf dritte Unternehmen, die dann auch die wesentlichen Entscheidungen treffen, übertragen. Im Einzelfall kann die Abgrenzung allerdings schwierig sein.

2 Gesellschaftsrechtliche Struktur

18 Bereits vor Inkrafttreten des Kapitalanlagegesetzbuches (KAGB) im Juli 2013 fanden sich geschlossene Fonds in Deutschland überwiegend in der Rechtsform der Kommanditgesellschaft wieder (sog. Publikums-KG). Dabei handelt es sich um auf den Beitritt einer Vielzahl von rein renditeorientierten Kommanditisten angelegte, kapitalistisch strukturierte GmbH & Co. KGs. Andere Rechtsformen haben sich in der deutschen Rechtspraxis nicht maßgeblich durchgesetzt bzw. wurden wie im Fall der Gesellschaft bürgerlichen Rechts (GbR) aufgrund der hohen Haftungsrisiken durch die GmbH & Co. KG abgelöst.

19 Ihren Rechtsrahmen findet die Kommanditgesellschaft in den §§ 161 ff. HGB. Ergänzend gelten die Regelungen zur Gesellschaft des bürgerlichen Rechts aus dem

Bürgerlichen Gesetzbuch. Die Publikums-KG entfernt sich jedoch weit vom gesetzlichen Leitbild der §§ 161 ff. HGB, das durch einen geringen Gesellschafterbestand und ein persönliches Vertrauensverhältnis unter den Gesellschaftern geprägt ist. Zu den strukturprägenden Merkmalen einer Publikums-KG gehörte, dass

- die betreffende Gesellschaft die Beteiligung einer zahlenmäßig unbestimmten und nur durch die Höhe des insgesamt aufzubringenden Kommanditkapitals definierten Vielzahl von Anlegern vorsieht,
- der Gesellschaftsvertrag von den Initiatoren vorformuliert und für die Investoren nicht verhandelbar ist,
- die Initiatoren die Gesellschaft über ihre Beteiligung an der Komplementär-GmbH beherrschen, die Gesellschaftsanteile öffentlich vertrieben werden,
- die Anleger untereinander und zum Kreis der Initiatoren typischerweise in keiner besonderen (Rechts-)Beziehung stehen und auf die Entscheidung über den Beitritt weiterer Gesellschafter grds. keinen Einfluss haben und schließlich
- die Gesellschafter der Gesellschaft zum Zwecke der Kapitalanlage (rein kapitalistische Beteiligung) und nicht mit dem Ziel einer aktiven unternehmerischen Betätigung beitreten.

Die Anleger werden als Direktkommanditisten oder als Treugeber über einen Treu- 20
handkommanditisten mittelbar an der Fondsgesellschaft beteiligt. Während im ersteren Fall die Anleger unmittelbar ihre Gesellschafterrechte ausüben können, geschieht dies im letzteren Fall durch den Treuhandkommanditisten im Rahmen eines zwischen den Anlegern und dem Treuhandkommanditisten abgeschlossenen Treuhandvertrages.

Während das Vermögen der Fondsgesellschaft regelmäßig vollständig den Anle- 21
gern zugewiesen ist, nehmen diese an der Verwaltung der Gesellschaft i. d. R. nicht oder nur in untergeordneter Rolle teil und beschränken ihren Einfluss auf die Ausübung von Informations- und Kontrollrechten, auf die Feststellung des Jahresabschlusses, auf Grundlagengeschäfte sowie auf Entscheidungen über die Anlagegegenstände der Gesellschaft.

Die Geschäftsführung und Vertretung der Fondsgesellschaft obliegt nach dem 22
Gesetz der Komplementär-GmbH. Üblicherweise wird aus steuerlichen Gründen eine dem Projektentwickler nahestehende Gesellschaft in der Rechtsform einer GmbH als geschäftsführende Kommanditistin in die Fondsstruktur implementiert.

Die Fondsverwaltung obliegt nach dem KAGB einer zu bestellenden Kapitalver- 23
waltungsgesellschaft (KVG), die im Rahmen ihrer Tätigkeit ebenfalls mit entsprechenden Vollmachten ausgestattet werden muss. Auch für geschlossene Fonds gilt mittlerweile, dass Verwaltung und Verwahrung des Fondsvermögens getrennt sein müssen, d. h. neben einer KVG muss zusätzlich noch eine Verwahrstelle beauftragt werden, die zum einen die Eigentumsstruktur des Fondsvermögens zu prüfen und jede Verfügung über das Fondsvermögen zu kontrollieren und freizugeben hat.

III Regulatorisches Umfeld für geschlossene Immobilienfonds

24 Die aufsichtsrechtlichen Anforderungen für offene Immobilienfonds erfuhren bereits seit 1969 im Gesetz über Kapitalanlagegesellschaften (KAGG) und später in §§ 66 bis 82 des Investmentgesetzes (InvG) eine spezielle gesetzliche Regelung. Hier fanden sich u. a. Regelungen bezüglich der zulässigen Anlagegegenstände, der Beteiligung an Immobilien-Gesellschaften bzw. deren Finanzierung mit Gesellschafterdarlehen oder zur Aussetzung der Rücknahme von Fondsanteilen. Vergleichbare regulatorische Anforderungen galten für die Auflage von geschlossenen Fonds ursprünglich nicht. Gesetzliche Grundlage für die Konzeption geschlossener Fonds waren das HGB, das weitere Zivilrecht und die Steuergesetze. Im Bereich des Anlegerschutzes wirkte eine strenge Rechtsprechung mit weitreichenden Informations- und Aufklärungspflichten regulativ.

25 Im Rahmen des Anlegerschutzverbesserungsgesetzes (AnSVG) wurde m.W.z. Juli 2005 erstmals eine gesetzliche Prospektpflicht für geschlossene Fonds in das Verkaufsprospektgesetz eingefügt. Das Gesetz zur Novellierung des Finanzanlagenvermittler- und Vermögensanlagenrechts (VermAnlGEG) brachte mit dem Gesetz über Vermögensanlagen (VermAnlG) zum 1.6.2012 erstmals produktbezogene Anforderungen für geschlossene Immobilienfonds mit sich. Verschärft wurden auch die Anforderungen an die Rechnungslegung für Emittenten von Vermögensanlagen sowie an den Vertrieb.

26 Am 16.5.2013 verabschiedete der deutsche Gesetzgeber das AIFM-Umsetzungsgesetz (AIFM-UmsG). Ausgangspunkt war die europäische Richtlinie 2011/61/EU über die Verwalter alternativer Investmentfonds (AIFM-Richtlinie). Der bedeutsamste Teil dieses Artikelgesetzes war ein neues Kapitalanlagegesetzbuch (KAGB), das den gesamten Bereich des Investmentrechts einer einheitlichen Regelung und Systematik unterwirft. Das Investmentgesetz, über das bislang die Regulierung der offenen Fonds bzw. Investmentfonds erfolgte, wurde aufgehoben und in das KAGB überführt. Seit dem 22.7.2013 fallen geschlossene Immobilienfonds bzw. deren Anteile nicht mehr in den Anwendungsbereich des Vermögensanlagegesetzes, sondern unterliegen – genau wie offene Immobilienfonds – ausschließlich dem Aufsichtsregime des Kapitalanlagegesetzbuches.

1 Anwendungsbereich und Struktur des Kapitalanlagegesetzbuches

27 Der Anwendungsbereich des Kapitalanlagegesetzbuches ist eröffnet bei Vorliegen eines Investmentvermögens. Als Investmentvermögen gilt gemäß § 1 Abs. 1 KAGB jeder Organismus für gemeinsame Anlagen, der von einer Anzahl von Anlegern Kapital einsammelt, um es gemäß einer festgelegten Anlagestrategie zum Nutzen dieser Anleger zu investieren, und der kein operativ tätiges Unternehmen außerhalb des Finanzsektors ist.

Praxistipp
Eine Anzahl von Anlegern beginnt nach KAGB bereits bei zwei Anlegern, die Kapital zum Zweck eines Investments poolen. Beteiligen sich also lediglich zwei Investoren an einer Immobilien-GmbH & Co. KG, ist der Anwendungsbereich der KAGB bereits eröffnet. Bei der Strukturierung von Immobilien-Investitionen ist die Schwelle zur aufsichtsrechtlichen Regulierung also sehr schnell überschritten und sollte bei jeder Transaktion in jedem Fall beachtet werden.

Dieser materielle Investmentbegriff führt dazu, dass die Verwaltung solcher Invest- 28
mentvermögen, die nicht den Vorgaben des KAGB entsprechen, ein unerlaubtes Investmentgeschäft darstellt. Nach Auffassung der BaFin ist der Anwendungsbereich des KAGB vor dem Hintergrund des gesetzgeberischen Motivs des Anlegerschutzes möglichst weit zu ziehen.[212]

Abhängig von dem Anlagegenstand unterscheidet das Kapitalanlagegesetzbuch 29
zwischen „Organismen zur gemeinsamen Anlage in Wertpapieren" (OGAW) und „Alternativen Investmentfonds" (AIF), unter die alle Investmentvermögen fallen, die keine OGAW sind. Somit handelt es sich bei sämtlichen Immobilienfonds um Alternative Investmentfonds (AIF).

Das Gesetz differenziert – vereinfacht ausgedrückt – ferner danach, ob die 30
Anleger eines AIF die Möglichkeit haben, ihre Anteile vor Beginn der Liquidation des Fonds zurückgeben können. Ist dies der Fall, so handelt es sich bei dem AIF um einen sog. „offenen AIF". Ist dies nicht der Fall, so handelt es sich um einen „geschlossenen AIF".

Für die grundsätzliche Einteilung bestehender Fondsstrukturen ist schließlich 31
der jeweilige Anlegerkreis von Bedeutung. Begrifflich unterscheidet das Gesetz zwischen „Spezial-AIF" und „Publikums-AIF". Während Spezial-AIF solche Fonds sind, deren Anteile auf Grund der bestehenden schriftlichen Strukturvorgaben nur von professionellen oder semiprofessionellen Anlegern erworben werden dürfen, sind alle übrigen Investmentvermögen definitionsgemäß Publikums-AIF.

2 Anforderungen an die Manager von geschlossenen Publikums-AIF

Zentraler regulatorischer Anknüpfungspunkt ist die Kapitalverwaltungsgesellschaft. 32
Damit hat der deutsche Gesetzgeber die zentrale Intention der AIFM-Richtlinie aufgegriffen, die einen regulatorischen Rahmen für das Handeln der Fondsmanager bzw. Fonds-Managementgesellschaften schaffen wollte.

212 BaFin, Auslegungsschreiben zum Anwendungsbereich des KAGB und zum Begriff des „Investmentvermögens", Geschäftszeichen Q 31-Wp 2137-2013/0006, 14. Juni 2013, zuletzt geändert am 9. März 2015

Praxistipp
Soweit sich Projektentwickler oder Immobilienverwalter auf das reine Asset Management konzentrieren wollen, empfiehlt es sich bei Fondsstrukturen einer externen Service-KVG zu bedienen, über die sichergestellt werden kann, dass sämtliche aufsichtsrechtliche Anforderungen an einen Immobilienfonds eingehalten werden.

a) Strukturelle Aspekte der Kapitalanlageverwaltungsgesellschaft

33 Eine KVG ist gemäß § 17 Abs. 1 KAGB ein Unternehmen mit Sitz im Inland, dessen Geschäftsbetrieb u. a. darauf gerichtet ist, inländische Investmentvermögen zu verwalten. Unter der Verwaltung eines Investmentvermögens ist zumindest die Portfolioverwaltung oder das Risikomanagement für ein oder mehrere Investmentvermögen zu verstehen.

34 Das KAGB unterscheidet in § 17 Abs. 2 KAGB zwischen interner und externer KVG. Während eine externe KVG vom oder im Namen des Investmentvermögens bestellt wird und auf Grund dessen für die Verwaltung des Investmentvermögens verantwortlich ist, gilt als interne KVG das Investmentvermögen selbst, soweit seine Rechtsform eine interne Verwaltung zulässt (z. B. im Fall einer GmbH & Co. KG durch die Komplementär-GmbH).

35 Eine inländische externe KVG kann nur in der Rechtsform der AG, der GmbH oder der GmbH & Co. KG gegründet werden. Unabhängig von der Rechtsform hat die externe KVG einen Aufsichtsrat zu bilden, auf den die Bestimmungen des Aktienrechts anzuwenden sind. Dem Aufsichtsrat muss grds. mindestens ein unabhängiges Mitglied angehören.

36 Im Rahmen ihrer Geschäftstätigkeit muss die AIF-KVG insb. bestimmte allgemeine Verhaltensregeln (§ 26 KAGB) sowie allgemeine Organisationspflichten (§ 28 KAGB) beachten. Zu Letzteren zählen u. a. die Implementierung eines angemessenen Risiko- (§ 29 KAGB) und Liquiditätsmanagements (§ 30 KAGB) sowie die Identifikation und Handhabung möglicher Interessenskonflikte innerhalb der AIF-KVG (§ 27 KAGB).

37 Die Geschäftstätigkeit einer KVG kann neben der kollektiven Vermögensverwaltung auch bestimmte Dienst- und Nebendienstleistungen umfassen (§ 20 Abs. 2 und 3 KAGB).

b) Erlaubnis zum Geschäftsbetrieb

38 Der Geschäftsbetrieb einer KVG bedarf einer schriftlichen Erlaubnis durch die BaFin. Ausgenommen von der Erlaubnispflicht sind nach § 2 Abs. 4 bis 5 KAGB lediglich Verwalter bestimmter (Spezial-)AIF, die sich jedoch bei der BaFin i. S. d. §§ 44 ff. KAGB registrieren lassen müssen.

Praxistipp
Soweit ein Immobilienprojekt mit Fremdfinanzierung 100 Mio. € oder ohne Fremdfinanzierung 500 Mio. € nicht übersteigt, eignen sich Fondsstrukturen zur Finanzierung besonders, weil nicht ein aufwendiges aufsichtsrechtliches Erlaubnisverfahren durchgeführt werden muss, sondern lediglich ein deutlich unaufwendigeres Registrierungsverfahren. Soweit die Beteiligten Einigkeit darüber haben, dass sie sich selbst verwalten wollen, ist auch die Beauftragung einer externen Kapitalverwaltungsgesellschaft entbehrlich.

Der Erlaubnisantrag einer AIF-KVG muss schriftlich erfolgen. Die BaFin hat den 39
Erlaubnisantrag innerhalb von drei Monaten nach Einreichung des vollständigen Antrags zu bescheiden. Sie darf diesen Zeitraum um weitere drei Monate verlängern, wenn dies die besonderen Umstände des Einzelfalls rechtfertigen. Die Kapitalverwaltungsgesellschaft darf frühestens mit Erteilung der entsprechenden Erlaubnis ihre entsprechende Tätigkeit aufnehmen.

Die Voraussetzungen für die Zulassung sind in § 22 KAGB katalogartig aufgeführt. 40

So muss die KVG u. a. bestimmte, sich aus § 25 KAGB ergebende Kapitalanforde- 41
rungen erfüllen und hierüber im Erlaubnisantrag Nachweis erbringen (Mindestkapital von 300.000 € bei einer internen KVG und von 125.000 € bei einer externen KVG, zuzüglich weiterer Eigenmittel, soweit der Wert der verwalteten Investmentvermögen 250 Mio. € übersteigt). Darüber hinaus sind eine Reihe von Nachweisen für die fachliche Eignung und Zuverlässigkeit der Geschäftsleiter, der Unabhängigkeit der Kapitalverwaltungsgesellschaft und im Hinblick auf die Anlagebedingungen und formalen Strukturdaten der Gesellschaft vorgesehen. In dem Erlaubnisantrag der AIF-KVG muss insbesondere auch dargestellt werden, ob und wie die KVG beabsichtigt, Aufgaben auf Dritte auszulagern. Die Wirksamkeit der Beaufsichtigung durch die BaFin darf durch die Auslagerung nicht beeinträchtigt werden. Auch muss die Kapitalverwaltungsgesellschaft selbst in der Lage sein, die ausgelagerten Aufgaben jederzeit wirksam zu überwachen. Nach der Systematik des Gesetzes bleibt die Kapitalverwaltungsgesellschaft letztlich selbst verantwortlich für die Einhaltung der Bestimmungen des Gesetzes. Eine Aushöhlung der Aufgaben einer Kapitalverwaltungsgesellschaft durch exzessive Übertragung auf Auslagerungsgesellschaften ist unzulässig.

IV Aufsichtsrechtliche Vorgaben für geschlossene Immobilienfonds

Das KAGB enthält für geschlossene Immobilienfonds eine Reihe gesellschaftsrechtli- 42
cher Vorgaben. Soweit das Kapitalanlagegesetzbuch keine Sonderregelungen enthält, gilt weiterhin das allgemeine Gesellschaftsrecht.

Während nach dem bisherigen Recht bei geschlossenen Fonds die Wahl der 43
gesellschaftsrechtlichen Form der Fonds den Initiatoren überlassen war, sieht das Kapitalanlagegesetzbuch künftig einen strikten Rechtsformzwang auch für geschlossene Fonds vor. Für geschlossene Fonds stehen nach § 139 KAGB nur die Investmen-

taktiengesellschaft mit fixem Kapital (Investment-AG mit fixem Kapital) sowie die Investmentkommanditgesellschaft (Investment-KG) als Rechtsformen zur Verfügung. Andere Gestaltungen wie etwa eine Gesellschaft bürgerlichen Rechts oder eine Genossenschaft sind für geschlossene Immobilienfonds nicht gestattet. Der Gesetzgeber trägt damit der Entwicklung in der Praxis Rechnung, die eine deutliche Präferenz hinsichtlich der Rechtsform der Kommanditgesellschaft zeigte. Es wird abzuwarten sein, wie die Praxis die Rechtsform der Investmentaktiengesellschaft mit fixem Kapital aufnehmen wird, die in der Fondsbranche ein Novum darstellt. Die nachfolgenden Ausführungen beschränken sich auf die Immobilienfonds in der Rechtsform der Kommanditgesellschaft.

1 Gesellschaftsvertrag

44 Gemäß § 150 Abs. 1 KAGB bedarf der Gesellschaftsvertrag der geschlossenen Investment-KG der Schriftform. Die Gesellschaft muss als „geschlossene Investmentkommanditgesellschaft" oder unter Verwendung einer allgemein verständlichen Abkürzung dieser Bezeichnung (z. B.: „geschlossene Investment-KG") firmieren.

45 Das KAGB stellt konkrete Anforderungen an den Inhalt des Gesellschaftsvertrags der Investment-KG, die im Wesentlichen der Information der Anleger dienen:

46 Der Unternehmensgegenstand darf ausschließlich in „der Anlage und Verwaltung der Mittel nach einer festgelegten Anlagestrategie zur gemeinschaftlichen Kapitalanlage [...] zum Nutzen der Anleger" bestehen.

47 Die Gesellschaftsverträge von geschlossenen Investment-KGs müssen den Hinweis enthalten, ob es sich bei dieser um eine geschlossene Publikumsinvestment-KG oder um eine Spezialinvestment-KG handelt.

48 Der Gesellschaftsvertrag muss besondere inhaltliche Anforderungen an Ladungen zu Gesellschafterversammlungen sowie Protokollierungs- und Mitteilungspflichten vorsehen, um die Transparenz von Gesellschafterversammlungen sicherzustellen.

49 Darüber hinaus darf im Gesellschaftsvertrag nicht von den gesellschaftsrechtlichen Vorgaben der § 131 Abs. 3 Nr. 2 und Nr. 4 HGB abgewichen werden. Mit dieser Vorgabe will der Gesetzgeber die Investment-KG dem Sondervermögen möglichst gleichstellen, indem die an sich dispositiven Regelungen des § 131 Abs. 3 HGB bei der Investmentkommanditgesellschaft zwingend gelten, damit der Bestand der Investment-KG von der Insolvenz eines Anlegers oder der Kündigung seines Anteils durch einen Privatgläubiger nicht berührt wird. Für die anderen in § 131 Abs. 3 HGB geregelten Fälle darf die Auflösung der Investment-KG vereinbart werden.

2 Geschäftsführung und Vertretung

50 Die Geschäftsführung der Investment-KG hat gemäß § 153 Abs. 1 KAGB zwingend aus zwei (natürlichen) Personen zu bestehen. Bei der nach dem KAGB zulässigen Investment-Kapitalgesellschaft & Co. KG ist es ausreichend, wenn die Geschäfte der Komplementärin von zwei Personen geführt werden.

3 Beirat

Eine intern verwaltete geschlossene Investment-KG hat einen obligatorischen Beirat 51 zu bilden (§ 153 Abs. 3 KAGB). Der Beirat hat die Geschäftsführung im Interesse der Anleger in Hinblick auf die Einhaltung der Anlagebedingungen zu überwachen. Die Zusammensetzung und Stellung des Beirats entsprechen im Wesentlichen denjenigen des Aufsichtsrats einer AG.

4 Treuhandbeteiligungen

Während die Beteiligung an einer Investmentkommanditgesellschaft nach § 152 Abs. 1 52 KAGB grds. nur als Direktkommanditist möglich ist, sind Treuhandkonstruktionen für geschlossene Publikumsinvestment-KGs weiterhin zulässig. Der treugebende Anleger steht im Innenverhältnis zu der Investment-KG und anderen Kommanditisten gemäß § 152 Abs. 1 S. 3 KAGB einem unmittelbar an der Gesellschaft beteiligten Kommanditisten gleich. Insbesondere gelten die in dem KAGB für Anleger geltenden Schutzvorschriften und die Informationspflichten gegenüber den Anlegern bzw. dem am Erwerb eines Anteils Interessierten auch für den mittelbar beteiligten Anleger bzw. dem am Erwerb einer mitteilbaren Beteiligung Interessierten. So sind auch dem am Erwerb einer mittelbaren Beteiligung Interessierten bspw. nach den Vorschriften im Vertriebskapitel des KAGB die entsprechenden Verkaufsinformationen zur Verfügung zu stellen.

5 Haftung der Anleger gegenüber der Investment-KG und ihren Gläubigern

In der Praxis weitreichende Bedeutung haben die Änderungen im Haftungsregime, 53 die sich in den Regelungen der §§ 152 Abs. 2 bis 6 KAGB finden.

a) Einlageschuld und Binnenhaftung

Der Umfang der Beitragsschuld kann frei vereinbart werden. Für Publikumsin- 54 vestment-KGs wird die Gestaltungsfreiheit durch § 152 Abs. 7 KAGB insoweit eingeschränkt, als Sacheinlagen nicht vereinbart werden dürfen.

Nach § 152 Abs. 3 KAGB erlischt die Einlagenschuld mit der Leistung der Einlage. 55 Anleger unterliegen keiner Verlustausgleichspflicht bzw. Nachschusspflicht. Auch eine nachträgliche Erhöhung der Beitragspflicht ist ausgeschlossen. Diese Vorgaben sind zwingend, abweichende Vereinbarungen sind unwirksam. Auch eine im Gesellschaftsvertrag erteilte Zustimmung zu späteren Beitragserhöhungen ist unzulässig und unwirksam.

b) Außenhaftung

Die Außenhaftung eines Anlegers, der sich als Kommanditist an einer geschlossenen 56 Publikums-Investment-KG beteiligt, hat in § 152 KAGB eine differenzierte Regelung erfahren.

aa) Beitritt des Gesellschafters

57 Die unbeschränkte „Gründungshaftung“ des Kommanditisten vor Eintragung der Gesellschaft nach § 176 Abs. 1 HGB wird für geschlossene Publikumsinvestment-KGs ausgeschlossen, indem die Kommanditisten gemäß § 152 Abs. 5 KAGB der Aufnahme der Geschäftstätigkeit vor Eintragung der Gesellschaft keinesfalls wirksam zustimmen können.

58 Durch die Vorschrift des § 152 Abs. 4 KAGB wird für alle Investment-KGs zudem die Geltung des § 176 Abs. 2 HGB ausgeschlossen. Eintretende Kommanditisten werden in jedem Fall erst mit ihrer Eintragung in das Handelsregister Gesellschafter und sind bis dahin keinem Haftungsrisiko ausgesetzt.

59 Da das KAGB die Eintrittshaftung des § 130 HGB nicht ausschließt, haben auch Privatanleger, die in eine geschlossene Publikumsinvestment-KG eintreten, für die Altschulden der Gesellschaft einzustehen. Da das KAGB eine Außenhaftung weitgehend ausschließt, sobald der Kommanditist seine Einlage im Innenverhältnis geleistet hat, ist das Haftungsrisiko für den Anleger jedoch begrenzt.

bb) Einlagenrückgewähr

60 Eine Rückgewähr der Einlage oder eine Ausschüttung, die den Wert der Kommanditeinlage unter den Betrag der Einlage herabmindert, darf nur mit Zustimmung des betroffenen Kommanditisten erfolgen, der vor der Zustimmung darauf hinzuweisen ist, dass er den Gläubigern der Gesellschaft unmittelbar haftet, soweit die Einlage durch die Rückgewähr oder Ausschüttung zurückbezahlt wird (§ 152 Abs. 2 KAGB). Bei Treuhandkonstruktionen ist die Zustimmung des jeweils konkret betroffenen treugebenden Kommanditisten maßgeblich.

cc) Ausscheiden des Anlegers

61 Bei Ausscheiden eines Anlegers aus der geschlossenen Investment-KG ist in der Zahlung der Abfindung gemäß § 152 Abs. 6 S. 1 KAGB keine Rückzahlung der Einlage zu sehen, so dass die Haftung des Anlegers auch in diesem Fall nicht gem. § 172 Abs. 4 HGB wieder auflebt. Ferner schließt § 152 Abs. 4 S. 2 KAGB den ausscheidenden Kommanditisten von jeglicher Nachhaftung aus.

V Aufsichtsrechtliche Anforderungen an die Fondsstruktur

62 Unter dem Regime des Kapitalanlagegesetzbuches bestehen gesetzliche Vorgaben für die Struktur von geschlossenen Fonds, die bei der wirtschaftlichen und rechtlichen Konzeption des Fonds zu beachten sind.

1 Wirtschaftliche Konzeption des Fonds

Der regulatorische Grundgedanke der AIFM-Richtlinie ist ursprünglich lediglich die Regulierung von Managern alternativer Investmentfonds. Der deutsche Gesetzgeber hat den regulatorischen Ansatz auf die Produktebene ausgeweitet und in dem Kapitalanlagegesetzbuch zahlreiche strukturelle Vorgaben für die verschiedenen Investmentprodukte und insb. für geschlossene Immobilienfonds vorgesehen, die Privatanleger als Zielgruppe haben. 63

a) Geschlossene Immobilienfonds als Publikums-AIF

Für geschlossene Immobilienfonds als Publikumsfonds sieht das KAGB zahlreiche Vorgaben zur Produktregulierung vor, die z. T. tief in die Struktur der Fonds eingreifen. 64

aa) Unzulässigkeit reiner Blind-Pool-Strukturen

Nach dem KAGB ist es nicht mehr möglich, reine „Blind-Pool-Fonds" aufzulegen. In den Anlagebedingungen ist gemäß § 266 Abs. 2 S. 2 KAGB konkret festzulegen, welche Vermögensgegenstände tatsächlich für den Fonds beschafft werden. Zu den Vermögensgegenständen, die erworben werden sollen, müssen mindestens die Nutzungsart(en), Region(en) etc. angegeben werden. 65

bb) Zulässige Vermögensgegenstände

Geschlossene inländische Publikums-AIF dürfen in unterschiedliche Vermögensgegenstände investieren. Geschlossene Immobilien-AIF können in Sachwerte (insb. z. B. Immobilien einschließlich Wald, Forst und Agrarland), Immobilien-Gesellschaften und Anteile an anderen Publikums-AIF investieren (§ 261 Abs. 1 KAGB). 66

Vor dem Erwerb bestimmter Vermögensgegenstände ist deren Wert zwingend durch einen externen Bewerter zu bestimmen. 67

cc) Risikomischung und Anlaufzeit

Publikums-AIF sollen grds. nach dem Grundsatz der Risikomischung investieren. Dieser ist gemäß § 262 Abs. 1 KAGB erfüllt, wenn der Publikums-AIF 68

- mindestens drei Sachwerte hält und die Anteile jedes einzelnen Sachwertes am Wert des gesamten AIF im Wesentlichen gleichmäßig verteilt oder
- in wirtschaftlicher Betrachtung eine Streuung des Ausfallrisikos gewährleistet ist (§ 262 Abs. 1 KAGB).

Die erste Variante beruht auf einer formellen, quantitativen Betrachtung. Im Wesentlichen gleichmäßig verteilt heißt nach der Gesetzesbegründung, dass die Anforderungen an die Risikostreuung z. B. nicht dadurch umgegangen werden können, dass 69 ein Sachwert erworben wird, der nahezu den Wert des Fonds ausmacht, so dass die anderen beiden Sachwerte dagegen nicht ins Gewicht fallen.

70 Demgegenüber basiert die zweite Variante auf einer qualitativen Betrachtung. Als Beispiel für die qualitative Betrachtung nennt die Gesetzesbegründung bei der Investition in Sachwerte die Nutzungsstruktur des Sachwertes, aus der sich die Streuung des Ausfallrisikos ergeben kann. So ist diese Variante z. B. nicht erfüllt bei der Investition in ein monofunktionales Objekt, das wegen seiner speziellen Nutzungsart nur eingeschränkt einer Drittverwendung zugänglich ist.

71 Der Grundsatz der Risikomischung muss nicht sofort, sondern spätestens 18 Monate nach Vertriebsbeginn eingehalten werden. Auf den zunächst nicht eingehaltenen Grundsatz der Risikomischung muss der Anleger jedoch in dem Verkaufsprospekt hingewiesen werden.

72 Ein geschlossener Immobilienfonds, welcher nur eine Immobilie halten soll und somit den Grundsatz der Risikomischung nicht einhält (sog. Single Asset Fund), ist nach § 261 Abs. 2 KAGB weiterhin möglich, sofern jeder Privatanleger sich verpflichtet, mindestens 20.000 € in den Immobilienfonds zu investieren und sofern weitere Voraussetzungen (z. B. schriftliche Bestätigung des Privatanlegers bezüglich der Investitionsrisiken und Sachverstand/Erfahrung des Privatanlegers) erfüllt sind.

Praxistipp
Soweit die Mindestbeteiligung 20.000 € beträgt, können Immobilienfonds mit nur einer Immobilie auch bei Privatanlegern platziert werden.

dd) Begrenzung der Fremdmittelaufnahme und Belastung

73 Die Aufnahme von Fremdmitteln durch einen geschlossenen inländischen Publikums-AIF ist auf 60 % des Verkehrswertes des Fondsvermögens beschränkt (§ 263 Abs. 1 KAGB). Die Kreditbedingungen müssen marktüblich sein und die Anlagebedingungen die Fremdmittelaufnahme vorsehen. Wie bei dem Grundsatz der Risikomischung gilt auch hier eine 18-monatige Anlaufzeit, bei deren Gebrauch ein Hinweis im Verkaufsprospekt erfolgen muss. Eine vergleichbare Regelung ist in § 263 Abs. 2 und 3 KAGB für die Grenze der Belastung von Vermögensgegenständen vorgesehen.

Praxistipp
Bei Publikums-Fonds ist die Fremdkapitalaufnahme auf 60 % des Verkehrswertes des Fondsvermögens beschränkt.

b) Geschlossene Immobilienfonds als Spezial-AIF

74 Die Vorschriften für geschlossene Spezial-AIF, also solchen AIF, die nur von professionellen und semiprofessionellen Anlegern erworben werden dürfen, bieten weitaus mehr Flexibilität bei der wirtschaftlichen Konzeption als die Vorschriften für offene Spezial-Sondervermögen. Nach § 285 KAGB können alle Vermögensgegenstände

erworben werden, sofern deren Verkehrswert ermittelt werden kann. Es gibt grundsätzlich keine einzuhaltenden Leverage-Grenzen. Besondere Regelungen gelten für das Halten von nicht börsennotierten Unternehmen, jedoch gelten diese grds. nicht für Immobilien-Zweckgesellschaften (§ 287 Abs. 2 KAGB).

2 Verwahrstelle

Im Sinne des bereits aus dem bisherigen Investmentrecht bekannten Investitionsdreiecks sieht das Gesetz eine klare Sphärentrennung zwischen dem Anleger, der Verwaltung des Fonds und der Verwahrung der Vermögenswerte des Fonds vor. Letztere übernimmt analog zu der aus dem Investmentgesetz bekannten Depotbank eine sog. Verwahrstelle, die von der Kapitalverwaltungsgesellschaft für jeden von ihr verwalteten Fonds individuell beauftragt werden muss (§ 80 KAGB). Neben Kreditinstituten und Wertpapierfirmen dürfen unter bestimmten Voraussetzungen auch berufsständisch beaufsichtigte Treuhänder (z. B. Notare, Rechtsanwälte, Steuerberater und Wirtschaftsprüfer) die Vermögenswerte eines Immobilienfonds verwahren. Die Beauftragung einer Verwahrstelle hat schriftlich zu erfolgen. 75

Da die Verwahrstelle außer der Verwahrfunktion auch eine umfangreiche Kontrollbefugnis gegenüber der Kapitalverwaltungsgesellschaft hat (u. a. obliegt ihr die Mittelverwendungskontrolle, § 83 Abs. 1 Nr. 3 KAGB), ist der Auswahl einer geeigneten Verwahrstelle in der Praxis besondere Aufmerksamkeit zu widmen. Eine Zahlstellenfunktion ist für Verwahrstellen von Immobilienfonds nicht vorgesehen. 76

Das Gesetz sieht in §§ 84, 85 KAGB detaillierte Bestimmungen über die Haftung der Verwahrstelle gegenüber dem Fonds und seinen Anlegern vor und regelt auch, unter welchen Voraussetzungen die Verwahrstelle selbst verpflichtet ist, Ansprüche und Rechte der Anleger geltend zu machen. 77

Bei Verwahrstellen, die für einen geschlossenen Publikumsfonds mit der Verwahrung beauftragt sind, bedürfen die Auswahl bzw. jeder Wechsel der Verwahrstelle der Genehmigung durch die BaFin (§§ 87, 69 Abs. 1 S. 1 KAGB). 78

Praxistipp

Grundsätzlich ist nach KAGB auch die Beauftragung einer Verwahrstelle erforderlich. Bei nur registrierten internen Kapitalverwaltungsgesellschaften (keine Privatanleger, Volumen nicht mehr als 100 Mio. € mit bzw. 500 Mio. € ohne Leverage) ist die Beauftragung einer Verwahrstelle nicht erforderlich.

3 Bewertung von Vermögensgegenständen

Vor dem Erwerb von Immobilien durch einen geschlossenen Publikums-AIF müssen diese von einem (Wert bis einschl. 50 Mio. €) bzw. von zwei unabhängigen externen Bewertern (Wert über 50 Mio. €) bewertet werden. Die Bewerter im Rahmen des Ankaufs dürfen nicht zugleich als regelmäßige Bewerter (für Zwecke des Jahresabschlusses/Vermögensaufstellung) beauftragt sein. Der zu zahlende Ankaufspreis darf den ermittelten Gutachtenwert nicht bzw. nur unwesentlich übersteigen. 79

80 Bei allen geschlossenen Fonds sind die Vermögensgegenstände und der Nettoinventarwert je Anteil darüber hinaus während der Fondslaufzeit jährlich sowie dann zu bewerten, wenn das Gesellschaftsvermögen des AIF erhöht oder herabgesetzt wird.

81 Die KVG hat zu diesem Zweck eine interne Bewertungsrichtlinie zu erstellen, die geschlossenen Publikums-AIF bei Immobilien als Vermögensgegenständen auch eine Objektbesichtigung durch den Bewerter vorsehen muss. Neben Vorgaben für das eigentliche Bewertungsverfahren sieht das Gesetz auch Regelungen vor, mit denen die Unabhängigkeit der Bewertungsfunktion gestärkt und mögliche Interessenkonflikte vermieden werden sollen.

82 Die Bewertung kann von der Kapitalverwaltungsgesellschaft selbst durchgeführt werden, wenn die Bewertungsaufgabe von der Portfolioverwaltung und der Vergütungspolitik funktional unabhängig ist und durch andere Maßnahmen sichergestellt wird, dass Interessenkonflikte gemindert und ein unzulässiger Einfluss auf die Mitarbeiter verhindert werden. Die BaFin kann verlangen, dass die Bewertungsverfahren sowie Bewertungen der AIF-KVG durch den Abschlussprüfer im Rahmen der Jahresabschlussprüfung des Publikums-AIF zu überprüfen sind.

83 Alternativ hierzu kann die KVG auch einen externen Bewerter bestellen. Die Bestellung ist der BaFin mitzuteilen, die die Bestellung eines anderen externen Bewerters verlangen kann, wenn die gesetzlichen Voraussetzungen nicht erfüllt werden. Auch wenn sie einen externen Bewerter bestellt hat, bleibt die AIF-KVG selbst für die ordnungsgemäße Bewertung der Vermögensgegenstände des Publikums-AIF sowie für die Berechnung und Bekanntgabe des Nettoinventarwertes verantwortlich.

84 Die Bewertungen der Vermögensgegenstände und Berechnungen des Nettoinventarwertes je Anteil sind entsprechend den jeweiligen Anlagebedingungen gegenüber den Anlegern nach jeder Bewertung bzw. jeder Berechnung offenzulegen.

4 Rechnungslegung und Publizität

85 Das KAGB enthält strengere Vorschriften zur Rechnungslegung, Abschlussprüfung und Veröffentlichung mit erweitertem Inhalt und engeren Fristen als das HGB. Für die geschlossene Investment-KG ist für den Schluss eines jeden Geschäftsjahres spätestens sechs Monate nach Ende des Geschäftsjahres ein Jahresbericht zu erstellen (§§ 158 S. 1, 135 Abs. 1 KAGB). Dieser umfasst einen nach dem HGB aufgestellten und geprüften Jahresabschluss und Lagebericht, eine den Vorgaben des §§ 264 Abs. 2 S. 3, 289 Abs. 1 S. 5 HGB entsprechende Erklärung sowie die Bestätigung des Abschlussprüfers. In dem Jahresbericht sind in einem Anhang zusätzlich Angaben zu den gezahlten Vergütungen an bestimmte Personen sowie während des abgelaufenen Geschäftsjahres eingetretene wesentliche Änderungen von bestimmten dem Anleger vor seiner Anlageentscheidung zur Verfügung gestellten Informationen zu machen (§ 158 S. 2 KAGB). Der Bericht über die Prüfung der geschlossenen Investment-KG ist unverzüglich nach Beendigung der Prüfung bei der BaFin einzureichen (vgl. §§ 139 S. 2, 136 Abs. 3 S. 4 KAGB).

VI Rechtliche Dokumentation des Immobilienfonds

Das KAGB enthält konkrete gesetzliche Vorgaben für die rechtliche Dokumentation eines geschlossenen Immobilienfonds bzw. des Rechtsverhältnisses zwischen der Fondsgesellschaft und dem Anleger. 86

1 Anlagebedingungen

Für den geschlossenen Immobilienfonds muss die AIF-KVG neben dem Gesellschaftsvertrag gemäß § 151 KAGB sog. Anlagebedingungen erstellen, die die Anlagestrategie beschreiben und inhaltlich begrenzen. Sie regeln i. V. m. dem Gesellschaftsvertrag vertraglich das Rechtsverhältnis zwischen der Fondsgesellschaft und den Investoren und müssen vor Ausgabe der Fondsanteile schriftlich festgehalten werden. 87

a) Anlagebedingungen für geschlossene Publikums-AIF

Die Anlagebedingungen für geschlossene Publikumsfonds müssen gemäß § 266 Abs. 2 S. 1 KAGB mindestens 88
- die Bezeichnung des geschlossenen Publikums-AIF,
- die Angabe des Namens und des Sitzes der AIF Kapitalverwaltungsgesellschaft
- sowie die in § 162 Abs. 2 Nr. 5 bis 7 und 9 bis 14 KAGB genannten Angaben über das Rechtsverhältnis zwischen Fondsgesellschaft und Anlegern enthalten.

Darüber hinaus muss in den Anlagebedingungen gemäß § 266 Abs. 2 S. 2 KAGB festgelegt werden, welche Vermögensgegenstände in welchem Umfang für den geschlossenen Publikums-AIF erworben werden. Mit dieser Regelung verhindert das KAGB im Bereich der Publikumsfonds das reine „Blind Pooling". 89

Die Anlagebedingungen eines geschlossenen Publikums-AIF bedürfen gemäß § 267 Abs. 1 KAGB der Genehmigung durch die BaFin. Der BaFin wird eine vierwöchige Prüfungsfrist ab Eingang des Antrags eingeräumt. Wenn über den Genehmigungsantrag nicht innerhalb der jeweils maßgeblichen Vierwochenfrist entschieden worden ist, gilt die Genehmigung als erteilt. In diesem Fall hat die BaFin der KVG die Genehmigung auf Antrag schriftlich zu bestätigen. Die BaFin kann die Genehmigung mit Nebenbestimmungen versehen. 90

Die Anlagebedingungen dürfen dem Verkaufsprospekt nur beigefügt werden, wenn die Genehmigung erteilt worden ist. Die genehmigten Anlagebedingungen sind dem Publikum in der jeweils geltenden Fassung auf der Internetseite der KVG zugänglich zu machen. Sie dürfen bei geschlossenen Publikums-AIF erst veröffentlicht werden, wenn die Verwaltungsgesellschaft mit dem Vertrieb des Investmentvermögens gemäß § 316 KAGB beginnen darf. 91

Bei geschlossenen Publikums-AIF bedürfen auch Änderungen der Anlagebedingungen einer Genehmigung durch die BaFin. Darüber hinaus sind Änderungen der Anlagebedingungen bei geschlossenen Publikumsfonds stets nur mit Zustimmung 92

einer qualifizierten Mehrheit von Anlegern, die mindestens zwei Drittel des Zeichnungskapitals auf sich vereinigen, zulässig. Dies ist der Fall, wenn
- die Änderung mit den bisherigen Anlagegrundsätzen des geschlossenen Publikums-AIF nicht vereinbar ist oder
- es zu einer Änderung der Kosten oder der wesentlichen Anlegerrechte kommt.

93 Das Kapitalanlagegesetzbuch enthält detaillierte Vorgaben zum Ablauf des Zustimmungs- und Genehmigungsprozesses. Soweit die Änderungen von der BaFin genehmigt wurden bzw. als genehmigt gelten, sind sie im Bundesanzeiger und, sofern die Anteile des betreffenden geschlossenen Publikumsfonds in Deutschland vertrieben werden dürfen, in den im Verkaufsprospekt bezeichneten elektronischen Informationsmedien zu veröffentlichen. Die Änderungen dürfen frühestens am Tag nach der Veröffentlichung im Bundesanzeiger in Kraft treten.

b) Anlagebedingungen für geschlossene Spezial-AIF

94 Derart detaillierte Vorschriften sieht das Gesetz für die Anlagebedingungen für geschlossene Spezial-AIF in § 273 KAGB nicht vor. Die Vorschrift bestimmt lediglich allgemein, dass vor Ausgabe der Anteile Anlagebedingungen schriftlich festzuhalten sind, nach denen sich i. V. m. dem Gesellschaftsvertrag einer Spezialinvestment-KG das Rechtsverhältnis dieser Investment-KG zu ihren Anlegern bestimmt. Die Anlagebedingungen sowie die wesentlichen Änderungen der Anlagebedingungen sind der BaFin lediglich vorzulegen. Ein Genehmigungserfordernis besteht anders als bei Publikums-AIF nicht.

Praxistipp
Die Dokumentationspflichten für Spezial-AIF (keine Privatanleger) sind deutlich geringer als bei Publikums-AIF.

---

2 Verkaufsprospekt und wesentliche Anlegerinformationen

95 Für geschlossene Publikumsfonds sind neben den Anlagebedingungen gemäß § 268 Abs. 1 S. 1 KAGB ein Verkaufsprospekt und wesentlichen Anlegerinformationen zu erstellen.

96 Für die Richtigkeit und Vollständigkeit dieser Unterlagen haften gegenüber dem Anleger grds. die KVG, die weiteren Verantwortlichen im Zusammenhang mit dem Erlass der Dokumente und der jeweilige gewerbsmäßige Verkäufer der Anteile (§ 306 Abs. 2 und 3 KAGB).

a) Verkaufsprospekt

97 Mindestangaben für den Verkaufsprospekt enthält die Vorschrift des § 269 KAGB, die insoweit weitgehend auf die entsprechende Vorschrift für offene Publikumsinvest-

mentvermögen verweist und die Besonderheiten von geschlossenen Publikumsfonds berücksichtigt. Weitere Mindestangaben hinsichtlich der Übertragbarkeit und Einschränkungen der freien Handelbarkeit sowie ggf. hinsichtlich Treuhandkommanditisten sind in § 269 Abs. 2 KAGB vorgesehen. Die Vorschrift des § 269 Abs. 3 KAGB sieht zusätzliche Angaben für den Fall vor, dass bereits feststeht, in welche konkreten Anlageobjekte investiert werden soll bzw. eine Hinweispflicht, falls die konkreten Anlageobjekte noch nicht feststehen.

b) Wesentliche Anlegerinformationen

Die Vorschrift des § 270 KAGB enthält detaillierte Anforderungen an Inhalt, Form und 98
Gestaltung der wesentlichen Anlegerinformationen. Die wesentlichen Anlegerinformationen sollen den Anleger in die Lage versetzen, Art und Risiken des angebotenen Anlageproduktes zu verstehen und auf dieser Grundlage eine fundierte Anlageentscheidung zu treffen. Das KAGB verweist insoweit auf die entsprechende Vorschrift für offene Publikumsinvestmentvermögen und berücksichtigt dabei die Besonderheiten von geschlossenen Publikums-AIF.

c) Nachträge

Das KAGB sieht eine Aktualisierungspflicht für die wesentlichen Anlegerinformatio- 99
nen sowie die „Angaben von wesentlicher Bedeutung“ im Verkaufsprospekt vor (§ 268 Abs. 2 KAGB). Sie sind auf dem neuesten Stand zu halten, wobei dies bei geschlossenen Publikumsfonds mit einer einmaligen Vertriebsphase nur für die Dauer der Vertriebsphase (Platzierung) gilt.

d) Publizität

Sobald die AIF-Kapitalverwaltungsgesellschaft mit dem Vertrieb des geschlossenen 100
Publikumsfonds gemäß § 316 KAGB beginnen darf, hat sie dem Publikum die aktuelle Fassung des Verkaufsprospekts und der wesentlichen Anlegerinformationen auf der Internetseite der AIF-Kapitalverwaltungsgesellschaft zugänglich zu machen (§ 268 Abs. 1 S. 2 KAGB).

VII Regulierung des Vertriebs von Immobilienfonds

Der Vertrieb von geschlossenen Immobilienfonds unterliegt den allgemeinen Vor- 101
schriften für den Vertrieb von alternativen Investmentfonds und ist im Wesentlichen in den §§ 293, 295 ff. KAGB geregelt. Die maßgeblichen Vertriebsanforderungen sind abhängig von der jeweiligen Zielanlegergruppe. Während in der AIFM-Richtlinie der Vertrieb von AIF nur geregelt ist, soweit er ausschließlich gegenüber professionellen Anlegern erfolgt, hat der deutsche Gesetzgeber im KAGB – unter Ergänzung einer

Reihe von strikteren Regelungen – darüber hinaus auch den Vertrieb an Privatanleger geregelt und u. a. umfassende Informations- und Veröffentlichungspflichten gegenüber den Anlegern vorgesehen.

102 Die Vorschriften zum Vertrieb lassen sich neben der Unterscheidung von Privatanlegern und semiprofessionellen bzw. professionellen Anlegern jeweils unterteilen in Vorschriften zu dem vor Durchführung von Vertriebsmaßnahmen erforderlichen Anzeigeverfahren einerseits und die Regulierung der eigentlichen Vertriebsmaßnahmen andererseits.

1 Erweiterter Vertriebsbegriff und Abschaffung der Privatplatzierung

103 Die gesetzlichen Anforderungen an den Vertrieb von Anteilen an geschlossenen Fonds richten sich ausschließlich nach den Vorschriften des KAGB. Die Regelungen des Wertpapierprospektgesetzes und des Vermögensanlagengesetzes finden insoweit keine Anwendung mehr.

104 Als Vertrieb gilt gemäß § 293 KAGB das direkte oder indirekte Anbieten oder Platzieren von Anteilen an Investmentvermögen (wie z. B. Anteilen an geschlossenen Fonds).

105 Mit diesem weiten Vertriebsbegriff hat der Gesetzgeber eine Abkehr von der bislang geltenden aufsichtsrechtlichen Unterscheidung zwischen genehmigungspflichtigem öffentlichen Vertrieb und genehmigungsfreiem Vertrieb im Wege der Privatplatzierung vollzogen. Eine Beschränkung der staatlichen Aufsicht auf den öffentlichen Vertrieb bzw. auf das öffentliche Angebot von Fondsanteilen kennt das KAGB ebenso wenig wie die bislang geltende Ausnahme von der Erlaubnispflicht für den Vertrieb von Investmentanteilen an bestimmte institutionelle Investoren. In der Praxis bedeutet dies eine faktische Abschaffung der Privatplatzierung von Fondsanteilen.

Praxistipp

Die aufsichtsfreie Privatplatzierung, d. h. das Einwerben von Finanzmitteln bei Investoren ohne Beachtung einschlägiger Bestimmungen regulativer Rahmenbedingungen, ist für Fondsstrukturen, die bereits bei der Beteiligung von nur zwei Investoren vorliegen können, seit Inkrafttreten des KAGB im Juli 2013 faktisch abgeschafft.

---

106 In Bezug auf professionelle und semiprofessionelle Anleger gelten die genannten Aktivitäten nur dann als Vertrieb, wenn sie „auf Initiative der Verwaltungsgesellschaft oder in deren Auftrag“ erfolgen und sich an semiprofessionelle oder professionelle Anleger mit Wohnsitz oder Sitz im Inland oder einem anderen Mitgliedstaat der EU oder Vertragsstaat des Abkommens über den EWR richtet.

2 Vertrieb von Anteilen an einem inländischen geschlossenen Immobilienfonds für Privatanleger (Publikumsfonds)

a) Vertriebsanzeige und Genehmigung

Voraussetzung für den Vertrieb eines inländischen Immobilien-AIF in Deutschland ist, dass die KVG des AIF den geplanten Vertrieb bei der BaFin anzeigt und diese den Vertrieb genehmigt (§ 316 KAGB). Diese Vertriebsgenehmigung ersetzt die nach bisherigem Recht erforderliche Billigung des Verkaufsprospekts, geht in ihren Anforderungen aber deutlich über diese hinaus. 107

Das Anzeigenschreiben der KVG muss nach § 316 Abs. 1 KAGB bestimmte Mindestangaben und -unterlagen enthalten (z. B. Geschäftsplan des zu vertreibenden Immobilien-AIF, Anlagebedingungen, Angaben zur Verwahrstelle und den Verkaufsprospekt sowie die wesentlichen Anlegerinformationen). 108

Innerhalb von 20 Tagen nach Eingang der vollständigen Unterlagen hat die BaFin zu beurteilen, ob ein Vertrieb des Immobilien-AIF in Deutschland beginnen kann (§ 316 Abs. 3 KAGB). Im Rahmen des Prüfungsverfahrens prüft die BaFin wie bislang auch den vorzulegenden Verkaufsprospekt. Werden die Angaben oder Unterlagen beanstandet, wird die Frist unterbrochen und beginnt mit Eingang der geänderten Angaben bzw. Unterlagen bei der BaFin erneut. 109

Ändern sich die bei der Vertriebsanzeige nach übermittelten Angaben bzw. Unterlagen, so hat die KVG dies der BaFin schriftlich mitzuteilen und zugleich aktualisierte Angaben und Unterlagen zu übermitteln. Betrifft eine Änderung der in der Vertriebsanzeige übermittelten Angaben oder Unterlagen einen „wichtigen neuen Umstand“ oder eine „wesentliche Unrichtigkeit“ in Bezug auf die im Verkaufsprospekt eines geschlossenen inländischen Publikums-AIF enthaltenen Angaben, so ist diese Änderung unverzüglich auch als Nachtrag zum Verkaufsprospekt zu veröffentlichen, wenn der wichtige neue Umstand oder die wesentliche Unrichtigkeit die Beurteilung des Investmentvermögens oder der AIF-Kapitalverwaltungsgesellschaft beeinflussen könnten. Anleger, die vor der Veröffentlichung eines Nachtrags zum Verkaufsprospekt eine auf den Erwerb eines Anteils eines geschlossenen Publikums-AIF gerichtete Willenserklärung abgegeben haben, können diese gemäß § 305 Abs. 8 KAGB innerhalb einer Frist von zwei Werktagen nach Veröffentlichung des Nachtrags widerrufen, sofern noch keine Erfüllung eingetreten ist. 110

b) Vertriebsvorschriften

Entsprechend der Maxime des Anlegerschutzes unterliegt auch der eigentliche Vertrieb von Anteilen an einem AIF an Privatanleger (Publikums-AIF) strengen gesetzlichen Anforderungen. Die gesetzlichen Bestimmungen betreffen neben Vorschriften über die Werbung, das Sprachregime, die Kostenvorausbelastung, das Widerrufsrecht und Prospekthaftung auch Verkaufsunterlagen sowie allgemeine Informations-, Hinweis- und Veröffentlichungspflichten. Die BaFin kann den Vertrieb eines AIF in 111

Deutschland insb. auch bei Verstößen gegen diese Informations- und Veröffentlichungspflichten untersagen.

aa) Verkaufsunterlagen und Hinweispflichten gegenüber Erwerbsinteressierten

112 Dem interessierten Privatanleger sind vor Vertragsabschluss nach § 297 KAGB insb. folgende Informationen/Dokumente kostenlos und unaufgefordert (digital bzw. auf Verlangen in Papierform) zur Verfügung zu stellen:

- jüngster Nettoinventarwert des Immobilien-AIF;
- die wesentlichen Anlegerinformationen;
- der Verkaufsprospekt (einschl. Anlagebedingungen, ggf. Satzung oder Gesellschaftsvertrag sowie Treuhandvertrag);
- die letzten veröffentlichten Jahres- und Halbjahresberichte und
- die Hinweise zur Haftungsfreistellung der Verwahrstelle.

113 Eine geltende Fassung der wesentlichen Anlegerinformationen ist auf der Internetseite der Verwaltungsgesellschaft zur Verfügung zu stellen (§ 301 KAGB).

114 Darüber hinaus ist der Erwerbsinteressiere zwingend über folgende Sachverhalte zu informieren:

- aktueller Nettoinventarwert des Investmentvermögens oder den Marktpreis der Anteile;
- eine Vereinbarung, nach welcher die Verwahrstelle von der Haftung für das Abhandenkommen von Finanzinstrumenten, die von einem Unterverwahrer verwahrt werden, freigestellt ist.

115 Auf Verlangen muss die AIF-Kapitalverwaltungsgesellschaft den Erwerbsinteressenten vor Vertragsschluss zusätzlich über folgende Sachverhalte informieren:

- die Anlagegrenzen des Risikomanagements des Investmentvermögens,
- die Risikomanagementmethoden und
- die jüngsten Entwicklungen bei den Risiken und Renditen der wichtigsten Kategorien von Vermögensgegenständen des Investmentvermögens.

116 Die dem Anleger auszuhändigende Durchschrift des Antrags auf Vertragsabschluss bzw. die Kaufabrechnung muss einen Hinweis auf die Höhe des Ausgabeaufschlags und des Rücknahmeaufschlags sowie eine Belehrung bezüglich des Widerrufrechts des Anlegers nach § 305 KAGB enthalten.

bb) Regelmäßige Offenlegungspflichten gegenüber Privatanlegern

117 Darüber hinaus sind für jeden inländischen Fonds gemäß § 300 KAGB regelmäßige Offenlegungspflichten zu beachten:

- der prozentuale Anteil der schwer liquidierbaren Vermögensgegenstände, für die deshalb besondere Regelungen gelten;

- jegliche neuen Regelungen zum Liquiditätsmanagement des AIF;
- das aktuelle Risikoprofil des AIF und die von der AIF-Verwaltungsgesellschaft zur Steuerung dieser Risiken eingesetzten Risikomanagementsysteme;
- ggf. Einzelheiten zum Einsatz von Leverage (Hebelwirkung).

Darüber hinaus ist der Anleger unverzüglich über Änderungen zu informieren, die sich in Bezug auf die Haftung der Verwahrstelle ergeben. 118

Gemäß § 272 Abs. 3 KAGB sind nach jeder Bewertung der Vermögensgegenstände und jeder Berechnung des Nettoinventarwertes je Anteil die Bewertung bzw. Berechnung entsprechend den diesbezüglichen Anlagebedingungen gegenüber den Anlegern offenzulegen. 119

cc) Maßgebliche Sprachfassung und Werbung

Sämtliche Veröffentlichungen, Werbeschriften und Verkaufsunterlagen für den Vertrieb an deutsche Privatanleger sind in deutscher Sprache zu verfassen oder mit einer deutschen Übersetzung zu versehen, wobei der deutsche Wortlaut maßgeblich ist (§ 303 Abs. 1 KAGB). 120

Die Vorschriften zur Werbung gemäß § 302 KAGB entsprechen inhaltlich im Wesentlichen den bisherigen Regelungen im Investmentgesetz. Werbung gegenüber Privatanlegern muss eindeutig als solche erkennbar, redlich und eindeutig sein und darf nicht irreführend sein. Sie muss insb. im Einklang mit dem Verkaufsprospekt stehen und in Textform darauf hinweisen, dass ein Verkaufsprospekt existiert, die wesentlichen Anlegerinformationen verfügbar sind sowie angeben, wo und in welcher Sprache diese Informationen oder Unterlagen erhältlich sind und welche Zugangsmöglichkeiten bestehen. Die Bundesanstalt kann Werbung untersagen, um Missständen bei der Werbung gegenüber Privatanlegern zu begegnen. 121

3 Vertrieb von Anteilen an einen geschlossenen Immobilienfonds für semiprofessionelle und professionelle Anleger (Spezial-AIF)

a) Vertriebsanzeige und Genehmigung

Auch der Vertrieb von Immobilien-AIF an semiprofessionelle und professionelle Anleger unterliegt entsprechenden Anzeigeverpflichtungen (§§ 321 ff. KAGB). 122

Das Anzeigenschreiben der KVG muss ebenfalls bestimmte Mindestangaben und -unterlagen enthalten. Da semiprofessionellen und professionellen Anlegern regelmäßig kein detaillierter Verkaufsprospekt und keine wesentlichen Anlegerinformationen vorgelegt werden müssen, hat die Anzeige anstelle dieser Unterlagen eine Beschreibung des angezeigten AIF zu enthalten sowie alle für die Anleger verfügbaren Informationen über den angezeigten AIF sowie alle in § 307 Abs. 1 KAGB genannten weiteren Informationen, die dem Anleger vor Vertragsschluss zur Verfügung zu stellen sind. Darüber hinaus muss dargelegt werden, welche Vorkehrungen getroffen 123 wurden, um zu verhindern, dass Anteile oder Aktien des angezeigten AIF an Privatanleger vertrieben werden.

124 Der Ablauf des Anzeigeverfahrens und die der BaFin eingeräumten Prüfungsfristen entsprechen im Wesentlichen dem Anzeigeverfahren für geschlossene Publikumsfonds. Dies gilt auch für die Pflicht der KVG zur Mitteilung von Änderungen der übermittelten Angaben und Unterlagen. Eine gesetzliche Nachtragspflicht für den Verkaufsprospekt bzw. ein Widerrufsrecht für den Anleger besteht im Falle einer solchen Änderung jedoch nicht.

b) Vertriebsvorschriften

125 Der Katalog der Informationen, welche einem semiprofessionellen bzw. professionellen Anleger vor Erwerb zur Verfügung gestellt werden müssen, sind in § 307 KAGB niedergelegt. Da diesen Anlegern regelmäßig kein detaillierter Verkaufsprospekt vorgelegt werden muss, sind in § 307 KAGB die notwendigen Einzelinformationen enumerativ aufgelistet. In Bezug auf den Immobilien-AIF sind u. a. die nachfolgenden Informationen einschl. aller wesentlichen Änderungen vor Vertragsschluss zur Verfügung zu stellen:

- Beschreibung der Anlagestrategie,
- Möglichkeiten des Einsatzes von Fremdmitteln (Leverage),
- Identität der Verwaltungsstelle, der Verwahrstelle und des Rechnungsprüfers (inkl. deren Pflichten),
- Beschreibung der ausgegliederten Verwaltungsfunktionen der Verwaltungsstelle,
- Beschreibung bezüglich des Bewertungsverfahrens des Fondsvermögens,
- Beschreibung des Liquiditätsmanagements (unter Berücksichtigung möglicher Rücknahmerechte) und
- Beschreibung sämtlicher Entgelte, Gebühren und sonstigen Kosten (sofern diese mittel- oder unmittelbar durch den Anleger zu tragen sind).

126 Für die Richtigkeit und Vollständigkeit dieser Angaben und Unterlagen haften die Verwaltungsgesellschaft, die weiteren Verantwortlichen im Zusammenhang mit dem Erlass der Dokumente und der jeweilige gewerbsmäßige Verkäufer der Anteile gegenüber dem Anleger entsprechend den Vorschriften zur Prospekthaftung (§ 307 Abs. 3 KAGB).

Praxistipp
Auch die Anforderungen an die Vertriebsdokumentation von Spezial-AIF sind deutlich geringer als bei Publikums-AIF.

VIII Besteuerung von geschlossenen Immobilienfonds

Geschlossene Fonds in der Rechtsform der GmbH & Co. KGs nach bisheriger Prägung sind den regulären ertragsteuerlichen Regelungen unterworfen. Da die Fondsgesellschaft grds. auf die Vermietung oder Verpachtung von unbeweglichem Vermögen ausgerichtet ist, erzielt sie Einkünfte aus Vermietung und Verpachtung. Um der kapitalistischen GmbH & Co. KG den steuerlichen Charakter einer vermögensverwaltenden Gesellschaft mit entsprechenden Einkünften der Anleger aus Vermietung und Verpachtung zu verschaffen, wird in die Fondsstruktur üblicherweise eine Gesellschaft in der Rechtsform einer GmbH als geschäftsführende Kommanditistin implementiert. Auf diese Weise wird verhindert, dass die Fondsgesellschaft als Gewerbebetrieb eingestuft wird, womit sie der Gewerbesteuerpflicht unterliegen würde. Die Einkünfte werden gesondert und einheitlich festgestellt. Die Einkünfte sind damit grds. den Anlegern zuzurechnen, d.h. jedem Anleger wird im Verhältnis seines Anteils das steuerliche Ergebnis aus Vermietung und Verpachtung, welches auf Gesellschaftsebene erzielt wurde, zugerechnet. 127

Die Anpassung der steuerrechtlichen Rahmenbedingungen an das KAGB erfolgte im Rahmen des sog. AIFM-Steueranpassungsgesetzes vom 18.12.2013 (AIFM-StAnpG) zur Änderung des Investmentsteuergesetzes. Danach wird die Investment-KG als sog. Personen-Investitionsgesellschaft qualifiziert, deren Einkünfte entsprechend den regulären ertragsteuerlichen Regelungen weiterhin gesondert und einheitlich festgestellt werden, was den Regelungen entspricht, die bislang für klassische geschlossene Immobilienfonds in der Rechtsform einer GmbH & Co. KG gelten Mit dem Gesetz zur Reform der Investmentbesteuerung (Investmentsteuerreformgesetz – InvStRefG) vom 19. Juli 2016 (BGBl. I S. 1730) wurde das Besteuerungsrecht für Investmentfonds reformiert. Das Gesetz tritt am 1.1.2018 in Kraft. Das mit dem AIFM-StAnpG eingeführte Besteuerungsregime für Investitionsgesellschaften wird in die neuen Systeme des InvStRefG integriert. Die praktisch häufig schwierige Abgrenzung zwischen Investmentfonds und Investitionsgesellschaften entfällt zukünftig.[213] 128

IX Fazit

Die Entscheidung für eine geschlossene Fondsfinanzierung erfordert eine umfassende Abwägung der Chancen und Risiken. In diese Entscheidung ist selbstverständlich auch der Strukturierungs- und Umsetzungsaufwand einzubeziehen, der mit den entsprechenden aufsichtsrechtlichen Anforderungen von der Implementierung eine Kapitalverwaltungsgesellschaft bis hin zur gesellschaftsrechtlichen Strukturierung 129

213 Bundesfinanzministerium, Mitteilung vom 26.7.2016, http://www.bundesfinanzministerium.de/Content/DE/Gesetzestexte/Gesetze_Verordnungen/2016-07-26-InvStRefG.html.

und Dokumentation und dem Vertrieb verbunden ist und in einem angemessenen Verhältnis zu dem zu erwartenden Nutzen stehen sollte. Die Inanspruchnahme des Kapitalmarktes zur Asset-Finanzierung bietet Projektentwicklern jedoch die Chance, größere Investitionsvolumen zu realisieren und dabei das Finanzierungsrisiko von der Konzeption und Umsetzung eines Immobilienprojektes zu trennen. Projektentwickler, denen es gelingt, als Produktgeber innovative Anlageprodukte auch und gerade in dem Bereich „Green Building" zu entwickeln, können sich bei der Finanzierung und Realisierung nachhaltiger Immobilien breiter aufstellen und auf diese Weise deutliche Wettbewerbsvorteile erzielen.

D Praxisbericht Union Investment Real Estate GmbH

Union Investment engagiert sich aus Überzeugung für den Ausbau nachhaltiger Immobilieninvestments. Das Unternehmen will damit seiner **Verantwortung gegenüber der Umwelt und der Gesellschaft** gerecht werden. Zugleich verfolgt es die Interessen seiner **Anleger** und **Mieter**. Komfort und Flexibilität für die **Nutzer** stehen dabei ebenso im Vordergrund wie die langfristige positive **Wertentwicklung** aller Objekte und des gesamten Immobilienportfolios. 1

Mit ihrer Nachhaltigkeitsstrategie verfolgt Union Investment ambitionierte Ziele. Als erster deutscher Immobilienfondsanbieter konnte das Unternehmen in allen seinen Nutzungsarten – Büro, Einzelhandel, Logistik, Hotels und Stadtquartiere – Immobilien vorweisen, die für ihre Nachhaltigkeit ausgezeichnet wurden. Etwa drei Viertel des eigenen Immobilienbestands besteht aktuell aus zertifizierten oder vorzertifizierten Objekten. 2

I Nachhaltigkeit als Strategieelement

Immobilienportfolios nachhaltig zu managen ist eine komplexe Aufgabe. Die Ansprüche der verschiedenen Stakeholder sind vielfältig und mitunter widersprüchlich. Umso wichtiger ist ein aktives Nachhaltigkeitsmanagement mit klar definierten Zielen und Mitteln. 3

Wer **ökologische**, **ökonomische** und **soziale Aspekte** langfristig unter einen Hut bringen will, muss sich über **Ziele** und Prioritäten frühzeitig klar werden. Nur so gelingt es, den **Anlegerzielen**, **Nutzerbedürfnissen** und der **Verantwortung** gegenüber der Umwelt gerecht zu werden. 4

Punktuelle Einzelmaßnahmen sind der Komplexität dieser Herausforderung nicht angemessen. Zu einem wirkungsvollen **Nachhaltigkeitsmanagement** gehört daher die Erarbeitung einer **Strategie**. Das bedeutet, dass die Ziele und Zielkonflikte definiert und priorisiert werden müssen. Alle Maßnahmen müssen anschließend in Hinblick auf diese Ziele geplant, realisiert und ihr Erfolg kontrolliert werden. Dies erleichtert auch eine spätere, schrittweise Nachjustierung und die Anpassung an sich verändernde Rahmenbedingungen. 5

II Risikovorsorge

Die Diskussion um den **Klimawandel** setzt auch die Immobilienwirtschaft unter Handlungsdruck. Zu den herkömmlichen Risiken, zum Beispiel durch die Wahl eines nicht optimalen Standorts, gesellen sich heute neue Risiken. Die veränderten gesellschaftlichen Wertvorstellungen und die zunehmende Klimagesetzgebung gehören 6 ebenso dazu wie steigende Ansprüche der Nutzer von Gebäuden. **Nachhaltige Investments** können darauf eine geeignete Antwort sein.

7 Da Gebäude zu den größten Energieverbrauchern überhaupt zählen, steht die Immobilienbranche heute naturgemäß mit im Fokus der **Klimapolitik** – mit teils einschneidenden Folgen. Beispielhaft genannt sei der **Klimaschutzplan** der Bundesregierung, der bis zum Jahr 2050 einen „klimaneutralen" Gebäudebestand anstrebt. Die drastischen **CO_2-Reduktionen**, zu denen sich auch andere führende Wirtschaftsnationen wiederholt verpflichtet haben, fordern alle Stakeholder der Immobilienwirtschaft zum Handeln heraus.

8 Schon heute ist daher abzusehen, dass sich manche nicht nachhaltige Gebäude in Zukunft nur mit Preisabschlägen verkaufen lassen werden, weil sie künftige gesetzliche Energieeffizienz-Auflagen nicht erfüllen können oder schlicht den Erwartungen der Menschen nicht mehr entsprechen. Wer heute auf Nachhaltigkeit setzt, begrenzt also Risiken, die der Wertewandel und die zunehmende Regulierung für Immobilien-Investments mit sich bringen.

III Interdisziplinäres Arbeiten

9 Eine echte Herausforderung für internationale Fondsgesellschaften bleibt dabei die **Nachhaltigkeitsevaluierung** globaler Portfolios – zu unterschiedlich sind die Gebäude, deren Standortqualitäten und technische Konzepte, sowie Ansprüche an Komfort in den verschiedenen Regionen dieser Welt. Der Lernprozess ist hier noch im vollen Gange.

10 Grundsätzlich dürfte aber gelten, dass nachhaltiges Management bei einem Immobilien-Investment-Manager am besten mit einem **interdisziplinären Ansatz** funktioniert. Neben Kaufleuten sind hier zum Beispiel hauseigene Architekten und Ingenieure gefragt. Der Nachhaltigkeitsgedanke sollte auf allen Hierarchieebenen eines Unternehmens gelebt und zur Selbstverständlichkeit werden. Wichtig ist, dass auch die sogenannten Lieferketten in das Nachhaltigkeitsmanagement integriert sind und ihren Beitrag leisten.

11 Union Investment hat sich frühzeitig zum **verantwortlichen Investieren** bekannt und dem Thema Nachhaltigkeit verpflichtet. Als einer der ersten großen Immobilienbestandshalter in Europa hat das Unternehmen eine umfassende Analyse seines gesamten globalen Immobilienfonds-Portfolios unter Nachhaltigkeitsaspekten durchgeführt und veröffentlicht. Diese erlaubte auch erstmals ein nachvollziehbares Benchmarking.

12 Die detaillierte Übersicht der Emissionen und Ressourcenverbräuche sämtlicher Objekte und der Einsatz maßgeschneiderter Tools erlauben es Union Investment, auf künftige Entwicklungen angemessen zu reagieren oder diesen sogar vorweg zu greifen. So gelingt es, **Risiken** zu minimieren und zugleich Performance-**Chancen** zu ergreifen.

von Mallinckrodt

IV Analyse und Umsetzung

Gewerbeimmobilien sind komplexe und oft einzigartige Bauwerke. Ihre Größe, ihre technische Ausstattung, die verwendeten Baumaterialien und die Intensität der Nutzung unterscheiden eine Immobilie von der anderen. Ein auf Nachhaltigkeit bedachtes Investment-Management, das vielleicht mehrere Hundert völlig unterschiedliche Objekte in einer Vielzahl von Ländern rund um den Globus in seinem Portfolio hat, steht damit vor keiner leichten Aufgabe: Wie soll es den Nachhaltigkeitsstatus dieses Portfolios kontinuierlich ermitteln? Wie kann es **Defizite** und **Potenziale** im Bestand identifizieren und die Nachhaltigkeitsbilanz seines Portfolios Schritt für Schritt weiter verbessern? 13

Ein System, das genau dies erlaubt, ist zum Beispiel das auf Immobilien zugeschnittene **Portfolio Sustainability Management (SoFi-PSM)** von thinkstep, mit dem auch Union Investment arbeitet. Mit Hilfe dieser **webbasierten Software** ist es möglich, große Mengen von Daten systematisch zu erfassen, zu verwalten und zu analysieren. 14

1 Wasser, Strom, Wärme – quantitative Kriterien

Grundlage für die Qualität der Ergebnisse ist dabei die möglichst genaue Erfassung aller **Verbrauchsdaten**. Dabei stehen die so genannten **Key Performance Indicators (KPIs)** im Fokus. Das sind vor allem die Verbrauchsdaten für **Wasser**, **Strom**, **Wärme** und **Abfallaufkommen**. Diese liegen dem Gebäudeeigentümer zum Teil direkt vor. Für Mietflächen schließen die Nutzer allerdings in der Regel eigene Versorgungsverträge ab. Bei **Single-Tenant-Gebäuden** ist der alleinige Mieter zumeist komplett für Ver- und Entsorgung zuständig. Ein Asset Manager, der sich ein umfassendes Bild von der Nachhaltigkeit seines Portfolios machen will, ist also auf die Mithilfe der Gebäudenutzer angewiesen. Nur wenn diese ihre Verbrauchsdaten zur Verfügung stellen, wird eine realistische Bilanzierung möglich. 15

Doch die **Datenerhebung** allein genügt nicht. Denn erst durch einen Vergleich mit einem **Benchmark** ist es möglich, Optimierungspotenziale zu erkennen. Hierfür ist es notwendig, die Daten zu bereinigen. Dabei werden beispielsweise **Leerstände** auf Vollbelegung hochgerechnet. Auch außergewöhnlich kalte Winter oder extrem heiße Sommer, die viel **Heizenergie** beziehungsweise viel Strom für die Klimaanlage kosten, können so aus der **Klimabilanz** herausgerechnet werden. Die Nutzungszeiten eines Gebäudes – rund um die Uhr oder nur zu bestimmten Tageszeiten? – fließen ebenso ein, wie **Sonderverbraucher** – das kann zum Beispiel ein Rechenzentrum mit extrem hohem Stromverbrauch sein. Um große und kleine Immobilien vergleichen zu können, wird abschließend nicht der Gesamtverbrauch eines Gebäudes betrachtet, sondern der Verbrauch pro Quadratmeter in Kilowattstunden angegeben. So entsteht am Ende für jedes Gebäude ein vergleichbarer, spezifischer Wert. 16

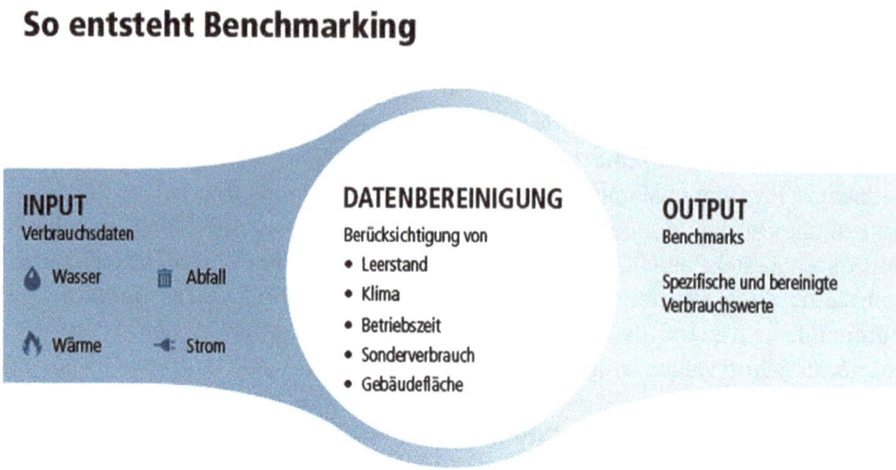

Abbildung 1: So entsteht Benchmarking

2 Qualitative Nachhaltigkeitskriterien

17 Für nachhaltige Immobilien gilt zum Beispiel, dass sie nicht nur möglichst umweltfreundlich gestaltet sein sollten. Sie müssen auch den **Bedürfnissen der Menschen** optimal gerecht werden, die in ihnen arbeiten und leben. So sind ein entsprechend ausgerüsteter Aufzug und barrierefreie Zugänge wichtige Bestandteile **sozial verträglicher Gebäude**, die allen Menschen eine verbesserte Teilhabe ermöglichen. Neben solchen konkreten, materiellen Dingen bilden aber auch **nachhaltige Prozesse** einen wichtigen Baustein. Hierzu zählt beispielsweise ein gutes Management der laufenden Instandhaltung, das sich langfristig in niedrigeren **Betriebskosten** niederschlägt.

18 Bekannte **Zertifizierungssysteme** berücksichtigen diese qualitativen Aspekte in ihrer Bewertung. Für die Bewertung einzelner Immobilien können solche Zertifikate ein brauchbares und aussagekräftiges Mittel sein. Für das Management großer Portfolien eignen sie sich aber weniger, da sie keine Vergleichbarkeit zwischen unterschiedlichen Objekten herstellen. Für diesen Zweck werden **standardisierte Instrumente** benötigt, welche die bereits genannten sowie eine Vielzahl weiterer Kriterien erfassen und bewerten können. Anerkannte Standards oder gesetzliche Vorgaben zu diesem Thema fehlen bislang. Union Investment hat aus dieser Not eine Tugend gemacht und bereits vor Jahren mit dem **Sustainable Investment Check (SI-Check)** ein eigenes **Bewertungssystem** entwickelt. Mit seiner Hilfe werden alle Bestandsobjekte jährlich analysiert. Auch potenzielle Ankäufe durchlaufen verbindlich einen SI-Check.

19 Zu diesem Zweck werden **qualitative Kriterien** in den Kategorien **Energie**, **Ressourceneinsatz**, **Wirtschaftlichkeit**, **Nutzerkomfort**, **Betrieb** und **Standort** erfasst und mit einem **Scoring** bewertet. Dabei kann sich Union Investment auf ihre bewährte Portfolio **Sustainability Management Software (SoFi-PSM)** stützen.

3 Konkrete Maßnahmen

Wenn also anhand der o. g. Daten und Analysen deutlich wird, dass ein Gebäude über **Optimierungspotenzial** verfügt, müssen zur **Reduzierung von Energie- und Betriebskosten**, der **Erhöhung des Nutzerkomforts** oder zur **Wertsteigerung der Gebäude**, objektspezifische Maßnahmen herausgearbeitet werden. Dies erfolgt mithilfe einer Sachverständigenuntersuchung, einer sogenannten **Green Due Diligence (GDD)**. Die Maßnahmen werden über Wirtschaftlichkeitsbetrachtungen in Kombination mit Emissions- bzw. **Umweltanalysen** bewertet. So erhält der Immobilienmanager eine fundierte Entscheidungsgrundlage zur Entwicklung der Gebäude. Die Wirkung der umgesetzten Maßnahmen wird nachverfolgt, um die Erreichung von Zielen zu messen und bei Bedarf nachzusteuern. 20

V Prozesse und Stakeholder

1 Sensibilisierung

Ein ganzheitlich **nachhaltiges Immobilienmanagement** ist nur möglich, wenn alle Beteiligten ihren Beitrag leisten. Deshalb informiert und sensibilisiert Union Investment ihre Mitarbeiter ebenso wie Marktteilnehmer, Kunden und Mietpartner mit unterschiedlichen Medien und Veranstaltungsformaten für die Chancen und Notwendigkeiten, die mit dem Thema Nachhaltigkeit verbunden sind, beispielsweise durch diesen Bericht oder durch Vorträge auf Fachmessen. 21

Ein weiteres Informationsangebot wird durch das im Jahr 2015 runderneuerte **Wissensportal** von Union Investment zum Thema „Nachhaltige Immobilieninvestments“ bereitgestellt. Der interessierte Leser erhält darin nicht nur Einblicke in den Mehrwert der **Nachhaltigkeitskriterien** in der Immobilienbranche, sondern er erfährt auch Details über deren **praxisorientierte Umsetzung**. Aktuelle Entwicklungen und News runden das Informationsangebot ab. Um stets auf dem Laufenden zu bleiben, ist die Anmeldung zum Newsletter zu empfehlen. Die Seite ist unter folgender Adresse zu erreichen: www.nachhaltige-immobilien-investments.de 22

2 Verpflichtung der Nutzer

Neben der Bausubstanz ist insbesondere auch die **Nutzung** und **Bewirtschaftung** ein Faktor, der die **Umweltbilanz** eines Gebäudes maßgeblich bestimmt. Diese Erkenntnis findet in **Mietverträgen** zunehmend Niederschlag. 23

Die wesentlichen Inhalte eines grünen Mietvertrages, auch **„Green Leases“** genannt, sind etwa die Bekenntnisse zur Nachhaltigkeit seitens des Mieters und des Vermieters. Dies bedeutet einen partnerschaftlichen Ansatz zur nachhaltigen Nutzung und Bewirtschaftung des Gebäudes, um **langfristigen Werterhalt** und nicht zuletzt **optimierte Betriebskosten** sicherzustellen. Themen von Green Leases sind zum Beispiel: Information und Austausch von **nachhaltigkeitsrelevanten Daten**, 24

Festlegungen über **schadstoffarme Bau- und Reinigungsmaterialien**, Hilfestellungen für **ressourcenschonende Nutzung** und vieles mehr. Bei zertifizierten Objekten kann außerdem die Vereinbarung getroffen werden, den Erhalt oder die Verbesserung des jeweiligen Zertifikats anzustreben.

25 Union Investment hat Green Leases für ihre Neuvermietungen in deutschen Büroimmobilien bereits seit 2014 als Standard implementiert. Dabei können **grüne Vertragsklauseln** objekt- und mieterspezifisch vereinbart werden. Ziel ist es, diesen Standard auch für weitere Nutzungsarten und Länder zu erarbeiten.

26 Im Jahr 2015 hat Union Investment gemeinsam mit weiteren Teilnehmern aus der Immobilienbranche den **Leitfaden** „Grüne Mietverträge – Regelungs- und Handlungsempfehlungen für eine nachhaltige Gebäudenutzung“ entwickelt und publiziert.

3 Verpflichtung der Dienstleister

27 Durch ein **Umweltmanagementsystem** hat sich Union Investment verpflichtet, umweltrelevante Aspekte bei der Entwicklung von Produkten und Dienstleistungen sowie bei der Neuvergabe von Aufträgen und der Auswahl von Geschäftspartnern einfließen zu lassen. Im Immobilien Asset Management kommt dies bei der Auswahl der Property- und Facility Manager seit 2014 auch in der Vertragsausgestaltung zum Tragen. Mit dem Ziel, die **Umweltleistung** der Produkte stetig zu verbessern, hält Union Investment ihre **Dienstleister** dazu an, ihre Aktivitäten an **Nachhaltigkeitsprinzipien** auszurichten und mit ihren Geschäftspartnern zu vereinbaren. Die Einhaltung von **Umweltrechtspflichten** durch die Dienstleister wird jährlich in einem neuentwickelten Prozess überprüft.

4 Erfahrungsaustausch und Benchmarking in der Branche

28 Im Rahmen ihrer Mitwirkung an zahlreichen Initiativen steht Union Investment in regelmäßigem Austausch mit anderen Bestandshaltern. So ist das Unternehmen seit 1999 Mitglied im **Urban Land Institute (ULI)**, das sich weltweit für die nachhaltige Entwicklung von Lebensräumen einsetzt. Als Gründungsmitglied der **Deutschen Gesellschaft für Nachhaltiges Bauen (DGNB)** bringt Union Investment darüber hinaus seit 2007 ihr Wissen und ihre Erfahrung in diverse Arbeits- und Expertengruppen ein. Durch die intensive Begleitung von Pilotzertifizierungen wurde z. B. der Ausbau des DGNB-Zertifizierungssystems unterstützt.

29 Seit Juni 2008 ist Union Investment Mitglied des **Zentralen Immobilien Ausschusses (ZIA)** und hat maßgeblich an der Entwicklung des branchenweiten **Nachhaltigkeitskodex** mitgewirkt. Überdies arbeitete das Unternehmen wesentlich an der Entwicklung des 2013 erschienenen ZIA „Leitfaden zur Einführung von Nachhaltigkeitsmessungen im Immobilienportfolio – technologisch-ökologische Aspekte“ mit. Ziel der **Nachhaltigkeitsmessung** ist es, wichtige Grundlagen für die große Gruppe der Bestandsimmobilien zu schaffen, um diese werthaltig weiterzuentwickeln, indem

ökologische, ökonomische und soziale Kriterien einbezogen werden. Darüber hinaus ist Union Investment, zusammen mit anderen großen Bestandshaltern und Institutionen, aktiv an der Entwicklung eines **branchenweiten Benchmarkings** beteiligt und ist so ein kontinuierlicher Treiber dieses Prozesses.

Als Mitglied des **Bundesverbands Investment und Asset Management e. V.** 30
(BVI) arbeitet Union Investment seit 2015 an der Entwicklung von **Nachhaltigkeitsstandards** für Immobilienportfolien mit. Gemeinsames Ziel ist es, auf Fonds- und Portfolioebene **Steuerungsgrößen** zu identifizieren, um die Nachhaltigkeit und somit den langfristigen Ertrag für die Anleger zu sichern.

E Ratingsysteme – Marketinginstrument oder Gütesiegel?

1 Der angelsächsische Ausdruck „short term pain, long term gain“ ist die Wurzel betriebswirtschaftlichen Denkens und auch des umweltfreundlichen und ressourcensparenden Bauens. Da der Energieverbrauch eines Gebäudes die „embodied energy“[214], die investiert wurde, um das Gebäude zu errichten, stets bei Weitem übertrifft, ergibt es Sinn, mehr „Energie“ beim Entwurf und Bau eines Gebäudes zu investieren, um sie dann im Betrieb um ein Vielfaches potenziert einzusparen. Wer Energie spart, spart auch Geld, zumal die Energiepreise nur eine Richtung kennen: sie steigen in dem Maße, in dem die Ernte fossiler Brennstoffe immer (kosten-) aufwändiger und ihrerseits ressourcenfressender wird.

2 Der Begriff „Energie“ steht hier sowohl für entwerferische und architektonische Sorgfalt, als auch für den Energie-Eintrag und die Investition in eine Immobilie. In die Qualität eines Gebäudes zu investieren, um die Extra-Investitionen schon bald und ab dann dauerhaft durch einen energiesparenden Betrieb wieder hereinzubekommen, leuchtet jedem kaufmännisch denkenden Bauherren sofort ein. Denn der Satz „ein grünes Gebäude konnten wir uns nicht leisten“ ist nie sinnvoll. Der Satz „nicht grün zu bauen, können wir uns nicht leisten“, hingegen schon.

3 Bisweilen wird ressourcensparendes Bauen als „Luxus“ oder als zusätzlicher „Bonus“ angesehen und auch ein Gebäude in einem der gängigen Greenbuilding-Rating-Systeme der Welt einordnen zu lassen, gilt als vermeintlich teuer und kompliziert. Es ist jedoch nicht nur ökologisch, sondern auch ökonomisch sinnvoll, energie- und ressourcensparende Gebäude zu entwickeln und zu bauen – das weiß auch die Immobilienwirtschaft. Ratingsysteme wie LEED, BREEAM, CASBEE, Green Star oder DGNB werden heute überwiegend für kommerzielle Gebäude angewandt, deren Eigner nicht der Nutzer ist. Denn Immobilienentwickler versprechen sich von einem erfolgreichen Rating nicht nur Aufmerksamkeit und einen wertsteigernden Image-Gewinn, Es wäre jedoch tragisch, wenn mittelfristig die Ratingsysteme zum Marketing-Instrument für spekulative Gewerbe-Immobilien degenerieren würden. Das Bewusstsein für nachhaltiges Bauen, als Basis für eine Zertifizierung hat gerade in den deutschen Großstädten einen zunehmend hohen Stellenwert bei der Vermarktung und Anmietung von Gebäuden. Die Auszeichnung appelliert auch an die ökonomische Vernunft des Mieters: Gebäude mit einem guten Greenbuilding-Rating versprechen niedrige Kosten im Betrieb. Es ist eine Investition in die langfristige Marktfähigkeit der Gebäude. Die Zahl der zertifizierten Gebäude hat in den letzten Jahren deutlich zugenommen. Verfolgt man die Statistiken des DGNB[215], so haben sich die Anzahl der Projekte und Auszeichnungen innerhalb der letzten drei Jahre nahezu verdreifacht. Ende 2016 waren über 1.200 Gebäude zertifiziert.

214 siehe: www.designingbuildings.co.uk/wiki/embodied_energy_in_construction
215 siehe: www.dgnb.de

Auch wenn sich dies überwiegend auf den Neubau von Bürogebäuden bezieht, 4
ziehen die anderen Segmente deutlich nach. Nach Erhebungen des Bundesinstituts für Bau-, Stadt- und Raumforschung[216] betrifft der größte Teil der Bautätigkeiten in Deutschland mit circa zwei Drittel des Volumens Bauaufgaben im Bestand; im Wohnungsbau liegt dieser Anteil sogar noch höher. Das britische Rating-System BREEAM weist einen hohen Anteil zertifizierter Bestandsgebäude[217] auf, aber auch das DGNB-System mit seinen Nutzungsprofilen für Bauen im Bestand[218] zeigt, dass die Ressource Bausubstanz eine Schlüsselposition im nachhaltigen Bauen besetzt: mit Schwerpunkten in der energetischen Sanierung, der konstruktiven Ertüchtigung, der Nutzungsänderung und Verbesserungen des gebäudespezifischen Nutzerkomforts. Zudem spielen vorhandene Bausubstanz und Nachverdichtung eine zentrale Rolle bei der nachhaltigen Entwicklung der Städte. Bereits heute lebt die Hälfte der Weltbevölkerung in Städten, 2050 werden es 70 % sein.[219] Auch wenn sich der Bevölkerungszuwachs in hohem Maße in den internationalen und insbesondere asiatischen Megacitys abzeichnet, ist das Thema Verdichtung der Städte durchaus auch ein europäisches. Es ist eine Entwicklung mit Folgen: in Städten bündeln sich Ressourcen- und Energieverbrauch, Emissionen und Flächenversiegelung. Die Kriterienkataloge der Rating-Systeme somit auch auf Stadtquartiere oder die Konversion ehemaliger Industrieanlagen auszuweiten, wie es beispielsweise für DGNB, BREEAM und LEED gilt, ist demnach folgerichtig. Hier geht es weniger um immobilienwirtschaftliche Einzelbewertungen, sondern um die Standortqualitäten von Städten und Quartieren im nationalen und internationalen Vergleich.

Noch vor gut zehn Jahren war das Greenbuilding-Zertifikat ein Alleinstellungs- 5
merkmal für das Engagement und die ökologische Verantwortung des Bauherrn und Architekten, nachhaltige Gebäude zu realisieren. Mittlerweile sind Greenbuilding-Ratings ein selbstverständliches Marktinstrument. Die sechs DGNB-Kategorien (ökologische Qualität, ökonomische Qualität, soziokulturelle & funktionale Qualität, Prozessqualität, Standortqualität)[220], die den Zertifizierungen des deutschen Rating-Systems zugrunde liegen, beschreiben sehr gut die Überschriften eines Katalogs qualifizierter Mindestanforderungen, die in der Planung und Realisierung von Bauaufgaben Berücksichtigung finden sollten. Nachhaltiges Bauen geht aber weit über die Kriterien eines Greenbuilding-Rating-Systeme hinaus und lässt sich in letzter Konsequenz nicht quantifizieren. Auch immaterielle Werte wie Dauerhaftigkeit, Transparenz, Klarheit, Materialgerechtigkeit und Plausibilität gehören zu einer

216 siehe: www.bbsr.bund.de/BBSR/DE/Home/bbsr_node.html

217 siehe: www.breeam.com/

218 siehe: www.dgnb.de

219 siehe: https://unhabitat.org/books/prosperity-of-cities-state-of-the-worlds-cities-20122013
State of the World's Cities 2012-2013: Prosperity of Cities, United Nations Human Settlements Programme (UN-Habitat), 2013

220 siehe: www.dgnb.de

qualitätvollen Baukunst und viele unserer Bauherren teilen und unterstützen diese Auffassung – unabhängig davon, was die Rating-Systeme im Detail verlangen. Wir schielen nicht auf die maximale Punktzahl in einem bestimmten System wenn wir entwerfen, sondern konzipieren das bestmögliche Gebäude für den jeweiligen Ort und die jeweilige Aufgabe. Ein gutes, bisweilen auch sehr gutes Rating ist dann das logische Ergebnis der Arbeit. Das Denken und Arbeiten in vorgefertigten „Schablonen" ist nicht hilfreich, weil jede neue Bauaufgabe mit ihren eigenen klimatischen, topographischen, typologischen und sozialen Anforderungen einhergeht, die eine spezifische und holistische Antwort vom Architekten verlangen. Entwurf, Bau und Betrieb eines Gebäudes sind untrennbar miteinander verbunden und sollten deshalb auch von vornherein zusammen gedacht werden.

Kapitel 8
Ausblick

A Ausblick auf die nächste Generation der Green Buildings

Green Buildings haben durch die Bewertungs- und Zertifizierungssysteme eine ganzheitliche Definition erhalten. Wie werden sie sich weiterentwickeln? Sicherlich entlang der zu lösenden Fragestellungen rund um den Klimaschutz, den Ressourcenverbrauch, den Anforderungen aus der digitalen Transformation (u. a. hohe Flexibilität und Konnektivität) und den sozialen Aspekten, wie wir leben und arbeiten wollen. 1

Ressourcenmangel zwingt zum Umdenken

Nach wie vor ist der Bedarf an Rohstoffen wie Erdöl, Kohle, Metallen, Kies, Sand und anderen Ressourcen ungebrochen. In den letzten vier Jahrzehnten hat sich der weltweite Abbau von Rohstoffen laut einem Report der Vereinten Nationen vom Juli 2016 sogar mehr als verdreifacht.[1] Nach Berechnungen des International Resource Panel (IRP) des UN-Umweltprogramms UNEP sei zwischen 1970 und 2010 die Menge abgebauter Rohstoffe weltweit von 22 auf 70 Milliarden Tonnen gestiegen. Bliebe es bei diesem enormen Verbrauch an Lebensmitteln, Energie, Wasser, Wohnraum und Mobilität, benötigten ab 2050 etwa neun Milliarden Menschen jährlich bis zu 180 Milliarden Tonnen an Rohstoffen. 2

Globale Materialeffizienz sinkt

Besonders der Wirtschaftsboom in Schwellenländern wie China, Brasilien und Südafrika habe dem IRP-Bericht zufolge den Rohstoffverbrauch seit dem Jahr 2000 beschleunigt. Für die wachsende Industrie und die rasante Verstädterung werde eine beispiellose Menge an Eisen, Stahl, Zement und anderem Baumaterial benötigt. Leider kaum effizienter haben aber hauptsächlich viele Schwellenländer die Rohstoffe seit 1990 genutzt. Im Gegenteil: Seit dem Jahr 2000 sinkt die globale Materialeffizienz sogar. In Verbindung mit der steigenden Nachfrage, die insbesondere durch die stark wachsende Mittelschicht in den Schwellenländern entsteht, kann zudem 3

1 Global Material Flows and Resource Productivity. An Assessment Study of the UNEP International Resource, Panel. *Schandl/Fischer-Kowalski et al.* United Nations Environment Programme, Paris, 2016, ISBN: 978-92-807-3554-3.

https://doi.org/10.1515/9783110275285-008

langfristig für viele Rohstoffe von einer überinflationären Preisentwicklung ausgegangen werden.

4 Dies sind alarmierende Daten und Entwicklungen, die zeigen: Ein Umdenken ist zwingend erforderlich. In Zeiten knapp werdender Ressourcen müssen auch Unternehmen ihre Prozesse und ihre Wertschöpfung nachhaltiger gestalten. Das Wiederverwerten von Materialien hat schon längst die Nische rein ökologischer Bestrebungen verlassen. Sie ist auch ökonomisch notwendig. Denn mit der künftig noch weiteren Verknappung steigt auch der Preis für die jeweiligen Rohstoffe – und ein Ende dieser Entwicklung ist nicht in Sicht.

Von dem linearen zum zirkularem Wirtschaftssystem

5 Was wäre ein Wirtschaftssystem ohne Abfall? Der Cradle to Cradle-Gedanke hat seinen Ursprung Anfang der neunziger Jahre und geht auf den deutschen Chemiker und Verfahrenstechniker Prof. Michael Braungart und den amerikanischen Architekten William McDonough zurück[2]. Entgegen dem Prinzip „Cradle to Grave", zu Deutsch „Von der Wiege bis zur Bahre", setzt Cradle to Cradle (C2C) auf das Vorbild Natur. Während die Umweltbewegung sich hauptsächlich dafür starkmachte, Abfall zu vermeiden, überlegten Braungart und McDonough, wie man die Dinge des täglichen Bedarfs – bis hin zu ganzen Häusern – in Anlehnung an die Kreisläufe der Natur konstruieren könnte. Für beide ist Abfall kein unbrauchbarer Müll, sondern immer Nahrung in einem ewigen Kreislauf. Dieses Prinzip überträgt C2C auf Produkte: Bereits bei ihrer Entwicklung soll feststehen, was mit den verwendeten Rohstoffen nach Ende der Produktlebenszeit geschieht.

Wiederverwertung ohne Qualitätsverlust

6 Wer meint, hier handle es sich bloß um altbekanntes Recyceln, das in der Regel das Downcycling von Rohstoffen beinhaltet, täuscht sich. Beispielsweise entsteht bisher aus gebrauchten Papier häufig minderwertiger und schadstoffhaltiger Karton. Recycling nach dem C2C-Prinzip bedeutet aber, verwendetes Material ohne Qualitätsverlust immer wieder einzusetzen, um hochwertige Produkte herzustellen. Aus einem Teppich wird zum Beispiel wieder ein Teppich derselben Qualität. Fabriken verwandeln ihr Abwasser zu Trinkwasser. Kleidung ist kompostierbar oder wird zu Nahrung für Pflanzen und Tiere. Verpackungen können aufgegessen werden. Kunden geben Geräte an den Händler zurück und diese werden zu neuen Fernsehern, Telefonen oder Stühlen. Insgesamt verfolgt C2C so das Ideal einer abfallfreien Welt.

2 *Braungart/McDonough* Cradle to Cradle: Einfach intelligent produzieren.

Die zugrundeliegende Theorie der C2C-Kreislaufwirtschaft ist einfach erklärt: 7
In Produkten verwendete Rohstoffe, von Braungart und McDonough als Nährstoffe bezeichnet, werden nach ihrer Nutzung sortenrein getrennt, wieder aufbereitet und in gleicher Güte neu verwendet. Dabei unterteilt C2C alle Materialien grob in zwei Klassen: in biologische und technische Nährstoffe, die analog entweder einem biologischen oder technischen Kreislauf angehören.

Biologischer und technischer Kreislauf

Im biologischen Kreislauf zirkulieren Verbrauchsgüter, die gesund und kompostier- 8
fähig sind. Biologische Nährstoffe sind beispielsweise organische Verbindungen wie Polymere oder Textilfasern, die am Ende auf dem Kompost wieder in die Biosphäre zurückkehren, so wie die Blüten eines Kirschbaums zu Humus werden. Voraussetzung: Die Materialien dürfen keine Giftstoffe enthalten, die Organismen schädigen.

Im technischen Kreislauf zirkulieren Gebrauchsgüter wie Metalle oder Kunst- 9
stoffe, die als Primärrohstoffe begrenzt zur Verfügung stehen. Diese Produkte werden bereits im Design- und im Herstellungsprozess als Ressourcen für die nächste Nutzungsphase optimiert. Materialien, Rohstoffe und Wertstoffe gehen nicht verloren, können nach ihrem Gebrauch verlustfrei zurück gewonnen und im Idealfall unendlich oft wiederverwertet werden. Alle Inhaltsstoffe sind chemisch unbedenklich und kreislauffähig. Metalle etwa können sortenrein zurückgewonnen werden, um eingeschmolzen wieder als Rohstoff zu dienen. Technische Kunststoffe werden in ihrer chemischen Struktur ebenfalls so konstruiert, dass sie ohne Qualitätsverlust wieder als Ausgangsmaterial formbar sind. Auch hier ist wichtig: Das Plastik darf keine Rückstände von Schwermetallen oder anderen Schadstoffen enthalten.

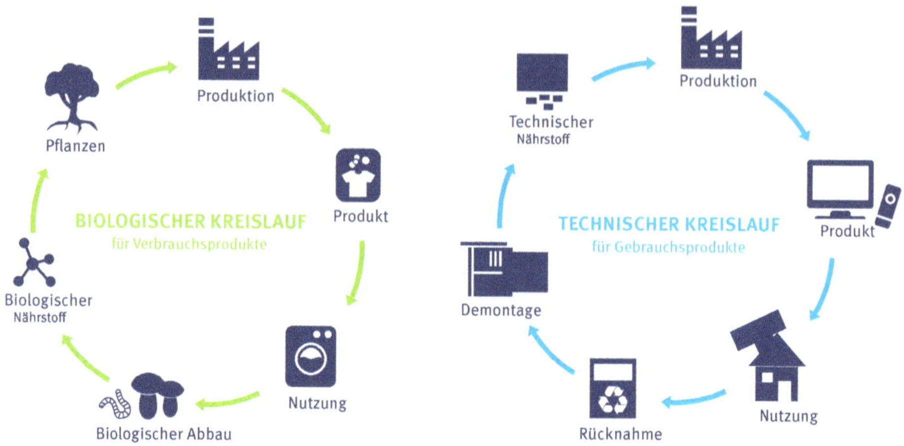

Abbildung 1: Zwei getrennte Kreisläufe: Abfall wird zu Nährstoff für Neues. Links ein biologischer Kreislauf, rechts ein technischer. Quelle: www.epea.com

Green Buildings als Rohstoffdepots

10 Übertragen auf die Bauindustrie bedeutet C2C, dass die in Gebäuden gebundenen Rohstoffe in Zukunft so verbaut werden, dass sie am Ende der Nutzungszeit wieder als Ausgangsstoff für neue Projekte dienen. Hierbei ist Transparenz über den Stoffeinsatz und der Verzicht auf gesundheitlich bedenkliche Baustoffe eine Grundvoraussetzung, ansonsten wäre eine qualitativ hochwertige Wiederverwertung nicht möglich. Bauteile und Materialien sind so Teil eines geschlossenen Kreislaufs. Anstatt jedes Mal beim Abbruch von Gebäuden Unmassen von Bauschutt zu produzieren, sollen alle verbauten Materialien ohne Qualitätsverlust uneingeschränkt wiederverwertet werden können.

11 Als Rohstoffdepots, die ihre Materialien nach der Nutzungszeit wieder herausgeben, erhalten Immobilien einen zusätzlichen Wert. Das für die Baustoffe gebundene Kapital ist dann nämlich nicht verloren, sondern wird ähnlich einer mittel- bis langfristigen Wertanlage wieder freigegeben. Der Eigentümer der eingesetzten Produkte oder der Gebäude profitiert von künftigen Rohstoffpreisentwicklungen – ohne in deren Lagerung investieren zu müssen.

12 Darüber hinaus lassen sich die Instandsetzungs-, Rückbau- und Entsorgungskosten auf ein Minimum reduzieren. Da nur schadstofffreie Materialien in die Recyclingkreisläufe gehen dürfen, entstehen durch C2C zudem schadstofffreie und gesunde Gebäude.

C2C fördert neue Geschäftsmodelle

Die vollständige Kreislauffähigkeit von Bauprodukten ermöglicht neue Geschäftsmo- 13
delle: Verkauft wird nicht mehr das Produkt selber, sondern vielmehr dessen Funktion. Konkret: Gekauft wird nicht mehr die Lampe, sondern das Licht. Dieser Leasing-Gedanke ist eng mit C2C verbunden und wird in Zeiten der wachsenden Sharing Economy an Zuspruch erhalten.

Cradle to Cradle, modulares Bauen und BIM gehen Hand in Hand

Die Forderung von C2C nach Demontierbarkeit und einfacher Trennbarkeit der Bau- 14
stoffe weist unter anderem den Weg zum sogenannten modularen Bauen. Dabei handelt es sich um ein Bauverfahren, bei dem Teile des Bauwerkes wie etwa die Fassade aus vorgefertigten Bestandteilen, den Modulen, nach dem Baukastenprinzip zusammengesetzt und entsprechend auch wieder demontiert werden. Und nur wer solche Standardelemente verwendet, kann das Bauen nach den C2C-Prinzipien künftig bezahlbar gestalten.

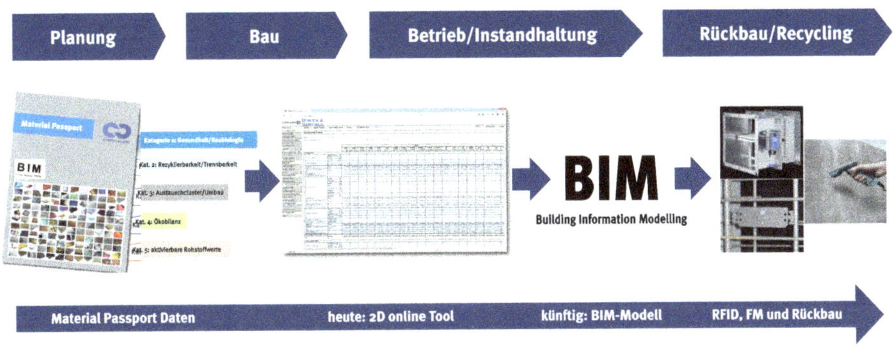

Abbildung 2: Building Information Modelling

Building Information Modeling

Am Markt setzt sich zudem eine neue digitale Planungsmethode durch, das so 15
genannte Building Information Modeling, kurz BIM[3] genannt. Erst digital, dann real lautet deren Prinzip. Mit BIM lässt sich ein digitales Abbild eines Bauwerks mit großer Informationstiefe erstellen. Neben der virtuellen Beschreibung der Geometrie einer Konstruktion werden die Daten der einzelnen Gebäudeelemente wie Material,

3 www.bim-blog.de.

Gewicht, Oberfläche, Volumen und Name sowie die Funktion und die Verortung in der Gebäudegeometrie erfasst. Richtig angewendet bringt die Methode Bauherren, Projektsteuerer, Architekten und Fachplaner von Anfang an auf einen gemeinsamen Nenner. Sie alle speisen ihre Informationen in die BIM-Systeme ein. In Echtzeit erkennen die Beteiligten, wie sich verschiedene digitale Planungsvarianten beim tatsächlichen Bauvorhaben auf Qualität, Kosten, Zeit und Umwelt auswirken.

Virtueller Baukasten

16 Mit BIM können also beispielsweise die einzelnen Bauteile wie Wand, Decke, Ausbau und Technik aus Modulen einer Datenbank wie bei einem virtuellen Lego-Baukasten im Computer zusammengesetzt werden. Diese Module tragen auch alle Informationen über ihre Eigenschaften in sich, was der Forderung nach vollständiger Kreislaufführung entgegen kommt.

17 Die Planer können sich zum Beispiel aus den offen zugänglichen Datenbanken von Produzenten bedienen. Und das nützt wiederum beiden: Der Planer ist sicher, dass das ausgewählte Modul funktioniert und den C2C-Anforderungen genügt – und der Anbieter kann seine Fertigung auf diese Module ausrichten, was eine industrielle Fertigung in größeren Serien ermöglicht. Dies ist im Zusammenspiel mit einer kompletten Planung wiederum die Voraussetzung für kostengünstigeres Bauen.

Materialpass schafft Transparenz

18 Als gedankliche Erweiterung des bekannten Bauteilkatalogs der Bauphysik kann mit Hilfe von BIM auch ein sogenannter Materialpass zum Einsatz kommen[4]. Dort sind alle bauökologisch relevanten Informationen zu den verwendeten Materialien[5] und Konstruktionen zusammengeführt und bewertet. Mit BIM besteht die Möglichkeit, einen Materialpass konsequent in Planung und Ausführung einzubetten, der Informationen zur Lebensdauer, den Herstellstoffen und Möglichkeiten zum Rückbau berücksichtigt. Er kann effizient und mit vergleichbar geringem Aufwand erstellt und gepflegt werden.

19 Der Materialpass schafft damit die Transparenz, die nötig ist, um eine Kreislaufwirtschaft im Immobilienbereich zu realisieren. Zudem wird dokumentiert, von welchem Hersteller ein Produkt beziehungsweise ein Rohstoff stammt. Damit werden Immobilien zu Wertstoffdepots und lassen sich im Betrieb flexibel um- und zurückbauen.

4 www.bamb2020.eu.
5 www.building-material-scout.com

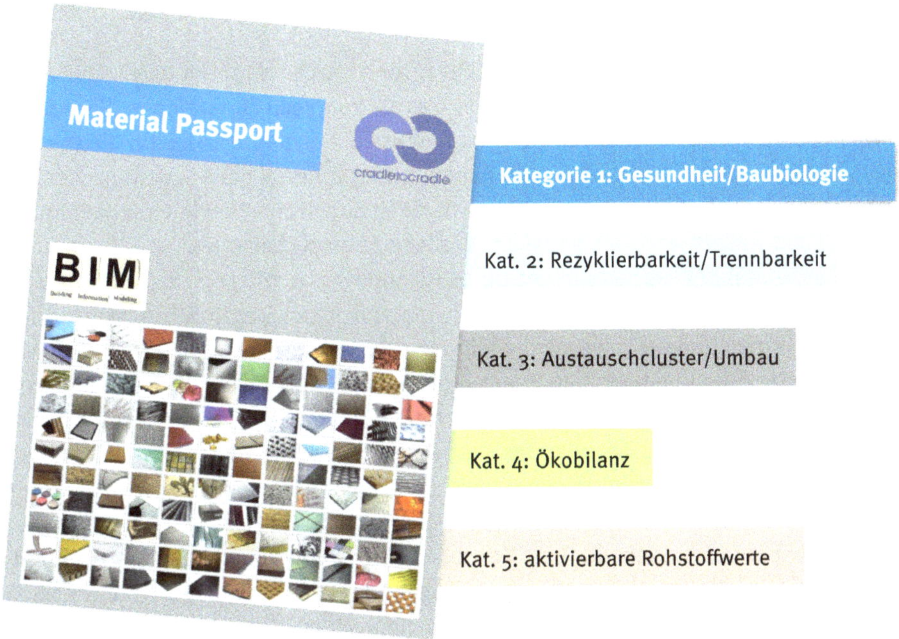

Abbildung 3: Material Passport von Drees & Sommer

Die nächste Generation von Green Buildings

Mehr Flexibilität, mehr Gesundheit, mehr Rezyklierbarkeit, weniger Wertverlust 20
werden die zukünftigen Anforderungen an die nächste Generation von Green Buildings sein. Der Rahmen hierfür gibt die Circular Economy[6], der Klimaschutzplan 2050[7] sowie die Nachhaltigkeitsziele der UNEP[8]. Neben dem Energieausweis wird sich der Materialausweis als ein wichtiger Baustein für die Zertifizierung und für die Kommunikation zwischen Bauherrn und Kunde etablieren.

Praxistipp
Gesundheit, Flexibilität, Rezyklierbarkeit sind nicht nachrüstbar. Alle Gebäudeprojekte, die heute diese Anforderungen nicht integrieren, besitzen ein hohes Risiko eine Abwertung zu erfahren, wenn die nächste Generation von diesen Gebäuden im Jahre 2020 bis 2025 mit spürbarer Anzahl am Markt vertreten ist. Aus diesem Grund empfiehlt der Autor, diese Anforderungen schon heute in die Projektentwicklungen einzubeziehen.

---

6 ec.europa.eu/environment/circular-economy/index_en.htm.
7 Klimaschutzplan 2050 der Bundesregierung, Stand: 14.11.2016 (www.bmub.bund.de).
8 www.un.org/sustainabledevelopment/sustainable-development-goals/.

B Aus Architektensicht

1 Wenn Ratingsysteme dazu beitragen, dass „grüne“ Architektur als teuer oder elitär gilt, erreichen sie das Gegenteil von dem, was sie vorgeben zu erreichen. Sie sollten aber Teil der Lösung und nicht Teil des Problems sein. Deshalb sehe ich für die Zukunft des „grünen“, ressourcenschonenden Bauens eine Evolution der Bewertungssysteme voraus. Die Greenbuilding-Ratingsysteme der Welt haben eine Vergleichbarkeit unterschiedlicher Ansätze möglich gemacht. Das ist eine große Leistung.

2 Es ist eine Besonderheit meines Büros ingenhoven architects, weltweit Gebäude entworfen und gebaut zu haben, die in den höchsten Zertifizierungskategorien bewertet werden und oft sogar noch mehr erreichen, als es die Standards verlangen. Alle Gebäude orientieren sich an internationalen Standards wie LEED aus den USA, BREEAM aus Großbritannien, ASHRAE, ebenfalls aus den USA, dem Schweizer Minergie Standard, oder dem Ratingsystem der Deutschen Gesellschaft für Nachhaltiges Bauen (DGNB), deren Gründungsmitglied ich bin. Es bedarf jedoch einer enormen Expertise und konstanter Weiterbildung, wenn man für fast alle Ratingsysteme der Welt Know-how vorhalten will. Eine Konsolidierung wäre für global agierende Architekten (und ihre Bauherren!) sicher wünschenswert – das darf aber nicht auf Kosten der Berücksichtigung von lokalen Besonderheiten gehen.

3 Die Europäische Investitionsbank[9] war das erste von ingenhoven architects entworfene Gebäude, das zertifiziert wurde. Solch eine Zertifizierung ist ein langwieriger Prozess: Er begann bereits im Jahr 2002 mit dem Wettbewerbsgewinn. Die BREEAM-Zertifizierung[10] ist ein weltweit anerkanntes, europäisches System, das schon seit 1991 erfolgreich angewandt und von der OECD („Organisation für wirtschaftliche Zusammenarbeit und Entwicklung“) als bestes System zur Messung der Umwelt-Performance über die gesamte Lebenszeit eines Gebäudes betrachtet wird. Das BREEAM ist sehr erfolgreich in der Förderung nachhaltiger Bauweisen. Zusammen mit unseren Partnern in Großbritannien und Luxemburg wurden die Standards von BREEAM und die örtlichen Anforderungen in Luxemburg sinnvoll koordiniert – vom Vorentwurf bis zum „Post Construction Review (PCR)“.

4 Unsere Erfahrungen im Umgang mit umweltfreundlichen Werkstoffen und Bauweisen, natürlichem Licht und natürlicher Belüftung von großen Gebäuden wie z. B. dem „Lufthansa Aviation Center“[11] am Flughafen Frankfurt, waren eine gute Ausgangsbasis für den Entwurf in Luxemburg.

---

9 siehe: www.ingenhovenarchitects.com; Europäische Investitionsbank Luxemburg, internationaler Wettbewerb 2002, 1. Preis, Realisierung 2003–2008, Architekten: ingenhoven architects, Düsseldorf

10 siehe: www.breeam.com

11 siehe: www.ingenhovenarchitects.com;Lufthansa Frankfurt/Main, internationaler Wettbewerb 1999, 1. Preis, Realisierung 2002–2006, Architekten: ingenhoven architects, Düsseldorf

5 Das Wohlbehagen der Nutzer zu fördern, durch öffenbare Fenster, Ausblicke in Gärten und Atrien, kommunikative Räume und eine leichte, elegante, moderne, flexible und transparente Arbeitsumgebung waren das Anliegen unserer Entwürfe. Dazu dienen auch thermische Pufferzonen, warme und kühle Atrien, Doppelfassaden, eine natürliche Be- und Entlüftung und die Aktivierung der thermischen Masse der Betongeschossdecken. Die Anerkennung durch die BREEAM-Zertifizierung ist jedoch nicht nur für die Architekten eine Auszeichnung, sondern auch für den Bauherren.

6 Die Zertifizierung ist ein ständiger Prozess im Laufe der Planung und des Bauens eines Bauwerks und beinhaltet die Möglichkeit der Erhöhung der Zertifikat-Stufe. So hat sich unser Entwurf im Laufe der Planung von „very good" auf die höchste Stufe „excellent" verbessern können

7 Die Kriterien von BREEAM und ähnlichen Greenbuilding-Rating-Programmen sind ein guter Ansporn, aber kein Selbstzweck. Sie sollten nicht zur starren Schablone werden. Ein Beispiel soll das illustrieren: Wir haben im Neubau der Europäischen Investitionsbank in Luxemburg keine Duschen für fahrradfahrende Mitarbeiter vorgesehen, weil es die im Altbau nebenan bereits gibt. Aus unserer Sicht wäre es unökologisch und unsinnig gewesen, nur um einen „Bewertungs-Punkt" zu sammeln, das Raumprogramm in diesem Bereich zu verdoppeln. Für die Zukunft wünsche ich mir, dass die Greenbuilding-Rating-Systeme zugleich einfacher, selbstverständlicher und flexibler und ausgereifter werden – das langfristige Ziel sollte sein, dass sie sich selbst überflüssig machen, weil ihre „Philosophie" in den allgemeinen, gesunden Menschenverstand von Planern und Bauherren übergeht.

8 Unsere nachhaltigen Architekturansätze werden international mit den höchsten Zertifizierungsstufen ausgezeichnet. Zwei Beispiele sind hier der „Breeze Tower" und „1 Bligh". Der „Breezé Tower" in Osaka/Japan[12] war das erste umweltfreundliche Hochhaus in Japan mit einer gläsernen Doppelfassade und hat mit der Einstufung in die „S-Class" des japanischen CASBEE-Systems[13] das höchste Rating für ökologisches Bauen bekommen. Das „1 Bligh"-Building in Sydney[14] hat als erstes Hochhaus eine „6 Star-World Leadership" Zertifizierung des australischen Öko-Standards „Green Star"[15] erhalten aufgrund der zweischaligen Glasfassade und der Be- und Entlüftung über ein gebäudehohes Atrium.

9 Weltweit gibt es immer mehr Zertifizierungssysteme, die helfen, umweltfreundliche Bauweisen vergleichbarer und nachweisbar zu machen – um nicht zuletzt auch den Entwerfern zu helfen, ihre Anstrengungen zu bewerten und zu motivieren. Das gilt

12 siehe: www.ingenhovenarchitects.com; Breezé Tower Osaka, internationaler Wettbewerb 2004, 1. Preis, Realisierung 2005–2008, Architekten: ingenhoven architects, Düsseldorf

13 siehe: www.ibec.or.jp/CASBEE/english/index.htm

14 siehe: www.ingenhovenarchitects.com; 1 Bligh Sydney, internationaler Wettbewerb 2006, 1. Preis, Realisierung 2009–2011, Architekten: ingenhoven architects, Düsseldorf

15 siehe: www.new.gbca.org.au/green-star

besonders für deutsche Architekten, die zwar weltweit als führend im umweltfreundlichen Bauen angesehen werden, bis vor kurzem jedoch nicht mit einem eigenen freiwilligen Zertifizierungssystem zu arbeiten gewohnt waren. Die deutsche Denkweise, auf Regeln und Bestimmungen zu setzen, anstatt auf freiwillige Anreizsysteme wie im angelsächsisch geprägten Teil der Welt, hat ebenfalls seine Vor- und seine Nachteile. Denn jedes der Bewertungssysteme für umweltfreundliches Bauen enthält auch fragwürdige Kriterien oder Maßstäbe, und zu einem umweltfreundlichem Bau gehören auch „weiche“ Faktoren – wie eine verantwortungsbewusste Nutzung oder die Gesundheit der Nutzer, die sich kaum wissenschaftlich erfassen lassen.

Das bedeutet aber nicht, dass ein Programm wie BREEAM keine geeignete Plattform für die Bewertung von energiesparenden Bauweisen sei, im Gegenteil: Mit der Zeit werden nicht nur die Kriterien von Bewertungsprogrammen wie LEED und BREEAM und dem DGNB-Gütesiegel immer reifer, auch wir Architekten werden im Umgang mit ihnen routinierter. Mit Hilfe neuer Technologien wird es uns gelingen, die Standards ressourcenschonender Architektur sukzessive zu erhöhen, um einen neuen Standard in der Baukunst zu erreichen, der nicht Ausnahme bleibt, sondern selbstverständliche Grundlage für gute Architektur wird – das nenne ich „supergreen®[16]“!

16 supergreen®; international eingetragene Wortmarke

C Aus Rechtsberatungssicht

Green Building und die Verwirklichung entsprechender Vorhaben stellen bereits bisher komplexe Herausforderungen an alle Beteiligten. Projektentwickler, Investoren, Finanzierer, Architekten und Bauschaffende sowie Gebäudenutzer und -vermarkter müssen sich mit unterschiedlichsten technischen, wirtschaftlichen und rechtlichen Fragestellungen auseinandersetzen und Lösungen finden, die sowohl den geforderten rechtlichen Standards als auch den wirtschaftlichen Voraussetzungen entsprechen und zugleich den Ansprüchen und Erwartungen der Nutzer gerecht werden. Gesetzgeberische Vorgaben und vertragliche Regelungen ergänzen sich hierbei und bilden den Rahmen für „grüne" Neubauten und Bestandssanierungen. Die juristisch gesetzten Anforderungen an energetischer Standards im Gebäudesektor sind dabei erst jüngst erneut erhöht worden: Zum 1. Januar 2016 wurden die bestehende EnEV 2014 und ihre Vorgaben insbesondere zum Primärengergiebedarf von neuen Gebäuden noch einmal verschärft. Auszugehen ist zudem davon, dass insbesondere die Umsetzung der sehr ambitionierten Ziele des Pariser Klimaschutzabkommens neue Impulse zu weiteren Reduzierungen des Beitrags der Gebäudewirtschaft zur Reduzierung der Treibhausgasemissionen geben wird. Bereits jetzt ist der Klimaschutz der wesentliche Treiber immer strengerer Vorgaben an Energieverbräuche und deren Reduzierung: Auf europäischer Ebene werden für das Jahr 2020 eine 20 %ige Verringerung der Treibhausgasemissionen im Vergleich zum Stand von 1990 (bis 2030: Senkung um 40 %, bis 2050: um 80 bis 95 %), die Erhöhung des Energieverbrauchsanteils aus erneuerbaren Energien auf 20 % (bis 2030: auf 27 %) und eine 20 %ige Verbesserung der Energieeffizienz (bis 2030: Steigerung um 27 %) angestrebt. Die Bundesregierung hat nationale Ziele zur Verringerung des Energieverbrauchs für Heizung um 20 %bis 2020 und des Primärenergieverbrauchs aus nicht erneuerbaren Quellen für Raumwärme und Warmwasser um 80 %bis 2050 aufgestellt, jeweils im Vergleich zum Stand von 2008. Zudem zielt sie bis 2020 auf einen 14 %igen Anteil erneuerbarer Energiequellen für Heizungs- und Kühlzwecke. Auch der am 16. November 2016 von der Bundesregierung beschlossene Klimaschutzplan hebt das Ziel eines nahezu klimaneutralen Gebäudebestandes bis 2050 hervor. 1

Ungeachtet dieser nach wie vor wichtigen Treiber und Argumente für Green Building-Projekte besteht aber Anlass für einen vielleicht eher skeptischen Ausblick. Sind die Klimaschutzziele als solche jedenfalls mehrheitlich derzeit zwar politisch akzeptiert, regt sich in jüngerer Zeit ein leichter und scheinbar zunehmend wahrnehmbarer Widerstand gegen weitere Verschärfungen der energetischen Standards im Gebäudebereich. Politik und Gebäudewirtschaft beginnen, über den zukünftigen Umgang mit der Energiewende zu diskutieren. Architekten kritisieren die Verarmung der Fassadengestaltung durch uniforme Dämmschichten, Brandschützer beklagen die leichte Entflammbarkeit von Gebäuden, die mit Styropor oder anderen brennbaren Materialien gedämmt wurden. Hinzu kommen Befürchtungen einer leichteren Schimmelbildung durch dichte Gebäudehüllen und einen ungenügenden Luftaustausch sowie Schwie- 2 rigkeiten mit der Entsorgung gebrauchter Baumaterialien. Häufigster Ausgangspunkt für die Kritik ist aber regelmäßig die hohe Kostenbelastung, die mit den Vorgaben an die Energieeffizienz verbunden ist. Hierin wird immer öfter ein Hemmschuh für Investitionen insbesondere im Wohnungsbau gesehen, der durch das derzeit historisch niedrige Zinsniveau allerdings nur bedingt spürbar ist. Doch gerade derzeit bedarf es aufgrund des Zuzugs vieler Flüchtlinge mit Bleibeperspektive eines Mehrs an Wohnraum. Hinzu kommt die wachsende Bevölkerungszahl in den Ballungszentren, die eine enorme Herausforderung für deutsche Großstädte darstellt. Um den Bedarf an Wohnraum zeitnah zu decken, müssen nach Expertenmeinung deutschlandweit bis 2020 jährlich gut 494.000 Wohnungen gebaut werden.[17] Finanzielle Belastungen aus dem Bereich des Green Buildings könnten hier eher bremsend wirken, noch dazu bei langfristig sicherlich wieder steigenden Zinsen.

3 Soweit demgegenüber insbesondere aus den interessierten Kreisen der Bauwirtschaft immer wieder darauf hingewiesen wird, dass sich die infolge der schärfer werdenden energetischen Standards erforderlichen investiven Maßnahmen bei Neubauten und auch im Bestandsbereich positiv auf die Wertentwicklung der Immobilien niederschlagen, scheinen die empirischen Belege für diese These eher schwach zu sein. Ob sich die Einhaltung der gesetzlichen Standards bzw. eine „grüne“ Zertifizierung der Immobilie tatsächlich positiv auf deren Marktwert auswirkt, lässt sich – insbesondere bei Bestandsbauten – schwerlich konkret ermitteln. Es ist häufig nicht feststellbar, ob die wirtschaftlichen Nachteile des „grünen“ Neubaus bzw. der energetischen Modernisierung einer Bestandsimmobilie ausgeglichen werden können.

4 Insofern geben 31 % gewerblicher Immobilienvermittler und -anbieter in einer Studie[18] an, ein hoher energetischer Sanierungsstandard habe keine positiven Auswirkungen auf die Vermarktung einer Kaufimmobilie. Nur 47 %der Makler sind danach davon überzeugt, mit einer energetisch hochwertigen Immobilie einen besseren Verkaufspreis erzielen zu können. Bei Mietimmobilien sehen 41 % der Makler keine nennenswerten Auswirkungen des Sanierungsstandards auf die Vermarktung. Nur 32 % gehen von höheren Mietpreisen aus. Immer weniger Makler sehen nach dieser Studie schließlich eine Chance, die hohen Kosten der Sanierung durch höhere Preise beim Verkauf bzw. bei der Vermietung wieder ausgleichen zu können. Unabhängig von der Richtigkeit oder Widerlegbarkeit der konkreten Daten lässt dies jedenfalls einen gewissen Trend erkennen.

---

17 Studie der Universität Freiburg von Prof. Dr. Bernd Raffelhüschen im Auftrag des Immobilienverbandes Deutschland (IVD) veröffentlicht am 17.3.2016: http://www.ivd.net/fileadmin/user_upload/bundesverband/Presse/2016-03-17_PM_IVD_Wohnungsnot_ viel_groesser_als_gedacht.pdf.

18 Studie zum Immobilienmarkt, Schwerpunkt: Energieeffizienz vom Marktmonitor Immobilien 2015 (Zusammenarbeit von Prof. Dr. Stephan Kippes von der Hochschule Nürtingen-Geislingen und immowelt.de): http://www.marktmonitor-immobilien.de/fileadmin/ Resources/Public/Redaktion/Dokumente/Marktmonitor2015_Report_Energie.pdf.

5 Die Problematik der Rentabilität energetischer Maßnahmen zeigt sich insbesondere im Bereich des Gebäudebestands der Wohnungswirtschaft: Der gesetzlich durch die EnEV indizierte Investitionsaufwand des Eigentümers und seine Umlagefähigkeit auf die Mieter korrespondiert hier häufig nicht mit den realen Verbrauchseinsparungen auf Nutzerseite. Für vollständige energetische Modernisierungen werden insofern typische Mieterhöhungen zwischen 1,50 EUR/m^2 und 2,04 EUR/m^2 berichtet, während der Kosteneffekt der Energieeinsparung typischerweise nur zwischen 0,42 und 0,55 EUR/m^2 liegen soll.[19] Es liegt auf der Hand, dass dies die Akzeptanz energetischer Maßnahmen bei Mietern beeinflusst.

6 Aber auch für die Gebäudeeigentümer selbst sind die Kosteneffekte des Green Buildings nicht vollständig unkritisch zu werten. In einer Begleitforschung zur EnEV 2014 etwa wies ein Großteil der energetischen Maßnahmen bei den untersuchten Gebäuden Amortisationszeiten von über 50 Jahren auf.[20] Im Bereich der Bestandssanierung (vor allem bei vor 1979 errichteten Häusern)[21] reichen die Einsparungen durch den geringeren Energieverbrauch danach scheinbar oft nicht aus, um die Investitionen in der restlichen Nutzungszeit zu refinanzieren.

7 Kostspielige Sanierungspflichten können hier juristische Fragen im Hinblick auf die Grundsätze des Bestands- und Vertrauensschutzes und daraus folgenden verfassungsrechtlichen Grenzen für das Green Building aufwerfen. Bestehende Gebäude genießen Bestandsschutz; die vorhandene Bausubstanz ist also grundsätzlich vor nachträglichen Anforderungen geschützt. Allerdings gilt der baurechtliche Bestandsschutz nicht grenzenlos, sondern ist im Wege praktischer Konkordanz mit dem Schutz der Umwelt und der natürlichen Lebensgrundlagen (Art. 20a GG) in Einklang zu bringen. Grundsätzlich kann es daher durchaus gerechtfertigt sein, die Eigentümer bestehender Gebäude im Interesse des verfassungsrechtlich gestützten Klimaschutzes zu energetischen Sanierungsmaßnahmen zu verpflichten. Als Inhalts- und Schrankenbestimmungen im Sinne von Art. 14 Abs. 1 Satz 2 GG müssen derartige Anforderungen vor allem das Verhältnismäßigkeitsgebot beachten. Hier wird zunächst danach zu differenzieren sein, ob die energetischen Anforderungen in Verbindung mit einem

19 Stellungnahme des Verbandes der Wohnungs- und Immobilienwirtschaft Rheinland Westfalen e. V. zur öffentlichen Anhörung von Sachverständigen des Landtags Nordrhein-Westfalen am 23. Juni 2015: https://www.landtag.nrw.de/portal/WWW/dokumentenarchiv/Dokument?Id=MMST16/2786 mit Verweis auf: http://d-nb.info/1064719740/34.

20 Studie „Kostentreiber für den Wohnungsbau" von Dietmar Walberg von der Arbeitsgemeinschaft für zeitgemäßes Bauen e. V., April 2015: http://www.impulse-fuer-den-wohnungsbau.de/w/files/meldungen/kostentreiber-fuer-den-wohnungsbau_studie.pdf.

21 http://www.tagesspiegel.de/wirtschaft/gebaeudesanierung-krankenhaeuser-und-schulen-verschleudern-viel-energie/12909746.html mit Verweis auf die Studie über die Sanierung des deutschen Gebäudebestands aus Investorensicht des Buildings Performance Institute Europe (BPIE) veröffentlicht im November 2015: http://bpie.eu/wp-content/uploads/2016/01/BPIE_Renovating-Germany%E2%80%99s-Building-Stock-_DE_09.pdf.

konkreten Anlass stehen oder nicht. Anlassbezogene Pflichten beziehen sich regelmäßig auf ein auszutauschendes Bauteil bei der Durchführung von Modernisierungs- oder Renovierungsmaßnahmen. Die finanzielle Mehrbelastung muss hierbei für den Einzelnen nicht nur wirtschaftlich tragbar, sondern auch wirtschaftlich sinnvoll sein. Die Möglichkeit einer Amortisation der Kosten muss belegt werden und in angemessener Zeit eintreten können. Dabei gilt, dass die Amortisation umso schneller möglich sein muss, je höher der Anteil der energetisch bedingten Zusatzkosten ausfällt.[22]

8 Im Gegensatz zu Neubauten und anlassbezogenen Pflichten fehlt bei nicht anlassbezogenen Pflichten im Bestand eine Bezugsgröße, die den Ausgangspunkt für die Bemessung der zulässigen Mehrkosten einer energetischen Sanierungsmaßnahme bilden könnte. Gebäudeeigentümer, die unabhängig von ohnehin anstehenden Modernisierungs- oder Renovierungsmaßnahmen zur energetischen Sanierung ihres Eigentums gezwungen werden, haben möglicherweise nicht die erforderlichen finanziellen Mittel und sind gezwungen, ihr Eigentum zu veräußern oder sich zu verschulden. Das Erfordernis des Klimaschutzes rechtfertigt eine solche faktische Enteignung regelmäßig nicht. Ob eine Finanzierung der energetischen Sanierung mittels staatlicher Darlehen die Verhältnismäßigkeit wiederherstellt, darf aufgrund der ungewissen Amortisation der Aufwendungen bezweifelt werden. Häufig dürften hier die durch § 5 Abs. 1 EnEG gezogenen Grenzen der Wirtschaftlichkeit strapaziert werden. Danach müssen die Anforderungen an die Erhöhung der Energieeffizienz und die Energieeinsparung wirtschaftlich vertretbar sein und generell die erforderlichen Aufwendungen innerhalb der üblichen Nutzungsdauer eines Gebäudes auch unter Berücksichtigung der noch verbleibenden Restnutzungsdauer durch die eintretenden Einsparungen erwirtschaftet werden können. Gesetzliche Anforderungen an das Green Building, die diese Vorgaben nicht beachten, greifen in verfassungsrechtlich nicht zu rechtfertigender Weise in den baurechtlichen Bestandsschutz und den eigentumsrechtlichen Vertrauensschutz aus Art. 14 Abs. 1 Satz 1 GG ein.

9 Überdies ist neben diesen auf die Abwehr einer übermäßigen Belastung zielenden Erwägungen auch zu berücksichtigen, dass die Aussicht einer fehlenden oder jedenfalls nicht sicheren Refinanzierbarkeit energetischer Maßnahmen infolge zu strenger Sanierungsanforderungen unter Umständen dazu führt, dass überhaupt nicht saniert wird, was aber der Intention des Gesetzgebers zuwiderliefe. Denn schon geringe investive Maßnahmen (Teilsanierungen) können durchaus zu beachtlichen Energieeinsparungen mit entsprechend kürzeren Amortisationszeiträumen führen, wodurch ein erheblicher Beitrag zum Klimaschutz mit großer Breitenwirkung geleistet werden kann.

10 Insgesamt spricht daher aus juristischer Sicht einiges dafür, dass sich die Voraussetzungen für Green Building mittel- und langfristig strukturell verändern werden. Die Energieeffizienzpotentiale bei Neubauten sind weitgehend ausgereizt, jedenfalls

22 *Böhm/Schwarz* NVwZ 2012, 129 (132).

aber nicht beliebig steigerungsfähig.[23] Immer strengere Vorgaben für die Energieeffizienz von Gebäuden sind schon angesichts natürlicher Grenzen der Einsparung von Energie nicht zu erwarten und stoßen namentlich bei Bestandsgebäuden auch an rechtliche Limitierungen. Hinzu kommt der politische Widerstand, mit dem zu rechnen wäre, würde man große Teile des Bestands und insbesondere Eigentümer selbst genutzter Wohngebäude zu kostspieligen Sanierungsmaßnahmen zwingen. Zu erwarten ist daher, dass sich der Blick auch des Gesetzgebers zukünftig vom Einzelobjekt eher abwenden und stärker auf Quartiers- und Siedlungsbereiche richten wird. Eine klimagerechte Stadtentwicklung und dezentrale Wärme- und Stromerzeugungen tragen zur Erreichung der Klimaschutzziele ebenso bei wie etwa städtebauliche Vorgaben zur Nutzung erneuerbarer Energien oder der Kraft-Wärme-Kopplung. Ob dabei allerdings allein freiwillige Beiträge der Gebäudewirtschaft und der Nutzerkreise ausreichen werden, dürfte zu bezweifeln sein. Staatliche Zwangsmaßnahmen können daher durchaus – unter Wahrung insbesondere des Verhältnismäßigkeitsgebots – eine valide Option zur Erreichung der politisch vorgegebenen Effizienzvorgaben sein. Bereits heute sind durchaus rechtliche Instrumentarien dafür vorhanden, etwa den Anschluss und die Nutzung an zentrale Wärmeversorgungsnetze zu erzwingen. Die rechtlichen Hürden hierfür sind hoch, aber nicht unüberwindbar. Normgeber und Gesetzesanwender werden jedenfalls auch zukünftig im Bereich des Green Buildings vor spannenden und komplexen Herausforderungen stehen.

23 Dass hieraus auch politische Konsequenzen gezogen werden können, belegt das Scheitern des Entwurfs des Gesetzes zur Einsparung von Energie und zur Nutzung Erneuerbarer Energien zur Wärme- und Kälteerzeugung in Gebäuden (Gebäudeenergiegesetz) im Februar 2017 noch vor seiner Verabschiedung im Bundeskabinett. Dem Vernehmen nach sollen Abgeordnete der Union insbesondere das Risiko einer Unwirtschaftlichkeit der im Gesetzentwurf für öffentliche Nichtwohngebäude vorgesehenen Niedrigstenergiestandards gerügt haben.

Kapitel 9
Praxisbeispiele

A 1 Bligh in Sydney – Grüne Architektur „down under“

Europäisches Know-how für die Entwicklung „grüner“, umweltfreundlicher und 1
energie- und ressourcenschonender Bürogebäude muss für andere klimatische Bedingungen adaptiert und kann nicht einfach übertragen werden. Das gilt auch und besonders für Süd-Australien, wo das fast mediterrane, feuchte Klima und Wetter und selbst die Einstellung zur Sonne grundsätzlich anders sind als in Mitteleuropa.

Der Büroturm „1 Bligh“ in der Innenstadt von Sydney ist eine prominente Ergän- 2
zung der Skyline der größten Metropole „down under“ und ein Pionier: Es ist das erste Gebäude auf dem australischen Kontinent, das eine gläserne Doppelfassade hat.

Das Land hat im Jahr 2003 ein Rating-System für umweltfreundliches Bauen ein- 3
geführt, das – wie in anderen angelsächsischen Ländern auch – auf einem freiwilligen Anreizsystem beruht.

„1 Bligh“ hat eine „6 Star/World Leadership“-Zertifizierung des australischen 4
Öko-Standards „Green Star“ erlangt. Es ist das erste Bürohochhaus in Sydney, das dieses höchste Rating des „Green Building Councils of Australia“ (GBCA)[1] erreicht. Zusätzlich hat das Haus ein „5 Star“-Rating im „National Australian Built Environment Rating System (NABERS)“[2] erlangt. Auch architektonisch setzt „1 Bligh“ Maßstäbe in Sydney: Der Bauherr hat einen zehnprozentigen Flächen-Bonus für „Design Excellence“ bekommen.

Die Form des Gebäudes wurde aus dem städtischen Kontext am Circular Quay 5
heraus entwickelt und ist aus den gewünschten Blick-Korridoren und den Anforderungen des Grundstücks abgeleitet. Das im Grundriss elliptische Bürogebäude an der Ecke Bligh-, Bent- und O’Connell Street liegt im Bankenviertel Sydneys, dessen Silhouette es ergänzt. „1 Bligh“ bereichert aber auch das Straßenbild: Zwischen der Bligh- und der O’Connell Street gibt es einen Höhenunterschied von etwa vier Metern. Ein öffentlicher Vorplatz mit großer Freitreppe nimmt diesen Geländeversprung geschickt auf und ergänzt den gegenüberliegenden Farrer Place zu einem attraktiven städtischen Raum. Das Erdgeschoss bekommt den Charakter einer Plaza mit Café und Kindergarten, die sich zur Stadt hin öffnet. Die Eingangshalle ist tagsüber öffentlich zugänglich. Das Erdgeschoss hat eine ringsum offene Lamellen-Glasfassade, die nachts geschlossen werden und durch die Luft in das Haus strömen kann.

Die Obergeschosse haben eine klare Vorder- und Rückseite: Die Ausblicke auf die 6
weltberühmte Oper und die Harbour Bridge von Sydney waren das wichtigste Krite-

1 siehe: www.new.gbca.org.au/green-star
2 siehe: /www.nabers.gov.au/

https://doi.org/10.1515/9783110275285-009

rium beim Entwurf des Hochhausgrundrisses: Fast alle Büroflächen des 30-geschossigen Baus haben einen unverbaubaren Blick auf Hafen und Brücke.

7 Das Erdgeschoss wurde angehoben, um mehr Geschossen die freie Sicht auf den Hafen zu ermöglichen und gleichzeitig ein öffentliches, durchlässiges Erdgeschoss zu erzeugen, das für die Kommunikationsfähigkeit und stadträumliche Einbettung von großer Bedeutung ist.

8 Der Transfer-Level im 15. Stock bietet eine etwa 375 m^2 große Außenterrasse. Im 28. Stock liegt eine große Dachterrasse, die durch eine zwölf Meter hohe Glasfassade geschützt wird. Dieser bepflanzte „Sky-Garden" dient als Treffpunkt der Nutzer und ihrer Gäste über den Dächern der Stadt.

9 Das 139 Meter hohe „1 Bligh" bietet 42.000m^2 Nutzfläche. Die stützenarmen Grundrisse erlauben eine flexible Aufteilung der Büros. Die äußere Stützenreihe ist von der Fassade abgerückt, so dass die besonders attraktiven Flächen mit Ausblick uneingeschränkt genutzt werden können. Flexible Grundrisse und die kompakte Geometrie ermöglichen eine vielseitige Nutzung des Hauses. Die elliptische Grundrissform erlaubt die Ausrichtung der Büros in Richtung Hafen. Das Gebäude ist für bis zu vier Mieter pro Etage konzipiert: Entlang der Fassade kann der Grundriss bei Bedarf in einzelne Büroräume unterteilt werden. Wenn ein Mieter mehr als eine Etage mietet, können einfach interne Treppen nach Bedarf eingebaut werden, um Energie zu sparen und die Gesundheit der Nutzer zu fördern.

10 Das australische „Green-Star"-Ratingsystem fordert einen hohen Luftwechsel, der im Winter einen großen Verlust von Heizenergie und im Sommer von Kühlenergie mit sich bringen könnte. Um diesen Standard zu genügen, aber auch um den Komfort der Nutzer zu erhöhen und gleichzeitig Energie zu sparen, wird der überschüssige Luftanteil im „1 Bligh" in das Atrium abgeführt. So verpufft die Energie nicht ungenutzt, sondern dient der Temperierung des Innenraumes. Die Luftkühlung des Atriums im Sommer ist ebenso gratis, wie im Winter die Wärme! Die „verbrauchte Luft" im Atrium ist geruchsneutral und sauerstoffreich. Trotz abgehängter Decken können die Geschossdecken thermisch aktiviert werden. Denn die zu 30 % perforierten abgehängten Decken erlauben die Nutzung der Beton-Geschossdecken als thermische Masse.

11 Über das Atrium werden die Räume natürlich be- und entlüftet und auch die Belichtung erfolgt überwiegend natürlich, da 60 % der Büroräume nur maximal sechs Meter weit von einer Fassade entfernt sind.

12 Ein auf Biogas basierendes Energiesystem erzeugt Kühlung, Heizung und Stromversorgung des Gebäudes (sog. „Tri-Generation"). Auf dem Dach des Hauses liegt eine Solaranlage mit Vakuumröhrenkollektoren, die über Wärmetauscher das Gebäude auch kühlen kann. Etwa 300 sichere Fahrradabstellplätze im Haus und mit Zugang zu einer Dusche erleichtern den Nutzern des Gebäudes die umweltfreundliche Anreise zum Arbeitsplatz.

13 Wasser ist ein kostbares Gut – besonders in Australien. „1 Bligh" hat deshalb eine eigene Mini-Kläranlage im Keller, die annähernd Trinkwasserqualität produziert und

mehr Brauchwasser klären kann, als im Haus selbst anfällt. Aus diesem Grund wird aus dem Abwassernetz der Stadt Sydney, vom Bondi Main Sewer, zusätzliches Wasser entnommen und gereinigt. Das Wasser wird unter anderem als Kühlwasser verwendet. Teilweise verdampft es, teilweise wird es aber gereinigt wieder in den Wasserkreislauf des städtischen Netzes eingespeist. Etwa 25.000 l Wasser werden täglich in die 28 Büroetagen gepumpt, von denen 25.000 l in anschließend dem „Blackwater Treatment" zugeführt werden.

Das Abwasser der Waschbecken wird recycelt und für die WC-Spülungen verwer- 14
tet, während das Regenwasser gesammelt und zur Bewässerung der Pflanzen und einer Green-Wall zum Nachbargebäude genutzt wird. Im ganzen Haus wurden nur Armaturen mit niedrigem Wasserverbrauch eingebaut.

Das gebäudehohe Atrium ist der zentrale Erschließungs- sowie Kommunikations- 15
bereich des Hochhauses. Es dient als Herz des Gebäudes und ist auch für das Umwelt- und Energiekonzept von zentraler Bedeutung, denn es ermöglicht eine natürliche Belüftung. Als höchstes Atrium in Australien ermöglicht es den Ein- und Auslass von Frischluft, bietet Tageslicht und ermöglicht interessante Blickverbindungen und stärkt so das Zusammengehörigkeitsgefühl der Mitarbeiter im Haus. Das Atrium sorgt wie eine invertierte Doppelfassade für einen kontinuierlichen Luftstrom und wirkt zugleich als thermischer Puffer. Acht gläserne Fahrstühle fahren im Atrium auf und ab und machen den Weg zum Arbeitsplatz zu einem räumlich-visuellen Erlebnis. Natürlich belüftete Balkone zum Atrium hin bieten Raum für kleine Empfänge, Pausen und informelle Besprechungen. Um keine Energie für Kühlung oder Erwärmung der Luft im Atrium zu ver(sch)wenden, ist es von den Büros durch eine Glaswand getrennt.

Viele ältere Bürotürme in Sydney haben einschalige Fassaden aus dunklem Son- 16
nenschutz-Glas und müssen entsprechend stark künstlich belichtet werden – eine Verschwendung von Energie; besonders, weil elektrisches Licht mit Wärmeeintrag einhergeht und die Gebäude dann zusätzlich stärker gekühlt werden müssen.

„1 Bligh" hat Fassaden aus Weißglas für eine maximale natürliche Belichtung und 17
Aussicht. Um übermäßige Hitze dennoch draußen zu halten, wurde im Fassadenzwischenraum ein Sonnenschutz vorgesehen, der auch als Blendschutz dient. Die äußere Glasfassade schützt diesen Sonnenschutz bei Wind und das Gebäude vor Lärm. Nur während 10 % der Bürozeit ist es nötig, die heruntergelassenen Jalousien um mehr als 30 Grad zu neigen. Die Metall-Lamellen des Sonnenschutzes sind also die meiste Zeit fast vollständig horizontal, damit sie die Aussicht nicht verstellen. Der gute Ausblick von den Büros aus über die Stadt bleibt so gewahrt. Die Lamellen werden automatisch auf Licht- und Wetterdaten basierend gesteuert, können aber auch individuell reguliert werden. Auskragende Brise-Soleil-Elemente schützen die äußeren Fassaden vor Überhitzung. Der Zwischenraum zwischen den beiden Fassaden ist groß genug, damit sich eine Person für Wartungs- und Reinigungszwecke dort aufhalten kann (Fassadenabstand circa 70 cm).

Bauherr des „1 Bligh" war ein Immobilien-Fonds der Firma Dexus Property Group. 18
Sie hat die nachhaltige Gestaltung des Gebäudes gefördert, nicht nur, um Umwelt-

bewusstsein zu demonstrieren, sondern auch, weil ein umweltfreundliches Bürohaus durch die geringeren Energiekosten höhere Mieterträge bringt. Die geringeren Energie- und daraus resultierend Betriebskosten tragen zugleich dazu bei, sehr wettbewerbsfähige Mietpreise zu ermöglichen. Der erhöhte ROI (Return on Investment) stellt sich schon nach wenigen Jahren ein und währt dann viele Jahrzehnte lang.

1 Bligh, Sydney (Fotos: H.G. Esch)

Abb. rechts: 1 Bligh, Sydney (Foto: H.G. Esch), internationaler Wettbewerb 2006, 1. Preis, Realisierung 2009–2011, Architekten: ingenhoven architects + architectus
Green Building Council of Australia, GBCA Green Star, six star[3]
Internationaler Hochhaus Preis 2012[4]

3 siehe: a+u, Architecture and Urbanism 15:08, 539, ingenhoven architects, supergreen, Tokyo, 2015
4 siehe: Busenkell, Michaela/Schmal, Peter Cachola (Hrsg.): The International Highrise Award 2012, Edition Detail, 2012

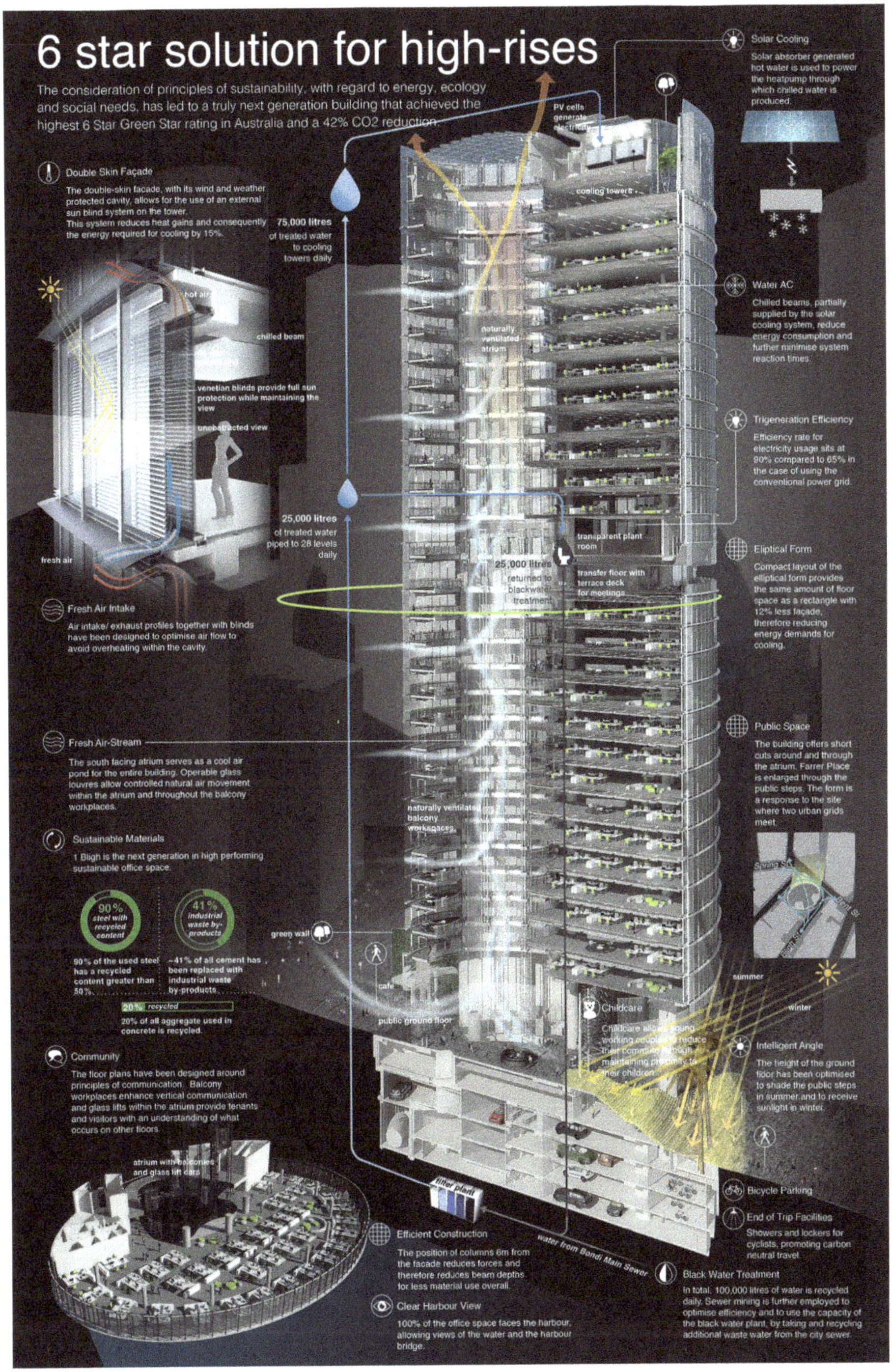

1 Bligh, Sydney (Infografik: ingenhoven architects)

1 Bligh, Sydney (Foto: DEXUS)

1 Bligh, Sydney (Fotos: H.G. Esch)

B Umbau des Burda-Hochhauses, Offenburg – Revitalisierung und nachhaltiger Umgang mit denkmalgeschützter Bausubstanz

1 Der Umgang mit historischer Bausubstanz erfordert Wertschätzung und Respekt vor den Leistungen vergangener Generationen und eine sorgfältige Analyse. Bei allen Eingriffen in schützenswerte Bausubstanz ist entscheidend, dass man den Gebäuden ihre Würde belässt. Was neu hinzugefügt wird, soll sich als zeitgemäß zeigen und alt und neu sich gegenseitig respektieren, nur so wird ein ausgewogenes Ganzes daraus. Die Werterhaltung von Bausubstanz ist ein wichtiger Aspekt der Nachhaltigkeit. Eine große Herausforderung liegt auch darin, die Bedingungen von Alt und Neu sowie die Interessen der beteiligten Partner und Behörden zusammenzuführen. Zugleich gilt es, den Genius Loci zu beachten und zeitgemäß herauszuarbeiten bis hin zur Technik und der Verwendung moderner Materialien.

2 Ein gutes Beispiel für diesen Ansatz beim Bauen im Bestand ist das Burda-Hochhaus in Offenburg. Der Burda Verlag am Rande des Schwarzwalds ist über die örtliche Bedeutung lange weit hinausgewachsen und gehört heute zu den wichtigsten deutschen Verlagshäusern. Am Stammsitz des Unternehmens haben ingenhoven architects neben dem Umbau des Hochhauses auch den sogenannten Burda-Medienpark realisiert – ein Ensemble aus denkmalgerecht sanierten Bestandsgebäuden, einem Neubau für die Redaktionen des Verlages, einem Parkhaus sowie technischen Gebäuden für die Druckerei.

3 Das Burda Hochhaus in Offenburg ist eine Landmarke des Unternehmens. Das Bürohochhaus wurde 1963 gebaut (Architekt: Kurt E. Walker) und befindet sich am westlichen Stadteingang in der Nähe der Kinzig-Brücke. Es markiert den Stadteingang und die Bedeutung des Unternehmens in der Stadt Offenburg. Die Sanierung war auch deshalb die bessere Lösung als ein Neubau. Das Hochhaus erfüllte jedoch nicht mehr die Anforderungen an ein modernes Bürogebäude. Insbesondere die Fassade und die Gebäudetechnik entsprachen nicht mehr dem Stand der Technik und waren stark sanierungsbedürftig. Im Sinne der Nachhaltigkeit war es das Ziel, die sogenannte „embodied energy"[5] des Gebäudes nicht zu verschwenden, die vorhandenen Ressourcen der Bausubstanz weitestgehend zu nutzen und damit den Lebenszyklus des Gebäudes entscheidend zu verlängern.

4 Dazu wurde das circa 60 m hohe Gebäude entkernt und bis auf die Tragstruktur zurückgebaut. Es wurden Klebearmierungen zur weitergehenden statischen Ertüchtigung und Stahlkonsolen zur Aufnahme von Lasten aus der neuen zweischaligen Fassadenkonstruktion eingebaut. Die beiden obersten Geschosse wurden abgetragen und mit neuen Geschosshöhen als Stahlkonstruktion wieder aufgebaut, um einen Veranstaltungsraum zu realisieren. Das Erdgeschoss war ursprünglich als Luftgeschoss ausgebildet und mit dem Auto befahrbar. Hier ist nach dem Umbau eine groß-

5 siehe: www.designingbuildings.co.uk/wiki/Embodied_energy_in_construction

zügige, vollverglaste Eingangssituation entstanden. Ein nachhaltiges Fassaden- und Technikkonzept sorgt zusammen mit baubiologisch verantwortungsvoll ausgewählten Materialien für einen hohen Komfort und sehr gute Arbeitsplatzqualitäten. Die neue Gebäudeleittechnik reduziert den Energieverbrauch auf ein Minimum.

5 Das Hochhaus war vor dem Umbau über Induktionslüftungsgeräte mit Registern für Heizung bzw. Kühlung mechanisch be- und entlüftet. Der größte Teil der ursprünglichen mit Blech verkleideten Brüstungsfassade bestand daher aus Festverglasungen mit Aluminium-Rahmen. Nachträglich wurde in jedes zweite Fensterelement ein Kippflügel eingebaut, um den Komfort einer Fensterlüftung zu ermöglichen. Im Zusammenspiel mit den veralteten technischen Anlagen war dieser Kompromiss jedoch eine energetische Fehlentscheidung.

6 Das neue Technikkonzept setzt auf natürliche Be- und Entlüftung, unterstützende Quellluft und Wärmerückgewinnung. So können auf eine Vollklimatisierung des Gebäudes verzichtet, die Energiebilanz optimiert und Betriebskosten gespart werden. Im Rahmen der Sanierung hat das Gebäude anstelle der ursprünglichen Aluminium-Glasfassade eine neue zweischalige Fassadenkonstruktion mit Fensterelementen erhalten, die eine natürliche Belüftung der Büroflächen ermöglicht. Die äußere Glasfassade hat horizontale, elektrisch betriebene Lüftungsklappen im Deckenbereich. Die innere Fassade ist mit raumhohen Öffnungsflügeln ausgestattet, die geschossweise gegeneinander versetzt sind, um den Eintritt verbrauchter bzw. erwärmter Luft aus dem darunterliegenden Geschoss auszuschließen. Im Winter und bei starkem Wind schließen sich die äußeren Lüftungsklappen und nur dann werden die Büroräume mechanisch be- und entlüftet. Im Fassadenzwischenraum wird windgeschützt ein hocheffizienter Lamellenstore als Sonnenschutz geführt, der vom Nutzer individuell und durch die Gebäudeleittechnik zentral gesteuert werden kann, um eine Aufheizung des Gebäudes durch solare Strahlung zu vermeiden. Für die Rahmenkonstruktionen der inneren Fassade wurde der nachwachsende Rohstoff Holz gewählt. Durch die zweischalige Fassadenkonstruktion sind die Holzoberflächen vor Witterungseinflüssen weitestgehend geschützt. Die Oberflächenbeschichtungen der Hölzer sind darauf abgestimmt und der Pflegeaufwand ist äußerst gering. Der Fassadenzwischenraum kann zu Reinigungszwecken betreten werden.

7 Die Temperierung des Gebäudes erfolgt über eine Heiz-/Kühlbaffel mit integrierter Beleuchtung und akustischer Absorption. Die neu eingefügten abgehängten Deckenelemente sind lediglich in der Mittelzone geschlossen, so dass die offenen Betondecken im Bereich der Arbeitsplätze als Speichermasse erhalten bleiben. Die Heiz- und Kühlelemente werden im Deckenbereich von der Mittelzone aus erschlossen, während ein Teil der Medien auf dem Rohfußboden geführt wird. Der bestehende Estrich wurde dazu entfernt und ein Hohlraumboden von 25 cm Höhe eingebaut.

8 Ein wesentliches Ziel der Umgestaltung war die gewünschte hohe Lichtdurchflutung der Büroräume. Neben der geschosshohen Verglasung der neuen Doppel-Fassade wurden auch raumhohe, flexibel versetzbare Glas-Trennwände im Gebäudeinneren vorgesehen. Im Ausbauraster von 1,30 m kann jede zweite Achse an die

Fassadenkonstruktion anschließen. So sind in der Büroorganisation flexibel und großzügig einteilbare Raumeinheiten auf einem Modulmaß von 2,60 m darstellbar: Großraum, Einzelbüros, Team- oder Kombibüros. Zu den Fluren hin haben die Büros elementierte Glaswände. Alle Nebenflächen wurden in den Kernen an den Stirnseiten des Hochhauses integriert, um eine maximale Flexibilität und Transparenz des Gebäudes zu gewährleisten. Offene Treppen in der Innenzone verbinden geschossübergreifende Nutzungseinheiten und fördern so die Kommunikation der Mitarbeiter. Die Offenheit des Konzerns nach außen und innen sollte auch in der Bauweise zum Ausdruck kommen.

9 Im Gebäudekopf befindet sich der Konferenzbereich. Um große, stützenfreie Räume realisieren und den Lasteintrag auf das bestehende Tragwerk reduzieren zu können, wurde das Dach als frei tragende, zweifach gekrümmte, beheizte Stahlkonstruktion ausgeführt. Die Glasfassade ist in Teilbereichen bis zu sechs Meter hoch. Die Stahlkonstruktion des Daches ist im Randbereich mit einer Membran überspannt und verleiht dem Gebäude zusammen mit den Dachterrassen auf den Längsseiten einen leichten Dachabschluss. Das 16-geschossige Burda-Hochhaus hat nach dem Umbau eine neue Höhe von 64 m und ist ein alt-neues Wahrzeichen am Stadteingang von Offenburg.

10 Auch bei einem vom Eigner genutzten Gebäude spielte der Aspekt der Marktfähigkeit beim Umbau des Burda-Hochhauses eine Rolle, denn das Gebäude gehört zum Burda-Medienpark mit vielen Gebäuden, die unterschiedlich genutzt und bewertet werden. Die Realisierung in den Jahren 2002 bis 2004 geht der Einführung des DGNB-Systems (2007/08) voraus. Das DGNB-Rating für Komplettsanierungen wurde sogar erst 2011 eingeführt. Das dort definierte Nutzungsprofil orientiert sich im Wesentlichen an den Anforderungen für Bestands- und Neubauten. Es berücksichtigt darüber hinaus die Besonderheiten eines Sanierungsprojektes – wie diese auch für die Sanierung des Burda-Hochhauses gelten und nachweislich erfüllt wurden: „Neben ökologischen und wirtschaftlichen Aspekten spielt der Nutzerkomfort, etwa in akustischer, thermischer und visueller Hinsicht, der großen Einfluss auf die Leistungsfähigkeit und Motivation von Arbeitskräften hat, eine wichtige Rolle." (DGNB-System)[6]

11 Nach Erhebungen des Bundesinstituts für Bau-, Stadt- und Raumforschung betrifft der größte Teil der Bautätigkeiten in Deutschland mit circa zwei Drittel des Volumens Bauaufgaben im Bestand; im Wohnungsbau liegt dieser Anteil sogar noch höher. Die Ressource Bausubstanz besetzt demnach eine Schlüsselposition im nachhaltigen Bauen – mit Schwerpunkten in der energetischen Sanierung, der konstruktiven Ertüchtigung, der Nutzungsänderung und Verbesserungen des gebäudespezifischen Nutzerkomforts.

6 siehe: www.dgnb.de

ingenhoven architects haben zahlreiche Projekte im Bestand realisiert.[7] Sie 12
schließen so komplexe Projekte wie den Stuttgarter Hauptbahnhof ein, wo Denkmalschutz, Alt- und Neubau sowie technische Anforderungen aufeinander treffen ebenso ein, wie Bauaufgaben im Kontext des UNESCO-Weltkulturerbes. Hier sind der Neubau eines Geschäftshauses auf dem mittelalterlichen Marktplatz der Hansestadt Lübeck (2003 – 2005) und das Dom-Hotel (2016 -) in unmittelbarer Nähe des Kölner Doms zu nennen. Entscheidend für den Erfolg dieser Projekte war und ist, dass von Anfang an alle Beteiligten – Bauherr, Planer, Behörden, Denkmalschutz und bei dem Projekt in Lübeck die UNESCO-Weltkulturerbe-Kommission – in das Konzept eingebunden und die Schnittstellen als Herausforderung und Chance verstanden wurden.

Die Erfahrungen reichen aber auch von Umbauprojekten über bauliche Erweite- 13
rungen bis hin zu Sanierungen bauhistorisch bedeutender und denkmalgeschützter Bauwerke. Im Burda-Medienpark beispielsweise haben ingenhoven architects 1999 ein von Egon Eiermann für Burda-Moden erbautes dreigeschossiges und denkmalgeschütztes Gebäude aus den Jahren 1953/55 saniert, dessen Bauteile und Fassadenelemente detailgetreu rekonstruiert und zu einem Verwaltungsgebäude – das heute den Namen „Andy-Warhol-Building“ trägt – umgebaut.

Zwei mit dem Burda-Hochhaus vergleichbare Bauaufgaben stellen die Sanie- 14
rungen der Hochhäuser für das Bundesministerium für Ernährung und Landwirtschaft in Bonn und für die Stadtsparkasse Düsseldorf[8] dar. Das dreizehngeschossige Bürogebäude des Ministeriums wurde 1968 von Sep Ruf erbaut. 1997 erhielten die Architekten den Auftrag das mit gesundheitsgefährdeten Baumaterialien errichtete Gebäude zu sanieren und zu erweitern. Die Grundstruktur des Hochhaues blieb dabei nahezu unverändert. Die Konstruktion der ursprünglichen Lochfassade wurde beibehalten und mit einer neuen, energetisch effizienten zweischaligen Fassade mit beweglich gelagerten Scheiben und innenliegenden Holzfenstern verkleidet. Das in den 60er Jahren errichtete Hochhaus für die Düsseldorfer Stadtsparkasse (Architekten: Friedrich Wilhelm Kraemer und Heinrich Rosskotten) wurde – vergleichbar mit dem Burda-Hochhaus – entkernt und bis auf das konstruktive Skelett zurückgebaut. Das Gebäude erhielt eine neue Gebäudetechnik und eine elementierte zweischalige Fassade. Mit dem Umbau konnte baurechtlich der Bestandsschutz gesichert werden und das Gebäude wurde um drei Geschosse aufgestockt. Der Sockel wurde ebenfalls entkernt und durch ein Atrium mit den Einkaufspassagen der Königsallee verbunden.

Als weitere Projekte[9] sind zu nennen: Die Sanierung des 1953 von SOM (Skid- 15
more Owings Merril) erbauten ehemaligen Amerikanische Generalkonsulates und die Nutzung als Architekturbüro Ende der 90er Jahre. Der Neubau der Stadtwerke Düsseldorf, der große Teile der Kraftwerksanlagen in das Gebäude integriert, und

7 siehe: www.ingenhovenarchitects.com

8 siehe: Feireiss, Kristin (Hrsg.): Energies, Ingenhoven Overdiek und Partner, Birkhäuser, Basel, 2002

9 siehe: Feireiss, Kristin (Hrsg.): Energies, Ingenhoven Overdiek und Partner, Birkhäuser, Basel, 2002

den Umbau der historischen Turbinenhalle zu einem multifunktionalen Veranstaltungs- und Konzertsaal einschließt. Der Umbau eines ehemaligen Speichergebäudes an der Kaistraße im Düsseldorfer Hafen zu einem Büro- und Ateliergebäude. Mit dem Umzug des Architekturbüros auf das Gelände der ehemaligen Weizenmehlmühle im Düsseldorfer haben ingenhoven architects das in Teilen denkmalgeschützte Hauptgebäude der Plange Mühle zu einem flexiblen Haus für Agenturen, Showrooms, Büroflächen und das eigene Studio umgebaut. Weitere Maßnahmen auf dem Plange Mühle Campus, wie die Umnutzung der denkmalgeschützten Getreidesilos, sind geplant. Der Umbau des ersten Silos wurde Ende 2016 fertiggestellt.[10]

Burda-Hochhaus, Offenburg (Foto: H.G. Esch)
Realisierung 2002–2004
Architekten: ingenhoven architects

10 siehe: www.ingenhovenarchitects.com

Burda-Hochhaus, Offenburg (Foto: H.G. Esch)

Burda-Hochhaus vor dem Umbau

C „Groundscraper" – Der Hauptsitz der Europäischen Investitionsbank in Luxemburg

1 Aufgabe der im Jahr 1958 gegründeten Europäischen Investitionsbank (EIB), ist es, in der Europäischen Union die langfristige Finanzierung tragfähiger Investitionen zu fördern. In der jüngst schnell gewachsenen EU ist die Finanzierung von Infrastrukturprojekten eine wichtige Aufgabe geworden. Die EIB ist eine der kapitalkräftigsten Banken Europas und größer als die Weltbank. Sie finanziert alle Projekte der Europäischen Union. Ihr bestehender Altbau im Europäischen Quartier auf dem Kirchberg-Plateau in Luxemburg ist ein Spätwerk des britischen Architekten Denys Lasdun aus dem Jahr 1980. Ingenhoven architects haben dieses Bestandsgebäude um einen transparenten Riegel erweitert, der der EIB einen völlig neuen architektonischen Auftritt verleiht.

2 Der lang gestreckte, röhrenförmige Bau wird von einem 13.000 m^2 großen Glasgewölbe überdacht. Es erinnert an die Proportion eines „liegenden Hochhauses" und hat deshalb den Spitznamen „Groundscraper" bekommen. Das Baugrundstück ist auf der einen Seite städtisch, auf der anderen Seite landschaftlich geprägt. Mit seiner gebogenen Glasfassade passt sich das Gebäude in die umgebende Landschaft des Val des Malades ein. Der Bau verknüpft die Landschaft mit den Atrien im Inneren. Der Bau nimmt auf allen Seiten die unterschiedlichen Geländehöhen auf und führt sie im Inneren des Hauses fort: Sowohl die Hallen als auch die Restaurants und Konferenzsäle liegen deshalb auf Terrassen unterschiedlicher Höhe.

3 Die leichte Glashülle überspannt die V-förmigen Bürotrakte, die so gegeneinander versetzt sind, dass dreieckige Atrien entstehen. Alle Büroräume werden so natürlich belichtet und haben Außenbezug. Doch weil zu viel Licht – etwa bei Computerarbeit – stören kann, verfügen die Büroräume zusätzlich über einen innenliegenden Blend- und einen außenliegenden Sonnenschutz, der von den Mitarbeitern individuell gesteuert werden kann.

4 Den überdachten Höfen, die teils als warme, teils als kalte, im Winter unbeheizte Atrien ausgeführt wurden, kommt eine zentrale Rolle für das Gebäudeklima zu. Die geschlossenen Hallen und Atrien wirken als Klimapuffer, auf der Nordseite Wintergärten als ungeheizte Kaltatrien konzipiert, deren Temperatur auch im Winter nicht unter 5 °C fällt. Die südlichen Atrien hingegen sind mit temperierten Aufenthaltsbereichen versehen und ermöglichen so die Einrichtung permanenter Arbeitsplätze. Ausgangspunkt für die Konzeption der Atriendächer und -fassaden war die Realisierung eines energetisch möglichst sparsamen Heiz- und Kühlkonzepts des Gebäudes. Pufferräume vor den Arbeitsbereichen im Inneren der mäandrierenden Büroriegel verbessern nicht nur das Verhältnis von Hüllfläche zu Raumvolumen. Sie ermöglichen auch eine über das ganze Jahr gewährleistete individuelle Fensterlüftung und vermeiden Fehlbedienungen der Nutzer durch starke winterliche Auskühlung, etwa bei dauerhaft geöffneten Fenstern. Im Winter führt die Überströmung der erwärmten Luft aus den Bürobereichen in einem Nebeneffekt zugleich zur leichten Temperie-

rung der Atrien. Wird vom Nutzer nicht über die Atrienfassade gelüftet, kommt die Wärmeenergie der Büroabluft mittels einer hocheffizienten Wärmerückgewinnungsanlage wieder der mechanischen Grundlüftung der Büroflächen zugute. Das energieeffiziente Gebäudekonzept wird die CO_2-Emissionen um mehr als 25 % reduzieren. Auf abgehängte Decken wurde zudem verzichtet, um die Betondecken als thermische Speichermasse nutzen zu können.

5 Der Raumeindruck des Gebäudes wird durch das gebogene Tragwerk und das diagonale Raster der Glasfassade geprägt. Durch diese Struktur bewahrt der Baukörper trotz seiner Länge Überschaubarkeit, in der der menschliche Maßstab gewahrt bleibt. Besonders die großen, mit Bäumen begrünten Wintergärten bieten eine hohe Aufenthaltsqualität und gewährleisten eine natürliche Lüftung der Büros, denn sie wirken als Klimapuffer. Die Öffnungselemente der Atrien erinnern in ihrer Dreiecksform an Fischkiemen und dienen der natürlichen Be- und Entlüftung. Das Gebäude integriert auf einer Fläche von etwa 70.000 Quadratmetern alle Sonderfunktionen der Hauptverwaltung sowie Arbeitsplätze für etwa 800 bis 900 Mitarbeiter. Je drei Atrien weisen zur Straße und zum rückwärtigen Tal. Die Wintergärten verlängern die Nutzung im Übergang zwischen kalter und warmer Jahreszeit und erhöhen somit den Komfort im Haus.

6 Zu den wichtigsten Fassadenkonstruktionen der Europäischen Investitionsbank in Luxemburg zählen die den Atrien zugewandten Holzfassaden und das bogenförmig gekrümmte Glasdach. Die Loslösung der äußeren Hülle von den eigentlich raumbegrenzenden Innenfassaden bildet den Kerngedanken des Entwurfs und bietet hinsichtlich des ökologischen Konzepts wesentliche Vorteile. Erstens fungieren Kalt- und Warmatrien gleichsam als isolierende Klimahülle. Mittels Öffnungsklappen findet dort eine geregelte Frischluftzirkulation statt, die das Öffnen von Fenstern zur natürlichen Belüftung zum Atrium selbst im Winter erlaubt. Zweitens wurde erst durch die Abschirmung direkter Witterungseinflüsse wie Regen und Wind der Einbau von großflächigen Holzfassaden und -fenstern möglich. Dies führt nicht nur zu einer höheren Behaglichkeit, sondern im Vergleich zu Standard-Aluminiumfassaden auch zu einer Reduzierung der ansonsten benötigten Primärenergie. Die Verwendung natürlicher Materialien wie Holz für die innere Fassade gibt dem Gebäude einen Ausdruck, der das Thema Nachhaltigkeit als Markenzeichen des Unternehmens stärkt. Auch die Transparenz trägt zur Identität des Gebäudes bei: Die Institutionen der Europäischen Union können einen solchen architektonischen Ausdruck gut gebrauchen.

7 Betrachtet man die Lebensdauer eines Gebäudes, sind die Unterhalts-, Sanierungs- und Austauschkosten bestimmter Hardware usw. um ein vielfaches höher als die Erstellungskosten. Das Gebäudekonzept setzt daher auf nachhaltige und robuste Strukturen, die eine umfassende Flexibilität und Reversibilität gewährleisten und die die unterschiedlichen Lebenszyklen der Bauteile – Tragwerk, Fassade, Gebäudetechnik, IT – berücksichtigen. Die Hardware des Gebäudes, die Stützen, die Konstruktion, die Schächte, die Treppenhäuser sind höchst rational auf das Minimum reduziert. Bei der Europäischen Investitionsbank etwa ermöglicht diese flexible Struktur

der Bürogeschosse uneingeschränkte Reversibilität und gleichwertige Arbeitsplätze. Alle Kerne und Schächte sind komplett zugänglich, wartungs- und reinigungsfähig – nichts wird hinter Mauern oder in Schächten, die nicht mehr öffenbar sind, verborgen. Diese Herangehensweise erhöht die räumliche und strukturelle Funktionalität und Flexibilität und damit die Fähigkeit des Gebäudes zum Wandel.

8 Der Luxemburger Neubau der EIB ist das erste Gebäude in Kontinentaleuropa, das im Rahmen des BREEAM-Ratingsystems (British Building Research Establishment Environmental Assessment Method) als „exzellent" zertifiziert wurde. Das britische Zertifizierungsverfahren musste daher an die luxemburgische Gesetzgebung und die geltenden Bauvorschriften angepasst werden. Ein von der EIB beauftragter Berater hat in enger Zusammenarbeit mit der BRE-Rating-Agentur die Zertifizierungsmethoden abgestimmt. Energieeffizienz und Nachhaltigkeit haben bei den Finanzierungsaktivitäten der Europäischen Investitionsbank oberste Priorität, somit war die Zertifizierung nicht nur vom Architekten, sondern auch vom Bauherrn gewollt.

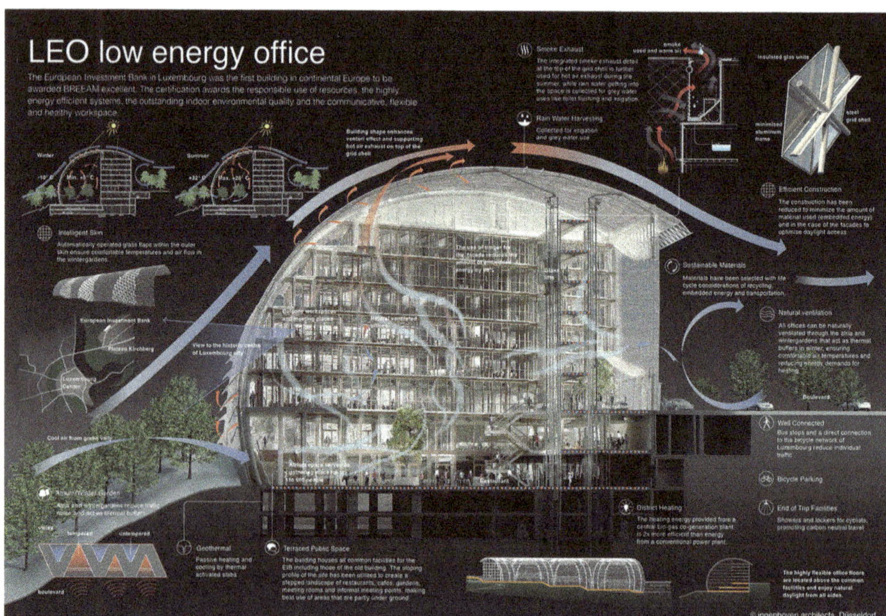

EIB Europäische Investitionsbank, Luxemburg (Infografik: ingenhoven architects)
internationaler Wettbewerb 2002, 1. Preis
Realisierung 2003–2008
Architekten: ingenhoven architects
BRE British Building Research Establishment Environmental Assessment Method, BREEAM excellent[11]

---

11 siehe: a+u, Architecture and Urbanism 15:08, 539, ingenhoven architects, supergreen, Tokyo, 2015

Europäische Investitionsbank, Luxemburg (Fotos: H.G. Esch)

D Lufthansa Aviation Center in Frankfurt – Kamm unter Flügeln

1 Das Lufthansa Aviation Center ist ein modernes, repräsentatives Gebäude, das mit seiner Transparenz Offenheit, Weltgewandtheit und Aufgeschlossenheit eines der bekanntesten deutschen Konzerne symbolisiert. Die hohe Qualität der Arbeitsplätze und das nachhaltige Bauen standen bei dem Entwurf im Vordergrund.

2 „Das Baugrundstück am Frankfurter Flughafen hat die Planung nicht einfach gemacht: Es ist zwar einer der am besten erschlossenen Orte Europas, und die Infrastruktur ist hervorragend. Aber es gibt auch eine starke Lärm- und Abgasbelastung. Das Areal ist etwa 100 mal 600 Meter groß und liegt zwischen der Autobahn, dem Airport-Ring, der ICE-Schnellbahnstrecke und dem Großflughafen. Zusätzlich gab es strenge Abstandsregelungen und eine Höhenbeschränkung aus Gründen der Flugsicherung. Diese Vorgaben haben das Haus maßgeblich geprägt. Dem relativ flachen, fünf- bis sechsgeschossigen Gebäude gaben wir die Form eines Paragliders, die langsam ansteigt und auf der anderen Seite abfällt.

3 Vorrangig für hochwertige Büroarbeitsplätze war ein effizienter Lärmschutz. Das gesamte Haus ist deshalb mit einer gläsernen Hülle umgeben. Durch die kammartige Struktur des Hauses entstehen innerhalb dieser Hülle große begrünte Atrien, die als Lärm- und Klimapuffer dienen. Alle Büros orientieren sich zu einem der Wintergärten und werden über diese natürlich be- und entlüftet. Jeder Mitarbeiter kann seine Fenster individuell öffnen und auf einen kleinen Balkon hinaustreten, ohne vom Umgebungslärm beeinträchtigt zu werden.“ (Christoph Ingenhoven)[12]

4 Der Grundriss des Gebäudes mit einer nach zwei Seiten ausgerichteten kammartigen Gebäudestruktur, dazwischen liegenden Gärten und einer umschließenden Glasfassade bietet einen wirksamen Schutz vor der stark belasteten Umgebung, der den rund 2.000 Mitarbeitern in Form von Tageslicht und „grünen“ Büroausblicken täglich zu Gute kommt. Insgesamt zehn Bürofinger umschließen acht Atrien und werden von dem Paraglider ähnlichen Dach überspannt, dessen Form erst nach der Realisierung einer Erweiterung des Gebäudes vollständig ablesbar sein wird. Die modulare Gebäudestruktur erlaubt eine abschnittsweise Erweiterung bis auf die dreifache Größe des bereits realisierten Projektes.

5 Das Dach steht stellvertretend für nachhaltige Architekturlösungen, die in diesem Gebäude umgesetzt wurden. Es besteht aus doppelt gekrümmten Glasgitterschalen über den Atrien und Betonschalen über den Büros. Der Anschluss zwischen beiden Bauteilen wurde als synergetisches Bauteil ausgebildet, das der Entwässerung der Dachflächen, sowie der Entlüftung und – im Brandfall – Entrauchung dient. Auch sind auf der Innenseite Strahler zur Beleuchtung der Atrien integriert. Das Element wurde mit Hilfe strömungstechnischer Versuche optimiert, um Luftleitlamellen und

12 Hollein, Max; Schaffhausen, Nicolaus (Hrsg.): Kunst/Art Lufthansa Aviation Center, Revolver – Archiv für aktuelle Kunst, Frankfurt, 2007

Spoiler richtig zu positionieren. Die Dachform erinnert an Flugzeugtragflächen und ist Zeichen eines weltoffenen Unternehmens. Die Eleganz der Luftfahrt konnte so in den Bürobau übertragen werden.

Das Rückgrat des Gebäudekomplexes ist die sogenannte Passage. Sie verknüpft 6
alle vertikalen und horizontalen Wege im Haus. An ihr liegen die Aufzüge, offene geschossverbindende Treppen und sie beherbergt auch die Meetingpoints. Hier können sich die Mitarbeiter ungezwungen begegnen, ohne sich zuvor verabredet zu haben. Es sind Orte informeller Kommunikation.

Von der Passage fällt der Blick immer wieder in die verglasten Atrien, deren 7
Bepflanzungen den fünf Kontinenten der Welt entlehnt sind, die die Lufthansa anfliegt: Die Palette reicht vom „California Beach" mit Volleyballfeld bis zum japanischen Zen-Garten. Alle Gärten kann man betreten und sich darin entspannen. Sie sind aber nicht nur Freiraum und Rückzugsort, sondern dienen auch der Verbesserung des Mikroklimas. Als Kälte- und Wärmepuffer bilden sie die Basis für das energetische Gebäudekonzept und sorgen für ein gesundheitsförderliches Arbeitsumfeld. Alle Büros orientieren sich zu den Atrien und werden über diese natürlich be- und entlüftet. Selbst im Winter sinken die Temperaturen nicht unter null Grad, im Jahresmittel stellt sich die Temperatur eines gemäßigten Mittelmeerklimas ein. Die Gärten werden nur durch die umliegenden Büros temperiert. Die Gartenhöfe tragen so auch dazu bei, dass die Konzernzentrale ein „Niedrig-Energiehaus"[13] ist.

Das Gebäude ist mit einem thermoaktiven Bauteilsystem zur Klimaregulierung 8
ausgerüstet. Dieses reaktive System steuert automatisch den Luftaustausch, bei durchgängig niedrigem Energieverbrauch. Die Zuluft wird – geheizt bzw. gekühlt – über Quellluftdurchlässe im Boden selbstregulierend in die Büroräume eingebracht. Aus hygienischen Gründen werden alle mechanischen Lüftungsanlagen ausschließlich mit Außenluft betrieben.

Jeder Mitarbeiter kann die Fenster individuell öffnen und auf einen kleinen 9
Balkon hinaustreten, ohne vom Umgebungslärm beeinträchtigt zu werden. Das Lufthansa-Gebäude hat keine Klimaanlage. Wenn es einem Mitarbeiter zu warm, zu kalt oder zu windig ist, öffnet oder schließt er das Fenster. Das klingt einfach, ist aber in allzu vielen Bürogebäuden heute nicht mehr möglich. Daher ist jeder Raum mit einem sogenannten Steuerungstableau ausgestattet, in das auch ein Raumtemperaturfühler zu Kontrollzwecken integriert ist. Die ausgefeilte Steuerungstechnik kann energetisch falsche Entscheidungen des Einzelnen korrigieren und so die Gesamtbilanz des Gebäudes optimieren. Der Nutzer kann über das Tableau den Blend- und Sonnenschutz sowie die Beleuchtungsszenarien individuell steuern und an seine Bedürfnisse anpassen. Zu den Atrien besteht der außenliegende Sonnenschutz aus einem blickdurchlässigen Behang, durch den weniger als 10 % der Sonnenenergie in den Büroraum gelangen.

---

13 siehe: https://de.wikipedia.org/wiki/Niedrigenergiehaus

10 Durch den Einsatz neuer Technologien konnte auch ein innovatives Beleuchtungskonzept realisiert werden, das in Kombination mit einer intelligenten Lichtsteuerung den Energieverbrauch auf ein Minimum reduziert. In Abhängigkeit von Tageslichteintrag, Tageszeit und Nutzung wird die Grundbeleuchtung automatisch von der Gebäudeleittechnik gesteuert. Damit wird sichergestellt, dass nur dort Energie verbraucht wird, wo sie benötigt wird. Eigens für das Projekt wurde ein Technikrahmen-Modulsystem entwickelt, das nicht nur alle Komponenten und Leuchteneinsätze für die Kunstlichtmilieus aufnimmt, sondern in das auch Akustiksegel, Rauchmelder und Lautsprecher integriert werden können. So bleiben die Deckenkonstruktionen frei von Einbauten und die Module können relativ einfach an verschiedene Büroorganisationsformen angepasst und ihre Komponenten ausgetauscht werden.

11 An dem Standort arbeiten Menschen mit unterschiedlichsten Berufen und Arbeitszeiten – in der Endausbaustufe werden es über 4.000 Mitarbeiter sein. Das Gebäude hat bis zu zwanzig Stunden Betriebszeit am Tag, auch an Wochenenden und Feiertagen. Die Architektur kennt keinen Büroschluss – sie soll die Menschen vielmehr inspirieren und ihnen verschiedenste räumliche Möglichkeiten zur effizienten Bearbeitung ihrer Aufgaben in einem kommunikativen Arbeitsumfeld geben. Es gibt dafür viele Angebote, Arbeit findet hier nicht nur am Arbeitsplatz statt: Die räumliche Varianz und Dramaturgie sorgen dafür, dass sich die Mitarbeiter trotz der Größe des Gebäudes nicht verloren, sondern einem Bereich zugehörig fühlen. Die Büros sind wie Häuser entlang einer Straße organisiert und bilden im Übergang zu der Passage sogenannte Heimatbereiche.

12 Bei der Planung und Ausführung der Gebäudehülle wurden hohe Qualitätsanforderungen an die Wärmedämmeigenschaften der Bauteile gestellt. Die Zweifachverglasung zu den Atrien weist einen U-Wert um 1,2 W/m²K auf. Dies entspricht einer Wärmedämmung von ca. 3 cm. Die Dreifachverglasung zur Doppelhaut weist einen U-Wert von weniger als 0,8 W/m²K aus und entspricht somit einer Wärmedämmung von 5 cm.

13 Das Gebäude benötigt nur ein Drittel der Energie eines konventionellen Bürogebäudes. Es spiegelt somit auch die Unternehmensphilosophie der Lufthansa wider, indem sie die Geschäftspolitik der Luftfahrtgruppen mit ökologischen Erwägungen und Nachhaltigkeit verbindet. Der Heizbedarf beträgt 33 kWh/m² und liegt circa 60 % unterhalb des von der Wärmeschutzverordnung vorgeschriebenen Grenzwertes.

14 Der Bauherr hat keine Evaluierung in Auftrag gegeben, aber dennoch wurde der Entwurf analog zu den wichtigsten Nachhaltigkeits- und Green Building Kriterien entwickelt. Auch wenn der Bauherr keine Einordnung in eines der Green-Building-Ratingsysteme anstrebte, wurde das Lufthansa HQ wegen des ökologischen Klimakonzeptes als „Green Building Partner of the European Union“[14] ausgezeichnet. Da das Gebäude nicht zertifiziert wurde, haben die Architekten einen „Green Building-

14 siehe: www.ec.europa.eu/energy/intelligent/projects/en/projects/greenbuilding

Check“ nach LEED durchgeführt, um darzustellen, dass das Gebäude die wesentlichen Anforderungen auch im internationalen Vergleich erfüllt.

Die Deutsche Lufthansa ist ein traditionsreiches Unternehmen und die positive Konnotation der Marke konnte in der Architektur genutzt werden und wird gestalterisch unterstützt. Es gibt nur wenige Gelegenheiten für ein Unternehmen, nach innen und außen ein so wirksames Zeichen zu setzen wie der Neubau eines großen Hauptsitzes. Die Wirkung einer Marke kann dabei durch Architektur sichtbar gemacht werden. Die Architektur greift Markenwerte wie Transparenz und Verständlichkeit auf. Architektur soll die Menschen entlasten und kein Stressfaktor sein. Sie soll helfen, sich zu entspannen und zu konzentrieren. Im Neubau der Lufthansa gibt es viele Gelegenheiten zur informellen Kommunikation und zu fokussiertem Arbeiten. Das Lufthansa Aviation Center macht viele Angebote an die Menschen, einander kennenzulernen – auf dem Flur, in einem der Gärten, am Meeting Point, in der Passage oder in den Restaurants und Läden. Die informellen Treffpunkte animieren durch ihre freundliche Gestaltung zum Verweilen. Die Vorstände sitzen ebenso zu den Innenhöfen gewandt wie die anderen Mitarbeiter, so dass man sie in ihren Büros sehen kann.

Lufthansa Aviation Center, Frankfurt/Main (Foto: H.G. Esch)
internationaler Wettbewerb 1999, 1. Preis
Realisierung 2002–2006
Architekten: ingenhoven architects
Green Building Partner of the European Union[15]

15 siehe: a+u, Architecture and Urbanism 15:08, 539, ingenhoven architects, supergreen, Tokyo, 2015

Lufthansa Aviation Center, Frankfurt/Main (Foto: H.G. Esch)

Lufthansa Aviation Center, Frankfurt/Main (Foto: H.G. Esch)

Sachregister

Ziffern verweisen auf die Seitenzahlen des Buches

www.ingramcontent.com/pod-product-compliance
Lightning Source LLC
LaVergne TN
LVHW080848300926
849162LV00003B/375